Mader 17판
인체생명과학

Human Biology, 17th Edition

1 2 3 4 5 6 7 8 9 10 GMP 20 24

Original: Human Biology, 17th Edition © 2022
By Sylvia S. Mader, Michael Windelspecht
ISBN 978-1-26-071082-3

This authorized Korean translation edition is jointly published by McGraw-Hill Education Korea, Ltd. and GYOMOON Publisher. This edition is authorized for sale in the Republic of Korea.

This book is exclusively distributed by GYOMOON Publisher.

When ordering this title, please use ISBN 978-89-363-2578-7

Printed in Korea

Mader 17판

인체생명과학

Sylvia S. Mader, Michael Windelspecht 지음

안정은 감수 김근일, 김석준, 김정기, 박병곤, 박영석, 박윤경, 박준영, 송인석, 안정은, 이영수, 이진성, 이한용, 전택중, 조성학, 최희정 옮김

Mc Graw Hill

교문사

▶ 역자 소개

감수 **안정은** 전북대학교 생명과학과

역자

김근일 숙명여자대학교 생명시스템학부	**안정은** 전북대학교 생명과학과
김석준 조선대학교 의생명과학과	**이영수** 경기대학교 생명과학전공
김정기 대구보건대학교 작업치료학과	**이진성** 경기대학교 생명과학전공
박병곤 가톨릭관동대학교 의학과	**이한용** 조선대학교 생명과학과
박영석 선문대학교 응급구조학과	**전택중** 조선대학교 생명과학과
박윤경 조선대학교 의생명과학과	**조성학** 선문대학교 응급구조학과
박준영 한국생명공학연구원 환경질환연구센터	**최희정** 가톨릭관동대학교 의생명과학과
송인석 서울시립대학교 생명과학과	

Mader (17판)

인체생명과학

17판 발행 2024년 8월 30일

지은이 Sylvia S. Mader, Michael Windelspecht
감 수 안정은
옮긴이 김근일, 김석준, 김정기, 박병곤, 박영석, 박윤경, 박준영, 송인석,
안정은, 이영수, 이진성, 이한용, 전택중, 조성학, 최희정
펴낸이 류원식
펴낸곳 **교문사**

편집팀장 성혜진 | **책임진행** 윤지희 | **디자인** 신나리 | **본문편집** 파워기획

주소 10881, 경기도 파주시 문발로 116
대표전화 031-955-6111 | **팩스** 031-955-0955
홈페이지 www.gyomoon.com | **이메일** genie@gyomoon.com
등록번호 1968.10.28. 제406-2006-000035호

ISBN 978-89-363-2578-7 (93470)
정가 42,000원

잘못된 책은 바꿔 드립니다.

역자 서문

McGraw Hill 출판사에서 펴낸 'Human Biology' 17판의 새 번역을 교문사로부터 제의받고 고민 끝에 수락하였습니다. 인체생명과학에 대한 굉장히 폭넓은 범위의 지식을 한 권에 담고 있어 번역이 쉽지는 않을 것 같았지만, 오랜 역사를 가진 좋은 교과서를 편안한 우리말로 번역하여 학생들의 배움에 도움을 줄 수 있는 번역 작업에 애정을 가지고 있었기 때문입니다. 또한 각자의 전문성을 가진 여러 교수님께서 번역에 참여해 주셔서 큰 믿음을 가지고 번역 작업을 할 수 있었습니다.

이 교과서는 앞부분에서 생명체에 공통적으로 적용되는 화학과 세포 구조와 기능으로 시작하여 인체의 유지, 움직임, 통합과 조정, 생식, 유전에 대한 모든 부분의 지식을 담고 있습니다. 또한 이 책은 공통적인 부분부터 세밀한 부분까지 한 권으로 쉽게 조망할 수 있도록 각 단원 도입부에서 흥미를 느낄 수 있는 읽을거리, 직관적으로 핵심을 이해할 수 있도록 아름답게 짜인 그림, 잘 조직되어 쉽게 읽고 이해할 수 있도록 구성된 내용, 과학자들에 의한 지식의 도출과정을 흥미롭게 제시하는 '오늘날의 생물학', 단원 내용과 관련된 생활 속 궁금증을 쉽게 풀어준 '생활 속의 생물학' 등의 요소들이 잘 어우러지도록 구성되었습니다. 이에 내 몸에 특히 관심 있는 비전공자나 생명과학 전공자, 전문적으로 보건 및 의료 분야에 종사할 예정인 간호학과, 임상병리학과, 물리치료학과 등의 전공 학생들이 두루 읽고 공부할 수 있고, 나아가 관련 분야 국가자격 면허 취득에 도움을 줄 수 있는 교과서가 될 것으로 기대합니다. 새로운 17판에서는 각 단원 도입 부분과 중간 부분의 주제들을 개편하여 현재 세대의 학생들이 주변에서 보고 듣는 문제와 관련하여 재미있게 학습할 수 있도록 다시 쓴 부분이 특히 눈에 띄었습니다.

끝으로 쉽지 않은 번역 작업을 맡아 풍부한 전문성으로 번역해 주신 교수님들께 감사드립니다. 그리고 이 책이 출판될 수 있도록 지원을 아끼지 않으신 류제동, 류원식 교문사 공동대표님, 역자들이 미처 확인하지 못한 부분을 꼼꼼히 보시고 교정하여 더 좋은 책이 되도록 많은 시간 애써주신 편집부 선생님들께 감사드립니다. 많은 학생들이 이 책으로 공부하여 자신의 삶을 개척하는 데 조금이나마 도움이 될 수 있기를 진심으로 바랍니다.

2024년 8월

역자 대표 안정은

저자 소개

Courtesy of Sylvia S. Mader

Sylvia S. Mader

Sylvia S. Mader는 McGraw Hill에서 출판되어 전국적으로 인정받은 여러 생물학 교과서를 저술하였다. 브린모어대학교, 하버드대학교, 터프츠대학교와 노바사우스이스턴대학교에서 공부하였으며, 생물학과 교육학 학위를 가지고 있다. 그녀는 수년에 걸쳐 매사추세츠대학교 로웰캠퍼스, 매사추세츠베이커뮤니티대학교, 서퍽대학교, 네이선메이휴세미나에서 강의했다. 첫 번째 책으로 과학에 생소한 학생들이 알기 쉽도록 **'생명의 탐구**(Inquiry in Life)'를 저술하였다. 그녀의 저서들은 신선하고 재미있는 글쓰기 스타일로 매우 호평을 받았으며, 생물학 분야의 글을 쓰는 다른 사람들의 귀감이 되었다.

Ricochet Creative Productions, LLC

Michael Windelspecht

Michael Windelspecht 박사는 교육자로서 지역대학, 종합대학 및 군사기관의 강의실, 온라인, 하이브리드 환경에서 기초생물학, 유전학, 인간유전학을 강의했다. 10년 이상 애팔래치아주립대학교에서 기초생물학 코디네이터로 재직하면서 매년 4,500명 이상의 학생이 등록하는 프로그램을 주관하였다.

그는 미시간주립대학교에서 동물학 학사, 사우스플로리다대학교에서 진화유전학 박사 학위를 취득한 후 과학교육, 수질, 살충제 내성 진화와 같은 다양한 분야의 논문을 발표했다. 최근에는 개인화된 마이크로러닝 자산과 차세대 출판 플랫폼 개발을 위한 디지털 학습 플랫폼 데이터 분석에 관심을 가지고 있다. 그는 현재 전미과학작가협회와 여러 과학교육협회의 회원으로서 온라인과 하이브리드 과학 교실을 위한 멀티미디어 자원 개발에 대한 기조연설자로 활동하였다. 2015년에 그는 학생 데이터를 교과서 수정 과정에 통합하는 전략으로 DevLearn HyperDrive 대회에서 우승했다.

그는 저자이자 편집자로서 30권 이상의 참고용 교과서와 다양한 인쇄 및 온라인 실험실 매뉴얼을 가지고 있다. 그는 과학교실을 위한 새로운 기술을 적극적으로 개발하고 평가하는 Ricochet Creative Productions와 온라인과 벨리즈에서 체험학습 기회를 제공하는 Inspire-EdVentures를 포함한 여러 과학 커뮤니케이션 회사를 설립했다. 그에 관한 더 자세한 정보를 알기 위해서는 웹사이트 www.windelspectrum.com을 방문해 보기를 바란다.

Courtesy of Dave Cox

이 책의 출판에 기여한 사람

Dave Cox는 일리노이주 스프링필드에 있는 링컨랜드커뮤니티대학교에 생물학 교수로 재직하고 있다. 그는 일리노이대학교와 웨스턴일리노이대학교에서 교육을 받았다. Cox 교수는 교육자로서 전통적인 강의실 환경뿐만 아니라 하이브리드 환경에서도 생물학 전공이 아닌 사람들을 위한 기초생물학을 가르치고 있다. 그는 또한 벨리즈에서 유학 과정으로 전공자를 위한 생물학, 해양 생물학, 생물학 분야 연구과목을 가르치고 있다. 그는 과학 유학 과정을 전문으로 하는 회사인 Howler Publications의 공동 소유주이다. Cox 교수는 지난 12년 동안 McGraw Hill의 여러 책의 출판에 기여하였다. 그는 또한 벨리즈의 생태관광 산업을 위한 교육 자료를 개발하기도 한다.

17판 교재의 목표

인간은 자연적으로 호기심이 많은 종이다. 우리는 아주 어린 시절부터 우리의 몸과 생명에 매료된다. 우리는 우리의 몸이 어떻게 작동하는지, 왜 우리 자신과 주변의 다른 아이들 사이에 차이점과 유사점이 있는지 알고 싶어 한다. 다시 말해서, 아주 어린 시절부터 우리는 모두 생물학자이다.

과학 수업에서 요즘 학생들은 부모님들이 수십 년 전에 그랬듯이 많은 면에서 어려움을 느끼고 있다. 새로운 용어들이 너무 많아 가장 공부를 잘하는 학생조차 종종 압도되기도 하고, 생물학적 과정과 과학적 사고 방법에 대한 공부가 어려워 일부 학생들은 '과학은 나의 길이 아니니다.'라는 생각이 들 수도 있다. 인체생명과학 공부는 선생님이 학생들에게 궁극적인 모델 생명체인 자신의 몸에 대하여 가르칠 기회가 된다. 이것이 학생들의 마지막 과학 수업이든, 건강과 관련된 긴 커리어에서의 첫걸음이든, 인체생명과학 공부는 모든 이들에게 도움이 될 것이다.

오늘날 세계의 학생들은 거의 매일 새로운 발견과 통찰에 접하고 있다. 팬데믹을 종식시킬 백신 개발을 위한 혁명적인 새로운 기술부터 기후 변화가 지역 환경에 미치는 영향, 암과 같은 질병을 퇴치하기 위한 의료 기술의 발전에 이르기까지, 이 발견과 통찰은 많은 경우 불과 몇 년 전의 우리의 예측을 뛰어넘는다. 따라서 우리가 왜 다른지 뿐만 아니라 지구에 함께 사는 다른 종들과 어떤 점에서 같은지 아는 것도 중요하다. 이러한 발견을 학생들에게 제공하고, 이러한 발견이 왜 개인의 삶과 사회에 중요한지 학생들을 일깨우는 것이 교사로서 우리의 책무이다. 동시에 우리는 학생들에게 생물학이 기초하고 있는 핵심 원칙에 대한 확고한 토대를 제공하여 앞으로 있을 많은 발견들을 더 잘 이해할 수 있도록 그 배경을 제공해야 한다.

이 책의 저자들은 교육자로서 온라인 환경에서의 관련성과 전달에 더욱 초점을 맞춘 커리큘럼을 개발하는 것에 대한 필요성을 이해하고 있다. McGraw Hill Education은 오랫동안 교육 자원 개발의 혁신자였으며, **인체생명과학** 교과서는 이러한 자원과 디지털 기술을 과학 수업에 통합하는 데 앞장서고 있다. 이번 판에는 다음과 같은 내용이 포함되어 있다.

- 각 단원의 시작 부분과 주제읽기를 현재 세대의 학생들에게 더 적합하도록 학생들이 주변에서 보고 듣는 중요한 문제와 주제에 초점을 맞추어 다시 썼다.
- 관련성 구성요소를 통합하여 기존 교과서의 형식을 보완하고, 학생들이 내용에 흥미를 느낄 수 있는 또 다른 방법을 제공하였다.
- 모바일 환경에서도 공부할 수 있도록 시각적으로 재설계하였다.
- 생물학에 대한 우리의 이해의 지평을 넓힌 알려지지 않은 과학자들의 기여를 강조하기 위해 새로운 특징적인 읽을거리인 '과학의 다양성'을 개발하였다.

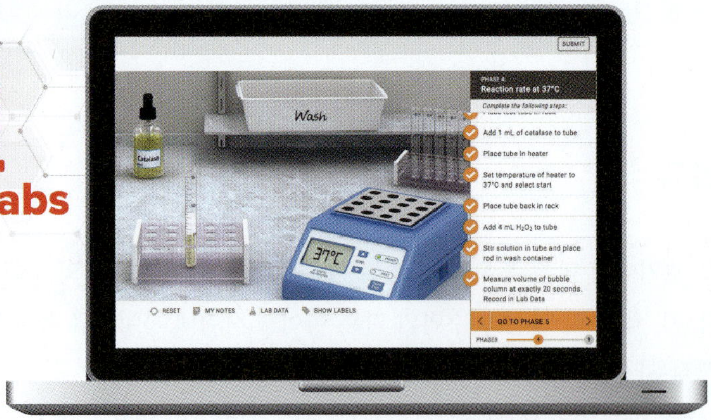

가상 실험실 및 모의 실험실

생물학은 실험 중심적인 학문이지만, 오늘날 교수들은 종종 그들의 실험실 콘텐츠 중 일부를 온라인으로 옮기거나 실험 준비를 위한 보충 자료를 모두 온라인으로 대체하라는 요구를 받는다. 이러한 모의 실험실은 학생들이 실용적이고 개념적인 기술을 배울 수 있도록 돕고, 피드백을 제공함으로써 학생들이 수업에서 배운 것을 확인할 수 있게 한다. 적응형 사전 연구실 및 사후 연구실 평가를 사용하여 교수들은 각 과제를 맞춤화할 수 있다.

교수 관점에서 이러한 모의 실험실은 학생들이 DNA 기술이나 그램 염색과 같은 복잡한 과학적 과정을 시각화하는 데 도움을 주는 동시에, 강의와 실험실 환경 사이의 귀중한 연결점을 제공하기 위해 강의 환경에서 사용될 수 있다.

관련성

생물학의 중요성을 보여주기 위해 학생들의 삶에서 실제 사례를 사용하는 것은 기초생물학 강의를 위한 효과적인 교수 전략으로 잘 알려져 있다. 학생들은 자신이 관심 있는 주제에 대해 배우고 싶어 한다. 관련성 기반 자원의 개발은 Mader 시리즈 교과서의 저자들에게 주요 초점이다. 이번 판의 내용 관련성을 증가시킨 몇 가지 예는 다음 단락에서 설명한다.

Slavica/E+/Getty Images

관련성 구성요소

일련의 관련성 구성요소들이 **인체생명과학**의 각 단원과 함께 설계되었다. 이 구성요소는 생물학적 내용과 사회 전체적으로 관심이 있는 주제 간의 연결성을 보여준다. 각 구성요소는 소개 비디오, 기본 과학 개념의 개요, 그리고 이러한 개념을 주제에 적용하는 방법을 자세히 살펴보는 것으로 구성된다. 각 구성요소의 끝에 있는 인포그래픽은 주제에 대한 토론을 시작하기 위해 강의 환경에서 쉽게 사용될 수 있다. 구성요소와 관련된 토론 및 평가 질문은 구성요소의 끝과 Connect 플랫폼에서 자동 평가를 위해 사용할 수 있다. 앞의 사진에서는 현재 관련성 구성요소 목록을 보여준다.

이러한 구성요소는 Connect 내의 기존 교과서에 대한 보충 전자책으로 제공되며, 교수가 강의실에서 다양한 방식으로 사용할 수 있도록 할당할 수 있다.

BioNOW 비디오

교육자 제이슨 칼슨(Jason Carlson)이 내레이션하고 제작한 BioNOW 시리즈 비디오는 학생들이 실제로 생물학을 혼자서 배울 수 있다고 느낄 수 있도록 관련성 있고 응용된 접근 방식을 제공한다. 비디오는 배우는 내용과 직접 연결되어 학생들이 학습한 것을 자신의 삶과 연결할 수 있도록 도와준다.

각 비디오는 생물학을 실제 상황이나 문제에 적용하는 것에 대한 흥미롭고 재미있는 이야기를 제공한다. 평범한 사람들이 접근할 수 있는 도구와 기술을 사용하는 것에 주의를 기울여 학생들이 과학을 할 수 있고 이해할 수 있는 것으로 느끼도록 해준다.

McGraw Hill

Ricochet Science 웹사이트

Michael Windelspecht가 운영하는 웹사이트 https://ricochetscience.com은 과학 전공자와 비전공자 모두에게 흥미로운 뉴스와 이야기에 대한 최신 정보를 제공한다. 이 사이트의 PopScience 기사는 현재 사회에서 논의되는 주제에 대한 교실에서의 토론에 초점을 맞춘다. 이 사이트에는 학생들이 교실에서 배우는 것의 적절성을 인식하는 데 도움이 되는 비디오와 교육 애니메이션도 포함되어 있다.

Ricochet Science™

차례

Part 1 인체의 구성

Part 2 인체의 유지

Jeff Mondragon/Alamy Stock Photo

CHAPTER 1
생명체의 화학

해양 산성화

우리가 우주에서 지구를 바라보면 물의 행성에 살고 있음을 바로 알 수 있다. 사실 지구는 표면의 71%가 물로 덮여 있을 뿐만 아니라 지구상 모든 유기체의 생리작용은 물을 기초로 이루어진다. 과거에 우리는 물의 존재를 당연하게 여겼지만 기후 변화의 영향으로 우리 인간을 포함한 많은 종의 건강에 있어 물의 중요성에 대한 인식이 높아지고 있다.

기후 변화의 일차적 원인은 인간이 화석연료를 태워 대기 중으로 이산화탄소(CO_2) 가스를 배출하는 것이다. CO_2는 지구 온난화를 일으킬 뿐만 아니라 물에 매우 쉽게 용해되어 해양에서 탄산을 만든다. 이 탄산의 존재는 해양 환경의 산도를 증가시킨다.

이것이 왜 중요한가? 산도 증가는 해양에서 탄산염이라고 하는 다른 화합물의 양을 감소시킨다. 탄산염은 게, 바닷가재, 조개와 같은 유기체의 껍질 형성에 중요한 역할을 한다. 해양이 산성화됨에 따라 이 유기체들은 껍질과 기타 단단한 구조를 형성하는 데 어려움을 겪는다. 해양 생물학자들은 이미 조개류의 탄산염 양뿐만 아니라 해양 생태계에서 그 유기체들의 개체수 감소도 인식하게 됐다. 이러한 유기체들은 먹이 사슬의 중요한 부분이기 때문에 탄산염의 손실은 궁극적으로 인간에게 영향을 미치는 파급효과가 있다.

이 장에서는 생명체에 대한 물의 중요성과 생명체의 구성요소인 원자에 대해 알아볼 것이다.

이 장을 학습하면서 다음 질문을 생각해 보자.

1. 모든 살아 있는 유기체의 공통적인 요소는 무엇인가?
2. 물이 생명체에 중요한 이유는 무엇인가?
3. 산과 염기의 차이점은 무엇인가?

이 장의 개요

1.1 원자에서 분자까지

학습 목표

이 절을 학습한 후 다음 사항을 할 수 있어야 한다.

1. 원자와 원소를 구별할 수 있다.
2. 원자의 구조를 설명할 수 있다.
3. 동위원소를 정의하고 의학과 생물학에서의 적용 사례를 요약할 수 있다.
4. 이온결합과 공유결합을 구별할 수 있다.

물질(matter)이란 질량을 가지며 공간을 차지하는 것을 말한다. 물질은 고체, 액체, 기체 또는 혈장을 포함하여 다양한 형태로 존재할 수 있다. 인간은 물질로 구성되었을 뿐만 아니라 우리가 먹는 음식, 마시는 물과 호흡하는 공기도 모두 물질이다.

원소

원소(element)는 물질을 이루는 기본적인 구성요소 중 하나이며, 화학적 수단으로 더 이상 분해할 수 없다. 지구상에 존재하는 다양한 생물과 무생물을 모두 포함해도 자연 상태에 존재하는 원소는 98가지에 불과하다. 이 원소 중 일부는 아주 소량만 존재하며, 더욱 놀라운 것은 우리 몸의 90% 이상이 단지 네 가지 원소, 즉 탄소, 질소, 산소, 수소로 구성되어 있다는 것이다. 철과 같은 다른 원소들도 우리의 건강을 위해서는 매우 중요하다. 식단에 철분이 부족한 경우, 우리' 몸은 혈색소(hemoglobin) 단백질을 만들 수 없게 된다. 우리 몸에서 혈색소는 산소를 세포로 운반하는 중요한 기능을 담당한다.

각 원소는 이름과 기호가 있다. 탄소(carbon)는 원자기호로 C, 철(iron)은 Fe라는 기호를 사용한다. 우리가 사용하는 원소에 대한 일부 기호는 라틴어에서 유래한 것이다. 예를 들어 소듐에 대한 기호는 Na인데, 라틴어의 *natrium*이 '소듐(sodium)'을 의미하기 때문이다. 같은 방법으로 철의 기호는 Fe인데 라틴어의 *ferrum*은 '철'을 의미하기 때문이다.

화학자들은 원소를 **주기율**(periodic)표로 나타내는데, 주기율표라고 하는 이유는 각 열에 있는 원소들이 비슷하게 반응하기 때문이다(**그림 1.1**). 예를 들어 VII(7)열에 있는 모든 원소는 우리가 앞으로 보겠지만 같은 유형의 화학 반응에 참여한다. 그림 1.1에 주기율표의 일부를 나타내었으며, 완전한 주기율표는 부록에서 확인할 수 있다.

주기 \ 그룹	I	II	III	IV	V	VI	VII	VIII
1	1 H 1.008 (원자번호, 원자기호)							2 He 4.003 (원자량)
2	3 Li 6.941	4 Be 9.012	5 B 10.81	6 C 12.01	7 N 14.01	8 O 16.00	9 F 19.00	10 Ne 20.18
3	11 Na 22.99	12 Mg 24.31	13 Al 26.98	14 Si 28.09	15 P 30.97	16 S 32.07	17 Cl 35.45	18 Ar 39.95
4	19 K 39.10	20 Ca 40.08	31 Ga 69.72	32 Ge 72.59	33 As 74.92	34 Se 78.96	35 Br 79.90	36 Kr 83.60

그림 1.1 원소 주기율표의 일부.
각 사각형에서 가장 위에 있는 숫자는 원자번호로 왼쪽에서 오른쪽으로 갈수록 커진다. 문자기호는 각 원소를 나타내며 그리스어 또는 라틴어의 축약이다. 원자기호 밑에 있는 수는 원자량의 값이다. 완전한 주기율표는 부록에서 확인할 수 있다.

생활 속의 생물학

우리 인간은 오래된 별에서 시작되었다.

우리에게 익숙한 *철, 소듐, 산소*와 *탄소*는 일상에서 사용하는 일반적인 용어지만, 이러한 원소는 어디서 유래하는가?

원소는 정상적인 화학 반응으로 생성되지 않는다. 철과 같은 무거운 원소의 대부분은 별 내부에서 강한 화학 반응에 의해서 만들어진다. 별은 수명이 다할 때 폭발하여 초신성을 만든다. 초신성은 무거운 원소들을 우주로 방출하여 결국 새로운 행성 형성에 관여한다. 혈액 속의 철분도 별의 폭발로 만들어진 것이다. 천문학자 타이슨(Neil deGrasse Tyson)은 '결국 우주가 우리 몸 안에 살고 있는 것보다 소중하다고 생각할 수 있는 것은 무엇인가?'라는 질문을 남겼다.

원자

원자(atom)는 원소의 화학적·물리적 성질을 가지는 가장 작은 단위이다. 원소와 원소의 원자는 동일한 명칭이 부여된다. 원자를 더 작게 나눌 수 있지만, 이는 화학 반응에 들어가는 가장 작은 단위이다. 물리학자들은 원자를 구성하는 다수의 아원자 입자(subatomic particle)를 발견했다. 가장 잘 알려진 3개의 아원자 입자는 양전하로 하전된 **양성자**(proton), 전하를 띠지 않는 **중성자**(neutron)와 음전하로 하전된 **전자**(electron)이다. 양성자와 중성자는 원자의 핵 안에 위치하고, 전자는 핵을 중심으로 주위를 공전한다. **그림 1.2**는 몇 가지 일반적인

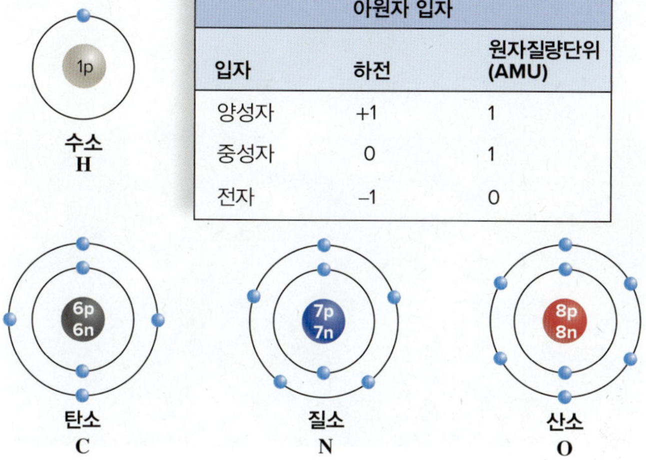

아원자 입자		
입자	하전	원자질량단위 (AMU)
양성자	+1	1
중성자	0	1
전자	–1	0

그림 1.2 주요 원소의 원자구조.
핵 안에 양성자(p)와 중성자(n)가 있고 전자(파란색 원)가 핵 주위의 에너지 궤도에서 발견되는 것을 주목하라.

원소의 아원자 입자 배열을 보여준다. 그림 1.2에서 원자핵 주위의 원은 전자의 평균 위치를 나타내는 **전자껍질**(electron shell)이다. 원자의 대부분은 빈 공간이며, 원자를 축구장 크기에 비유한다면 핵은 축구장 한가운데 있는 껌 덩어리이고, 전자는 가장 위쪽 관중석에서 껌 덩어리를 중심으로 공전하는 작은 입자에 불과하다.

주기율표

원자는 고유의 기호, 번호, 질량을 가진다. **원자번호**(atomic number)는 원자의 핵에 있는 양성자 수를 나타내며, 원소의 모든 원자는 핵에 같은 수의 양성자를 가진다.

각 원자는 원자 내 아원자 입자의 수에 의존적인 고유질량을 가진다. 양성자와 중성자에는 각각 하나의 원자질량단위(atomic mass unit, AMU)를 부여한다. 전자는 너무나 작기 때문에 AMU값을 '0'으로 간주한다(그림 1.2). 따라서 원자의 **질량수**(mass number)는 핵의 양성자와 중성자의 합이다.

관례상 원자번호는 원자기호의 왼쪽에 아래첨자로, 원자질량은 위첨자로 표기한다. 다음의 탄소 원자의 표기에서 알 수 있듯이 작은 숫자는 항상 원자번호를 나타낸다.

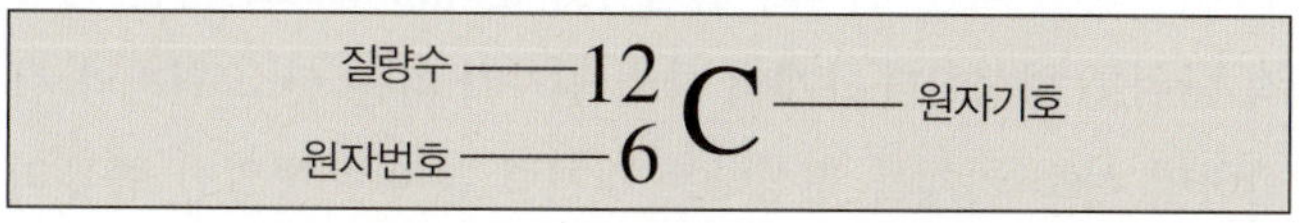

주기율표에 나타낸 원자들은 전기적으로 중성으로 간주한다(그림 1.1 참고). 따라서 원자번호는 양성자 수뿐만 아니라 전자 수를 나타낸다. **원자질량**(atomic mass, 주기율표상 원자기호 아래의 수)은 모든 동위원소에 대한 AMU의 평균값이다. 중성자 수를 알기 위해서는 원자질량에서 양성자 수를 빼고 가장 가까운 정수로 표기한다.

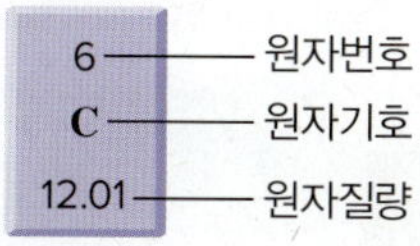

동위원소

원자의 **동위원소**(isotope)는 같은 수의 양성자를 갖지만 중성자의 수가 다르기 때문에 원자번호는 같고 질량은 다르다. 예를 들어 탄소 12(^{12}C) 원소는 6개의 중성자를 가지며, 탄소 13(^{13}C) 원소는 7개의 중성자를, 탄소 14(^{14}C) 원소는 8개의 중성자를 가진다. 그러나 세 동위원소는 모두 6개의 양성자를 가진다. 동위원소의 중성자 개수는 원소의 질량수에서 원자번호를 빼는 것으로 구할 수 있다(그림 1.1 참고).

다른 2개의 동위원소와는 달리 탄소 14는 불안정하여 시간이 경과하면서 붕괴한다. 탄소 14가 붕괴하면 방사선과 아원자 입자의 형태로 다양한 유형의 에너지를 방출하기 때문에 **방사성동위원소**(radioisotope)라고 한다.

방사능에 대한 우리의 이해는 주로 이 용어를 만들었을 뿐만 아니라 연구에 많은 기여를 한 마리 퀴리의 작업에서 비롯된다(과학의 다양성 특집 '마리 퀴리의 유산' 참고). 오늘날 생물학자들은 방사선을 사용하여 먼 과거 물체의 연대를 측정하고, 이미지를 생성하고, 질병을 치료하고, 체내 물질의 움직임을 추적한다. 다음에서 살펴보겠지만 방사성동위원소에서 방출되는 방사선은 다양한 방법으로 검출할 수 있다.

저준위 방사선

생명과학과 의학에서 화학의 중요성은 방사성동위원소를 다양한 방법으로 이용하는 것에서도 알 수 있다. 방사성동위원소는 안정 상태의 동위원소와 화학적으로 동일하게 반응한다. 시료에 소량의 방사성동위원소를 넣어주면 이를 **추적자**(tracer)로 하여 분자의 변화를 탐지할 수 있다.

몸의 기관과 조직을 형상화하기 위해서는 특정한 추적자가

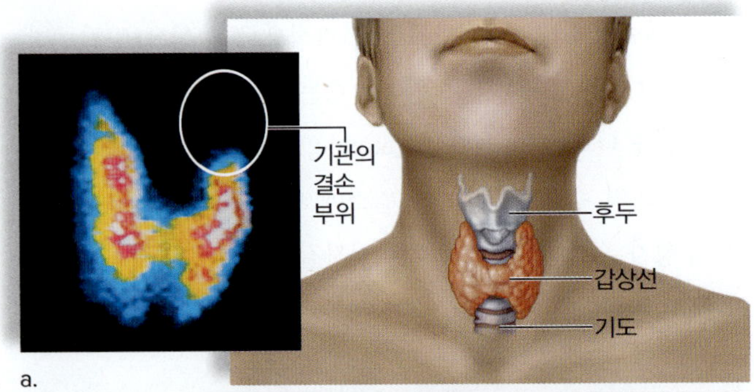

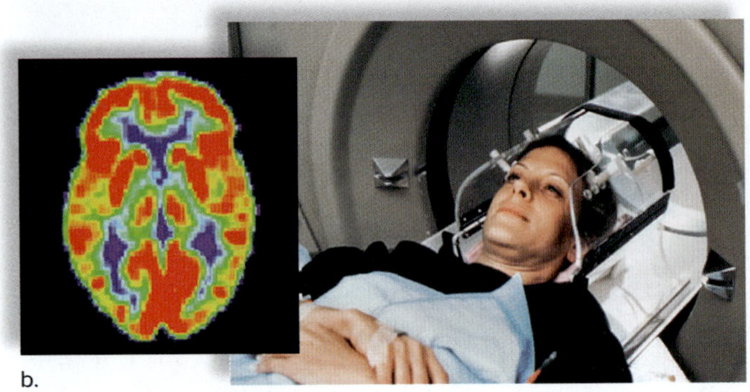

그림 1.3 저준위 방사선의 의학적 활용.
a. 갑상샘 단층촬영에서 비어 있는 위치(원으로 표시됨)는 암이 있는 부위로 방사성 요오드가 축적되지 않는다. **b.** PET(양전자 방출 단층촬영) 스캔은 뇌의 가장 활발한 부위를 보여준다(밝은 녹색으로 둘러싸인 빨간색 부위).
(사진) (a): Southern Illinois University/Science Source; (b, PET 스캔): Photo Researchers/Science History Images/Alamy Stock Photo; (b, 환자): Courtesy of National Institutes of Health

사용된다. 예를 들어 환자에게 소량의 요오드 131을 포함한 용액을 마시게 하면 요오드는 갑상샘(thyroid)에 집중적으로 농축되어 티록신 호르몬을 합성하는 데 사용된다. 갑상샘이 요오드 131을 흡수하도록 약간의 시간 경과 후 갑상샘의 영상을 분석하면 구조와 기능 면에서 이상이 있는지 여부를 알 수 있다(그림 1.3a). 양전자 방출 단층촬영(positron-emission tomography, PET)은 조직의 상대적 활성을 분석하는 또 다른 방법 중 하나이다. 양전자(positron)라고 하는 아원자 입자를 방출하는 방사성동위원소로 표지한 포도당을 체내에 주입한 다음 방출된 방사선을 감지기로 탐지하고 컴퓨터로 분석한다. 결과는 어떤 조직이 표지된 포도당을 흡수하여 대사적으로 활성을 나타내는지 컬러 이미지로 알 수 있다(그림 1.3b의 빨간색 영역). 뇌의 PET 스캔은 뇌종양, 알츠하이머병, 간질, 뇌졸중을 진단하는 데 도움을 줄 수 있다.

고준위 방사선

환경에서 발생하는 방사성물질은 세포에 유해하며 DNA를 손상하고 암을 유발할 수 있다. 2011년 일본의 후쿠시마 원자력 발전소에서 일어난 사건과 같이, 핵발전소 사고로 방사성 입자가 유출되면 인간의 건강에 광범위하고 오랜 시간 동안 영향을 미칠 수 있다.

그러나 이러한 방사성의 유해 효과는 유용한 방향으로 사용될 수도 있다. 오래전부터 방사성동위원소의 방사선은 세균과 바이러스를 살균할 목적으로 의학과 치의학에서 사용되어 왔다. 이 기술은 식품 공급의 안전성을 확보하기 위해서 점차 확대되고 있다. 특정한 종류의 방사선을 사용하면 식품에 손상을 주지 않고 살균할 수 있다. 방사선은 세균 감염으로부터 공공의 안전을 지키는 데도 사용된다. 방사선은 탄저균 같은 병원체에 오염되었을지도 모르는 우편물이나 포장물의 살균에도 사용된다.

세포를 파괴하는 방사선의 능력은 종종 암 치료에도 적용할 수 있다. 방사선이 단지 암세포만 파괴하도록 방사성동위원소를 체내에 주입하면 몸의 다른 세포에는 거의 영향을 미치지 않는다(그림 1.4). 다른 형태의 고에너지 방사선인 X선은 의학적 진단과 암 치료에 사용된다.

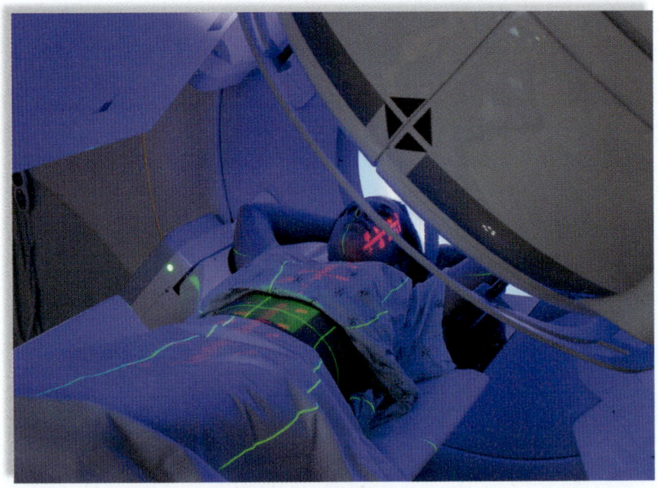

그림 1.4 고준위 방사선의 활용.
의사들은 암세포를 파괴하는 데 방사선 요법을 사용한다.
Mark Kostich/E+/Getty Images

분자와 화합물

원자는 흔히 다른 원자와 결합하여 **분자**(molecule)라는 화학적 단위를 형성한다. 1개의 산소 원자가 다른 산소 원자와 결합하면 산소 기체를 형성하는 것처럼 분자는 동일한 종류의

오늘날의 생물학 ▶ 과학의 다양성

마리 퀴리의 유산

많은 사람들처럼 당신도 **방사능**이라는 단어에 대해 호의적이지 않을 수 있다. 그러나 현대 사회는 전기, 안전한 식량 공급 및 현대 의학의 혜택을 받기 위해 방사능 개념에 크게 의존하고 있다. 생물학 분야도 마찬가지다. 세포 안에서 일어나는 여러 반응, 유전자의 변이, 유기체와 생태계가 영양분과 에너지를 처리하는 방법의 이해를 위해 방사능이 사용된다.

방사능에 대한 우리의 이해는 주로 19세기 말과 20세기 초 폴란드 과학자 마리 퀴리(Marie Curie)의 작업에 기초하고 있다(그림 1A). 그러나 그녀의 이야기는 많은 여성 과학자의 이야기와 마찬가지로 성별에 대한 장벽을 극복한 것으로 정의되기도 한다. 그녀의 삶과 연구는 과학을 근본적으로 바꾸어 놓았을 뿐만 아니라 많은 여성에게 대학교육이 허용되지 않았던 시대에 여성도 남성 동료만큼 똑똑하고 성취할 수 있음을 그녀 시대의 사람들에게 증명했다.

그녀의 연구 초기에 프랑스 과학자 앙리 베크렐(Henri Becquerel)의 방사능 발견은 퀴리와 그녀의 남편이 자신의 실험실에서 방사선 현상을 연구하도록 영감을 주었다. 비좁고 종종 환기가 잘되지 않는 환경에서 일하면서 그들은 우라늄을 함유한 특정 광물이 예상했던 것보다 실제로 훨씬 더 많은 방사선을 방출하고 있음을 발견했다. 두 사람은 이것이 새로운 원소를 암시한다고 믿었고, 퀴리는 고향인 폴란드의 이름을 따서 폴로늄이라고 명명했다. 5개월이 채 지나지 않아 퀴리는 폴로늄보다 훨씬 더 방사능이 강한 원소를 발견했는데, 그녀는 그것을 라듐이라고 명명했다.

퀴리의 연구는 새로운 원소를 발견하는 것 이상을 수행했으며, 그녀는 또한 우라늄 및 폴로늄과 같은 원소에서 방출되는 '광선'이 원자 안에서 일어나는 반응의 결과물이라는 새로운 방사능 이론을 제안했다. 이것은 물리학에서 원자가 가장 작은 입자라는 당시 널리 받아들여진 믿음에 도전하여 미래의 원자 연구에 대한 문을 열었다. 그녀는 이러한 원소들에 대해 '방사성'이라는 이름을 만들기까지 했다.

방사선에 대한 퀴리의 연구는 당대 최고의 발견 중 하나로 즉시 인정되었다. 그러나 퀴리가 1903년 노벨 물리학상 후보로 추천되었을 때, 그녀의 이름은 남편에게 유리하게 넘겨질 뻔했다. 그가 남자였기 때문에 위원회의 일부 위원은 여성이 이전에 노벨상을 받은 적이 없다는 점을 감안하여 퀴리의 업적을 남편의 공으로 돌렸다. 결국, 부분적으로는 그녀의 공을 설명했던 남편의 적극적인 노력으로 마리 퀴리는 1903년에 남편, 앙리 베크렐과 함께 노벨 물리학상을 수상하여 노벨상을 받은 역사상 최초의 여성이 되었다.

10년이 채 지나지 않은 1911년에 그녀는 두 번째 노벨상을 받았는데, 이번에는 전적으로 자신의 이름으로 화학 부문에서 수상했으며, 남녀를 불문하고 2개의 노벨상을 받은 최초의 인물이 되었다.

방사선에 대한 퀴리의 연구는 몇 가지 현실 세계 분야에서 적용되어 사용되었다. 이동식 X선 휴대기 **'쁘띠 퀴리(Petit Curies)'**는 제1차 세계대전 서부전선에서 많은 연합군 치료에 사용되었다. 오늘날 암 및 종양과 싸우는 데 사용되는 현대 의료 방사선 치료법은 퀴리의 연구에서 비롯되었으며, 원자의 불가분의 본질에 도전한 그녀의 이론은 미래의 원자 과학자들에게 영감을 주어 원자력과 원자 폭탄의 길을 터주었다.

우리가 퀴리의 공헌을 기억하듯이, 우리는 또한 그녀를 가로막는 성별 장벽에도 불구하고 그녀의 성취가 이루어졌다는 것을 인식해야 한다. 110년이 지난 후에도 여전히 여성과 과학계에서 저평가되고 있는 집단은 이 장벽에 직면하고 있다.

그림 1A 마리 퀴리.
마리 퀴리는 방사능 발견의 초기 선구자 중 한 명이었다.
Science History Images/Alamy Stock Photo

원자들 간의 결합일 수도 있다. 또는 1개의 산소 원자가 2개의 수소 원자와 결합하여 물을 만드는 것처럼 결합하는 원자들이 서로 다를 수도 있다. 이처럼 원자들이 서로 다른 경우 **화합물**(compound)이라고 한다. 원자들을 결합하는 방식에는 이온결합(ionic bond)과 공유결합(covalent bond)이 있다.

이온결합

1개 이상의 껍질을 가지는 원자들은 가장 **바깥껍질**(valence shell, 원자가껍질)에 8개의 전자를 가질 때 가장 안정하다. 이온화 반응 동안 원자들은 바깥껍질을 안정화시키기 위하여 전자를 받아들이거나 내보낸다.

그림 1.5는 소듐(Na) 원자와 염소(Cl) 원자 사이의 반응을 나타낸 것이다. 가장 바깥껍질에 1개의 전자를 가지고 있는 소듐은 1개의 염소 이온과 반응한다. 왜 그런가? 그 이유는 반응이 끝나게 되면 소듐은 염소에게 전자 하나를 내보내고 바깥껍질에 8개의 전자를 갖게 된다. 마찬가지로 염소 원자는 바깥껍질을 안정화시키려면 기존의 7개 전자에 하나를 더 받아들일 필요가 있다.

이온(ion)은 하나의 양전하(+) 또는 음전하(−)를 운반하는 입자이다. 소듐과 염소 사이의 반응이 완료되면, 소듐 이온은 양성자 수보다 1개 더 적은 전자 수를 갖게 되므로 양전하를 띠고, 염소 이온은 양성자 수보다 1개 더 많은 전자 수를 가지므로 음전하를 띤다.

소듐 이온(Na^+)	염소 이온(Cl^-)
11 양성자(+)	17 양성자(+)
10 전자(−)	18 전자(−)
1개 양전하(+)	1개 음전하(−)

반대 전하를 띤 소듐 이온과 염소 이온 사이의 인력은 **이온결합**(ionic bond)을 형성한다. 소듐은 부드러운 금속이며 물과 격렬하게 반응하고 염소는 독성 가스이다. 그러나 식탁용 소금으로 알려진 염화소듐(NaCl) 화합물은 이러한 특성을 갖지 않으며 음식물의 맛을 향상하는 데 사용된다. 이 반응에서와 같이 단일 전자의 이동은 원소의 화학적 성질을 크게 변화시킨다.

소듐과는 달리 가장 바깥껍질에 2개의 전자를 가지고 있는 칼슘은 왜 2개의 염소 원자와 반응하는 것인가? 그 이유는 칼

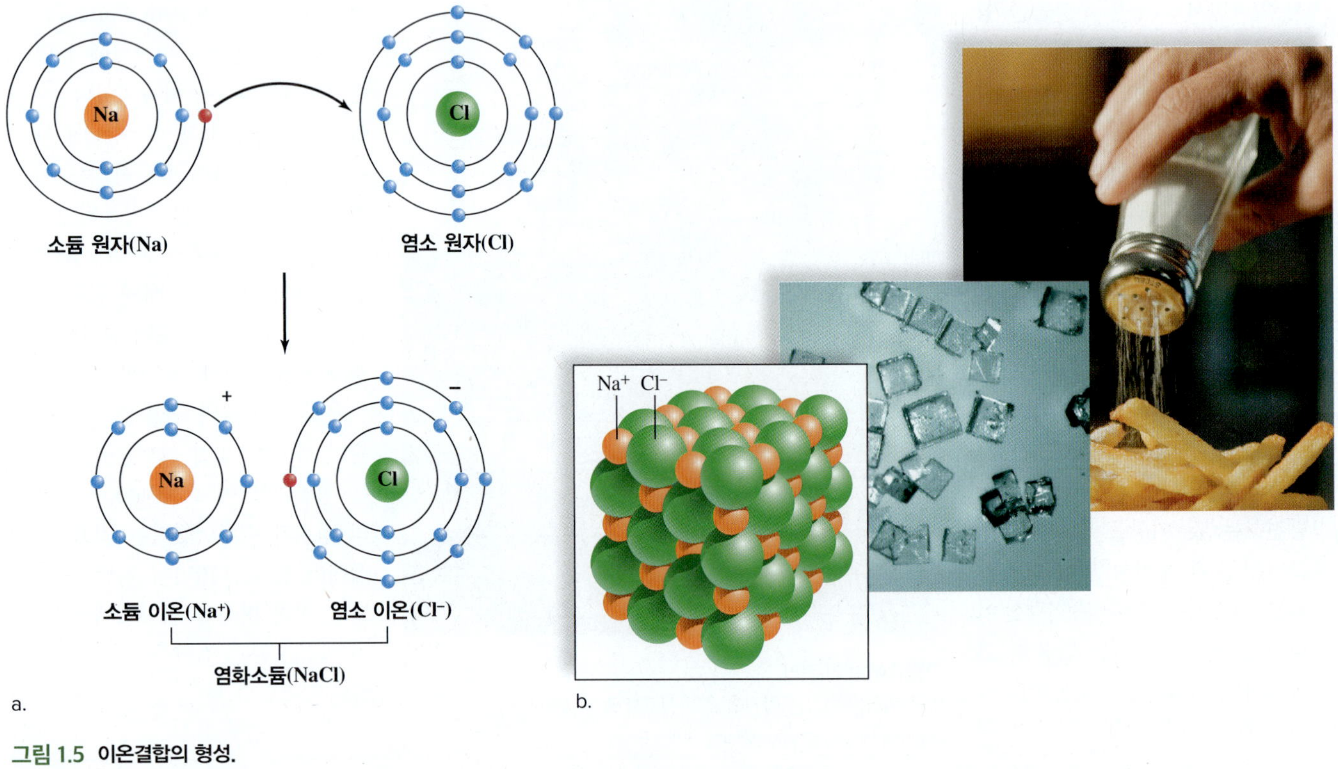

그림 1.5 이온결합의 형성.
a. 염화소듐을 형성하는 과정에서 소듐 원자로부터 전자 하나가 염소 원자로 전달된다. 반응이 완료되면 각 원자는 바깥껍질에 8개의 전자를 가지며, 각각은 그림에서 보는 것처럼 전하를 운반한다. **b.** 염화소듐 결정에서 Na^+와 Cl^- 사이의 이온결합은 이온들이 삼차원적 격자 구조를 이루게 하며, 각각의 소듐 이온은 6개의 염소 이온에 둘러싸여 있고 각각의 염소 이온도 6개의 소듐 이온에 둘러싸여 있다.
(사진) (b, 소금 결정): Evelyn Jo Johnson/McGraw Hill; (b, 소금통): PM Images/Photodisc/Getty Images

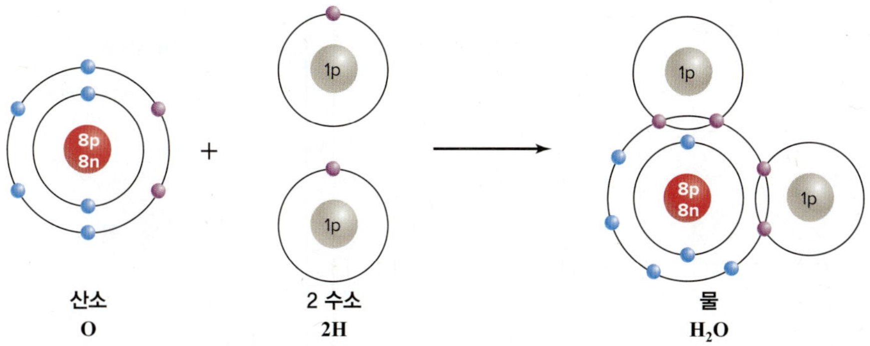

a. 산소 원자 1개와 수소 원자 2개가 공유결합으로 물을 형성한다.

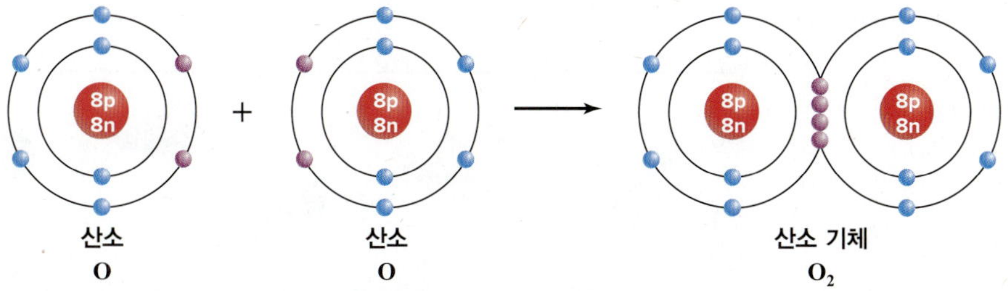

b. 2개의 산소 원자가 공유결합을 하면 산소 기체가 만들어진다.

그림 1.6 공유결합.
공유결합으로 원자는 전자를 공유하여 바깥껍질을 채울 수 있다. 전자들은 공유되어 바깥껍질의 전자들이 결합된 원자들의 양쪽 모두에 속하는 것으로 계산해야 한다. 수소는 바깥껍질에 2개의 전자를 가지는 것이 가장 안정되고, 산소는 8개일 때 가장 안정된다. 그러므로 물의 분자식은 (**a**) H_2O, 산소 기체는 (**b**) O_2이다.

슘은 2개의 전자를 내보내야 하는데, 염소 원자는 기존에 7개의 전자를 가지고 있으므로 바깥껍질을 안정화하는 데 각각 1개의 전자만 더 필요하다. 그 반응의 결과로 염화칼슘($CaCl_2$)염이 만들어진다. 염화칼슘은 눈이 내리는 추운 날씨에 제설제로 사용된다.

우리 몸에서 다양한 이온의 균형은 건강에 매우 중요하다. 혈액에 소듐이 너무 많으면 고혈압을 일으킨다. 칼슘을 충분하게 섭취하지 못한 어린이는 뼈가 휘어지는 구루병(ricket)이 발생할 수 있다. 포타슘이 과다하거나 부족하면 심장박동이 불규칙해진다. 중탄산염(bicarbonate), 수소(hydrogen) 및 수산화물(hydroxide) 이온은 모두 몸의 산-염기 평형을 유지하는 데 관여한다(1.2절 참고).

공유결합

공유결합(covalent bond)에서는 원자가 전자를 공유한다. 그림 1.6에서 중첩된 가장 바깥껍질은 원자가 전자를 공유하고 있는 것을 보여주고 있다. 마치 악수할 때 두 손을 사용하는 것처럼, 각 원자는 전자를 1개씩 제공하여 전자쌍을 공유한다. 이 전자들은 각 원자의 바깥껍질에서 시간의 일부를 유지함으로써 결합하고 있는 원자들 양쪽에 속하는 것으로 계산한다.

이중 및 삼중결합 원자가 한 쌍의 전자만 공유하는 단일결합 이외에도 이중결합 또는 삼중결합을 만들 수 있다. 이중결합에서 원자는 두 쌍의 전자를 공유하고, 삼중결합에서 각 원자는 세 쌍의 전자를 공유한다. 예를 들어 그림 1.6b에서 단일 산소 원자(O)는 바깥껍질에 8개의 전자를 충족하려면 2개의 전자가 추가로 필요하다. 모식도에서 가장 바깥쪽 중첩된 껍질에 4개의 전자가 배치됨에 주목하라.

구조식과 분자식 공유결합은 몇 가지 방식으로 나타낼 수 있다. 그림 1.6의 모식도와는 달리 구조식에서는 원자들 사이 공유결합을 직선으로 표현한다. 각 선은 한 쌍의 공유전자를 나타낸다. 분자식은 한 분자를 구성하는 원자의 종류와 그 수를 나타낸 것이다. 이를 비교하면 다음과 같다.

> 구조식: H—O—H, O=O
> 분자식: H_2O, O_2

이산화탄소에 대한 구조식과 분자식은 어떻게 되는가? 탄소는 바깥껍질에 4개의 전자를 가지므로 바깥껍질에 8개의 전자를 충족하려면 4개의 전자가 더 필요하다. 각각의 산소는 바깥껍질에 6개의 전자를 가지므로 바깥껍질을 충족하는 데

2개의 전자만 필요하다. 그러므로 탄소는 각 산소 원자와 두 쌍의 전자를 공유하며 식은 다음과 같다.

구조식: O=C=O

분자식: CO_2

진도 점검하기 1.1

1. 마그네슘 원자의 전자 수, 중성자 수와 양성자 수는 몇 개인가? (그림 1.1 참고)
2. 산소동위원소인 ^{16}O와 ^{18}O에는 각각 몇 개의 중성자가 존재하는가? (그림 1.1 참고)
3. 방사성동위원소의 유용성을 설명하시오.
4. 이온결합과 공유결합의 구조적 차이를 예를 들어 설명하시오.

개념 연결하기

생물학 연구는 화학에 확고한 기반을 두고 있다. 이 관계에 대한 자세한 내용은 다음 논의를 참고하시오.

2.3절 세포가 세포막을 가로질러 이온을 이동시키는 방법을 살펴본다.

10.3절 비뇨계통이 이온을 사용하여 항상성을 유지하는 방법을 살펴본다.

1.2 물과 생명체

학습 목표

이 절을 학습한 후 다음 사항을 할 수 있어야 한다.

1. 물의 성질을 나열할 수 있다.
2. 물의 성질에서 수소결합의 역할을 설명할 수 있다.
3. pH 척도 구조와 생명체계에서 완충제의 중요성을 요약할 수 있다.

물은 살아 있는 생명체에서 가장 풍부한 분자이며 체중의 약 60~70%를 차지한다. 또한 물의 물리적 및 화학적 특성이 우리 몸에서 생명현상을 가능하게 한다.

물 분자에서 전자는 수소(H) 원자보다 산소(O) 원자 주위를 돌면서 더 많은 시간을 보낸다. 그 이유는 산소는 더 큰 원자이며, 크기가 더 작은 수소 원자보다 전자를 끌어당기는 능력이 더 크기 때문이다. 음전하를 띠는 전자가 산소 원자에 더

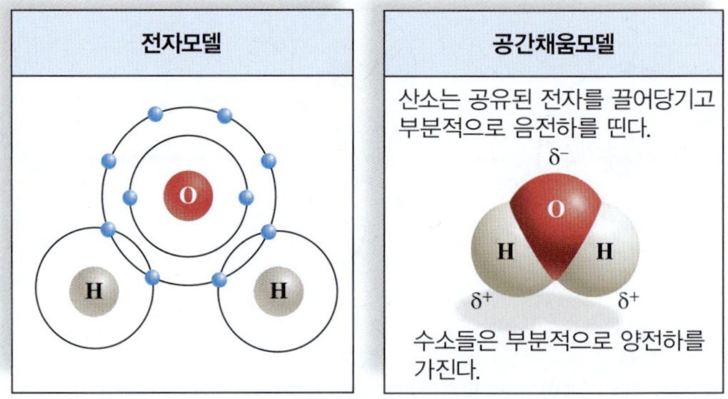

a. 물(H_2O)

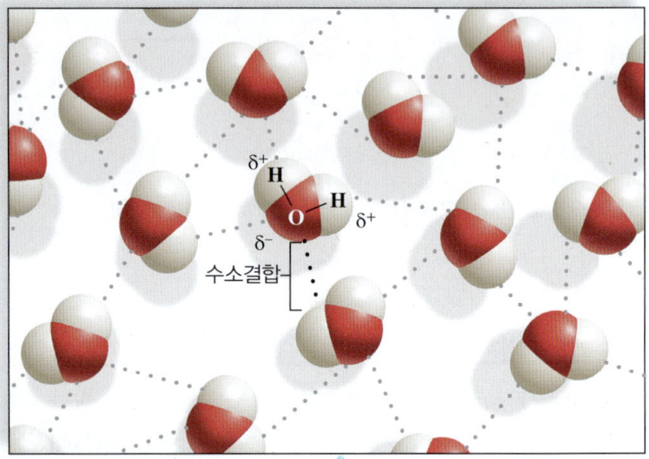

b. 물 분자 사이의 수소결합

그림 1.7 수소결합과 물 분자들.
a. 물 구조에 대한 두 가지 모델. 왼쪽 그림은 산소와 수소 원자 사이에서 전자가 공유되는 것을 나타낸다. 오른쪽 그림은 전자가 똑같이 나누어지지 않으므로 물이 극성 분자임을 나타낸 것이다. 전자는 산소 쪽에 더 가깝게 끌려가 부분적으로 음전하(δ^-)를 띤다. 반면에 수소는 부분적으로 양전하(δ^+)를 띤다. **b.** 이러한 부분적인 전하는 물 분자들 사이에서 일시적으로 수소결합(점선)이 형성되게 한다.

가깝기 때문에 산소 원자는 약한 음전하를 띠며, 반대로 수소 원자는 약한 양전하를 가진다. 그러므로 물은 **극성**(polar) 분자이다. 분자의 산소 쪽 끝은 약한 음전하(δ^-)를, 그리고 수소 쪽 끝은 약한 양전하(δ^+)를 가진다. 물 분자의 구조가 그림 1.7a에 있다.

수소결합

수소결합(hydrogen bond)은 공유결합을 하고 있는 수소가 약한 양전하를 띠고 있어서 가까운 곳에 있는 음전하를 띤 원자에게 끌릴 때 형성된다. 수소결합은 수소와 산소 또는 수소와 질소 원자 사이에서 주로 일어난다. 수소결합은 비교적 약하

고 쉽게 깨질 수 있기 때문에 점선으로 표시한다.

그림 1.7b에서 각각의 수소 원자가 약한 양전하를 가지고 있어서 다른 물 분자의 약한 음전하를 띤 산소 원자와 결합하는 것을 볼 수 있다.

물의 성질

세포는 물에서 기원하였으며, 모든 살아 있는 생명체의 약 70~90%가 물로 구성되어 있다. 수소결합 때문에 물 분자들은 서로 끌어당겨 응집하며, 물의 독특한 화학적 특성은 이러한 결합에 기인한다. 물 분자 사이에 수소결합이 없다면 물은 −100°C에서 얼게 되고 −91°C에서 끓게 되어 지구상 대부분의 물은 수증기로 변하고 생명체는 살 수 없을 것이다. 그러나 물 분자는 수소결합이라는 특성 때문에 0°C에서 얼고 100°C에서 끓는다(부록 참고). 우리가 알고 있듯이 물의 독특한 성질은 생명체의 존재에 필수적이다. 이와 같은 이유로 과학자들이 다른 행성에서 생명체를 발견하고자 할 때 처음으로 찾는 것이 물의 존재 여부이다.

물은 열용량이 높다 1**칼로리**(calorie)는 물 1 g의 온도를 1°C 상승시키는 데 필요한 에너지이다. 이와 비교하여 다른 공유결합 액체는 1°C 상승시키기 위해서는 절반 정도의 에너지가 필요하다. 물 분자를 연결하고 있는 많은 수소결합은 온도의 큰 변화 없이 물이 열을 흡수하도록 도와준다. 가장 차가운 물 1 g을 얼음으로 변환하려면 80칼로리의 열에너지 손실이 요구된다(그림 1.8a). 물은 다른 액체에 비하여 열을 유지하는 능력이 우수하여 그 온도가 서서히 내려간다. 물의 온도가 느리게 상승하기 때문에 정상적으로 내부 온도를 더 잘 유지할 수 있으며 급격한 온도 변화로부터 우리 몸과 다른 생물들을 보호한다.

물은 기화열이 높다 물이 끓게 되면 기화되어 증발하게 된다. 뜨거운 물 1 g을 수증기로 전환하는 데 540칼로리의 열에너

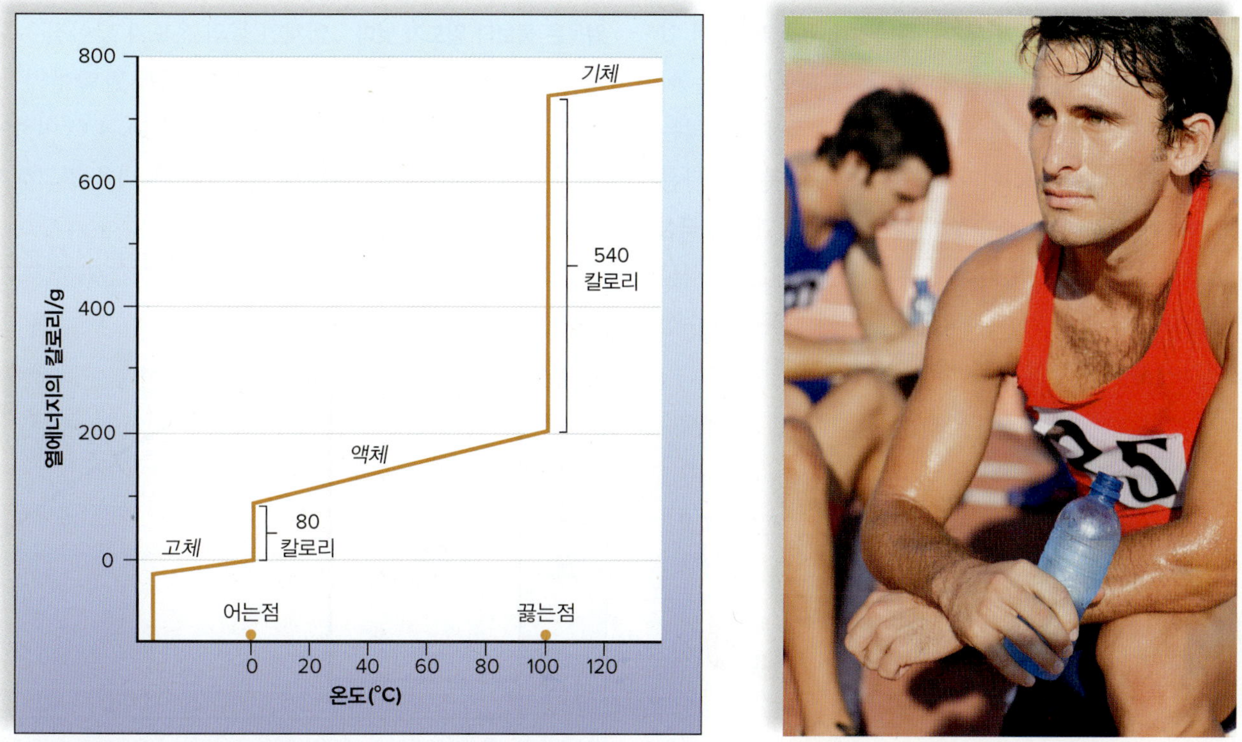

a. 1 g의 물이 얼 때 요구되는 칼로리와 1 g의 물이 기화될 때의 칼로리

b. 물의 높은 기화열은 몸을 식혀줄 때 유용하다.

그림 1.8 온도와 물.

a. 물의 높은 열 저장 능력은 액체로부터 기체로의 변화를 방해한다. 만일 물이 낮은 온도에서 기체로 변한다면 생명체는 살 수 없을 것이다. **b.** 우리 몸의 열은 땀을 증발시킴으로써 온도가 올라갈 때 몸을 식혀준다.

(b): Clerkenwell/Getty Images

지가 필요하다. 물이 끓기 전에 수소결합이 끊어져야 하기 때문에 물은 높은 기화열을 가진다. 물의 높은 기화열은 우리 인체가 더운 환경에서 과도한 체온을 낮추는 데 효과적인 방법을 제공한다. 우리가 땀을 흘리거나 소변으로 물을 배출할 때 체열이 사용됨으로써 체온을 낮출 수 있다(그림 1.8b). 물의 높은 기화열과 열 흡수 능력 때문에 해안 쪽 온도는 적절히 유지된다. 여름 동안 바다는 태양에너지를 흡수하여 저장하고, 겨울에는 서서히 방출한다. 반대로 대륙의 내륙 지방은 급격한 온도 변화를 겪게 된다.

물은 용매이다 물은 극성을 띠고 있어 우리 몸 안팎에서 화학 반응을 촉진한다. **용매**(solvent)로서 물은 다양한 물질(특히 물과 같이 극성을 띤)을 용해시킬 수 있다. **용액**(solution)은 **용질**(solute)이라 하는 다양한 물질을 포함한다. 이를테면 염화소듐(NaCl)과 같은 염을 물에 넣으면 물 분자의 음전하성 말단은 소듐 이온으로 끌리며, 물 분자의 양전하성 말단은 염소 이온으로 끌린다. 이로 인해서 소듐 이온과 염소 이온은 분리되어 물에 용해될 수 있게 된다.

물과 상호작용하는 이온과 분자는 **친수성**(hydrophilic)이 있다고 한다. 이온이나 분자가 물에 흩어지게 되면 그들은 이동하고 부딪치면서 반응하게 된다. 물과 상호작용하지 않는 분자를 **소수성**(hydrophobic)이라고 한다. 친수성 분자는 다른 극성 분자들과 반응하며, 소수성 물질은 대체로 다른 **비극성**(nonpolar) 분자들과 반응한다. 1.3절에서 알 수 있듯이 식물성 기름을 포함한 많은 기름은 비극성을 띠기 때문에 소수성이다. 이것이 물과 기름이 잘 섞이지 않는 이유이다.

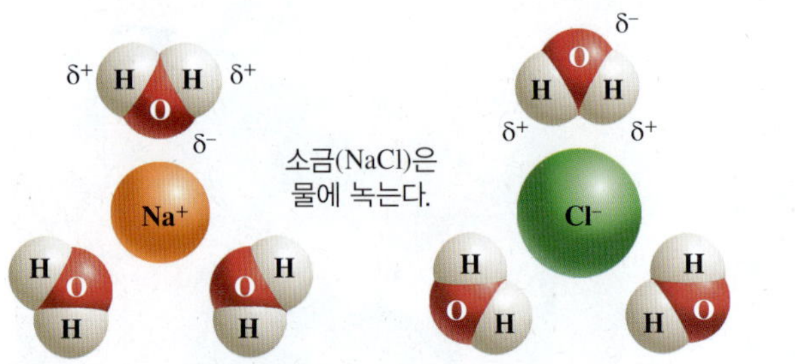

물 분자는 응집력과 접착력을 가진다 **응집력**(cohesion)은 물 분자가 서로 수소결합으로 결합할 수 있는 능력을 말한다. 물 분자는 언제든 최대 4개의 다른 물 분자와 수소결합을 형성할 수 있다. 응집력은 지구 표면에 존재하는 온도와 압력 조건에서 물을 액체 상태로 유지시킨다. 이러한 물의 강한 응집력은 물 분자가 서로 분리되지 않고 자유롭게 흐를 수 있게 한다.

> **생활 속의 생물학**
>
> **물의 응집력은 여러분을 숨 쉴 수 있게 한다.**
>
> 여러분은 숨을 쉴 때마다 물의 응집력을 경험하고 있다. 어떻게? 여러분의 가슴안(흉강)에는 얇은 물막이 폐 표면과 내부 흉벽을 모두 덮고 있다. 숨을 들이쉬는 동안 갈비뼈가 확장하면서 응집력으로 인해 폐가 흉벽에 달라붙어 폐가 열리고 숨을 쉴 수 있다.

접착력(adhesion)은 물 분자가 다른 극성 표면에 결합할 수 있는 능력을 제공하며, 이것이 물의 극성이다. 인간을 포함한 많은 동물은 영양소와 노폐물의 이동을 위한 관을 가지며, 물의 응집력과 접착력은 혈액을 심장혈관계통의 심장혈관을 흐를 수 있게 한다. 예를 들어 인체에서 용해되고 부유된 물질을 운반하는 혈액의 92%가 물이다. 혈액 속 물은 영양소와 산소를 세포로 수송하고 노폐물 제거를 돕는다.

얼음은 물보다 밀도가 낮다 액체인 물의 온도가 낮아질수록 분자들은 서로 가깝게 결합한다. 물은 4°C에서 밀도가 가장 높지만, 물 분자는 여전히 유동적이다(그림 1.9). 4°C 이하에서 물 분자는 진동운동만 일어나고 수소결합은 더욱 견고해지지

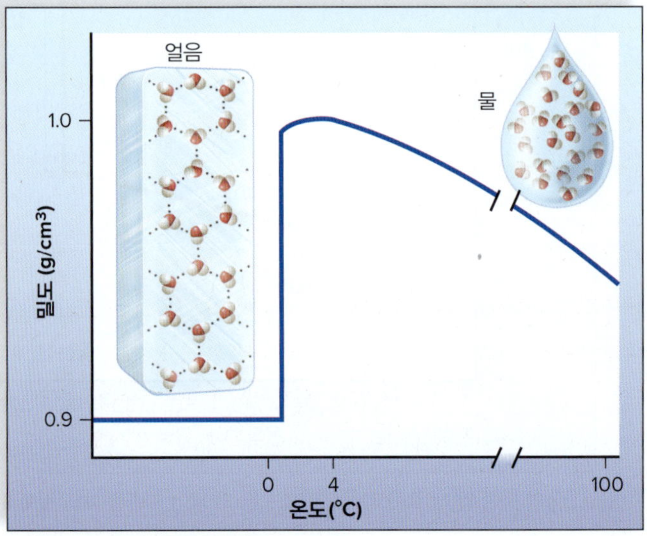

그림 1.9 얼음은 물보다 밀도가 낮다.
얼음의 수소결합은 물의 수소결합보다 더 멀리 떨어져 있기 때문에 얼음은 물보다 밀도가 낮다.

만 여전히 개방적이다. 즉, 물이 0°C에 도달하여 수소결합의 거리가 멀어지면 얼면서 팽창한다. 따라서 음료수병을 냉동고에 넣어두면 터지는 일이 생기고, 북부 지방에서 겨울철 도로의 서리가 도로 위를 울퉁불퉁하게 만드는 것이다. 얼음은 액체에 비하여 치밀도가 떨어지고 가볍기 때문에 물 위에 떠오르게 된다.

이러한 물의 특성은 많은 수중 생태계에서 중요한 역할을 한다. 만일 얼음이 물 위에 뜨지 않고 바닥에 가라앉게 된다면 연못이나 호수, 그리고 심지어 바다까지 모두 얼게 될 것이고 물에서뿐만 아니라 육지에서도 생명체가 살지 못하게 될 것이다. 그러나 물은 항상 위에서부터 아래로 내려가면서 언다. 따라서 얼음은 아래쪽 물이 어는 것을 방지하는 단열재의 역할을 하고, 수생생물들은 겨울에도 살아남을 수 있다. 또한 봄에 얼음이 녹으면서 환경으로부터 열을 흡수하여 생명체에 치명적인 갑작스러운 온도 변화에 대응하는 데 도움을 준다.

산과 염기

물 분자가 해리되면 같은 수의 수소 이온(H^+)과 수산화 이온(OH^-)이 방출된다.

$$\underset{\text{물}}{H—O—H} \rightleftharpoons \underset{\text{수소 이온}}{H^+} + \underset{\text{수산화 이온}}{OH^-}$$

단지 소수의 물 분자만이 동시에 해리되며 실제 H^+와 OH^-의 수는 10^{-7} mole/L이다. **몰**(mole)은 원자, 이온, 분자에 대한 측정 단위이다.

산성 용액(높은 H^+ 농도)

레몬주스, 식초, 토마토, 커피는 모두 산성 용액이다. 이들 용액의 공통점은 무엇일까? **산**(acid)은 물에서 해리되는 물질이며 수소 이온(H^+)을 방출한다. 물질의 산성(acidity)이란 그 물질이 물에서 얼마나 완전히 해리되는가에 달려 있다. 예를 들어 중요한 무기산인 염산(HCl)은 다음과 같은 방식으로 물에서 해리된다.

$$HCl \longrightarrow H^+ + Cl^-$$

만일 염산을 비커의 물에 첨가하면 수소 이온(H^+)의 수가 크게 증가한다. 우리 몸에서 염산은 위에서 만들어지며 음식의 소화를 돕는다.

염기성 용액(낮은 H^+ 농도)

마그네시아 유제나 암모니아는 흔히 알려진 염기성 물질이다. **염기**(base)는 수소 이온(H^+)을 흡수하거나 수산화 이온(OH^-)을 방출하는 물질이다. 예를 들어 중요한 수산화소듐(NaOH)은 다음처럼 거의 완전히 해리된다.

$$NaOH \longrightarrow Na^+ + OH^-$$

만일 비커의 물에 수산화소듐을 첨가하면 수산화 이온의 수가 증가한다. 수산화소듐은 가성소다(lye)라고도 하며 배수구를 청소하는 많은 제품에 포함된다.

일부 종류의 산이나 염기는 매우 강하며 H^+ 또는 OH^- 이온을 제공한다. 이러한 종류는 세포를 파괴하기 때문에 강산이나 강염기를 맛보아서는 안 된다. 암모니아나 표백제와 같은 가정용 세척 용제에는 독극물이라는 표시가 되어 있으며 먹지 말라는 강력한 경고 표지가 붙어 있다.

pH 척도

pH 척도(pH scale)는 용액의 산성도와 염기성(알칼리성) 정도를 나타내는 데 사용된다. pH 척도의 범위는 0~14이다(그림 1.10). 동일한 수의 수소 이온과 수산화 이온을 가지고 있는 pH 7은 중성을 의미한다. 수소 이온의 농도가 수산화 이온보다 높아서 pH 7 이하인 경우를 산성 용액이라 하며, 그 반대의 경우 염기성 용액이라고 한다. pH 14에서 0까지 정수로의 변화는 10배의 산성을 나타내고,[1] 0에서 14로 한 단위씩 올라갈수록 염기성이 10배 증가함을 의미한다. 따라서 pH 5는 pH 7에 비하여 100배 이상 산성임을 의미하며 pH 3에 비하여 100배 이상 염기성임을 의미한다.

pH 척도는 복잡한 숫자의 사용을 없애기 위하여 고안되었다. 예를 들어 용액의 수소 이온 농도는 왼쪽에 있고, pH는 오른쪽에 표시되어 있다.

---

[1] pH는 수소 이온 농도[H^+]의 음의 상용로그로 정의된다.

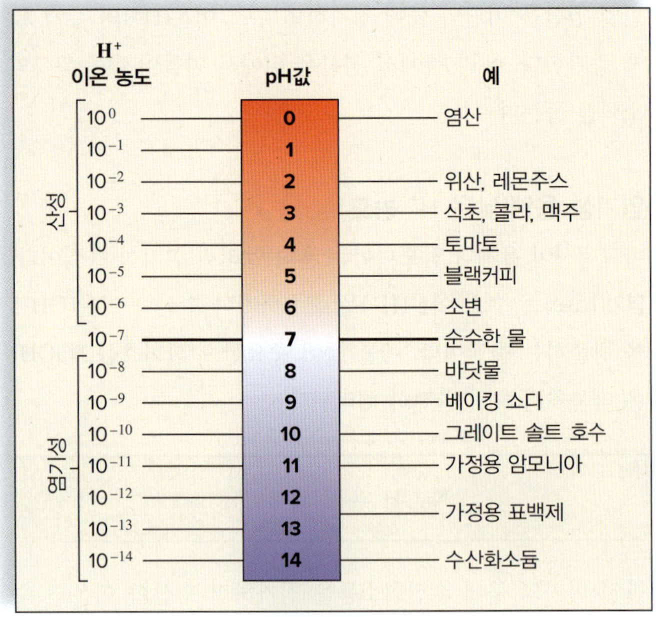

그림 1.10 pH 척도.
pH 척도의 눈금은 0~14까지로 나타낸다. 0은 산성도가 가장 높고, 14는 염기성이 가장 높다. pH 7 용액(중성 pH)은 동일한 수소 이온(H^+)과 수산화 이온(OH^-)을 가진다. 산성 pH는 OH^-보다 H^+를 더 많이 가지며, 염기성 pH는 H^+보다 OH^-를 더 많이 가진다. 우리가 일상생활에서 자주 접하는 몇 가지 용액에 대한 pH를 제시하였다.

	$[H^+]$ (리터당 몰 수)	pH
0.000001	$= 1 \times 10^{-6}$	6
0.0000001	$= 1 \times 10^{-7}$	7
0.00000001	$= 1 \times 10^{-8}$	8

완충제

생명체에서 생태계에 이르기까지 해로운 일이 발생하지 않도록 좁은 범위 내에서 pH를 유지해야 한다. 일반적으로 우리 몸과 환경은 pH의 변화를 억제하는 **완충제**(buffer)를 가지고 있기 때문에 유지될 수 있다. 완충제는 충분한 수소 이온(H^+)과 수산화 이온(OH^-)을 포함하는 화학물질 또는 화학물질의 조합물이며, pH를 정상 범위 내로 유지하는 데 도움을 준다. 예를 들어 탄산(H_2CO_3)은 다음과 같은 방식으로 최소한 해리된 후 재구성되는 약산이다.

$$\underset{\text{탄산}}{H_2CO_3} \underset{\text{해리}}{\overset{\text{재형성}}{\rightleftharpoons}} \underset{\text{수소 이온}}{H^+} + \underset{\text{중탄산 이온}}{HCO_3^-}$$

우리가 건강할 때 혈액의 pH는 항상 약 7.4로 약한 염기성(알칼리성)이다. 혈액은 항상 약간의 탄산과 약간의 중탄산염 이온을 가지고 있다. 혈액에 수소 이온(H^+)이 첨가되면 다음과 같은 반응이 일어난다.

$$H^+ + HCO_3^- \longrightarrow H_2CO_3$$

수산화 이온(OH^-)이 혈액에 첨가되면 다음과 같은 반응이 일어난다.

$$OH^- + H_2CO_3 \longrightarrow HCO_3^- + H_2O$$

이들 반응은 혈액의 pH에 어떤 중대한 변화도 일어나지 못하게 억제한다.

생태계에서 산성비나 눈이 내리게 되면 토양이나 물에 있는 자연환경의 완충 기능이 파괴되어 문제가 발생한다. 비는 일반적으로 pH 5.7이지만, 애팔래치아산맥에서는 pH 2.6의 비가 매년 기록되고 있다. 왜 이렇게 낮은 pH의 비가 내리는가? 화석연료를 연소시키면 대기 중으로 아황산가스(SO_2)와 산화질소(NO_2)가 배출되어 산성비를 내리게 한다. 이 가스들은 대기 중에서 물과 결합하여 황산(H_2SO_4)과 질산(HNO_3)을 생성한다. 산성비는 동상을 파괴하고 삼림을 황폐하게 만든다. 또한 산성비는 호수와 하천의 물고기도 죽게 한다.

진도 점검하기 1.2

1. 물의 특성을 나열하고, 수소결합이 물의 특성에 어떻게 관여하는지 설명하시오.
2. pH 5인 용액과 pH 3인 용액의 차이점을 설명하시오.
3. 산과 염기에서 수소 이온의 농도를 비교하시오.

개념 연결하기

물의 특성은 인간의 생리작용과 항상성 유지에 중요한 역할을 한다. 몇 가지 사례에 대한 자세한 내용은 다음 논의를 참고하시오.

4.6절 신체가 순환계통을 사용하여 영양소를 이동시키는 방법을 살펴본다.

9.6절 호흡계통이 혈액의 pH를 조절하는 데 어떻게 도움이 되는지 살펴본다.

10.4절 콩팥이 신체의 수분과 pH 항상성을 유지하는 방법을 살펴본다.

1.3 생명체의 분자

학습 목표

이 절을 학습한 후 다음 사항을 할 수 있어야 한다.

1. 세포에서 발견되는 유기 분자 네 종류를 제시할 수 있다.
2. 유기 분자가 합성, 분해되는 과정을 설명할 수 있다.

유기 분자(organic molecule)의 범주에는 탄수화물, 지질, 단백질, 핵산 네 종류가 있으며, 이들은 세포에서 특징적인 분자이다. 생물학에서 '유기물(organic)'이라 함은 식품을 재배한 방식(유기농)을 뜻하는 것이 아니라 탄소(C)와 수소(H)를 포함한 분자를 뜻하며, 이는 일반적으로 생명체와 연관되어 있다.

세포에서 각 유기 분자는 소단위체(subunit)로 구성되어 있다. 세포는 많은 소단위체를 포함하는 **고분자**(macromolecule)를 만들 때 합성반응의 한 유형으로 **탈수반응**(dehydration reaction)을 이용한다. 탈수반응에서는 물 분자에 대응하는 하나의 —OH(수산기)와 —H(수소 원자)가 빠져나가면서 분자가 형성된다(그림 1.11a). 이 반응은 화차를 얼마나 많이 연결하는가에 따라서 그 길이가 결정되는 기차를 연상하게 한다. 세포들은 고분자를 분해하기 위해 분자들 간의 결합이 끊어지는 반응으로 물이 첨가되는 **가수분해반응**(hydrolysis reaction)을 이용한다(그림 1.11b).

진도 점검하기 1.3

1. 유기 분자와 무기 분자의 차이점을 설명하시오.
2. 유기 분자 네 종류를 나열하시오.
3. 탈수반응과 가수분해반응의 차이점을 설명하시오.

개념 연결하기

유기 영양소는 세포 형성에 중요한 역할을 할 뿐만 아니라 에너지원의 역할도 한다. 자세한 내용은 다음 논의를 참고하시오.

2.6절 신체가 어떻게 유기 영양소를 에너지원으로 사용하는지 살펴본다.

8.1~8.4절 소화계통이 유기 영양소를 처리하고 운송 준비를 하는 방법을 살펴본다.

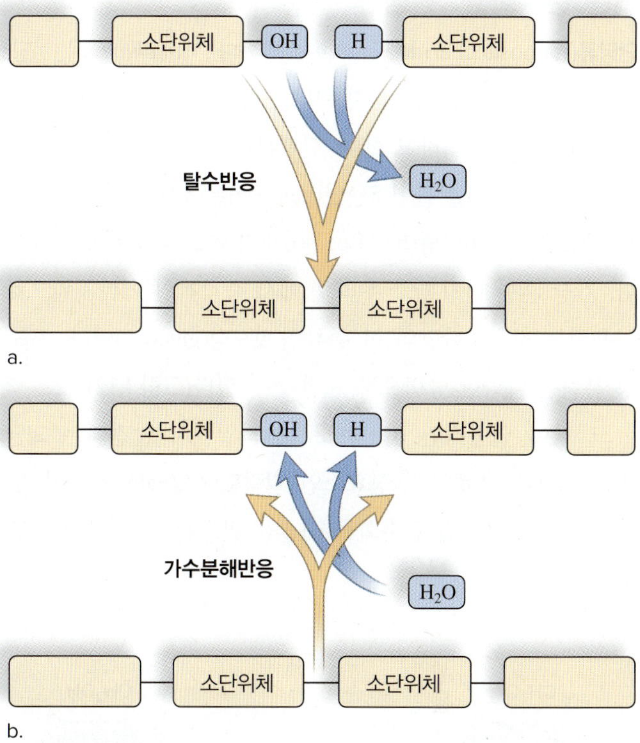

그림 1.11 고분자의 합성과 분해.
a. 탈수반응으로 소단위체가 결합하고, 물이 빠져나가면서 거대분자를 형성한다. **b.** 역반응으로 거대분자가 가수분해반응에 의하여 나뉜다.

1.4 탄수화물

학습 목표

이 절을 학습한 후 다음 사항을 할 수 있어야 한다.

1. 탄수화물의 기본적 화학 성질을 요약할 수 있다.
2. 인간의 생리작용에서 탄수화물의 역할을 정의할 수 있다.
3. 단순 또는 복합 탄수화물의 구조를 비교할 수 있다.
4. 식품에서 식이섬유의 중요성을 설명할 수 있다.

탄수화물(carbohydrate)은 인간을 포함한 모든 생명체가 보편적으로 이용하는 에너지원이다. 식물 및 세균과 같은 일부 생명체에서는 탄수화물이 구조적 기능도 담당한다. 탄수화물 분자는 탄소, 수소, 산소가 결합해 H—C—OH 원자단을 구성하여 CHO로 약칭하여 말한다. 수소 원자(H)와 산소 원자(O)의 비가 약 2:1인 것이 특징이다. 이 비율은 물에서도 동일하다(그리스어로 *hydros*는 '물'을 의미함).

단순 탄수화물: 단당류

단당류(monosaccharide: *mono*-는 '하나', *saccharide*는 '당'을 의미함)는 단일 당 분자로만 구성되며 일반적으로 단순당(simple sugar)이라고 한다. 단당류는 3~7개의 탄소골격을 가질 수 있다. 예를 들어 5탄당(pentose)은 5개의 탄소를 가지는 단당류이고, 6탄당(hexose)은 6개의 탄소를 갖는 단당류이다. 가장 흔한 단당류와 우리 몸에서 즉각적인 에너지원으로 사용되는 것은 6탄당의 한 종류인 **포도당**(glucose)이다. 포도당 분자는 다양한 방법으로 표현할 수 있다(그림 1.12).

그 밖에 일반적인 6탄당으로는 과일에서 발견되는 과당(fructose)과 우유의 구성요소인 갈락토오스(galactose)가 있다. 단당류는 더 긴 탄수화물 사슬을 만드는 데 사용되는 단량체이다.

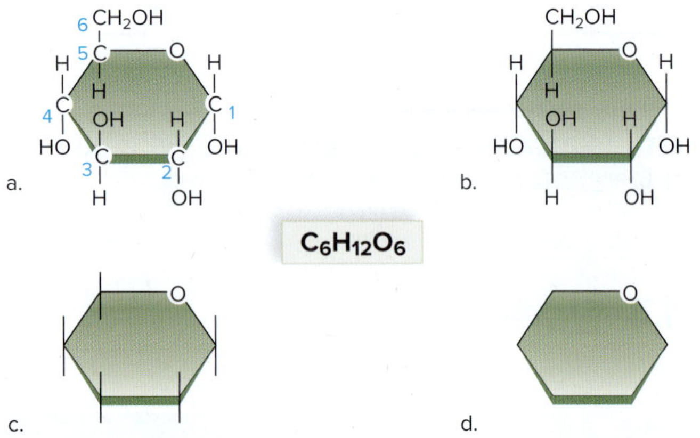

그림 1.12 포도당.
포도당은 세포의 에너지로 공급되는 가장 일반적인 형태의 단당류이다. 각 구조식은 포도당을 표현한다. **a.** 탄소골격에 연결된 모든 그룹이 표시되어 있다. **b.** 탄소골격이 생략되어 있다. **c.** 탄소골격과 연결된 그룹이 생략되어 있다. **d.** 하나의 산소 원자를 포함하는 고리 모양만 표시되어 있다.

이당류

이당류(disaccharide: *di*-는 '둘', *saccharide*는 '당'을 의미함)는 탈수반응에 의해서 2개의 단당류가 함께 결합되어 만들어진다. 엿당(maltose)은 2개의 포도당 분자 사이에서 탈수반응을 통하여 만들어지는 이당류이다(그림 1.13). 우리 몸에서 가수분해 소화액이 엿당을 분해하면 그 결과로 2개의 포도당 분자가 만들어진다.

포도당과 과당이 결합하면 이당류인 수크로오스(sucrose)가 형성된다. 수크로오스는 주로 사탕수수와 사탕무로부터 생산되며 일반적으로 테이블 설탕으로 알려져 있다. 우유에 들어 있는 이당류인 젖당(lactose)은 포도당과 갈락토오스가 결합된 형태이다. 일부 사람은 젖당을 분해할 수 없는 젖당 불내증으로 유제품을 섭취하면 불쾌한 위장 증상이 나타난다.

복합 탄수화물: 다당류

녹말, 글리코겐, 셀룰로오스(cellulose)와 같은 고분자는 많은 포도당 단위체를 가지고 있는 **다당류**(polysaccharide: *poly*-는 '많은'을 의미함)이다. 길이가 길기 때문에 때로는 복합 탄수화물이라고도 한다.

녹말과 글리코겐은 각각 식물과 동물에서 포도당이 저장된 중합체이다. 이 중합체의 길이는 다양하며 수천 개의 포도당이 연결될 수 있다. 녹말과 글리코겐은 모두 세포의 에너지 요구를 충족하기 위해 포도당을 저장하는 데 사용된다.

식물은 **녹말**(starch) 형태로 다량의 포도당을 저장한다. 녹말은 가지 또는 가지가 없는 구조를 가질 수 있다(그림 1.14).

동물은 **글리코겐**(glycogen) 형태로 다량의 포도당을 저장한다. 사람과 다른 척추동물 간에는 간세포가 있으며 이곳에 글

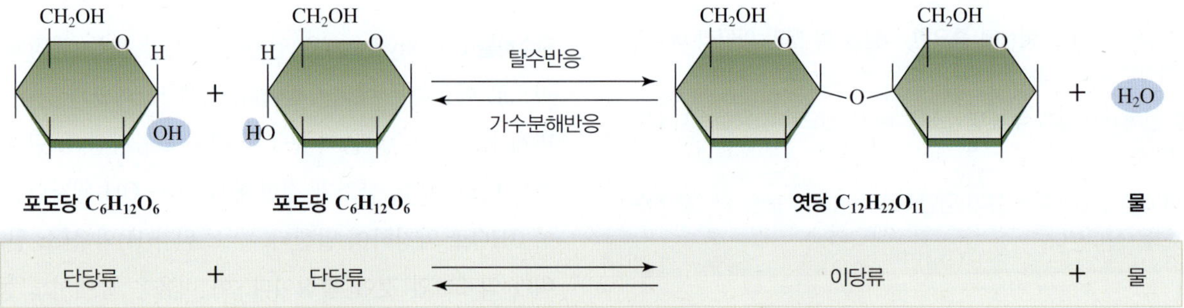

그림 1.13 이당류의 합성과 분해.
이당류인 엿당은 포도당 분자 2개의 탈수반응으로 만들어진다. 엿당의 분해는 물이 첨가되는 가수분해반응을 통하여 일어난다.

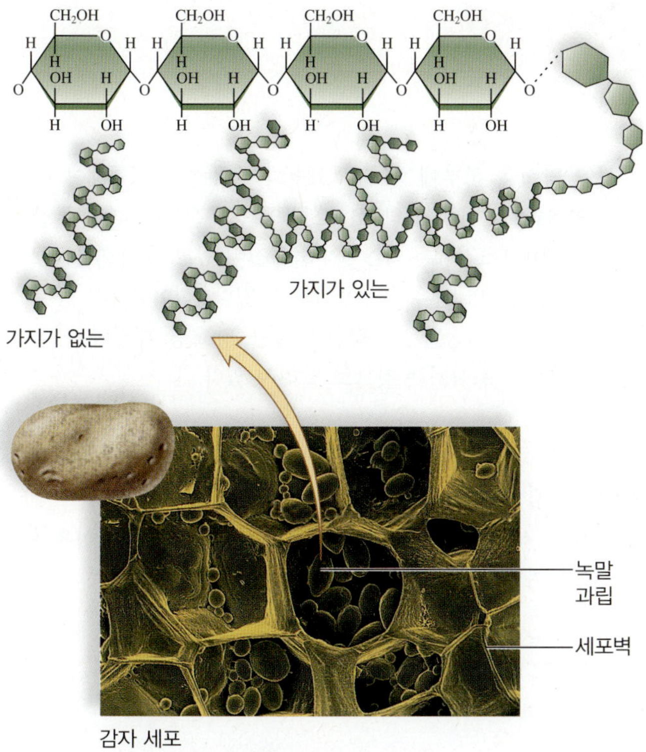

그림 1.14 녹말은 식물성 복합 탄수화물이다.
녹말은 포도당 분자들의 곧은 사슬을 가진다. 일부 사슬은 보이는 것처럼 가지를 가지고 있다. 전자현미경 사진은 감자 세포의 녹말 과립을 나타낸 것이다.
(사진): Dr. Jeremy Burgess/Science Source

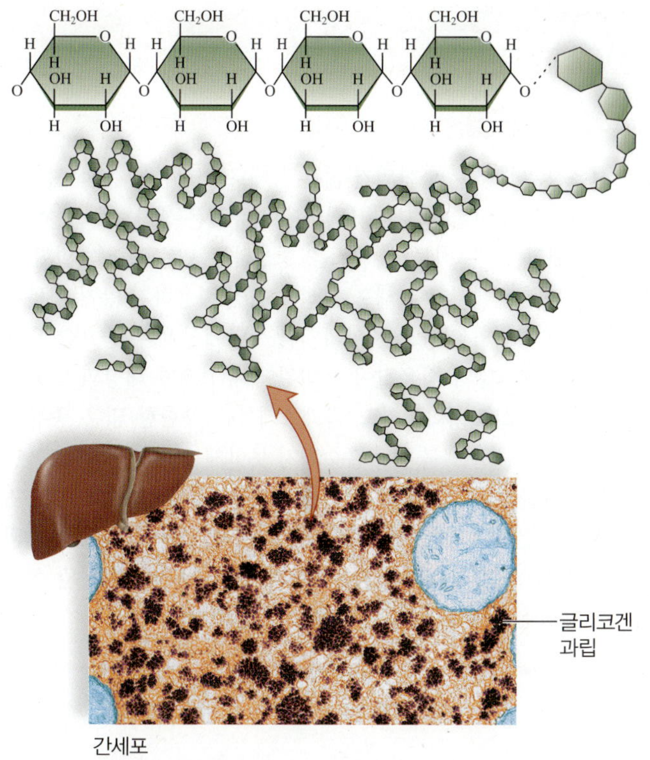

그림 1.15 글리코겐은 동물성 복합 탄수화물이다.
글리코겐은 녹말보다 더 많은 가지를 가지고 있다. 전자현미경 사진은 간세포에서 글리코겐 과립을 보여준다.
(사진): Don W. Fawcett/Science Source

리코겐이 저장된다. 간세포에서 포도당의 저장과 방출은 호르몬에 의해 조절된다. 음식을 섭취하면 이자에서 인슐린 호르몬이 방출되고 간세포에 포도당의 저장을 촉진하게 된다. **그림 1.15**에서 알 수 있듯이 글리코겐은 녹말보다 훨씬 더 많은 가지를 가진다.

녹말은 식물에서 탄수화물의 저장 형태이기 때문에 일반적으로 감자와 같은 뿌리와 밀과 같은 씨앗에서 찾아볼 수 있다.

다당류인 **셀룰로오스**(cellulose)는 식물의 세포벽에서 발견된다. 셀룰로오스는 포도당 단위체가 녹말, 글리코겐과는 약간 다른 형식으로 연결되어 있다(**그림 1.16**). 전문적인 것으로 보일 수 있지만, 우리는 이러한 형식으로 연결된 음식물을 소화할 수 없다. 따라서 셀룰로오스는 대부분 섬유질 형태로 소화관을 통과한다. 건강 특집 '식이섬유질'에서는 섬유질의 건강상 혜택을 살펴본다.

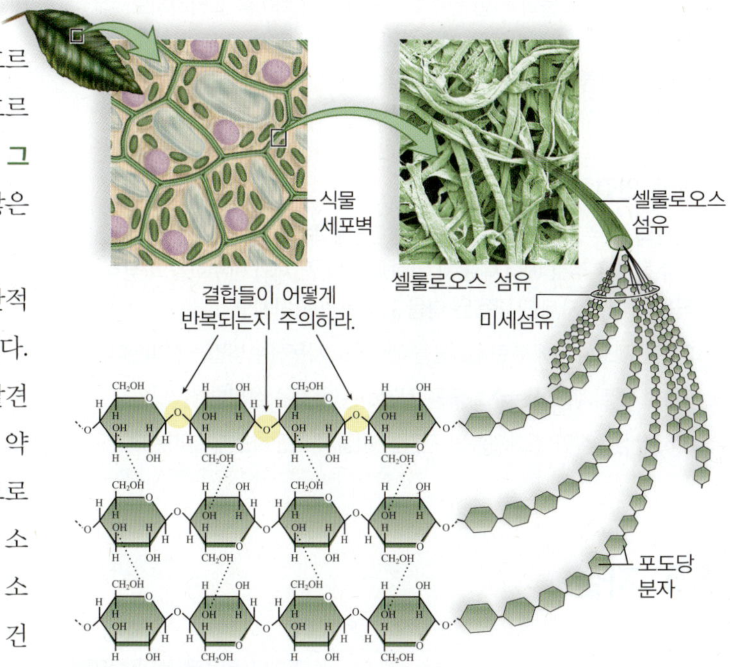

그림 1.16 식이섬유는 식물성 복합 탄수화물이다.
녹말과는 다르게 사람은 식이섬유로부터 에너지를 직접 얻지 못한다. 이유는 식이섬유 사슬의 화학결합 배열 때문이다. 그러나 식이섬유는 식생활의 중요한 요소로서 소화계통을 건강하게 유지하게 하는 데 도움을 준다.
(사진): Scimat/Science Source

오늘날의 생물학 ▶ 건강

식이섬유질

섬유질은 대부분 소화되지 않은 상태로 소화관을 통과하는 탄수화물로 구성된다. 대부분의 식이섬유질은 셀룰로오스, 펙틴, 리그닌과 같은 식물의 구조를 형성하는 탄수화물을 말한다. 식이섬유는 에너지나 세포 형성에 직접 사용하지 않기 때문에 진정한 형태의 영양소는 아니지만 식단에서 매우 중요한 요소이다. 많은 양의 섬유질이 소화관에 유입되면 대장의 기능을 정상적으로 활성화시키고 콜레스테롤을 포함한 많은 종류의 유해 화학물질을 붙들어 흡수되지 못하게 한다.

섬유질에는 불용성과 수용성 두 가지 기본 유형이 있다. 귀리와 많은 종류의 과일에 포함된 수용성 섬유는 물에 용해되어 콜레스테롤과 결합한다. 밀기울, 견과류, 씨앗과 통밀 식품에 포함된 불용성 섬유는 분변의 양을 조절해 준다.

성인 남성은 하루에 약 30~38 g의 섬유질을 섭취해야 하고 성인 여성은 하루에 약 21~25 g의 섬유질을 섭취해야 한다. 통곡물빵 1조각에는 약 3 g의 섬유질이 있고, 콩 1회분(1/2컵)은 약 4~5 g의 섬유질이 포함되어 있다. 식이섬유가 풍부한 음식을 먹는 식습관은 심장혈관 질환, 당뇨병, 대장암, 게실증의 위험을 감소시키는 것으로 알려져 있다.

생각해 볼 문제

1. 식이섬유가 많은 식단은 과식 예방에 어떤 도움이 되는가?
2. 당신의 식단에서 섬유질의 종류를 변경하고 싶은 이유는 무엇인가?

진도 점검하기 1.4

1. 단당류, 이당류, 다당류의 차이점을 설명하고 각각의 예를 들어 보시오.
2. 단순 탄수화물과 복합 탄수화물의 구조적 차이를 설명하시오.
3. 일부 복합 탄수화물은 에너지원으로 사용될 수 있지만 왜 다른 것은 그렇지 않은지 설명하시오.

개념 연결하기

인간의 경우 섬유소가 소화계통의 건강을 보장하는 역할을 하지만, 탄수화물은 주로 에너지 분자 역할을 한다. 인체와 탄수화물의 상호작용에 대한 자세한 내용은 다음 논의를 참고하시오.

2.6절 세포 수준에서 탄수화물을 에너지로 사용하는 방법을 살펴본다.

8.3절 소화계통이 탄수화물을 처리하는 방법을 살펴본다.

8.6절 섬유질이 소화계통의 건강을 어떻게 촉진하는지 살펴본다.

1.5 지질

학습 목표

이 절을 학습한 후 다음 사항을 할 수 있어야 한다.

1. 지방, 인지질, 스테로이드의 구조를 비교할 수 있다.
2. 지질의 종류와 각 기능을 설명할 수 있다.

지질(lipid)은 구조와 기능이 다양하지만 물에는 녹지 않는 공통적인 특성이 있다. 지질이 물에 잘 녹지 않는 것은 친수성의 극성기가 없기 때문이다. 지질은 산소의 함량이 적고 대부분 탄소와 수소 원자로 구성되어 있다.

지질은 다른 생체 분자들에 비하여 단위그램당 에너지 함량이 더 많아서 동물에서는 지방으로 식물에서는 기름으로 에너지를 저장한다. 그 밖의 지질[인지질(phospholipid)]은 막을 형성하여 세포가 환경으로부터 분리되고 내부 구획(inner compartment)을 갖게 한다. 스테로이드(steroid)는 다른 여러 지질 분자 사이에서 성호르몬(sex hormone)을 포함하는 지질의 한 종류이다.

중성지방: 지방과 기름

우리에게 가장 친숙한 지질은 **중성지방**(triglyceride)이며 지방과 기름이다. **지방**(fat)은 대체로 동물에서 기원하며(예: 라드와 버터) 실온에서 고체이다. **기름**(oil)은 대부분 식물에서 기원하며(예: 옥수수기름과 콩기름) 실온에서 액체이다. 중성지방은 3부분 구조이기 때문에 트리글리세리드(triglyceride)라고 하며, 1분자의 글리세롤(glycerol)과 3분자의 지방산(fatty acid)이 탈수반응으로 결합하여 형성된다(그림 1.17).

중성지방은 우리 몸에서 몇 가지 기능을 담당한다. 장기적

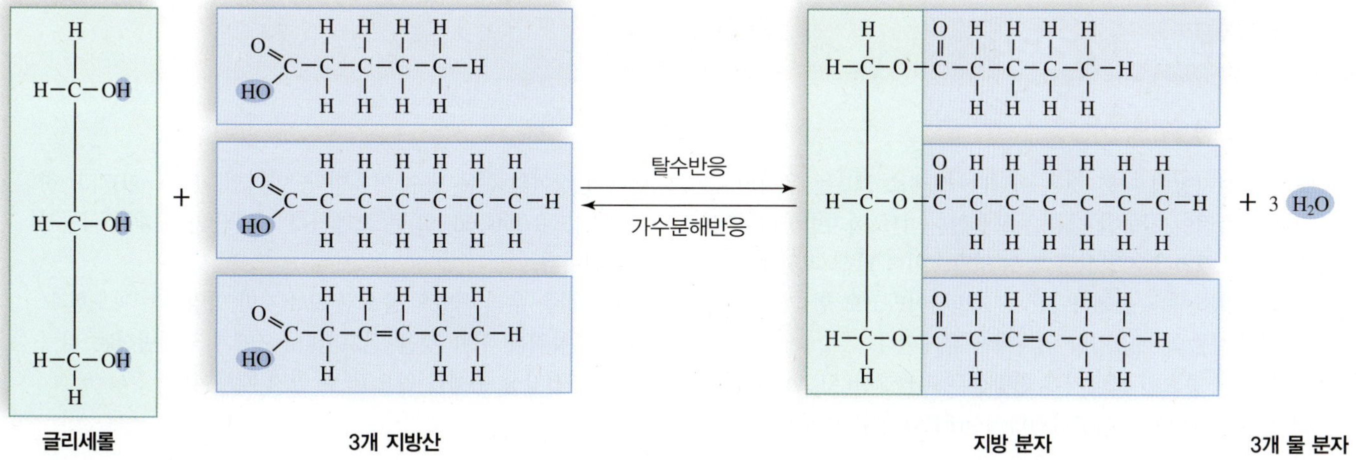

그림 1.17 중성지방의 구조.
중성지방은 3개의 지방산이 탈수반응으로 글리세롤과 결합할 때 형성된다. 역반응은 지방의 소화로서 물의 첨가로 지방산-글리세롤 결합이 끊어진다.

인 에너지 저장에 사용되고, 열 손실에 대하여 단열작용을 하며, 주요 기관의 주변에서 보호쿠션을 형성한다.

중성지방은 소수성이기 때문에 세포와 우리 몸의 물 환경과 쉽게 상호작용하지 않는다. 유화제(emulsifier)는 중성지방이 물과 잘 섞이도록 해준다. 유화제는 비극성 말단과 극성 말단을 가지고 있으며, 기름방울을 둘러싼 다음 극성 말단을 바깥쪽으로 돌출한다. 그렇게 되면 기름방울이 물에 분산되며, 이를 **유화**(emulsification)되었다고 한다. 우리 몸에서 지방이 많은 음식을 소화하는 동안 유화작용이 일어난다. 지방의 소화를 돕기 위해 간에서 쓸개즙이 생산되며, 쓸개즙은 쓸개에 저장되어 있다가 식후에 소장으로 분비된다. 쓸개즙은 음식에 있는 중성지방을 유화시켜 소화효소가 더 잘 접근할 수 있게 한다.

왁스(wax)는 하나의 지방산이 주로 알코올(화학자들은 소독용 알코올과 마시는 알코올을 모두 포함한 전체 분자 집단을 '알코올'이라고 정의함)과 같은 또 다른 하나의 유기 분자와 결합하여 구성된 것이다. 왁스는 몸 표면으로부터 수분이 빠져나가는 것을 방지한다. 귀지(cerumen, ear wax)는 외이도(external ear canal)에 따라 있는 분비샘에서 만들어지는 매우 두꺼운 왁스다(14.5절 참고). 귀지는 귀로 들어온 이물질, 세균, 바이러스를 포착하여 가려움증과 감염으로부터 외이도를 보호한다. 수영이나 다이빙에서 귀지가 완전히 씻겨 나갈 때 '수영선수 외이염(swimmer's ear)'이라는 감염병이 발생한다.

포화, 불포화지방산과 트랜스지방산

지방산(fatty acid)은 산기인 —COOH로 끝나는 탄화수소 사슬이다(그림 1.17 위). 세포에서 대부분의 지방산은 분자당 16개 또는 18개의 탄소를 가지고 있지만 더 적은 수의 탄소를 가진 것들도 알려져 있다. 지방산은 포화 또는 불포화되어 있다. **포화지방산**(saturated fatty acid)은 탄소 원자들 사이에 이중결합이 없다. 사슬이 포화되었다는 의미는 사슬(chain)이 가질 수 있는 수소를 모두 갖고 있다는 뜻이다. **불포화지방산**(unsaturated fatty acid)은 탄소 사이 어딘가에 이중결합을 갖고 있다(그림 1.18).

일반적으로 기름은 식용유와 병에 담긴 마가린과 같이 실온에서 액체이며, 그 이유는 이중결합이 있어서 지방산 사슬에 구부러짐(bend)을 만들기 때문이다(그림 1.18). 이러한 구부러짐은 탄화수소 사슬들 사이에 조밀한 패킹이 이루어지지 못하게 함으로써 기름이 유동성을 가지게 한다. 이와는 달리 포화지방산인 버터는 이중결합이 없기 때문에 실온에서 고체이다.

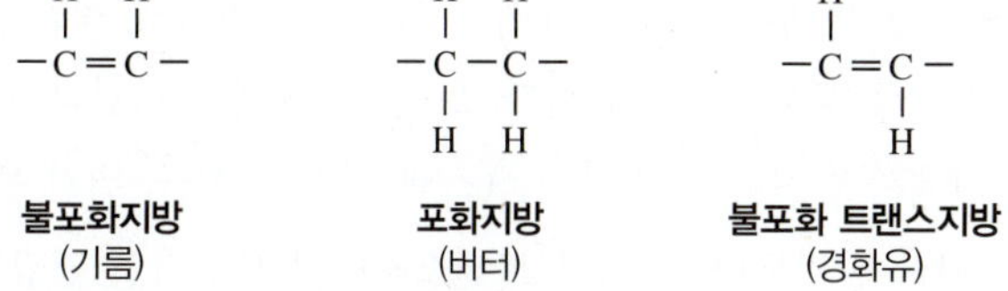

그림 1.18 포화, 불포화, 트랜스지방의 비교.
포화지방은 지방산의 탄소 사이에 이중결합이 없다. 불포화지방은 지방산 사이에 하나 또는 그 이상의 이중결합을 가진다. 트랜스지방이 되기 위해서는 탄소-탄소 이중결합의 서로 반대편에 수소가 필요하다.

오늘날의 생물학 ▶ 건강

오메가-3 지방산

모든 중성지방이 나쁜 것은 아니다. 실제로 일부는 우리의 건강에 필수적인 지방산 사슬을 포함한다. 불포화지방산의 특수 분류인 오메가-3 지방산은 필수 영양소이며 발생 과정에서 중요한 영양소이다. 오메가-3(n-3 지방산이라고도 함)라는 명칭은 탄소 사슬의 이중결합 위치에서 유래된다.

세 가지 중요한 오메가-3 지방산은 리놀렌산(ALA), 도코사헥사엔산(DHA), 에이코사펜타엔산(EPA)이다. 오메가-3 지방산은 뇌의 주요 구성 성분으로 적당한 양의 섭취는 어린이와 청소년에게 중요한 것으로 알려져 있다. 이 지방산이 풍부한 식단은 심장혈관 질환으로부터 보호하는 작용을 하며 다른 유사한 건강 관련 연구가 진행 중이다. DHA는 알츠하이머 질환의 위험을 감소시키고, DHA 및 EPA는 ALA로부터 우리 몸에서 소량 합성된다. 오메가-3 지방산의 가장 좋은 공급원은 연어와 정어리 같은 냉수 어류이다. 아마인유(flax oil)라고 하는 린시드유(linseed oil)는 오메가-3 지방산의 훌륭한 식물성 공급원이다.

지방산은 우리 식단의 중요한 요소지만 영양사는 과도한 보충제의 섭취를 피할 것을 권고한다. 오메가-3 지방산은 다량 복용 시 건강상 문제를 일으킬 수 있기 때문이다.

생각해 볼 문제

1. 오메가-3 지방산이 많은 식단에서 콜레스테롤이 낮은 이유는 무엇인가?
2. 오메가-3 지방산이 심장혈관 질환의 위험을 줄이는 이유는 무엇인가?

특히 포화지방은 **죽상동맥경화증**(atherosclerosis)이라는 질병을 유발한다. 죽상동맥경화증은 혈관 내에 **죽상경화판**(atherosclerotic plaque)이 형성되어 유발된다. 플라크(plaque)라는 지방물질이 혈관의 직경을 좁히면서 혈액순환과 세포로의 산소 공급을 감소시킨다. 죽상동맥경화증은 미국에서 심장혈관 질환(심장마비와 뇌졸중)의 주요 원인이다. 자연산 포화지방보다 더욱 해로운 것은 식물성 기름으로부터 인공적으로 제조된 **트랜스지방**(trans fat)이다(라틴어로 *trans*는 '엇갈린다'를 의미함, 그림 1.18). 트랜스지방은 부분적 수소첨가반응을 거쳐 반고체 형태가 된다. 기름을 완전 수소첨가반응시키면 모든 이중결합이 포화된다. 부분적 수소첨가반응은 모든 결합을 포화시키지는 않는다. 이때 일부의 이중결합은 재구성되지만, 어떤 수소 원자들은 그 사슬의 서로 반대쪽에 위치하게 된다. 이러한 형태의 결합은 깨지기 어렵게 되어 순환계통에서 트랜스지방이 축적되도록 한다. 트랜스지방은 쇼트닝과 고체 마가린에서 발견되며, 가공식품(스낵, 구운 음식물, 튀긴 음식물)에서도 발견된다. 그러나 트랜스지방의 부정적인 건강 측면을 이해하기 시작하면서 지난 몇 년 동안 가공식품에 함유된 이들 수치가 감소했다.

현재 미국심장협회(American Heart Association, AHA)에서 제공하는 식단의 지침은 트랜스지방을 불포화지방으로 대체하여 섭취할 것을 권장하고 있다. 단일불포화지방(올리브유와 같은 탄소 사슬에서 1개의 이중결합을 갖는)이 특히 권장된다. 옥수수유, 카놀라유, 홍화유(safflower oil)와 같은 다중불포화지방(탄소 사슬에서 많은 이중결합) 역시 미국심장협회의 권장사항에 적합하다.

식이 지방

건강을 위하여 식품에는 약간의 지방이 포함되어야 하지만, 앞서 설명한 것처럼 먼저 영양소 함량 표시에서 1회 식사에 포함된 총 지방의 양을 확인해야 한다. 2,000칼로리 식사에서 권장되는 총 지방의 함량은 65 g이다. 그러나 2015년 연구 결과에 따라 1회 식사에 포함된 총 지방의 양이 아니라 지방의 유형이 더욱 중요해지면서 총 지방의 섭취 함량이 줄어들었다(건강 특집 '오메가-3 지방산' 참고). 이로 인해 소비자는 향후 몇 년 동안 식품 라벨 및 지방의 권장 섭취량 변화를 마주하게 될 것이다(8.6절 참고).

인지질

인지질(phospholipid)은 인산그룹(phosphate group)을 가지고

오늘날의 생물학 ▶ 건강

좋은 콜레스테롤과 나쁜 콜레스테롤

지질 프로필을 분석하기 위한 혈액 검사는 일반적으로 연례 건강검진에서 시행된다. 검사 후에 담당 의사가 "총 콜레스테롤은 210이고 HDL 수치는 낮으며(34), LDL 수치는 높다(110)"고 말한다고 가정해 보자. 총 콜레스테롤은 200 이하(건강한 식단의 임겟값)로 유지되어야 하지만, 대부분의 사람들과 마찬가지로 다른 두 숫자가 무엇을 의미하는지 전혀 알지 못한다. 그런 다음 담당 의사는 LDL은 일반적으로 '나쁜' 콜레스테롤이고, HDL은 '좋은' 콜레스테롤이라고 말한다. 실제로 이러한 분자는 콜레스테롤 형태가 아니고 단백질의 유형이다. 신체의 지질단백질은 지방과 콜레스테롤의 운반체로 작용하여 필요에 따라 이러한 영양소를 수송한다. LDL은 중성지방과 콜레스테롤로 가득 찬 지질단백질이며, HDL은 기본적으로 비어 있다. 따라서 LDL값이 높아질수록 운반체의 내부가 가득 찬 것을 의미하며, 식단에서 너무 많은 영양분을 제공했음을 의미한다.

우리 몸에서 LDL 지질단백질은 동맥의 평활근조직을 따라 콜레스테롤의 일부를 침착시켜 죽상경화성 플라크를 형성하는 것으로 알려져 있다(4.7절 참고). 반면 HDL 지질단백질은 콜레스테롤을 간으로 운반하고 분해하여 혈액으로부터 제거한다.

많은 연구 결과로부터 정제되지 않은 탄수화물의 일일 섭취량, 식이섬유의 양, 일일 운동량 및 유전적 특성과 같은 다른 요인들이 이러한 지질단백질의 '좋은' 수준과 '나쁜' 수준을 조절하는 데 역할을 한다는 것이 밝혀졌다. 또한 의사가 제공한 수치는 실제로 혈액 내 분자의 농도(mg/dl)이다. 따라서 우리 모두는 자신의 병력과 관련된 용어를 이해하는 것이 중요하다.

생각해 볼 문제

1. 의사는 왜 HDL을 '좋은', 그리고 LDL을 '나쁜' 콜레스테롤이라고 말하는가?
2. 유전적으로 지질단백질의 비율이 어떤 역할을 하는가?

있다(그림 1.19). 기본적으로 인지질은 지방과 유사하게 구성되어 있지만 세 번째 지방산 자리에 인산그룹 또는 인산과 질소를 포함하는 작용기를 가지고 있다. 인지질 분자는 인산과 질소 작용기가 이온화되기 때문에 지방과는 달리 전기적으로 중성이 아니다. 이 작용기는 분자의 극성[친수성(hydrophilic)] 머리를 형성하는 반면에, 분자의 다른 부분은 비극성[소수성(hydrophobic)] 꼬리가 된다(**친수성**이란 '물을 좋아하는', **소수성**이란 '물을 싫어하는'을 의미함).

인지질은 세포막의 주요 성분이며, 수용액에서 친수성 머리(샌드위치의 '빵')는 바깥쪽으로 수용액을 향하고 꼬리(샌드위치의 '내용물')는 소수성 내부를 형성하면서 저절로 **두 겹**(bilayer, 분자적인 '샌드위치'의 종류)을 형성한다(그림 1.19b).

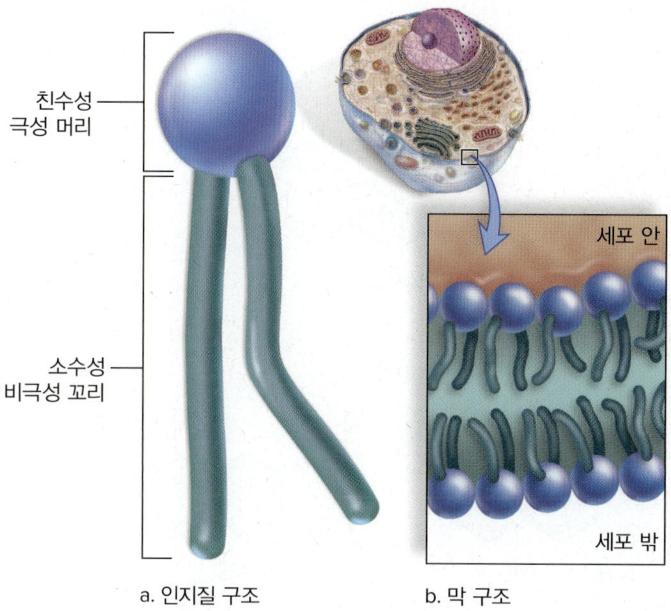

그림 1.19 인지질의 구조와 기능.
a. 인지질은 지방과 구조가 유사하지만 지방산 하나가 극성 인지질 그룹으로 대체되어 있다. 따라서 머리는 친수성 극성인 데 비하여 꼬리는 소수성 비극성이다. **b.** 이와 같은 구조로 인지질 분자는 물속에서 '샌드위치'처럼 스스로 배열한다(극성 인산그룹은 막의 바깥쪽에, 비극성 지질 꼬리는 막의 안쪽에 위치해 있음).

스테로이드

스테로이드(steroid)는 지방과는 전혀 다른 구조를 가진 지질이다. 스테로이드는 연접된 4개의 탄소 고리로 된 골격을 가지고 있다. 각 스테로이드는 고리에 부착된 작용기에 따라 서로 다르다. 스테로이드의 한 예는 콜레스테롤이다. 콜레스테롤은 동물 세포막의 구성요소이며, 성호르몬인 에스트로겐, 테스토스테론과 같은 다른 몇 가지 스테로이드의 전구물질이다. 간은 우리 몸에 필요한 대부분의 콜레스테롤을 합성한다. '좋은' 및 '나쁜' 콜레스테롤은 없지만(건강 특집 '좋은 콜레스테롤과 나쁜 콜레스테롤' 참고), 콜레스테롤, 포화지방과 트랜스지방의 함량이 높은 식단은 동맥경화를 일으키기 때문에 공급원을 제한해야 한다.

남성호르몬인 테스토스테론은 주로 고환에서 만들어지며, 여성호르몬인 에스트로겐은 주로 난소에서 만들어진다. 테스토스테론과 에스트로겐은 동일한 탄소골격에 부착된 작용기에서만 차이가 나지만, 인간이나 다른 동물의 신체와 성징에 큰 영향을 미친다(그림 1.20). 근력을 강화하기 위하여 합성대사 스테로이드(anabolic steroid)를 복용하는 것은 불법인데, 그 이유는 우리 몸에 매우 유해한 부작용을 발생시키기 때문이다.

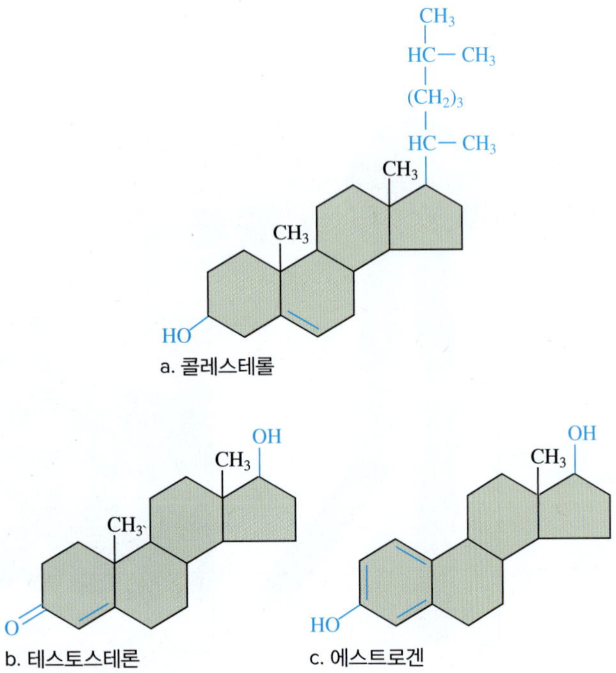

그림 1.20 스테로이드의 예.
a. 모든 스테로이드는 콜레스테롤로부터 만들어지며 4개의 연접한 고리를 가지고 있다. (**b**) 테스토스테론과 (**c**) 에스트로겐의 구조를 비교하고 부착된 작용기(파란색으로 표시됨)의 작은 차이에 주목해야 한다.

진도 점검하기 1.5

1. 인간의 몸 안에서 중성지방의 주된 기능을 설명하시오.
2. 몸에서 인지질과 스테로이드는 어디에 사용되는지 설명하시오.
3. 식단에서 모든 지질을 제한하면 안 되는 이유를 설명하시오.

개념 연결하기

지방과 지질은 인체에서 다양한 용도로 사용된다. 그들이 신체계통과 상호작용하는 방법에 대한 자세한 내용은 다음 논의를 참고하시오.

4.7절 죽상동맥경화증에 대한 자세한 정보를 살펴본다.

8.3절 지방의 소화 및 흡수에 대해 살펴본다.

15.1절 일부 지질이 체내에서 호르몬으로 작용하는 방식을 살펴본다.

1.6 단백질

학습 목표

이 절을 학습한 후 다음 사항을 할 수 있어야 한다.

1. 아미노산의 구조를 설명할 수 있다.
2. 아미노산이 단백질을 형성하기 위해서 어떻게 결합하는지 설명할 수 있다.
3. 단백질 구조의 네 단계를 요약할 수 있다.

단백질은 세포의 구조와 기능에서 가장 중요하다. 다음은 우리 몸에서 단백질의 다양한 기능 중 몇 가지 예다.

- 지지: 일부 단백질은 구조단백질로 작용한다. 예를 들어 케라틴은 머리카락과 손톱을 형성한다. 콜라겐(collagen)은 인대, 힘줄 및 피부에서 지지작용을 한다.
- 효소: 효소(enzyme)는 세포에서 반응물질을 결합시키는 화학 반응을 촉진한다. 특정한 반응에 특이하게 작용하며 정상 체온조건에서만 기능한다.
- 운반: 세포막에 있는 통로와 운반단백질은 물질들이 세포로 들어오고 나가는 것을 허용한다. 일부 다른 단백질은 동물의 혈액에서 분자들을 수송한다. 적혈구에 있는 혈색소(hemoglobin)는 산소를 수송하는 복합단백질이다.
- 방어: 항체는 단백질이다. 항체는 항원이라는 외래물질과 결합한다. 이 방법으로 항체는 항원이 세포를 파괴하고 항

상성을 교란하는 것으로부터 세포를 보호한다.

- **호르몬**: 호르몬(hormone)은 조절단백질이다. 호르몬은 세포의 신진대사작용에 영향을 미치며, 세포 사이에서 신호를 전달하는 역할을 한다. 호르몬 인슐린은 세포와 혈액의 포도당 함량을 조절하며, 성장호르몬은 사람의 키를 크게 한다.
- **운동**: 수축성단백질인 액틴과 미오신은 세포의 운동을 가능하게 하며 근육이 수축하게 한다. 근육 수축은 동물의 움직임을 가능하게 한다.

척추동물에서 세포 및 조직의 구조와 기능은 구성하는 단백질의 종류에 따라서 다르다. 예를 들어 근육세포는 액틴과 미오신을 갖고 있으며, 적혈구는 혈색소를, 지지조직은 콜라겐을 가지고 있다.

아미노산: 단백질의 구성단위

단백질(protein)은 **아미노산**(amino acid)으로 구성된 고분자이다(그림 1.21a). 아미노산의 중심 탄소 원자는 수소 1개와 다른 3개의 원자단과 결합하고 있다. 아미노산이라는 말이 적절한 것은 3개의 원자단 중 하나는 $—NH_2$(아미노그룹)이고, 다른 하나는 —COOH[카르복실그룹(carboxyl group), 산]이기 때문이다. 세 번째 원자단은 아미노산의 *R*그룹(*R* group)이다.

아미노산은 결합된 *R*그룹에 따라서 차이가 난다. *R*그룹은 단 하나의 수소 원자에서부터 복잡한 고리 화합물까지 다양하다. 일부 *R*그룹은 극성이지만 극성이 아닌 것도 있다. 세포에서 공통적으로 발견되는 아미노산을 그림 1.21b에 나타내었다.

펩티드

그림 1.22는 2개의 아미노산이 하나의 카르복실그룹과 다른 아미노산의 아미노그룹 사이에서 탈수 반응에 의해서 어떻게 서로 결합하는지를 보여준다. 그 결과로 2개의 아미노산 사이에서 형성되는 공유결합을 **펩티드결합**(peptide bond)이라고 한다. 3개 또는 그 이상의 아미노산이 펩티드결합으로 연결될 때 만들어진 사슬(chain)을 **폴리펩티드**(polypeptide)라고 한다.

펩티드결합과 관련된 원자는 산소가 질소보다 더 강하게 전자를 끌어당기기 때문에 전자를 불균등하게 공유하고 있다.

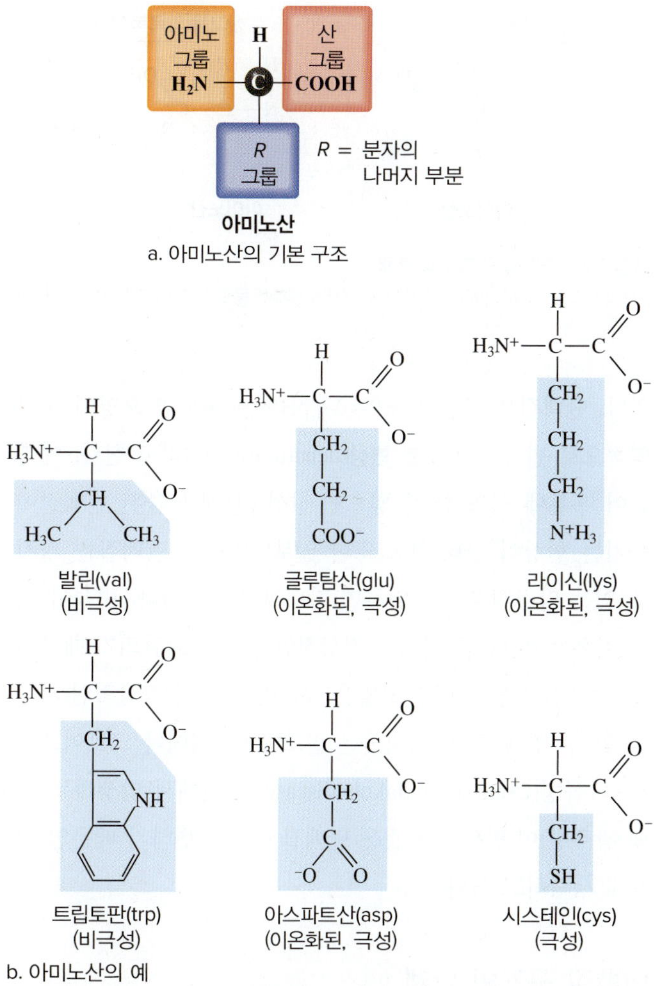

그림 1.21 몇 가지 아미노산의 구조.
a. 모든 아미노산은 중심 탄소 원자에 결합한 아민그룹(H_3N^+), 산그룹(COO^-)과 *R*그룹을 가진다. **b.** 인간이 사용하는 20가지 아미노산 중 일부 샘플. *R*그룹(파란색)은 아미노산마다 서로 다르다. 일부 *R*그룹은 비극성이며 소수성이지만, 다른 것은 극성이며 친수성이다. 또 다른 것은 극성이며 이온화되어 있다.

따라서 질소에 결합한 수소가 약한 양전하(δ^+)를 가지는 데 비하여 산소는 약한 음전하(δ^-)를 띤다.

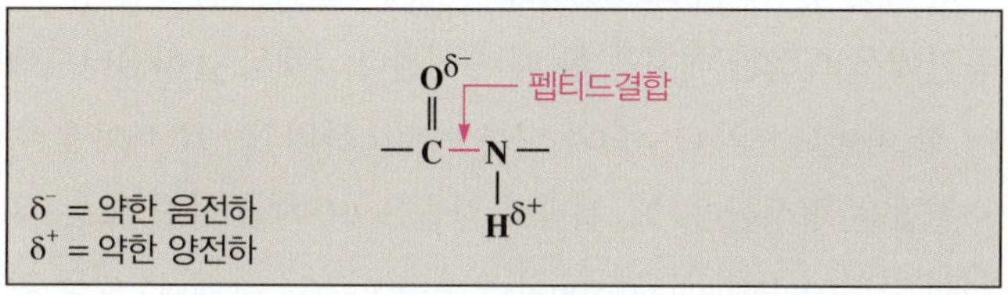

단백질의 모양

단백질의 기능은 그 구조와 직접적으로 관련이 있다. 단백질의 형태적 변화는 단백질이 기능을 수행하는 데 영향을 줄 수

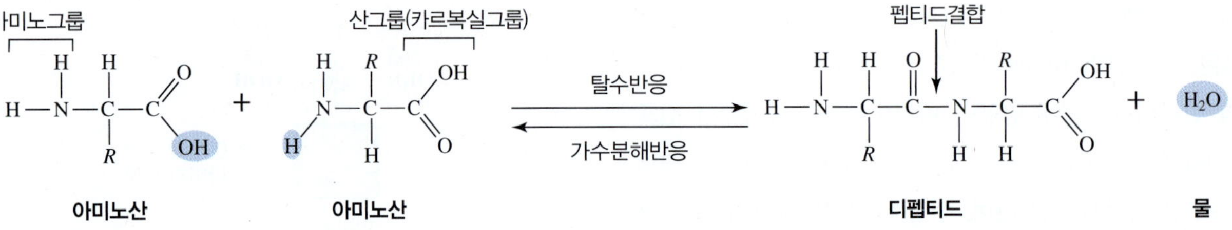

그림 1.22 단백질의 합성과 분해.
2개의 아미노산 사이에서 물이 빠져나가는 탈수반응으로 펩티드결합이 형성된다. 역반응으로는 가수분해반응으로 물이 첨가되면서 펩티드결합이 파괴된다.

있다. 단백질은 극한 온도(열)나 pH에 노출되면 모양이 비가역적으로 변하는데 이를 **변성**(denaturation)이라고 한다. 예를 들어 우유에 식초(산)를 넣으면 산성 pH에 노출된 단백질이 뭉치는 현상이 나타난다. 또한 알부민이라는 단백질을 가지고 있는 달걀흰자를 가열하면 단백질이 응고한다. 변성이 되는 이유는 *R*그룹들 사이의 정상적인 결합이 교란되기 때문이다. 단백질은 원 상태의 모양을 잃으면 더 이상 정상적인 기능을 할 수 없게 된다. 학자들은 알츠하이머병이나 크로이츠펠트-야콥병(Creutzfeldt-Jakob disease, 인간에서 발생하는 소의 광우병)이 발생하는 것은 단백질 구조가 변하기 때문인 것으로 생각하고 있다.

단백질 구조의 단계

단백질의 구조는 최소한 3단계로 구성되어 있으며 4단계를 가진 것도 있다(그림 1.23). 1단계는 **일차구조**(primary structure)라고 하며, 펩티드결합에 의해서 연결된 아미노산의 선형 서열이다. 각각의 특정한 폴리펩티드(polypeptide)는 그 자체의 고유한 아미노산 서열을 가지고 있다. 이러한 아미노산 서열은 DNA에 포함된 각 유전정보에 의해 결정된다(1.7절 참고).

단백질의 **이차구조**(secondary structure)는 폴리펩티드가 공간에서 특정한 배치를 할 때 형성된다. 1개의 폴리펩티드에서 한 아미노산의 C=O와 다른 아미노산의 N—H 사이에 수소결합을 형성한다. 그 결과로 사슬은 α(알파) 나선 또는 우선성 나선(right-handed spiral)으로 꼬이거나 β(베타) 병풍 판(pleated sheet) 모양으로 접힌다. 펩티드결합 사이에서 수소결합은 단백질의 모양을 유지한다.

단백질의 **삼차구조**(tertiary structure)는 삼차원적 모양이다.

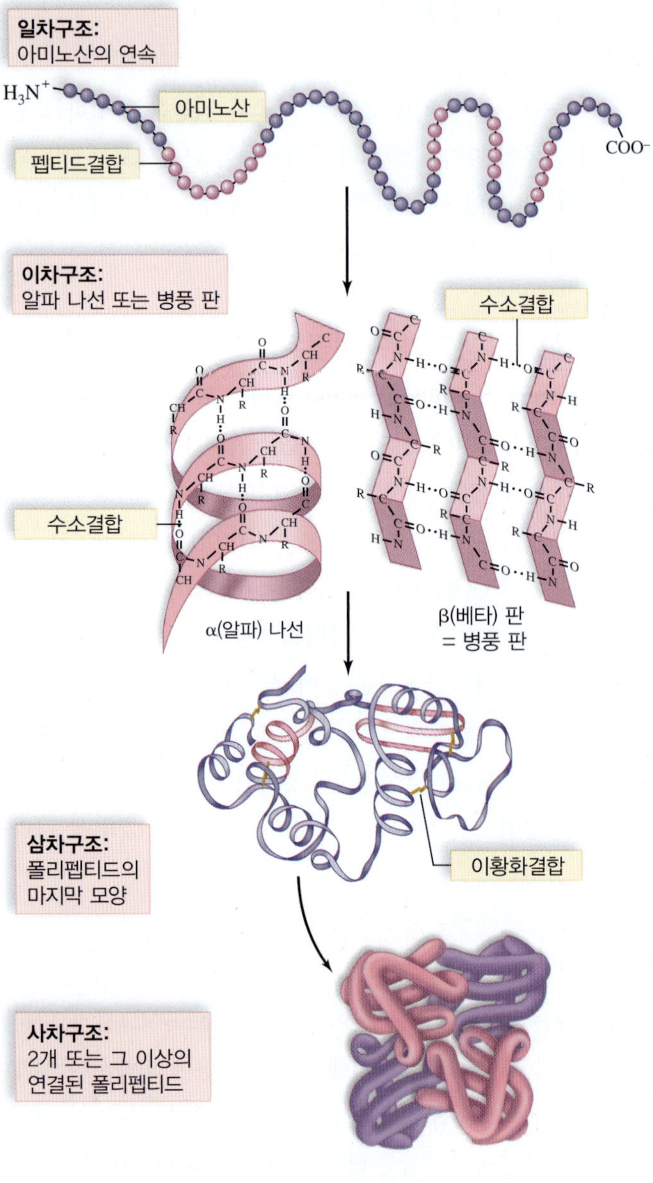

그림 1.23 단백질 구조의 단계.
단백질의 구조는 크게 다를 수 있다. 아미노산의 연속인 일차구조는 이차, 삼차구조를 결정한다. 사차구조는 어떤 큰 단백질 구조에 더 작은 단백질을 결합시켜 만들어진다.

단백질이 기능하기 위해서는 삼차구조를 형성해야 한다. 예를 들어 효소에서 소수성 부분은 대부분 안쪽으로 들어가 있고 친수성 부분은 바깥쪽에 분포하며 물과 접촉할 수 있게 되어 있다. 효소의 삼차구조는 이 효소들이 어떤 종류의 분자들과 상호작용할지를 결정한다. 폴리펩티드의 삼차구조 모양은 *R* 그룹 상호 간의 공유결합, 이온결합, 수소결합에 의해서 유지된다. pH나 온도와 같은 환경 요소는 종종 삼차구조를 방해하여 단백질을 변성시킨다.

일부 단백질은 하나의 폴리펩티드만으로 구성되지만 다른 단백질은 폴리펩티드 각각이 일차, 이차, 삼차구조를 가진 2개 이상의 폴리펩티드로 구성된다. 각 폴리펩티드는 이 단백질이 **사차구조**(quaternary structure)라고 하는 네 번째 단계의 구조를 가지도록 배열한다. 혈색소뿐만 아니라 많은 효소가 단백질 사차구조로 되어 있다. 혈색소에서 4개의 각 폴리펩티드는 비단백질성인 헴그룹(heme group)과 단단히 결합되어 있다. 헴그룹은 산소와 결합하는 철(Fe) 원자를 가지고 있으며, 따라서 혈색소는 산소(O_2)를 조직으로 운반한다.

진도 점검하기 1.6

1. 생명체에서 단백질의 주요 기능을 설명하시오.
2. 아미노산의 구조를 설명하시오.
3. 4단계의 단백질이 형성될 때 각 단계는 어떤 기능을 하는지 나열하시오.

개념 연결하기

신체의 거의 모든 기능은 어떻게든 단백질의 활동과 연결되어 있다. 이러한 과정에 대한 자세한 내용은 다음 논의를 참고하시오.

7.1절 잘못 접힌 단백질이 어떻게 질병을 일으킬 수 있는지에 대한 자세한 정보를 살펴본다.

8.3절 소화계통이 단백질을 처리하는 방법을 살펴본다.

13.1절 일부 단백질이 신경계통에서 신경전달물질로 어떻게 사용되는지 살펴본다.

21.2절 세포에서의 단백질 합성 과정을 살펴본다.

1.7 핵산

학습 목표

이 절을 학습한 후 다음 사항을 할 수 있어야 한다.

1. RNA와 DNA의 차이점을 설명할 수 있다.
2. 세포반응에서 ATP의 역할을 서술할 수 있다.

세포에는 생명 활동의 수행, 환경 변화에 반응하고 새로운 세포로 분열할 수 있는지를 명확하게 결정지을 수 있는 정보의 저장소가 있다. **뉴클레오티드**(nucleotide)의 중합체로 구성된 **핵산**(nucleic acid)은 생명 활동을 수행하는 정보의 저장체이다. 각 뉴클레오티드는 인산(phosphoric acid), 5탄당(pentose), 질소함유 염기의 분자 복합체이다. 뉴클레오티드의 일반적인 구조는 그림 1.24에 있다.

유전정보의 저장과 처리에는 두 가지 유형의 핵산이 중요하다. **DNA**(deoxyribonucleic acid, 디옥시리보핵산)가 핵산의 한 유형이며, 어떻게 복제할 것인지와 단백질을 만들기 위한 아미노산의 서열을 결정짓는 정보를 포함하고 있다. 핵산의 또 다른 유형인 **RNA**(ribonucleic acid, 리보핵산)는 유전정보의 발현에서 작용하는 다양한 유형의 핵산이다. 21.2절에서 다양한 형태의 RNA와 유전자 발현에서 각각의 기능을 알게 될 것이다.

모든 뉴클레오티드가 DNA 또는 RNA 중합체 형성에서만 사용되지 않는다. 어떤 뉴클레오티드는 세포의 물질대사에 직접 관여하기도 한다. 예를 들어 효소반응을 조절하는 비단백질 유기 분자인 **보조 효소**(coenzyme)의 구성 성분이다. **ATP**(adenosine triphosphate, 아데노신삼인산)는 세포의 에너지 요구 반응에서 에너지 운반체로 사용되는 뉴클레오티드이다.

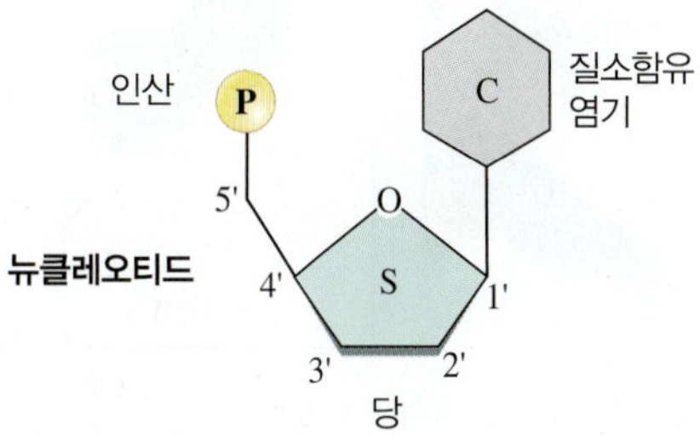

그림 1.24 뉴클레오티드의 구조.
뉴클레오티드는 질소함유 염기, 5탄당, 인산으로 구성되어 있다. 당에서 탄소 원자는 1번에서 5번까지 번호를 부여하여 분자 내 방향을 나타낸다.

DNA와 RNA 구조의 차이점

DNA와 RNA는 모두 뉴클레오티드의 중합체지만, 최종 구조와 그것들이 포함한 소단위(subunit) 종류에서 약간의 차이가 있다. 이러한 차이점은 DNA와 RNA가 우리 몸에서 고유의 기능을 수행하도록 한다.

DNA의 뉴클레오티드는 디옥시리보오스(deoxyribose) 당을 가지고 있으며 RNA의 뉴클레오티드는 리보오스(ribose) 당을 가진다. DNA와 RNA의 명칭은 이 차이를 반영한 것이다. DNA에는 네 종류의 염기인 **아데닌**(adenine, **A**), **티민**(thymine, **T**), **구아닌**(guanine, **G**), **시토신**(cytosine, **C**)이 있다(표 1.1). 염기는 2개의 고리(아데닌, 구아닌) 또는 1개의 고리(티민, 시토신)를 가질 수 있다. RNA에는 티민 염기 대신에 **우라실**(uracil, **U**) 염기가 있다. 염기라고 하는 이유는 염기가 용액의 pH를 높이기 때문이다.

표 1.1 DNA와 RNA의 구조 비교

	DNA	RNA
당	디옥시리보오스	리보오스
염기	아데닌, 구아닌, 티민, 시토신	아데닌, 구아닌, 우라실, 시토신
가닥	이중가닥 염기 짝짓기	단일가닥
나선	그렇다	아니다

뉴클레오티드는 가닥(strand)이라고 하는 폴리뉴클레오티드를 형성하고, 그 중심골격은 인산-당-인산-당으로 구성되어 있으며, 염기는 중심골격의 한 측면으로 돌출되어 있다. 한 유전자의 뉴클레오티드는 일정한 순서로 구성되어 있으며 염기 또한 그렇다. 오랜 연구를 통하여 이제는 인간의 DNA, 즉 인간 유전체에 있는 모든 염기서열이 밝혀졌다. 이 획기적인 성과는 많은 인간 질병의 원인을 치료하기 위한 유전자 상담, 유전자 치료 및 의약품의 개선을 이루어냈다.

DNA는 이중가닥으로 되어 있으며, 두 가닥이 **이중나선**의 형태로 서로 꼬여 있다(그림 1.25a). DNA에서 두 가닥은 염기 사이의 수소결합에 의해서 이중나선의 형태가 유지된다. DNA가 이중나선으로 꼬이면 나선형 계단처럼 보이고 풀리면 발판이 있는 사다리 형태로 보인다. 사다리 측면의 곧은 축은 순전히 인산과 당 분자로 만들어지며 사다리의 가로는 **상보적 염기쌍**(complementary base pairing)으로 구성되어 있다. 티민(T)은 항상 아데닌(A)과 짝을 이루고 구아닌(G)은 항상 시토신(C)과 짝을 이룬다. 이러한 상보적 염기쌍은 DNA 분자의 이중나선 모양을 유지하게 도와주며 세포분열 과정에서 DNA가 올바르게 복제되도록 한다(18.2절 참고).

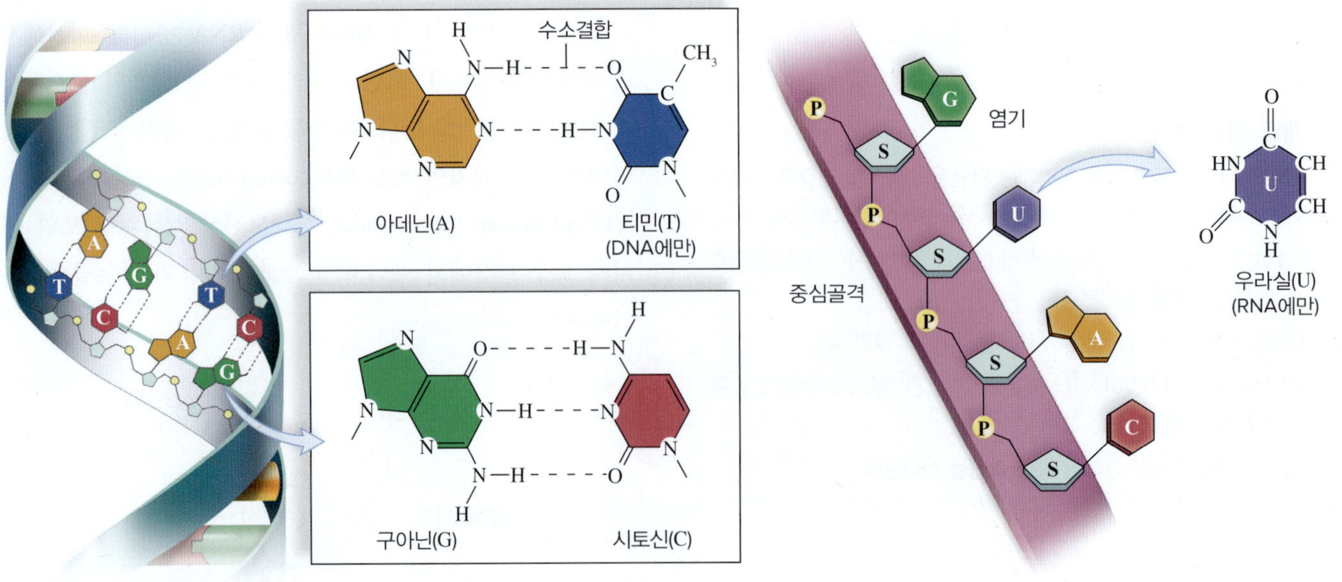

a. 염기쌍을 갖는 DNA 구조: A와 T, G와 C

b. G, U, A, C염기를 갖는 RNA 구조

그림 1.25 DNA와 RNA의 구조.
a. DNA에서는 아데닌과 티민이 상보적 염기쌍이다. 수소결합이 (나선형 사다리의 발판과 같은) 염기쌍을 연결하는 것에 주목하라. 마찬가지로 구아닌과 시토신이 쌍을 이룰 수 있다. **b.** RNA는 티민 대신에 우라실을 갖고 있고, 상보적 염기쌍은 불가능하다.

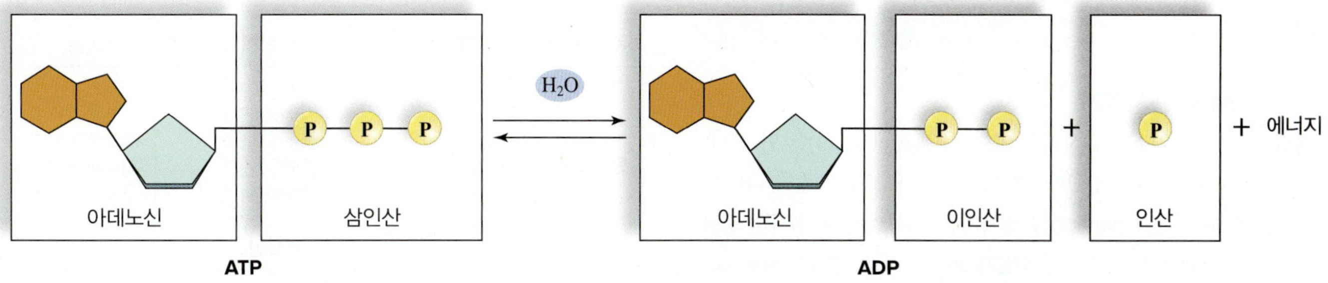

그림 1.26 ATP는 세포 내 에너지 화폐이다.
ATP는 아데노신기와 3개의 인산그룹(삼인산이라 함)으로 이루어진다. 세포가 에너지를 필요로 할 때는 ATP가 가수분해되면서(물이 첨가되면서) ADP와 Ⓟ가 만들어지고 에너지가 방출된다. ATP를 재활용하려면 음식으로부터 에너지가 요구되는 역반응이 일어난다. 즉, ADP와 Ⓟ가 결합하여 ATP가 만들어지고 이때 물이 빠져나간다.

RNA는 단일가닥으로 되어 있으며, RNA가 만들어질 때는 DNA의 한 가닥과 상보적 염기쌍으로 합성되기 때문에 정확한 염기의 순서가 RNA로 전달된다(그림 1.25b). RNA는 단백질 합성에 직접 관여하는 핵산이다.

ATP: 에너지 운반체

뉴클레오티드는 핵산의 소단위일 뿐만 아니라 대사 기능도 가지고 있다. 아데노신(아데닌+리보오스)에 인산그룹이 1개 대신 3개가 첨가되면 아데노신삼인산(adenosine triphosphate, ATP)이 되어 세포에서 에너지 운반체가 된다.

ATP의 구조와 기능

ATP 구조에서 마지막 2개의 인산결합은 불안정해 쉽게 파괴되기 때문에 고에너지 분자이다. 세포에서는 일반적으로 세 번째 인산결합이 가수분해되어 **ADP**(adenosine diphosphate, 아데노신이인산)와 한 분자의 무기인산(inorganic phosphate, Ⓟ)이 된다(그림 1.26). ATP의 분해로 방출된 에너지는 세포에 의해서 탄수화물, 단백질 같은 고분자의 합성에 이용된다. 근육세포에서는 그 에너지가 근육의 수축에 사용되며, 신경세포에서는 신경자극을 전도하는 데 사용된다. ATP가 분해된 후에는 형성된 ADP에 무기인산을 첨가함으로써 재합성된다. 그림 1.26에서는 ATP를 재합성할 때 에너지 투입이 필요함을 보여준다.

진도 점검하기 1.7

1. 뉴클레오티드의 구조를 설명하시오.
2. DNA와 RNA의 구조를 비교하고, 어떠한 구조의 차이가 DNA와 RNA의 기능에 차이를 만드는지 설명하시오.
3. 에너지 운반체로서 ATP의 기능을 설명하시오.

개념 연결하기

신체의 정보를 전달하는 에너지 분자인 핵산은 세포, 조직 및 기관의 기능에 중요한 역할을 한다. 이 종류의 분자에 대한 자세한 내용은 다음 논의를 참고하시오.

2.6절 세포에서 ATP를 생성하는 대사경로를 살펴본다.

21.1절 DNA와 RNA의 자세한 구조적 특징을 살펴본다.

21.2절 DNA에 단백질을 만드는 정보가 어떻게 들어 있는지 살펴본다.

21.3절 생명공학의 발전으로 어떻게 과학자들이 실험실에서 DNA를 조작할 수 있게 되었는지를 살펴본다.

결론

우리가 아는 한 생명은 물에 의존하며 물은 모든 생물체의 가장 중요한 구성요소 중 하나이다. 우리 몸의 세포는 모두 주로 물로 구성되어 있으며 물은 우리를 살아 있는 유기체로 정의하는 대부분의 화학 반응이 일어나도록 한다. 다른 행성의 생명체에 대한 우리의 탐색은 종종 물의 존재 여부에 초점을 맞춘다. 왜냐하면 생명체가 바다에서 진화했다는 것을 알고 있기 때문이다. 또한 인간 사회와 지구상의 대부분 생명체는 건강한 수생 생태계에 의존한다. 따라서 여러 면에서 물은 지구상의 모든 생명체를 하나로 묶는 공통요소이다.

요약

1.1 원자에서 분자까지

- **물질**(matter)은 원소로 구성되어 있고, 각 **원소**(element)는 단 한 종류의 **원자**(atom)로 되어 있다. 원소는 원자 내 양성자 수를 나타내는 **원자번호**(atomic number)와 원자기호로 식별한다. 원자의 **질량수**(mass number)는 원자핵의 **양성자**(proton) 수와 **중성자**(neutron) 수의 합이다.
- **전자**(electron)는 **전자껍질**(electron shell) 내에서 원자의 핵 주위를 공전한다. 원자의 화학적 특성은 바깥껍질에 있는 전자 수에 의존한다.
- **동위원소**(isotope)는 다양한 중성자 수를 가진다. 주기율표상 **원자질량**(atomic mass)은 동위원소의 평균 질량을 의미한다. **방사성동위원소**(radioisotope)는 생명과학과 의학에서 중요하게 사용된다.
- 원자는 서로 결합하여 **분자**(molecule)와 **화합물**(compound)을 형성한다. **이온결합**(ionic bond)은 **이온**(ion) 사이의 전자를 잃거나 받으면서 형성된다. **공유결합**(covalent bond)은 전자를 공유함으로써 형성된다.

1.2 물과 생명체

- 물은 **극성**(polar) 분자이기 때문에 물 분자 사이의 **수소결합**(hydrogen bond)이 형성된다.
- 물은 실온에서 기체가 아니라 액체이며, 물의 상태가 바뀌기 위해서는 **칼로리**(calorie)라 하는 에너지가 필요하다.
- 물은 서서히 가열되고 서서히 얼기 때문에 체온을 유지해 주고 증발함으로써 체온을 낮추어 준다.
- 얼음 상태의 물은 액체 상태의 물보다 밀도가 낮기 때문에 얼음은 물 위에 뜬다.
- **응집력**(cohesion)은 물 분자가 서로 끌어당기는 힘이고, **접착력**(adhesion)은 물 분자와 표면 사이의 인력이다.
- 물 분자는 극성이므로 일반적인 용매가 된다. 극성 **친수성**(hydrophilic) 분자는 물과 쉽게 상호작용하지만 **비극성 소수성**(nonpolar hydrophobic) 분자는 그렇지 않다.
- pH는 수소 이온의 농도(H^+)에 의해 결정된다. **산**(acid)은 H^+ 농도를 증가시켜 pH를 감소하게 하고, **염기**(base)는 H^+ 농도를 감소시켜 pH를 증가시킨다. **pH 척도**(pH scale)는 용액이 산성인지 염기성인지를 반영한다. **완충제**(buffer)는 세포와 생명체에서 pH를 일정하게 유지하도록 도와준다.

1.3 생명체의 분자

- 탄수화물, 지질, 단백질, 핵산은 세포에서 특정한 기능을 가진 **유기 분자**(organic molecule)이다.
- **탈수반응**(dehydration reaction)은 고분자를 형성하는 반응이고, **가수분해반응**(hydrolysis reaction)은 **고분자**(macromolecule)를 분해하는 반응이다.

유기 분자	예	단량체	기능
탄수화물	단당류, 이당류, 다당류	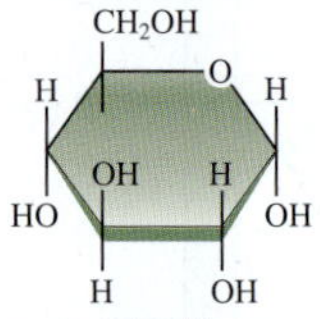 **포도당**	즉시에너지와 저장에너지, 구조적 분자
지질	중성지방, 인지질, 스테로이드	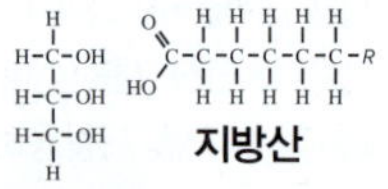 **지방산** **글리세롤**	장기간 에너지 저장, 세포막의 구성요소
단백질	구조, 효소, 운반체, 호르몬, 수축성	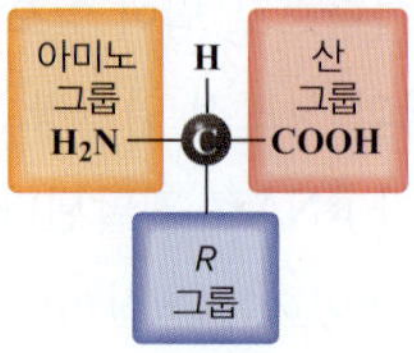 **아미노산**	지지, 대사, 운반, 조절, 이동
핵산	DNA, RNA, ATP	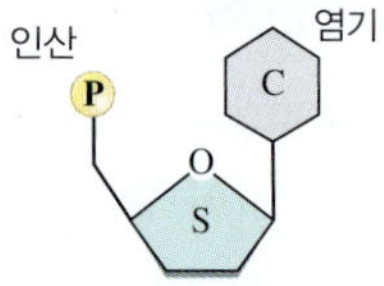 **뉴클레오티드**	유전정보의 저장, 에너지 운반체

1.4 탄수화물

- **탄수화물**(carbohydrate)은 단기 에너지 저장 분자이다.
- **단당류**(monosaccharide) 또는 **이당류**(disaccharide)는 단순 탄수화물이다. **포도당**(glucose)은 세포에서 빠른 에너지 공급에 사용되는 단당류이다.
- 복합 탄수화물은 **다당류**(polysaccharide)이다. **녹말**(starch), **글리코겐**(glycogen), **셀룰로오스**(cellulose, 섬유)는 많은 포도당 소단위가 결합된 다당류이다.
- 식물은 포도당을 녹말로 저장하는 반면, 동물은 포도당을 글리코겐으로 저장한다. 셀룰로오스는 식물의 세포벽을 형성하는 섬유질이다. 섬유질은 소화기관의 건강에 중요한 역할을 한다.

1.5 지질

- **지질**(lipid)은 물에 녹지 않는 비극성 분자이다. **중성지방**(triglyceride)이라고도 하는 **지방**(fat)과 **기름**(oil)은 장기 에너지 저장 분자이다.
- **지방산**(fatty acid)에는 **포화**(saturated)지방산과 **불포화**(unsaturated) 지방산이 있다. **트랜스지방**(trans fat)은 우리의 건강에 해로운 불포화지방산이다.
- 세포막은 **인지질**(phospholipid)로 구성된다.

- **스테로이드**(steroid)는 4개의 고리 구조가 결합된 복합 지질이다. 테스토스테론과 에스트로겐은 스테로이드이다. 콜레스테롤은 지질 단백질(LDL과 HDL)이라 하는 단백질에 의해 운반되는 스테로이드이다.

1.6 단백질

- **단백질**(protein)에는 구조단백질(케라틴, 콜라겐), 호르몬, 화학 반응을 빠르게 도와주는 효소가 있다. 단백질은 세포운동(액틴, 미오신), 근육의 수축(액틴, 미오신), 혈액에서 분자의 운반(혈색소)에 사용된다.
- 단백질은 **아미노산**(amino acid)을 소단위로 하는 고분자이다. 1개의 펩티드는 2개의 아미노산이 **펩티드결합**(peptide bond)으로 구성되고 **폴리펩티드**(polypeptide)는 많은 아미노산을 포함한다.
- 단백질은 여러 단계의 구조를 가지고 있다. 일차구조는 폴리펩티드를 형성하는 아미노산의 서열에 의해서 결정된다. 이차구조에는 α(알파) 나선구조가 있다. 삼차구조는 이차구조가 삼차원적인 구형태를 이룰 때 나타난다. 사차구조는 둘 또는 그 이상의 폴리펩티드가 단일 단백질로 결합되었을 때 만들어진다. 단백질이 원래의 형태로 되돌아갈 수 없을 때 **변성**(denaturation)이라고 한다.

1.7 핵산

- **핵산**(nucleic acid)은 뉴클레오티드로 구성된 고분자이다. **뉴클레오티드**(nucleotide)는 당, 염기, 인산으로 구성되어 있다. DNA와 RNA는 뉴클레오티드의 중합체이다.
- **DNA**(deoxyribonucleic acid, 디옥시리보핵산)는 디옥시리보오스 당을 갖고 있으며, 염기는 **아데닌**(adenine, **A**), **구아닌**(guanine, **G**), **티민**(thymine, **T**), **시토신**(cytosine, **C**)을 가지고 있고, 이중나선을 이룬다. 이중나선은 DNA 구조 사이에 **상보적 염기쌍**(complementary base pairing)으로 구성되어 있다.
- **RNA**(ribonucleic acid, 리보핵산)는 리보오스 당을 갖고, 염기는 아데닌(A), 구아닌(G), **우라실**(uracil, **U**), 시토신(C)을 가지며, 나선을 형성하지 않는다.
- **ATP**(adenosine triphosphate, 아데노신삼인산)는 그 결합이 불안정하기 때문에 고에너지 분자이다.
- ATP는 **ADP**(adenosine diphosphate, 아데노신이인산) + Ⓟ로 가수분해되며, 이때 방출된 에너지가 세포의 대사작용에 사용된다.

개념 심화 학습

BioNOW

이 과학이 여러분의 삶과 어떻게 연관성이 있는지 알고 싶은가? 그렇다면 다음의 BioNOW 영상을 참고하길 바란다.

- 물의 성질

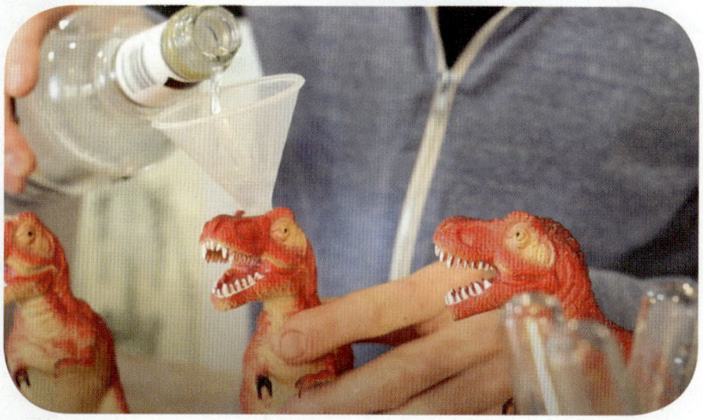

McGraw Hill

물의 어떠한 화학적 성질이 영상에 나오는 모든 고유한 특성을 갖게 하는가?

비판적 사고 키우기

1. 더운 여름날, 여러분은 수영장에 뛰어들기로 결심한다. 다이빙을 하기 전에 수면이 매끄럽고 연속적이라는 것을 알게 된다. 다이빙 후 일부 물방울이 피부에 달라붙고 피부 온도가 차갑게 느껴지는 것을 발견한다. 물의 특성을 기반으로 이러한 관찰을 설명하시오.
2. 생물학에서 구조는 기능을 의미한다. 생물학적 시스템에서 단백질 구조의 엄청난 가변성은 단백질의 중요성(기능)과 어떤 관련이 있는가?
3. 어떤 원소의 방사성동위원소가 같은 원소의 비방사성동위원소와 화학적으로 동일하게 반응하는 이유를 설명하시오.

관련성 탐구하기

1. 생명의 각 영역에서 유기체를 선택하여 생화학적으로 분석할 때 모든 유기체에 공통적인 분자는 무엇인가?
2. 트리글리세리드의 다양한 포화 수준에 대한 지식이 식료품점에서 더 건강한 선택을 하는 데 어떻게 도움이 되는지 설명하시오.
3. 과학자들은 태양계의 다른 행성을 계속 탐색하면서 다른 행성과 위성에 생명체가 존재했거나 현재 존재하고 있다는 증거를 찾고 있다. 과학자들이 이러한 곳에서 생명이 있다는 증거를 밝히기 위해 물 이외에 어떤 분자를 찾아야 하는가?

모든 장의 질문에 대한 정답은 *connect.mheducation.com*에서 확인하시오.

CHAPTER

2 세포의 구조와 기능

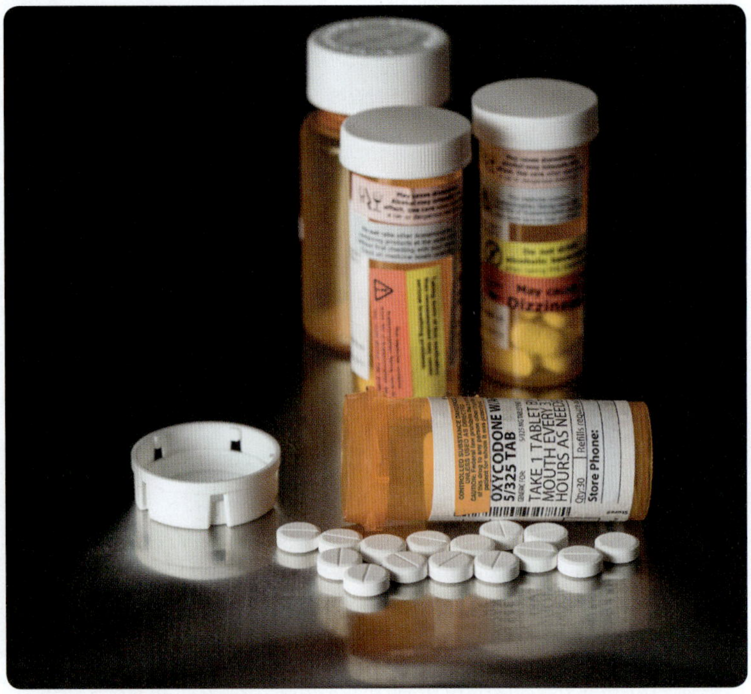

Steve Heap/Shutterstock

이 장의 개요

시작하기 전에

이 장을 시작하기 전에 다음 사항을 논의해 보자.

1.2절 물의 어떤 특성이 물이 생명체의 중요한 분자가 될 수 있도록 하였는가?

1.3~1.7절 세포에서 탄수화물, 지방, 단백질, 핵산의 기본적인 기능은 무엇인가?

1.7절 세포에서 ATP의 기능은 무엇인가?

오피오이드 위기

미국에서는 매일 약 130명이 오피오이드 과다복용으로 사망한다. 오피오이드 중독 및 오남용은 미국의 사회적·경제적 복지에 충격을 주는 국가적 위기가 되었다.

오피오이드 시스템은 인간 내부의 중추신경계통 요소로 통증, 보상, 중독 행동을 조절한다. 오피오이드 수용체는 세포 표면에 존재하는 막통과 단백질(transmembrane protein)에 속한다. 수용체가 모르핀(morphine) 또는 헤로인(heroin)과 같은 오피오이드와 결합하면 통증 경로가 변화하며, 행복감과 즐거움이 나타난다. 이러한 주요 수용체[뮤(mu), 델타(delta), 카파(kappa)]는 오피오이드가 그 효과를 나타낼 수 있도록 한다. 뮤 수용체는 두뇌 보상 시스템(brain reward system)을 촉발하는 분자 스위치이다. 델타 수용체는 개인의 감정 상태를 결정하는 데 작용하는 것으로 보이며, 카파 수용체는 통증 경감과 연관되어 있다.

모르핀은 수술 후 고통을 경감시키거나 만성 통증으로 고통받는 사람들에게 가장 널리 사용되는 오피오이드이다. 이는 뮤 수용체에 작용하기 때문에 남용 및 중독 가능성이 있다. 많은 약물이 오피오이드 남용을 막기 위해 처방되고 있다. 이러한 약물은 세포막에 존재하는 오피오이드 수용체와 결합하여 금단 증상을 제거한다.

이 장에서는 세포의 구조와 기능을 알아보고, 어떻게 세포막이 세포의 기능에 중요한 역할을 하는지 살펴볼 것이다.

이 장을 학습하면서 다음 질문을 생각해 보자.

1. 세포막의 기능은 무엇인가?
2. 세포막에 존재하는 수용체(transport)와 채널 단백질(channel protein)은 어떻게 기능하는가?

2.1 세포란 무엇인가?

학습 목표

이 절을 학습한 후 다음 사항을 할 수 있어야 한다.

1. 세포설의 기본 원리를 설명할 수 있다.
2. 표면 대 부피의 비율이 어떻게 세포 크기를 제한하는지 설명할 수 있다.
3. 세포 연구에서 현미경의 역할을 설명할 수 있다.

인간을 포함한 모든 생명체는 세포로 구성되어 있다. 단세포 세균에서부터 식물 및 인간과 같은 복잡한 구조의 동물까지, 세포는 생명의 기본 단위이다. 그러나 세포의 존재를 발견하는 것뿐만이 아닌, 생물학적 조직화 수준에서 세포의 중요성을 인식하기 위해 현미경의 발명과 같은 기술적 발전이 필요했다.

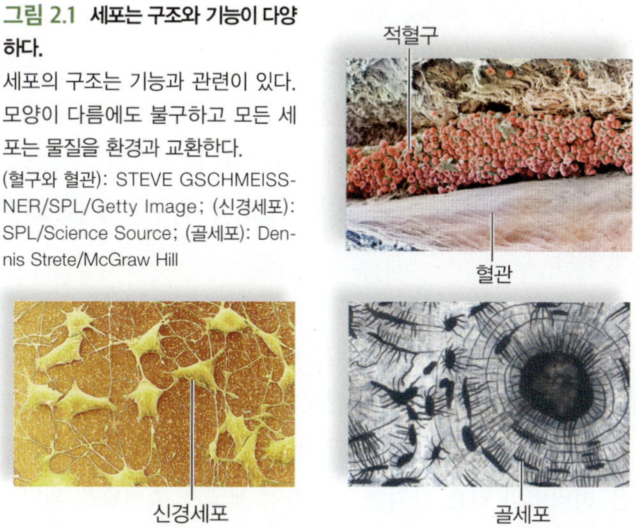

그림 2.1 세포는 구조와 기능이 다양하다.
세포의 구조는 기능과 관련이 있다. 모양이 다름에도 불구하고 모든 세포는 물질을 환경과 교환한다.
(혈구와 혈관): STEVE GSCHMEISSNER/SPL/Getty Image; (신경세포): SPL/Science Source; (골세포): Dennis Strete/McGraw Hill

세포설

세포라는 단어는 17세기까지 생물학에 포함되지 않았다. 네덜란드 과학자 안톤 반 레벤후크(Anton van Leeuwenhoek)는 초창기 현미경을 발명하여 앞서 관찰하지 못했던 물체를 관찰한 사람으로 알려져 있다. 영국 과학자 로버트 후크(Robert Hooke)는 레벤후크의 관찰을 확인하였으며, **세포**라는 용어를 최초로 사용하였다. 그가 코르크의 벌집 구조에서 관찰한 작은 방은 수도원의 방, 또는 세포를 연상케 하였다.

150년 후인 1830년대에 독일 박물학자들은 식물과 동물 조직이 세포로 구성되어 있음을 발견했으며, 또한 모든 세포는 또 다른 세포로부터 유래한다고 주장하였다. 이러한 관찰이 모든 생명체는 세포라는 기본 생명 단위로 구성되며 모든 세포는 이전에 존재하던 다른 세포로부터 유래한다는 **세포설**(cell theory)의 기초가 되었다. 오늘날 세포설은 생물학의 기본 이론 중 하나이다.

세포설은 다음을 기술한다.

- **세포는 생명의 기본 단위이다.** 세포설에 의하면 세포보다 작은 어느 것도 살아 있는 것으로 간주되지 않는다. 단세포 생명체는 생명의 기본적인 특성을 나타낸다. 생식과 성장, 자극에 대한 반응, 항상성 유지, 환경으로부터 물질의 획득과 사용, 환경에 적응할 수 있는 더욱 작은 단위의 생명은 존재하지 않는다. 요컨대 생명은 세포성을 가지고 있다.
- **모든 살아 있는 생명체는 세포로 구성된다.** 세균과 같은 많은 생명체는 단세포인 반면, 인간과 식물과 같은 다른 생명체는 다세포이다. 다세포 생명체에서 세포는 신경조직, 연결조직과 같은 조직을 구성한다. 뼈 또한 축적된 물질에 의해 둘러싸인 세포(골세포)로 구성되어 있다. 그림 2.1의 여러 세포 종류의 비교에서 나타나듯이, 세포는 모양이 서로 다르다. 그러나 이러한 차이점에도 불구하고 그들은 공통된 구조를 갖고 있다. 일반적으로 세포의 구조는 그 기능과 직접적으로 관련되어 있다는 점을 인식하는 것이 중요하다.
- **모든 생명체는 기존에 존재하던 세포로부터 생겨난다.** 19세기까지 대부분의 사람들은 무생물로부터 생명체가 생겨난다는 자연발생을 믿었다. 예를 들어 구더기는 정육점에 걸려 있는 고기로부터 생겨난다고 믿었다. 구더기는 파리가 접촉한 고기에서 종종 발견되었다. 그러나 사람들은 살아 있는 구더기가 무생물인 고기에서 자연적으로 생기지 않는다는 것을 알지 못했다. 17세기 프란체스코 레디(Francesco Redi)가 일련의 실험을 통하여 밀폐된 용기 안에 들어 있는 고깃덩어리에서는 구더기가 생기지 않는다는 것을 증명했다. 다른 의미로, 생명은 자연적으로 생기지 않는다. 1864년 프랑스 과학자 루이 파스퇴르(Louis Pasteur)는 세균을 이용하여 현재로서는 고전적인 일련의 실험을 수행했다. 그의 실험은 무생물에서 생명이 자연적으로 생성되는 것은 불가능하다는 것을 증명하였다.

인간과 같은 동물이 생식할 때, 정자세포는 난자세포와 결합하여 수정란을 형성한다. 생식을 통해 부모는 그들의 유전 정보 복사본을 자손에게 전달한다. 수정란은 새로운 다세포 생명체를 이루기 위한 첫 번째 세포이다. 세포 분열 과정을 통해 새로운 생명체의 모든 세포는 부모의 유전자 복사본을 갖게 된다.

세포 크기

그 중요성에도 불구하고, 대부분의 세포는 작고 현미경으로만 관찰할 수 있다. 작은 크기의 세포는 **마이크로미터**(μm)와 같은 미터법의 작은 단위를 사용하여 세포가 측정됨을 의미한다. 마이크로미터는 1/1,000 밀리미터(mm)이다. 마이크로미터는 전문적으로 현미경을 사용하는 사람들이 측정에 사용하는 일반적인 단위이다(미터법의 전체 목록은 부록 참고).

달걀이나 개구리알과 같은 일부 세포는 맨눈으로 관찰 가능할 정도로 크다. 반면, 인간 난자세포의 크기는 약 100 μm로 인간의 눈으로 볼 수 있는 최소한의 크기이다. 그러나 대부분의 세포는 더욱 작다. 작은 크기의 세포는 **표면적 대 부피 비율**을 고려하면 설명이 가능하다. 영양분은 세포로 유입되며 노폐물은 세포 표면을 통해 배출된다. 따라서 세포 표면이 클수록 물질 유입 및 세포 외부로의 배출 능력이 더욱 커진다. 큰 크기의 세포는 작은 크기의 세포에 비해 더욱 많은 영양분을 필요로 하고 더욱 많은 노폐물을 생산한다. 그러나 세포의 부피가 작아질수록 비례하는 표면적은 실제로 증가한다. 이러한 현상은 그림 2.2의 육면체를 비교하여 알 수 있다.

그렇다면 우리는 활발히 대사작용을 하는 세포가 커지는 데는 한계가 있다는 것을 예상할 수 있다. 그 예가 달걀이다. 달걀이 수정되고 대사작용이 개시되면, 수정란의 크기는 변하지 않은 상태로 분열을 계속한다. 이것은 빠르게 분열하는 세포에서 물질의 충분한 교환을 위해 필요로 하는 표면적을 증가시킨다.

세포 연구하기: 현미경의 과학

현미경은 과학자에게 세포가 어떻게 기능하는지에 대한 깊은 시각을 제공한다. 현미경은 복합광학현미경부터 강력한 전자현미경까지 다양하게 존재한다. **배율** 또는 물체의 관찰 크기와 실제 크기의 비율은 현미경의 종류에 따라 다양하다. 또한

	1개의 4 cm 입방체	8개의 2 cm 입방체	64개의 1 cm 입방체
총 표면적 (높이 × 넓이 × 측면 수 × 입방체 수)	96 cm^2	192 cm^2	384 cm^2
총 부피 (높이 × 넓이 × 길이 × 입방체 수)	64 cm^3	64 cm^3	64 cm^3
표면적 대 부피 비율 개별 입방체 (표면적 ÷ 부피)	1.5:1	3:1	6:1

그림 2.2 표면적 대 부피 비율은 세포 크기를 제한한다.
세포 크기가 작아질수록 표면적 대 부피 비율은 증가한다.

표 2.1 눈과 현미경의 해상력

	확대	해상력
눈	해당 없음	0.1 mm (100 μm)
광학현미경	1,000×	0.0001 mm (0.1 μm)
투과전자현미경	100,000× (또는 그 이상)	0.000001 mm (0.01 μm)

물체의 해상도는 현미경마다 다양하다(표 2.1). **해상도**는 2개의 인접한 점을 구분하는 능력으로, 두 물체를 서로 다른 물체로 구별해서 보이게 하는 최소 거리를 나타낸다. 일반적으로 우수한 성능의 현미경일수록 더욱 높은 해상도를 나타낸다. 그림 2.3은 서로 다른 세 가지 현미경으로 관찰한 적혈구를 나타낸다.

복합광학현미경은 유리 렌즈 세트를 사용하며, 물체를 확대하기 위하여 광선이 물체를 투과하여 사람의 눈으로 직접 상을 관찰할 수 있다(그림 2.3a).

투과전자현미경은 확대된 상을 생성하기 위하여 전자의 흐름을 이용하며, 사람의 눈으로는 상을 볼 수 없다(그림 2.3b). 따라서 형광 스크린이나 사진 필름 위에 투사된 상(**현미경상**)을 보게 된다. 투과전자현미경에 의해 생성된 배율과 해상도는 광학현미경의 배율과 해상도보다 훨씬 높다. 따라서 이 현미경은 더욱 세밀하고 확대된 상을 생성할 수 있다.

주사전자현미경은 물체 표면의 3차원상을 제공한다(그림

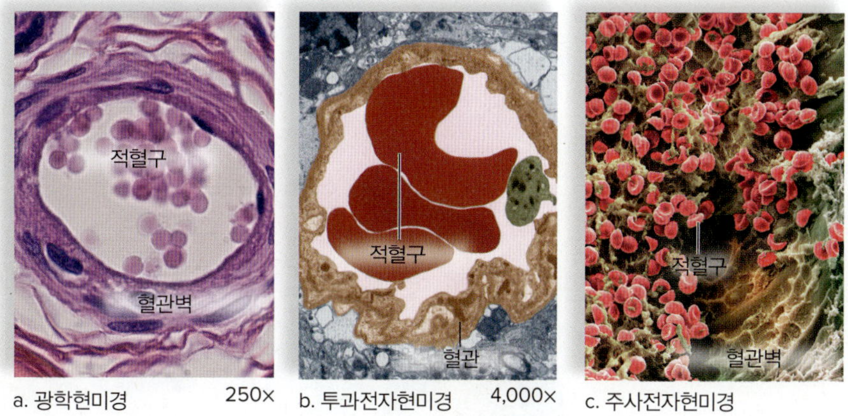

그림 2.3 **인간 적혈구의 현미경 사진.**
a. 큰 혈관(염색된) 안의 많은 세포의 광학현미경(LM) 사진. **b.** 작은 혈관(색깔) 안의 세 개의 세포의 투과전자현미경(TEM) 사진. **c.** 세포와 혈관(색깔)의 3차원상을 제공하는 주사전자현미경(SEM) 사진.
(a): Ed Reschke/Stone/Getty Images; (b, c): Steve Gschmeissner/Science Photo Library/Getty Images

2.3c). 전자의 가느다란 빔은 얇은 금속막으로 코팅된 표본의 표면에 주사된다. 금속은 이차 전자를 방출하며, 이 전자는 표본 표면의 영상 형태 그림을 스크린 위에 생성하기 위하여 수집된다.

실험실에서 광학현미경은 살아 있는 표본을 관찰하는 데 자주 사용된다. 그러나 전자현미경의 경우에는 그렇지 않다. 왜냐하면 전자는 공기 중에서 멀리 이동할 수 없어, 전자빔의 모든 경로에 강력한 진공 상태가 유지되어야 하기 때문이다. 또한 세포는 종종 현미경 관찰 전에 처리된다. 왜냐하면 대부분의 세포는 투명해 광학현미경으로 관찰하기 전에 염색하기 때문이다. 세포의 특정 구성요소는 다른 구성요소보다 염료를 더욱 잘 흡수하여 대비를 향상시킨다. 대비를 주기 위해 금과 같은 고전자밀도 금속으로 처리된 표본을 제외하고는 전자현미경에도 유사한 접근법이 사용되었다. 금속은 색깔이 없기 때문에 전자현미경 상은 현미경 상을 얻은 후 색상화해야 한다. '잘못된 색상화'라는 표현은 원본 현미경 상이 생성된 후에 색상화되는 것을 의미한다. 또한 전자현미경으로 관찰하는 동안 세포는 처리되기 때문에 진공 상태에서 분해되지 않는다. 세포는 종종 세포 내부의 단면을 보기 위해 세포를 기질 속에 묻어 이를 아주 얇게 잘라서 관찰하기도 한다.

진도 점검하기 2.1

1. 세포설을 요약하고, 생물학 연구에서 세포설의 중요성을 기술하시오.
2. 세포 크기와 그 기능의 연관성을 설명하시오.
3. 광학현미경과 전자현미경으로부터 얻을 수 있는 정보를 비교하고 그 차이점을 설명하시오.

개념 연결하기

이 절에서 언급된 세포에 대한 자세한 내용은 다음 논의를 참고하시오.

5.2절 적혈구가 기체를 어떻게 순환계통 내부로 수송하는지 살펴본다.
5.6절 적혈구가 신체의 항상성 유지에 어떻게 도움이 되는지에 대한 개요를 살펴본다.
17.1절 인간 난자세포의 복잡한 구조를 살펴본다.

2.2 세포는 어떻게 구성되는가?

학습 목표

이 절을 학습한 후 다음 사항을 할 수 있어야 한다.

1. 원핵세포와 진핵세포 구조의 차이를 설명할 수 있다.
2. 진핵세포의 세포막과 세포소기관의 기능을 설명할 수 있다.
3. 진핵세포가 원핵세포로부터 어떻게 진화했는지 설명할 수 있다.

생물학자는 세포를 크게 원핵생물(prokaryotes)과 진핵생물(eukaryotes)로 구분한다. 원핵세포와 진핵세포의 기본적인 차이점은 DNA를 보관하는 막결합 구조인 핵의 유무이다. **원핵세포**(prokaryotic cell)는 핵이 없으나 **진핵세포**(eukaryotic cell)는 핵이 있다. 원핵생물은 2개의 세균 그룹인 진성세균(eubacteria)과 고세균(archaebacteria)으로 구분된다. 우리는 7.1절에서 이들의 구조를 더욱 심도 있게 살펴볼 것이다. 진핵생물에는 동물, 식물, 균류 및 단세포 생명체인 원생생물이 포함된다.

이들의 차이점에도 불구하고 두 종류의 세포는 모두 세포 내 유입과 세포 외 배출을 조절하는 외막인 **세포막**(plasma

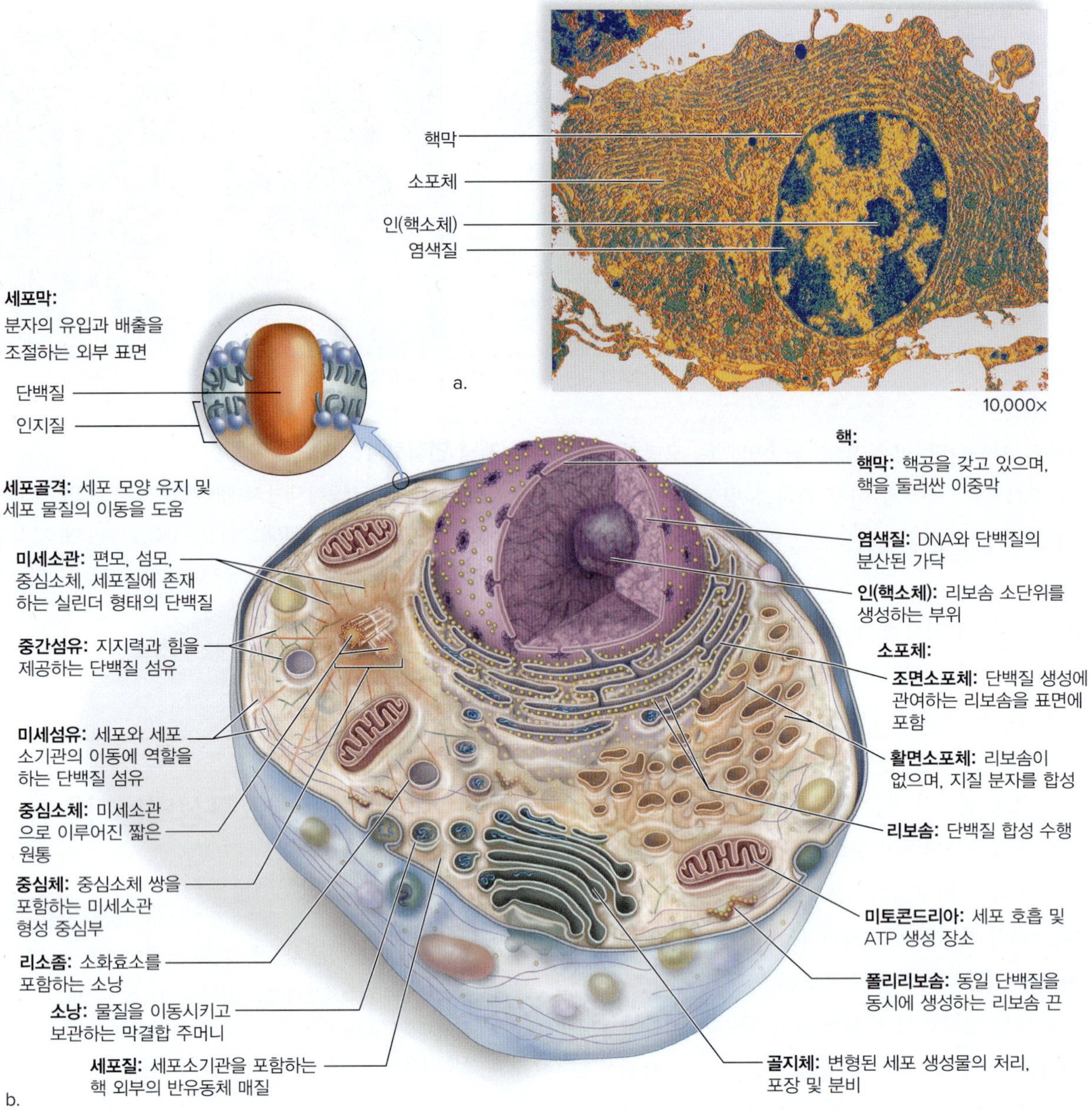

그림 2.4 전형적인 진핵세포의 구조.
a. 동물세포 내부 구조의 투과현미경 사진. **b.** 진핵세포 구성 성분의 구조와 기능.
(a): Alfred Pasieka/Science Source

membrane)을 갖고 있다. 세포막은 2개의 인지질층으로 구성된 '샌드위치'와 같은 인지질 이중층(phospholipid bilayer)이다. 세포막의 극성 인산염 분자는 이중층의 윗면과 아랫면을 형성하고, 비극성 지질은 그 사이에 위치한다. 인지질 이중층은 **선택적 투과성**(selectively permeable)으로, 특정 분자만을 세포 내부로 유입시키는 것을 의미한다. 세포막에 전체적으로 흩어져 존재하는 단백질은 물질을 세포 내부로 유입시키는 데 중요한 역할을 한다. 모든 종류의 세포는 **세포질**(cytoplasm)이 존재하며, 이는 물과 여러 종류의 분자 및 세포소기관의 혼합물인 **세포기질**(cytosol)을 포함하는 반유동체 매질(semifluid medium)이다. 단백질의 존재는 세포질이 반유동체 매질이라는 점을 설명한다.

진핵세포의 세포질은 특정 기능을 갖는 내부 구획인 **세포소기관**(organelle)을 포함한다. 원래 **세포소기관**이라는 용어는 막구조만을 의미하였으나, 우리는 이 용어를 잘 정의된 세포 내 구조의 의미로 사용할 것이다. 진핵세포는 많은 종류의 세포소기관을 갖고 있다(그림 2.4). 세포소기관은 세포를 구획화하여 다양한 세포 활동을 서로 구분할 수 있도록 한다.

진핵세포의 진화

지구상의 첫 번째 세포는 원핵세포였다. 오늘날 원핵세포는 화학적으로 구분되는 세균과 고세균으로 구분된다.

고세균과 같은 초기 원핵생물은 초기 지구의 생활에 잘 적응하였다. 원핵생물이 진화한 환경은 오늘날의 생명체가 살아갈 수 없는 조건으로, 대기에는 산소가 없는 대신 일산화탄소와 다른 종류의 독성 가스로 차 있었고, 지구의 온도는 93℃가 넘었으며, 태양으로부터 오는 해로운 복사선을 막아 생명체를 보호해 주는 오존층이 없었다.

이러한 환경에도 불구하고 원핵생물은 생존했으며, 지구의 환경에 점진적으로 적응하였다. 이 과정에서 대부분의 고세균은 멸종하였다. 그러나 일부 고세균은 여전히 우리 주변에 존재하며 열 분수구나 염분이 있는 바다 등의 극한 환경에서 발견된다. 이러한 고세균 연구는 여전히 생명의 최초 기원에 대한 단서를 제공한다.

진핵세포가 고세균으로부터 진화했다는 가설을 증명하는 다양한 증거가 있다. 진핵세포의 내부 구조는 그림 2.5에 나타낸 바와 같이 일련의 사건을 거쳐 진화했다고 알려졌다. 핵은 세포막에 주머니가 생성되는 과정인 세포막 함입 과정을 통해 형성될 수 있었다. 주머니는 세포의 DNA를 둘러쌈으로써 핵을 형성하였다. 놀랍게도 일부 진핵세포 세포소기관은 원핵세포를 함입함으로써 생성되었을 수도 있다. 함입된 원핵세포는 소화되지 않았으며, 서로 다른 세포소기관으로 진화하였다. 이러한 사건 중 하나는 진핵세포에 미토콘드리아가 생성된 것이다. 미토콘드리아는 세포 호흡을 수행하는 세포소기관이다. 또 다른 사건을 통해 엽록체를 생성했을 수도 있다. 엽록체는 광합성을 수행하는 세포에서 발견된다. 이러한 과정을 **세포내공생(endosymbiosis)**이라고 한다.

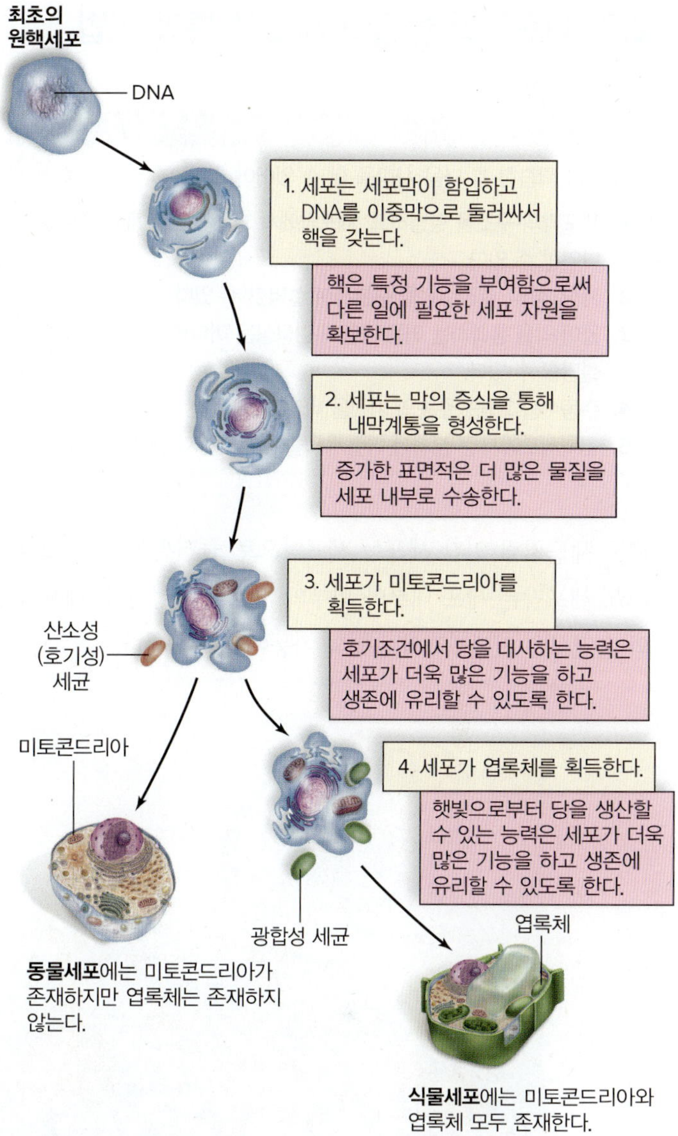

그림 2.5 진핵세포의 진화.
원핵세포 세포막의 함입은 핵을 형성하였다. 이후 세포는 일부 독립적인 원핵세포일지도 모르는 세포소기관을 형성하게 되었다.

개념 연결하기

이 절의 자료는 진핵세포와 원핵세포의 앞선 개념과 세포막에서 인지질의 기능을 설명한다. 자세한 내용은 다음 논의를 참고하시오.

7.1절 세균의 구조에 대한 추가적인 정보를 살펴본다.

진도 점검하기 2.2

1. 진핵세포의 세포막과 세포소기관들의 기능을 요약하시오.
2. 진핵세포와 원핵세포의 주요한 차이점을 설명하시오.
3. 핵, 미토콘드리아 및 엽록체의 가능한 진화 과정을 설명하시오.

2.3 세포막과 물질의 세포막 통과 방법

학습 목표

이 절을 학습한 후 다음 사항을 할 수 있어야 한다.

1. 세포막의 구조를 설명하고, 세포막에서 발견되는 분자의 종류를 나열할 수 있다.
2. 확산, 삼투, 촉진수송을 구분하여 설명할 수 있다.
3. 물이 막을 통과하는 이동 방향과 긴장성은 어떠한 관계가 있는지 설명할 수 있다.
4. 수동수송과 능동수송의 기전을 비교할 수 있다.
5. 진핵세포에서 큰 분자가 어떻게 막을 통과하는지 설명할 수 있다.

모든 세포처럼 인간 세포는 세포막으로 둘러싸여 있다(그림 2.6). 세포막은 세포 내부와 외부의 경계를 형성한다. 세포막의 온전성은 진핵세포의 구조와 기능에 필수적이다.

세포막은 단백질이 부착되어 있거나 박혀 있는 인지질 이중층이다. 인지질 분자는 극성 머리와 비극성 꼬리로 구성되어 있다(그림 1.19 참고). 인지질이 수용액 상태에 존재할 경우 원형의 이중막을 형성한다. 전하를 띤 극성 머리는 **친수성**으로(물에 이끌림), 세포 안쪽과 바깥쪽의 수용액 환경 쪽으로 향하게 된다. 비극성 꼬리는 **소수성**이며(물에 이끌리지 않음), 물이 없는 환경인 안쪽으로 서로 향하게 된다.

체온에서 인지질 이중층은 액체 상태로, 올리브유와 비슷한 정도의 액체 상태로 존재한다. 단백질은 수평 이동을 통해 위치를 변화시킬 수 있다. **유동-모자이크 모델**(fluid-mosaic model)은 세포막 구조를 실질적으로 설명하는 개념으로, 이는 단백질 분자가 유동적인 인지질 이중층 내에서 이동하는 양상을 나타내며, 콜레스테롤이 세포막을 지지한다는 점을 나타낸다.

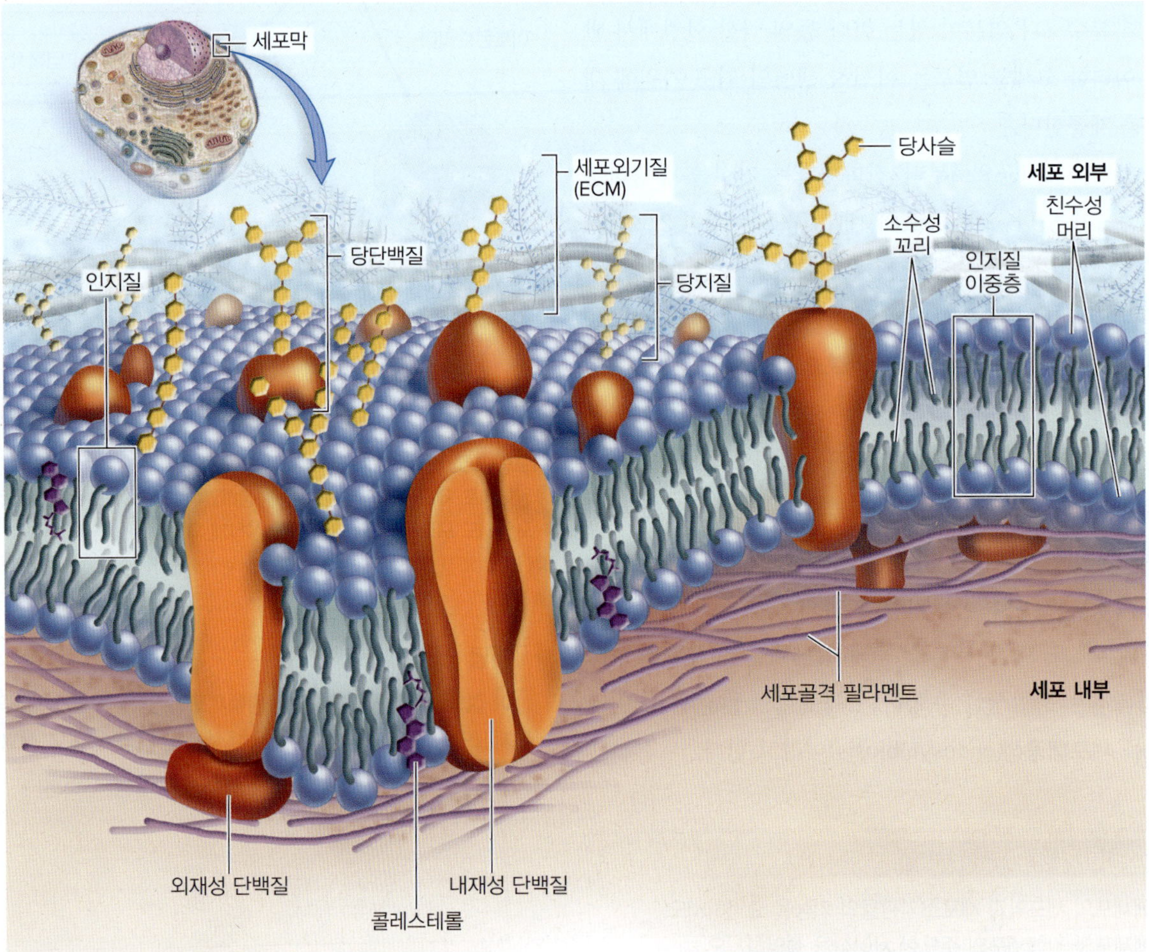

그림 2.6 세포막의 구성.
세포막은 인지질 이중층으로 구성되어 있으며, 단백질이 박혀 있거나(내재성 단백질), 세포질 쪽으로 부착되어 있다(외재성 단백질). 스테로이드(콜레스테롤)는 세포막의 유동성 조절을 도와준다. 세포골격 필라멘트는 막단백질에 의해 세포막 내부에 부착되어 있다.

짧은 사슬의 당(탄수화물)은 세포막 바깥쪽의 일부 단백질 또는 지질 분자에 부착되어 있는데, 단백질에 부착된 당을 **당단백질**(glycoprotein), 지질에 부착된 당을 **당지질**(glycolipid)이라고 한다. 이러한 분자들은 그 세포가 특정 개인의 것이라는 표식이 된다. 이러한 식별을 '자기(self)'라고 하며, 감염을 일으킬 수 있는 외부 물질로부터 우리 몸을 구분할 수 있도록 도와주고, 왜 사람마다 서로 다른 혈액형을 갖게 되는지를 설명해 준다.

일부 세포막 단백질은 특정 물질이 세포 내부로 유입될 수 있는 채널을 형성한다. 다른 단백질은 세포 반응을 촉매하는 효소거나 세포막을 통해 분자를 통과시키는 수송체이다.

세포막의 기능

세포막은 외부 환경으로부터 세포 내부를 구분한다. 이러한 과정을 통해 세포는 특정 분자와 이온만을 세포 내부로 들여보내거나 세포질로부터 외부로 배출한다. 따라서 세포막은 선택적 투과성을 나타낸다(그림 2.7). 산소 및 이산화탄소와 같은 작은 지용성 분자들은 세포막을 쉽게 통과할 수 있다. 작은 크기의 물 분자는 **아쿠아포린**(aquaporin)이라는 채널 단백질을 통해 세포막을 쉽게 통과할 수 있다. 이온과 큰 분자는 직접적인 도움 없이는 세포막을 통과할 수 없으며, 이는 이후에 논의할 것이다.

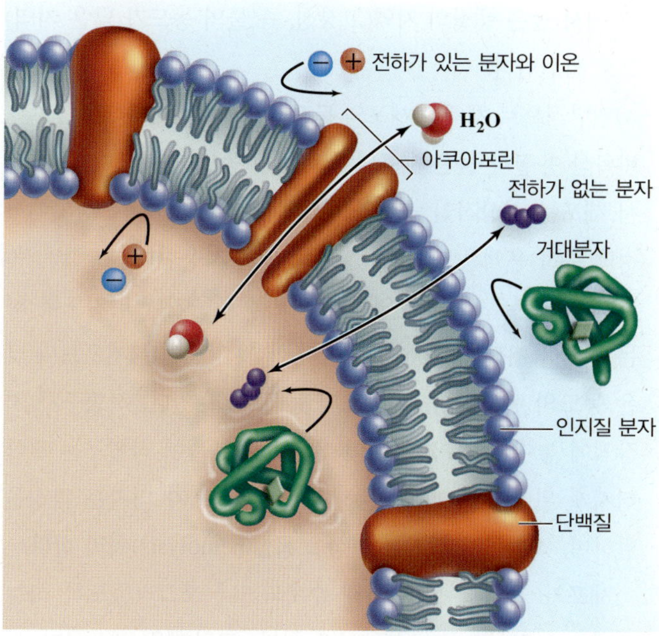

그림 2.7 세포막의 선택적 투과성.
작고 전하가 없는 분자는 세포막을 통과할 수 있으나 크고 전하가 있는 분자는 통과할 수 없다. 물은 아쿠아포린을 통해 자유롭게 세포막을 통과할 수 있다.

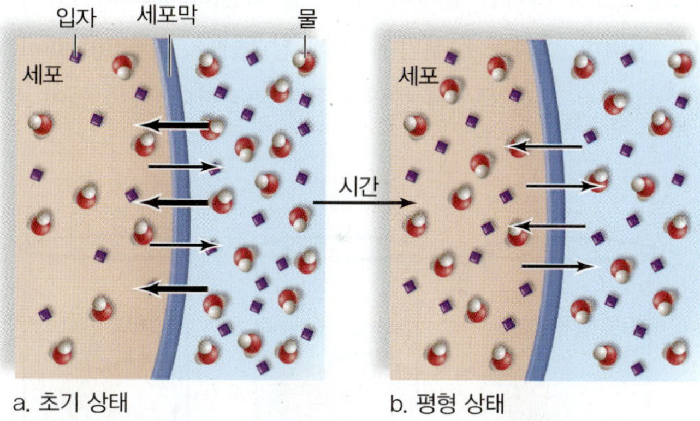

그림 2.8 세포막을 통한 확산.
a. 물질이 확산을 통해 세포막을 통과할 때 세포막을 가로질러 앞뒤로 움직일 것이지만, 순이동은 저농도 지역으로 향할 것이다. **b.** 평형 상태에서는 동일한 수의 입자와 물이 양방향으로 이동하며, 순이동은 발생하지 않는다.

확산

확산(diffusion)은 고농도 지역에서 저농도 지역으로 농도가 평형에 이를 때까지 분자가 무작위적으로 이동하는 현상이다. 확산은 수동적인 방식으로 분자가 세포에 유입되거나 세포 밖으로 배출되며, 세포 에너지가 필요하지 않다.

특정 분자들은 확산을 통해 세포막을 자유롭게 통과한다. 분자가 세포막을 통과할 때 어떠한 경로를 통해 이동할까? 분자는 양방향으로 이동한다. 그러나 **순이동**(net movement)은 농도가 평형에 이를 때까지 고농도 지역에서 저농도 지역으로 발생할 것이다. 평형 상태에서는 많은 분자가 세포에서 배출되는 만큼 세포 내로 들어올 것이다(그림 2.8). 산소는 세포막을 통해 확산하며, 순이동은 세포 안쪽을 향하게 된다. 세포가 ATP를 생산할 때 산소를 사용하기 때문에, 세포 내부의 산소 농도는 외부 환경에 비해 낮다.

삼투

삼투(osmosis)는 선택적 투과성 막을 통과하는 물의 순이동이다. 물이 확산하는 방향은 세포 내부와 외부 수용액의 긴장성(tonicity)에 의해 결정된다. 긴장성은 수용액에 녹아 있는 용질이라 불리는 입자에 의해 결정된다. 수용액에서 용질의 농도가 높을수록 물의 농도는 낮아지며, 그 반대로 수용액에서 용질의 농도가 낮을수록 물의 농도는 높아진다. 일반적으로 물은 낮은 용질의 지역(저장성, 즉 물의 농도가 높은 지역)에서 높은 용질의 지역(고장성, 즉 물의 농도가 낮은 지역)으로 확산한다.

일반적으로 체액은 세포와 **등장성**(isotonic)이다(그림 2.9a). 비확산 용질과 물은 세포막 양쪽에서 동일한 농도이다. 따라서 세포는 정상적인 크기와 형태를 유지한다. 의료 상황에서 정맥 주사 용액은 일반적으로 등장액을 사용한다.

세포 내부로 물을 유입시켜 세포를 부풀거나 터지도록 하는 용액을 **저장성**(hypotonic)이라 한다. 저장액은 세포보다 낮은 농도의 용질과 높은 농도의 물을 갖고 있다. 적혈구가 저장액에 놓이게 될 경우 물이 유입되고 부풀어 적혈구는 결국 터지게 된다(그림 2.9b). **용해**(lysis)는 세포가 터지는 과정을 말하며, 적혈구가 터지는 현상을 **용혈**(hemolysis)이라 한다.

세포가 물의 손실로 인해 수축되거나 쪼그라들도록 하는 용액을 **고장성**(hypertonic)이라 한다. 고장액은 세포보다 높은 농도의 용질과 낮은 농도의 물을 갖고 있다. 적혈구가 고장액에 놓이게 될 경우 물이 유출되고 적혈구는 결국 수축된다(그림 2.9c). 이러한 상태의 적혈구를 **축혈**(crenation)이라 한다. 이러한 변화는 삼투압에 의해 발생한다. **삼투압**(osmotic pressure)은 우리 몸에서 물의 이동을 조절한다. 예를 들어 소장과 대장에서 삼투압은 음식과 음료로부터 물을 흡수하며, 콩팥에서도 삼투압을 통해 물을 흡수한다.

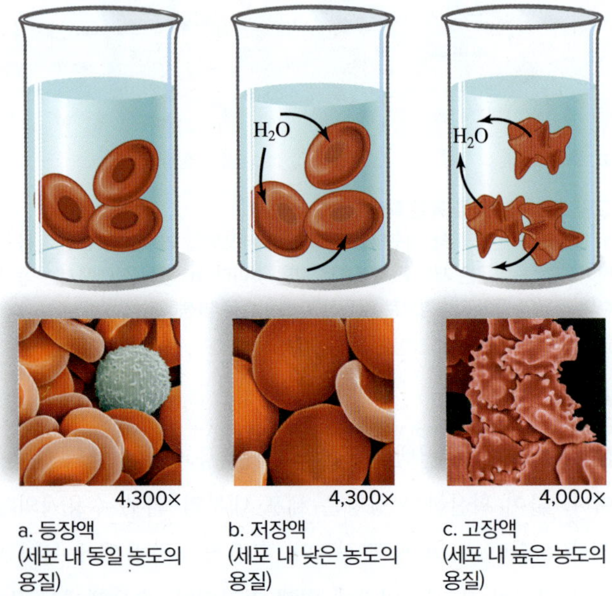

그림 2.9 적혈구에 대한 긴장성 변화의 효과.
a. 등장액에서 세포는 동일하게 유지된다. **b.** 저장액에서 세포는 물을 흡수하여 터진다(용해). **c.** 고장액에서 세포는 물을 배출하여 수축한다(축혈).
(사진) (a, b): Power and Syred/Science Photo Library/Gretty Images; (c): STEVE GSCHMEISSNER/Science Photo Library/Brand X Pictures/Gretty Images

생활 속의 생물학

바닷물을 마실 수 있을까?

바닷물은 우리 세포보다 고장성이다. 바닷물은 대략 3.5%의 염분을 포함하고 있는 반면, 우리 세포는 0.9%만을 포함하고 있다. 염분이 혈액으로 유입될 경우, 우리 세포는 과량의 염분을 희석하기 위해 물을 유출시켜 쪼그라들어 죽게 된다. 콩팥은 바닷물보다 살짝 낮은 염분 농도의 소변을 생성하기 때문에, 염분 제거에 필요한 많은 양의 물을 배출하여 탈수 현상이 나타나게 될 것이다. 또한 바닷물은 마그네슘 이온을 포함하고 있어서 설사와 추가적인 탈수 현상을 유발한다.

촉진수송

많은 용질이 세포막을 단순히 통과하지 않고, 막에 존재하는 단백질 운반체에 의해 수송된다. **촉진수송**(facilitated transport) 과정 동안 분자는 높은 농도의 세포 외부로부터 낮은 농도의 세포 내부로 세포막을 통과해 수송된다(그림 2.10). 이는 세포가 에너지를 사용하지 않고 농도기울기에 따라 물질을 이동시키기 때문에 수동수송이다. 수송체(transporter)라고도 하는 단백질 운반체는 특정 분자와 결합한다. 예를 들어 포도당 수송체는 포도당 분자만을 세포막을 통해 이동시킨다. 제2형

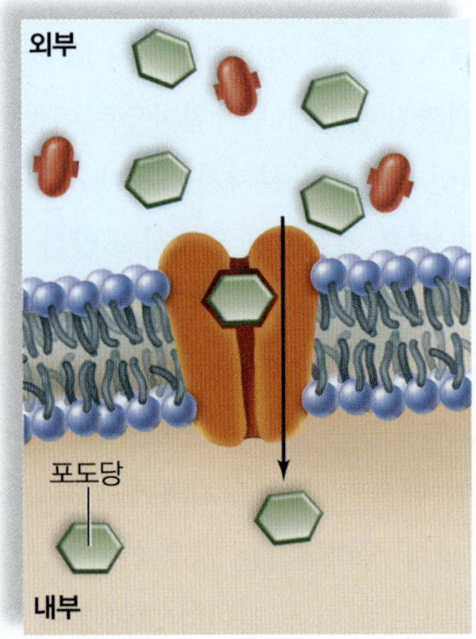

그림 2.10 세포막을 통한 촉진수송.
이는 물질이 농도기울기에 따라 높은 농도로부터 단백질 운반체를 통해 수송되는 수동적 형태의 수송이다. 예를 들어 포도당(초록색)은 촉진수송에 의해 세포 내부로 이동하며, 그 결과 세포막 양쪽에 동일한 양의 포도당이 분포하게 된다.

당뇨는 충분한 양의 포도당 수용체가 세포에 존재하지 않을 때 발생한다.

> **생활 속의 생물학**
>
> **왜 막관통 단백질이 중요할까?**
>
> 1989년 과학자들은 7번 염색체에 존재하는 유전자의 결핍이 낭포성섬유증(cyctic fibrosis, CF)을 유발한다는 것을 발견하였다. *CFTR*(cystic fibrosis transmembrane conductance regulator)이라 하는 이 유전자는 점액, 땀, 침을 생성하는 세포에서 염소 이온의 세포막을 통한 이동을 담당하는 단백질을 암호화한다. 이 유전자의 결함은 이러한 세포의 분비 과정에서 수분–염분의 불균형을 초래하여 CF 증상을 유발한다. 현재 CF 유전자에 1,800개 이상의 돌연변이가 알려져 있으며, 이는 CF 환자의 질병 중증도 차이를 설명한다.

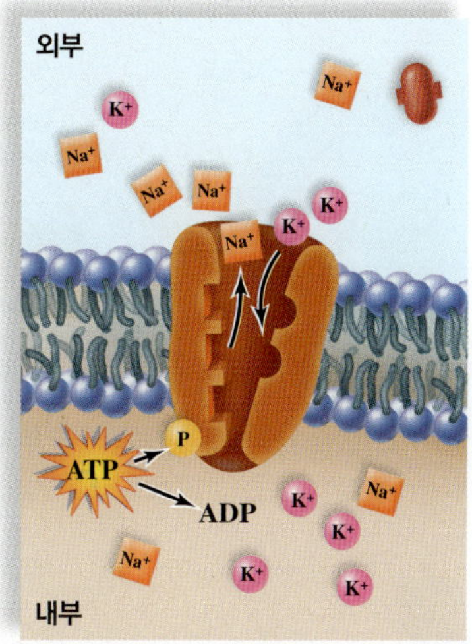

그림 2.11 능동수송과 소듐-포타슘 펌프.
이것은 분자가 낮은 농도에서 높은 농도로 이동하는 수송 형태이다. 이는 단백질 운반체와 에너지가 필요하다. 능동수송을 통해 Na^+은 세포 외부로 유출되고 K^+은 세포 내부로 유입되어 Na^+은 세포 외부에, K^+은 세포 내부에 축적된다.

능동수송

능동수송(active transport) 과정 동안 분자는 낮은 농도의 지역으로부터 높은 농도의 지역으로 이동한다. 능동수송은 요오드 이온의 갑상선 세포 내 이동부터 당의 소장을 감싸고 있는 세포 내 수송까지 우리 몸의 다양한 기능에 관여한다. 모든 능동수송 기전은 단백질 운반체를 필요로 하며, ATP 분해를 통해 획득한 세포 에너지를 사용한다. ATP가 분해될 때 에너지가 방출되며, 이 에너지는 능동수송을 수행하는 데 사용된다.

능동수송에 관여하는 단백질을 **펌프**(pump)라고 한다. 물 펌프가 중력에 반하여 물을 이동시키는 데 에너지를 사용하는 것과 같이, 에너지는 농도기울기에 반하여 물질을 이동시키는 데 사용된다. **소듐-포타슘 펌프**(sodium-potassium pump)로 알려진 이 펌프는 세포에서 소듐 이온(Na^+)을 세포 외부로, 포타슘 이온(K^+)을 세포 내부로 이동시킨다(그림 2.11). 이 펌프는 신경세포 및 근육세포와 특히 연관되어 있다.

염화소듐(NaCl)의 세포막 통과는 세포에 매우 중요하다. 첫째, 소듐 이온은 세포막을 가로질러 수송되며, 염소 이온은 채널을 통해 확산된다. 낭포성섬유증에서 염소 이온 채널의 돌연변이는 잘못된 기능을 유발하며, 이는 선천적인(유전적인) 질환을 초래하게 된다.

대량수송

세포는 대량수송(bulk transport)을 통해 다당류 및 폴리펩티드와 같은 큰 분자들을 세포막을 가로질러 이동시킨다. 이러한 과정은 채널이나 수송체 단백질보다 소낭을 사용한다. **세포 내 이입**(endocytosis) 과정 동안, 물질이나 액체를 감싸기 위해 세포막 일부가 함입되거나 주머니를 형성한다. 이후 세포막은 떨어져 나가 세포 내부에서 세포 내 소낭을 형성한다(그림 2.12a). 일부 백혈구는 세포 내 이입으로 병원균(질병-유발 물질)을 포획할 수 있다. 이러한 과정을 특별히 **식세포작용**(phagocytosis)이라고 한다. 작은 분자나 액체가 세포 내로 수송될 경우, 이러한 과정을 **음세포작용**(pinocytosis)이라고 한다(그림 2.12b).

세포 외 배출(exocytosis) 과정 동안, 소낭은 분비를 위해 세포막과 결합한다. 이 장의 후반부에서 소낭이 최종적으로 세포막과 융합하기 전에 특정 세포소기관 사이를 이동하는 소낭들의 지속적인 흐름을 학습할 것이다. 이는 **신경전달물질**(neurotransmitter)이라 하는 신호 분자들이 다른 신경세포 또는 근육세포를 자극하기 위해 신경세포를 떠나는 방식이다.

또 다른 형태의 세포 내 이입은 막단백질의 하나인 수용체를 이용하여 세포 내 이입 작용을 하려는 특정 분자를 세포

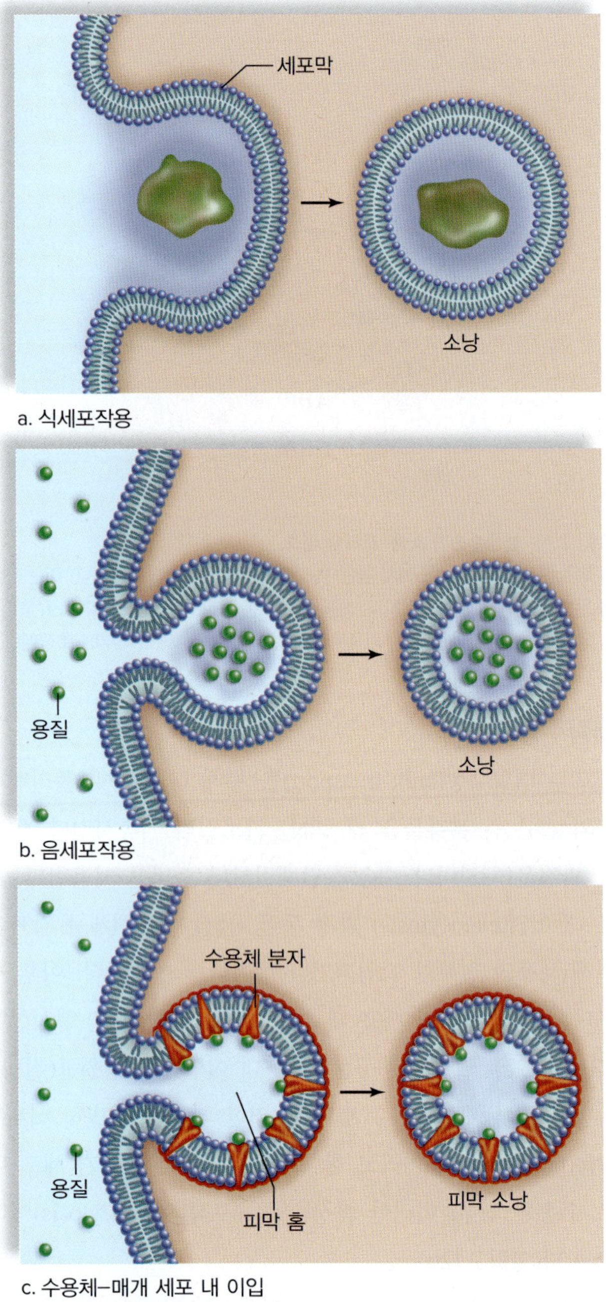

그림 2.12 세포 내 이입의 예시.
a. 큰 물질은 식세포작용을 통해 세포 내로 유입된다. **b.** 작은 분자와 액체는 음세포작용을 통해 세포 내로 유입된다. **c.** 수용체-매개 세포 내 이입에서 분자는 먼저 수용체와 결합한 후 세포 내 이입을 통해 세포 내로 유입된다.

표면에 모으는 것이다. 이러한 과정을 **수용체-매개 세포 내 이입**(receptor-mediated endocytosis)이라고 한다(그림 2.12c). 선천적 심장혈관 질환은 세포가 혈중으로부터 복합지질단백질과 콜레스테롤 분자를 수용체-매개 세포 내 이입 과정을 통해 흡수하지 못할 때 발생한다.

진도 점검하기 2.3

1. 유동-모자이크 모델이 어떻게 세포막의 구조를 묘사하는지 요약하시오.
2. 확산, 삼투, 촉진수송, 능동수송의 차이점을 설명하시오.
3. 세포가 물질을 대량으로 세포 내부와 외부로 이동시키는 다양한 방식을 설명하시오.

개념 연결하기

세포막을 통한 물질의 이동은 인간의 많은 기관계통의 항상성 유지에 매우 중요하다. 몇 가지 예시를 위해 다음 논의를 참고하시오.

8.3절 포도당을 포함하는 영양분이 어떻게 소화계통 세포 내로 이동하는지 살펴본다.

10.4절 비뇨계통에 의한 염분의 이동이 어떻게 혈액 항상성을 유지하는지 살펴본다.

20.2절 낭포성섬유증과 연관된 유전 패턴을 살펴본다.

2.4 핵과 내막계통

학습 목표

이 절을 학습한 후 다음 사항을 할 수 있어야 한다.

1. 핵의 구조를 묘사하고, 유전정보 저장소로서 핵의 기능을 설명할 수 있다.
2. 내막계통 세포소기관의 기능을 설명할 수 있다.
3. 리보솜의 기능과 위치를 설명할 수 있다.

핵은 대부분의 세포 기능에 관여하는 단백질 합성에 필요한 유전적 지시를 포함하고 있다. 내막계통은 세포에 필요한 물질들을 가공하는 기능을 담당하는 일련의 막성 세포소기관이다.

핵

핵의 존재는 진핵세포의 특성을 규정한다(그림 2.13). 핵의 기능은 긴 사슬의 DNA인 유전정보를 보관하는 것이다.

핵 내부에는 DNA 분자와 단백질의 복합체인 **염색질**(chromatin)이 존재한다. 염색질은 핵 바깥의 세포질과는 pH와 조성이 다른 **핵질**(nucleoplasm)이라는 반유동체로 둘러싸여 있다. 세포분열 동안 염색질은 **염색체**(chromosome)라는 긴 직

그림 2.13 핵과 소포체.
a. 핵은 염색질을 포함한다. 염색질은 rRNA가 생성되고 리보솜 소단위가 결합하는 장소인 인(핵소체)을 갖고 있다. **b.** 핵막은 핵과 세포질 간에 물질을 주고받도록 하는 구멍을 갖고 있다. **c.** 핵막은 소포체에 결합되어 있는데, 소포체에는 단백질이 생성되는 장소인 리보솜이 결합되어 있다.
(사진) (b): Don W. Fawcett/Science Source; (c): Martin M. Rotker/Science Source

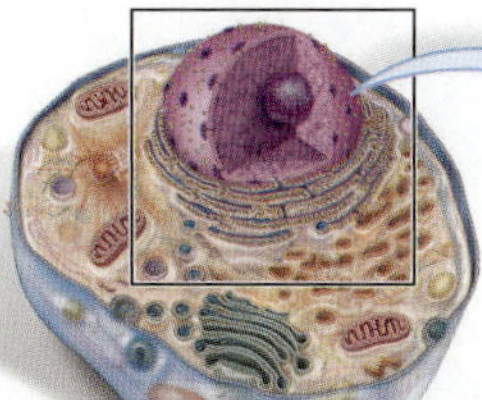
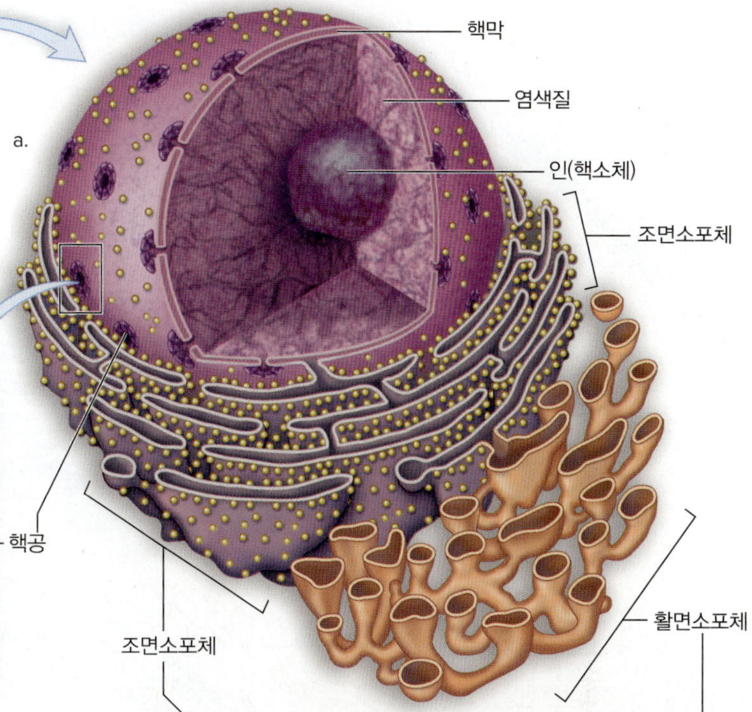

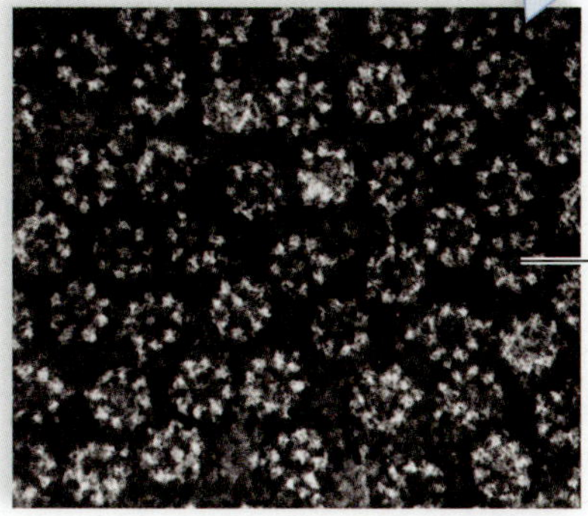

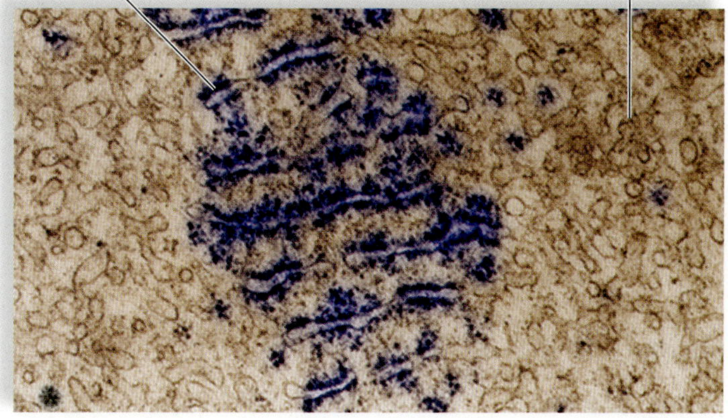

선 형태의 구조를 형성하기 위해 단단히 감긴다. 염색체가 풀린 동안 개별 염색체는 구분되지 않으며, 염색질은 핵의 전자현미경 사진으로 관찰할 때 알갱이처럼 나타난다. 18.1절에서 볼 수 있듯이 염색체는 한 세대에서 다음 세대로 유전정보를 전달하는 기능을 한다.

염색체에는 특정 단백질 생성에 대한 정보를 갖고 있는 DNA 조각인 **유전자**(gene)의 집합이 존재한다. 이러한 단백질들은 세포에서 많은 기능을 수행하며 세포의 특이성을 결정하는 데 도움을 준다. 몸의 모든 세포는 동일한 유전자를 갖고 있으나 유전자가 켜지고 꺼지는 것에 따라 세포의 종류는 다양하며, 이는 세포가 조직과 기관에서 그들의 기능을 수행할 수 있도록 한다.

핵의 현미경 사진에서 종종 염색질의 어두운 부분(가끔 하나 이상)이 관찰되는데, 이 부분이 리보솜 RNA(rRNA)가 생성되는 장소인 **인**(nucleolus, 핵소체)이다. 이 부분 또한 rRNA와 단백질이 결합하여 리보솜 소단위를 형성하는 장소이다.

핵은 **핵막**(nuclear envelope)으로 알려진 이중막에 의해 세포질과 분리되어 있다. 핵막은 막성 소낭과 채널로 구성된 막계인 소포체와 연결되어 있는데, 이는 이 절 후반부에 논의할 것이다. 핵막은 리보솜 소단위를 핵 외부로, 단백질을 핵 내부로 통과시키기에 충분한 크기의 **핵공**(nuclear pore)을 갖고 있다.

리보솜

리보솜(ribosome)은 단백질과 rRNA로 구성된 세포소기관이며, 리보솜에서 단백질이 합성된다. 리보솜은 대부분 소포체에 부착되어 있으나 세포질에 단일 또는 **폴리리보솜**(polyribosome)의 형태로 자유롭게 존재할 수도 있다. 소포체에 부착된 리보솜에서 합성된 단백질은 세포질에 자유롭게 존재하는 리보솜에서 합성된 단백질과는 다른 목적지를 갖는다.

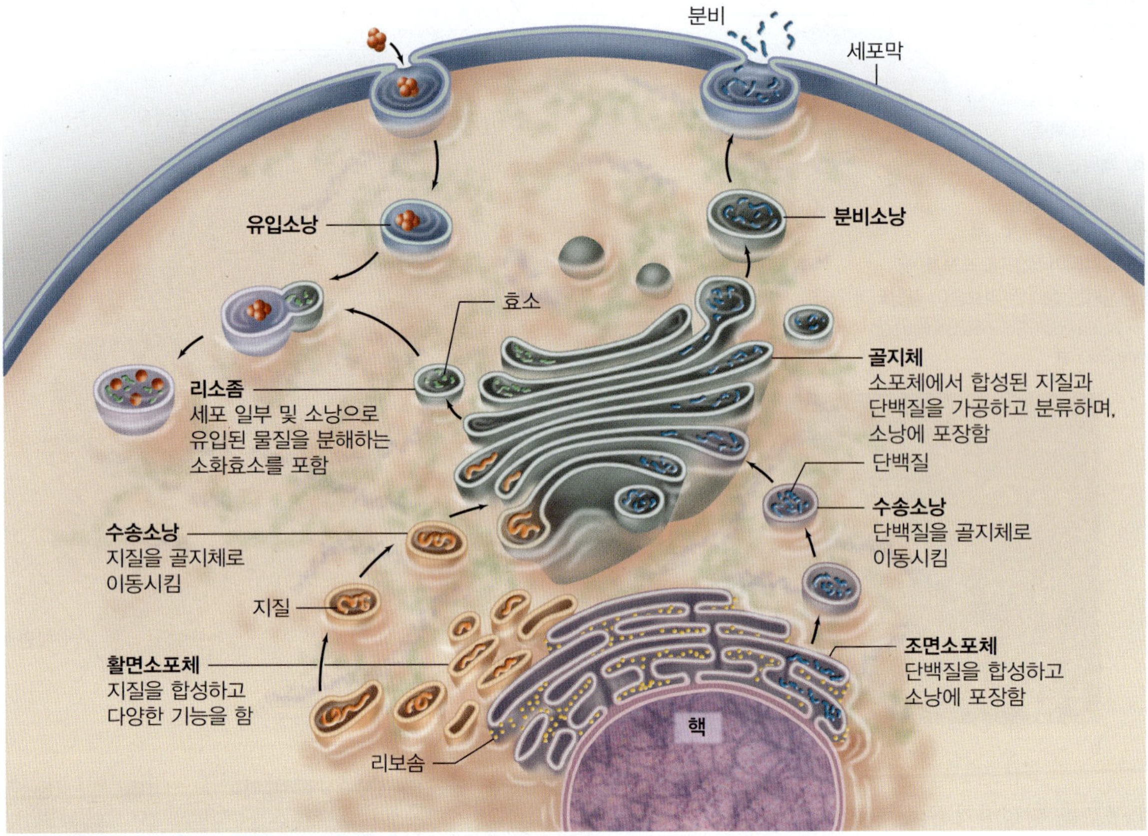

그림 2.14 내막계통.
내막계통의 세포소기관은 세포에 필요한 물질의 생산, 가공, 분비를 위해 함께 일한다. 이 중 일부는 세포 내로 유입되는 물질을 소화시키는 리소좀을 생성하기 위해 소낭에 실린다.

내막계통

내막계통(endomembrane system)은 핵막, 소포체, 골지체, 리소좀, **소낭**(vesicle, 작은 막성 주머니)으로 구성된다(그림 2.14). 내막계통은 세포를 구획하여 화학 반응을 특정 지역에서만 일어나도록 제한한다. 소낭은 분자를 특정 위치의 내막계통에서 다른 위치의 내막계통으로 수송한다.

소포체

소포체(endoplasmic reticulum, ER)는 두 부분이 존재한다(그림 2.13). **조면소포체**(rough ER)는 세포질을 향한 세포막 부분에 리보솜이 박혀있다. 리보솜에서 합성된 단백질은 소포체 내부로 들어간다. 일부 단백질은 세포막에 통합되는 반면(예: 채널 단백질), 다른 단백질은 소낭에 포장되어 추가적인 가공과 변형을 위해 골지체로 수송된다. **활면소포체**(smooth ER)는 조면소포체와 이어져 있지만(또는 연결되어 있지만), 리보솜이 부착되어 있지 않다. 활면소포체는 인지질과, 세포막에 존재하는 다른 종류의 지질을 합성한다. 활면소포체는 또한 특정 세포에서 여러 가지 다른 기능을 수행한다. 예를 들면 고환에서는 테스토스테론을 합성하고, 간에서는 물질(예: 약물)의 해독을 돕는다.

소포체는 큰 분자를 세포의 다른 부분으로 수송하는 수송소낭을 생성한다. 이들 소낭은 주로 세포막 또는 골지체로 향한다.

골지체

골지체(Golgi apparatus)는 19세기 말 세포 내에서 이를 처음 발견한 골지(Camillo Golgi)의 이름을 따서 명명되었다. 골지체는 마치 팬케이크와 같이 살짝 휜 소낭이 겹겹이 쌓여 있는 형태를 나타낸다. 소포체로부터 수송된 단백질과 지질이 이곳에서 가공된다. 예를 들어 당사슬(탄수화물)이 결합하여 당단백질과 당지질을 형성하며, 이들은 세포 표식의 과정으로 작용할 수 있는 세포막에 결합한다.

골지체를 떠난 소낭은 세포의 다른 부분으로 이동한다. 소낭 일부는 소낭 내 물질을 배출하는 세포막으로 이동한다. 전체적으로 골지체는 물질의 가공, 포장, 분비에 관여한다.

리소좀

리소좀(lysosome)은 골지체에서 생성된 막성 소낭으로 가수분해 효소를 포함한다. 리소좀은 몸의 모든 세포에서 발견되지만, 질병을 유발하는 미생물을 삼키는 백혈구에서 다량 발견된다. 리소좀이 세포 내로 유입된 소낭과 융합될 때, 소낭 내부의 물질은 가수분해효소에 의해 작은 물질로 분해되어 세포질로 유입된다. 자가소화(autodigestion)로 알려진 이 과정에서 세포의 일부분은 리소좀에 의해 분해되기도 한다. 리소좀의 특정 효소가 결핍될 경우 몇몇 인간 질병이 발생한다. 테이삭스병(Tay-Sachs disease)은 리소좀의 비활성 효소 때문에 발생하는데, 분해되지 않은 지질이 신경세포에 축적되어 어린이의 발달을 지체하여 조기 사망에 이르게 한다.

진도 점검하기 2.4

1. 다음 세포소기관의 기능을 설명하시오: 소포체, 골지체, 리소좀
2. 핵, 리보솜, 조면소포체가 단백질 합성에 어떻게 작용하는지 설명하시오.
3. 세포로부터 단백질 배출에 관여하는 내막계통 세포소기관을 설명하시오.

개념 연결하기

내막계통 세포소기관이 어떻게 기능하는지에 대한 자세한 내용은 다음 논의를 참고하시오.

17.5절 노화가 세포소기관의 분해와 어떻게 연관되어 있는지에 대한 정보를 살펴본다.

20.2절 테이삭스병과 관련된 유전 패턴을 살펴본다.

21.2절 리보솜이 어떻게 단백질을 합성하는지 더욱 구체적인 관점을 살펴본다.

2.5 세포골격, 세포이동, 세포연접

학습 목표

이 절을 학습한 후 다음 사항을 할 수 있어야 한다.

1. 세포에서 세포골격의 기능을 설명할 수 있다.
2. 세포골격의 주요 단백질 섬유를 요약할 수 있다.
3. 인간 세포에서 편모와 섬모의 기능을 설명할 수 있다.
4. 인간 세포에서 부착연접, 간극연접, 밀착연접의 기능을 비교할 수 있다.

고배율 전자현미경을 통해 세포의 세포질이 **세포골격**(cytoskeleton)이라는 다양한 종류의 단백질 섬유로 복잡하게 얽혀 있다는 것이 발견되었다(그림 2.4). 세포골격은 세포의 모양을 유지할 수 있도록 도와주며, 세포소기관을 고정하거나 적절한 이동을 도와준다.

세포골격에서 **미세소관**(microtubule)은 튜불린이라는 단백질 묶음을 포함하는 원통이다. 미세소관 조립의 조절은 **중심체**(centrosome)라는 미세소관 형성 센터의 통제를 받는다(그림 2.4). 미세소관은 세포의 모양을 유지할 수 있도록 도와주며, 세포소기관들의 이동하는 트랙과 같은 역할을 한다. 세포분열 동안 미세소관은 방추사를 형성하여 염색체의 이동을 도와준다. 액틴이라는 단백질로 구성된 **미세섬유**(actin filament, 액틴 섬유)는 길고 매우 가는 섬유로 보통 다발이나 다른 집단으로 존재한다. 미세섬유는 운동에 관여한다. 특정 세포에서 돌출되어 있으며 짧아지거나 길어지는 미세융모는 미세섬유를 포함한다. **중간섬유**(intermediate filament)는 그 이름이 의미하듯이 미세소관과 미세섬유의 중간 정도 크기이다. 중간섬유의 구조와 기능은 세포의 종류에 따라 서로 다르다.

섬모와 편모

섬모(cilia, 단수는 cilium)와 **편모**(flagella, 단수는 flagellum)는 세포막을 따라 물질의 이동 또는 세포의 이동에 관여한다. 우리의 기도를 감싸고 있는 섬모 세포는 점액에 붙잡힌 이물질을 목구멍 위로 쓸어 넘겨 폐를 깨끗하게 유지한다. 또한 섬모세포는 편모가 달린 정자와의 수정 장소인 자궁관을 따라 난자를 이동시킨다(그림 2.15). ATP에 의해 힘을 얻는 운동 분자는 섬모와 편모 안에 존재하는 미세소관이 상호작용하고

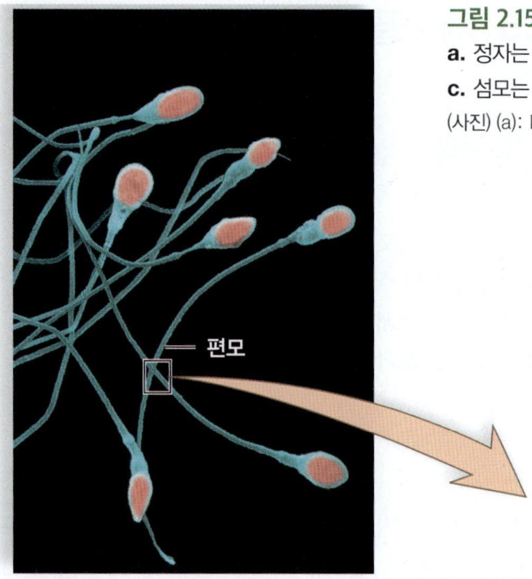

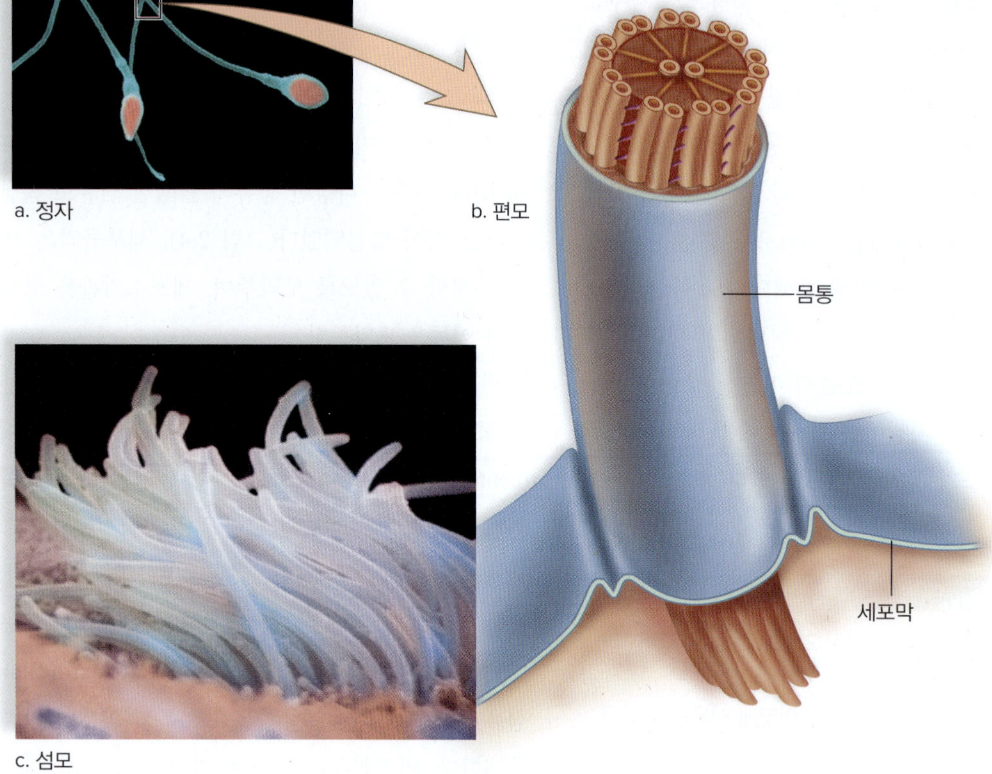

그림 2.15 섬모와 편모의 구조 및 기능.
a. 정자는 편모를 갖고 있는 인간 세포이다. **b.** 편모(또는 섬모)의 구조는 미세소관을 갖고 있다.
c. 섬모는 호흡계통의 세포 표면을 덮고 있으며, 이물질을 제거하기 위해 위쪽으로 움직인다.
(사진) (a): Dr. Tony Brain/Science Photo Library/Gretty Images; (c): Dr. G. Moscoso/Science Source

휘어져 운동을 할 수 있도록 한다.

정상적인 섬모와 편모의 중요성은 섬모 운동이상증(ciliary dyskinesia)이라 알려진 유전질환의 발생으로 설명할 수 있다. 이 질환은 섬모 및 편모의 미세소관에 존재하는 단백질 생성과 연관된 유전자 중 하나가 정상적으로 형성되지 않는 열성질환이다(20.3절 참고). 그 결과, 섬모와 편모는 구부러지지 않는다. 이러한 사람들은 심각한 호흡기 감염과 재발로 고통을 받으며, 기도를 감싸고 있는 섬모세포는 폐를 깨끗하게 유지하지 못하게 된다. 또한 여성의 난자를 이동시키는 섬모 운동이 결핍되고, 남성 정자에 의한 편모 운동이 결핍되기 때문에 정상적인 생식 과정이 불가능하다.

세포외기질

보호 기능을 하는 **세포외기질**(extracellular matrix, ECM)은 단백질과 다당류 및 이를 생성하는 세포와 밀접하게 연관되어 있는 그물 구조이다(**그림 2.16**). 콜라겐과 엘라스틴 섬유는 세포외기질을 구성하는 잘 알려진 두 가지 구조단백질로, 콜라겐은 늘어나는 것에 저항성을 갖고, 엘라스틴은 세포외기질에 탄력성을 제공한다.

피브로넥틴(그림 2.16에서 초록색 부분)은 세포막에 존재하는 인테그린이라는 단백질과 결합하는 접착 단백질이다. 인테그린은 피브로넥틴과는 외부에서, 액틴 세포골격과는 내부에서 연결된 내재성 막단백질이다. 세포외기질 및 세포골격과의 결합을 통해 인테그린은 세포 신호전달 역할을 하고, 세포

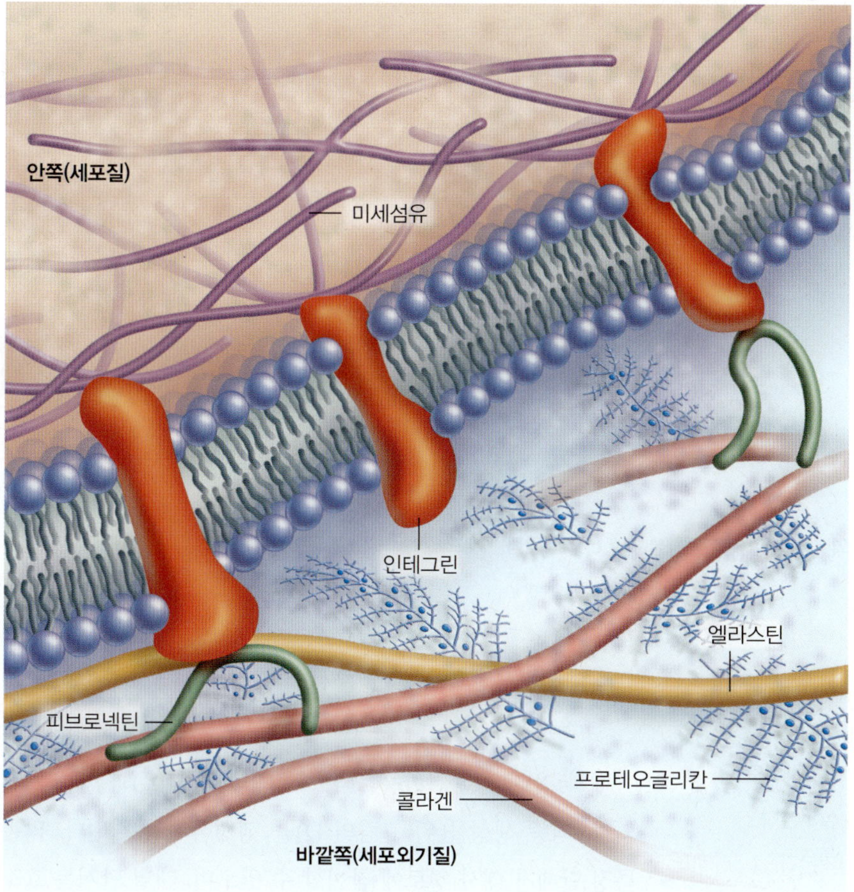

그림 2.16 세포외기질.
세포외기질에서 콜라겐과 엘라스틴은 지지 기능을 하는 반면, 피브로넥틴은 인테그린과 결합하여 세포외기질과 세포골격 간 정보 교환을 도와준다.

외기질이 세포골격의 활성에 영향을 미치도록 하여, 결과적으로 세포의 모양과 활성에 영향을 미친다. 프로테오글리칸(다당류와 단백질 복합체)은 압력에 저항하기 위해 세포외기질의 다당류와 상호작용한다. 프로테오글리칸은 또한 세포외기질을 통해 수용체가 존재하는 세포막으로의 분자 이동을 조절하여 세포 신호전달 과정에 영향을 미친다.

3.2절에서 연결조직에 대해 살펴보면서, 우리는 세포외기질이 어떻게 양적으로나 견고성에서 다양한지, 예를 들어 느슨한 결합조직에서와 같은 유연성, 연골에서와 같은 반유연성, 뼈에서와 같은 단단함 등을 살펴볼 것이다. 뼈의 세포외기질은 단단한데, 그 이유는 언급한 성분들과 더불어 무기염, 특히 칼슘염이 세포 외부에 축적되어 있기 때문이다.

세포 간 연접

3.1절에서 살펴볼 예정으로, 인간 조직은 세포들이 서로 협조하는 방식으로 기능하도록 세포 간 연접을 갖고 있다. 그림 2.17은 인간 세포에서 세 종류의 주요 연접을 나타낸다.

부착연접은 인접한 세포와 기계적으로 결합한다. 이 연접에서는 두 인접한 세포의 세포골격이 서로 연결되어 있다. 부착연접은 피부 세포 간 공통적으로 나타나는 연접이다. **밀착연접**(tight junction)에서는 인접한 세포의 세포막 단백질 간 연결이 지퍼와 같은 벽을 형성한다. 이러한 종류의 연접은 소화계통 및 특정 장소에 액체(소화액 및 소변)를 포함할 필요가 있는 장소인 콩팥에서 공통적으로 나타난다. **간극연접**(gap junction)은 세포 간 의사소통 창구 역할을 한다. 이러한 종류의 연접은 세포막의 채널 단백질이 융합하여 인접 세포 간 물질이 쉽게 이동할 수 있도록 한다.

진도 점검하기 2.5

1. 세포골격을 구성하는 세 종류의 섬유를 나열하시오.
2. 섬모와 편모의 구조 및 각 기능을 설명하시오.
3. 동물세포 간에 발견되는 연접의 종류와 각 기능을 나열하시오.

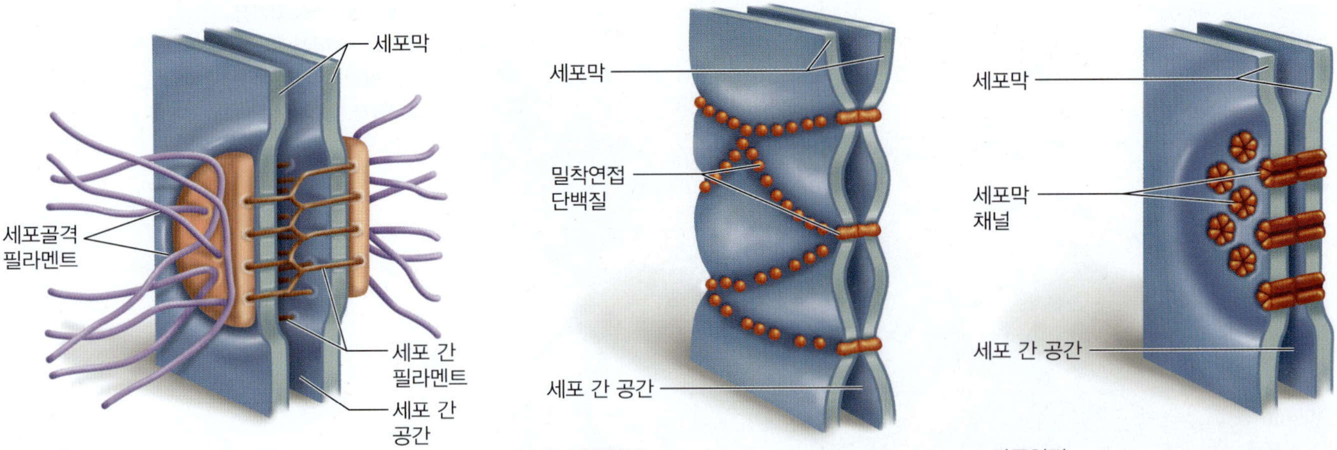

a. 부착연접 b. 밀착연접 c. 간극연접

그림 2.17 세포 간 연접.
a. 부착연접은 세포를 기계적으로 연결한다. **b.** 밀착연접은 외부 환경과의 벽을 형성한다. **c.** 간극연접은 세포 간에 의사소통을 하도록 한다.

개념 연결하기

세포의 세포골격은 신체 생리활동의 다양한 측면에서 매우 중요한 기능을 한다. 이에 대한 자세한 내용은 다음 논의를 참고하시오.

9.1절 섬모세포가 호흡계통에서 어떻게 기능하는지 살펴본다.

16.2절 생식 과정에서 편모세포인 정자의 기능을 살펴본다.

18.3절 세포분열 과정에서 세포골격이 어떻게 연관되어 있는지 살펴본다.

2.6 대사와 에너지 반응

학습 목표

이 절을 학습한 후 다음 사항을 할 수 있어야 한다.

1. 대사 반응에서 생성물과 반응물의 관계를 이해할 수 있다.
2. 대사 반응에서 효소의 기능을 규명할 수 있다.
3. 에너지 생성에서 무산소성 경로 및 산소성 경로의 기능을 요약할 수 있다.
4. ATP 회로의 단계를 설명할 수 있다.

대사 경로

대사(metabolism)는 우리 몸에서 발생하는 모든 화학 반응의 총합이다. 세포호흡과 같은 반응은 세포 수준에서 발생하며, 세포 내에 연속적으로 연결된 효소들에 의해 수행되는 대사 경로에 주로 관여한다.

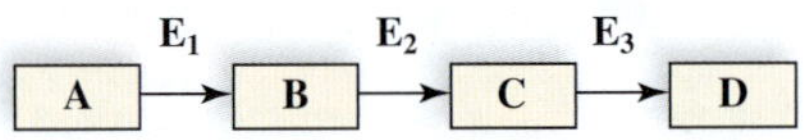

대사 경로는 특정 반응물(위 그림의 A와 같은)과 함께 개시되며, 최종 생성물(위 그림의 D)을 생성하며 종결된다. 많은 특정 단계가 대사 경로에 참여할 수 있으며, 개별 단계는 효소에 의해 촉매되는 화학 반응이다(E_1, E_2, E_3). 첫 번째 반응의 기질은 생성물로 전환되고, 그 생성물은 이어서 다음 효소 반응의 기질로 사용된다. 하나의 반응은 조직적이고 고도로 조절된 방식으로 다음 반응으로 이어진다.

대사 경로는 세포에 의해 고도로 조절된다. 이러한 조절의 종류 중 하나가 **되먹임 억제**(feedback inhibition)이다. 되먹임 억제 과정에서 대사 경로의 최종 생성물 중 하나는 이 경로의 앞선 효소와 상호작용을 한다. 대부분의 경우 이러한 되먹임은 대사 경로의 속도를 낮춰 세포가 필요로 하는 양보다 더욱 많은 양의 생성물을 생성하지 못하게 한다.

효소

효소(enzyme)는 화학 반응의 속도를 높여 대사를 돕는다. 반응에 참여하는 반응물을 효소의 **기질**(substrate, **s**)이라 한다. 효소는 주로 기질에 의해 명명된다. 예를 들어 지질은 리파아제에 의해, 엿당은 말타아제에 의해, 젖당은 락타아제에 의해 분해된다.

다음 반응식은 주로 효소가 그 기질과 복합체를 형성하는

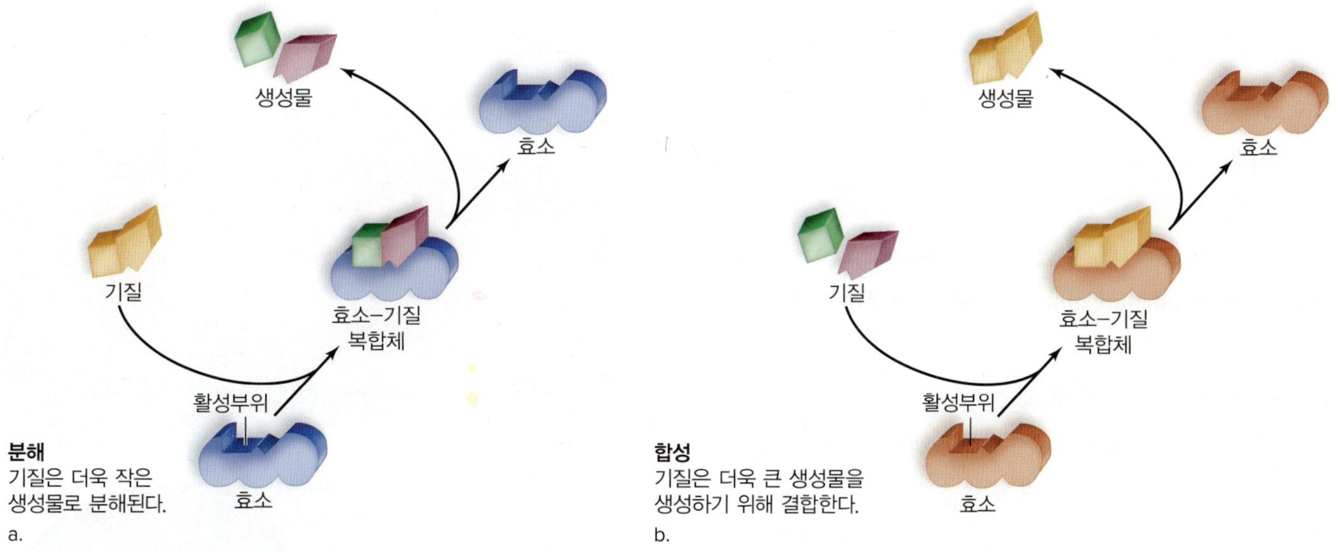

그림 2.18 효소의 작용.
효소는 기질이 반응할 수 있는 방향으로 향하게 하여 기질과 효소가 서로 적합하게 결합하도록 하는 활성부위를 갖는다. 반응 후에 생성물은 방출되고 효소는 다음 반응을 위해 기질과 결합하지 않은 자유의 상태가 된다. **a.** 일부 효소는 물질을 분해하여, 기질은 더욱 작은 생성물로 분해된다. **b.** 다른 효소는 물질을 합성하여, 기질은 더욱 큰 생성물을 생성하기 위해 결합한다.

것을 나타내는 데 사용된다.

S	+	E	⟶	ES	⟶	E	+	P
기질		효소		효소-기질복합체				생성물

효소는 기질과 효소가 반응하는 장소인 **활성부위**(active site)라 하는 특정 부위를 갖고 있다. 효소의 특이성은 활성부위의 모양에 의해 발생한다. 효소와 그 기질은 직소퍼즐과 같이 특별한 방식으로 서로 잘 들어맞는다(그림 2.18). 한 반응이 종료된 후, 생성물은 효소로부터 방출되며, 효소는 또 다른 반응을 준비한다. 따라서 세포는 반응을 수행하는 단지 적은 양의 특정 효소만을 필요로 한다. 효소가 화학 반응에서 파괴되지 않기 때문에 계속 사용될 수 있다는 점은 매우 중요하다.

분자는 활성화되지 않을 경우 서로 반응하지 않는다. 예를 들어 실험실에서 효소가 없는 상황에서는 열을 가해 분자 간 충돌 기회를 높여 활성화를 시킨다. 분자가 서로 반응하도록 가해지는 에너지를 **활성화 에너지**(energy of activation, E_a)라고 한다(그림 2.19). 반응이 진행된다 하더라도 활성화 에너지를 넘어서야 한다. 장작을 태우면 엄청난 양의 에너지가 방출되지만, 쌓여 있는 장작은 자연적으로 발화되지 않는다. 에너지의 투입, 즉 불이 붙은 성냥이 활성화 에너지를 넘어서기 위해 필요하다.

그림 2.19는 효소가 있을 때와 없을 때의 E_a를 나타내는데, 효소는 활성화를 일으키는 데 필요한 에너지의 양을 낮춘다. 그럼에도 불구하고 효소의 첨가는 반응의 최종 결과를 변화시키지 않는다. 생성물의 에너지는 반응물의 에너지보다 낮은데, 이는 반응이 일어날 것이지만 활성화 에너지를 넘어서기

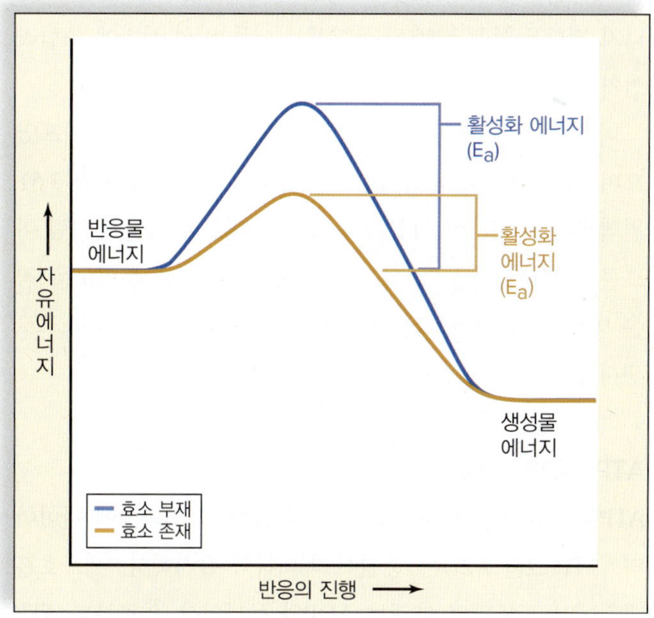

그림 2.19 활성화 에너지.
효소는 반응 개시에 필요한 활성화 에너지의 양을 낮춤으로써 대사 반응 속도를 가속화한다.

전까지는 반응이 일어나지 않는다는 것을 나타낸다. 효소가 없다면 반응 속도는 매우 느릴 것이다. 활성화 에너지를 낮춤으로써 효소는 반응 속도를 증가시킨다.

보조효소(coenzyme)는 효소의 활성을 돕고, 심지어 반응에 원자를 받거나 제공할 수 있는 비단백질성 분자이다. 비타민인 니아신은 수소(H)와 전자를 수송하는 보조효소 **NAD⁺ (nicotinamide adenine dinucleotide)**의 한 부분을 구성한다.

미토콘드리아와 세포호흡

미토콘드리아(mitochondria, 단수는 mitochondrion)는 세포의 발전소로 불린다. 발전소가 연료를 연소해 전기를 생산하는 것과 같이 미토콘드리아는 포도당 산물의 화학에너지를 ATP 분자의 화학에너지로 전환한다. 이러한 과정에서 미토콘드리아는 산소를 사용하고 이산화탄소를 방출한다. 따라서 ATP를 생성하는 과정을 **세포호흡**(cellular respiration)이라고 한다. 미토콘드리아의 구조는 세포호흡에 적합하다. 미토콘드리아는 외막과 내막의 이중막 구조 세포소기관으로, 내막은 접힌 형태로 **크리스테**(cristae)라는 작은 선반을 형성한다. 크리스테는 젤과 같은 유동체로 채워져 있는 안쪽 공간인 기질(matrix)로 돌출되어 있다(그림 2.20). 미토콘드리아의 기질은 포도당 산물을 분해하는 효소를 포함하고 있다. ATP는 크리스테에서 생성된다. 에너지 전환을 돕는 단백질 복합체는 이들 막성 선반에 조립라인처럼 위치하고 있다.

미토콘드리아의 구조는 미토콘드리아가 원래 원핵세포였으며 세포 내부로 유입되었다는 가설을 지지한다(그림 2.5). 원핵생물이 세포 내 이입을 통해 세포 내로 유입된 것처럼 미토콘드리아는 이중막으로 둘러싸여 있다. 더욱 흥미로운 점은 미토콘드리아가 그들 자신의 유전자를 갖고 있어 스스로 생식할 수 있다는 점이다.

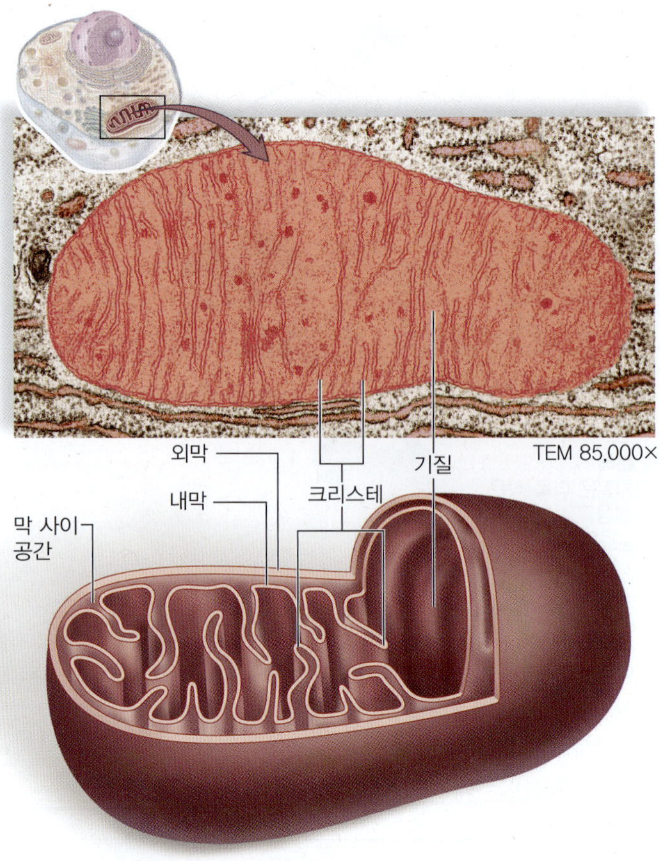

그림 2.20 미토콘드리아의 구조.
미토콘드리아는 이중막으로 둘러싸여 있으며, 내막은 크리스테라 하는 돌출형태로 접힌다. 크리스테는 많은 효소를 포함하고 있는 반유동체 기질로 돌출되어 있다.
(사진): Keith R. Porter/Science Source

ATP–ADP 회로

ATP는 세포의 에너지 화폐이며, 다양한 세포 과정에 관여한다. ATP(그림 2.21)는 충전식 배터리와 유사하다. 세포호흡 과정에서 포도당의 분해는 ADP와 무기인산 Ⓟ로부터 ATP를 생성한다. 이 ATP는 이어서 세포의 대사과정에 사용된다. 근육세포는 수축을 위해, 신경세포는 신경자극의 전달을 위해 ATP를 사용한다. ATP 분해는 열, ADP 및 인산기 Ⓟ를 방출한다.

세포호흡

적혈구가 포도당과 산소를 세포로 수송한 후 세포호흡이 개시된다. 세포호흡은 포도당을 이산화탄소와 물로 분해한다. 포도당의 분해는 해당과정, 시트르산 회로, 전자전달계의 세 가지 경로를 거친다(그림 2.22). 이러한 대사 경로는 포도당 분자의 에너지를 천천히 방출하여 ATP를 서서히 생성한다. 포도당이 일시에 모두 분해될 경우, 세포는 매우 많은 양의 에너지를 열의 형태로 잃어버리게 된다. 인간이 나무나 석탄을 태울 때 에너지는 모두 열로 나가게 되지만, 세포는 포도당을 서서히 '태워' 에너지를 ATP에 가둔다.

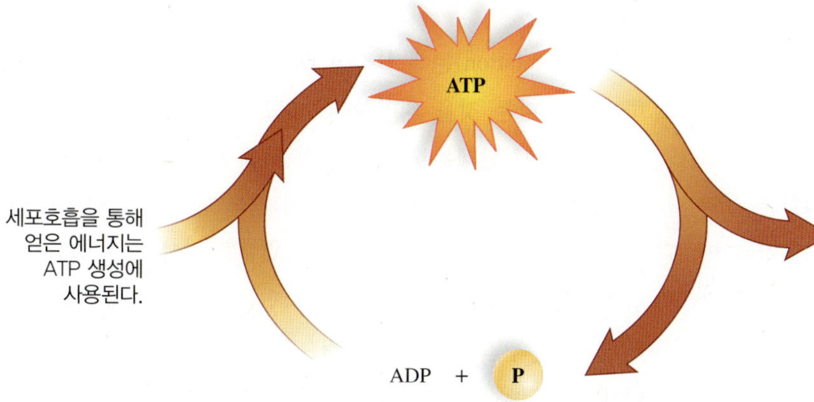

그림 2.21 ATP 회로.
포도당과 같은 유기 영양분의 세포호흡을 통한 분해는 ATP로부터 에너지를 전달한다. ATP는 근육 수축과 같이 에너지가 필요한 반응에 사용된다. ATP 분해는 또한 열을 방출한다. 추가적인 음식 에너지는 ADP와 Ⓟ를 합쳐 또다시 ATP를 생성한다.

해당과정 **해당과정**(glycolysis)은 '당 분해'를 의미한다. 해당과정 동안 6-탄소(C_6) 분자인 포도당은 분해되어 2개의 3-탄소(C_3) 분자 피루브산(pyruvate)을 생성한다. 세포질에서 일어나는 해당과정은 대부분의 모든 세포에서 발견된다. 따라서 이 경로는 생명 역사의 초기에 진화되었다고 여겨진다.

해당과정은 산소를 필요로 하지 않기 때문에 **무산소성**(anaerobic, 혐기성) 경로이다. 이 경로는 습지나 늪지 또는 산소가 없는 장관에 거주하는 미생물에서 일어난다. 해당과정 동안 수소와 전자는 포도당에서 제거되며, 그 결과 NADH를 생성한다. 결합의 분해는 총 두 ATP 분자를 생성하기에 충분한 에너지를 방출한다.

준비반응 피루브산은 세포호흡에 중요한 분자이다. 산소가 있을 때 피루브산은 준비반응으로 들어간다. 준비반응이라고 명명한 이유는 이 반응이 미토콘드리아의 시트르산 회로에 사용되어 완전히 분해되는 해당과정의 생성물(피루브산 분자)을 준비하기 때문이다. 이 반응에서 포도당 분자로부터 적은 양의 NADH가 생성된다. 이 절의 후반부에 살펴볼 예정으로, 발효는 산소가 없을 때 일어난다.

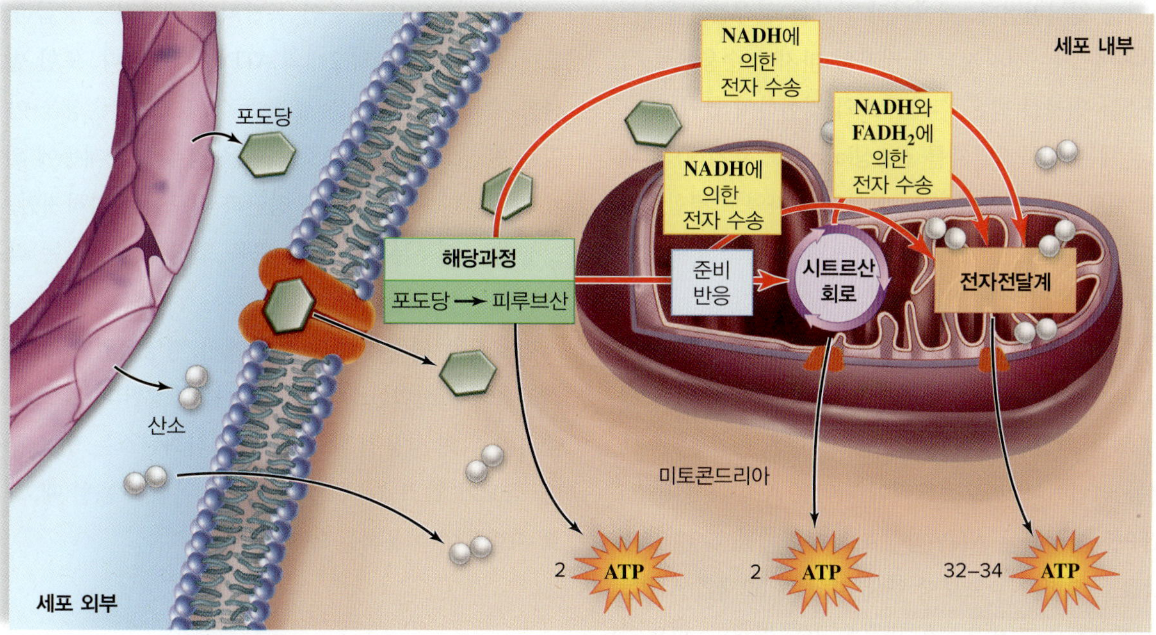

그림 2.22 ATP의 생성.
포도당은 촉진수송을 통해 혈류로부터 세포로 유입된다. 세포호흡의 세 가지 주요 경로(해당과정, 시트르산 회로, 전자전달계)는 모두 ATP를 생성하는데, 전자전달계에 의해 가장 많이 생성된다. NADH는 해당과정과 시트르산 회로에서 생성된 전자를 전자전달계로 운반한다. ATP는 촉진수송을 통해 미토콘드리아에서 나간다.

시트르산 회로 각 피루브산 분자는 간단한 변형 후 아세틸 CoA로 시트르산 회로에 유입된다. 크렙스 회로(Krebs cycle)라고도 하는 **시트르산 회로**(citric acid cycle)는 미토콘드리아 기질에서 일어나는 순환적인 일련의 효소 반응이다.

이 경로의 목적은 포도당에 남아 있는 C—C 결합을 끊어 포도당을 완전히 분해하는 것이다. 반응이 진행됨에 따라 이산화탄소는 방출되고, 적은 양의 ATP(포도당 한 분자당 2개)가 생성되며, 잔여 수소와 전자는 NADH와 유사 분자인 $FADH_2$에 의해 운반된다.

세포호흡 경로는 탄수화물 이외의 유기 분자를 에너지원으로 사용한다. 지방과 단백질은 시트르산 회로로 유입되는 분자로 전환된다. 이러한 과정에 대한 자세한 내용은 건강 특집 '피자의 대사적 운명'을 참고하기 바란다.

전자전달계 해당과정과 시트르산 회로에서 생성된 NADH 분자는 전자를 **전자전달계**(electron transport chain)로 전달한다. 전자전달계는 복합체로 구성된 운반 단백질이다. 이 복합체는 미토콘드리아 크리스테에 박혀있다. 전자전달계의 각 운반체는 2개의 전자를 받아 다음 복합체로 전달한다. NADH 분자에 의해 운반된 수소는 이후에 사용된다.

고에너지 전자는 전자전달계에 유입되고, 운반체 간 이동하면서 에너지를 잃어버린다. 저에너지 전자는 전자전달계에서 나오게 된다. 산소는 전자전달계 전자의 마지막 수용체로 작용하며, 산소는 전자를 받은 후에 수소와 결합하여 물이 된다.

산소의 존재는 전자전달계를 **산소성**(aerobic, 호기성) 상태로 만든다. 세포호흡 동안 산소는 어떠한 분자와도 결합하지 않는다. 호흡은 우리가 살아가는 데 필요하며, 산소의 유일한 목적은 전자전달계 끝에서 전자를 받는 것이다.

운반체 간 이동하면서 전자로 방출된 에너지는 ATP 생성에 사용된다. 이러한 과정이 어떻게 일어나는지 정확히 규명하는 데는 오랜 기간이 걸렸는데, 세부 사항은 이 교과서 내용의 범위를 넘어선다. 미토콘드리아 내막은 ADP와 Ⓟ를 결합하여 ATP를 생성하는 ATP-합성효소 복합체를 갖고 있다. ATP-합성효소 복합체는 포도당 한 분자당 약 32개의 ATP를 생성한다. 전반적으로 세포호흡 반응은 36~38개의 ATP 분자를 생성한다.

발효

발효(fermentation)는 무산소성 과정으로, 이는 산소를 필요로 하지 않는다는 것을 의미한다. 세포가 산소를 이용할 수 없을 때, 전자전달계는 곧 작동하지 않게 된다. 이는 전자 수용을 위한 산소가 없기 때문이다. 이 경우 대부분의 세포는 안전장치를 갖고 있어 여전히 일부 ATP를 생성할 수 있다. 해당과정은 수소와 전자를 받을 수 있는 '자유' NAD^+가 공급되는 한 계속 작동한다. 일반적으로 NADH는 전자를 전자전달계로 전달해 주고, NAD^+가 되어 재사용된다. 그러나 산소의 결핍으로 이 시스템이 작동하지 않을 경우, NADH는 다음 반응과 같이 자신의 수소와 전자를 피루브산 분자로 전달한다.

$$\text{피루브산} \xrightarrow{\text{NADH} \rightarrow \text{NAD}^+} \text{젖산}$$

이는 시트르산 회로와 전자전달계는 발효 과정의 한 부분으로 기능하는 것이 아님을 의미한다. 산소를 다시 이용할 수 있게 되면 젖산은 피루브산으로 다시 전환되어 대사가 정상적으로 진행된다.

발효는 짧은 시간 동안 폭발적인 에너지를 공급하지만, 포도당 한 분자당 단지 2개의 ATP를 생성한다. 또한 발효는 젖산을 축적한다. 젖산은 세포 독성 및 조직 손상을 야기할 수 있는 반면, 산소성 상태로 돌아올 경우 순환계통에 의해 빠르게 제거된다. 젖산은 근육 경련과 피로를 유발하지만, 운동 후 발생하는 대부분의 통증은 근육 조직에 작용하는 작은 모세혈관의 손상 때문이다.

발효라는 명칭은 효모 발효에서 명명되었다. 효모 발효는 알코올과 이산화탄소(젖산 대신)를 생성한다. 효모가 빵을 부풀리기 위해 사용될 때, 생성된 이산화탄소는 빵을 부풀게 한다. 효모가 알코올음료를 생산하기 위해 사용될 때, 그것이 바로 사람들이 이용하는 알코올이다.

오늘날의 생물학 ▶ **건강**

피자의 대사적 운명

우리 식사가 모두 탄수화물로 구성된 것은 아니다. 지방과 단백질 또한 유기 영양분이기 때문에 우리 몸은 이 분자들의 결합으로부터 에너지를 얻는다. 실제로 이 장에서 학습한 대사 경로는 지방과 단백질로부터 에너지를 얻는 것 그 이상의 일을 할 수 있다. 예를 들어 탄수화물(빵), 지방(치즈), 단백질(페페로니)을 포함한 페페로니 피자의 소화 과정을 추적해 보자.

우리는 이미 탄수화물 빵의 포도당이 세포호흡 과정 동안 분해되는 것을 알고 있다. 피자의 치즈(지방)가 에너지원으로 사용될 때, 이는 글리세롤과 세 개의 지방산으로 분해된다. 그림 2A와 같이 글리세롤은 피루브산으로 전환되어 해당과정으로 유입된다. 지방산은 시트르산 회로로 유입되는 중간체로 전환된다. 18-탄소 지방산은 9개의 아세틸 CoA 분자를 생성하며, 계산상 이 분자의 호흡을 통해 총 108개의 ATP 분자를 생성한다. 지방 한 분자당 3개의 긴 지방산은 필요할 때 상당량의 ATP를 생성하기 때문에, 지방이 왜 저장 에너지의 효율적인 형태인지를 말해준다.

단백질은 에너지원으로는 덜 사용되지만, 필요할 경우 사용된다. 아미노산의 탄소골격은 해당과정으로 유입되어 아세틸기로 전환될 수 있거나 또는 또 다른 지점에서 시트르산 회로로 유입될 수 있다. 탄소골격은 탈아미노화라는 과정을 통해 아미노산으로부터 아미노기가 제거될 때 간에서 생성된다. 아미노기는 암모니아(NH_3)가 되며, 요소회로로 유입되어 인간의 1차 배설물인 요소의 일부가 된다.

8.6절에서 우리는 인간에게 필요한 영양분에 대해 더욱 자세히 알아볼 것이며, 비타민과 미네랄이 어떻게 대사 경로와 단백질, 지방, 탄수화물에 대한 식이 지침과 상호작용하는지 살펴볼 것이다.

생각해 볼 문제

1. 치즈버거와 감자튀김 식사가 세포호흡 경로에 의해 어떻게 대사되는가?
2. 그림 2A가 물의 필요성에 대해서는 나타내지 않지만, 물은 우리 식사에 중요한 요소이다. 물은 어디에서 세포호흡 경로와 상호작용하는가?

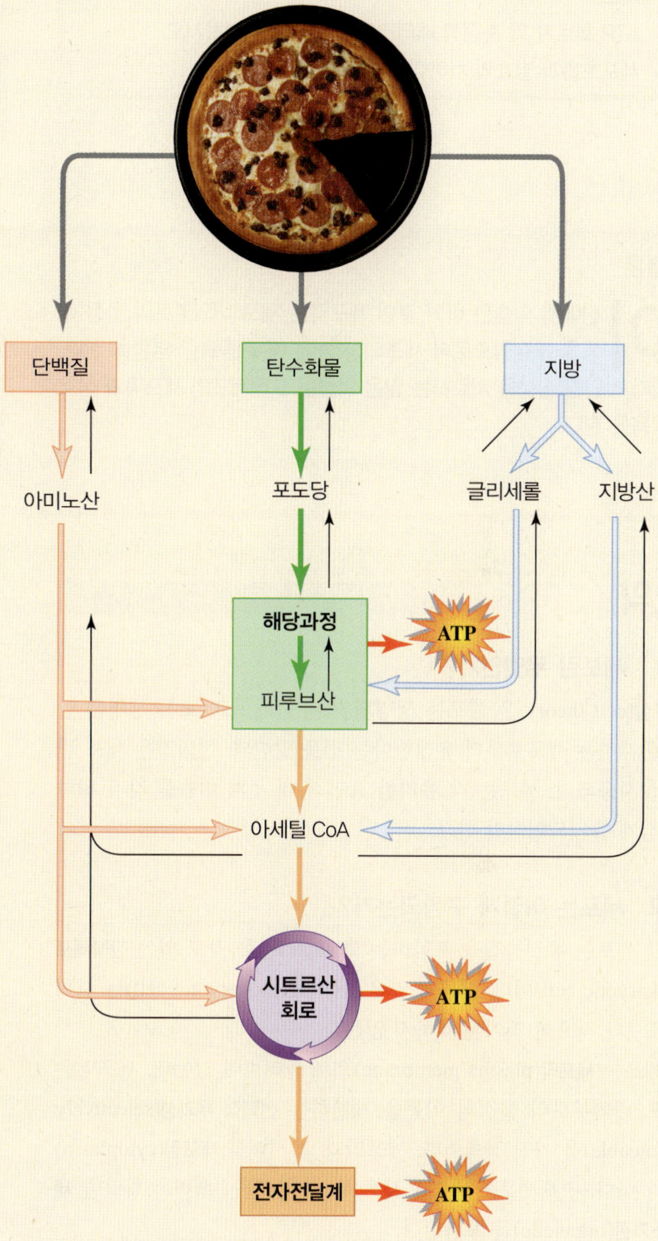

그림 2A 에너지를 위한 지방과 단백질의 사용.
탄수화물, 지방, 단백질은 에너지원으로 사용될 수 있으며, 이 분자들의 단위체(탄수화물과 단백질) 또는 소단위(지방)는 특정 지점에서 분해경로로 유입된다.
(사진): C Squared Studios/Photodisc/Getty Images

진도 점검하기 2.6

1. 화학 반응에서 효소의 기능을 요약하시오.
2. 세포호흡에 의한 포도당 분해 과정에 필요한 기본 단계를 설명하시오.
3. ATP 회로가 왜 충전식 배터리와 유사한지 설명하시오.
4. 세포호흡과 발효의 차이점을 설명하시오.

개념 연결하기

에너지를 위한 영양분 처리 과정에 대한 자세한 내용은 다음 논의를 참고하시오.

1.3~1.5절 탄수화물과 다른 에너지 영양분에 대한 더욱 자세한 내용을 살펴본다.

8.3절 소장이 흡수를 위해 어떻게 영양분을 처리하는지 살펴본다.

8.6절 음식에서 탄수화물, 지방, 단백질의 중요성을 살펴본다.

결론

이 장에서 학습한 바와 같이 세포막은 세포 내외부로의 물질 이동을 조절함으로써 세포의 기능에 매우 중요한 역할을 한다. 따라서 인간 질병을 치료하는 많은 약물은 표적세포의 세포막과 상호작용을 한다.

종종 오피오이드, 진통제와 같은 질병 치료를 위해 고안된 약물은 남용될 수 있으며, 그 결과 약물중독 및 이차적인 건강 문제가 발생할 수 있다. 세포막 구조와 더욱 중요한 세포막 단백질의 더 나은 이해를 통해, 질병 치료에 동일한 효능을 나타내지만 중독성을 줄일 수 있는 약물 개발이 가능할 수 있다.

요약

2.1 세포란 무엇인가?

세포설(cell theory)은 세포는 생명의 기본 단위이고, 모든 생명은 앞서 존재하는 세포로부터 유래한다는 점을 말한다. 현미경은 세포 관찰에 사용되며, 세포는 더 유리한 표면적 대 부피 비율을 갖기 위하여 작게 유지되어야만 한다.

2.2 세포는 어떻게 구성되는가?

인간 세포는 유전물질을 포함하는 **핵**(nucleus)을 갖고 있는 **진핵세포**(eukaryotic cell)이다. 세균과 같은 **원핵세포**(prokaryotic cell)는 진핵세포보다 작으며 핵이 존재하지 않는다.

세포는 **세포막**(plasma membrane)으로 둘러싸여 있는데, 세포막은 세포 내외부로의 물질의 이동을 제한하는 **선택적 투과성**(selectively permeable)을 가진 장벽이다. 세포막과 핵 사이를 **세포질**(cytoplasm)이라 한다. 진핵세포에서 세포질은 특정 기능을 수행하는 다양한 **세포소기관**(organelle)을 포함한다.

2.3 세포막과 물질의 세포막 통과 방법

유동-모자이크 모델(fluid-mosaic model)은 세포막의 구조를 나타낸다. 세포막은 다음을 포함한다.

- 세포 내외부로 분자 및 이온의 이동을 선택적으로 조절하는 인지질 이중층
- 특정 물질이 세포막을 통과할 수 있게 하는 세포막에 박혀있는 단백질

세포 내외부로의 분자 이동은 수동적이거나 능동적이다.

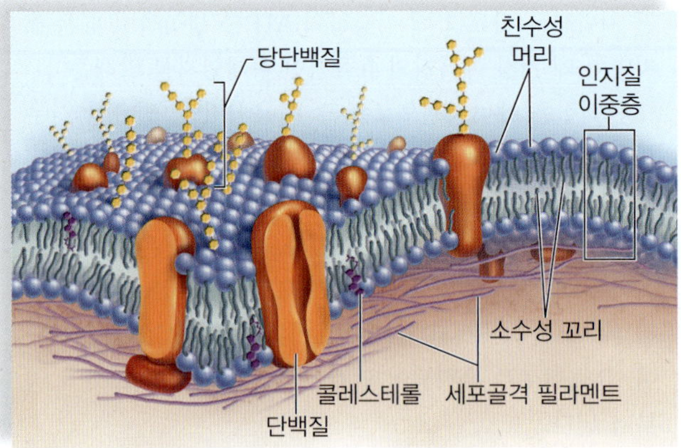

- 수동적 기전은 에너지를 필요로 하지 않는다. 그 예시로 **확산**(diffusion), **삼투**(osmosis), **촉진수송**(facilitated transport)이 있다. **긴장성**(tonicity)과 **삼투압**(osmotic pressure)은 삼투의 과정을 조절한다.
- 능동적 기전은 에너지의 투입을 필요로 한다. 그 예시로 **능동수송**(active transport, 소듐-포타슘 펌프), 세포 내 이입(식세포작용 및 음세포작용), 수용체-매개 세포 내 이입, 세포 외 배출이 있다.

2.4 핵과 내막계통

- 핵은 DNA를 가지고 있으며, DNA는 단백질의 아미노산 서열을 결정하는 **유전자**(gene)를 갖고 있다. **염색질**(chromatin)은 **염색체**(chromosome)를 구성하는 DNA 분자와 단백질의 복합체이다.
- 핵은 물질 교환과 이동을 관장하는 **핵공**(nuclear pore)을 포함하는 **핵막**(nuclear envelope)으로 둘러싸여 있다.

- **인**(nucleolus, 핵소체)은 리보솜 RNA(rRNA)를 생성한다.
- 단백질 합성은 단백질과 rRNA로 구성된 작은 세포소기관인 **리보솜**(ribosome)에서 일어난다.

내막계통

내막계통(endomembrane system)은 핵막, **소포체**(endoplasmic reticulum, ER), 골지체, 리소좀, **소낭**(vesicle)을 포함한다.

- 조면소포체는 단백질 합성 장소인 리보솜을 갖고 있다.
- 활면소포체는 리보솜이 없으며, 지질 합성과 같은 다양한 기능을 한다.
- **골지체**(Golgi apparatus)는 단백질과 지질의 분비와 세포 내 다른 장소로의 이동을 위해 가공하여 소낭 안으로 포장한다.
- **리소좀**(lysosome)은 골지체에 의해 생성되는 특별한 구조의 소낭이다. 리소좀은 세포 내로 유입되는 소낭과 융합하여 소낭 내에 존재하는 물질을 소화시키고, 노화된 세포 부위를 자가소화시킨다.

2.5 세포골격, 세포이동, 세포연접

- **세포골격**(cytoskeleton)은 **미세소관**(microtubule), **미세섬유**(actin filament), **중간섬유**(intermediate filament)로 구성되며, 세포의 모양 형성과 세포 내 세포소기관들의 이동을 돕는다. 미세소관은 **중심체**(centrosome)에 의해 형성된다. 미세소관을 포함하는 **섬모**(cilia)와 **편모**(flagella)는 세포의 이동을 돕는다.
- 세포연접은 세포를 연결시켜 조직을 형성하며, 세포 간 상호 소통을 도와준다.
- **세포외기질**(extracellular matrix, ECM)은 세포막 외부에 존재한다. 이는 세포의 구조를 유지하고 세포 내부로의 물질 이동을 조절한다.

2.6 대사와 에너지 반응

대사 경로

- **대사**(metabolism)는 세포 내에서 발생하는 모든 화학 반응을 나타낸다. 대사 경로는 일련의 연속된 반응으로, 각 반응은 효소를 갖는다. 이 반응에 들어오는 물질을 **반응물**(reactant)이라 하며, 이 경로에서 나가는 물질을 **생성물**(product)이라 한다.

효소

- **효소**(enzyme)는 **활성부위**(active site)를 통해 **기질**(substrate)과 결합한다.
- 효소는 반응 개시에 필요한 **활성화 에너지**(energy of activation, E_a)를 낮춰 화학 반응을 가속화한다.
- **NAD^+**(nicotinamide adenine dinucleotide)와 같은 **보조효소**(coenzyme)는 효소를 보조하는 비단백질 분자이다.

미토콘드리아와 세포호흡

- **미토콘드리아**(mitochondria)는 산소를 사용하고 이산화탄소를 배출하는 **세포호흡**(cellular respiration)에 관여한다.
- 세포호흡 과정 동안 미토콘드리아는 포도당의 에너지를 ATP 분자의 에너지로 전환한다.

세포호흡과 대사

- 세포호흡은 해당과정, 시트르산 회로, 전자전달계의 세 경로를 포함한다.
- **해당과정**(glycolysis)은 세포질에서 일어나며, **무산소성**(anaerobic)이다. 이는 2개의 피루브산 분자와 소량의 ATP 및 NADH를 생성한다.
- 피루브산 분자는 시트르산 회로 유입 전에 미토콘드리아에서 준비반응에 의해 변형된다.
- **시트르산 회로**(citric acid cycle)는 미토콘드리아 기질에서 일어나며, C—C 결합을 끊어 ATP, NADH, $FADH_2$를 생성한다.
- **전자전달계**(electron transport chain)는 미토콘드리아의 크리스테를 따라 위치한다. 이는 세포 내 대부분의 ATP를 생성하기 위해 NADH와 $FADH_2$ 분자 내에 존재하는 전자를 사용하는 **산소성**(aerobic) 경로이다.
- 산소가 없을 경우 전자전달계는 작동하지 않으며, 산소가 필요하지 않은 **발효**(fermentation)가 일어난다. 발효는 NAD^+ 분자를 재사용하여 세포가 해당과정을 통해 소량의 ATP를 생성할 수 있도록 한다.

개념 심화 학습

BioNOW

이 과학이 여러분의 삶과 어떻게 연관성이 있는지 알고 싶은가? 그렇다면 다음의 BioNOW 영상을 참고하길 바란다.

- 세포 크기

McGraw Hill

• 소금물 여과

McGraw Hill

• 에너지 1부: 에너지 전달

McGraw Hill

• 에너지 3부: 세포호흡

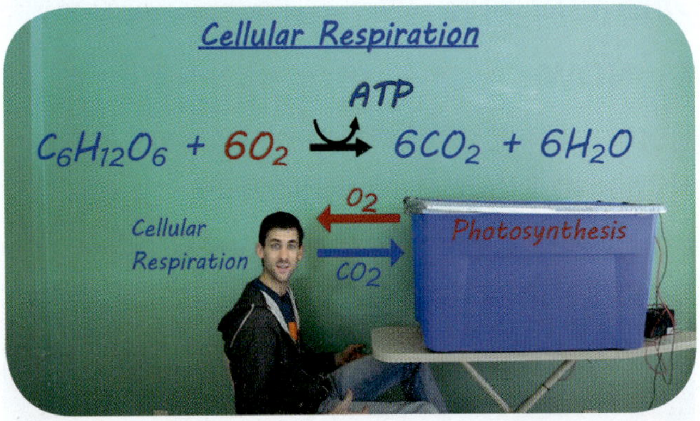

McGraw Hill

1. **세포 크기:** 표면적 대 부피 비율이 클수록 왜 대사효율성이 증가하는가?
2. **소금물 여과:** 감자의 염분 농도를 측정하기 위해 어떻게 확산 원리를 활용하는지 설명하시오.
3. **에너지 전달:** 열역학 법칙이 이 영상의 실험에 어떻게 적용될 수 있는지 설명하시오.
4. **세포호흡:** 이 실험에서 측정된 CO_2를 어떠한 세포 과정이 생성하고 있는가?

비판적 사고 키우기

1. 체내 세포가 고장 난 미토콘드리아를 갖고 있다면 어떤 일이 일어나는가?
2. 체내에서 효소가 더 이상 생성되지 않는다면 항상성에 어떠한 문제가 발생하는가?
3. 세포 내 리소좀의 기능에 이상이 생기는 대신 리소좀이 과다하게 생산된다면 어떤 일이 발생하는지, 여러분이 알고 있는 리소좀의 기능에 비추어 설명해 보시오.

관련성 탐구하기

1. 사람의 세포가 오피오이드와 어떻게 상호작용을 하는지 학습한 내용에 근거하여 설명해 보시오.
2. 처방약인 오피오이드는 만성 통증 또는 다른 질병의 환자에게 처방되어야 하는가? 이럴 경우 여러분은 어떠한 제한을 부과하겠는가?
3. 막통과 수용체가 없거나 변화된 사람은 오피오이드에 중독되지 않을 수 있는가?

모든 장의 질문에 대한 정답은 *connect.mheducation.com*에서 확인하시오.

mihtiander/Getty Images

CHAPTER

3

조직, 기관계통, 항상성

물속에서 우리의 몸

우리가 어디에 있고 어떤 활동을 하든 우리 몸의 시스템은 정해진 내부 작동 조건, 즉 *항상성*을 유지하려고 한다. 여러분이 산호초의 생물 다양성을 탐험하기 위해 열대지방을 방문한다고 해보자. 여러분이 다이빙을 시작할 때, 호흡계통은 근육과 뇌를 움직이는 산소를 제공하면서 이산화탄소와 같은 노폐물을 제거하도록 작동한다. 근육을 움직이기 위해 에너지가 필요하므로 내분비계통은 에너지 요구량을 충족하기 위해 혈액 내 포도당 수준을 조절해야 한다. 동시에 여러분의 비뇨계통은 혈액 내 염의 균형을 맞추고 노폐물을 제거한다.

여러분이 산호초의 복잡성을 관찰할 때, 신경계통은 시각적 이미지를 처리할 뿐만 아니라 체온, 몸에 가해지는 물의 압력, 혈액 내 이산화탄소 농도 등 몸의 내부 상태를 모니터링하고 있다. 만약 여러분이 춥다면 신경계통은 열을 발생시키기 위해 근육을 떨도록 하며, 흥분하거나 힘을 쓸 때 신경계통은 호흡 속도를 증가시킨다. 그리고 이 와중에도, 신경계통은 더 효과적으로 수영할 수 있도록 팔과 다리의 위치를 계속 상기하고 있다.

스쿠버 다이빙과 같은 작업을 수행하는 우리의 능력은 신체계통이 긴밀하게 통합되어 있기 때문에 가능하다. 이러한 상호작용은 종종 매우 복잡하고, 보통 의식적인 생각 없이 발생한다. 유전자에서 세포, 생리학적 수준에 이르기까지 산호초를 탐색할 수 있게 해주는 동일한 조직과 기관계통이 우리가 일상 활동을 하는 동안 몸을 통제할 수 있게 해준다.

이 장에서는 먼저 신체의 조직에 대해 알아보고, 기관계통과 항상성의 개념을 살펴볼 것이다.

이 장을 학습하면서 다음 질문을 생각해 보자.

1. 일정한 온도와 산소 농도의 유지가 중요한 이유는 무엇인가?
2. 인체의 주요 기관계통을 구성하는 조직의 종류는 무엇인가?
3. 되먹임 기전은 어떻게 항상성을 유지하는가?

이 장의 개요

시작하기 전에

이 장을 시작하기 전에 다음 사항을 논의해 보자.

2.2절 진핵세포는 어떻게 구성되어 있는가?
2.5절 세포는 어떻게 연결되어 조직을 만드는가?

3.1 조직의 종류

학습 목표

이 절을 학습한 후 다음 사항을 할 수 있어야 한다.

1. 조직화의 생물학적 단계에서 조직들이 어디와 연관되어 있는지 이해할 수 있다.
2. 네 가지 주요 조직과 각 조직의 일반적 기능을 설명할 수 있다.

세포는 분자로 구성되어 있고, 조직은 비슷한 집단의 세포로 구성되며, 기관은 몇몇 다른 종류의 조직으로 이루어져 있다. 그리고 이 기관들은 기관계통을 구성하고 있다. 이 장에서 우리는 조직, 기관, 기관계통 수준에서 생물의 조직화를 살펴볼 것이다.

조직(tissue)은 우리 몸에서 공통된 기능을 수행하는 동일한 종류의 특수화된 세포들로 구성되어 있다. 우리 몸의 조직은 크게 다음과 같이 네 종류로 구분할 수 있다.

- 결합조직: 우리 몸의 부분을 연결하고 지지한다.
- 근육조직: 몸과 그의 각 부분을 움직인다.
- 신경조직: 감각정보를 수용하고 신경자극을 전도한다.
- 상피조직: 신체 표면과 체강을 덮고 있다.

생활 속의 생물학

암의 이름은 어떻게 지어졌을까?

암은 발생되는 조직의 종류에 따라 분류된다. 육종(sarcoma)은 근육조직이나 결합조직(특히 뼈나 연골)에서 발생하는 암이다. 백혈병은 혈액에 생긴 암이고, 림프종은 림프조직에서 발생하는 암이다. 가장 흔한 종류인 암종(carcinoma)은 상피조직에서 발생한 암이다. 특정 조직에서 암이 발생할 가능성은 세포분열 속도와 관련이 있다. 상피세포와 혈액세포는 모두 빠른 속도로 증식하므로 암종과 백혈병은 빈번히 발생한다.

진도 점검하기 3.1

1. 조직화의 생물학적 단계에서 세포, 조직, 기관의 관계를 설명하시오.
2. 근육조직과 신경조직을 구별하시오.
3. 연결조직과 상피조직을 구별하시오.

개념 연결하기

우리 몸에서 각 조직의 기능에 대한 자세한 내용은 다음 논의를 참고하시오.

5.1절 결합조직으로서 혈액의 기능을 살펴본다.

8.3절 소화계통의 상피조직이 어떻게 영양소를 흡수하는지 살펴본다.

12.2절 근육조직이 어떻게 몸을 움직이는지 살펴본다.

3.2 연결하고 지지하는 결합조직

학습 목표

이 절을 학습한 후 다음 사항을 할 수 있어야 한다.

1. 결합조직의 주요 종류를 제시하고 각 기능을 설명할 수 있다.
2. 뼈와 연골의 구조와 기능을 비교할 수 있다.
3. 혈액과 림프액을 구별할 수 있다.

결합조직(connective tissue)은 구조와 기능 면에서 다양하다. 하지만 모든 결합조직은 특수화된 세포, 기저물질(ground substance), 단백질 섬유의 세 가지 요소로 구성된다(그림 3.1). 기저물질은 세포와 구분되는 비세포성 물질로 고체(뼈)에서 반액체(연골), 액체(혈액)에 이르기까지 그 점도가 다양하다.

섬유에는 세 종류가 있다. 흰색 **콜라겐섬유**(collagen fiber)는 유연성과 강도를 부여하는 단백질인 콜라겐을 함유한 섬유이다. **세망섬유**(reticular fiber)는 정교한 지지망을 형성하는 가지

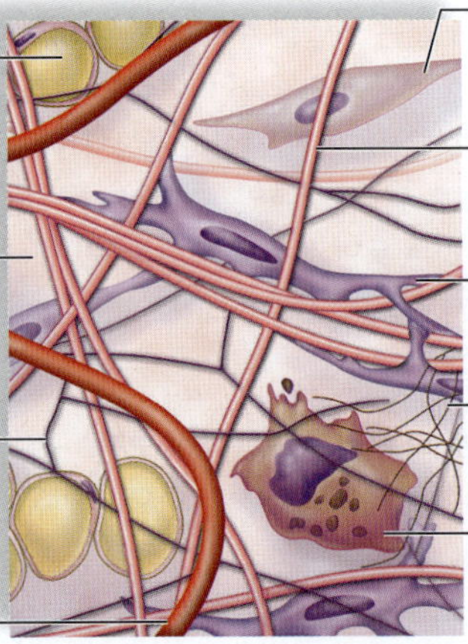

그림 3.1 결합조직의 구성요소.
모든 결합조직은 특수화된 세포, 기저물질, 단백질 섬유의 세 구성요소로 되어 있다. 느슨한 섬유성 결합조직이 그림에 나타나 있다.

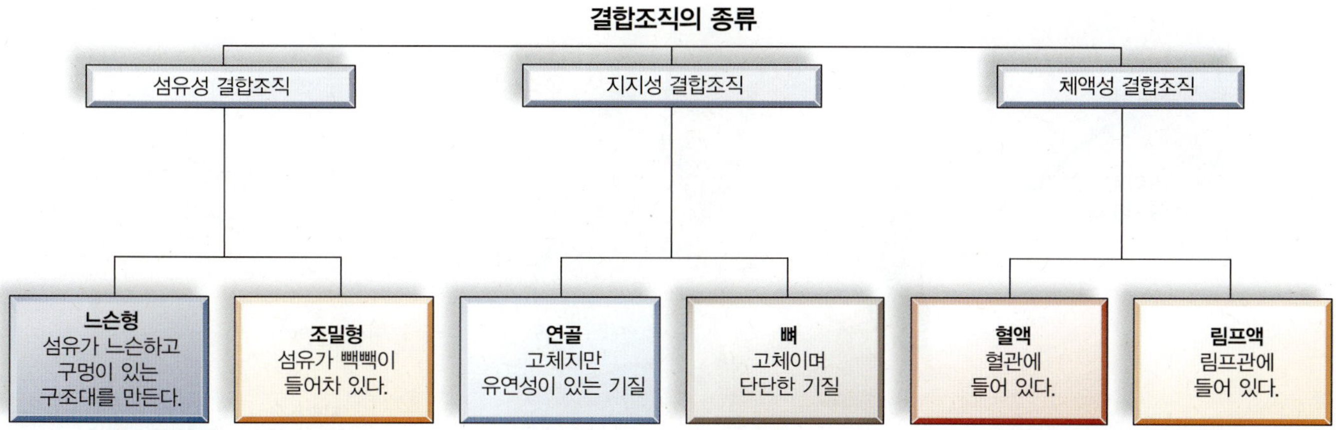

그림 3.2 결합조직의 종류.
결합조직은 섬유성, 지지성, 체액성의 세 가지 일반적인 범주로 구분된다.

가 많이 뻗어 있는 모양의 매우 가는 콜라겐섬유이다. 노란색 **탄력섬유**(elastic fiber)는 콜라겐만큼 강하지는 않지만 탄력성이 높은 단백질인 엘라스틴을 함유하고 있다. 탄력섬유는 원래 형태를 회복하는 성질이 있으며 손상 없이 100배 이상 늘어날 수 있다. 유전적인 결합조직 이상은 섬유 기형을 유발하는 유전자가 유전된 사람에게서 생긴다. 예를 들어 마르판증후군 환자는 피브릴린 유전자(*FBN1*)에 돌연변이를 가진다. 피브릴린은 탄력섬유의 구성 성분으로, 이 돌연변이들은 심장에서 신체 조직으로 혈액을 운반하는 주요 혈관인 대동맥과 같이 일반적으로 탄력섬유가 풍부한 결합조직의 탄력성을 저해한다. 이러한 돌연변이로 인하여 혈압이 오를 때 대동맥의 탄력성이 약해져 혈관이 팽창하지 못하여 결국 대동맥 파열로 사망할 수 있다.

그림 3.2는 이 절에서 학습할 주요 결합조직 유형을 분류하여 요약한다.

섬유성 결합조직

섬유성 조직은 느슨한 섬유성 결합조직과 조밀한 섬유성 결합조직으로 나뉜다. 느슨한 섬유성 결합조직과 조밀한 섬유성 결합조직은 둘 다 **섬유아세포**(fibroblast)라고 하는 세포를 가지는데, 이들 세포는 서로 간격을 두고 위치하며, 흰색 콜라겐섬유와 노란색 탄력섬유를 함유하는 젤리 같은 기저물질에 의해 분리되어 있다(그림 3.3). **기질**(matrix)은 기저물질과 섬유를 포함한다.

느슨한 섬유성 결합조직(loose fibrous connective tissue)은 유륜형 및 세망형의 결합조직으로서, 상피와 많은 내부 기관을 지지한다. 이 조직은 폐, 동맥, 방광에서 기관들이 팽창할 수 있게 해준다. 또한 근육, 혈관, 신경과 같은 많은 내부 기관을 감싸서 보호하는 피복을 형성한다.

지방조직(adipose tissue)은 세포들이 커져서 지방을 저장하는, 특이한 유형의 느슨한 결합조직이다. 지방조직에는 세포외기질이 거의 없으며, 액체 지방으로 가득 찬 **지방세포**(adipocyte)가 빽빽이 들어차 있다. 우리 몸은 에너지 획득, 단열 및 기관 보호를 위해 저장된 지방을 사용한다. 지방조직은 주로 피부 바로 아래, 콩팥 주위, 심장 표면에 존재하며, 뇌의 식욕 조절중추를 조절하는 호르몬을 분비한다(15.6절 참고).

> **생활 속의 생물학**
>
> **식이요법으로 지방세포를 제거할 수 있는가?**
>
> 불행히도 식이요법으로 지방세포의 크기는 줄일 수 있지만, 그 숫자는 줄지 않고 일정하게 유지된다. 이는 식이요법이나 운동이 꾸준히 유지되지 않으면 줄인 몸무게가 다시 원래대로 돌아오기 쉽다는 것을 의미한다. 이러한 세포들을 외과적으로 제거하는 지방흡입이 몸에서 지방세포를 제거하는 유일한 방법이다.

조밀한 섬유성 결합조직(dense fibrous connective tissue)은 함께 묶여 있는 많은 콜라겐섬유를 가지고 있다. 이러한 조직은 느슨한 섬유성 결합조직보다 더 많은 특수한 기능을 한다. 예를 들어 조밀한 섬유성 결합조직은 근육을 뼈에 연결하는 **힘줄**(tendon)이나 뼈를 다른 뼈에 연결하는 관절의 **인대**(ligament)에서 볼 수 있다.

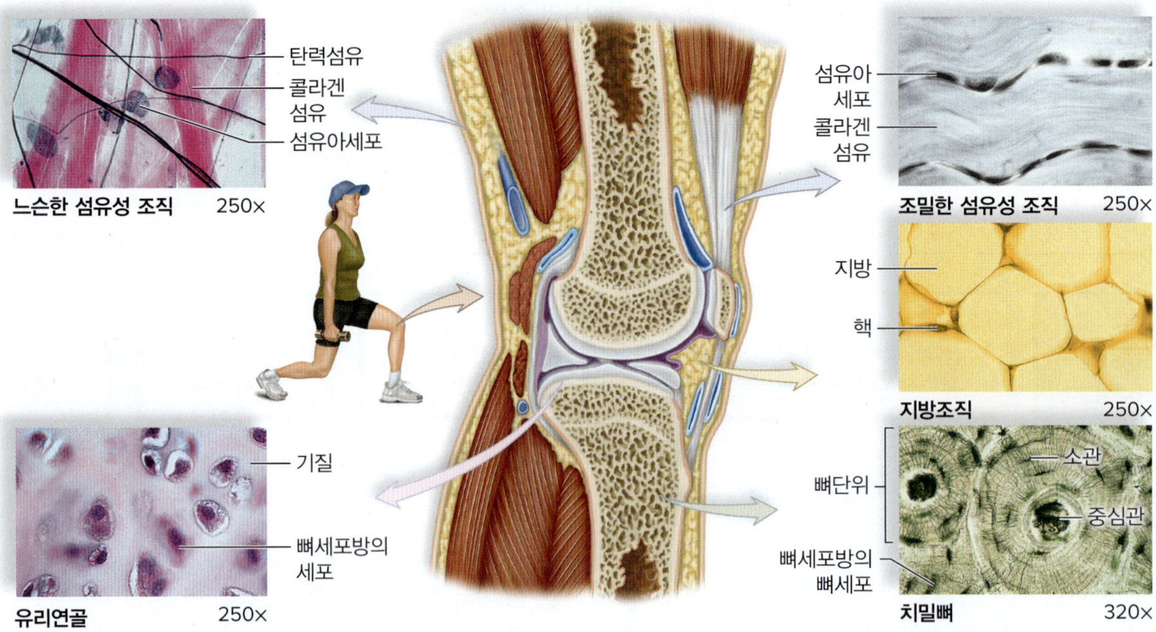

그림 3.3 **무릎의 결합조직.**
무릎에는 대부분 종류의 결합조직이 존재한다.
(사진): Ed Reschke

지지성 결합조직

연골과 뼈는 두 가지 주요한 지지성 결합조직이다. 각각은 구조, 모양, 보호 및 운동의 지렛대 역할을 한다. 일반적으로 연골이 뼈보다 더 유연한데, 그 이유는 기질이 덜 무기질화되어 있기 때문이다. 지지성 결합조직은 11.1절에서 더 자세히 설명할 것이다.

연골

연골(cartilage)에서 세포는 고체지만 유연성이 있는 기질에 의해 나뉜 **뼈세포방**(lacunae, 단수는 lacuna)이라는 작은 공간 안에 위치해 있다. 이 기질은 **연골모세포**(chondroblast)와 **연골세포**(chondrocyte)에 의하여 형성된다. 이 조직은 직접적 혈액 공급의 부족으로 매우 느리게 치유된다. 기질에 있는 섬유의 유형에 따라 구별되는 세 가지 연골이 있다.

유리연골(hyaline cartilage, 그림 3.3)은 가장 일반적인 연골로서 가는 콜라겐섬유만 함유하고 있으며, 기질은 유리질의 반투명한 외관을 가지고 있다. 유리연골은 코 및 긴뼈와 갈비뼈 끝에서 발견되며, 호흡기 통로의 벽에서 고리를 형성한다. 태아의 골격 또한 이 유형의 연골로 되어 있는데, 이후 태아의 연골성 골격은 뼈로 대체된다.

탄력연골(elastic cartilage)은 많은 탄력섬유를 가지고 있다. 이러한 이유로 이것은 더욱 유연하며, 외이의 뼈대 부위에서 발견된다.

섬유연골(fibrocartilage)은 튼튼한 콜라겐섬유를 함유하는 기질을 가지고 있다. 섬유연골은 장력과 압력을 버티는 부분, 즉 등뼈에 있는 척추뼈 사이의 척추사이원반(디스크)과 무릎관절에 있는 완충부위에서 발견된다.

뼈

뼈는 가장 단단한 결합조직이다. 이것은 매우 강한 기질인 무기질염, 특히 칼슘염으로 되어 있다. 이 염은 콜라겐섬유 같은 단백질섬유 주위에 침착되어 있다. 무기염은 뼈에 견고성을 부여하며, 단백질섬유는 강화 콘크리트에서 철근이 하는 것처럼 탄력성과 강도를 부여한다. **뼈모세포**(osteoblast, 조골세포)와 **뼈파괴세포**(osteoclast, 파골세포)가 뼈조직의 기질을 형성한다.

치밀뼈(compact bone)는 긴뼈의 줄기를 구성한다(그림 3.3). 이는 **뼈단위**(osteon)라는 원통형의 구조 단위로 구성되어 있다(11.1절 참고). 각 뼈단위의 중심관은 단단한 기질의 고리로 둘러싸여 있다. **뼈세포**(osteocyte)는 기질의 고리 사이 뼈세포방이라는 공간에 위치한다. 중심관에서 신경섬유는 신경자극을 전달하고, 혈관은 뼈가 스스로 재생하도록 영양소를 공급한다.

긴뼈의 끝은 치밀뼈에 둘러싸인 갯솜뼈로 되어 있다. 갯솜뼈 역시 골수강을 둘러싸고 있다. 이것은 다시 치밀뼈로 둘러싸여 '샌드위치' 구조를 하고 있다. **갯솜뼈**(spongy bone)는 불규칙적인 공간에 의해 분리된 수많은 뼈막대와 판으로 이루어진 뼈 격자 구조로 나타난다. 갯솜뼈는 비록 치밀뼈보다 가볍지만 여전히 강도가 높다. 건물을 지지하기 위해 사용되는 버팀대처럼 갯솜뼈의 단단한 부분은 압력이 가해지는 선상에 위치한다.

체액성 결합조직

인체의 체액성 결합조직으로는 혈액과 림프액이 있다.

혈액

혈액(blood)은 체액성 결합조직(fluid connective tissue)으로, 고형성분(그림 3.4)과 혈장으로 구성되어 혈관 내에 존재한다. 혈액은 인체의 세포를 둘러싼 사이질액(interstitial fluid)에 영양소와 산소를 전달하고, 이산화탄소와 다른 노폐물을 제거한다. 혈액은 열을 분배하는 것을 돕고 체액, 이온과 pH 균형에 중요한 역할을 한다. 인체의 많은 기관계통은 혈액의 조성과 화학적 조성을 정상 범위 내로 유지하는 것을 돕는다. 혈액의 구조와 기능은 5.1절에서 더 자세히 설명할 것이다.

혈액의 고형성분들은 각각 특정한 기능이 있다. **적혈구**(red blood cell, erythrocyte)는 작고 양면이 오목하며, 세포의 성숙에 따라 핵을 잃어버려 핵이 없는 원반 모양의 세포이다. 붉은색 색소인 혈색소는 세포를 붉게 만들며, 이에 따라 혈액을 붉게 만든다. 혈색소는 4개의 단위체로 구성되어 있고, 각 단위체는 **글로빈**(globin) 단백질과 철을 포함하는 **헴**(heme)이라는 복합체로 구성된다. 철은 산소와 느슨한 결합을 형성하며, 이 결합에 의해 적혈구는 산소를 운반한다.

백혈구(white blood cell, leukocyte)는 핵이 있다는 점에서 적혈구와 구분된다. 염색하지 않으면 백혈구는 반투명하다. 여러 종류의 백혈구가 있지만, 모든 백혈구는 감염으로부터 몸을 보호하는 역할을 수행한다. 많은 백혈구가 세균과 같은 감염원을 삼켜 버리는 식세포이다. 다른 백혈구들은 더 특이적이어서 항체(외부 물질과 결합하여 이들을 무력화하는 분자)를 만들거나, 체내에 침입한 물질이나 감염된 세포를 직접 공격하기도 한다.

혈소판(platelet, thrombocyte)은 골수에만 존재하는 거대세포의 조각이다. 혈관이 손상되었을 때 혈관을 막기 위한 마개를 형성하며, 손상된 조직은 응고 과정을 돕기 위한 분자를 방출한다.

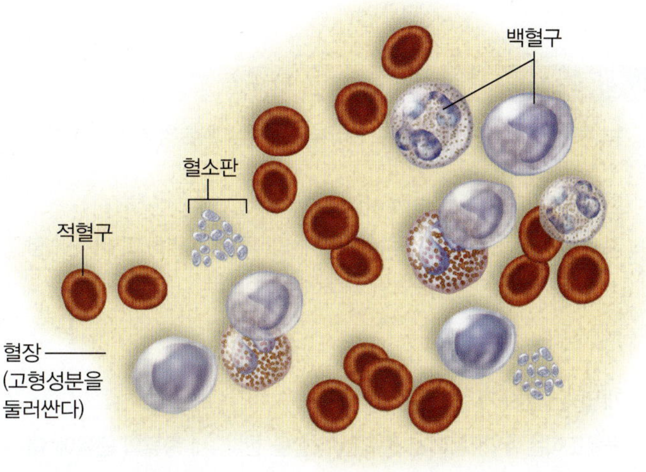

그림 3.4 혈액의 구성요소.
적혈구는 핵이 없고 산소를 운반한다. 백혈구의 각 종류는 감염에 대항해 방어하는 역할을 한다. 특정 세포의 조각인 혈소판은 손상된 혈관을 막는 역할을 한다.

림프액

림프액(lymph) 또한 체액성 결합조직이다. 림프액은 조직을 둘러싼 체액에서 유래한 투명한(때로는 연한 노란색) 액체로 백혈구를 포함하고 있다. 림프관은 여분의 사이질액을 흡수하고 조직에 있는 다양한 용해된 용질을 흡수하여 림프액을 심장혈관계통의 특정 관으로 운반한다. 또한 림프관은 소장으로부터 지방 분자를 흡수한다. 섬유성 결합조직으로 구성된 림프절은 림프관을 따라 나타나는데, 특히 백혈구가 림프절에서 모이기 때문에 림프액은 림프절을 통과하면서 깨끗해지고 림프절은 감염이 발생하면 비대해진다.

진도 점검하기 3.2

1. 결합조직의 세 가지 종류를 설명하고, 각각의 예를 들어보시오.
2. 세 종류의 결합조직 기질 구성의 차이를 설명하시오.
3. 두 가지 체액성 결합조직이 항상성에 어떻게 중요한지 설명하시오.

개념 연결하기

이 절에서 설명한 조직의 종류는 이 책의 다른 부분에서 더 자세히 다루고 있다. 이에 대한 내용은 다음 논의를 참고하시오.

5.1절 혈액의 고형성분 종류를 살펴본다.

6.1절 몸 전체의 림프액 순환에서 림프계통의 역할을 살펴본다.

11.1절 연골과 뼈에 대한 정보를 살펴본다.

3.3 몸을 움직이는 근육조직

학습 목표

이 절을 학습한 후 다음 사항을 할 수 있어야 한다.

1. 인체의 세 가지 근육조직을 위치와 기능에 따라 구별할 수 있다.

근육조직(muscular tissue)은 수축할 수 있으며, 액틴과 미오신 필라멘트를 가지고 있는 **근섬유**(muscle fiber)라는 세포로 구성되어 있다. 이 필라멘트의 상호작용으로 움직임을 설명할 수 있다. 이 상호작용과 인체 근육의 구조는 12장에서 더 자세히 설명할 것이다. 척추동물의 세 가지 근육조직으로 뼈대근육, 민무늬근육, 심장근육이 있다.

뼈대근육(skeletal muscle, 그림 3.5a)은 힘줄에 의해 뼈대의 뼈에 부착되어 있다. 뼈대근육이 수축할 때 우리 몸의 부분은 움직인다. 뼈대근육의 수축은 수의적 조절이며 다른 근육에서보다 수축이 더 빠르게 일어난다. 뼈대근육섬유는 원통형으로 길어서 때로는 그 길이가 근육의 길이에 달한다. 발생 과정 동안 여러 세포가 융합하여 다핵성인 하나의 근섬유가 생기며, 이때 핵은 세포막 안의 세포 가장자리에 위치한다. 섬유는 번갈아 나타나는 밝고 어두운 줄무늬를 가지는데, 이 때문에 현미경으로 보면 **가로무늬**(striated), 또는 줄무늬가 있는 것으로 보인다. 이러한 띠들은 세포에서 액틴과 미오신 필라멘트의 배치에 의한 것으로 근육의 수축 과정에 관여한다(12.2절 참고).

민무늬근육(smooth muscle, 그림 3.5b)은 세포에 줄무늬가 없기 때문에 그러한 이름이 붙었다. 방추 모양의 각 세포는 하나의 핵을 가지며, 한 세포의 두꺼운 중앙 부분과 인접세포의 가는 끝부분이 마주 보면서 층을 형성한다. 결과적으로 핵들은 조직에서 불규칙적인 패턴을 형성한다. 민무늬근육은 수의적 조절하에 있지 않기 때문에 불수의적이라고 할 수 있다. 민무늬근육은 내장(장, 방광 및 기타 내부 기관)의 벽과 혈관에서 발견되기 때문에 **내장근육**이라고도 한다. 민무늬근육은 뼈대근육보다 훨씬 더 천천히 수축하지만 오랫동안 수축한 상태를 유지할 수 있다. 방광의 민무늬근육이 수축할 때, 소변은 요도라는 관으로 보내지고 외부로 배출된다. 혈관의 민무늬근육이 수축할 때, 혈관은 압축되어 혈압이 오르는 것을 돕는다.

심장근육(cardiac muscle, 그림 3.5c)은 심장의 벽에서만 발견된다. 심장근육의 수축은 혈액을 펌프하고 심장박동을 일으킨다. 심장근육은 민무늬근육과 뼈대근육의 특징을 모두 가지고 있다. 뼈대근육처럼 줄무늬가 있지만, 심장의 수축은 대부분의 경우 불수의적이다. 또한 심장근육세포는 보통 중심에 위치한 하나의 핵을 가지고 있다는 점에서 뼈대근육세포와 다르다. 세포는 가지가 나 있으며, 서로 융합되어 있는 것처럼 보인다. 심장은 하나의 큰 근육처럼 보이지만, 실상은 **사이원반**(intercalated disc)으로 끝과 끝이 서로 연결된 수많은 분리된 심장근육세포로 구성되어 있다(그림 4.3 참고).

진도 점검하기 3.3

1. 뼈대근육, 민무늬근육, 심장근육의 구조와 기능의 차이점을 설명하시오.
2. 각 근섬유가 우리 몸의 어디에 있는지 설명하시오.
3. 민무늬근육과 심장근육은 왜 불수의적인지 설명하고, 이것이 항상성 유지에 어떤 이점이 있는지 요약하시오.

개념 연결하기

근육조직은 우리 몸에서 중요한 역할을 한다. 세 종류의 근육에 대한 자세한 내용은 다음 논의를 참고하시오.

4.3절 어떻게 심장박동이 일어나는지 살펴본다.

그림 8.2 어떻게 민무늬근육이 소화관을 따라 위치하는지 살펴본다.

12.2절 뼈대근육의 구조와 기능을 살펴본다.

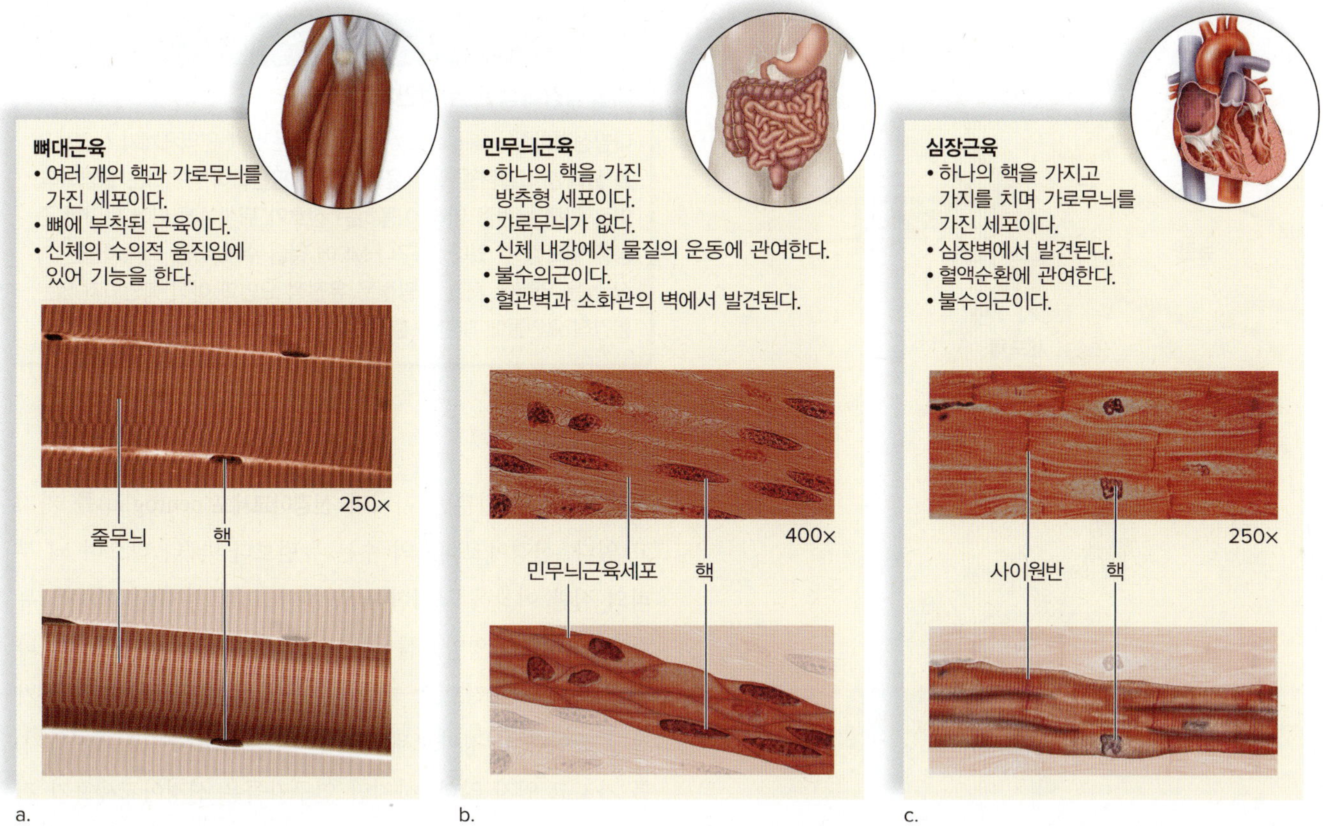

그림 3.5 근육조직의 세 종류.
a. 뼈대근육은 수의근이며 가로무늬가 있다. **b.** 민무늬근육은 불수의근이며 민무늬이다. **c.** 심장근육은 불수의근이며 가로무늬가 있다.
(사진) (뼈대근육, 심장근육): Ed Reschke; (민무늬근육): Dennis Strete/McGraw Hill

3.4 소통하는 신경조직

학습 목표

이 절을 학습한 후 다음 사항을 할 수 있어야 한다.

1. 뉴런과 신경아교세포를 구별할 수 있다.
2. 뉴런의 구조를 설명할 수 있다.

신경조직(nervous tissue)은 신경계통의 중심 구성요소이다(13.1절 참고). 신경조직은 뉴런과 신경아교세포의 두 종류의 세포로 구성되어 있다. 신경조직은 신체에서 감각 입력, 정보 통합, 운동 출력의 세 가지 주요 기능을 수행한다.

뉴런

뉴런(neuron)은 가지돌기, 세포체, 축삭의 세 부분으로 구성된 특수한 세포이다(그림 3.6). **가지돌기**(dendrite)는 감각수용체나 다른 뉴런으로부터 온 신호를 받는 가지 부분이다. **세포체**(cell body)는 세포의 세포질 대부분과 핵을 가지고 있다. **축삭**(axon)은 신경자극을 전도하는 긴 확장부이다. 일부 뉴런의 축삭은 흰색 지방 성분의 **미엘린**(myelin)으로 싸여 있다. **섬유**(fiber)라는 용어는 인체 해부학에서 논의될 때는 여러 가지 다른 방식으로 사용되는데, 여기에서 사용되는 섬유라는 용어는 축삭과 이를 덮고 있는 미엘린을 의미한다. 뇌와 척수 바깥에서 섬유는 결합조직과 연결되어 신경을 형성한다. **신경**(nerve)은 감각수용체로부터 온 신호를 통합 및 가공이 일어나는 척수와 뇌로 전도한다. 그러나 감각이라는 현상은 뇌에서만 일어난다. 신경은 또한 척수와 뇌로부터 온 신호를 근육, 샘 및 기타 기관으로 전도한다. 이것은 각 조직의 특징적인 반응을 유발한다. 예를 들어 근육을 수축시키거나 샘에서 물질 분비가 일어나도록 한다. 이러한 방법으로 최초의 감각 자극에 대한 통합된 반응이 이루어진다.

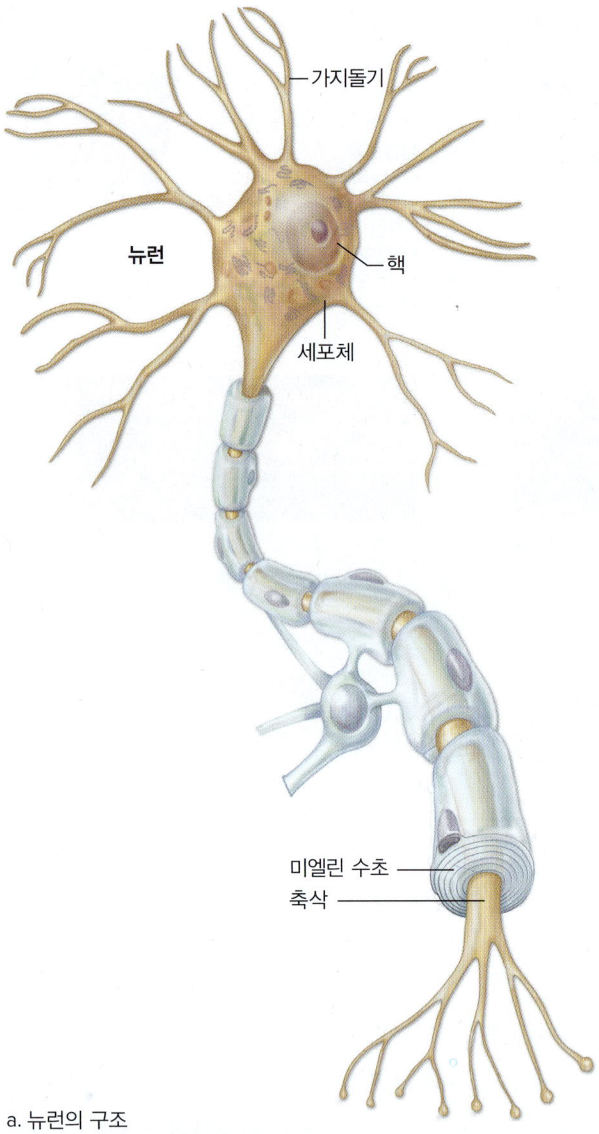

a. 뉴런의 구조

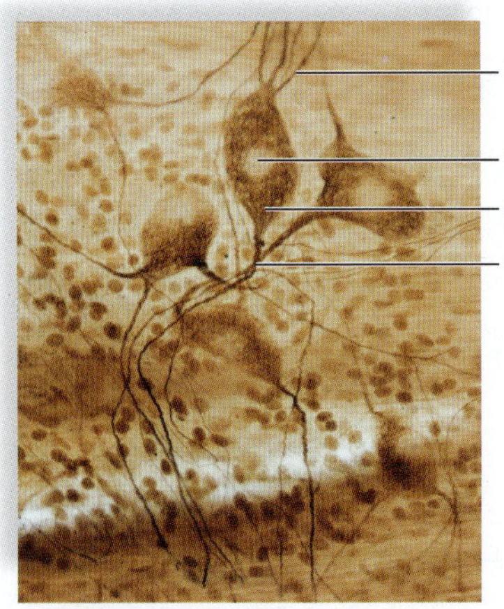

b. 뉴런의 현미경 사진 400×

그림 3.6 뉴런의 구조.

a. 뉴런은 신체에서 신경자극을 전도한다. 신경은 가지돌기, 축삭(미엘린이 있거나 없음), 세포체로 구성된다. **b.** 뉴런의 현미경 사진.

(b): Xia Yuan/Getty Images

생활 속의 생물학

다발성경화증은 무엇인가?

다발성경화증(multiple sclerosis, MS)은 신체 면역체계가 신경세포를 둘러싼 미엘린을 외부 물질로 잘못 판단하여 공격하는 질병이다. 이로 인해 뉴런을 따라 이동하는 신호가 뒤섞이게 되어 다양한 증상을 일으킬 수 있다. 누구나 MS에 걸릴 수 있지만, 과학자들은 가장 높은 위험에 처한 사람들은 유전적 요인과 아직 확인되지 않은 환경적 요인들에 대한 노출 가능성을 함께 가지고 있다고 여긴다.

신경아교세포

신경조직은 뉴런뿐만 아니라 **신경아교세포**(neuroglia)를 가지고 있다. 신경아교세포의 수는 뉴런보다 9배나 많으며 뇌 부피의 절반 이상을 차지한다. 신경아교세포의 주된 기능은 뉴런을 지지하고 영양소를 공급하는 것이지만, 이들이 얼마나 뇌 기능에 직접적으로 기여하는지에 대해서는 현재 연구가 진행 중이다. 신경아교세포는 긴 확장부(축삭이나 가지돌기)를 가지고 있지 않다. 하지만 연구자들은 신경아교세포가 긴 확장부 없이도 그들끼리, 그리고 뉴런과 신호를 주고받는다는 증거를 모으고 있다. 뇌에서 신경아교세포의 유형은 미세아교세포(microglia), 별아교세포(astrocyte), 희소돌기아교세포(oligodendrocyte) 등이 있다. 13.1절에서 신경아교세포의 기능에 대해 더 살펴볼 것이다.

진도 점검하기 3.4

1. 뉴런의 구조와 기능을 설명하시오.
2. 신경아교세포의 일반적인 기능을 설명하시오.

개념 연결하기

신경조직은 항상성 유지를 위한 신호 전달에 중요한 역할을 한다. 뉴런이 어떻게 작동하는지에 대한 자세한 내용은 다음 논의를 참고하시오.

13.1절 어떻게 뉴런이 기능하는지 자세히 살펴본다.

14.1절 어떻게 뉴런이 감각과 관련되어 있는지 살펴본다.

3.5 보호하는 상피조직

학습 목표

이 절을 학습한 후 다음 사항을 할 수 있어야 한다.

1. 우리 몸에서 상피세포의 역할을 설명할 수 있다.
2. 상피조직의 위치 및 기능에 따른 형태를 구별할 수 있다.

상피조직(epithelial tissue, epithelium)은 연속적인 층을 형성하는 촘촘히 모여 있는 세포들로 구성된다. 상피조직은 표면과 체강을 덮고 있으며, 일반적으로 보호 기능을 가진다. 또한 분비, 흡수, 배설, 여과 등의 기능을 수행하기 위해 변형되어 있기도 하다.

모든 상피세포의 한쪽 면은 외부로 노출되어 있고, 다른 한쪽 면은 **기저막**(basement membrane)에 연결되어 있다. 기저막을 세포의 세포막 또는 체강의 내면을 덮고 있는 막과 혼동해서는 안 된다. 기저막은 상피조직을 밑에 있는 결합조직에 부착시키는 다양한 유형의 탄수화물과 단백질로 된 얇은 층이다.

상피조직은 세포층의 수(단순 또는 층화) 및 세포의 모양에 따라 구분한다(그림 3.7).

단순상피

단순상피는 단일 세포층을 가지며(그림 3.8a, b, c) 세포의 모양에 따라 분류된다. 편평한 세포들로 구성된 **단순편평상피**(simple squamous epithelium)는 폐의 공기주머니와 혈관벽에서 볼 수 있다(그림 3.8a). 편평상피의 모양과 배열은 이들 위치에서 물질 교환이 일어날 수 있도록 한다. 산소와 이산화탄소의 교환은 폐에서 일어나며, 영양소와 노폐물의 교환은 조직에서 혈관을 통해 일어난다.

단순입방상피(simple cuboidal epithelium, 그림 3.8b)는 단층의 입방체 형태 세포들로 구성되어 있다. 이러한 유형의 상피는 침샘, 갑상샘, 이자(췌장)와 같은 샘에서 자주 발견된다. 또한 단순입방상피는 난소와 콩팥에서 소변이 생성되는 부위인 세뇨관을 덮고 있다. 흡수와 관련된 입방세포는 세포막이 미세하게 확장된 **미세융모**(microvilli)를 가진다. 미세융모는 세포의 표면적을 증가시킨다. 능동수송을 하는 입방세포는 많은 미토콘드리아를 가진다.

단순원주상피(simple columnar epithelium, 그림 3.8c)의 세포는 직사각형 기둥이나 원주를 닮았고, 그 핵은 보통 각 세포의 하부 근처에 위치한다. 미세융모가 표면적을 확장하고 소화 산물을 흡수하는 것을 돕도록 소화관을 이러한 상피조직

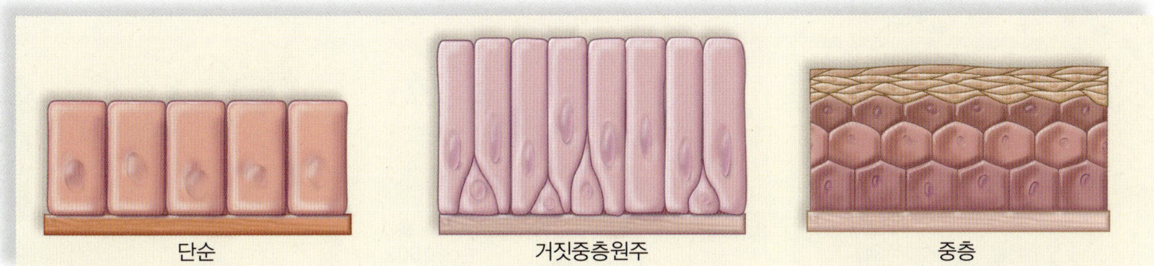

a. 상피의 구분

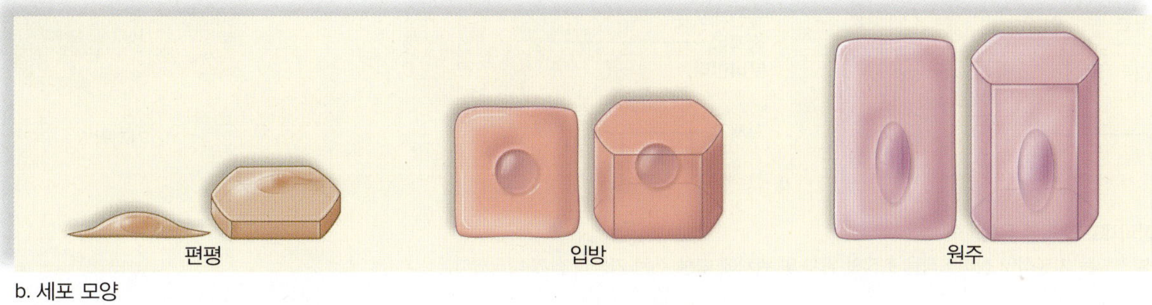

b. 세포 모양

그림 3.7 상피세포.
a. 상피세포는 단순하거나 층화(중층)된 구성으로 배열한다. 거짓중층상피는 층화된 것처럼 보이지만 실제로는 단일층이다. **b.** 상피세포의 모양.

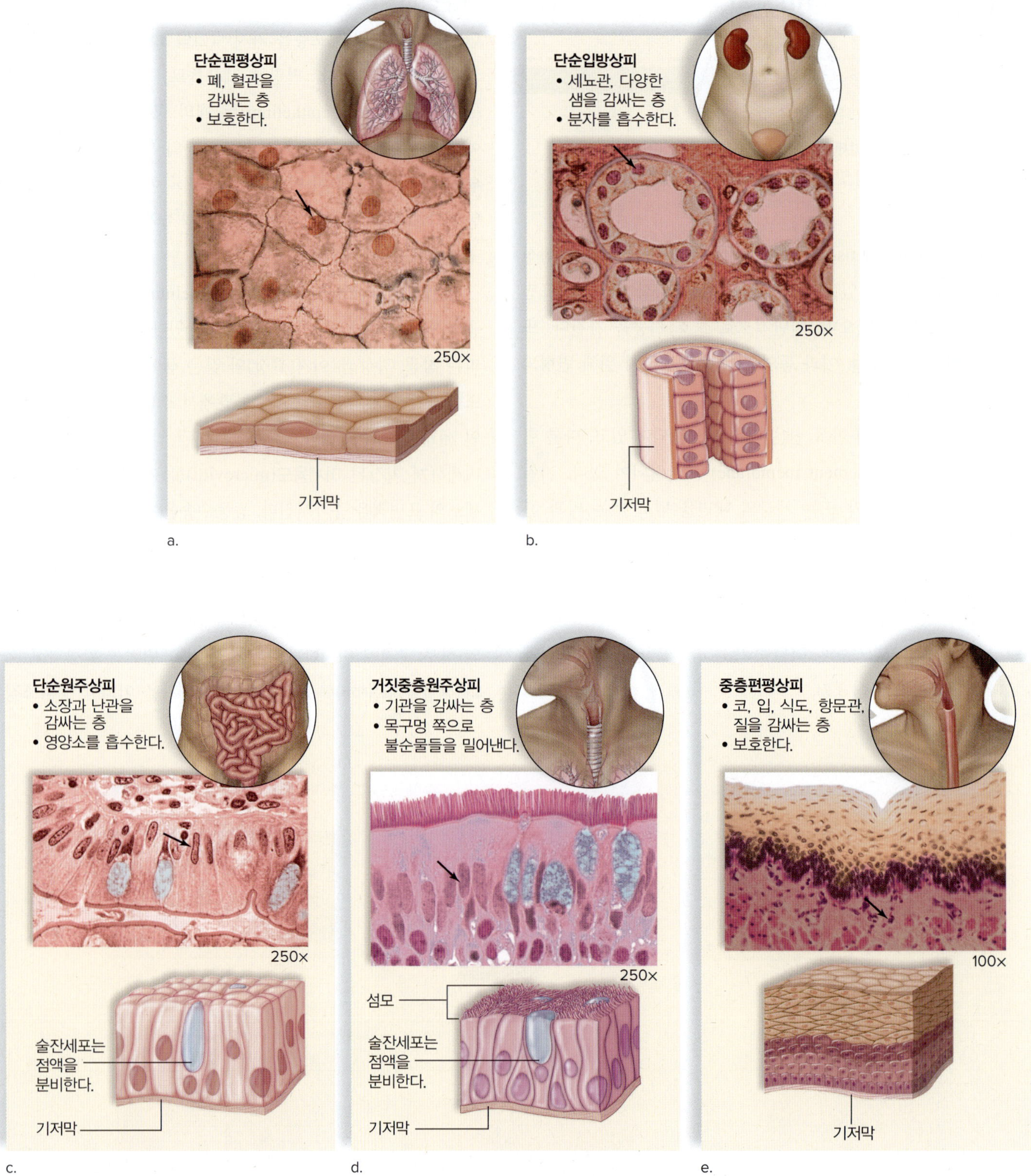

그림 3.8 상피세포의 기본 유형.
사람에게서 발견되는 기본적인 상피조직을 조직의 위치 및 위치에 따른 주된 기능과 함께 나타냈다.
(사진): Ed Reschke

이 감싸고 있다. 섬모성 원주상피는 난자를 자궁을 향해 이동시키는 난관을 감싸고 있다.

거짓중층원주상피(pseudostratified columnar epithelium, 그림 3.8d)는 층을 이룬 것처럼 보이기 때문에 그렇게 불린다(pseudo는 '거짓의', stratified는 '층상의'를 의미함). 하지만 각 세포가 기저막에 접하기 때문에 실제로 층은 존재하지 않는다. 핵의 배열이 불규칙하기 때문에 층이 존재하는 것처럼 보일 뿐이다. 기관(호흡관)의 내층은 거짓중층 섬모성 원주상피이다. 점액이 분비되는 내층은 외부 입자를 잡아서 위쪽을 향한 섬모의 운동을 통해 점액과 함께 목구멍 뒤로 운반한다. 이후 이것들은 삼켜지거나 내뱉어진다. 흡연은 점액의 분비에 변화를 일으키거나 섬모의 운동을 억제하여 **기관지염**(bronchitis)이라고 하는 만성 염증 상태를 초래한다.

어떤 경우에는 원주상피나 거짓중층원주상피가 물질을 분비한다. 이를 샘(선)이라고 한다. **샘**(gland)은 점액을 분비하는 술잔세포의 경우처럼 하나의 상피세포일 수도 있고, 또는 많은 세포로 구성될 수도 있다. 물질을 외부(예: 땀샘과 젖샘)나 내강(예: 침샘)으로 분비하는 관을 가지는 샘을 **외분비샘**(exocrine gland)이라고 한다.

관을 가지지 않는 샘은 내분비샘(endocrine gland)이라고 한다. 15.1절에서 혈류에 흡수될 사이질액에 호르몬을 분비하는 내분비샘(예: 뇌하수체 및 갑상샘)의 기능을 살펴볼 것이다.

중층상피

중층상피는 세포가 겹쳐져 쌓이는 세포층을 가지고 있다(그림 3.8e). 이 중 맨 아래층만 기저막에 접한다. 코, 입, 식도, 항문관, 자궁경부의 바깥 부분(질에 인접) 및 질은 중층편평상피가 감싸고 있다. 자궁경부암 발생을 나타내는 이상을 감지하기 위해 자궁경부의 중층상피세포를 **팹도말검사**(Pap smear)를 통하여 검사한다.

앞으로 알아보겠지만 피부의 바깥층 또한 중층편평상피이나 세포들은 강도를 제공하는 단백질인 케라틴에 의해 강화되어 있다. 중층입방상피나 중층원주상피 역시 우리 몸에서 관찰할 수 있다.

전이상피(transitional epithelium)라는 용어는 이것이 상피세포의 중간 형태라는 뜻에서 명명되었다. 조직이 장력에 반응하여 변화하므로, 이제 이 용어는 가변성을 내포하는 의미에서 사용된다. 이러한 조직은 방광, 요관(소변을 콩팥으로부터 방광으로 운반하는 관), 요도(소변을 외부로 배출하는 한 개의 관)의 일부를 형성한다. 이들 모두는 늘어나야 할 필요가 있는 기관이다. 방광이 팽창되었을 때 상피는 늘어나며, 바깥 세포는 편평한 모양을 띠게 된다.

진도 점검하기 3.5

1. 상피조직의 기능을 설명하시오.
2. 각 주요 상피조직의 구조를 설명하시오.
3. 상피조직의 구조가 그 기능과 어떻게 연관되어 있는지 구체적인 예를 들어 설명하시오.

개념 연결하기

상피조직은 신체 대부분 기관의 작동과 관련되어 있다. 이에 대한 자세한 내용은 다음 논의를 참고하시오.

8.3절 위의 특수화된 상피세포가 어떻게 염산을 분비하는지 살펴본다.

9.6절 폐의 상피세포에서 어떻게 기체 교환이 일어나는지 살펴본다.

15.1절 몸의 내분비샘과 외분비샘을 살펴본다.

3.6 기관계통, 체강, 체막

학습 목표

이 절을 학습한 후 다음 사항을 할 수 있어야 한다.

1. 우리 몸 각 기관계통의 기능을 설명할 수 있다.
2. 우리 몸의 주요 체강을 설명할 수 있다.
3. 체막의 종류 및 그 기능을 설명할 수 있다.

3.1절에서와 같이 공통 기능을 하는 조직의 집합을 **기관**(organ)이라 한다. 비슷한 기능을 하는 기관들은 모여 **기관계통**(organ system)을 이룬다. 호흡계통 같은 일부 기관계통은 체내의 체강에 위치해 있고, 근육계통이나 순환계통 같은 기관계통은 몸 전체에 걸쳐 위치한다. 기관이나 체강은 막으로 싸여 있는데, 이 막에서 액체를 분비하여 기관이나 기관계통을 마르지 않도록 한다.

생리학적 관점에서 인간의 해부학적 구조를 언급할 때 특정 표준 용어를 사용하는 것은 중요하다. 인체에 대한 용어는 항상 직립하고 서 있는 몸을 가리키기 때문에 약간의 차이가 있지만, 많은 같은 용어가 다른 생물체에도 적용된다. **배쪽**(ventral) 또는 **앞쪽**(anterior)은 앞, **등쪽**(dorsal) 또는 **뒤쪽**(posterior)은 뒤를 의미한다. **위쪽**(superior)은 머리쪽, **아래쪽**(inferior)은 발쪽을 의미한다. 다른 해부학 용어들은 다른 신체 부위들과 관련이 있으며, **안쪽**(medial)은 신체의 중간선에 가까운 것을, **바깥쪽**(lateral)은 중간선에서 먼 것을 뜻한다. 마찬가지로 팔이나 다리와 같은 부속물을 언급할 때 **몸쪽**(proximal)은 몸통에 더 가까운 것을 뜻하는 반면, **먼쪽**(distal)은 몸통에서 떨어져 있는 것을 뜻한다. 다음 장에서 이 용어들을 자주 사용할 것이다.

기관계통

그림 3.9는 인체의 기관계통을 나타낸다. 기관들이 협동하여 기관계통을 이루듯이 기관계통은 우리 몸에서 서로 협동하여 일을 하고 있다. 이자(pancreas)가 내분비계통과 소화계통에서 각 기능을 가지듯이 몇몇 경우에 어떤 기관은 하나 이상의 기관계통의 기능에 관여하기도 한다. 그림 3.9에 인체의 주요 기관을 나타내었으며, 다른 구조물이나 샘들이 기관계통의 작동에 기여하기도 한다.

체강

우리 몸은 **배쪽안**(ventral cavity), **등쪽안**(dorsal cavity)의 두 가지 주요 안(cavity, 강)으로 나뉜다(그림 3.10). 초기 발생에서 체강(coelom)이라고 하는 **배쪽안**은 후에 가슴, 배, 골반의 안이 된다. **가슴안**(thoracic cavity)은 폐와 심장으로 채워져 있다. 가슴안은 가로막(diaphragm)이라고 하는 수평 근육에 의해 배안과 분리된다.

위, 간, 비장(지라), 이자(췌장), 쓸개 및 대부분의 소장과 대장은 **배안**(abdominal cavity)에 있다. **골반안**(pelvic cavity)은 곧창자(직장), 방광, 내부 생식기, 소장과 대장의 나머지 부분을 포함하고 있다. 남성은 정소를 포함하는 음낭이라고 하는 복벽의 외부 확장부위를 가지고 있다.

등쪽안은 두 부분으로 나뉘는데, 두개골 안의 머리안은 뇌를 포함하고, 척추뼈에 의해 형성되는 척추관에는 척수가 있다.

체막

체막은 체강과 기관의 내부 공간과 외부로 열려 있는 관의 경계를 감싼다. 체막에는 점막, 장막, 활막, 뇌척수막의 네 종류가 있다.

점막(mucous membrane)은 소화계통, 호흡계통, 비뇨계통, 생식계통의 관을 감싼다. 이 막들은 느슨한 섬유성 결합조직 층 위를 덮는 상피로 구성되어 있다. 상피는 점액을 분비하는 특수한 세포를 가지고 있다. 이 점액은 보통 세균과 바이러스에 의한 침입으로부터 몸을 보호한다. 따라서 감기에 걸린 사람이 코를 풀면 더 많은 점액이 분비되고 분출된다. 게다가 점액은 일반적으로 소화액으로부터 위와 소장의 벽을 보호한다. 하지만 이러한 보호는 궤양이 발생하면 무너지게 된다.

장막(serous membrane)은 체내의 체강을 감싸고 있으며 폐, 심장, 배안과 배안의 내부 기관들을 지지한다(그림 3.10b). 장막은 막을 매끄럽게 유지하기 위해 물을 많이 함유한 체액을 분비한다. 장막은 내부 기관들을 지지하고, 큰 가슴안과 배안의 구획을 나눈다.

장막은 위치에 따라 특정한 이름을 갖는다. **가슴막**(pleurae, 단수는 pleura)은 가슴안과 폐 표면을 감싸고 있으며, **심장막**(pericardium)은 심장을 감싼다. **복막**(peritoneum)은 배안의 안을 따라 배안의 기관을 감싼다. **장간막**(mesentery)이라고 하는 복막의 이중층은 복부 기관들을 지지하고, 이 기관들을 복벽에 붙인다.

느슨한 결합조직으로만 구성된 **활막**(synovial membrane)은 자유롭게 움직일 수 있는 관절안을 감싸고 있다. 활막은 관절안에 **활액**을 분비한다. 이 체액은 뼈의 끝을 매끄럽게 하여 뼈가 자유로이 움직일 수 있도록 한다. 류머티즘성 관절염에서는 활막에 염증이 생기면서 더 두꺼워지게 되고 움직임에 제한이 생기게 된다.

뇌척수막(meninges, 단수는 meninx)은 등쪽안에 있는 막이다. 뇌척수막은 오직 결합조직으로 구성되며, 뇌와 척수를 감싸는 보호막 역할을 한다. 뇌수막염은 뇌척수막에 일어난 감염으로, 생명을 위협하는 질병이다.

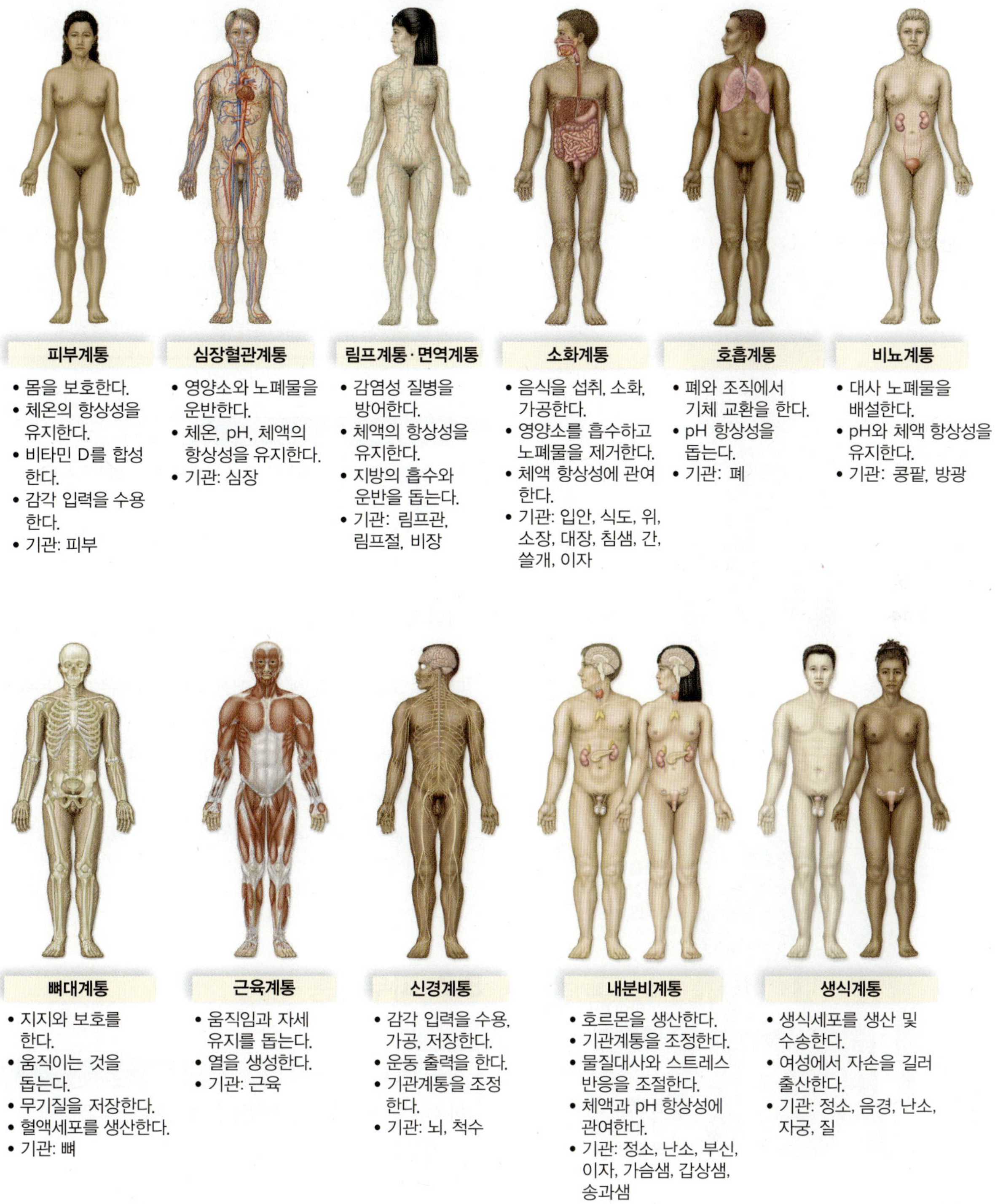

그림 3.9 우리 몸의 기관계통.
우리 몸의 많은 기관은 하나 이상의 기관계통과 연관된 기능을 가진다.

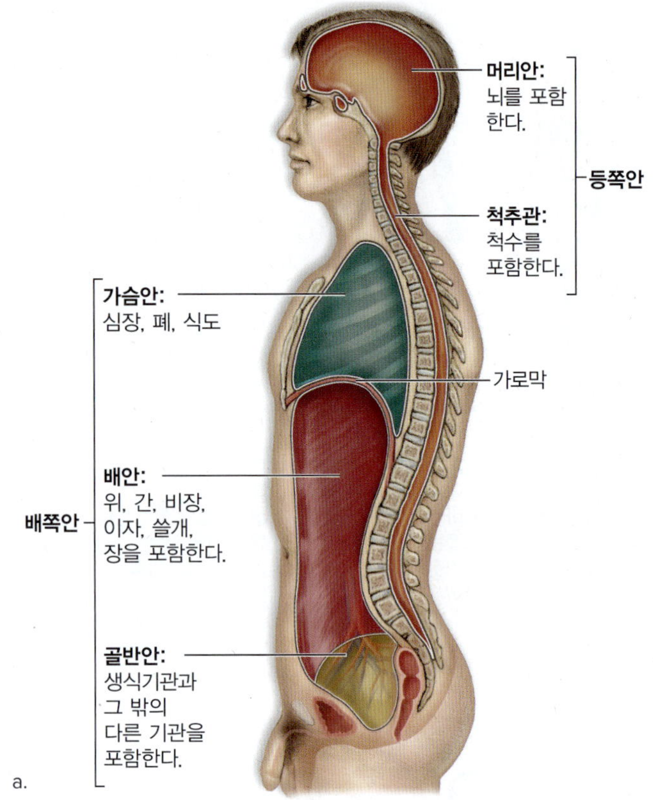

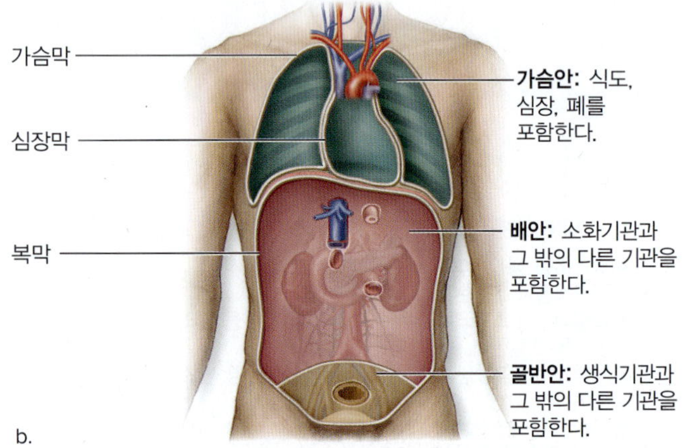

그림 3.10 사람의 체강.
a. 측면부의 모습. 뒤쪽 또는 등쪽안에는 머리안과 척추관이 있다. 뇌는 머리안에 있으며, 척수는 척추관에 있다. 배쪽안에서 가로막은 가슴안과 배안을 분리한다. 심장과 폐는 가슴안에 있으며, 다른 내부 기관은 배안 또는 골반안에 있다. **b.** 장막을 보여주는 가슴안의 정면도.

생활 속의 생물학

뇌수막염의 원인은 무엇인가?

뇌수막염은 바이러스나 세균에 의한 뇌척수막의 감염으로 인해 발생한다. 바이러스성 뇌수막염은 뇌손상과 사망을 초래할 수 있는 세균성 뇌수막염보다는 덜 심각하다. 세균성 뇌수막염은 보통 세 종류의 세균 *Haemophilus influenzae* type b(Hib), *Streptococcus pneumoniae*, *Neisseria meningitidis* 중 한 가지에 의해 발생한다. 백신은 Hib 세균과 일부 *S. pneumoniae* 및 *N. meningitidis*에 효과가 있다. 미국질병통제예방센터(CDC)는 11~18세 사이에 세균성 뇌수막염 예방접종을 받을 것을 권장하고 있다.

진도 점검하기 3.6

1. 각 신체계통의 전체적인 기능을 간략하게 설명하시오.
2. 주요 체강의 위치를 설명하시오.
3. 우리 몸의 네 가지 체막과 각 구조 및 기능을 설명하시오.

개념 연결하기

이 절에서 설명한 각 기관계통은 이 책의 다른 부분에서 더 자세히 다루고 있다. 체강과 체막에 대한 자세한 내용은 다음 논의를 참고하시오.

6.3절 점막이 어떻게 신체의 면역반응을 돕는지 살펴본다.

9.4절 가슴안이 어떻게 호흡에 관여하는지 살펴본다.

11.4절 윤활관절(과 그에 관련된 체막)이 어떻게 움직임을 허용하는지 살펴본다.

3.7 피부계통

학습 목표

이 절을 학습한 후 다음 사항을 할 수 있어야 한다.

1. 우리 몸의 피부 기능을 설명할 수 있다.
2. 표피와 진피의 구조를 설명할 수 있다.
3. 피부와 관련 있는 부속기관의 기능을 설명할 수 있다.

피부(skin)는 네 종류의 조직, 즉 상피조직, 결합조직, 근육조직, 신경조직으로 구성된 기관이다. **피부계통**(integumentary system)은 피부와 여러 부속기관(머리카락, 손톱, 땀샘, 피지샘)으로 구성되어 있다.

피부는 우리의 몸을 덮고 있으며, 우리의 신체적 외모와 크게 연관되어 있다. 또한 피부는 신체에서 가장 눈에 띄는 기관계통이다. 성인의 경우 피부의 표면적은 약 1.8 m^2이다. 이것은 평균적으로 사람 몸무게의 약 15%를 차지한다.

피부는 수많은 기능을 담당한다. 기본적으로 신체적인 외상, 병원체의 침입, 수분 손실로부터 조직을 보호하며, 체온을 조절하기도 한다. 그러므로 피부는 내부환경의 상대적 항구성, 즉 항상성에 중요한 역할을 한다. 심지어 피부는 신체의 나머지 부분에 영향을 미치는 특정 화학물질을 합성하기도 한다. 피부는 촉각 및 온도수용체와 같은 감각수용체를 포함하고 있다. 따라서 피부는 우리가 주변 환경을 인지하고 외부와 정보 교환하는 것을 돕는다.

피부의 영역

피부는 표피와 진피 두 가지 영역으로 구분되어 있다(그림 3.11). **피부밑층**(subcutaneous layer, hypodermis)은 피부와 그 아래에 있는 근육 또는 뼈 같은 구조들 사이에서 발견된다.

표피

표피(epidermis)는 중층편평상피로 구성되어 있다. 피부의 재생을 위한 새로운 표피세포는 줄기세포로부터 만들어진다. 이러한 줄기세포의 중요성은 피부에 상처가 있을 때 관찰된다. 화상 같은 부상이 줄기세포를 파괴할 정도로 깊으면 피부는 더 이상 스스로를 대체할 수 없다. 가능한 한 빨리 상처 입은 조직을 제거하고 피부이식을 해야 한다. 조직이식에 필요한 피부는 일반적으로 환자 몸의 다른 부위에서 가져온다. 이것을 자가이식이라고 하는데, 다른 사람으로부터 또는 때때로 시신으로부터 조직을 받는 타가이식과 반대되는 개념이다. 자가이식은 거부반응 비율이 매우 낮아 선호된다. 만일 상처 부위가 매우 넓다면 자가이식으로는 충분한 양의 피부를 얻기 어려울 것이다. 그런 경우에 적은 양의 표피를 떼어낸 다음, 환자에게 다시 이식할 수 있는 얇은 피부층을 만들기 위해 실험실에서 배양한다.

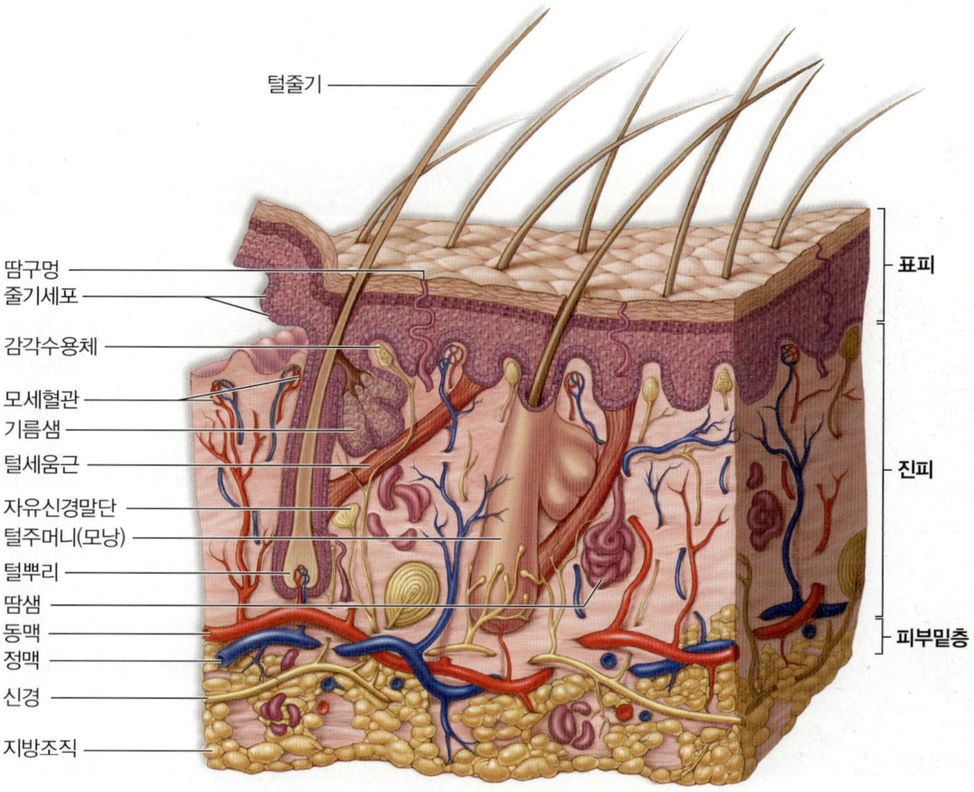

그림 3.11 사람 피부의 해부학적 구조.
피부는 표피와 진피의 두 영역으로 구성되어 있다. 피부밑층은 진피 아래에 있다.

생활 속의 생물학

인공피부는 화상 피해자를 치료하는 데 어떻게 쓰이는가?

화상을 입은 조직을 제거한 후 첫 번째 단계는 인공피부로 상처를 덮는 것이다. 이 피부는 콜라겐, 결합조직, 그리고 인공피부가 환자의 조직에 부착될 수 있도록 하는 접착제와 비슷한 탄수화물을 포함한다. 처음에 붙이는 인공피부는 표피와 비슷하게 수분 손실과 감염으로부터 조직을 보호하는 플라스틱 덮개를 포함한다. 두 번째 단계로 환자의 몸에서 타지 않은 피부 부위에서 표피세포를 분리하여 실험실에서 배양하여 피부시트를 만들어낸다. 준비가 완료되면 환부에 붙인 인공피부의 플라스틱 덮개는 표피세포시트로 대체된다. 시간이 지남에 따라 실험실에서 만든 인공피부는 새롭게 성장하는 피부에 통합된다.

새롭게 생겨난 피부세포는 표면으로 밀려 나오면서 납작해지고 단단해진다(그림 3.12). 경화작용은 세포가 방수단백질인 **케라틴**을 생성하기 때문이다. 이 세포들은 **각질세포**(keratinocyte)라고 한다. 외피세포는 죽어서 각질화되어 방수 기능을 지니며, 수분 손실을 방지하여 수분 항상성 유지를 돕는다. 피부의 방수성은 또한 피부가 물속에 있을 때 물이 체내로 들어가는 것을 방지한다. 비듬은 두피에서의 케라틴화 비율이 평소보다 2~3배가량 높을 때 생긴다. 죽어서 각질화된 두꺼운 세포층은 나선상의 동심원 모양으로 배열되어 유전적으로 특징적인 지문과 족문을 형성한다.

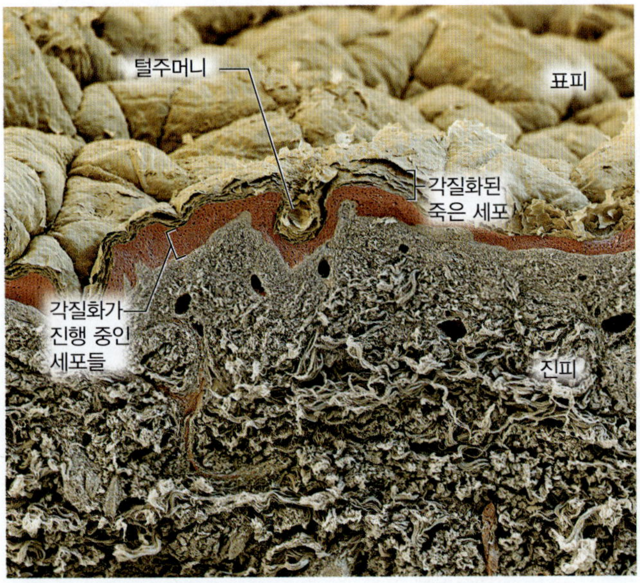

그림 3.12 사람 피부의 현미경 사진.
피부 구조와 세포의 각질화 과정을 나타낸다.
Eye of Science/Science Source

두 종류의 특수화된 세포가 표피의 깊은 곳에 위치한다. **수지상세포**(dendritic cell, 이전에는 '랑게르한스세포'라고 불렸음)는 대식세포이며, 백혈구의 한 종류로서 감염원을 포식 후 림프기관으로 이동하여 병원체에 반응할 면역체계를 자극한다. 표피 깊은 곳에 있는 **멜라닌세포**(melanocyte)는 피부색을 나타내는 주요 색소인 멜라닌을 생성한다. 멜라닌세포의 숫자는 개인마다 거의 같기 때문에, 피부색의 변이는 생산된 멜라닌의 양과 그 분포에 기인한다. 피부가 햇빛에 노출되었을 때 멜라닌세포는 더 많은 멜라닌을 생산하여 피부를 햇빛의 자외선(UV)에 의한 피해로부터 보호한다. 멜라닌은 다른 표피세포로 전달되어 피부가 햇볕에 타기도 하고, 어떤 사람들의 경우에는 멜라닌 반점인 주근깨가 생긴다. 카로틴이라고 하는 다른 색소는 표피세포와 진피에 존재하며, 특정 아시아인들의 피부에 노란 색조를 띠게 한다. 백인들의 분홍빛이 도는 색은 진피 혈관 내에 있는 적혈구의 혈색소 때문이다.

그러나 일부 자외선은 어떤 목적에 도움이 된다. 표피의 어떤 세포는 자외선의 도움을 받아 콜레스테롤과 관련된 스테로이드를 비타민 D로 전환한다(8.6절 참고). 비타민 D는 피부를 떠나 체내에서 칼슘과 인의 물질대사 조절을 돕는다. 칼슘과 인은 뼈의 적절한 발생과 무기물화 작용에 다양한 기능을 지니며 매우 중요하다.

생활 속의 생물학

선탠용 침대는 안전한가?

다양한 연구 결과에서 선탠용 침대에서 방출되는 자외선 방사강도가 자연적으로 존재하는 것보다 약 15배 이상 높다고 보고되었다. 미국식품의약국(FDA)과 세계보건기구(WHO)는 선탠용 침대의 사용은 흑색종 발생의 위험을 59%까지 증가시키고 그 위험은 매번 사용할 때마다 증가한다고 경고하였다.

자외선에 노출되면 비타민 D 수치가 약간 증가하긴 하지만, 백내장(눈 각막의 흐릿함)의 발생 또한 증가시키고 면역체계를 억제한다. 이렇게 높은 수준의 자외선은 결합조직에서 콜라겐의 양을 줄여 피부의 조기 노화를 촉진할 수 있다. 이러한 이유로 FDA는 현재 선탠용 침대를 중간 정도의 위험요소로 분류하고 사용자들에게 위험을 줄이기 위한 예방조치를 취할 것을 권고하고 있다.

과다한 자외선 노출은 세계에서 발생빈도가 계속적으로 증가하는 암인 피부암을 발생시킬 수 있다. 건강 특집 '자외선과 피부암'에서 피부암을 피하는 방법을 다루었다.

오늘날의 생물학 ▶ 건강

자외선과 피부암

태양은 지구상에서 생명을 위한 주요 에너지원이며, 태양이 없으면 대부분의 생물은 빠르게 멸종할 것이다. 그러나 태양 에너지는 생명체에게 손상을 입힐 수도 있다. 태양은 가시광선 외에도 자외선(UV)을 방출하는데, 이는 가시광선보다 파장이 짧아 에너지가 높다. 파장에 따라 자외선은 UVA, UVB, UVC의 세 유형으로 분류할 수 있지만, 지구 표면에 도달하는 것은 UVA와 UVB뿐이다. 과학자들은 미국의 여러 도시에서 각 태양 광선의 세기를 나타내기 위해 UV 지수를 개발하였다. 일반적으로 도시가 남쪽에 있을수록 UV 지수가 높고 피부암 발병 위험이 더 커진다.

UVA와 UVB 광선 모두 피부세포에 손상을 줄 수 있다. 자외선에 의한 추가적인 손상을 방지하기 위해 표피의 각질화된 세포에서 멜라닌 입자가 증가하여 햇볕에 타는 현상이 발생한다. 과도한 UVB 광선에 노출되면 피부세포 DNA의 직접적 손상으로 인한 돌연변이를 유발하여 피부암을 유발할 수 있다. 또한 UVB는 일광 화상의 특징인 통증과 발적을 유발한다. 반면 UVA 광선은 일광 화상을 유발하지 않지만 피부 깊숙이 침투하여 콜라겐섬유가 손상되고 피부의 조기 노화와 피부암을 유발한다.

피부암은 미국에서 가장 흔히 진단되는 암으로, 폐암, 유방암, 전립선암, 대장암 발생을 전부 합한 것보다 많이 발생한다. 가장 흔한 피부암은 기저세포암(그림 3Aa)으로, 치명적인 경우는 드물다. 두 번째로 흔한 피부암인 편평세포암(그림 3Ab)은 그중 1%에서 치명적이다. 가장 치명적인 형태는 흑색종(melanoma, 그림 3Ac)으로 생애 전 단계에서 발생할 수 있다.

흑색종은 색소세포에 영향을 미치며, 보통은 비정형의 점 모양으로 나타난다. 악성이 된 점은 외과적으로 제거할 수 있다. 암이 퍼진 경우 화학요법 및 기타 치료법도 사용된다. 2007년 3월, 미국농무부(USDA)는 개의 흑색종 치료를 위한 백신을 승인했는데, 이는 동물이나 인간의 암에 대한 치료로서 백신이 승인된 첫 번째 사례였다. 초기 임상시험 결과에서 이 백신이 수술 후 흑색종 재발을 예방할 수 있는 것으로 나타났다. 흑색종 세포를 공격하도록 사람의 면역세포를 이용하는 면역요법 분야에서도 진전이 있었다(6.4절 참고). 예를 들어 FDA는 진행된 후기 흑색종 환자의 생명을 연장시키는 것으로 입증된 후 ipilimumab이라는 약물을 승인하였다.

피부암재단에 따르면 흑색종이 아닌 피부암의 약 90%와 흑색종의 약 65%는 태양으로부터의 자외선 노출과 관련이 있다. 그렇다면 어떻게 자신을 보호할 수 있을까? 첫 번째로 보호복, 모자, 선글라스를 착용하여 자외선이 가장 강한 오전 10시부터 오후 4시까지의 태양광 노출을 최소화해야 한다. 두 번째로 자외선 차단제를 사용해야 한다. 자외선 차단제는 일반적으로 UVA 광선보다 UVB 광선을 더 잘 차단한다. 실제로 자외선 차단제 라벨에 인쇄된 SPF(자외선 차단지수)는 UVB에 대한 보호 정도를 나타낸다. 많은 자외선 차단제가 UVA에 대한 보호가 충분하지 않으며, UVA는 피부를 태우지 않기 때문에 사람들은 안전하다는 느낌을 잘못 가질 수 있다. 일부 자외선 차단제는 UVA 차단 효과가 더 좋다. 산화아연, 이산화티타늄, 아보벤존 또는 Mexoryl SX를 함유한 제품을 찾아보도록 하자.

자외선이 잠재적으로 위험한데, 왜 모든 사람이 열대지방에 사는 사람들과 같은 짙은 색 피부를 가지고 있지 않을까? 비타민 D는 UVB 광선이 주로 피부에 존재하는 콜레스테롤과 상호작용할 때에만 체내에서 생성된다. 이 '태양 비타민'은 뼈를 강하게 유지하고 면역체계를 강화하며 혈압을 낮추는 등 여러 중요한 기능을 수행한다. 음식에도 비타민 D가 포함되어 있지만, 식이로만 충분한 양을 섭취하는 것은 어려울 수 있다. 따라서 지구의 보다 온화한 지역에서는 피부가 밝은 사람들이 충분한 양의 비타민 D를 합성할 수 있다는 장점이 있다.

그렇다면 온화한 지역에서는 어느 정도의 햇빛 노출이 충분한 것일까? 피부가 밝은 사람은 여름에 평균적으로 낮에 10~15분 동안의 햇빛 노출 후 충분한 양의 비타민 D를 합성한다. 그러나 겨울에는 비타민 D 합성에 충분한 양의 자외선을 받지 못하므로 식이를 통해 요구량을 충족시켜야 한다.

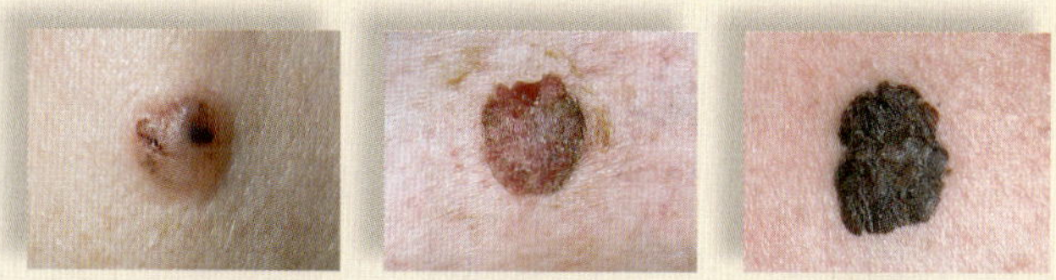

a. 기저세포암　b. 편평세포암　c. 흑색종

그림 3A 피부암의 종류.
a. 기저세포암은 피부암의 가장 일반적인 형태이다. **b.** 편평세포암은 표피에서 발생하여 태양에 노출된 부위에 생긴다. **c.** 악성 흑색종은 색소세포의 증식으로 생긴다. 점의 모양, 크기, 색의 변화 및 가려움, 압통, 통증은 위험 신호이다.
(a, b): Dr. P. Marazzi/Science Source; (c): James Stevenson/Science Source

생각해 볼 문제

1. 피부암은 어떻게 항상성에 부정적 영향을 미치는가?
2. 흑색종은 일찍 치료하면 거의 치명적이지 않다. 흑색종 진단을 늦추는 인자들에는 어떤 것이 있는가?

진피

진피(dermis)는 표피 아래의 조밀한 섬유상 결합조직 영역이다. 피부과학은 피부장애의 진단과 치료를 전문으로 하는 의학의 한 분야이다. 진피는 콜라겐과 탄력섬유를 함유하고 있다. 콜라겐섬유는 유연하지만 과도하게는 늘어나지 않고 피부가 찢어지는 것을 방지한다. 탄력섬유는 정상적인 피부장력을 유지하지만 그 아래쪽에 있는 근육과 관절의 움직임을 위해 늘어나기도 한다. 콜라겐섬유와 탄력섬유의 숫자는 나이와 햇빛에의 노출로 인하여 감소하여 피부의 유연성이 감소하고 주름지게 된다. 또한 진피에는 피부에 영양을 공급해주는 혈관이 분포하고 있다. 진피의 혈관에 많은 양의 혈액이 들어올 때는 사람의 얼굴이 붉어지고, 혈액이 최소일 때 사람의 얼굴은 '새파래진다'. 진피의 혈관은 체온 조절 역할을 한다. 체온이 오르기 시작하면 피부 혈관은 팽창한다. 결과적으로 더 많은 혈액이 온도를 내리기 위해 피부 표면으로 들어온다. 외부 온도가 차가우면 혈관은 수축하고 결국 더 적은 혈액이 피부 표면으로 들어올 것이다.

진피에 있는 감각수용체는 접촉, 압력, 통증, 뜨거움 및 차가움에 특화되어 있다. 이러한 수용체는 외부 환경에 대한 정보를 중추신경계통에 제공한다. 또한 감각수용체는 사람들 간의 정보 교환 수단으로서 피부를 사용하도록 한다. 예를 들어 촉각수용체는 성적 흥분에 주요한 역할을 한다.

피부밑층(피하층)

엄밀히 말하자면, 진피 아래의 피부밑층은 피부의 일부가 아니다. 이 층은 느슨한 결합조직과 에너지원으로 지방을 저장하는 지방조직으로 구성되어 있다. 지방조직은 몸이 외부로부터 열을 얻거나 체내의 열을 잃지 않도록 단열을 돕는다. 잘 발달된 피부밑층은 둥근 외형을 갖게 하고 외부의 공격으로부터 몸을 보호하는 충격 흡수제 역할을 한다. 과도한 피부밑층의 발달은 비만을 동반한다. 피부밑층은 흔히 주사를 놓는 부위여서 주사를 놓을 때 사용되는 기구를 피하주사바늘이라고 한다.

피부의 부속기관

비록 머리카락과 땀샘의 일부가 주로 진피에서 발견되지만, 손발톱, 머리카락, 땀샘은 표피에서 기원한 구조물이다. **손발톱**(nail)은 손가락과 발가락의 말단을 보호하는 덮개이다(그림 3.13). 손톱은 손톱의 기저부에 있는 **손톱뿌리**라고 하는 표피세포에서 자라난다. **각피**(cuticle)는 손톱뿌리를 덮고 있는 접힌 피부이다. 사각형 반달 모양의 기저 부분인 **활꼴**(lunula)은 이 영역 세포들의 두꺼운 층 때문에 생긴다. 손톱세포들은 아래쪽 피부인 **손톱바닥**(nail bed) 위를 자라나면서 각질화된다.

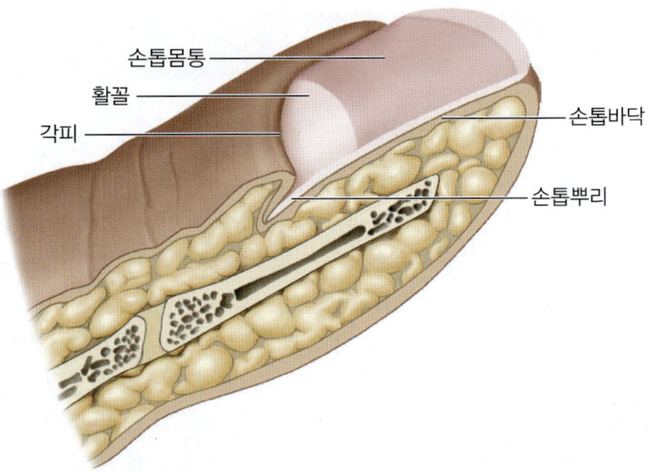

그림 3.13 손톱의 해부도.
손톱뿌리로부터 자라는 세포는 각질화되어 손톱을 형성한다.

털주머니(hair follicle)는 표피의 일부로서 털을 감싸고 있다. **털뿌리**는 머리카락이 피부 아래에 존재하는 부분으로, 털**줄기**가 피부 위로 나오는 곳이다(그림 3.11 참고). 털주머니에 부착된 **털세움근**의 수축은 머리카락을 '곤두서게' 한다. 머리카락은 털뿌리 부분에 위치한 줄기세포들이 분열하여 자라난다. 이러한 세포들은 뿌리로부터 멀어질수록 각질화되고 죽는다. 머리카락의 색은 주로 망울(bulb)에 존재하는 멜라닌세포에 의하여 생성되는 멜라닌에 따라 결정된다. 멜라닌이 철과 황을 함유하면 머리카락은 금발이나 붉은색이 된다. 멜라닌이 생성되지 못하면 머리카락이 회색이 되며, 흰머리는 털줄기에 갇힌 공기 때문에 생긴다.

각 털주머니(모낭)는 하나 이상의 **기름샘**(oil gland, 그림 3.11 참고)을 가지며, 또한 **피지**(sebum)를 분비하여 **피지샘**(sebaceous gland)이라고도 한다. 피지란 털주머니 안의 머리카락과 피부를 윤기 있게 하는 지방성물질이다. 피지샘에서 분비되는 기름은 산성이며 세균의 생장을 저해한다. 만약 피지샘이 피지를 분비하지 않는다면 (보통 각질세포에 막혀서) 분비물들은 모여서 '화이트헤드'를 형성한다. 시간이 지남에 따라 화이트헤드의 피지는 산화되어 '블랙헤드'를 형성한다. 여드름(acne)은 청소년기에 호르몬의 변화로 많이 발생하는 피지샘의 염증이다.

땀을 분비하는 **땀샘**(sweat gland, 그림 3.11 참고)은 그 수가 많으며 피부의 모든 부분에 존재한다. 땀샘은 진피에서 시작되는 관으로 털주머니 또는 더 많은 경우에는 피부의 표면에서 열린다. 땀샘은 체온을 조절하는 역할을 한다. 체온이 오르기 시작할 때 땀샘은 활성화되어 땀을 분비하고, 땀은 증발하면서 체열을 흡수한다. 체온이 낮아지면 땀샘은 더 이상 활성화되지 않는다.

진도 점검하기 3.7

1. 피부의 기능을 간략히 나열하시오.
2. 표피와 진피의 구조와 기능을 비교하시오.
3. 피부의 각 부속기관이 어떻게 항상성에 기여하는지 설명하시오.

개념 연결하기

사람에서 피부의 생리적 기능에 대한 자세한 내용은 다음 논의를 참고하시오.

8.6절 비타민 D와 뼈의 칼슘 항상성 간의 상호작용을 살펴본다.

19.1~19.2절 세포가 암세포로 어떻게 변화하는지와 여러 가지 암의 종류를 살펴본다.

3.8 항상성

학습 목표

이 절을 학습한 후 다음 사항을 할 수 있어야 한다.

1. 항상성을 정의하고 그 예를 설명할 수 있다.
2. 양성되먹임 및 음성되먹임의 기전을 구별할 수 있다.

항상성(homeostasis)은 체내 환경의 상대적 불변성을 의미하며, 신체계통은 생리적 과정을 조절하여 항상성을 유지한다. 외부 환경이 극적으로 변할지라도 우리는 변화에 반응하여 내부 변화를 최소화하는 생리적 기전을 가지기 때문에 몸의 상태는 보통 좁은 정상 범위 안에서 유지된다. 예를 들어 혈당, pH 수준, 체온은 일반적으로 하루 동안 오르락내리락하지만 감당할 수 없을 정도로 크게 변하지는 않는다. 만약 내부 환경이 크게 변한다면 질병에 걸리게 될 것이다.

내부 환경

내부 환경은 혈액과 **사이질액**(interstitial fluid)의 두 부분으로 구분할 수 있다. 혈액은 산소와 영양소를 조직으로 전달하고, 이산화탄소와 노폐물을 조직으로부터 운반해낸다. 혈액과 달리 사이질액은 사실상 우리 몸의 모든 세포를 적셔 준다. 그러므로 사이질액은 세포와 혈액 사이 물질 교환의 매체이다. 산소와 영양소는 혈액으로부터 조직의 세포로 가는 도중에 사이질액을 통과하며, 이산화탄소와 노폐물은 이들을 혈액으로 되돌리는 사이질액에 의해 조직세포로부터 멀리 운반된다. 혈액과 사이질액에서 이러한 물질을 정상적인 범위 내에서 유지하기 위하여 신체계통의 협동이 요구된다.

신체계통과 항상성

신경계통과 내분비계통은 모든 다른 기관계통이 작동하여 몸의 항상성을 유지할 수 있도록 그 활동을 조정하는 데 있어서 특히 중요하다(그림 3.14). 신경계통은 내부 환경의 변화에 대응하여 빠른 반응을 유발할 수 있다. 신경계통은 효과기관인 뼈대근육과 같은 근육 또는 땀샘이나 침샘과 같은 샘으로 빠르게 전달되는 전기화학적 신호로 명령을 내린다. 내분비계통은 느리게 반응하기는 하지만 일반적으로 더 오래 지속되는 반응을 일으킨다. 이자나 갑상샘과 같은 내분비계통의 샘들은 호르몬을 방출한다. 이자로부터 나온 인슐린과 같은 **호르몬들**은 표적에 도달하기 위해 혈액이나 사이질액을 통해 이동해야 하는 화학적 신호전달물질들이다.

신경계통과 내분비계통은 항상성을 유지하는 수많은 활동을 함께 지시하지만 모든 기관계통은 우리를 건강히 살아 있게 하도록 각기 담당한 기능을 수행해야 한다. 만일 심장혈관계통, 호흡계통, 소화계통, 비뇨계통이 망가지면 무슨 일이 일어날지 생각해 보자(그림 3.14). 만일 누군가에게 심근경색이 일어나면 심장은 혈액을 펌프할 수 없어 세포에 산소를 공급할 수 없다. 또는 사람이 질식했다고 생각해 보자. 기관이 막혔기 때문에 공기는 혈액에 의해 흡수되어 폐에 도달할 수 없다. 방해물이 빨리 제거되지 않는다면 세포는 혈액의 산소 공급이 고갈됨에 따라 죽어갈 것이다. 심각한 세균 감염으로 소

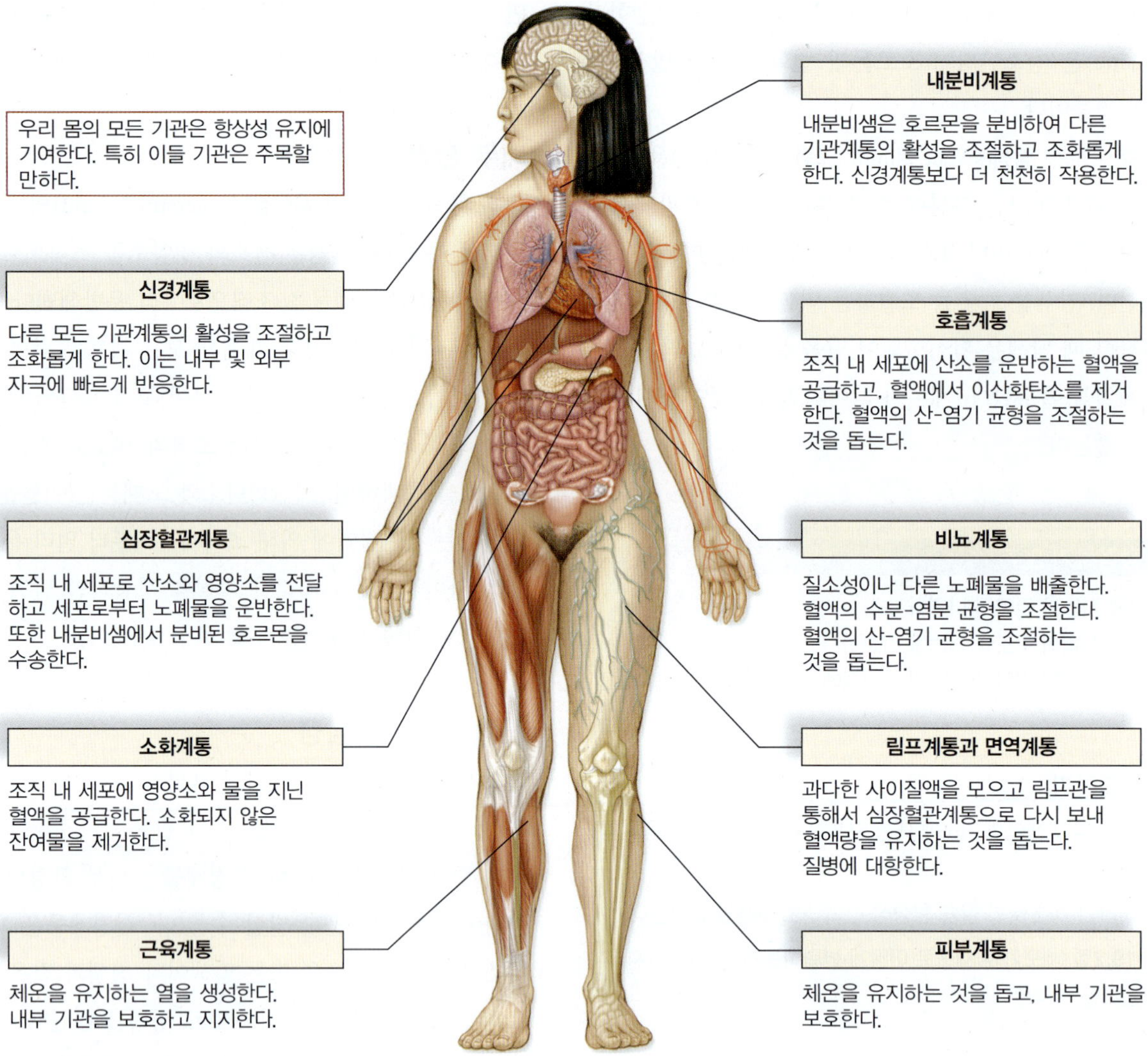

그림 3.14 인체 기관계통의 항상성.
모든 기관계통은 여러 가지 방법으로 항상성에 기여한다. 각 계통이 기여하는 점은 그림에 나타나 있다.

화관의 내막이 손상되었을 때, 영양소의 흡수는 줄어들게 되고 세포는 에너지 위기에 직면하게 된다. 혈액에 적절한 영양소 수준을 유지하는 것뿐만 아니라, 노폐물과 독소를 제거하는 것도 중요하다. 간이 단백질 대사의 질소성 최종 생산물인 요소를 만들지만, 요소와 다른 대사 노폐물은 소변을 만들어내는 콩팥에 의해 배설된다. 콩팥은 질소성 노폐물을 몸에서 제거하고, 또한 혈액의 수분-염분, 그리고 산-염기 균형을 조절하는 것을 돕는다.

혈당 수준이 유지되는 방식에 관한 면밀한 조사는 우리가 항상성 기전을 이해하는 데 도움을 준다. 건강한 사람이 식사를 하고 포도당이 혈액으로 들어갈 때, 이자는 호르몬인 인슐린을 분비한다. 이후 세포가 포도당을 흡수하여 포도당은 혈액에서 제거된다. 간에서 포도당은 글리코겐 형태로 저장된다. 차후에 혈중 포도당 수준이 떨어지면, 글리코겐이 분해되어 혈액 내 혈당 농도가 일정하게 유지되기 때문에 이러한 저장은 유익하다. 그러나 항상성 기전은 실패할 수도 있다. 당뇨병은 이자에서 충분한 인슐린을 생산할 수 없거나, 세포가 인슐린에 적절하게 반응하지 못하여 유발된다. 따라서 포도당이 세포로 들어가지 않아 생존을 위해 지방과 단백질과 같은 다른 분자에 의지해야만 한다. 이것은 혈액에 너무 많은 포도당이 존재하는 것과 함께 당뇨병의 수많은 합병증을 초래한다.

항상성의 또 다른 예는 몸의 산-염기 균형을 조절하는 우리 몸의 능력이다. 이산화탄소가 혈액으로 들어갈 때, 이는 물과 결합하여 탄산을 형성한다. 그러나 혈액은 완충작용을 하므로 폐가 바쁘게 이산화탄소를 배출하는 한 pH는 정상적인 범위 안에서 유지된다. 이러한 두 기전은 콩팥에 의해 또 추가로 조절되어, 광범위한 산성이나 염기성 물질을 몸에서 제거하여 pH를 조절한다.

음성되먹임

음성되먹임(negative feedback)은 혈당량 같이 변하기 쉬운 것을 특정 값이나 설정된 값에 가깝게 유지시켜 주는 주요한 항상성 기전이다. 항상성 기전은 최소한 감지기와 제어 중추 두 가지 구성 성분을 가지고 있다(**그림 3.15**). 감지기는 내부 환경의 변화를 감지한다. 그러면 제어 중추는 상태를 정상으로 다시 돌리기 위한 효과를 일으킨다. 이제 감지기는 더 이상 활성화되지 않는다. 다시 말해 음성되먹임 기전은 시스템의 생성물이 원래의 자극을 해결하거나 수정해야 할 때 존재한다. 예를 들어 혈압이 오를 때 감각수용체는 뇌의 제어 중추에 신호를 보낸다. 제어 중추는 동맥벽의 근육에 신경신호를 보내는 것을 멈추고, 동맥은 이완된다. 일단 혈압이 떨어지게 되면 신호는 더 이상 제어 중추로 가지 않는다.

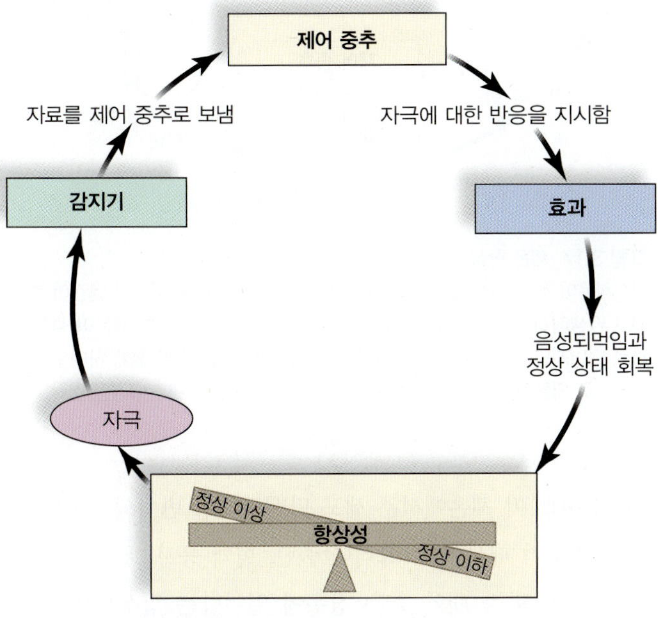

그림 3.15 음성되먹임의 기전.
이 모식도는 음성되먹임 기전이 작동하는 기본 요소를 보여준다. 감지기가 자극을 감지하면 제어 중추가 자극을 해결하거나 수정하는 효과를 나타낸다.

기계 시스템의 예

가정용 난방장치는 어떻게 더 복잡한 음성되먹임 기전이 작동하는지를 설명하기 위해 종종 사용된다(**그림 3.16**). 즉, 온도조절장치를 20°C에 맞추면 이것이 **설정값**이다. 온도조절장치는 방 안의 온도가 설정값보다 높거나 낮을 때 감지하는 센서인 온도계를 가지고 있다. 온도조절장치는 또한 제어 중추

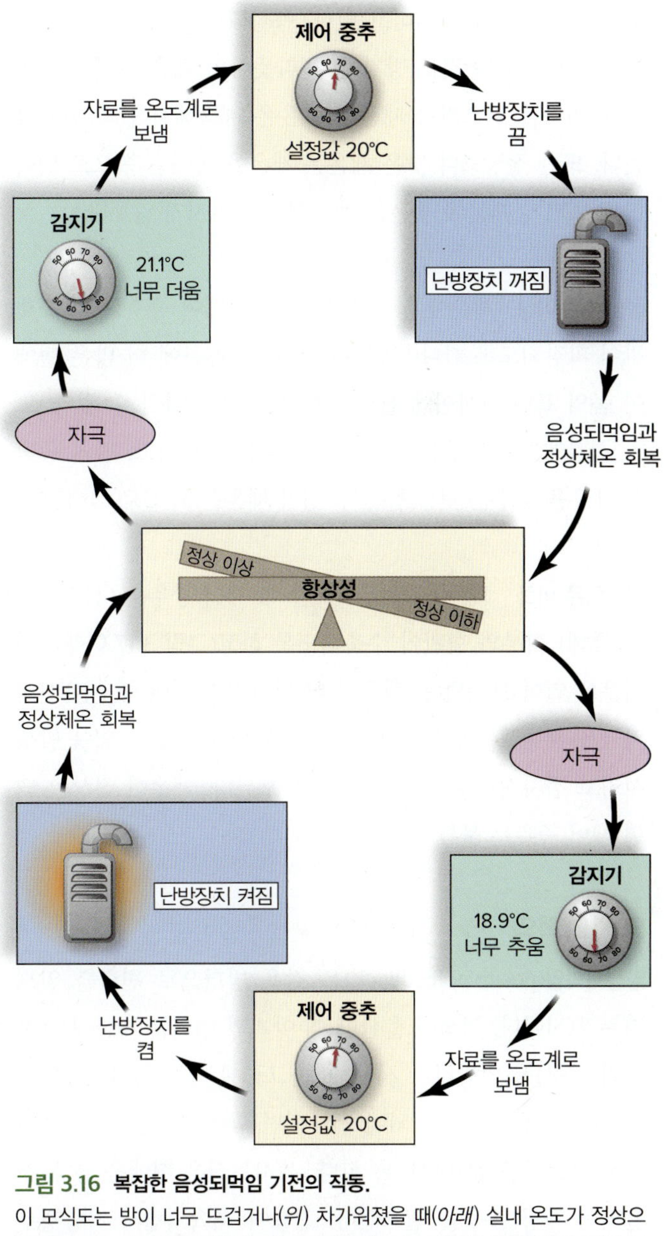

그림 3.16 복잡한 음성되먹임 기전의 작동.
이 모식도는 방이 너무 뜨겁거나(*위*) 차가워졌을 때(*아래*) 실내 온도가 정상으로 돌아오는 과정을 보여준다. 온도조절장치는 온도계와 제어 중추를 모두 포함한다. **위**: 상단의 온도계는 실내가 너무 덥다는 것을 감지하고 제어 중추가 작동하여 난방장치를 끄게 된다. 온도가 정상으로 돌아오면 자극이 해결되거나 수정된다. **아래**: 온도계는 실내가 너무 춥다는 것을 감지하고 제어 중추가 작동하여 난방장치를 켜게 된다. 다시 자극이 해결되거나 수정되면 온도가 정상으로 돌아온다.

가 있어 방이 따뜻할 때 난방장치를 끄고, 방이 시원할 때 켠다. 난방장치가 꺼졌을 때 방은 약간 시원해지며, 켜졌을 때 방은 약간 따뜻해진다. 다시 말해 전형적인 음성되먹임 기전에서는 정상 수치 주변에서 오르락내리락하는 경우가 많다.

사람의 예: 체온 조절

체온을 위한 감지기와 제어 중추는 뇌의 **시상하부**(hypothalamus)라는 부분에 위치하고 있다. 음성되먹임 기전은 같은 방향으로 변화하는 것을 방지한다. 따뜻함이 체온을 낮추는 쪽으로 변화를 일으키기 때문에 체온은 계속해서 올라가지 않는다. 또한 정상보다 낮은 체온은 체온을 높이는 쪽으로 변화를 일으키기 때문에 체온은 계속해서 낮아지지 않는다.

정상체온 이상 체온이 정상보다 높을 때 제어 중추는 피부 혈관이 확장되도록 한다(그림 3.17 위). 이 때문에 더 많은 혈액이 몸의 표면 가까이에 흘러 열이 외부로 손실될 수 있다. 또한 신경계통은 땀샘을 활성화시켜 땀을 분비하고, 땀의 증발은 체온을 낮추는 것을 돕는다. 점차 체온은 37°C로 떨어진다.

정상체온 이하 체온이 정상 이하일 때 제어 중추는 (신경자극을 통해) 피부의 혈관이 수축되도록 하고(그림 3.17 아래), 이 때문에 열이 보존된다. 체온이 더 낮아지면 제어 중추는 신경자극을 뼈대근육에 보내 몸이 떨도록 한다. 떨림은 열을 발생시키고 점차적으로 체온은 37°C로 오른다. 체온이 정상이 되면 제어 중추는 불활성화된다.

양성되먹임

양성되먹임(positive feedback)은 같은 방향으로 변화를 일으키는 기전이다. 여성이 출산할 때 아기의 머리는 자궁경부(자궁의 입구)를 압박하기 시작하고, 그곳에 있는 감각수용체를 자극한다. 신경신호가 뇌에 전달되면, 뇌는 뇌하수체가 옥시토신 호르몬을 분비하도록 한다. 옥시토신은 혈액을 통해 전달되어 자궁 수축을 일으킨다. 진통이 계속되면서 자궁경부는 더욱 자극되며 자궁 수축은 출산이 일어날 때까지 더욱 강해진다.

양성되먹임 기전은 열이 열을 더욱 높이는 대사적 변화를 일으킬 때처럼 해로울 수도 있다. 45°C의 체온에서 사람은 죽

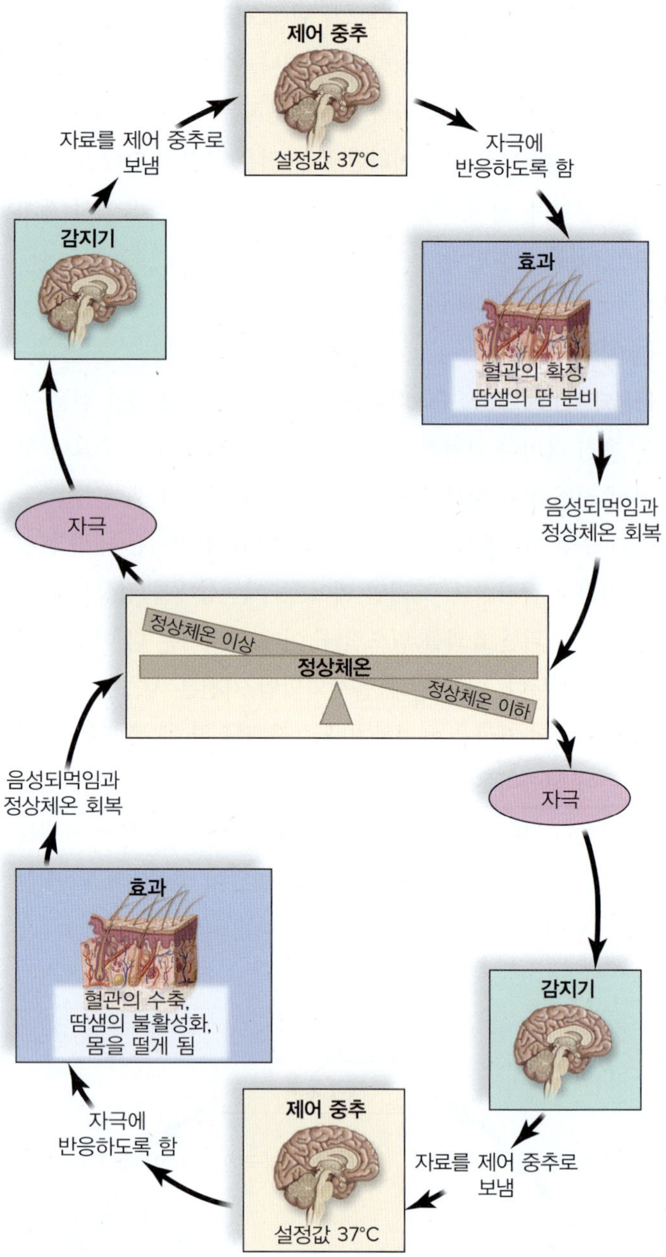

그림 3.17 체온 항상성.
위: 체온이 정상 이상으로 올라가면 시상하부가 변화를 감지하여 혈관이 확장되고 땀샘에서 땀이 분비되어 체온이 정상으로 돌아온다. **아래**: 체온이 정상 이하로 떨어지면 시상하부가 감지하여 혈관을 수축시키고 몸을 떨게 하여 온도를 정상으로 되돌린다. 이러한 방식으로 원래 자극이 해결되거나 수정된다.

게 되는데, 이 체온에서는 세포 단백질들이 변성되고 대사작용이 멈추기 때문이다. 그러나 출산, 혈액 응고, 위에서의 단백질 소화 과정 때와 같은 경우에 일어나는 양성되먹임 고리는 명확한 차단점을 가지는 한 과정을 완료하는 데 도움이 된다.

진도 점검하기 3.8

1. 항상성을 정의해 보고, 왜 이것이 몸의 기능에 중요한지 설명하시오.
2. 신체계통은 어떻게 항상성에 기여하는지 요약하시오.

개념 연결하기

항상성의 유지는 모든 기관계통의 중요한 기능이다. 기관계통에 대한 자세한 내용은 다음 논의를 참고하시오.

5.6절 심장혈관계통이 어떻게 항상성을 유지하는지 살펴본다.

10.4절 비뇨계통이 항상성을 유지하는 데 있어서의 기능을 살펴본다.

13.2절 중추신경계통의 일부로서 시상하부의 기능을 살펴본다.

결론

이후의 단원들에서 배우게 되는 대로, 우리 몸의 모든 기관계통은 항상성을 유지하는 데 기여하며 영양소 및 생존조건의 공급, 노폐물 제거에 있어 환경에 의존하여 효율적으로 작동할 수 있도록 한다. 이는 우리가 운동을 하거나 스쿠버 다이빙을 하거나 등산, 또는 일상생활을 하는 중이든 상관없이 모두 마찬가지이다.

요약

3.1 조직의 종류

조직(tissue)은 같은 기능을 하는 같은 유형의 특수화된 세포로 구성되어 있다. 사람의 조직은 결합조직, 근육조직, 신경조직, 상피조직의 네 가지 그룹으로 구분된다.

3.2 연결하고 지지하는 결합조직

결합조직(connective tissue)은 기저물질과 섬유를 포함하는 **기질**(matrix)에 의해 분리된 세포를 가진다. 섬유의 예로는 **콜라겐섬유**(collagen fiber), **세망섬유**(reticular fiber), **탄력섬유**(elastic fiber)가 있다. 다음과 같은 3개의 결합조직이 있다.

- 섬유성 결합조직은 **섬유아세포**(fibroblast)라는 세포를 가지고 있다. **느슨한 섬유성 결합조직**(loose fibrous connective tissue)의 예로는 **지방세포**(adipocyte)를 포함한 **지방조직**(adipose tissue)이 있다. **조밀한 섬유성 결합조직**(dense fibrous connective tissue)은 **힘줄**(tendon)과 **인대**(ligament)에서 발견된다.
- 지지성 결합조직은 **연골**(cartilage)과 뼈로 구성된다. 연골의 기질은 고체지만 유연성이 있다. 세포는 뼈세포방이라는 공간에 있다. 예로는 **유리연골**(hyaline cartilage), **탄력연골**(elastic cartilage), **섬유연골**(fibrocartilage)이 있다. 뼈의 기질은 고체이고 단단하다. 예로는 **치밀뼈**(compact bone)와 **갯솜뼈**(spongy bone)가 있다.
- 체액성 결합조직은 **혈액**(blood)과 **림프액**(lymph)이다. 혈액세포에는 혈장이라는 액체에 들어 있는 **적혈구**(red blood cell, erythrocyte), **백혈구**(white blood cell, leukocyte), **혈소판**(platelet, thrombocyte)이 있다.

3.3 몸을 움직이는 근육조직

근육조직(muscular tissue)에는 뼈대근육, 민무늬근육, 심장근육의 세 종류가 있다.

- **뼈대근육**(skeletal muscle)과 **심장근육**(cardiac muscle)은 **가로무늬**(striated)가 있다.
- 심장근육과 민무늬근육은 불수의적이다.
- 뼈대근육은 뼈에 부착된 근육에서 발견된다.
- **민무늬근육**(smooth muscle)은 내부 기관에서 발견된다.
- 심장근육은 심장을 구성한다.

3.4 소통하는 신경조직

- **신경조직**(nervous tissue)은 **뉴런**(neuron)과 몇몇 유형의 **신경아교세포**(neuroglia)로 구성된다.
- 각 뉴런은 가지돌기, 세포체, 축삭을 가지고 있다. 축삭은 신경자극을 전도한다.
- 뉴런은 **신경**(nerve)을 이루고 결합조직에 둘러싸여 있다.

3.5 보호하는 상피조직

상피조직(epithelial tissue)은 몸과 체강을 감싼다.

- 단순상피에는 **편평상피**(squamous epithelium), **입방상피**(cuboidal epithelium), **원주상피**(columnar epithelium), **거짓중층원주상피**(pseudostratified columnar epithelium)가 있다.
- 어떤 상피조직은 섬모나 미세융모를 가지고 있다.
- 중층상피는 많은 세포층을 가지며, 가장 아래층만이 **기저막**(basement membrane)과 접한다.
- 상피는 관으로 생산물을 분비(외분비샘)하거나 혈액 속으로 생산물을 분비(내분비샘)하는 **샘**(gland)을 만들기도 한다.

3.6 기관계통, 체강, 체막

기관(organ)은 **기관계통**(organ system)을 구성하며, 이는 표 3.1에 요약되어 있다. 일부 기관은 특정 체강에서 발견된다. 체강은 **점막**(mucous membrane), **장막**(serous membrane), **활막**(synovial membrane), **뇌척수막**(meninges) 같은 체막으로 안이 덮여 있다.

표 3.1 기관계통

수송	피부
심장혈관(심장, 혈관)	피부 및 부속기관
림프와 면역(림프관)	
유지	**운동**
소화(위, 장)	뼈대(뼈, 연골)
호흡(호흡관, 폐)	근육(근육)
비뇨(요관, 콩팥)	
조절	**생식**
신경(뇌, 척수, 신경) 내분비(샘)	생식(남성은 생식관과 고환, 여성은 생식관과 난소)

3.7 피부계통

피부(skin)와 그의 부속기관들은 **피부계통**(integumentary system)을 이룬다. 피부와 피부계통의 주요 구성요소는 다음을 포함한다.

- **표피**(epidermis)는 새로운 상피세포를 만들어내는 줄기세포와 감염원으로부터 보호하는 **랑게르한스세포**(Langerhans cell)를 가지고 있다. **멜라닌세포**(melanocyte)는 피부색을 나타낸다. 표피에서는 콜레스테롤로부터 **비타민 D**(vitamin D)가 만들어진다.
- **진피**(dermis)에는 표피에서 유래한 샘, 털주머니, 신경말단, 혈관, 감각수용체가 있다.
- **피부밑층**(subcutaneous layer)은 피부 아래에 있다.
- 피부의 부속기관에는 **손발톱**(nail), **털주머니**(hair follicle), **기름샘**(oil gland), **땀샘**(sweat gland)이 있다.

3.8 항상성

항상성(homeostasis)은 내부 환경, **사이질액**(interstitial fluid) 및 혈액의 상대적 불변성을 의미한다. 모든 기관계통은 항상성에 기여한다.

- 심장혈관계통, 호흡계통, 소화계통, 비뇨계통은 혈액에 있는 기체의 양, 영양분, 노폐물의 양을 직접적으로 조절하고 사이질액을 일정하게 유지한다.
- 림프계통은 여분의 사이질액을 흡수하고, 면역 기능을 한다.
- 신경계통과 내분비계통은 다른 기관계통을 조절한다.

음성되먹임(negative feedback) 기전은 환경을 상대적으로 안정하게 유지한다. 감지기가 설정값 이상 또는 이하의 변화를 감지할 때, 제어 중추는 변화를 되돌려 상태를 정상으로 되돌린다. 다음과 같은 예가 있다.

- 인슐린에 의한 혈당 수준의 조절
- 온도조절장치와 난방장치에 의한 실내온도의 조절
- 뇌와 땀샘에 의한 체온의 조절

음성되먹임과는 대조적으로 **양성되먹임**(positive feedback) 기전은 자극과 같은 방향으로 빠른 변화를 일으켜 안정성을 유지할 수 없다. 이러한 기전은 출산 과정과 같은 특정 상태에서 유용하다.

개념 심화 학습

비판적 사고 키우기

1. 혈액은 어떤 점에서 조직이라고 할 수 있는가?
2. 다음의 신체 항상성 기작 중 어떤 것이 양성되먹임의 예이고, 어떤 것이 음성되먹임의 예인가? 또한 그 이유는 무엇인가?
   a. 부신은 스트레스 상황에서 뇌하수체 호르몬에 대한 반응으로 에피네프린을 생성한다. 뇌하수체는 혈중 에피네프린을 감지하여 호르몬 생성을 멈춘다.
   b. 방광이 소변으로 채워질수록 압력 감지기가 뇌에 방광을 비워야 한다는 신호를 보낸다. 방광이 가득 찰수록 신호는 더 자주 전달된다.
   c. 과량의 물을 마실 때 뇌의 특수화된 세포와 심장의 신장(stretch) 수용체가 혈액 부피의 증가를 감지한다. 두 가지 신호는 콩팥으로 전달되어 소변의 양을 증가시킨다.
3. 항상성 유지가 실패하면 생명체는 어떻게 죽게 되는가?

관련성 탐구하기

1. 사람이 달이나 물속과 같은 극한 환경에서도 살 수 있으려면 몸의 어떤 기관계통이 진화하여야 하는가?
2. 화성이나 달에서 살 수 있도록 만든 우주복은 어떻게 과학자들에게 사람이 지구의 극한 환경에서 적응할 수 있을지에 대한 정보를 제공할 수 있을까?
3. 우주비행을 준비할 때 우주비행사들은 우주복을 입고 큰 수영장에서 훈련한다. 왜 이러한 훈련이 효과적이라고 생각하는가? 또한 신체계통을 고려했을 때 이러한 접근방법에 어떤 문제가 있다고 생각하는가?

모든 장의 질문에 대한 정답은 *connect.mheducation.com*에서 확인하시오.

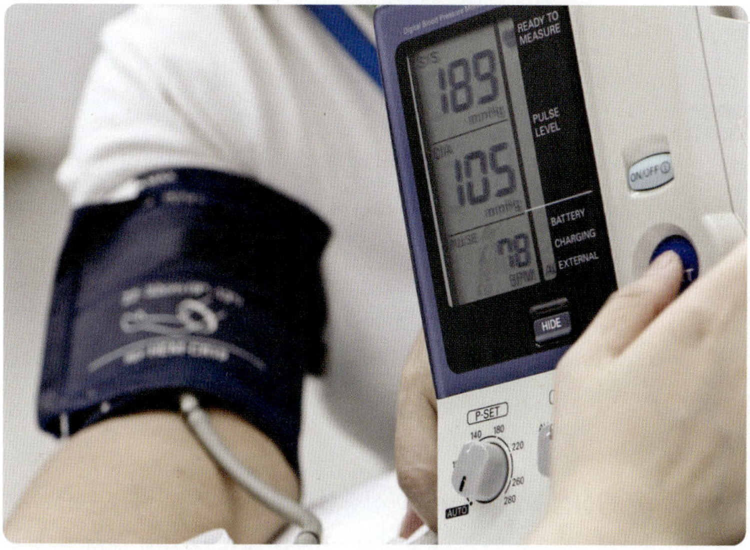

anucha maneechote/Shutterstock

CHAPTER 4 심장혈관계통: 심장과 혈관

젊은 성인의 고혈압

고혈압은 미국 성인의 절반 이상이 앓고 있는 질병이다. 대부분의 사람은 고혈압을 중년의 질병으로 생각하는데, 이는 여러분이 고혈압으로 약을 복용하는 연로한 친구나 가족을 알고 있기 때문일 것이다. 그러나 최근 연구에 따르면 젊은 성인 5명 중 1명이 고혈압을 앓고 있으며, 이는 이 연령대가 직면한 주요 건강 위험 중 하나이다.

그렇다면 고혈압이란 무엇인가? 고혈압은 심장, 혈액, 혈관을 포함하는 심장혈관계통 질환이다. 이 질병은 130/80 이상의 혈압으로 정의된다. 이 수치는 활동 혈압과 안정 혈압을 나타낸다. 첫 번째 숫자는 심장이 수축하는 동안의 압력을 의미하고, 낮은 숫자는 확장 시 압력을 나타낸다.

장기간의 고혈압은 심장 질환, 뇌졸중, 콩팥 질환, 시력 문제의 증가와 관련이 있다. 실제로 고혈압은 미국에서 주요 사망 원인 중 하나이다. 그러나 고혈압을 나타내는 혈압 수치에 미치지 않더라도 여전히 위험할 수 있다. 수축기혈압이 120~129 사이라면 혈압 상승 또는 고혈압 전 단계로 간주되며 향후 고혈압으로 발전할 위험이 크다.

이 장에서는 심장혈관계통의 구조와 기능, 항상성 유지에 있어 혈압의 중요성을 알아보고, 189/105의 혈압 값이 의미하는 바와 고혈압 발병 위험을 증가시키는 요인을 살펴볼 것이다.

이 장을 학습하면서 다음 질문을 생각해 보자.

1. 이완기 수치와 수축기 수치의 차이점은 무엇인가?
2. 혈압은 체내에서 일반적으로 어떻게 조절되는가?
3. 어떤 요인이 고혈압을 일으킬 수 있는가?

이 장의 개요

시작하기 전에

이 장을 시작하기 전에 다음 사항을 논의해 보자.

2.3절 물질은 어떻게 세포막을 통과하는가?

3.1절 조직의 네 가지 유형은 무엇인가?

3.8절 항상성 유지에서 심장혈관계통의 역할은 무엇인가?

4.1 심장혈관계통의 개요

학습 목표

이 절을 학습한 후 다음 사항을 할 수 있어야 한다.

1. 심장혈관계통의 두 가지 구성요소를 구별할 수 있다.
2. 심장혈관계통의 기능을 요약할 수 있다.
3. 림프계통의 목적을 설명할 수 있다.

심장혈관계통(cardiovascular system)은 펌프 역할을 하는 심장과 혈액이 흐르는 혈관으로 구성되어 있다. 심장박동은 혈액을 혈관으로 보낸다. 사람의 혈액은 항상 혈관 안에 들어 있다.

순환을 통한 물질교환

혈액 순환은 심장박동에 따라 달라지지만 혈액 순환의 전반적인 목적은 신체의 세포에 서비스를 제공하는 것이다. 세포는 혈액과 세포 사이의 물질교환에 사용되는 사이질액으로 둘러싸여 있음을 기억해야 한다. 혈액은 사이질액에서 노폐물을 제거하고, 세포가 생존하는 데 필요한 산소와 영양분을 사이질액에 공급한다.

심장혈관계통은 신체의 다른 모든 기관계통과 긴밀하게 작동한다. 예를 들어 폐에서는 혈액이 이산화탄소를 배출하고 호흡계통의 작용을 도우려고 산소를 받아 간다. 그러나 기체교환만이 혈액의 유일한 기능은 아니다. 영양분은 장에서 혈류로 들어가고 혈액은 신체 세포에 필요한 물질을 운반한다. 심장혈관계통은 또한 신진대사, 유해물질의 해독, 항상성 유지에 중요한 기관인 간과 밀접하게 작용한다. 심장혈관계통의 혈액은 콩팥에서 노폐물을 정화하고 필요에 따라 물과 염분을 유지한다. 신체의 거의 모든 세포에 도달하는 복잡한 회로를 형성하는 수천 마일의 혈관은 혈액과 그 내용물을 신체의 모든 기관으로 이동시키거나 신체의 모든 기관으로부터 받아들인다.

심장혈관계통의 기능

다음은 심장혈관계통의 일반적인 기능이다.

- 수송(transport): 심장혈관계통은 산소를 신체의 세포로 운반할 뿐만 아니라 이산화탄소 및 기타 신진대사의 노폐물을 제거한다. 또한 소화계통의 영양분과 내분비계통의 호르몬을 신체의 세포로 운반한다. 심장혈관계통은 면역계통의 세포를 운반한다. 이런 면역세포와 이와 관련된 항체 및 화학적 신호는 신체를 감염으로부터 보호하는 데 도움이 된다.
- 항상성(homeostasis): 심장혈관계통은 온도, pH 균형, 수분 및 전해질 수준을 포함한 다양한 내부 조건에 대한 항상성을 유지하는 데 중심 역할을 한다(그림 4.1).

림프계통(lymphatic system, 6.1절 참고)은 심장혈관계통을 보조한다. 림프관은 면역계통과 협력할 뿐만 아니라 과도한

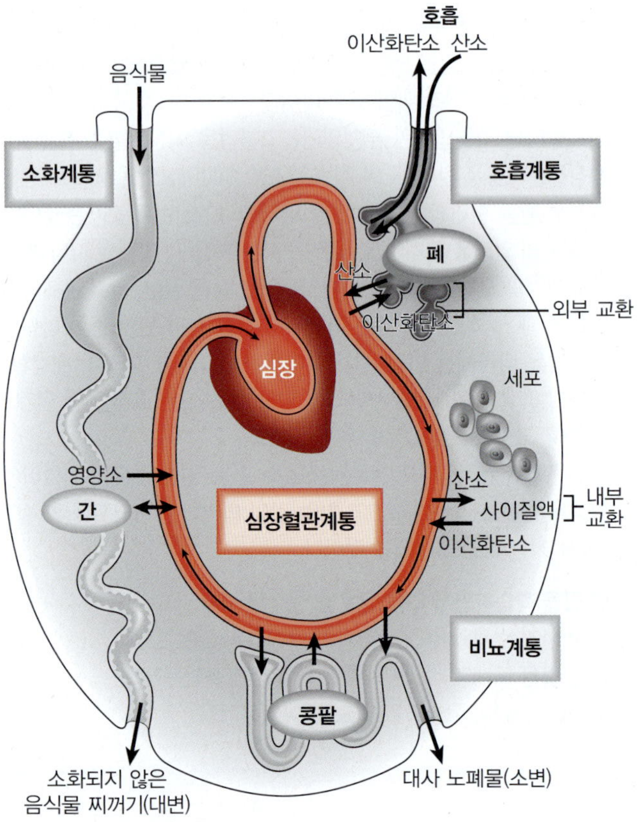

그림 4.1 심장혈관계통과 항상성.
심장혈관계통은 신체의 여러 기관계통으로 혈액을 운반함으로써 항상성에서 중요한 역할을 하며, 여기에는 그 일부를 보여주고 있다.

사이질액을 수집하여 심장혈관계통으로 되돌려 보낸다. 혈액과 사이질액 사이에 교환이 일어나면서 일부 체액은 자연스럽게 조직에 모이게 된다. 이 과도한 체액은 조직에서 시작하여 어깨의 심장혈관 정맥에서 끝나는 림프관으로 들어간다. 체액이 림프관으로 들어가는 것을 **림프액**(lymph)이라 한다. 기억하겠지만 림프액은 혈액과 마찬가지로 체액성 결합조직이다(3.2절 참고).

진도 점검하기 4.1

1. 심장혈관계통의 두 부분을 설명하시오.
2. 심장혈관계통의 기능을 요약하시오.
3. 림프계통이 심장혈관계통과 어떻게 상호작용하는지 설명하시오.

개념 연결하기

인체의 주요 수송계통인 심장혈관계통은 모든 주요 기관계통과 상호작용함으로써 다양한 신체 기능의 항상성 유지에 중요한 역할을 한다. 이런 상호작용에 대한 자세한 내용은 다음 논의를 참고하시오.

3.8절 항상성 유지에서 심장혈관계통의 역할을 살펴본다.

6.2절 림프계통이 심장혈관계통과 어떻게 상호작용하는지 살펴본다.

8.3절 심장혈관계통이 소장에서 흡수한 영양소를 어떻게 이동시키는지 살펴본다.

10.2절 심장혈관계통과 비뇨계통의 상호작용을 살펴본다.

4.2 혈관의 종류

학습 목표

이 절을 학습한 후 다음 사항을 할 수 있어야 한다.

1. 세 유형 혈관의 구조와 기능을 설명할 수 있다.
2. 세 유형의 혈관에서 혈류가 어떻게 조절되는지 설명할 수 있다.

심장혈관계통은 신체조직으로 혈액을 운반하는 동맥, 정맥, 모세혈관(그림 4.2)의 세 가지 유형 혈관으로 구성된다.

동맥: 심장으로부터

동맥(artery)은 심장으로부터 혈액을 운반하는 혈관이다. 동맥의 구조는 압력을 받아 심장을 떠나는 혈액을 운반하는 데 매우 적합하다. 동맥벽은 3개 층으로 구성되어 있으며(그림 4.2), 그중 가장 안쪽은 **내피**(endothelium)라 하는 얇은 세포층이다. 내피는 민무늬근육과 탄력조직으로 이루어진 비교적 두꺼운 중간층으로 둘러싸여 있다. 동맥의 바깥층은 결합조직이다. 동맥의 튼튼한 벽은 혈액이 압력을 받아 혈관으로 들어올 때 동맥을 지지하며, 탄력조직은 동맥이 팽창하여 압력을 흡수하도록 한다.

세동맥(arteriole)은 육안으로는 거의 보이지 않는 작은 동맥이다. 세동맥의 중간층에는 약간의 탄력조직이 있지만, 대부분 민무늬근육으로 구성되어 있다. 이 근육섬유는 세동맥을 둘러싸고 있다. 근육섬유가 수축하면 혈관이 수축하고, 이완하면 혈관이 확장된다. 세동맥의 수축 또는 확장은 혈압을 조절한다. 세동맥이 수축하면 혈압이 상승하고, 세동맥 확장은 혈압을 떨어뜨린다.

모세혈관: 교환의 장소

세동맥은 가장 작은 혈관인 **모세혈관**(capillary)으로 갈라진다. 모세혈관의 구조는 신체 세포와의 물질 교환에 적합하다. 각 모세혈관은 내피로만 구성된 벽을 가진 매우 좁은 미세관이다. 모세혈관 내피는 기저막이 있는 단일 층의 상피세포로 형성된다. 모세혈관은 가늘지만, 사람 모세혈관의 총 표면적은 약 6,300 m^2에 달한다. 모세혈관그물(capillary bed, 많은 모세혈관의 네트워크)은 신체의 모든 부위에 존재하므로, 어떤 세포도 모세혈관에서 멀리 떨어져 있지 않으며 혈액과의 기체 교환에서 멀리 있지 않다. 조직에서는 특정 모세혈관만 특정 시간에 열려있다. 예를 들어 식사 후에는 소화기관에 혈액을 공급하는 모세혈관이 열려있는 반면, 근육에 혈액을 공급하는 모세혈관은 대부분 닫혀있다. **모세혈관앞조임근**(precapillary sphincter)이라 하는 고리 모양의 근육은 모세혈관을 통과하는 혈류를 조절한다(그림 4.2). 조임근의 수축은 모세혈관그물을 닫는다. 모세혈관그물이 닫히면 혈액은 **동정맥션트**(arteriovenous shunt)라는 경로를 통해 세동맥에서 세정맥으로 직접 이동하여 기체 교환이 필요한 부위로 이동한다.

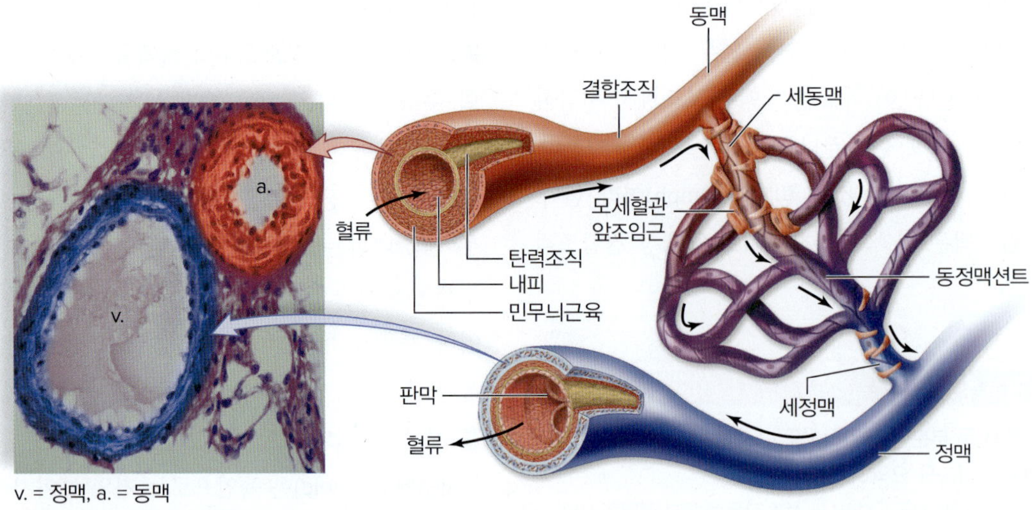

그림 4.2 모세혈관그물의 구조.
모세혈관그물은 세동맥과 세정맥 사이에 있는 미세한 혈관의 미로이다. 모세혈관앞조임근이 이완되면 모세혈관이 열리고 혈액이 모세혈관을 통해 흐른다. 그렇지 않으면 혈액은 세동맥에서 세정맥으로 직접 동정맥션트를 통해 흐른다.
(사진): Ed Reschke

> **생활 속의 생물학**
>
> **온종일 서 있으면 발이 붓는 이유는 무엇인가?**
>
> 오랫동안 서 있으면 중력으로 인하여 하지 모세혈관 내부의 압력이 증가한다. 이는 모세혈관에서 사이질 공간으로 체액을 밀어내 조직을 부풀게 한다. 밤에 누우면 발이 심장과 수평을 이룬다. 부종을 일으킨 과도한 사이질액은 이제 림프관으로 여과되어 어깨 정맥으로 비워지고 체액은 심장혈관계통으로 되돌아간다. 아침이 되면 발에서 과도한 수분이 빠져 신발이 다시 헐거워진다.

정맥: 심장으로

정맥(vein)은 혈액을 심장으로 돌려보내는 혈관이다. **세정맥**(venule)은 작은 정맥으로 모세혈관에서 배출한 혈액이 합류하는 혈관이다. 정맥과 세정맥의 벽은 모두 동맥과 동일한 3개 층으로 이루어져 있다. 그러나 정맥의 중간층에는 민무늬근육이 적고 바깥층에는 결합조직이 적다. 따라서 정맥의 벽은 동맥의 벽보다 얇다.

모세혈관을 떠나는 혈액은 일반적으로 압력이 낮으므로(4.4절 참고), 정맥에는 종종 판막이 있어 열려있을 때 혈액이 심장 쪽으로만 흐르게 하고 닫혀있을 때 혈액이 역류하는 것을 방지하는 역할을 한다. 판막은 내벽 층의 연장이며 중력에 대항하여 혈액을 운반하는 정맥, 특히 하지의 정맥에서 발견된다. 정맥의 벽은 더 얇기 때문에 더 많이 확장될 수 있다. 어느 시점에서든 혈액의 약 70%가 정맥에 있다. 이런 식으로 정맥은 혈액 저장소 역할을 한다. 출혈로 인해 혈액이 손실되면 신경 자극으로 정맥이 수축하여 신체 나머지 부분에 더 많은 혈액을 공급한다.

> **진도 점검하기 4.2**
>
> **1.** 다양한 혈관의 종류를 나열하고 설명하시오.
> **2.** 각 혈관이 신체의 혈액 흐름에 어떻게 기여하는지 설명하시오.
> **3.** 정맥 구조가 동맥 구조와 다른 이유를 설명하시오.

> **개념 연결하기**
>
> 혈관은 혈액의 이동을 위한 통로 역할을 하며, 혈관은 신체의 모든 조직 및 세포와 상호작용한다. 혈액과 혈관에 대한 자세한 내용은 다음 논의를 참고하시오.
>
> **5.1절** 혈액의 구성과 다양한 구성요소의 기능을 살펴본다.
>
> **그림 9.11** 신체에서 기체 이동에 관여하는 주요 동맥과 정맥을 살펴본다.
>
> **그림 10.7** 콩팥에 있는 모세혈관이 어떻게 혈액의 여과를 돕는지 살펴본다.

4.3 이중 펌프인 심장

학습 목표

이 절을 학습한 후 다음 사항을 할 수 있어야 한다.

1. 인간 심장의 구조와 방(또는 실)을 구별할 수 있다.
2. 인간의 심장을 통한 혈액의 흐름을 설명할 수 있다.
3. 심장박동의 내부 및 외부 제어를 설명할 수 있다.

심장(heart)은 흉골(가슴뼈) 바로 뒤의 양쪽 폐 사이에 위치한 원뿔 모양의 근육 기관이다. 심장은 정점(뾰족한 끝)이 몸의 왼쪽을 향하도록 기울어져 있다(그림 4.3). 심장의 크기를 대략적으로 측정하려면 주먹을 쥔 다음 반대편 손으로 주먹을 감싸 잡으면 된다. 심장의 주요 부분은 주로 심장근육 조직으로 구성된 **심근**(myocardium)이라고 하는 조직의 내벽이다.

심근의 근육 섬유에는 가지가 있다. 각 섬유는 **사이원반**(intercalated disc)이라 하는 구조에 의해 인접한 섬유에 단단히 결합하여 있다(그림 4.3b). 사이원반에는 간극연접, 데스모솜과 같은 세포 접합부도 포함된다. 간극연접은 심장 섬유의 동시 수축을 돕는다. 데스모솜은 인접한 세포의 막을 단단히 고정하고 과도하게 늘어나는 것을 방지하는 단백질 섬유 배열을 포함하고 있다. 심장은 심장을 지지하고 보호하는 두꺼운 막으로 된 주머니인 **심장막**(pericardium)으로 둘러싸여 있다. 심장막 내부는 **심장막액**(윤활액)을 분비하며, 심장막은 심장이 혈액을 펌프질할 때 심장 표면 위로 부드럽게 미끄러진다.

내부적으로는 **사이막**(septum)이라는 벽이 심장을 오른쪽과 왼쪽으로 나눈다(그림 4.4a). 심장에는 4개의 방이 있다. 얇은 벽으로 둘러싸여 있고 위쪽에 있는 2개의 **심방**(atria, 단수는 atrium)을 오른심방과 왼심방이라고 한다. 2개의 아래쪽 방은 오른심실과 왼심실이라고 하는 벽이 두꺼운 **심실**(ventricle)이

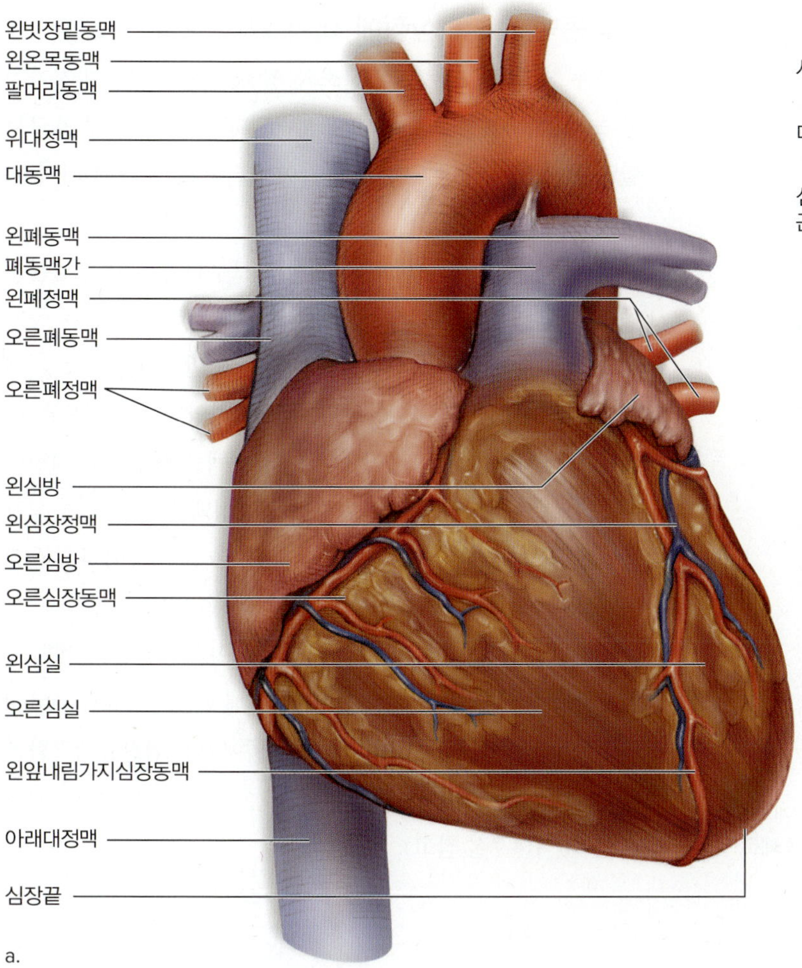

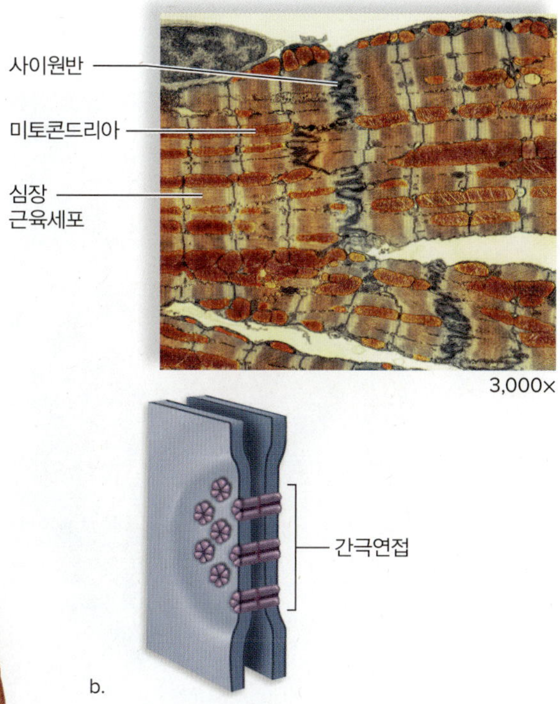

그림 4.3 심장의 외부 해부학적 구조.
a. 대정맥과 폐동맥간은 심장의 오른쪽에 붙어 있다. 대동맥과 폐정맥은 심장의 왼쪽에 붙어 있다. 혈관은 산소가 풍부한 혈액을 운반하면 빨간색으로 표시되고, 산소가 부족한 혈액을 운반하면 파란색으로 표시된다. **b.** 사이원반에는 근육세포가 동시에 수축할 수 있도록 하는 간극연접이 있다.
(b): Thomas Deerinck, NCMIR/Science Source

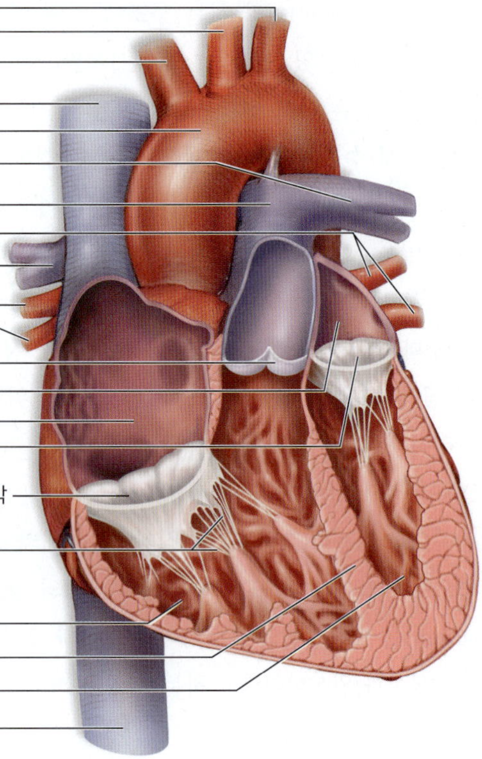

a.

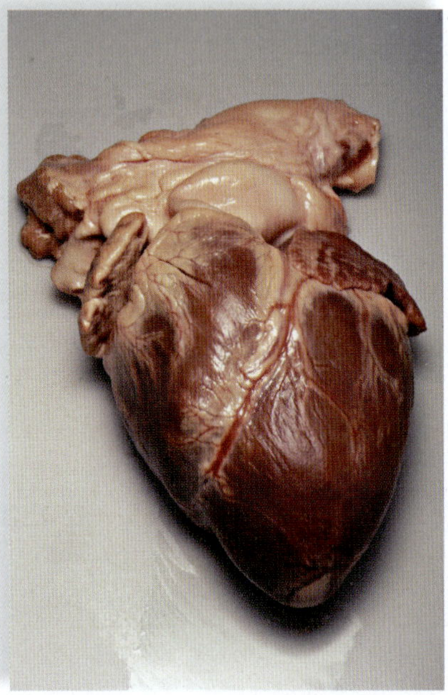
b.

그림 4.4 심장은 이중 펌프이다.
인간 심장의 단면도. **a.** 심장은 4개의 방이 있는 이중 펌프이다. 2개의 오른쪽 방과 2개의 왼쪽 방이 사이막으로 분리되어 있다. 오른쪽은 혈액을 폐로, 왼쪽은 혈액을 나머지 신체 부위로 펌프질한다. **b.** 인간 심장의 사진.
(b): A. & F. Michler/Peter Arnold/Getty Images

다(그림 4.4a).

심장 판막은 혈액이 올바른 방향으로 흐르도록 유지하고 역류를 방지한다. 심방과 심실 사이에 있는 판막을 **방실판막**[atrioventricular(AV) valve]이라고 한다. 이 판막은 심실 벽에서 튀어나온 근육에 부착된 **건삭**(chordae tendineae)이라고 하는 강한 섬유질 끈에 의해 지지된다. 건삭은 판막을 고정하여 심장이 수축할 때 뒤집히는 것을 방지한다. 오른쪽에 있는 방실판막은 만나는 부분이 셋으로 갈라져 있어서 **삼첨판막**(tricuspid valve)이라고 하고, 왼쪽에 있는 방실판막은 주교의 모자 모양을 하고 있기에 **승모판막**(mitral valve)이라고 한다.

나머지 2개의 판막은 만나는 부분이 반달 모양인 **반달판막**(semilunar valve)이다. 이 판막은 심실과 연결된 혈관 사이에 있다. 반달판막은 부착된 혈관의 이름을 따서 명명되었다. **폐반달판막**(pulmonary semilunar valve)은 오른심실과 폐동맥 사이에 있다. **대동맥 반달판막**(aortic semilunar valve)은 왼심실과 대동맥 사이에 있다.

심장동맥 순환: 심장에 대한 혈액 공급

심근은 심장동맥으로부터 산소와 영양분을 받는다. 마찬가지로 노폐물은 심장정맥을 통해 제거된다. 심장을 통해 흐르는 혈액은 심장에 대한 영양분 공급이나 노폐물 제거에 거의 기여하지 않는다.

심근은 **심장동맥**(coronary artery)으로부터 산소와 영양분을 공급받는다. 이 동맥은 대동맥에서 처음 갈라져 나오는 동맥이다(그림 4.3a 참고). 심장동맥은 대동맥 반달판막 바로 위에서 시작되며, 심장의 외부 표면에 놓여 다양한 세동맥으로 나뉜다. 심장 모세혈관그물이 합쳐져 세정맥을 형성하고 세정맥은 모여서 오른심방으로 비워지는 심장정맥을 형성한다. 심장동맥은 직경이 매우 작기에 쉽게 막힐 수 있는데 이것은 **심장동맥질환**(coronary artery disease)의 특징이다.

이 혈관이 완전히 막히면 산소, 포도당과 같은 영양분이 심장근육에 도달하지 못한다. 이로 인해 **심근경색**(myocardial infarction) 또는 심장마비가 발생할 수 있다. 심장동맥질환은 약물, 심장동맥우회술, 혈관성형술, 줄기세포 요법으로 치료할 수 있다(4.7절 참고).

생활 속의 생물학

심장마비 또는 심정지?

우리는 종종 이 두 용어를 같은 의미로 사용하지만, 의학적으로 차이가 있다.

심장마비는 심장근육에 산소가 충분히 공급되지 않아 제대로 수축하지 못할 때 발생한다. 이것은 일반적으로 심장근육에 혈액을 공급하는 심장동맥이 막혔기 때문이다. 다른 조직과 마찬가지로 심장근육도 산소를 공급받지 못하면 몇 분 후에 죽기 시작하지만, 신체의 다른 조직과 달리 심장근육은 재생되지 않는다.

심정지는 심장의 수축을 제어하는 심장의 전기 체계가 오작동할 때 발생한다. 결과적으로 혈액이 뇌에 도달하지 못하여 사람은 종종 의식을 잃게 된다.

심장마비는 심정지로 이어질 수 있지만, 심정지가 심장마비를 일으킬 가능성도 있다. 그러나 두 경우 모두 정상적인 심장 기능이 회복되지 않으면 사망할 수 있다.

심장을 통과하는 혈액의 경로

사이원반(그림 4.3b 참고)은 심장근육세포의 섬유를 연결하여 서로 통신할 수 있도록 한다. 세포 간에 전기 신호를 보내면 양쪽 심방과 양쪽 심실이 각각 동시에 수축한다. 다음과 같은 방식으로 심장과 신체를 통한 혈액의 경로를 추적할 수 있다.

- **아래대정맥**(inferior vena cava, 그림 4.4a)과 **위대정맥**(superior vena cava, 그림 4.4a)은 산소가 부족한 혈액을 전신 정맥에서 오른심방으로 운반한다.
- 오른심방은 (왼심방과 동시에) 수축하여 방실판막(삼첨판막)을 통해 혈액을 오른심실로 보낸다.
- 오른심실이 수축하여 폐 반달판막을 통해 폐동맥간으로 혈액을 펌핑한다. 산소가 부족한 혈액을 운반하는 폐동맥간은 폐로 가는 2개의 **폐동맥**(pulmonary artery)으로 나뉜다.
- 폐 내의 폐모세혈관은 기체 교환을 허용한다. 산소는 혈액에 들어가고, 이산화탄소 노폐물은 혈액에서 배출된다.
- 산소가 풍부한 혈액을 운반하는 4개의 **폐정맥**(pulmonary vein)이 왼심방으로 들어간다.
- 왼심방은 방실판막(승모판막)을 통해 혈액을 왼심실로 보낸다.
- 왼심실은 (오른심실과 동시에) 수축하여 대동맥 반달판막을 통해 혈액을 **대동맥**(aorta)으로 보낸다.
- 동맥과 세동맥은 조직 모세혈관에 혈액을 공급한다. 조직 모세혈관은 점점 더 큰 정맥으로 혈액을 보낸다. 정맥의 혈액은 위대정맥과 아래대정맥으로 흐르고 순환주기가 다시 시작된다.

이 설명을 통해 산소가 부족한 혈액은 산소가 풍부한 혈액과 절대 섞이지 않으며 혈액이 심장의 오른쪽에서 왼쪽으로 전달되려면 폐를 통과해야 한다는 것을 알 수 있다. 심장의 오른심실은 폐로 혈액을 보내고 동시에 왼심실은 전신으로 혈액을 보내기 때문에 심장은 이중 펌프이다. 따라서 전신으로 혈액을 펌프질하는 왼심실의 일이 더 어렵다.

심방은 얇은 벽을 가지고 있으며, 각각 혈액을 바로 아래의 심실로 펌프질한다. 심실은 더 두껍고, 신체의 다른 부분으로 이동하는 동맥(폐동맥, 대동맥)으로 혈액을 펌프질한다. 상대적으로 얇은 오른심실의 심근은 혈액을 가슴안 근처의 폐로 펌프질한다. 왼심실에는 오른심실보다 더 많은 심장근육세포가 있어 더 두꺼운 벽을 가지고 있으며, 혈액을 몸 전체로 보낼 수 있도록 충분한 힘으로 심장에서 혈액을 펌프질할 수 있게 한다.

심장의 펌프질은 압력을 받은 혈액을 동맥으로 내보낸다. 심장의 왼쪽은 더 큰 힘으로 펌프질하므로 대동맥에서 혈압이 가장 높다. 그런 다음 동맥과 세동맥의 총 단면적이 증가함에 따라 혈압이 감소한다(그림 4.9 참고). 정맥에서 혈액을 이동시키는 데는 혈압 외에의 다른 기전이 사용된다.

심장주기

각 심장박동을 **심장주기**(cardiac cycle, 그림 4.5)라고 한다. 심장이 박동하면 2개의 심방이 동시에 수축한다는 것을 기억해야 한다. 그 직후에 두 심실이 동시에 수축한다. 그런 다음 모든 심방/심실이 이완된다. 작동기인 **수축기**(systole)는 방/실의 수축을 의미하며 휴식기인 **이완기**(diastole)는 방/실의 이완을 의미한다(그림 4.5). 건강한 성인의 경우 심장은 분당 평균 약 70회 수축 또는 박동하며, 각 심장박동은 약 0.85초 동안 지속한다. 정상적인 휴식기 박동 빈도는 분당 60~80회 정도이다.

심장박동 소리에는 '럽-덥'이라고 하는 두 가지 소리가 있

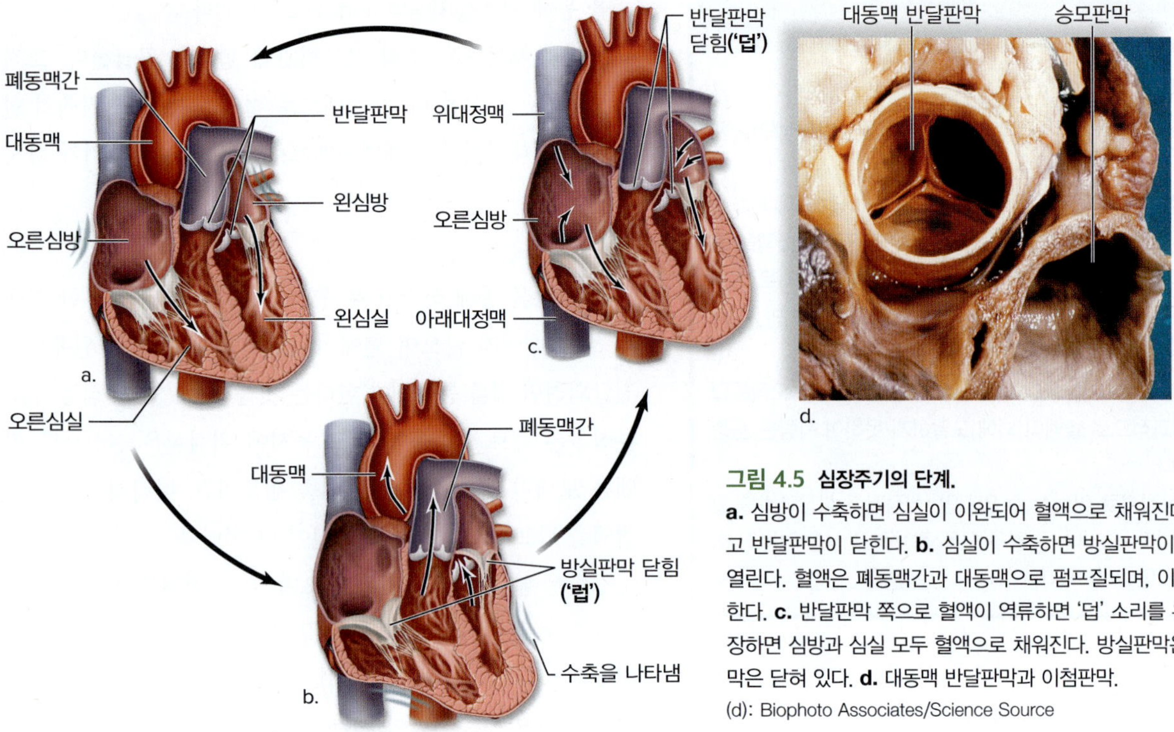

그림 4.5 심장주기의 단계.
a. 심방이 수축하면 심실이 이완되어 혈액으로 채워진다. 방실판막이 열리고 반달판막이 닫힌다. **b.** 심실이 수축하면 방실판막이 닫히고 반달판막이 열린다. 혈액은 폐동맥간과 대동맥으로 펌프질되며, 이는 '럽' 소리를 유발한다. **c.** 반달판막 쪽으로 혈액이 역류하면 '덥' 소리를 유발한다. 심장이 확장하면 심방과 심실 모두 혈액으로 채워진다. 방실판막은 열려 있고 반달판막은 닫혀 있다. **d.** 대동맥 반달판막과 이첨판막.
(d): Biophoto Associates/Science Source

다. 첫 번째 소리인 '럽'은 심실 내부의 혈액 압력이 증가하여 방실판막이 강제로 닫힐 때 발생한다(그림 4.5b). 반대로 심실 내부의 혈액 압력으로 인해 반달판막(폐동맥, 대동맥 판막)이 열린다. '덥'은 심실이 이완되고 동맥의 혈액이 순간적으로 역류하여 반달판막이 닫힐 때 발생한다(그림 4.5c). 심장잡음 또는 '럽' 소리 후 약간의 쉭쉭 거리는 소리는 종종 새는 판막으로 인해 발생하며, 이로 인해 방실판막이 닫힌 후 혈액이 심방으로 다시 들어갈 수 있다. 결함이 있는 판막은 수술로 교정할 수 있다.

심장박동의 내부 제어

심장에는 심장박동을 조절하는 내부(내인성) 제어 체계가 있다. 심방과 심실의 율동적인 수축은 심장의 내부 전도 체계 때문이다. 결절조직은 근육과 신경 특성을 모두 가진 독특한 유형의 심장근육이다. 결절조직은 심장의 두 영역에 위치한다. **굴심방결절**[sinoatrial(SA) node]은 오른심방의 상부 등벽에 있다. **방실결절**[atrioventricular(AV) node]은 사이막 근처의 오른심방 기저부에 위치한다(그림 4.6). 굴심방결절은 심장박동을 시작하고 0.85초마다 자동으로 흥분 신호를 보낸다.

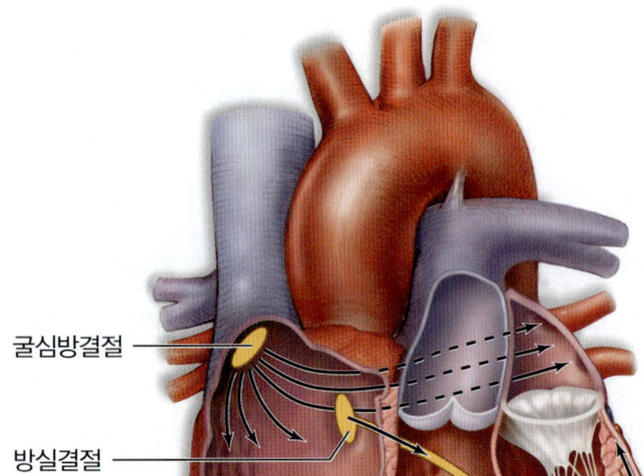

그림 4.6 심장을 통과하는 전기 신호 경로.
굴심방결절이 신호(검은색 화살표)를 보내면 심방이 수축한다. 이 신호가 방실결절에 도달하면 심실이 수축하도록 신호를 보낸다. 전기 신호는 방실다발의 두 분지를 따라 푸르킨예 섬유로 전달된다. 그 후 심실이 수축한다.

이로 인해 심방이 수축한다. 신호가 방실결절에 도달하면 신호가 심실로 이동하기 전에 약간의 지연이 발생하여 심실이 수축을 시작하기 전에 심방이 수축을 완료할 수 있다. 심실이 수축하라는 신호는 방실결절에서 **방실다발**[atrioventricular (AV) bundle]의 두 분지를 거쳐 수많은 더 작은 **푸르킨예 섬유**(Purkinje fiber)에 도달한다. 간극연접(2.5절 참고)을 통해 전류가 세포에서 세포로 흐를 수 있기 때문에 방실다발, 거기에서 뻗어 나온 가지, 푸르킨예 섬유는 효율적으로 작동한다(그림 4.6 참고). 굴심방결절은 심장박동을 조절하기 때문에 **심장박동조율기**(pacemaker)라고도 한다. 굴심방결절이 제대로 작동하지 않으면 방실결절에서 생성된 신호로 인해 심장이 계속 뛰게 된다. 그러나 박동은 더 느리다(분당 40~60회). 이를 교정하기 위해 0.85초마다 자동으로 심장에 전기자극을 주는 인공 심장박동조율기를 이식할 수 있다.

심장박동의 외부 제어

신체에는 심장박동을 조절하는 외부(외인성) 제어 체계가 있다. 내부 기관을 제어하는 뇌의 한 부분인 숨뇌(medulla oblongata, 연수)의 심장 제어 센터는 신경계통의 부교감 및 교감 신경을 통해 심장박동을 변화할 수 있다(13.4절 참고). 기본적으로 운동이나 스트레스 상황과 같은 활동적인 상황은 굴심방결절 및 방실결절 활동을 증가시키는 반면, 음악 감상과 같은 편안한 상황은 굴심방결절 및 방실결절 활동을 감소시킨다.

부신속질에서 분비되는 호르몬인 에피네프린과 노르에피네프린도 심장을 자극한다. 예를 들어 운동 중에는 교감신경 자극과 에피네프린 및 노르에피네프린의 방출로 인해 심장이 더 빠르고 강하게 펌프질한다(자세한 내용은 13.4절 및 15.4절 참고).

심전도는 심장박동의 기록이다

심전도(electrocardiogram, ECG)는 심장주기 동안 심근에서 발생하는 전기적 변화를 기록한 것이다(**그림 4.7**). 체액에는 전류를 전도하는 이온이 포함되어 있다. 따라서 심근의 전기적 변화를 피부 표면에서 감지할 수 있다. 심전도를 실시할 때 피부에 부착된 전극은 심근의 전기적 변화를 감지하는 기기에 전선으로 연결된다.

그림 4.7a는 정상적인 심장주기 동안의 전기 신호를 나타낸다. 굴심방결절이 전기 신호를 유발하면 심방 섬유는 P파라는 전기적 변화를 일으킨다. P파는 심방이 수축할 것임을 나타낸다. 그 후 QRS 복합체는 심실이 곧 수축할 것이라는 신호를 보낸다. 심실 근육 섬유가 회복되면서 발생하는 전기적 변화는 T파를 생성한다.

심전도로 다양한 유형의 이상을 감지할 수 있다. 이 중 하나인 **심실세동**(ventricular fibrillation)은 심실의 불규칙하고

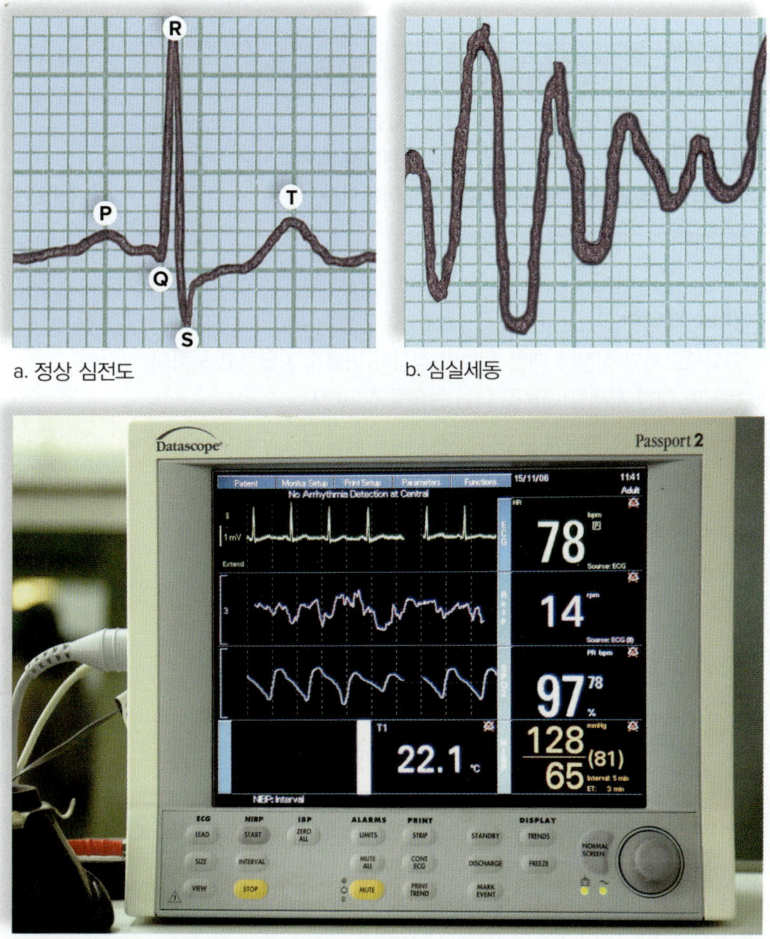

a. 정상 심전도

b. 심실세동

c. 심전도 기록

그림 4.7 심전도.
a. 정상적인 심전도는 심장이 제대로 기능하고 있음을 나타낸다. 심방 수축 직전에 P파가 발생하고, 심실 수축 직전에 QRS 복합체가 발생하며, 심실이 수축에서 회복할 때 T파가 발생한다. **b.** 심실세동은 심실의 불규칙한 자극으로 인해 불규칙한 심전도를 생성한다. **c.** 심전도 기록.
(a, b): Ed Reschke; (c): MedicImage/Alamy Stock Photo

조율되지 않은 전기 활동으로 인해 발생한다. 그림 4.7a와 그림 4.7b를 비교하고 그림 4.7b에 표시된 불규칙한 선에 주목해야 한다. 심실세동은 부상, 심장마비, 약물 과다복용으로 인해 발생할 수 있으므로 특히 주의해야 한다. 심실세동은 35세 이상의 겉으로 보기에 건강해 보이는 사람들의 심장 돌연사 중 가장 흔한 원인이다. 일단 심실이 세동을 일으키면 심장의 조율된 펌프질이 중단되고 신체 조직은 빠르게 산소가 고갈된다. 가능한 한 빨리 정상적인 전기 전도를 회복해야 하며, 그렇지 않으면 사망에 이를 수 있다. **제세동**(defibrillation)이라는 과정을 통해 짧은 시간 동안 가슴에 강한 전류가 가해진다. 이에 반응하여 모든 심장세포는 한꺼번에 전기를 방전한다. 그러면 굴심방결절은 조정된 박동을 재설정할 수 있다.

진도 점검하기 4.3

1. 심장을 통한 혈액의 흐름을 설명하시오.
2. 심장박동의 '럽'과 '덥' 소리가 나는 원인을 설명하시오.
3. 심장박동의 내부 및 외부 제어를 요약하시오.

개념 연결하기

근육으로서의 심장에 대한 정보와 심장이 어떻게 발달하고 노화되는지에 대한 자세한 내용은 다음 논의를 참고하시오.

그림 12.1 심장근육의 구조를 다른 근육조직의 구조와 비교하여 살펴본다.

그림 17.7 태아의 순환경로를 살펴본다.

17.5절 노화에 따른 심장혈관계통의 몇 가지 변화를 살펴본다.

4.4 혈압

학습 목표

이 절을 학습한 후 다음 사항을 할 수 있어야 한다.

1. 맥박이 심박수와 어떤 관련이 있는지 설명할 수 있다.
2. 정맥, 동맥, 모세혈관에서 혈류와 혈압이 어떻게 다른지 설명할 수 있다.
3. 수축기혈압과 이완기혈압을 구별할 수 있다.

왼심실이 수축하면 혈액이 압력을 받아 대동맥으로 보내진다. 혈액이 동맥, 세동맥, 모세혈관, 세정맥, 마지막으로 정맥을 통해 이동함에 따라 점진적으로 압력이 감소한다. 혈압은 대동맥에서 가장 높다. 반대로 오른심방으로 들어가는 위대정맥과 아래대정맥에서 압력이 가장 낮다(그림 4.4a 참고).

맥박은 심박수와 같다

동맥으로 유입되는 혈액의 급증으로 인해 동맥벽이 늘어나지만, 반동으로 곧바로 원래대로 되돌아간다. 동맥벽의 율동적인 확장과 반동은 신체 표면에 가까운 모든 동맥에서 **맥박**(pulse)으로 느껴질 수 있다. 요골동맥(손목의 손바닥 바깥쪽 경계 부근) 또는 경동맥(목의 기관 양쪽에 위치)에 여러 손가락을 대고 맥박을 느끼는 것이 일반적이다.

일반적으로 맥박수는 심박수를 나타내는데, 이는 왼심실이 수축할 때마다 동맥벽이 맥동하기 때문이다. 4.3절에서 언급한 바와 같이 건강한 성인의 맥박수는 일반적으로 분당 70회지만 분당 60~80회까지 다양할 수 있다.

혈액의 흐름(혈류)은 조절된다

심장박동은 동맥과 세동맥에서 혈액을 밀어내는 압력을 생성하기 때문에 항상성 유지에 필수적이다. 세동맥은 사이질액과의 교환이 이루어지는 모세혈관으로 이어져 세포에 영양분을 공급하고 노폐물을 제거한다.

혈압은 동맥의 혈액을 움직인다

혈압(blood pressure)은 혈관벽에 대한 혈액의 압력이다. 일반적으로 팔의 상완동맥에서 혈압을 측정하며, **혈압계**(sphygmomanometer)를 사용하여 측정한다(그림 4.8). **수축기혈압**(systolic pressure)이라고 하는 가장 높은 동맥압은 심장에서 혈액이 배출되는 동안 도달한다. **이완기혈압**(diastolic pressure)이라고 하는 가장 낮은 동맥압은 심실이 이완되는 동안 발생한다.

혈압은 밀리미터 수은(mm Hg) 단위로 측정된다. 젊은 성인의 안정 시 정상 혈압은 80 mm Hg 초과 120 mm Hg 미만(120/80)이지만, 이 값은 다소 다를 수 있으며 여전히 정상 혈압 범위 내에 있다(표 4.1). 숫자 120은 수축기혈압을 나타내고 80은 이완기혈압을 나타낸다. 혈압이 높으면 **고혈압**(hypertension), 혈압이 낮으면 **저혈압**(hypotension)이라고 한다.

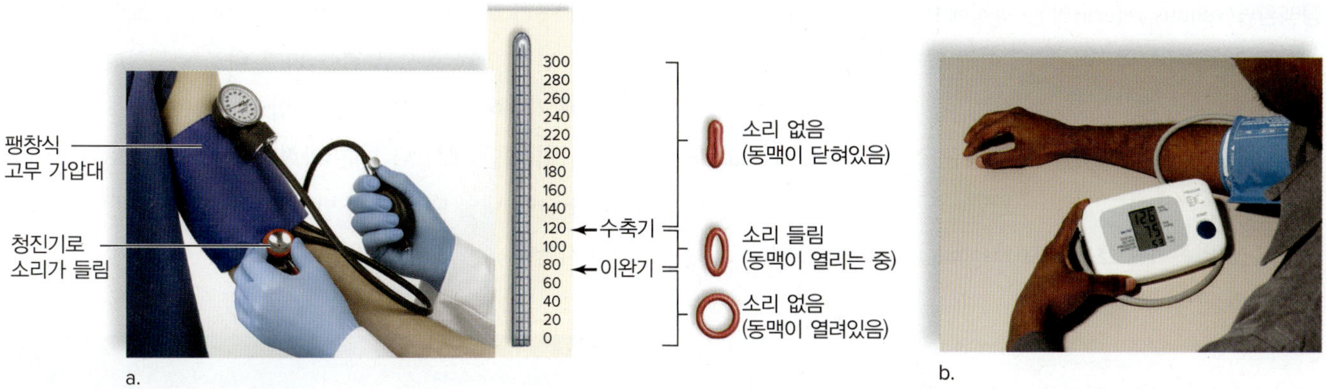

그림 4.8 혈압계는 혈압을 측정한다.
a. 혈압을 측정하기 위해 먼저 동맥이 압력에 의해 완전히 닫힐 때까지 혈압계 가압대(커프)가 부풀려진다. 그런 다음 압력을 서서히 줄인다. 의사는 청진기로 첫 번째 소리를 듣는데 이는 혈액이 동맥의 가압대를 지나 이동하고 있음을 나타내는 것이다. 이것이 수축기혈압이다. 가압대의 압력이 점점 낮아지면서 소리가 더 이상 들리지 않게 되는데 이는 혈액이 동맥을 통해 자유롭게 흐르고 있음을 나타낸다. 이것이 이완기혈압이다. **b.** 전자혈압계는 가정용으로 구입할 수 있다.
(a): Jeffrey Coolidge/Stockbyte/Getty Images; (b): Alliance Images/Alamy Stock Photo

수축기혈압과 이완기혈압은 모두 왼심실에서 멀어질수록 감소하는데 이는 동맥보다 세동맥이 더 많아서 혈관의 총 단면적이 증가하기 때문이다(그림 4.9). 혈압이 감소하면 혈액이 모세혈관 쪽으로 흘러감에 따라 혈류 속도가 점차 감소한다.

표 4.1 성인의 혈압 수치

	수축기혈압 (mm Hg)		이완기혈압 (mm Hg)
정상	120 미만	그리고	80 미만
상승기	120~129	그리고	80 미만
고혈압 1기	130~139	또는	80~89
고혈압 2기	140 이상	또는	90 이상
고혈압 위기	180 이상	그리고/또는	120 이상

출처: 미국심장협회(www.heart.org)

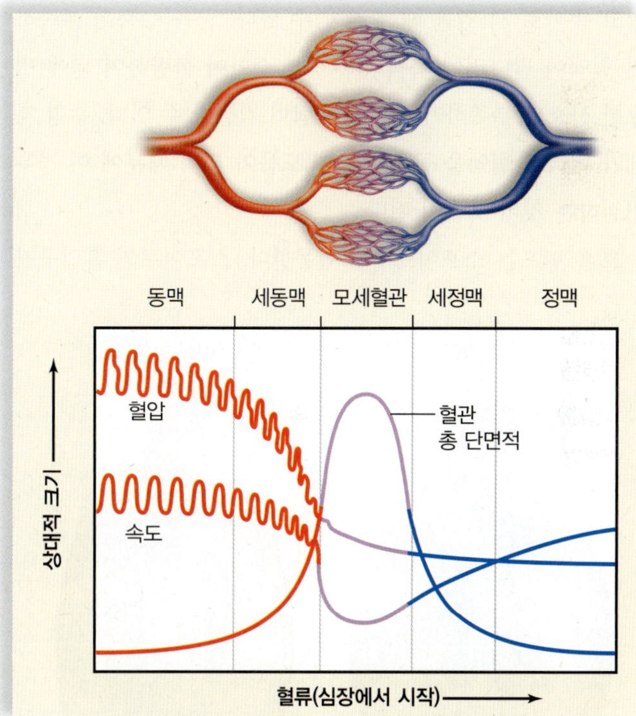

그림 4.9 혈관의 혈류 속도와 압력.
이 그림은 혈액이 심장(*왼쪽*)에서 정맥(*오른쪽*)으로 흐를 때의 속도와 상대적인 혈압을 보여준다. 단면선은 혈관의 전체 면적을 나타낸다. 모세혈관의 면적이 증가함에 따라 혈류 속도와 혈압이 현저하게 감소하는 것을 확인할 수 있다.

혈류는 모세혈관에서 느리다

모세혈관이 세동맥보다 훨씬 더 많기에 혈액은 모세혈관을 통해 천천히 이동한다(그림 4.9). 느린 이동은 모세혈관의 혈액과 주변 조직 사이에 물질 교환을 위한 시간을 허용하기 때문에 중요하다. 혈류 속도의 변화는 모세혈관앞조임근 개폐에 의해 조절된다.

정맥의 혈류는 혈액을 심장으로 되돌려보낸다

그림 4.9를 살펴보면 모세혈관에서 정맥으로 갈수록 혈류 속도가 빨라지는 것을 볼 수 있다. 비유하자면 차가 좁은 도로에서 다차선 고속도로로 들어가는 것을 상상해 보자. 마찬가지로 모세혈관이 정맥으로 비워지면 혈액이 더 빨리 이동할 수 있다. 그러나 그림 4.9에서 혈압이 세정맥과 정맥에서 최소임을 알 수 있다. 따라서 혈압은 정맥혈을 심장으로 돌려보내는

정맥환류(venous return)라는 과정에서 작은 역할만 한다. 정맥환류는 세 가지 추가 요인에 따라 달라진다.

- 뼈대근육 수축에 의존하는 **뼈대근육 펌프**(skeletal muscle pump)
- 호흡에 의존하는 **호흡 펌프**(respiratory pump)
- 정맥의 판막

뼈대근육 펌프는 근육이 수축할 때마다 작동한다. 뼈대근육이 수축하면 정맥의 약한 벽을 압박한다. 이로 인해 혈액이 판막을 지나 이동하게 된다(**그림 4.10**). 일단 판막을 지나면 혈액은 역류할 수 없다. 정맥에서 혈액을 이동시키는 뼈대근육 펌프의 중요성은 때때로 사람이 오랜 시간 동안 움직이지 않고 똑바로 서 있을 때 관찰할 수 있다. 근육 수축이 부족하면 혈액이 팔다리에 축적되고 정맥 순환이 불량하여 뇌에 필요한 산소가 부족하기 때문에 사람이 기절할 수 있다. 수평 자세가 머리에 혈액을 공급하는 데 도움이 되기 때문에 이 경우 기절하는 것이 도움이 된다.

호흡 펌프는 스포이트처럼 작동한다. 스포이트의 흡입구가 풀리면 구가 확장된다. 액체는 유리관 바닥의 높은 압력에서 위쪽의 낮은 압력 쪽으로 관을 따라 위로 이동한다. 숨을 들이쉴 때 가슴이 팽창하여 가슴안 압력이 감소한다. 혈액은 더 높은 압력(배안)에서 더 낮은 압력(가슴안)으로 흐르게 된다. 우리가 숨을 내쉴 때 압력이 반전되지만, 정맥의 판막이 역류를 방지한다.

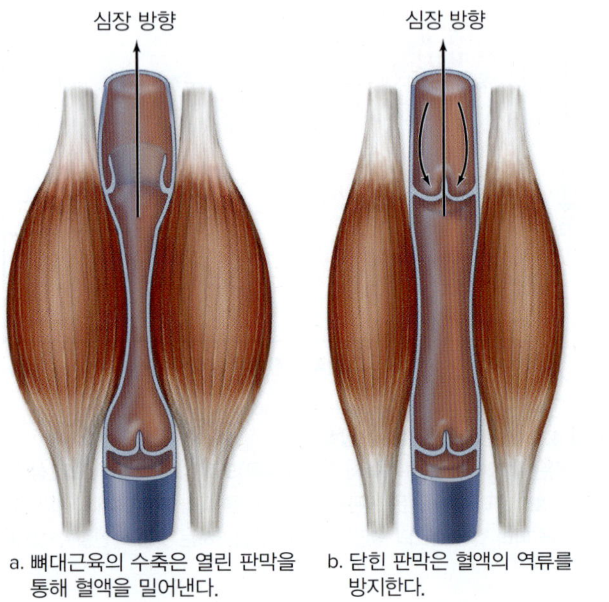

그림 4.10 뼈대근육 펌프.
a. 뼈대근육이 정맥벽에 가하는 압력은 정맥 내 혈압을 높이고 판막을 강제로 연다. **b.** 정맥에 더 이상 외부 압력이 가해지지 않으면 혈압이 감소하고 역으로 작용하는 압력으로 인해 판막이 닫힌다. 판막이 닫히면 혈액의 역류가 방지되고, 정맥은 혈액을 신장으로 돌려보낸다.

생활 속의 생물학

하지정맥류란 무엇인가?

정맥은 정맥 판막에 의해 여러 개의 개별 방으로 나뉜 벽이 얇은 관이다. 정맥은 혈액으로 너무 많이 채워지면 과도하게 늘어난다. 예를 들어 사람이 한자리에 오래 서 있으면 다리 정맥에서 혈액이 제대로 배출되지 않아 혈액이 고이게 된다. 정맥이 확장됨에 따라 정맥 판막이 팽창하여 제 기능을 하지 못한다. 이 두 가지로 인해 정맥이 부풀어 오르고 피부 표면에서 볼 수 있다. 치질은 직장의 정맥류이다. 비만, 앉아서 생활하는 습관, 여성 성별, 유전적 성향, 노화 등은 정맥류의 위험 요인이다.

특히 임신 중에는 복부의 태아가 복부 정맥을 압박하기 때문에 다리 정맥에서 혈액이 제대로 빠져나가지 못하고 판막이 오작동하여 다리 정맥이 팽창할 수 있다.

대부분 정맥류는 미용상의 문제일 뿐이다. 그러나 때때로 통증, 근육 경련, 가려움증을 유발하고 의학적 문제가 될 수 있다.

진도 점검하기 4.4

1. 사람의 맥박이 무엇을 나타내는지 설명하시오.
2. 정맥, 동맥, 모세혈관의 혈류 특성을 비교하시오.
3. 정맥에 판막이 필요한 이유를 설명하시오.

개념 연결하기

혈압의 유지는 신체 항상성의 중요한 측면이다. 혈압은 식단 및 내부 조절을 포함한 다양한 요인의 영향을 받는다. 이에 대한 자세한 내용은 다음 논의를 참고하시오.

8.6절 식단의 지질과 미네랄, 즉 염분이 혈압에 미치는 영향을 살펴본다.

10.4절 수분-염분 균형과 레닌이라는 효소가 혈압에 미치는 영향을 살펴본다.

4.5 두 가지 심장혈관 경로

학습 목표

이 절을 학습한 후 다음 사항을 할 수 있어야 한다.

1. 폐순환과 체순환의 혈류를 비교할 수 있다.
2. 폐순환과 체순환의 주요 동맥과 정맥을 구별할 수 있다.
3. 폐순환과 체순환의 동맥과 정맥에 있는 혈액의 산소 함량을 비교할 수 있다.
4. 간문맥의 위치와 목적을 설명할 수 있다.

혈액은 폐를 통해 혈액을 순환시키는 **폐순환**(pulmonary circuit)과 신체 조직의 필요를 충족시키는 **체순환**(systemic circuit)의 두 가지 순환경로로 흐른다(그림 4.11). 산소, 이산화탄소의 이동과 관련하여 이런 순환경로를 논의하는 것이 일반적이지만, 이러한 순환경로는 다양한 영양소, 호르몬, 기타 요인도 전달한다는 점에 유의하는 것이 중요하다. 이러한 이유로 두 회로 모두 신체의 항상성 유지에 중요하다.

폐순환: 기체 교환

4.3절에서 혈액의 전반적인 경로를 살펴보았지만, 폐순환 내의 흐름을 요약하자면 오른심방으로 들어가는 혈액부터 시작하여 체내 혈액의 경로를 추적할 수 있다. 오른심방은 신체의 체순환에서 혈액을 받아들인다. 그런 다음 혈액은 오른심실로 들어가 폐동맥간으로 이동하게 된다. 폐동맥간은 오른쪽과 왼쪽 폐동맥으로 나뉘며 폐에 접근함에 따라 더 가지가 나뉜다. 세동맥은 혈액을 폐모세혈관으로 이동시키는데 혈액은 여기서 이산화탄소를 방출하고 산소를 흡수한다. 그런 다음 혈액은 폐세정맥을 지나 4개의 폐정맥으로 모여서 왼심방으로 들어간다. 폐동맥의 혈액은 산소가 부족하지만 폐정맥의 혈액은 산소가 풍부하므로, 모든 동맥은 산소가 많은 혈액을 운반하고 모든 정맥은 산소가 적은 혈액을 운반한다고 말하는 것은 옳지 않다.

체순환: 사이질액과의 교환

체순환은 그림 4.12에 표시된 모든 동맥과 정맥을 포함한다. 이 그림에 모든 혈관이 표시되어 있지는 않다. 심장은 신체의 약 6만 마일에 달하는 혈관을 통해 혈액을 펌프질하여 영양분과 산소를 공급하고 모든 신체 세포에서 노폐물을 제거한다.

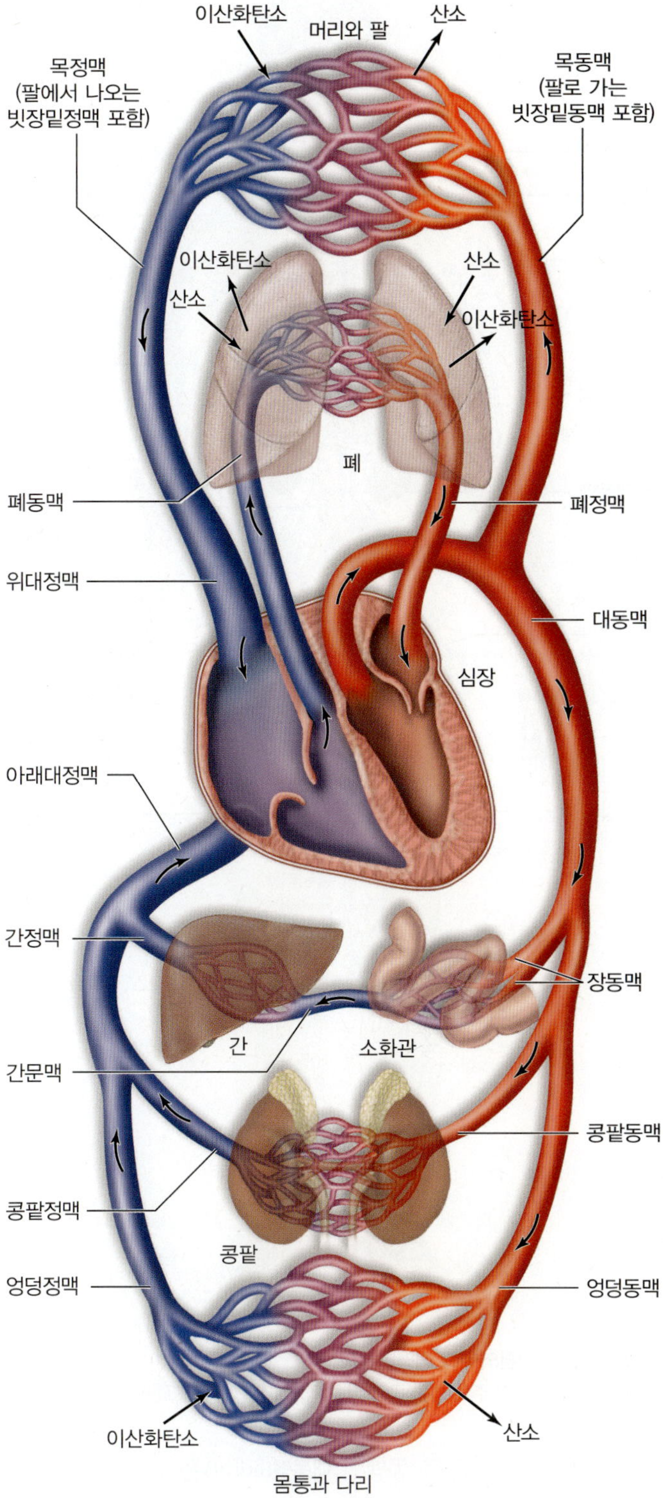

그림 4.11 심장혈관계통의 개요.
파란색 혈관은 이산화탄소가 풍부한 혈액을, 붉은색 혈관은 산소가 풍부한 혈액을 운반하며, 화살표는 혈액의 흐름을 나타낸다. 혈액의 이동 경로를 추적하는 학습에 유용한 이 모식도를 그림 4.12와 비교하면 동맥과 정맥이 신체의 모든 부분으로 이동한다는 것을 알 수 있다. 또한 신체의 모든 부분에는 모세혈관이 분포한다.

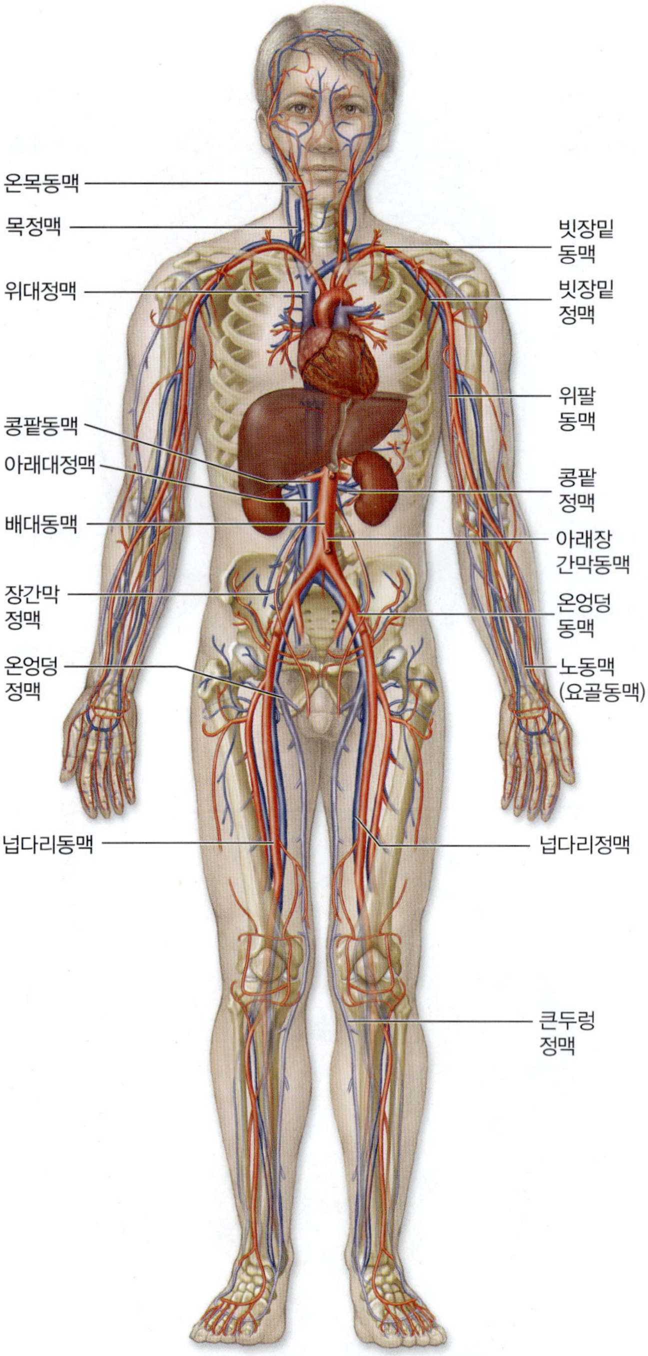

그림 4.12 체순환의 주요 동맥과 정맥.
이 그림은 체순환의 주요 혈관(동맥 및 정맥)을 사실적으로 표현한 것이다.

체순환에서 가장 큰 동맥인 **대동맥**(aorta)은 심장에서 혈액을 공급받고, 가장 큰 정맥인 **위대정맥**(superior vena cava)과 **아래대정맥**(inferior vena cava)은 혈액을 심장으로 되돌려보낸다. 위대정맥은 머리, 가슴, 팔에서 혈액을 수집하고 아래대정맥은 하체 부위에서 혈액을 수집한다. 둘 다 오른심방으로 들어간다.

혈액의 경로 추적

체순환에서 혈액의 경로를 추적하기는 쉽다. 체순환은 대동맥으로 혈액을 펌프질하는 왼심실에서 시작한다. 대동맥에서 갈라진 가지는 기관과 주요 신체 부위로 이동한다. 예를 들어 하반신을 이동하는 혈액의 경로는 다음과 같다.

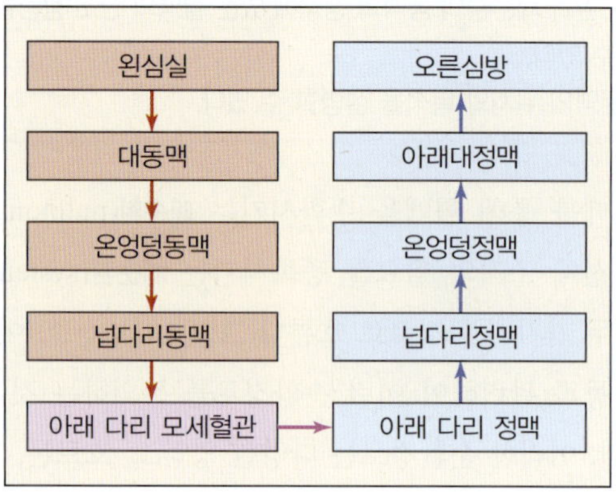

특정 기관으로의 혈액 이동을 추적할 때 대동맥에서 시작한 다음 대동맥에서 분기되는 동맥을 찾는 것이 일반적이다. 그런 다음 모세혈관이 있는 신체 부위를 나열하고, 혈액을 대정맥으로 되돌려보내는 정맥을 나열한다. 넙다리동맥과 넙다리정맥의 경우처럼 같은 부위를 담당하는 동맥과 정맥에 같은 이름을 붙이는 경우가 많다. 동맥과 정맥 사이에는 어떤 일이 일어날까? 동맥에서 나온 세동맥은 모세혈관으로 분지하여 교환이 일어나고, 세정맥이 정맥으로 합류하여 대정맥으로 들어간다.

간문맥계통: 혈액 여과에 특화됨

간문맥(hepatic portal vein, 그림 4.11 참고)은 소화관의 모세혈관그물에서 혈액을 받아들여 간에 있는 모세혈관그물로 운반한다. 문맥(portal)이라는 용어는 두 모세혈관그물 사이에 있음을 나타낸다. 간문맥의 혈액은 산소가 부족하지만 소장에서 흡수되는 포도당, 아미노산, 기타 영양소가 풍부하다. 간은 포도당을 글리코겐으로 저장하고 아미노산을 저장하거나 즉시 사용하여 혈액 단백질을 생성한다. 간은 또한 장 모세혈관을 통해 몸에 들어온 독소와 병원균을 포함한 혈액을 정화한다. 혈액은 간을 통해 천천히 여과된 후, **간정맥**(hepatic vein)에 의해 수집되어 아래대정맥으로 되돌아간다.

진도 점검하기 4.5

1. 폐순환에서 혈액의 흐름을 설명하시오.
2. 심장에서 소화관으로 그리고 간문맥을 통해 다시 심장으로 돌아가는 혈액의 경로를 설명하시오.
3. 폐동맥에 흐르는 혈액의 상대적인 산소 함량을 폐정맥에 흐르는 혈액과 비교하시오.

개념 연결하기

태아가 발달하는 동안 폐의 우회로 인해 혈액 흐름에 미세한 변화가 발생한다. 이에 대한 자세한 내용과 간문맥계통, 폐순환에 대한 추가 정보는 다음 논의를 참고하시오.

그림 8.8 간문맥이 간으로 영양분을 가져가는 방법을 살펴본다.

그림 9.11 폐순환과 체순환에서 산소와 이산화탄소의 수송을 도식화한 내용을 살펴본다.

그림 17.7 태아가 발달하는 동안 체순환이 태반과 어떻게 상호작용하는지 살펴본다.

4.6 모세혈관에서의 교환

학습 목표

이 절을 학습한 후 다음 사항을 할 수 있어야 한다.

1. 모세혈관벽을 가로질러 물질이 이동하는 과정을 설명할 수 있다.
2. 모세혈관을 빠져나가는 여분의 체액은 어떻게 되는지 설명할 수 있다.

모세혈관벽을 통한 체액의 이동을 제어하는 두 가지 힘은 혈액 내 체액을 모세혈관에서 조직 공간으로 이동시키는 경향이 있는 혈압과 물을 반대 방향으로 이동시키는 경향이 있는 삼투압이다. 모세혈관의 동맥 말단에서는 혈압(30 mm Hg)이 혈액의 삼투압(21 mm Hg)보다 높다(그림 4.13). 삼투압은 혈액의 액체 부분인 혈장에 용해된 용질의 존재에 의해 생성된다. 용해된 혈장 단백질은 삼투압을 유지하는 데 특히 중요하다. 대부분의 혈장 단백질은 간에서 만들어진다. 모세혈관의 동맥 말단에서는 삼투압보다 혈압이 높기 때문에 동맥 말단에서 물이 모세혈관을 빠져나간다.

혈압이 더 낮은 모세혈관 중간에서는 두 힘이 서로 상쇄되어 체액의 순이동이 일어나지 않는다. 이제 용질은 농도 구배

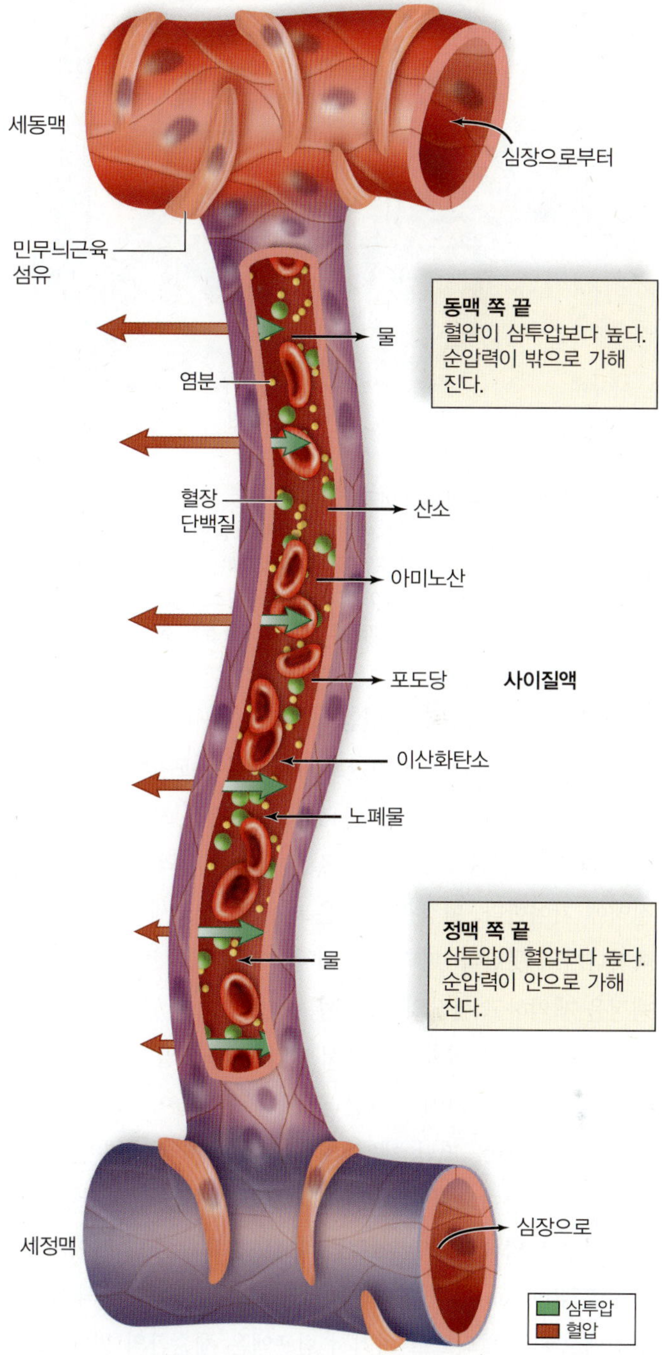

그림 4.13 모세혈관그물에서 액체의 이동.
이 그림은 모세혈관에서의 물질 교환 과정과 과정을 돕는 힘을 보여준다. 모세혈관의 동맥 쪽 끝에서는 혈압이 삼투압보다 높다. 체액은 혈류를 떠나 사이질액으로 들어가는 경향이 있다. 모식도의 중간 부분에는 산소와 이산화탄소를 포함한 용질이 고농도에서 저농도로 확산한다. 이산화탄소와 노폐물은 모세혈관으로 확산하고, 영양분과 산소는 조직으로 들어간다. 모세혈관의 정맥 쪽 끝에서는 삼투압이 혈압보다 높다. 사이질액이 혈류로 다시 들어가는 경향이 있다. 적혈구와 혈장 단백질은 너무 커서 모세혈관을 빠져나가지 못한다.

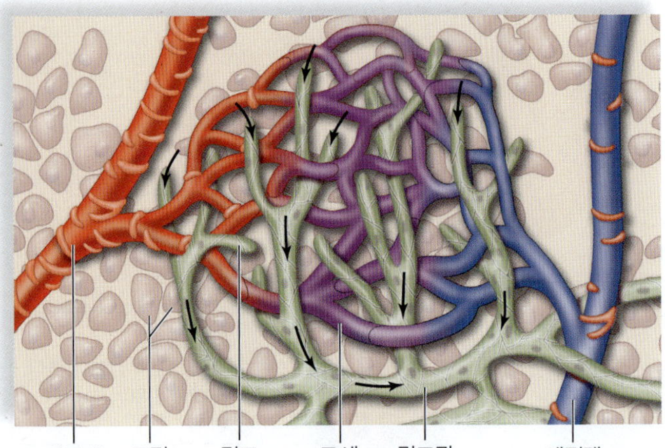

그림 4.14 림프관으로의 체액 이동.
림프모세관그물은 모세혈관그물과 나란히 위치한다. 림프모세관이 과도한 사이질액을 흡수하면 사이질액은 림프액이 된다. 림프액은 가슴에 있는 심장혈관 정맥을 통해 심장혈관계통으로 돌아간다. 모세혈관앞조임근은 모세혈관그물로의 혈액 흐름을 닫을 수 있으며, 이때 혈액은 우회로를 통해 흐른다.

에 따라 확산한다. 산소와 영양소(포도당, 아미노산)는 모세혈관 밖으로 확산되고, 이산화탄소와 노폐물은 모세혈관 안으로 확산한다. 적혈구와 거의 모든 혈장 단백질은 모세혈관에 남아 있다. 모세혈관을 떠나는 물질은 세포 사이의 액체인 사이질액에 기여한다. 혈장 단백질은 너무 커서 모세혈관을 쉽게 빠져나가지 못한다. 따라서 사이질액에는 훨씬 적은 양의 단백질을 제외하고 혈장의 모든 성분이 포함되어 있다.

세정맥 쪽 모세혈관 말단에서 혈압은 더욱 떨어진다. 삼투압이 혈압보다 높기에 체액은 혈관 내로 되돌아가는 경향이 있다. 모세혈관을 떠난 체액과 거의 같은 양의 체액이 모세혈관으로 되돌아오지만, 약간의 과도한 사이질액이 항상 림프모세관에 의해 회수된다(**그림 4.14**). 림프관 내의 사이질액을 **림프액**(lymph)이라 한다. 주요 림프관이 어깨 부위의 빗장밑정맥으로 연결되므로 여기서 림프액은 체순환의 혈액으로 되돌아간다.

진도 점검하기 4.6

1. 모세혈관 교환 동안 생성된 여분의 체액은 어떻게 되는지 설명하시오.
2. 모세혈관벽을 가로지르는 물질 교환을 설명하시오.
3. 모세혈관의 정맥 쪽 말단에서 혈압과 삼투압이 변할 때 일어나는 일을 요약하시오.

개념 연결하기

모세혈관 안팎으로 물질이 이동하는 것은 다른 여러 신체계통의 기능에 중요한 역할을 한다. 모세혈관의 중요성에 대한 자세한 내용은 다음 논의를 참고하시오.

6.2절 림프계통의 역할에 대한 추가 정보를 살펴본다.

9.6절 폐의 모세혈관벽을 가로질러 기체 교환이 일어나는 방식을 살펴본다.

10.3절 비뇨계통이 노폐물 배출을 위해 어떻게 모세혈관 밖으로 노폐물을 이동시키기 위한 구배를 설정하는지 살펴본다.

4.7 심장혈관 질환

학습 목표

이 절을 학습한 후 다음 사항을 할 수 있어야 한다.

1. 인간의 심장혈관 질환의 근본적인 원인을 설명할 수 있다.
2. 의학의 발전이 어떻게 심장혈관 질환을 치료하는지 요약할 수 있다.

심장혈관 질환은 서양에서 조기 사망의 주요 원인이다. 미국에서 심장혈관 질환은 전체 사망의 33% 이상을 차지한다. 최근의 연구 노력으로 진단, 치료, 예방이 개선되었다. 이 절에서는 주요 심장혈관 질환의 몇 가지 형태를 살펴보고 심장혈관 질환을 예방하고 교정하는 데 있어 이루어진 다양한 발전도 살펴본다. 건강 특집 '심장병 예방에 관한 최근 연구 결과'에서는 심장혈관 질환 발병 가능성을 높이는 몇 가지 요인을 살펴본다.

혈관 질환

고혈압과 죽상경화증은 혈전으로 동맥이 막히거나 플라크로 동맥이 막혀 뇌졸중이나 심장마비로 이어지는 경우가 많다. 치료에는 혈전을 제거하거나 영향을 받은 동맥을 비집고 여는 것이 포함된다. 또 다른 가능한 결과는 혈관 파열 또는 동맥류이다. 동맥류는 파열되기 직전의 혈관을 인공혈관으로 교체해 예방할 수 있다.

고혈압

고혈압(hypertension)은 혈액이 정상보다 높은 압력으로 동맥을 통해 이동할 때 발생한다. 고혈압은 침묵의 살인자라고도

오늘날의 생물학 ▶ 건강

심장병 예방에 관한 최근 연구 결과

미국에서는 수십 년 동안 여러 요인이 심장혈관 질환, 특히 죽상경화증의 위험 증가와 관련이 있는 것으로 밝혀졌다. 연령 증가, 남성 성별, 심장병 가족력, 아프리카계 미국인, 멕시코계 미국인, 아메리카 원주민 등을 포함한 특정 인종에 속하는 경우와 같이 피할 수 없는 요인도 있다. 흡연, 비만, 고콜레스테롤, 고혈압, 당뇨병, 신체 활동 부족과 같은 다른 위험 요인은 행동을 바꾸거나 약물을 복용함으로써 피할 수 있거나 적어도 영향을 미칠 수 있다. 그러나 최근에는 다음과 같은 다른 요인도 고려되고 있다.

- **알코올**: 알코올 남용은 심장을 포함한 신체의 거의 모든 기관을 파괴할 수 있다. 그러나 여러 대규모 연구에 따르면 미국심장협회는 술을 하루에 한두 잔 마시는 사람이 술을 마시지 않는 사람에 비해 심장혈관 질환 위험이 30~50% 낮다고 밝혔다. 그러나 최대 보호 효과는 하루에 한두 잔만 마셔도 얻을 수 있으며, 그 이상 마시면 알코올과 관련된 많은 문제의 위험이 증가한다. 미국심장협회는 이런 연구 결과를 근거로 비음주자가 술을 마시기 시작하거나 음주자가 음주량을 늘리는 것을 권장하지 않는다.
- **레스베라트롤**: '적포도주 효과' 또는 '프렌치 패러독스'는 프랑스에서 고지방 식단을 섭취함에도 불구하고 심장혈관 질환의 수치가 상대적으로 낮다는 관찰을 말한다. 한 가지 가능한 설명은 포도주를 식사와 함께 자주 섭취한다는 것이다. 적포도주에는 알코올 외에도 레스베라트롤을 비롯한 높은 수준의 항산화제가 포함되어 있다. 레스베라트롤은 주로 포도 껍질에서 생성되므로 포도 주스에도 포함되어 있다. 레스베라트롤 보충제는 건강 식품점에서도 구입할 수 있다. 그러나 레스베라트롤 단독 효능에 대해서는 의문의 여지가 있으며, 현재까지 대부분의 통제된 연구에서는 유익한 효과가 입증되지 않았다. 프랑스인의 심장혈관 질환 발병률이 낮은 것은 생활 방식과 유전적 차이를 비롯한 여러 요인 때문일 수 있다.
- **오메가-3 지방산**: 식단이 혈중 콜레스테롤 수치에 미치는 영향은 잘 연구되어 있다. 일반적으로 포화지방(붉은 고기, 크림, 버터)과 트랜스지방(대부분의 마가린, 시중에서 판매하는 구운 식품, 튀긴 음식)이 많이 함유된 식품 섭취를 최소화하는 것이 좋다. 이러한 해로운 지방을 단일불포화지방(올리브유, 카놀라유)과 다중불포화지방(옥수수유, 홍화유, 대두유) 같은 건강한 지방으로 대체하는 것이 좋다. 또한 미국심장협회에서는 오메가-3 지방산이 풍부한 연어, 고등어, 청어, 송어, 정어리, 날개다랑어 등의 생선을 일주일에 최소 2회 섭취할 것을 권장하고 있다. 이러한 필수 지방산은 중성지방 수치를 낮추고, 죽상경화성 플라크의 성장 속도를 늦추며, 혈압을 낮출 수 있다. 그러나 일부 생선에는 수은 오염 수준이 높기 때문에 어린이와 임산부는 생선 섭취를 제한하는 것이 좋다. 중년 이상의 남성과 폐경 후 여성의 경우 생선 섭취의 이점이 잠재적인 위험보다 훨씬 더 크다.
- **비타민 D 결핍**: 비타민 D 결핍과 특정 형태의 심장혈관 질환, 특히 심장마비, 뇌졸중, 고혈압의 발생률 증가와 관련된 연구가 점점 더 많이 발표되고 있다. 비타민 D와 심장혈관계통 사이의 직접적인 연관성은 아직 연구 중이지만, 비타민은 신체에서 200개 이상의 유전자 작동에 영향을 미치는 호르몬이며, 그중 다수는 심장혈관계통을 포함하여 전반적인 신체 건강과 관련이 있다. 성인은 평균적으로 하루에 1,000~2,000 IU(국제 단위)의 비타민 D를 섭취하는 것이 좋다.

생각해 볼 문제

1. 이 글에서 논의된 위험 요인을 검토하시오. 그리고 현재 자신에게 영향을 미칠 수 있는 요인이 있다면 무엇인가?
2. 일부 과학자는 특정 유형의 박테리아 및 바이러스 감염이 심장혈관 질환의 원인이 될 수 있다고 의심한다. 감염이 심장혈관 질환을 유발할 수 있는 구체적인 방법은 무엇인가?
3. '프렌치 패러독스'에 대해 다른 가능한 설명은 무엇인가?

한다. 심장마비, 뇌졸중, 심지어 신부전을 일으킬 때까지 발견되지 않을 수 있다. 이제 고혈압은 수축기혈압이 130 이상이거나 이완기혈압이 80 이상인 경우로 정의한다(표 4.1 참고). 수축기혈압과 이완기혈압이 모두 중요하지만, 의사는 심장혈관계통의 안정 시 압력을 나타내는 이완기혈압에 중점을 두고 치료를 고려하는 경우가 많다.

고혈압 발병을 예방하는 가장 좋은 방법은 정기적인 혈압 검사와 심장혈관 질환의 위험을 낮추는 생활 습관의 유지다.

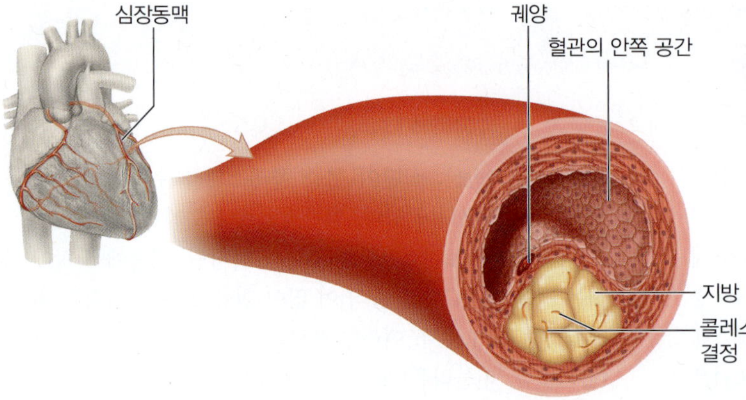

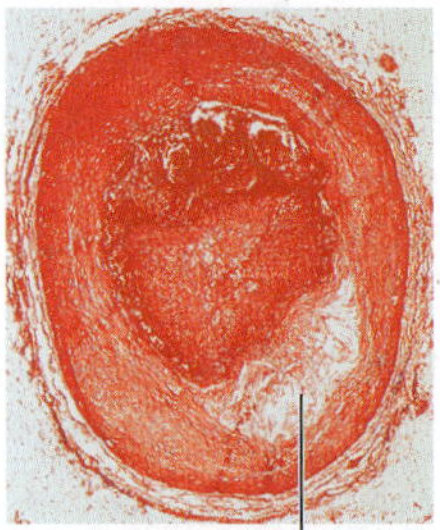

그림 4.15 심장동맥과 플라크. 죽상경화성 플라크는 콜레스테롤과 지방이 불규칙적으로 축적된 것이다. 심장동맥에 지방이 축적되면 혈류가 제한되어 심장마비가 발생할 가능성이 커진다.
(사진): Biophoto Associates/Science Source

고혈압이 있는 경우 처방약이 혈압을 낮추는 데 도움이 될 수 있다. 이뇨제는 콩팥이 더 많은 소변을 배출하도록 하여 몸에서 과도한 체액을 제거한다. 또한 혈압을 높이는 호르몬(신체의 화학적 전달자)을 비활성화할 수 있다. 베타 차단제와 안지오텐신 전환 효소(ACE) 억제제라는 약물은 호르몬으로 인한 고혈압을 조절하는 데 도움이 된다.

고혈압은 **죽상경화증**(atherosclerosis)이 있는 사람에게 자주 나타난다. 죽상경화증은 혈관 내부에 병변 또는 **죽상경화성 플라크**(atherosclerotic plaque)가 형성되어 발생한다. **플라크**(plaque)는 혈관 지름을 좁혀 조직으로의 혈액과 산소 공급을 차단한다. 대부분의 경우 죽상경화증은 성인 초기에 시작해 중년기까지 점진적으로 진행되지만, 50세 이상이 되어야 증상이 나타날 수 있다. 죽상경화증의 발병 및 진행을 예방하기 위해 미국심장협회 및 기타 조직에서는 포화지방과 콜레스테롤은 적고 오메가-3 다중불포화지방산이 풍부한 식단을 권장한다.

죽상경화성 플라크(그림 4.15)는 불규칙하고 거칠어진 동맥벽에 혈전을 형성할 수 있다. 혈전이 고정되어 있는 한, 이를 혈전이라고 한다. 혈전이 떨어져 나와 혈액과 함께 이동하면 이를 색전증이라고 한다. **혈전색전증**(thromboembolism)은 혈류를 타고 이동하다가 작은 혈관에 자리 잡으면 완전히 고정되는 혈전으로 구성된다. 혈전색전증을 치료하지 않으면 생명을 위협하는 합병증이 발생할 수 있다.

연구에 따르면 죽상경화증의 원인은 고혈압 외에도 여러 가지가 있을 수 있다. 그중 가장 중요한 것은 흡연과 지질과 콜레스테롤이 풍부한 식단이다. 또한 연구에 따르면 혈액으로 퍼지는 낮은 수준의 박테리아 또는 바이러스 감염이 죽상경화증 과정을 시작하는 부상을 유발할 수 있다고 한다. 놀랍게도 이러한 감염은 잇몸 질환이나 **헬리코박터 파일로리**(*Helicobacter pylori*)로 인한 것일 수 있다. 감기나 부상 후 혈액에서 발생하는 C-반응성 단백질 수치가 높은 사람은 심장마비가 발생할 가능성이 크다.

> **생활 속의 생물학**
>
> **스타틴이란 무엇인가?**
>
> 스타틴은 간에서 생성되는 콜레스테롤의 양을 줄임으로써 혈중 콜레스테롤 수치를 낮추는 약물의 일종이다. 이를 통해 콜레스테롤 수치 상승과 관련된 심장혈관 질환의 위험을 줄인다. 스타틴이 간 질환, 당뇨병, 근육 손상과 같은 건강 문제를 일으킬 수 있다는 보고가 있지만, 미국식품의약국(FDA)은 스타틴이 대부분 사람에게 이러한 위험 요소를 증가시킨다는 증거를 찾지 못했다. 다른 약물과 마찬가지로 새로운 치료를 시작하기 전에 항상 의사와 상의해야 한다.

뇌졸중, 심장마비, 동맥류

뇌졸중, 심장마비, 동맥류는 고혈압, 죽상경화증과 관련이 있다. **뇌졸중**(stroke)이라고도 하는 뇌혈관 사고는 작은 뇌동맥이 터지거나 색전으로 막혀서 발생하는 경우가 많다. 산소가 부족하면 뇌 일부가 죽고 마비 또는 사망에 이를 수 있다. 사람은 때때로 손이나 얼굴이 마비되거나, 말이 어눌해지거나, 한쪽 눈이 일시적으로 실명되는 등의 증상으로 뇌졸중을 미리 알 수 있다.

심장마비(heart attack)라고도 하는 심근경색은 산소 부족으로 인해 심장근육의 일부가 죽는 질환이다. 심장동맥이 부분적으로 막히면 **협심증**(angina pectoris)을 경험할 수 있다. 협심증의 특징적인 증상으로는 가슴에 압박감, 쥐어짜는 듯한 느낌 또는 가슴 통증이 있다. 압박감과 통증은 왼쪽 팔, 목, 턱, 어깨, 등까지 이어질 수 있다. 메스꺼움과 구토, 불안, 현기증, 호흡곤란이 흉부 불편감과 함께 나타날 수 있다. 니트로글리세린 또는 관련 약물은 혈관을 확장하고 통증을 완화하는 데 도움이 된다. 혈전색전증으로 인해 심장동맥이 완전히 막히면 심장마비가 발생한다.

동맥류(aneurysm)는 혈관이 부풀어 오르는 것으로, 대부분 복부 동맥이나 뇌로 이어지는 동맥에 발생한다. 죽상경화증과 고혈압은 동맥류가 발생할 정도로 동맥벽을 약화시킬 수 있다. 대동맥과 같은 주요 혈관이 파열되면 사망에 이를 수 있다. 동맥과 같은 혈관의 손상되거나 병든 부분을 플라스틱 튜브로 대체할 수 있다. 모세혈관에서 조직 세포와의 교환이 계속 이루어질 수 있기 때문에 심장혈관 기능은 보존된다. 비활성 금형에 환자의 세포를 주입하거나 줄기세포를 이용해 혈관을 생성하여 실험실에서 만든 혈관을 활용하는 연구도 진행 중이다.

혈전 용해

혈전색전증에 대한 의학적 치료에는 혈액 내 단백질인 플라스미노겐을 혈전을 녹이는 효소인 플라스민으로 전환하는 생명공학 약물인 조직 플라스미노겐 활성화제(t-PA)를 사용하는 것이 포함된다. 조직 플라스미노겐 활성화제는 뇌졸중 환자에게도 사용되고 있지만 성공률은 낮다. 일부 환자는 뇌에서 생명을 위협하는 출혈을 경험한다. 더 나은 치료법은 뇌세포가 뇌졸중으로 인한 독성 화학 물질을 방출하거나 받아들이는 것을 방지하기 위해 세포막에 작용하는 새로운 생명공학 약물이 될 수 있다.

아스피린이 혈전 형성 가능성을 낮추는 것으로 알려졌지만, 최근 연구에서는 특히 특정 연령대에서 매일 저용량의 아스피린을 복용하는 것이 심장마비를 예방하는 데 효과가 있는지 의문을 제기하기 시작했다. 저용량 아스피린 복용을 시작하거나 중단할지는 의사의 조언에 따라 결정해야 한다.

막힌 동맥 치료

과거에는 심장혈관 질환을 치료하려면 개심 수술을 해야 했기 때문에 회복 기간이 길고 흉터가 오래 남아 통증이 생길 수 있었다. 이제 로봇 기술을 사용하여 우회 수술(그림 4.16a)을 보조할 수 있다. 작은 절개창을 통해 비디오카메라와 기구가 삽입되고 외과의는 콘솔에 앉아 수술대 위의 움직이는 팔에 부착된 교체 가능한 그리퍼, 절단기, 기타 도구를 조작한다. 외과의는 2개의 접안렌즈를 통해 수술 부위를 입체적으로 볼 수 있다. 로봇 수술은 판막 수리 및 기타 심장 시술에도 사용된다.

심장동맥 우회술(coronary bypass operation)은 플라크로 막힌 동맥을 치료하는 한 가지 방법이다. 외과의는 혈관(일반적으로 다리의 정맥)을 가져와 한쪽 끝을 대동맥에 연결하고 다른 쪽 끝을 막힌 지점을 지나 심장동맥에 꿰매는 수술을 한다. 그림 4.16b는 3개의 혈관 도막을 사용하여 혈액이 심장동맥을 통해 대동맥에서 심장근육으로 자유롭게 흐르도록 하는 삼중 우회술을 보여준다. 1997년부터는 심장동맥 우회술 대신 유전자 치료법을 사용하여 심장근육으로 혈액을 운반할 새로운 혈관을 성장시키는 방법이 사용되었다. 외과의는 작은 절개를 통해 갈비뼈 사이로 혈관내피성장인자(VEGF)를 암호화하는 유전자 사본을 혈류 개선이 가장 필요한 심장 부위에 직접 주입하기만 하면 된다. 혈관내피성장인자는 동맥에서 새로운 혈관이 돋아나도록 촉진한다. 측부혈관이 형성되면 막힌 동맥을 돌아서 혈액을 운반하므로 우회술이 필요하지 않다. 시술을 받은 환자의 약 60%가 2~4주 이내에 혈관 성장 징후를 보인다.

우회수술의 또 다른 대안은 **혈관성형술**(angioplasty)이다. 과거 혈관성형술은 팔이나 다리의 동맥에 플라스틱 관을 삽입한 다음 주요 혈관을 통해 심장 쪽으로 유도하는 방식이었다. 관이 동맥의 플라크 영역에 도달하면 관 끝에 부착된 풍선을 부풀려서 혈관을 강제로 열었다. 이 시술은 이제 동일한 절차를 사용하여 막힌 혈관에 스텐트를 전달한다(그림 4.16c). 스텐트는 막힌 심장동맥을 뚫은 후 열린 상태로 고정하는 작은 원통형의 금속 그물망이다. 스텐트 내부의 풍선이 부풀어 오르면 스텐트가 확장해 제자리에 고정된다. 일부 환자는 당일 또는 기껏해야 하룻밤 정도 입원한 후 퇴원한다. 스텐트는 동맥 내벽으로 스며들어 세포 성장을 억제하는 약물로 코팅되어 있을 때 더 성공적이다. 코팅되지 않은 스텐트는 몇 달 안에 다시 닫힐 수 있지만 코팅된 스텐트에 사용되는 약물은 닫히는 것을 성공적으로 방지한다. 스텐트 삽입 후 혈액 응고가 발생할 수 있으므로 환자는 항응고제를 복용해야 한다.

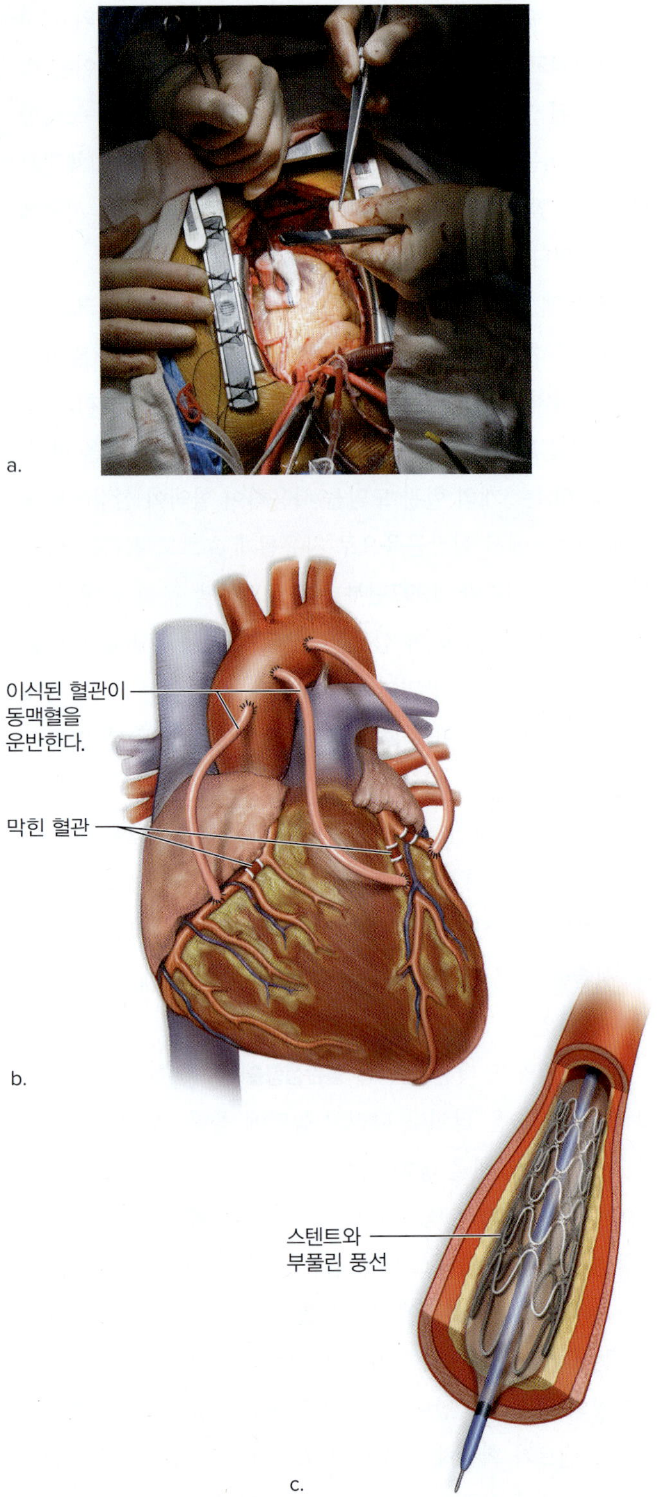

그림 4.16 심장동맥의 죽상경화성 플라크 치료.
a. 수술 기술의 개선은 심장동맥 우회술에 도움이 될 수 있다. **b.** 이 시술에서는 다리에 있는 정맥 또는 가슴에 있는 동맥에서 얻은 혈관을 막힌 곳을 우회하도록 심장동맥에 봉합한다. **c.** 스텐트 시술에서는 끝에 풍선이 달린 카테터가 스텐트(확장 가능한 금속 그물망으로 된 원통)를 막힌 곳으로 이동시킨다. 풍선이 부풀면 스텐트가 팽창하여 동맥을 열어준다.
(a): aaM Photography, Ltd./Vetta/miralex/Getty Images

심부전

심부전(heart failure)이 발생하면 심장이 더는 정상적으로 펌프질을 하지 않는다. 이전에는 심장마비로 사망하던 사람들이 지금은 살아남았지만 심장이 손상된 채로 남아 있기 때문에 심부전은 점점 더 큰 문제가 되고 있다. 종종 심장이 지나치게 커지는 이유는 심장벽이 더 튼튼해서가 아니라 처지고 부어 있기 때문이다. 한 가지 아이디어는 심장이 너무 커지는 것을 방지하기 위해 천으로 심장을 감싸는 것이다. 이것은 역도 선수의 벨트가 복근을 제한하고 강화하는 방식과 유사하게 더 나은 펌프질을 가능하게 할 수 있다. 그러나 심장이 쇠약해지면 비정상적인 심장박동과 같은 다른 문제가 발생할 수 있다. 이러한 상태에 대응하기 위해 가슴 피부 바로 아래에 이식형 심장박동기-제세동기(ICD)를 삽입할 수 있다. 이 장치는 비정상적으로 느린 심장박동과 비정상적으로 빠른 심장박동을 모두 감지할 수 있다. 전자의 경우 ICD는 심장박동 조율기처럼 박동을 생성한다. 후자의 경우 심장에 날카로운 전기 충격을 보내 심장박동 속도를 늦춘다. 심장박동이 불규칙해지면 ICD는 제세동기처럼 더 강한 충격을 보낸다.

심장 이식

심장 이식은 일반적으로 성공적으로 이루어지고 있지만, 이식 가능한 장기보다 더 많은 사람이 새로운 심장을 기다리고 있다. 오늘날에는 수천 명의 사람이 이식을 받을 수 있지만 매년 약 2,300건의 심장 이식 수술만이 이루어지고 있다. 인간의 심장이 부족하기 때문에 언젠가는 유전자 변형 돼지가 심장의 공급원으로 사용될 수 있을 것이다. 또한, 골수 줄기세포가 심장에 주입되었다. 이 세포는 심장에 들어가면 새로운 심장근육 조직을 형성하여 심장마비로 손상된 조직을 대체할 수 있다.

오늘날에는 복부에 이식되는 왼심실보조장치(LVAD)가 심장 이식의 대안이다. 관이 왼심실에서 장치로 혈액을 전달하면 장치는 혈액을 대동맥으로 펌프질한다. 전선은 장치에서 피부를 통해 환자가 휴대해야 하는 외장 건전지로 연결된다. 또 다른 옵션은 왼심실 내부에 삽입되는 펌프인 자빅 2000(Jarvik 2000)이다. 자빅은 C 건전지보다 크지 않은 외장 건전지로 전원이 공급된다.

그림 4.17과 같이 완전인공심장(TAH)이라는 장치를 이식

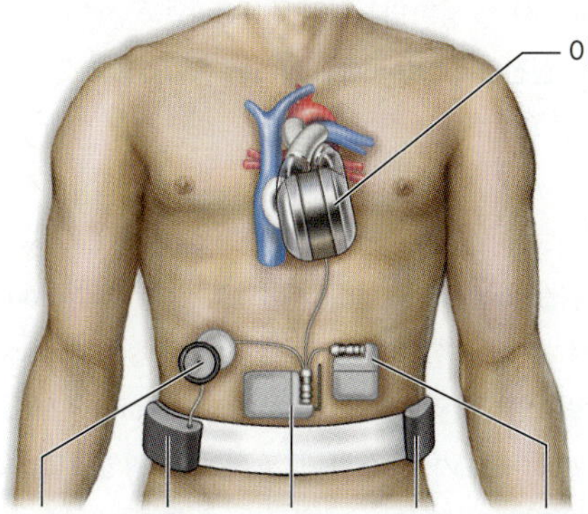

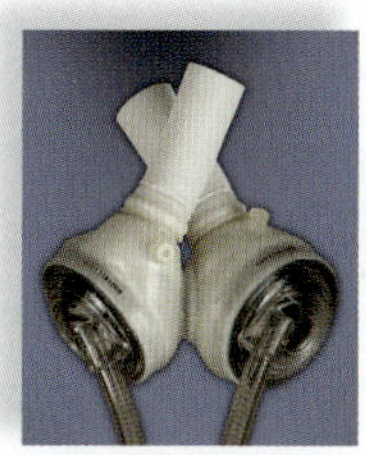

그림 4.17 인공심장.
완전인공심장 신카디아(SynCardia)는 심장과 같은 방식으로 혈액을 이동시킨다. 조절기는 환자의 배에 이식된다. 심장은 충전식 내장 건전지에서 전원을 공급받으며 보조장치로 외장 건전지가 사용된다.
(사진): Courtesy of SynCardia Systems, Inc.

받은 환자는 훨씬 적다. 내장 건전지와 조절기는 펌프질 속도를 조절하고 외장 건전지는 외부 및 내부 코일로 피부를 통해 전기를 전달하여 장치에 전원을 공급한다. 회전하는 원심 펌프는 실리콘 유압액을 왼쪽과 오른쪽 주머니 사이로 이동시켜 혈액을 심장에서 폐동맥과 대동맥으로 밀어낸다. 초기에는 수혜자들이 거의 사망에 이르렀고 대부분은 며칠 동안만 생존했다. 그러나 의학의 발전으로 많은 수혜자의 생존 기간이 수개월로 늘어났으며 완전인공심장은 심부전 환자를 위한 임시 치료법으로 자리 잡았다. 현재까지 1,300개 이상의 완전인공심장이 환자에게 이식되었다.

진도 점검하기 4.7

1. 인간에게 흔한 심장혈관 질환을 나열하시오.
2. 심장혈관 질환에 사용할 수 있는 치료법을 요약하시오.
3. 심장혈관 질환이 서양 국가에서 왜 주요 사망 원인인지 논의하시오.

개념 연결하기

많은 심장혈관 질환은 잘못된 식습관이나 앉아서 생활하는 습관으로 인해 발생하고, 일부는 유전적 이상으로 인해 발생하기도 한다. 식단과 심장혈관 질환의 관계와 과학자들이 심장혈관 질환과 관련된 유전자를 식별하는 방법에 대한 자세한 내용은 다음 논의를 참고하시오.

8.6절 각 영양소가 건강한 생활 방식과 어떻게 관련되어 있는지 살펴본다.

표 8.5 식단에서 포화지방과 콜레스테롤을 낮추는 방법을 살펴본다.

21.3~21.4절 생명공학과 유전체학이 질병과 관련된 새로운 유전자를 어떻게 찾아내는지 살펴본다.

결론

이 장에서는 신체에서 심장혈관계통의 중요성과 항상성 유지에 있어 심장혈관계통의 중심적 역할을 알아보았다. 이러한 활동을 수행하기 위해 심장혈관계통은 비교적 좁은 압력 범위 내에서 혈액을 전달해야 한다. 혈압이 높거나 고혈압이 있으면 심장혈관계통, 특히 모세혈관의 효율성이 떨어질 뿐만 아니라 간이나 콩팥과 같은 기관에 손상을 줄 수 있다. 또한 혈압 값 189/105 mm Hg가 실제로 무엇을 의미하는지 탐구했다. 큰 숫자(189)는 개인의 심장이 뛰고 있을 때의 최대 압력이고, 작은 숫자(105)는 안정 시 압력을 의미한다. 이상적으로는 혈압이 120/80 mm Hg 미만이어야 하므로 이 값은 환자가 고혈압 위기에 처해 있음을 나타낸다. 그러나 좋은 소식은 젊은 성인의 경우 고혈압 전 단계는 일반적으로 식습관 및 신체 활동과 같은 생활 습관으로 인해 발생하며, 이를 개선하여 건강을 증진할 수 있다는 것이다.

요약

4.1 심장혈관계통의 개요

심장혈관계통(cardiovascular system)은 심장과 혈관으로 구성된다. 심장은 혈액을 펌프질하고 혈관은 혈액을 모세혈관으로 이동시켜 모세혈관에서 영양분과 노폐물을 조직 세포와 교환한다. 혈액은 기체 교환이 일어나는 폐, 영양소가 혈액으로 유입되는 소화관, 노폐물이 제거되는 콩팥에서 새로워진다. **림프계통**(lymphatic system)은 조직 주변의 과도한 체액을 제거하여 심장혈관계통으로 되돌려보낸다.

4.2 혈관의 종류

- 동맥: **동맥**(artery)과 **세동맥**(arteriole)은 혈액을 심장에서 멀리 이

동시킨다. 동맥은 가장 두꺼운 벽을 가지고 있어 혈압을 견딜 수 있다.

- 모세혈관: 모세혈관에서 물질 교환이 일어난다. 모세혈관앞조임근과 **동정맥션트**(arteriovenous shunt)는 모세혈관 내의 혈액 흐름을 조절하는 데 도움을 준다.
- 정맥: **정맥**(vein)과 **세정맥**(venule)은 혈액을 심장 쪽으로 이동시킨다. 정맥은 상대적으로 약한 벽을 가지고 있으며, 혈액을 한 방향으로 흐르게 하는 판막이 있다.

4.3 이중 펌프인 심장

심장(heart)은 순환계통의 펌프이며 **사이막**(septum)으로 분리된 오른쪽과 왼쪽으로 구성되어 있다. 양쪽에는 **심방**(atrium)과 **심실**(ventricle)이 있다. **방실판막**[atrioventricular(AV) valve] 및 **반달판막**(semilunar valve)과 같은 판막은 혈액이 올바른 방향으로 이동하도록 유지한다. 심장 조직인 **심근**(myocardium)은 **심장막**(pericardium)이라는 주머니 안에 들어 있다. 세포 수준에서 조직은 간극연접과 **데스모솜**(desmosome)을 사용하여 상호작용한다. 심장은 **심장동맥**(coronary artery)을 통해 혈액을 공급받는다.

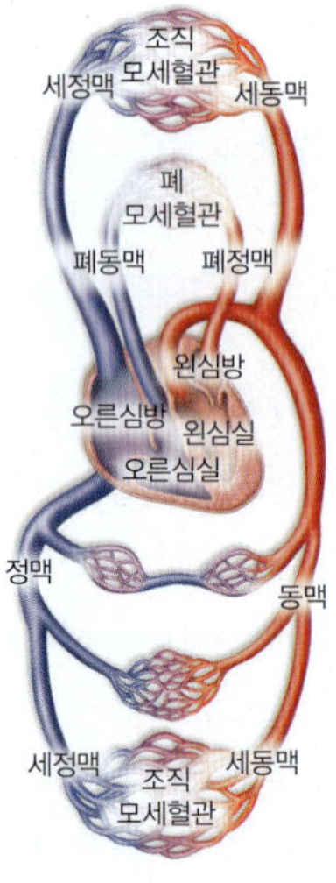

심장을 통과하는 혈액의 경로

- 오른심방은 **대정맥**(vena cava)으로부터 산소가 부족한 혈액을 받고, 오른심실은 **폐동맥**(pulmonary artery)을 통해 폐순환으로 펌프질한다.
- 왼심방은 **폐정맥**(pulmonary vein)에서 산소가 풍부한 혈액을 받고, 왼심실은 이를 체순환의 **대동맥**(aorta)으로 펌프질한다.

심장주기

심장주기(cardiac cycle) 동안 **굴심방결절**[sinoatrial(SA) node, **심장박동조율기**(pacemaker)]은 심방을 수축시켜 심장박동을 시작한다. **방실결절**[atrioventricular(AV) node]은 신실에 자극을 전달하여 심실을 수축시킨다[**수축기**(systole)]. 심장소리인 '럽-덥'은 방실판막이 닫히고 뒤이어 반달판막이 닫히면서 발생한다. 심장근육은 수축 사이에 이완된다[**이완기**(diastole)]. **심전도**(electrocardiogram, ECG)를 사용하여 심장 활동을 측정할 수 있다.

4.4 혈압

맥박(pulse)은 심장박동수를 나타낸다. 심장박동으로 인한 **혈압**(blood pressure)은 동맥의 혈액 흐름을 설명한다. **수축기혈압**(systolic pressure)은 동맥의 최대 압력이며, **이완기혈압**(diastolic pressure)은 최소 압력이다. 모세혈관의 혈류 속도가 감소하면 조직에서 영양분과 노폐물의 교환이 쉬워진다. 정맥의 혈류는 뼈대근육 수축(뼈대근육 펌프), 판막의 존재, 호흡 운동(호흡 펌프)에 의해 발생한다.

4.5 두 가지 심장혈관 경로

심장혈관계통은 폐순환과 체순환으로 나뉜다.

폐순환: 기체 교환

폐순환(pulmonary circuit)에서 혈액은 폐를 오가며 이동한다.

체순환: 사이질액과의 교환

체순환(systemic circuit)에서 대동맥은 신체의 기관과 세포를 담당하는 혈관들로 나뉜다. 대정맥은 산소가 부족한 혈액을 심장으로 돌려보낸다. 간문맥계통은 소화계통과 간 사이의 모세혈관그물 사이에서 혈액을 이동시킨다. 이 계통은 **간문맥**(hepatic portal vein)과 **간정맥**(hepatic vein)으로 구성된다.

4.6 모세혈관에서의 교환

다음 그림은 폐의 기체 교환을 제외한 신체 조직에서의 모세혈관 교환을 보여준다.

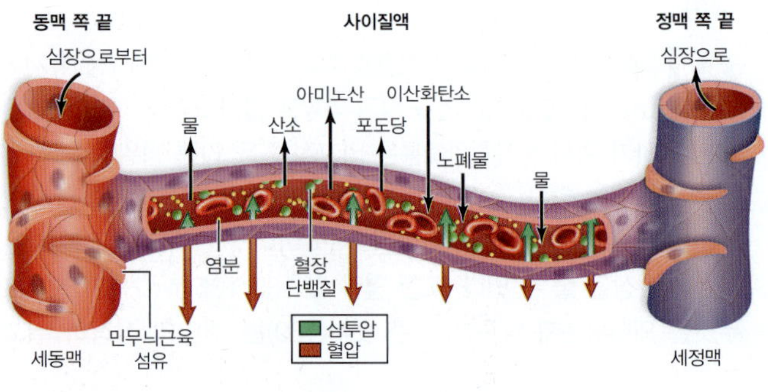

- 심장혈관 모세혈관의 동맥 말단에서는 혈압이 삼투압보다 크기 때문에 체액이 모세혈관을 빠져나간다.
- 중간 부분에서는 산소와 영양분이 모세혈관 밖으로 확산하고 이산화탄소와 기타 노폐물이 모세혈관 안으로 확산한다.
- 정맥 말단에서는 단백질의 존재로 인해 생성된 삼투압이 혈압을 초과하여 대부분의 체액이 모세혈관으로 다시 들어가게 한다. 일부 체액은 사이질액(조직액)으로 남는다.

심장혈관 모세혈관의 정맥 말단에서 흡수되지 않은 과도한 체액은 림프모세관으로 들어간다.

- **림프액**(lymph)은 림프관 안에 있는 사이질액이다.
- 림프계통은 일방통행이다. 림프액은 심장혈관 정맥을 통해 혈액으로 되돌아간다.

4.7 심장혈관 질환

심장혈관 질환은 서구 국가의 주요 사망 원인이다.

- **고혈압**(hypertension)과 **죽상경화증**(atherosclerosis)은 **뇌졸중**(stroke), **심장마비**(heart attack), **협심증**(angina pectoris, 가슴 통증), **동맥류**(aneurysm)로 이어질 수 있다. 죽상경화 **플라크**(plaque)는 이러한 질환의 위험을 증가시킨다. 이러한 플라크가 순환계통에서 떨어져 나가면 **혈전색전증**(thromboembolism)이 발생할 수 있다.
- 심장 건강에 좋은 식이요법, 규칙적인 운동, 적정 체중 유지, 금연 등을 통해 심장혈관 질환 위험을 줄일 수 있다.

개념 심화 학습

비판적 사고 키우기

1. 사람들 앞에서 발표를 해야 한다. 당신은 긴장되고 심장이 두근거린다. 이 반응의 구체적인 작용 원리는 무엇인가? 이때 심전도는 어떤 모양인가?

2. 심장혈관계통은 구조가 기능을 지원한다는 개념의 아주 적절한 예다. 각 유형의 혈관에는 특정 임무가 있다. 각 혈관의 물리적 특성으로 인해 해당 작업을 수행할 수 있다. 오른심실과 왼심실의 근육벽은 혈액을 펌프질하는 위치에 따라 두께가 다르다. 장기 구조가 손상되거나 변화되면(동맥경화증처럼) 장기의 기능 수행 능력이 저하될 수 있다. 혈압과 같은 항상성 상태도 영향을 받을 수 있다. 식습관과 생활 방식 선택은 심장혈관계통의 손상을 예방하거나 해를 끼칠 수 있다.

a. 고혈압이 심장에 미치는 장기적인 영향은 무엇이라고 생각하는가? 다른 기관계통은 어떤가?

b. 고혈압과 죽상경화증의 조합이 특히 위험한 조합인 이유는 무엇이라고 생각하는가?

3. 다음과 같은 비정상적인 심전도 유형을 검사한다. 그림 4.7a의 정상 심전도와 비교하여 각 환자가 가질 수 있는 문제의 유형을 가장 잘 추측할 수 있는 것은 무엇인가?

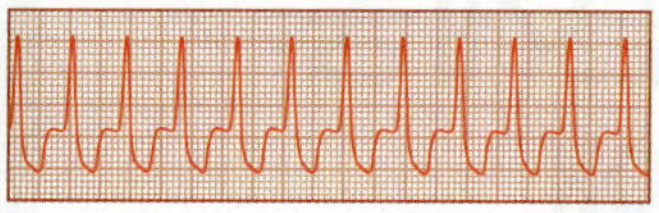

a.

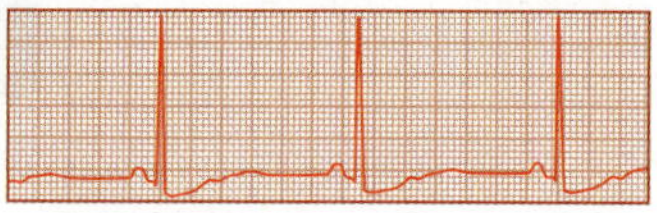

b.

관련성 탐구하기

1. 이 장에서 배운 내용을 바탕으로 고혈압을 종종 '침묵의 살인자'라고 하는 이유는 무엇이라고 생각하는가?

2. 가족 중 누군가가 혈압 문제를 경험했을 가능성이 있다. 유전적 요인 외에 고혈압 발병 가능성을 높일 수 있는 그 사람과 공통점이 있는 다른 요인은 무엇인가?

3. 고혈압 발병 가능성을 줄이기 위해 식단을 어떻게 바꿀 수 있는가?

모든 장의 질문에 대한 정답은 *connect.mheducation.com*에서 확인하시오.

CHAPTER

5

심장혈관계통: 혈액

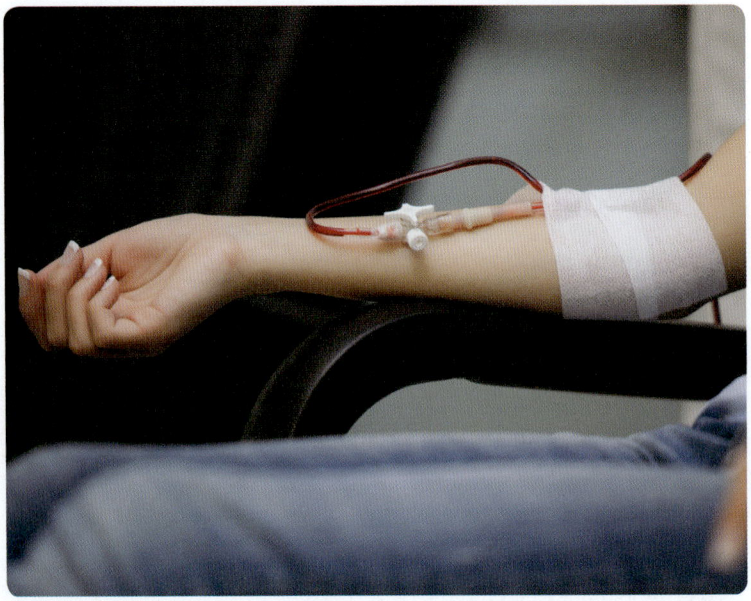

Wavebreakmediamicro/Wavebreakmedia/123RF

이 장의 개요

시작하기 전에

이 장을 시작하기 전에 다음 사항을 논의해 보자.

3.2절 혈액을 결합조직으로 간주하는 이유는 무엇인가?

3.8절 순환계통은 항상성에 어떻게 기여하는가?

4.6절 혈액은 영양분과 노폐물을 신체 조직과 어떻게 교환하는가?

합성 혈액

미국에서는 2초마다 누군가가 수혈을 받아야 한다. 부상, 수술 또는 정기적인 수혈이 필요한 질병으로 인해 수혈이 필요할 수 있다. 이러한 요구에 부응하기 위해 헌혈자들은 매일 3만 6,000단위 이상의 혈액, 즉 매년 1,500만 단위의 혈액을 제공한다.

역사적으로 수혈에 필요한 혈액은 헌혈자들에 의해 충족되어 왔다. 하지만 안타깝게도 공급이 항상 수요를 충족시키는 것은 아니다. 자연재해는 공급에 부담을 줄 수 있으며, 특히 혈액의 저장 기간이 약 42일에 불과해 비축이 어렵다는 점을 고려하면 더욱 그렇다. 또한 일부 사람들은 종교적 신념이나 건강상 이유로 헌혈자로부터 혈액을 받을 수 없다.

수혈 수요를 맞추기 위해 과학자들은 합성 혈액 또는 인공혈액을 개발해 왔다. 산소 치료제라고 하는 산소를 운반하는 혈액 대체물의 사용은 환자의 조직에 충분한 산소를 공급하는 것을 목표로 한다. 어떤 경우에는 혈액 대체물이 완전히 합성물이며 적혈구에서 발견되는 산소 운반 혈색소를 모방한 화학 물질을 포함하고 있다. 또 어떤 경우에는 과학자들이 생명공학기술을 적용하여 대체 적혈구를 제조하고 있다. 현재 여러 생명공학 회사에서 합성 혈액을 이용한 임상시험을 진행하고 있지만, 대부분의 의료 전문가는 사회의 요구를 충족할 수 있는 합성 혈액을 생산하기까지는 아직 몇 년이 더 걸릴 것으로 보고 있다.

이 장에서는 인체의 심장혈관계통 구조와 기능을 알아보고, 이 기관계통이 생명에 필수적인 이유를 살펴볼 것이다.

이 장을 학습하면서 다음 질문을 생각해 보자.

1. 신체에서 적혈구의 역할은 무엇인가?
2. 합성 혈액에는 적혈구 외에 다른 어떤 요소가 있어야 하는가?

5.1 혈액의 개요

학습 목표

이 절을 학습한 후 다음 사항을 할 수 있어야 한다.

1. 인체에서 혈액의 기능을 나열할 수 있다.
2. 혈액의 고형성분을 나열하고 각 기능을 설명할 수 있다.
3. 혈장의 구성을 설명할 수 있다.

인간의 심장은 놀라운 근육 펌프이다. 심장은 박동할 때마다 약 75 ml의 혈액을 펌프질한다. 평균적으로 심장은 분당 70회 박동한다. 따라서 심장은 분당 약 5,250 ml(75 ml/박동×70회/분)를 펌프질하는데, 이는 심장이 1분에 1번씩 신체 전체의 혈액을 순환시킨다는 의미이다. 필요한 경우(예: 운동할 때) 심장은 몸 전체에 혈액을 더 빨리 순환시킬 수 있다.

4장에서는 심장과 혈관의 구조를 배웠다. 이 장에서는 혈액의 기능과 구성을 알아본다.

혈액의 기능

혈액의 기능은 운반, 방어, 조절의 세 가지로 크게 나눌 수 있다.

운반

혈액은 주요 운반 매체이다. 혈액은 폐에서 산소를 획득하여 조직세포로 분배한다. 마찬가지로 혈액은 소화관에서 영양분을 흡수하여 조직으로 전달한다. 혈액은 폐로 돌아가는 과정에서 이산화탄소를 운반한다. 사람이 숨을 내쉴 때마다 이산화탄소가 제거된다. 또한 혈액은 단백질 분해로 발생하는 질소와 같은 노폐물을 콩팥으로 운반하여 제거한다. 혈액은 모세혈관 교환을 통해 영양분과 노폐물을 조직과 교환한다(그림 4.13 참고). 이를 통해 사이질액의 구성을 정상 범위 내로 유지하여 항상성을 유지한다.

영양분과 노폐물을 운반하는 것 외에도 다양한 기관과 조직에서 혈액으로 호르몬을 분비한다. 혈액은 호르몬을 다른 기관과 조직으로 운반하여 세포 대사에 영향을 미치는 신호 역할을 한다. 혈액은 물질을 운반하는 역할에 매우 적합하다. 혈액 내 단백질은 호르몬을 조직으로 전달하는 데 도움을 준다. 지질단백질(HDL, LDL이라고도 함)이라는 특수 단백질은 몸 전체로 지질 또는 지방을 운반한다. 가장 중요한 혈색소(적혈구에서 발견됨)는 산소와 결합하여 세포에 전달하는 데 특화되어 있다. 또한 혈색소는 배출된 이산화탄소를 폐로 전달하는 데 도움이 된다.

방어

혈액은 병원체의 침입과 혈액 손실로부터 신체를 보호한다. 특정 혈액세포는 **식세포작용**(phagocytosis)이라는 과정을 통해 병원체를 집어삼키고 파괴할 수 있다(2.3절 참고).

다른 백혈구는 항체를 생성하여 혈액으로 분비한다. **항체**(antibody)는 특정 병원체와 결합하여 무력화하는 단백질이다. 비활성화된 병원체는 식세포 백혈구에 의해 파괴될 수 있다.

손상이 발생하면 혈액이 응고되어 혈액 손실을 막는다. 혈액 응고에는 혈소판(5.4절 참고)과 단백질이 작용한다. 예를 들어 프로트롬빈과 피브리노겐은 두 가지 비활성 혈액 단백질이다. 그들은 지속적으로 혈관 속을 순환하며 필요한 경우 활성화되어 혈전을 형성할 준비가 되어 있다. 혈액 응고가 없으면 작은 상처에도 출혈로 사망할 수 있다.

조절

혈액은 신체의 항상성을 조절하는 데 중요한 역할을 한다. 혈액은 주로 활동적인 근육에서 열을 흡수하여 몸 전체로 전달하여 체온을 조절하는 데 도움을 준다. 신체가 너무 따뜻해지면 혈액은 피부의 확장된 혈관 쪽으로 운반된다. 열은 환경으로 분산되고 신체는 정상 온도로 냉각된다.

혈액의 액체 부분인 혈장에는 용해된 염분과 단백질이 포함되어 있다. 이러한 용질은 혈액의 **삼투압**(osmotic pressure)을 생성하여 혈액의 액체 함량을 높게 유지한다(삼투에 대한 설명은 2.3절 참고). 이런 방식으로 혈액은 물과 염분의 균형을 유지하는 역할을 한다.

혈액에는 신체의 산-염기 균형을 조절하고 pH를 비교적 일정하게 7.4로 유지하는 데 도움이 되는 여러 화학 완충제가 포함되어 있다.

혈액의 구성

3.2절에서 혈액은 체액성 결합조직의 한 형태라고 설명한 것

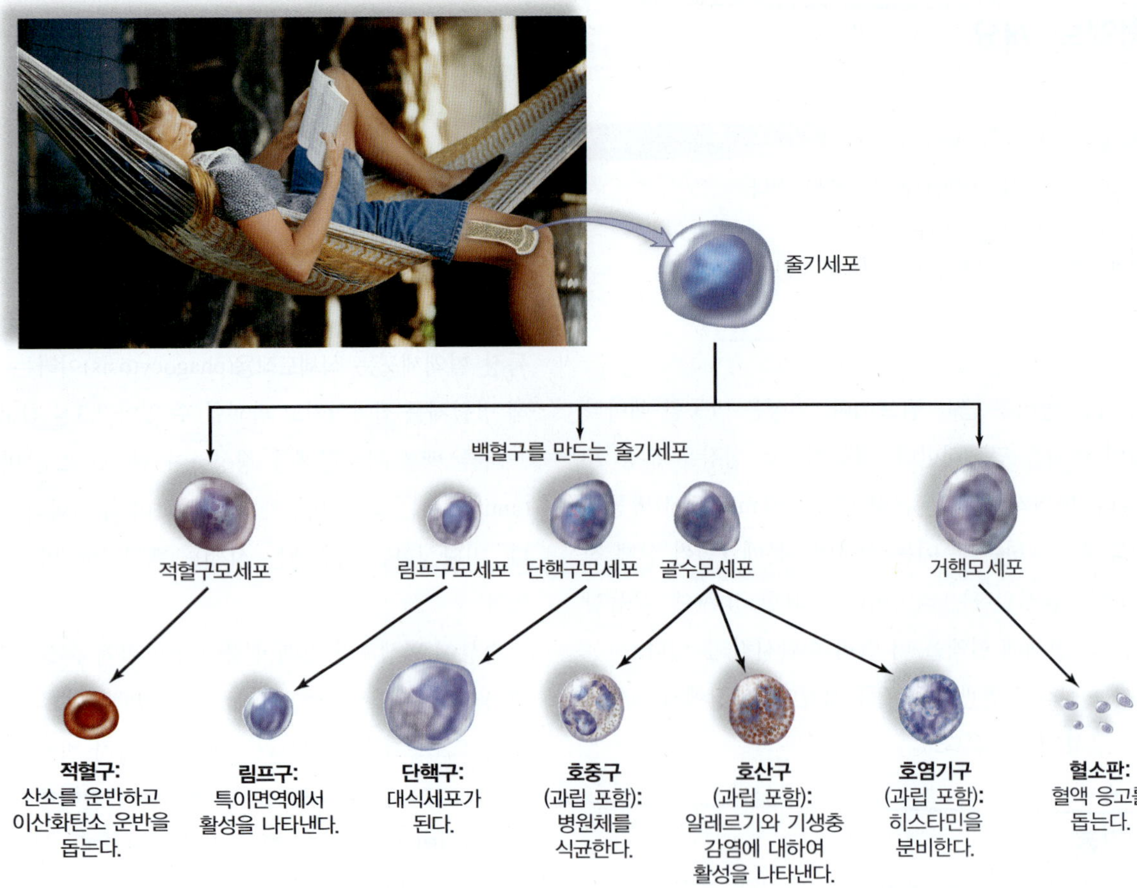

그림 5.1 **혈액세포(혈구)의 기원.**
직색골수에 있는 줄기세포는 모든 다양한 유형의 혈액세포를 생성한다.
(사진): Doug Menuez/Photodisc/Getty Images

을 기억해야 한다. 혈액에 존재하는 세포와 세포 조각을 총칭하여 **고형성분**(formed element)이라고 한다. 이러한 세포와 세포 조각은 **혈장**(plasma)이라는 액체에 떠다닌다.

고형성분

고형성분은 적혈구, 백혈구, 혈소판이다. 그들 대부분은 적색골수에서 생성되는데, 적색골수는 어린이의 경우 대부분 뼈에서 발견되지만 성인의 경우 특정 뼈에서만 발견된다. 적색골수에는 모든 유형의 혈액세포를 생성하는 모세포인 **줄기세포**(stem cell)가 포함되어 있다(그림 5.1). 줄기세포는 의학계에서 초대형 연구 초점이다. 연구자들은 줄기세포를 다양한 특수세포 유형이 되도록 유도할 수 있었다. 이러한 세포는 이미 다양한 인간 질병을 치료할 수 있는 잠재력을 입증했다(줄기세포 연구에 대한 논의는 21.4절 참고).

> **생활 속의 생물학**
>
> **줄기세포는 배아에만 존재할까?**
>
> 사실 이것은 배아줄기세포에 대한 미디어의 초점으로 인해 발생하는 일반적인 오해이다. 실제로 활발하게 분열하는 모든 조직에는 세포의 공급원 역할을 하는 줄기세포 형태가 필요하다. 차이점은 많은 배아줄기세포가 전분화능(거의 모든 유형의 세포를 형성할 수 있는 능력)을 가졌지만 대부분 성체줄기세포는 다분화능을 가졌다는 것이다. 다분화능성 세포는 추가적인 전문화 단계를 거쳤기 때문에 제한된 종류의 새로운 세포 유형만 생성할 수 있다.

혈장

혈장은 혈액 내 다양한 물질을 운반하는 액체 매질이다. 또한 신진대사, 특히 근육 수축의 부산물로 생성된 열을 분산한다. 혈장의 약 91%는 물이다(그림 5.2). 혈장의 나머지 9%는 다양한 염분, 이온, 유기 분자로 구성되어 있다. 이 염분은 혈장에

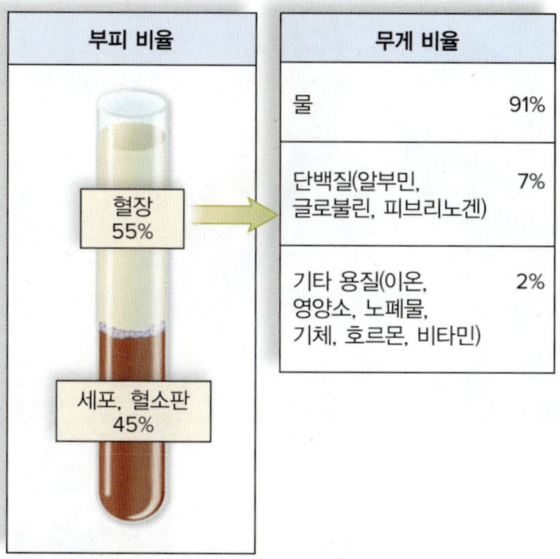

그림 5.2 혈장의 조성.
혈액을 각각의 구성 성분으로 분리하면 주된 성분은 혈장이다. 혈장은 혈액에서 수분과 단백질이 포함된 부분이다. 영양소, 비타민, 호르몬과 같은 용질이 혈장을 통해 운반된다.

용해되며 혈장단백질과 함께 혈액의 삼투압을 유지하는 데 도움을 준다. 염분은 또한 혈액의 pH를 유지하는 데 도움이 되는 완충제 역할을 한다. 포도당, 아미노산과 같은 작은 유기 분자는 세포의 영양분이며, 요소는 배설을 위해 콩팥으로 가는 질소 노폐물이다.

혈액에서 가장 풍부한 유기 분자는 **혈장단백질**(plasma protein)이다. 간은 대부분의 혈장단백질을 생성한다. 혈장단백질은 항상성을 유지하는 데 도움이 되는 기능을 한다. 혈장단백질은 혈액 pH를 7.4 정도로 유지하는 데 도움이 되는 완충액 역할을 한다. 혈장단백질은 모세혈관벽을 통과하기에는 너무 커서 혈액에 남아 혈액과 사이질액 사이에 삼투압 기울기를 형성한다. 이 **삼투압**(osmotic pressure)은 모세혈관에서 사이질액으로 혈장이 과도하게 손실되는 것을 방지한다.

혈장단백질의 세 가지 주요 유형은 **알부민**(albumin), **글로불린**(globulin), **피브리노겐**(fibrinogen)이다. 가장 풍부한 혈장단백질인 알부민은 혈장의 삼투압에 가장 큰 영향을 미친다. 또한 다른 유기 분자와 결합하여 운반을 돕는다. 글로불린은 알파, 베타, 감마 글로불린의 세 가지 유형으로 나뉜다. 알파, 베타 글로불린은 또한 호르몬, 콜레스테롤, 철분과 같은 혈액 내 물질과 결합하여 운반을 돕는다. 항체라고도 하는 감마 글로불린은 간이 아닌 림프구라는 백혈구에서 생성된다. 감마 글로불린은 질병을 일으키는 병원체와 싸우는 데 중요하다(5.3절 참고). 피브리노겐은 비활성 혈장단백질로, 활성화되면 혈전 형성에 참여한다(5.4절 참고).

진도 점검하기 5.1

1. 혈액의 성분을 요약하시오.
2. 혈액의 기능을 요약하시오.
3. 혈장단백질의 종류를 나열하고, 각 종류가 중요한 이유를 설명하시오.

개념 연결하기

이 절의 주제에 대한 자세한 내용은 다음 논의를 참고하시오.

1.5절 건강 특집 '좋은 콜레스테롤과 나쁜 콜레스테롤'을 통해 혈중 HDL과 LDL의 차이를 살펴본다.

3.2절 혈액이 결합조직으로 분류되는 이유를 살펴본다.

6.4절 백혈구가 면역반응에 어떻게 관여하는지 살펴본다.

5.2 적혈구와 기체 운반

학습 목표

이 절을 학습한 후 다음 사항을 할 수 있어야 한다.

1. 기체 운반에서 혈색소의 역할을 설명할 수 있다.
2. 적혈구에 의한 산소와 이산화탄소의 운반을 설명할 수 있다.
3. 적혈구 생산에서 적혈구형성인자의 역할을 요약할 수 있다.

적혈구[red blood cell(RBC), erythrocyte]는 크기가 보통 6~8 마이크로미터(μm)의 양면이 오목한 작은 원반 모양이다(**그림 5.3a**). 적혈구는 혈색소의 존재와 독특한 내부 구조로 인해 신체에서 특이한 세포 유형이다. 적혈구는 또한 1마이크로리터(μl)당 400~600만 개가 있을 정도로 풍부하다.

적혈구가 산소를 운반하는 방법

적혈구는 산소 운반에 매우 특화되어 있다. 적혈구에는 산소와 친화력(끌어당기는 힘)이 높은 색소인 **혈색소**[hemoglobin(Hb), 헤모글로빈]가 포함되어 있다. 또한 혈색소는 적혈구와 혈액의 붉은색을 담당한다. 혈색소의 **글로빈**(globin) 부분은 고도로 접힌 4개의 폴리펩티드 사슬을 포함하는 단백질이다.

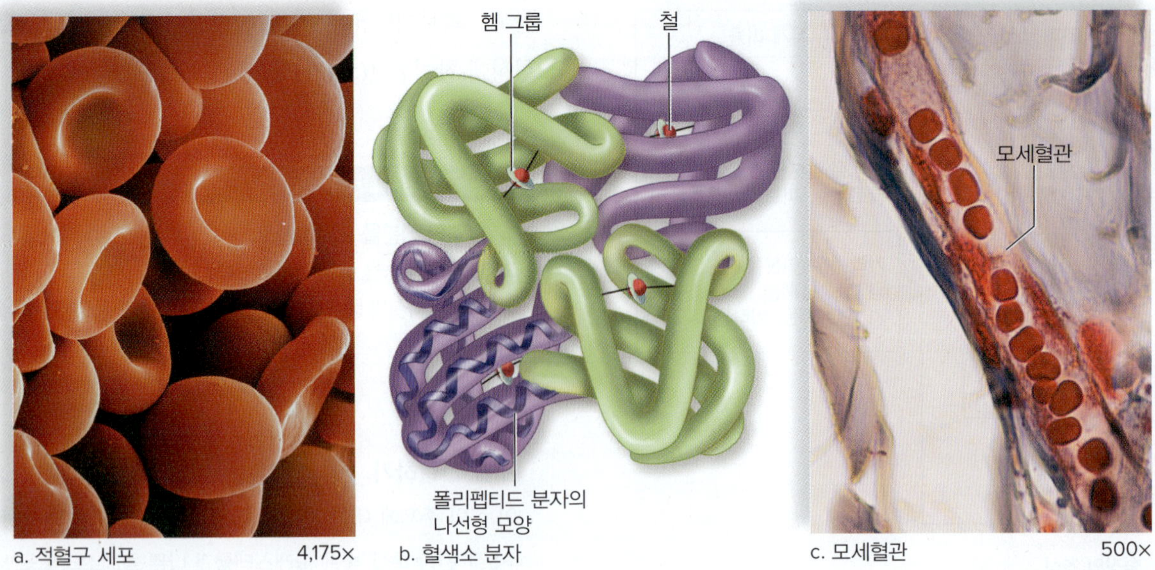

그림 5.3 적혈구와 혈색소의 구조.
a. 적혈구는 오목한 원반 모양으로 많은 혈색소 분자를 포함한다. **b.** 혈색소는 분자의 글로빈 부분을 구성하는 두 가지 유형의 폴리펩티드 사슬(녹색, 보라색)을 가지고 있다. 철을 함유한 헴 그룹은 각 사슬의 중앙에 있다. 혈색소에 산소가 공급되면 산소는 철과 느슨하게 결합한다. **c.** 적혈구는 모세혈관을 통해 단일 층으로 이동한다.
(a): Power and Syred/Science Photo Library/Getty Images; (c): Ed Reschke/Stone/Getty Images

혈색소의 헴(heme) 부분은 각 폴리펩티드 사슬의 중앙에 있는 철 함유 그룹이다(그림 5.3b). 철은 산소와 가역적으로 결합한다. 즉, 헴은 폐에서 산소를 받아들인 다음 조직에서 산소를 방출한다. 반대로 일산화탄소는 헴의 철과 결합한 다음 쉽게 떨어지지 않는다.

생활 속의 생물학

일산화탄소는 왜 위험한가?

일산화탄소(화학식 CO)는 혈색소와 결합할 수 있는 무색, 무취의 기체이다. 매년 수백 명이 연료 연소 장치의 오작동이나 부적절한 배기로 인한 일산화탄소 중독으로 우발적으로 사망한다. 일산화탄소가 존재하면 산소를 대신해 혈색소에 결합한다. 그 결과 세포는 산소가 부족해진다. 안타깝게도 중독 증상(두통, 몸살, 메스꺼움, 현기증, 졸음)을 '독감'으로 오인할 수 있기에 치료가 지연될 수 있다. 정부 지침에 따르면 일산화탄소를 생성하는 모든 장비는 정기적으로 점검하여 적절한 환기가 이루어지도록 해야 한다. 마지막으로 연기 감지기와 마찬가지로 일산화탄소 감지기도 올바르게 설치하고 사용해야 한다.

각 혈색소 분자는 4개의 산소 분자를 운반할 수 있으며, 적혈구에는 약 2억 8,000만 개의 혈색소 분자가 들어 있다. 즉, 각 적혈구가 10억 개 이상의 산소 분자를 운반할 수 있다.

폐에서 산소가 헴에 결합하면 혈색소는 약간 다른 모양을 띠게 되는데 이를 **산소혈색소**(oxyhemoglobin)라고 한다. 조직에서 헴은 이 산소를 내보내고 혈색소는 이전 형태인 **탈산소혈색소**(deoxyhemoglobin)로 돌아간다. 방출된 산소는 혈액에서 사이질액으로, 사이질액에서 세포로 확산한다.

이산화탄소 운반

혈액이 조직에서 이산화탄소(CO_2)를 흡수한 후 약 7%가 혈장에 용해된다. 혈장 이산화탄소의 비율이 7%보다 높으면 혈장은 탄산음료처럼 탄산 기포가 생길 것이다. 대신 혈색소는 이산화탄소의 약 23%를 글로빈 단백질과 결합하여 운반한다. 이산화탄소를 운반하는 혈색소를 **카르바미노혈색소**(carbaminohemoglobin)라고 한다.

나머지 이산화탄소(약 70%)는 혈장에서 중탄산염 이온(HCO_3^-)으로 운반된다. 다음 식을 참고해 보자.

$$\underset{\text{이산화탄소}}{CO_2} + \underset{\text{물}}{H_2O} \rightleftharpoons \underset{\text{탄산}}{H_2CO_3} \rightleftharpoons \underset{\text{수소 이온}}{H^+} + \underset{\text{중탄산염 이온}}{HCO_3^-}$$

이산화탄소는 적혈구로 이동하여 세포 내 물과 결합하여 탄산을 형성한다(앞의 식에서 왼쪽에서 오른쪽을 가리키는 화살표가 이 반응을 보여준다). **탄산탈수효소**(carbonic anhydrase)라고 하는 적혈구 내부의 효소가 반응 속도를 높인다. 탄산은 빠르게 분리 또는 해리되어 수소 이온(H^+)과 중탄산염 이온(HCO_3^-)을 형성한다. 중탄산염 이온은 적혈구 밖으로 확산하여 혈장으로 운반된다. 이 식의 H^+는 혈색소의 단백질 부분인 글로빈에 결합한다. 따라서 혈색소는 혈장 단백질과 염분이 혈액 pH를 일정하게 유지하도록 돕는다. 혈액이 폐에 도달하면 반응이 역전된다(오른쪽에서 왼쪽으로 향한 화살표). 수소 이온과 중탄산염 이온이 재결합하여 탄산을 재형성한다. **탄산탈수효소**도 이 역반응을 가속화한다. 이산화탄소는 혈액에서 폐의 기도로 확산하여 몸에서 배출된다(그림 9.11 참고).

적혈구는 골수에서 생성된다

골수에 있는 적혈구 줄기세포는 분열하여 새로운 세포를 생성하고, 이 세포는 성숙한 적혈구로 분화한다(그림 5.1 참고). 적혈구 구조는 체내의 기능에 매우 적합하다. 적혈구가 성숙함에 따라 혈색소를 획득하고 핵과 기타 세포소기관을 잃게 된다. 세포소기관이 없다는 것은 적혈구가 체내에서 다른 진핵세포가 수행하는 많은 기능을 수행할 수 없다는 것을 의미한다. 예를 들어 적혈구는 미토콘드리아가 없기 때문에 세포호흡을 할 수 없다. 대신 해당과정과 발효과정에 의존한다. 또한 적혈구의 세포골격에는 독특한 모양을 제공하는 단백질이 포함되어 있어 좁은 모세혈관을 통과할 수 있다. 이들의 모양은 기체가 세포 안팎으로 확산할 수 있도록 더 넓은 표면적을 제공한다. 또한 핵이 없기 때문에 적혈구는 중요한 단백질을 보충하거나 세포 손상을 복구할 수 없다. 따라서 적혈구의 수명은 약 120일에 불과하다. 적혈구가 노화되면 간과 비장에서 백혈구(대식세포)에 의해 식균된다.

적혈구는 초당 약 200만 개가 파괴되므로 적혈구 수의 균형을 유지하려면 동일한 수의 적혈구가 생성되어야 한다. 적혈구가 분해되면 혈색소가 방출된다. 혈색소의 글로빈 부분은 아미노산으로 분해되어 체내에서 재활용된다. 대부분의 철분은 회수되어 골수로 되돌아가 재사용되지만 소량은 손실되므로 식단에서 대체해야 한다. 분자의 나머지 헴 부분은 화학적 분해를 거쳐 간과 콩팥을 통해 배설된다. 우리 몸에는 세포에 산소가 충분하지 않을 때 적혈구 수를 늘릴 방법이 있다. 콩팥은 **적혈구형성인자**(erythropoietin, EPO)라는 호르몬을 분비하여 골수의 줄기세포를 자극하여 더 많은 적혈구를 생성하도록 한다(**그림 5.4**).

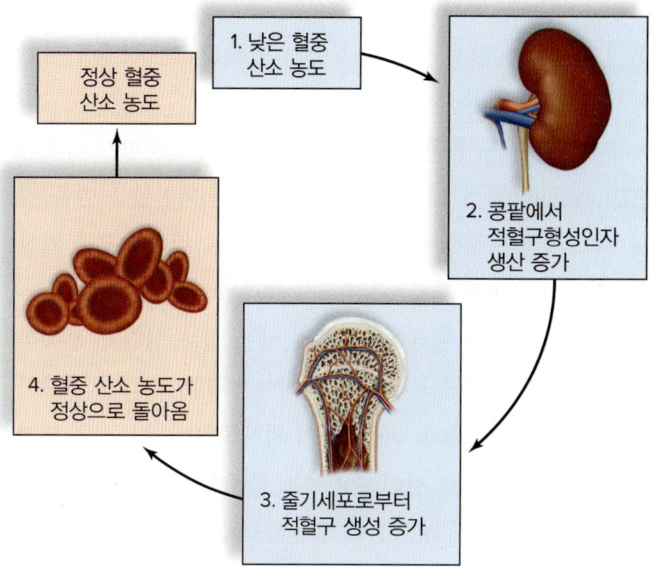

그림 5.4 콩팥에서 적혈구형성인자의 생성.
콩팥은 혈액의 산소운반능력이 감소할 때마다 더 많은 양의 적혈구형성인자를 방출한다. 적혈구형성인자는 적색골수를 자극하여 산소를 운반하는 적혈구 생성 속도를 높인다.

생활 속의 생물학

혈액 도핑이란 무엇인가?

혈액 도핑은 산소를 더 효율적으로 전달하고 피로를 줄이며 선수에게 경쟁우위를 부여하기 위해 적혈구의 정상적인 공급을 증가시키는 모든 방법이다. 혈액 도핑을 위해 선수는 경기 몇 달 전에 적혈구형성인자 주사를 맞을 수 있다. 이 주사를 맞으면 혈액 내 적혈구 수가 증가한다. 몇 주 후, 혈액을 채취하고 원심분리하여 적혈구를 농축한다. 농축된 세포는 경기 직전에 재수혈된다. 혈액 도핑은 위험하고 불법적인 관행이며, 혈액이 세포로 인해 너무 진해져 심장이 효과적으로 펌프질을 할 수 없어서 사망에 이를 수 있다.

적혈구 관련 질환

간과 비장에서 혈색소가 분해되면 빌리루빈이라는 노폐물이 생성된다. 일반적으로 간은 빌리루빈을 소화관으로 분비하여 대변을 통해 몸 밖으로 배출한다. 그러나 간이 이 작업을 수행하지 못하면 빌리루빈이 피부와 조직에 축적되어 **황달**(jaundice)이라는 질환을 유발한다. 황달에 걸리면 피부와 눈의 흰자위가 노랗게 변한다. 마찬가지로 피부에 타박상을 입으면 헴의 화학적 분해로 인해 피부색이 빨간색/보라색에서 파란색, 녹색, 노란색으로 변한다.

적혈구 수가 부족하거나 세포에 혈색소가 충분하지 않으면 **빈혈**(anemia)이 생기고 종종 피곤하고 기진맥진한 느낌을 경험한다. 적혈구 생성에는 철분, 비타민 B_{12}, 비타민 B군 엽산이 필요하다(8.6절 참고). **철분결핍성빈혈**(iron-deficiency anemia)이 가장 흔한 형태이다. 이는 식이 철분 섭취가 부족하여 혈색소 합성이 불충분한 결과이다. 비타민 B_{12}가 부족하면 **악성빈혈**(pernicious anemia)이 발생하는데, 이 경우 부적절한 DNA 생성으로 인해 줄기세포 활동이 감소하고, 결과적으로 적혈구가 적게 생성된다. **엽산결핍성빈혈**(folic-acid-deficiency anemia)은 특히 임신 중 적혈구 감소로 이어진다. 엽산 결핍은 신생아의 선천적 결함을 유발할 수 있으므로 임산부는 엽산 섭취량을 늘릴지 의사와 상담해야 한다.

용혈(hemolysis)은 적혈구가 파열되는 것을 말한다. 용혈성빈혈에서는 적혈구 파괴 속도가 증가한다. **겸상 적혈구 질환**(sickle-cell disease)은 낫 모양의 적혈구(그림 5.5)를 가진 유전성 질환으로, 좁은 모세혈관을 통과하면서 적혈구가 파열되는 경향이 있다. 돌연변이로 인해 혈색소를 구성하는 4개의 폴리펩티드 사슬 중 2개에 이상이 생기기 때문에 문제가 발생한다. 낫 모양 적혈구의 기대 수명은 120일이 아닌 약 90일이다.

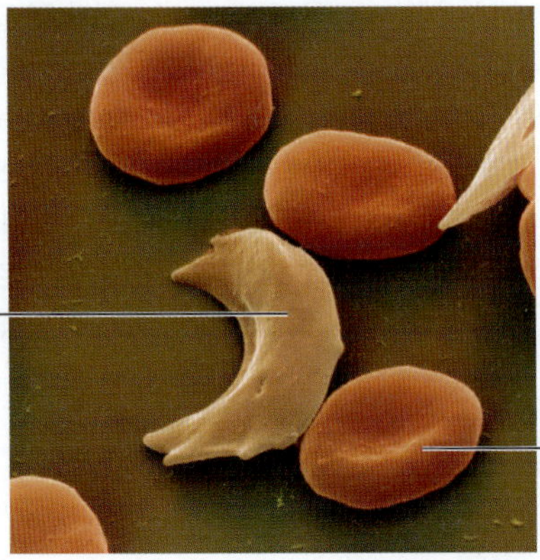

그림 5.5 적혈구와 겸상 적혈구 질환.
겸상 적혈구 질환은 글로빈 유전자의 돌연변이로 인해 적혈구가 잘못 형성되어 발생한다.
Eye of Science/Science Source

진도 점검하기 5.2

1. 적혈구가 산소와 이산화탄소를 운반하는 방법을, 관련된 화학적 과정을 요약하여 설명하시오.
2. 적혈구의 구조가 어떻게 기체 수송에 적합한지 요약하시오.
3. 적혈구 생성에서 EPO의 역할을 설명하시오.

개념 연결하기

이 절의 주제에 대한 자세한 내용은 다음 논의를 참고하시오.

9.6절 폐에서의 기체 교환 과정을 살펴본다.

10.4절 콩팥이 적혈구 항상성을 유지하는 데 어떻게 도움이 되는지 살펴본다.

20.2절 겸상 적혈구 질환과 관련된 유전 양상을 살펴본다.

5.3 백혈구와 질병 방어

학습 목표

이 절을 학습한 후 다음 사항을 할 수 있어야 한다.

1. 우리 몸에서 백혈구의 기능을 설명할 수 있다.
2. 과립형과 무과립형 백혈구를 구별할 수 있다.
3. 백혈구와 관련된 질환을 설명할 수 있다.

백혈구(white blood cell, leukocyte)는 일반적으로 적혈구보다 더 크고, 핵이 있으며, 혈색소가 없고, 염색하지 않는 한 반투명하다는 점에서 적혈구와 다르다. 백혈구는 적혈구만큼 많지 않으며, 혈액 1마이크로리터(μl)당 5,000~11,000개에 불과하다. 백혈구는 적색골수에 존재하는 줄기세포에서 유래하며, 여러 종류의 백혈구가 존재한다(그림 5.6). 골수가 정상적으로 기능하는 사람의 경우 필요에 따라 백혈구 수가 몇 시간 내에 2배가 될 수 있다.

백혈구는 감염과 싸우는 역할을 한다. 따라서 백혈구는 면역체계의 중요한 부분이다. 면역체계(6.2절 참고)는 병원체, 암세포, 외래 단백질로부터 신체를 방어하는 다양한 세포, 조직, 기관으로 구성된다.

백혈구는 다양한 방식으로 감염과 싸운다. 특정 유형의 백혈구는 세포에서 나온 돌기가 병원체를 둘러싸고 삼켜 버리는 식세포작용에 탁월하다. 세포 내부에 병원체를 포함하는

백혈구	기능
과립백혈구	
• 호중구 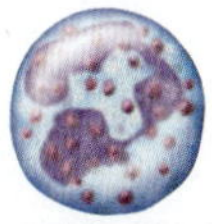	병원체와 세포 찌꺼기를 식균함
• 호산구 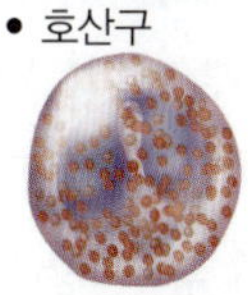	과립 속 물질을 사용하여 기생충과 같은 큰 병원균을 소화함
• 호염기구 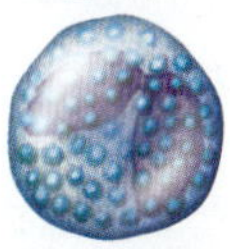	손상된 조직으로 혈류와 염증 반응을 촉진함
무과립백혈구	
• 림프구 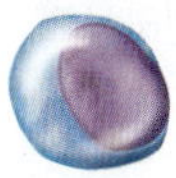	특이면역을 담당함. B세포는 항체를 생성하고, T세포는 암과 바이러스에 감염된 세포를 파괴함
• 단핵구 	병원체와 세포 찌꺼기를 식균하는 대식세포로 분화함

그림 5.6 백혈구의 다섯 가지 유형.
호중구, 호산구, 호염기구는 과립백혈구이다. 림프구와 단핵구는 과립이 거의 없거나 아예 없는 무과립백혈구이다.

소포가 형성된다. 리소좀이 소포에 부착 및 융합하여 효소로 병원체를 분해한다.

다른 백혈구는 항원(antigen)과 결합하는 단백질인 항체를 생성한다. 항원은 면역반응을 유발하는 외부 유래 세포 또는 기타 외부물질을 말한다. 그런 다음 항체-항원 쌍은 다시 식세포작용에 의해 파괴되도록 표시된다. 5.5절에서 혈액형과 응고에 관여하는 항원과 항체를 살펴볼 것이다. 많은 백혈구는 단 며칠밖에 살지 못하며, 병원체와 싸우다 죽는 경우가 많다. 어떤 백혈구는 몇 달 또는 몇 년 동안 살기도 한다.

백혈구의 종류

백혈구는 **과립백혈구**(granular leukocyte)와 **무과립백혈구**(agranular leukocyte)로 분류된다(그림 5.6). 과립백혈구는 눈에 띄는 세포질 과립을 가지고 있으며, 세포를 염색하여 현미경으로 검사할 때 쉽게 볼 수 있다. 리소좀과 같은 과립에는 다양한 효소와 단백질이 포함되어 있다. 무과립백혈구는 미세한 과립을 드문드문 포함하고 있어 현미경으로도 쉽게 관찰할 수 없다.

과립백혈구

과립백혈구에는 호중구, 호산구, 호염기구가 포함된다.

호중구(neutrophil)는 성인 전체 백혈구의 50~70%를 차지하며, 따라서 백혈구 중 가장 풍부하다. 호중구는 다엽핵을 가지고 있다. 다른 과립백혈구에 비해 호중구의 과립은 잘 염색되지 않는다. 호중구는 일반적으로 세균 감염에 가장 먼저 반응하며, 그들의 강력한 식세포 활동은 병원균의 침입을 극복하는 데 필수적이다.

호중구 및 대식세포와 같은 유형의 백혈구는 모세혈관벽의 구멍을 비집고 통과하는 능력이 있으므로 사이질액과 림프액에서도 발견된다(그림 5.7).

호산구(eosinophil)는 이중엽핵과 크고 풍부한 과립을 가지고 있으며 염색하면 붉게 변한다. 호산구는 큰 기생충으로부터 신체를 보호하고 염증반응과 관련된 알레르겐 및 단백질에 대한 식세포작용을 돕는다.

호염기구(basophil)는 백혈구 중 가장 드물지만 면역반응에서 중요한 역할을 한다. 호염기구는 U자형 또는 엽상핵을 가지고 있다. 과립은 염색하면 진한 파란색을 띤다. 결합조직에서 호염기구와 **비만세포**(mast cell)라고 하는 유사 세포는 알레르기 반응과 관련된 **히스타민**(histamine)을 방출한다. 히스타민은 혈관을 확장시키지만 폐로 이어지는 기도를 수축시키므로 천식 발작 시 호흡 곤란이 발생한다(6.5절 참고).

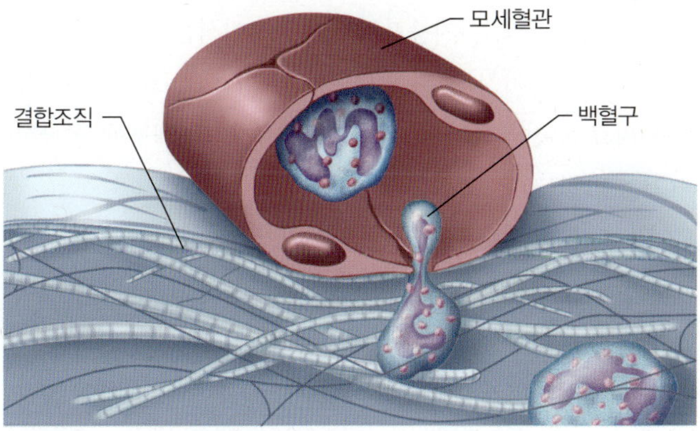

그림 5.7 조직으로의 백혈구 이동.
백혈구는 모세혈관벽 세포 사이를 통과하여 신체조직으로 들어갈 수 있다.

무과립백혈구

무과립백혈구에는 림프구와 단핵구가 포함된다. 림프구와 단핵구에는 과립이 없지만 소엽이 아닌 핵이 있다. 무과립백혈구는 단핵백혈구라고도 한다.

림프구(lymphocyte)는 전체 백혈구의 25~35%를 차지한다. 따라서 림프구는 백혈구 중 두 번째로 풍부한 유형이다. 림프구는 특정 병원체 및 독소(독성물질)에 대한 특정 면역을 담당한다. 림프구에는 B세포와 T세포의 두 가지 유형이 있다. 형질세포라고 하는 성숙한 B세포는 표적 병원체와 결합하여 파괴하도록 표시하는 단백질인 항체를 생성한다. 일부 T세포(세포독성 T세포)는 병원체를 직접 파괴한다. AIDS 바이러스는 여러 유형의 T세포 중 하나를 공격한다. 이런 식으로 바이러스는 면역 결핍을 유발하여 병원체로부터 신체를 방어할 수 없는 상태를 유발한다. B림프구와 T림프구는 6.3절에서 더 자세히 논의한다.

단핵구(monocyte)는 백혈구 중 가장 큰 세포이다. 조직에 자리 잡은 후 더 큰 대식세포로 분화한다. 호중구와 마찬가지로 대식세포는 활성 식세포로서 병원체, 오래된 세포, 세포 파편을 파괴한다. 대식세포는 또한 림프구를 포함한 다른 백혈구를 자극하여 신체를 방어한다.

백혈구 관련 질환

일부 면역 결핍은 유전될 수 있다. 예를 들어 백혈구 줄기세포에 아데노신 디아미나제라는 효소가 결핍된 소아는 **중증복합면역결핍증**(severe combined immunodeficiency, SCID)에 걸린다. 이 효소가 없으면 B림프구와 T림프구가 발달하지 않고 신체가 감염과 싸울 수 없다. 결핍된 효소를 매주 2회 주사할 수 있지만, 호환되는 기증자로부터 골수이식을 받는 것이 질병을 치료하는 가장 좋은 방법이다. SCID의 치료는 주로 유전자 치료로 전환되어 결핍된 효소를 개인의 세포에 공급한다(21.4절 참고).

서두에서 소개했듯이 암은 제어되지 않는 세포 성장으로 인해 발생한다. '백혈구'를 의미하는 **백혈병**(leukemia)은 제어되지 않은 백혈구 증식과 관련된 암 종류를 말한다. 이러한 백혈구 대부분은 비정상이거나 미성숙한 상태이다. 따라서 정상적인 방어 기능을 수행할 수 없다. 백혈병의 각 유형은 제어되지 않고 분열하는 세포의 유형에 따라 명명된다. 암에 대한 더 자세한 내용은 19장에서 살펴볼 수 있다.

림프구의 엡스타인-바 바이러스(EBV) 감염은 **감염성 단핵구증**(infectious mononucleosis)의 원인으로, 림프구가 단핵구이기 때문에 붙여진 이름이다. 헤르페스 바이러스 계열에 속하는 EBV는 가장 흔한 인간 바이러스 중 하나이다. 감염성 단핵구증의 증상은 발열, 인후염, 림프샘 부종이다. 일반적으로 약물치료 없이 1~2개월 이내에 증상이 사라지지만, EBV는 평생 인후와 혈액의 일부 세포에 숨어 휴면 상태로 남아 있다. 스트레스는 바이러스를 재활성화할 수 있으며, 감염된 사람의 타액이 다른 사람에게 감염을 옮길 수 있다.

진도 점검하기 5.3

1. 백혈구의 종류가 여러 가지인 이유를 설명하시오.
2. 백혈구의 각 주요 종류의 구조와 기능을 설명하시오.
3. 백혈병과 백혈구의 관계를 설명하시오.

개념 연결하기

백혈구는 질병에 대한 방어에 중요한 역할을 한다. 이 세포에 대한 자세한 내용은 다음 논의를 참고하시오.

6.2절 선천적 면역반응에서 단핵구의 역할을 살펴본다.

6.4절 림프구가 적응 방어에 어떻게 관여하는지 자세히 살펴본다.

7.2절 HIV 바이러스가 백혈구를 감염시켜 AIDS라는 질병을 일으키는 과정을 살펴본다.

5.4 혈소판과 혈액 응고

학습 목표

이 절을 학습한 후 다음 사항을 할 수 있어야 한다.

1. 혈액 응고가 항상성과 어떤 관련이 있는지 설명할 수 있다.
2. 혈전의 형성 단계를 나열할 수 있다.
3. 혈액 응고와 관련된 장애를 설명할 수 있다.

혈소판(platelet, thrombocyte)은 적색골수에 있는 **거핵세포**(megakaryocyte)라고 하는 큰 세포가 조각나서 만들어진다. 혈소판은 하루에 2,000억 개씩 생성되며, 혈액에는 μl당 13만~40만 개의 혈소판이 있다. 이 고형성분은 혈액 **응고**(clotting, coagulation)에 관여한다. 또한 간에서 생성되어 혈액에 축적되는 혈장단백질인 **프로트롬빈**(prothrombin)과 **피브리노겐**(fibrinogen)도 관여한다. 비타민 K는 프로트롬빈 생산에 필요하다.

혈액 응고

혈액 응고 과정은 혈장과 고형성분이 혈관 내에 남아 있도록 함으로써 신체가 심장혈관계통의 항상성을 유지하도록 돕는다. 13가지 응고 인자, 칼슘 이온(Ca^{2+}), 다양한 효소가 혈전 형성에 참여한다.

체내 혈관이 손상되면 혈소판이 구멍 뚫린 부위에 뭉쳐서 새는 것을 부분적으로 막는다(그림 5.8). 혈소판과 손상된 조직은 혈장의 프로트롬빈을 **트롬빈**(thrombin)으로 전환하는 프로트롬빈 활성화제라고 하는 응고 인자를 방출한다. 이 반응에는 칼슘 이온이 필요하다. 트롬빈은 혈장단백질 중 하나인 피브리노겐 분자에서 2개의 짧은 아미노산 사슬을 절단하는 효소 역할을 한다. 이렇게 활성화된 조각은 끝에서 끝으로 연결되어 긴 **피브린**(fibrin) 실을 형성한다.

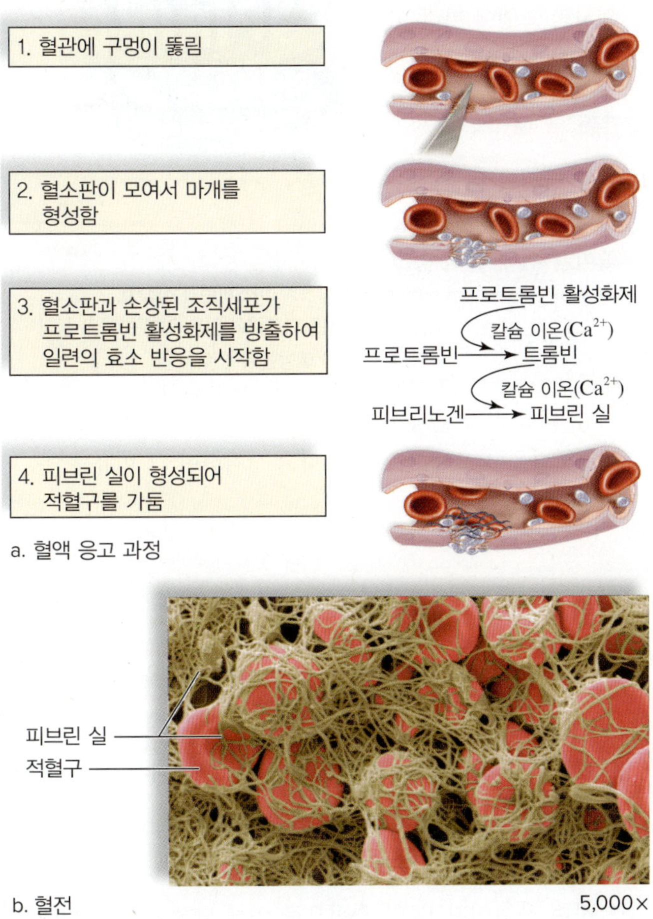

그림 5.8 **혈전 형성 단계.**
a. 혈소판과 손상된 조직세포는 프로트롬빈 활성화제를 방출하고, 이 활성화제는 칼슘 이온이 있는 상태에서 프로트롬빈에 작용하여 트롬빈을 생성한다. 트롬빈은 칼슘 이온이 있을 때 피브리노겐에 작용하여 피브린 실을 형성한다. **b.** 혈전의 주사전자현미경 사진은 피브린 실에 걸린 적혈구를 보여준다.
(b): Steve Gschmeissner/Science Photo Library/Getty Images

피브린 실은 손상된 혈관 부위의 혈소판 마개 주위에 감겨 혈전의 틀을 제공한다. 피브린 실 안에 갇힌 적혈구는 혈전을 붉게 보이게 한다. 피브린 혈전은 일시적인 현상이다. 혈관 복구가 시작되면 **플라스민**(plasmin)이라는 효소가 피브린 네트워크를 파괴하여 조직세포가 성장할 수 있도록 한다.

혈액이 응고된 후 **혈청**(serum)이라는 노란색 액체가 혈전에서 빠져나간다. 혈청에는 피브리노겐과 프로트롬빈을 제외한 혈장의 모든 성분이 포함되어 있다.

건강 특집 '아스피린과 심장병'에서는 저용량의 아스피린이 응고 경로와 어떻게 상호작용하는지 설명한다.

혈액 응고와 관련된 장애

혈소판 수가 부족한 상태를 **혈소판감소증**(thrombocytopenia)이라 한다. 혈소판감소증은 골수에서 혈소판 생산이 적거나 골수 외부에서 혈소판 분해가 증가하기 때문에 발생한다. 백혈병을 포함한 여러 질환이 혈소판감소증을 유발할 수 있다. 또한 약물에 의해 유발될 수도 있다. 증상으로는 멍, 발진, 코피 또는 입 출혈 등이 있다. 위장관 출혈과 뇌출혈이 합병증으로 나타날 수 있다.

혈관 내벽이 거칠어지면 손상되지 않은 혈관 내부에도 혈전이 자연적으로 형성될 수 있다. 대부분 혈관 내벽이 거칠어지는 것은 죽상경화 플라크가 형성되어 발생한다(4.7절 참고). 드물지만 정맥관을 삽입하는 동안 혈관 내벽이 손상되는 예도 있다. 자연적으로 응고된 혈액이 혈관 내부에 고정되어 있으면 이를 **혈전**(thrombus)이라 한다. 여행할 때처럼 장시간 앉아 있는 것도 혈전 형성을 유발할 수 있다. 혈전이 떨어져 나와 혈액 속을 이동하는 것을 **색전**(embolus)이라 한다. 색전이 혈관을 막으면 **혈전색전증**(thromboembolism)이 발생한다. 이를 치료하지 않고 방치하면 조직으로 가는 혈류가 완전히 중단되어 심장마비나 뇌졸중을 일으킬 수 있다(4.7절 참고).

혈우병(hemophilia)은 응고인자 결핍을 유발하는 유전성 응고 장애이다. 이 질환에는 여러 형태가 있다. 응고인자 VIII

오늘날의 생물학 ▶ **건강**

아스피린과 심장병

아세틸살리실산인 아스피린(그림 5A)은 오랫동안 통증 치료제로 여겨졌다. 그러나 저용량의 아스피린은 현재 뇌졸중과 심장마비를 포함한 일부 형태의 심장 질환 발생 가능성을 낮추는 것으로 알려져 있다. 이것은 그림 5.8a에서 보는 것처럼 혈액 응고 경로에서 일어나는 일련의 정상적인 사건을 방해함으로써 이루어진다.

혈소판이 혈액에 있을 때는 개별 세포 조각으로 존재한다. 그러나 손상 후 손상된 세포는 화학물질을 방출하여 혈소판을 '끈적거리게' 만들고 응집체라고 하는 더 큰 그룹으로 뭉치게 한다.

혈소판이 끈적끈적한 형태로 전환되는 것은 트롬복산이라는 화학물질 때문이다. 트롬복산은 부상이나 상처 부위에 반응하여 혈소판에서 방출된다. 혈소판이 응집하면 더 많은 트롬복산을 방출한다. 이것은 양성되먹임 기전의 한 예이며(3.8절 참고), 부상에 신속하게 대응하여 혈액 손실을 줄일 수 있다.

문제는 상처가 없는 상태에서 혈소판이 서로 달라붙기 시작할 때 발생한다. 이러한 의도하지 않은 혈전은 심장과 뇌의 혈관을 막아서 심장마비와 뇌졸중을 일으킬 수 있다. 아스피린은 트롬복산의 활성을 억제하여 혈소판이 서로 달라붙는 것을 효과적으로 줄인다. 여러 연구에 따르면 죽상동맥경화증과 같은 심장 질환이 있는 사람이 아스피린을 복용하면 심장마비나 뇌졸중의 가능성이 감소한다고 한다.

이런 효과를 일으키는 아스피린의 실제 복용량은 의학계에서 확정적으로 결정된 바는 없지만, 대부분 하루 약 75~80 mg의 복용량이 충분하다는 데 동의한다. 더 많은 용량을 복용했을 때 효과가 증가한다는 증거는 없으며, 더 많은 복용량은 궤양, 복부 출혈과 같은 부작용을 일으킬 수 있다. 아스피린이 혈전 형성 가능성을 낮추는 것으로 알려져 있지만, 최근 연구에서는 특히 특정 연령대에서 매일 저용량의 아스피린을 복용하는 것이 심장마비를 예방하는 데 효과가 있는지 의문을 제기하기 시작했다. 저용량 아스피린 복용을 시작하거나 중단할지는 의사의 조언에 따라 이루어져야 한다.

생각해 볼 문제

1. 만약 당신이 의학 연구자라면 뇌졸중 위험을 줄이기 위해 혈액 응고 경로의 어떤 다른 영역을 억제 대상으로 삼겠는가?
2. 어떤 의학적 조건에서 아스피린을 사용해서는 안 된다고 생각하며 그 이유는 무엇인가?

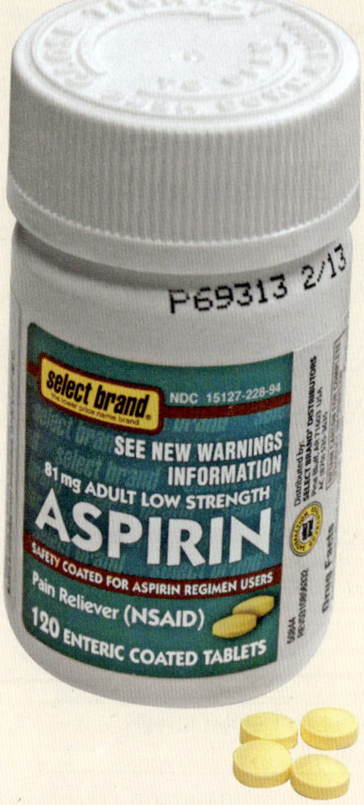

그림 5A 아스피린과 심장병. 저용량의 아스피린은 일부 형태의 심장병을 예방할 수 있다.
Mark Dierker/McGraw Hill

결핍으로 인해 발생하는 A형 혈우병은 여아보다 남아에게 더 많이 발생한다. A형 혈우병은 X 염색체에서 발견되는 응고인자 VIII 생성 유전자의 결함으로 인해 발생한다. 남성의 경우 이 형태의 혈우병은 남성이 단일 X 염색체에 비정상적인 대립유전자를 가질 때 발생한다. 여성은 2개의 X 염색체 중 하나의 정상 유전자만 있어도 충분한 양의 응고인자 VIII를 만들 수 있다(20.5절 참고).

혈우병 환자의 경우 사소한 충격에도 관절에 출혈이 생길 수 있다. 관절의 연골 퇴행과 기저 뼈의 흡수가 뒤따를 수 있다. 가장 흔한 사망 원인은 신경학적 손상을 동반하는 뇌출혈이다. 인자 VIII를 정기적으로 주사하면 질병을 성공적으로 치료할 수 있다.

A형 혈우병 외에도 응고 장애에는 몇 가지 다른 형태가 있다. B형 혈우병은 최초로 진단받은 사람(1952년 스티븐 크리스마스)의 이름을 따서 **크리스마스병**(Christmas disease)이라고도 하며 응고인자 IX의 결핍으로 인해 발생한다. 폰빌레브란트병은 손상된 혈관 부위에 혈소판을 함께 묶어주는 접착제 같은 단백질의 결핍으로 발생한다. 이런 모든 질환은 결핍된 단백질을 주사하여 부분적으로 치료할 수 있다.

진도 점검하기 5.4

1. 혈전 형성에 관여하는 혈액 성분을 열거하시오.
2. 혈액 응고 단계를 설명하시오.
3. 몇 가지 혈액 응고 장애를 요약하시오.

개념 연결하기

이 절에서 논의한 장애에 대한 자세한 내용은 다음 논의를 참고하시오.

4.7절 혈전이 심장혈관계통 질환과 어떤 관련이 있는지 살펴본다.

20.5절 유럽 왕족의 혈우병 유전을 살펴본다.

5.5 사람의 혈액형

학습 목표

이 절을 학습한 후 다음 사항을 할 수 있어야 한다.

1. 사람의 혈액형을 결정하는 요인을 설명할 수 있다.
2. 주어진 수혈에 대한 혈액형의 적합성을 예측할 수 있다.
3. 신생아 용혈성 질환에서 Rh 인자의 역할을 요약할 수 있다.

혈액형(blood type)이라는 용어는 적혈구(RBC) 표면에서 발견되는 표면 단백질의 차이를 의미한다. 이런 단백질은 한 사람에게서 다른 사람에게로 혈액을 옮기는 **수혈**(blood transfusion)에 중요한 역할을 한다. 안전한 수혈을 위해서는 서로 다른 사람의 피가 섞였을 때 **응집**(agglutination, 적혈구가 뭉치는 현상)이 일어나지 않도록 혈액형을 정해야 한다. 혈액형 검사에서는 일반적으로 ABO 혈액형을 결정하고, 개인이 Rh 음성(Rh^-) 또는 Rh 양성(Rh^+)인지 여부를 결정한다.

ABO 혈액형

적혈구의 세포막에는 혈액형을 식별하는 당단백질이 포함되어 있기 때문에 특정 유형의 수혈만이 안전하다. 이러한 당단백질은 다른 혈액형을 가진 사람에게 항원으로 작용할 수 있다. 6.2절에서 배우게 되겠지만, 항원은 어떤 사람의 신체에 이질적인 물질로 면역반응을 불러일으킨다. ABO 혈액형은 A형 항원과 B형 항원이라고 하는 두 가지 당단백질 항원의 유무에 따라 결정된다. 이러한 항원의 존재 여부는 개인의 유전에 따라 다르다.

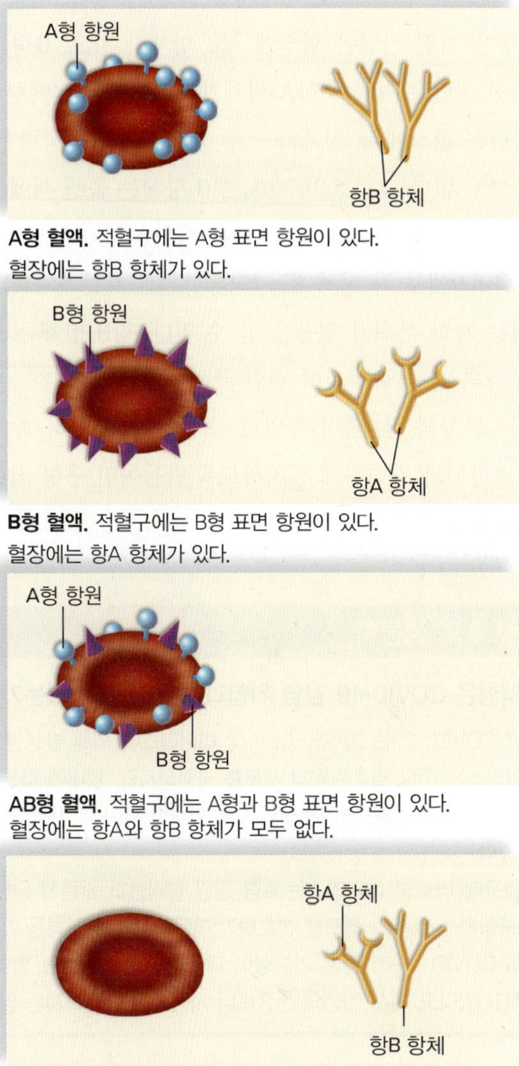

A형 혈액. 적혈구에는 A형 표면 항원이 있다. 혈장에는 항B 항체가 있다.

B형 혈액. 적혈구에는 B형 표면 항원이 있다. 혈장에는 항A 항체가 있다.

AB형 혈액. 적혈구에는 A형과 B형 표면 항원이 있다. 혈장에는 항A와 항B 항체가 모두 없다.

O형 혈액. 적혈구에는 A형과 B형 표면 항원이 모두 없다. 혈장에는 항A와 항B 항체가 모두 있다.

그림 5.9 ABO 혈액형 체계.
ABO 체계에서 혈액형은 적혈구 표면에 있는 항원 A와 B의 존재 여부에 따라 달라진다. 이 그림에서 A형 항원과 B형 항원은 적혈구에서 서로 다른 모양으로 표시하였다. 각 혈액형에 대해 혈장 내 가능한 항A 및 항B 항체가 표시되어 있다. 항B 항체는 A형 항원에 결합할 수 없으며, 그 반대의 경우도 마찬가지이다.

그림 5.9에서 A형 항원과 B형 항원은 모양과 색상이 다르게 표시되어 있다. 그림을 보고 적혈구 세포막에서 발견되는 항원의 종류를 확인해야 한다. 예상할 수 있듯이 A형 혈액에는 A항원(파란색 구체)이 있고 B형 혈액에는 B항원(보라색 삼각형)이 있다. AB형 혈액에 A항원과 B항원이 모두 있다고 추측했다면 맞았다. 마지막으로, O형 혈액은 적혈구에 두 가지 항원이 모두 없다는 점에 유의해야 한다.

A형과 B형 혈액에는 자신의 세포에는 없는 항원에 대응하

는 항체(그림 5.9의 노란색 Y자형 분자)가 있다. 따라서 A형 혈액형을 가진 사람은 혈장에 항B 항체가 있고, B형 혈액형을 가진 사람은 혈장에 항A 항체가 있다. 또한 혈액형이 O형인 사람은 혈장에 두 항체가 모두 있고, AB형인 사람은 두 항체가 모두 없다(그림 5.9). 항A, 항B 항체는 출생 시에는 존재하지 않지만 몇 개월에 걸쳐 나타난다.

그림 5.9에서 각 항체에는 해당 항원과 자물쇠와 열쇠처럼 꼭 맞는 결합 부위가 있음을 알 수 있다. 항B 항체는 각 Y자형 분자의 상단에 삼각형 결합 부위를 가지고 있다. 이 결합 부위는 보라색 삼각형 B항원과 꼭 맞는다. 유사하게, 항A 항체는 A항원과 완벽하게 일치하도록 만들어진 구형 결합 부위를 갖는다.

생활 속의 생물학

혈액형은 COVID-19 감염 위험과 어떤 관련이 있는가?

질병 COVID-19는 SARS-CoV-2 바이러스에 의해 발생한다. 이 바이러스는 주로 호흡계통의 세포를 공격하지만, 체내에 다른 표적도 있다. 연구자들은 바이러스와 사람 혈액형 사이의 연관성을 연구해 왔다.

연구에 따르면 바이러스는 A형 항원 혈액형과 관련된 당단백질을 포함하는 호흡기 세포를 선호하기 때문에 A형 혈액형을 가진 사람이 COVID-19에 걸릴 가능성이 더 크다. 그러나 A형 혈액형을 가지고 있다고 해서 질병의 중증도나 사망률이 증가하지는 않는다.

혈액 적합성

수혈할 때 혈액의 적합성이 매우 중요하다. 혈장의 항체가 적혈구 표면의 항원과 결합하지 않아야 하며, 그렇지 않으면 응집이 발생한다. 응집을 통해 항A 항체는 A형 항원과 결합하고 항B 항체는 B형 항원과 결합한다. 따라서 공여자가 A형이고 수혜자가 B형이면 응집이 예상된다(그림 5.10). 공여자가 B형이고 수혜자가 A형인 경우에도 같은 상황이 발생한다.

O형 혈액의 적혈구에는 A형과 B형 항원이 모두 없기 때문에 O형 혈액은 때로 **보편적 공여자**(universal donor)라고 한다. 다른 혈액형을 가진 수혜자에게 O형 혈액을 기증하면 응집이 일어나지 않아야 한다. 마찬가지로, AB형 혈액은 혈장에 A형과 B형 항체가 없기 때문에 때때로 **보편적 수혜자**(universal recipient) 혈액이라고도 한다. AB형 혈액을 가진 사람은 다른 유형의 혈액을 가진 공여자로부터 수혈을 받을 때 응집이 일어나지 않아야 한다.

그러나 실제로는 ABO 혈액형 외에도 다른 혈액형이 있을 수 있다. 한 사람에게서 다른 사람으로 혈액을 안전하게 수혈하기 전에 공여자 혈액과 수혜자 혈액을 물리적으로 섞은 후 응집이 발생하는지 관찰해야 한다. 혈액형 교차일치라고 하는 이 절차는 몇 분밖에 걸리지 않으며, 모든 수혈을 시행하기 전에 실시한다. 교차일치 절차를 시행하지 않은 O형 헌혈은 출혈이 심하고 환자의 생명이 위태로운 응급 상황에만 시행된다.

생활 속의 생물학

ABO 혈액형은 정확한가?

일반적으로 대답은 '예'이다. 그러나 기존의 ABO 혈액형 검사를 복잡하게 만들 수 있는 유전질환이 몇 가지 있다. 예를 들어 봄베이 증후군이 있는 사람은 적혈구 표면에 A형과 B형 항원을 올바르게 부착하는 효소가 부족하다. 이런 사람은 적혈구 표면에 A형과 B형 항원을 생성하는 유전자를 가지고 있지만, 이 항원들이 부착되어 있지 않기 때문에 혈액형이 O형인 것처럼 보일 수 있다.

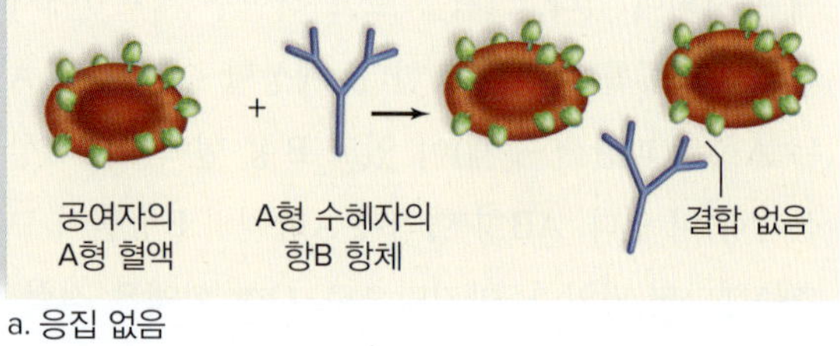

a. 응집 없음

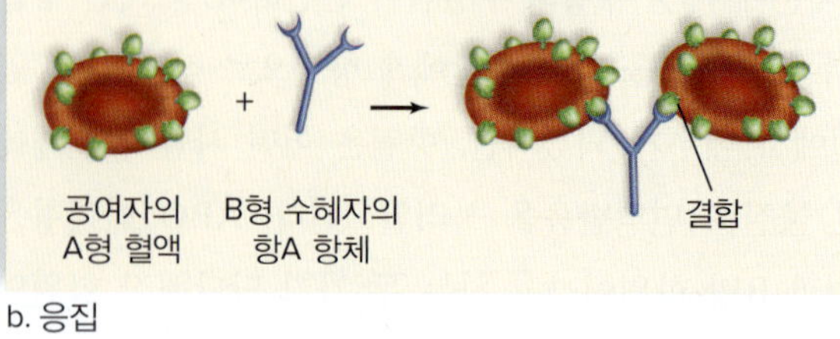

b. 응집

그림 5.10 혈액 적합성과 응집.
a. 항B 항체가 A형 항원과 결합할 수 없기 때문에 응집이 일어나지 않는다. **b.** 수혜자의 항A 항체가 공여자의 적혈구에 있는 A형 항원과 결합할 때 응집이 발생한다.

Rh 혈액형

혈액형 지정에는 일반적으로 적혈구에 Rh 인자라고 하는 항원이 있는지 없는지도 포함된다. Rh 음성인 사람은 일반적으로 Rh 인자에 대한 항체를 가지고 있지 않지만, Rh 인자에 노출되면 항체를 만든다.

어머니가 Rh 음성이고 아버지가 Rh 양성이면 아이도 Rh 양성일 수 있다. 출산 중 Rh 양성 항원이 태반을 통해 산모의 혈류로 누출될 수 있다. 이러한 Rh 양성 항원이 존재하면 산모는 항Rh 항체를 생성하게 된다(그림 5.11).

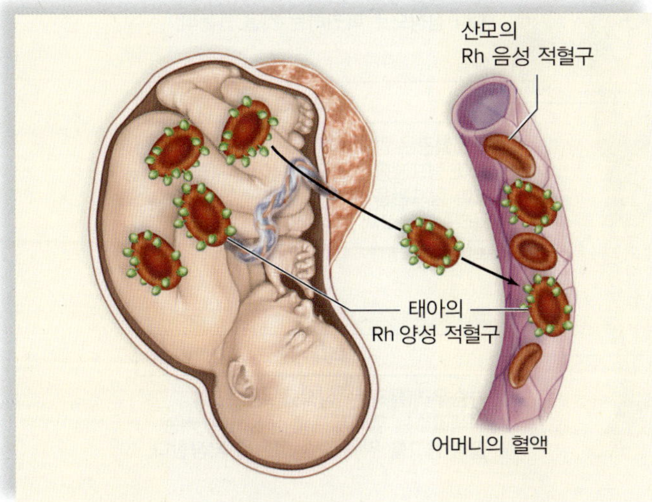

a. 태아의 Rh 양성 적혈구가 태반을 통해 산모의 혈류로 누출된다.

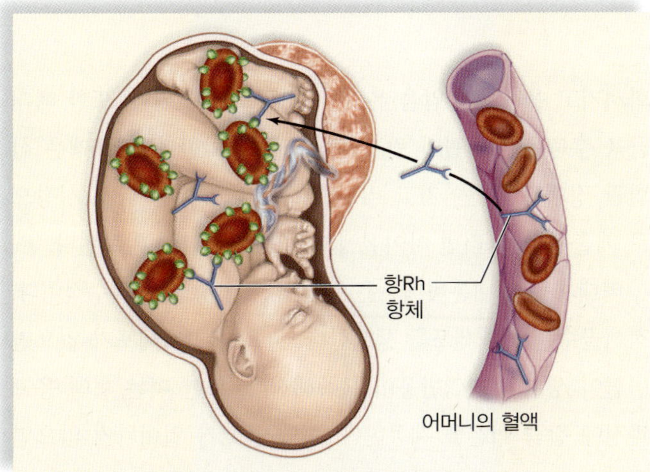

b. 산모는 항Rh 항체를 형성하는데 이 항체는 태반을 통과하여 태아의 Rh 양성 적혈구를 공격할 수 있다.

그림 5.11 Rh 인자 질환(신생아 용혈성 질환).
a. Rh 음성인 산모가 Rh 양성인 아이를 임신한 경우 산모는 Rh 양성 적혈구에 대한 항체를 생성하기 시작할 수 있다. **b.** 임신 중 이러한 항체는 태반을 통과하여 Rh 양성인 아이의 적혈구 용혈을 유발할 수 있다.

이후에 Rh 양성인 다른 아기를 임신하면 항Rh 항체가 태반을 통과하여 태아의 적혈구를 파괴할 수 있다. 용혈은 자궁에서 시작되어 아기가 태어난 후에도 계속되기 때문에 이를 **신생아 용혈성 질환**(hemolytic disease of the newborn)이라고 한다. 적혈구 파괴로 인해 아기는 심한 빈혈에 걸리게 된다. 혈액 내 과도한 혈색소 분해 산물은 뇌 손상과 지적 장애 또는 심지어 사망으로 이어질 수 있다.

Rh 양성인 아이를 출산한 후 72시간 이내에 Rh 음성인 여성에게 Rh 면역글로불린 주사를 주면 Rh 문제를 예방할 수 있다. 이 주사에는 산모의 혈액에 있는 아기의 적혈구를 공격하는 항Rh 항체가 포함되어 있어서, 아기의 적혈구가 엄마의 면역체계를 자극하여 항체를 생성하는 것을 막는다. RhoGAM이라고 하는 이 치료법은 신생아의 적혈구에 해를 끼치지 않지만, 산모가 이미 항체를 생산하기 시작했다면 치료 효과가 없다. 따라서 주사 시기가 가장 중요하다.

진도 점검하기 5.5

1. 혈액형을 결정하는 요인을 설명하고, 혈액의 네 가지 유형을 나열하시오.
2. A형 혈액형을 가진 기증자가 누구에게 헌혈할 수 있는지 설명하시오.
3. 신생아의 용혈성 질환을 일으키는 원인을 설명하시오.

개념 연결하기

혈액형의 화학 및 유전학에 대한 자세한 내용은 다음 논의를 참고하시오.

2.3절 당단백질의 구조와 기능을 살펴본다.

20.4절 인간 ABO 혈액형과 관련된 유전 양상을 살펴본다.

5.6 항상성

학습 목표

이 절을 학습한 후 다음 사항을 할 수 있어야 한다.

1. 심장혈관계통이 항상성을 유지하기 위해 다른 신체계통과 어떻게 상호작용하는지 요약할 수 있다.

그림 5.12는 신체의 기관이 항상성을 유지하기 위해 심장혈관계통과 상호작용하는 방식을 요약한 것이다. 앞서 신체의 내

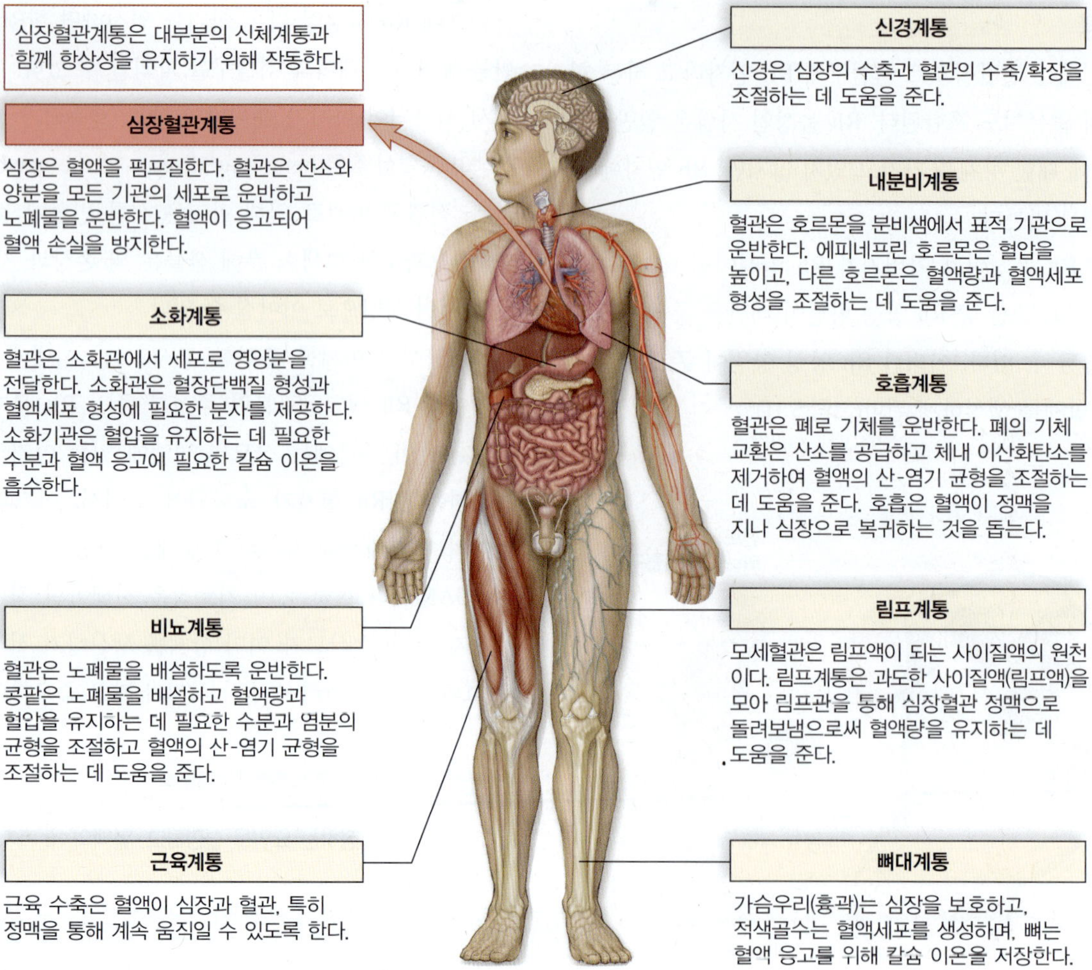

그림 5.12 항상성을 유지하기 위해 신체계통이 협력하는 방법.
우리 몸의 각 계통은 심장혈관계통의 기능에 중요한 기여를 하여 항상성 유지에 기여한다. 주어진 정보를 보기 전에 각 계통의 기여도를 제시할 수 있는지 확인하시오.

부 환경에는 혈액뿐만 아니라 사이질액도 포함되어 있다는 것을 배웠다. 사이질액은 혈장에서 유래하지만 혈장단백질은 거의 포함되어 있지 않다. 사이질액은 림프모세관에 흡수된 후 림프액이라고 불린다. 림프액은 림프관을 통과하여 결국 정맥계통으로 돌아간다. 따라서 심장혈관계통과 림프계통은 밀접하게 연결되어 있다.

심장혈관계통이 소화기관의 영양분과 폐의 산소를 세포를 둘러싼 사이질액으로 전달해야만 항상성이 유지된다. 동시에 심장혈관계통은 대사성 노폐물을 제거하여 배설 기관으로 노폐물을 전달한다.

근육계통의 세 가지 구성요소는 혈액 이동에 필수적인 역할을 한다. 심장근육 수축은 온몸으로 혈액을 순환시킨다. 혈관 벽에 있는 민무늬근육의 수축 또는 이완은 혈관 지름을 변화시키고 올바른 혈압을 유지하는 데 도움이 된다. 또한 뼈대근육 수축은 심혈관과 림프관을 모두 압박한다. 림프액은 심혈관 정맥으로 돌아가고 심혈관 정맥의 혈액은 다시 심장으로 배출된다. 그러면 사이질액과 혈액의 순환이 완료된다.

뼈대계통과 내분비계통은 심장혈관 항상성에 필수적이다. 적색골수는 혈액세포를 생성한다. 필요한 혈액세포가 없으면 빈혈이 생기고 면역반응이 부족해진다. 또한 뼈는 혈액 응고 과정에 칼슘 이온을 제공한다. 혈액 응고가 일어나지 않으면 부상으로 인한 출혈(심지어 무릎에 찰과상을 입는 것과 같은 단순한 부상이라도)도 치명적일 수 있다. 혈액세포 생산과 뼈 칼슘 방출은 모두 호르몬에 의해 조절된다. 다시 한번, 내분비계통은 심장혈관계통과 협력한다.

마지막으로 비뇨계통에는 소변을 만들고 배설하는 것 외에도 여러 기능이 있다는 것을 잊지 말아야 한다. 콩팥은 혈액과 사이질액의 산-염기 및 수분-염분 균형을 조절하는 데 도움을 준다. 콩팥에서 생성되는 호르몬인 적혈구형성인자는 적혈구 생산을 촉진한다. 비뇨계통은 근육계통, 뼈대계통, 내분비계통과 함께 우리 몸의 내부 환경을 유지한다.

진도 점검하기 5.6

1. 심장혈관계통의 기능이 항상성에 어떻게 기여하는지 설명하시오.
2. 그림 5.12에 나열된 각 계통이 심장혈관계통과 어떻게 상호작용하는지 요약하시오.

개념 연결하기

심장혈관계통이 다른 신체계통과 상호작용하는 방법에 대한 자세한 내용은 다음 논의를 참고하시오.

6.2절 심장혈관계통과 림프계통의 상호작용을 살펴본다.

10.3절 비뇨계통이 혈액에서 노폐물을 제거하는 방법을 살펴본다.

결론

이 장에서는 인체 혈액의 기능, 혈액의 구성 성분, 혈액형의 개념을 살펴보았다. 혈액은 신체의 거의 모든 물질을 운반하는 중심 역할을 하기 때문에 항상성 유지에 있어 혈액의 중요성은 혈액 손실이 개인 건강에 부정적인 영향을 미칠 수 있음을 의미한다. 역사적으로 적십자와 같은 조직은 응급 상황에서 수요를 충족하는 데 어려움을 겪어 왔다. 합성 혈액의 개발은 사용 가능한 혈액의 양을 늘리고 위기 상황에서 충분한 혈액 공급을 보장하는 수단으로 여겨진다.

요약

5.1 혈액의 개요

혈액

- 호르몬, 산소, 영양분을 세포로 운반한다.
- 세포에서 이산화탄소와 기타 노폐물을 운반한다.
- 면역체계의 **항체**(antibody)와 세포를 운반하여 감염과 싸운다.
- 혈압을 유지하고 체온을 조절한다.
- 체액의 pH를 정상 범위 내로 유지한다.

이러한 기능은 항상성을 유지하는 데 도움이 된다.

혈액에는 **혈장**(plasma)과 **고형성분**(formed element: 적혈구, 백혈구, 혈소판)의 두 가지 주요 구성요소가 있다.

혈장

혈장은 91%가 물로 이루어진 액체 결합조직이다. 혈장은 필수 분자를 세포 안팎으로 운반한다. **혈장단백질**(plasma protein: 알부민, 글로불린, 피브리노겐)은 대부분 간에서 생성된다. 이런 단백질은 **삼투압**(osmotic pressure)을 유지하고 pH 조절을 돕는다. **알부민**(albumin)은 다른 분자를 운반하고, **글로불린**(globulin)은 면역 기능을 하며, 프로트롬빈과 **피브리노겐**(fibrinogen)은 혈액 응고를 가능하게 한다.

5.2 적혈구와 기체 운반

적혈구(red blood cell, erythrocyte)에는 핵과 기타 세포소기관이 없다. 적혈구에는 산소와 결합하여 조직으로 운반하는 **혈색소**(hemoglobin, Hb)가 포함되어 있다. 혈색소는 이산화탄소 수송도 돕는다.

적혈구 생성은 혈중 산소 농도에 의해 조절된다. 산소 농도가 감소하면 콩팥에서 호르몬 **적혈구형성인자**(erythropoietin, EPO) 생성이 증가한다. 이에 대한 반응으로 골수에서 더 많은 적혈구가 생성된다.

적혈구와 관련된 질병에는 **빈혈**(anemia, 산소를 운반할 혈색소 부족), **용혈**(hemolysis, 적혈구 파열), **겸상 적혈구 질환**(sickle-cell disease, 기형 적혈구)이 포함된다.

5.3 백혈구와 질병 방어

백혈구(white blood cell, leukocyte)는 적혈구보다 큰 세포이다. 백혈구는 핵을 가지고 있으며 염색하지 않는 한 반투명하다. 백혈구는 **과립백혈구**(granular leukocyte)와 **무과립백혈구**(agranular leukocyte)로 나뉜다. 백혈구는 감염으로부터 신체를 보호하는 면역체계의 중요한 부분이다. 백혈구는 종종 외래 화합물이나 세포를 섭취하기 위해 식세포작용을 사용한다.

- 과립백혈구는 호산구, 호염기구(및 비만세포), 호중구이다. 호중구는 가장 수가 많고 감염에 가장 먼저 반응하며 병원체를 식균한다.

- 무과립백혈구에는 **단핵구**(monocyte)와 **림프구**(lymphocyte)가 있다. 단핵구는 가장 큰 백혈구로, 병원체와 세포 파편을 식균하는 대식세포가 될 수 있다. 림프구(B세포, T세포)는 특정 면역을 담당한다.

백혈구와 관련된 질병에는 중증복합면역결핍증[severe combined immunodeficiency(SCID), 감염에 극도로 취약한 병], **백혈병**(leukemia, 백혈구 암), 감염성단핵구증(EBV 바이러스 감염에 의한 병)이 포함된다.

5.4 혈소판과 혈액 응고

혈소판(platelet, thrombocyte)은 적색골수에서 **거핵세포**(megakaryocyte)가 조각나서 생성되며 혈액 응고 기능을 한다.

혈액 응고

혈소판과 혈장단백질, **프로트롬빈**(prothrombin) [및 **트롬빈**(thrombin)], **피브리노겐**(fibrinogen)은 효소 작용을 통해 혈액 **응고**(coagulation)에 관여한다. 적혈구를 가두는 **피브린**(fibrin) 실은 효소 반응의 결과이다.

부적절한 혈액 응고와 관련된 질병에는 **혈소판감소증**(thrombocytopenia, 혈소판 수 부족), **혈전색전증**(thromboembolism, 혈전이 심장, 폐, 뇌로 이동), **혈우병**(hemophilia, 특정 응고인자 결핍)이 있다.

5.5 사람의 혈액형

혈액형 검사에는 일반적으로 ABO 혈액형과 Rh^- 또는 Rh^+를 확인하는 것이 포함된다. 혈액형 확인은 수혈 시 적혈구의 **응집**(agglutination)이 일어나지 않도록 하는 데 필요하다.

ABO 혈액형

ABO 혈액형은 적혈구 표면의 A형 항원과 B형 항원의 유무를 판별한다.

- A형 혈액: A형 표면 항원 보유, 혈장에는 항B 항체 보유
- B형 혈액: B형 표면 항원 보유, 혈장에는 항A 항체 보유
- AB형 혈액: A형과 B형 표면 항원 모두 보유, 혈장에는 항A와 항B 항체가 모두 없음(보편적 수혜자)
- O형 혈액: A형과 B형 표면 항원 모두 없음, 혈장에는 항A와 항B 항체가 모두 있음(보편적 공여자)
- 응집: 해당 항원과 항체가 섞이면 응집이 일어남(공여자가 A형 혈액을 가지고 있고 수혜자가 B형 혈액을 가지고 있는 경우)

Rh 혈액형

수혈 시 Rh 항원도 고려해야 한다. Rh 음성인 산모가 Rh 양성인 아이를 임신 중이거나 출산한 후에 Rh 항원에 대한 항체를 형성할 수 있기 때문에, 임신 중에는 매우 중요하다. 이런 항체는 태반을 통과하여 Rh 양성인 아이의 적혈구를 파괴할 수 있다.

5.6 항상성

항상성은 세포의 요구에 부응하기에 심장혈관계통에 의존한다. 다른 신체계통도 심장혈관계통 기능에 중요하다.

- 소화계통은 영양분을 공급한다.
- 호흡계통은 산소를 공급하고 혈액에서 이산화탄소를 제거한다.
- 신경계통과 내분비계통은 혈압을 유지하는 데 도움을 준다. 내분비 호르몬은 적혈구 형성과 칼슘 균형을 조절한다.
- 림프계통은 사이질액을 정맥으로 돌려보낸다.
- 뼈대근육 수축(뼈대계통)과 호흡운동(호흡계통)은 정맥에서 혈액을 이동시킨다.

개념 심화 학습

비판적 사고 키우기

1. 일산화탄소는 치명적이며 무색, 무취인 기체이다. 적혈구의 혈색소는 산소보다 일산화탄소와 훨씬 더 강하게 결합한다. 일산화탄소 존재 시 산소를 운반하는 혈색소의 능력은 심각하게 저하된다.
 a. 난방기구의 오작동은 일산화탄소 중독의 잠재적 원인 중 하나이다. 일산화탄소에 노출될 수 있는 다른 상황에는 어떤 것이 있는가? 이러한 상황에서는 어떤 안전장치를 마련해야 하는가?
 b. 세포에 산소가 부족하면 세포 에너지 생산에 어떤 영향을 미치는지 구체적으로 설명하시오.

2. 이 장에서 언급한 신체가 적혈구를 형성하는 데 필요한 세 가지 특정 영양소가 있다.
 a. 세 가지 영양소의 이름을 이야기하시오.
 b. 이러한 영양소의 좋은 식품 공급원은 무엇인가?

3. 혈색소는 어떤 종류의 유기 분자인가? 혈색소를 형성하는 데 필요한 영양소는 무엇인가?

4. 적혈구형성인자 호르몬은 적혈구가 더 필요할 때마다 콩팥에서 생성된다. 신체에 더 많은 적혈구가 필요한 몇 가지 이유를 열거하시오.

5. 적혈구형성인자를 남용한 운동선수는 평소보다 더 많은 적혈구를 가지고 있다. 그림 5.3을 보고 모세혈관에 평소보다 더 많은 적혈구가 있다고 상상한 후, 운동선수가 적혈구가 너무 많아서 사망할 수 있는 이유를 설명하시오.

6. 연구자들은 현재 수혈용 인공혈액을 개발하고 있다. 몇 가지 형태의 인공혈액이 임상시험에 사용되고 있다. 인공혈액이 유용하려면 정상혈액의 어떤 점을 꼭 가져야 하며, 어떤 정상혈액의 특징이 재현하기 어렵겠는가?

관련성 탐구하기

1. 인공혈액이 수혈에 사용되는 것 외에 약물 전달과 질병 예방에 어떤 이점이 있다고 생각하는가?
2. 우발적인 일산화탄소 중독을 방지하기 위해 인공혈액을 어떻게 설계할 수 있는가?
3. 사람의 혈액형은 수십 년 동안 친자 확인 검사의 기초로 사용되었다. 인공혈액이 널리 사용되면 어떻게 변하겠는가?

모든 장의 질문에 대한 정답은 *connect.mheducation.com*에서 확인하시오.

CHAPTER 6

림프계통과 면역계통

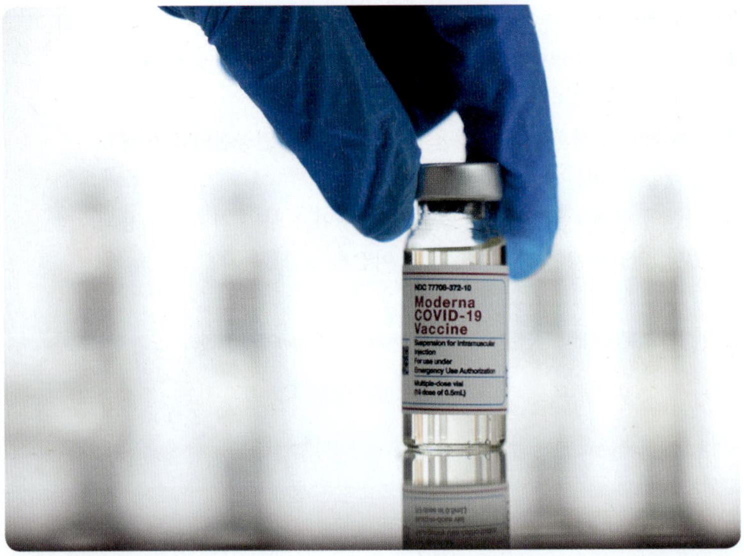

Oz Digital/Alamy Stock Photo

이 장의 개요

시작하기 전에

이 장을 시작하기 전에 다음 사항을 논의해 보자.

1.6절 단백질 구조는 그 기능과 어떻게 연관되어 있는가?

2.2절 원핵세포와 진핵세포의 차이점은 무엇인가?

5.3절 병원체로부터의 방어에서 백혈구의 기능은 무엇인가?

COVID-19 백신

1918년 독감 바이러스 유행병 이후, 지난 수십 년 동안 과학자들은 동물 숙주로부터 인간에게 전파되어 전 세계적으로 질병을 유발할 수 있는 독특한 바이러스가 출현할 것이라고 경고해 왔다. 2019년 말 SARS-CoV-2라는 새로운 형태의 코로나바이러스가 중국 우한 지역에서 발생해 독특한 형태의 호흡기 질환을 유발하였다. COVID-19라 하는 이 질병은 빠르게 전 세계적인 유행병이 되어 수많은 사람을 감염시키고 사회를 붕괴시켰으며, 끔찍할 만큼의 사망자 수를 발생시켰다.

대다수 사람에게 SARS-CoV-2 바이러스의 감염은 열, 기침, 냄새와 맛을 느끼지 못하는 등 미미한 증상을 유발하였다. 일부 사람들에게는 아무 증상도 나타나지 않아 자신이 감염되었는지조차 몰랐다. 그러나 노인 및 면역저하자와 같은 많은 사람들은 이 바이러스에 매우 민감하였다. 이 바이러스의 특성을 이해하기 시작하면서 과학계는 이 바이러스와 싸워 이길 수 있는 유일한 방법은 백신 개발이라는 것을 알게 되었다.

백신 개발을 위해 연구자들은 감염 시 우리의 면역계통이 반응하는 바이러스 부위를 동정하고, 실제 바이러스에 대한 항체를 생성할 수 있도록 해야 했다. 이후 바이러스에 노출될 경우, 이러한 항체가 인간에게 면역력을 제공하는 데 사용되었다.

이 장에서는 면역계통이 SARS-CoV-2와 같은 바이러스뿐만이 아닌 다양한 종류의 병원체로부터 어떻게 우리 몸을 보호하는지 알아볼 것이다.

이 장을 학습하면서 다음 질문을 생각해 보자.

1. 여러분의 몸은 새로운 병원체에의 첫 번째 노출에 어떻게 반응하는가?
2. 백신은 어떻게 면역력을 제공하는가?

6.1 림프계통

학습 목표

이 절을 학습한 후 다음 사항을 할 수 있어야 한다.

1. 림프계통의 구조와 기능을 설명할 수 있다.
2. 림프액의 기원과 구성요소를 설명할 수 있다.
3. 림프계통이 순환계통과 어떻게 상호작용하는지 설명할 수 있다.

림프계통(lymphatic system)은 림프관과 림프기관으로 구성된다. 림프계통은 심장혈관계통과 밀접하게 연관되어 있으며, 항상성을 위해 다음의 세 가지 주요 기능을 갖는다.

- 림프모세관은 과도한 사이질액을 흡수하여 혈류로 보낸다.
- 림프모세관은 소화관으로부터 지방을 흡수하여 혈류로 수송한다.
- 림프기관은 질병으로부터 우리 몸을 보호한다. 이러한 기능은 림프관, 림프기관 및 혈액에 존재하는 백혈구에 의해 주로 수행된다.

림프관

림프관(lymphatic vessel)은 조직에서 심장혈관계통으로 체액을 이동시키는 일방향성의 관 체계이다. 림프관 내부에 존재하는 체액을 **림프액**(lymph)이라 한다. 모세관과 도관으로 구성된 이러한 림프관은 어깨에 있는 심장혈관계통의 정맥으로 림프액을 이동시킨다(그림 6.1).

림프액은 주로 **사이질액**(interstitial fluid)으로 구성된다. 사이질액은 대부분 물이지만 혈장에서 유래한 용질들(영양분, 전해질, 산소)도 포함한다. 사이질액은 또한 세포에서 분비된 세포 생성물(호르몬, 효소, 노폐물)도 포함한다. 림프액은 주로 무색의 용액이지만, 음식 섭취 후 지질로 인해 크림색을 띠

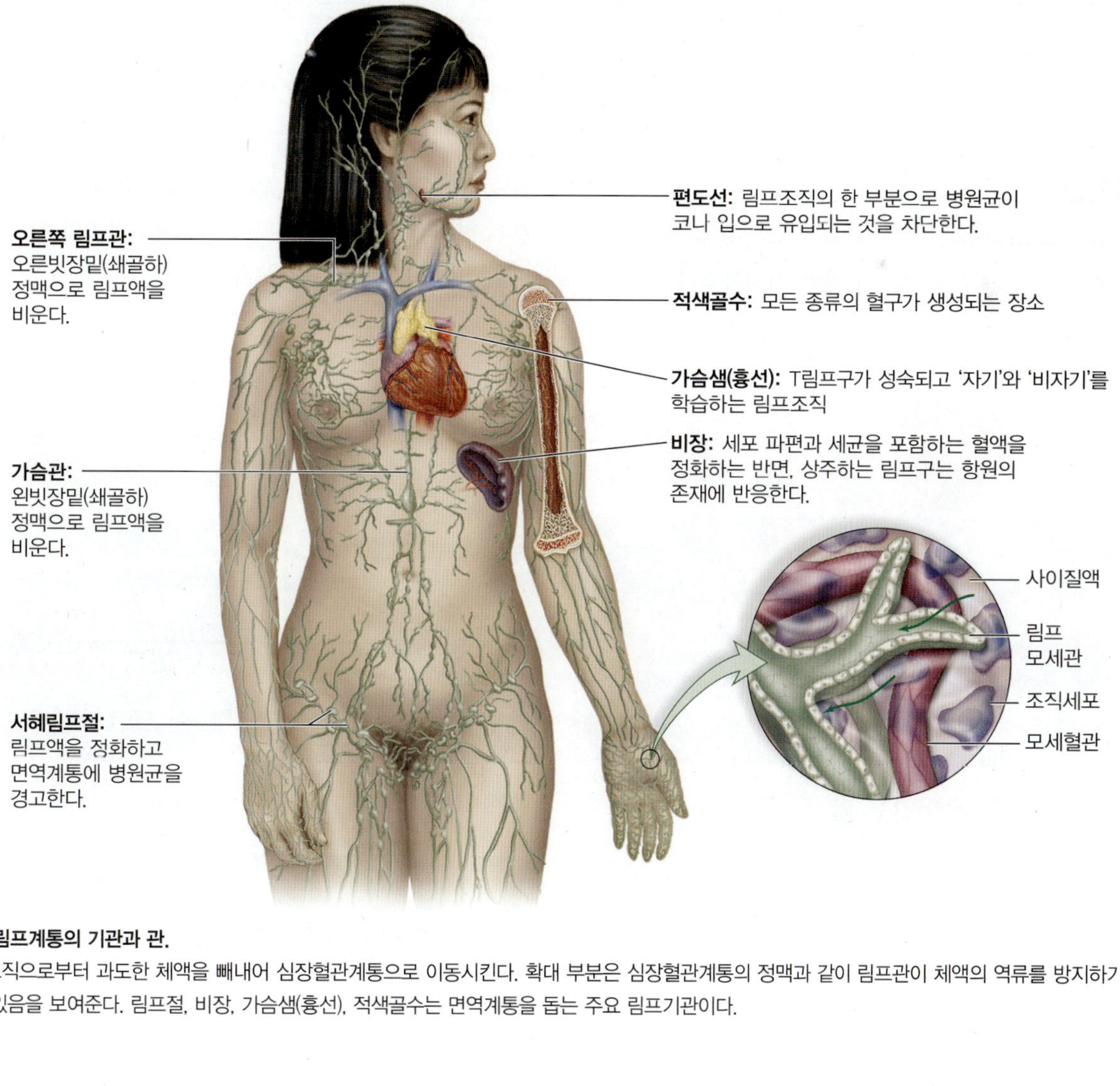

그림 6.1 림프계통의 기관과 관.
림프관은 조직으로부터 과도한 체액을 빼내어 심장혈관계통으로 이동시킨다. 확대 부분은 심장혈관계통의 정맥과 같이 림프관이 체액의 역류를 방지하기 위한 판막을 갖고 있음을 보여준다. 림프절, 비장, 가슴샘(흉선), 적색골수는 면역계통을 돕는 주요 림프기관이다.

기도 한다.

림프모세관은 주로 심장혈관계통의 모세혈관 가까이에서 발견된다. 림프모세관이 서로 만나 가슴관 또는 오른쪽 림프관에 들어가기 전에 합쳐져 림프관을 형성한다(그림 6.1). 큰 가슴관은 몸의 가슴 하부, 왼쪽 팔, 머리와 목의 왼쪽에서부터 모인 림프액을 왼빗장밑(쇄골하)정맥으로 돌려보낸다. 오른쪽 림프관은 오른쪽 팔, 머리와 목의 오른쪽에서부터 모인 림프액을 오른빗장밑(쇄골하)정맥으로 돌려보낸다.

더욱 큰 림프관의 형성은 판막을 갖고 있는 심장혈관계통의 정맥 형성과 유사하다. 림프모세관 내 림프액의 이동은 골격근의 수축에 크게 의존한다. 근육 수축의 결과 림프관을 통해 압력을 받은 림프액은 한 방향 판막에 의해 역류가 방지된다.

림프기관

림프기관(lymphatic organ)은 두 범주로 나뉜다. 1차 림프기관은 적색골수와 가슴샘을 포함하는 반면, 림프절과 비장은 2차 림프기관이다. 그림 6.2는 1차 및 2차 림프기관의 구조를 보여준다.

1차 림프기관

적색골수(red bone marrow, 그림 6.2a)는 모든 종류의 혈구를 생성한다. 아이들의 경우 대부분의 뼈가 적색골수를 갖고 있으나, 어른의 경우 골수는 흉골, 척추, 갈비뼈, 하지대 일부분 및 위팔뼈(상완골)와 넓적다리뼈(대퇴골)의 상단 끝부분에서만 발견된다. 적혈구에 더하여, 골수는 호중구, 호산구, 호염구, 림프구, 단핵구와 같은 다섯 종류의 백혈구를 생성한다. 림프구는 **B세포**(B cell, B림프구) 또는 **T세포**(T cell, T림프구)이다. B세포는 골수에서 성숙되지만 T세포는 가슴샘에서 성숙된다. 우리 몸의 세포와 반응하는 B세포는 모두 골수에서 파괴되며 순환계통으로 유입되지 않는다. 이는 B세포가 우리 몸의 정상 세포에 유해를 끼치지 않도록 한다.

가슴샘(thymus, 흉선, 그림 6.2b)은 심장 위쪽의 기관과 흉골 사이의 가슴안에 위치한다. 가슴샘은 사춘기 이전에 크기가 줄어들기 시작하며, 아이보다 어른에서 그 크기가 현저히 작다.

가슴샘은 두 가지 기능을 수행한다. 첫 번째는 T세포의 성숙을 돕는 티모신과 같은 호르몬을 생성한다. 또한 가슴샘은 T세포가 성숙되는 장소로 작용하는데, T세포는 혈류를 타고 골수에서 가슴샘으로 이동한다. 이 세포의 5%만이 가슴샘을 떠난다. 이러한 T세포는 중요한 테스트에서 생존하는데, 우리 몸의 세포와 반응하는 T세포는 가슴샘에서 파괴된다. T세포가 병원체를 공격하는 능력을 갖게 된다면 가슴샘을 떠나게 된다. T세포가 성숙되지 않아 올바른 기능을 수행하지 못할 경우 병원체에 대한 우리 몸의 반응이 결핍되기 때문에 가슴샘은 면역력에 매우 중요하다.

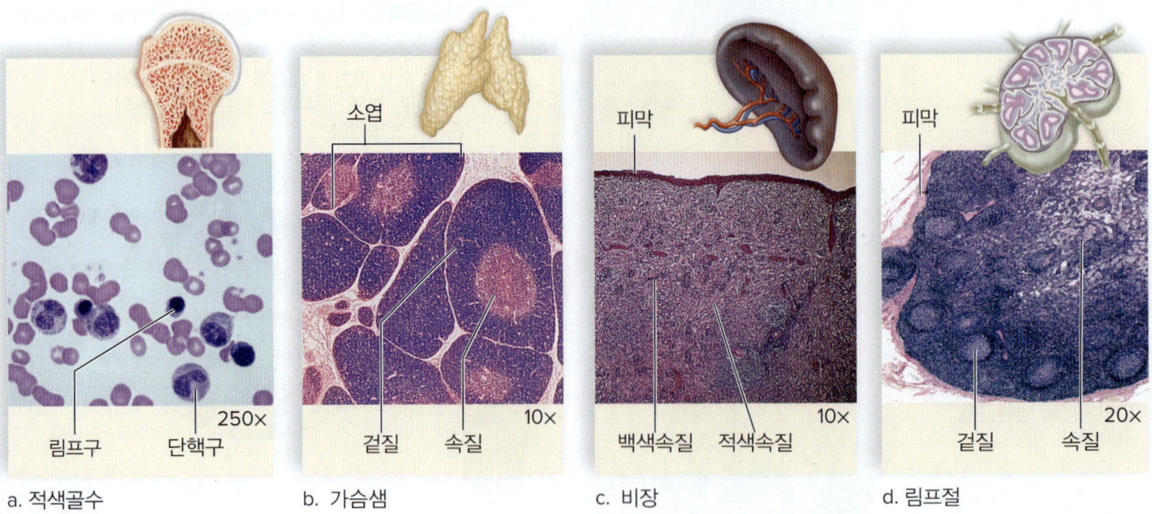

그림 6.2 림프기관의 조직구조.
(a) 적색골수와 **(b)** 가슴샘은 1차 림프기관이다. 림프구를 포함한 혈구는 적색골수에서 생성된다. B세포는 골수에서 성숙되지만, T세포는 가슴샘에서 성숙된다.
(c) 비장과 **(d)** 림프절은 2차 림프기관이다. 림프액은 림프절에서, 혈액은 비장에서 정화된다.
(a, b): Ed Reschke/Stone/Getty Images; (c): Ed Reschke; (d): Alvin Telser/McGraw Hill

2차 림프기관

2차 림프기관으로는 비장, 림프절, 편도선이 있다. 림프결절이라고 하는 림프조직 군집과 같은 다양한 부속기관은 병원체에 대항하여 싸우는 데 도움을 준다. 소화관과 호흡계통 같은 일부 기관계통의 점막 또한 림프조직을 갖고 있다.

비장(spleen, 그림 6.2c)은 혈액을 여과한다. 비장은 가장 큰 림프기관으로 위 뒤쪽 배안의 좌측 상단에 위치한다. 비장은 백색속질과 적색속질이라는 두 가지 결합조직으로 구성된다. 정맥동을 둘러싸는 적색속질은 혈액을 여과하는 데 관여한다. 비장으로 유입된 혈액은 유출되기 전에 반드시 정맥동을 통과해야 한다. 강력한 진공청소기와 같은 대식세포는 병원체와 못쓰게 된 적혈구와 같은 잔해를 함입하여 삼킨다.

비장의 바깥 피막은 상대적으로 얇아 감염 또는 타격으로 인해 터질 수 있다. 비록 비장의 기능은 다른 기관들에 의해 대체될 수 있지만, 비장이 없는 사람은 감염에 더욱 민감하여 계속적으로 항생제 치료를 받아야 한다.

림프관을 따라 존재하는 **림프절**(lymph node, 그림 6.2d)은 림프액을 여과한다. 결합조직은 피막을 형성하여 림프절을 여러 구획으로 나누며, 각 구획은 림프절 중앙으로 향하여 크기가 커지는 굴(sinus)을 갖고 있다. 림프액이 굴을 따라 흐르면서 병원체와 잔해를 함입하는 대식세포에게 노출된다. 굴에 또한 존재하는 림프구는 감염에 대항하여 싸우고 암세포를 공격한다.

림프절은 이들의 위치로 인해 명명되었다. 예를 들어 서혜림프절은 서혜부(사타구니)에 위치하며, 겨드랑이 림프절은 겨드랑이에 위치한다. 의사는 종종 우리 몸이 감염과 싸우고 있다는 증거로 목의 림프절이 붓고 부드러워지는 것을 발견한다. 이는 진단을 위한 비침습적이고 예비적인 방법이다.

> **생활 속의 생물학**
>
> **림프절이 붓는다는 것은 무엇을 의미할까?**
>
> 림프절은 감염과 싸울 때 붓는다. 세균과 바이러스가 침입했을 때, 림프절은 직경이 0.5~2인치까지 붓는다. 상처, 화상, 물림, 발진 및 피부의 손상은 감염을 유발하여 림프절을 붓게 한다. 사타구니 근처에서 림프절이 붓는다는 것은 다리나 하복부가 감염되었다는 것을, 겨드랑이 림프절이 붓는다는 것은 팔이나 가슴이 감염되었다는 것을, 목의 앞부분이 붓는다는 것은 귀나 코, 목이 감염되었다는 것을 의미한다. 수두와 같은 일부 질병은 모든 림프절을 붓게 한다.

림프소절(lymphatic nodule)은 피막으로 둘러싸여 있지 않은 림프조직의 집합체이다. **편도선**(tonsil)은 인두 근처의 고리에 위치한 림프조직의 한 부분이다. 편도선은 림프절과 같은 기능을 수행하지만, 그 위치 때문에 코와 입을 통해 유입되는 병원체 및 항원과 처음으로 만난다.

파이어스 패치(Peyer's patch)는 소장벽과 대장의 작은 돌출부분인 충수에 위치하며, 소화관을 통해 몸으로 유입된 병원체를 만난다.

> **진도 점검하기 6.1**
>
> 1. 림프계통이 어떻게 신체의 항상성을 돕는지 설명하시오.
> 2. 1차 및 2차 림프기관을 나열하시오.
> 3. 림프계통과 순환계통 사이의 관계를 설명하시오.

> **개념 연결하기**
>
> 림프계통은 지방의 이동과 과도한 체액을 순환계통으로 되돌리는 데 중요한 역할을 한다. 이러한 기능에 대한 자세한 내용은 다음 논의를 참고하시오.
>
> **4.1절** 림프계통이 어떻게 순환계통과 상호작용하는지 살펴본다.
>
> **8.3절** 림프계통이 어떻게 음식물에 포함된 지방의 처리에 관여하는지 살펴본다.
>
> **8.6절** 소장에서 림프관의 위치를 살펴본다.

6.2 선천면역 방어

> **학습 목표**
>
> 이 절을 학습한 후 다음 사항을 할 수 있어야 한다.
>
> 1. 우리 몸의 선천면역 방어의 예를 설명할 수 있다.
> 2. 염증반응의 사건을 요약할 수 있다.
> 3. 보체계의 기능을 설명할 수 있다.

우리는 우리 주변의 바이러스, 세균, 곰팡이와 같은 미생물에 지속적으로 노출된다. **면역**(immunity)은 외래물질, 병원체, 암세포를 우리 몸에서 죽이거나 제거하는 능력이다. 면역에는 두 가지 측면이 있다. 선천면역 또는 비특이적 면역의 기전은 앞선 노출 없이도 그 기능을 충분히 수행하지만, 적응면역(6.3절 참고)은 노출에 의해 개시되고 증폭된다.

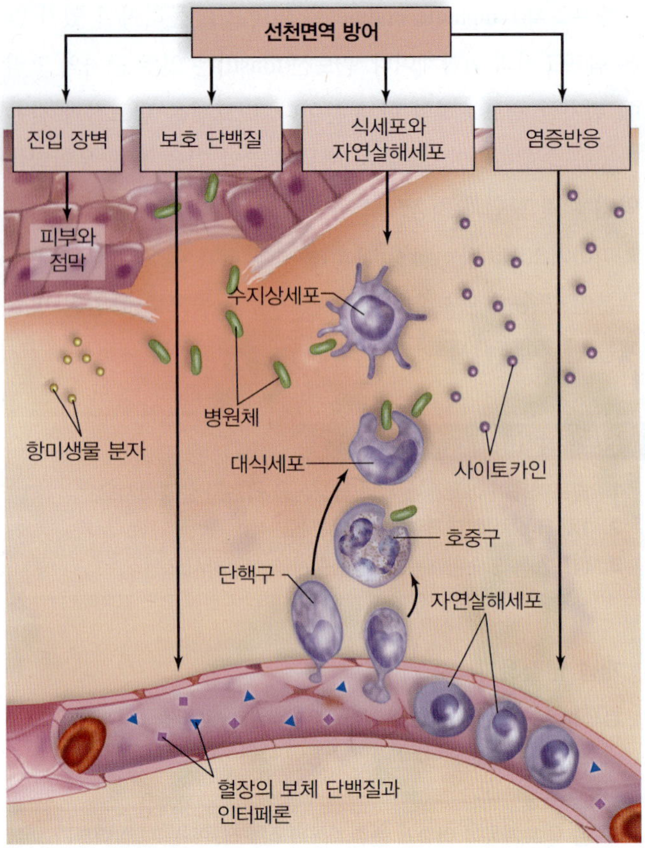

그림 6.3 선천면역 방어의 개요.
대부분의 선천면역 방어는 우리 몸이 과거에 경험해보지 못했던 병원체에 대해 빠르게 인식하고 반응한다.

그림 6.3에 요약한 바와 같이 선천면역 방어는 물리적·화학적 장벽, 염증반응(식세포 및 자연살해세포), 보체와 인터페론 같은 보호 단백질을 포함한다.

선천면역 방어는 감염 발생 시 즉각적이거나 매우 빠르게 일어난다. 선천면역의 경우 앞서 침입자가 공격했다는 인식이 없으므로, 침입자에 대한 면역학적 '기억'이 존재하지 않는다.

물리적·화학적 장벽

신체는 병원체 감염에 대한 첫 번째 방어선 역할을 하는 물리적·화학적 장벽을 갖고 있다.

온전한 피부는 일반적으로 감염을 방지하는 효과적인 물리적 장벽이다. 피부 표면은 각질 제거로 인해 지속적으로 손실된다(3.7절 참고). 피부의 케라틴은 미생물의 침입을 방지한다. 피부는 또한 피부의 피지선 분비물 형태로 화학적 장벽의 이점도 갖고 있다. 이 산성 혼합물은 피부의 특정 세균을 약화하거나 죽이는 화합물을 포함하고 있다.

호흡기, 소화기, 생식기 및 요로를 감싸고 있는 점막 또한 병원체 침입에 대한 물리적 장벽이다. 예를 들어 상기도를 따라 늘어선 섬모세포는 점액과 물질을 목구멍으로 쓸어내어 기침하거나 뱉거나 삼킬 수 있도록 한다.

땀, 타액, 눈물은 **리소자임**(lysozyme)이라는 항균 효소를 포함한다. 타액은 또한 치아와 혀로부터 미생물을 씻어내고 눈물은 눈을 씻는다. 마찬가지로 소변은 몸에서 배설되면서 요로의 박테리아를 씻어낸다.

위의 산성 pH는 많은 종류의 세균을 죽이거나 성장을 억제한다. 한때는 위의 산성 조건에서 어떠한 세균도 생존할 수 없다고 생각되었다. 그러나 현재는 **헬리코박터 파일로리**(*Helicobacter pylori*)균에 의해 위궤양이 발생한다는 것을 알고 있다. 마찬가지로 질의 산성도와 두꺼운 벽은 병원체가 잘 자라지 못하게 한다.

마지막으로, 감염에 대한 중요한 화학적 장벽은 입, 대장 및 다른 장소에 주로 존재하는 미생물인 정상 세균총에 의해 형성된다. 영양분을 사용하고 노폐물을 방출함으로써 몸에 내재하는 이러한 세균들은 병원체가 거주하는 것을 방지한다. 이러한 이유로 항생제의 지속적인 사용은 정상 세균총을 죽여 병원체 감염에 더욱 민감하게 한다.

염증반응

염증반응(inflammatory response)은 병원체 침입에 대한 2차 방어선의 전형적인 예시이다. 염증은 주로 호중구와 대식세포가 몸 안에 자리 잡으려는 병원체를 둘러싸 죽이며(식세포작용에 의한 함입), 이 과정에 보호 단백질이 관여한다. 염증은 일반적으로 네 가지 특징적인 증상인 발적, 열, 부종, 통증에 의해 인식된다(그림 6.4).

염증반응의 네 가지 증상은 손상된 부위의 모세혈관 변화 때문에 발생하는데, 이 모든 증상이 우리 몸을 보호한다. 손상된 조직세포와 비만세포에서 분비되는 **히스타민**(histamine) 같은 화학적 매개체는 모세혈관이 이완되어 더욱 투과성이 높아지도록 한다. 확장된 모세혈관에 의해 혈류가 과도하게 흐르게 되면 피부가 붉어지고 따듯하게 된다. 염증 부위의 온도 상승은 일부 병원체의 성장을 억제한다. 혈류의 증가는 염증 부위로 백혈구를 모은다. 모세혈관의 투과성 증가는 체액 및 혈액 응고 인자와 같은 단백질이 조직으로 나가도록 한다. 부

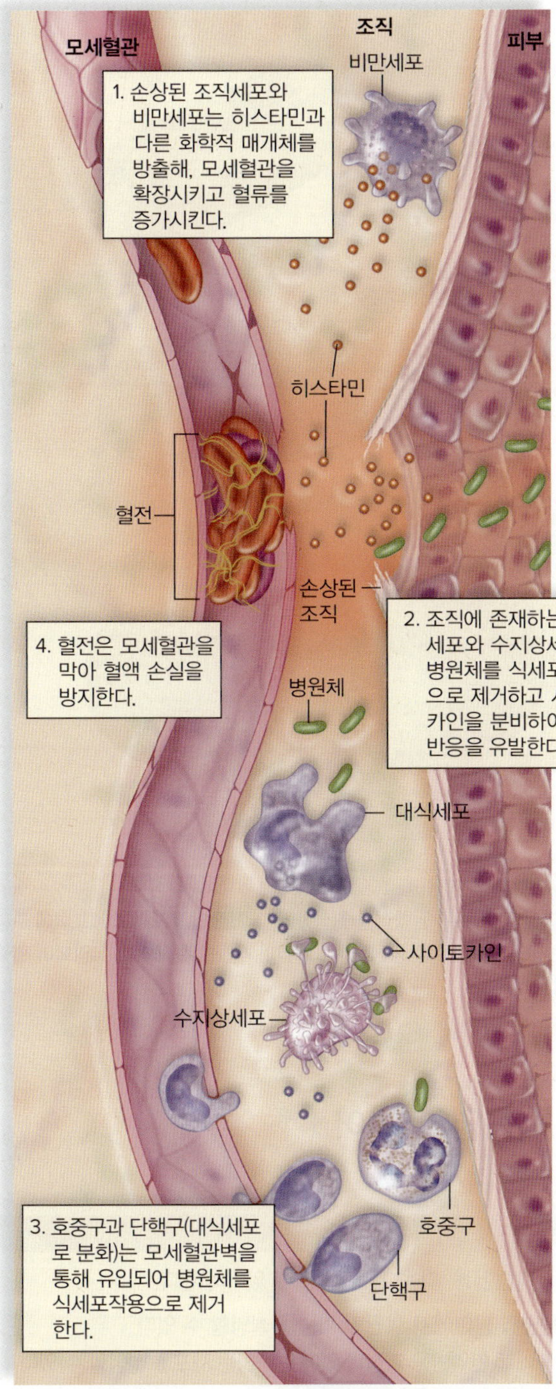

그림 6.4 염증반응의 과정.
염증반응의 단계는 상처나 손상으로부터 조직에 침투한 병원체에 대한 방어 기전이다.

상 부위의 혈전 형성은 혈액 손실을 방지하며, 과도한 체액은 신경 말단을 압박하여 부종에 의한 통증을 유발한다. 이러한 증상들은 함께 백혈구를 염증 부위로 불러 모은다.

> **생활 속의 생물학**
>
> **항히스타민제는 어떻게 작용할까?**
>
> 비만세포에서 히스타민이 분비되면 다른 세포의 수용체에 결합하여 재채기, 가려움, 콧물, 유루안(눈물 흘림)과 같은 감염 및 알레르기와 연관된 증상을 유발한다. 항히스타민제는 세포 수용체를 차단하여 작용하므로 히스타민이 더 이상 결합하지 못한다. 알레르기 완화를 위해서는 알레르겐 노출 전 항히스타민제를 복용하는 것이 가장 효과적이다.

백혈구는 도착하자마자 혈류를 떠나 주변 조직으로 이동한다. 호중구는 식세포작용을 통해 파편, 죽은 세포 및 세균을 가장 처음이자 효과적으로 제거한다. 많은 호중구는 감염 부위로 이동해 감염이 퍼지지 않도록 한다. 많은 양의 호중구가 죽을 경우 고름이라는 노랗고 하얀 물질이 된다.

상처가 심하지 않을 경우 염증반응은 빠르게 가라앉으며 치유 과정이 빠르게 진행되어 손상 부위를 정상 상태로 회복시킨다. 주변 세포는 혈관과 새로운 세포의 성장(치유)을 통해 손상 부위가 채워지도록 화학 인자를 분비한다.

반면에 호중구가 감소할 경우, **사이토카인**(cytokine)이라는 화학물질을 분비하여 강화를 요청한다. 사이토카인은 단핵구와 같은 백혈구를 손상 부위로 이동시키는 단백질이다. 단핵구는 오랜 기간 생존하는 세포로, 호중구보다 더욱 강력한 식세포인 **대식세포**(macrophage)로 분화한다. 대식세포는 특정 방어 기전을 수행하기 위해 다른 림프구의 도움을 받을 수 있다.

> **생활 속의 생물학**
>
> **사이토카인 폭풍이란 무엇인가?**
>
> 사이토카인 폭풍은 면역계통이 단기간 동안 매우 많은 양의 사이토카인 신호(일반적으로 인터루킨)를 분비하는 상태를 묘사할 때 사용하는 용어다. 이는 염증반응의 급격한 증가를 유발한다. 폐에서의 사이토카인 폭풍은 체액과 점액의 축적을 일으켜 호흡기 질환을 유발한다.
>
> 사이토카인 폭풍은 COVID-19와 연관된 중증을 묘사하는 용어로 대부분 사용되었으나, 독감과 같은 다양한 바이러스성 질환 및 일부 세균성 질환에서도 발생한다.

염증은 자극이나 손상에 대한 우리 몸의 자연스러운 반응으로 중요한 역할을 수행한다. 치유 과정이 시작되면 염증은 빠르게 가라앉는다. 그러나 일부의 경우, 자극이나 감염이 극복되지 못하면 만성 염증이 몇 주, 몇 개월, 심지어 몇 년 동안 지속된다. 염증물질은 침입자를 제거하면서 부수적으로 신체의 손상을 유발한다. 염증이 지속되면 아스피린, 이부프로펜, 코르티손과 같은 항염 치료제가 다양한 화학적 매개체의 영향을 최소화한다.

보호 단백질

종종 간단히 보체라 하는 **보체계**(complement system)는 *C*와 숫자로 표기되는 혈장단백질로 구성된다. 이 단백질은 특정 면역반응을 '보완'하기 때문에 이와 같이 명명되었다. 예를 들어 보체는 염증반응에 관여하여 이를 증폭시키는데, 특정 보체 단백질은 비만세포에 결합하여 히스타민 분비를 유발한다. 다른 보체 단백질은 식세포들을 불러들인다. 일부 보체 단백질은 이미 항체로 코팅된 병원체의 표면에 결합하여 호중구와 대식세포가 병원체를 식세포작용으로 제거하도록 한다.

또 다른 보체 단백질은 서로 결합하여 세균 표면에 구멍을 생성하는 막공격복합체를 형성하며, 그 결과 세균으로 체액이 유입되어 결국 세균이 터지게 된다(그림 6.5).

인터페론(interferon)은 바이러스에 감염된 세포가 그 부위의 감염되지 않은 세포에게 경고하기 위해 생성하는 단백질이다. 인터페론은 감염되지 않은 세포의 수용체에 결합하여 바이러스 복제를 억제하는 물질을 생성함으로써 잠재적인 공격을 준비하도록 한다. 인터페론은 C형 간염과 같은 특정 바이러스 감염을 치료하는 데 사용된다.

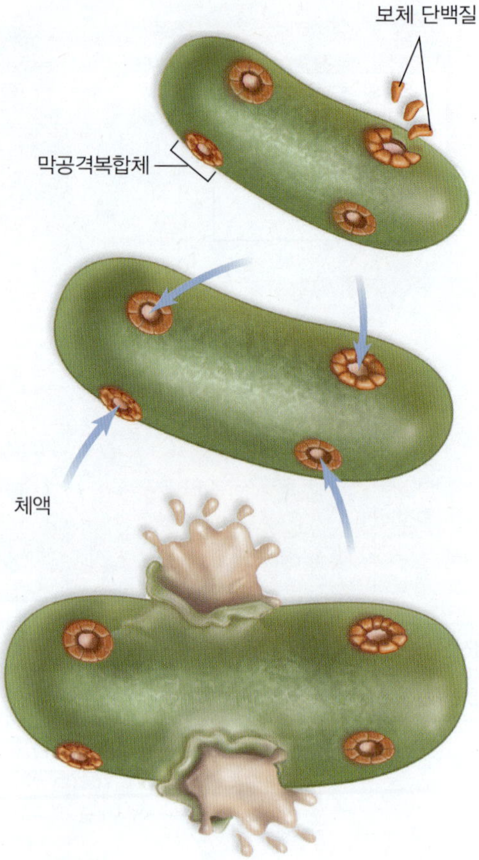

그림 6.5 **보체계의 작용.**
면역반응이 혈장의 보체 단백질을 활성화할 때 세균의 세포막과 세포벽에 구멍을 만드는 막공격복합체를 형성하며, 그 결과 세균으로 체액이 유입되어 결국 세균이 터지게 된다.

진도 점검하기 6.2

1. 우리 몸의 선천면역 방어의 예를 나열하시오.
2. 선천면역 방어와 연관된 세포와 그들의 기능을 기술하시오.
3. 면역에서 보체 단백질의 기능을 설명하시오.

개념 연결하기

이 절의 주제에 대한 자세한 내용은 다음 논의를 참고하시오.

3.7절 피부가 외부 환경에 대한 물리적 장벽을 어떻게 형성하는지 살펴본다.

5.3절 백혈구에 대한 추가 정보를 살펴본다.

7.4절 항생제 남용의 문제점을 살펴본다.

6.3 적응면역 방어

학습 목표

이 절을 학습한 후 다음 사항을 할 수 있어야 한다.

1. 적응면역 방어에서 항원의 기능을 설명할 수 있다.
2. 항체 매개 면역반응 과정과 이에 관여하는 세포를 설명할 수 있다.
3. 세포 매개 면역반응 과정과 이에 관여하는 세포를 설명할 수 있다.

선천면역(비특이적) 방어가 감염을 방지하는 데 실패할 경우 적응면역 방어가 작동한다. 적응면역 방어는 우리 몸에 침투한 질병유발물질을 제거하여 감염을 극복하며, 동일한 병원체에 다시 노출될 경우 면역계통이 '기억'하는 기전을 형성한다. 또한 적응면역 방어는 암을 방어한다.

적응면역 방어의 작동

적응면역 방어는 면역계통이 외래물질로 인식하는 **항원**(antigen)이라 하는 큰 분자인 단백질 구조에 반응한다. 세균, 바이러스, 곰팡이, 기생충 파편 모두 항원성을 갖는다. 암세포에 의해 생성된 비정상적인 세포막 단백질 또한 항원이 될 수 있다. 일반적으로 우리 몸의 세포에 대해서는 면역반응이 발생하지 않기 때문에 면역계통은 '자기(우리 세포)'와 '비자기(병원체)'를 구분할 수 있다고 이야기한다.

적응면역 방어는 1차적으로 B세포(B림프구) 또는 T세포(T림프구)로 분화하는 림프구의 작용에 의존적이다. B세포와 T세포는 특이적인 항원 수용체를 갖고 있기 때문에 항원을 인식할 수 있다. 이 항원 수용체는 특정 항원과 결합할 수 있는 형태의 세포막 단백질이다. 각 림프구는 오직 한 종류의 수용체만을 가지며, 흔히 수용체와 항원은 열쇠와 자물쇠처럼 서로 잘 맞물린다고 한다. 우리는 일생 동안 매우 많은 종류의 항원을 접하기 때문에 다양한 종류의 B세포와 T세포가 필요하다. 이러한 다양성은 성숙 과정에서 현저하게 일어난다. 수많은 특정 B세포 또는 T세포가 형성되어 그중 적어도 하나가 항원을 인식하며, 이어서 B세포와 T세포 모두 면역계통에 생리학적 기억을 제공하는 특정 형태의 림프구로 분화될 수 있는 능력을 갖는다.

적응면역 동안 발생하는 두 가지 경로가 존재한다. **세포 매개 면역반응**(cell-mediated immunity)에서는 T세포가 특정 항원을 제시하는 세포를 파괴한다. **항체 매개 면역반응**(antibody-mediated immunity, 체액성 면역반응이라고도 함)에서는 B세포가 체액에 존재하는 자유 항원을 인식하는 항체를 생산한다. 이 두 경로의 단계와 상호작용은 **그림 6.6**에 나타내었다.

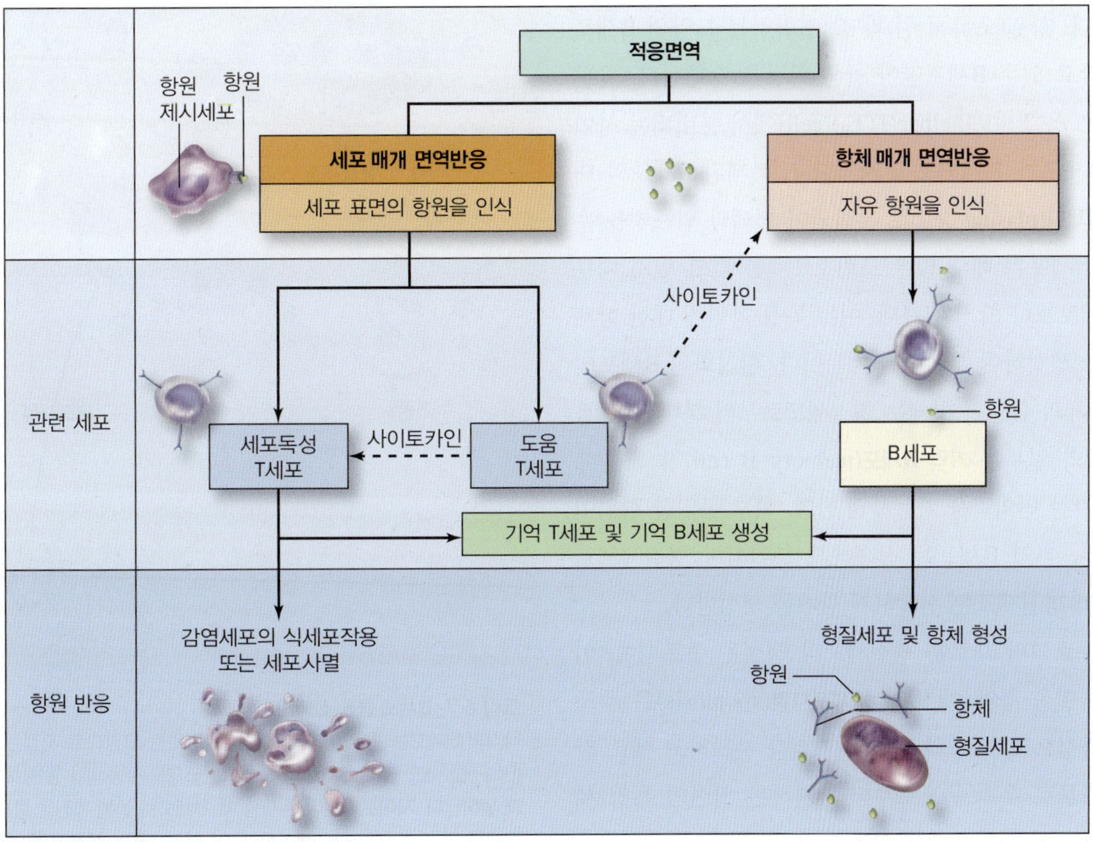

그림 6.6 적응면역 방어의 개요.
적응면역반응은 두 경로가 존재한다. 세포 매개 면역반응 경로는 특정 항원을 제시하는 세포를 인식한다. 항체 매개 면역반응 경로는 사이질액과 같은 세포 외부에 존재하는 항체를 생성한다.

B세포와 항체 매개 면역반응

B세포의 단백질 수용체를 B세포 수용체(B-cell receptor, BCR)라 한다. 클론 선택 모델(그림 6.7)은 항원이 B세포의 오직 한 종류의 B세포 수용체를 선택하여 결합한다는 것을 나타낸다. 이 B세포는 이어서 자신의 여러 복사본을 생성하며, 결과적으로 생성된 동일한 세포들의 집단을 클론이라 한다. 우리가 살펴볼 것처럼 항원은 T세포 수용체에 결합하며, 이 T세포는 클론을 생산할 것이다.

B세포의 특성

- 병원체에 대한 항체 매개 면역반응을 수행한다.
- 골수에서 생성 및 성숙된다.
- 항원을 직접 인식하여 클론 선택을 수행한다.
- 클론 확장은 항체를 분비하는 형질세포와 기억 B세포를 생성한다.

B세포는 형질세포와 기억세포가 된다 각각의 B세포는 모양으로 제시되는 특정 B세포 수용체를 갖고 있음을 그림 6.7에서 참고할 수 있다. 항원(초록색 원)과 잘 결합하는 모양의 B세포 수용체를 갖고 있는 B세포만이 클론 확장을 수행한다. 클론 확장 동안, 도움 T세포[helper T(T_H) cell]에서 분비되는 사이토카인은 B세포가 복제되도록 자극한다. 복제된 B세포의 대부분은 **형질세포**(plasma cell)로 분화되어 혈액과 림프액을 순환한다. 형질세포는 매우 많은 조면소포체를 갖고 있기 때문에 일반 B세포보다 크기가 큰데, 이는 특정 항원에 대한 항체를 대량으로 생성하여 분비하기 때문이다. 활성화된 B세포의 B세포 수용체와 동일한 항체는 형질세포로부터 분비된다. 복제된 B세포의 일부는 **기억 B세포**(memory B cell)가 되는데, 이는 오랜 기간 면역력을 가능하게 한다. 이후 동일한 항원이 유입될 경우, 기억 B세포는 신속하게 분열되어 형질세포로 전환되며, 이 형질세포는 신속하게 항체를 생성한다.

감염이 종료되면 새로운 형질세포의 생성은 종료되며, 이들은 세포사멸을 통해 제거된다. **세포사멸**(apoptosis)은 세포 예정사의 과정으로, 세포의 사멸과 파괴를 유도하고 세포 잔해물을 폐기물로 우리 몸으로부터 제거하는 일련의 특정 세포 사건이다.

B세포에 의한 방어는 체액성 면역반응 또는 항체 매개 면역반응으로 알려져 있는데, 이는 활성화된 B세포가 항체를

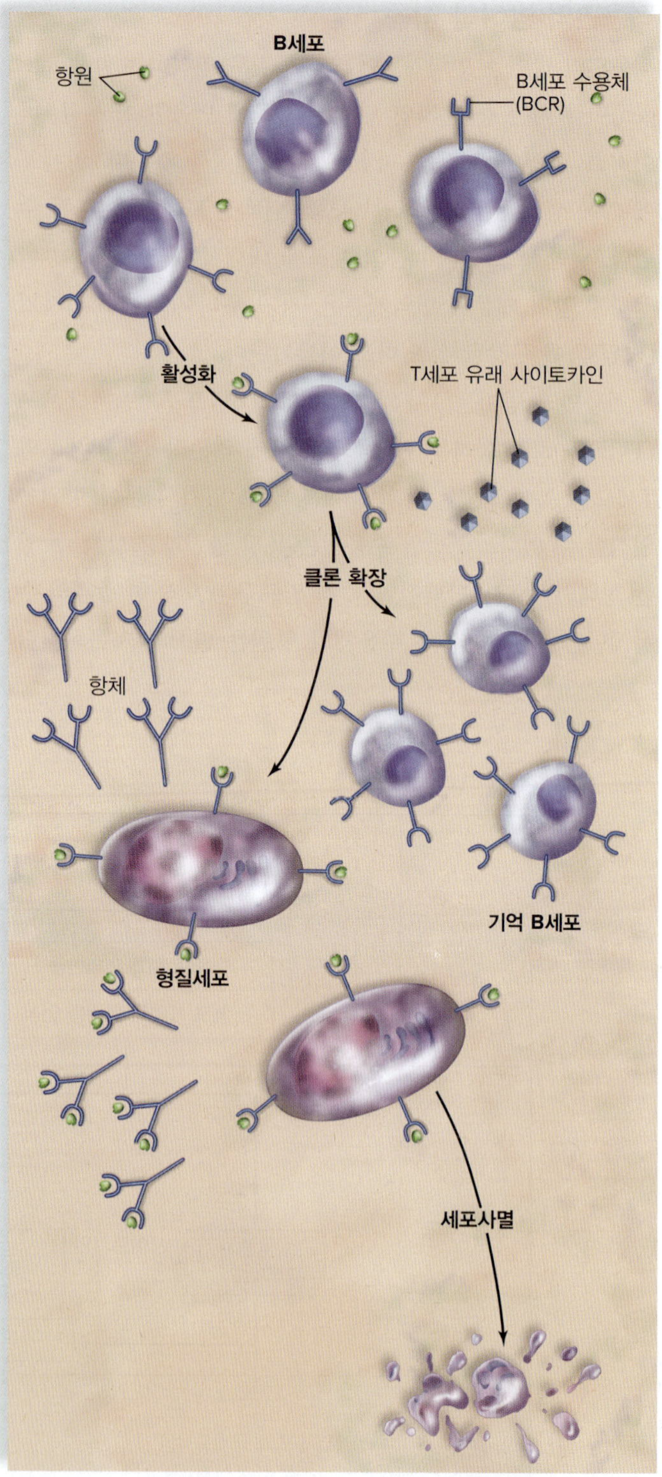

그림 6.7 B세포 클론 선택.
각각의 B세포는 특정 항원과 결합할 수 있는 모양으로 지정된 B세포 수용체(BCR)를 갖고 있다. B세포의 활성화는 B세포 수용체가 항원(초록색)과 결합할 때 일어난다. 사이토카인이 존재할 때, B세포는 클론 확장을 통해 많은 수의 형질세포 및 기억 B세포를 생성한다. 이 형질세포는 항원에 특이적인 항체를 분비하며, 기억 B세포는 이후 유입되는 항원을 즉시 인식한다. 감염이 종료된 후, 형질세포는 세포예정사로 알려진 세포사멸을 통해 제거된다.

생성하는 형질세포로 분화되기 때문이다. 총체적으로 형질세포는 대략 200만 종류의 서로 다른 항체를 생성하는데, 인간은 단지 약 1만 9,000개의 유전자만을 갖고 있어 개별 항체에 대한 모든 유전자를 갖고 있지 않다. 흩어져 있는 DNA 단편들은 다양한 방법을 통해 이동 및 결합하여 개별 B세포에 특이적인 B세포 수용체를 생성할 수 있는 DNA 서열을 형성한다.

항체의 구조 항체 분자를 구성하는 기본 단위는 2개의 팔을 가진 Y 모양의 단백질 분자이다. 각각의 팔은 '무거운(긴)' 폴리펩티드 사슬과 '가벼운(짧은)' 폴리펩티드 사슬을 갖고 있다(**그림 6.8**). 이 사슬들은 아미노산 서열이 고정된 곳인 Y 몸통에 위치한 불변 부위를 갖고 있다. 항체 분자의 개별형은 항체의 불변 부위에 의해 결정된다. 가변부위는 항원 결합 부위를 형성하며, 그 모양은 특정 항원에 특이적이다. 항원은 자물쇠-열쇠 결합 형식으로 항체의 항원 결합 부위와 결합한다.

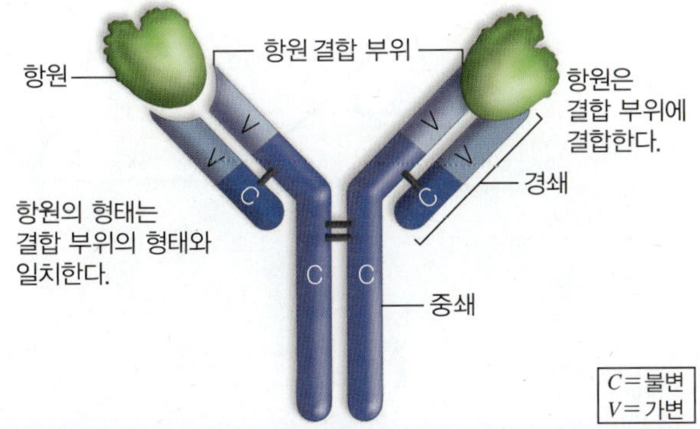

a.

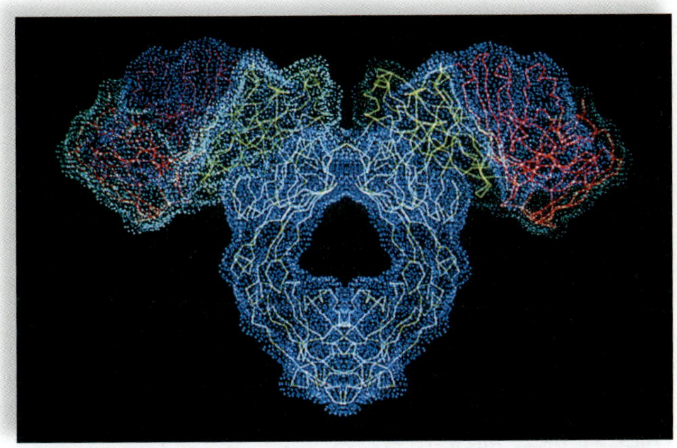

b.

그림 6.8 항체의 구조.
a. 항체는 2개의 무거운(긴) 폴리펩티드 사슬과 2개의 가벼운(짧은) 사슬이 존재하기 때문에 특정 항원이 항체와 결합할 수 있는 2개의 가변 부위를 갖는다.
b. 항체 분자의 컴퓨터 모델. 항원은 두 곁가지와 결합한다.
(b): Dr. Arthur J. Olson

항체는 Y 모양의 단일 분자인 **단량체**(monomer)로 구성되거나 함께 결합된 분자인 **이량체**(dimer)로 구성될 수 있다. 일부 큰 항체 분자는 Y 모양의 항체 분자 5개가 결합한 **오량체**(pentamer)로 존재하기도 한다.

항원은 세균의 독소 및 바이러스와 같은 병원균의 부분일 수 있다. 항체는 종종 바이러스 및 독소와 반응하여 완전히 뒤덮으며, **중화**(neutralization)라는 과정을 통해 이들이 질병을 유발하는 능력을 무력화한다. 이러한 반응은 종종 **면역복합체**(immune complex)라는 항원과 항체가 결합한 덩어리를 형성한다. 면역복합체에 존재하는 항체는 마치 백혈구를 끌어들이는 신호등과 같다.

항체의 개별형 **표 6.1**에서와 같이 항체는 5개의 개별형이 존재한다. IgG 항체는 혈중 가장 많이 존재하는 형태이며, 림프액과 사이질액에서는 소량만이 발견된다. IgG 항체는 병원체 및 독소와 결합한다. IgG 항체는 태반을 통과해 어머니에서 태아로 이동하기 때문에, 신생아는 일시적이고 부분적으로 면역적 방어를 얻게 된다. IgM 항체는 오량체로, 신생아에서 가장 먼저 생산되는 항체이다. IgM 항체는 감염 시 혈중에 가장 먼저 나타나며, 감염이 종료되기 전에 가장 먼저 사라진다. IgM 항체는 보체계를 활성화한다. IgA 항체는 단량체 또는 2개의 Y 모양 구조를 갖는 이량체이다. IgA 항체는 타액, 눈물, 점액 및 모유와 같은 체액 분비물에 가장 많이 존재한다. IgA 항체는 병원체와 결합하여 병원체가 혈류에 도달하는 것

표 6.1 항체의 개별형

개별형	존재 부위	기능
IgG	순환계의 주요 항체 유형. 태반을 통과해 어머니에서 태아로 이동	병원체와 결합, 보체 활성화 및 백혈구에 의한 식세포작용 증진
IgM	순환계에서 발견되는 항체. 가장 큰 항체. 신생아에서 가장 먼저 생성되는 항체. 새로운 감염 시 가장 먼저 생성되는 항체	보체 활성화 및 세포 덩어리 형성
IgA	타액 및 모유와 같은 분비물의 주요 항체 유형	병원체의 소화관 및 호흡기 상피세포 부착 방지
IgD	미성숙 B세포 표면에서 발견되는 항체 유형	B세포의 준비 상태를 나타냄
IgE	조직 내 비만세포의 항원 수용체로 발견되는 항체 유형	즉각적인 알레르기 반응과 특정 기생충으로부터 보호

을 방지한다. IgD 항체의 주요 기능은 미성숙 B세포의 항원 수용체로 작용하는 것이다. IgE 항체는 기생충 감염을 방지하지만, 즉각적인 알레르기 반응을 유발하기도 한다.

단일클론 항체 동일 B세포에서 유래한 형질세포는 특정 항원에 대한 항체를 분비한다. 이를 **단일클론 항체**(monoclonal antibody)라 하는데, 동일 B세포에서 유래한 형질세포에 의해 생산된 항체는 모두 동일하기 때문이다. 체외에서 단일클론 항체를 생산하는 한 가지 방법을 그림 6.9에 나타내었다. B림프구는 동물, 일반적으로 실험실 쥐에서 분리되어 특정 항원에 노출되며, 생성된 형질세포는 골수종 세포와 융합된다(무한정으로 살면서 분열하는 악성 형질세포는 죽지 않는 세포이다). 융합된 세포는 하이브리도마(hybridoma)라 하는데, 잡종(hybrid)은 서로 다른 두 세포가 융합되었기 때문이며, 오마(oma)는 두 세포 중 한 세포가 암세포이기 때문이다.

단일클론 항체는 여러 건강상태를 신속하게 진단하는 데 사용될 수 있다. 예를 들어 인간융모생식선자극호르몬(HCG)은 임신부 소변에 존재하는데, 단일클론 항체는 이 호르몬을 검출하는 데 사용될 수 있다. 단일클론 항체는 또한 어린아이들에게서 흔히 발견되는 호흡기 바이러스인 H1N1 flu(H1N1 독감 바이러스), HIV(인간면역결핍바이러스), RSV(호흡기 세포융합 바이러스)의 감염을 검출하는 데 사용될 수 있다.

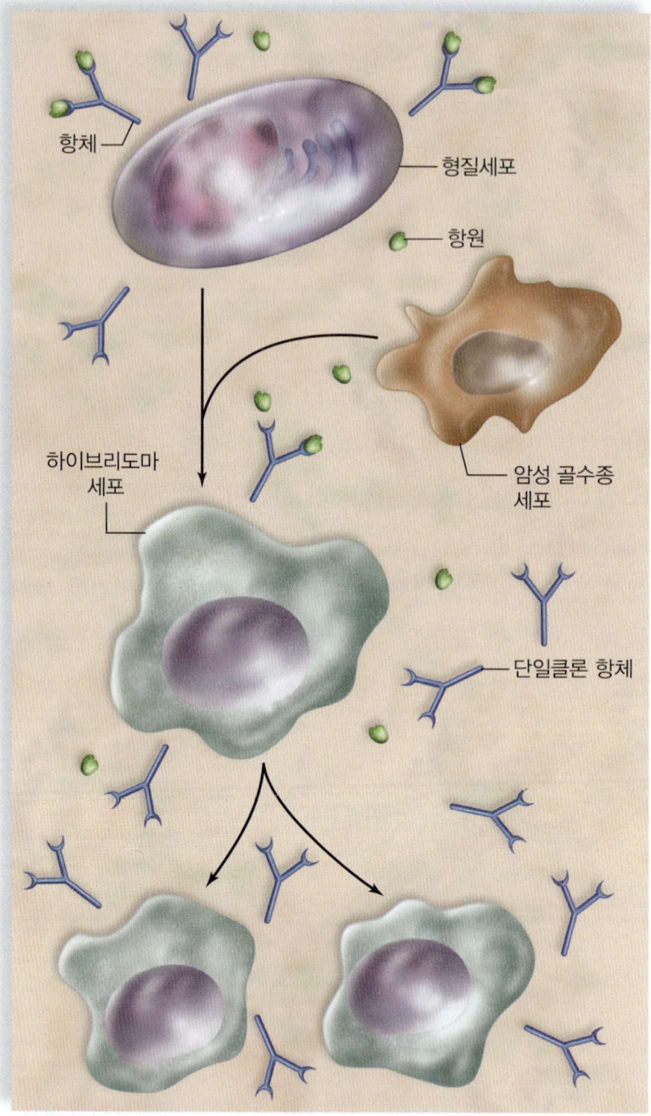

그림 6.9 **단일클론 항체의 생산.**
동일 유형의 형질세포(항원 접종 쥐에서 유래)는 골수종 세포(암세포)와의 융합을 통해 '죽지 않는' 하이브리도마 세포가 생성된다. 하이브리도마 세포는 분열하여 단일클론 항체라 하는 동일 유형의 항체를 지속적으로 생산한다.

> **생활 속의 생물학**
>
> **단일클론 항체를 COVID-19 치료에 사용할 수 있을까?**
>
> 2020년 처음으로 COVID-19의 중요성이 명확해졌을 때, 고위험군인 사람이 중증 호흡기 질환을 예방하는 방법은 거의 없었다. 그러나 원래 SARS 바이러스 치료를 위해 개발된 단일클론 항체의 사용은 일부 환자의 SARS-CoV-2 바이러스 부하를 성공적으로 줄이는 것으로 입증되었으며, 입원 위험이 높은 환자들에게 도움이 되었다.
>
> 단일클론 항체 치료는 예방접종과 같지 않다는 점에 주목하는 것이 중요하다. 단일클론 항체 치료는 적응면역 방어가 자체 항체를 준비하는 동안 우리 몸이 바이러스와 싸울 시간을 주도록 설계되었다.

단일클론 항체는 암조직과 정상조직을 구분할 수 있기 때문에 방사성동위원소 또는 독성 약물을 암으로 수송하여 선택적으로 죽이는 데 사용할 수 있다. 트라스트주맙(Trastuzumab, Herceptin)은 유방암을 치료하는 단일클론 항체로, 암세포의 분열을 신속하게 억제한다. 암세포에 결합하는 항체는 또한 보체계를 활성화하여 대식세포 및 호중구에 의한 식세포작용을 증가시킨다.

T세포와 세포 매개 면역반응

세포 매개 면역반응은 질병 세포 및 암세포를 직접 공격하는 T세포의 작용으로 명명되었다. 그러나 다른 T세포는 비특이적 및 특이적인 방어 모두를 활성화하는 사이토카인을 분비한다.

T세포는 어떻게 항원을 인식하는가? T세포가 가슴샘을 떠날 때, B세포와 같이 고유한 **T세포 수용체**(T-cell receptor, TCR)를 갖는다. 그러나 B세포와는 달리 T세포는 도움 없이 항원을 인식할 수 없다. 항원은 반드시 대식세포와 같은 **항원제시세포**(antigen-presenting cell, APC)에 의해 T세포에게 제시되어야 한다. 세균과 같은 병원체의 식세포작용 후, 항원제시세포는 T세포가 모여 있는 림프절 또는 비장으로 이동한다. 그 동안 항원제시세포는 병원체를 리소좀 안에서 분해하며, 분해된 병원체 조각을 세포 표면 단백질인 **주조직적합복합체**(major histocompatibility complex, MHC) 홈 안에 제시한다. 주조직적합복합체는 주조직적합복합체 I(MHC I)과 주조직적합복합체 II(MHC II) 두 종류가 존재한다.

인간 주조직적합복합체 II 단백질은 **사람백혈구항원**(human leukocyte antigen, HLA)이라 한다. 이 단백질은 우리 몸 전체에서 발견되며, 다양한 단백질 변이가 있는 세 가지 종류의 사람백혈구항원(HLA-A, HLA-B, HLA-DR)이 존재한다. 개인은 고유의 사람백혈구항원 조합을 갖지만, 한 가지 예외인 일란성 쌍둥이는 동일한 사람백혈구항원을 갖는다. 일란성 쌍둥이는 단일 수정란이 분열하여 발생하기 때문에, 그들의 사람백혈구항원 단백질은 동일하다. 주조직적합복합체 항원은 세포를 특정 개인의 것으로 표시하기 때문에 '자기' 단백질이다. 세포막에서 자기 단백질의 중요성은 그들이 조직 특이성에 기여하고 한 사람에서 다른 사람으로 조직 이식을 어렵게 한다는 것이 발견되었을 때 처음으로 인식되었다. 세 종류의 사람백혈구항원 비교 연구는 이식 전에 항상 수행되어야 한다. 이러한 단백질이 일치하는 정도가 높을수록 이식이 성공할 가능성이 높아진다.

항원제시세포가 외래 항원을 세포막의 자기 단백질과 연결할 때, 신체 나머지 부분에 대한 중요한 보호를 수행한다. 활성화될 T세포는 항원과 자기 단백질을 나란히 비교할 수 있다. 활성화된 T세포와 T세포가 형성하게 될 딸세포들은 자기 자신으로부터 외래물질을 구분하여 인식할 수 있다. 이러한 T세포들은 계속해서 외래 항원을 포함하는 세포를 파괴하는 반면, 우리 몸의 정상 세포는 손상시키지 않는다.

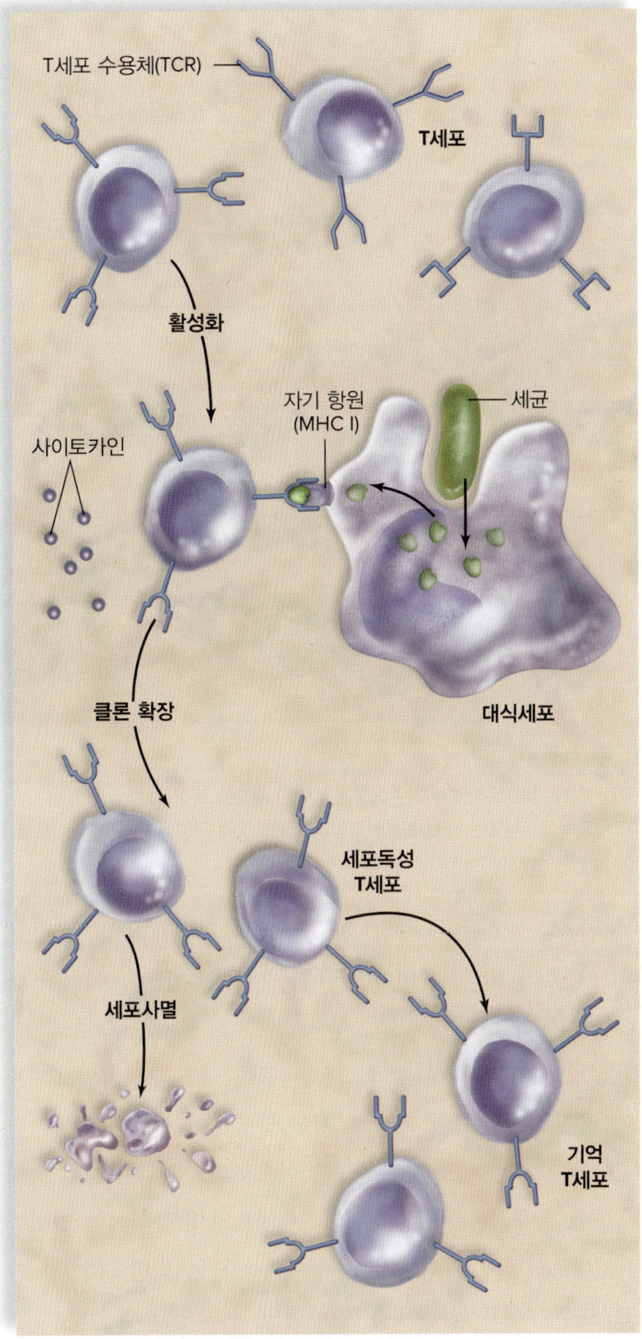

그림 6.10 T세포의 클론 선택 모델.
T세포 활성화는 T세포 수용체(TCR)가 대식세포에 의해 제시되는 항원과 결합할 때 일어난다. 이 예시에서 세포독성 T세포가 생성된다. 면역반응이 종결되면 T세포는 세포사멸이 발생한다. 적은 수의 기억 T세포는 남게 된다.

클론 확장 그림 6.10에서와 같이 T세포는 서로 다른 모양으로 나타낸 특유의 T세포 수용체를 갖는다. 대식세포는 특정 항원(초록색 원)과 결합하는 특유의 T세포 수용체를 갖고 있는 T세포에게 항원을 제시한다. T세포는 활성화되고 클론 확장을 진행한다. 클론 확장의 과정 동안 수많은 T세포 사본이 생성된다. 이들 활성화된 T세포는 세포독성 T세포 또는 도

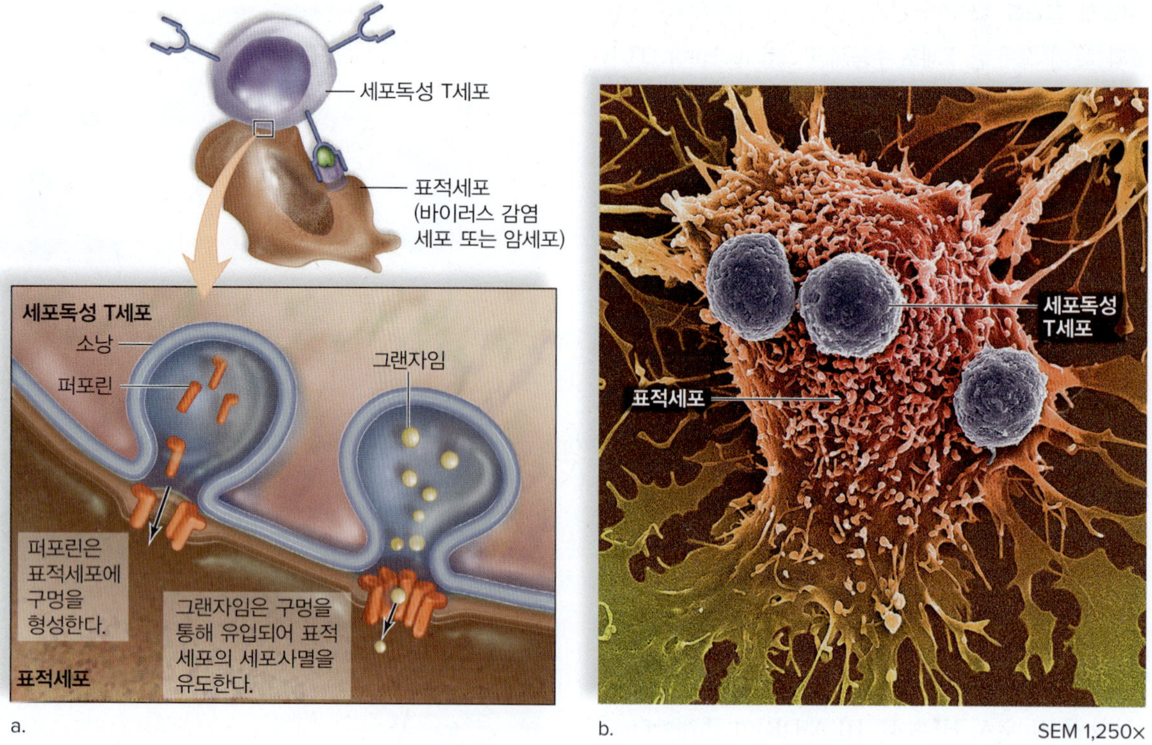

그림 6.11 세포독성 T세포는 어떻게 감염된 세포를 죽이는가.
a. 세포독성 T세포는 표적세포에 결합하여 세포막에 구멍을 형성하고, 세포를 죽게 하는 화학물질을 주입한다. **b.** 세포독성 T세포의 작용을 나타내는 현미경 사진.
(b): Steve Gschmeissner/Science Source

움 T세포가 되는데, 면역반응에서 이들의 기능을 이어서 학습할 것이다.

질병이 사라지면서 면역반응은 줄어든다. 활성화된 T세포는 세포사멸로 죽게 된다. 앞서 언급했듯이 세포사멸은 기관 내에 존재하는 세포의 수를 조절함으로써, 또는 이 경우 면역계통에 존재하는 세포의 수를 조절함으로써 항상성에 기여한다. 세포사멸이 일어나지 않을 경우 자가면역반응(6.5절 참고) 또는 T세포 암(림프종 및 백혈병)이 발생할 수 있다.

세포독성 T세포(cytotoxic T cell)는 퍼포린과 그랜자임이라는 효소를 포함하는 저장 액포를 갖고 있다. 세포독성 T세포가 바이러스에 감염된 세포 또는 암세포에 결합한 후, 퍼포린 분자를 분비하여 세포막에 구멍을 형성한다. 이어서 세포독성 T세포는 구멍을 통해 그랜자임을 전달하며, 이는 세포의 세포사멸을 유발한다. 세포독성 T세포가 퍼포린과 그랜자임을 분비하게 되면 다음 표적세포로 이동한다. 세포독성 T세포는 세포 매개 면역반응을 담당한다(**그림 6.11**).

도움 T세포(helper T cell)는 모든 종류의 면역세포 반응을 증진하는 화학물질인 사이토카인을 분비하여 면역반응을 조절한다. B세포는 T세포의 도움 없이 활성화될 수 없다(그림 6.7 참고). AIDS를 유발하는 HIV는 도움 T세포와 면역계통의 다른 세포들을 감염시킨다. 따라서 바이러스는 면역반응을 비활성화하고, HIV에 감염된 사람을 기회감염에 민감하게 하여 결국 사망에 이르게 한다.

그림 6.10에서 클론 확장된 T세포 중 일부가 **기억 T세포**(memory T cell)라는 점을 주목하기 바란다. 기억 T세포는 체내에 남아 이전에 체내에 존재했던 항원에 대한 면역반응을 시작할 수 있다.

T세포의 특성

- 바이러스에 감염된 세포 또는 암세포에 대한 세포 매개 면역반응을 유도한다.
- 골수에서 생성되고, 가슴샘에서 성숙된다.
- 세포독성 T세포는 비자기 항원을 갖고 있는 세포를 파괴한다.
- 도움 T세포는 면역반응을 조절하는 사이토카인을 분비한다.

진도 점검하기 6.3

1. 선천면역 방어가 적응면역 방어와 어떻게 다른지 설명하시오.
2. 세포 내부에 존재하는 항원과 사이질액에 자유롭게 존재하는 항원을 표적화하는 데 관여하는 세포를 구분하시오.
3. 기억 림프구가 어떻게 형성되는지와 그 기능을 설명하시오.

개념 연결하기

이 절의 주제에 대한 자세한 내용은 다음 논의를 참고하시오.

5.3절 림프구의 형성과 전문화를 살펴본다.

7.2절 HIV와 AIDS 유행병에 대한 추가 정보를 살펴본다.

19.4절 세포독성 T세포를 이용한 면역치료가 어떻게 암을 치료하는 데 사용되는지 살펴본다.

6.4 획득면역

학습 목표

이 절을 학습한 후 다음 사항을 할 수 있어야 한다.

1. 능동면역과 수동면역을 구분할 수 있다.
2. 면역반응에서 사이토카인의 중요성을 설명할 수 있다.

면역력은 감염을 통해 자연적으로 생기거나 의학적 치료에 의해 인위적으로 유도된다. 두 종류의 획득면역반응은 능동적이거나 수동적이다. 사람은 **능동면역**(active immunity)에서 항원에 대한 항체를 혼자 생성하고, **수동면역**(passive immunity)에서는 주사를 통해 미리 준비된 항체를 투여받는다.

능동면역

능동면역은 때때로 병원체에 감염 후 자연적으로 발생한다. 그러나 능동면역은 미래의 감염을 예방하기 위해 사람이 건강할 때 종종 유도된다. 면역접종을 통한 인위적인 항원 노출은 미래의 질병을 예방한다.

면역접종(immunization)은 면역계통이 반응하는 항원을 포함하는 물질인 **백신**(vaccine)을 사용한다. 전통적으로 백신은 더 이상 독성이 없는(더 이상 질병을 유발할 수 없는) 병원체 그 자체 또는 병원체의 생성물이었다. 오늘날은 세균을 유전자 조작하여 병원체로부터 단백질을 대량 생산하는 것이 가능하며, 이 단백질은 백신으로 사용할 수 있다. 이러한 방법은 바이러스 매개 질병인 B형 간염 백신을 생산하는 데 사용되고 있으며, 동일한 방법을 통해 생산하는 말라리아 백신은 현재 미국식품의약국(FDA) 허가 진행 중이다.

미국은 일반적인 유형의 아동기 질병에 대해 모든 아동을 면역접종하기 위해 노력하고 있다. 권장되는 아동 예방접종의 전체 목록은 미국질병통제예방센터(CDC) 웹사이트인 www.cdc.gov/vaccines에서 확인할 수 있다. 권장되는 성인 예방접종에 대한 정보는 건강 특집 '성인 예방접종'에 제공된다.

예방접종 후, **항체 역가**(antibody titer)라 하는 혈장 내 항체량을 결정하여 면역반응을 추적하는 것이 가능하다. 1차 예방접종 후, 1차 반응이 일어난다. 처음 며칠 동안은 항체가 생성되지 않는다. 그런 다음, 항체가 항원에 결합하거나 분해됨에 따라 역가가 서서히 상승하고 평준화되며 이어서 점차 감소한다(그림 6.12). 2차 예방접종 후, 2차 반응이 예상된다. 역가는 이전보다 훨씬 높은 수준으로 빠르게 증가하며, 이어서 서서히 감소한다. 항체 역가를 높은 수준으로 촉진하기 때문에 2차 접종을 '부스터'라 한다. 그림 6.12의 반응 기울기에서 보듯이, 2차 반응 또한 1차 반응보다 훨씬 빠르게 일어난다. 높은 역가의 항체는 질병을 유발하는 항원에 노출된다고 하더라도 질병 증상을 예방하는 데 도움을 준다.

능동면역은 적은 양의 항원에도 반응할 수 있는 기억 B세포 및 기억 T세포의 존재에 의존적이다. 특정 백신의 경우 수년 후 부스터가 필요할 수 있으나 능동면역은 일반적으로 오랜 기간 지속된다.

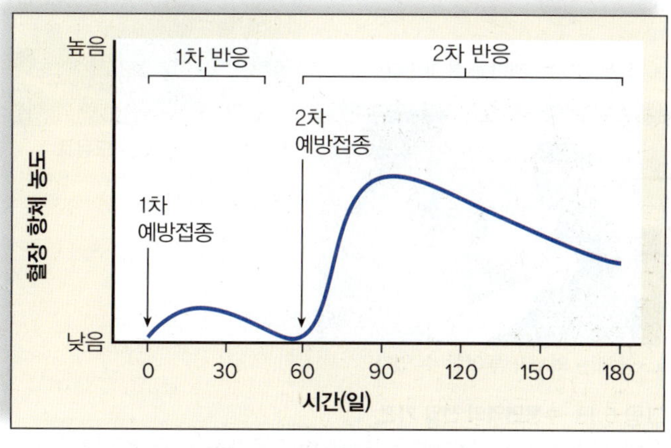

그림 6.12 면역접종이 어떻게 능동면역을 유발하는가.
면역접종 동안 1차 예방접종 후 1차 반응은 매우 낮으나, 2차 예방접종 후 2차 반응은 혈장 내 항체량의 극적인 증가를 나타낸다.

수동면역

수동면역은 질병과 싸우기 위해 준비된 항체 또는 면역세포를 투여할 때 일어난다. 이 항체는 사람의 형질세포에 의해 생성되지 않기 때문에 수동면역은 일시적이다. 예를 들어 신생아는 어머니 혈액으로부터 태반을 통해 IgG 항체를 얻었기 때문에 일부 질병에 대해 수동면역이 존재한다(그림 6.13a). 이 항체는 곧 사라지며, 몇 개월 내에 신생아는 감염에 더욱 민감하게 된다. IgG와 IgA 항체가 모유에 포함되어 있기 때문에, 모유 수유는 태아가 어머니로부터 받은 자연적인 수동면역을 오랜 기간 지속시킨다(그림 6.13b).

수동면역은 지속되지 않지만, 예기치 않게 감염병에 노출된 환자의 질병을 예방하는 데 종종 사용된다. 일반적으로 환자는 항체가 포함된 혈장의 감마 글로불린 주사를 맞으며, 경우에 따라 질병에서 회복된 사람에게서 채취한다(그림 6.13c). 예를 들어 우발적으로 바늘에 찔린 의료 종사자가 간염 바이러스에 감염된 환자의 혈액과 접촉할 수 있다. 감마 글로불린 투여를 통한 즉각적인 치료는 (바이러스 예방접종과 함께) 일반적으로 바이러스가 감염을 유발하는 것을 방지할 수 있다.

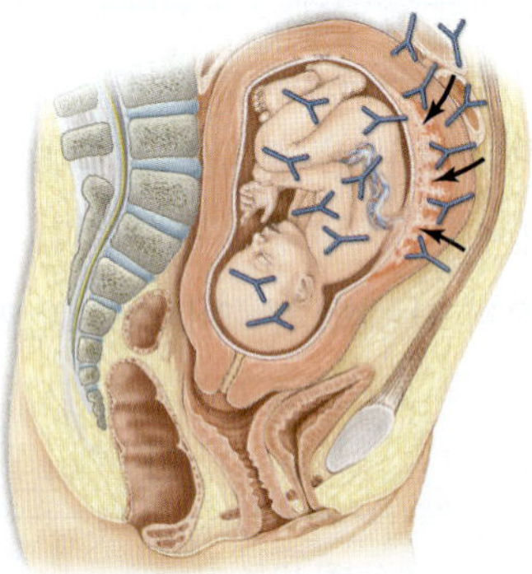

a. 항체(IgG)는 태반을 통과한다.

b. 항체(IgG, IgA)는 모유로 분비된다.

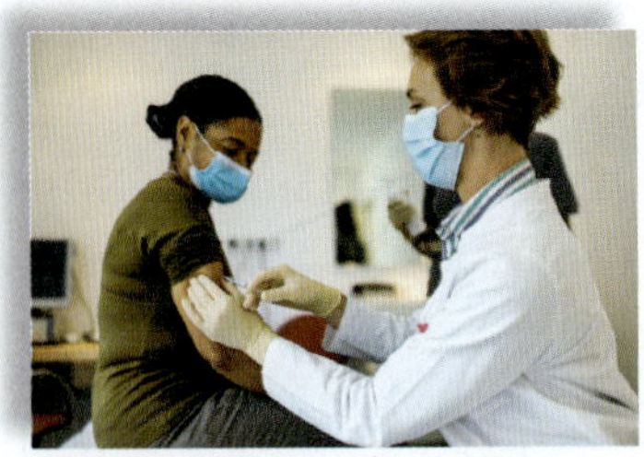

c. 항체는 의사가 투여할 수 있다.

그림 6.13 수동면역의 전달 기전.
수동면역 동안 항체는 (**a**) 태반을 통과해, (**b**) 모유 또는 (**c**) 주사투여를 통해 전달된다. 몸은 항체를 생성하지 않기 때문에 수동면역은 수명이 짧다.
(b): JGI/Blend Images; (c): Luis Alvarez/DigitalVision/Getty Images

사이토카인과 면역반응

사이토카인(cytokine)은 T림프구, 대식세포 및 다른 세포들에서 생성되는 신호 분자이다. 사이토카인은 백혈구의 형성 또는 기능을 조절하여 암과 AIDS에 대한 가능한 보조 요법(1차 치료와 함께 사용되는 치료법)으로 연구되고 있다. 바이러스 감염 세포에서 생성되는 인터페론과 다양한 백혈구에서 생성되는 **인터루킨**(interleukin) 모두 면역치료제로 사용되어 온 사이토카인이다. 사이토카인은 특히 T세포가 암과 싸우는 능력을 증진하는 데 사용된다.

대부분의 암세포는 표면에 변형된 단백질을 수송하여 세포독성 T세포에 의해 공격을 받아 파괴된다. 암이 발생할 때마다 세포독성 T세포가 활성화되지 않을 수도 있다. 이 경우, 사이토카인은 면역계통을 활성화하고 암의 파괴를 유도한다. 한 가지 기술에서 연구자들은 환자로부터 T세포를 분리해 내고 이 T세포에 암세포 항원을 제시하였으며, T세포는 인터루킨이 있을 경우 활성화되었다. T세포는 암세포를 파괴하는 활성을 유지하기 위해 인터루킨을 투여한 환자에게 다시 투여되었다.

인터루킨 연구에 적극적으로 참여하는 과학자들은 인터루킨이 곧 백신에 대한 보조제로 사용될 것이라 믿는다. 현재 인터루킨은 건선, 류머티즘성 관절염 및 과민성대장증후군과 같은 만성 질환에 보조 치료제로 사용되고 있으며, 종종 만성 감염 질환 및 암 치료에 사용되고 있다. 인터루킨 길항제는 또한 피부 및 조직거부, 루푸스 및 크론병과 같은 자가면역질환과 알레르기를 예방하는 데 도움이 될 수 있다.

진도 점검하기 6.4

1. 획득면역을 정의하고 그 예를 설명하시오.
2. 수동면역이 어떻게 일어나는지 기술하시오.
3. 수동면역을 도울 수 있는 두 종류의 면역치료법을 비교하시오.

개념 연결하기

이 절의 주제에 대한 자세한 내용은 다음 논의를 참고하시오.

19.4절 사이토카인이 암 치료에 어떻게 사용되는지 살펴본다.

오늘날의 생물학 ▶ 건강

성인 예방접종

많은 사람이 고등학교를 졸업할 때까지 모든 예방접종을 다 받는다고 잘못 생각한다. 실제로 예방접종은 평생 활동이다. 미국질병통제예방센터(CDC)는 18세 이후에 권장되는 일련의 예방접종을 확인했다(표 6A). 많은 경우, 예방접종은 특정 질병 또는 상태에 대한 위험이 있을 때 권장된다. 예를 들어 B형 간염 예방접종은 필요하지 않을 수 있지만, 6개월 동안 1명 이상의 성관계 파트너를 가진 사람, 성병(16.6절 참고)을 진단받은 사람, 주사 약물을 사용하는 사람 또는 감염된 혈액이나 체액에 노출된 사람들에게 권장된다. 대부분의 경우, 위험 범주에 속하지 않더라도 예방 조치로 예방접종이 권장된다.

항상 그렇듯이 이러한 질병에 대한 질문 또는 예방접종에 대한 개인적인 필요성에 대한 질문은 의사와 상담하기 바란다. 출생부터 성인기까지의 예방접종 일정에 대한 자세한 내용은 미국질병통제예방센터 웹사이트 www.cdc.gov/vaccines 또는 예방접종실천연합 웹사이트 www.immunize.org를 방문하기 바란다.

생각해 볼 문제

1. 일부 예방접종은 왜 성인의 일생 중 여러 번 시행해야 하는가?
2. 60세 또는 65세 이상의 사람들은 왜 다른 예방접종이 필요한가?

표 6A 성인에게 권장되는 예방접종 일정

백신	나이: 19~26세	27~49세	50~64세	65세 이상
불활성화 독감(IIV) 또는 재조합 독감(RIV)	← 매년 1회 →			
약독화 생 독감(LAIV)	← 매년 1회 →			
파상풍, 디프테리아, 백일해(Tdap 또는 Td)	Tdap 1회 후, 10년마다 Td 또는 Tdap 부스터			
홍역, 이하선염, 풍진(MMR)	적응증에 따라 1회 또는 2회(1957년 이후 출생의 경우)			
수두(VAR)	2회(1980년 이후 출생의 경우)		← 2회 →	
재조합 대상포진(RZV) (권장)			← 2회 →	
생 대상포진(ZVL)			← 1회 →	
인간유두종바이러스(HPV)	최초 예방접종 또는 상태의 연령에 따라 2회 또는 3회	27~45세		
폐렴구균 접합체(PCV13)	← 1회 →			65세 이상
폐렴구균 다당체(PPSV23)	적응증에 따라 1회 또는 2회			← 1회 →
A형 간염(HepA)	백신에 따라 2회 또는 3회			
B형 간염(HepB)	백신에 따라 2회 또는 3회			
수막구균 A, C, W, Y(MenACWY)	적응증에 따라 1회 또는 2회			
수막구균 B(MenB)	19~23세	백신과 적응증에 따라 2회 또는 3회		
헤모필루스 독감 b(Hib)	적응증에 따라 1회 또는 3회			

■ 연령 요건을 충족하거나, 예방접종 기록이 없거나, 과거 감염 이력이 없는 성인에게 권장되는 예방접종
■ 추가적인 위험요인 또는 다른 적응증이 있는 성인에게 권장되는 예방접종
■ 권장사항 없음/해당 없음
■ 임상적인 의사결정에 기반하여 권장되는 예방접종

* 의학에서 적응증(indication)은 검사, 절차, 또는 이 경우에는 예방접종을 시행하는 이유이다.

6.5 면역계통 질환

학습 목표

이 절을 학습한 후 다음 사항을 할 수 있어야 한다.

1. AIDS와 기회감염 간의 연관성을 설명할 수 있다.
2. HIV가 어떻게 전염되는지와 AIDS의 치료법을 요약할 수 있다.
3. 무엇이 알레르기 반응을 유발하는지 설명할 수 있다.
4. 자가면역질환이 우리 몸에 미치는 영향을 설명할 수 있다.

HIV와 AIDS

AIDS(acquired immunodeficiency syndrome, 후천성면역결핍증)은 **HIV**(human immunodeficiency virus, 인간면역결핍바이러스)로 알려진 바이러스에 의해 유발된다. HIV는 HIV-1과 HIV-2의 두 가지 주요 유형이 있다. HIV-1은 보다 광범위하고 치명적인 형태의 HIV이다. HIV-2는 서부 아프리카에 서식하는 녹색 원숭이에서 발견되는 일종의 면역결핍바이러스에 해당한다. 또한 연구원들은 한때 아프리카 중서부에서 흔했던 침팬지 하위 그룹에서 HIV-1과 동일한 바이러스를 발견했다. 이는 HIV가 최초 비인간 영장류에서만 발견되었을 수 있음을 시사하며, 인간이 비인간 영장류를 먹은 후 바이러스가 HIV로 돌연변이 되었을 수 있다. 이를 염두에 두고, 우리는 HIV 생활사, 구조 및 이 질병의 세계적 의미를 7.2절에서 자세히 살펴볼 것이다.

HIV는 특정 표면 수용체를 통해 세포를 감염시킬 수 있다. 매우 중요하게도 HIV는 면역계통 세포, 특히 도움 T세포와 대식세포를 감염시켜 파괴한다. 도움 T세포의 수가 감소하면 감염에 대항하여 싸우는 신체의 능력 또한 감소하게 된다(6.3절 참고). 그 결과 사람은 다양한 질병에 걸리게 된다. AIDS는 HIV 감염의 진행 단계로, 하나 또는 그 이상의 기회감염이 발생한다. **기회감염**(opportunistic infection, OI)은 면역체계가 심하게 약해졌기 때문에 발생할 수 있는 기회(opportunity)를 가진 감염이다.

HIV는 여러 하위 유형으로 발생한다. HIV-1C는 아프리카에 현저하게 발견되며, HIV-1B는 미국에서 대부분의 감염을 발생시킨다. HIV 감염 단계에 대한 다음의 설명은 HIV-1B 감염과 관련이 있다. HIV에 감염된 도움 T세포와 대식세포는 CD4 **세포**(CD4 cell)인데, 그 이유는 이 세포들이 표면에 CD4라는 단백질을 발현하기 때문이다. CD4 세포가 파괴되면 면역체계가 크게 손상되며, 기회감염 또는 일반적으로는 신체에 해를 끼치지 않는 감염이 사람에게 발생할 수 있다. 건강 특집 'HIV의 기회감염'에서는 이를 더욱 심도 있게 탐구한다. HIV의 감염 단계는 **그림 6.14**에 나타내었다.

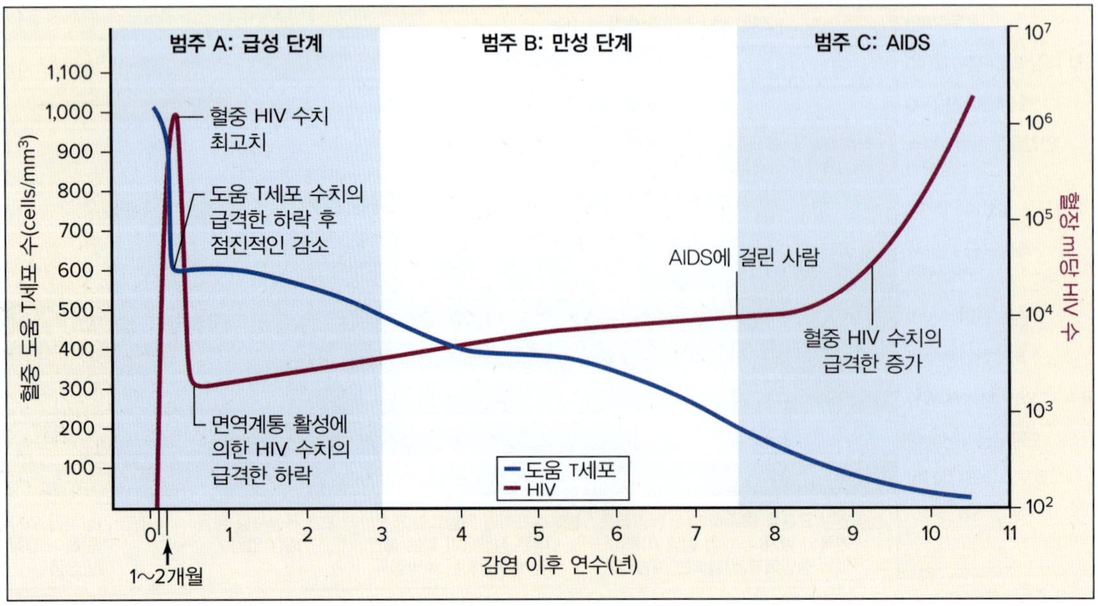

그림 6.14 HIV의 감염 단계.
범주 A에서 감염과 연관된 증상은 없거나 매우 경미할 수 있다. 범주 B에서부터 칸디다증, 대상포진, 설사와 같은 기회감염이 발생하기 시작한다. 범주 C는 더욱 심각한 기회감염이 특징이며, 임상적으로 AIDS로 설명된다.

오늘날의 생물학 ▶ 건강

HIV의 기회감염

AIDS는 HIV의 감염 후 면역계통, 특히 도움 T세포의 파괴에 의해 유발된다. 이후 개인은 건강한 면역체계를 가진 사람에게는 질병을 일으키지 않는 많은 비정상적인 유형의 감염으로 쓰러진다. 이러한 감염이 기회감염으로 알려져 있다.

HIV는 도움 T세포에 직접 영향을 주어 죽일 뿐만 아니라, 감염되지 않은 많은 T세포 또한 세포사멸을 포함한 다양한 기전을 통해 죽인다. 또한 많은 도움 T세포가 바이러스 감염을 극복하고자 노력하는 사람 자신의 면역체계에 의해 죽는다. 초기 감염 후, 개인의 도움 T세포가 너무 고갈되어 면역체계가 더 이상 기회감염에 대한 특정 반응을 일으킬 수 없게 되는 데 최대 10년이 걸릴 수 있다. 건강한 사람의 도움 T세포 수는 혈액 mm^3당 대략 800~1,000개이다. 다음의 특정 기회감염 출현은 도움 T세포 수와 연관이 있을 수 있다.

- 대상포진: 수두-대상포진(수두) 바이러스에 의한 고통스러운 감염. 500/mm^3 미만의 도움 T세포 수
- 칸디다증: 입, 목, 질의 효모균 감염. 약 350/mm^3의 도움 T세포 수
- 폐포자충(*Pneumocystis*) 폐렴: 폐가 체액과 잔해로 채워지는 진균 감염. 200/mm^3 미만의 도움 T세포 수
- 카포시 육종: 인간 헤르페스 바이러스 8에 의한 혈관암. 피부에 동전 크기만 한 적자색 반점과 병변이 발생함. 200/mm^3 미만의 도움 T세포 수
- 톡소플라즈마 뇌염: 심한 두통, 발열, 발작 및 혼수상태를 특징으로 하는 원생생물 감염. 100/mm^3 미만의 도움 T세포 수
- 마이코박테리움 아비움 복합체(*Mycobacterium avium* complex, MAC): 지속적인 열, 야간 발한, 피로, 체중 감소, 빈혈을 초래하는 세균 감염. 75/mm^3 미만의 도움 T세포 수
- 거대세포 바이러스: 실명, 뇌염, 인후 궤양을 유발하는 바이러스 감염. 50/mm^3 미만의 도움 T세포 수

AIDS의 진행을 늦추는 강력한 약물 요법의 개발로 미국에서 HIV에 감염된 사람들은 1980년대와 1990년대에 흔히 발생했던 것보다 기회감염 발병률이 낮아지고 있다.

생각해 볼 문제

1. HIV에 감염되지 않은 사람들 또한 종종 대상포진이나 칸디다증 같은 기회감염을 경험하게 된다. 예를 들어 효모균 감염의 결과가 건강한 사람과 HIV에 감염된 사람 사이에 어떻게 다를 것이라고 예상하는가?
2. 카포시 육종은 인간 헤르페스 바이러스 8에 감염되었지만 HIV 음성인 사람에게서 비교적 드물게 발생한다. HIV 감염이 어떻게 카포시 육종에 걸릴 확률을 높일 수 있는가?

HIV의 전염과 예방

HIV는 질 또는 직장 성교 및 구강-생식기 접촉을 포함하여 HIV 감염자와의 성적 접촉을 통해 전염된다. 또한 정맥주사용 약물을 사용하는 사람들 사이에서 주삿바늘의 공유를 통해 전염될 수 있다. 덜 일반적인 전염 방식(현재는 HIV에 대해 혈액 검사를 시행하는 국가에서는 드물다)은 감염된 혈액 또는 혈액 응고 인자의 수혈을 통한 것이다. HIV에 감염된 여성에게서 태어난 아기는 출산 전이나 출산 중 또는 출산 후 모유 수유를 통해 감염될 수 있다. 전 세계적인 관점에서 이성과의 성관계가 바이러스 전염의 주요 방식이다. 그러나 일부 국가에서는 바이러스의 가장 흔한 전파자는 IV 약물을 사용하는 게이 남성과 성 산업에 종사하는 사람들이다. 전 세계의 문화, 성행위 및 신념 체계의 차이는 질병의 확산을 막는 데 필요한 HIV 예방 전략의 유형에 영향을 미친다.

혈액, 정액, 질액, 모유는 HIV 농도가 가장 높은 것으로 알려진 체액이다. HIV는 직장, 학교나 사회적 환경에서의 접촉을 통해 전염되지 않으며 키스, 포옹, 악수도 바이러스를 퍼뜨리지 않는다. 마찬가지로 변기 시트, 문 손잡이, 접시, 물잔, 음식, 애완동물을 만져도 감염되지 않는다. 전 세계적으로 알려진 HIV 예방법은 금욕, 감염되지 않은 단 한 명의 파트너와의 성관계, 성관계 중 지속적인 콘돔의 사용이다.

HIV 치료

한때 HIV의 감염은 감염된 사람들의 질병 진행을 조절하는 약물이 없었기 때문에 거의 변함없이 AIDS와 조기 사망으로 이어졌다. 그러나 1995년 후반부터 과학자들은 HIV의 구조와 생활사에 대해 훨씬 더 잘 이해하게 되었다. 지금은 신체 내 HIV 존재에 대한 양성 검사 후, 사람들은 일반적으로 즉시 항바이러스 치료를 받는다.

아직 AIDS 치료제는 없으나, **고활성 항레트로바이러스 요법**(highly active antiretroviral therapy, HAART)이라고 하는 치료법은 일반적으로 바이러스를 감지할 수 없을 정도로 HIV의 복제를 막을 수 있다. HAART는 HIV 생활사를 제어하는 약물과 함께 사용된다.

- 유입 억제제는 HIV가 세포에 들어가는 것을 막는다. 바이러스는 세포막의 수용체와 결합하는 것이 저해된다.
- 지도부딘(zidovudine, AZT)과 같은 역전사 효소 억제제는 역전사 효소의 작동을 방해한다.
- 통합효소(integrase) 억제제는 HIV가 숙주세포의 유전물질에 자신의 유전물질을 삽입하는 것을 방지한다.
- 프로테아제 저해제는 프로테아제가 새로 생성된 폴리펩티드를 절단하는 것을 방지한다.
- 조립과 출아 억제제는 연구 단계이며, 사용할 수 있는 약물이 아직 없다.

이상적으로는 약물의 조합을 통해 바이러스가 복제되거나 성공적으로 돌연변이 될 가능성을 낮출 것이다. 생식이 억제될 수 있다면 약물에 대한 바이러스 내성이 발생할 가능성이 낮아지며, 약물은 그 효능이 유지된다. 그러나 연구자들은 HAART를 멈출 경우 바이러스가 다시 증식하는 것을 발견하였다.

전 세계적으로 현재 2,100만 명이 넘는 사람들이 AIDS 치료를 받고 있다. 2002년 이후 항레트로바이러스 치료를 받을 수 있는 사람의 수가 40배 증가했지만, 이러한 세계적인 노력에도 불구하고 2017년에는 전 세계적으로 적격 환자의 약 53%만이 치료를 받았다.

임신 중 역전사 효소 억제제를 복용하는 AIDS에 걸린 임신부는 신생아에게 바이러스가 전염될 가능성을 줄인다. 가능하면 태아 발달에 대한 지도부딘의 부작용을 최소화하기 위해 약물치료를 임신 10~12주까지 연기해야 한다. 이 시기에 치료를 시작하고 제왕절개로 분만할 경우, 산모에서 아기에게 전염될 가능성은 매우 낮다(약 1%).

약물 요법은 HIV 감염을 통제하는 데 도움이 될 수 있지만, 일부 위험도 야기할 수 있다. HIV 감염자는 약물치료가 가능하다는 것을 알기 때문에 감염을 피하려는 노력이 느슨해질 수 있다. 또한 약물의 사용은 약물 내성 바이러스의 출현으로 이어진다. 현재에도 일부 HIV는 환자가 약물 요법을 준수하지 않을 때 약물 내성이 생기는 것으로 알려져 있다.

과민반응

알레르기를 일으키거나, 호환되지 않는 혈액형을 수혈받거나(5.5절 참고), 조직 거부를 겪거나, 자가면역질환이 있는 경우와 같이 면역체계는 때때로 신체에 해를 끼치는 방식으로 반응한다.

알레르기

알레르기(allergy)는 일반적으로 신체에 해를 끼치지 않는 꽃가루, 음식, 동물의 털과 같은 물질에 대한 과민반응이다. **알레르겐**(allergen)이라고 하는 이러한 항원에 대한 반응에는 보통 어느 정도의 조직 손상이 포함된다.

즉각적인 알레르기 반응(immediate allergic response)은 항원과 접촉한 지 몇 초 이내에 발생할 수 있으며, 이러한 반응은 IgE 항체에 의해 유발된다(표 6.1 참고). IgE 항체는 조직 내 비만세포와 혈액 내 호염구의 세포막에 존재하는 수용체에 부착된다. 알레르겐이 이들 세포에 부착된 IgE 항체와 결합하면, 세포는 히스타민과 알레르기 증상을 일으키는 기타 물질들을 방출한다. 꽃가루가 알레르겐일 경우, 히스타민은 코와 눈의 점막을 자극하여 체액을 분비하여 건초열의 전형적인 콧물과 눈물을 유발한다. 천식 환자의 경우 폐로 이어지는 기도가 수축되어 쌕쌕거림과 함께 호흡 곤란이 발생한다. 음식에 알레르겐이 포함되어 있으면 메스꺼움, 구토, 설사를 경험할 수 있다.

아나필락시스 쇼크(anaphylactic shock)는 알레르겐이 혈류로 유입되었기 때문에 발생하는 즉각적인 알레르기 반응이다. 벌침과 페니실린 주사는 모두 알레르겐을 혈액에 주입하기 때문에 이러한 반응을 일으키는 것으로 알려져 있다. 아나필락시스 쇼크는 히스타민에 의한 모세혈관의 투과성 증가로 인해 갑작스럽고 생명을 위협하는 혈압 강하를 특징으로 한다. 에피네프린 주사(에피펜 사용)는 의학적 도움이 가능할 때까지 이러한 반응에 대응할 수 있도록 한다.

알레르기가 있는 사람은 알레르기가 없는 사람보다 10배 이상 더 많은 IgE를 생성한다. IgE에 대한 단일클론 IgG 항체 주사를 사용하는 새로운 치료법은 심각한 음식 알레르기가 있는 사람들에게 사용되고 있다. 더욱 일상적으로, 알레르겐을 주사하여 신체가 많은 양의 IgG 항체를 형성하도록 한다. 희망 사항은 IgG 항체가 비만세포 및 호염구의 막에 위치한 IgE 항체에 도달하기 전에 주변 환경으로부터 받은 알레르겐과 결합하는 것이다.

지연형 알레르기 반응(delayed allergic response)은 신체의 알레르기 접촉 부위에 있는 기억 T세포에 의해 시작된다. 알레르기 반응은 T세포와 대식세포 모두에서 분비되는 사이토카인에 의해 조절된다. 지연성 알레르기 반응의 전형적인 예는 결핵에 대한 피부 검사이다. 검사 결과가 양성이면 항원을 주입한 조직이 붉어지고 딱딱해진다. 이는 이전에 결핵을 유발하는 세균에 노출되었음을 나타낸다. 덩굴옻나무, 보석류, 화장품 및 피부에 닿는 많은 다양한 물질에 대해 발생하는 접촉성 피부염도 지연된 알레르기 반응의 한 예다.

기타 면역 문제

피부, 심장, 콩팥과 같은 특정 기관들은 거부반응이 일어나지 않을 경우 다른 사람에게 쉽게 이식할 수 있다. 이식된 조직의 거부반응은 수용자의 면역계통이 이식된 조직을 '자기'로 인식하지 않기 때문에 발생한다. 세포독성 T세포는 이식된 조직 세포를 공격하여 반응한다.

장기 거부반응은 이식할 조직을 신중하게 선택하고 **면역 억제제**(immunosuppressive drug)를 투여하여 제어할 수 있다. 세포독성 T세포는 외부 MHC 항원을 인식하기 때문에 이식된 장기가 수용자와 동일한 유형의 MHC 항원을 가지고 있는 것이 가장 좋다. 잘 알려진 면역 억제제인 시클로스포린(cyclosporine)과 타크로리무스(tacrolimus)는 특정 T세포 사이토카인의 생성을 억제하여 작용한다.

이종이식(xenotransplantation)은 인간 이식 환자에게 인간 장기 대신 동물 장기를 사용하는 것이다. 과학자들은 돼지를 선택해 사용했는데, 그 이유는 축산업이 오랫동안 육류 공급원으로 돼지를 키워왔고 돼지가 다산하기 때문이다. 유전공학으로 돼지 장기의 항원성을 줄일 수 있다. 궁극적인 목표는 돼지 장기를 O형 혈액만큼 널리 받아들여지게 만드는 것이다.

이종이식의 대안이 존재하는데, 그 이유는 실험실에서 조직공학을 통해 장기를 만들기 때문이다. 과학자들은 실험실에서 배양한 방광을 인간 환자에게 이식했으며, HLA 항원이 결여된 장기의 생산이 언젠가는 거부 문제를 없앨 것이라고 희망한다.

면역계통 질환은 환자에게 면역 결핍이 있거나 면역계통이 신체 자신의 세포를 공격할 때 발생한다. 면역 결핍이 발생할 경우 면역계통이 질병으로부터 신체를 보호할 수 없다. 드물지만 면역계통이 손상된 아이가 태어날 수 있다. 예를 들어 **중증복합면역결핍증**(severe combined immunodeficiency disease, SCID)에서는 항체 매개 및 세포 매개 면역반응이 모두 결핍되거나 부족하다. 치료 없이는 일반적인 감염도 치명적일 수 있다. 골수이식과 유전자 치료(21.4절 참고)는 SCID 환자에게 성공적이었다. 후천적 면역결핍은 감염, 화학적 노출, 방사선에 의해 유발될 수 있다. AIDS는 HIV의 감염으로 발생한다. 약해진 면역계통의 결과로 AIDS 환자는 감염에 대한 민감성이 더 높고 암에 걸릴 위험이 더 높다(7.2절 참고).

세포독성 T세포 또는 항체가 실수로 신체 자신의 세포를 공격할 때 **자가면역질환**(autoimmune disease)이 발생한다. 유전적 요인과 환경적 요인이 모두 연관되어 있는 것으로 보이나, 아직 자가면역질환의 정확한 요인은 알려져 있지 않다. 특정 HLA 항원을 가진 사람은 자가면역질환에 더욱 민감하다. 또한 여성이 남성보다 자가면역질환 발생 확률이 더 높다.

때때로 자가면역질환은 감염 후에 발생한다. 예를 들어 **류머티즘열**(rheumatic fever)에서 연쇄상구균(세균)의 인후 감염에 의해 유도된 항체는 심장 근육과도 반응하여 심장 근육과 판막의 손상과 함께 염증반응을 유발한다. **류머티즘성 관절염**(rheumatoid arthritis, 그림 6.15)은 관절에 만성 염증이 생기는 자가면역질환이며, 항원-항체 복합체, 보체, 호중구, 활성화된 T세포 및 대식세포가 모두 관절의 연골 파괴에 관여하는 것으로 생각된다. 흔히 **루푸스**(lupus)라고 부르는 **전신홍반루푸스**(systemic lupus erythematosus, SLE) 환자는 안면 발

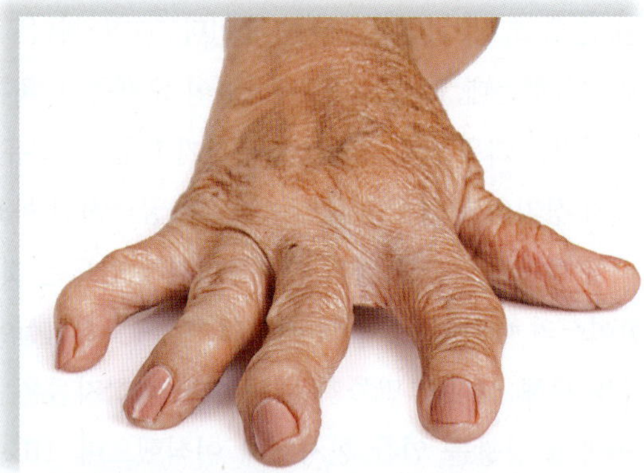

그림 6.15 **류머티즘성 관절염.**
류머티즘성 관절염은 골격 관절에 반복적인 염증으로 인해 발생한다. T세포 및 B세포를 포함하는 면역계통의 다양한 세포들이 관절 악화에 참여하여 결국 움직일 수 없게 된다.
lathuric/iStock/Getty Images

진, 발열, 관절통 등 다양한 증상을 나타낸다. 이러한 환자의 경우 중추신경계통, 심장 및 콩팥 손상이 치명적일 수 있다. 루푸스 환자는 항DNA 항체를 다량 생산한다. 모든 인간 세포(적혈구 제외)에는 DNA가 포함되어 있기 때문에, 루푸스 증상은 전신에 걸쳐 조직을 손상시킨다. **중증근무력증**(myasthenia gravis)은 항체가 근육세포 표면의 단백질 수용체에 부착될 때 발생하며, 그 결과 심각한 근육 약화가 나타나 결국에는 호흡 부전으로 사망에 이르게 된다.

다발성경화증(multiple sclerosis, MS)에서 T세포는 신경 섬유를 덮는 수초를 공격하여 중추신경계통 기능장애, 이중 시력 및 근육 약화를 유발한다. 현재 일부 사람들은 다발성경화증이 면역 매개 질병이라 믿고 있는데, 그 이유는 특정 항원이 확인되지 않았고 T세포의 작용이 염증이나 면역계통의 이상에 대한 반응일 수 있기 때문이다. 이러한 모든 질병의 치료는 일반적으로 면역반응을 감소시키도록 고안된 약물을 포함한다.

진도 점검하기 6.5

1. 면역계통의 기능과 관련된 합병증 및 질환의 유형을 정의하시오.
2. 알레르기 반응 동안 항체가 어떻게 작용하는지 설명하시오.
3. 때때로 감염 후 자가면역질환이 발생하는 이유를 추정해 보시오.

개념 연결하기

이 절의 주제에 대한 자세한 내용은 다음 논의를 참고하시오.

7.2절 결핵이 어떻게 전 세계적인 유행병이 되었는지 살펴본다.

21.3절 유전자 치료가 SCID와 같은 질병을 치료하는 데 어떻게 사용되는지 살펴본다.

결론

이 장에서 우리는 림프계통과 면역계통의 구조를 탐구하였고, 면역계통이 병원체로부터 우리를 보호하는 방법에 대하여 학습하였다. 일반적으로 면역계통은 우리가 알지 못하는 사이에 이러한 작업을 수행하며, 감염이나 질병이 면역계통의 방어 장벽을 넘어서기 전까지는 우리는 일반적으로 이들을 인식하지 못한다. 그러나 그러한 상황에서도 신체는 기억과 항체를 사용하여 반복적인 감염으로부터 우리를 보호하는 방식을 갖고 있다.

AIDS 및 COVID-19와 같은 일부 질병은 질병의 원인이 되는 바이러스가 면역계통 세포를 직접 공격하거나(HIV/AIDS의 경우처럼) 과거 인체가 접해보지 못했던 완전히 새로운 형태의 바이러스이기 때문에 면역계통에 심각한 문제를 유발할 수 있다. SARS-CoV-2 및 COVID-19는 이 두 번째 범주에 해당한다. 다음 장에서 학습하겠지만, 이는 전 세계적인 유행병을 일으켰다.

요약

6.1 림프계통

림프계통은 **림프액**(lymph)을 심장혈관계통의 정맥으로 돌려보내는 **림프관**(lymphatic vessel)으로 구성된다. 림프액은 주로 사이질액으로 구성되어 있다.

1차 **림프기관**(lymphatic organ)은 다음과 같다.

- 모든 혈구가 생성되고 **B세포**[B cell, **B림프구**(B lymphocyte)]가 성숙되는 장소인 **적색골수**(red bone marrow)
- **T세포**[T cell, **T림프구**(T lymphocyte)]가 성숙되는 장소인 **가슴샘**(thymus, 흉선)

2차 림프기관은 다음과 같다.

- **비장**(spleen), **림프절**(lymph node) 및 편도선, 파이어스 패치, 충수와 같은 림프조직을 포함하는 다른 기관들. 혈액은 비장에서 병원체와 잔해를 제거하여 정화된다. 림프액은 림프절에서 병원체와 잔해를 제거하여 정화된다.

6.2 선천면역 방어

면역(immunity)은 선천면역 방어와 적응면역 방어를 포함한다. 선천면역 방어는 다음을 포함한다.

- **리소자임**(lysozyme) 효소와 같은 화학적 장벽
- 유입에 대한 물리적 장벽
- 식세포인 호중구 및 **대식세포**(macrophage)의 작용을 포함하는 **염증반응**(inflammatory response). **히스타민**(histamine), **사이토카인**(cytokine)과 같은 화학물질은 화학적 신호와 같이 작용한다.
- **보체계**(complement system)는 보호 단백질과 **인터페론**(interferon)을 사용한다.

6.3 적응면역 방어

적응면역 방어는 B림프구와 T림프구라 하는 B세포와 T세포가 필요하다. 적응면역 방어는 우리 몸에서 외부물질 또는 **항원**(antigen)에 반응한다.

B세포와 항체 매개 면역반응

- 클론 선택 모델은 B세포 수용체(BCR)가 특정 항원과 결합한 후, 활성화된 B세포가 형질세포 및 **기억 B세포**(memory B cell)의 생성과 함께 어떻게 클론 선택을 수행하는지 설명한다.
- **형질세포**(plasma cell)는 항체를 분비하고 결국에는 **세포사멸**(apoptosis)을 겪는다. 형질세포는 **항체 매개 면역반응**(antibody-mediated immunity)을 담당한다.
- 대부분의 항체는 특정 항원에 대한 2개의 결합 부위를 갖는 Y 모양 분자이다.
- 기억 B세포는 체내에 남아 있다가 이후 동일한 항원이 체내에 유입되면 항체를 생성한다.
- 형질세포에 의해 생성되는 **단일클론 항체**(monoclonal antibody)는 감염을 감지하는 것에서부터 암 치료에 이르기까지 다양한 기능을 한다.

T세포와 세포 매개 면역반응

- T세포는 고유의 **T세포 수용체**(T-cell receptor, TCR)를 갖고 있다. T세포가 항원을 인식하려면 대식세포와 같은 **항원제시세포**(antigen-presenting cell, APC)가 항원을 제시해야 한다. 리소좀 내에서 소화된 항원은 세포의 **주조직적합복합체**(major histocompatibility complex, MHC)에 제시된다. 이 주조직적합복합체 단백질은 **사람백혈구항원**(human leukocyte antigen, HLA)이라는 분자 종류에 속한다.
- 활성화된 T세포는 질병이 멈출 때까지 클론 확장을 수행하며, 대부분의 활성화된 T세포는 세포사멸을 통해 제거된다. 그러나 일부 T세포는 기억 T세포로 남는다.
- T세포의 두 가지 주요 유형은 세포독성 T세포와 도움 T세포이다.
- **세포독성 T세포**(cytotoxic T cell)는 바이러스에 감염된 세포 또는 자기 단백질을 보유하고 있는 암세포와 만나 죽이며, **세포 매개 면역반응**(cell-mediated immunity)의 과정을 담당한다.
- **도움 T세포**(helper T cell)는 사이토카인을 생성하여 다른 종류의 면역세포를 활성화한다.
- 활성화된 T세포의 일부는 동일한 병원체에 의한 향후 감염과 싸우기 위해 **기억 T세포**(memory T cell)로 남는다.

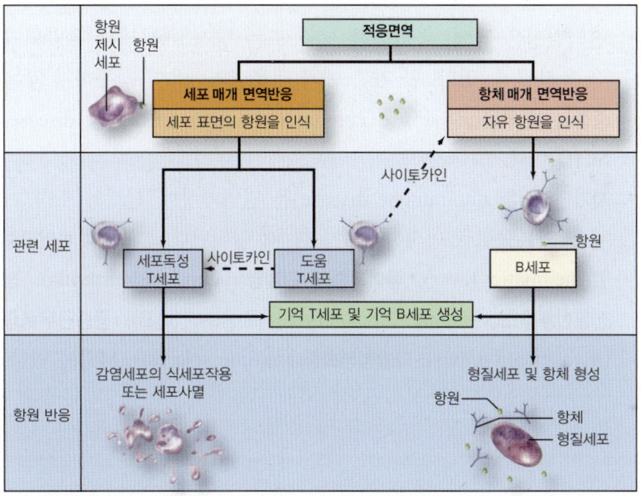

6.4 획득면역

- **능동면역**(active immunity)은 사람이 건강하고 전염병에 걸릴 즉각적인 위험이 없을 때 **백신**(vaccine) 사용을 통한 **면역접종**(immunization)으로 유도될 수 있다. 능동면역은 체내 기억세포의 존재에 의존적이다.
- **수동면역**(passive immunity)은 전염병에 걸릴 즉각적인 위험에 처했을 때 필요하다. 수동면역은 항체가 생성되는 것이 아니라 투

여되기 때문에 수명이 짧다.

- **인터루킨**(interleukin)을 포함하는 **사이토카인**은 AIDS를 치료하는 데 사용되는 수동면역의 형태이며, 암으로부터 회복되는 능력을 증진시킨다.

6.5 면역계통 질환

- **AIDS**(acquired immunodeficiency syndrome, 후천성면역결핍증)은 **HIV**(human immunodeficiency virus, 인간면역결핍바이러스)에 의해 유발된다. HIV는 면역계통의 세포를 감염시켜 **기회감염**(opportunistic infection)을 발생시킨다. HIV의 감염 단계는 혈액 내 CD4 T세포의 수와 개인의 건강에 따라 결정되며, 이러한 단계에는 급성기, 만성기, AIDS가 포함된다. 많은 치료법이 AIDS의 발달을 늦출 수는 있으나 방지하지는 못한다.
- **알레르기**(allergy)는 면역계통이 일반적으로 외부 항원으로 인식되지 않는 항원인 알레르겐에 매우 강하게 반응할 때 발생한다. 일반적으로 감기와 유사한 증상과 같은 **즉각적인 알레르기 반응**(immediate allergic response)은 항체의 활성에 기인한다. 한 가지 예로 아나필락시스 쇼크가 있다. 접촉성 피부염과 같은 **지연형 알레르기 반응**(delayed allergic response)은 T세포의 활성에 기인한다.
- 조직거부 반응은 면역계통이 조직을 외부물질로 인식할 때 발생한다. **면역억제**(immunosuppressive) 약물은 조직거부 반응을 억제할 수 있다. 이종이식은 인간 장기 대신 동물 장기를 사용하는 것이다.
- 면역결핍은 감염, 화학물질 노출 또는 방사선에 의해 유발되거나 유전될 수 있다. 한 가지 예가 적응면역반응이 작동하지 않는 **중증복합면역결핍증**(severe combined immunodeficiency disease, SCID)이다.
- **자가면역질환**(autoimmune disease)은 면역계통이 신체의 조직/기관을 외부물질로 인식하여 반응할 때 일어난다. 그 예로 **류머티즘열**(rheumatic fever), **류머티즘성 관절염**(rheumatoid arthritis), **전신홍반루푸스**(systemic lupus erythematosus, SLE), **중증근무력증**(myasthenia gravis), **다발성경화증**(multiple sclerosis, MS)이 있다.

개념 심화 학습

비판적 사고 키우기

1. 특정 알레르겐이 다른 사람보다 어떤 사람에게 더 많은 영향을 미치는 이유는 무엇이라고 생각하는가? 어떤 사람은 특정 항원에 대해 증상이 없는 반면, 다른 사람은 영향을 받는 이유는 무엇인가?
2. Rh 음성인 산모가 Rh 양성인 태아를 임신했을 때 Rh 부적합이 심각한 문제가 될 수 있지만, 산모와 태아 사이의 ABO 부적합이 일반적으로 문제가 되지 않는 이유는 무엇인가? 즉, A형 산모는 일반적으로 B형 태아를 안전하게 임신할 수 있다. (힌트: Rh 음성 산모가 Rh 항원에 대해 생성하는 항체는 일반적으로 IgG인 반면, A 또는 B항원에 대해 생성되는 항체는 IgM이다.) Rh 항원은 명백히 중요한 기능을 수행하지 않기 때문에(대부분의 인간에게는 Rh 항원이 없음), 인간 진화 과정에서 Rh 항원이 완전히 제거되지 않은 이유는 무엇이라고 생각하는가?
3. 독사에 물린 사람에게는 사망을 예방하기 위해 약간의 해독제(항체)를 투여해야 한다. 처음 물린 뱀과 같은 종류의 뱀에게 3년 후 다시 물렸을 경우, 독에 대한 면역력을 갖게 될 것인가, 아니면 해독제를 다시 맞아야 하는가? 항체 주사를 통해 얻게 된 면역력의 종류를 설명하여 답을 하시오.

관련성 탐구하기

1. COVID-19의 대유행은 1918년 인플루엔자의 대유행 이후 우리 의료 시스템에 가장 큰 도전 과제 중 하나이다. SARS-CoV-2 바이러스의 확산을 줄이고 이 대유행의 영향을 줄이는 데 개인적으로 어떻게 기여할 수 있는가?
2. 앞선 연도에 독감백신을 접종했거나 독감에 걸렸다고 생각했기 때문에 독감백신을 건너뛴 적이 있는가? 이 정보가 잘못된 것임을 이제야 알게 된 이유는 무엇인가?
3. 때때로 안티-백서(anti-vaxxer)라고 알려진 예방접종에 반대하는 사람들이 증가하면 인구에 어떤 위험이 제기되는가?

모든 장의 질문에 대한 정답은 *connect.mheducation.com*에서 확인하시오.

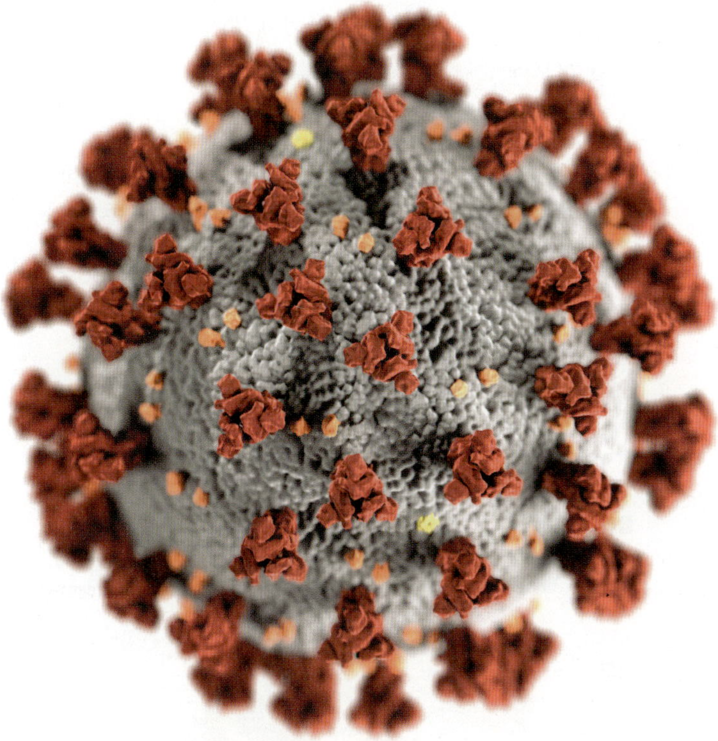

Alissa Eckert, MS; Dan Higgins, MAMS/CDC

CHAPTER 7 감염병의 생물학

COVID-19 팬데믹

2020년 초부터 SARS-CoV-2 바이러스로 인해 학교와 기업들은 문을 닫고, 여행이 중단되었으며, 국경이 폐쇄되었다. 약어는 중증 급성 호흡기 증후군 코로나바이러스 2를 의미한다. 이 바이러스는 COVID-19라는 질병을 유발하며, 그 이름은 코로나바이러스질병 2019를 축약한 것이다.

COVID-19는 일반적으로 그 질병에 걸린 사람으로부터 비말(예: 재채기, 기침, 대화)로 전파된다. 비말은 코, 눈, 입을 통해 들어간다. 면역반응은 바이러스의 복제 과정에서 시작된다. 어떤 사람은 무증상이지만, 또 어떤 사람은 입원이 필요할 정도로 강력한 면역반응을 일으키기 때문에 이 바이러스는 매우 위험하다.

SARS-CoV-2는 β-코로나바이러스라 하는 바이러스 그룹에 속하며, 바이러스 표면에 튀어나온 스파이크 당단백질의 모양이 왕관 또는 코로나 모양과 비슷하여 명명되었다. 코로나바이러스는 동물바이러스로 박쥐로부터 유래한 것으로 보고 있다. 바이러스의 구조와 기원을 이해하는 것은 과학자들이 현재 유행하는 전염병과 앞으로 나타날 수 있는 모든 바이러스에 대한 백신과 치료법을 개발할 수 있게 해준다.

다른 바이러스와 마찬가지로 SARS-CoV-2에 대한 오해들이 있지만, SARS-CoV-2는 여러 측면에서 모든 바이러스와 유사하며, 더 많은 복제본을 만들기 위해 신체의 특정 세포에 침범해 그 세포의 신진대사 기계를 이용한다.

이 장에서는 살아 있는 유기체와 바이러스의 상호작용을 알아보고, 세균과 프리온 같은 다른 미생물들을 살펴볼 것이다.

이 장을 학습하면서 다음 질문을 생각해 보자.

1. SARS-CoV-2와 같은 바이러스는 인체의 세포를 어떻게 감염시키는가?

2. 에볼라는 신종감염병으로 간주되는가?

이 장의 개요

시작하기 전에

이 장을 시작하기 전에 다음 사항을 논의해 보자.

6.4절 면역반응에서 T세포의 역할은 무엇인가?

6.5절 예방접종은 질병으로부터 개인을 어떻게 보호하는가?

7.1 세균과 바이러스

학습 목표

이 절을 학습한 후 다음 사항을 할 수 있어야 한다.

1. 병원체라는 용어를 정의할 수 있다.
2. 원핵세포의 구조를 구별할 수 있다.
3. 바이러스의 일반적인 구조를 설명할 수 있다.

미생물(microbe)이라는 용어는 환경에 널리 분포해 있는 세균, 바이러스, 원생생물과 같은 미세한 크기의 유기체에 해당한다. 그들은 무생물 식물과 동물의 표면과 내부 모두에서 발견될 수 있다. 이 용어는 종종 질병과 연관이 있지만, 미생물의 많은 활동은 실제로 인간에게 유용하다. 우리는 세균에 의해 만들어진 음식을 먹으며, 세균은 요구르트, 치즈, 빵, 맥주, 와인 및 많은 절임 식품 생산에 기여한다. 생명공학 기술을 이용하여 세균으로부터 사용 가능한 약물이 생산된다. 미생물은 또 다른 방식으로 우리에게 도움을 준다. 분해자의 활동이 없다면 생물권(우리 스스로를 포함하여)은 더 이상 존재하지 않을 것이다. 나무가 숲 바닥으로 쓰러지면 세균과 곰팡이를 포함한 분해자가 죽은 유기체의 잔해를 무기 영양소로 분해하기 때문에 결국은 부패하게 된다. 식물은 우리에게 식량이 되는 많은 분자를 만들기 위해 이러한 무기 영양소가 필요하다.

이러한 이점에도 불구하고 특정 세균과 바이러스는 **병원체**(pathogen) 또는 질병 유발 인자로 알려져 있다. 이 장에서 우리는 인간 질병의 원인이 되는 몇 가지 세균과 바이러스 병원체에 초점을 맞출 것이다.

6장에서 우리 몸이 병원체에 대해 무방비 상태가 아님을 상기해 보자. 우리 몸에는 세균과 바이러스에 대한 여러 방어선이 존재한다. 예는 다음과 같다.

- 체강의 피부와 점막과 같은 진입 장벽은 병원체가 체내로 들어오는 것을 막아준다.
- 식세포작용을 하는 백혈구와 같이 최초 반응자들은 병원체가 장벽을 지나 체내로 침투하여 침입한 후 감염을 예방한다.
- 후천성 방어는 체내로 들어온 질병 유발 인자를 죽임으로써 감염을 극복한다. 또한 후천성 방어는 암으로부터 우리를 보호해 준다.

세균

세균(bacteria)은 인간 세포와 같은 진핵세포에 존재하는 핵 또는 막 결합 소기관이 없는 단세포성 유기체인 **원핵생물**(prokaryote)이다. 그림 7.1은 세균의 해부학적 주요 특징과 구균

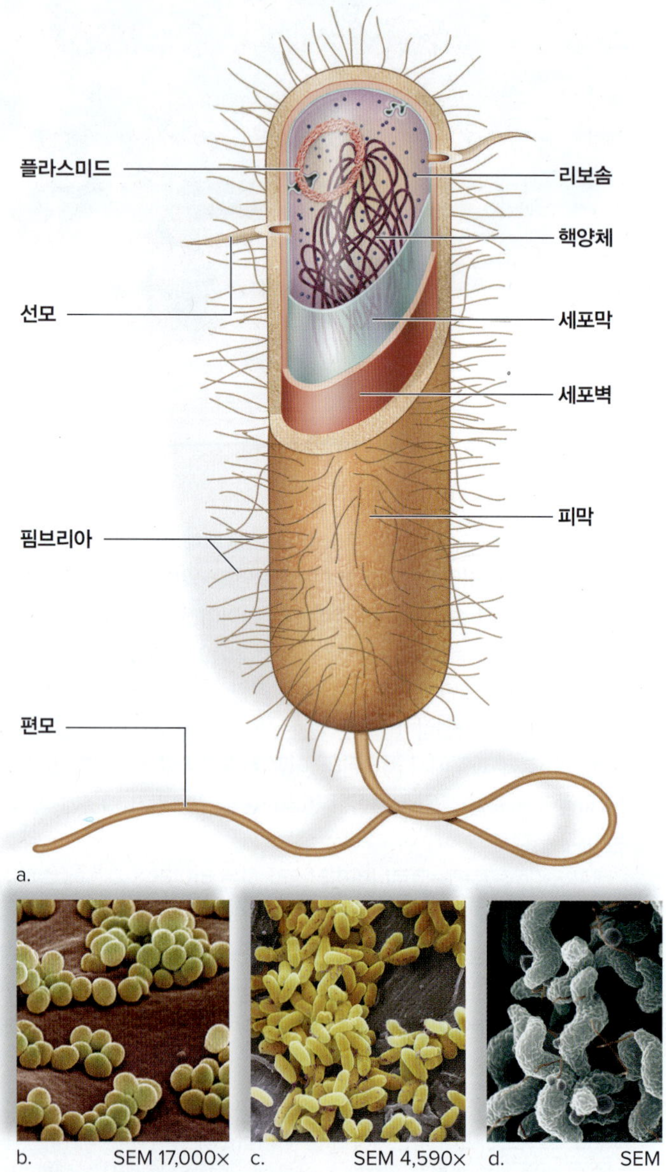

그림 7.1 세균의 전형적인 형태.
a. 전형적인 세균세포의 구조. **b.** 구형의 황색포도알균(*Staphylococcus aureus*)은 독성 쇼크 증후군을 유발한다. **c.** 막대형의 녹농균(*Pseudomonas aeruginosa*)은 요로감염을 유발한다. **d.** 나선형의 캄필로박터 제주니(*Campylobacter jejuni*)는 식중독을 유발한다.
(b): David M. Phillips/Science Source; (c): Steve Gschmeissner/Science Source; (d): De Wood, Chris Pooley/USDA

(구형), **간균**(막대형), **나선균**(곡선 또는 나선형)의 세균의 일반적인 세 가지 형태를 나타낸다.

모든 세균 세포는 식물과 동물 세포에 있는 세포막과 같이 지질 이중층인 **세포막**(plasma membrane)을 가지고 있다. 대부분 세균의 세포는 독특한 분자인 **펩티도글리칸**(peptidoglycan, 아미노기가 부착된 이당류)을 가지고 있는 **세포벽**(cell wall)에 의해 추가로 보호된다. 페니실린과 같은 '실린' 항생제들은 세포벽의 생성을 방해한다. 일부 세균의 세포벽은 두껍고 젤라틴성 **피막**(capsule)으로 둘러싸여 있다. 피막은 종종 치아와 같은 표면에 세균이 달라붙게 한다. 피막은 우리 면역체계의 식세포 백혈구가 이들을 흡수하고 파괴하는 것을 막아준다.

세균은 세포벽의 차이에 따라 분류할 수 있으며, 한스 크리스티안 그람(Hans Christian Gram)이 100여 년 전에 고안한 **그람 염색**(Gram stain)이라는 염색 과정을 통해 검출된다. 세포막 외부에 두꺼운 펩티도글리칸층이 있는 세포벽은 그람 염색 과정에서 보라색으로 염색되며 **그람 양성균**(Gram-positive bacteria)이라 한다. 펩티도글리칸층이 얇거나 없는 경우 세포는 분홍색으로 염색되며 **그람 음성균**(Gram-negative bacteria)이라 한다. 세포막 외에도 그람 음성균은 **지질다당류**(lipopolysaccharide) 분자를 포함하는 외막을 가지고 있다. 그람 음성 세포가 면역체계에 의해 죽으면 이 분자가 방출되어 염증과 열을 자극한다. 의사들은 세균 종류에 대한 지식을 통해서 보다 효과적인 항생제 치료를 처방할 수 있다.

운동성 세균은 일반적으로 **편모**(flagella, 단수는 flagellum)라고 하는 길고 매우 얇은 부속기관을 가지고 있다. 편모는 360° 회전하여 세균을 이동시킨다. 일부 세균은 숙주세포 표면에 부착할 수 있도록 해주는 뻣뻣한 섬유인 **핌브리아**(fimbriae)를 가지고 있다. 핌브리아는 세균이 몸에 달라붙어 접근할 수 있도록 해준다. 대조적으로 **선모**(pilus)는 한 세포에서 다른 세포로 DNA를 옮기는 데 사용되는 길쭉하고 속이 빈 부속기관이다. 항생제에 내성을 갖도록 하는 세균의 유전자는 선모를 통한 **접합**(conjugation) 과정을 통해 세균세포 사이에 전달될 수 있다.

세균은 많은 다양한 기능을 수행할 수 있는 독립적인 세포이다. 그들의 DNA는 세포의 중심을 차지하는 염색체에 포장되어 있다. 또한 많은 세균은 **플라스미드**(plasmid)라고 하는 작은 원형의 DNA 조각을 가지고 있다. 세균이 항생제 내성을 갖도록 하는 유전자는 보통 플라스미드에 위치한다. 항생제 치료의 남용은 항생제로도 죽이기 어려운 내성 균주의 수를 증가시킨다. 7.4절에서 세균이 항생제에 대한 내성을 어떻게 진화시키는지 살펴볼 것이다.

생활 속의 생물학

항균 세정제는 정말 효과가 있을까?

연구에 따르면 손을 씻을 때 항균 비누를 사용하는 것은 순수한 비누와 물을 사용하는 것보다 세균의 확산을 막는 데 더 효과적이지 않다는 것을 보여준다. 대부분 항균 비누의 주성분인 트리클로산은 실제로 일부 세균이 세균을 죽이는 데 사용되는 아목시실린과 같은 특정 약물에 대한 내성을 갖게 할 수 있다. 또한 미국의 일부 주에서는 트리클로산이 발암물질로 간주되기 때문에 화학물질이 상수도에 유입되는 것을 우려하여 항균 비누 사용을 금지하고 있다.

물을 사용하지 않는 (알코올 기반으로 된) 손 소독제는 정기적인 손 씻기를 대체하는 것이 아니라 함께 사용하는 것을 권한다. 올바른 손 씻기와 소독을 적절하게 수행하면 감기, 독감, COVID-19 및 특정 설사 장애의 확산을 예방할 수 있다.

세균은 이분법이라는 과정으로 번식한다(**그림 7.2**). 세포막에 부착된 단일 원형 염색체는 복제된 다음 세포가 커짐에 따라 염색체가 분리된다. 새로 형성된 세포막과 세포벽은 세포를 2개의 세포로 분리한다. 세균은 유리한 조건에서 빠르게 번식할 수 있으며 일부 종은 20분마다 2배로 번식한다.

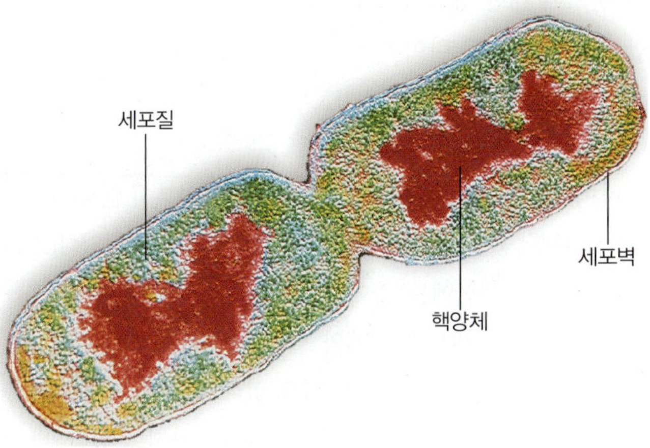

그림 7.2 이분법.
세균은 기존의 세포와 동일한 2개의 세포를 생성하는 이분법으로 번식한다.
CNRI/Science Source

패혈성 인두염, 결핵, 괴저, 임질, 매독은 잘 알려진 세균성 질병이다. 세균의 성장은 질병을 일으킬 뿐만 아니라 일부 세균에서는 세포 대사를 억제하는 **독소**(toxin) 분자를 방출한다. 예를 들어 파상풍을 유발하는 세균인 **클로스트리디엄 테타니**(*Clostridium tetani*)는 근육의 이완을 막는 독소를 생산하기 때문에 파상풍 주사를 접종하는 것이 중요하다. 시간이 지나면 모든 근육이 수축하여 몸이 뒤틀리기 때문에 의학적 치료 없이는 질식이 일어날 수 있다.

생활 속의 생물학

냉동상태에서 세균이 죽을까?

정답은 '아니요'이다. 세균의 번식 속도는 수분 환경과 온도를 포함하여 여러 요인에 따라 달라진다. 보통의 냉장고와 냉동고 온도에서 세균의 성장은 느려지지만 죽지는 않는다. 적절한 온도 수준으로 돌아오면 세균은 정상적인 세포 분열을 재개한다. 대부분 음식과 관련된 세균을 죽이는 유일한 방법은 끓이거나 완전히 익히는 것과 같이 고온을 이용하는 것이다.

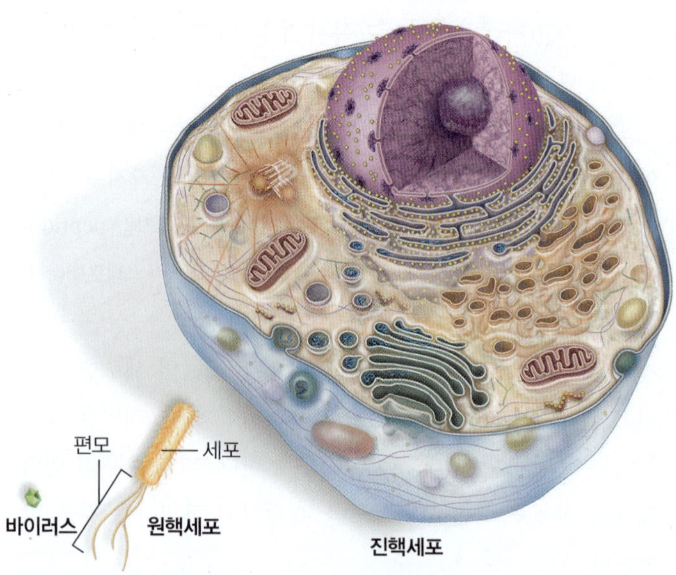

그림 7.3 바이러스, 세균 및 진핵세포의 크기 비교. 바이러스는 아주 작은 무세포 입자인 반면, 세균은 작고 독립적인 세포이다. 진핵세포는 핵과 많은 소기관을 포함하고 있어 더 복잡하고 크다.

바이러스

바이러스(virus)는 세포 내 기생충으로, 복제 시 숙주세포가 필요하다. 바이러스는 세포로 구성되어 있지 않으며(무세포) 영양분을 획득하고 사용하는 데 필요한 대사 기계가 결핍되어 있다. 이러한 이유로 과학자들은 역사적으로 바이러스를 살아 있는 유기체로 분류하지 않았다. 하지만 최근 세균과 크기가 유사한 거대바이러스(메가바이러스라고 함)가 발견되어 생물의 정의에 대한 개념이 고려되고 있다. 이 장에서 우리는 인간 질병과 관련된 바이러스를 탐구할 것이다. 이러한 바이러스는 진핵세포 크기의 약 100분의 1인 세균보다도 상당히 작다(그림 7.3).

바이러스는 항상 단백질 단위로 구성된 외부의 **캡시드**(capsid)와 내부 중심의 핵산이라는 두 부분을 가지고 있다(그림 7.4). 이러한 핵산에는 바이러스 복제에 필요한 유전정보를 포함하고 있다. 세포 유기체와 달리 바이러스의 유전물질은 이중가닥 DNA 또는 DNA가 필요 없다. HIV와 인플루엔자 같은 일부 바이러스는 유전물질로 RNA를 가지고 있다. 바이러스는 복제를 돕는 다양한 효소도 포함한다.

이것이 그들을 세포성 기생충으로 간주하는 이유이다. 바이러스는 숙주세포의 대사 기계를 장악하여 복제한다. 바이러스 표면에 존재하는 스파이크와 단백질은 숙주세포 외부 표면에 존재하는 수용체에 특이적이기 때문에 바이러스는 특정 숙주세포에 특이적으로 진입할 수 있다.

바이러스의 일반적인 생활사는 그림 7.5a에 제시되어 있다. 이 그림은 세균을 감염시키는 바이러스인 일종인 박테리오파지의 생활사를 보여준다. 생활사 단계는 다음과 같이 진행된다.

1. **부착**(attachment): 바이러스의 캡시드는 숙주세포 표면의 수용체와 결합한다.
2. **유입**(penetration): 박테리오파지의 경우, 바이러스 효소가 세포벽 일부를 분해하고 바이러스 유전물질을 세균세포에 주입한다. 몇몇 바이러스는 바이러스 전체가 세포 내 이입을 통해 세포로 들어간다.
3. **생합성**(biosynthesis): 숙주세포의 기계는 바이러스의 유전물질을 복제하고 여러 캡시드 단백질의 소단위체 복사본을 생산하기 시작한다.
4. **성숙**(maturation): **조립**(assembly)이라고도 하며, 바이러스의 유전물질과 캡시드가 결합하여 몇 가지 새로운 바이러스를 생산한다.

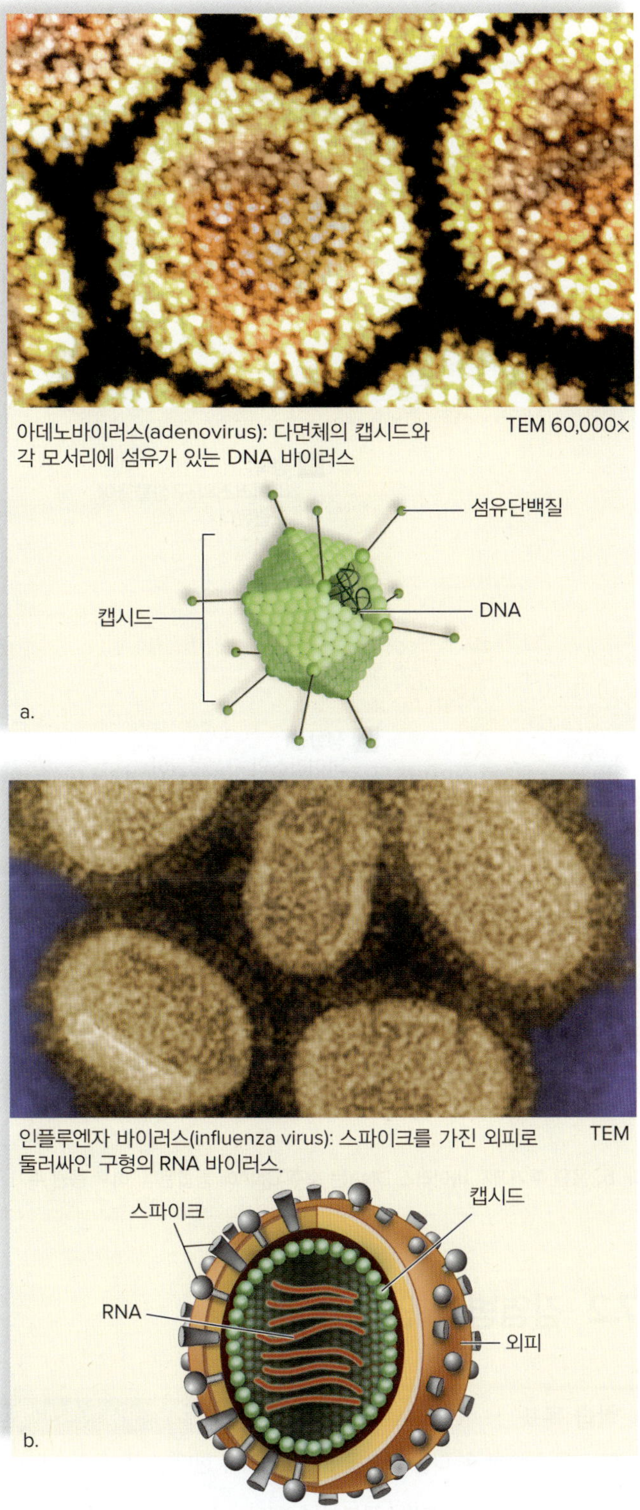

아데노바이러스(adenovirus): 다면체의 캡시드와 각 모서리에 섬유가 있는 DNA 바이러스

인플루엔자 바이러스(influenza virus): 스파이크를 가진 외피로 둘러싸인 구형의 RNA 바이러스.

그림 7.4 전형적인 바이러스 구조.
모든 바이러스는 단백질 소단위체로 구성된 외부 캡시드와 DNA 또는 RNA 중 한 가지만을 가지는 핵산 중심이 있다. **a.** 아데노바이러스는 감기를 유발하고, **b.** 인플루엔자 바이러스는 독감을 일으킨다.
(사진) (a): Biophoto Associates/Science Source; (b): Centers for Disease Control and Prevention/Cynthia Goldsmith

5. 방출(release): 새로운 바이러스들은 세포 외 배출 또는 세포막(및 세균의 세포벽)을 파괴함으로써 새로운 바이러스를 방출해 세포에서 떠나게 된다.

일부 바이러스는 감염된 세포가 즉시 새로운 바이러스를 생산하지 않는다. 대신 세포로 들어간 후에 바이러스는 활발히 생산하지 않는 **잠복**(latent) 상태가 된다. 이것을 용원 주기라고 한다(그림 7.5b). 부착과 유입 과정 후 바이러스 DNA가 숙주세포에 **통합**(integration)된다. 박테리오파지의 경우 이것을 종종 **프로파지**(prophage)라고 한다. 이 DNA는 숙주 DNA와 함께 복제되며 용원성 세포라고 하는 모든 후속세포는 바이러스 정보의 복사본을 가지고 있다. 자외선과 같은 특정 환경 요인은 프로파지가 생합성 용해 단계에 들어간 다음 성숙 및 방출이 되도록 유도한다.

그림 7.5는 바이러스의 일반적인 생활사를 나타낸다. 바이러스 유형에 따라 생활사에 많은 변화가 있다. 우리는 HIV 바이러스(7.2절)와 SARS-CoV-2 바이러스(7.3절)에 대한 논의에서 이들 중 일부를 살펴볼 것이다.

프리온

엄격히 단백질로 만들어진 전염성 입자인 **프리온**(prion)은 소모성 질환이라고도 하는 신경계통의 퇴행성 질환을 일으킨다. 원래는 바이러스성 질환으로 여겨졌지만, 인간의 크로이츠펠트-야콥병(Creutzfeldt-Jakob disease, CJD), 양의 스크래피, 소의 소해면상뇌증[bovine spongiform encephalopathy (BSE), 일반적으로 광우병이라고 함]은 모두 프리온에 의해 발병된다. 이러한 감염은 감염된 동물의 뇌와 신경 조직을 섭취함으로써 전염된다. 이 단백질은 보통 건강한 개인의 뇌에서 '가정부' 역할을 하는 것으로 여겨진다. 그러나 어떤 사람에게는 불량한 형태의 단백질이 새로운 모양으로 접혀서 프리온을 형성하고 그 과정에서 원래의 기능을 잃게 된다. 불량 단백질은 다른 단백질을 새로운 모양으로 다시 접어 질병을 유발할 수 있다. 예를 들어 프리온의 활동은 신경 조직이 손실되고 뇌를 석회화하는 플라크를 생성할 수 있다. 인간의 프리온 질병 발생률은 매우 낮다.

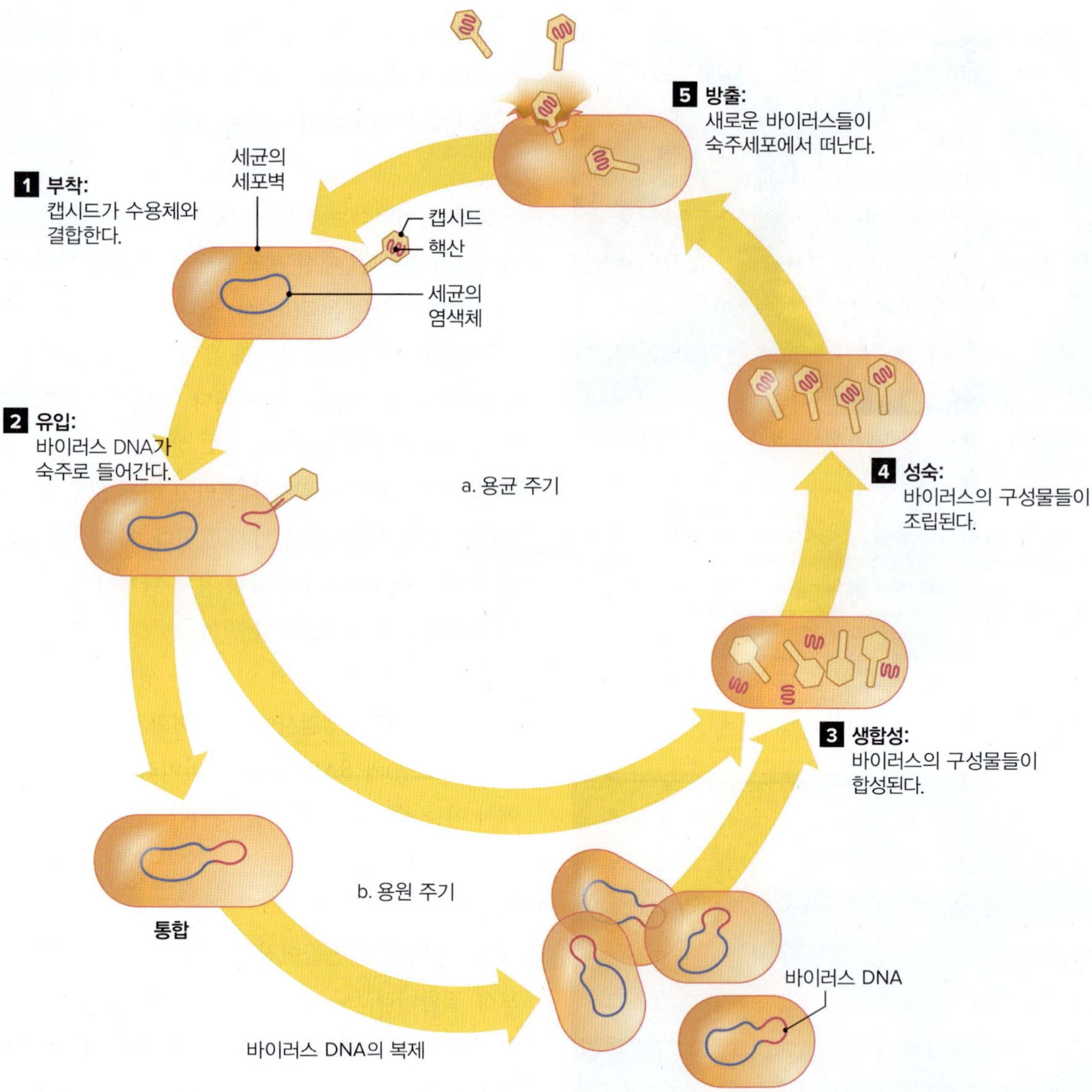

그림 7.5 바이러스의 일반적인 생활사.
a. 용균 주기에서 바이러스 입자는 세포가 용해될 때(깨져서 열린 상태일 때) 방출된다. **b.** 용원 주기에서 바이러스 DNA는 숙주 DNA에 통합된다. 이후 용원 주기 후에 용균 주기의 마지막 세 단계가 뒤따를 수 있다.

진도 점검하기 7.1

1. 세균, 진핵세포, 바이러스 구조의 차이점을 설명하시오.
2. 질병을 유발하는 능력과 관련 있는 세균의 구조를 설명하시오.
3. 바이러스가 세포 내 기생충으로 간주되는 이유를 설명하시오.

개념 연결하기

이 절의 주제에 대한 자세한 내용은 다음 논의를 참고하시오.

16.6절 세균과 일부 성병 사이의 연관성을 살펴본다.

19.2절 일부 바이러스가 어떻게 암을 유발하는지 살펴본다.

7.2 감염병과 인간의 건강

학습 목표

이 절을 학습한 후 다음 사항을 할 수 있어야 한다.

1. 발발, 유행병, 팬데믹을 구분할 수 있다.
2. HIV의 생활사를 설명할 수 있다.
3. 결핵과 말라리아의 원인을 설명할 수 있다.

감염병(infectious disease)은 일정 기간 동안 특정 지역에서 예상보다 많은 질병이 발생하게 되면 **유행병**(epidemic)으로 분류된다(그림 7.6a). 유행병이 일어나는 경우의 수는 예상되는 상황에 따라 달라진다. 예를 들어 매우 희귀한 소수의 질병 사례는 유행병이 될 수 있지만, 매우 흔한 질병의 경우 대부분이 유행병이 되지 않을 수 있다. 유행병이 지역에 국한된 경우 일반적으로 **발발**(outbreak)이라고 한다(그림 7.6b). 한 가지 예로 2013~2014년 서아프리카에서 발생한 에볼라(Ebola) 발발이 있다.

전 세계적으로 병이 유행하게 되면 팬데믹(pandemic)이라고 한다(그림 7.6c). HIV/AIDS, SARS-CoV-2/COVID-19, 결핵, 말라리아, 인플루엔자 모두 현재 팬데믹의 예다.

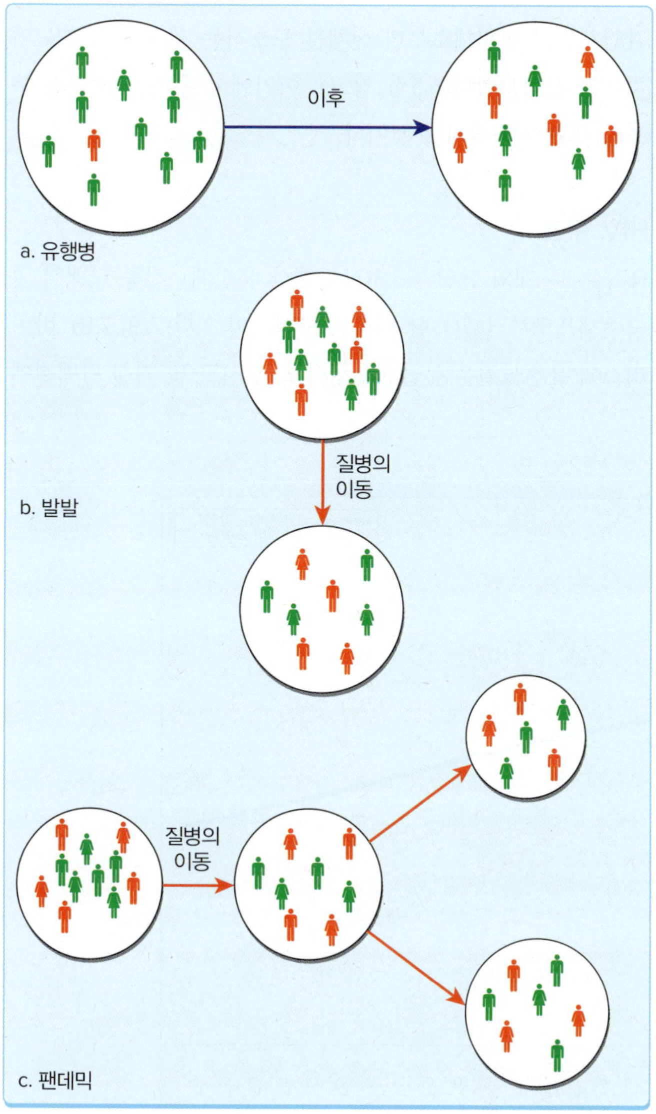

그림 7.6 발발, 유행병, 팬데믹.
a. 유행병에 감염된 개개인의 수는 전년의 정상 수치를 초과한다. **b.** 발발 시 질병은 두 개체군 사이를 이동한다. **c.** 팬데믹 상황에서 질병은 일반적으로 전 세계적으로 많은 인구 쪽으로 이동한다.

미국질병통제예방센터(Centers for Disease Control and Prevention, CDC), 세계보건기구(World Health Organization, WHO)와 같은 조직들은 감염병의 위협을 관찰하고 대응한다. 이러한 조직은 발발이 유행병 또는 팬데믹 수준에 도달했는지를 주로 담당한다. 이 절에서 우리는 이러한 질병 중 일부를 자세히 살펴볼 것이다.

HIV/AIDS

HIV의 기원과 유병률

일반적으로 HIV는 아프리카에서 시작하여 카리브해를 거쳐 미국과 유럽으로 확산한 것으로 받아들여지고 있다. 그러나 최초의 HIV 감염 사례의 정확한 날짜는 여전히 조사중이다. HIV에 대한 최근 분자적 분석들은 바이러스가 1884~1924년 사이 처음으로 인간을 감염시켰을 수 있음을 시사한다. HIV에 대한 직접적인 증거는 1950년대와 1960년대에 조직 및 혈액 샘플을 통해 얻었다. HIV는 현재 콩고민주공화국이라 하는 아프리카 국가에 살았던 한 남자로부터 채취한 1959년 혈액 샘플에서 발견되었다. 영국 과학자들은 1959년에 AIDS가 영국에 퍼졌다고 추정하고 있다. 그해 사망한 맨체스터 선원의 보존된 조직을 조사하였고 그가 AIDS에 의해 사망했을 가능성이 가장 높다고 결론지었다. 비슷하게, HIV도 1950년대 초에 여러 차례 미국에 유입된 것으로 보고 있다. 그러나 처음으로 기록된 사례는 1969년 미주리주에서 사망한 15세 남성으로, 현재 AIDS 관련 암의 특징으로 알려진 피부 병변을 가지고 있었다. 의사들은 사망원인을 확인할 수 없었기 때문에 그의 조직 일부를 동결시켰다. 또한 연구자들은 현재 AIDS와 관련된 폐렴 유형을 가진 1959년 뉴욕에서 사망한 49세 아이티인의 보존된 조직 샘플을 연구하고 있다.

미국에서는 1960년대 내내 백혈병을 면역결핍 환자의 사망원인으로 많이 기록하였다. 이 사람들 중 일부는 실제로 AIDS로 사망하였다. HIV는 유행성이 강하지 않아 AIDS로 특정하고 분리된 질병으로 인식되기까지 환자 수가 증가하는 데 수십 년이 걸렸다. 'AIDS'라는 이름은 1982년에 만들어졌으며, HIV는 1983~1984년에 AIDS의 원인으로 밝혀졌다.

전 세계적으로 HIV/AIDS 감염률과 사망률의 추정치는

표 7.1 2019년 HIV의 세계적 통계

	HIV에 감염된 사람들	새로운 감염	AIDS 사망자
동아프리카 및 남아프리카	2,070만	73만	30만
서아프리카 및 남아프리카	490만	24만	14만
아시아 및 태평양	580만	30만	16만
라틴 아메리카	210만	12만	3만 7,000
카리브해	33만	1만 3,000	6,900
서유럽과 중유럽 및 북아메리카	220만	6만 5,000	1만 2,000
동유럽 및 중앙아시아	170만	17만	3만 5,000
북아프리카 및 중동	24만	2만	8,000
총	**3,800만 명**	**170만 명**	**69만 명**

출처: UNAIDS(www.unaids.org)

2~3년마다 갱신되고 있다. 2019년 기준으로 약 3,800만 명이 HIV에 감염되었다(표 7.1). 2019년에는 170만 건의 새로운 HIV 감염이 발생하였으며, 이는 2010년 연간 통계에서 23% 감소한 수치이다. HIV/AIDS로 인한 사망자 수도 매년 감소하고 있지만, 2019년에는 여전히 69만 명이 사망하여 HIV/AIDS로 인한 총 사망자 수는 3,270만 명을 넘어섰다.

이러한 수치는 HIV/AIDS의 팬데믹 상황이 여전히 진행 중임을 나타내지만, 새로운 감염 및 사망에서 모두 상당한 감소를 보이고 있다(그림 7.7). 예를 들어 2010년 이후 새로운 HIV 감염이 23% 감소하였는데, 이는 새로운 국제 교육 프로그램 덕분으로 보고 있다. 또한 HIV 감염자 수는 약간 증가했지만, 광범위한 항바이러스제에 대한 접근으로 2010년 이후에는 사망자 수가 39% 감소했다(6.5절 참고).

면역체계에 대한 논의에서 우리는 HIV가 어떻게 신체를 감염시키고 병원체로부터 신체를 보호하는 세포에 영향을 미치는지 알아보았다(6.5절 참고). 여기에서 우리는 HIV의 구조와 생활사를 살펴볼 것이다.

HIV 구조

HIV는 두 개의 단일가닥 RNA(핵산 유전체), 각종 단백질 및 숙주세포로부터 획득한 외피로 구성되어 있다(그림 7.8). 바이러스의 유전물질은 뉴클레오캡시드, 캡시드 및 기질 단백질에

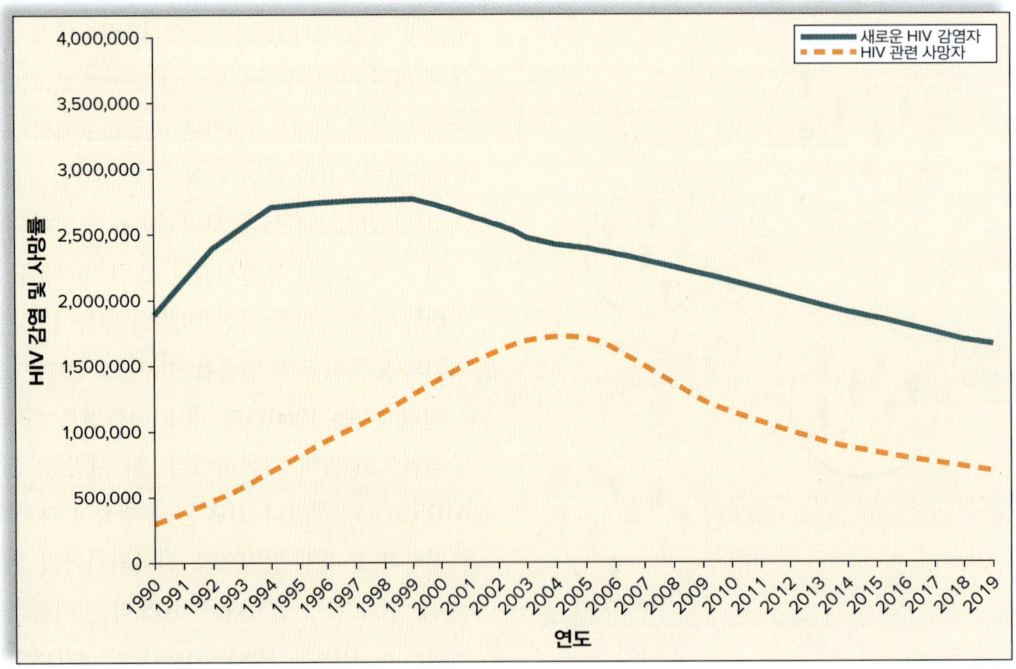

그림 7.7 HIV/AIDS.
이 그래프는 2019년까지의 HIV와 관련한 새로운 감염 및 사망률의 감소를 보여준다.
출처: 세계보건기구(WHO)

의해 보호되며, 기질 내에는 매우 중요한 역전사효소, 통합효소, 단백질분해효소가 존재한다.

- 역전사효소(reverse transcriptase): 바이러스의 RNA를 DNA로 전환하는 역전사를 촉매한다.
- 통합효소(integrase): 바이러스 DNA를 숙주세포 DNA로 통합하는 것을 촉매한다.
- 단백질분해효소(protease): 새롭게 합성된 바이러스의 폴리펩티드를 기능성 바이러스 단백질로 분해하는 것을 촉매한다.

HIV의 외피에는 gp120이라는 단백질 스파이크가 내장되어 있다. HIV가 표적 면역세포에 침투하려면 이러한 스파이크가 있어야 한다. 레트로바이러스로 분류되는 HIV는 DNA 대신 RNA를 유전체로 갖고 있다. **레트로바이러스**(retrovirus)는 역전사효소를 사용하여 RNA를 바이러스성 DNA로 변환한다. 그 후 자신의 유전체를 숙주 유전체(DNA)에 삽입한다.

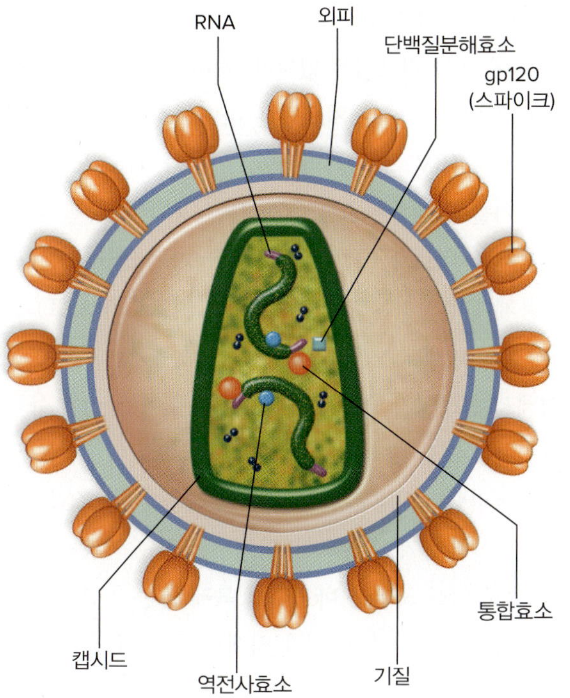

그림 7.8 HIV의 구조.
HIV는 두 가닥의 RNA, 캡시드 및 스파이크 단백질을 포함하는 외피로 구성된다.

HIV 생활 주기

HIV 바이러스의 복제 주기에서 발생하는 현상(그림 7.9)은 다음과 같다.

- 부착(attachment): 부착 과정에서 HIV는 표적세포의 세포막에 결합한다. HIV 표면에 존재하는 gp120 스파이크는 도움 T세포 또는 대식세포 표면의 CD4 수용체에 결합한다.
- 융합(fusion): 부착된 HIV는 세포막에 융합되어 세포 내로 들어간다.
- 유입(entry): 탈각(uncoating) 과정에서 캡시드와 단백질 껍질이 제거되어 RNA와 바이러스성 단백질이 숙주세포의 세포질로 방출된다.
- 역전사(reverse transcription): 이 현상은 레트로바이러스만의 고유한 복제 주기에서 발생한다. 이 단계에서 역전사효소는 HIV의 단일가닥 RNA를 단일가닥 DNA(cDNA)로 전환한 뒤, 이중가닥 DNA 합성을 촉진한다. 일반적인 세포에서는 DNA에서 RNA로 전사된다. 레트로바이러스는 자신의 이름에서 따온 고유한 효소를 가지고 있기 때문에 반대의 역할을 할 수 있다[라틴어로 *retro*-는 '역(reverse)'을 의미함].
- 통합(integration): 새롭게 합성된 바이러스성 DNA는 통합효소와 함께 숙주세포의 핵으로 이동하고, 통합효소에 의해 숙주세포의 DNA에 접합된다. 이중가닥 바이러스성 DNA는 숙주세포 DNA(염색체)에 통합된다. 일단 숙주세포 DNA에 바이러스성 DNA가 통합되면, HIV는 숙주세포의 유전물질 일부를 의미하는 **프로바이러스**(provirus)가 된다. 일반적으로 HIV는 프로바이러스가 포함된 상태로 다른 사람에게 전염된다. 또한 프로바이러스는 약물 치료 중 잠복기 바이러스의 저장소 역할을 한다. 약물 치료 후 바이러스 양성반응이 나타나지 않더라도, 감염된 림프구 내에는 여전히 프로바이러스가 존재하는 것으로 알려져 있다.
- 생합성 및 절단(biosynthesis and cleavage): 새로운 감염이나 다른 감염에 의해 프로바이러스가 활성화되면, 정상 세포 기계는 더 많은 바이러스성 RNA를 생산하도록 지시한다. 일부 RNA는 새로운 바이러스 입자의 유전물질이 된다. 나머지 바이러스성 RNA는 매우 긴 폴리펩티드의 합성을

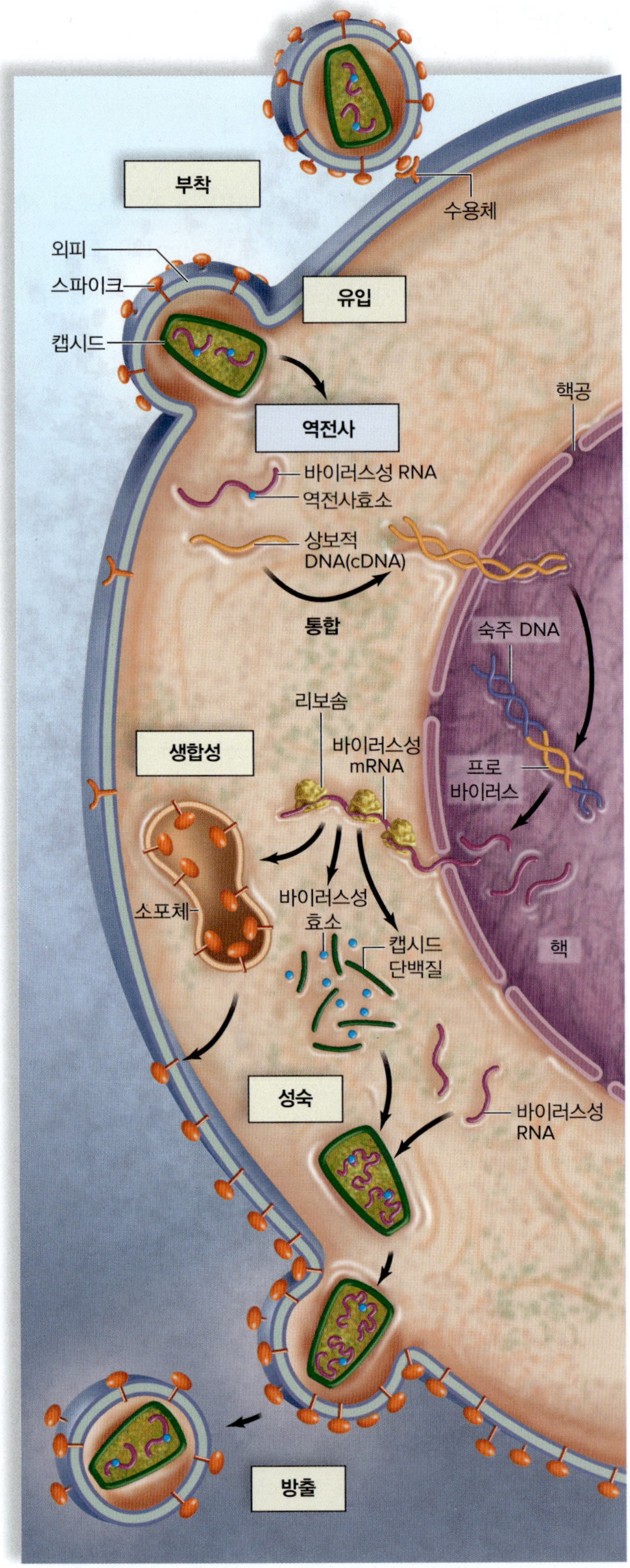

그림 7.9 HIV 복제 주기.
HIV는 역전사효소를 사용하여 바이러스성 DNA를 합성하는 레트로바이러스이다. 바이러스성 DNA는 세포의 염색체에 통합되어 RNA의 생산을 지시하고, 새로운 바이러스의 합성에 사용된다.

초래한다. 이 폴리펩티드는 더 작은 조각으로 잘려야 한다. 이러한 절단 과정은 HIV 단백질분해효소에 의해 촉매된다.

- 조립(assembly): 캡시드 단백질, 바이러스 효소 및 RNA는 조립되어 새로운 바이러스 입자를 형성할 수 있다.
- 출아(budding): 바이러스는 출아하는 과정에서 숙주세포의 세포막으로부터 외피를 획득한다.

새로운 숙주로의 전파도 HIV 생활 주기에 포함된다. 감염된 남성의 정액과 같은 신체 분비물에는 내부에 프로바이러스가 존재하는 CD4 T세포가 포함되어 있다. 정액이 질, 직장 또는 입으로 배출되면 감염된 CD4 T세포가 기관의 내벽을 통해 체내로 들어간다. 직장 내벽은 매우 얇아 바이러스가 면역계통의 세포에 더 빠르게 접근할 수 있어 항문 직장 성교는 파트너에게 가장 위험한 것으로 보인다. 조직에 존재하는 CD4 대식세포는 프로바이러스가 체내로 들어올 때 가장 먼저 감염되는 것으로 알려져 있다. 감염된 대식세포가 림프절로 이동하면서 CD4 T세포를 감염시키기 시작한다. HIV는 국소 림프절에 잠복할 수 있지만 결국 림프절을 퇴화시킨다. 이후 많은 양의 HIV 입자가 혈류로 들어갈 수 있다. 바이러스의 부하가 증가하고 CD4 T세포 수를 초과하면, HIV 감염의 마지막 단계로 진행된다.

AIDS에 대한 치료법은 없지만, HAART(고활성 항레트로바이러스 요법)이라 하는 치료법은 바이러스 부하를 탐지할 수 없을 정도로 HIV 복제를 억제할 수 있다. HAART는 HIV의 생활 주기를 방해하는 약물 조합을 사용한다. 융합 억제제는 HIV가 세포 내로 들어가는 것을 막는다. 바이러스는 세포막의 수용체에 결합하는 것이 억제된다. 지도부딘(AZT)과 같은 역전사효소 억제제는 역전사효소의 작동을 방해한다. 통합효소 억제제는 HIV가 숙주세포의 유전물질에 자신의 유전물질을 삽입하는 것을 방지한다. 단백질분해효소 억제제는 새롭게 생성된 폴리펩티드를 절단하는 것을 방지한다. 조립 및 출아 억제제는 실험 단계에 있으며, 아직 사용할 수 있는 것은 없다. 이상적으로 약물 조합은 바이러스 복제 또는 돌연변이가 일어날 가능성을 억제한다. 복제를 억제할 수 있다면 이 치료법에 대한 바이러스의 내성이 발생할 가능성은 줄어들고 약물의 효과를 유지할 수 있을 것이다. 그러나 연구자들은 HAART를 중단하면 바이러스의 수가 반등한다는 사실을 발견했다.

HIV 백신 AIDS의 팬데믹 통제는 HIV 감염을 예방하는 백신이 개발될 때까지 불가능할 것이다. 불행하게도 백신은 아직 감염되지 않은 사람들이 감염을 피할 수 있도록 돕는 예방 조치(예방 백신)지만, 치료법은 아니다. 또한 치료용 백신은 질병의 진행을 늦출 수 있다. 과학자들은 50가지 이상의 다양한 예방 백신과 30가지 이상의 치료용 백신을 연구했다. 현재 백신 개발을 위해 진행 중인 모든 성과를 조정하고 분석하기 위해 HVTN(HIV 백신 임상시험 연구망) 프로그램이 만들어졌다. 과학 특집 'AIDS 백신 개발의 도전'은 효과적인 AIDS 백신 개발의 어려움을 비평한다. 왜 아직 AIDS 백신이 없는지, 그리고 이상적인 백신이 없는 이유를 이해하는 데 도움이 될 것이다.

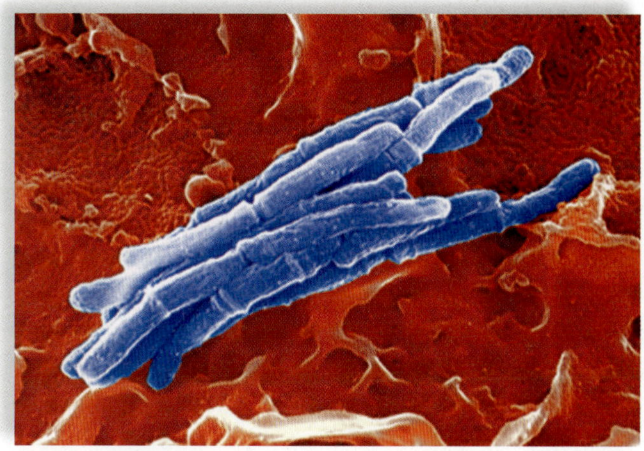

그림 7.10 결핵의 원인 인자.
결핵은 결핵균에 의해 발생하며, 타액 표본에서 확인할 수 있다.
SPL/Science Source

결핵

1882년 로베르트 코흐(Robert Koch)는 현미경으로 결핵(tuberculosis, TB)의 원인균을 최초로 발견했다. 그 당시 결핵은 유럽에서 약 14%의 사망률을 차지했다. 이 질병은 환자가 쇠약해질 때까지 영양분을 소모하기 때문에 **소모병**(consumption)으로 불렸다. 1940년대에는 결핵에 효과적인 항생제가 등장하면서 결핵을 없앨 수 있다고 생각했다. 그러나 통제 조치가 지속적으로 시행되지 않아 1980년대 결핵 사례가 증가하기 시작했다. 세계 인구의 3분의 1이 결핵에 노출된 것으로 추정된다. 2019년에는 약 1,000만 명이 결핵에 감염되었고, 약 140만 명이 사망했다. HIV 감염은 결핵 감염을 증가시키는 요인이다. 결핵은 현재 AIDS 환자의 사망 원인 1위이다.

원인 인자 및 전파

결핵은 **결핵균**(*Mycobacterium tuberculosis*)이라고 하는 막대 모양의 세균에 의해 발생한다(그림 7.10). 결핵균은 본질적으로 매우 느리게 성장하는 세균이다. 세포는 두껍고 밀랍 같은 껍질을 가지고 있으며 탈수 상태로 몇 주 동안 존재할 수 있다. 이 유기체는 감염된 사람의 기침, 노래 또는 재채기 시 공기 중으로 유입되는 물방울에 의해 퍼진다. 세균은 몇 시간 동안 공기 중에 부유할 수 있으며 여전히 전염성을 가진다. 감염 가능성은 활동성 결핵균을 가진 개인의 노출된 기간과 빈도에 따라 증가한다. 결핵은 8시간 이상 비행에서 특히 전염성이 있다. 또한 결핵 환자의 간병인도 위험에 처하게 된다.

질병

잠복기는 4~12주이며, 질병의 진행 속도는 매우 느리다. 세균이 폐에 도달하면 대식세포에 의해 소모된다. 다른 백혈구들은 감염 부위로 모인다. 이들은 감염 부위를 차단하여 폐에 작고 딱딱한 결절 또는 **결핵 결절**(tubercle)을 생성한다. 바로 이러한 결절이 질병이다. 대부분 환자에서 세균은 결핵 결절 내에 살아 있지만 질병으로 진행되지 않는다. 이 환자들은 잠복 결핵 상태에 있다. 아프지 않으며 전염성이 없다. 잠복 결핵을 가진 사람은 결핵 피부 검사에서 양성으로 나온다. 결핵 결절은 종종 석회화되며 흉부 X선에서 볼 수 있다(그림 7.11). 피부 검사와 X선 소견을 종합하여 결핵 진단이 확정된다.

면역체계가 폐의 결핵균을 제어하지 못하는 경우 **활동성 결핵**이 된다. 활동성 결핵 환자는 전염성을 갖는다. 결핵 결절은 액화되어 구멍을 형성한다. 이후 결핵균은 구멍을 통해 몸 전체, 특히 콩팥, 척추 및 뇌로 퍼져 치명적일 수 있다. 활동성 결핵은 심한 기침, 흉통, 객혈이나 가래 등의 증상을 보인다. 질병이 진행됨에 따라 피로, 식욕부진, 오한, 발열, 식은땀을 동반한다. 환자는 체중이 감소하기 시작하고 쇠약해진다.

오늘날의 생물학 ▶ 과학

AIDS 백신 개발의 도전

이상적인 AIDS 백신은 모든 종류의 HIV에 대해 평생 보호할 수 있으면서 비용도 저렴해야 한다(그림 7A). 그러한 백신이 가능한가? B형 간염, 천연두, 소아마비, 파상풍, 인플루엔자, 홍역과 같은 질병에 효과적인 백신이 개발되었다. 하지만 AIDS는 어떤가? AIDS 백신 개발에서 가장 큰 장애물은 다음과 같다.

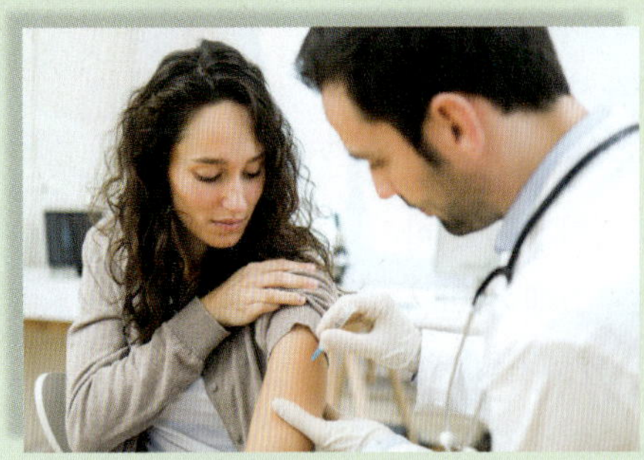

그림 7A HIV 예방 백신은 아직 개발되지 않았다. 다양한 HIV 변종과 높은 돌연변이율은 백신 개발이 어려운 이유 중 두 가지에 불과하다.
Production Perig/Shutterstock

1. 이상적인 AIDS 백신은 사람 세포에 HIV가 침입하는 것을 방지하고 질병의 진행과 전염을 막는 것이다. 하지만 바이러스가 세포로 들어가는 것을 100% 막는 백신은 아직 없다. 대부분 백신은 감염으로 인한 질병을 예방하거나 변형 또는 약화시킨다.
2. HIV의 높은 돌연변이율 때문에 유전적으로 여러 유형과 하위 유형의 HIV가 있다. 한 사람 내에서도 바이러스 간에 10% 정도 차이가 있으며, 전 세계 사람들 사이에서는 35%의 차이가 있을 수 있다. 유전적으로 다른 바이러스들은 서로 다른 표면 단백질을 가질 수 있으며, HIV의 표면 단백질은 많은 AIDS 백신의 초점이 되고 있다. 과학자들은 각각의 HIV 하위 유형에 대한 백신이 필요한지, 아니면 하나의 백신이 모든 HIV 변종에 대한 보호가 가능한지에 의문을 제기하고 있다.
3. 백신이 단기적인 보호만 제공한다면, 매년 독감 예방주사를 맞는 것처럼 추가 접종을 계속 받아야 한다.
4. AIDS 백신이 사람들을 HIV 감염에 더 취약하게 만들 수 있다는 우려가 있다. 황열, 리프트밸리열과 같은 일부 질병에서는 백신을 접종한 후 생성된 항체가 바이러스가 더 많은 세포를 감염시키는 데 도움이 된다고 여겨진다.
5. HIV는 자체로도 전파될 수 있지만 감염된 세포를 통해서도 전파될 수 있기 때문에, 백신은 세포 및 항체 매개 반응 모두를 자극해야 할 수도 있다. 이 바이러스는 특히 T세포와 같은 면역세포를 감염시키고 파괴하기 때문에 복잡하다. 또한 대부분의 성공적인 백신은 항체 생산만을 자극한다.
6. 오늘날 다른 질병에 사용되는 대부분의 백신은 약독화(약화된) 형태의 감염성 바이러스로 만들어진다. 약화된 형태의 바이러스를 사용하여 만든 AIDS 백신이 HIV 질병(AIDS)을 일으킬 것이라는 우려가 있다.
7. HIV는 유전물질을 사람 세포에 삽입하여 면역체계로부터 숨을 수 있다.

AIDS 백신 개발에는 많은 어려움이 있지만, 현재 백신 임상시험이 진행 중이다. 이 과정은 수년이 걸릴 수 있다. 동물실험에서 백신이 검증된 후 시판되거나 대중에게 투여되기 전에 세 단계의 임상시험을 거쳐야 한다. 1상과 2상에서는 HIV 감염이 없는 소수의 지원자를 대상으로 1~2년 동안 테스트한다. 가장 효과적인 백신은 3상으로 간다. 3상에서는 HIV가 없는 수천 명의 사람을 대상으로 3~4년간 테스트한다. RV144 HIV 백신의 3상 시험은 2003년부터 2009년까지 태국에서 1만 6,000명 이상의 지원자를 대상으로 진행되었다. 이 백신은 HIV 감염률을 32%까지 낮춘 것으로 보고되었다. 2015년 2월, 두 번째 시험이 남아프리카에서 시작되었다.

비록 백신이 효과적인 것으로 간주되기 위해 필요한 것보다 훨씬 낮은 비율이지만, 대부분의 과학자는 AIDS 백신이 개발될 수 있고, 개발될 것이라는 많은 이유가 있어 낙관적이다. RV144 결과와 원숭이에게 백신을 접종하는 데 성공한 다른 사례들은 연구가 결과를 내기 시작했음을 시사한다. 그러나 낙관하고 있는 가장 설득력 있는 이유는 인체가 감염을 억제할 수 있는 능력이 있다는 것이다. 면역체계는 HIV의 수치를 효과적으로 낮추며, 미국에서 HIV에 감염된 사람 중 60%는 AIDS 발병을 평균 10년 정도 늦출 수 있다. 연구에 따르면 일부 사람들이 바이러스에 반복적으로 노출되었어도 HIV에 감염되지 않는 것이 관찰되었으며, 일부 HIV 감염자는 15년 이상 건강한 면역체계를 유지하는 것으로 나타났다. HIV 감염과 싸우는 사람의 능력에 대한 이야기는 과학자들로 하여금 신체가 HIV 감염과 싸우는 데 도움이 되는 방법이 있다는 희망을 갖게 한다. 대부분의 과학자는 장애와 실패에도 불구하고 AIDS 백신이 미래에 가능하다는 데 동의한다.

생각해 볼 문제

1. HIV/AIDS 백신이 일부 사람들에게 안전하다는 오해를 불러일으킬 수 있는 이유는 무엇인가?
2. 백신 개발을 방해하는 문화적 요인은 무엇인가?

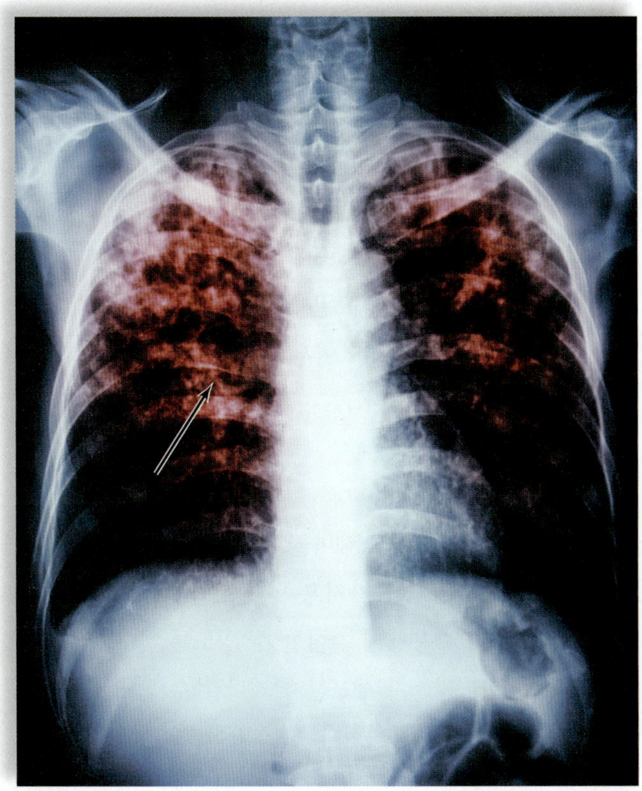

그림 7.11 **결핵에 감염된 폐의 X선.**
결핵은 폐에서 결절을 일으킨다. 활동성 상태에서 이러한 결절은 액화되어 X선 상에서 구멍(여기서 빨간색으로 표시됨)을 관찰할 수 있다.
Stockdevil/Getty Images

생활 속의 생물학

결핵 피부 검사를 하면 결핵에 노출되는가?

결핵 피부 검사에서는 결핵균에 노출시키지 않는다. 대신 실험실에서 소량으로 정제된 단백질 파생물(PPD)을 세균으로부터 얻는다. 피하에 주입된 PPD는 면역체계에서 항원 역할을 한다. 이전에 결핵에 노출된 적이 있는 경우, PPD 항원에 대한 항체 매개 반응(부풀어 오름 및 경직)을 유발한다. 병력을 잘 아는 의료 전문가는 노출을 평가하기 위해 반응 정도를 측정한다. PPD는 세균에서 파생되었기 때문에 질병을 유발할 수 없다.

치료 및 예방

항생제 내성 균주의 재출현으로 인해 12~24개월 동안 여러 가지 항결핵제를 동시에 투여했다. 가장 흔한 약물은 이소니아지드(INH), 리팜핀(RIF), 에탐부톨 및 피라진아미드이다. 세균은 동시에 여러 약물에 대해 내성을 갖게 될 가능성이 낮지만, 결핵은 여러 약물에 내성을 가지는 몇 가지 종류가 있다. 예를 들면 이소니아지드와 리팜핀 모두에 내성이 있는 다제 내성결핵(MDR TB), 이소니아지드와 리팜핀 및 추가 항생제에 내성이 있는 드문 형태의 결핵인 광범위 내성결핵(XDR TB)이 있다. 체내 결핵균을 모두 죽이는 데는 최소 6개월이 걸리며 약물 치료 기간이 길다.

공중보건 관계자는 활동성 결핵의 모든 사례를 식별하고 치료함으로써 결핵 확산 방지를 위해 노력한다. 활동성 결핵 환자는 전염을 방지하기 위해 약물 치료 시작 후 최소 2주 동안 격리된다. 그 후 약물 순응도 및 증상의 재발을 모니터링한다. 활동성 결핵에 노출된 사람은 누구나 치료받는다.

말라리아

말라리아는 보이지 않는 팬데믹이라 불린다. 대부분의 서양인은 말라리아를 건강의 위협 요인으로 주요하게 생각하지 않지만, 2020년에는 2억 2,000만 건 이상의 사례가 발생하였고, 약 40만 9,000건의 사망 사례가 있었으며, 사망자는 주로 아프리카 사하라 이남지역에서 발생했다. 말라리아의 지리적 분포 핵심은 온도와 강수량에 의존하여 열대지방에서 생존하기 쉬운 모기를 매개체로 한 질병의 전파이다. **매개체**(vector)는 곤충이나 동물 같은 생물로, 한 숙주에서 다른 숙주로 병원체를 옮기는 역할을 한다.

감염 요인과 전파

말라리아를 일으키는 기생충은 *Plasmodium* 속에 속한다. 이들은 원생생물이다. 사람을 감염시키는 네 종류의 기생충은 *P. malariae*, *P. falciparum*, *P. vivax*, *P. ovale*이다. 그중 *P. falciparum*은 다른 종보다 더 많은 질병과 사망을 일으킨다. 이 기생충은 암컷 *Anopheles gambiae* 모기에 의해 전파된다. 생활사의 절반은 사람에서 발생하고 나머지 반은 모기에서 발생한다. 암컷 모기가 사람의 피를 빨아먹으면서 항응고제를 함유한 타액과 함께 기생충을 주입한다. 주입된 기생충은 간으로 이동하여 무성생식을 한다. 이후 간에서 방출되어 더 많은 간세포와 적혈구를 감염시킨다. 적혈구 내부에서 *Plasmodium*은 더 커지고 분열하여 적혈구를 파열시킨다. 이 적혈구 단계는 48~72시간을 주기로 반복된다. 일부 기생충은 적혈구 내에서 기생하는 동안 숙주세포를 파괴하지 않는다. 대신, 감염된 세포 내에서 성 형태로 발달한다. 다른 모기가 이 혈액을 섭취하면, 이 기생충들은 모기의 위장 안에서 수컷과 암컷 생식세포로 발달한다. 생식세포는 융합하여 유사분열을 겪고, 모기의 침샘으로 이동하여 감염 주기를 이어간다.

질병

말라리아에 걸릴 위험이 높은 사람은 기생충에 대한 면역이 거의 없거나 전혀 없는 사람들이다. 어린이, 임산부, 여행자는 이 병에 쉽게 감염된다. 말라리아 진단은 혈액 속 기생충의 존재 여부로 결정된다. 물린 시점부터 증상이 나타나기까지 잠복기는 7일에서 30일까지 다양하다. 말라리아 감염의 증상 또한 경미한 것부터 치명적인 것까지 다양하다. 감염된 대다수 사람들은 독감과 유사하게 춥고 열이 나며 간헐적으로 땀이 나는 증상을 보인다. 이러한 증상은 체내 적혈구가 파열되는 48~72시간마다 주기적인 패턴을 보인다. 경미한 증상의 경우 인플루엔자나 감기와 혼동되어 치료가 지연될 수 있다. 더 심한 경우에는 (적혈구 파괴로 인한) 심각한 빈혈, 뇌 말라리아, 급성신부전, 심혈관 붕괴, 쇼크 및 사망을 초래할 수 있다.

치료와 예방

말라리아는 진단 후 정확하고 빠르게 치료하면 완치 가능한 질병이다. 말라리아 증상이 나타나면 24시간 이내에 치료를 받아야 한다. 대표적인 말라리아 치료제로 퀴닌과 알테수네이트가 있다. 치료는 증상을 줄이고 질병의 전파 패턴을 차단하는 데 도움이 된다. 말라리아 치료제는 예방을 목적으로 감염 전에 사용할 수도 있다. 하지만 모기에 물린 후 초기 감염을 예방하지는 않는다. 대신 혈액 속 기생충의 성장을 예방한다.

보건 기관들은 매개체 제어를 통해 감염 예방에 노력하고 있다. 그 전략 중에는 모기의 번식지를 제거하고, 대규모로 살충제를 분사하여 모기를 제거하는 것이 있다. 추가적으로 모기장을 사용해 사람이 모기에 물리는 것을 방지하도록 노력한다. 어린이를 위해 살충제가 처리된 모기장을 사용하여 말라리아 발병률을 감소시켰다.

약물 저항성 *Plasmodium*과 살충제 저항성 *Anopheles*는 심각한 문제가 되고 있다. *P. falciparum*과 *P. vivax*는 말라리아 치료제에 내성이 있는 변종이 생겼다. 따라서 말라리아 백신을 개발하려는 노력이 계속되고 있다.

인플루엔자

인플루엔자의 일반적인 이름은 독감이며, 매년 미국인의 5~20%에게 영향을 미치고 연간 약 3만 6,000명의 사망자를 내고 있다. 인플루엔자는 콧물, 기침, 오한, 열, 두통과 몸살, 구토를 유발하는 바이러스 감염이다. 인플루엔자에 걸린 사람이 기침이나 재채기로 공기 중에 분사한 바이러스에 노출되거나, 문 손잡이나 침대와 같은 오염된 물건과 접촉함으로써 인플루엔자에 걸릴 수 있다. 이후 이 바이러스는 호흡기관 세포에 부착되어 감염시킨다.

인플루엔자 바이러스

인플루엔자 바이러스는 H(헤마글루티닌) 스파이크와 N(뉴라미니다아제) 스파이크를 가지고 있다(**그림 7.12a**). H 스파이크는 바이러스가 수용체에 결합할 수 있도록 하고, N 스파이크는 성숙한 바이러스가 세포를 빠져나갈 수 있도록 하는 방식으로 숙주세포막을 공격한다. H 스파이크와 N 스파이크 모두 모양이 다양하다. 현재 17개 유형의 H 스파이크와 10개 유형의 N 스파이크가 알려져 있다. 또한 각 유형의 스파이크는 하위유형이라는 다양한 변종이 생길 수 있다. 많은 인플루엔자 바이러스는 스파이크 유형에 따라 특정 코드가 할당된다. 예를 들어 H5N1 바이러스는 H5 스파이크와 N1 스파이크에서 이름이 지어졌다. 우리의 면역체계는 과거에 감염이나 예방접종으로 노출되었던 특정한 유형의 H 스파이크와 N 스파이크만 인식할 수 있다. 따라서 새로운 인플루엔자 바이러스가 발생하면, 사람의 면역력이 거의 없거나 전혀 없기 때문에 인플루엔자 팬데믹(세계적 발발)이 발생할 수 있다.

미래에 가능한 조류 독감 팬데믹

현재 인플루엔자 바이러스의 H5N1 하위유형은 팬데믹 수준에 이를 가능성 때문에 큰 관심을 받고 있다. H5N1은 물새와 같은 야생 조류에서 흔하게 발견되며, 닭과 같은 가금류를 쉽게 감염시킬 수 있기 때문에 조류 인플루엔자 또는 조류 독감이라고 한다. H5N1 바이러스는 한동안 물새에 감염되어 심각한 질병을 일으키지 않았다. 약 10년 전에 중국에서 H5N1보다 더 병원성이 강한 버전이 나타났으며, 즉시 국내의 닭에 널리 퍼져 심각한 질병을 일으키기 시작했다. 과학자들은 H5N1 바이러스가 처음에는 닭에 감염되고 이후 사람에게 치

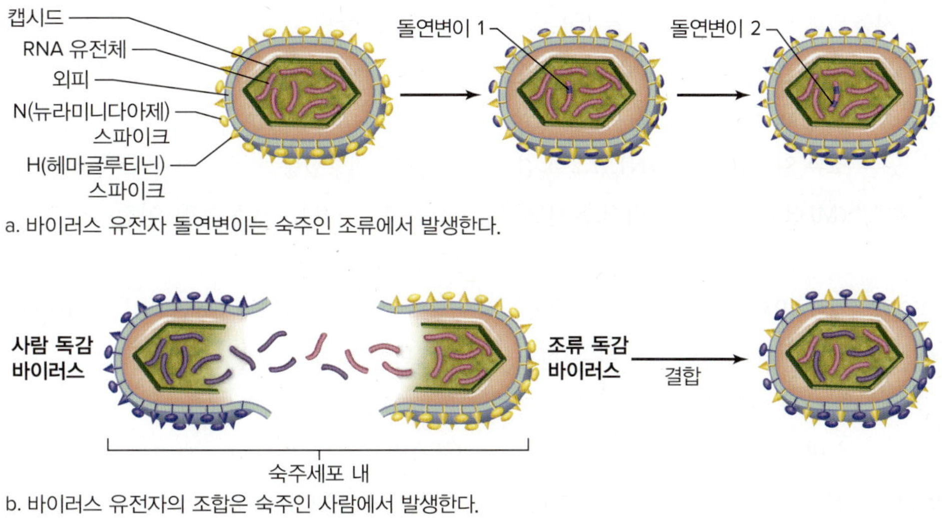

그림 7.12 조류 독감 바이러스.
a. 조류 독감 바이러스 스파이크의 유전자 돌연변이는 바이러스가 사람의 상기도에 감염되게 할 수 있다. **b.** 또는 조류 독감 스파이크와 사람의 독감 스파이크가 결합해서 사람의 상기도를 감염시킬 수 있다.

명적이게 된 이유를 밝히기 위해 여전히 노력하고 있다.

조류 독감 H5N1이 사람에게 감염되는 이유는 무엇인가? 바이러스는 조류 독감 수용체와 사람 독감 수용체 모두에 결합할 수 있기 때문이다. 이러한 경우가 발생하려면 가금류와 사람 사이에 밀접한 접촉이 필요하다. 현재까지 이 바이러스는 한 사람에서 다른 사람으로 전파된 적은 없으며, 가족 구성원과 같이 서로 밀접하게 접촉하는 사람들 사이에서만 전파되었다. H5N1 바이러스의 추가적인 돌연변이가 발생하면 지속적으로 사람들 사이에서 전파가 될 우려가 있으며, 이로 인해 전 세계로 퍼질 수 있다.

H5N1 바이러스가 사람 사이에서 어떻게 더 잘 전파되는가? 현재 조류 독감 H5N1은 대부분 폐를 감염시킨다. 대부분의 사람 독감 바이러스는 상기도, 기관, 기관지를 감염시키며 기침으로 전파될 수 있다. 만약 H5N1의 H 스파이크에서 자발적인 돌연변이가 발생해 상기도를 공격한다면, 기침과 재채기를 통해 사람 사이에 쉽게 퍼질 수 있다. 다른 가능성은 조류 독감 바이러스와 사람 독감 바이러스 모두 감염된 사람에서 스파이크 결합이 발생할 수 있다는 것이다(그림 7.12b). 미국 질병통제예방센터(CDC)에 따르면 지난 10년간 아시아, 태평양 지역, 아프리카 및 유럽에서 H5N1 바이러스에 감염된 사람의 수가 증가하고 있다. 이들 중 절반 이상이 사망했다. 좋은 소식은 FDA가 18~64세 사이의 개인을 위한 H5N1 백신을 승인했다는 것이다. 바이러스의 추가적인 돌연변이가 전반적인 효과를 감소시킬 수 있지만, 이 백신은 이러한 인플루엔자 형태에 대한 충분한 보호 기반을 제공할 것이라 여겨진다.

진도 점검하기 7.2

1. 발발, 유행병, 팬데믹의 차이점을 설명하고, 각각의 예를 드시오.
2. HIV의 복제 주기를 요약하고, 이 바이러스가 감염시키는 세포 유형을 나열하시오.
3. 말라리아의 생활사에서 모기의 역할을 설명하시오.
4. H5N1과 같은 인플루엔자 바이러스에서 어떻게 변이가 발생하는지 설명하시오.

개념 연결하기

이 절의 주제에 대한 자세한 내용은 다음 논의를 참고하시오.

5.2절 신체에서 적혈구의 역할을 살펴본다.
7.1절 일반적인 바이러스의 구조를 살펴본다.
9.3절 폐의 구조를 살펴본다.

7.3 신종감염병과 COVID-19

학습 목표

이 절을 학습한 후 다음 사항을 할 수 있어야 한다.

1. 신종감염병이라는 용어를 정의할 수 있다.
2. 신종감염병의 몇 가지 예시를 설명할 수 있다.

감염병이 사람들에게서 처음으로 발생하거나 발생률 또는 발생빈도가 급격하게 증가하는 경우, 지리적으로 새로운 영역에 진입한 경우 **신종감염병**(emerging disease)으로 분류될 수 있다. 그림 7.13에서 볼 수 있는 조류 인플루엔자(H5N1, 7.2절 참고), 돼지독감(H1N1), 메르스(MERS), 지카 바이러스, SARS-CoV-2가 그 예다.

미국알레르기감염병연구소(NIAID)는 신종감염병과 그럴 가능성이 있는 병원체 목록을 관리한다. 또한 재발하는 질병 또는 발생률이 크게 감소한 후 다시 나타난 감염병에 대한 기록을 유지한다. 패혈성 인두염 및 기타 감염을 유발하는 세균인 연쇄상구균(*Streptococcus*)은 항생제에 대한 내성 증가로 재출현한 병원체이다. 마지막으로, 인류 역사를 통해 알려진 질병 중에는 감염원에 의해 발생한다는 것을 알지 못했거나, 병원체가 밝혀지지 않은 것이 있다.

신종감염병은 어디서 생기는 걸까? 이러한 질병 중 일부는 질병의 매개체 역할을 하는 동물이나 곤충집단에 대한 새로운 노출 또는 증가된 노출로 인해 발생할 수 있다. 사람의 행동과 기술사용의 변화도 새로운 질병을 초래할 수 있다.

NIAID, WHO, CDC는 재발하는 질병도 모니터링한다. 과거에 통제가 되었다고 생각했지만 재발하는 질병이 있다. 이 범주의 질병에는 원래 지역에서 확산하는 것으로 알려진 질병과 발병률이 갑자기 증가한 질병이 포함된다. 지구온난화로 인해 곤충매개체의 서식지가 확장되어 지역적인 이동이 발생할 수 있다. 재발하는 질병은 항생제 남용이나 제대로 시행되지 않는 예방접종 프로그램과 같은 사람의 부주의로 인해 발생할 수도 있다. 이를 통해 이전에 통제되었던 질병이 재발할 수 있다.

이 절에서는 SARS-CoV-2 신종 바이러스와 COVID-19의 팬데믹에 초점을 맞출 것이다.

COVID-19

호흡기 질환 COVID-19(9.7절 참고)와 관련된 바이러스인 SARS-CoV-2는 코로나바이러스의 예다. 코로나바이러스는 바이러스 표면에서 나오는 독특한 왕관 모양의 스파이크로 인해 그 이름이 붙었다. 이 바이러스는 박쥐, 낙타, 새, 가축, 사람과 같은 동물 종을 감염시킬 수 있는 비교적 흔한 동물 바이러스(인수공통감염 바이러스)이다. 경우에 따라 가축(닭, 돼지, 소)에게 호흡기 및 장 질환을 유발하며, SARS/MERS 계열 바이러스의 경우 사람에게도 감염된다.

코로나바이러스가 사람에게 감염된 사례는 1950년대에 처음 기록되었으며, 일반적으로 가벼운 감기 증상과 관련이 있었다. 2002년 중국에서 사람에게 더 심각한 형태의 코로나바

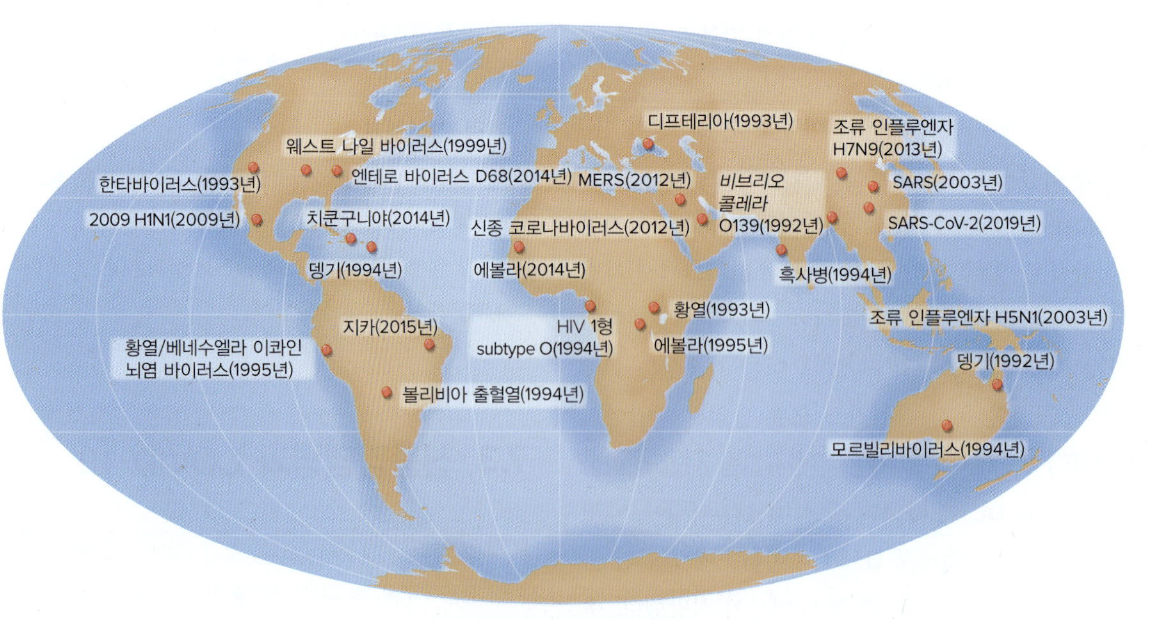

그림 7.13 신종감염병.
이러한 질병은 사람에게 새로운 것이거나, 발병률이 증가한 것으로 인해 신종감염병으로 알려져 있다.

오늘날의 생물학 ▶ 과학

SARS-CoV-2의 생물학

코로나바이러스는 동물에서 발견되는 단일가닥 RNA 바이러스의 한 예다. 대부분의 RNA 바이러스보다 상당히 크며, 에볼라 바이러스나 인플루엔자와 같은 단일가닥 RNA 바이러스들과 마찬가지로 높은 돌연변이율을 갖고 있다.

코로나바이러스는 숙주세포의 세포막으로 만들어진 외피를 갖고 있다. 이 외피는 비누와 알코올 기반 소독제의 작용으로 파괴될 수 있다. 외피 안에는 일련의 당단백질이 '왕관' 모양으로 되어 있다(그림 7B). 이는 다음과 같다.

- S 단백질: 스파이크 단백질은 바이러스가 숙주세포의 특정 수용체에 부착하는 역할을 한다.
- M 단백질: 막 단백질은 바이러스 조립에 관여한다.
- E 단백질: 외피 단백질은 바이러스 조립과 함께 숙주세포에서 바이러스 방출에도 관여한다.

코로나바이러스 내부에서 단일가닥 RNA 유전물질은 나선형 단백질 구조인 뉴클레오캡시드(캡시드라고도 함)에 둘러싸여 있다. SARS-CoV의 유전체는 약 20개의 유전자를 포함하며, 그중 3개는 S, M, E 단백질을 암호화하고 있고, 1개는 뉴클레오캡시드를 위한 N 단백질을 암호화한다. 이와 비교하여 세균은 평균적으로 2,700개 이하의 유전자를 가지고 있으며 사람은 약 1만 9,000개의 유전자를 갖고 있다.

SARS-CoV-2 바이러스는 새롭게 등장한 바이러스지만, 연구자들은 다른 코로나바이러스에 대한 지식을 바탕으로 생활사 일부를 파악하기 시작했다. 이 생활사는 그림 7C에 나와 있다.

코로나바이러스는 단일가닥 RNA로 구성되어 있기 때문에 유전정보는 4개의 구조 단백질로 번역될 수 있다(유전자 발현에 대한 검토는 21.3절 참고). N 단백질을 제외한 다른 구조 단백질들은 거친면 소포체와 골지체로 보내져 새로운 바이러스를 조립하는 데 도움을 주며, 바이러스를 둘러싸는 외피의 일부가 된다. N 단백질은 복제된 새로운 RNA 물질을 둘러싸는 뉴클레오캡시드를 조립하는 데 사용된다.

최근 연구자들은 SARS-CoV-2의 또 다른 독특한 측면을 발견했다. 다른 바이러스들은 세포에서 방출될 때 골지체 속의 소포 안에 들어가지만, SARS-CoV-2는 일반적으로 유기분자의 분해 또는 소화와 관련된 리소좀 내부에 들어간다. 이 차이의 이유는 아직 조사 중이다.

생각해 볼 문제

1. 바이러스의 구조와 생활사에 대한 이해가 연구자들이 백신과 같은 치료 및 예방 방법을 연구하는 데 어떻게 도움이 되는가?
2. SARS-CoV-2의 생활사는 다른 바이러스와 어떻게 다른가? (7.1절 참고)

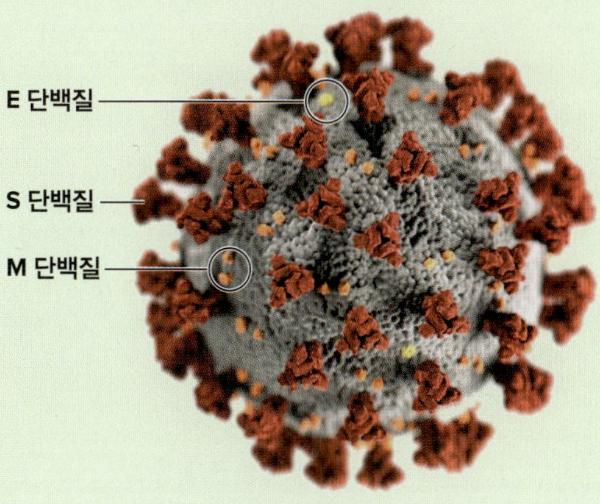

그림 7B SARS-CoV-2 바이러스.
다양한 형태의 당단백질을 보여주는 코로나바이러스 표면.
Alissa Eckert, MS; Dan Higgins, MAMS/CDC

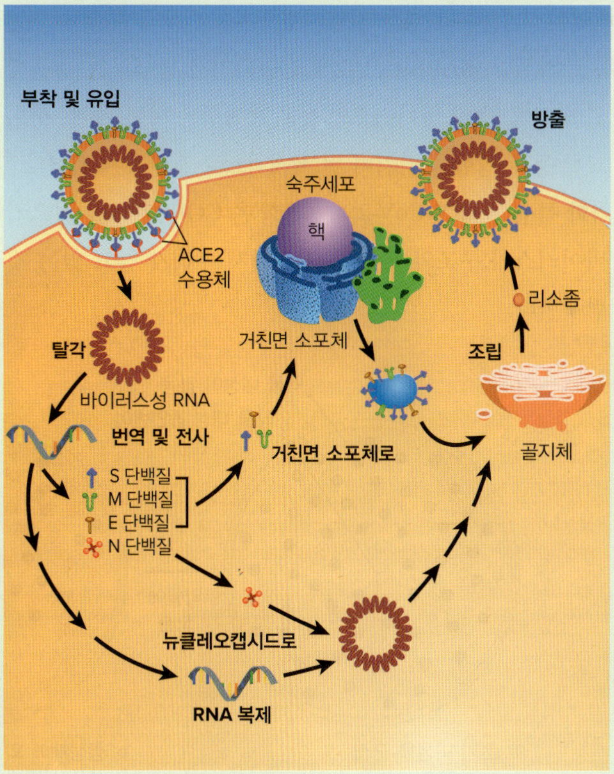

그림 7C SARS-CoV-2의 생활사.
SARS-CoV-2 바이러스는 숙주세포의 세포기계를 사용하여 단백질과 유전물질을 복제한다.

이러스인 SARS-CoV가 나타났다. 박쥐나 사향고양이에서 시작해 사람에게 전염된 것으로 알려진 SARS-CoV는 2003년 초에 전 세계적으로 발발했다. 이로 인해 전 세계적으로 8,000건이 넘는 확진 사례가 발생했으며, 사망자 수는 774명으로 약 10%의 치사율을 보였다. 2004년 이후로는 SARS-CoV가 사람에게 감염된 사례는 보고되지 않았다.

사람에게 감염되는 다른 형태의 코로나바이러스인 MERS-CoV는 2012년 요르단에서 처음 발견되었다. MERS-CoV에 감염된 대부분의 사례는 아라비아반도 국가에서 발생했으며, 감염 지역에서의 여행과 관련이 있었다. 이 바이러스는 박쥐에서 시작된 것으로 여겨지며, 낙타로 전파되어 낙타와 함께 생활하거나 일하는 사람이 감염되었다. 2019년 말까지 약 2,500건의 MERS-CoV 확진 사례가 확인되었으며, 그 결과 858명이 사망하여 34.4%의 치사율을 보였다.

2019년 12월 말, 중국 우한에서 신종 코로나바이러스가 나타났다. 처음에는 2019-nCoV 또는 Novel Coronavirus 2019로 불렸으며, 이후 SARS-CoV-2로 이름이 바뀐 이 바이러스는 호흡기 질환인 COVID-19를 유발한다. 이 질병은 빠르게 팬데믹이 되어 수억 명을 감염시켰으며, 그 결과 사망자 수는 계속 증가했다. SARS-CoV-2에 감염되면서 발생하는 생물학적 위험 외에도, 이 바이러스의 높은 전염성은 여행, 경제, 사회적 교류 등에 영향을 미치며 전 세계적으로 혼란을 야기했다.

과학 특집 'SARS-CoV-2의 생물학'은 COVID-19를 일으키는 바이러스의 구조와 복제에 대해 현재 우리가 알고 있는 것을 탐구한다.

진도 점검하기 7.3

1. 신종감염병과 재출현하는 질병을 구별하시오.
2. 신종감염병이 어떻게 발생하는지 설명하시오.
3. 신종감염병과 재출현하는 질병의 위험을 줄이기 위해 무엇을 할 수 있는지 설명하시오.

7.4 항생제 내성

학습 목표

이 절을 학습한 후 다음 사항을 할 수 있어야 한다.

1. 병원체가 항생제 내성을 갖게 되는 과정을 요약할 수 있다.
2. 항생제 내성의 중요성을 설명할 수 있다.

항생제 내성(antibiotic resistance)의 출현으로 인해 일부 잘 알려진 병원체는 치료가 점점 더 어려워지고 있다. 1943년에 페니실린이 처음 도입된 후 4년 만에 세균은 페니실린에 내성을 갖기 시작했다. 항생제를 사용한다고 해서 사람이 약물에 내성을 갖지는 않는다. 대신 병원체들이 약물에 내성을 갖게 된다. 일부 미생물은 자연적으로 약물에 내성을 갖고 있다(그림 7.14). 이들은 돌연변이나 다른 미생물과의 상호작용을 통해 저항성을 획득했다. 약물치료는 약물에 취약한 개체를 죽이지만, 자연적으로 내성을 가진 개체는 살아남아 환자의 체내에서 증식하게 된다. 이러한 새로운 집단은 이제 약물에 내성을 갖게 된다.

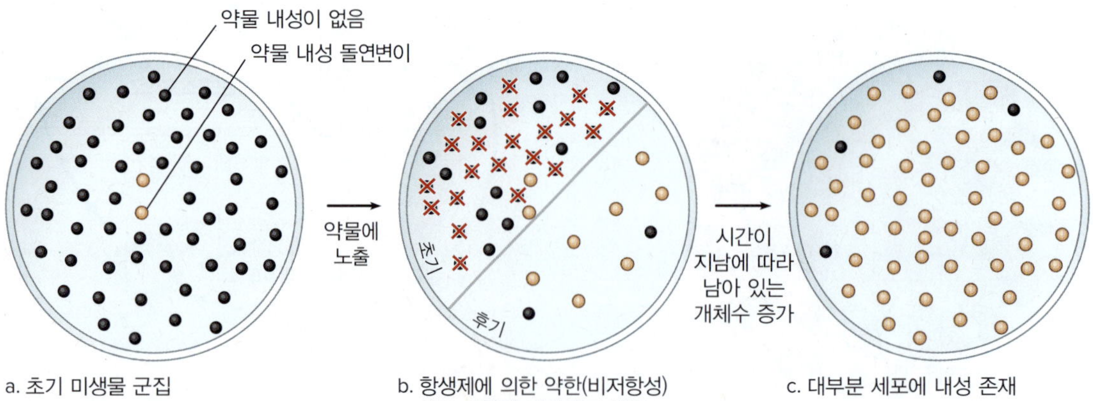

그림 7.14 항생제 내성의 발달.
a. 미생물 군집에서 무작위 돌연변이는 약물 내성을 가진 세포를 만들 수 있다. **b.** 약물을 처리하면 내성이 없는 모든 미생물은 죽게 되며, 더 강하고 내성이 있는 세포만 살아남는다. **c.** 새로운 미생물 군집은 대부분 항생제에 내성을 갖는다.

결핵, 말라리아, 임질, 황색포도알균, 장내구균(또는 D군 연쇄상구균)은 항생제 내성과 연관된 질병과 미생물이다. 불행하게도 점점 더 많은 미생물이 다제내성이 되고 있어 의료시설에서 미생물 감염을 치료할 수 있는 선택지가 적어지고 있다.

이 문제에 대해 어떤 조치를 취하고 있는가? 미국질병통제예방센터(CDC), 미국식품의약국(FDA), 미국농무부(USDA)는 항생제 내성 미생물을 모니터링하기 위해 협력 조직을 구성했다. 제약회사들은 새로운 종류의 항생제를 적극적으로 개발하고 있다. 하지만 새로운 종류의 약물을 개발하는 것은 비용이 많이 들고 승인을 받는 데 몇 년이 걸릴 수 있다. 항생제 내성에 대한 가장 좋은 방법은 다음과 같이 항생제를 현명하게 사용하여 예방하는 것이다.

- 처방된 모든 항생제를 복용하시오. 증상이 호전되어도 복용을 건너뛰거나 중단하지 마시오.
- 의사가 모든 감염증에 항생제를 처방할 것이라 기대하지 마시오. 예를 들어 항생제는 감기와 같은 바이러스성 감염증에는 효과가 없다.
- 사용하지 않은 항생제를 보관하거나 다른 감염증에 대해 처방된 항생제를 복용하지 마시오.

항생제 내성은 심각한 건강 문제다. 미국에서는 매년 최소 280만 명이 항생제 내성균에 감염되며, 이로 인해 연간 약 3만 5,000명의 사망자가 발생한다.

다제내성 미생물

항생제 내성의 가장 심각한 위협은 **다제내성 미생물**(multi-drug-resistant organism, MDRO)의 진화이다. 이러한 미생물들은 일반적으로 다양한 종류의 항생제에 내성이 있어 치료가 어렵고, 치료할 수 없어지기도 한다.

광범위 내성결핵

광범위 내성결핵(XDR TB)은 광범위한 약물 내성 결핵을 말한다. 이것은 결핵치료에 사용되는 대부분의 약물에 내성이 있다. 여기에는 1차 항생제(오래되고 더 저렴한 약물)와 2차 항생제(최신의 더 비싼 약물)가 모두 포함된다. 따라서 치료 옵션이 매우 제한적이다. 다행히도 이 경우는 아직 상대적으로 드물다. 1993년부터 2011년까지 미국에서는 단 63건의 사례가 있었다. 다제내성결핵(MDR TB)이 일반적으로 더 흔하다. 이 미생물은 1차 항생제에 내성이 있다. 동유럽과 동남아시아 지역에서 다제내성결핵의 발생률이 가장 높다.

메티실린 저항성 황색포도알균

메티실린 저항성 황색포도알균(Methicillin-resistant *Staphylococcus aureus*, MRSA)은 또 다른 항생제 내성 세균이다(그림 7.15). 이 세균은 메티실린과 유사한 페니실린, 아목시실린과 같은 항생제에 내성을 보인다. 이 세균은 종기나 모낭 감염과 같은 '포도상구균' 감염을 일으킨다. 1974년에는 메티실린 저항성 황색포도알균 감염이 전체 포도상구균 감염의 2%에 불과했지만, 2004년에는 63%로 상승했다. 이에 대한 대응으로 CDC는 메티실린 저항성 황색포도알균 예방을 위해 의료 종사자들에게 적극적인 교육 캠페인을 실시했다. 이 프로그램은 매우 성공적이었으며, 2005년부터 2008년까지 병원에서 메티실린 저항성 황색포도알균 감염 수가 28% 감소했다.

메티실린 저항성 황색포도알균은 장비를 공유하는 운동선수에게 특히 흔하다. 또한 환자들의 면역력이 약해진 요양원과 병원에서도 흔하게 나타난다. 이 균에 감염된 환자들은 일반적으로 입원 기간이 더 길며 예후가 좋지 않다. 이 균은 치명적일 수 있으며, 일반적으로 증상이 없는 보균자와의 손 접촉을 통해 환자에게 전달되므로 손 씻기가 예방에 중요하다.

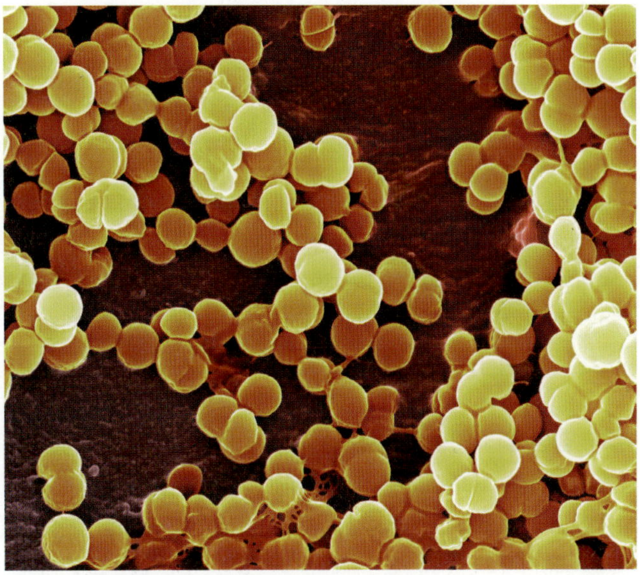

8,700×

그림 7.15 메티실린 저항성 황색포도알균.
Paul Gunning/Science Photo Library/Getty Images

진도 점검하기 7.4

1. 세균이 항생제 내성을 갖게 되는 과정을 설명하시오.
2. 항생제를 복용하는 올바른 절차를 설명하시오.
3. MDRO가 무엇을 의미하는지 예를 들어 설명하시오.

결론

이 장에서 사람에게 질병을 일으키는 일부 병원성 바이러스와 세균을 알아보았다. 대부분의 세균과 바이러스가 사람에게 문제를 일으키지 않는다는 점에 유의해야 한다. 하지만 SARS-CoV-2와 COVID-19, 그리고 이 장에서 설명한 다른 바이러스와 세균에서 배운 것처럼 일부는 인간 사회에 큰 영향을 줄 가능성이 있다.

요약

7.1 세균과 바이러스

미생물은 유익한 서비스를 제공하지만 질병을 일으키기도 한다. 질병을 일으키는 미생물들을 총칭하여 **병원체**(pathogen)라고 한다.

세균

- **세균**(bacteria)은 세포막, 독특한 다당류를 포함하는 **세포벽**(cell wall), 세포질로 구성된 원핵세포다. 일부 세균은 세포벽 주위에 젤 같은 **피막**(capsule)을 가지고 있다. 일부 세균은 표면에 부착하기 위한 **핌브리아**(fimbriae), 움직임을 위한 **편모**(flagella), 세포 간 DNA 전달을 위한 **선모**(pilus)를 가지고 있다. 세포 내부의 **플라스미드**(plasmid)에는 때때로 항생제에 대한 저항성을 부여하는 유전자가 있다.
- 세균은 숙주 내에서 번식하고 **독소**(toxin)를 생산하여 질병을 일으킬 수 있다.

바이러스와 프리온

- **바이러스**(virus)는 단백질 외피(캡시드)와 핵산으로 이루어진 세포 내 기생체로, 숙주의 기계를 이용해 복제한다.
- **프리온**(prion)은 세포를 감염시키는 잘못 접힌 단백질이다. 크로이츠펠트-야콥병(Creutzfeldt-Jakob disease, CJD)은 사람의 프리온 질병이다.

7.2 감염병과 인간의 건강

감염병(infectious disease)이 특정 지역에서 평균 이상의 사례가 발생하면 **유행병**(epidemic)으로 분류된다. 지역적 유행병을 흔히 **발발**(outbreak)이라고 하며, 전 세계적으로 병이 유행하면 **팬데믹**(pandemic)이라고 한다.

HIV/AIDS

- **AIDS**(acquired immunodeficiency syndrome, 후천성면역결핍증)은 **HIV**(human immunodeficiency virus, 인간면역결핍바이러스)가 원인이다. HIV는 면역계통의 세포를 감염시켜 **기회감염**(opportunistic infection)을 일으킬 수 있다.
- HIV 감염 단계는 혈액 내 CD4 T세포의 수와 개인의 건강 상태에 따라 결정된다.
- HIV는 레트로바이러스의 한 예다. 이 바이러스는 유전물질로 RNA를 포함한다. 역전사효소, 통합효소, 단백질분해효소는 바이러스가 숙주세포 내에서 복제하는 것을 도와준다. HIV의 유전정보가 숙주세포의 염색체에 통합되면 이를 **프로바이러스**(provirus)라고 한다.
- HIV의 생활사는 부착, 융합, 유입, 역전사, 통합, 생합성 및 절단, 조립, 출아를 포함한 일련의 단계로 구성된다.

결핵

- 결핵(tuberculosis, TB)은 결핵균(*Mycobacterium tuberculosis*)에 의해 발생한다. 이 세균은 공기로 퍼져 폐를 감염시켜 호흡계통에 문제를 일으킨다. 이 질병은 체중 감소를 포함한 증상으로 인해 소모병이라고 불렸다.

말라리아

- 말라리아는 순환계통의 질병이다. 이 질병은 일부 모기 종이 운반하는 *Plasmodium* 원생동물에 의한 적혈구 감염으로 인해 발생한다.

인플루엔자

- 인플루엔자는 호흡기 세포를 감염시키는 바이러스로 인해 발생하는 질병으로, 일반적으로 독감이라 한다.

- 인플루엔자 바이러스는 세포 표면의 단백질 스파이크 유형에 따라 명명된다. H5N1이라고 하는 조류 독감이 그 예다.

7.3 신종감염병과 COVID-19

- 신종감염병은 사람들에게 처음으로 발생하는 질병이거나, 발생률(또는 빈도)이 급격하게 증가하거나, 새로운 지역 또는 새로운 종으로 전파되는 질병을 의미한다. 재발하는 질병은 쇠퇴 기간 이후에 재발하는 질병을 의미한다.
- SARS, MERS, 지카, SARS-CoV-2는 신종감염병의 예다.

7.4 항생제 내성

- **항생제 내성**(antibiotic resistance)은 세균이 치료에 사용되는 화학물질에 저항성을 갖게 되는 경우 발생한다.
- **광범위 내성결핵**(XDR TB)과 **메티실린 저항성 황색포도알균**(MRSA)이 대표적인 예다.

개념 심화 학습

비판적 사고 키우기

1. 처방된 항생제를 기간이 끝나기 전에 중단하는 경우 항생제 내성이 발생할 수 있다. 이것이 체내에서 어떻게 항생제 내성균의 증가를 유발하는가? (힌트: 그림 7.14를 예시로 사용하시오.)
2. 항생제는 HIV와 같은 바이러스 감염에 대한 치료에 효과가 없다. 바이러스와 세균의 구조를 비교했을 때, 항생 화학물질이 바이러스가 아닌 세균을 표적으로 할 수 있는 어떤 방법이 있는가?
3. 새로운 항생제는 종종 다른 생물종(식물, 곰팡이, 기타 세균)이 세균 감염에 어떻게 저항하는지 조사함으로써 개발된다. 생물 다양성 보존이 새로운 항생제 개발에 어떻게 중요한 역할을 하는지 설명하시오.

관련성 탐구하기

1. SARS-CoV-2에 대한 경험은 신종 바이러스에 대한 글로벌 모니터링의 중요성에 대해 무엇을 알려주었는가?
2. 매년 인플루엔자 백신을 맞는가? 그 이유는 무엇인가?
3. 집단면역(herd immunity)이라는 용어는 일반적으로 예방접종을 통해 집단 내에서 감염에 면역이 있는 사람의 수가 많은 것을 의미한다. 집단 내에서 취약한 사람들에게 집단면역이 중요한 이유는 무엇인가?

모든 장의 질문에 대한 정답은 *connect.mheducation.com*에서 확인하시오.

CHAPTER

8

소화계통과 영양

©Ricochet Creative Productions, LLC

이 장의 개요

시작하기 전에

이 장을 시작하기 전에 다음 사항을 논의해 보자.

1.4~1.7절 탄수화물, 지질, 단백질, 핵산의 역할은 무엇인가?

2.3절 세포막을 통해 영양소가 이동하는 수동확산과 능동수송의 작용 기전은 무엇인가?

2.6절 효소와 조효소의 역할은 무엇인가?

글루텐과 셀리악병

식료품점을 방문할 때마다 '글루텐 프리'라는 라벨이 붙은 음식들을 흔하게 볼 수 있고, 거의 모든 식당에는 글루텐 프리 메뉴가 있다. 그렇다면 글루텐은 정확히 무엇일까?

대부분의 사람들이 믿는 것과는 달리 글루텐은 탄수화물이 아니다. 대신 그것은 밀, 호밀, 보리에서 흔히 발견되는 단백질의 한 종류이다. 글루텐은 대체로 다른 단백질과 같은 방식으로 소화계통에 의해 처리되는데, 이것은 글루텐이 아미노산으로 분해되어 순환계통으로 흡수된다는 것을 의미한다.

하지만 약 100명 중 1명이 글루텐을 이질적인 병원체로 잘못 인식하며, 그 결과가 소장 내벽의 장애인 셀리악병이다. 자가면역반응의 한 예인 셀리악병에서 글루텐에 대한 신체의 반응은 염증과 장내 상실을 유발한다. 장의 손상은 영양실조와 기타 건강 문제를 야기한다. 따라서 셀리악병이 있는 사람들은 식단에서 글루텐을 제거해야 한다. 흥미롭게도 글루텐이 없는 식단은 셀리악병으로 고통받지 않는 사람들에게 건강상의 이점이 없는 것처럼 보인다.

이 장에서는 영양소와 영양의 기본 원리뿐만 아니라 소화계통의 기능을 알아볼 것이다.

이 장을 학습하면서 다음 질문을 생각해 보자.

1. 탄수화물과 단백질은 어떤 방법으로 소화계통에서 소화되는가?
2. 소장 융모에 손상을 입는다면 그 결과로 어떻게 영양실조가 될 것인가?

8.1 소화의 개요

학습 목표

이 절을 학습한 후 다음 사항을 할 수 있어야 한다.

1. 위장관의 각 기관에 대한 기능을 설명할 수 있다.
2. 부속기관을 나열하고, 각 기관의 기능을 설명할 수 있다.
3. 위장관벽의 구조를 설명할 수 있다.

소화계통(digestive system)의 기관들은 **그림 8.1**에 표시된 것처럼 위장관[gastrointestinal(GI) tract]이라는 관 속에 위치한다.

소화계통의 목적은 식품에 포함된 고분자들을 소단위체로 **가수분해**(hydrolysis)하기 위함이다. 고분자는 1장에서 학습했던 영양분 분자, 즉 탄수화물, 단백질, 지방을 포함한다. 종종 이 분자들은 세포막을 통과하기에는 너무 크다. 소화계통이 이 고분자들을 소단위체 분자로 분해하거나 물을 이용해 분해하여 주로 단당류, 아미노산, 지방산, 글리세롤 등의 소단위체 분자가 되면, 이들은 능동수송이나 단백질을 통한 수동확산을 이용하여 세포막을 통과할 수 있게 된다(2.3절 참고). 우리가 섭취하는 음식물은 수분, 염분, 비타민, 무기질도 함유하고 있어서 신체 기능이 정상적으로 이루어지는 것을 돕는다. 이런 것들이 소화계통에 의해 흡수되고 혈액을 통하여 각 세포로 운반된다.

'당신은 당신이 먹는 것으로 구성되어 있다'는 표현은 섭취

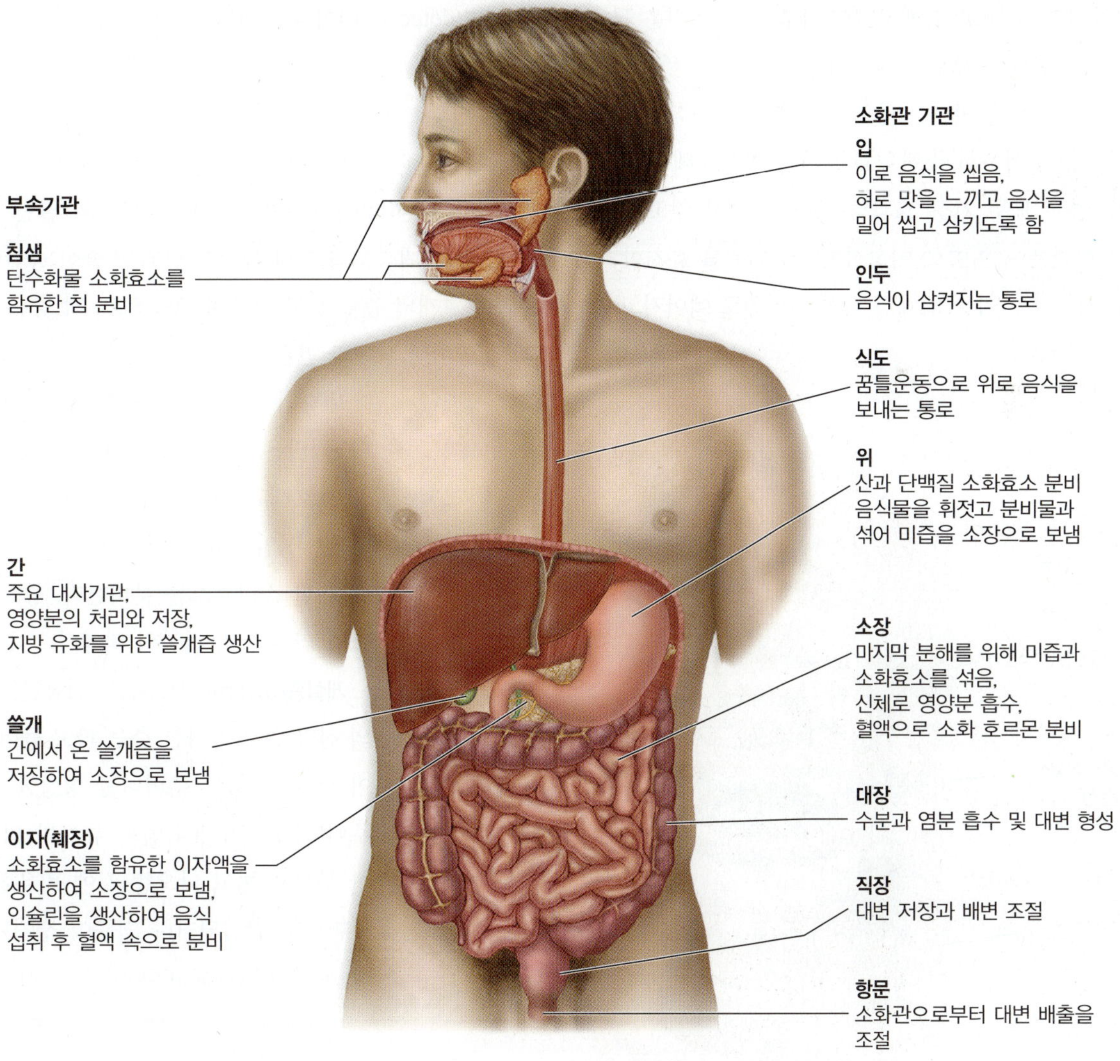

그림 8.1 위장관의 기관과 소화 부속기관.
음식은 입에서 항문까지의 위장관 기관에서 소화된다. 간, 이자, 쓸개 같은 구조는 부속기관이다.

하는 식품이 건강에 매우 중요하다는 것을 시사한다. 좋은 영양분을 섭취하는 습관을 배우고 발전시켜 감으로써 우리는 더욱 활력 있고 생산적인 삶을 오래도록 즐길 수 있다. 안타깝게도 현재 미국에서는 좋지 않은 식이와 활동 부족이 예방 가능한 사망의 주요 원인으로 흡연과 비등하게 여겨지고 있다.

소화의 과정

다음의 과정은 소화와 연관되어 있다.

- **섭취**(ingestion): 입으로 음식물이 들어가는 과정이다.
- **소화**(digestion): 소화는 식품의 큰 단위들을 소화계통 효소들의 작용으로 잘게 부수는 과정을 포함하며, 기계적 소화와 화학적 소화로 구분된다.
  - 기계적 소화는 주로 입에서 씹거나 위의 부드러운 근육성 파도 같은 수축으로 일어난다.
  - 화학적 소화가 일어나는 동안 소화효소는 음식물의 고분자를 흡수 가능한 소단위체 분자로 가수분해한다. 소화효소들은 모두 가장 효과적인 pH 범위를 갖고 있으며, 소화관은 구획별로 이상적인 pH 범위를 유지할 수 있다. 화학적 소화는 입에서 시작하여 위로 이어지고 소장에서 완료된다.
- **이동**(movement): 소화관을 따라 위장관의 내용물이 이동하는 것은 소화관이 그 밖의 기능을 수행하는 데 있어서 매우 중요하다. 예를 들어 음식물은 주로 **꿈틀운동**(peristalsis)이라고 하는 민무늬근육 조직의 수축에 의해 한 기관에서 다음 기관까지 운반되어야 하며, 소화 불가능한 찌꺼기는 밖으로 배출되어야 한다.
- **흡수**(absorption): 흡수는 화학적 소화 과정으로 생산된 소단위체 분자(예: 영양분)가 소화관벽을 통과하여 기관에 있는 세포로 들어가는 것으로 일어난다. 거기서 영양분은 피를 통해 온몸의 세포로 전해진다.
- **배출**(elimination): 배설은 소화될 수 없는 분자들이나 몸 바깥으로 제거되어야 하는 것들을 체내에서 제거하는 과정이다. 소화되지 않는 찌꺼기가 항문을 통해 배출되는 것을 **배변**(defecation)이라고 한다.

위장관벽

위장관은 시작(입)과 끝(항문)이 있는 정원의 호스에 비유할 수 있다. **내강**(lumen)은 빈 기관이나 도관의 열린 곳으로, 위장관 안의 내강은 소화될 음식이 담기는 중심 공간이다. 위장관벽은 4개의 층을 갖고 있으며(그림 8.2), 각 층은 특정 기능과 질병이나 장애와 연관된다.

내강의 안쪽 층은 **점막**(mucosa)이라고 한다. 점막은 소화효소로부터 소화관의 모든 층을 보호해 주는 점액을 분비하는 세포들을 갖고 있다. 입, 위, 소장의 점막샘도 특정 영양분에 대한 소화효소를 분비한다. 중요한 소화효소인 염산은 위 점막의 샘에서 분비된다.

게실증(diverticulosis)은 위장관(주로 대장)의 점막 일부가 다른 층을 파고 들어가 음식물이 모일 수 있는 주머니를 형성한 것이다. 이 주머니는 타이어의 안쪽 튜브가 타이어의 약한 부분을 뚫고 나오는 것에 비유할 수 있다. 주머니가 감염되거나 염증이 생기면 이 상태를 게실염(diverticulitis)이라고 한다.

위장관벽의 두 번째 층은 **점막하층**(submu-

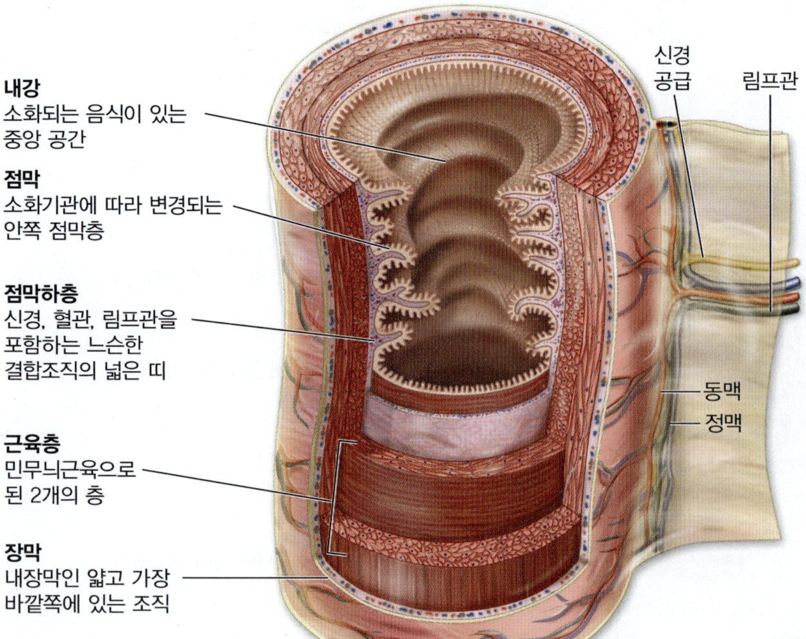

그림 8.2 위장관벽의 각 층.
위장관벽은 내강을 둘러싸는 4개의 층으로 구성된다.

cosa)이다. 점막하층은 혈관, 림프관, 신경을 포함하는 느슨한 결합조직이 넓게 띠를 이루고 있다. 분포된 혈관은 점막에 의해 흡수되는 영양분을 운반한다. 파이어스 패치(Peyer's patch)라고 하는 림프절도 소장의 점막하층에 있다. 편도와 마찬가지로 이들은 질병으로부터 우리 몸을 보호한다. 점막하층은 혈관을 갖고 있어서 **염증성대장질환**(inflammatory bowel disease, IBD)을 유도하는 염증반응(6.2절 참고)이 일어날 수 있다. 만성 설사, 복통, 열, 체중 감소를 일으키는 만성 설사는 염증성대장질환의 징후이다.

세 번째 층은 **근육층**(muscularis)이며 2개 층의 민무늬근육을 갖고 있다. 안쪽의 돌림근육층은 장관을 싸고 있고, 바깥의 세로근육층은 장관과 같은 방향으로 배열된다. 이 근육들의 수축은 신경과 호르몬의 조절을 받으며, 식도로부터 항문에 이르기까지 소화된 음식물을 이동시키는 꿈틀운동과 후속운동이 연계되어 있다. 이 근육층은 **과민성대장증후군**(irritable bowel syndrome, IBS)과 연관되어 있으며 관의 벽이 수축하면 복통, 변비, 설사를 일으킨다. 과민성대장증후군의 근본 원인은 아직 전부 알려지지 않았지만, 이 부분은 신경계통의 조절을 받는 곳이기 때문에 스트레스가 내재된 원인이라는 몇 가지 제안이 있다.

장관의 네 번째 층이면서 가장 바깥층은 윤활물질을 분비하는 **장막**(serosa)이다. 장막은 복막의 일부이며, 배안의 내면을 덮고 있다.

진도 점검하기 8.1

1. 소화계통의 모든 기관과 부속기관을 나열하시오.
2. 소화가 일어나는 과정을 설명하시오.
3. 위장관의 4개 층을 내강에서 바깥쪽 순서로 구별하시오.

개념 연결하기

일부 기관계통은 소화계통과 직접적으로 상호작용한다. 이러한 상호작용에 대한 자세한 내용은 다음 논의를 참고하시오.

4.5절 혈액을 장에서 간으로 이동시키는 간문맥 순환계통을 살펴본다.

6.1절 림프계통의 구조를 살펴본다.

13.4절 신경계통이 위장관의 전반적인 활동 수준을 제어하는 방법을 살펴본다.

8.2 입, 인두, 식도

학습 목표

이 절을 학습한 후 다음 사항을 할 수 있어야 한다.

1. 입, 인두, 식도의 구조와 각 기능을 설명할 수 있다.
2. 삼키기에서 일어나는 일을 설명할 수 있다.
3. 입, 인두, 식도와 연관된 질병과 상태를 요약할 수 있다.

입, 인두, 식도는 위장관의 상단 부분이다.

입

입[mouth, 입안(oral cavity)이라고도 함]은 음식물을 받아들이며 기계적·화학적 소화 과정을 시작한다. 입은 외부적으로 입술 및 볼과 경계를 이루고 있다. 입술은 코의 기저부에서 뻗어 나와 턱의 시작 부위에 이른다. 입술의 붉은 부분은 약하게 케라틴화되어 있으며, 따라서 통과하는 혈액이 비친다.

입천장은 코안과 입안으로 나뉜다. 입천장은 두 부분으로 구성된다. 앞부분은 **단단입천장**(hard palate, 경구개)이고, 뒷부분은 **물렁입천장**(soft palate, 연구개)이다(그림 8.3a). 단단입천장은 몇 개의 뼈를 갖고 있지만, 물렁입천장은 모두 근육으로 이루어져 있다. 물렁입천장은 **목젖**(uvula)이라고 하는 손가락 모양의 돌출부에서 끝난다. **편도**(tonsil) 또한 입 뒤의 혀 양쪽에 있다. 편도는 림프조직으로서 우리 몸을 질병으로부터 보호한다(6.1절 참고). 코안이 물렁입천장 쪽으로 열려 있는 **코인두**(nasopharynx)에는 하나의 인두편도가 있고, 이는 아데노이드(adenoids)라고 한다.

세 쌍의 **침샘**(salivary gland, 그림 8.1 참고)은 관을 통하여 입으로 **침**(saliva)을 분비한다. 한 쌍의 침샘은 귀의 앞 바로 아래쪽 뺨 측면에 놓여 있으며, 이 침샘들은 그 관이 위쪽 두 번째 어금니 위치의 뺨 내면에 열려 있다. **볼거리**(mumps)라 하는 바이러스에 감염되면 이 침샘이 붓는다. 우리는 어린아이 때 귀밑샘염을 예방하기 위해 홍역, 귀밑샘염, 풍진 백신 예방접종을 받았다. 다른 한 쌍의 침샘은 혀 아래쪽에 위치하며 또 다른 한 쌍은 입안의 바닥 하부 쪽에 위치한다. 이 침샘들의 관은 혀의 아랫부분에서 조그만 판이 닿는 것으로 느낄 수 있다. 침은 점액과 물의 혼합용액이다. 침은 녹말의 화학적 소화를 시작하는 효소인 **침 아밀라아제**(salivary amylase)

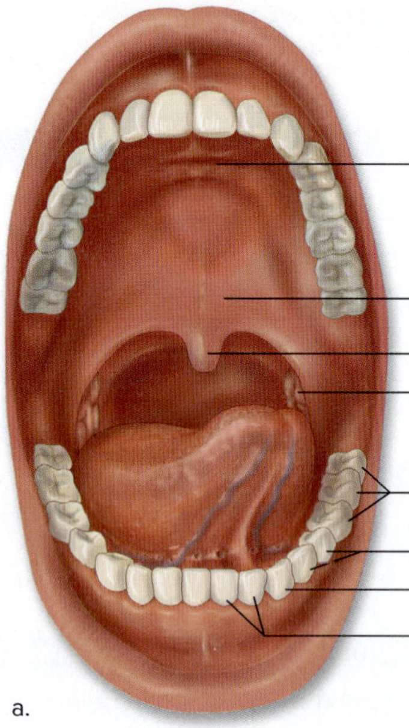

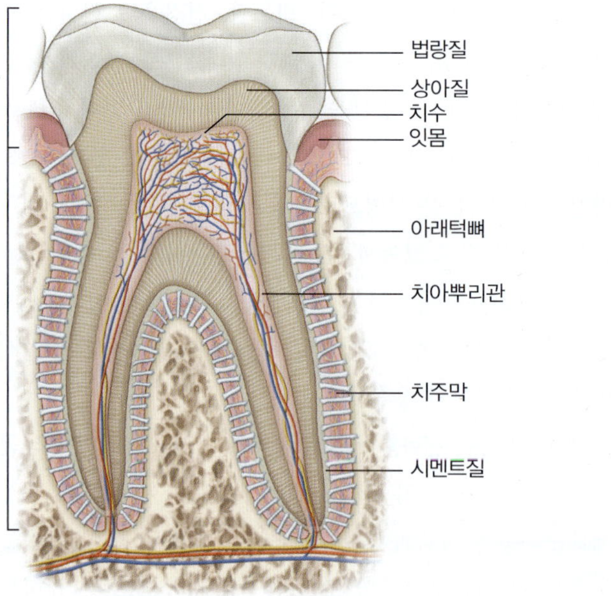

그림 8.3 입의 구조.
a. 조각칼 모양의 앞니는 음식물을 물고, 뾰족한 송곳니는 그것을 찢는다. 상당히 납작한 앞어금니는 그것을 갈고, 납작한 어금니는 음식을 부순다. **b.** 치아의 세로 단면. 치관은 잇몸 위층 부분이고 손상되면 치과의사에 의해 교체될 수 있다. '치아뿌리관'이 망가지면 신경을 제거한다. 치주막에 염증이 일어나면 치아가 느슨해질 수 있다.

를 갖고 있고, 또한 중탄산염과 라이소자임이라는 항균성 화합물을 포함한다.

치아와 혀

기계적 소화는 음식물을 쉽게 넘길 수 있도록 이로 씹어 조각내는 것으로 시작한다. 생후 2살까지 20개의 작은젖니가 나온다. 이 치아들은 결국에는 32개의 성인 치아로 교체된다(그림 8.3a 참고). '사랑니'인 세 번째 어금니는 때때로 잇몸을 뚫고 나오지 못한다. 만일 사랑니가 다른 치아를 밀거나 통증을 일으키면 치과의사나 구강외과 의사에게 사랑니 제거 수술을 받아야 한다. 각 치아는 치관(잇몸 윗부분)과 치근(잇몸 속 부분)이라는 2개의 주요 부분으로 나뉘어 있다(그림 8.3b). 치관은 칼슘 화합물로 덮인 매우 단단한 바깥층인 법랑질층, 뼈와 같은 물질의 두꺼운 층인 상아질, 그리고 그 내부에 신경과 혈관이 들어 있는 안쪽 치수로 구분된다. 또한 상아질과 치수는 치근의 일부분을 구성하고 치근은 아래턱뼈 안에 이를 고정하기 위한 치주막을 포함한다.

치아우식이나 **충치**(dental caries)라고 하는 썩은 이는 입속 세균이 당을 대사할 때 생긴다. 이 대사가 진행되는 동안 생산되는 산이 치아를 부식시킨다. 충치는 안쪽 치수의 신경까지 도달할 만큼 심하게 아플 수 있다. 두 가지 방법으로 충치를 예방할 수 있다. 즉, 정해진 양의 당을 섭취하고 매일매일 칫솔질하고 치아 사이사이를 잘 닦아주면 된다. 특히 아이들의 불소 치료는 법랑질을 튼튼하게 하고 충치를 예방할 수 있다. 심장혈관질환과 연관이 있는 것으로 알려진 잇몸질환은 노화할수록 발생하기 쉽다. 잇몸 염증인 **치은염**(gingivitis)은 치아 구멍을 둘러싸고 있는 치주막으로 퍼질 수 있다. **치주염**(periodontitis)이 있는 사람은 뼈가 없어지거나 치아가 느슨한 것이 특징이다. 광범위한 치과 치료를 받지 않으면 치아를 완전히 잃을 수 있다.

혀는 점막에 의해 둘러싸여 있고 맛봉오리(taste bud)라고 하는 감각수용체를 갖고 있다(14.3절 참고). 음식물이 들어와서 맛봉오리가 활성화되면 신경자극이 신경을 통해 뇌로 전해진다. 혀는 뼈대근육으로 구성되어 있으며 입안의 음식물을 움직임으로써 치아의 기계적 소화를 돕는다. 음식물을 삼키기 위해 혀는 씹은 음식물을 **덩어리**(bolus)로 만들며, 이를 인두 쪽으로 밀어 넣는다.

인두와 식도

입과 코의 통로는 모두 **인두**(pharynx)로 이어지며, 이를 흔히 목(throat)이라고 한다(그림 8.1 참고). 인두는 음식물 통로[식도(esophagus)]와 기도[기관(trachea)이나 숨통(windpipe)] 두 곳으로 열린다. 이 두 통로는 기관이 식도 앞에 위치하며 서로 평행이다.

삼키기

삼키기(swallowing, 연하)는 자발적 단계이다. 그러나 음식물이 충분히 멀리 인두 쪽으로 밀어 넣어지면 삼키기가 무의식적인 반사 행동으로 일어난다. 삼키기 동안 음식은 다른 길은 차단되었기 때문에 보통 음식물을 위로 이동시키는 근육질 도관인 **식도**(esophagus)로 들어간다. 물렁입천장은 코안 통로의 흐름을 막기 위해 뒤로 움직이고 기관은 성문을 덮고 있는 **후두덮개**(epiglottis) 아래로 움직인다. **성문**(glottis)은 후두(larynx, 소리 상자)의 입구이면서 기도이다. 우리는 삼킬 때 숨을 쉬지 않는다. 앞쪽 후두인 '아담의 사과(Adam's apple)'의 위아래 움직임은 음식을 삼킬 때 쉽게 관찰할 수 있다(그림 8.4a). 때때로 후두덮개가 성문을 빠르고 완전히 덮지 않아 음식이나 액체가 식도 대신 기관으로 들어갈 수 있다. 이런 일이 발생하면 폐 주위 근육은 수축하고 기침을 유발해서 음식을 기관으로부터 나오게 하여 인두로 가도록 한다.

꿈틀운동

꿈틀운동(peristalsis)이란 음식을 식도 쪽으로 미는 것이다. 꿈틀운동의 수축은 위와 소장에서도 계속된다. 식도는 음식물의 화학적 소화에서는 아무런 역할을 하지 않는다. 식도의 유일한 목적은 음식물 덩어리를 입에서 위로 옮기는 것이다. **아래쪽 위식도조임근**(lower gastroesophageal sphincter) 수축은 식도의 입구에서부터 위로의 움직임을 조절한다. **조임근**(sphincter)은 관을 둘러싸고 판막/밸브 역할을 하는 근육이다. 관은 조임근이 수축하면 닫히고 조임근이 이완하면 열린다. 음식이나 침을 삼키면 조임근은 잠깐 이완해서 음식이나 침이 위로 들어가도록 한다(그림 8.4b). 그리고 조임근이 수축하면 위의 산성물질이 다시 식도로 역류하는 것을 막는다.

아래쪽 식도조임근이 열리지 않아 음식을 위로 보내지 못하거나, 조임근이 열려 음식물이 위에서 식도로 역류하면 **속쓰림**(heartburn)이 발생한다. 8.3절의 건강 특집 '속쓰림(GERD)'에서 논의했지만, 이런 상황은 식도와 아래쪽 식도조임근에 손상을 줄 수 있다. 구토는 배 근육의 강한 수축과 **가로막**(diaphragm, 횡격막, 가슴안과 배안을 나누는 근육)이 위의 내용물에 힘을 가해 (거꾸로) 식도와 입안으로 밀어 올릴 때 일어난다.

진도 점검하기 8.2

1. 소화에서 입, 인두, 식도의 역할을 설명하시오.
2. 입에서 일어나는 기계적 · 화학적 소화를 설명하시오.
3. 음식을 삼켰을 때 코나 기관으로 음식물이 들어가는 것을 보통 무엇이 막는지 설명하시오.

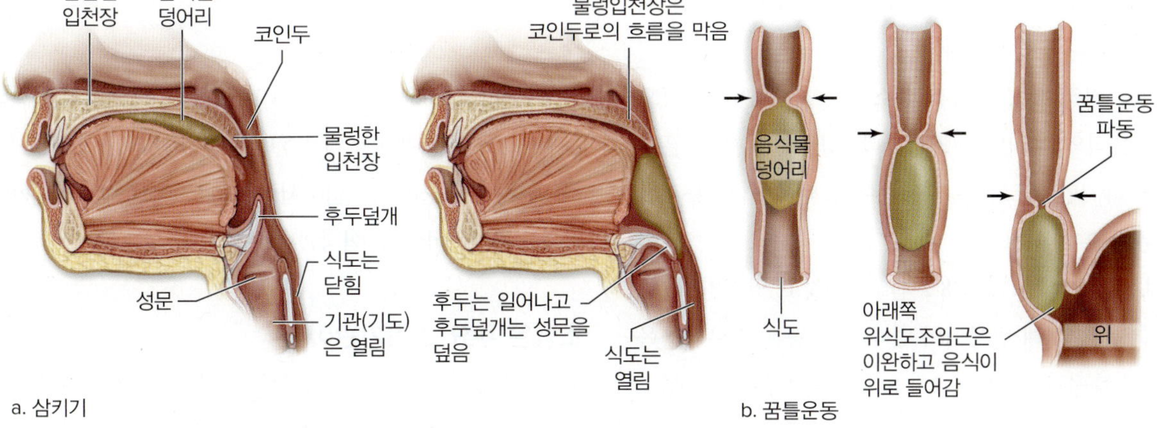

그림 8.4 삼키기 과정.
a. 음식물을 삼킬 때는 혀가 음식물 덩어리를 물렁입천장을 향하여 위로 밀어 올린다(*왼쪽*). 그다음 물렁입천장은 코안을 닫고 후두덮개는 음식물 덩어리가 식도로 들어가도록 후두를 닫는다(*오른쪽*). **b.** 꿈틀운동은 조임근을 통해 음식물을 위로 이동시키는 것이다.

개념 연결하기

입안 및 인두와 다른 신체계통의 상호작용에 대한 자세한 내용은 다음 논의를 참고하시오.

6.1절 편도에서 발견되는 것과 같은 림프조직의 기능을 살펴본다.

9.4절 호흡 시 가로막의 역할을 살펴본다.

13.4절 신경계통에 의한 반사반응을 살펴본다.

8.3 위와 소장

학습 목표

이 절을 학습한 후 다음 사항을 할 수 있어야 한다.

1. 위의 구조와 소화 과정에서의 역할을 설명할 수 있다.
2. 소장의 구조와 소화 과정에서의 역할을 설명할 수 있다.
3. 탄수화물, 단백질, 지방이 소장에서 어떻게 소화되는지 설명할 수 있다.

위는 음식물의 처리를 책임지고 단백질 소화를 시작한다. 대부분 영양분의 소화 과정은 소장에서 이루어진다.

위

위(stomach, 그림 8.5)는 두꺼운 벽을 가진 J자 형태의 기관으로 가로막 아래에서 신체 왼쪽에 위치한다. 위는 위로는 식도와 연결되고, 아래로는 소장의 십이지장과 연결된다. 위식도조임근은 위의 내용물이 식도로 들어가는 것을 막는다. 건강 특집 '속쓰림(GERD)'은 위 내용물이 식도로 다시 누출될 때 어떤 일이 일어나는지 탐색한다.

위는 음식을 저장하고, 단백질의 소화를 시작하며, 소장으로 들어가는 음식의 움직임을 조절한다. 영양소는 위에 흡수되지 않는다. 하지만 알코올은 지용성이고 막을 쉽게 통과할 수 있기 때문에 흡수한다.

위벽은 보통 4개의 층(그림 8.2 참고)을 갖고 있지만, 그중 2개는 특정 기능을 위해 변형되어 있다. 근육층은 민무늬근육으로 된 3개의 층을 포함한다(그림 8.5a). 돌림근육층과 세로근육층에 덧붙여 위는 비스듬히 움직이는 민무늬근육층도 포함한다. **비스듬층**(oblique layer)은 위가 늘어날 수 있도록 하며 음식물을 작은 조각들로 부수어 위액과 섞이게 한다.

위의 점막은 깊게 접힌 **주름**(rugae)이 있으며, 약 1 L 용량이 위에 채워지면 주름이 펴진다. 위의 점막에는 **위샘**(gastric gland)으로 통하는 수백만 개의 위 구멍이 있다(그림 8.5b, c). 위샘은 위액을 분비한다. 위액은 단백질을 소화하는 **펩신**(pepsin)이라는 소화효소와 염산(HCl), 그리고 점액질을 포함한다. 염산은 위를 pH 2 정도의 강산성으로 만든다. 이 산성은 음식물에 있는 대부분의 세균을 죽이기 때문에 유익하다. 비록 위산은 음식물을 소화시키지는 않지만 고기의 결합조직을 부수고 펩신을 활성화한다.

보통 위는 약 2~6시간 안에 비워진다. 음식물이 위에서 나갈 때는 부분적으로 소화된 진하고 걸쭉한 액체인 **미즙**(chyme)이 된다. 미즙은 소장으로 적은 양이 간격을 두고 들어간다. 꿈틀운동이 미즙을 날문조임근(유문괄약근) 쪽으로 밀면, 날문조임근은 닫히면서 대부분의 미즙을 되돌려 보내고 한 번에 소량씩만 소장으로 들어가게 한다(그림 8.5d).

생활 속의 생물학

내 배는 왜 꼬르륵거리는가?

여러분이 음식과 액체를 소화하면 소화기에서는 기체와 공기 또한 같이 이동한다. 위와 소장에서 기체와 공기주머니가 압축되면 소음, 또는 꼬르륵거리는 소리를 낸다. 그렇다면 배가 비었을 때는 왜 배가 꼬르륵거리는가? 소화 과정은 식사를 하기 훨씬 전부터 시작된다. 위가 비었을 때, 뇌는 위의 근육에게 꿈틀운동을 시작해서 배고픔을 자극하라고 신호를 보낸다. 따라서 비어 있는 위 주변의 근육이 수축하고 진동하여 메아리를 만들게 되면 꼬르륵거리는 소리를 내게 된다.

소장

소장(small intestine)은 대장에 비해 지름이 작아서 지어진 이름이다. 소장은 대장이 약 1.5 m인 것과 비교하여 평균 약 6 m로 매우 길다. 소장은 십이지장(duodenum), 빈창자(jejunum, 공장), 돌창자(ileum, 회장) 세 부위로 구성된다.

소장은 주요 소화기관이다

표 8.1을 보면 소장은 탄수화물, 단백질, 지방을 포함하는 음식물을 소화하는 다양한 효소를 갖고 있다. 이 효소들의 대부분은 이자에 의해 분비되고 십이지장(소장의 첫 25 cm 부분)을 통해 들어간다. 다른 관은 십이지장으로 간과 쓸개로부

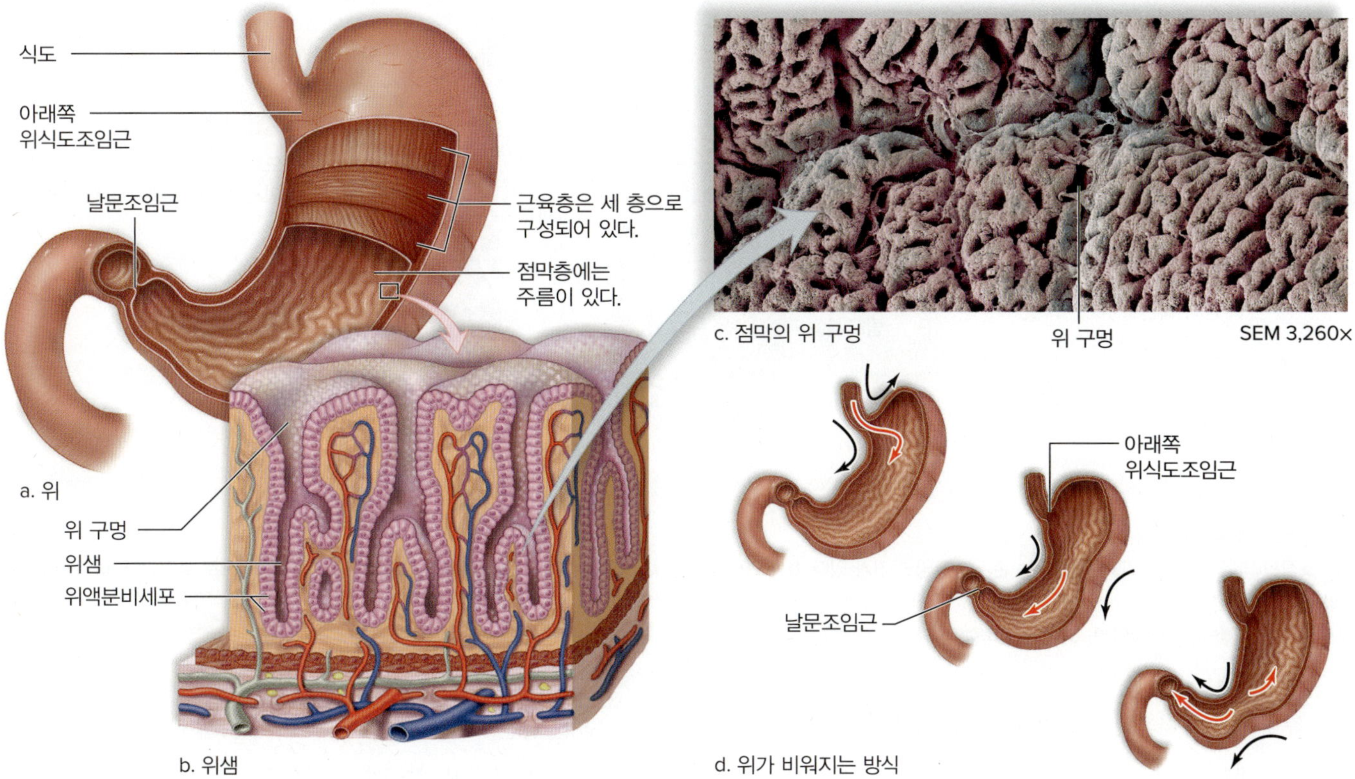

그림 8.5 위의 구조.
a. 위는 세 층의 근육으로 구성되며 점막은 주름으로 접혀 있다. **b, c.** 점막에 있는 위샘은 점액, 염산, 단백질을 소화시키는 펩신을 분비한다. **d.** 위의 꿈틀운동은 날문조임근을 통해 소장으로의 미즙 분비를 조절한다.
(c): Steve Gschmeissner/Brand X Pictures/SPL/Getty Images

표 8.1 주요 소화효소

효소	생산 위치	활동 부위	적정 pH	기능
탄수화물 소화				
침 아밀라아제	침샘	입	중성	녹말을 말토스로 분해하기 시작
이자 아밀라아제	이자	소장	염기성	녹말을 말토스로 분해
말타아제	소장	소장	염기성	말토스를 포도당으로 분해
락타아제	소장	소장	염기성	락토스를 포도당과 갈락토스로 분해
단백질 소화				
펩신	위샘	위	산성	단백질을 펩티드와 아미노산으로 분해
트립신	이자	소장	염기성	단백질을 펩티드와 아미노산으로 분해
펩티다아제	소장	소장	염기성	펩티드를 아미노산으로 분해
핵산 소화				
뉴클레아제	이자	소장	염기성	핵산을 뉴클레오티드로 분해
뉴클레오시드 분해효소	소장	소장	염기성	뉴클레오티드를 인산염, 염기, 당으로 분해
지방 소화				
침 리파아제	침샘	입	중성	트리글리세리드를 지방산으로 분해하기 시작
리파아제	이자	소장	염기성	지질을 글리세롤과 지방산으로 분해

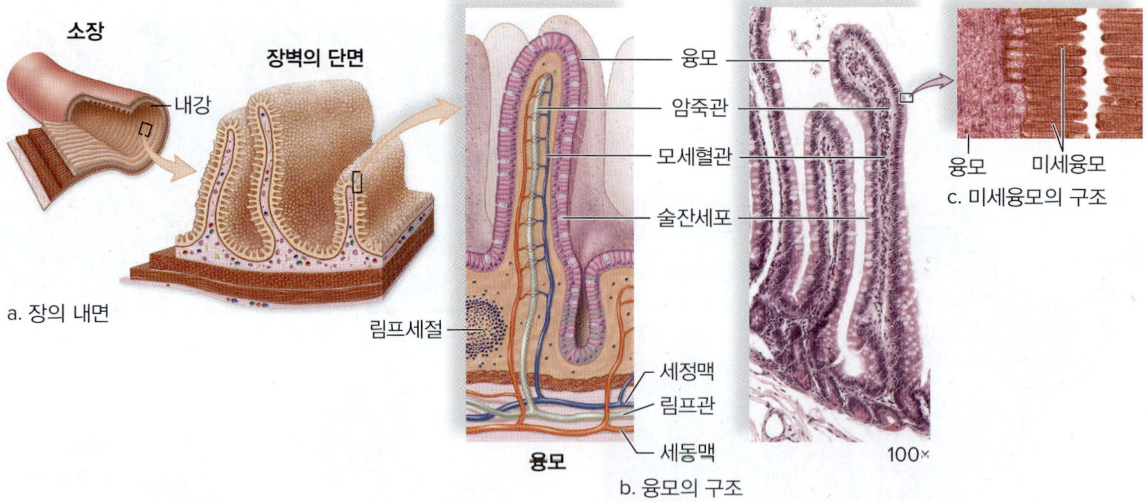

그림 8.6 소장에서의 흡수.
a. 소장의 벽은 주름져 있으며, 융모라는 손가락 모양 돌기가 있다. **b.** 소화 산물은 미세융모에 의해 흡수되며, 모세혈관과 융모의 암죽관으로 들어간다. **c.** 미세융모의 현미경 사진.
(사진) (b): Al Telser/McGraw Hill; (c): Steve Gschmeissner/Science Photo Library/Getty Images

터 쓸개즙을 가져온다(그림 8.8 참고). 쓸개즙은 지방을 유화한다. 유화는 지방 방울이 물속에 흩어지도록 하는 것으로 기계적 소화의 한 형태이다. 지방은 유화된 후에 이자가 생산한 **리파아제**(lipase)에 의해 모노글리세리드와 지방산으로 가수분해된다. 이자에서 만들어지는 **아밀라아제**(amylase)는 탄수화물의 소화를 시작한다. 소장의 효소는 탄수화물 전부를 포도당으로 변화시킴으로써 탄수화물의 소화를 마무리한다. 이와 비슷하게 이자에서 만들어지는 트립신이라는 **단백질분해효소**(protease)는 단백질을 아미노산으로 분해하기 시작하여 장내 효소들에 의해 단백질 소화를 마무리한다. 장은 약한 염기성 pH를 띤다. 그 이유는 이자액이 미즙을 중성화하는 탄산수소소듐($NaHCO_3$)을 포함하고 있기 때문이다.

영양분은 소장에서 흡수된다

소장의 벽은 소화 과정의 산물인 당분, 아미노산, 글리세롤, 지방산 분자들을 흡수한다. 소장의 점막은 흡수를 잘하도록 변형되어 있다. 소장의 점막은 **융모**(villi, 단수는 villus)라 하는 손가락 모양의 돌기들을 가지고 있어서 벽이 부드러우며 벨벳과도 같은 모양을 하고 있다(그림 8.6). 융모의 바깥층은 원주상피세포로 구성되며, 이 세포들은 각 수천 개의 미세한 돌출구조인 **미세융모**(microvilli)라는 것을 가지고 있다. 전체적으로 전자현미경 사진에서 미세융모는 융모에 솔가장자리라는 솜털 같은 표면을 제공한다. 미세융모는 소화 과정을 마치는 효소를 가지고 있는데, 그 효소는 솔가장자리효소라고 불린다. 미세융모는 영양소의 흡수를 위한 융모의 표면적을 엄청나게 증가시킨다. 소장의 표면적은 테니스 코트 크기 정도로 알려져 있다.

영양분은 융모의 혈관으로 흡수된다(그림 8.7). 융모는 모세혈관과 **암죽관**(lacteal)이라 하는 작은 림프모세관을 가지고 있다. 이미 알고 있듯이 림프계통은 심장혈관계통의 부속기관이다. 림프관은 림프액이라는 액체를 심장혈관계통의 정맥으로 운반한다. 당분(단당류)과 아미노산은 융모의 모세혈관으로 들어간다. 모노글리세리드라 하는 글리세롤의 단일 분자와 지방산은 융모의 상피세포로 들어간다. **암죽미립**(chylomicron)이라 하는 지질단백질 입자는 모노글리세리드와 지방산이 융모의 상피세포에서 다시 합쳐질 때 형성된다. 그런 다음 암죽미립은 암죽관으로 들어간다. 영양분이 흡수된 후 영양분은 마침내 혈액순환에 의해 온몸의 세포로 운반된다.

유당불내증

젖당은 우유의 주요 당분이다. 솔가장자리효소 중 락타아제를 갖고 있지 않은 사람은 젖당을 소화하지 못한다. 이것을 **유당불내증**(lactose intolerance)이라 하며 우유나 유제품을 먹은 후에 설사, 방귀, 복부 팽만, 복부의 경련을 동반한다. 설사가

오늘날의 생물학 ▶ 건강

속쓰림(GERD)

다른 증상 없이 당신의 가슴이 타들어가는 것처럼 느끼는 것은 당신의 심장과는 아무 상관이 없다. 대신 그것은 위산이 역류하기 때문이다. 거의 모든 사람에서 위산 역류가 일어날 때 가슴이 타들어가는 느낌을 받는다. 타는 느낌은 바로 심장 뒤에 위치한 식도 부근에서 일어나기 때문에 영어로는 'heartburn'이라고 이름 붙여졌지만, 정식 명칭은 'Gastroesophageal Reflux Disease(GERD)'이다. 속쓰림은 위에서의 내용물이 식도에서의 것보다 훨씬 산성이고, 식도의 점막세포가 얇기 때문에 일어난다. 위의 내용물이 거꾸로 식도 위로 올라갔을 때(그림 8A), 산 성분이 식도의 점막세포를 침투해 들어가고, 결과적으로 속쓰림과 함께 타는 듯한 느낌을 만들어 낸다.

어떤 사람은 위가 가득 차도록 과량의 음식물을 섭취하고 난 뒤에 속쓰림을 경험한다. 임신한 여성들은 때때로 태아가 내부 기관을 밀어낼 때 속쓰림을 경험하기도 한다. 비만 때문에 복부에 가해지는 압력도 속쓰림을 일으킨다.

속쓰림과 만성적인 산 역류가 있을 때 그 환자는 역류성식도염(GERD)으로 진단된다. 이 용어는 위(보통 위를 *gastric*이라고 함)가 식도에 역류한다는 것을 의미한다. 역류성식도염 환자에게서는 일반적인 산 역류나 속쓰림의 증상보다 확연하게 역류가 빈발하고, 오래도록 지속되며, 많은 양의 위산이 역류하게 된다. 그래서 역류성식도염으로 진단받은 사람들은 보통 가슴 통증이나 음식물이 막혀 있는 느낌, 음식물을 삼키는 데 어려움을 호소하는 경우가 많다.

복부 식도 수축이 약하거나 이상이 있는 환자들도 보통 음식물을 위로 밀어 넣는 데 어려움을 느낀다. 이런 약한 수축은 만일 음식물이 식도로 역류했을 때 다시 위로 밀어 넣는 운동이 방해받음으로써 역류성식도염이 되기 쉽다. 환자들이 누워 있을 때 복부 식도 수축은 좀 더 심해진다. 이것은 공간적으로 위에서 역류하는 것들을 다시 되돌려 보내는 데 도움이 되지 못하기 때문이다. 역류성식도염이 있는 몇몇 사람들은 아래쪽 위식도조임근이 정상보다 약한 경우가 많다. 음식이 위로 들어간 뒤 이 근육이 충분히 닫히지 않게 된다. 이 근육을 단단하게 하는 수술은 역류성식도염을 완화시킬 수 있다.

OTC(over-the-counter) 의약품이 중성이나 염기성 pH를 가지기 때문에 위산을 중화할 수 있어 산 역류를 억제할 수 있다. 넥시움(Nexium)과 프릴로섹(Prilosec) 같은 다른 약들은 산의 생성을 줄여준다. 종합적으로, 산 역류가 있는 사람들은 가장 먼저 그들의 식습관을 바꾸도록 조언받는다.

식이요법과 운동

식이요법과 체중 조절이 산 역류 개선에 도움을 준다는 것이 보고되었다. 산 역류를 줄이기 위한 몇 가지 방법은 다음과 같다.

- 적은 양으로 하루 식사를 여러 번 나눠서 하는 것이 세 번 큰 양으로 정규적 식사를 하는 것보다 좋고, 위산 분비를 유도하는 음식, 예를 들어 토마토소스, 감귤류 과일, 술, 카페인 음료와 같은 것을 피하는 것이 좋다.
- 지방이 많은 음식(패스트푸드)이나 정제당이 많은 음식(케이크나 사탕류)의 섭취를 줄인다.
- 복합탄수화물(잡곡빵, 현미, 파스타)의 양을 식단에서 늘린다.
- 가벼운 운동(자전거 타기, 산책, 요가)이나 근력운동을 하는 것이 체중을 조절하는 데 도움을 준다.

생각해 볼 문제

1. pH의 측면에서 볼 때, 어떻게 산 분비의 억제가 속쓰림이나 역류성식도염에 도움을 주는가?
2. 산 분비를 조절하는 몇몇 처방전이나 약이 있다. 이와 같은 것들은 어떤 세포를 표적으로 한다고 생각하는가?

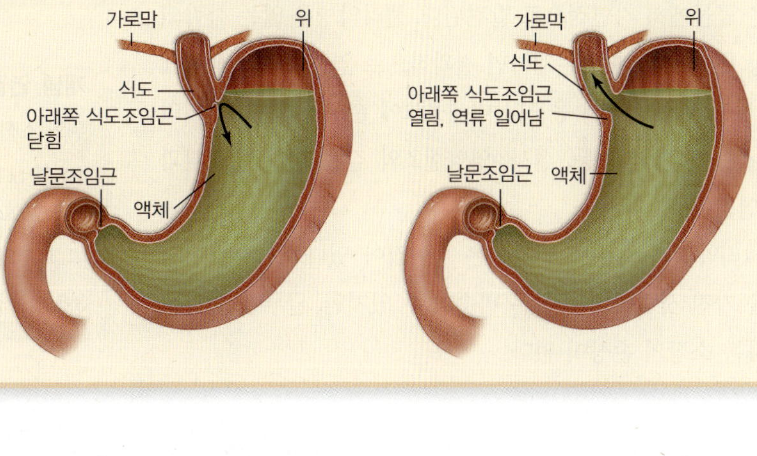

그림 8A 속쓰림.
정상의 위(*왼쪽*)에서 아래쪽 식도조임근은 닫혀 있다. 역류성식도염(*오른쪽*)이 있는 경우 아래쪽 식도조임근이 똑바로 닫혀 있지 않아 결과적으로 위의 내용물이 식도로 들어오게 된다.

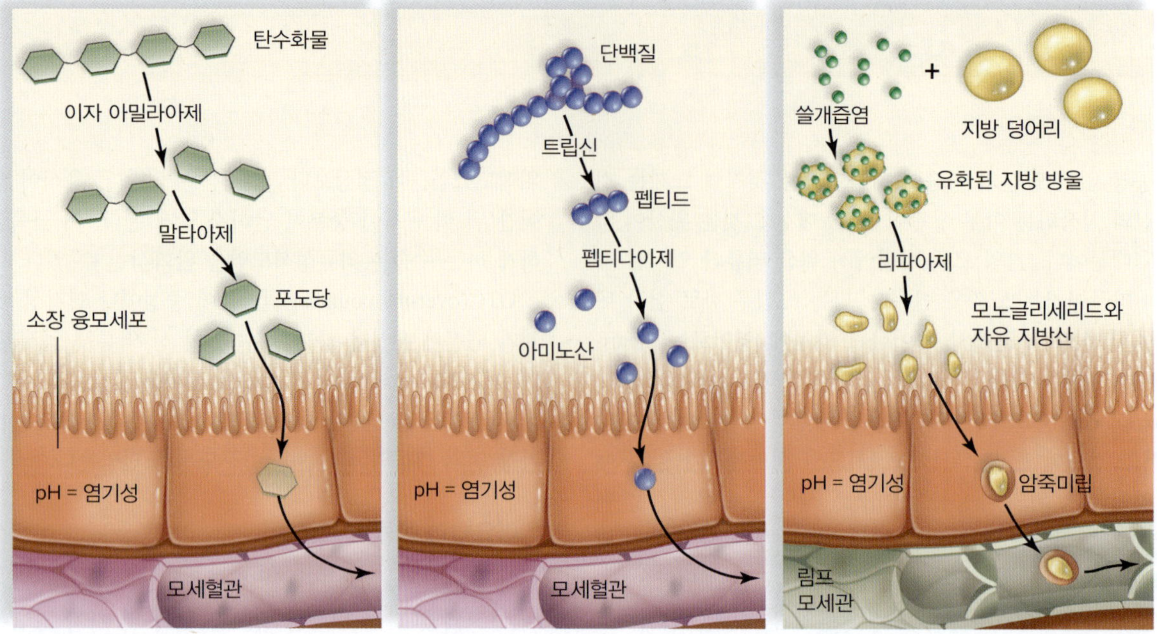

그림 8.7 영양분의 소화와 흡수.
a. 탄수화물은 포도당으로 분해되고 융모의 세포 안으로 운반된다. 거기에서 포도당은 혈액으로 들어간다. **b.** 단백질은 아미노산으로 분해되고 융모의 세포 안으로 운반된다. 거기에서 아미노산은 혈액으로 들어간다. **c.** 지방은 쓸개즙에 의해서 유화되어 모노글리세리드와 지방산으로 소화된다. 이들은 세포로 확산되어 단백질과 다시 결합한다. 이 암죽미립(chylomicron)이라 하는 지질단백질은 암죽관(lacteal)으로 들어간다.

일어나는 것은 소화되지 못한 젖당이 소장에 유동체로 남아 있게 하기 때문이다. 방귀, 복부 팽만, 복부 경련은 세균이 무산소로 유당(젖당)을 분해할 때 발생한다.

유당불내증인 사람은 젖당이 없거나 젖당이 이미 분해된 유제품은 섭취할 수 있다. 여기에는 젖당 제거 우유, 치즈, 요구르트가 포함된다. 젖당의 소화를 돕는 보조식품 또한 이용할 수 있다.

셀리악병

셀리악병(celiac disease)은 글루텐이라는 단백질에 대한 자가면역반응(6.5절 참고)의 결과이다. 글루텐은 밀, 보리, 호밀과 같은 곡물에서 자연적으로 발견된다. 셀리악병을 앓는 사람의 소장 내에 글루텐이 존재하면 결과적으로 염증반응이 생기게 되고, 이것은 소장의 융모나 미세융모에 손상을 입힌다. 이러한 것들이 결국 복통, 설사, 영양실조와 같은 의학적 질환과도 연결이 된다.

셀리악병과 글루텐 민감성은 차이점이 있다. 글루텐 민감성을 가진 사람들의 증상은 비슷할 수 있지만, 글루텐 민감성 환자는 소장의 손상이 없다.

셀리악병이 있는 사람은 철저하게 글루텐을 배제한 식단을 따라야 한다. 많은 글루텐 제거 식품을 식료품점에서 찾을 수 있지만, 이런 제품들은 셀리악병으로 진단받지 않은 사람들에게는 도움이 되지 않는다.

진도 점검하기 8.3

1. 위의 기능과 이 기능을 수행하기 위해 위벽이 어떻게 변형되어 있는지 설명하시오.
2. 소장의 기능과 이 기능을 수행하기 위해 소장벽이 어떻게 변형되어 있는지 설명하시오.
3. 탄수화물, 단백질, 지방이 소장에 의해 소화 및 흡수되는 방법이 어떻게 다른지 요약하시오.

개념 연결하기

위와 소장의 기능에 대한 자세한 내용은 다음 논의를 참고하시오.

1.2절 pH 값 해석 방법을 살펴본다.

1.4~1.6절 탄수화물, 지질, 단백질의 구조에 대한 추가 정보를 살펴본다.

3.5절 소장을 덮고 있는 상피 조직의 구조를 살펴본다.

8.4 부속기관과 분비물의 조절

학습 목표

이 절을 학습한 후 다음 사항을 할 수 있어야 한다.

1. 소화 과정에서의 이자, 간, 쓸개의 기능을 설명할 수 있다.
2. 이자, 간, 쓸개의 분비물을 나열할 수 있다.
3. 어떻게 부속기관의 분비물이 조절되는지 요약할 수 있다.

먼저 소화 과정에서 이자, 간, 쓸개의 역할을 알아본 뒤, 이들 기관과 위장관의 분비물이 어떻게 조절되는지 알아보자.

부속기관

이자(pancreas, 췌장)는 물고기 모양의 스펀지 같은 회분홍색 기관으로 위와 복부 뒤편에 가로질러 있다. 대부분의 이자세포는 이자액을 생산하고, 그 이자액은 이자관을 통해 십이지장으로 들어간다(그림 8.8a). 이자액은 탄산수소소듐과 모든 종류의 음식을 소화하는 효소를 포함한다. 탄산수소소듐은 위로부터의 산성 미즙을 중화한다. 이자 아밀라아제는 녹말을 소화하고, 트립신은 단백질을 소화하고, 이자 리파아제는 지방을 소화한다.

이자도 혈액으로 인슐린 호르몬을 분비하는 내분비샘(15.1절 참고)이다. **호르몬**(hormone)은 단백질이나 스테로이드로 표적세포의 기능에 영향을 주는 다른 세포에 의해 생산된다. 혈액의 포도당 수준이 급격히 올라가면 이자는 인슐린을 과도하게 생산하여 혈당 수준을 낮추어 항상성을 유지한다. 1형 당뇨병은 이자가 이러한 인슐린 호르몬을 충분히 만들지 못할 때 일어나며, 보통 어린아이일 때 진단된다. 2형 당뇨병은 이자가 인슐린을 충분히 만들지 못하거나 체세포가 만들어진 인슐린에 저항성을 가질 때 생긴다. 2형 당뇨병은 보통 비만, 비활동, 가족력 등 위험 요소를 가진 어른에게서 나타난다(15.5절 참고).

몸에서 가장 큰 분비샘인 **간**(liver)은 가로막 아래, 배안의 오른쪽 윗부분에 놓여 있다(그림 8.1 참고). 간은 주요 물질대사 분비샘으로 구조적·기능적 단위의 역할을 하는 대략 10만 개의 소엽으로 이루어져 있다(그림 8.8b). 간문맥(그림 8.8b)은 소화관 모세혈관에서 가져온 혈액을 간으로 수송한다. 소엽의 모세혈관은 이 혈액을 여과한다. 간은 어떤 의미에서 혈액으로부터의 독성물질을 없앨 때, 그리고 그것을 해독할 때 하수처리장처럼 활동한다(표 8.2).

간은 또한 저장 기관이다. 간은 철과 비타민 A, D, E, K, B_{12}를 혈액으로부터 가져와 저장한다. 간은 또한 혈당의 항상성에 관여한다. 인슐린이 있으면 간은 포도당을 글리코겐으로 저장한다. 혈당 수치가 낮아지면 간은 글리코겐을 포도당으로 분해하여 방출한다. 또한, 필요하게 되면 간은 글리세롤(지방

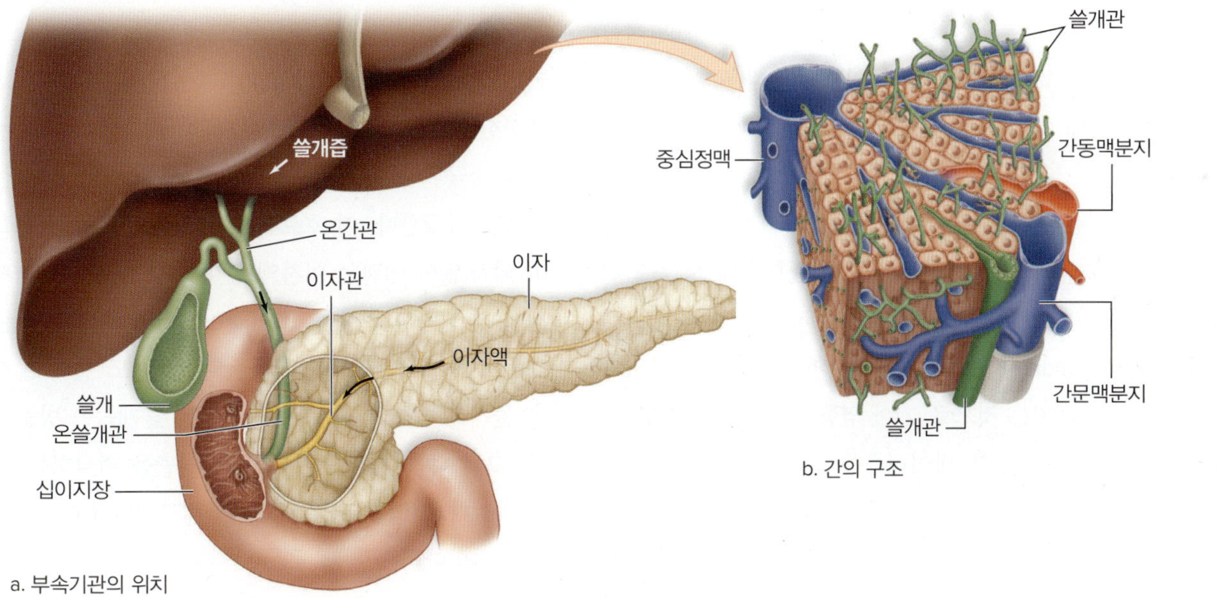

그림 8.8 소화계통의 부속기관.
a. 소장과 관련한 간, 쓸개, 이자의 위치. **b.** 간은 10만여 개의 소엽을 가지고 있다. 각 소엽은 간의 다양한 기능을 수행하는 많은 세포로 구성된다(표 8.2 참고).

표 8.2 간의 기능

1. 늙은 적혈구의 파괴, 간에서 생성되고 쓸개즙에 들어 있는 혈색소 분해 산물인 빌리루빈의 배출
2. 독성물질의 제거 및 대사작용에 의한 혈액 해독
3. 철과 수용성 비타민 B_{12}, 지용성 비타민 A, D, E, K의 저장
4. 아미노산으로부터 알부민, 피브리노겐과 같은 혈장단백질의 합성
5. 식후 포도당을 글리코겐으로 저장, 식사와 식사 사이에는 혈중 포도당 농도를 유지하기 위하여 글리코겐을 포도당으로 분해
6. 아미노산 분해산물로부터 요소 합성
7. 콜레스테롤 일부를 쓸개즙염으로 전환함으로써 혈중 콜레스테롤 수준 조절에 도움을 줌

으로부터의)과 아미노산을 포도당 분자로 바꾼다. 아미노산이 포도당으로 바뀔 때 간은 아미노산 그룹과 이산화탄소를 결합하여 인체의 질소 폐기물인 **요소**(urea)를 형성한다. 혈액에 필요한 혈장단백질(5.1절 참고)도 간에서 만들어진다.

간은 혈액 내 콜레스테롤 수치도 조절한다. 일부 콜레스테롤은 간에 의해 쓸개즙으로 바뀐다. **쓸개즙**(bile, 담즙)은 쓸개즙염, 물, 콜레스테롤, 중탄산염으로 이루어진 용액이다. 쓸개즙은 간의 혈색소 분해 과정에서 형성되는 빌리루빈 색소단백질을 포함하기 때문에 노란 연두색을 띤다. 쓸개즙은 십이지장으로 쓸개관을 통해 전해지기 전까지는 간 바로 아래에 있는 배 모양의 기관인 **쓸개**(gallbladder, 담낭)에 저장된다. **담석**(gallstone)은 쓸개 속에 저장된 액체가 돌 같은 물질로 굳어질 때 생긴다. 소장에서 쓸개즙은 지방을 유화한다. 지방이 유화되면 작은 방울로 부서진다. 작은 지방 방울은 큰 표면적을 제공하여 소화 효소작용이 잘될 수 있도록 한다.

간질환

간염과 간경변은 간 전체에 영향을 주는 두 가지의 심각한 질병이고 스스로 복구되는 능력을 저해하기 때문에 생명을 위협하는 질환이다. 간질환 환자는 쓸개즙 색소가 혈액으로 새어 나가 **황달**(jaundice)이 생길 수 있다. 황달은 눈의 흰자위나 연한 피부가 노래지는 것으로, 간에 염증이 생기는 **간염**(hepatitis)에 의해 생길 수 있다. 바이러스성 간염은 여러 형태로 일어난다. A형 간염은 보통 하수 오물로 오염된 물을 마시거나 음식을 먹었을 때 발생한다. B형 간염은 주로 성 접촉을 통해 전염되며 수혈이나 오염된 주삿바늘을 통해서도 전염된다. B형 간염 바이러스는 AIDS 바이러스보다 전염성이 더 강하며, 같은 경로로 전염된다. A형 간염과 B형 간염의 백신은 모두 개발되어 있다. C형 간염은 보통 감염된 혈액에 닿았을 때 발생하고 만성 간염, 간암, 그리고 죽음에 이를 수 있다. 현재까지 C형 간염에는 백신이 없다.

간경변(cirrhosis)은 간의 또 다른 만성질환이다. 첫째, 기관이 지방질로 되면서 간 조직이 불활성인 섬유성 흉터 조직으로 교체된다. 간경변은 영양실조와 알코올(독소) 과다로 인해서 간이 망가지게 되는 경우에서 흔히 볼 수 있다. 최근 내과의사들은 지방질이 많은 음식물 섭취로 인한 비만인에게서도 간경변을 볼 수 있다고 말한다.

간의 재생 능력은 놀라울 정도이며 재생률이 손상률을 능가하는 한 회복될 수 있다. 하지만 간기능부전이면 간 스스로 치료할 수 있는 충분한 시간이 없으므로 보통 간 이식이 선호되는 치료법이다. 간은 인체의 필수 기관으로서 기능부전이 되면 환자를 죽음에 이르게 한다.

소화 분비물의 조절

소화액의 분비는 신경계통과 소화 호르몬에 의해 조절된다. 당신이 음식을 보거나 냄새를 맡았을 때 부교감신경은 자동으로 소화 분비를 자극한다. 또한 특히 단백질이 풍부한 음식을 먹었을 때, 위는 가스트린 호르몬을 생산한다. 가스트린은 혈액 흐름으로 들어가고 곧 위샘의 분비 활동이 증가한다.

십이지장 벽의 세포들은 세크레틴(secretin)과 콜레시스토키닌(cholecystokinin, CCK)이라는 2개의 특징적인 호르몬을 생산한다. 세크레틴의 방출은 특히 미즙에 존재하는 염산에 의해 자극된다. 부분적으로 소화된 단백질과 지방은 CCK의 방출을 자극한다. 이 호르몬들이 혈액으로 들어가고 나서 얼마 되지 않아 이자는 이자액 분비를 증가시킨다. 이자액은 위의 산성 미즙을 완충하고, 이것이 소장으로 들어가는 것을 부드럽게 하고 음식 소화를 돕는다. CCK도 간의 쓸개즙 생산을 늘리고, 쓸개를 수축하여 저장된 쓸개즙을 방출하도록 한다. 그런 다음 쓸개즙은 CCK의 방출을 자극하는 지방 소화를 돕는다. 그림 8.9에 가스트린, 세크레틴, CCK의 작용이 요약되어 있다.

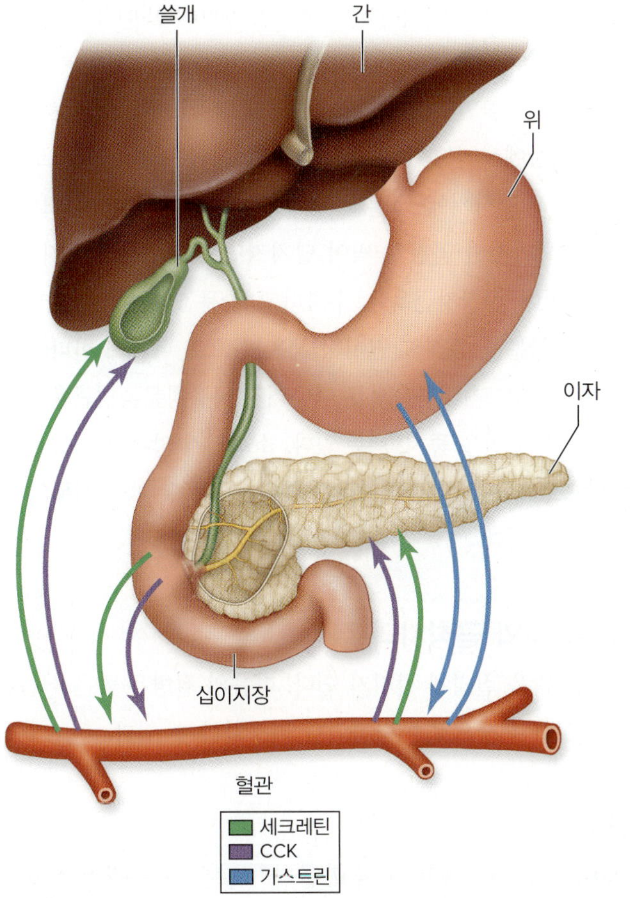

그림 8.9 호르몬에 의한 소화 조절과 통제.
아래쪽 위에서 분비되는 가스트린(파란색)은 위쪽 위를 자극하여 소화액을 만들게 한다. 십이지장 벽에서 나오는 세크레틴(초록색)과 CCK(보라색)가 이자를 자극하여 소화액을 분비하도록 하고 쓸개를 자극하여 쓸개즙이 나오게 한다.

진도 점검하기 8.4

1. 소화 과정을 돕는 3개 주요 부속기관의 이름과 각 기능을 설명하시오.
2. 각 소화 부속기관이 제대로 기능하지 않으면 발생하는 일을 설명하시오.
3. 소화의 전 과정에서 소화 분비물의 조절이 중요한 이유를 설명하고, 조절되지 않을 때 무슨 일이 일어나는지 설명하시오.

개념 연결하기

부속기관에 대한 자세한 내용은 다음 논의를 참고하시오.

4.5절 간문맥계통을 통해 장에서 간으로 혈액과 영양소가 이동하는 과정을 살펴본다.

13.4절 신경계통이 항상성을 유지하기 위해 간 및 이자와 상호작용하는 방법을 살펴본다.

15.5절 혈당 항상성 유지에서 이자의 역할을 살펴본다.

8.5 대장과 배변

학습 목표

이 절을 학습한 후 다음 사항을 할 수 있어야 한다.

1. 대장의 구조와 기능을 설명할 수 있다.
2. 대장질환을 나열하고 각 원인을 설명할 수 있다.

대장(large intestine)은 막창자(맹장), 잘록창자(결장), 곧창자(직장), 항문관을 포함한다(**그림 8.10**). 대장은 소장보다 직경은 더 크지만(대장은 6.5 cm, 소장은 2.5 cm) 길이는 더 짧다(그림 8.1 참고).

막창자(cecum)는 소장의 끝과 결합해 있는 대장의 첫 번째 부분이다. 막창자에는 보통 **막창자꼬리**(vermiform appendix)라고 하는 **충수돌기**(지렁이 같은 모양) 모양의 작은 돌기가 있다(그림 8.10). 사람에게서 이 막창자꼬리는 감염과 싸우는 것을 돕는다고 여겨진다. 하지만 최근에 과학자들은 이 막창자꼬리가 대장에 필요한 세균의 수를 늘리는 데 도움이 된다고 발표했다. 막창자꼬리가 부어오르면[**맹장염**(appendicitis)] 항생제나 외과적 절제술로 해결할 수 있다. 만일 막창자꼬리가 부풀어 올라 터져버리면 **복막염**(peritonitis)으로 발전할 수 있는데, 이는 생명을 위협하는 부종과 복막 내 감염의 결과로 이어진다.

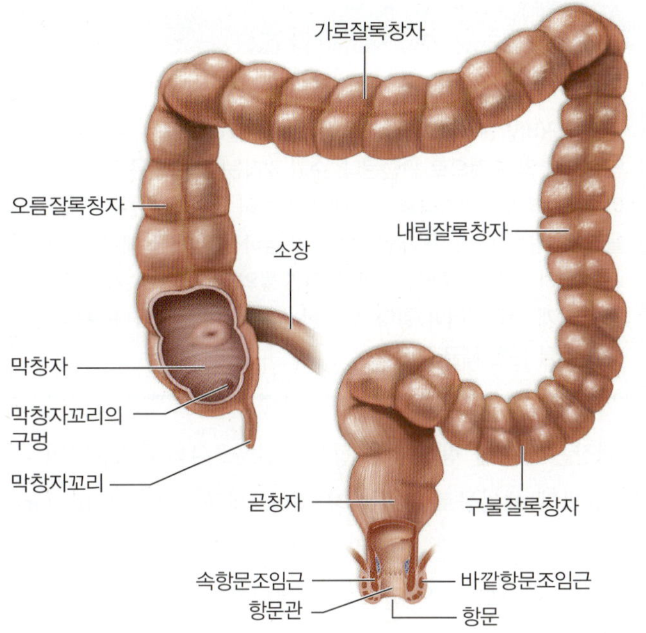

그림 8.10 대장의 부위.
대장의 부위는 막창자, 잘록창자, 곧창자, 항문관이다.

잘록창자(colon)는 간의 위치까지 몸 오른쪽으로 올라가는 오름잘록창자(ascending colon), 간과 위 바로 아래에서 배안을 가로지르는 가로잘록창자(transverse colon), 신체의 왼쪽 부분에서 내려오는 내림잘록창자(descending colon), S자 모양의 구불잘록창자(sigmoid colon), 대장의 마지막 20 cm 부분의 **곧창자**(rectum)를 포함한다. 곧창자는 분변의 배설인 **배변**(defecation)이 일어나는 **항문**(anus)으로 연결되어 있다.

대장의 기능

대장은 어떤 소화효소도 만들지 않으며, 소장에서 대부분 영양소의 가공, 분해, 흡수가 일어나기 때문에 대장에서는 몇 가지 비타민류 외에는 어떠한 영양분도 흡수하지 않는다. 대장의 주요한 기능은 물을 흡수하는 것으로, 이는 몸의 탈수를 막고 항상성을 유지하는 중요한 과정이다.

대장은 장에서 서식하고 우리를 건강하도록 도와주는 장내세균(intestinal flora)에 의해 생산되는 비타민을 흡수할 수 있다. 오랫동안 대장균(*Escherichia coli*)이 잘록창자의 주요 서식자로 알려져 있었지만, 현재는 배양법 연구를 통하여 잘록창자 세균의 99% 이상은 다른 종류의 세균으로 알려져 있다. 대장의 세균은 소화가 안 되는 물질을 부수고 복합비타민 B와 우리 몸에 필수적인 비타민 K의 대부분을 생산한다.

> **생활 속의 생물학**
>
> **물속 대장균군 세균은 위험할까?**
>
> 대장균군(비병원성 장세균)이 특정 수에 도달하면 물은 수영하기에 안전하지 않은 것으로 판단된다. 수가 많다는 것은 많은 양의 분변이 물로 흘러 들어갔음을 나타낸다. 분변이 많이 포함될수록 질병을 일으키는 세균도 존재할 가능성이 높아진다. 미국 대부분 주에서 수영하기에 안전하다고 판단되려면 물의 대장균군 수가 100 ml당 200개 미만이어야 한다. 안전한 식수에 대한 국가 표준은 물 100 ml당 분변 세균 0개다.

대장은 대변을 형성한다. 정상 대변은 3/4의 물과 1/4의 굳은 형태의 폐기물로 이루어져 있다. 세균, 식이섬유(dietary fiber, 소화되지 않은 잔여물), 그밖에 소화가 안 되는 물질이 굳은 형태로 폐기물을 만든다. 소화되지 않은 물질상에서 일어나는 세균 활동으로 대변에서 악취가 나고 방귀가 생긴다. **빌리루빈**(bilirubin, 혈색소가 분해되어 형성된 노란색 쓸개즙 색소)이 분해된 산물인 스테르코빌린(stercobilin)과 산화철로 인하여 대변은 갈색을 띤다.

대변의 방출인 배변 또한 대장의 주요 기능이다. 드문 일이지만 대장에서 꿈틀운동이 일어나면 대변은 곧 곧창자로 보내진다. 배변하기에 적절할 때까지 대변이 곧창자에 모아진다. 다 모아지면 곧창자 벽이 당겨지면서 척수신경을 자극한다. 곧이어 곧창자근육은 수축하고 항문조임근은 이완한다. 이것은 항문을 통해 대변이 신체 바깥으로 나가게 한다(그림 8.10). 사람은 뼈대근육으로 이루어진 바깥항문조임근을 수축함으로써 배변을 중지할 수 있다. 소화되지 않은 잔여물을 몸 바깥으로 방출하는 것은 항상성 유지를 돕는 소화계통의 또 다른 방법이다.

잘록창자와 곧창자의 질병

대장은 많은 질병에 걸리기 쉽다. 다음의 질병은 좋은 식습관과 적절한 위생으로 예방하거나 최소화할 수 있다.

설사

설사(diarrhea)는 배변이 묽고 물기가 많은 게 특징이다. 설사의 주원인은 하부 장관의 감염과 신경계통의 자극에 있다. 감염이 일어날 때 장관벽은 자극을 받아 꿈틀운동이 증가한다. 물이 흡수되지 않아 일어나는 설사로 감염된 유기체들을 몸 밖으로 방출한다. 신경성 설사에서 신경계통은 장관벽을 자극하여 설사를 일으킨다. 대부분의 사람들은 매년 여러 번 설사를 하지만 건강에 별 심각한 영향을 미치진 않는다. 하지만 설사가 오래 지속되면 물 부족으로 탈수증이 일어날 수 있고, 혈중염분 불균형으로 심장근육수축에 영향을 미쳐 잠재적으로 사망에 이를 수 있다.

변비

사람이 변비에 걸리면 대변은 건조하고 딱딱해져 배출하기 어렵게 된다. 통곡물이 부족한 음식은 배변 욕구를 억제할 뿐만 아니라 **변비**(constipation)의 원인이 되곤 한다. 대변이 규칙적으로 배출되지 않으면 대변에서 물이 추가로 흡수된다. 그러면 분변의 내용물은 더 건조해지고 딱딱해져서 내보내기가 더욱 힘들어진다. 충분한 물과 섬유질 식품 섭취는 규칙적인 배변에 도움이 된다. 변비약을 자주 사용하다 보면 정상적인 배변 시에도 변비약에 의존할 수 있기 때문에 변비약을 남용하지 말아야 한다. 그러나 변비약 사용이 필요하다면, 가장 자연스러운 것은 팽창성 완하제(bulk laxative)이다. 팽창성 완하제는 섬유질처럼 잘록창자에서 부드러운 섬유소 뭉치를 생산한다. 무기질 기름 같은 윤활유는 잘록창자를 미끄럽게 한다. 즉, 마그네시아 유제 같은 염류성 완하제는 삼투하여 물이 흡수되는 것을 막는다. 몇몇 완하제는 꿈틀운동을 증가시키는 자극제이다.

만성 변비는 항문의 혈관이 커지고 염증이 생기는 **치질**(hemorrhoid)의 발생과 연관된다. 치질 발생에 관한 다른 요소에는 임신, 노화, 항문성교가 있다.

게실증

앞서 8.1절에서 언급했듯이, 게실증(diverticulosis)은 음식이 모일 수 있게 점막에 작은 주머니가 생기는 것이다. 주머니는 점막이 근육층의 약한 곳을 통해 밀어 넣을 때 형성된다. 자주 발생하는 곳은 내림잘록창자의 마지막 부분이다.

과민성대장증후군

앞서 8.1절에서 언급했듯이, 과민성대장증후군 혹은 마비성 잘록창자는 근육층이 정상적으로 조화롭게 수축하지 못하고 강력하게 수축한다. 증상은 복부 경련, 방귀, 변비, 급성 폭발적 배변(대변 방출)이다.

염증성대장질환

염증성대장질환은 많은 염증성 장애의 종합적인 용어이다. 궤양성대장염과 크론병(Crohn's disease)이 가장 흔한 질환이다. 궤양성대장염은 대장과 곧창자에 영향을 주고 설사, 곧창자 출혈, 복부 경련, 긴급 배변을 일으킨다. 크론병은 보통 소장에서 분리되지만, 대장과 직장을 포함한 소화관의 모든 영역에 영향을 미칠 수 있다. 환부의 내벽이 파괴되어 궤양이 생기는 것이 특징이다. 궤양은 신경과 혈관이 있는 점막하층을 침식하기 때문에 고통스럽고 출혈을 일으킨다. 이것은 또한 영향을 받은 부위에서 영양소를 흡수할 수 없는 결과를 초래한다. 크론병의 증상은 설사, 체중 감소, 복부 경련, 빈혈, 출혈, 영양실조를 포함한다.

> **생활 속의 생물학**
>
> **대변 이식은 무엇인가?**
>
> 대장에 있는 박테리아, 즉 미생물의 균형은 소화관의 건강뿐만 아니라 개인 전체의 건강에도 중요하다. 일반적으로 *C. diff.*라고 하는 *Clostridioides difficile*이라는 박테리아는 정상적인 미생물균총의 불균형을 야기하여 염증(대장염)과 심한 설사를 유발할 수 있다. 항생제가 *C. diff.*를 제거할 수 있는 반면, 그것들은 또한 보통 정상적인 미생물균총에 부정적인 영향을 미치며, 개인이 또 다른 감염에 취약하게 만든다.
>
> 분변 물질 이식에서 건강한 개인의 박테리아는 관장, 내시경 또는 구강 알약을 사용하여 대장으로 전달되어 건강한 미생물 집단을 재건한다.
>
> 대변 이식은 또한 크론병, 궤양성대장염과 같은 대장의 다른 질병을 치료하는 데 사용될 수 있다.

용종과 암

대장은 상피 내벽에서 발생하는 작게 성장하는 **용종**(polyp)의 발달에 영향을 받는다. 용종은 양성이든 암성이든 외과적으로 제거할 수 있다. 용종에 국한된 상태에서 대장암이 발견되면 기대되는 결과는 완치다. 미국암협회는 미국에서 연간 10만 4,000건 이상의 새로운 대장암과 직장암이 진단될 것으로 추정하고 있다. 일부 연구자는 식이 지방이 쓸개즙 분비를 증가시키기 때문에 대장암의 가능성을 증가시킨다고 믿고 있다. 장내 세균이 쓸개즙염을 암 발생을 촉진하는 물질로 전환하는 것일 수 있다. 식이섬유는 대장암 발달을 억제하는 것으로 보이며, 규칙적인 제거는 대장벽이 대변에 있는 암을 촉진하는 물질에 노출되는 시간을 줄여준다.

이러한 모든 장애에 대한 진단 도구 중 하나는 **대장 내시경**(colonoscopy)이라고 하는 내시경 검사이다. 대장 내시경 검사에서 카메라가 들어 있는 유연한 튜브는 일반적으로 항문에서 위장관에 삽입된다. 그런 다음 의사는 결장의 길이를 검사하고 추가 검사를 위해 조직 샘플을 채취할 수 있다.

> **진도 점검하기 8.5**
>
> 1. 대장의 부분과 각 기능을 설명하시오.
> 2. 소화계통에서 대장의 역할을 설명하시오.
> 3. 대장에서 변비와 설사가 어떻게 연관되어 있는지 설명하시오.

개념 연결하기

대장에 대한 자세한 내용은 다음 논의를 참고하시오.

1.4절 복합탄수화물로서 섬유질의 역할을 살펴본다.

6.3절 대장의 박테리아가 질병에 대한 선천적 방어 역할을 하는 방법을 살펴본다.

19.2절 암의 일반적인 원인을 살펴본다.

8.6 영양과 체중 조절

학습 목표

이 절을 학습한 후 다음 사항을 할 수 있어야 한다.

1. BMI를 측정하고, 이것으로 전반적인 건강상태를 설명할 수 있다.
2. 신체에서 각 영양소의 역할을 설명할 수 있다.

비만(obesity, 심각한 과체중)은 미국에서 가장 중요한 건강 문제 중 하나가 되었다. 미국질병통제예방센터(CDC)에 따르면 성인 약 42%와 아동 18.5%가 비만으로 분류되었다. 이러한 통계는 사회적으로 큰 문제인데, 과도한 체지방은 조기 사망, 2형 당뇨병, 고혈압, 심장혈관질환, 뇌졸중, 쓸개질환, 호흡기능장애, 골관절염, 특정 암과 같은 고위험과 연관되기 때문이다.

대체로 의사들은 건강한 체중을 달성하거나 유지하는 데는 다양한 건강한 음식을 먹는 것뿐만 아니라 운동도 필요하다고 권고한다. 다시 말해 비만의 추세를 역전시키려면 현명한 음식을 선택하여 칼로리를 줄이고 더 활동을 해야 한다.

비만의 정의

오늘날 비만은 30 이상의 **체질량지수**(body mass index, BMI)로 정의된다. 키와 체중을 안다면 **그림 8.11**에 있는 표처럼 그 사람의 체지방 비율을 계산할 수 있다. BMI는 또한 체중(파

체질량지수표

	정상						과체중					비만					
BMI	19	20	21	22	23	24	25	26	27	28	29	30	31	32	33	34	35
키 (인치)	체중 (파운드)																
58	91	96	100	105	110	115	119	124	129	134	138	143	148	153	158	162	167
59	94	99	104	109	114	119	124	128	133	138	143	148	153	158	163	168	173
60	97	102	107	112	118	123	128	133	138	143	148	153	158	163	168	174	179
61	100	106	111	116	122	127	132	137	143	148	153	158	164	169	174	180	185
62	104	109	115	120	126	131	136	142	147	153	158	164	169	175	180	186	191
63	107	113	118	124	130	135	141	146	152	158	163	169	175	180	186	191	197
64	110	116	122	128	134	140	145	151	157	163	169	174	180	186	192	197	204
65	114	120	126	132	138	144	150	156	162	168	174	180	186	192	198	204	210
66	118	124	130	136	142	148	155	161	167	173	179	186	192	198	204	210	216
67	121	127	134	140	146	153	159	166	172	178	185	191	198	204	211	217	223
68	125	131	138	144	151	158	164	171	177	184	190	197	203	210	216	223	230
69	128	135	142	149	155	162	169	176	182	189	196	203	209	216	223	230	236
70	132	139	146	153	160	167	174	181	188	195	202	209	216	222	229	236	243
71	136	143	150	157	165	172	179	186	193	200	208	215	222	229	236	243	250
72	140	147	154	162	169	177	184	191	199	206	213	221	228	235	242	250	258
73	144	151	159	166	174	182	189	197	204	212	219	227	235	242	250	257	265
74	148	155	163	171	179	186	194	202	210	218	225	233	241	249	256	264	272
75	152	160	168	176	184	192	200	208	216	224	232	240	248	256	264	272	279
76	156	164	172	180	189	197	205	213	221	230	238	246	254	263	271	279	287

그림 8.11 체질량지수표.

당신의 키와 체중을 맞춰보고 체질량지수(BMI)를 측정하라. 각 범주의 한계는 표 8.3에 제시되어 있다.

출처: Adapted from "Clinical Guidelines on the Identification, Evaluation, and Treatment of Overweight and Obesity in Adults: The Evidence Report."

운드)을 키(인치)의 제곱으로 나눈 것에 703을 곱해서도 구할 수 있다. 미터와 킬로그램을 이용해서도 역시 구할 수 있다.

$$\text{BMI} = \frac{\text{체중(lb)}}{\text{키}^2(\text{in.}^2)} \times 703$$

$$\text{BMI} = \frac{\text{체중(kg)}}{\text{키}^2(\text{m}^2)}$$

사람들은 대부분 표 8.3(그림 8.11)이나 다양한 온라인 계산기를 이용하여 BMI를 쉽게 구한다.

BMI는 체중에서 지방의 비율을 알려준다. 일반적으로 키가 더 클수록 지방 없이 체중이 증가할 수 있다. 이런 방법으로 BMI를 이용하는 것은 특히 주로 앉아 지내거나 몸을 많이 움직이지 않는 사람들에게 효과적이다. 하지만 BMI 수치는 오직 일반적인 가이드로만 이용해야 한다. BMI는 신체 단련, 뼈 구조, 성별을 고려하지 않기 때문이다. 예를 들어 역도선수의 BMI 수치가 비만으로 나오는 이유는 체지방의 양 때문이 아니라 뼈나 근육의 무게가 증가했기 때문이다.

표 8.3 BMI 값

분류	BMI 값
건강	18.5~24.9
과체중	25.0~29.9
비만	30.0~39.9
고도비만	40.0 이상

영양소 분류

영양소(nutrient)는 음식의 성분이지만, 신체에서 생리학적 기능을 수행하는 필수 요소로 정의된다. 영양소는 우리에게 에너지를 제공하고, 성장과 발달을 촉진하며, 세포 대사를 조절한다.

체질량지수표

비만				고도비만														
36	**37**	**38**	**39**	**40**	**41**	**42**	**43**	**44**	**45**	**46**	**47**	**48**	**49**	**50**	**51**	**52**	**53**	**54**
172	177	181	186	191	196	201	205	210	215	220	224	229	234	239	244	248	253	258
178	183	188	193	198	203	208	212	217	222	227	232	237	242	247	252	257	262	267
184	189	194	199	204	209	215	220	225	230	235	240	245	250	255	261	266	271	276
190	195	201	206	211	217	222	227	232	238	243	248	254	259	264	269	275	280	285
196	202	207	213	218	224	229	235	240	246	251	256	262	267	273	278	284	289	295
203	208	214	220	225	231	237	242	248	254	259	265	270	278	282	287	293	299	304
209	215	221	227	232	238	244	250	256	262	267	273	279	285	291	296	302	308	314
216	222	228	234	240	246	252	258	264	270	276	282	288	294	300	306	312	318	324
223	229	235	241	247	253	260	266	272	278	284	291	297	303	309	315	322	328	334
230	236	242	249	255	261	268	274	280	287	293	299	306	312	319	325	331	338	344
236	243	249	256	262	269	276	282	289	295	302	308	315	322	328	335	341	348	354
243	250	257	263	270	277	284	291	297	304	311	318	324	331	338	345	351	358	365
250	257	264	271	278	285	292	299	306	313	320	327	334	341	348	355	362	369	376
257	265	272	279	286	293	301	308	315	322	329	338	343	351	358	365	372	379	386
265	272	279	287	294	302	309	316	324	331	338	346	353	361	368	375	383	390	397
272	280	288	295	302	310	318	325	333	340	348	355	363	371	378	386	393	401	408
280	287	295	303	311	319	326	334	342	350	358	365	373	381	389	396	404	412	420
287	295	303	311	319	327	335	343	351	359	367	375	383	391	399	407	415	423	431
295	304	312	320	328	336	344	353	361	369	377	385	394	402	410	418	426	435	443

탄수화물

탄수화물은 단순하기도 하고, 복잡하기도 하다(1.4절 참고). 포도당은 인체에서 빠르게 이용되는 에너지원으로서 단당류이다. 여러 단당류로 된 복합탄수화물은 포도당으로 소화된다. 인체의 세포는 지방산을 에너지원으로 사용할 수 있을지라도, 뇌세포는 반드시 포도당만을 요구한다.

흰 빵, 케이크, 쿠키 같은 정제된 곡물로 만들어진 어떠한 생산물도 음식을 섭취할 때 최소화되어야 한다. 최종 생산물이 주로 녹말이 되도록, 정제 과정에서 곡물의 **섬유질**(fiber)은 비타민, 무기질과 함께 제거된다. 반면에 콩, 완두콩, 견과류, 과일, 통곡물 같은 복합탄수화물의 원료는 비타민, 무기질, 섬유질의 좋은 공급원으로 추천된다(그림 8.12). 용해되지 않는 섬유질은 대변의 덩치를 키워 대장의 움직임을 자극함으로써 변비를 막는다. 용해되는 섬유질은 소장의 쓸개즙염, 콜레스테롤과 결합하여 그것들이 흡수되는 것을 막는다.

탄수화물은 해로울 수 있는가? 영양학자들은 옥수숫가루에서 추출된 정제 탄수화물과 과당 감미료를 많이 먹는 것이 미국에서 비만 증가를 일으키는 것으로 보고 있다. 게다가 이 식품들은 높은 **혈당지수**(glycemic index, GI)를 갖고 있다. 왜냐하면 이 식품들은 혈액 내에서 포도당을 빠르게 증가시키기 때문이다. 혈당 수치가 급격히 올라가면 이자는 수치를 낮추기 위해 인슐린을 과다하게 생산한다. 연구자들은 만성적으로 높은 인슐린 수치는 인슐린 저항성을 증가시키고, 2형 당뇨병과 지방 축적 증가를 일으킨다고 말한다. 지방의 분해는 심장혈관질환, 간질환 및 몇몇 종류의 암 발생과도 연관되어 있다.

그림 8.12 **섬유질이 많은 음식.**
식물은 식이섬유의 좋은 공급원이다. 또한 정제되지 않았을 때 비타민, 무기질의 좋은 공급원이기도 하다.
Cole Group/Getty Images

표 8.4에는 어떤 방법으로 음식물 중 당류의 섭취를 줄일 수 있는지 보여준다.

> 탄수화물은 우리 몸이 선호하는 에너지원이다. 통곡물, 콩, 견과류, 과일의 복합탄수화물은 단순탄수화물 외에 섬유질도 포함하고 있다. 복합탄수화물 음식은 비타민과 미네랄의 좋은 공급원이기도 하다.

표 8.4 혈당지수를 높이는 탄수화물 줄이기

음식물 당류 줄이기
• 사탕, 탄산음료, 아이스크림, 페이스트리 같은 단 음식을 적게 먹기
• 신선한 과일이나 시럽이 많이 없는 통조림 과일 먹기. 가공 과일주스 섭취 피하기
• 흰 설탕, 갈색 설탕, 원당과 꿀, 시럽 적게 사용하기
• 단맛 시리얼 섭취 피하기
• 젤리, 잼, 설탕절임 적게 먹기
• 요리할 때 음식 맛을 내는 데 설탕 대신에 계피 같은 향신료 사용하기
• 차나 커피에 설탕 넣지 않기
• 흰 빵, 흰쌀, 파스타 같은 정제된 탄수화물로 만들어진 음식을 피하고, 감자 섭취 줄이기

단백질

식이단백질은 세포들이 수백 개의 세포단백질을 합성하는 데 필요한 아미노산으로 소화된다(1.6절 참고). 20개의 각기 다른 아미노산 중 8개 아미노산은 몸 안에서는 만들어지지 못하여 음식물로 반드시 섭취해야 하는 **필수아미노산**(essential amino acid)이며, 2개의 다른 아미노산은 인체에서 불충분하게 만들어진다. 달걀, 유제품, 고기, 가금류, 동물에게서 얻는 음식의 대부분은 8개의 필수아미노산을 모두 갖고 있어 '완전'하거나 '고품질'의 단백질 공급원이다. 콩류(콩과 완두콩, 그림 8.13), 일부 채소, 씨앗과 견과류, 그리고 곡물은 우리에게 아미노산을 제공한다. 그러나 이들 중 한 가지만으로는 필수아미노산을 모두 충족하기에 부족하기 때문에 불완전한 단백질 공급원이다. 한 가지 필수아미노산 결핍은 다른 19가지 아미노산 사용을 막는다. 그러므로 채식주의자는 모든 필수아미노산을 얻기 위해 두 가지 이상의 불완전 식품 식물들을 결합하도록 조언을 받는다. 두부, 두유, 가공된 콩으로 만들어진 식

그림 8.13 **단백질과 복합탄수화물이 많은 음식.**
콩은 복합탄수화물과 단백질의 좋은 공급원이다. 그러나 콩은 필수아미노산을 모두 공급하지는 않는다. 완벽한 단백질을 섭취하려면 콩을 쌀과 같은 곡식과 함께 섭취해야만 한다.
Birgit Reitz-Hofmann/Getty Images

품들은 완전한 단백질 공급원이다. 균형 있는 채식주의 식이요법은 약간의 지식과 계획으로 가능하다(건강 특집 '단백질과 채식주의자' 참고).

필수아미노산을 매일 섭취하는 것은 필수적이다. 왜냐하면 단백질로 저장되어 세포들의 필요에 따라 대사작용에 쓰이는 다른 아미노산과는 달리 필수아미노산은 몸에 저장되지 않기 때문이다. 그러나 하루 요구량을 충족하는 데 그다지 많은 단백질을 섭취하지 않아도 된다. 하루에 고기를 두 번만 먹으면 (1회 섭취량은 신용카드 크기 정도) 충분하다.

단백질은 해로울 수 있는가? 간은 아미노산으로부터 산출되는 질소 화합물을 제거한다. 이 부분을 요소로 바꿈으로써 간은 잠재적인 독성을 가진 질소를 몸 밖으로 제거할 수 있으나, 요소를 제대로 배출하는 데는 많은 양의 물이 필요하다. 그러므로 단백질 소비가 과도하면 탈수증이 일어날 수 있다. 특히 동물성단백질이 풍부한 고단백질 식품들은 소변 속에 칼슘 손실을 증가시킬 수도 있다. 칼슘의 배출은 콩팥 결석(kidney stone)과 뼈 손실을 일으킬 수 있다.

특히 적색육은 높은 포화지방을 갖고 있고 닭, 생선, 달걀과 같은 다른 단백질 공급원은 더 낮은 포화지방을 갖고 있다. 4.7절에서 배웠던 것을 상기해 보면 과도한 포화지방 음식 섭취는 심장혈관질환의 위험 요소이다.

충분한 단백질은 필수아미노산 공급에 필요하다. 고기와 유제품 단백질은 원하지 않는 포화지방을 공급하지만, 채소는 그렇지 않다.

지질

지방, 기름, 콜레스테롤은 지질이다(1.5절 참고). 실온에서 고체상태인 포화지방은 보통 동물성이다. 예외적으로 잘 알려진 기름 두 가지는 대부분 포화지방을 함유하는 팜유(야자수 기름)와 코코넛유이다(그림 8.14). 고기와 연관된 버터와 지방(예: 스테이크와 베이컨의 지방)은 포화지방을 갖고 있다.

기름은 심장혈관질환을 촉진하지 않는 불포화지방산을 함유하고 있다. 옥수수유와 홍화씨유에는 다중불포화지방산이 많다. 다중불포화기름은 몸에서 만들 수 없는 두 종류의 지방산인 리놀레산(linoleic acid)과 리놀렌산(linolenic acid)을 가지는 오직 한 종류의 지방이다. 이 지방산들은 식품을 통해 공급되어야 하므로 **필수지방산**(essential fatty acid)이라고 한다.

올리브유와 카놀라유는 다른 요리 기름보다 단일불포화지방산 함유량이 높은 것으로 알려져 있다. 세 번째 위치에서 이중결합된 오메가-3 지방산은 뇌 기능을 보호하고 심장질환에 걸리지 않게 보호한다고 여겨진다. 아마씨는 충분한 오메가-3 지방산을 함유하며 연어, 정어리, 송어와 같은 찬물에서 사는 생선도 또한 훌륭한 공급원이다.

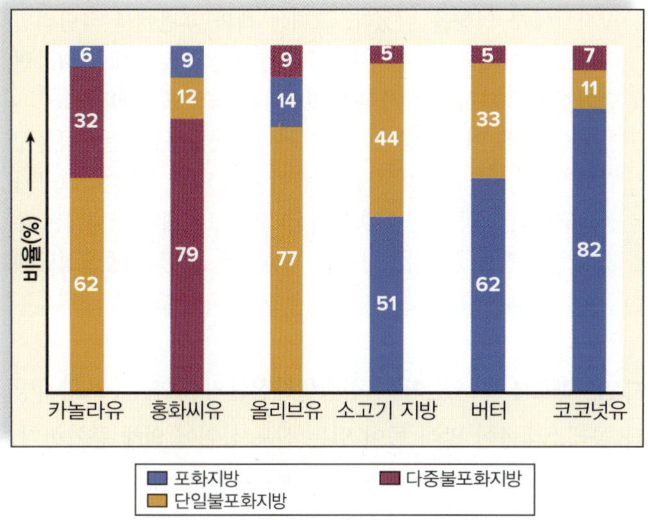

그림 8.14 **포화지방산과 불포화지방산.**
이 그림은 지방과 기름에 있는 포화지방산과 불포화지방산의 함유량을 보여준다.

오늘날의 생물학 ▶ 건강

단백질과 채식주의자

미국에는 약 2,300만 명의 채식주의자가 있다. 채식주의를 정의하는 기준은 다양하다. 약 1/3은 모든 동물성 제품을 피하는 사람인 완전 채식주의자이고, 나머지는 계란 및 유제품을 식단에 포함하는 덜 엄격한 채식주의자이다. 미국 동부 지역에서는 종교적으로 채식주의가 매우 중요한 부분이다. 대부분의 미국 채식주의자는 윤리적 또는 건강상의 이유로 채식주의를 실천하고 있다. 윤리적 관심사로는 키우는 동물이나 농작물을 어떻게 식재료로 쓸 것인가에 대한 것과 동물 농업이 환경에 미치는 영향들을 포함할 수 있다. 건강 측면에서 대부분 영양학자는 저지방, 균형 잡힌 채식 식단이 심장혈관질환의 발병률, 비만, 당뇨병 및 특정 암, 특히 직장암 및 전립선암의 발병 위험을 감소시킨다는 것을 뒷받침하고 있다.

특정 건강 위험은 채식과 관련이 있다. 매우 제한적인 채식 다이어트는 임신부 또는 수유부, 또는 아주 어린 아이들에게 적합하지 않을 수 있다. 특히 비건 채식주의자는 충분한 철분, 비타민 D, 비타민 B_{12} 및 특정 지방산을 섭취해야만 한다는 것을 유념해야 한다. 하지만 대부분의 미국 채식주의자는 '어디서 단백질을 얻어야 할까?'라는 공통된 질문에 동의할 것이다. 많은 사람이 인체는 충분한 단백질을 얻기 위해 육식을 해야 한다고 믿는다. 1971년 라페(Frances Moore Lappé)는 *Diet for a Small Planet*이라는 책을 출간하며 이에 대해 다른 시각을 제시했다. 이 책에서는 단백질 보충론의 개념을 소개했다. 만일 필수아미노산의 공급이 부족하면 식품을 통해 얻을 수 있다는 것인데, 이 아이디어는 수십 년 동안 미국 영양학자들에게 영향을 미쳤다. 그녀는 책의 후판에서 극단적인 식이요법을 제외하고는 '사람들이 충분한 칼로리를 섭취하면 단백질이 충분하다는 사실은 확실하다'라고 표현했다.

2003년에 미국영양사협회와 캐나다영양사협회는 '식물성 단백질로도 여러 가지 식물 식품이 혼합되고, 에너지 요구가 충족된다면 영양소 기준에 부합한다'와 '보완제나 대체제는 추가적으로 필요 없다'는 견해를 내놓았다. 곡물은 동물성단백질보다 소화하기 어려울 수 있기 때문에 채식주의자는 더 높은 비율의 단백질을 섭취해야 한다. 미국식품의약국(FDA)에 따르면 콩, 견과류 및 콩류는 좋은 단백질 공급원이고, 특히 콩(그림 8B)에는 동물성단백질과 같은 완전한 단백질이 충분히 포함된다고 했다. 콩류는 다른 이점이 있을 수 있다. 1999년 10월 FDA는 콩이 심장병 위험을 낮추는 데 도움이 된다는 라벨을 제조업체에서 부착할 수 있게 했다.

그림 8B 콩 제품.
대부분의 성인들은 양질의 단백질을 함유하고 있는 콩과 같은 채소를 먹음으로써 우리 몸에 필요한 단백질을 충족시킬 수 있다.
Ricochet Creative Productions, LLC/McGraw Hill

생각해 볼 문제

1. 육식이 없는 식단을 유지한다고 했을 때 개개인이 직면할 수 있는 어려움은 어떤 것들이 있는가?
2. 일반적으로 탄수화물 또는 지방을 저장할 수 있지만, 단백질은 신체에 의해 저장되지 않는다. 이런 점을 고려했을 때, 왜 단백질 보충 아이디어가 보편화되었다고 생각하는가?

지질은 해로울 수 있는가? 심장혈관질환의 위험은 포화지방과 콜레스테롤이 많이 들어 있는 식품 섭취에 의해 증가한다. 포화지방은 혈관 내에 생기는 동맥경화증과 연관된 병변 형성의 한 원인이 된다. 죽상경화판(atherosclerotic plaque)이라고 하는 이 병변은 혈관을 통한 혈액 흐름을 제한한다(4.7절 참고). 콜레스테롤은 2개의 운송단백질[고밀도 지질단백질(high-density lipoprotein, HDL)과 저밀도 지질단백질(low-density lipoprotein, LDL)]에 의해 혈액을 통해 옮겨진다. HDL('좋은' 지질단백질)에 의해 운반되는 콜레스테롤은 콜레스테롤이 대사되는 간에서 끝난다. 반면에 LDL('나쁜' 지질단백질)에 의해 운반되는 콜레스테롤은 조직에 축적되는 것으로 끝난다. 죽상경화판은 HDL 수치가 낮거나 LDL 수치가 높을 때 형성된다. 적정한 HDL과 LDL 수치는 포화지방과 콜레스테롤이 적게 들어 있는 음식 섭취에 의해 재형성될 수 있다.

트랜스지방산(트랜스지방)은 불포화지방산이 수소결합되어 고체지방을 생산할 때 형성된다. 혈액 흐름에서 콜레스테롤을 깨끗하게 없애는 세포막 수용체의 기능은 트랜스지방에 의해 감소하고, 이것은 결과적으로 혈중콜레스테롤 수치를 높인다. 트랜스지방은 쿠키나 크래커 같은 상업적으로 포장된 제품에서 발견된다. 유감스럽게도 전자레인지 팝콘 같은 다른 스낵도 트랜스지방 공급원이 될 수 있다. **부분적으로 수소결합된** 채소 기름이나 쇼트닝이 들어 있는 포장된 상품들도 트랜스지방을 포함하고 있다는 것을 알아야 한다. 집에서 요리를 하거나 빵을 구울 때 사용하는 마가린은 수소결합된 채소 오일과 결합한다. 패스트푸드 체인점에 있는 감자튀김 같은 상업적으로 튀긴 음식들은 건강을 위한 음식 섭취에서는 엄격하게 제한되어야 한다. 비록 맛은 있지만 거의 트랜스지방으로 가득 차 있다. 건강 특집 '인공 트랜스지방산의 흥망성쇠'에서 트랜스지방을 더 자세히 알아본다.

표 8.5에는 포화지방과 콜레스테롤이 있는 음식 섭취를 어떻게 줄일 수 있는지 보여준다. 상업적으로 생산된 저지방 음식에 의존하는 것은 좋지 않다. 어떤 제품에서는 당분이 지방을 대체하고, 다른 것들에서는 단백질이 사용된다.

표 8.5 특정 지질 줄이기

음식에서 포화지방과 트랜스지방 줄이기

- 단백질 공급원으로 가금류, 생선, 말린 콩이나 완두콩 고르기
- 요리하기 전에 가금류 껍질을 제거하고, 적색육 지방 제거하기, 체에 받쳐 지방 빼기
- 튀기기보다는 석쇠에 굽거나 끓이거나 오븐에 굽기
- 버터, 크림, 트랜스지방, 쇼트닝, 열대 기름(코코넛유와 팜유) 섭취 제한하기
- 채소를 양념할 때 버터, 마가린, 소스 대신 허브나 향신료 사용하기, 샐러드드레싱 대신 레몬즙 사용하기
- 전유보다 탈지유를 마시고, 요리할 때나 빵 구울 때 탈지유 사용하기

콜레스테롤 섭취 줄이기

- 치즈, 달걀노른자, 간, 특정 갑각류(새우와 바닷가재) 피하기, 가급적 흰 살생선과 가금류 먹기
- 요리할 때와 먹을 때 모두 달걀노른자 대신에 흰자로 대체하기
- 녹기 쉬운 섬유질이 있는 음식 섭취하기. 귀리 시리얼, 오트밀, 콩, 옥수수, 그리고 사과, 감귤류, 크랜베리 같은 과일에는 녹기 쉬운 섬유질이 많이 있다.

기름에 있는 것과 같은 불포화지방은 심장혈관질환을 일으키지 않으므로 선호된다. 지방과 기름은 탄수화물과 단백질보다 단위그램 당 많은 칼로리를 함유한다.

무기질

무기질(mineral)은 **주요 무기질**(major mineral)과 **미량 무기질**(trace mineral)로 나뉜다. 주요 무기질은 하루에 100 mg 이상, 미량 무기질은 100 mg보다 적은 양이 필요하다. 표 8.6에 각종 무기질의 기능 및 함유 식품이 나열되어 있다.

주요 무기질은 세포 구성물질과 체액이고 조직의 구조적 요소이기도 하다. 미량 무기질은 좀 더 큰 분자의 일부를 이루기도 한다. 예를 들어 철은 혈색소에 있고, 요오드는 갑상샘에서 만들어진 호르몬의 일부이다. 아연과 구리, 망간은 다양한 반응의 촉매작용을 하는 효소에 존재하고 있다. 계속되는 연구에 따르면, 더 다양한 요소가 필수적이라고 여겨지는 미량 무기질에 첨가되고 있다고 한다. 예를 들어 최근 30년 동안 셀레늄, 몰리브덴, 크롬, 니켈, 바나듐, 실리콘, 심지어 극소량의 비소까지 좋은 건강 유지에 필수적이라고 알려졌다. 표 8.6은 특정 무기질이 부족할 때와 독성이 있을 때의 증상을 나타낸다.

때때로 개인은 음식에서 충분한 철(특히 여성), 칼슘, 마그네슘, 아연을 얻지 못한다. 성인 여성은 한 달에 한 번 월경으로 인해 혈색소를 잃기 때문에 남성보다 더 많은 철을 섭취해야 한다(남성은 8~11 mg, 여성은 8~18 mg). 스트레스는 마그네슘 부족을 가져오고, 채식주의자들은 과섬유질 함유로 인해 신체에서 이용 가능한 아연이 적어질 수 있다. 그러나 다양하고 완전한 음식 섭취로 각 무기질을 충분히 공급할 수는 있다.

칼슘

칼슘은 뼈와 치아를 구성하는 데 필요한 주요 무기질이다. 칼슘은 신경 전도, 근육 수축, 혈액 응고에도 필수적이다. 미국에서 노인 남성의 1/4, 노인 여성의 1/2이 시달리는 퇴행성질환인 **골다공증**(osteoporosis)을 예방하거나 대응하기 위해 많은 사람이 칼슘을 섭취한다. 골다공증은 뼈파괴세포라 하는 뼈를 먹는 세포가 뼈모세포라 하는 뼈를 형성하는 세포보다 더 활발하기 때문에 발생한다. 그러므로 충분한 칼슘이 부족하기 때문에 뼈에 구멍이 많아져서 쉽게 부서진다. 권장 칼슘

오늘날의 생물학 ▶ 건강

인공 트랜스지방산의 흥망성쇠

인공 트랜스지방을 만드는 화학적 과정은 1900년대 초에 특허를 받았다. 1990년대에 인공 트랜스지방의 사용이 절정에 달했을 때 쿠키, 크래커, 도넛, 냉동 아침 식사, 냉동 피자와 같은 거의 모든 가공식품은 트랜스지방을 포함하고 있었다. 게다가 그것들은 크리스코와 기타 야채 쇼트닝의 형태로 집에서 패스트푸드를 튀기고 요리하는 데 사용되었다. 이 모든 것은 미국식품의약국(FDA)에 의해 트랜스지방이 금지된 2018년에 끝났다. 인공 트랜스지방의 증가와 그에 따른 인기의 하락은 모두 지속적인 과학 연구의 결과였다.

식품에 들어 있는 트랜스지방

기름은 버터, 라드와 같은 고체 지방에 비해 식품에 첨가하는 비용이 상대적으로 저렴하다. 불행하게도 그것들은 썩기 전에 선반에서 오래 가지도 못하고 고체 지방의 질감을 제공하지도 않는다. 수소화의 과학적 발견은 기름에 있는 불포화지방산을 저장 수명이 길고 반고체인 트랜스지방산으로 변화시킴으로써 이러한 문제들을 해결했다.

과학 연구가 포화지방이 많은 식단과 심장질환 사이의 연관성을 확립하기 시작하면서 음식에 인공 트랜스지방의 사용이 급격히 증가했다. 인공 트랜스지방은 건강에 더 좋은 대안으로 여겨졌고 심지어 일정 기간 동안 홍보되었다.

트랜스지방 연구

트랜스지방의 사용이 증가함에 따라 트랜스지방에 대한 연구도 증가했다. 1980년대와 1990년대에 몇몇 연구들은 심지어 적은 양의 인공 트랜스지방이 심장병의 위험을 증가시킨다는 것을 발견했다. 그 연관성이 명백했기 때문에 과학자들과 보건관계자들은 트랜스지방 사용 금지를 추진하고 대중에게 더 많은 정보를 제공하기 시작했다.

일부 식품 산업은 트랜스지방이 사람의 건강에 해롭지 않다는 것을 발견하기 위한 희망을 가지고 과학 연구에 자금을 지원하려고 노력했다. 하지만 그것은 비슷한 결과를 보여주었다. 업계의 반대에도 불구하고 FDA는 식품 제조업체들에게 영양 성분 라벨에 트랜스지방을 표시하도록 요구했다. 이로 인해 소비자들은 트랜스지방이 없는 제품을 원하게 되었고 산업 과학자들은 새로운 식품에 들어 있는 트랜스지방의 양을 줄이는 대안을 개발하게 되었다(그림 8C).

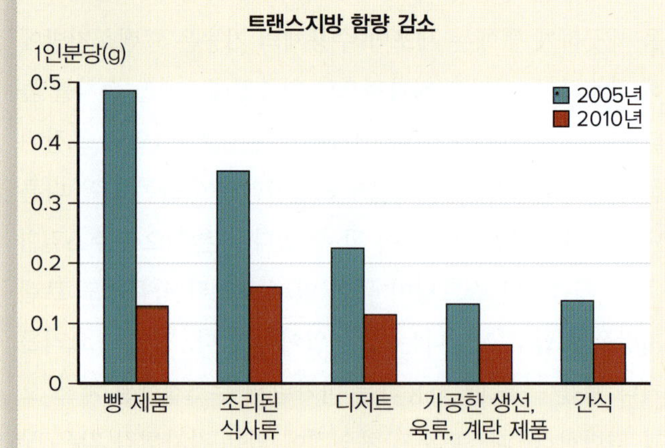

그림 8C 인공 트랜스지방의 감소.
식품 제조업체들이 식품 라벨에 트랜스지방을 표시하도록 요구한 후 2005~2010년 사이에 식품에 사용되는 트랜스지방의 양이 현저하게 감소했다.
USDA, Economic Research Service calculations using Mintel Global New Products Database.

트랜스지방 금지령

인공 트랜스지방에 대한 금지는 2000년대 초에 나타나기 시작했다. 예를 들어 덴마크는 2003년에, 뉴욕시는 2006년에, 캘리포니아주는 2011년에 금지령을 제정했다.

식품 제조업체는 1회 분량이 0.5 g 미만의 트랜스지방이 들어 있는 한 음식이 0 g의 트랜스지방을 가지고 있다고 주장할 수 있기 때문에 전면적인 금지를 하는 것은 중요했다. 적은 양도 사람의 건강에 영향을 미치기 때문에 소비자들은 자신도 모르게 심장병의 위험을 증가시킬 수 있다.

첫 번째 트랜스지방이 실험실에서 인공적으로 만들어진 지 거의 115년 후에야 트랜스지방은 미국에서 음식에 첨가되는 것이 금지되었다. FDA는 2015년에 금지령을 제정했고, 기업들은 2018년까지 완전히 준수해야 했다. 인공 트랜스지방의 제거는 연간 5만 건의 심장마비를 예방할 것으로 추정된다.

생각해 볼 문제

1. 트랜스지방에 대한 우려는 1950년대에 시작되었다. 연구가 심장병에 미치는 영향에 대한 결과를 제공하는 데 왜 수십 년이 걸렸는가?
2. 왜 식품 산업의 일부가 트랜스지방을 영양성분표에 표시하는 것에 반대했다고 생각하는가?

표 8.6 무기질

무기질	기능	공급원 음식	건강 문제	
			결핍증	유독성
주요(하루 100 mg 이상 필요함)				
칼슘(Ca^{2+})	뼈와 치아를 튼튼하게 함, 신경 전도, 근육 수축, 혈액 응고	유제품, 녹엽채소	아동 발육 부진, 성인의 낮은 골밀도	콩팥 결석, 철과 아연 흡수 방해
인(PO_4^{3-})	뼈와 부드러운 조직 성장, 인지질과 ATP, 핵산의 일부	고기, 유제품, 해바라기씨, 식품 첨가물	허약함, 현기증, 뼈와 관절의 통증	혈액과 뼈의 낮은 칼슘 수치
포타슘(K^+)	신경 전도, 근육 수축	많은 과일과 채소, 왕겨	마비, 불규칙적인 심장박동, 끝내 사망	구토, 심장마비, 죽음
황(S^{2-})	단백질 형태 안정화, 독성물질 중성화	고기, 유제품, 콩류	없음	동물에게서 우울증 증가
소듐(Na^+)	신경 전도, pH와 수분 균형	식탁용 소금	무기력, 근육 경련, 식욕 부진	부종, 고혈압
염소(Cl^-)	수분 균형	식탁용 소금	없음	구토, 탈수
마그네슘(Mg^{2+})	신경과 근육 수축을 위한 다양한 효소의 일부, 단백질 합성	통곡물, 녹엽채소	근육 경련, 불규칙적인 심장박동, 경련, 현기증, 성격 변화	설사
미량(하루 100 mg 이하 필요함)				
아연(Zn^{2+})	단백질 합성, 상처 치료, 태아의 발달과 성장, 면역 기능	고기, 콩류, 통곡물	상처 치료의 더딤, 성장 부진, 설사, 정신적 무기력	빈혈, 설사, 구토, 콩팥 이상, 콜레스테롤 수치 증가
철(Fe^{2+})	혈색소 합성	통곡물, 고기, 자두 주스	빈혈, 신체적 · 정신적 부진	철 독성질환, 장기 기능 이상, 결국 사망
구리(Cu^{2+})	혈색소 합성	고기, 견과류, 콩류	빈혈, 아동 성장 부진	배출되지 않으면 내장 기관의 손상
요오드(I^-)	갑상샘호르몬 합성	요오드화 식탁용 소금, 해산물	갑상샘 기능 이상	갑상샘 기능 저하, 불안
셀레늄(SeO_4^{3-})	항산화효소의 일부	해산물, 고기, 달걀	혈관 이상, 암 발생 가능	머리와 손톱이 빠짐, 피부 변색
망간(Mn^{2+})	효소의 일부	견과류, 콩류, 녹엽채소	허약함과 현기증	현기증, 혼수상태, 죽음

섭취량은 나이에 따라 다르나, 남녀 모두에게 일반적으로 매일 1,000 mg이다. 50세 이상 여성과 70세 이상 남성은 매일 1,200 mg으로 늘어난다. 이 양을 달성하기 위해 칼슘 보충이 필요하다.

골다공증 가족력이 있는 작은 체구의 백인 여성은 골다공증질환이 발달할 위험성이 가장 크다. 흡연과 카페인이 있는 음료를 매일 아홉 잔 이상 섭취하는 것도 하나의 원인이 된다. 비타민 D는 골다공증을 예방하는 데 칼슘의 필수적인 동반자이다. 다른 비타민도 도움이 된다. 예를 들어 마그네슘은 뼈 손실로 이어지는 순환을 억제하는 것으로 발견되었다. 적당량의 칼슘과 비타민 섭취에 더하여, 운동을 하면 골다공증을 막을 수 있다. 골격량을 늘리면서도 뼈 손실은 늦추는 약물요법도 있다.

소듐

소듐은 염화물(Cl^-)이 하는 것처럼 몸의 수분 균형을 조절하는 데 주요한 역할을 한다. 소듐은 신경자극 전도(13.1절 참고)뿐만 아니라 세포막을 통한 물질 이동(2.3절 참고)에 중요한 역할을 한다. 비록 1일 소듐 권장 섭취량은 1,500 mg이지만, 1일 미국 평균 섭취량은 3,400 mg 이상이다. 이 불균형은 소금에 들어 있는 소듐이 고혈압(높은 혈액 압력)을 증가시키기 때문에 문제를 일으킨다. 우리가 섭취하는 소듐의 약 1/3은 음식에서 섭취된다. 다른 1/3은 상업적 가공 과정에서 첨가되고, 나머지 1/3은 식탁용 소금이나 집에서 요리할 때 첨가된다.

음식물 섭취 과정에서 소듐 양을 감소시키는 것은 명백히 가능하다. 표 8.7에는 그렇게 하기 위한 권장사항이 제시되어 있다.

생활 속의 생물학

식이에서의 소듐은 대부분 어디에서 오는가?

일반적인 믿음과 달리 대부분의 소듐은 우리가 섭취하는 음식에서 유래하지 않는다. 대신 3/4가량의 소듐은 가공식품이나 첨가물에서 온다. 이런 제품들에 쓰이는 소금은 식품을 오랜 기간 보관하거나 그 맛을 더 낫게 하려는 첨가물로 쓰인다. 하지만 가끔 소듐의 양은 경이로울 때가 있다. 한 스푼의 간장 소스에 대략 1,000 mg의 소듐이 존재하고, 토마토소스 반 컵에 약 400 mg의 소듐이 있다. www.nutritiondata.self.com과 같은 웹사이트에서 당신의 1일 소듐 섭취량을 추적하는 데 도움을 줄 수 있다.

표 8.7 식품 속 소듐 섭취 줄이기

식품 속 소듐 섭취 줄이기
• 음식에 맛을 낼 때 소금 대신 향신료 사용하기
• 식탁 위에 소금을 조금만 놓거나 아예 놓지 않고, 요리할 때 적은 양의 소금만 첨가하기
• 소금기 없는 크래커, 프레첼, 감자칩, 견과류, 팝콘 먹기
• 핫도그, 햄, 베이컨, 통조림 햄, 훈제 연어, 정어리, 앤초비 피하기
• 가공된 치즈와 통조림 수프, 탈수된 수프 피하기
• 피클이나 올리브 같은 소금물에 절인 음식 피하기
• 소금이 많이 들어 있는 음식을 피하기 위해 영양성분표 읽기

비타민

비타민(vitamin)은 몸이 대사를 위해 이용하지만 적절한 양을 생산할 수 없는 유기화합물(탄수화물, 지방, 단백질과는 다름)이다. 많은 비타민은 효소를 돕는 보조효소의 일부이다. 예를 들어 니아신은 보조효소 NAD의 일부이고, 리보플래빈은 다른 탈수소효소인 FAD의 일부이다(2.6절 참고). 보조효소는 계속해서 사용될 수 있기 때문에 적은 양만 필요하다. 모든 비타민이 보조효소는 아니다. 예를 들어 비타민 A는 야맹증을 예방하는 시각적 색소의 전구물질이다. 만일 섭취한 음식에서 비타민이 부족하면 다양한 증상이 나타난다. 13개의 비타민은 **지용성**(fat soluble, 표 8.8)과 **수용성**(water soluble, 표 8.9)으로 나뉜다. 지용성과 수용성 비타민의 차이는 어떻게 화합물이 몸에 흡수되는지, 몸에 의해 어떻게 운반되는지, 몸의 조직과 어떻게 상호작용하는지, 세포에 어떻게 저장되는지와 관련된다.

항산화제

지난 수십 년 동안 이루어진 수많은 통계 연구에 의하면, 과일과 채소가 풍부한 음식 섭취는 암을 예방할 수 있는 것으로 밝혀졌다. 세포대사작용은 여분의 전자를 운반하는 불안정한 분자인 자유라디칼(free radical)을 생성한다. 세포에서 가장 흔한 자유라디칼은 초산화물(O_2^-)과 수산화물(OH^-)이다. 자유라디칼은 스스로가 안정화하기 위하여 전자 하나를 DNA, 단백질(효소 포함) 또는 세포막에서 발견되는 지질에 전달한다. 이러한 전자 전달은 이들 세포 분자들에 손상을 입혀서, 때로는 암까지 포함한 세포 기능 붕괴를 초래할 수 있다.

비타민 C, E, A는 자유라디칼로부터 우리 몸을 지켜주는 것으로 여기며, 그래서 이들을 항산화제(antioxidant)라고 부른다. 이들 비타민은 특히 과일과 채소에 풍부하다. 음식 섭취

표 8.8 지용성 비타민

비타민	기능	공급원 음식	건강 문제	
			결핍증	유독성
비타민 A	베타카로틴으로부터 합성된 항산화물질. 건강한 눈, 피부, 머리카락, 점막과 적절한 뼈 성장에 필요	진한 노란색이나 주황색, 잎이 많은 짙은 녹색 채소, 과일, 치즈, 전유, 버터, 달걀	야맹증, 뼈와 치아의 성장 손상	두통, 어지러움, 메스꺼움, 탈모, 태아의 비정상 발달
비타민 D	뼈와 치아의 발달과 유지, 칼슘 흡수에 필요한 스테로이드 그룹	비타민 D를 첨가한 우유, 생선 간 기름, 햇빛에 피부가 노출되었을 때도 생김	구루병, 석회화와 뼈의 약화	부드러운 조직의 석회화, 설사, 콩팥 손상 가능
비타민 E	비타민 A와 고도불포화된 지방산의 산화를 막는 항산화물질	녹엽채소, 과일, 채소기름, 견과류, 통곡물 빵과 시리얼	알려진 것 없음	설사, 메스꺼움, 두통, 피로, 근육 허약
비타민 K	혈액 응고에 유효한 물질을 합성하는 데 필요	녹엽채소, 양배추, 컬리플라워	멍이 잘 들고 피가 잘 남	혈액 응고 방지제를 방해할 수 있음

표 8.9 수용성 비타민

비타민	기능	공급원 음식	건강 문제	
			결핍증	유독성
비타민 C	항산화물질, 콜라겐 형성에 필요, 모세혈관, 뼈, 치아 유지에 도움을 줌	감귤류, 녹엽채소, 토마토, 감자, 양배추	괴혈병, 느린 상처 치료, 감염	통풍, 콩팥 결석, 설사, 구리 감소
티아민 (비타민 B_1)	세포호흡에 필요한 보조효소의 일부, 또한 신경계통 활동을 촉진함	통곡물 시리얼, 말린 콩과 완두콩, 해바라기씨, 견과류	각기병, 근육 허약, 심장 확장	다른 비타민 흡수를 방해할 수 있음
리보플래빈 (비타민 B_2)	FAD 같은 보조효소의 일부, 단백질과 지방의 산화를 포함하여 세포호흡에 필요함	견과류, 유제품, 통곡물 시리얼, 가금류, 녹엽채소	피부염, 흐린 시야, 성장 정지	알려진 것 없음
니아신 (니코틴산)	보조효소 NAD의 일부, 단백질과 지방의 산화를 포함하여 세포호흡에 필요함	땅콩, 가금류, 통곡물 시리얼, 녹엽채소, 콩	펠라그라병, 설사, 정신질환	고혈당, 고요산, 혈관 확장 등
폴라신 (엽산)	혈색소 생산과 DNA 형성에 필요한 보조효소 호르몬	짙은 녹엽채소, 견과류, 콩, 통곡물 시리얼	거대 적혈구성 빈혈, 척추 파열	B_{12} 부족을 가장함
비타민 B_6	호르몬과 혈색소 합성에 필요한 보조효소, 중추신경계통 조절	통곡물 시리얼, 바나나, 콩, 가금류, 견과류, 녹엽채소	드물게 경련, 구토, 지루, 근육 허약	불면증, 신경장애
판토텐산	탄수화물과 지방을 산화하는 데 필요한 보조효소 A의 일부, 호르몬과 특정 신경전달물질 형성을 도움	견과류, 콩, 진녹색 채소, 가금류, 과일, 우유	드물게 식욕 상실, 정신적 우울, 무감각	알려진 것 없음
비타민 B_{12}	코발트를 함유한 복잡한 화합물, 핵산과 말이집의 합성에 필요한 보조효소의 일부	유제품, 생선, 가금류, 달걀, 영양가 높은 시리얼	악성 빈혈	알려진 것 없음
비오틴	아미노산과 지방산 대사에 필요한 보조효소	대부분 음식, 특히 달걀	피부 발진, 메스꺼움, 피로	알려진 것 없음

FAD = flavin adenine dinucleotide, NAD = nicotinamide adenine dinucleotide

가이드라인은 과일과 채소 섭취를 매일 늘리라고 제시한다. 이 목표를 이루려면 사과와 오렌지, 기타 신선한 과일뿐만 아니라 샐러드 채소, 생채소 또는 요리한 채소, 말린 과일과 과일주스 등을 생각해 볼 필요가 있다.

건강보조식품은 암이나 심장혈관질환에 대한 잠재적인 보호 대책을 제공할 수도 있지만, 영양학자들은 사람들이 과일과 채소를 섭취하는 대신에 보조식품을 먹어야 한다고 생각하지 않는다. 과일과 채소에는 비타민 알약으로 얻을 수 없는 유익한 화합물이 많다. 이 화합물질들은 서로 흡수와 작용을 촉진하고 또한 독립적인 생물학적 기능을 수행하기도 한다.

비타민 D

피부세포는 자외선 노출 후에 비타민 D로 바뀌는 전구체 콜레스테롤 분자를 함유한다. 비타민 D는 피부를 떠나서 우선 콩팥에서 변경되고 간으로 간 다음, 최종적으로 칼시트리올이 된다. 칼시트리올은 장에 의한 칼슘 흡수를 촉진한다. 칼슘보충제는 비타민 D와 함께 먹는 것이 좋다. 비타민 D의 부족은 아동 구루병을 일으킨다. 다리가 굽는 것이 특징인 구루병은 뼈대의 석화작용에 의해 생긴다. 대부분의 우유에는 구루병 예방에 도움을 주는 비타민 D가 첨가되어 있다.

영양에 좋은 식사 계획 세우기

미국인의 가장 심각한 질병은 체지방 과다를 유발하는 음식 섭취와 관련이 있다. 과체중에 유전요소가 작용하긴 하지만 사람은 필요량보다 식품 에너지(칼로리)를 더 먹지 않는 한 비만이 될 수 없다. 사람은 기초대사를 위한 에너지(칼로리)

가 필요하다. 기초대사는 정상적인 신체 기능을 유지하기 위해 움직이지 않고 있을 때 신체가 태우는 칼로리량이다. 사람은 운동을 위해서도 칼로리가 필요하다. 운동을 적게 할수록 기초대사율 초과분으로서 더 적은 칼로리가 필요하다. 그래서 음식 섭취 계획의 첫 번째 단계는 칼로리량을 사람이 하루 동안 사용할 양으로 제한하는 것이다. 우리 모두는 각자 필수적인 계산을 할 수 있다. 당신은 다음 사항을 발견할 것이다. 여자의 경우 하루에 먹을 수 있는 최대 칼로리 수는 2,000칼로리이다. 남자의 경우는 2,500칼로리를 넘지 않으면 몸무게도 늘지 않고 좋다.

미국농무부(USDA)에 의해 개발된 새로운 식사 가이드라인은 '나의 한 끼 식사(MyPlate)'라는 프로그램이다(그림 8.15). 이 그래픽 표현은 사람들이 보다 쉽게 이해할 수 있다는 점에서 과거의 피라미드에서 대체되었다. 이 그래픽이 표현하는 것은 먹으려고 하는 음식에 칼로리를 어떻게 안배할지 정하는 데 도움이 된다. '나의 한 끼 식사' 가이드라인은 매일 먹는 음식 그룹의 비율을 강조한다.

2020년 미국 보건복지부와 농무부는 엄격한 양의 영양소보다 건강한 식습관에 더 초점을 맞춘 새로운 식단 지침을 발표했다. 이러한 지침은 건강 특집 '새로운 식사 가이드라인'에 요약되어 있다.

우리는 다양한 음식을 먹어야 한다. 모든 그룹의 음식을 식단에 포함해야 한다.

- 과일, 야채, 통곡물, 무지방 또는 저지방 우유 제품과 같은 음식을 더 많이 섭취해야 한다. 짙은 녹색 채소, 오렌지색 채소, 잎이 많은 채소를 골라야 한다. 마른 콩과 완두콩은 좋은 섬유질 공급원이고 훌륭한 단백질 공급원이기도 하다. 감자와 옥수수는 제한한다. 곡물을 먹을 때 현미, 오트밀, 통밀빵과 같은 통곡물을 선택해야 한다. 설탕 대신에 과일을 간식으로 선택하거나 음식의 토핑으로 선택해야 한다.
- 가금류와 같은 살코기와 연어, 송어, 청어와 같은 오메가-3 지방산이 많은 생선을 적당한 크기로 선택해야 한다. 단일불포화지방산과 다중불포화지방산이 풍부한 오일을 식단에 포함시켜야 한다.
- 포화지방이나 트랜스지방, 가당, 콜레스테롤, 염분, 알코올 함량이 높은 음식을 적게 섭취해야 한다.
- 매일 신체활동을 해야 한다. 체중 감소가 필요하다면 적정한 영양소 섭취를 유지하고 신체 활동을 늘리면서 천천히 칼로리 섭취를 줄여야 한다.

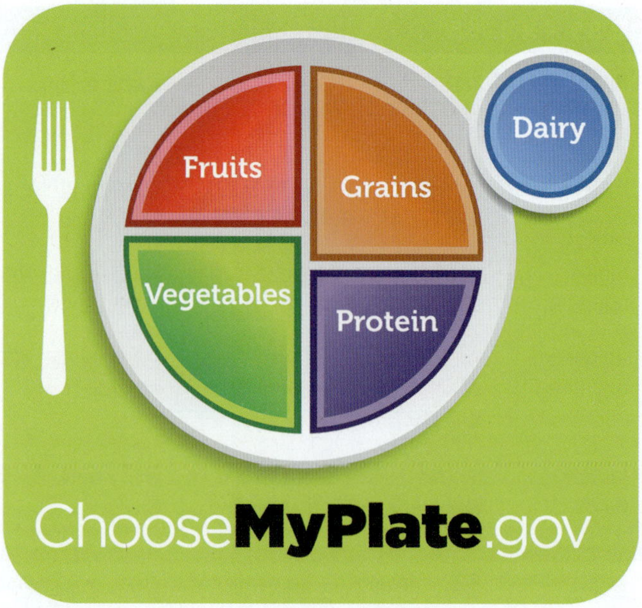

그림 8.15 '나의 한 끼 식사' 음식 섭취 권장사항.
미국농무부(USDA)는 더 나은 건강을 위한 지침으로 음식 접시의 시각적 표현법을 개발했다. 각 음식 그룹에 대한 접시 크기 차이는 식사의 어느 부분이 각 범주로 구성되어야 하는지를 나타낸다. 다섯 가지 다른 색상은 각 식품 카테고리가 정확한 비율로 건강을 위해 매일 필요하다는 것을 보여준다. MyPlate.gov.를 참고하라.
U.S. Department of Agriculture

식이장애

식이장애는 비정상적이고 건강하지 못한 식이 패턴을 특징으로 하는 복잡한 심리적 장애이다. 식이장애를 가진 많은 사람이 그들의 신체 이미지에 만족하지 못할 수 있지만, 이것은 한 가지 원인일 뿐이다. 다양한 사회적, 문화적, 감정적, 생물학적 요인 모두가 식이장애 발생과 관련이 있다. 비만, 신경성 식욕부진, 신경성 폭식증 같은 심각한 질환은 영양실조, 장애, 죽음으로 이어질 수 있다. 식이장애와 상관없이 조기에 인지하고 치료하는 것이 매우 중요하다.

신경성 식욕부진(anorexia nervosa)은 살찌는 것에 대한 비이성적인 두려움이 특징인 심각한 정신질환이다. 환자는 정상 체중을 유지하기 위한 충분한 음식 섭취를 거부한다. 자기 스스로 강요한 굶주림은 자주 폭식을 하게 하고, 그다음에는 제

오늘날의 생물학 ▶ 건강

새로운 식사 가이드라인

영양학의 변화를 반영하기 위해 미국 정부는 일반적으로 5년마다 식사 가이드라인을 개정한다. 농업문화보건복지부는 2020년에 최신 가이드라인을 발표했다. 이 가이드라인의 전반적인 목적은 다음과 같다.

- 건강을 증진한다.
- 만성(장기)질환을 예방한다.
- 건강한 체중에 도달하고 유지할 수 있도록 돕는다.

새로운 가이드라인은 영양 섭취 수준의 양적 처방에 덜 집중하고, 건강한 식습관 확립에 더 집중하고 있다. 이러한 패턴에는 다음과 같은 음식이 포함된다.

- 잎이 많은 채소, 콩, 빨간색과 노란색 야채를 포함한 다양한 채소 및 전분
- 과일
- 곡물. 모든 곡물의 절반 이상이 통곡물이어야 함
- 무지방 또는 저지방 유제품(콩 포함)
- 해산물, 살코기, 가금류, 계란, 콩류, 견과류, 콩 제품 형태의 단백질
- 오일

이러한 건강한 식습관을 확립하기 위해 일반적으로 건강 문제를 야기할 수 있는 특정 영양소를 제한하도록 구체적인 권장사항을 제시했다.

- 하루에 10% 미만의 가당을 소비해야 한다.
- 하루에 10% 미만의 포화지방을 소비해야 한다.
- 하루에 2,300 mg 미만의 소듐을 섭취해야 한다.
- 알코올은 적당히 섭취해야 한다. 여성의 경우 하루에 최대 한 잔, 남성의 경우 하루에 최대 두 잔을 섭취해야 한다(법적 음주 연령의 성인만).

결정된 방법에 대한 과학을 포함하여 이러한 가이드라인에 대한 자세한 내용은 https://www.dietaryguidelines.gov/resources/2020-2025-dietary-guidelines-online-materials를 참고하라.

생각해 볼 문제

1. 왜 이 가이드라인에서 많은 영양소의 정량값이 제거되었다고 생각하는가?
2. 당신의 지난 24시간 동안의 식단을 반영해 보라. 당신의 식단은 이러한 일반적인 지침과 관련이 있는가?

거 행동과 체중 증가를 피하기 위한 극단적인 신체 활동이 동반된다. 폭식에는 보통 엄청난 양의 고칼로리 음식이 포함되고, 제거 행동으로 스스로 구토를 유발하거나 완하제를 남용한다. 신경성 식욕부진으로 고통받는 사람의 약 90%는 젊은 여성이며, 십대 소녀 200명 중 1명꼴로 추정된다.

신경성 폭식증(bulimia nervosa)인 사람들은 폭식하고 살이 찌는 것을 피하려고 먹은 음식물을 제거한다. 폭식-제거 반복 행동은 하루에도 여러 번 일어날 수 있다. 신경성 폭식증인 사람은 체중이 자주 정상이고, 자신의 폭식과 제거 행동을 감추는 경향이 있기 때문에 식별하기 어려울 수 있다. 여성이 남성보다 폭식증 발생이 더 많은 것으로 보이며, 추측해 볼 때 젊은 여성의 4% 정도가 이 질환으로 고통받고 있다.

다른 식이장애로는 폭식장애와 근육형태이상증이 있다. 많은 비만인이 자제력 없는 과식 행동으로 특징지어지는 **폭식장애**(binge-eating disorder)로 고통받고 있다. 스트레스, 걱정, 분노, 우울은 폭식을 유발할 수 있다. **근육형태이상증**(muscle dysmorphia)으로 고통받는 사람은 자신의 신체가 덜 발달되었다고 생각한다. 보디빌딩 활동과 음식 및 체형에 대한 집착이 이 질환을 동반한다. 이 질환자는 매일 체육관에서 몇 시간 동안 근육강화장비로 운동한다. 신경성 식욕부진과 폭식증과는 달리 근육형태이상증은 여성보다 남성에게 더 많이 발생한다.

진도 점검하기 8.6

1. 각 영양소 종류를 간단히 설명하고 예를 들어 보시오.
2. 왜 탄수화물과 지방이 오늘날 비만 유행의 원인이 되는지 설명하시오.
3. 비타민과 무기질의 차이점을 설명하시오.

개념 연결하기

신체가 영양소를 어떻게 활용하는지에 대한 자세한 내용은 다음 논의를 참고하시오.

11.1절 비타민 D가 뼈 성장에 영향을 미치는 호르몬으로 어떻게 작용하는지 살펴본다.

14.4절 시력에서 비타민 A의 역할을 살펴본다.

19.2절 적절한 수준의 비타민 A와 C가 있는 식단이 암을 예방하는 데 어떻게 도움을 줄 수 있는지 살펴본다.

결론

이 장에서는 소화계통의 구조와 기능뿐만 아니라 인간 영양의 원리도 탐구했다.

셀리악병은 100명 중 1명꼴로 발병하는 심각한 질환이다. 같은 증상이 많은 글루텐 민감성과는 달리, 셀리악병은 소장의 점액과 미세점액층에 심각한 손상을 일으킬 수 있다.

우리가 이 장에서 보았듯이, 소장은 영양소 처리에 중심적인 역할을 한다. 점액과 미세점액을 손상하는 어떤 상태도 소장의 효과를 떨어뜨리고 체중 감소, 비타민과 미네랄 결핍, 심지어 장의 암을 초래할 수 있다. 현재 셀리악병의 유일한 치료법은 글루텐 단백질에 노출되는 것을 엄격히 피하는 식단을 평생 유지하는 것이다.

요약

8.1 소화의 개요

- **소화계통**(digestive system)의 목적은 고분자를 가장 작은 단위들로 **가수분해**(hydrolysis)하는 것이다. 소화계통의 기관들은 위장관 안에 위치한다.
- 소화 과정은 **섭취**(ingestion), **소화**(digestion), **이동**[movement, **꿈틀운동**(peristalsis)], **흡수**(absorption), **배출**(elimination)이다.
- 모든 장관은 **점막**(mucosa), **점막하층**(submucosa), **근육층**(muscularis), **장막**(serosa)의 네 층으로 구성된다. 이 층들은 위장관의 내부 공간인 **내강**(lumen)을 둘러싸고 있다.
- **게실증**(diverticulosis)이라 하는 근육층 질환은 위장관 어느 부분에도 생길 수 있지만, 주로 대장에서 발생한다.

8.2 입, 인두, 식도

- **입**[mouth, 입안(oral cavity)]에서 치아로 음식을 씹는다. **침샘**(salivary gland)이 생산한 침에는 녹말을 소화하는 **침 아밀라아제**(salivary amylase)가 포함되어 있고, 혀는 삼키기 위한 **덩어리**(bolus)를 형성한다.
- 입과 코는 둘 다 **인두**(pharynx)로 연결되어 있다. 인두는 식도(음식물 통로)와 기관(공기 통로, 숨통)으로 열린다. 삼키는 동안 코로 열린 곳은 물렁입천장에 의해 닫히고, **후두덮개**(epiglottis)는 기관으로 열린 곳[**성문**(glottis)]을 덮는다. 음식은 식도로 들어가고 꿈틀운동이 시작된다. **조임근**(sphincter) 조절은 음식물 덩어리를 이동시킨다.
- 입의 질환에는 **충치**(dental caries, cavities), **치은염**(gingivitis), **치주염**(periodontitis)이 있다.
- **속쓰림**(heartburn)은 위의 음식물이 **식도**(esophagus)로 들어갈 때 발생한다. 토하는 동안 복근과 **가로막**(diaphragm)은 음식물을 식도를 통해 밀어 올려 입 밖으로 내보낸다.

8.3 위와 소장

- **위**(stomach)는 확장하여 음식을 저장하고 산성의 위액과 음식을 섞어 휘젓는다. 위는 부드러운 근육의 **비스듬층**(oblique layer)과 **주름**(rugae)을 갖고 있어 음식물을 섞는 데 도움이 된다. **위샘**(gastric gland)이 생산하는 위액은 단백질을 소화시키는 효소인 **펩신**(pepsin)을 함유한다. 위를 나오는 음식물은 **미즙**(chyme)이라 한다.
- **소장**(small intestine)의 십이지장은 간으로부터 쓸개즙을 받고, 이자로부터 이자액을 받는다. 쓸개즙은 지방을 유화하고 리파아제에 의한 소화를 준비한다.
- 이자는 녹말[**아밀라아제**(amylase)], 단백질[트립신과 같은 **단백질분해효소**(protease)], 지방[**리파아제**(lipase)]을 소화하기 위한 효소를 생산한다. 장내 효소는 화학적 소화 과정을 마친다.
- 소장의 융모효소는 소화 과정을 마무리한다. 작은 영양소 분자들은 소장벽의 **융모**(villi)와 **미세융모**(microvilli)에서 흡수된다. 영양소는 혈액순환계통의 모세혈관과 림프계통의 **암죽관**(lacteal)으로 들어간다. **유당불내증**(lactose intolerance)은 소장에 유당분해효소인 락타아제가 없는 사람들에게 발생한다.

8.4 부속기관과 분비물의 조절

3개의 소화 부속기관(이자, 간, 쓸개)은 관을 통해 십이지장으로 분비물을 보낸다.

- **이자**(pancreas)는 탄수화물, 단백질, 지방 소화효소를 함유한 이자액을 생산한다. 또한 이자는 혈당을 조절하는 **호르몬**(hormone)을 분비한다.
- **간**(liver)은 **쓸개즙**(bile)을 생산하여 오래된 혈액세포를 파괴하고, 혈액을 해독하고, 철을 저장하고, 혈장단백질을 만들고, 포도당을 글리코겐으로 저장하고, 글리코겐을 포도당으로 분해하고, **요소**(urea)를 생산하고, 혈액 콜레스테롤 수치 조절을 돕는다.
- **쓸개**(gallbladder)는 간에 의해 생산된 쓸개즙을 저장한다. 소화액의 분비는 신경계통과 호르몬에 의해 조절된다.
- 위의 아랫부분에서 생산되는 가스트린은 위의 윗부분을 자극하여 펩신을 분비시킨다. 십이지장 벽에 의해 생산되는 세크레틴과 콜레시스토키닌(CCK)는 이자를 자극하여 이자액을 분비하게 하고 쓸개를 자극하여 쓸개즙을 방출하게 한다.
- 간질환에는 **황달**(jaundice), **간염**(hepatitis), **간경변**(cirrhosis)이 있다. **담석**(gallstone)은 쓸개 작용에 악영향을 미친다.

8.5 대장과 배변

- **대장**(large intestine)은 **막창자**(cecum), **잘록창자**(colon: 오름잘록창자, 가로잘록창자, 내림잘록창자 포함), **막창자꼬리**(appendix), **항문**(anus)에서 끝나는 **곧창자**(rectum)로 구성되어 있다.
- 대장은 수분과 염분 및 일부 비타민을 흡수하고, 대변을 만들고, 대변을 **배변**(defecation)한다. 섬유질은 대변을 뭉치게 한다. 대변 색깔은 배설물인 **빌리루빈**(bilirubin)의 결과이다.
- 대장질환에는 **설사**(diarrhea), **변비**(constipation), **치질**(hemorrhoid), 게실증, 과민성대장증후군, 염증성대장질환, **용종**(polyp), 암이 있다.

8.6 영양과 체중 조절

소화 과정에 의해 나오는 **영양소**(nutrient)는 우리에게 적당한 에너지, 필수아미노산과 필수지방산, 모든 필수 비타민과 무기질을 제공한다.

- **체질량지수**(body mass index, BMI)는 신체의 비만 정도를 정하는 데 사용할 수 있다. **비만**(obesity)은 2형 당뇨병과 심장혈관질환을 포함한 많은 질병과 연관되어 있다. 새로운 식사 가이드라인인 '나의 한 끼 식사(MyPlate)'는 건강을 유지하기 위한 음식 비율을 제시한다.
- 탄수화물은 음식 섭취에 필수적이지만, 단당류와 정제된 녹말은 2형 당뇨병을 유도하는 인슐린의 급격한 분비를 일으킨다. **섬유질**(fiber)은 우리가 분해할 수 없는 탄수화물이다. 어떤 음식이 탄수화물을 혈액 속에 신속히 내놓는지를 예측하는 데 **혈당지수**(glycemic index, GI)가 사용될 수 있다.
- 단백질은 필수아미노산을 공급한다.
- 불포화지방산, 특히 오메가-3 지방산은 심장혈관질환을 막아준다. 포화지방산과 트랜스지방은 심장질환에 관여한다. 필수지방산은 음식 섭취로만 공급된다.
- 우리 몸은 일정량의 **무기질**(mineral)도 필요로 한다. **골다공증**(osteoporosis)은 무기질(칼슘) 결핍질환의 한 예다.
- **비타민**(vitamin)은 신진대사를 보조하는 유기화합물이다.
- 음식장애에는 **신경성 식욕부진**(anorexia nervosa), **신경성 폭식증**(bulimia nervosa), **폭식장애**(binge-eating disorder), **근육형태이상증**(muscle dysmorphia)이 있다.

개념 심화 학습

비판적 사고 키우기

1. 녹말과 같은 복합탄수화물 분자를 소화하는 데 관여할 수 있는 효소의 모든 종류와 위치를 신체 세포가 포도당 분자를 활용하는 데까지 기술하시오.
2. 근육 성장을 증진시키는 능력으로 광고되는 아미노산 보충제인 크레아틴을 다량 복용하고 있다고 가정해 보자. 당신의 근육은 제한된 속도로만 성장할 수 있기 때문에, 새로운 근육의 합성에 사용되지 않는 과잉 크레아틴은 어떻게 된다고 생각하는가?
3. 이 실험의 시험관당 예상 소화 결과를 예측하고 설명하시오.

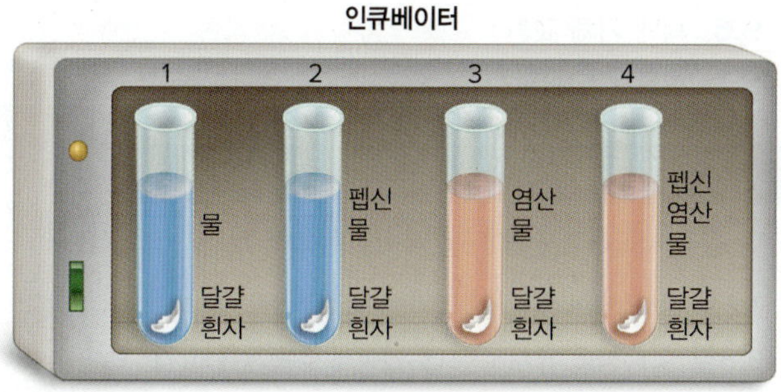

관련성 탐구하기

1. 셀리악병이 있다면 어떤 종류의 음식을 피해야 하는가? 비타민과 미네랄 같은 음식의 영양소는 다른 공급원을 통해 얻을 수 있는가?
2. 우리가 배운 바와 같이 글루텐은 탄수화물이 아닌 단백질이다. 하지만 많은 제조업체가 과일, 야채와 같은 식품에 글루텐이 없는 것으로 라벨을 붙인다. 당신의 경험에서 이에 대한 예를 제공할 수 있는가? 당신은 왜 이런 종류의 라벨링이 허용된다고 생각하는가?
3. 당신이 면역체계와 영양에 대해 알고 있는 것을 고려할 때, 왜 대부분의 사람들이 어떤 형태의 음식 알레르기가 있다고 말하는 것이 안전한가?

모든 장의 질문에 대한 정답은 *connect.mheducation.com*에서 확인하시오.

CHAPTER

9

호흡계통

wavebreakmedia/Shutterstock

이 장의 개요

시작하기 전에

이 장을 시작하기 전에 다음 사항을 논의해 보자.

1.2절 pH 값이 나타내는 의미는 무엇인가?

3.8절 항상성을 유지하는 데 있어서 호흡계통의 역할은 무엇인가?

5.2절 산소와 이산화탄소를 운반할 때 적혈구 세포는 어떤 관여를 하는가?

초미세먼지와 천식

천식은 기도가 수축되어 좁아지고 염증으로 인하여 부어올라 호흡곤란을 유발하는 질환이다. 증상으로는 쌕쌕거림(천명)과 숨 가쁨, 주로 밤에 잦은 기침을 하며 특히 운동할 때 극심한 피로감 또는 힘이 없음을 느끼는 것이 있다. 미국에는 2,500만 명 이상의 천식 환자가 있고 발생도도 점점 증가하는 추세이다. 전문가들은 그 이유에 대하여 다양한 설명을 한다. 한 가지 가설은 어려서 흔한 세균, 바이러스, 기생충에 충분히 노출되지 않았다는 면에서 '너무 깨끗한' 상태였다는 것이다. 그 결과 우리가 들이마시는 유해한 물질에 대하여 면역계통이 반응한다. 공기 중에는 여러 형태의 유해물질이 존재하는데, 관심도가 높아지고 있는 물질은 디젤엔진에 의해 높은 수준으로 배출되는 직경 0.1 μm 이하의 아주 작은 '초미세'먼지이다. 이 먼지들은 상기도의 방어능을 피하여 폐 깊숙이 침투하여 위험한 영향을 끼치게 된다.

최근 천식 연구에 있어서 돌파구들이 등장하였다. 환경 요인에 더하여 천식에 대한 감수성을 증가시키는 많은 유전자가 확인되었다. 예를 들면 다섯 번째 염색체 안에 있는 한 세트의 유전자들이 천식과 연결되어 있고 몸의 염증반응에 관련되어 있음을 확인하였다. 염증은 기도를 수축시키고 폐로의 유체 흐름을 증가시킬 수 있다. 열일곱 번째 염색체에 있는 한 유전자의 변이들이 감수성을 증가시키는 것을 볼 수 있었고, 특히 호흡기 감염 바이러스에 노출된 사람들에게서 이러한 현상이 더 잘 보였다. 아직까지 천식에 대한 치료제가 나오진 않았지만, 이러한 유전자들의 확인은 치료제 개발에 대한 희망을 준다.

이 장을 학습하면서 다음 질문을 생각해 보자.

1. 기도의 수축과 부기가 호흡량에 어떻게 영향을 주는가?
2. 천식이 몸의 다른 계통에 어떻게 영향을 주는가?

9.1 호흡계통

학습 목표

이 절을 학습한 후 다음 사항을 할 수 있어야 한다.

1. 체내 항상성에 있어서 호흡계통의 역할을 요약할 수 있다.
2. 들숨과 날숨을 구분할 수 있다.
3. 인체 호흡계통의 구조를 설명할 수 있다.

호흡계통(respiratory system)의 기관들은 산소가 몸 안으로 들어오고 이산화탄소가 몸 바깥으로 나가게 한다. 호흡계통의 구조와 기관은 그림 9.1과 같다.

들숨(inspiration) 또는 흡입(숨을 들이쉼)하는 동안 공기는 대기로부터 일련의 공간, 관 및 틈을 통해 폐로 들어간다. **날숨**(expiration) 또는 내뱉음(숨을 내쉼)하는 동안 공기는 같은 구조를 통해 폐로부터 대기로 나가게 된다.

환기(ventilation)는 들숨과 날숨을 포함한 호흡의 또 다른 용어이다. 환기를 하는 동안 호흡계통은 심장혈관계통에 의존하여 폐에서 조직으로 산소(O_2)를 수송하고 조직으로부터 폐로 이산화탄소(CO_2)를 수송한다.

인체의 세포들은 세포호흡을 통해 ATP 형태로 에너지를 생산하기 때문에 기체 교환은 필수적이다. 세포호흡을 하는 동안 세포들은 산소를 사용하고 이산화탄소를 생성한다. 따라서 호흡계통은 세포들에 산소를 제공하고 이산화탄소를 제거한다.

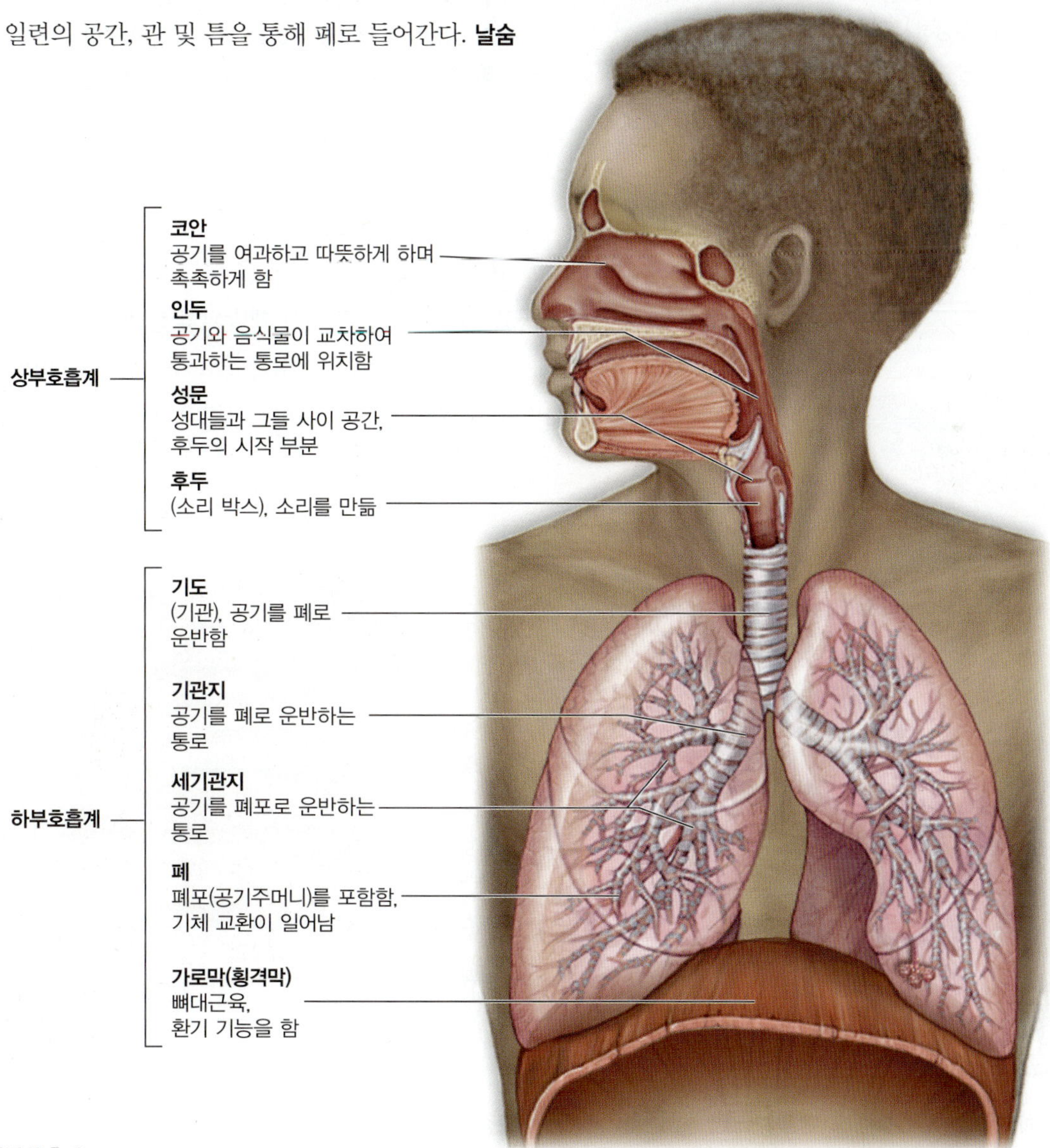

그림 9.1 사람의 호흡기.
호흡기는 코에서 폐까지 연결되어 있다.

호흡계통과 항상성

호흡계통은 심장혈관계통과 밀접한 작용을 통하여 다음의 방법으로 항상성을 유지한다(**그림 9.2**).

- 외부 호흡, 공기와 혈액 사이의 기체 교환(산소와 이산화탄소)
- 폐와 조직 간 기체 운송
- 내부 호흡, 혈액과 조직액 사이의 기체 교환

진도 점검하기 9.1

1. 코안부터 폐까지의 공기 흐름 통로를 설명하시오.
2. 들숨과 날숨 동안 공기의 흐름이 어떻게 다른지 설명하시오.
3. 호흡계통의 기능을 설명하시오.

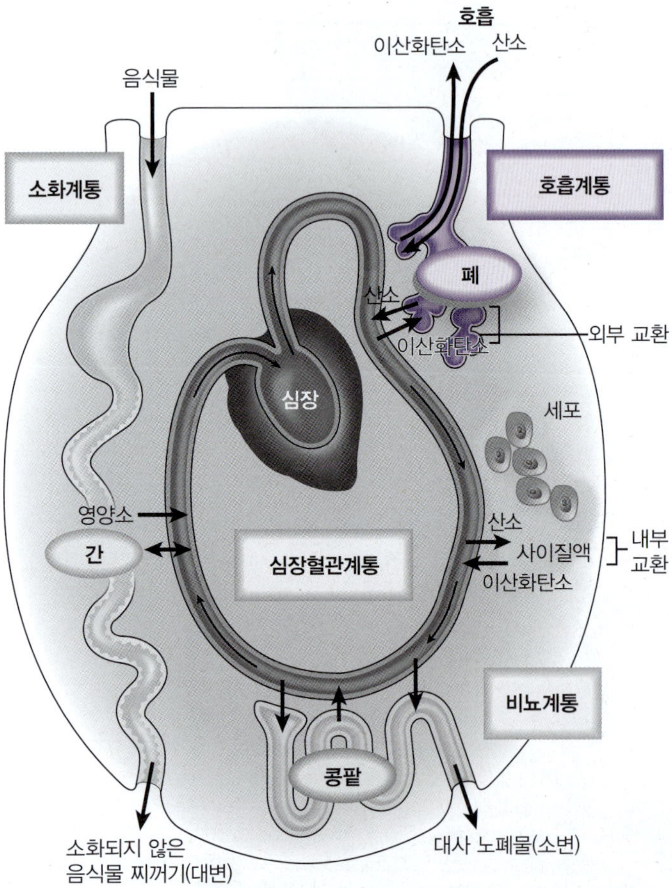

그림 9.2 호흡계통과 항상성.
호흡계통은 심장혈관계통과 밀접한 작용을 통하여 외부 환경과 기체 교환을 함으로써 항상성을 유지한다.

개념 연결하기

호흡계통과 순환계통은 몸의 항상성을 유지하기 위해 광범위하게 협력한다. 이 두 계통의 상호작용에 대한 자세한 내용은 다음 논의를 참고하시오.

4.5절 폐에서 기체가 오가는 순환경로를 살펴본다.

5.2절 기체를 수송하는 적혈구 세포의 기능을 살펴본다.

9.2 상기도

학습 목표

이 절을 학습한 후 다음 사항을 할 수 있어야 한다.

1. 호흡에서 코, 인두, 후두의 역할을 요약할 수 있다.
2. 상기도의 구조를 밝히고, 그 기능을 설명할 수 있다.
3. 후두에 의해 어떻게 소리가 발생하는지 설명할 수 있다.

코안, 인두, 후두는 상기도의 기관이다(**그림 9.3**).

코

코(nose)는 콧구멍에서 개방되어 **코안**(nasal cavity, 비강)으로 연결된다. 코안은 뼈와 연골로 구성된 사이막에 의해 양쪽으로 분리된 좁은 통로이다(그림 9.3).

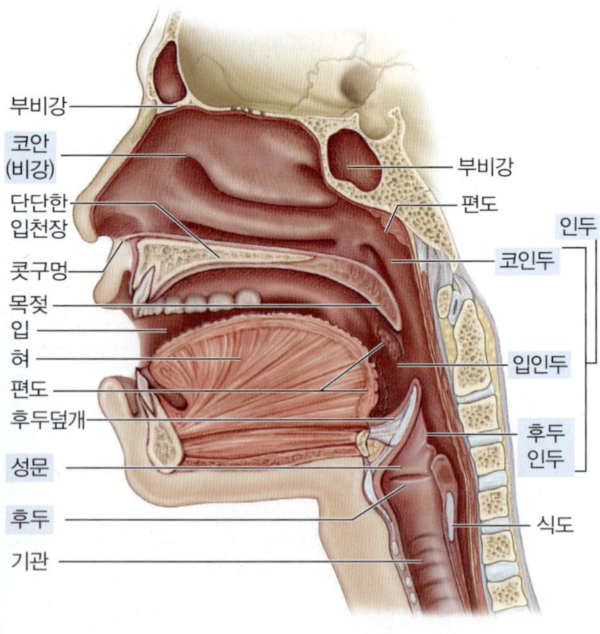

그림 9.3 상기도.
이 그림은 하기도에서 코안에서 기관으로 이어지는 공기의 경로를 보여주고 있다. 상기도에 포함되는 구조물은 파란색으로 강조하였다.

코안으로 들어온 공기는 선별 메커니즘 역할을 하는 수많은 뻣뻣한 털과 만나게 된다. 이 털들은 공기를 걸러내고 작은 입자들(먼지, 곰팡이 포자, 꽃가루 등)을 가두어 공기 통로로 들어가지 못하게 한다. 코안의 나머지 부분은 점막으로 되어 있다. 점막에서 분비된 점액은 먼지를 가두고 인두 쪽으로 옮겨 이곳에서 이를 삼키거나 기침 또는 가래로 뱉어낼 수 있도록 한다. 점막 아래는 점막하조직이다. 점막하조직에는 수많은 모세혈관이 분포해 있어 들어오는 공기를 따뜻하고 촉촉하게 해준다. 우리가 추운 날 숨을 내쉬게 되면 공기의 수분이 응결되어 나가는 것을 눈으로 볼 수 있다. 또한 점막하조직의 풍부한 모세혈관은 코를 다치면 코피가 나기 쉽다.

코안의 위쪽 좁은 천장에는 냄새 수용체의 역할을 하는 섬모세포가 있다. 신경이 이 섬모세포로부터 뇌까지 연결되어 있고, 냄새 수용체에 의해서 생성된 자극이 냄새로 해석된다(14.3절 참고).

눈물샘은 눈물관을 통해 코안으로 흐른다. 울게 되면 눈 표면에서 코로 들어온 눈물이 콧물로 흐른다. 코안은 또한 머리뼈의 부비강과 연결되어 있다. 때로는 이 공간에 제액이 축적되어 압력을 높여 부비강 두통을 일으킬 수 있다.

코안으로 들어온 공기는 인두의 윗부분인 코인두를 통과한다. 코인두에 연결된 관은 가운데귀(middle ear)까지 이어지는 **귀관**[auditory tube, **유스타키오관**(eustachian tube)]이라고 한다. 가운데귀 내 기압이 코인두의 기압과 평형을 이룰 때, 귀관이 열리면서 '펑 소리(popping)'와 같은 느낌을 일으킬 수 있다. 비행기가 이륙하거나 착륙할 때, 일부 사람들은 귀에서 공기를 제거하거나 펑 소리를 예방하기 위해 껌을 씹거나 하품을 한다.

인두

인두(pharynx)는 흔히 목구멍이라고 하며, 코안과 입안을 후두에 연결하는 깔때기 모양의 통로이다. 인두는 세 영역으로 구분되어 있는데, 코안의 물렁입천장까지 열려 있는 코인두, 입안까지 열려 있는 입인두, 그리고 후두까지 열려 있는 후두인두이다.

편도(tonsil)는 입안과 인두의 결합 부분에서 보호 고리를 형성한다. 림프조직으로 구성된 편도는 실제로 면역체계의 한 부분이다. 편도는 흡입된 외부 항원의 침입으로부터 방어할 수 있는 림프구를 함유하고 있다. 숨을 들이마실 때 공기는 편도 바로 위를 지나가기 때문에 편도는 호흡계통의 일차 방어 역할을 한다. 편도 안에 있는 B세포와 T세포는 나중에 내부 조직과 체액에 침입하는 항원에 대항한다.

인두는 공기와 음식의 동시 통로 역할을 한다. 후두는 보통 개방되어 있어 공기가 통할 수 있지만, 식도는 보통 닫혀 있어 사람이 삼킬 때만 개방이 된다. 만일 음식물을 삼키다가 음식의 일부가 후두로 들어가게 되면, 음식물을 밀어내기 위해 기침이 발생한다. 만일 그 통로가 막히게 되면 기도를 막고 있는 음식물을 제거하기 위해 하임리히 구명법(Heimlich maneuver, 그림 9.4)을 사용할 수 있다.

후두

후두(larynx)는 인두와 기관 사이에서 공기 통로 역할을 하는 연골로 구성된 구조이다. 후두는 아담의 사과(후두융기)라고 하는 정점이 목의 앞부분에 위치한 삼각형 상자 모양으로 존재한다. 후두에는 성대가 있기 때문에 **소리 박스**라고도 한다. **성대**(vocal cord)는 탄력 있는 인대에 의해 지지받는 점막 주름들이며, 그 성대 사이에 있는 구멍을 **성문**(glottis)이라고 한다(그림 9.5). 공기가 성문을 통해 빠져나갈 때 성대가 떨리면서 목소리를 만들어 낸다. 사춘기 때 후두와 성대의 성장이 더 빠르고, 여자보다는 남자의 경우에 더 두드러지게 나타나 남자에게 더 돌출된 후두융기를 갖게 하고 더 깊은 목소리를 내게 한다. 어린 남자의 경우 긴 성대를 조절하는 능력이 부족하여 목소리가 '갈라지는' 현상이 나타난다.

말하거나 노래할 때 성대의 긴장감을 변화시킴으로써 목소리의 고음과 저음이 조절된다. 성문이 좁아지면서 긴장이 더 많이 될수록 음은 더 높아진다. 성문이 넓어질수록 음조는 낮아진다(그림 9.5). 목소리의 크기나 강도는 떨림의 진폭, 즉 성대의 떨리는 정도에 따라 달라진다.

보통 음식을 삼킬 때, 후두는 **후두덮개**(epiglottis)라는 덮개 조직을 밀어서 음식물이 후두로 넘어가는 것을 막아준다. 후두 쪽에 손을 살며시 올려놓고 침을 삼키면 후두의 움직임을 감지할 수 있다.

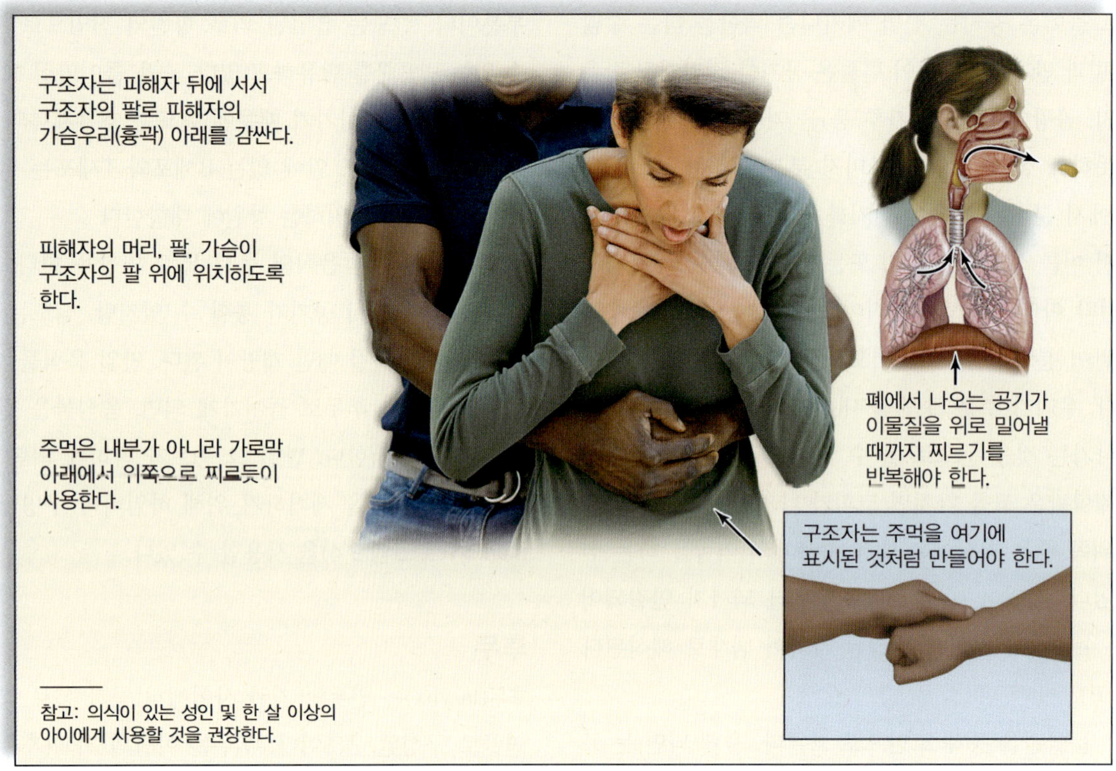

그림 9.4 하임리히 구명법.
하임리히 구명법은 어떠한 이물질에 의해 공기 통로가 막혀 누군가의 호흡 능력이 저해될 때 사용된다. 하임리히 구명법과 관련된 단계는 사진에 있다.
(사진): Science Photo Library/Getty Images

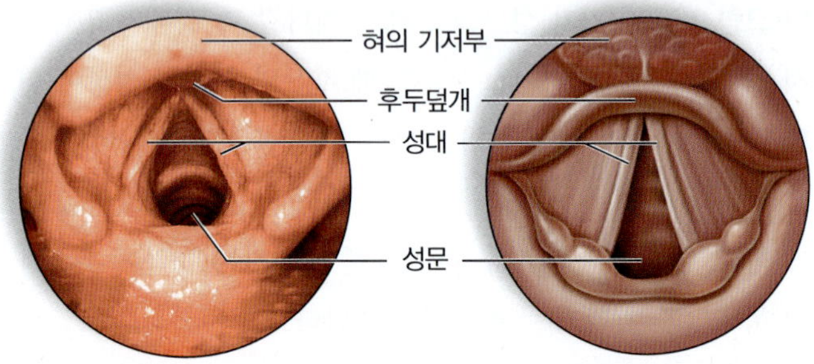

그림 9.5 성대.
위에서 보면 성대는 성문을 가로지르며 뻗어 있고, 기관을 향해 열려 있는 것을 볼 수 있다. 성문을 통해 공기가 배출되면, 성대가 떨리면서 소리를 만들어 낸다. 높은 음을 내면 성문이 좁아지고 음이 낮아질수록 넓어진다.
(사진): CNRI/Science Photo Library/Getty Images

진도 점검하기 9.2

1. 상기도의 각 구조의 기능을 설명하시오.
2. 인두와 연결된 신체계통의 이름을 말하고, 간단히 설명하시오.
3. 인체에서 소리가 어떻게 만들어지는지 설명하시오.

개념 연결하기

여러 기관계통은 상기도 영역에서 상호작용을 한다. 이러한 기관들에 대한 자세한 내용은 다음 논의를 참고하시오.

6.1절 림프계통의 구조와 림프조직의 기능을 살펴본다.

8.2절 상부 소화계통과 상기도 간 관련성을 살펴본다.

14.3절 호흡계통이 후각에 어떻게 기여하는지 살펴본다.

9.3 하기도

학습 목표

이 절을 학습한 후 다음 사항을 할 수 있어야 한다.

1. 호흡에서 기관, 기관지, 폐의 역할을 요약할 수 있다.
2. 하기도의 구조를 확인하고, 그 기능을 규정할 수 있다.
3. 폐포가 어떻게 호흡계통의 효율성을 증가시키는지 설명할 수 있다.

흡입한 공기가 후두를 지나게 되면 공기는 하기도로 들어간다. 하기도는 기관, 기관지, 폐로 이루어져 있다.

기관

일반적으로 숨통이라고 하는 **기관**(trachea)은 후두를 첫 번째 기관지에 연결하는 관이다. 기관은 식도 앞쪽에 위치해 있다. 기관은 신축성 있는 근육벽에 의해 식도와 분리된다. 그 벽은 C자 모양의 연골 고리들로 보강되어 있는 결합조직과 민무늬근육으로 구성되어 있다. 이러한 고리들은 기관이 늘어져 붕괴되는 것을 방지한다. 이는 음식을 삼킬 때 식도가 확장되게 한다. 기관을 둘러싸고 있는 점막은 섬모가 있는 거짓중층원주상피(그림 3.8 참고)와 술잔세포의 바깥쪽 층을 가지고 있다. 술잔세포는 기관을 지나가는 공기 내 이물질을 가두어 버리는 점액을 생성한다. 이 점액은 상피세포에 존재하는 섬모에 의해 인두 쪽으로 쓸려 나가 폐로부터 멀어지게 된다(그림 9.6).

기침을 하게 되면 기관의 벽은 수축하고 직경이 좁아진다. 따라서 기침을 하면 공기가 기관을 통해 더 빠르게 움직일 수 있게 되어 점액과 이물질의 배출을 돕는다. 흡연은 섬모를 파괴하는 것으로 알려져 있으며, 그 결과로 담배 연기의 그을음이 폐에 모인다. 이에 따라 담배를 자주 피는 사람들은 종종 심한 기침을 하게 된다. 흡연은 9.7절의 건강 특집 '흡연과 담배, 그리고 건강에 대한 질문'에서 더 자세히 논의한다.

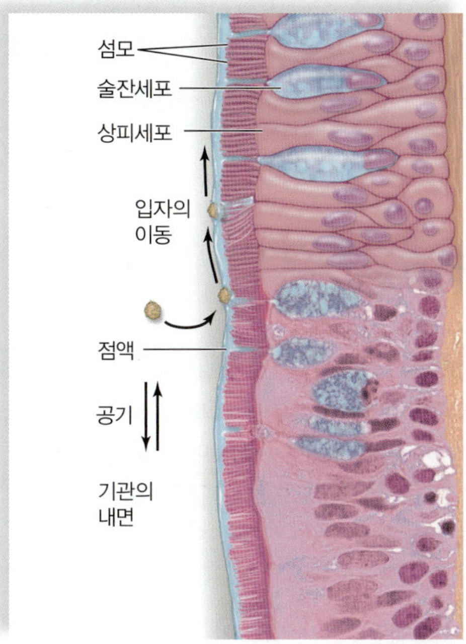

그림 9.6 기관을 이루는 세포들.
기관의 내벽은 점액을 생성하는 술잔세포들을 포함하는 섬모상피세포로 구성된다. 점액은 이물질을 빠져나갈 수 없게 하고, 섬모는 점액이 목구멍 쪽으로 나가게 돕는다.
Ed Reschke

만약 질병이나 이물질 삼킴 사고에 의해 기관이 막히게 되면, 기관을 절개하여 호흡관을 삽입할 수 있다. 이 관은 인공적인 공기 흡입과 배출관의 역할을 한다. 이러한 수술을 **기관절개술**(tracheostomy)이라고 한다.

기관지

기관은 오른쪽과 왼쪽의 일차 **기관지**(bronchi, 단수는 bronchus)로 나뉘며, 이들은 오른쪽 폐와 왼쪽 폐로 연결된다(그림 9.1 참고). 일차 기관지는 몇 개의 이차 기관지로 갈라지며, 이차 기관지는 직경이 약 1 mm인 **세기관지**(bronchiole)가 될 때까지 갈라진다. 기관지는 기관과 구조가 유사하다. 기관지가 나누어지고 더 세분화되어 갈라지기 때문에, 그 벽은 더 얇아지고 연골의 작은 고리는 더 이상 존재하지 않게 된다. 천식 발작이 일어나는 동안, 세기관지의 민무늬근육이 수축하여 세기관지 협착과 특징적인 쌕쌕거리는 소리 발생의 원인이 된다. 각각의 세기관지는 **폐포**(alveoli, 단수는 alveolus)라고 하는, 많은 공기주머니에 의해 둘러싸인 긴 공간으로 이어진다(그림 9.7).

폐

폐(lung, 허파)는 가슴안에 원뿔 모양 기관으로 쌍을 이루고 있다. 가슴안 중앙에는 기관, 심장, 가슴, 식도가 있다. 폐는 기관의 양쪽에 각각 존재한다. 오른쪽 폐는 3개의 엽, 그리고 왼쪽 폐는 2개의 엽을 갖고 있어서 이는 심장이 왼쪽에 존재할 수 있도록 공간을 만든다. 각각의 엽은 더 작은 소엽으로 나뉘고, 각각의 소엽은 많은 폐포를 가지고 있는 세기관지로 되어 있다.

폐는 가슴안과 배안을 구분 짓는 근육인 가로막을 포함한 가슴안의 윤곽을 따라 형성된다. 각 폐는 장액을 생성하는 두 층의 장막인 **흉막**(pleurae, 단수는 pleura)으로 둘러싸여 있다. 체벽의 흉막은 가슴안 벽에 부착되어 있으며, 장 측의 흉막은 폐의 표면에 부착되어 있다. **표면장력**(surface tension)은 물 분자들 사이의 수소결합으로 인해 서로 밀착되는 경향을 말한다.

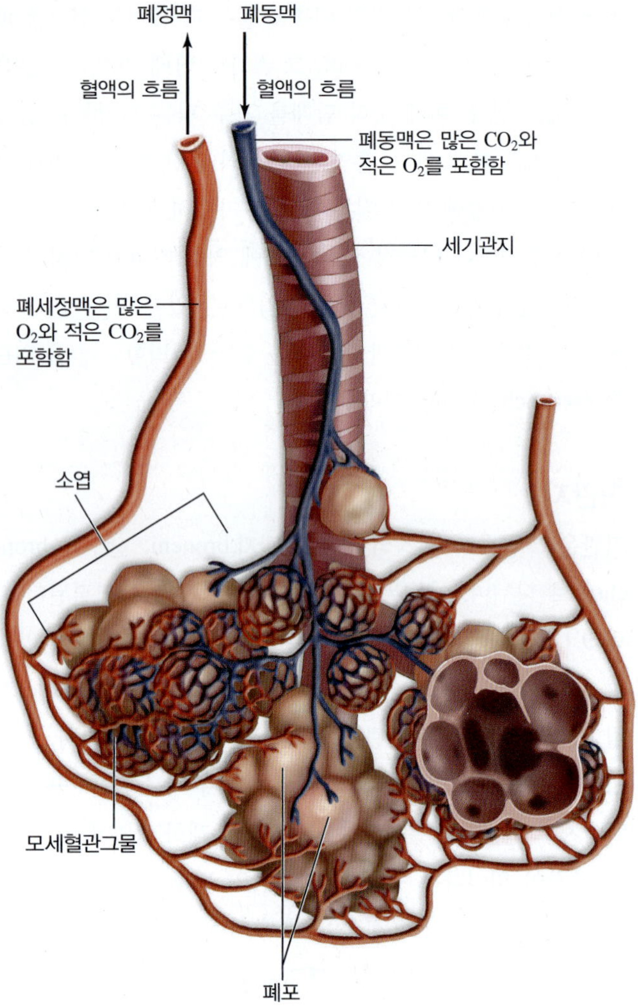

그림 9.7 폐포와 폐 순환.
폐는 풍부한 모세혈관그물로 둘러싸여 있는 폐포로 이루어져 있다. 폐동맥은 산소가 부족한(이산화탄소는 풍부한) 혈액을 운반하고(파란색), 폐정맥은 산소가 풍부한 혈액을 운반한다(빨간색).

표면장력은 두 흉막 층이 서로 밀착되도록 하여 호흡할 때 폐가 흉부의 움직임을 따르도록 한다. 만약에 이 층에 염증이 발생하면[**흉막염**(pleurisy)] 이 층들이 서로 마찰을 일으키기 때문에 호흡, 재채기, 기침 등으로 상당히 고통스러워진다. 흉막염의 원인으로는 바이러스 감염(예: 독감), 결핵, 폐렴이 있다.

폐포

폐는 약 3억 개의 폐포로 이루어져 있으며, 총 단면적은 50~70 m^2이다. 이 면적은 테니스장 정도의 크기이다. 각각의 폐포주머니는 모세혈관으로 둘러싸여 있다. 폐포주머니와 모세혈관의 벽들은 주로 단순편평상피로 이루어져 있다(그림 3.8 참고). 기체 교환은 폐포의 공기와 모세혈관의 혈액 사이에서 이루어진다. 산소는 폐포벽을 투과하여 혈류로 확산하고, 이산화탄소는 혈관벽을 투과하여 폐포로 확산한다(그림 9.7). 과학 특집 '인공폐'는 최근 과학자들이 의학 연구에 도움을 주기 위해 어떻게 인공 폐포와 폐를 생산할 수 있는지에 대해 다루었다.

폐의 폐포는 **표면활성제**(surfactant)로 감싸져 있는데, 이는 물의 표면장력을 감소시켜 폐포가 폐쇄되는 것을 방지해 주는 지질단백질이다. 이 표면 활성 물질이 부족한 신생아, 특히 미숙아의 경우 폐가 붕괴된다. 최근에는 **신생아호흡장애증후군**(infant respiratory distress syndrome)이라고 하는 질환에 표면활성제를 투여하여 치료가 가능해졌다.

진도 점검하기 9.3

1. 하기도 계통 기관의 기능을 간단히 설명하시오.
2. 하기도 계통 기관에서의 기체 이동을 추적해 보시오.
3. 왜 폐포가 높은 표면적을 가지는지 설명하시오.

개념 연결하기

가슴안의 구조에 대한 자세한 내용은 다음 논의를 참고하시오.

1.2절 물의 성질 중 수소결합의 역할을 살펴본다.
6.1절 림프계통의 한 조직으로서 가슴샘의 기능을 살펴본다.
8.2절 소화계통에서 식도의 역할을 살펴본다.

9.4 호흡의 기전

학습 목표

이 절을 학습한 후 다음 사항을 할 수 있어야 한다.

1. 환기하는 동안 들숨과 날숨의 과정을 비교할 수 있다.
2. 환기와 관련하여 일회 호흡량, 폐활량, 잔기량을 정의할 수 있다.
3. 들숨 및 날숨 잔기량의 목적을 요약할 수 있다.

환기 또는 호흡은 두 단계로 이루어진다. 공기의 흡입이라고도 하는 들숨 과정은 공기가 폐로 이동하는 것이고, 공기의 배출이라고도 하는 날숨 과정은 공기가 폐로부터 나오는 것이다. 공기가 폐로 들어오고 나가는 방식인 환기를 이해하기 위해서는 다음과 같은 사실을 기억해야 한다.

오늘날의 생물학 ▶ 과학

인공폐

콩팥과 같은 장기는 매우 적합한 한 개인에서 다른 개인으로 이식하기 쉬운 편이며, 이식 성공률이 높다. 그러나 폐는 5년 생존율이 50%로 이식이 어려운 편이다. 또한 기증되는 장기의 수가 수요에 미치지 못하기 때문에 의학 장치 회사들이 적극적으로 인공폐의 개발을 연구해 왔다(그림 9A).

인공폐의 한 유형인 체외막산소공급(ECMO)은 폐 기능이 저하된 미숙아에게 흔하게 사용된다. 체외막산소공급을 시행하는 동안, 유아의 혈액은 체내로부터 일련의 막이 포함된 장치로 이동된다. 이 막들은 이산화탄소와 산소를 교환하여 인체의 실제 폐와 같은 기능을 수행한다. 이 장치는 심장과 폐의 역할을 동시에 수행하여 유아의 심장혈관계통 시간을 의료적 치료에 반영할 수 있도록 한다.

성인의 경우, MC3Corp에서 제조한 BioLung이라는 인공폐를 사용하여 폐 이식을 기다리고 있거나 심각한 폐 감염으로 치료를 받고 있는 동안 폐 기능을 도와줄 수 있다. BioLung은 심장의 오른심실에 부착된다. 심실을 빠져나가는 혈액은 산소와 이산화탄소를 교환하는 마이크로섬유를 통과하게 된다. 산소를 공급받은 혈액은 폐를 건너뛰고 바로 왼심실로 되돌아온다. BioLung은 체외막산소공급 장치와는 다르게 작고(소다 캔 크기 정도) 심장의 수축에 의해 작동한다.

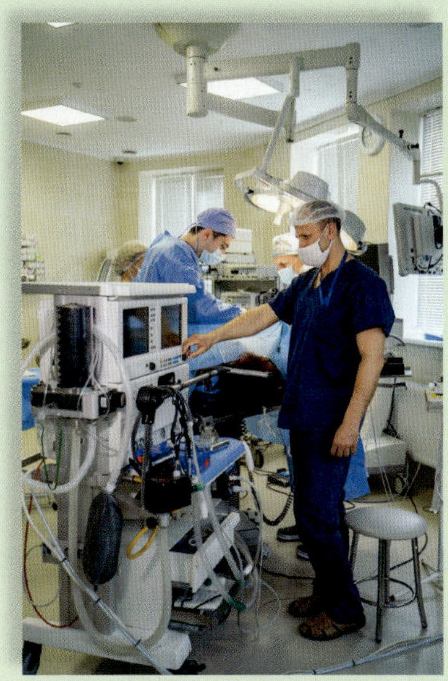

그림 9A 인공폐.
인공폐는 폐 이식을 시행하기 전까지 개인의 삶을 연장시킬 수 있는 역할을 한다.
Terelyuk/Shutterstock

생각해 볼 문제

1. 당신은 왜 인공폐의 사용이 폐질환의 치료를 위한 장기적인 해결책으로 고려되지 않고 있다고 생각하는가?
2. 증가한 이용 가능성 이외에도, 기증자로부터 제공받는 폐에 비해 실험실에서 만들어진 폐(또는 다른 장기들)의 잠재적인 장점은 무엇인가?

- 보통 인두로부터 폐의 폐포까지 연속적인 공기의 흐름 관이 존재한다.
- 폐는 밀폐된 가슴안에 존재한다(그림 3.10 참고). 가슴우리(흉곽)는 뒤쪽에는 척추로, 앞쪽에는 복장뼈로 연결된 갈비뼈로 이루어져 있고, 가슴안의 위와 옆쪽을 형성한다. 늑골사이 근육들은 갈비뼈 사이에 존재한다. 가로막과 결합조직이 가슴안의 바닥을 형성한다.
- 폐는 흉막에 의하여 흉부벽에 고정되어 있다. 흉막 2개 사이의 공간은 아주 작으며, 액체로 채워져 있다.
- 환기는 **보일의 법칙**(Boyle's Law)에 따라서 이루어지는데, 이는 일정한 온도에서 주어진 양의 기체 압력은 그 부피와 반비례한다는 것이다. 이러한 연관성은 공기의 흡입과 배출의 과정들을 조절한다(그림 9.8).

들숨

들숨은 가로막과 바깥 갈비사이 근육이 수축하는 단계로 능동적인 환기 과정이다(그림 9.9a). 휴식 중에는 가로막이 돔 형태가 된다. 들숨 중에는 가로막이 수축하여 납작해진 근육이 된다. 또한 바깥 갈비사이 근육이 수축하여 가슴우리가 위쪽과 바깥쪽으로 움직이게 된다.

가로막과 바깥 갈비사이 근육이 수축함으로 인하여 가슴안의 부피가 전보다 넓어지게 된다. 폐는 가슴안 벽에 부착되어 있기 때문에 흉부의 부피가 증가하면 폐용적 역시 증가한다. 폐용적이 증가하면 폐포 내의 공기 압력이 감소하게 되므로 부분적인 진공상태를 이루게 된다. 다시 말해 폐포 내의 압력이 대기압력(폐 외부의 압력)보다 낮아지게 된다. 연속적인 공기의 관이 폐까지 연결되어 있기 때문에 공기는 자연스럽게 체외로부터 호흡 기도를 따라 폐포로 흐른다. 그림 9.8a는 보일의 법칙이 어떻게 들숨에 적용되는지 보여준다.

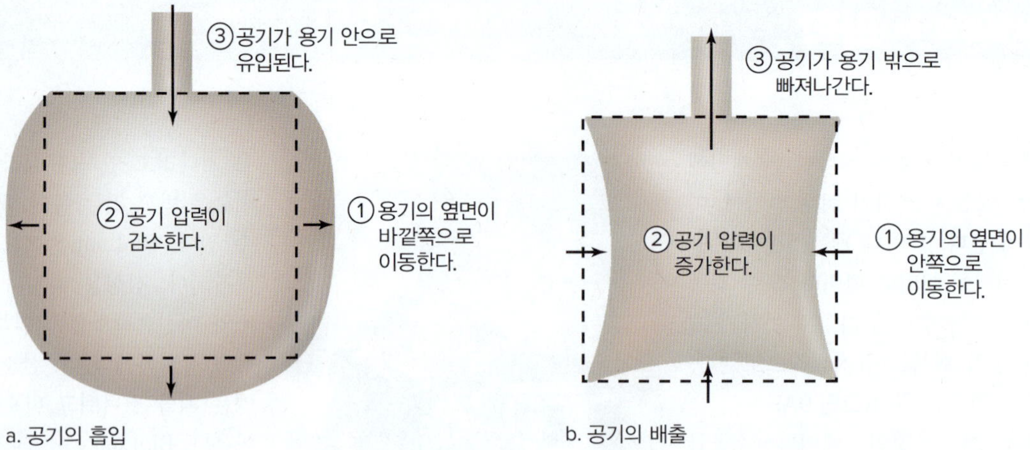

그림 9.8 기압과 부피의 연관성.
a. 용기의 옆면이 바깥쪽으로 움직일 때, 용기의 부피는 증가하고 공기 압력은 감소한다. **b.** 용기의 옆면이 안쪽으로 수축하면, 용기의 부피는 감소하고 공기 압력은 증가한다.

폐는 이미 열려 있기 때문에 공기는 힘을 들이지 않고도 폐까지 이동할 수 있다. 폐포 내부의 부분적인 진공 상태 형성은 공기가 폐로 들어갈 수 있게 해준다. 비록 들숨이 흡기의 능동적인 과정이기는 하지만, 폐포로 유입되는 공기의 실제 흐름은 수동적이다.

날숨

보통 날숨은 호흡의 수동적 단계로, 날숨을 발생시키기 위해

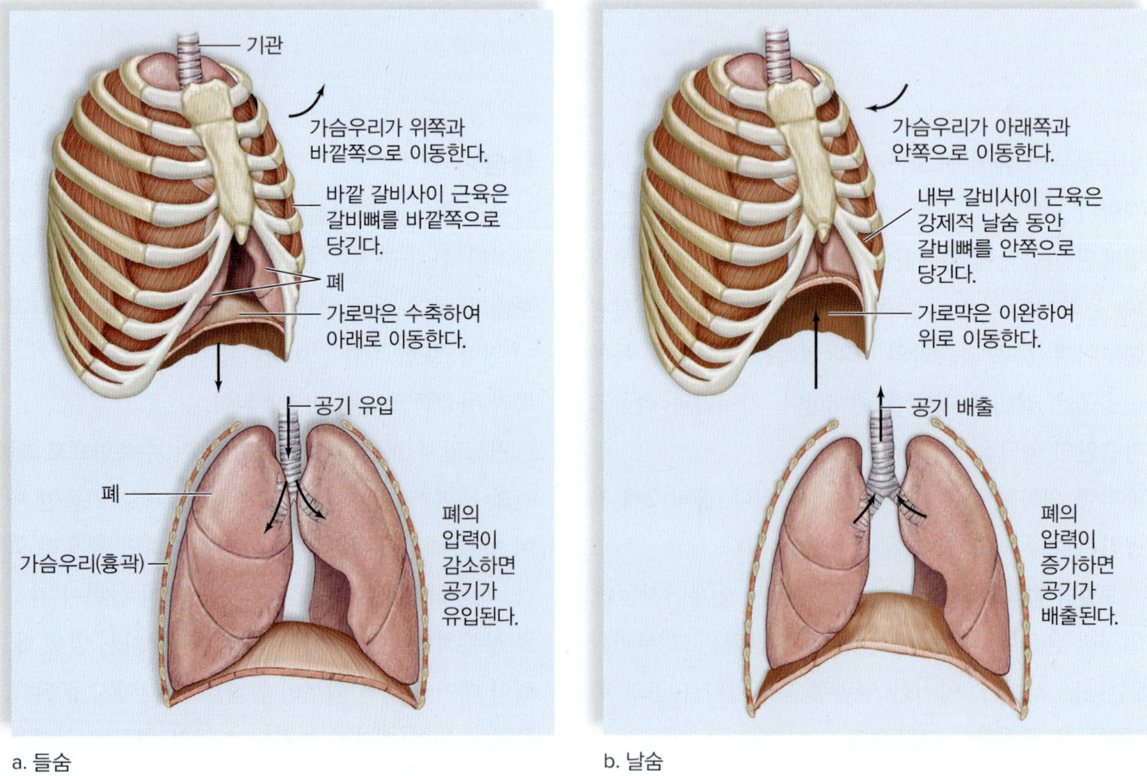

그림 9.9 들숨과 날숨 동안의 가슴안.
a. 들숨 시 가슴안과 폐는 팽창하여 공기가 유입된다. **b.** 날숨 시 가슴안과 폐는 원래 위치와 압력으로 돌아가게 되고 공기는 강제적으로 빠져나간다.

어떤 노력도 요구되지 않는다. 숨을 내쉬는 동안 가로막과 바깥 갈비사이 근육은 이완된다. 가슴우리가 아래와 안쪽으로 움직이면서 편안한 위치로 되돌아온다(그림 9.9b 참고). 가슴안 벽과 폐 조직의 탄력성은 원래 상태로 돌아오는 데 도움을 준다. 더구나 폐포를 따라 흐르는 체액의 표면장력은 폐포를 끌어당기는 경향이 있기 때문에 폐도 원래대로 돌아온다. 다시 보일의 법칙(그림 9.8b)으로 돌아가, 만약 용기의 옆면과 바닥이 이완된다면, 용기의 부피가 감소하고 공기의 내부 압력은 증가한다. 결과적으로 공기는 바깥으로 배출된다.

무엇이 날숨에 의해 폐포가 붕괴되는 것을 방지할 수 있는가? 폐포 내 표면활성제가 폐포의 표면장력을 낮추는 것을 기억해 보라. 또한 폐가 원래대로 돌아올 때 흉막 사이의 압력이 감소하게 되고, 이로 인해 폐포가 열린 상태를 유지하게 된다. 감소된 흉막 내 압력의 중요성은 사고로 인해 흉곽이 천공되었을 때 알 수 있다('천공된 폐'). 공기가 흉막 안으로 들어가면 폐가 붕괴된다.

들숨과 날숨의 극대화

만일 경주에서 달리거나 강의실까지 가는 모든 계단을 올라가는 것과 같이 격렬하게 운동했을 때를 상기한다면, 아마도 힘든 운동을 하는 동안이나 그 직후에 정상보다 호흡이 더 힘들었던 것을 기억할 것이다. 최대 들숨 노력에는 등, 가슴, 목의 근육이 관여한다. 흉부의 크기가 정상보다 증가하고, 따라서 폐는 최대로 확장된다.

날숨도 강제적으로 할 수 있다. 심한 운동으로 인한 최대 들숨 노력은 강제적 날숨을 동반한다. 강제적 날숨은 또한 노래할 때, 트럼펫 안으로 공기를 불 때, 또는 생일 촛불을 불 때 필수적이다. 내부 갈비사이 근육의 수축은 가슴우리를 아래와 안쪽으로 움직이도록 힘을 가할 수 있다. 또한 복부의 벽 근육이 수축할 때, 그것은 복부 기관들을 누르게 된다. 결국 압력을 받은 기관들은 가로막을 위쪽으로 누르게 되고, 흉부 내의 상승한 압력은 공기를 내뱉을 수 있도록 도와준다.

환기 시 교환되는 공기의 부피

환기가 일어나면 공기는 들숨 동안 코나 입을 통하여 폐로 이동하고, 그 이후 날숨 동안 폐에서 밖으로 이동한다. 이러한 폐로 들어가고 나가는 공기의 자유로운 흐름은 필수적으로 중요하다. 따라서 폐에 들숨 동안 공기를 채우거나 날숨 동안 몸 바깥으로 공기를 내보내는 것을 방해하는 의학적 문제가 있는지를 의사가 판단할 수 있도록 하는 기술이 개발되어 왔다. 이 기술은 그림 9.10에 설명되어 있듯이 기술자의 지시에 따라 사람이 숨을 쉴 때 폐활량계에 의해 기록된 측정값을 보여준다. 다음 논의에서 언급된 실제 수치들은 평균값이다. 이 수치들은 성별, 키, 나이에 영향을 받기 때문에 개개인의 폐용적은 여기에 언급된 값과 다를 수 있다.

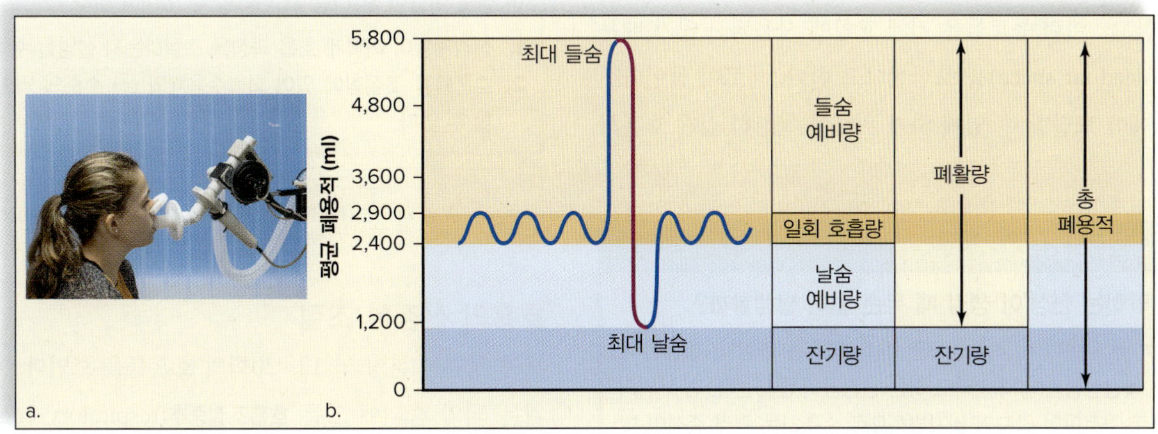

그림 9.10 폐의 공기 용량 측정.
a. 폐활량계는 호흡 과정 동안 들어오고 나가는 공기의 양을 측정하는 장비이다. **b.** 들숨 과정 동안 공기의 부피는 증가하고 날숨 과정 동안 공기의 부피는 감소한다. 폐활량(빨간색)은 숨을 가장 깊게 들이마신 후 할 수 있는 최대한 내쉬면서 측정된다.
(a): Goldsithney/Shutterstock

일회 호흡량 일반적으로 편안하게 휴식하고 있을 때 호흡 시 단지 적은 양의 공기만 들어오고 나가게 되며, 이것은 아마도 해변의 조류와 유사하다. 이러한 공기의 양은 **일회 호흡량**(tidal volume)이라고 하며, 단지 약 500 ml에 불과하다.

폐활량 심호흡으로 흡입하는 공기의 양과 배출하는 공기의 양을 증가시킬 수 있다. 일회 호흡하는 동안 이동시킬 수 있는 공기의 최대 용량을 **폐활량**(vital capacity)이라고 하는데, 그 이유는 사람의 삶이 호흡에 의존할 수밖에 없고, 더 많이 호흡할수록 더 나은 삶을 살 수 있기 때문이다. 폐섬유증과 같은 다수의 질병은 이러한 폐활량을 감소시킬 수 있다.

들숨 예비량과 날숨 예비량 앞에서 언급한 바와 같이 가슴을 팽창시키고 가로막을 최대한 낮춤으로써 들숨의 양을 증가시킬 수 있다. 강제적 들숨으로 보통 2,900 ml의 공기를 더 흡입할 수 있다. 이는 **들숨 예비량**(inspiratory reserve volume)이라 하며 일회 예비 호흡량보다 확실히 증가된다.

우리는 복부 근육과 흉부 근육을 수축함으로써 날숨의 양을 증가시킬 수 있다. 이것은 보통 약 1,400 ml의 공기인 **날숨 예비량**(expiratory reserve volume)을 생성한다. 그림 9.9에서 볼 수 있듯이 폐활량은 일회 호흡량, 들숨 예비량, 날숨 예비량을 더한 것이다.

잔기량 신기하게도 흡입된 공기의 일부는 폐에 도달하지 못하고 대신에 코안, 기관, 기관지, 세기관지 내에 존재한다(그림 9.1 참고). 이런 통로들은 기체 교환에 사용되지 않기 때문에 **사강**(dead air space)을 포함한다고 한다. 새로이 들이마신 공기가 폐에 도달할 수 있게 하기 위하여 천천히 깊게 호흡하는 것이 좋다.

또한 그림 9.10에서 보듯이 매우 깊은 날숨 이후에조차도 일부 공기(약 1,000 ml)가 폐에 남아 있다. 이것을 **잔기량**(residual volume)이라고 한다. 이 잔기량은 폐에서 배출하지 못하는 공기의 양이다. 일부 폐질환(9.7절 참고)에서 폐를 비우는 데 어려움을 겪기 때문에 잔기량이 점차 증가하게 된다. 증가한 잔기량은 날숨 예비량을 감소시키게 되고, 그 결과 폐활량 역시 감소하게 된다.

생활 속의 생물학

'숨이 막히는 현상'이 생길 때 무슨 일이 발생할까?

위 근처 배 위쪽에 타격을 받으면 '숨이 막히는 현상'이 발생한다. 이곳은 복강신경층(명치)이라고 하는 신경망이 존재한다. 이 부위의 외상으로 가로막이 갑자기 비자발적으로 수축하는 경련 증상이 발생할 수 있다. 가로막에 경련이 발생하면 숨을 쉴 수 없기 때문에 숨이 막히는 것 같은 느낌을 받는 것이다. 가로막이 이완되면 이러한 통증과 숨이 막히는 증상도 완화된다고 말할 수 있다.

진도 점검하기 9.4

1. 흉부의 부피가 어떻게 폐의 압력에 영향을 미치는지 설명하시오.
2. 환기 시 교환되는 공기 부피의 차이를 구분하시오.
3. 불충분한 날숨이 전반적인 항상성에 어떤 영향을 미치게 되는지 설명하시오.

개념 연결하기

나이가 들면서 폐가 어떻게 발달하는지에 대한 자세한 내용은 다음 논의를 참고하시오.

17.3절 태아의 폐 발달을 살펴본다.

17.5절 노화가 폐의 기체 교환 능력에 미치는 영향을 살펴본다.

9.5 환기의 조절

학습 목표

이 절을 학습한 후 다음 사항을 할 수 있어야 한다.

1. 신경계통이 어떻게 호흡 과정을 조절하는지 설명할 수 있다.
2. 호흡률을 조절함에 있어 화학수용체와 pH 수준의 역할을 설명할 수 있다.

호흡은 신경성 조절과 화학적 조절 기전에 의해 조절된다.

호흡의 신경성 조절

보통 성인은 분당 약 12~20회의 호흡률을 보인다. 호흡의 주기는 뇌의 숨뇌에 있는 **호흡조절중추**(respiratory control center)가 조절한다. 이 호흡조절중추는 자율적으로 가로막과 가슴우리의 외부 갈비사이 근육에 신경신호를 보내고, 들숨이 시작되게 한다(그림 9.11). 이 호흡조절중추가 가로막과 가슴

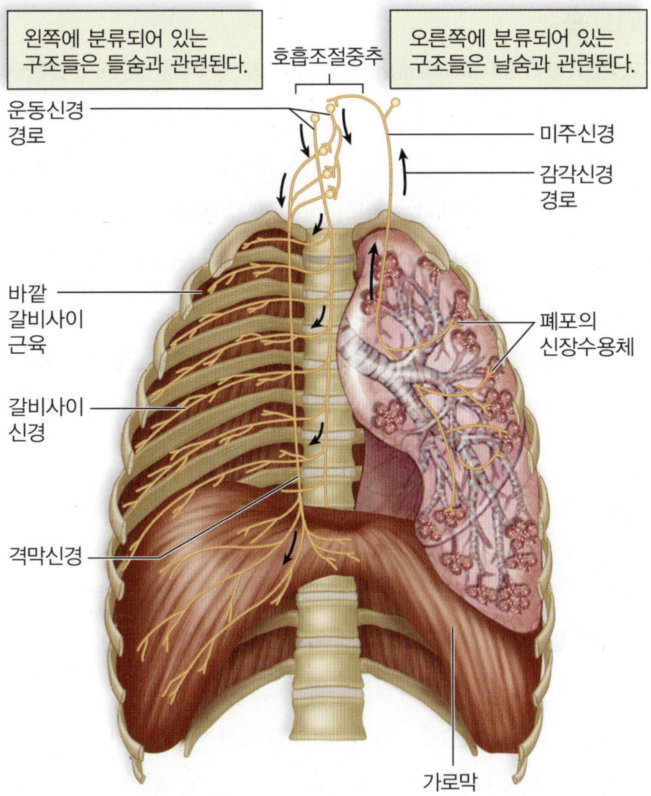

그림 9.11 호흡조절중추에 의한 호흡 조절.
호흡조절중추는 자동적으로 격막신경을 통해 바깥 갈비사이 근육과 가로막이 수축하도록 자극한다. 강제 들숨 후에 신장수용체는 미주신경을 통해 억제하는 신경자극을 호흡조절중추에 보낸다. 날숨은 대개 호흡조절중추로부터 가로막과 갈비사이 근육에 자극이 발생하지 않기 때문에 자동적으로 발생한다.

우리에 신경신호를 보내는 것을 멈출 때 근육은 이완되고 날숨이 발생한다.

영아돌연사증후군(sudden infant death syndrome, SIDS) 또는 요람사는 미국에서 1년에 1,300명 정도의 영아에게 나타난다. 한 살 이하의 영아가 건강해 보이는 상태로 침대에 눕혀진 후 때때로 자는 동안 숨이 멈추기도 한다. SIDS의 정확한 원인은 알려지지 않았지만, 과학자들은 이 요인으로 예방접종, 구토, 감염은 배제하고 있다. 대부분의 연구는 뇌의 호흡조절중추와 폐 사이의 잘못된 상호작용과 심장 기능 문제의 가능성에 초점을 두고 있다.

호흡조절중추가 호흡률과 호흡의 깊이를 자율적으로 조절한다고 하더라도, 이 활동은 신경 요소에 의해 영향을 받을 수 있다. 우리는 말하기, 노래하기, 먹기, 잠수 등과 같은 행동을 하기 위해서 호흡 패턴을 자발적으로 변경할 수 있다. 강제 들숨 후 기도벽에 있는 신장(뻗침)수용체는 증가한 압력에 반응한다. 이런 수용체들은 억제하는 신경자극을 일으킨다. 이 자극은 팽창한 폐로부터 호흡조절중추로 전달되고, 일시적으로 호흡조절중추가 신경신호를 보내는 것을 멈추도록 한다. 이러한 방식으로 폐의 탄성조직이 과도하게 늘어나는 것을 예방한다.

> **생활 속의 생물학**
>
> **사람은 얼마나 오랫동안 숨을 참을 수 있을까?**
>
> 대부분의 사람은 1~2분 동안 숨을 참을 수 있다. 연습을 통해 많은 사람이 숨을 참을 수 있는 시간을 3분까지 올릴 수 있다. 얼마나 오래 숨을 참을 수 있는지 경쟁하는 자유 다이빙 선수들은 5분 이상 숨을 참을 수 있다.
>
> 연구자들은 자유 다이빙이 가능하도록 다이빙 선수들이 사용하는 기술인 과호흡과 폐 '패킹(packing)'을 면밀하게 조사하고자 한다. 폐 패킹은 매우 깊은 호흡으로 시작된다. 그리고 입을 통한 추가적인 호흡을 함으로써 더 많은 공기를 '가두어 둔다'. 숨을 참는 시간을 연장하기 위한 과호흡 또는 폐 패킹을 훈련되지 않은 개인이 시도해서는 안 된다. 그렇게 시도했던 사람들은 익사했다.

호흡의 화학적 조절

우리 몸의 세포들은 세포호흡 과정에 의해 이산화탄소(CO_2)를 생성한다. 이산화탄소는 혈액으로 들어가 물과 결합하여 산을 생성하여 분해되고 수소 이온(H^+)을 방출한다. 이러한 수소 이온은 혈액의 pH를 변화시킬 수 있다. **화학수용체**(chemoreceptor)는 체내에서 체액의 화학성 성분에 대해 민감하게 반응하는 감각수용체이다(14.1절 참고). pH에 민감한 두 세트의 화학수용체는 호흡이 빨라지게 하는 원인이 된다. 중추에 위치한 한 세트는 뇌줄기의 숨뇌에 있고, 말초에 위치한 것은 순환계통에 존재한다. 경동맥에 있는 경동맥 소체와 대동맥에 있는 대동맥 소체는 혈액의 pH에 민감하다. 이런 화학수용체들은 낮은 산소(O_2) 수준에 의해 크게 영향을 받지는 않는다. 대신에 혈액으로 들어온 이산화탄소가 혈액 pH를 충분히 변화시킬 때 자극을 받는다.

혈액의 pH가 더욱 산성화되면(pH 감소), 호흡조절중추는 호흡률과 호흡의 깊이를 증가시킨다. 호흡률이 증가하면 더 많은 이산화탄소가 혈액에서 제거된다. 결과적으로 수소 이온의 농도가 정상으로 돌아오고 호흡률도 정상으로 돌아온다.

대부분의 사람은 1분 이상 호흡을 참는 것이 불가능하다.

숨을 참게 되면 대사작용으로 생성된 이산화탄소가 혈액에 축적되기 시작한다. 결과적으로 수소 이온이 축적되어 혈액이 더 산성화된다. 화학수용체에 의해 자극을 받은 호흡중추는 사람의 자발적인 호흡억제를 중단할 수 있다. 따라서 호흡을 억제하려는 시도에도 불구하고 호흡은 다시 시작된다.

진도 점검하기 9.5

1. 호흡의 조절에서 화학수용체가 중요한 이유를 설명하시오.
2. 뇌의 호흡조절중추의 중요성을 설명하시오.
3. 몇 분 이상 숨을 참는 것이 왜 불가능한지 설명하시오.

개념 연결하기

호흡을 조절하는 구조에 대한 자세한 내용은 다음 논의를 참고하시오.

13.2절 숨뇌의 위치와 기능을 살펴본다.

14.1절 화학수용체가 어떻게 항상성 유지에 도움을 주는지 살펴본다.

9.6 체내 기체 교환

학습 목표

이 절을 학습한 후 다음 사항을 할 수 있어야 한다.

1. 외호흡과 내호흡의 차이를 구분할 수 있다.
2. 외호흡과 내호흡에 관여하는 화학적 과정을 요약할 수 있다.
3. 호흡에서 탄산 탈수효소와 카르바미노혈색소의 역할을 설명할 수 있다.

기체 교환은 항상성에 매우 중요하다. 기체 교환이 진행되는 동안 에너지 생성에 필요한 산소는 모든 세포에 공급되어야 하고, 이산화탄소는 체내에서 제거되어야 한다. 앞에서 이미 언급했듯이, 호흡은 폐에서뿐만 아니라 조직에서도 기체를 교환하는 것을 포함한다(그림 9.12).

확산의 원리에 의하여 O_2 또는 CO_2가 폐와 조직에서 혈액으로 들어가거나 나가게 된다. 기체는 압력에 영향을 미치고 각 기체의 압력의 양은 Po_2 및 Pco_2로 표시되는 분압이라고 한다. 만일 산소의 분압이 막을 통과해 달라지면, 산소는 분압이 높은 곳에서 낮은 곳으로 확산된다.

외호흡

외호흡(external respiration)은 폐포의 공기와 폐모세혈관의 혈액 사이에서 발생하는 기체 교환을 의미한다(그림 9.7과 9.12a 참고). 폐모세혈관의 혈액은 대기압보다 높은 이산화탄소 분압(Pco_2)을 가지고 있다. 따라서 이산화탄소는 혈장으로부터 나와 폐로 확산한다. 대부분의 이산화탄소는 혈장 내에서 **중탄산염 이온**(bicarbonate ion, HCO_3^-) 상태로 운반된다. 폐의 낮은 Pco_2 상태에서, 반응은 다음 박스의 오른쪽 방향으로 이동하게 된다.

$$\underset{\text{수소 이온}}{H^+} + \underset{\text{중탄산염 이온}}{HCO_3^-} \longrightarrow \underset{\text{탄산}}{H_2CO_3} \xrightarrow{\text{탄산 탈수효소}} \underset{\text{물}}{H_2O} + \underset{\text{이산화탄소}}{CO_2}$$

탄산 탈수효소(carbonic anhydrase)는 적혈구 내에서 탄산(H_2CO_3)의 분해가 빨라지도록 한다.

과호흡(빠르게 숨을 쉼)을 하고 그래서 이 반응이 오른쪽으로 멀리 이동하게 되면 어떤 일이 벌어질까? 혈액은 수소 이온을 더욱 적게 함유하고, 그 결과 알칼리성이 되어 높은 pH가 될 것이다. 이러한 경우, 호흡은 저해되고 현기증부터 지속적인 뼈대근육의 수축에 이르기까지 다양한 증상을 경험하게 될 것이다. 과호흡 후에는 종이봉투에다가 숨을 들이쉬고 내쉬어야 한다는 말을 들어봤을 것이다. 그러한 행위는 종이봉투로 내쉰 이산화탄소를 흡입하기 때문에 혈액 내 이산화탄소를 증가시킨다. 이 방법은 혈액을 정상 pH로 회복시킨다. 만일 저호흡(느리게 숨을 쉼)을 하고 이러한 반응이 발생하지 않는다면 무슨 일이 벌어지게 될까? 수소 이온이 혈액에 쌓이고 이로 인해 산성화가 발생한다. 완충제는 낮은 pH에 대해 보충할 것이고, 아마도 호흡은 증가하게 될 것이다. 극도의 혈액 pH 변화는 효소 기능에 영향을 주고, 혼수상태와 사망을 초래한다.

외호흡을 하는 동안 산소에 대한 압력 양상은 이산화탄소의 압력과는 반대된다. 폐모세혈관의 혈액 내에는 산소가 부족하고 폐포 공기에는 더 높은 산소분압이 함유되어 있다. 따라서 산소는 혈장으로 확산한 후에 폐의 적혈구로 들어간다. 혈색소는 이 산소를 받아 **산화혈색소**(oxyhemoglobin, HbO_2)가 된다.

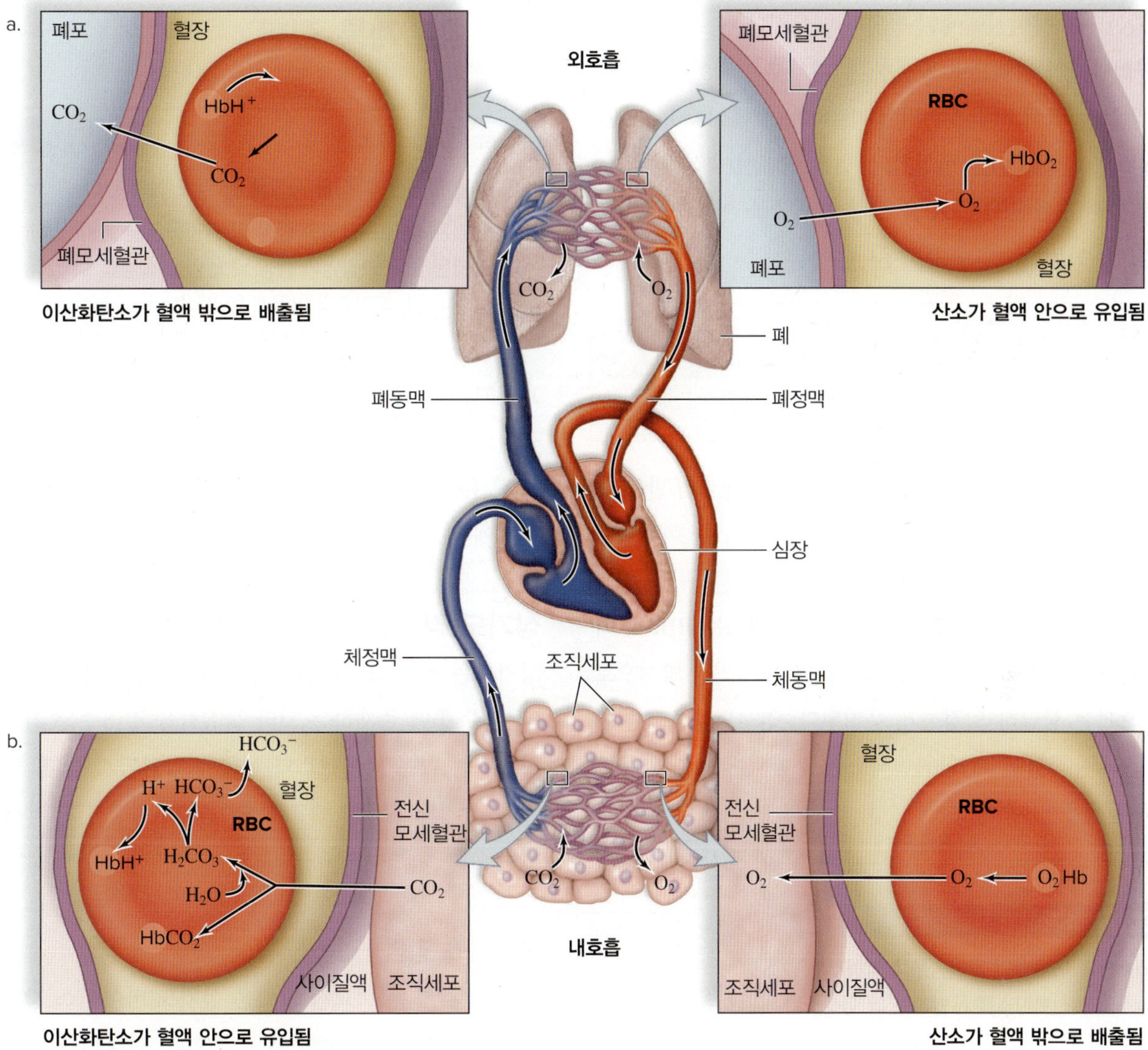

그림 9.12 외호흡과 내호흡 동안 기체의 이동.
a. 폐의 외호흡 동안, 중탄산염 이온(HCO_3^-)이 이산화탄소(CO_2)로 바뀌어 혈액 밖으로 배출된다. 산소(O_2)는 혈액으로 들어가고 혈색소(Hb)는 산소를 조직으로 운반한다. **b.** 조직의 내호흡 동안, 산소가 혈액 밖으로 배출되고 이산화탄소가 혈액으로 들어온다. 대부분의 이산화탄소는 적혈구로 들어가서 중탄산염 이온으로 변환된 후 혈장으로 운반된다. 일부 혈색소는 이산화탄소와 결합하고, 일부는 수소 이온(H^+)과 결합한다.

$$Hb + O_2 \longrightarrow HbO_2$$

혈색소 산소 산화혈색소

내호흡

내호흡(internal respiration)은 모세혈관의 혈액과 조직세포 사이의 기체 교환을 의미한다. 그림 9.12b에서 내호흡은 하단에 나타나 있다. 전신모세혈관으로 들어가는 혈액은 적혈구가 산화혈색소를 함유하고 있기 때문에 밝은 빨간색이다. 조직의 온도가 높아지고 pH는 점점 낮아져서(더 산성화), 산화혈색소는 자연적으로 산소를 잃게 된다. 산화혈색소가 산소를 잃게 되면 산소는 혈액에서 조직으로 확산한다.

$$HbO_2 \longrightarrow Hb + O_2$$

산화혈색소 혈색소 산소

사이질액의 Po_2가 혈액보다 낮기 때문에 산소는 혈액에서 조직으로 확산한다. 조직의 Po_2가 더 낮은 이유는 세포호흡을 통해 세포들이 산소를 지속적으로 사용하기 때문이다(그림 2.22 참고). 사이질액의 Pco_2가 혈액보다 높기 때문에 이산화탄소는 조직에서 혈액으로 확산한다. 이산화탄소는 세포호흡 동안 생산되어 사이질액에 축적되기 때문이다.

이산화탄소가 혈액으로 확산한 후 대부분은 적혈구로 들어가고, 일부는 혈색소에 흡수되어 **카르바미노혈색소**(carbaminohemoglobin, $HbCO_2$)를 형성한다. 혈장 안에서 이산화탄소는 물과 결합하여 탄산(H_2CO_3)을 형성하고, 수소 이온(H^+)과 중탄산염 이온(HCO_3^-)으로 분해된다.

$$\underset{\text{이산화탄소}}{CO_2} + \underset{\text{물}}{H_2O} \xrightarrow[\text{탈수효소}]{\text{탄산}} \underset{\text{탄산}}{H_2CO_3} \longrightarrow \underset{\text{수소 이온}}{H^+} + \underset{\text{중탄산염 이온}}{HCO_3^-}$$

앞에서 언급했듯이 탄산 탈수효소는 적혈구에서의 반응 속도를 높여준다. 생성된 중탄산염 이온은 적혈구를 빠져나와 혈장으로 운반된다. 혈색소의 글로빈 부분은 전체 반응 결과로 생성된 과잉의 수소 이온과 결합하고 혈색소는 HHb라 하는 **환원혈색소**(reduced hemoglobin)가 된다. 이러한 방식으로 혈액의 pH는 상당히 일정하게 유지된다. 전신모세혈관을 떠나는 혈액은 적혈구 내 환원혈색소가 포함되어 있기 때문에 짙은 적갈색을 띤다.

진도 점검하기 9.6

1. 외호흡과 내호흡의 차이점을 설명하시오.
2. 산소와 이산화탄소를 운반하는 데 혈색소가 어떤 기능을 하는지 설명하시오.
3. 외호흡과 내호흡에서 Po_2의 영향을 자세히 설명하시오.

개념 연결하기

호흡이 항상성을 유지하는 기전에 대한 자세한 내용은 다음 논의를 참고하시오.

1.2절 수소 이온과 pH의 연관성을 살펴본다.

5.1절 혈액 혈장의 구성물이 어떻게 혈액의 pH를 완충하는지 살펴본다.

5.2절 혈색소와 적혈구 세포에 대한 추가 정보를 살펴본다.

9.7 호흡계통 질환

학습 목표

이 절을 학습한 후 다음 사항을 할 수 있어야 한다.

1. 선별된 상기도 감염의 증상 및 원인을 설명할 수 있다.
2. 선별된 하기도 감염의 증상 및 원인을 설명할 수 있다.
3. 흡연이 암, 폐기종과 어떻게 연관되는지 요약할 수 있다.

호흡기는 환경의 공기에 지속적으로 노출되어 있다. 이러한 공기의 질과 공기에 세균이나 바이러스 같은 감염성 병원체 또는 유해한 화학물질의 포함 여부가 호흡계통의 전반적인 건강에 영향을 미친다.

상기도 감염

상기도는 코, 코안, 인두, 후두로 구성되어 있다. 많은 병원체와 공기 중에 존재하는 기타 물질들을 걸러주는 기능을 하는 상기도는 많은 바이러스와 세균에 감염되기 쉽다. 상기도 감염은 상기도 부분으로부터 중이와 부비강까지 퍼져나갈 수 있다.

바이러스 감염

대부분 '감기'는 비교적 가벼운 상기도 바이러스 감염이며 증상은 재채기, 콧물, 약한 발열 등이다. 다양한 바이러스가 감기를 일으키는데, 가장 흔한 종류는 코감기 바이러스인 라이노바이러스(rhinoviruses, 그리스어로 *rhin*-은 '코'를 의미함)이다. 대부분의 감기는 면역반응에 의해 바이러스가 제거되면 며칠에서 일주일 정도 머무른다. 감기는 바이러스에 의하여 걸리기 때문에 충혈완화제와 항염증제가 증상을 완화하기는 하지만, 항생제는 치료에 도움이 되지 않는다.

축농증

축농증(sinusitis)은 충혈로 인한 코막힘이 부비강으로 통하는 아주 작은 구멍을 막을 때 발생한다(그림 9.3 참고). 증상으로는 코 뒤 분비물과 얼굴 통증이 있는데, 이것은 환자가 앞으로 숙일 때 더 심해진다. 통증과 압통은 보통 이마 아래와 볼 위에서 나타난다(가끔 치통도 발생함). 성공적인 치료는 부비강의 적절한 흐름을 회복하는 것이다. 따뜻한 샤워나 똑바로 누워 자는 것이 도움이 된다. 코 분사 충혈완화제와 구강 항히스타민제 또한 축농증 증상을 완화한다. 분사기는 경구약 투여 시 발생할 수 있는 졸음과 같은 부작용 없이 증상을 치료할 수 있기 때문에 선호되는 편이다. 그러나 코 분사기는 장기간 사용하면 습관화가 될 수 있다. 만성적인 축농증은 전문적인 의사가 관리하여야 한다.

편도선염

편도선염(tonsillitis)은 편도가 염증을 일으켜 커지면서 발생한다. 코인두의 뒤쪽 벽에 자리 잡고 있는 편도선은 종종 아데노이드라고도 한다. 편도선염이 자주 발생하고 커져서 숨쉬기가 힘들어진다면 **편도선 절제술**(tonsillectomy)을 이용하여 외과적으로 편도선을 제거할 수 있다. 하지만 지금은 많은 병원체가 인두로 들어갈 때 편도선이 덫 역할을 하는 것으로 밝혀졌기 때문에 이 수술은 과거에 비해 드문 편이다. 그러므로 편도선은 인체 침입에 대항하여 방어하는 일차 방어막이 된다.

후두염

후두염(laryngitis)은 쉰 목소리를 동반하는 후두의 감염이며, 목소리가 잘 들리게 대화하는 것이 불가능하게 된다. 보통 후두염은 상기도 감염의 치료로 완쾌된다. 상기도 감염 없이 지속되는 쉰 목소리는 암의 경고 신호이므로 의사의 진찰을 받아야 한다.

하기도 질환

하기도 질환에는 감염, 제한성폐질환, 폐쇄성폐질환 및 폐암이 있다.

하기도 감염

급성 기관지염(acute bronchitis)은 일차 기관지와 이차 기관지의 감염을 뜻한다. 보통 바이러스성 상기도 감염이 발생한 후 이차 세균 감염이 일어난다. 대부분 가벼운 기침이 지속되다가 점액과 고름을 내뱉는 깊은 기침으로 발전하게 된다.

폐렴(pneumonia)은 기관지와 폐포가 점도가 진한 액체로

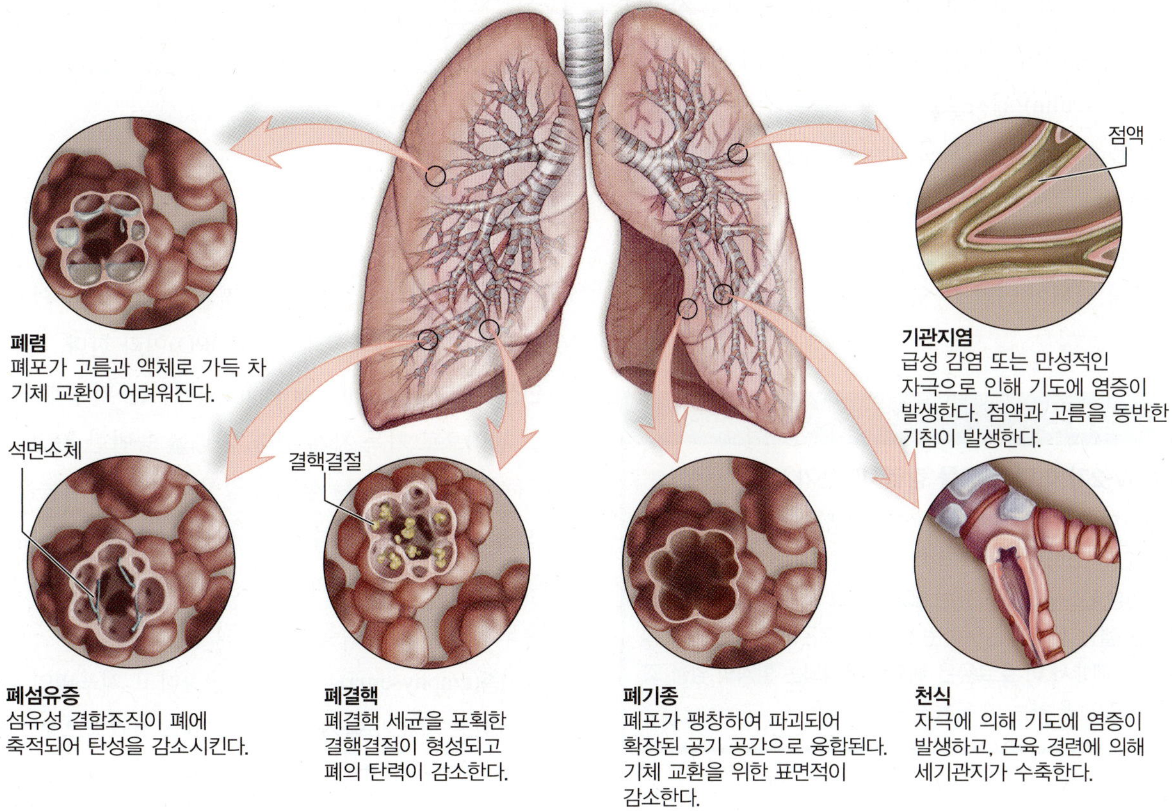

그림 9.13 호흡계통의 질환과 장애.
감염성 병원체 및 담배 연기를 포함한 오염된 공기에 대한 노출은 그림에 제시된 질환과 장애를 일으킨다.

가득 채워지는 폐의 바이러스 또는 세균성 감염이다(그림 9.13). 대부분은 독감(influenza)이 진행되어 폐렴으로 발전한다. 폐렴의 증상은 두통과 가슴 통증을 동반한 고열과 오한이다. 일반적인 폐 감염과 달리 폐렴은 폐의 특정 소엽에 국소화되어 나타날 수 있다. 당연히 더 많은 소엽이 연관될수록 더 심각한 감염이 된다. 폐렴은 일반적으로는 억제되어 있다가 스트레스나 면역 저하로 인해 우위를 점한 세균에 의해 발생할 수 있다. AIDS 환자들은 특히 *Pneumocystis jiroveci*(이전 명칭은 *Pneumocystis carinii*)라 하는 곰팡이에 의해 드물게 발생하는 폐렴에 걸리기 쉽다. 이 폐렴은 건강한 면역체계를 가진 사람에게서는 거의 찾아볼 수 없다.

흔히 **결핵**(tuberculosis)이라고 하는 폐결핵은 한때 **소모병**(consumption)이라고 불렸던 세균성 질환이다. 세균(*Mycobacterium tuberculosis*)이 폐 조직을 침입하면 세포들은 외부인자 주위에 보호막을 형성하고 나머지 신체 부위로부터 격리시킨다. 이 작은 캡슐을 결핵결절(tubercle)이라고 한다. 만일 몸의 저항력이 높으면 이 포획된 세균은 죽게 되지만, 만일 저항력이 낮다면 세균은 결국 살아나게 된다. 가슴 X선을 통해 활동성 결핵이 진단된다면, 질환 부위를 확인하고 살아남은 세균을 완전히 죽이기 위해 적절한 약물치료를 해야 한다. 투베르쿨린(tuberculin) 검사로 결핵에 노출된 적이 있는지 확인할 수 있다. 이 검사는 고도로 희석된 세균 추출물을 환자 피부에 주사한다. 투베르쿨린 검사가 양성이면, X선으로 활동성 결핵임을 확인할 수 있다. 어떤 사람은 양성 검사 결과가 나와도 활동성 결핵이 아닐 수 있다.

> **생활 속의 생물학**
>
> **SARS-CoV-2가 어떻게 폐를 감염시키는가?**
>
> SARS-CoV-2 바이러스는 COVID-19를 발생시키며 폐 내부 표면에 늘어서 있는 외피세포를 공격 대상으로 한다. 외피세포에는 앤지오텐신 전환효소 2를 의미하는 ACE-2라고 하는 수용체가 있다. 이 수용체는 혈압 제어에 관여하는 펩티드호르몬(앤지오텐신) 조절에 관여한다. 폐에서 이 호르몬은 폐포로 유입되는 혈액의 양을 조절하여 기체 교환을 하는 데 도움을 준다.

제한성폐질환

제한성폐질환에서는 폐의 탄력이 상실되기 때문에 폐활성능이 감소한다. 실리카(모래), 석탄 먼지, 석면, 섬유 유리 같은 입자들의 흡입은 폐 속에 섬유성 결합조직이 생성되는 **폐섬유증**(pulmonary fibrosis)이 발생할 수 있다. 폐는 제대로 부풀어지지 못하고 항상 수축되어 있기 쉽다. 석면을 흡입하는 것도 암 발생과 관련이 있다. 석면은 이전에 단열재와 전열재로 널리 사용되어 사람들에게 불필요하게 노출되었다. 미국에서는 1990~2020년 사이 대부분 직장에서의 석면 노출로 인해 200만 명의 사망자가 발생할 것으로 예측하고 있다.

> **생활 속의 생물학**
>
> **낭포성 섬유증이란 무엇인가?**
>
> 낭포성 섬유증은 점액을 생산하는 외피세포 안에서 염화 이온 수송체가 정확한 기능을 하지 못할 때 발생하는 유전병이다. 이로 인해 점액 분비물들이 매우 두꺼워지고 쉽게 폐포와 같은 작은 구조물을 쉽게 막게 된다. 낭포성 섬유증이 보통 발생하는 장소 때문에 대개 호흡계통의 질병으로 간주하지만, 이자와 같은 기관에서도 문제가 발생한다. 불과 몇십 년 전만 해도 낭포성 섬유증에 걸린 사람들은 20세 이전에 사망했다. 하지만 의학과 약품의 새로운 진보를 통하여 이들은 이제 30대와 40대까지도 생존할 수 있다.

폐쇄성폐질환

폐쇄성폐질환에서는 기도에서 공기가 자유롭게 흐르지 못하고 최대 들숨이나 날숨 시간이 크게 증가한다. 만성 기관지염, 폐기종, 천식을 포함하는 여러 질환은 재발하기 쉽기 때문에 종합적으로 만성폐쇄성폐질환(COPD)이라 한다.

만성 기관지염(chronic bronchitis)에서는 기도에 염증이 생기고 점액으로 가득 차게 된다. 가래를 동반한 기침이 일반적인 증상이다. 기관지는 섬모와 정상적인 정화 기능을 잃게 되는 퇴행성 변화를 겪는다. 이런 조건에서는 감염이 더 잘 일어난다. 흡연은 기관지염의 가장 흔한 원인이다. 다른 오염원의 노출도 만성 기관지염을 발생시킬 수 있다.

폐기종(emphysema)은 폐포가 팽창하고 폐포벽이 손상되어 만성적이고 치료가 불가능한 질환이다. 결과적으로 기체 교환이 가능한 표면적이 감소한다. 흡연에 의해 가장 자주 발생하는 폐기종은 만성 기관지염에서 흔하게 나타난다. 폐에 갇힌 공기는 폐포 손상과 눈에 띄는 가슴 팽창을 일으킨다. 폐의 탄

오늘날의 생물학 ▶ 건강

전자담배는 안전한가?

최소한 50년 동안 흡연이 주는 많은 건강상의 위험은 분명했다. 그럼에도 불구하고 약 3,420만 명의 성인 미국인은 흡연을 한다. 일단 담배를 피우기 시작하면, 니코틴 중독성은 매우 강하다. 그런데 왜 젊은 사람들은 담배를 피우기 시작할까? 어떤 사람은 어른스러워 보이거나 멋져 보이길 원해서이고, 또는 친구의 권유에 의해, 아니면 권위에 반항하기 위한 수단으로 시작할 수도 있다. 또한 어떤 흡연자들은 흡연이 체중을 조절하는 데 도움을 줄 수 있다고 믿고 있으며, 다른 흡연자들은 단지 니코틴이 주는 '활력'을 즐긴다고 인정하고 있다. 흡연의 건강에 좋지 않은 부작용 때문에 사람들은 종종 대안을 찾게 되고, 그 덕분에 전자담배(electronic cigarettes, E-cigs)의 인기가 증가하고 있다고 설명한다.

전자담배는 흔히 실제 담배처럼 보이도록 설계되지만(그림 9B), 담배 대신 주로 니코틴에 더하여 프로필렌글리콜 또는 식물성 글리세린으로 구성된 'e-액체'로 채워진 카트리지를 포함하고 있다. 이 장치를 사용하게 되면, 배터리가 액체를 가열하여 흡입할 수 있는 증기로 변환한다[이 과정을 일반적으로 베이핑(vaping)이라고 함]. 종종 마치 불이 붙은 담배를 흉내 내며 기계 끝부분에 LED 빛이 나기도 한다. 하지만 담배가 타지 않기 때문에 담배 냄새는 나지 않는다.

제조업자들은 전자담배에서 나오는 증기가 담배 연기보다 훨씬 안전하다고 주장한다. 이와는 대조적으로, 많은 건강 전문가들은 순수한 니코틴 증기의 흡입에 대한 영향이 아직 충분히 연구되지 않았다고 우려한다. 미국 연방정부 의무감은 전자담배의 잠재적인 부정적인 건강 영향에 대한 경고를 발표하였다. 그 이유는 주로 e-액체 안의 성분 변수가 많을 수 있고 금속, 알데히드, 소량의 발암물질 등을 함유한 오염물질들이 검출되기 때문이다. 이 중 몇몇 화학물질은 구강과 호흡계통의 암과 직접적으로 연관이 있다. 어떤 흡연자들은 전자담배를 사용하는 것이 담배를 끊는 데 도움이 되었다고 말하는 반면, 일부 연구에서는 베이핑에 처음으로 빠진 사람들이 흡연을 '중지'하게 되었다고 주장하였다.

또 다른 문제는 전자담배 회사들이 아이들에게 홍보를 하지 않는다고 주장하지만, 증거들은 다르게 나타난다. 한 연구에서는 몇 년 전보다 전자담배를 사용한 고등학생이 78% 증가하였고, 중학교에서의 사용도 48% 증가하였다고 주장했다. 미국질병통제예방센터(CDC)는 38%의 고등학생과 13%의 중학생이 베이핑을 시도하였다고 평가하고 있다.

그렇다면 베이핑을 하는 것이 흡연보다 안전할까? 처음엔 전자담배가 덜 해로운 대체물로 여겨졌지만, 전자담배의 사용과 연관된 많은 건강상의 위험이 있다는 증거들이 나오고 있다. 미국폐협회에 따르면, 이러한 건강상의 위험들을 막는 최상의 방법은 흡연을 아예 시작하지 않거나 현재 흡연자인 경우에는 완전히 금연을 하는 것이다.

생각해 볼 문제

1. 대부분의 약물에 비해, 니코틴은 저용량에서는 주로 흥분제지만 고용량에서는 진정 효과가 더 크기 때문에 독특하다. 이러한 특성들은 니코틴의 잠재적인 중독성에 어떻게 기여하고 있을까?
2. 당신이 한 번도 '베이핑'을 한 적이 없다고 가정했을 때, 누군가 파티에서 당신에게 전자담배를 권한다고 생각해 보자. 한 번 시도해 보고 싶은가? 그 이유는 무엇인가?

그림 9B 전자담배.
전자담배는 보편적인 담배에 비해 확실한 장점이 있지만, 전자담배의 사용과 연관된, 특히 젊은 사람들에게 있어서 건강상의 위험에 대한 염려가 증가하고 있다.
Martina Paraninfi/Moment/Getty Images

오늘날의 생물학 ▶ 건강

흡연과 담배, 그리고 건강에 대한 질문

흡연은 정말 중독성이 있을까?

그렇다. 니코틴은 중독성이 있는 약물이다(마치 헤로인, 코카인과 같다). 적은 양으로도 흡연자들이 더 담배를 피우게 한다. 또한 니코틴은 흡연자의 기분과 성격에 영향을 미칠 뿐만 아니라 만약 금연을 하려고 할 경우 금단 증상을 일으킬 수도 있다. 흡연을 시작한 나이가 어릴수록 니코틴 중독에 걸릴 확률이 높다.

흡연의 단기적·장기적 영향에는 무엇이 있을까?

단기적으로는 숨이 차고 기침이 지속되며, 냄새와 맛을 느끼는 능력이 저하되고, 남성의 경우 성적 발기부전을 야기할 수 있다. 흡연자는 신체 활동 중 쉽게 지치는 경향을 보인다. 장기적으로는 여러 종류의 암, 피부의 조기 노화, 심장 질환, 동맥류, 기관지염, 폐기종, 뇌졸중 등 많은 질환에 영향을 미치게 된다. 또한 흡연은 폐렴과 천식이 더욱 악화하도록 한다.

흡연이 암을 유발하는가?

그렇다. 미국에서 암 사망자의 약 1/3이 담배 사용자로 집계되었다. 흡연이 폐암의 거의 90%를 유발한다. 또한 입안, 인두, 후두, 식도의 암을 유발할 수 있다. 흡연은 방광, 이자, 자궁경부, 콩팥, 위에도 암의 발달에 기여한다. 흡연은 또한 몇몇 백혈병의 발달과도 연관이 있는 것으로 알려져 있다.

왜 흡연자들은 '흡연자 기침'을 하는 걸까?

담배 연기는 기도와 폐를 자극하는 화학물질을 포함하고 있다. 흡연자가 이러한 물질을 흡입할 때, 인체는 점액을 만들고 기침을 함으로써 스스로를 보호하려고 한다. 연기 속의 니코틴은 섬모의 이물질 제거 능력을 감소시키고, 그로 인해 연기 속의 일부 독성물질이 폐 속에 남아 있게 된다.

만일 담배를 피우지만 깊이 들이마시지 않는다면 그것도 위험할까?

그렇다. 담배 연기가 살아 있는 세포에 닿는다면, 그곳이 어디든지 해롭다. 흡연자가 연기를 들이마시지 않더라도 간접흡연으로 연기를 들이마시게 되고, 이에 따라 폐암에 걸릴 위험이 있다. 파이프나 시가를 피우고 연기를 흡입하지 않는 흡연자들은 입술, 입, 혀 등 여러 다른 암에 걸릴 위험이 증가한다.

흡연은 심장에 영향을 미칠까?

그렇다. 흡연은 미국에서 가장 높은 사망 원인 중 하나인 심장병의 위험을 증가시킨다. 흡연은 갑작스러운 심장마비의 가장 큰 위험요인이다. 흡연자가 비흡연자에 비해 심장마비가 발생한 후 1시간 이내에 사망할 가능성이 더 높다. 담배 연기는 아주 낮은 수준이지만(폐질환을 유발하는 것보다는 아주 낮음) 심장에 손상을 줄 수 있다.

흡연이 어떻게 임산부와 아이에게 영향을 미치는가?

임신 중 흡연은 유산, 조산, 사산, 유아 사망, 저체중, 영아돌연사증후군(SIDS)과 높은 연관성이 있다. 만일 임산부가 흡연을 하지 않는다면 유아 사망의 10%를 예방할 수 있다. 임산부가 흡연을 할 때 니코틴, 일산화탄소, 기타 위험 화학물질들이 임산부의 혈류로 타고 들어가 아기의 몸속으로 들어간다. 이것은 아기가 성장에 필수적인 영양물질과 산소를 얻는 것을 방해한다.

환경 내 담배 연기의 위험성은 무엇인가?

간접흡연이라고 하는 환경 내의 담배 연기는 비흡연자의 심장질환 발병률을 25% 이상 증가시키고, 매년 4만 6,000명의 심장병 사망자를 유발한다. 부모가 담배를 피우는 아이들은 생후 2년 이내 천식, 폐렴 또는 기관지염, 귀염, 기침, 쌕쌕거리는 숨소리, 점액의 증가 등으로 고통받기 쉽다.

씹는담배와 코담배는 안전한 흡연 대용품인가?

아니다. 무연 담배로부터 나오는 액상은 입 안쪽을 통해 직접 흡수된다. 이것은 구강암을 유발할 수 있는 상처와 하얀 반점을 생기게 하고, 치아와 잇몸에 손상을 주게 된다. 무연 담배 사용자들은 인두를 포함한 다른 기관의 암 위험이 증가하게 된다.

어떻게 하면 담배를 끊을 수 있을까?

미국암협회와 미국폐협회 등 많은 기관이 금연하는 방법을 제안하고 있다. 또한 두 단체 모두 금연에 관심 있는 사람들을 지원하고 있다. 심지어 친구가 금연할 수 있도록 조언하는 방법에 대한 내용도 제공하고 있다. 'Nicotine Anonymous'는 알코올 중독자 프로그램에서 착안하여 니코틴 중독을 이기는 12단계 프로그램을 제시하고 있다. 흡연으로부터 회복된 사람들은 이 지원 체계가 매우 중요하다고 보고하고 있다. 여러 금연 약품이 식약처로부터 승인을 받고 있다. 이러한 약물 중 하나인 바레니클린(Varenicline, Chantix)은 니코틴에 의해 자극받은 뇌에 영향을 미친다. 바레니클린은 니코틴과 유사하게 작용하여 금단 증상을 완화할 수 있다. 게다가 처방전 없이 살 수 있는 여러 니코틴 대체 제품도 구할 수 있다. 이것은 니코틴 패치, 껌, 사탕을 포함한다. 이러한 제품은 금연을 시도하는 동안 금단 증상을 완화하기에 충분한 양의 니코틴을 공급하도록 고안되었다.

생각해 볼 문제

1. 간접흡연에 대한 노출을 줄이기 위해 무엇을 해야 하는가?
2. 담배 연기는 왜 실제 연기와 직접 접촉하지 않은 기관에도 부정적인 영향을 미치는가?

성 반동이 감소하여 기도가 좁아질 뿐만 아니라 날숨 후에 추진력도 감소한다. 환자는 숨을 쉬기가 어려워지며 기침을 할 수도 있다. 기체 교환을 하는 표면적이 줄어들기 때문에 심장과 뇌에 도달하는 산소가 적어진다. 그렇다 해도 심장은 폐로부터 더 많은 혈액을 공급받기 위해 격렬하게 작용하게 되며, 심장에 증가된 업무 부하의 결과가 나타날 수 있다. 뇌의 산소 부족은 사람을 우울하게 하며 게으르고 짜증을 내게 할 수 있다. 운동, 약물치료, 충분한 산소 공급, 금연은 증상을 완화하고 폐기종의 진행을 늦출 수 있다. 심각한 폐기종은 폐 이식과 폐용적감소술(LVRS)로 치료할 수 있다. 폐용적감소술 동안 손상된 폐 조직의 1/3이 제거된다. 이러한 제거는 남은 조직의 기능을 더 좋게 한다. 그 결과 환자의 호흡 기능과 폐활량이 증가한다.

천식(asthma)은 쌕쌕거림, 호흡곤란, 때로는 기침과 점액 배출이 동반하여 나타나는 기관지와 세기관지의 질환이다. 기도는 꽃가루, 동물의 비듬, 먼지, 담배 연기, 산업 매연 같은 광범위한 알레르기항원을 포함할 수 있는 특정한 자극물에 비정상적으로 민감하다. 심지어 차가운 공기도 자극물이 될 수 있다. 자극물에 노출되면 세기관지의 민무늬근육은 경련을 일으킨다. 이것은 현재 세기관지에 있는 면역세포에서 방출된 화학 매개체에 의해 경련이 발생하는 것으로 보인다. 대다수 천식 환자는 어느 정도의 기관지 염증을 가지고 있기 때문에 기도의 직경은 더 좁아지고 심각한 발작이 나타나게 된다. 천식은 완치될 수 없지만 치료가 가능하다. 특별한 흡입기는 염증을 조절하여 발작을 막을 수 있고, 다른 종류의 흡입기는 발작을 일으키는 근육 경련을 멈출 수 있다.

폐암

폐암(lung cancer)은 여성보다 남성에게 많이 발병하지만, 여성의 사망 원인으로는 유방암을 능가했다. 여성의 폐암 발생률 증가는 흡연을 하는 여성의 수 증가와 직접적인 연관이 있다. 흡연자의 부검을 통해 폐암의 진행 단계가 밝혀졌다. 첫 번째 단계는 기관지 내부의 세포가 딱딱해지고 굳은살이 형성된다. 굳은살은 세포가 자극원에 노출될 때마다 발생한다. 다음 단계는 섬모가 소실되어 폐 속에 먼지와 찌꺼기가 쌓이는 것을 막는 것이 불가능해진다. 이에 따라 비정형 핵을 가진 세포가 내부의 굳은살에 나타난다. 비정형 핵을 가진 무질서한 세포와 관련된 종양은 생체 내에서 암으로 여겨진다(한 곳에 위치함). 보통의 폐와 암 종양으로 인한 폐의 비교는 그림 9.14에 제시되어 있다. 마지막 단계는 이러한 세포들 중 일부가 떨어져 나가 다른 조직에 침투하는 것인데, 이를 전이라고 한다. 그러면 암이 퍼지는 것이다. 원래 종양은 기관지가 막혀 폐로 가는 공기의 공급이 차단될 때까지 자랄 수 있다. 그 후 폐 전체가 손상되고 폐 공간에 갇힌 분비물이 감염되고 폐렴이나 폐농양(고름이 있는 부분)이 발생한다. 이에 대한 유일한 치료법은 전이가 되기 전에 한 폐엽이나 폐 전체를 제거하는 것이다. 이 수술을 **폐 절제술**(pneumonectomy)이라고 한다. 만일 암이 퍼져 있으면 화학적 치료와 방사선 치료도 요구된다.

연구에 따르면 간접흡연에 노출되는 것도 폐암과 흡연에 연관된 여러 질병을 일으킬 수 있다. 만약 담배를 끊고 간접흡연을 피하고 신체 조직이 아직 암으로 발전하지 않았다면, 폐는 오랜 시간을 거쳐 정상으로 돌아올 수 있을 것이다.

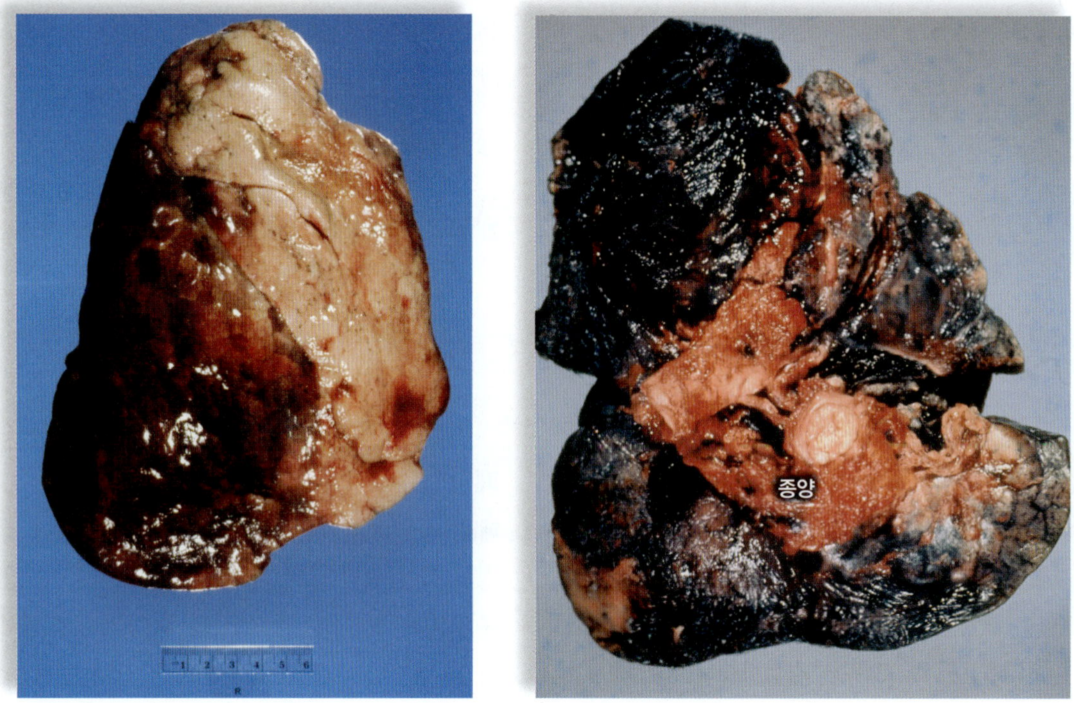

a. 정상적인 폐　　b. 폐암

그림 9.14 흡연이 인간의 폐에 미치는 영향.
a. 정상적인 폐. 건강한 붉은색을 띠는 것을 볼 수 있다. **b.** 심한 흡연자의 폐. 암 종양이 형성된 곳을 제외하고는 모두 검게 뒤덮여 있는 것을 볼 수 있다.
(a): Southern Illinois University/Science Source; (b): Clinical Photography, Central Manchester University Hospitals NHS Foundation Trust, UK/Science Source

진도 점검하기 9.7

1. 몇 가지 일반적인 호흡 감염의 증상과 상기도 및 하기도의 질환을 명명하고 설명하시오.
2. 앞의 질문에서 나온 각각의 일반적인 호흡 감염을 어떻게 치료할 수 있는지 설명하시오.
3. 흡연과 관련된 일반적인 세 가지 호흡 질환을 나열하시오.

개념 연결하기

호흡계통에 영향을 미치는 질환에 대한 자세한 내용은 다음 논의를 참고하시오.

7.2절 결핵과 독감 유행에 대한 추가 정보를 살펴본다.

7.4절 항생제 내성의 원인과 결과를 살펴본다.

19.1~19.2절 암세포의 생물학과 암의 주요 원인을 살펴본다.

결론

우리의 호흡계통은 몸의 항상성을 유지하는 데 매우 중대한 역할을 한다. 산소와 이산화탄소의 교환은 세포들이 세포호흡 과정을 수행할 수 있게 하고, 그렇게 함으로써 대사 활동에 필요한 에너지를 제공할 뿐만 아니라 몸의 pH를 조절하는 데 도움을 주어서 효소들이 적절한 수준으로 기능을 할 수 있도록 한다.

천식, 폐암, 낭포성 섬유증과 같은 질병은 호흡계통의 올바른 기능을 방해한다. 폐에서 폐포의 감염과 파괴는 기체 교환이 발생하는 표면적을 감소시키고, 몸의 거의 모든 다른 기관계통의 대사 기능을 감소시킨다.

요약

9.1 호흡계통

호흡계통(respiratory system)은 **환기**(ventilation, 호흡) 과정에 필수적이고, **들숨**(inspiration)과 **날숨**(expiration)을 포함한다.

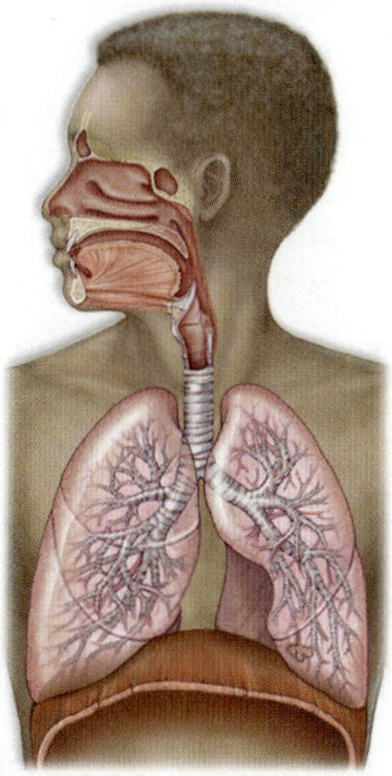

9.2 상기도

코(nose)에서 들어온 공기는 호흡기로 들어와 다음을 통과한다.

- 공기를 거르고 따뜻하게 만들어주는 **코안**(nasal cavity, 비강)
- 기도와 식도의 개구부인 **인두**(pharynx), 인두의 위쪽 부분인 코인두는 **귀관**[auditory tube, 유스타키오관(eustachian tube)]에 의해 가운데귀와 연결되어 있다. **후두덮개**(epiglottis)는 하기도로 음식이 들어가는 것을 막는다.
- **성대**(vocal cord)를 감싸고 있는 소리 박스인 **후두**(larynx), **성문**(glottis)은 성대 사이의 작은 입구이다. **편도**(tonsil)는 호흡계통을 보호하는 림프조직이다.

9.3 하기도

- **기관**[trachea, 숨통(windpipe)]은 술잔세포와 섬모세포로 배열되어 있다.
- **기관지**(bronchi)는 **폐**(lung, 허파)로 들어가고 더 작은 **세기관지**(bronchiole)로 가지를 뻗는다.
- 폐는 모세혈관그물에 의해 둘러싸인 공기주머니인 **폐포**(alveoli)로 구성되어 있다. 폐포는 폐쇄를 방지하는 **표면활성제**(surfactant)로 덮여 있다. 각각의 폐는 **흉막**(pleura)이라는 막으로 둘러싸여 있다.

9.4 호흡의 기전

호흡은 공기의 들숨과 날숨을 포함한다. 폐에서의 공기 흐름은 **보일의 법칙**(Boyle's Law)의 영향 때문에 일어나며, 이 법칙은 기체의 압력과 부피 사이의 관계를 설명한다.

- 들숨을 하는 동안 가로막은 내려가고, 가슴우리는 위쪽과 바깥쪽으로 움직인다. 폐는 확장되고, 공기는 안으로 몰려 들어온다.
- 날숨을 하는 동안 가로막은 이완되어 위로 움직인다. 가슴우리는 아래쪽과 안쪽으로 움직인다. 폐의 압력은 증가하고 공기는 폐 밖으로 빠져나온다.

호흡량은 다음과 같이 측정될 수 있다.

- 각 호흡 때마다 정상적으로 들어가고 나오는 공기의 용량인 **일회호흡량**(tidal volume)
- 최대한의 노력으로 숨을 들이쉬고 내쉴 수 있는 공기의 용량인 **폐활량**(vital capacity)
- 일반적인 공기량과 최대 노력으로 움직인 공기량과의 차이인 **들숨 예비량**(inspiratory reserve volume)과 **날숨 예비량**(expiratory reserve volume)
- 숨을 쉴 때 폐에 머물러 있는 공기의 용량인 **잔기량**(residual volume). 이를 **사강**(dead air space)이라고도 한다.

9.5 환기의 조절

뇌의 **호흡조절중추**(respiratory control center)는 자율적으로 분당 12~20회의 호흡을 하게 한다. 혈액 내 초과하는 이산화탄소는 pH를 낮출 수 있다. 이때 **화학수용체**(chemoreceptor)는 호흡중추를 자극하여 호흡률을 증가시킨다.

9.6 체내 기체 교환

외호흡(external respiration)과 **내호흡**(internal respiration) 둘 다 확산에 의존한다. 혈색소 활성은 기체를 수송하므로 외호흡과 내호흡에서 필수적이다.

외호흡

- 이산화탄소는 혈장을 빠져나와 폐로 확산한다. **탄산 탈수효소**(carbonic anhydrase)는 적혈구에서 중탄산염 이온으로의 분해를 가속화시킨다.
- 산소는 혈장으로 확산하여 모세혈관 속의 적혈구로 들어간다. 산소는 혈색소에 의해 운반되어 **산화혈색소**(oxyhemoglobin)를 형성한다.

내호흡

- 산소는 혈액을 빠져나와 조직으로 확산한다.
- 이산화탄소는 조직에서 혈액으로 확산한다. 이산화탄소는 **중탄산염 이온**(bicarbonate ion) 형태로 혈장 안에서 운반된다. 일부 적은 양은 혈색소와 결합하여 **카르바미노혈색소**(carbaminohemoglobin)를 형성한다.

9.7 호흡계통 질환

많은 질병이 호흡기와 연관되어 있다.

상기도 감염

- 코안, 부비강, 목, 편도, 후두의 감염은 모두 상기도 감염이다.
- 여기에는 **축농증**(sinusitis), **중이염**(otitis media), **후두염**(laryngitis), **편도선염**(tonsillitis)이 포함된다. 림프조직인 편도는 **편도선 절제술**(tonsillectomy)에 의해 제거될 수 있다.

하기도 질환

- 하기도 감염에는 **급성 기관지염**(acute bronchitis), **폐렴**(pneumonia), **결핵**(tuberculosis)이 있다.
- 제한성폐질환의 예로는 **폐섬유증**(pulmonary fibrosis)이 있다.
- 폐쇄성폐질환의 예로는 **만성 기관지염**(chronic bronchitis), **폐기종**(emphysema), **천식**(asthma)이 있다.
- 흡연은 결과적으로 **폐암**(lung cancer)과 다른 질병들을 일으킬 수 있다. 병에 걸린 폐 부분은 **폐 절제술**(pneumonectomy)로 제거할 수 있다.

개념 심화 학습

비판적 사고 키우기

1. 아이들도 폐쇄수면무호흡(OSA)을 앓고 있을 수 있다. 낮 동안 겪는 증상으로는 입을 통한 호흡과 집중이 어려운 것이지만, 아이들은 일부 성인들처럼 과도하게 졸지 않는다. OSA를 겪는 아이들은 편도나 아데노이드가 자주 붓는다. 편도와 아데노이드를 제거하면 증상이 완화되는 경우가 자주 있다. 수술 후에도 OSA가 지속된다면 지속기도양압(CPAP) 치료가 요구된다. 비대해진 편도나 아데노이드가 OSA를 유발하는 이유는 무엇인가?
2. '음식이 잘못된 통로로 내려갔다'는 표현을 공기 흐름의 구조를 사용하여 설명하시오.
3. 오랜 기간 흡연을 한 사람들은 만성적 기침이 자주 발생한다.
   a. 흡연자가 기침을 하는 것은 무슨 도움을 주는가?
   b. 왜 비흡연자에게서 만성적 기침이 덜 발생하는가?
4. 노래하는 동안 길게 음을 잡고 있는 것이 필요한 전문 가수들은 그들의 호흡을 조절하기 위해 매우 노력해야 한다. 호흡을 더 잘 조절하기 위해서는 어떤 근육이 필요한가?
5. 거의 익사할 뻔한 사람의 피부는 왜 푸른색을 띠는가?

관련성 탐구하기

1. 당신은 천식 환자에게 어떤 운동이 유익하다고 생각하는가?
2. 천식, 낭포성 섬유증과 같은 호흡기 질환의 유전적 기초에 대한 이해는 연구자들이 개인 맞춤형 치료법을 개발하는 데 어떤 도움을 줄 수 있는가?
3. 천식은 불안, 흥분, 수면 문제와 같은 신경계통과 관련 있는 부작용을 유발할 수 있다. 당신은 호흡기 질환이 왜 신경계통의 문제들을 유발한다고 생각하는가?

모든 장의 질문에 대한 정답은 *connect.mheducation.com*에서 확인하시오.

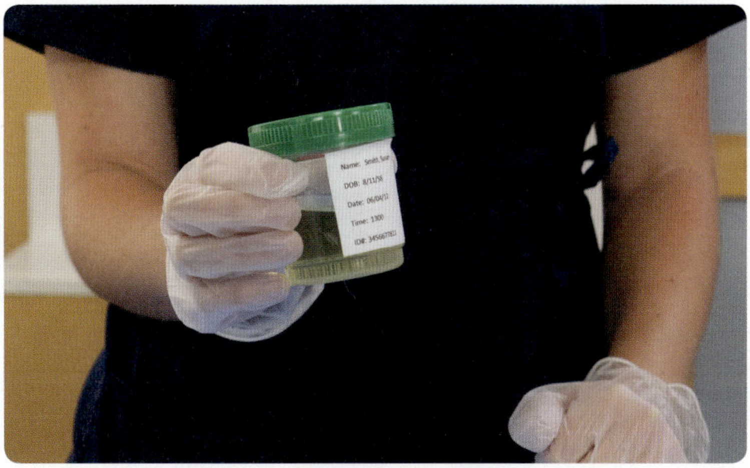

McGraw Hill

CHAPTER 10 비뇨계통

소변은 무균인가?

사람들은 탈수를 예방하기 위해 자신의 소변을 마신 방법을 설명하는 TV 프로그램을 보거나 책을 읽을 수 있다. 소변의 95%가 물이기 때문에 마실 수 있다는 것은 사실이지만 소변이 무균 상태라는 일반적인 오해가 있다. 소변이 체내에서 생성되기 때문에 무균이라는 생각은 1950년대 연구에서 비롯되었다. 그 당시에는 소변 검사 중에 발견되는 모든 박테리아가 요로 감염 또는 비뇨계통의 다른 질병의 결과임에 틀림없다고 믿었다.

그러나 현재 연구는 그 생각과 모순된다. 소화계통과 같은 다른 신체계통의 자연적인 박테리아 개체군에 대한 연구를 바탕으로, 연구자들은 많은 다른 종류의 박테리아로 구성된 미생물균총의 자연적인 개체군이 일반적으로 비뇨계통에 거주한다고 밝혔다. 오늘날 연구는 정상적인 환경이 무엇인지 그리고 이 박테리아들이 요로에서 어떤 역할을 하는지 알아내는 데 초점을 맞추고 있다. 이것을 결정함으로써 비뇨계통의 질환과 감염을 치료하는 방법에 대한 더 나은 진단을 개발하는 것이 가능할지도 모른다.

이 장에서는 신체 항상성의 주요 기관 중 하나인 콩팥의 역할을 알아볼 것이다.

이 장을 학습하면서 다음 질문을 생각해 보자.

1. 신체에서 콩팥의 역할은 무엇인가?
2. 식량은 풍부하지만 식수는 바닷물밖에 없는 무인도에 좌초되었다면 얼마나 오래 살아남을 수 있는가?
3. 인간의 콩팥은 어떤 메커니즘으로 콩팥에서 생성되는 소변의 염분 농도를 조절할 수 있는가?

이 장의 개요

시작하기 전에

이 장을 시작하기 전에 다음 사항을 논의해 보자.

1.2절 용액의 산과 염기는 무엇으로 결정되는가?

2.3절 물은 세포막을 통해 어떻게 이동하는가?

3.8절 항상성 유지를 위해 피드백 기전은 어떻게 기여하는가?

10.1 비뇨계통

학습 목표

이 절을 학습한 후 다음 사항을 할 수 있어야 한다.

1. 비뇨계통의 기능을 요약할 수 있다.
2. 비뇨계통의 각 기관과 그 기능을 설명할 수 있다.

비뇨계통(urinary system)은 혈액의 염분, 수분, pH 항상성을 유지하는 데 주요한 역할을 하는 신체의 기관이다. 이 기관들은 **배설**(excretion) 과정, 즉 몸에서 대사 노폐물을 제거하는 과정을 수행한다. 이러한 대사 노폐물은 세포와 조직의 정상적인 활동의 부산물이다. 배설과 비교해 보면, 배변은 소화되지 않은 음식과 박테리아를 대변의 형태로 제거하는 소화계통의 과정이다(8.1절 참고). 사람의 배설은 몸에서 소변의 형성과 배출에 의해 수행된다.

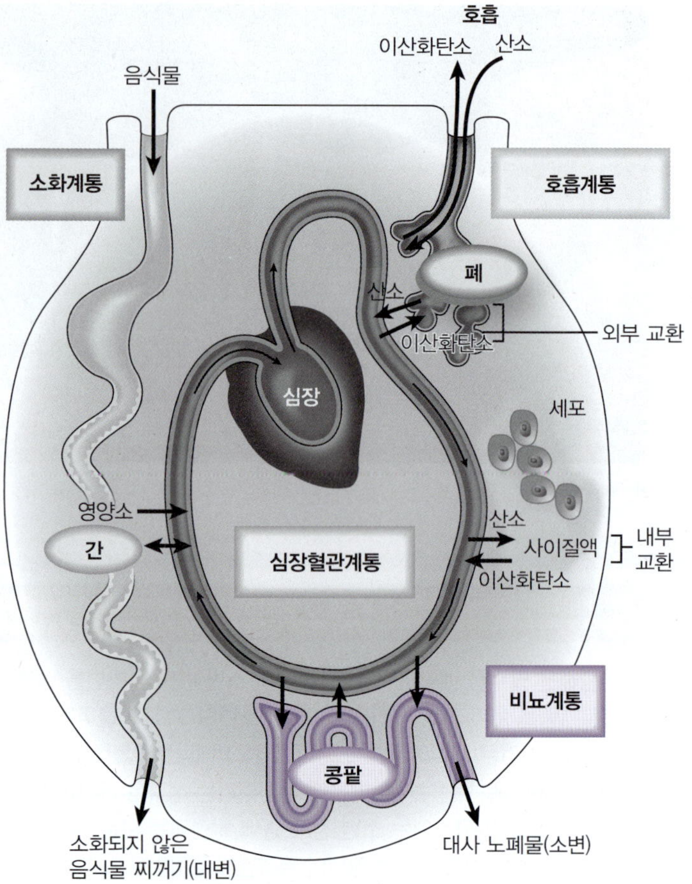

그림 10.1 비뇨계통과 항상성.
비뇨계통은 요소(간에서 생성)와 다른 질소 노폐물의 배출, 수분-염분 균형의 유지, 혈액 pH의 유지를 통해 항상성을 유지한다.

비뇨계통의 기능

비뇨계통은 배설 과정을 수행하면서 항상성에 기여하는 몇 가지 중요한 기능을 수행하기 위해 다른 여러 신체계통과 상호작용을 한다(그림 10.1). 10.4절에서 이러한 각 기능을 자세히 살펴볼 것이다.

대사 노폐물의 배출

신체의 대사 노폐물은 주로 요소, 크레아티닌, 암모니아, 요산과 같은 질소 노폐물로 구성된다. 아미노산 대사 산물인 **요소**(urea)는 사람의 대사에서 주요 질소 최종 산물이다. 간에서 아미노산을 분해하면 세포에 매우 독성이 강한 화합물인 암모니아를 방출한다. 간은 암모니아와 이산화탄소를 빠르게 결합하여 훨씬 덜 해로운 요소를 생성하는데, 일반적으로 혈중 요소 수치는 10~20 mg/dl이다. 혈중 요소 수치가 높아지면 심장 부정맥, 구토, 호흡기 문제 및 잠재적인 사망 가능성이 있는 **요독증**(uremia)을 유발할 수 있다. 상승한 요소 수치에 대한 치료는 10.5절에서 다룬다.

콩팥은 요소 외에도 크레아티닌과 요산을 분비한다. **크레아티닌**(creatinine)은 근육의 고에너지 인산염 비축 분자인 크레아틴 인산염의 분해로 인해 발생하는 산물이다. **요산**(uric acid)은 뉴클레오티드(예: 아데닌, 티민)의 대사 과정에서 형성된다. 요산은 잘 용해되지 않는 불용성이며, 혈액에 너무 많은 요산이 존재하면 결정이 형성되어 침전될 것이다. 요산 결정이 관절에 축적되면 **통풍**(gout)이라는 통증성 질환을 일으키게 된다.

수분-염분 균형 유지

콩팥의 주요 기능은 혈액의 수분-염분 균형을 적절하게 유지하는 것이다. NaCl과 같은 염분은 삼투율과 방향에 영향을 준다(2.3절 참고). 따라서 혈액에 염분이 많을수록 혈액량이 많아지고 혈압이 높아진다. 콩팥은 혈액 내 특정 이온, 즉 소듐 이온(Na^+)과 포타슘 이온(K^+)의 농도를 조절함으로써 혈압을 조절한다. 또한 콩팥은 중탄산염 이온(HCO_3^-) 및 칼슘 이온(Ca^{2+})과 같은 다른 이온의 적절한 혈중 농도를 유지한다.

산-염기 균형 유지

콩팥은 혈액의 산-염기 균형을 조절한다. 사람이 건강을 유지하기 위해서는 혈액 pH가 약 7.4 정도로 유지되어야 한다. 콩팥은 주로 수소 이온(H^+)을 배출하거나 필요에 따라 중탄산염 이온을 재흡수하여 혈액 pH를 7.4로 유지함으로써 혈액 pH를 모니터링하고 조절하는 데 도움을 준다. 사람이 섭취하는 음식물에는 종종 산성 식품이 포함되기 때문에 소변의 pH는 일반적으로 6 이하이다.

호르몬의 분비

콩팥은 호르몬 분비에 있어서 내분비계통을 돕는다. 콩팥은 레닌(renin)을 방출하여, 콩팥 바로 위에 위치한 부신에서 알도스테론의 분비를 돕는다. 10.4절에 설명한 바와 같이 알도스테론은 혈액의 수분-염분 균형을 조절하는 것에 관여한다. 콩팥은 또한 적혈구의 생성을 조절하는 호르몬인 **적혈구형성인자**(EPO)를 분비한다.

콩팥의 추가 기능

콩팥은 여과된 영양소를 재흡수하여 비타민 D 합성에 참여한다. 비타민 D는 소화관에서 칼슘 이온의 흡수를 촉진하는 물질이다.

비뇨계통의 기관

비뇨계통은 콩팥, 요관, 방광, 요도로 구성된다(그림 10.2).

콩팥

콩팥(kidney, 신장)은 척추의 양쪽에 하나씩 위치한 한 쌍의 기관이다. 배안을 감싸는 막인 복막 뒤에 있으며, 그곳에서 하부 갈비뼈로부터 보호를 받는다. 오른쪽 콩팥은 간의 위치로 인해 왼쪽 콩팥보다 약간 아래쪽에 위치한다. 콩팥은 콩 모양이며 적갈색을 띤다. 이 주먹 크기의 기관은 콩팥주머니라고 하는 섬유질 결합조직의 질긴 피막으로 덮여 있다. 지방 조직 덩어리가 각 콩팥에 부착되어 있고, 콩팥의 오목한 면은 **콩팥동맥**(renal artery)이 들어오고 **콩팥정맥**(renal vein)과 요관이 나가는 곳이다. 콩팥동맥은 여과할 혈액을 콩팥으로 운반하고, 콩팥정맥은 여과된 혈액을 콩팥에서 멀리 운반한다.

요관

요관(ureter)은 소변을 콩팥에서부터 방광으로 보내는 관이다. 요관은 약 25 cm 길이와 5 mm 직경의 작고 근육으로 이루어진 관이다. 요관벽은 내부 점막층(점막), 평활근층, 바깥층인 섬유성 결합조직층의 세 층으로 구성되어 있다. 연동성 수축으로 인해 사람이 누워 있어도 소변을 방광으로 보내는 역할을 한다. 소변은 분당 1~5회 분출되는 속도로 방광으로 들어간다.

방광

방광(urinary bladder)은 소변이 몸 밖으로 배출될 때까지 소변을 저장한다. 방광은 3개의 개구부가 있는데, 2개는 요관이고 다른 하나는 방광을 비우는 요도이다(그림 10.3).

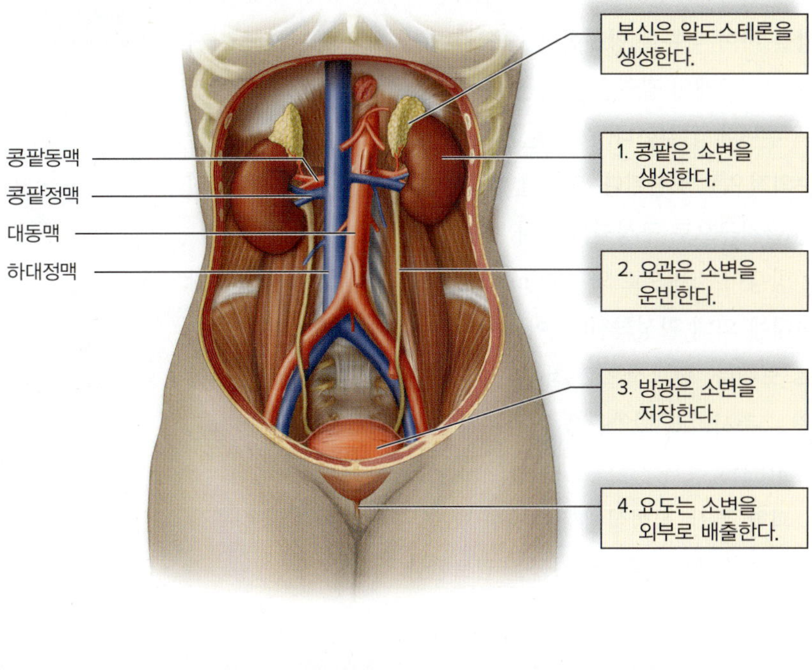

그림 10.2 비뇨계통.
콩팥, 요관, 방광, 요도. 부신은 내분비계통의 일부이다.

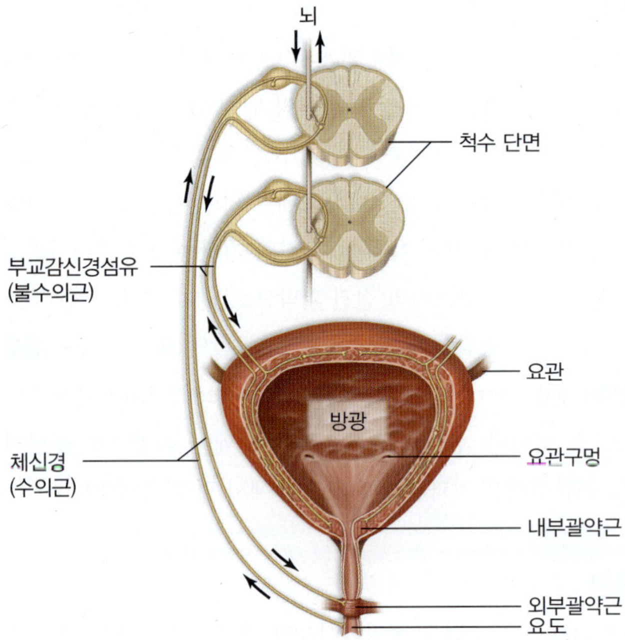

그림 10.3 감각 자극은 소변을 보고 싶은 욕구를 유발한다.
방광이 소변으로 차면 감각신경 자극은 척수를 통해 뇌로 간다. 그때 뇌는 소변을 방출하고 싶은 충동을 느낀다. 소변을 배출할 때 운동신경은 방광을 수축시키고 괄약근을 이완시킨다.

방광벽은 평활근의 원형 섬유로 된 중간층과 세로평활근 등 2개의 층을 포함하기 때문에 팽창할 수 있다. 방광이 팽창할수록 점막 상피는 얇아지고 점막층의 주름은 사라진다. 방광의 주름은 위와 유사하다. 전이 상피층은 소변량 증가에 따라 방광을 늘어나게 하며, 방광의 최대 용량은 700~800 ml이다.

방광은 소변을 저장할 수 있는 특징도 있다. 소변이 요관을 통해 방광으로 들어간 후 방광 점막층의 작은 주름이 판막 역할을 하여 역류를 방지한다. 요도가 방광 밖으로 나가는 가까운 곳에 2개의 괄약근(조임근)이 있고, 내부괄약근은 요도 입구 주변에 위치한다. 이것은 평활근으로 구성되어 있으며 불수의적으로 조절된다. 외부괄약근은 수의적으로 조절할 수 있는 골격근으로 구성되어 있다.

방광이 소변으로 약 250 ml까지 차면 콩팥 수용체가 방광 비대에 의해 활성화된다. 이 수용체는 감각신경 신호를 척수로 보낸다. 결과적으로 척수로부터의 운동신경 자극은 방광을 수축시키고 괄약근을 이완시켜 배뇨가 가능하게 한다(그림 10.3).

과학 특집 '실험실에서 배양한 방광'은 질병에 걸린 방광을 대체할 수 있는 새로운 기술을 검토한다.

생활 속의 생물학

과민성 방광이란?

과민성 방광(overactive bladder)은 방광이 가득 차지 않아도 방광 근육이 수축한다. 근육 수축은 화장실에 가고 싶은 강한 절박감을 유발하게 한다. 톨테로딘(tolterodine, Detrol LA)과 옥시부티닌(oxybutynin, Ditropan XL) 같은 약물 사용은 방광으로 가는 신경 신호를 차단하고 방광의 근육 수축을 진정시켜 증상을 조절한다. 과민성 방광은 하루 중 정해진 시간에 소변을 보거나 배뇨를 제어하는 근육을 강화하는 운동을 함으로써 약물 없이도 치료할 수 있다.

요도

요도(urethra)는 방광에서 외부로 이어지는 작은 관이며, 그 기능은 몸에서 소변을 방출하는 것이다. 요도는 남성과 여성의 길이가 다르다. 여성 요도의 길이는 약 4 cm 정도인데, 이러한 짧은 요도 때문에 세균에 감염되기 쉽다. 남성의 경우 음경이 이완된 경우(발기되지 않았을 때) 평균 20 cm 정도이다. 남성의 방광에서 시작되는 요도는 전립선으로 둘러싸여 있으며, 때때로 전립선이 비대해져 요도의 소변 흐름이 방해받기도 한다. 10.5절에 있는 건강 특집 '전립선 비대로 인한 비뇨기 장애'에서는 남성을 중심으로 설명한다.

여성의 경우 생식계통과 비뇨계통이 연결되어 있지 않으며, 남성의 요도는 소변을 배출하기도 하고 사정 시 정자를 배출하기도 한다.

진도 점검하기 10.1

1. 비뇨계통 기관의 기능을 나열하고 간략하게 설명하시오.
2. 항상성을 유지하기 위해 콩팥이 수행하는 과정을 요약하시오.
3. 콩팥이 신체에서 대사 노폐물을 배설할 수 없는 경우 어떤 항상성 조절 기전이 나타나는지 설명하시오.

개념 연결하기

비뇨계통과 다른 신체계통의 상호작용에 대한 자세한 내용은 다음 논의를 참고하시오.

5.1절 혈액의 구성을 살펴본다.

12.3절 근육이 크레아틴 인산염을 에너지 분자로 사용하는 방법을 살펴본다.

15.4절 부신의 구조와 기능을 살펴본다.

오늘날의 생물학 ▶ **과학**

실험실에서 배양한 방광

당신은 최근에 사망한 사람에게서 적출한 장기 또는 살아 있는 기증자로부터 얻은 장기로 수행되는 장기 이식에 대해 잘 알고 있을 것이다. 그러나 일부 장기를 실험실에서 배양하여 이식에 사용할 수 있다는 사실을 알고 있는가?

실험실에서 배양한 방광(lab-grown bladder)은 많은 환자에게 성공적으로 이식되고 있다(그림 10A). 한 연구에 의하면, 환자들로부터 병든 방광의 세포를 기증받아 각 실험실에서 배양하여 방광 모양의 콜라겐 틀 위에서 증식시켜 새로운 방광이 형성되도록 하였다. 각 환자의 병에 걸린 방광을 이 새로운 방광으로 교체한 결과 환자들의 요실금 문제가 완화되었고 방광 내부의 압력이 낮아져 콩팥 손상 위험도 줄어들었다. 새로운 방광의 세포는 환자 자신들로부터 취해졌기 때문에 거부반응의 위험도 없었다.

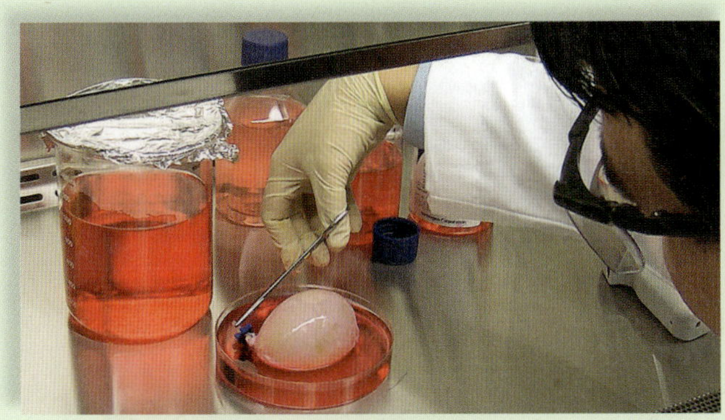

그림 10A 실험실에서 이식을 위해 준비되고 있는 배양한 방광. 실험실에서 배양한 방광은 이식할 때 거부반응 위험이 줄어든다.
Brian Walker/AP Images

연구원들은 이 기술이 이식을 위해 다른 유형의 조직과 장기를 성장시키는 데 사용될 수 있기를 희망한다. 이것은 이식 가능한 제한된 수의 장기에 대한 주요 해결책이 될 수 있다.

생각해 볼 문제

1. 실험실에서 콩팥이 아닌 방광을 성장시키는 것이 가능하다고 생각하는 이유는 무엇인가?
2. 이 기술을 신체의 다른 부분으로 확장할 수 있다고 생각하는가?

10.2 콩팥의 구조

학습 목표

이 절을 학습한 후 다음 사항을 할 수 있어야 한다.

1. 콩팥의 구조를 설명할 수 있다.
2. 네프론의 구조와 기능을 설명할 수 있다.

콩팥의 세로 단면을 보면 콩팥동맥과 콩팥정맥의 많은 가지가 콩팥 내부에 뻗어 있는 것을 알 수 있다(그림 10.4). 혈관을 제거하면 콩팥의 세 영역을 쉽게 확인할 수 있다.

- **콩팥겉질**(renal cortex, 신장피질): 콩팥속질이라고 하는 방사상으로 줄무늬가 있는 내부층 사이로 내려가는 외부의 과립화된 층이다.
- **콩팥속질**(renal medulla, 신장수질): 콩팥 피라미드라고 하는 원뿔 모양의 조직 덩어리로 구성된다.
- **신우**(renal pelvis, 콩팥깔대기): 중앙에 있는 공간으로 요관으로 이어져 있다.

현미경으로 볼 때 콩팥은 100만 개 이상의 **네프론**(nephron)으로 구성되어 있으며, 때로는 콩팥 또는 콩팥 세뇨관이라고도 한다(그림 10.4e). 네프론은 혈액을 여과하고 소변을 생성한다. 각 네프론은 소변이 집합관으로 흐르도록 위치해 있다. 여러 개의 네프론이 하나의 집합관으로 모이고, 이 집합관들은 신우로 모이게 된다.

네프론

각 네프론은 2개의 모세혈관 영역을 포함하여 자체 혈액 공급원을 가지고 있다(그림 10.5). 콩팥동맥에서 들세동맥은 혈액을 사구체주머니 내부의 모세혈관 매듭인 **사구체**(glomerulus)로 운반한다. 사구체에서 나온 혈액은 날세동맥에 의해 운반된다. 날세동맥은 들세동맥보다 좁기 때문에 사구체에서 혈압

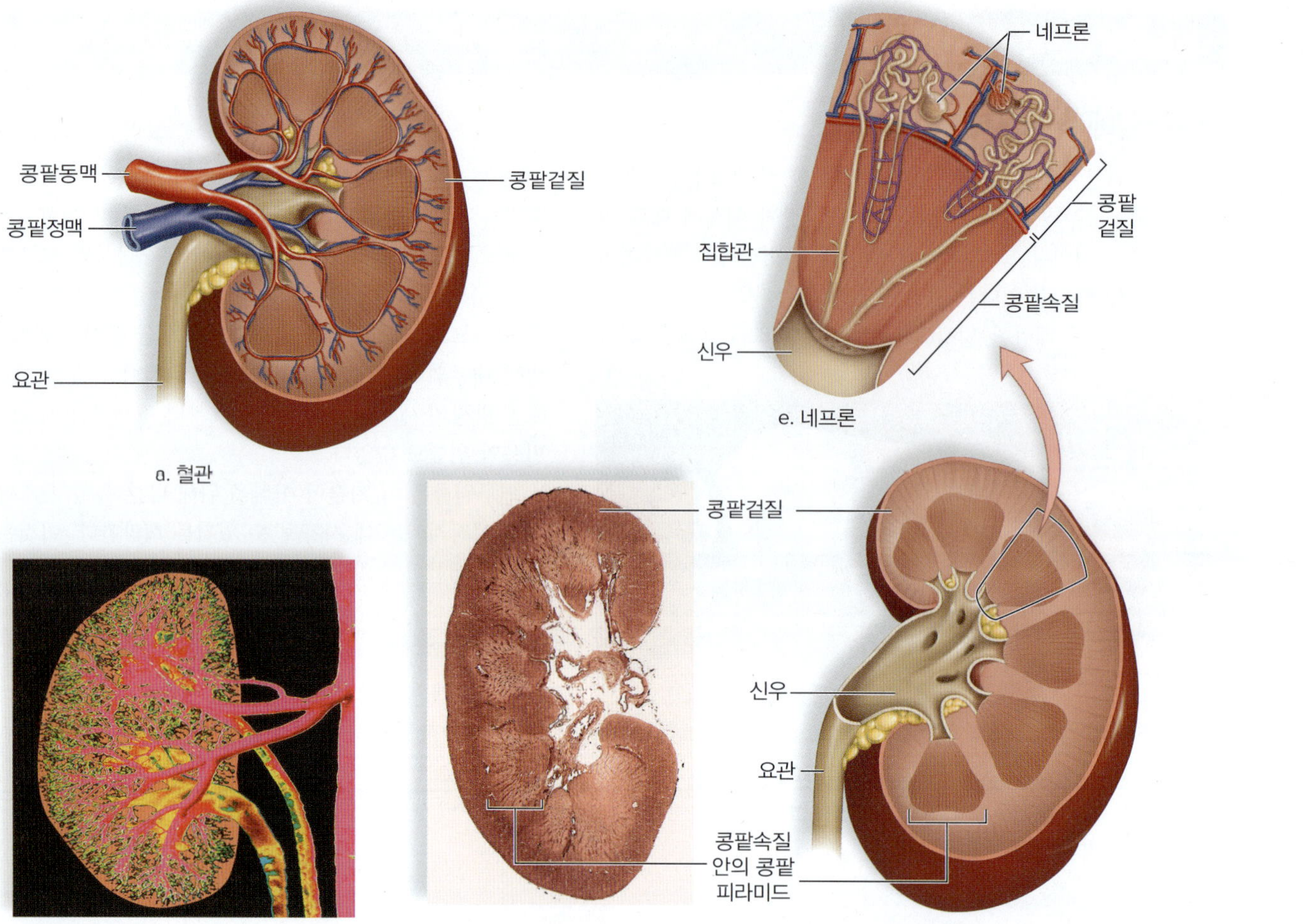

b. 콩팥의 혈관 조영술 c. 총체적 해부(사진) d. 총체적 해부(그림)

그림 10.4 콩팥의 해부.

a. 혈액 공급을 보여주는 콩팥의 세로 단면도. 콩팥동맥은 더 작은 동맥으로 나뉘고, 이들은 세동맥으로 나뉜다. 세정맥은 합쳐져 작은 정맥을 형성하고, 이들이 합쳐져 콩팥정맥을 형성한다. **b.** 혈관 조영술은 X선에 불투명한 조영제를 혈관에 주입하여 X선 촬영 시 혈관을 밝게 보이게 한다. **c.** 혈액 공급이 없는 상태에서의 단면도. **d.** 콩팥겉질의 다이어그램. 콩팥속질 및 요관과 연결되는 신우. 콩팥속질은 콩팥 피라미드로 구성되어 있다. **e.** 네프론의 배치를 보여주는 확대 단면도.

(사진) (b): James Cavallini/Science Source; (c): KAGE Mikrofotografie/Medical Images/DIOMEDIA

이 더 높다. 날세동맥은 네프론의 나머지 부분을 둘러싸는 **세뇨관 주위 모세혈관 그물**(peritubular capillary network)을 나누고 형성한다. 날세동맥에서 나온 혈액은 세뇨관 주위 모세혈관 그물을 통해 이동한다. 그러고 나서 혈액은 콩팥정맥으로 혈액을 운반하는 정맥으로 들어간다.

네프론의 해부학적 구조

각 네프론은 여러 부분으로 구성되어 있다(그림 10.5). 일부 기능은 네프론의 모든 부분에서 공유되지만, 각 부분의 특정 구조는 개별적인 기능을 수행하는 데 적합하게 만들어져 있다.

첫째, 네프론의 닫힌 끝은 안으로 밀려들어가 **사구체주머니**(glomerular capsule, 공식적으로는 보먼주머니라고 함)라는 컵 모양의 구조를 형성한다. 사구체주머니의 외부층은 편평상피세포로 구성되며, 내부층은 길고 세포질 확장이 있는 족세포로 구성된다. 족세포는 사구체의 모세혈관벽에 달라붙고 작은 분자가 사구체에서 사구체주머니 내부로 쉽게 통과할 수 있는 기공을 남긴다. 사구체 여과라고 하는 이 과정은 혈액의 여과액을 생성한다.

다음으로 **근위곡세관**(proximal convoluted tubule)이 있다. 네프론의 이 부분을 덮고 있는 직육면체 상피세포는 길이가 약 1 μm인 수많은 미세융모를 가지고 있으며, 촘촘하게 채워져 브러시 경계를 형성한다(그림 10.6). 이 미세융모는 여과액을 재흡수하는 데 필요한 표면적을 넓히는 역할을 한다. 각 세포에는 또한 많은 미토콘드리아가 있어 내강에서 세뇨관 주

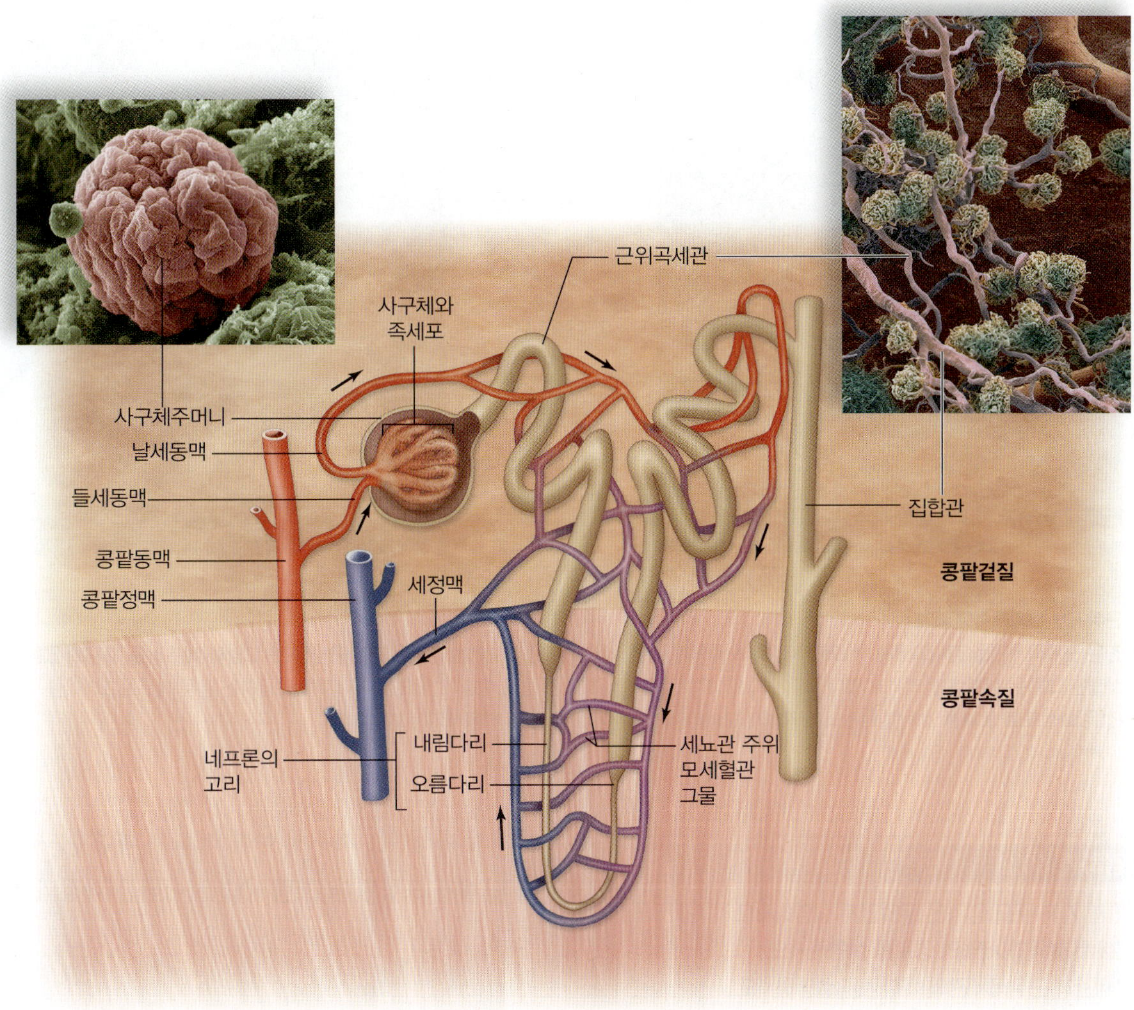

그림 10.5 네프론의 구조.
네프론은 사구체주머니, 근위곡세관, 네프론의 고리, 원위곡세관으로 구성된다. 수집관은 여러 개의 네프론에서 체액을 수집한다. 현미경 사진은 이 구조들의 미세한 해부학적 구조를 보여준다. 화살표를 따라가면 네프론에서의 혈액 경로를 찾아볼 수 있다.
(사진) (왼쪽 위): Steve Gschmeissner/Science Photo Library/Science Source; (오른쪽 위): Steve Gschmeissner/Science Photo Library/Getty Images

위 모세혈관 그물로 분자를 능동적으로 수송하기 위한 에너지를 제공한다.

단순편평상피는 세뇨관이 좁아지면서 U턴 형태로 **네프론의 고리**[loop of the nephron, 헨레(Henle) 고리]를 형성한다. 각 고리는 내림다리와 오름다리로 구성되는데, 고리의 내림다리는 물이 네프론을 둘러싼 조직으로 확산되도록 한다. 오름다리는 내강에서 간질 조직으로 염분을 능동적으로 운반한다. 앞으로 살펴보겠지만 이 활동은 네프론과 집합관에 의한 물의 재흡수를 촉진한다.

원위곡세관(distal convoluted tubule)의 직육면체 상피세포에는 수많은 미토콘드리아가 있지만 미세융모는 없다. 이것은 원위곡세관이 재흡수에 특화되어 있지 않다는 것을 의미하며, 주요 기능은 이온 교환이다. 이온 교환 동안 세포는 특정 이온을 재흡수하여 혈액으로 되돌리며, 다른 이온은 혈액에서 세뇨관으로 분비된다. 여러 개 네프론의 원위곡세관이 하나의 집합관으로 들어가고, 많은 **집합관**(collecting duct)은 소변을 신우로 운반한다.

그림 10.5에서 볼 수 있듯이 사구체주머니와 회전관은 항상 콩팥겉질 내에 위치한다. 네프론의 고리는 콩팥속질로 내려간다. 몇몇 네프론은 콩팥속질 깊숙이 침투하는 매우 긴 네프론의 고리를 가지고 있다. 집합관은 또한 콩팥속질에 위치해 있고, 이것들이 모여 콩팥 피라미드 모양을 만든다.

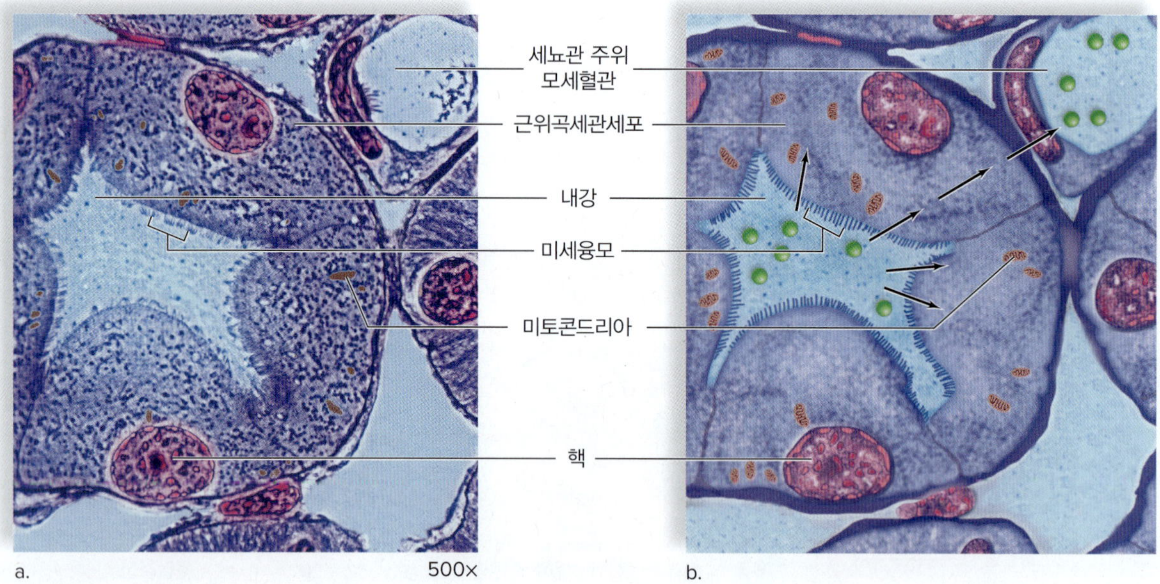

그림 10.6 근위곡세관의 특화된 세포.
a. 현미경 사진은 근위곡세관을 감싸고 있는 세포가 내강에 노출되는 표면적을 크게 증가시키는 미세융모로 구성된 붓 모양의 테두리를 가지고 있음을 보여준다. 세뇨관 주위 모세혈관 그물은 세포를 둘러싸고 있다. **b.** (a)의 도식적 표현은 각 세포가 능동 수송에 필요한 에너지를 공급하는 많은 미토콘드리아를 가지고 있음을 보여준다. 이 과정은 화살표로 표시된 것처럼 세관의 내강에서 모세혈관으로 분자(초록색)를 이동시키는 과정이다.
(a): Joseph F. Gennaro Jr./Science Source

진도 점검하기 10.2

1. 콩팥의 세 가지 주요 영역은 무엇인지 설명하시오.
2. 네프론에서 혈액과 체액의 경로를 설명하시오.
3. 원위곡세관과 근위곡세관의 차이점을 설명하시오.

개념 연결하기

이 절의 주제에 대한 자세한 내용은 다음 논의를 참고하시오.

3.5절 상피 조직의 다양한 형태와 각 기능을 살펴본다.

4.2절 순환계통에서 세동맥, 모세혈관, 세정맥의 기능을 살펴본다.

10.3 소변의 생성

학습 목표

이 절을 학습한 후 다음 사항을 할 수 있어야 한다.

1. 소변 형성과 관련된 세 가지 과정을 요약할 수 있다.
2. 사구체 여과액의 구성요소를 나열할 수 있다.
3. 세뇨관 재흡수가 어떻게 영양분과 염 분자를 처리하는지 설명할 수 있다.
4. 세뇨관 분비물에 의해 혈액에서 제거되는 물질을 설명할 수 있다.

소변의 형성에는 사구체 여과, 세뇨관 재흡수, 세뇨관 분비의 세 단계가 포함된다. 그림 10.7은 이러한 과정의 개요를 보여준다.

사구체 여과

사구체 여과(glomerular filtration)는 전혈이 들세동맥을 통해 사구체로 들어갈 때 시작된다. 들세동맥(그림 10.7 삽입도)은 날세동맥보다 직경이 커서 사구체 혈압을 증가시킨다. 이 때문에 물과 작은 분자는 사구체에서 사구체주머니 내부로 이동한다. 이것은 큰 분자와 형성된 요소가 모세관벽을 통과할 수 없기 때문에 생기는 여과 과정이다. 사실상 사구체의 혈액은 여과되는 혈액 성분과 여과되지 않는 혈액 성분으로 나뉜다.

여과되는 혈액 성분	여과되지 않는 혈액 성분
물	고형성분(혈구와 혈소판)
질소 노폐물	혈장단백질
영양소	
염분(이온)	

여과되지 않는 성분은 날세동맥을 통해 사구체에서 나간다. 사구체주머니 내부의 **사구체 여과액**(glomerular filtrate)에는

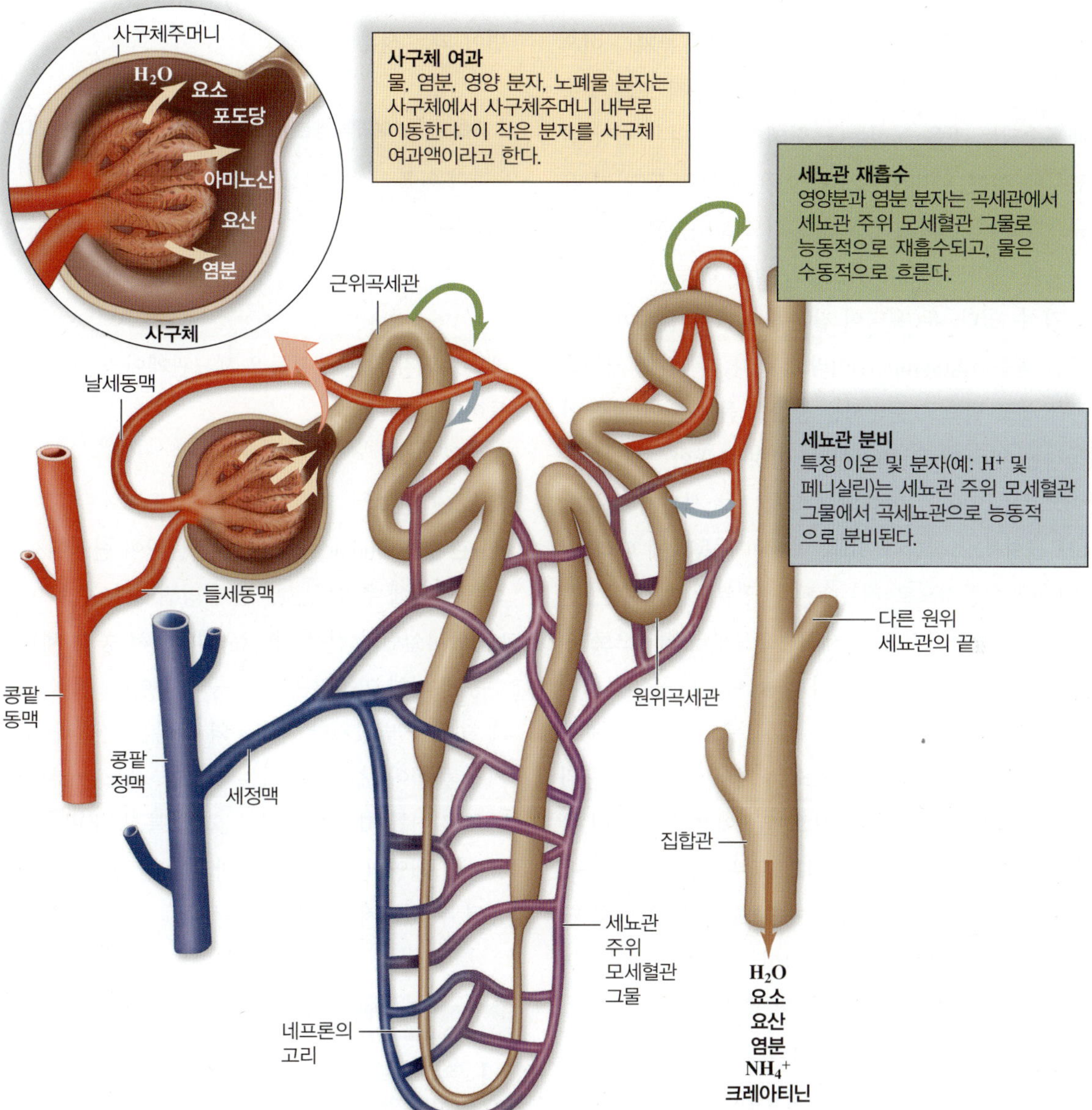

그림 10.7 소변 생성의 개요.
소변 형성의 세 가지 주요 과정은 상자에 설명되어 있으며, 특정 위치에서 네프론 안팎으로 분자의 이동을 나타내는 화살표에 색상으로 구분되어 있다. 최종적으로 소변은 집합관 내의 물질로 구성된다(갈색 화살표 참고).

여과 가능한 혈액 성분이 혈장과 거의 동일한 농도로 포함되어 있다.

표 10.1을 보면 콩팥의 네프론은 상당한 양의 작은 분자(예: 포도당) 및 이온(예: 소듐)과 함께 하루에 180리터의 물을 여과한다. 소변의 구성이 사구체 여과액의 구성과 같다면 신체는 지속적으로 수분, 염분, 영양분을 잃을 것이다. 따라서 사구체 여과액의 구성이 세뇨관을 통과하면서 조성이 변한다는 것을 알 수 있다.

표 10.1 네프론으로부터 재흡수

성분	여과량(1일당)	배출량(1일당)	재흡수(%)
물(L)	180	1.8	99.0
소듐(g)	630	3.2	99.5
포도당(g)	180	0.0	100.0
요소(g)	54	30.0	44.0

L = 리터(liter), g = 그램(gram)

세뇨관 재흡수

세뇨관 재흡수(tubular reabsorption)는 네프론에서 분자나 이온이 세뇨관 주위 모세혈관 그물의 혈액으로 수동적 또는 능동적으로 재흡수되는 것을 일컫는다. 혈액의 삼투압은 혈장 단백질과 염분에 의해 유지된다. 소듐 이온(Na^+)은 두 가지 유형의 수송단백질 중 하나에 의해 능동적으로 수송된다. 첫째, 소듐의 이동은 아미노산이나 포도당과 같은 더 큰 용질의 이동과 결합될 수 있다. 두 용질이 같은 방향으로 움직이기 때문에 이것을 **공동수송**(symport)이라고 한다. 두 번째 기전은 수소 이온을 세포 밖으로 운반하는 동안 소듐 이온이 세포 안으로 이동하는 **역수송**(antiport)이다. 이것은 또한 수소 이온의 바깥쪽으로의 이동이 혈액의 산도를 감소시키기 때문에 혈액의 pH 균형을 조절한다. 소듐 이온이 이동함에 따라 염소 이온(Cl^-)이 수동적으로 재흡수된다. 염분의 재흡수는 혈액의 삼투농도를 증가시켜 물은 세뇨관으로부터 혈액으로 수동적으로 이동하게 된다. 약 65%의 소듐 이온은 근위곡세관에서 재흡수된다.

포도당 및 아미노산과 같은 영양소는 거의 전적으로 근위곡세관에서 세뇨관 주위 모세혈관으로 되돌아온다. 운반체 단백질에 의해 인식된 분자만 능동적으로 재흡수되기 때문에 이것은 선택적인 과정이다. 포도당은 충분한 양의 운반체 단백질이 있기 때문에 일반적으로 완전히 재흡수되는 분자의 좋은 예다. 그러나 모든 물질에는 최대 운송 속도가 있으며, 모든 수송단백질이 사용 중이면 여과액에 남는 여분은 재흡수되지 못하고 소변으로 배출된다. **당뇨병**(diabetes mellitus)은 간과 근육이 포도당을 글리코겐으로 저장하지 못하기 때문에 혈당 수치가 정상보다 높아 소변에 포도당이 나타난다. 여과액에 과량의 포도당이 존재하면 삼투압을 증가시켜 세뇨관 주위 모세혈관 그물의 물 재흡수량이 더 적어지게 된다. 당뇨병 환자에게서 자주 나타나는 것이 잦은 배뇨와 갈증 증가이며, 이것은 여과액에서 혈액으로 재흡수되는 수분이 적기 때문이다.

근위곡세관으로 들어가는 여과액이 두 부분으로 나뉘는 것을 살펴보았는데, 하나는 세뇨관에서 혈액으로 재흡수되는 성분이 있고, 다른 하나는 재흡수되지 않고 네프론을 통해서 소변이 되는 성분이 있다.

재흡수되는 여과액 성분	재흡수되지 않는 여과액 성분
대부분의 물	소량의 물
영양소	다량의 질소 노폐물
염분(이온)	과다한 염분(이온)

재흡수되지 않은 성분들은 세뇨관액이 되어 네프론의 고리로 들어가게 된다.

세뇨관 분비

세뇨관 분비(tubular secretion)는 물질이 혈액에서 제거되어 세뇨관 액체에 추가되는 두 번째 방법이다. 수소 이온, 크레아티닌, 페니실린과 같은 약물은 혈액에서 콩팥 세뇨관으로 능동수송에 의해 이동되는 물질 중 일부이다. 결국 소변에는 사구체 여과를 받았지만 재흡수되지 않은 물질과 세뇨관 분비를 거친 물질이 포함되어 있는 것이다. 세뇨관 분비는 콩팥 세뇨관의 길이를 따라 발생한다. 건강 특집 '소변 검사'는 소변 내용물이 개인의 건강을 평가하기 위한 진단 도구로 어떻게 사용될 수 있는지 설명한다.

진도 점검하기 10.3

1. 소변 형성의 세 가지 주요 과정을 나열하고, 각 과정이 일어나는 네프론의 위치를 설명하시오.
2. 사구체 여과, 세뇨관 재흡수, 세뇨관 분비의 기능을 요약하시오.
3. 재흡수되는 혈액 성분과 소변 형성 중에 배설되는 성분을 나열하시오.

개념 연결하기

이 절의 주제에 대한 자세한 내용은 다음 논의를 참고하시오.

2.3절 삼투, 능동수송, 세포막을 가로지르는 이온의 이동 과정을 살펴본다.

5.1절 혈액의 혈장 성분에 포함된 물질을 살펴본다.

오늘날의 생물학 ▶ 건강

소변 검사

일상적인 소변 검사는 소변 색깔, 농도, 내용물의 이상을 감지할 수 있다. 특히 콩팥 및 대사 질환의 진단에서 건강의 일반적인 상태에 대한 중요한 정보도 이 분석을 통해 제공된다. 완전한 소변 검사는 물리적, 화학적, 현미경 검사의 세 단계로 구성된다.

물리적 검사

물리적 검사는 소변의 색, 선명도, 냄새를 알려준다. 정상적인 신선한 소변의 색은 대개 옅은 노란색이다. 그러나 색상은 거의 무색(희석)에서 진한 노란색(농축)까지 다양할 수 있다. 분홍색, 붉은색, 뿌연 갈색 소변은 대개 콩팥, 방광 또는 요로 감염으로 인한 출혈의 징후이다. 간 질환은 또한 암갈색 소변을 생성할 수 있다. 정상적인 소변의 선명도는 깨끗하거나 흐려질 수 있다. 그러나 흐린 소변은 또한 비정상적인 세균 수준의 특징이다. 마지막으로 소변 냄새는 일반적으로 '고소'하거나 향기롭지만, 악취가 나는 것은 요로 감염의 특징이다. 달콤한 과일 향은 당뇨나 당뇨병의 특징이다. 소변의 냄새는 마늘, 카레, 아스파라거스, 비타민 C의 섭취에도 영향을 받는다.

화학적 검사

화학적 검사는 종종 소변에 존재하는 특정 물질과 반응할 때 색이 변하는 화학물질이 들어 있는 얇은 플라스틱 조각인 검사스틱(dipstick)으로 수행한다(그림 10B). 검사스틱 각 분절의 색상 변화를 표준화된 색상 차트와 비교한다. 검사스틱은 소변의 비중, pH와 소변 내 포도당, 빌리루빈, 우로빌리노겐, 케톤, 단백질, 아질산염, 혈액, 백혈구의 함량을 결정하는 데 사용될 수 있다. 그런 다음 우려 사항이나 질문이 있는 경우 결과를 확인하기 위해 실험실에서 화학 분석을 사용하는 경우가 많다.

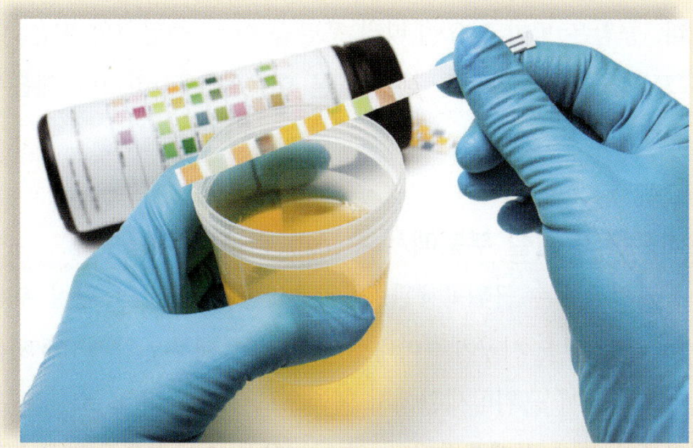

그림 10B 개인의 전반적인 건강 상태를 알려주는 소변 검사. 환자의 소변을 검사하고 다중 검사스틱을 참조 차트와 비교하고 있다. 어두운 갈색 패드는 환자의 소변에 포도당이 있음을 나타낸다. 이것은 환자가 당뇨병이 있음을 알려준다.

Alexander Raths/Shutterstock

- **비중**(specific gravity)은 콩팥이 소변의 긴장도를 얼마나 잘 조절할 수 있는지를 나타내는 지표이다. 소변 비중의 정상 값 범위는 1.002~1.035이다. 높은 수치(농축된 소변)는 탈수나 당뇨병의 결과일 수 있다.
- 정상적인 **소변 pH**(urine pH)는 최저 4.5에서 최고 8.0까지이다. 콩팥 결석 질환이 있는 환자의 경우 소변 pH는 형성되는 결석 유형에 직접적인 영향을 미친다.
- **포도당**(glucose)은 일반적으로 소변에 존재하지 않는데, 있으면 당뇨병이 의심된다.
- **빌리루빈**(bilirubin, 혈색소 분해의 부산물)은 일반적으로 소변에 존재하지 않지만, **우로빌리노겐**(urobilinogen, 빌리루빈 분해의 부산물)은 일반적으로 매우 소량 존재한다. 높은 수준의 빌리루빈 또는 우로빌리노겐은 간 질환을 나타낼 수 있다.
- **케톤**(ketone)은 일반적으로 소변에서 발견되지 않는다. 소변 케톤은 지방 대사의 부산물로, 소변에 케톤이 있으면 당뇨병이나 앳킨스(Atkins) 식단과 같은 저탄수화물 식단의 사용을 나타낼 수 있다.
- **혈장단백질**(plasma protein)이 소변에 존재하지 않아야 한다. 많은 양의 소변 단백질(단백뇨)은 일반적으로 콩팥 손상의 징후이다.
- 소변에는 일반적으로 **질산염**이나 **아질산염**이 포함되어 있지 않다. 이러한 질소 화합물의 존재는 요로 감염의 징후이다.
- 여성이 월경할 때 소변에 피가 나오는 것은 비정상이 아니다. 다른 때에 소변에 혈액이 있으면 박테리아 감염이나 콩팥 손상을 나타낼 수 있다.
- **백혈구**(WBC)에 대한 화학적 검사는 일반적으로 음성이 정상이다. 높은 소변 백혈구 수치는 일반적으로 요로 어딘가에 세균 감염이 있음을 나타낸다.

현미경 검사

현미경 검사는 소변을 원심분리하여 침전물(고체)을 현미경으로 검사한다. 콩팥 질환이 있는 경우 소변에는 종종 비정상적인 양의 세포 물질이 포함된다. 소변 침전물은 원위곡세관 또는 집합관에서 단백질 물질의 비정상적 응고에 의해 형성된 침전물이다. 소변에 결정이 존재하는 것은 콩팥 결석, 콩팥 손상 또는 신진대사 문제의 특징이다.

법의학 분석

소변 검사는 또한 정부와 일부 기업에서 수많은 불법 약물 사용에 대하여 잠재성 있는 직원을 찾아내기 위해 사용된다. 데이트 강간과 관련된 약물, 즉 '루피스(roofies)'로 알려진 플루니트라제팜(Rohypnol) 또는 GHB(gamma-hydroxybutyrate)는 희생자들의 소변에서 복용 여부를 판단할 수 있다.

생각해 볼 문제

1. 소변 내 수용성 화학물질과 지용성 화학물질 수치의 차이는 무엇인가?
2. 당뇨병으로 인해 소변 내 포도당 수치가 높아지는 이유는 무엇인가?

10.4 콩팥과 항상성

학습 목표

이 절을 학습한 후 다음 사항을 할 수 있어야 한다.

1. 콩팥이 신체의 수분-염분 균형을 유지하는 방법을 요약할 수 있다.
2. 항상성에서 ADH와 알도스테론의 목적을 설명할 수 있다.
3. 혈액의 pH 수준을 유지하는 데 콩팥이 어떻게 도움이 되는지 설명할 수 있다.

콩팥은 신체의 수분-염분 균형 유지에서 혈액의 pH 조절에 이르기까지 항상성에 중요한 역할을 한다. 그렇게 함으로써 콩팥은 인체의 다른 모든 기관계통과 상호작용한다(그림 10.8).

콩팥은 노폐물을 배출한다

8.4절에서 우리는 혈액에서 독성물질을 제거하고 배출 준비를 하기 때문에 간을 하수 처리장에 비유하여 설명하였다. 간은 질소 최종 산물인 요소를 형성하여 콩팥에서 배출되도록 한다. 만약 간이 하수 처리장이라면, 콩팥의 세뇨관들은 찌꺼기를 처리하여 마을(몸)로부터 운반하는 트럭에 비유할 수 있다.

항상성 유지를 위해서는 대사 노폐물 제거가 절대적으로 필요하다. 혈액은 신진대사의 최종 산물인 질소 노폐물을 지속적으로 정화해야 한다. 간은 요소를 생성하고, 근육은 크레아티닌을 생성한다. 이러한 노폐물과 세포의 요산은 심장혈관계통을 통해 콩팥으로 운반된다. 소변을 생성하는 콩팥은 질소 노폐물의 배설을 담당한다. 소량의 수분, 염분, 요소 등과 섞여 피부의 땀샘을 통해 땀으로 배출된다. 콩팥 기능 상실(신부전) 시 요소는 요소상(uremic frost)의 형태로 피부를 통해 배출된다.

수분-염분 균형

여과되는 대부분의 수분은 소변이 체외로 배출되기 전에 혈액으로 재흡수된다. 네프론과 집합관의 모든 부분이 수분의 재흡수에 관여한다. 염분의 재흡수는 항상 수분의 재흡수에 앞서 일어난다. 이것은 수분이 삼투현상에 의해 혈액으로 돌아온다는 것을 뜻한다. 재흡수 과정에서 물은 세포막 단백질 내의 **아쿠아포린**(aquaporin)이라고 하는 수분 통로를 통해 이동한다.

소듐 이온은 혈장에서 중요한 이온이며, 일반적으로 사구체에서 여과된 소듐 이온의 99% 이상이 혈액으로 되돌아온다. 콩팥은 또한 필요에 따라 포타슘 이온, 중탄산염 이온, 마그네슘 이온(Mg^{2+})과 같은 다른 이온을 배설하거나 재흡수한다.

네프론의 겉질 부분에서 수분과 염분의 재흡수

콩팥겉질에는 근위곡세관, 원위곡세관, 집합관의 겉질 부분이 존재한다. 사구체주머니로 들어가는 대부분의 물(65%)은 네프론에서 근위곡세관에서 혈액으로 재흡수된다. 소듐 이온은 능동적으로 재흡수되고, 염소 이온은 수동적으로 재흡수된다. 아쿠아포린은 항상 열려 있으며 물은 삼투압에 의해 혈액으로 재흡수된다.

호르몬은 원위곡세관에서 소듐과 물의 재흡수를 조절한다. **알도스테론**(aldosterone)은 콩팥 위에 있는 부신에서 분비되는

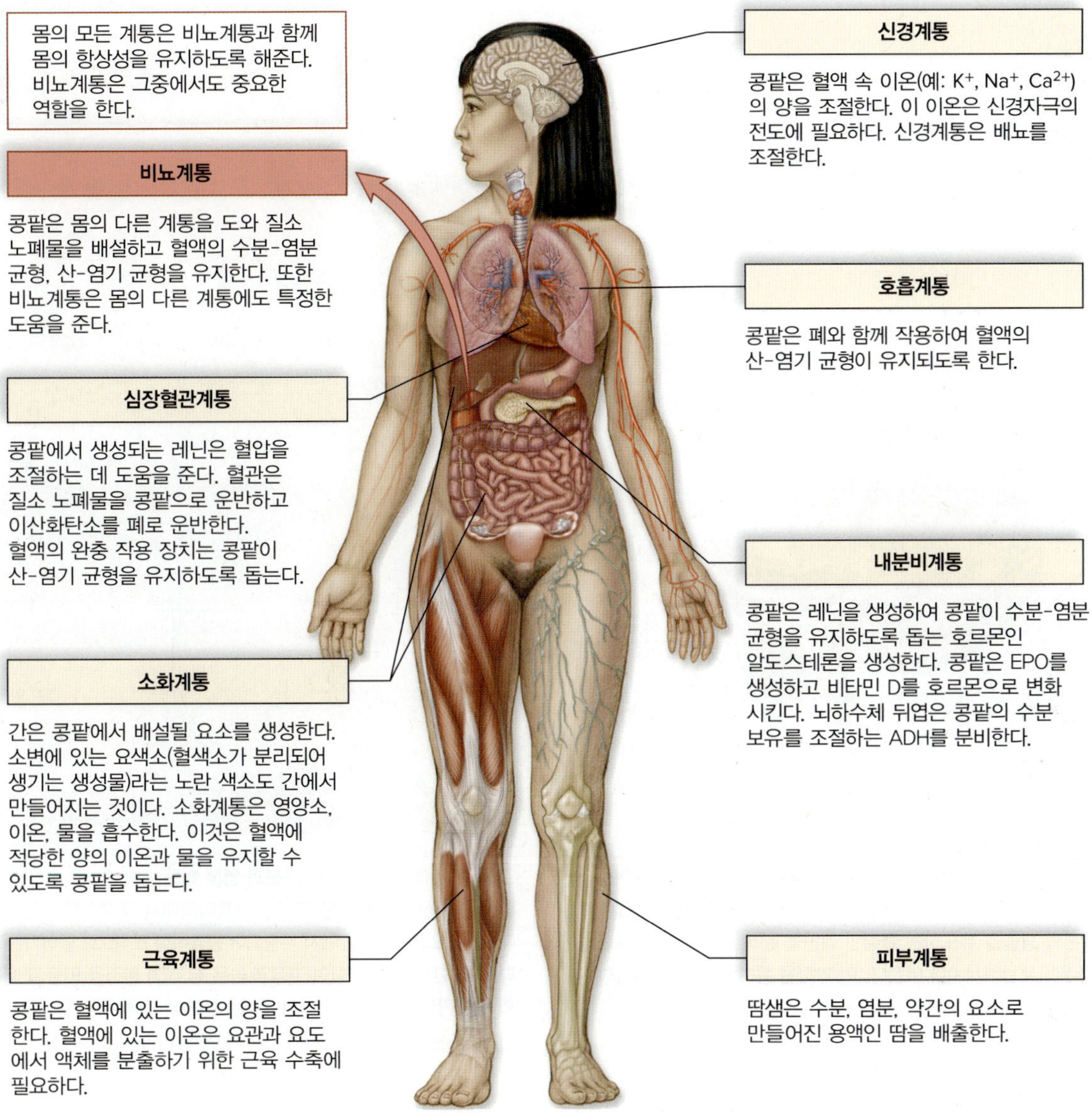

그림 10.8 비뇨계통과 항상성.
비뇨계통은 항상성을 유지하기 위해 몸의 다른 계통과 협력한다.

호르몬이다. 이 호르몬은 원위곡세관에서 이온 교환을 촉진하여 포타슘 이온은 배출되고 소듐 이온은 혈액으로 재흡수된다. 알도스테론의 분비는 콩팥에 의해 촉진된다. **사구체근접기관**(juxtaglomerular apparatus)은 들세동맥과 원위곡세관 사이에 만나는 부분을 말한다(그림 10.9). 혈액량(혈압)이 너무 낮아 여과가 일어나지 않으면 사구체근접기관이 **레닌**(renin)을 분비한다. 레닌은 궁극적으로 부신에서 알도스테론을 분비하도록 유도하는 효소이다. 연구 과학자들은 과도한 레닌 분비, 즉 과도한 염분과 물의 재흡수가 고혈압에 기여할 수 있다고 추측한다.

아쿠아포린은 원위곡세관에서 항상 열려 있는 것이 아니며, **항이뇨호르몬**(antidiuretic hormone, ADH)이라는 또 다른 호르몬이 존재해야 한다. ADH는 시상하부에서 생성되며, 혈액의 삼투압에 따라 뇌하수체 뒤엽에서 분비된다. 수분 섭취가 적으면 ADH는 뇌하수체 뒤엽에서 분비되고, 물은 원위곡세관과 집합관에서 혈액으로 이동한다.

심방소듐이뇨호르몬(atrial natriuretic hormone, ANH)은 혈액량이 증가하여 심장세포가 늘어날 때 심장의 심방에서 분비되는 호르몬이다. ANH는 사구체근접기관에 의한 레닌의 분비와 부신에 의한 알도스테론의 분비를 억제한다. 따라서 그 효과는 **소듐이뇨배설항진**(natriuresis)이라고 하는 소듐 이온의 배설을 촉진하는 것이다. 일반적으로 염분 재흡수는 삼투 구

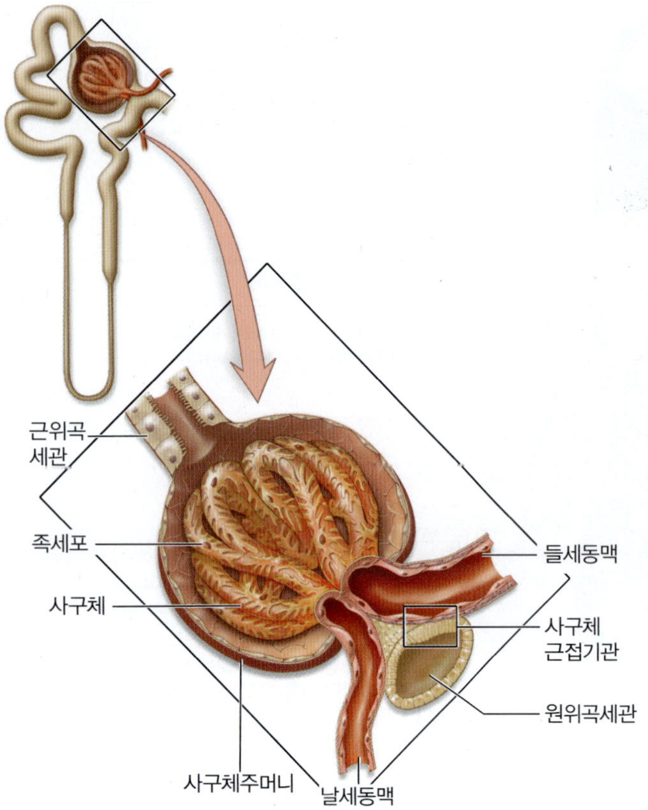

그림 10.9 네프론의 사구체근접기관.
이 그림은 들세동맥과 원위곡세관이 일반적으로 서로 옆에 있음을 보여준다. 사구체근접기관은 그들이 닿는 곳에서 발생한다. 사구체근접기관은 부신겉질에 의해 알도스테론의 방출을 유도하는 물질인 레닌을 분비한다. 소듐 이온과 물의 재흡수는 원위곡세관에서 이루어진다. 이 과정을 통해 혈액량과 혈압이 증가한다.

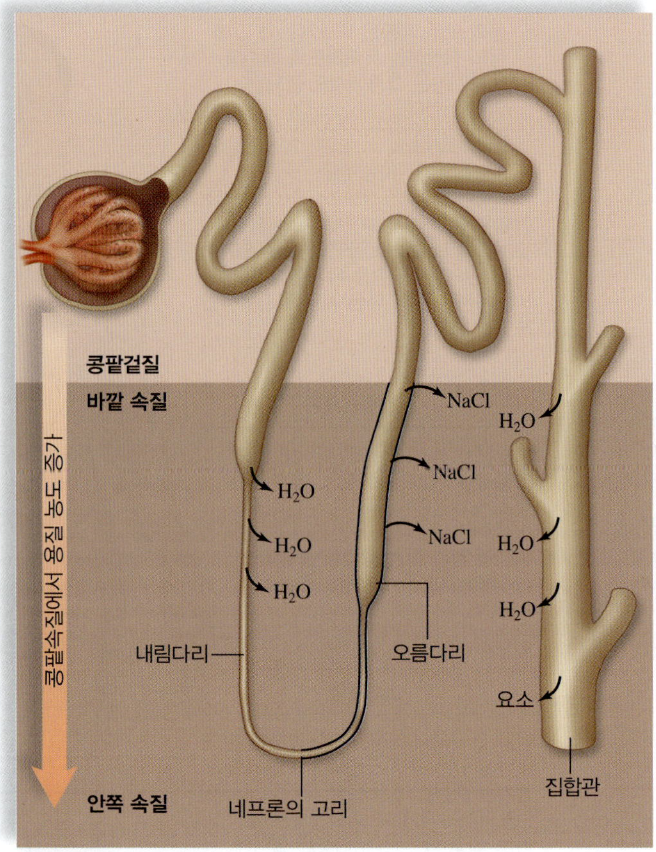

그림 10.10 네프론 내의 수분과 염분 이동.
염분은 확산하여 네프론 고리의 오름다리에서 콩팥속질로 능동적으로 운반된다. 또한 요소는 집합관에서 누출되어 콩팥속질 조직으로 들어가는 것으로 추측된다. 이러한 현상에 의하여 고장액(높은 삼투압) 환경을 만들기 때문에 내림다리와 집합관으로부터 물이 빠져나가는 것이다. 이 물은 심장혈관계통으로 되돌아간다. (오름다리의 까맣고 굵은 윤곽선은 물이 투과할 수 없음을 뜻한다.)

배를 생성하여 물을 재흡수하고, ANH는 염분 배설을 유발함으로써 수분 배설을 유발한다. ANH가 존재하면 ADH가 분비되더라도 적은 양의 물이 재흡수된다.

네프론의 속질 부분에서 수분과 염분의 재흡수

소변의 농도를 조절할 수 있는 기능은 네프론(네프론의 고리)의 속질 부분과 집합관의 작용에 달려 있다.

네프론의 고리 콩팥속질 깊숙이 침투하는 네프론의 긴 고리는 내림다리와 오름다리로 구성된다. 염분은 **오름다리**의 아래쪽 부분에서 수동적으로 확산하여 나가지만, 두꺼운 윗부분에서는 능동수송으로 바깥 속질의 조직으로 이동한다(그림 10.10). 결국 염분 농도는 안쪽 속질 방향으로 갈수록 높게 나타난다. 그러나 안쪽 속질의 염분 농도는 예상보다 더 높은 것으로 나타났다. 이 현상은 요소가 집합관의 아랫부분에서 새어 나와 안쪽 속질의 염분 농도를 높인다고 추측된다.

물은 속질 내 삼투 구배로 인해 역류 메커니즘을 통해 전체 길이를 따라 **내림다리**를 떠난다. 체액이 내림다리로 들어가자마자 물이 재흡수되지만, 다리 내에 남아 있는 체액에서는 용질의 삼투압 농도가 증가하게 된다. 따라서 물은 내림다리의 바닥까지 계속해서 재흡수된다. 오름다리는 주로 아쿠아포린이 부족하기 때문에 물을 재흡수하지 않는다(그림 10.10의 검은색 선). 그 역할은 용질 농도 구배를 설정하는 데 도움을 주고, 물은 재흡수될 때 심장혈관계통으로 되돌아간다.

집합관 집합관 내의 체액은 네프론의 오름다리에서 나타났던 삼투 차이를 동일하게 겪는다. 따라서 ADH가 분비되어 아쿠아포린이 열려 있는 한 수분은 집합관의 모든 부분에서 재흡수된다.

ADH의 역할을 이해하기 위해서는 **항이뇨호르몬**(antidiuretic hormone)이라는 단어를 생각해 보아야 한다. **이뇨**(diuresis)는 '소변량의 증가'를 말하고, **항이뇨**(antidiuresis)는 '소변량의 감소'를 말한다. ADH가 분비될 때는 더 많은 양의 수분이 재흡수되어(혈액량과 혈압 증가) 소변의 양이 줄어든다. ADH는 몸의 필요에 따라서 최종적으로 소변의 농도를 정밀하게 조절한다. 예를 들어 우리가 물을 마시지 않는 밤에 ADH가 분비되는데 이것은 왜 아침에 처음으로 배출한 소변이 더 농축되어 있는지를 설명해 준다.

ANH의 역할

수분-염분의 균형이 깨지게 되면 혈액량과 혈압에 영향을 준다. 적절한 혈압이 유지되지 않으면 모세혈관벽을 통한 물질 교환이 일어나지 않고 콩팥에서의 사구체 여과도 기능할 수 없게 된다.

혈액이나 사이질액에서 소듐 이온이 부적절하면 어떤 일이 발생할까? 이것은 마라톤을 하는 운동선수와 같이 장시간에 걸쳐 과도한 땀을 흘리면 발생할 수 있다. 혈액 내 소듐 이온 농도가 저하되면, 혈압도 떨어지고 레닌-알도스테론 체계가 시작되어 콩팥은 소듐 흡수를 증가시킨다. 이에 따라 혈액의 삼투 농도와 혈압은 정상으로 돌아온다.

마라톤 선수는 물을 너무 급히 많이 마시지 않도록 한다. 너무 급하게 많은 물을 마시면 소듐이 희석되어 수분-염분 불균형을 일으킨다. 이온 음료는 물과 소듐이 같이 들어 있으므로 운동 후에 도움이 되지만, 칼로리가 높으므로 90분 이내로 운동했을 때는 권장하지 않는다.

반면에 영화를 보면서 짠 팝콘을 많이 섭취할 때, 염분이 많이 흡수되어 혈액 내 소듐 이온 농도가 증가한다. 이 결과 혈액량도 증가한다. 심방은 이렇게 증가한 혈액량으로 이완되고, 이로 인해 심장에서 ANH가 방출된다. ANH 근위곡세관과 집합관에서 소듐과 물의 재흡수를 방해한다. 이로 인해 소듐과 수분이 소변으로 배설되어 혈액량이 감소한다.

이뇨제

이뇨제(diuretic)는 소변의 흐름을 더욱 원활하게 하는 화학물질이다. 술은 ADH 분비를 억제하기 때문에 이뇨작용을 한다. 탈수는 숙취 증상 중 하나이다. 카페인도 사구체 여과율을 높이고 세뇨관에서의 소듐 이온 재흡수를 감소시키므로 이뇨제 중 하나라고 볼 수 있다. 고혈압을 완화하기 위해 사용되는 이뇨제도 세뇨관에서의 소듐 이온 재흡수를 감소시키며, 수분 재흡수의 감소와 혈액량의 감소로 혈압을 감소시킨다.

체액의 산-염기 균형

1.2절에서 살펴본 pH 척도는 체액의 염기도(알칼리도)나 산성도를 측정하는 데 사용된다. 염기성 용액은 pH가 7.0인 중성 용액보다 적은 양의 수소 이온을 가지고, 산성 용액은 많은 양의 수소 이온을 가진다. 체액의 정상적인 pH는 7.35~7.45이다. 이 pH에서는 세포 효소와 같은 단백질이 원활히 작용할 수 있다. 만약 혈액 pH가 7.45보다 높아지면 **알칼리증**(alkalosis)이며, 혈액 pH가 7.35보다 낮아지면 **산증**(acidosis)이다. 알칼리증과 산증은 전문적인 치료를 필요로 하는 비정상적인 상태를 나타낸다.

우리가 먹는 음식은 물질대사를 통해 혈액에 염기성 또는 산성 물질을 더해준다. 예를 들어 세포호흡은 이산화탄소를 수분과 결합하여 탄산을 형성하고, 발효작용은 젖산을 증가시킨다. 체액의 pH는 산-염기 완충장치, 호흡중추, 콩팥 등의 기전을 통해 7.4 정도로 유지된다.

산-염기 완충계

혈액의 pH는 완충작용을 통해 7.4로 유지된다. **완충제**(buffer)는 과다한 수소 이온(H^+) 또는 과다한 수산화 이온(OH^-)을 받아들일 수 있는 화학물질이나 화학물질의 혼합물이다. 혈액에서 중요한 역할을 하는 완충제 중에는 탄산(H_2CO_3)과 중탄산염 이온(HCO_3^-)의 혼합물이 있다. 수소 이온이 혈액에 추가되면 다음과 같은 반응이 일어난다.

$$H^+ + HCO_3^- \longrightarrow H_2CO_3$$

수산화 이온이 혈액에 추가되면 다음과 같은 반응이 일어난다.

$$OH^- + H_2CO_3 \longrightarrow HCO_3^- + H_2O$$

이 반응은 혈액의 pH가 급격하게 변화하는 것을 일시적으로 예방한다. 하지만 혈액에 있는 완충제는 좀 더 지속적인 조절을 하지 않을 경우 효과가 없다. 혈액의 pH를 유지하기 위한 다음 단계의 조절이 폐모세혈관에서 일어난다.

호흡중추

9.5절에서 논의한 바와 같이 숨뇌의 호흡중추는 혈액의 수소 이온 농도가 상승하면 호흡률을 증가시킨다. 폐모세혈관에서 다음과 같은 반응이 일어나기 때문에 호흡률을 높이면 몸에서 수소 이온이 제거된다.

$$H^+ + HCO_3^- \rightleftharpoons H_2CO_3 \rightleftharpoons H_2O + CO_2$$

다시 말해 이산화탄소가 배출될 때 이 반응은 오른쪽으로 진행되고 수소 이온의 양은 감소한다.

혈액의 탄산과 중탄산염 이온은 적당한 균형은 매우 중요하다. 호흡은 필요에 따라 산-염기 완충장치가 수소 이온과 수산화 이온을 흡수하도록 하여 이러한 균형을 조절한다.

콩팥

콩팥은 체내에서 산성, 염기성 물질을 제거하여 pH를 조절하는 역할을 한다. 콩팥은 다른 두 기능보다 더 느리게 작용하지만 pH에 큰 영향을 준다. 콩팥은 필요에 따라 중탄산염 이온을 재흡수하고 수소 이온을 배출하여 정상적인 혈액 pH를 유지한다고 볼 수 있다(그림 10.11).

혈액이 산성이라면 수소 이온은 배출되고 중탄산염 이온은 재흡수된다. 만약 혈액이 염기성이라면 수소 이온은 더 이상 배출되지 않고 중탄산염 이온은 재흡수되지 않는다. 소변은 항상 산성이기 때문에 늘 과다한 수소 이온이 배출된다. 소변의 수소 이온을 완충하거나 제거하는 수단 중 또 하나는 암모니아(NH_3)이다.

$$H^+ + NH_3 \longrightarrow NH_4^+$$

암모니아(주로 기저귀나 화장실 냄새에서 느낄 수 있음)는 세뇨관 세포에서 아미노산의 탈아미노화를 통해 생성된다. 인산염은 소변에 있는 수소 이온을 완충하는 또 다른 수단이다.

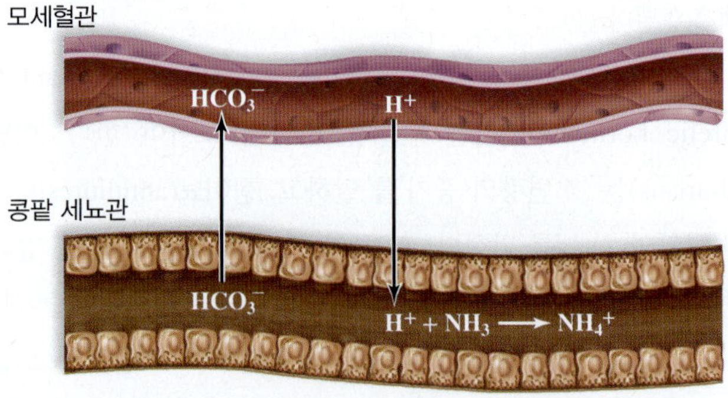

그림 10.11 콩팥에 의한 혈액 pH 유지.
콩팥에서는 중탄산염 이온이 재흡수되고 수소 이온이 필요에 따라 배설되어 혈액의 pH를 유지한다. 과도한 수소 이온은 예를 들어 암모니아(NH_3)에 의해 완충되어 암모늄(NH_4^+)이 된다. 암모니아는 아미노산의 탈아미노화에 의해 세뇨관 세포에서 생성된다.

콩팥이 혈액 pH 조절에 있어서 얼마나 큰 역할을 하는지는 의심할 여지가 없다. 세포의 효소는 pH가 정상이 아니면 제 기능을 다하지 못한다.

콩팥은 다른 계통을 보조한다

레닌 생성 외에도 콩팥에서 분비되는 호르몬인 적혈구형성인자(erythropoietin, EPO) 생성을 통해 콩팥은 내분비계통과 심장혈관계통을 도와준다. 혈액 내 산소가 감소하면 EPO는 골수의 줄기세포에서 적혈구 합성을 증가시킨다(5.2절 참고). 적혈구가 증가하면 혈액의 산소도 증가한다. 콩팥기능부전 시 EPO 생성이 감소하고 이로 인해 적혈구가 감소하여 피로 증상이 나타난다. 에포에틴(epoetin, Procrit)과 같은 약물은 유전공학과 생명공학기술에 의해 생산된 EPO의 형태이다(21.3절 참고). 에포에틴은 EPO처럼 적혈구 합성과 에너지 수치를 증가시킨다. 이 약물은 콩팥 기능 상실 환자나 항암치료 환자에게 적색골수 생성을 자극하기 위해 사용된다.

콩팥은 혈액에서 칼슘양을 조절하여 뼈대계통, 신경계통, 근육계통을 도와준다. 콩팥은 비타민 D를 소화계통의 칼슘 흡수에 필요한 형태로 전환하며, 칼슘을 포함한 전해질 배출을 조절한다. 콩팥은 혈액의 소듐 이온과 포타슘 이온 농도를 조절한다. 이 이온들은 신경 전도와 심근 수축, 근육 수축에 필요하다.

진도 점검하기 10.4

1. 농축된 소변과 희석된 소변의 차이점을 자세히 설명하시오.
2. 소변 생성에 영향을 주는 세 가지 호르몬의 역할은 무엇이며, 이 호르몬은 어떻게 상호작용하는지 설명하시오.
3. 콩팥은 어떻게 체액의 pH를 조절하는지, 콩팥이 항상성 조절에 중요한 이유는 무엇인지 요약하시오.

개념 연결하기

수분-염분 균형 및 혈액 pH 유지에 대한 자세한 내용은 다음 논의를 참고하시오.

1.2절 완충제가 pH 수준을 조절하는 방법을 살펴본다.

9.5절 숨뇌에서 호흡중추의 역할을 살펴본다.

15.4절 부신에 의한 알도스테론의 생산을 살펴본다.

10.5 비뇨계통 질환

학습 목표

이 절을 학습한 후 다음 사항을 할 수 있어야 한다.

1. 비뇨계통의 주요 질환을 나열하고 원인을 설명할 수 있다.
2. 콩팥 기능 상실에서 혈액투석이 어떻게 혈액의 항상성을 복귀시키는지 설명할 수 있다.

많은 유형의 질병 중에서도 특히 당뇨병, 고혈압, 유전질환이 진행성 콩팥 질환과 신부전을 유발한다. 감염도 중요한 원인이며, 감염이 요도에 국한된 경우 **요도염**(urethritis)이라고 한다. 만약 감염이 방광을 침범하면 **방광염**(cystitis)이라고 하며, 마지막으로 콩팥이 영향을 받는 경우의 감염을 **신우신염**(pyelonephritis)이라고 한다.

생활 속의 생물학

크랜베리 주스는 요로 감염을 어떻게 예방하거나 치료할 수 있을까?

연구는 요로 감염 예방에 크랜베리 주스의 사용을 지지했다. 크랜베리 주스에는 감염을 일으킬 수 있는 박테리아(예: 대장균)가 요로 표면에 달라붙는 것을 방지하는 화학물질이 포함되어 있으나, 대부분의 연구에서는 크랜베리 주스가 이미 존재하는 요로 감염에는 효과적인 치료법이 아니며 대부분의 주스와 보충제에는 매우 낮은 수준의 보호 화학물질이 포함되어 있음이 확인됐다.

요로 감염, 전립선 비대(건강 특집 '전립선 비대로 인한 비뇨기 장애' 참고), pH 불균형 또는 과도한 칼슘 섭취는 콩팥 결석을 유발할 수 있다. 콩팥 결석은 칼슘, 인산염, 요산, 단백질로 만들어진 단단한 과립이며, 콩팥 결석은 신우에서 형성되고 일반적으로 소변 흐름에서 눈에 띄지 않게 통과한다. 결석이 몇 센티미터까지 자라서 신우 또는 요관을 막으면 역압이 발생하여 네프론을 파괴하고, 큰 콩팥 결석이 통과할 때 요관의 강한 수축은 극도로 고통스러울 수 있다.

네프론 손상의 첫 징후 중 하나는 소변의 알부민, 백혈구 또는 적혈구이다. 건강 특집 '소변 검사(10.3절)'에 설명한 대로 소변 검사는 소변 이상을 신속하게 감지할 수 있다. 손상이 너무 커서 네프론의 2/3 이상이 작동하지 않으면 요소 및 기타 노폐물이 혈액에 축적되는데, 이 상태를 **요독증**(uremia)이라고 한다. 질소 노폐물은 심각한 손상을 일으킬 수 있지만, 물과 염분의 보유는 훨씬 더 큰 문제이다. 후자는 부종, 신체 조직의 체액 축적을 유발하고, 체액의 이온 구성 불균형은 의식 상실 및 심부전으로 이어질 수 있다.

혈액투석

신부전 환자들은 인공혈액투석기나 지속적휴대용복막투석(continuous ambulatory peritoneal dialysis, CAPD)을 통해 **혈액투석**(hemodialysis)을 받기도 한다. **투석**은 조그만 분자만이 드나드는 작은 구멍을 가진 천연 또는 합성 반투막으로 용해된 분자가 확산하는 것을 일컫는다. 인공혈액투석기(그림 10.12)에서 환자의 혈액은 투석액(dialysate)이나 투석 용액과 맞닿아 있는 막으로 된 관을 통과한다. 혈액에 농도가 더 높은 물질은 투석액으로 확산하고 투석액에 농도가 더 높은 물질은 혈액으로 확산한다. 투석액은 농도 차이가 알맞게 될 때까지 지속적으로 교체된다. 이러한 방법으로 인공 콩팥은 혈액에서 노폐물이나 독성 화학물질과 같은 성분을 추출할 수 있고, 혈액이 산성을 띨 경우에 중탄산염 이온과 같은 물질을 혈액으로 첨가할 수도 있다. 3~6시간 동안의 혈액투석을 통해 환자의 몸으로부터 50~250 g의 요소가 제거되는데, 이것은 정상적인 콩팥이 추출할 수 있는 양을 훨씬 넘는 것이다. 따라서 혈액투석은 일주일에 두 번 정도 받는 것이 적당하다.

CAPD는 복막이 투석막이기 때문에 붙여진 이름이다. 영

오늘날의 생물학 ▶ 건강

전립선 비대로 인한 비뇨기 장애

남성 생식계통의 일부인 전립선은 요도가 방광에서 나오는 지점에서 요도를 둘러싸고 있다(그림 10C). 전립선은 정액이 음경 내의 요도를 통과할 때 분비액을 생성하여 정액에 추가한다. 50세쯤 되면 전립선은 종종 호두 크기에서 라임 또는 레몬 크기로 커지기 시작한다. 이러한 상태를 양성 전립선비대증(BPH)이라고 한다. 전립선이 커지면 요도를 압박하여 소변을 처음에는 방광으로, 다음에는 요관으로, 마지막에는 콩팥으로 밀어 넣는다. BPH는 기술적으로 생식계통의 장애지만, 그 증상은 거의 전적으로 배뇨 및 배설과 연관되어 있으므로 종종 비뇨계통 장애로 다루어진다.

치료의 주안점은 조기 발견에 있다

BPH 치료에는 (1) 전립선의 크기를 줄이기 위한 침습적 시술 또는 (2) 전립선을 수축시키거나 소변 흐름을 개선하는 약물이 포함된다. 전자의 경우 특정 부분에 마이크로파를 이용하여 전립선 조직을 파괴할 수 있다. 어떤 경우에는 의사가 그 전립선 조직을 외과적으로 제거할 수 있다. 이것은 복부를 절개하는 복부 수술 또는 요도를 통한 전립선 접근으로 이루어질 수 있다. 시술 후 5년 동안의 사망률이 복부 수술 후보다 훨씬 높다는 연구가 있기 때문에 요도전립선절제술(trans-urethral resection of the prostate, TURP)이라고 하는 이 수술은 신중하게 고려해야 한다.

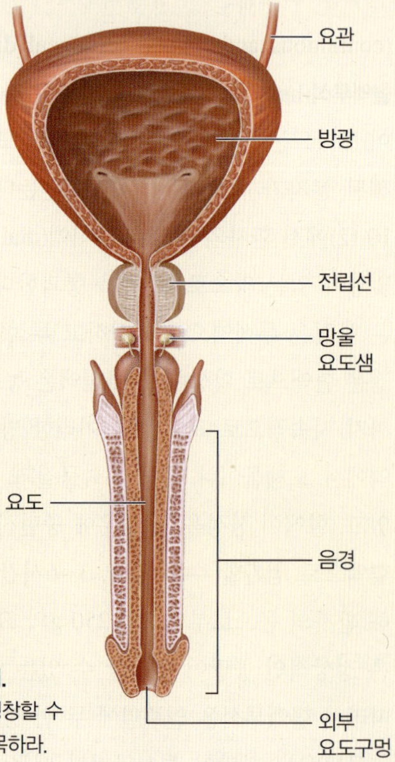

그림 10C 전립선의 위치.
소변 흐름을 막을 만큼 팽창할 수 있는 전립선의 위치를 주목하라.

일부 약물치료는 전립선 비대가 남성의 성호르몬인 테스토스테론에 작용하여 전립선 성장을 촉진하는 물질로 전환되는 전립선효소(5-alpha-reductase)에 초점이 맞추어져 있다. 사춘기 동안 증식은 괜찮지만, 성인에서의 지속적인 증식은 바람직하지 않다. 이 약물에는 증식을 촉진하는 효소의 작용을 방해하는 물질이 포함되어 있다. 성분 중 하나는 소팔메토(saw palmetto)라고 하는 식물에서 추출한 것이다. 이것은 전립선 비대 초기 단계에 특히 효과적이다. 소팔메토는 처방전 없이 구입할 수 있는 정제 형태의 영양 보충제로 판매되지만, 의사가 권유하지 않는 한 복용해서는 안 된다. 처방약 피나스테리드(Propecia)와 두타스테리드(Avodart)는 동일한 증식 효소의 강력한 억제제지만, 환자는 약물을 복용하는 동안 발기부전과 성욕 상실을 호소한다.

BPH에 대한 또 다른 일반적인 치료는 탐술로신(Flomax)과 같은 알파차단제를 사용하는 것이다. 알파차단제는 평활근 조직의 표면에서 특정 수용체(α-아드레날린 수용체라고 함)를 표적으로 한다. 탐술로신은 신경계통과 평활근의 상호작용을 억제하여 긴장을 풀고 소변 흐름을 촉진한다. 마찬가지로 타다라필(Cialis)과 같은 약물은 평활근 조직에서 PDE5 (phosphodiesterase type 5)라는 효소를 억제하여 이완을 유발한다. 탐술로신과 마찬가지로 타다라필의 사용은 전립선의 이완을 유발하여 소변의 흐름을 향상시킨다.

많은 남성이 BPH가 전립선암과 관련이 있을 수 있다고 우려하지만, 두 조건이 반드시 관련이 있는 것은 아니다. BPH는 전립선 내부 영역에서 발생하지만, 암은 외부 영역에서 발생하는 경향이 있다. 전립선암이 의심되는 경우 혈액검사와 전립선 조직의 작은 샘플을 외과적으로 떼어내어 검사하는 생검으로 진단할 수 있다.

전립선 비대와 암

전립선암은 남성에서 두 번째로 흔한 암이지만 주요 사망 원인은 아니다. 일반적으로 전립선암은 성장이 너무 느려 조기에 발견하면 생존율은 약 98%이다.

생각해 볼 문제

1. 남성 생식기관에서 전립선의 역할은 무엇인가?
2. 알파차단제가 어떻게 작용하는지를 고려할 때, 인간에게 어떤 또 다른 적용법이 있는가?

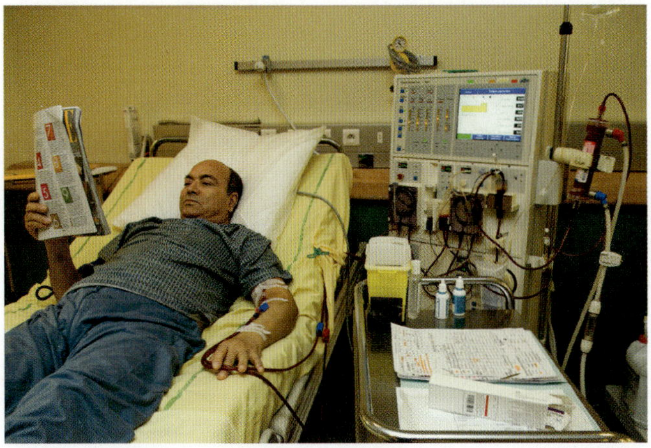

그림 10.12 **인공혈액투석기를 이용한 혈액투석.**
환자의 혈액이 투석관을 통과할 때 투석액(투석용액)에 노출되게 된다. 혈액의 노폐물은 미리 확보된 농도 구배로 인해서 용액으로 빠져나가게 된다. 이러한 방법으로 혈액은 정화되고 수분-염분 균형과 산-염기 균형까지 조절된다.
BSIP SA/Alamy Stock Photo

구적으로 이식된 플라스틱 관에 연결된 임시 부착 주머니로부터 깨끗한 투석액이 배안에 직접 투입된다. 투석액은 중력에 의해 배안으로 흘러 들어간다. 노폐물과 염분 분자는 액체가 4~8시간 후에 다 모일 때까지 복부 벽에 있는 혈관을 통해 투석액으로 이동한다. 용액은 중력에 의해 배안에서 주머니로 배출된 후 폐기된다. CAPD가 인공 콩팥보다 유리한 점은 환자가 CAPD를 하는 동안에도 정상적으로 활동할 수 있다는 것이다.

콩팥 이식

콩팥이 손상된 환자들은 콩팥 제공자로부터 정상적인 콩팥을 기증받는 콩팥 이식 수술을 받기도 한다. 모든 이식된 장기가 그러하듯이 콩팥 이식 수술도 장기거부 반응이 일어날 가능성이 있다. 그러므로 가까운 친척으로부터 받는 콩팥이 이식 성공률이 가장 높다. 친척으로부터 콩팥을 받은 경우 수술 1년 후 생존율은 97%지만, 친척이 아닌 경우는 90%이다. 미래에는 사람에게 항원성이 없도록 개발된 돼지의 콩팥이나 실험실에서 만들어진 콩팥으로도 이식이 가능할 것이라고 본다.

진도 점검하기 10.5

1. 콩팥 질환의 가장 흔한 원인은 무엇인지 설명하시오.
2. 요로 및 콩팥과 관련된 질환의 예를 들어보시오.
3. 콩팥 기능 상실 환자에게 혈액투석은 왜 자주 시행되어야 하는지 설명하시오.

개념 연결하기

장기 이식에 대한 자세한 내용은 다음 논의를 참고하시오.

4.7절 심부전이 있는 개인이 사용할 수 있는 옵션을 살펴본다.

6.5절 면역체계가 잠재적으로 장기 이식을 어떻게 방해하는지 살펴본다.

19.4절 골수 이식이 암 치료에 어떻게 사용될 수 있는지에 대한 개요를 살펴본다.

결론

이 장에서 우리는 비뇨계통의 구조와 기능, 항상성에 있어서 비뇨계통의 주요 기능들을 살펴보았다. 또한 우리는 혈액을 여과하고 소변을 생산하는 콩팥의 역할에 대해서도 공부하였다. 이 여과 장치는 세균의 성장을 지원할 수 있는 포도당 및 기타 유용한 영양소가 소변으로 배출되는 것을 방지한다. 그러나 대중적인 생각과는 달리 소변에 인체의 정상적인 생물군의 일부인 세균이 포함되어 있을 수 있기 때문에 이 과정이 소변의 무균 상태를 보장하지는 않는다.

요약

10.1 비뇨계통

비뇨계통(urinary system)은 노폐물 **배설**(excretion)을 통해 신체의 염분, 수분, pH 항상성을 유지한다.

비뇨계통의 기능

비뇨계통의 기능은 다음과 같다.

- **요소**(urea), **요산**(uric acid), **크레아티닌**(creatinine)을 포함한 질소 노폐물을 배출한다. 요소 수치가 높아지면 **요독증**(uremia)이 발생하고, 요산 수치가 높아지면 **통풍**(gout)이 발생한다.
- 혈액에서 정상적인 수분-염분 균형을 유지한다.

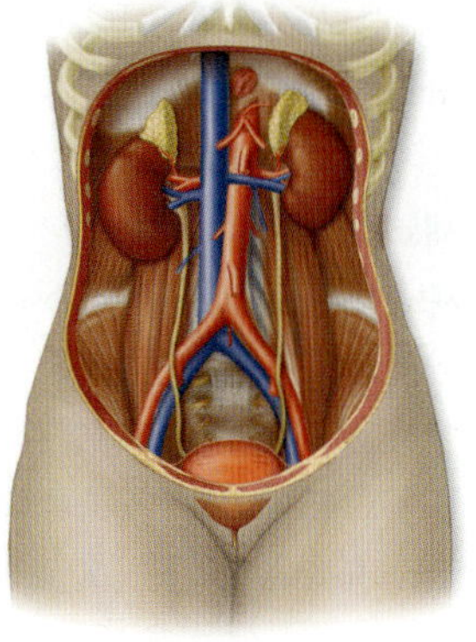

- 혈액에서 정상적인 산-염기 평형을 유지한다.
- 적혈구형성인자(EPO)를 분비하고 레닌과 알도스테론을 방출하여 호르몬 분비에 있어서 내분비계통을 돕는다.

비뇨계통의 기관

- **콩팥**(kidney, 신장)은 소변을 생성한다. **콩팥동맥**(renal artery)과 **콩팥정맥**(renal vein)은 콩팥으로 혈액을 운반한다.
- **요관**(ureter)은 소변을 방광으로 운반한다.
- **방광**(urinary bladder)은 소변을 저장한다.
- **요도**(urethra)는 소변을 몸 밖으로 배출한다.

10.2 콩팥의 구조

- 거시적 구조에는 **콩팥겉질**(renal cortex, 신장피질), **콩팥속질**(renal medulla, 신장수질), **신우**(renal pelvis, 콩팥깔대기)가 있다.
- 미시적 구조에는 **네프론**(nephron)이 있다.

네프론

- 각 네프론에는 자체 혈액 공급 장치가 있다. 들세동맥이 분열하여 **사구체**(glomerulus)가 된다. 날세동맥은 나뉘어서 **세뇨관 주위 모세혈관 그물**(peritubular capillary network)을 형성한다.
- 네프론의 각 영역은 해부학적으로 소변 생성 작업에 적합하다. **사구체주머니**(glomerular capsule)에서 혈액의 여과가 시작된다. **근위곡세관**(proximal convoluted tubule)은 여과액의 재흡수에 관여하고, **네프론의 고리**(loop of the nephron)는 물의 재흡수를 촉진하며 **원위곡세관**(distal convoluted tubule)은 이온 교환에 관여한다.
- 네프론의 **집합관**(collecting duct)은 소변을 신우로 이동시키고, 신우에서 소변이 요관으로 들어간다.

10.3 소변의 생성

소변은 주로 질소 노폐물과 물에 녹은 염분으로 이루어져 있다. 소변의 생성 과정은 다음과 같다.

사구체 여과

사구체 여과(glomerular filtration)는 혈액의 여과 가능한 성분과 여과 불가능한 성분을 분리한다. 수분, 염분, 영양소, 노폐물은 사구체로부터 사구체주머니 안으로 이동한다. **사구체 여과액**(glomerular filtrate)은 여과 가능한 성분이 포함되어 있다.

세뇨관 재흡수

세뇨관 재흡수(tubular reabsorption)는 네프론에서 혈관으로 이온과 다른 분자들을 재흡수하는 것이다. 영양소와 염분 분자들은 곡세관에서 세뇨관 주위 모세혈관 그물로 재흡수되고, 물은 이를 따라 재흡수된다. **당뇨병**(diabetes mellitus)은 과다한 포도당을 세뇨관이 완전히 재흡수하지 못하고 소변으로 배출하는 것이다.

세뇨관 분비

세뇨관 분비(tubular secretion)는 세뇨관 주위 모세혈관 그물에서 복잡한 세관으로 특정 분자를 능동적으로 수송하는 것이다.

10.4 콩팥과 항상성

- 콩팥은 **아쿠아포린**(aquaporin)이라 하는 수송 통로를 사용하여 혈액의 수분-염분 균형을 유지한다.
- 콩팥은 혈액의 pH 정상 수치를 유지한다.
- 비뇨계통은 항상성 유지를 위해 다른 계통과 협업한다.

수분-염분 균형

- 혈액량이 감소하면 **사구체근접기관**(juxtaglomerular apparatus)에서 **레닌**(renin)이 분비되어 알도스테론 생성에 영향을 준다.
- 콩팥겉질에서 염분과 물의 재흡수는 대부분 근위곡세관에서 일어난다. **알도스테론**(aldosterone)은 소듐의 재흡수를 조절하고, **항이뇨호르몬**(antidiuretic hormone, ADH)은 원위곡세관에서 물의 재흡수를 조절한다. **심방소듐이뇨호르몬**(atrial natriuretic hormone, ANH)은 알도스테론과 반대로 작용한다.
- 콩팥속질 안에서 네프론의 고리 중 오름다리는 속질 안쪽으로 갈수록 용질의 농도 구배가 나도록 만들어져 있다. 용질 구배에 의하여 내림다리와 집합관으로부터 물이 빨려 들어간다. ADH가 분비되는 경우, 집합관에서 더 많은 양의 물이 재흡수되고 결과적으로 더 적은 양의 소변이 배출된다.
- 식단에 포함된 **이뇨제**(diuretic, 예: 카페인)는 체내에서 소변의 배출을 증가시킨다.

체액의 산-염기 균형

- 콩팥은 혈액의 산-염기 균형을 유지한다(혈액 pH). **알칼리증**(alkalosis)은 혈액의 pH가 7.45 이상일 때 발생하고, **산증**(acidosis)은 혈액의 pH가 7.35 이하일 때 발생한다.
- **완충제**(buffer)는 혈액의 pH가 7.4를 유지하도록 돕는다. 암모니아는 소변에서 수소 이온을 완충한다.

10.5 비뇨계통 질환

- 당뇨병, 콩팥 결석, 감염 등의 질환으로 콩팥의 기능이 상실되면 CAPD나 인공혈액투석기와 같은 장치를 이용하여 혈액투석을 받거나 콩팥 이식을 받아야 한다.
- **요도염**(urethritis), **방광염**(cystitis), **신우신염**(pyelonephritis)은 각각 요도, 방광, 콩팥의 감염성 질환이다.
- 신부전 시 콩팥의 정상적인 기능을 수행하기 위해 **혈액투석**(hemodialysis)이 필요하다.

개념 심화 학습

비판적 사고 키우기

1. 고혈압에는 종종 콩팥 손상이 동반된다. 어떤 사람에게는 콩팥 손상이 고혈압에 뒤따라 일어나지만, 다른 사람에게는 콩팥 손상이 고혈압의 원인이다. 저염식을 통해 고혈압과 콩팥 손상 중 어느 쪽이 먼저 발생했는지를 어떻게 확인할 수 있는가?
2. 대부분의 사람들에게 생소할 수 있는 **다뇨성질환**(diabetes)의 한 형태는 요붕증(diabetes insipidus)이다. '*diabetes*'라는 단어가 사용될 때 모든 사람이 인슐린과 관련된 유형을 생각하는 경향이 있다. 그러한 유형의 다뇨성질환은 1형 또는 2형일 수 있는 당뇨병(diabetes mellitus)이다. 요붕증의 경우에는 몸에 ADH가 없어서 콩팥이 수분과 염분의 항상성 기능을 수행할 수 없다. 두 가지 유형의 다뇨성질환 모두에서 콩팥 기능이 영향을 받는다. 당뇨병과 요붕증 두 가지 모두에서 빈뇨 증상이 나타나는 이유는 무엇인가?
3. 전립선암에 걸린 많은 남성은 전립선의 일부 또는 전부를 제거한다. 외과의는 방광과 관련된 괄약근이 손상되지 않도록 매우 열심히 노력한다. 수술 중에 방광의 괄약근이 손상되면 남성에게 어떤 문제가 생길 수 있는가?
4. 콩팥의 해부학적 위치를 기억해내서 운동 중 손상을 받을 수 있는 경우를 생각해 보고, 콩팥을 보호하기 위해 특별히 설계된 장비를 기술하시오.

관련성 탐구하기

1. 요로 감염에 대한 항생제의 장기간 사용이 시간이 지남에 따라 개인에게 문제를 일으킬 수 있는 이유는 무엇인가?
2. 우리의 요로에 서식하는 박테리아에 대한 이해는 이 신체계통의 질병과 질환을 예방하는 데 어떻게 도움이 될 수 있는가?
3. 이 장에서 배운 내용을 고려할 때, 의사가 정기적으로 소변 검사를 지시하는 이유는 무엇이라고 생각하는가? 이 결과는 개인의 전반적인 건강에 대해 무엇을 의미하는가?

모든 장의 질문에 대한 정답은 *connect.mheducation.com*에서 확인하시오.

CHAPTER 11 뼈대계통

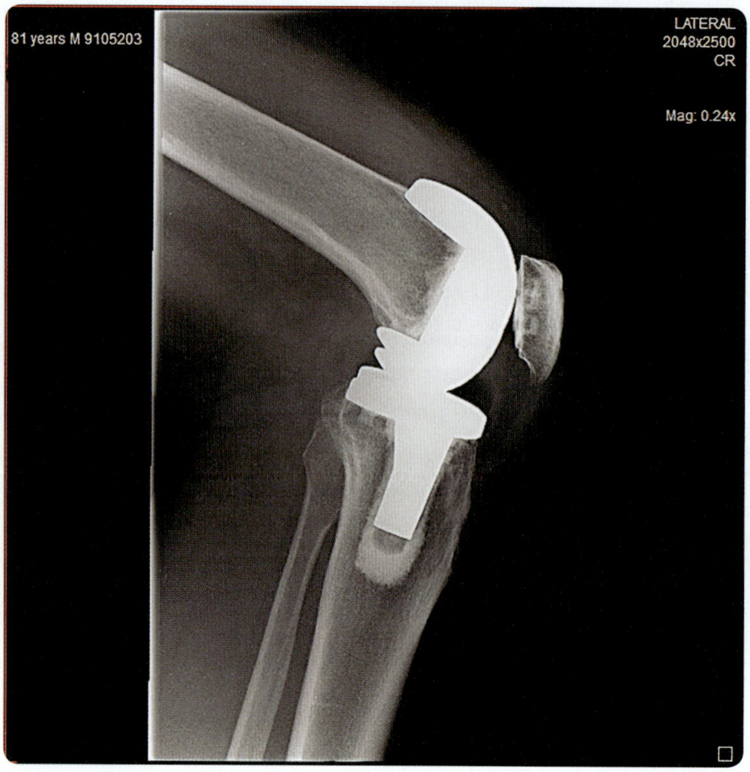

GSO Images/Photographer's Choice RF/Getty Images

이 장의 개요

시작하기 전에

이 장을 시작하기 전에 다음 사항을 논의해 보자.

3.1절 인체에서 결합조직의 역할은 무엇인가?

3.8절 뼈대계통은 항상성에 어떻게 기여하는가?

8.6절 인체에서 칼슘과 비타민 D의 역할은 무엇인가?

무릎치환술

우리의 관절은 시간이 지남에 따라 엄청난 충격을 받게 된다. 달리기, 스포츠 활동과 같은 신체 활동은 우리의 건강에 필수지만 무릎, 엉덩이, 팔꿈치에 엄청난 부담을 줄 수 있다. 또한 나이가 들면서 뼈대계통의 충격 흡수 장치인 연골의 재생 능력은 감소한다. 더욱이 나이가 들수록 신진대사가 느려지면서 체중이 증가하는 경향이 있다. 체중이 10파운드 증가할 때마다 무릎에 30파운드의 추가 스트레스가 가해진다. 시간이 지나면 관절을 감싸고 있는 연골의 손상이나 골관절염이 발생할 수 있다.

과격하게 들리겠지만, 오랫동안 관절염을 앓은 관절을 새로운 인공 관절로 교체하는 것이 점점 더 일상화되고 있다. 거의 400만 명의 미국인이, 그리고 50세 이상의 20명 중 1명은 부분 또는 전체 무릎치환술을 받았다. 수술하는 동안 외과 의사는 넙다리뼈의 아랫부분과 정강이뼈의 윗부분에서 뼈를 제거하고 뼈 시멘트로 제자리에 고정된 금속이나 세라믹으로 만든 캡으로 교체한다. 넙다리뼈와 정강이뼈가 서로 부드럽게 움직일 수 있도록 플라스틱 판을 설치하고, 무릎뼈에 작은 판을 부착하여 제대로 기능할 수 있도록 한다.

이 장에서는 뼈대계통과 우리 몸의 뼈를 연결하여 운동을 가능하게 하는 관절의 구조와 기능을 알아볼 것이다.

이 장을 학습하면서 다음 질문을 생각해 보자.

1. 무릎관절에서 연골의 역할은 무엇인가?
2. 무릎치환술 중에 긴뼈의 어떤 특정 부분이 제거되는가?

11.1 뼈대계통의 개요

학습 목표

이 절을 학습한 후 다음 사항을 할 수 있어야 한다.

1. 뼈대계통의 기능을 설명할 수 있다.
2. 긴뼈의 구조와 그에 포함된 조직의 종류를 설명할 수 있다.
3. 연골의 세 가지 종류와 각 기능을 설명할 수 있다.

생활 속의 생물학

모든 사람은 같은 수의 뼈를 가지고 있을까?

신생아는 거의 300개의 뼈를 가지고 있는데, 그중 일부는 아이가 자랄 때 유합된다. 성인의 뼈는 약 206개이지만, 그 수는 사람마다 다르다. 어떤 사람은 두개골의 융합에 도움이 되는 봉합뼈(Wormian bone)라고 하는 여분의 뼈를 가지고 있다. 또 어떤 사람은 발목과 발에 작은 뼈가 더 있을 수 있다.

뼈대계통(skeletal system)은 근육의 부착 부위를 제공한다. 근육의 수축으로 인해 뼈가 움직이게 되어 걷거나 스포츠를 하고, 문자 메시지를 보내고, 기타 모든 종류의 일상 활동을 수행할 수 있다. 뼈대계통은 뼈와 2개의 뼈가 만나는 지점인 **관절**(joint)에 있는 연골, 그리고 뼈를 연결하는 섬유성 결합조직인 **인대**(ligament)라는 두 종류의 결합조직으로 이루어진다. **힘줄**(tendon)은 근육을 뼈에 연결한다. 이 장에서는 뼈대계통의 구조와 기능을 알아볼 것이다. 12장에서는 근육계통에 대해 자세히 알아볼 것이다.

뼈대의 기능

뼈대(skeleton)는 단순히 인체의 형태를 제공하는 것보다 더 많은 역할을 담당한다. 예를 들면 다음과 같다.

- 지지: 다리의 뼈는 우리가 서 있을 때 몸 전체를 지지하고, 다리이음뼈는 배안을 지지한다.
- 운동: 뼈대계통은 근육계통과 함께 작용하여 인체의 움직임을 만든다.
- 보호: 두개골의 뼈는 뇌를 보호한다. 가슴우리는 심장과 폐를 보호한다. 척추뼈는 척수를 보호하여 신경이 팔다리의 모든 근육에 연결되도록 해준다.
- 혈액세포 생산: 뼈대는 혈액 생성에 중요한 역할을 한다. 태아의 모든 뼈는 혈액세포를 생성하는 적색골수를 갖는다. 성인이 되면 특정한 뼈에서만 혈액세포를 생성한다.
- 무기질과 지방 저장: 모든 뼈에는 혈액 내 칼슘 이온과 인산 이온의 공급원인 인산칼슘을 포함하는 기질(matrix)이 있다. 지방은 황색골수(yellow bone marrow)에 저장된다.

긴뼈의 해부학

인체의 뼈는 크기와 모양이 매우 다양하다. 뼈의 해부학적 특징을 이해하기 위하여 팔과 다리에서 흔하게 볼 수 있는 긴뼈(long bone)의 구조를 알아볼 것이다(그림 11.1). 뼈의 주요 부분인 몸통을 **뼈몸통**(diaphysis)이라고 한다. 뼈몸통은 **골수공간**(medullary cavity)을 갖는데, 골수공간의 벽은 치밀뼈로 구성되어 있다. 골수공간은 얇은 혈관막(뼈내막)으로 싸여 있으며, 그 안쪽은 지방이 저장된 황색골수로 채워져 있다.

긴뼈의 끝에 두툼하게 뻗은 부분을 **뼈끝**(epiphysis, 복수는 epiphyses)이라고 한다. 뼈끝은 **뼈몸통끝**(metaphysis)에 의해 뼈몸통과 분리된다. 뼈몸통끝에는 뼈의 성장을 담당하는 연골인 **뼈끝판**(epiphyseal plate)이 있다.

뼈끝은 주로 **갯솜뼈**(spongy bone)로 구성되어 있으며, 갯솜뼈에는 혈액세포를 만드는 적색골수가 있다. 뼈끝은 얇은 두께의 유리연골로 싸여 있고, 이것이 관절에서 관찰되기 때문에 관절연골(articular cartilage)이라고 한다.

뼈끝의 관절연골을 제외한 긴뼈의 나머지 부분은 **뼈막**(periosteum)으로 완전히 덮여 있다. 뼈막은 혈관, 림프관, 신경을 포함하고 있다. 그림 11.1은 혈관이 어떻게 뼈막을 통과하여 뼈로 들어가는지, 골수공간의 전체에 걸쳐 혈관이 분지되는지를 잘 나타내고 있다. 분지된 혈관은 뼈의 안쪽에 있는 속이 비어 있는 원기둥인 중심관(central canal)에서도 발견할 수 있다. 뼈막은 뼈에 연결되는 인대와 힘줄로 이어져 있다.

뼈

치밀뼈(compact bone)는 고도로 조직화되어 있고, 뼈단위(osteon)라고 하는 원통 모양의 단위로 구성되어 있다(그림

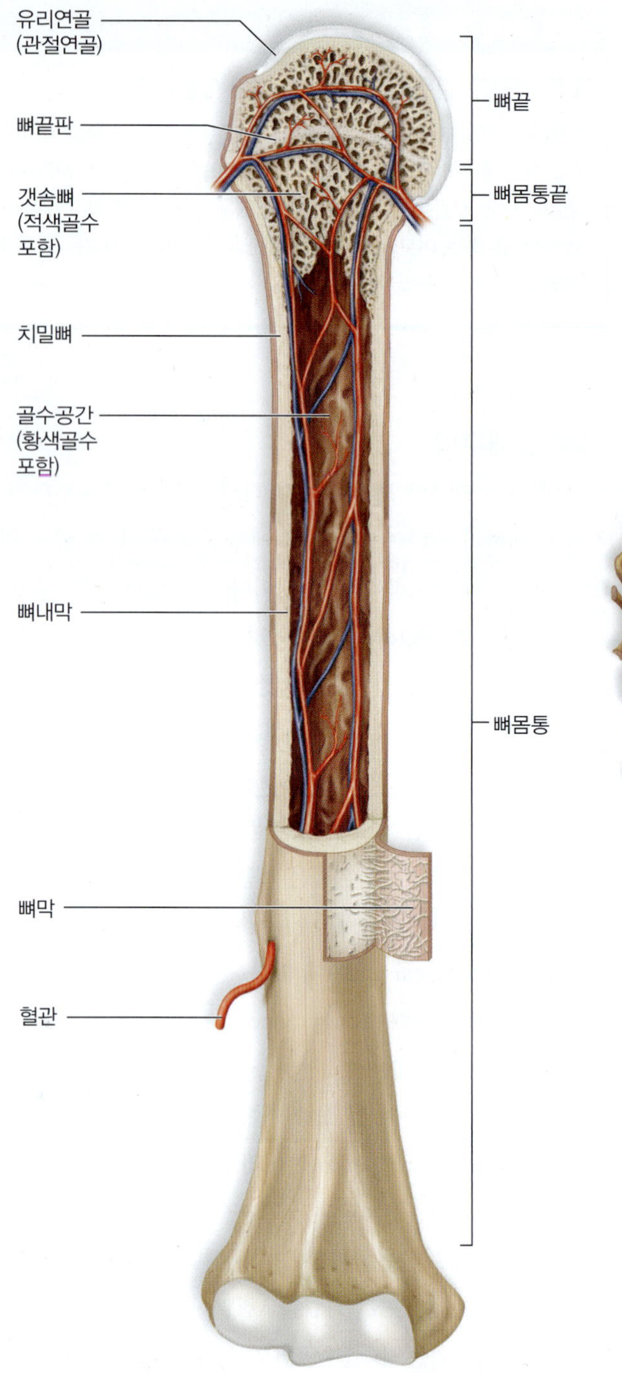

그림 11.1 긴뼈의 해부학.
긴뼈의 바깥층은 치밀뼈로 구성되어 있다. 긴뼈의 중심에는 저장된 지방의 일종인 황색골수가 있다. 섬유성 막인 뼈막은 유리연골로 덮여 있는 뼈의 끝부분을 제외한 나머지 부분을 감싸고 있다.

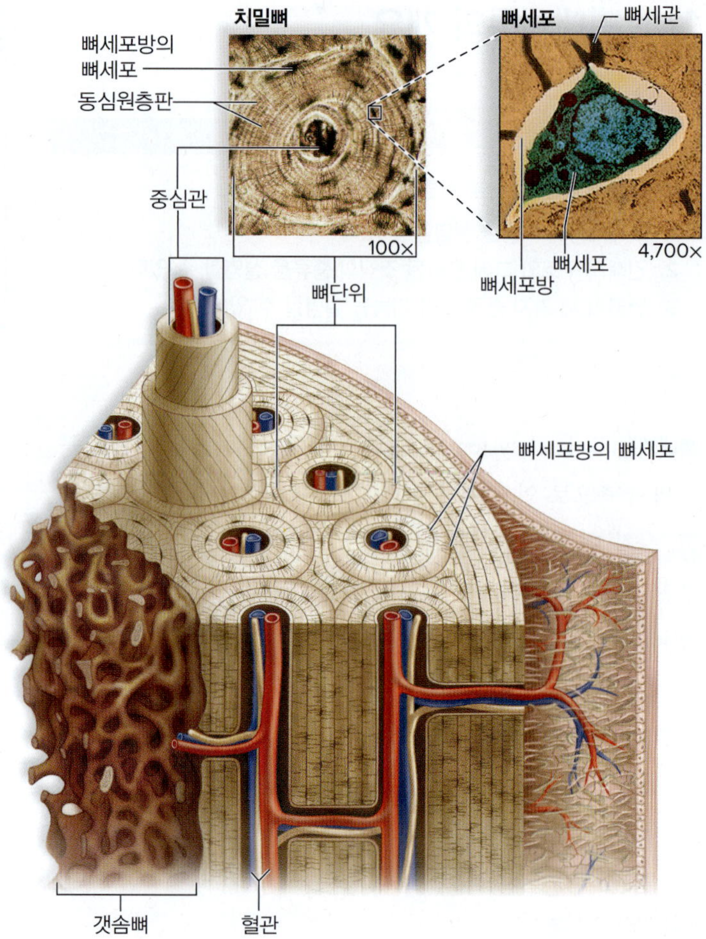

그림 11.2 치밀뼈의 해부학.
치밀뼈는 뼈세포가 들어 있는 뼈단위라 하는 원통 모양의 구조로 되어 있다.
(사진) (치밀뼈): Ed Reschke; (뼈세포): Biophoto Associates/Science Source

11.2). 뼈단위의 단면을 보면 **뼈세포**(osteocyte)는 **뼈세포방**(lacunae, 단수는 lacuna) 안에 있으며, 뼈세포방은 중심관을 중심으로 동심원 형태로 배열되어 있다(그림 11.1). 기질은 뼈세포방 행 사이의 공간을 채우고, **뼈세관**(canaliculi, 단수는 canaliculus)이라는 작은 통로는 기질을 통과하여 각 뼈세포방을 연결하거나 중심관을 연결하는 역할을 한다. 뼈세포들은 뼈세관 속으로 뻗어 있는 세포질과 접촉한다. 뼈단위 중심 근처에 있는 뼈세포는 중심관 속에 있는 혈관을 통하여 영양소를 공급받고 노폐물을 배출한다. 계속해서 이 세포는 간극연접(gap junction)을 통하여 주변 세포에 영양소를 전달하고 노폐물을 수거한다(그림 2.17 참고).

갯솜뼈(spongy bone)는 치밀뼈에 비해 구성이 엉성하고(그림 11.2), **잔기둥**(trabeculae)이라 하는 많은 얇은 판이 불규칙하게 연결되어 있다. 이런 구조적 특성으로 갯솜뼈는 치밀뼈에 비하여 가볍지만, 힘을 잘 견딜 수 있다. 건물 구조에서 버팀목이 건물을 지지하기 위하여 사용되듯이 잔기둥은 물리적 힘이 가해지는 방향을 따라 뻗어 있다. 갯솜뼈의 공간은 **적색골수**(red bone marrow)로 채워져 있으며, 이 골수는 모든 종류의 혈액세포를 생산하는 특별한 조직이다. 갯솜뼈의 뼈세포는 잔기둥 안에 불규칙적으로 분포하며, 뼈세관은 적색골수로부터 뼈세포로 영양소를 공급한다.

연골

연골(cartilage)은 뼈처럼 강하지 않다. 하지만 연골의 기질은 겔과 비슷하고, 많은 콜라겐과 탄력섬유를 함유하고 있어 뼈보다 유연성이 좋다. **연골세포**(chondrocyte)는 불규칙적으로 구성된 뼈세포방 속에 있다. 연골은 신경이 없어서 운동성 스트레스가 많은 관절을 보호하는 데 적합하다. 또한 연골은 혈관이 없어 주변 조직을 통해 영양소나 노폐물을 교환한다. 이러한 이유로 연골은 한 번 손상되면 재생이 느리다.

연골은 기질 속 섬유 종류와 구조에 따라 세 종류로 나뉜다. **유리연골**(hyaline cartilage)은 단단하면서도 어느 정도 신축성이 있다. 기질은 일정하고 투명해 보이나, 실제로는 다량의 콜라겐섬유를 갖고 있다. 유리연골은 긴뼈의 끝, 코 부위, 갈비뼈의 끝, 후두와 기관에서 볼 수 있다.

섬유연골(fibrocartilage)은 기질 속에 두꺼운 콜라겐섬유층을 갖고 있기 때문에 유리연골보다 강하다. 섬유연골은 장력과 압력을 모두 견딜 수 있고 지지력이 가장 중요한 곳, 즉 척추뼈 사이의 디스크와 무릎 연골에서 발견된다.

탄력연골(elastic cartilage)은 대부분 탄력섬유를 갖고 있기 때문에 유리연골에 비하여 신축성이 높다. 탄력연골은 귓바퀴와 후두덮개에서 볼 수 있다.

섬유성 결합조직

섬유성 결합조직(fibrous connective tissue)은 콜라겐섬유다발로 분리되는 섬유아세포를 갖는다(3.2절 참고). 이 조직은 인대와 힘줄을 이루는데, 인대는 관절에서 뼈들을 연결하고, 힘줄은 관절에서 근육과 뼈를 연결한다.

진도 점검하기 11.1

1. 뼈대계통의 기능을 설명하시오.
2. 치밀뼈와 갯솜뼈의 구조와 기능의 차이를 서술하고, 긴뼈의 구조를 요약하시오.
3. 연골의 세 가지 유형을 설명하고, 연골이 인체에서 발견되는 곳을 나열하시오.

개념 연결하기

이 절에서 제시한 결합조직의 종류에 대한 자세한 내용은 다음 논의를 참고하시오.

3.2절 인체 결합조직의 일반적인 구조와 기능을 살펴본다.

5.1절 골수에서 생성되는 혈액세포의 개요를 살펴본다.

12.1절 인체에 있는 힘줄의 기능에 대한 추가적인 정보를 살펴본다.

11.2 몸통뼈대의 뼈

학습 목표

이 절을 학습한 후 다음 사항을 할 수 있어야 한다.

1. 두개골, 목뿔뼈, 척주와 가슴우리의 뼈를 구분할 수 있다.
2. 척주의 부위를 구분할 수 있다.
3. 척추사이원반과 굴의 기능을 설명할 수 있다.

뼈대의 206개 뼈는 몸통뼈대와 팔다리뼈대로 나눌 수 있다(그림 11.3). **몸통뼈대**(axial skeleton)는 몸의 중앙선을 따라 위치하며 두개골, 목뿔뼈, 척주, 가슴우리로 구성된다.

두개골

두개골(skull)은 뇌를 둘러싸고 있는 머리뼈와 얼굴뼈로 구성되어 있다. 그러나 일부 머리뼈는 얼굴을 만드는 데 관여하기도 한다.

머리뼈

머리뼈(cranium)는 뇌를 보호한다. 성인은 8개의 머리뼈가 단단하게 결합하여 있다. 신생아의 경우 머리뼈의 일부는 아직 완전하게 형성되지 못하여 **숫구멍**(fontanel)이라 하는 막 성분으로 연결되는 부분이 있다. 숫구멍은 16개월이 되면서 막힌다(11.5절 참고).

머리뼈의 주요 뼈들은 뇌의 엽과 같은 이름을 갖는데, 이마뼈(frontal bone), 마루뼈(parietal bone), 뒤통수뼈(occipital bone), 관자뼈(temporal bone)이다. 머리뼈의 위쪽에서(그림 11.4a) 이마뼈가 이마를 형성하고, 마루뼈가 옆으로 내려오며, 뒤통수뼈는 완만하게 굽어 두개골의 바닥을 이룬다. 여기에 **큰구멍**(foramen magnum, 그림 11.4b)이 있고, 그 속을 척수가 지나가면서 뇌줄기를 만든다. 마루뼈 아래에 위치한 **관자**

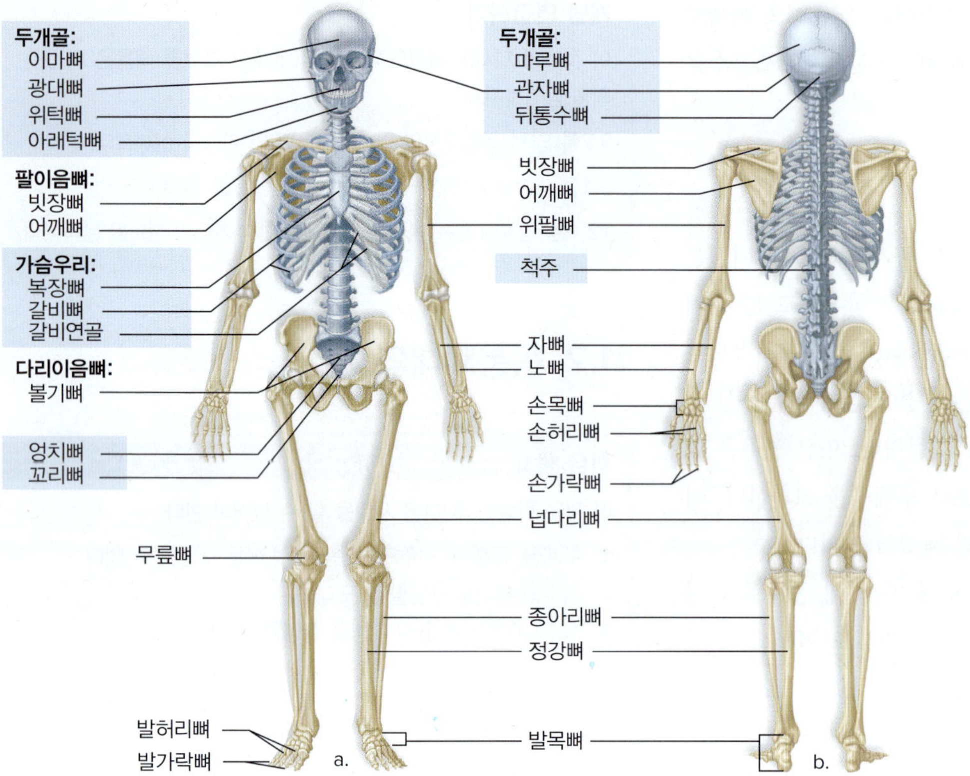

그림 11.3 몸통뼈대와 팔다리뼈대. 몸통뼈대의 뼈는 파란색으로, 팔다리뼈대의 뼈는 황갈색으로 표시하였다. **a.** 앞에서 바라본 경우. **b.** 뒤에서 바라본 경우.

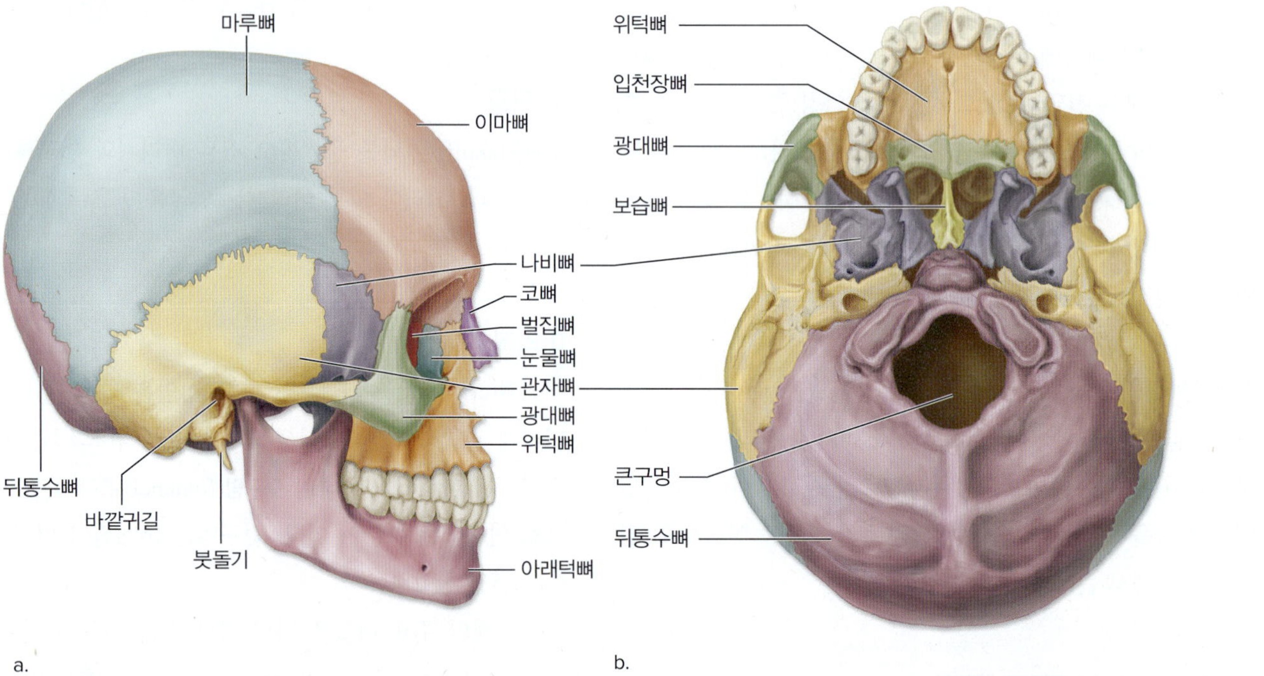

그림 11.4 두개골의 뼈.
a. 옆에서 바라본 경우. **b.** 아래에서 바라본 경우.

뼈에는 중이로 이어지는 바깥귀길(external auditory canal)의 입구가 있다.

날개를 활짝 편 박쥐의 형상을 닮은 나비뼈(sphenoid bone)는 한쪽 면에서 다른 쪽으로 머리뼈의 바닥에서 가로질러 뻗어 있다. 나비뼈는 머리뼈의 쐐기돌과 같은 뼈인데, 다른 모든 뼈는 나비뼈와 연결되어 결합하고 있기 때문이다. 나비뼈는 두개골의 옆면과 눈확(orbit, eye socket, 안와)을 구성한다. 나비뼈의 앞에 위치한 **벌집뼈**(ethmoid bone)도 눈과 코중격의 일부이다. 눈확은 여러 얼굴뼈로 구성되어 있다. 눈구멍(eye socket)은 눈확(orbit)이라 하는데, 이는 우리가 눈을 돌릴 수 있기 때문에 붙여진 명칭이다.

머리뼈의 일부는 안쪽이 점액질 막이고 공기가 채워져 있는 빈 공간인 **굴**(sinus)을 갖는다. 굴은 두개골의 무게를 줄이고 소리가 울리도록 해준다. 굴은 그것들이 위치한 뼈의 이름을 따라 명명된다. 대표적 굴은 이마굴, 나비굴, 벌집굴, 위턱굴이다. 꼭지굴(mastoid sinus)이라 하는 작은 그룹의 굴은 가운데귀로 연결된다. **꼭지돌기염**(mastoiditis)은 이 굴에 나타나는 염증으로 귀먹음을 유발할 수 있다.

얼굴뼈

얼굴뼈(facial bone) 중에서 대표적인 뼈는 아래턱뼈(mandible), 위턱뼈(maxillae, 단수는 maxilla), 광대뼈(zygomatic bone), 코뼈(nasal bone)이다.

아래턱뼈 또는 아래턱(lower jaw)은 두개골 중에서 유일하게 움직이는 부분이며, 턱을 구성한다(그림 11.4와 그림 11.5). 위턱뼈는 위턱을 형성하고 눈확의 일부가 된다. 또한 위턱뼈는 코의 바닥과 입천장 앞부분의 단단입천장(hard palate)을 형성하고, 뒷부분의 물렁입천장(soft palate)에 연결되어 함께 입천장을 이룬다. 이틀(치조)은 아래턱뼈와 위턱뼈에 있는데, 아래턱뼈와 위턱뼈의 교합과 씹는 작용으로 음식을 씹을 수 있다.

입술과 뺨은 얼굴에서 핵심 골격근육이다. **광대뼈**는 볼에 도드라져 올라온 뼈이며, **코뼈**는 콧대를 형성한다. 다른 뼈들(예: 벌집뼈와 보습뼈)은 코중격의 일부분이 되어, 코를 2개의 코안으로 나눈다. 눈물뼈(그림 11.4a 참고)에는 코눈물뼈관의 입구가 있어 눈물이 눈에서 코로 흐르도록 한다.

어떤 머리뼈들은 얼굴뼈를 구성하는 데 참여한다. 관자뼈와 나비뼈의 날개는 관자(temple)라고 하는 납작한 부분이 된다. 이마뼈는 이마와 눈 위쪽의 능선을 형성하는데, 여기에 눈썹이 위치한다. 이마뼈가 코뼈와 만나는 지점에 안경이 걸쳐진다.

귀의 바깥 부분은 뼈 없이 연골로만 구성된다. 코는 뼈와 연골과 결합조직이 혼합된 구성물이다. 연골은 코끝을 구성하고, 섬유성 결합조직은 코의 벌어진 나팔모양 옆면을 구성한다.

목뿔뼈

목뿔뼈(hyoid bone)는 두개골의 일부는 아니지만 몸통뼈대의

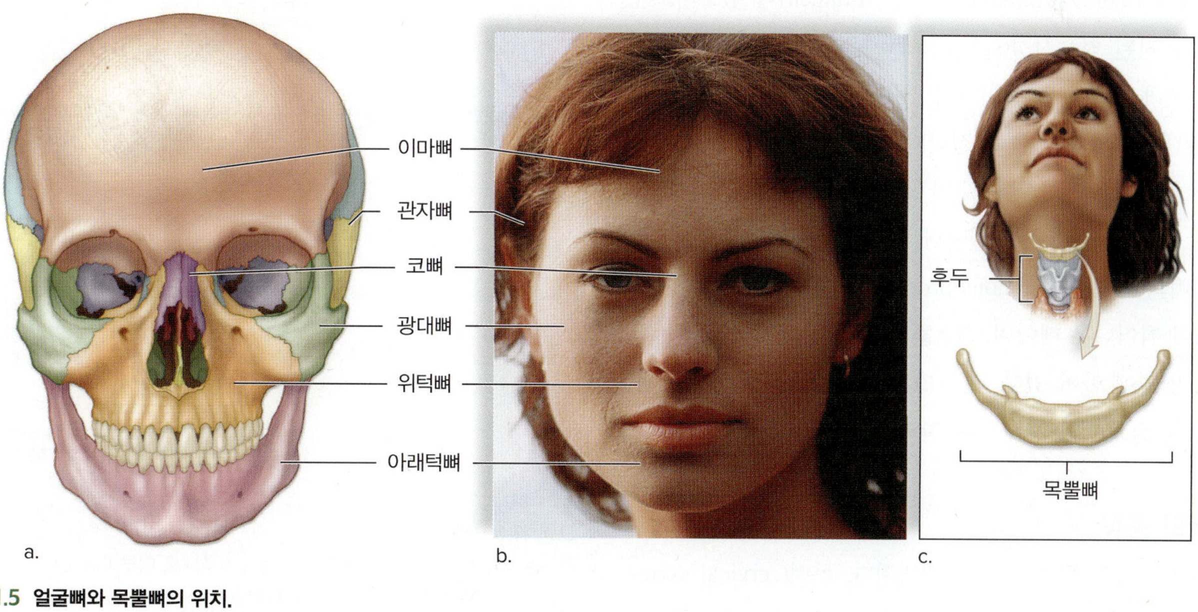

그림 11.5 얼굴뼈와 목뿔뼈의 위치.
a. 이마뼈는 이마와 눈썹의 돌출부를 형성한다. 광대뼈는 볼의 돌출된 뼈이다. 위턱뼈는 많은 기능이 있는데, 눈확과 코안의 형성을 도와준다. 또한 위턱을 형성하고 위쪽 치아가 자리 잡도록 이틀을 제공한다. 아래턱뼈는 아래쪽 치아를 위한 틀이 있는 아래턱이다. 아래턱뼈는 턱이라고 하는 돌출 부위를 갖는다. **b.** 위턱뼈, 이마뼈, 코뼈가 바깥쪽 코를 형성한다. **c.** 목뿔뼈의 위치는 그림과 같다.
(b, c): VCG/Corbis/Getty Images

한 부분이므로 여기서 다룬다. 목뿔뼈는 유일하게 다른 뼈들과 관절을 이루지 않는다(그림 11.5c). 목뿔뼈는 근육과 인대에 의해 관자뼈에, 그리고 막에 의해 후두(그림 9.1 참고)에 연결된다. 목뿔뼈는 혀를 고정하고, 음식을 삼키는 데 사용되는 근육이 붙는 부위 역할을 한다. 이러한 공간적 위치 때문에 목뿔뼈는 쉽게 골절되지 않는다. 그래서 의심스러운 죽음에서 골절된 목뿔뼈는 목이 졸렸을 가능성이 높은 징후이다.

척주

척주(vertebral column)는 33개의 척추뼈(vertebra)로 구성되어 있으며(그림 11.6), 위치와 숫자에 따라 명명된다. 일반적으로 4개의 굴곡(curvature)을 갖는데, 이러한 굴곡은 일직선의 기둥일 때보다 더 많은 탄력과 힘을 줄 수 있다. **척추옆굽음증**(scoliosis)은 척추가 비정상적으로 옆으로 구부러진 상태이다. 또한 '척추후만증(hunchback)'의 원인이 되기도 하는 **척추뒤굽음증**(kyphosis)과 '굽은등(swayback)'에서 볼 수 있는 **척추앞굽음증**(lordosis)의 경우도 잘 알려진 비정상적 구부러짐의 변형이다.

척주는 척추뼈가 상하로 연결되어 만들어진다. 척주관(vertebral canal)은 척주의 중심을 관통하는 통로로, 척수(spinal cord)는 척주관을 통과한다. 척주의 양쪽 옆면에는 **척추사이구멍**(intervertebral foramina, 단수는 foramen)이 있으며, 척수에서 분지된 척수신경(spinal nerve)은 척추사이구멍을 통과하여 인체 전역으로 뻗어간다. 척수신경은 다른 기능 중에서도 뼈대근육의 수축을 조절한다. 척주가 압박되거나 원래의 위치에서 튀어나오면 척수나 척수신경은 손상을 입을 수 있으며, 그 결과로 마비가 일어나거나 사망에 이를 수 있다.

척추뼈의 **가시돌기**(spinous process)는 등의 중간선을 따라 돌출되어 튀어나온 뼈이며, **가로돌기**(transverse process)는 척추뼈의 옆면에 붙어 있다. 가시돌기와 가로돌기는 척주를 움직이는 데 필요한 근육이 붙는 자리를 제공한다.

척추뼈의 종류

척추뼈는 척주의 위치에 따라 명명된다. 목뼈(cervical vertebra)는 목에 위치한 척추뼈이다. **고리뼈**(atlas)라고 하는 첫 번째 목뼈는 머리를 지탱하고 좌우로 기울일 수 있게 해준다. 고리뼈라는 이름은 그리스 신화에 나오는 지구를 받쳐 들고 있

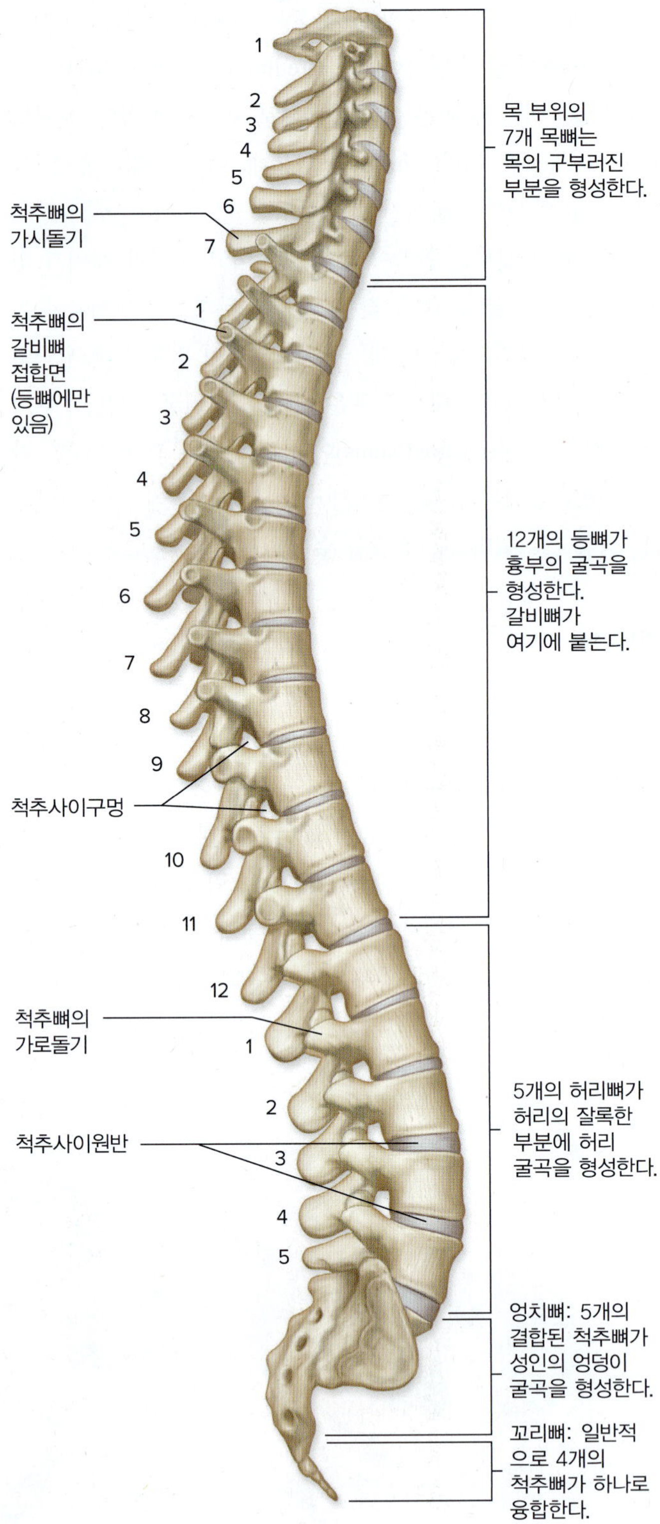

그림 11.6 척주.
척주는 척추사이원반으로 분리된 33개의 척추뼈로 이루어져 있다. 척추사이원반은 척주의 움직임을 부드럽게 한다. 척추뼈는 척주에 있는 위치에 따라 이름이 붙여졌다. 예를 들어 가슴에 위치한 척추뼈는 등뼈라고 한다. 사람도 꼬리뼈를 가지고 있다.

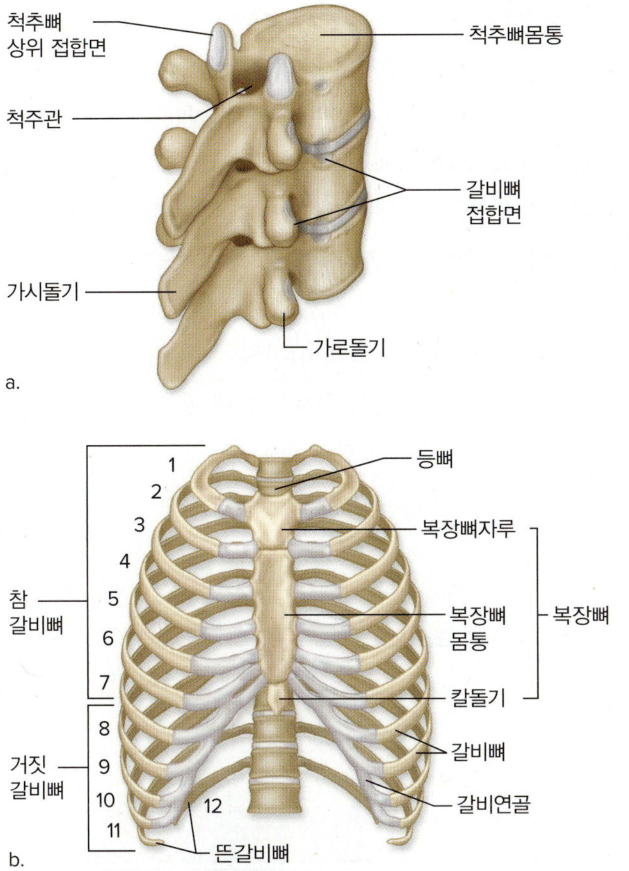

그림 11.7 등뼈, 갈비뼈, 복장뼈.
a. 등뼈의 구조. **b.** 가슴우리는 12개의 척추뼈, 12쌍의 갈비뼈, 갈비연골, 복장뼈로 구성되어 있다. 가슴우리는 폐와 심장을 보호한다.

는 아틀라스에서 기인한 것이다. 두 번째 목뼈는 어느 정도 회전할 수 있기 때문에 **중쇠뼈**(axis)라고 한다. 등뼈(thoracic vertebra)는 길고 얇은 가시돌기가 있으며(**그림 11.7a**), 갈비뼈가 붙을 수 있도록 결합면을 갖는다. 허리뼈(lumbar vertebra)는 큰 몸체와 두꺼운 돌기를 갖고 있다. 5개의 엉치 척추뼈(sacral vertebra)는 하나로 융합하여 엉치뼈(sacrum)가 된다. 꼬리뼈(coccyx)는 대개 4개의 융합된 척추뼈로 구성되어 있다.

척추사이원반

척추뼈 사이에는 일종의 받침 역할을 하는 섬유질 연골로 구성된 **척추사이원반**(intervertebral disc, intervertebral disk)이 있다. 이것들은 척추뼈가 자기들끼리 마모되는 것을 막고, 달리거나 높이 뛰거나 심지어는 걸을 때 생기는 충격을 흡수한다. 우리가 앞으로 굽히거나, 뒤로 젖히거나, 옆으로 구부릴 때 척추뼈가 움직이는 것은 척추사이원반이 있어서 가능한 것이다. 불행하게도 척추사이원반들은 나이가 들면서 약해지고 밀려 삐져나오거나 파열될 수 있다. 척추사이원반이 척수나 척수신경을 눌러 압박하면 통증이 발생한다. 이런 경우 척추사이원반을 외과적 수술로 제거하여 통증을 완화할 수 있다.

가슴우리

가슴우리(rib cage)는 흉곽(thoracic cage)이라고도 하며 등뼈, 갈비뼈, 갈비연골, 복장뼈로 구성되어 있다(**그림 11.7b**). 가슴우리는 몸통뼈대의 한 부분이다.

가슴우리는 어떻게 뼈대가 보호능력이 있으면서 유연성도 갖는지를 보여준다. 가슴우리는 심장과 폐를 보호하며, 숨을 들이쉴 때는 바깥쪽과 위쪽으로 그리고 숨을 내쉴 때는 아래쪽과 안쪽으로 움직인다(그림 9.9 참고).

갈비뼈

갈비뼈(rib)는 등뼈에서 나와 가슴 앞부분으로 뻗어나간 납작한 뼈이다. 12쌍의 갈비뼈가 있고, 이들은 모두 뒤쪽의 등뼈와 연결되어 있다. 갈비뼈는 등뼈의 몸체와 가로돌기와 관절을 이루며 연결되어 있다. 각 갈비뼈는 바깥쪽으로 굽으며 뻗은 다음, 앞으로 그리고 아래쪽으로 향해 있다.

갈비뼈 중 위쪽의 7쌍(갈비뼈 1번부터 7번까지, 그림 11.7b)은 갈비연골(costal cartilage)이라고 하는 유리질연골의 긴 띠를 통해 복장뼈와 직접 연결되어 있다. 이들을 '참갈비뼈(true rib)'라고 한다. 8번에서 12번까지의 갈비뼈는 복장뼈와 갈비뼈에 있는 갈비연골로 직접 연결되지 않아 '거짓갈비뼈(false rib)'라고 한다. 마지막 11번과 12번 갈비뼈는 복장뼈에 연결되지 않기 때문에 '뜬갈비뼈(floating rib)'라고도 한다.

복장뼈

복장뼈(sternum)는 인체의 중심선에 있다. 복장뼈는 갈비뼈와 함께 심장과 폐를 보호한다. 복장뼈는 가슴뼈(breastbone)라고도 하며, 칼 모양의 납작뼈이다.

복장뼈는 3개의 뼈로 구성되어 있다. 이 뼈들은 칼의 손잡이가 되는 **복장뼈자루**(manubrium), 칼날이 있는 **복장뼈몸통**(mesosternum), 칼의 끝이 되는 **칼돌기**(xiphoid process)로 구성되어 있다. 복장뼈자루는 팔다리뼈대의 빗장뼈, 그리고 첫 번째 갈비뼈의 갈비연골과 관절로 연결되어 있다. 복장뼈자루는 복장뼈의 몸체와 비스듬히 연결된다. 이것은 해부학적으로 중요한 기준이 되는데, 왜냐하면 복장뼈자루는 두 번째 갈비뼈 정도에서 발생하므로 갈비뼈를 셀 수 있도록 해주기 때문이다. 갈비뼈를 세는 것은 때때로 심장의 정점이 어디에 있는지를 확인하기 위해 사용되는데, 일반적으로 5번째와 6번째 갈비뼈 사이에 위치한다.

칼돌기는 복장뼈의 세 번째 부분이다. 모양이 다양한 칼돌기는 가슴안과 배안을 분리하는 가로막(diaphragm)이 붙는 자리이다.

진도 점검하기 11.2

1. 몸통뼈대의 뼈를 설명하시오.
2. 머리뼈와 얼굴뼈에는 어떤 것이 있으며, 그것들이 얼굴 생김새에 어떻게 기여하는지 설명하시오.
3. 척추뼈의 다양한 종류를 설명하시오.

개념 연결하기

몸통뼈대와 인체의 다른 기관계통의 상호작용에 대한 자세한 내용은 다음 논의를 참고하시오.

9.4절 가슴우리가 어떻게 호흡에 관계되는지 살펴본다.

13.2절 척주와 두개골이 어떻게 중추신경계통을 보호하는지 살펴본다.

11.3 팔다리뼈대의 뼈

학습 목표

이 절을 학습한 후 다음 사항을 할 수 있어야 한다.

1. 다리이음뼈와 팔이음뼈를 설명할 수 있다.
2. 팔과 다리의 뼈를 설명할 수 있다.

팔다리뼈대(appendicular skeleton)는 팔이음뼈(pectoral girdle), 다리이음뼈(pelvic girdle), 이들과 연결된 팔과 다리의 뼈로 구성되어 있다. 팔이음뼈(어깨)와 팔은 유연성이 뛰어나도록 특화되었고, 다리이음뼈(엉덩이)와 다리는 힘이 뛰어나도록 특화되었다.

팔이음뼈와 팔

우리 몸은 왼쪽과 오른쪽의 **팔이음뼈**(pectoral girdle)를 가지고 있으며, 각각 하나의 어깨뼈(scapula, shoulder blade)와 빗장뼈(clavicle, collarbone)로 구성되어 있다(그림 11.8). 빗장뼈는 가슴의 윗부분을 가로질러 뻗어 있고, 복장뼈와 등 쪽에서 볼 수 있는 어깨뼈와 연결되어 있다. 팔과 가슴의 근육은 어깨뼈에 붙어 있다. 어깨뼈의 접시오목(glenoid cavity)은 위팔뼈의 머리와 관절을 이루며, 접시오목은 위팔뼈의 머리보다 크기가 훨씬 작다. 이 부분의 연결을 통해 팔을 거의 모든 방향으로 움직일 수는 있으나 안정성이 떨어진다. 이 관절이 가장

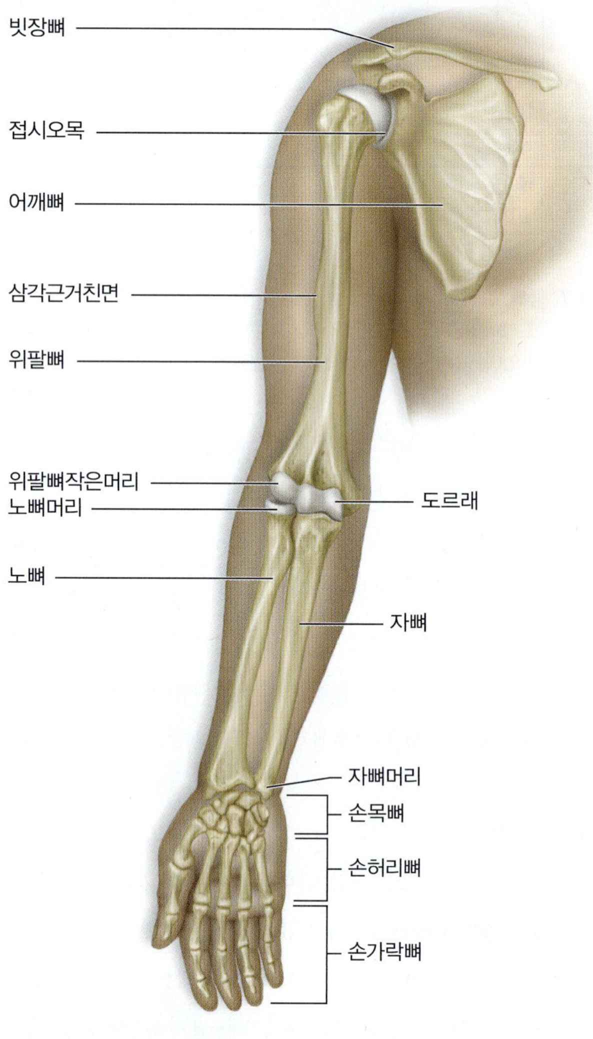

그림 11.8 팔이음뼈와 팔뼈.
팔이음뼈는 빗장뼈와 어깨뼈로 구성된다. 위팔뼈는 하나의 뼈이고, 아래팔뼈는 노뼈와 자뼈로 구성된다. 손은 손목뼈, 손허리뼈, 손가락뼈로 되어 있다.

탈구되기 쉬운 부분이며, 인대와 힘줄에 의해 강화된다. 어깨뼈에 부착된 4개의 작은 근육에서 위팔뼈로 연결된 힘줄이 돌림근띠(rotator cuff)를 형성한다. 팔의 심한 회전 운동은 돌림근띠에 손상을 줄 수 있다.

팔이음뼈
- 어깨뼈, 빗장뼈

팔
- 위팔: 위팔뼈
- 아래팔: 노뼈, 자뼈
- 손: 손목뼈, 손허리뼈, 손가락뼈

팔이음뼈의 구성요소는 팔의 움직임을 따라 자유롭게 움직이며, 팔은 위팔뼈와 아래팔의 노뼈(radius)와 자뼈(ulna)로 구성되어 있다. **위팔뼈**(humerus)는 앞에서 설명한 것처럼 팔에 있는 어깨뼈의 접시오목에 잘 맞는 둥근 머리를 갖고 있다. 위팔뼈는 어깨 근육인 삼각근(deltoid)이 부착하는 융기된 거친면(tuberosity)을 갖고 있는데, 이 거친면은 사람이 죽은 후에도 평생 동안 얼마나 무거운 짐을 들었는지를 그 크기를 통해 확인할 수 있다. 위팔뼈의 먼 끝에는 팔꿈치에서 **노뼈** 및 **자뼈**와 각각 연결되는 2개의 돌기가 있다.

손바닥이 정면을 향하도록 팔을 들면 노뼈와 자뼈는 서로 거의 평행을 이룬다. 손바닥이 뒤쪽을 향하도록 팔을 들면 노뼈는 자뼈 앞쪽에서 교차되는 형태를 갖는데, 이것은 팔을 쉽게 비틀 수 있는 이유 중의 하나이다.

손은 많은 뼈를 갖고 있는데, 이것은 손에 유연성을 부여한다. 손목은 8개의 **손목뼈**(carpal bone)로 되어 있으며, 손목뼈는 작은 조약돌처럼 보인다. 손목뼈로부터 5개의 **손허리뼈**(metacarpal bone)가 손바닥을 형성하도록 부채꼴로 자리 잡고 있다. 손허리뼈는 엄지손가락과 다른 손가락들을 잇고 있다('digit'라는 용어는 손가락과 발가락에서 공통으로 사용됨). 엄지손가락은 마주하고 있는 각 손가락과 독립적으로 접촉할 수 있으며, 손바닥을 가로질러 물건을 쥘 수 있다. 주먹결절(knuckle)은 손허리뼈의 확장된 먼 쪽의 끝이다. 손허리뼈를 지난 먼 쪽에는 **손가락뼈**(phalange)가 있는데, 손가락과 엄지손가락의 뼈이다. 손의 손가락뼈는 길고 가늘며 가볍다.

생활 속의 생물학

왜 인간의 발가락은 손가락보다 짧을까?

일부 과학자들은 발가락이 흔적기관(vestigial organ)의 한 예라고 믿고 있지만, 짧은 발가락이 진화 역사에 중요한 역할을 했다는 증거는 늘고 있다. 어떤 과학자들에 따르면, 사람의 짧은 발가락은 먼 거리를 달릴 수 있게 하는 데 기여하며, 동물 세계에서 매우 드문 특성이라고 한다. 긴 발가락은 달리기를 시작하고 멈추기 위해 더 많은 에너지를 필요로 한다는 연구 결과도 있다. 발가락을 가진 대부분의 동물에서 손가락과 발가락의 길이는 거의 같다. 발가락 길이가 짧아짐에 따라 긴 거리를 달리는 동물의 능력은 증가한다. 짧은 발가락은 인간 종(species)이 아프리카 평원에서 큰 먹이를 성공적으로 사냥하는 데 기여했을 것이다.

다리이음뼈와 다리

그림 11.9는 어떻게 다리의 뼈가 다리이음뼈에 연결되는지를 보여준다. **다리이음뼈**(pelvic girdle, hip girdle)는 2개의 무겁고 큰 볼기뼈(hip bone, os coxa)로 구성되어 있다. **골반**(pelvis)은 다리이음뼈, 엉치뼈, 꼬리뼈로 구성된 큰 그릇처럼 보인다. 골반은 체중을 지탱하고, 골반 내의 기관들을 보호하며, 다리가 연결되는 지점을 제공한다.

볼기뼈는 각각 엉덩뼈(ilium), 궁둥뼈(ischium), 두덩뼈(pubis)의 세 부분으로 구성되어 있으며, 성인이 되면 하나로 융합된다(그림 11.9). 이들 세 뼈는 **절구**(acetabulum)라고 하는 컵 모양의 공간에서 모두 만난다. **엉덩뼈**는 볼기뼈의 가장 큰 부분이다. **궁둥뼈**는 우리가 앉을 때 사용되며, 궁둥뼈의 뒤쪽 가시 부분에 근육이 붙는다. **두덩뼈**는 볼기뼈의 앞부분을 구성한다. 2개의 두덩뼈는 **두덩결합**(pubic symphysis)이라 하는 섬유연골 관절에 의해 연결된다.

다리이음뼈
- 볼기뼈

다리
- 넙다리: 넙다리뼈
- 다리: 정강뼈, 종아리뼈
- 발: 발목뼈, 발허리뼈, 발가락뼈

남성과 여성의 골반은 서로 다르다. 여성에서는 엉덩뼈가 좀 더 평편하고 골반 안은 좀 더 얕으나 출구는 훨씬 넓다. 이런 모양은 질분만(vaginal delivery)으로 출산하기에 적합하다.

오늘날의 생물학 ▶ 과학

유골의 신원 확인

사람의 뼈가 어떻게, 언제, 어디서 갑자기 발견되든 다음과 같은 많은 의문점은 반드시 해결되어야 한다. 이 사람은 사망 당시 몇 살이었는가? 이 뼈는 남자의 뼈인가, 아니면 여자의 뼈인가? 인종은 어떻게 되는가? 이 사람이 살해된 흔적은 없는가?

사망자의 신원과 사망 정황에 관한 단서는 유골을 통해 얻을 수 있다(그림 11A). 나이는 치열(dentition) 또는 위턱뼈와 아래턱뼈의 구조로 추정된다. 예를 들어 0~4개월 사이의 유아는 치아가 없을 것이다. 6~10세 사이의 어린이는 젖니(deciduous)가 빠져있을 것이다. 젊은 성인은 20세 전후에 그들의 마지막 큰어금니를 가지게 된다. 고령의 성인은 치아가 없거나 부러진 횟수와 위치로 근사치를 알 수 있다. 뼈가 만들어지는 뼈형성 분야를 연구하는 것도 사망 당시의 나이를 알려주는 단서가 된다. 고령인 경우 관절을 통해 연령에 대한 추가적인 정보를 얻을 수 있다. 유리연골은 나이가 들면서 닳고, 노랗게 되며, 부서지기 쉽고, 뼈끝을 덮고 있는 유리연골은 시간이 흐를수록 닳아 없어진다. 연골이 노랗고 부서지기 쉽거나 없어진 정도는 과학자들이 그 사람의 나이를 추정하는 데 도움이 된다.

유골에 골반뼈가 포함되어 있다면, 이것이 성인의 성별을 결정하는 가장 좋은 방법일 것이다. 남자의 골반보다 여자의 골반이 더 얕고 넓다. 긴뼈들, 특히 위팔뼈와 넙다리뼈는 성별에 대한 정보를 제공한다. 긴뼈는 남자에게서 훨씬 두껍고 밀도가 높으며, 근육의 부착점은 더 크고 두드러진다. 남자의 두개골은 네모난 턱과 눈확 위쪽의 능선이 좀 더 두드러져 있다.

유골의 인종을 결정하는 것은 어려울 수 있는데, 많은 사람이 혼합된 인종의 유산을 가지고 있기 때문이다. 법의학 해부학자들은 두개골의 관찰된 인종적 특성에 의존한다. 일반적으로 아프리카계 또는 아프리카계 미국인 혈통은 눈과 눈 사이가 넓고, 눈확은 직사각형 모양에 가까우며, 크고 돌출된 턱을 가지고 있다. 아메리카 원주민은 전형적으로 둥근 눈확, 돌출된 광대뼈, 둥근 입천장을 가지고 있다. 백인의 두개골은 보통 U자형의 입천장을 가지고 있으며, 이마뼈 사이의 봉합선이 대개 뚜렷하다. 또한 백인의 바깥귀길(외이도)은 길고 직선 형태여서 귓속뼈를 볼 수 있다.

그림 11A 법의학 수사관들이 유골을 발견한다. 뼈 구조와 뼈의 나이에 대한 지식은 이들 유해를 식별하는 데 도움을 줄 것이다.
Michael Donne/Science Source

일단 개인의 신원이 식별되면, 유골은 적절한 장례를 진행할 수 있도록 가족에게 돌려보낸다.

생각해 볼 문제

1. 당신은 왜 긴뼈가 법의학 수사관들에 의해 가장 자주 발견된다고 생각하는가?
2. 뼈형성에 대한 검사로 어떻게 나이를 추정할 수 있는가?

넙다리뼈(femur, thighbone)는 인체에서 가장 길고 강한 뼈이다. 넙다리뼈의 머리는 볼기뼈의 절구와 연결되며, 짧은 목은 다리가 걷도록 하는 데 적합하다. 넙다리뼈는 넙다리(thigh) 근육과 볼기(buttock) 근육이 붙는 2개의 큰 돌기부가 있다. 넙다리뼈는 먼 쪽 끝에서 다리의 **정강뼈**(tibia)와 관절을 이루며 연결된다. 이곳이 무릎과 **무릎뼈**(patella) 부위이다. 무릎뼈는 넙다리 네갈래근(quadriceps)의 힘줄이 움켜잡고 있으며, 이 힘줄은 정강뼈거친면(tibial tuberosity)에 연결된다. **종아리뼈**(fibula)는 다리의 좀 더 가느다란 뼈이다. 종아리뼈의 머리는 정강뼈와 관절을 형성한다.

발은 발목(ankle), 발등(instep), 5개의 발가락을 갖는다. 발에는 많은 뼈가 있어서 유연성을 갖는데, 특히 거친 표면에서 효과가 크다. 발목은 7개의 **발목뼈**(tarsal)가 있는데, 그중 하나인 목말뼈(talus)는 정강뼈 및 종아리뼈와 관절을 이루어 자

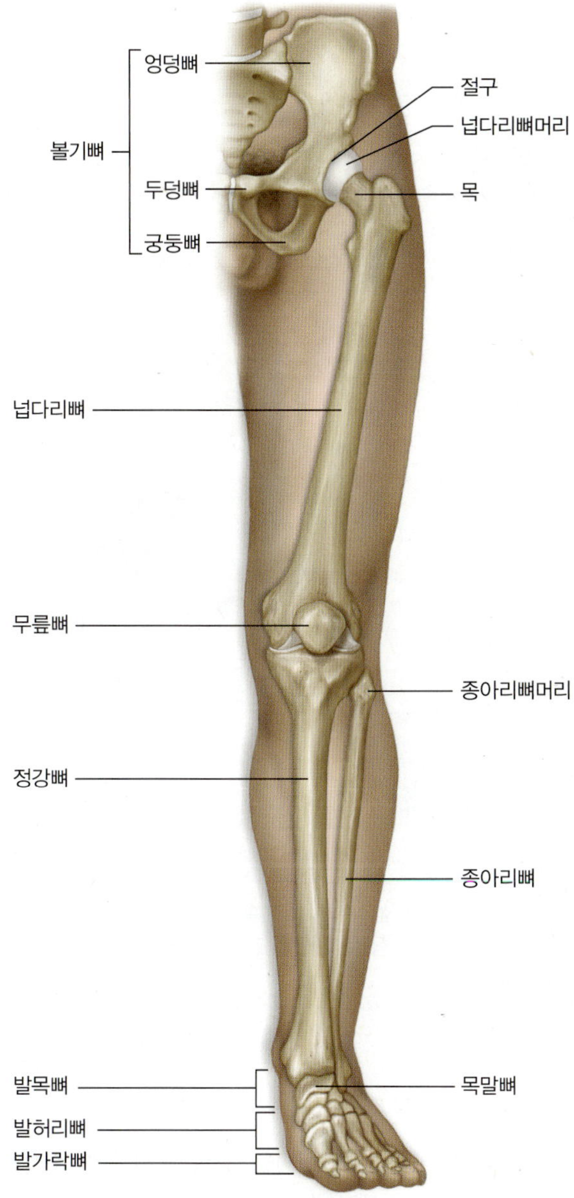

그림 11.9 다리이음뼈와 다리의 뼈.
엉덩뼈, 궁둥뼈, 두덩뼈가 절구에서 결합하여 볼기뼈를 형성한다. 이들 뼈에 엉치뼈와 꼬리뼈를 추가하여 골반이라고 한다. 넙다리뼈, 정강뼈, 종아리뼈는 다리를 구성한다. 발목뼈, 발허리뼈, 발가락뼈는 발을 구성한다.

유롭게 움직일 수 있다. 발꿈치뼈(calcaneus)도 발목의 일부분이다. 목말뼈와 발꿈치뼈는 체중을 지탱한다.

발등은 5개의 긴 **발허리뼈**(metatarsal)를 갖는다. 발허리뼈의 먼 쪽 끝부분은 발의 두툼한 덩이를 형성한다. 발허리뼈들을 묶고 있는 인대가 약해지면 평발이 되기 쉽다. 발가락의 뼈는 손가락뼈와 같이 **발가락뼈**(phalange)라고 하며, 매우 튼튼하고 강하다.

진도 점검하기 11.3

1. 팔이음뼈와 팔의 뼈를 나열하고 설명하시오.
2. 다리이음뼈와 다리의 뼈를 나열하고 설명하시오.
3. 다리이음뼈를 보고 어떻게 성별의 차이를 구별할 수 있는지 설명하시오.

개념 연결하기

신체의 팔다리에 대한 자세한 내용은 다음 논의를 참고하시오.

그림 4.12 팔과 다리의 주요 혈관을 살펴본다.

그림 12.5 신체의 주요 근육을 살펴본다.

13.2절 팔과 다리의 움직임을 담당하는 뇌 영역을 살펴본다.

11.4 관절

학습 목표

이 절을 학습한 후 다음 사항을 할 수 있어야 한다.

1. 관절의 세 가지 종류를 설명할 수 있다.
2. 윤활관절의 구조와 작용을 설명할 수 있다.
3. 윤활관절로 가능한 움직임의 종류를 요약할 수 있다.

뼈는 관절에서 연결되며, 관절은 섬유관절, 연골관절, 윤활관절로 구분된다. 많은 섬유관절(fibrous joint)은 두개골의 **봉합선**(suture)처럼 움직일 수 없다. 연골관절(cartilaginous joint)은 복장뼈에 갈비뼈를 연결하는 갈비뼈 연골처럼 유리연골에 의해 연결될 수 있다. 또한 척추사이원반처럼 섬유연골로 만들어진 경우도 있다. 연골관절은 약간 움직일 수 있는 경향이 있다. **윤활관절**(synovial joint)은 자유롭게 움직일 수 있다(그림 11.10).

윤활관절은 몇 가지 일반적인 종류로 분류되며, 그들 중에서 2개를 그림 11.10에서 볼 수 있다. 그림 11.10b는 자유롭게 움직일 수 있는 윤활관절의 해부학적 특징을 보여준다. 뼈와 뼈를 연결하는 인대는 관절을 지지하거나 강화한다. 인대에 의해 형성된 섬유관절낭은 관절에서 뼈들을 감싼다. 이 섬유관절낭은 내부 구조가 드러날 수 있도록 그림 11.10b에 표시되지는 않았다. 이 관절낭은 **윤활막**(synovial membrane)으로 둘러싸여 있으며, 관절을 윤활시키는 소량의 **윤활액**(synovial

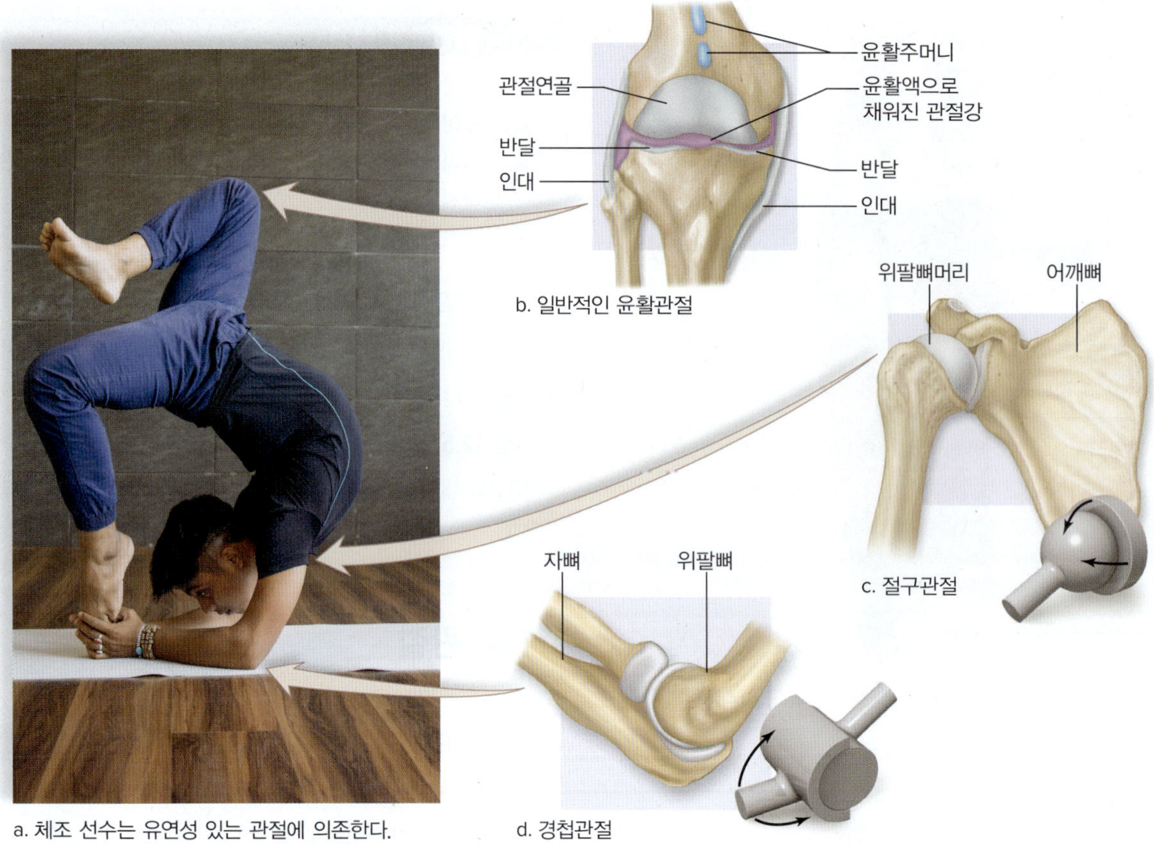

그림 11.10 윤활관절의 구조.
a. 윤활관절은 움직임이 가능하기 때문에 유연하다. **b.** 관절의 뼈는 섬유주머니를 형성하는 인대에 의해 결합된다. 섬유주머니의 안쪽은 윤활막이 덧대어져 있고, 윤활막은 관절의 윤활유인 윤활액을 분비한다. 윤활주머니는 마찰을 감소시키는 액체가 가득 찬 주머니이다. 연골로 형성된 반달은 관절을 안정화시키고, 관절연골은 뼈끝을 덮고 있다. **c.** 엉덩관절과 어깨관절은 절구관절이다. **d.** 무릎관절과 팔꿈치관절은 경첩관절이다.
(a): MangoStar_Studio/iStock/Getty Images

fluid)을 분비한다. **윤활주머니**(bursae, 단수는 bursa)라고 하는 액체로 채워져 있는 주머니는 뼈와 근육 또는 피부와 힘줄의 마찰을 감소시킨다. 완전한 관절은 뼈와 뼈 사이에 있는 C자형의 유리연골인 **반달**(menisci, 단수는 meniscus)을 갖는다. 반달은 안정성을 더해 주고 충격 흡수 장치로 작용한다.

엉덩이와 어깨의 절구관절(ball-and-socket joint, 그림 11.10c)은 모든 면에서의 움직임뿐만 아니라 회전도 가능하게 한다. 팔꿈치와 무릎관절은 경첩관절(hinge joint, 그림 11.10d)이라 하는 윤활관절로 문의 경첩처럼 한쪽 방향의 움직임만이 가능하다. 과학 특집인 '뼈관절염과 관절치환술의 역사'에서는 관절치환치료가 어떻게 발전해 왔는지를 설명한다.

윤활관절에 의한 운동

온전한 뼈대근육은 관절을 연결하는 힘줄에 의해 뼈에 부착된다. 근육이 수축할 때, 하나의 뼈는 다른 뼈에 대하여 움직인다. 더 많은 일반적인 운동의 종류들은 **그림 11.11**에 설명되어 있다.

진도 점검하기 11.4

1. 관절의 세 가지 주요 유형을 설명하시오.
2. 연골관절과 섬유관절의 기본적인 움직임과 인체 내의 예를 설명하시오.
3. 윤활관절의 다양한 움직임과 인체 내의 예를 설명하시오.

개념 연결하기

인대와 힘줄에 대한 자세한 내용은 다음 논의를 참고하시오.

3.2절 힘줄과 인대에 있는 결합조직을 살펴본다.

오늘날의 생물학 ▶ 과학

뼈관절염과 관절치환술의 역사

뼈관절염은 나이가 들수록 대부분의 노인이 겪는 질환이다. 관절을 형성하는 뼈는 미끄러운 연골로 덮여 있다. 이 연골은 시간이 지남에 따라 마찰로 인해 마모된다(그림 11B). 80세가 되면 하나 이상의 관절에 뼈관절염이 생기는 것이 일반적이다. 이와 달리 류머티즘성 관절염은 관절 내에 염증을 일으키는 자가면역질환(6.5절 참조)이다. 주로 노인에게 영향을 미치는 뼈관절염과 달리 류머티즘성 관절염은 어린이를 포함하여 모든 연령층에서 발생할 수 있다. 두 가지 형태의 관절염 모두 관절통과 뻣뻣함을 유발할 수 있다. 치료에는 염증과 통증에 대한 약물치료, 관절을 유지하고 강화하기 위한 물리치료가 포함된다. 이러한 치료가 실패하면 관절 전체를 교체하는 치환술을 시행한다. 영국의 정형외과 의사 존 찰리(John Charnley) 덕분에 이제 성공적인 치환술이 보편화되었다.

찰리와 다른 사람들의 초기 실험적 수술은 매우 실망스러웠다. 유합된 관절은 움직이지 않았고, 유합이 항상 환자의 통증을 완화시키지는 못했다. 수술 후 감염은 흔했고, 인공관절에 부착된 뼈가 부식되었으며, 부착된 근육이 약해졌다. 찰리는 질환이 발생한 엉덩관절의 두 부분[절구(acetabulum)와 공 모양의 넙다리뼈머리(ball-shaped head of the femur)]을 교체하여 엉덩관절을 개선하고자 하였다. 그는 뼈 복원과 엉덩관절의 역학을 연구하고 다양한 합성물질을 테스트하였다. 그는 테플론(Teflon)이 달린 엉덩이 절구를 사용하여 첫 번째 성공을 거두었지만, 주변 조직에 염증이 생긴 것을 발견하였다. 여러 번의 시도 끝에 그는 오늘날에도 여전히 사용되는 접합 플라스틱 소재인 내구성이 뛰어난 폴리에틸렌 절구를 만들었다. 그의 인공 넙다리뼈머리는 작고 매끄럽게 연마된 금속 공이었다. 골반뼈에 폴리에틸렌 절구를 접합하는 다양한 기술은 뼈가 접합 표면에서 떨어져 증식되지 않아 실패하였다. 찰리는 수술에 치과용 시멘트(dental cement)를 사용하였다. 플라스틱 재료를 부착할 때 뼈의 모든 구멍에 시멘트를 짜 넣어 뼈가 플라스틱 주변에서 재생되고 자라게 하였다. 또한 그는 감염을 최소화하기 위해 특수 수술용 텐트와 기구 트레이를 설계하였다.

찰리의 혁신적인 아이디어는 그의 엉덩관절치환과 유사한 인공무릎관절의 개발로 이어졌다. 무릎관절치환술은 뼈의 손상된 끝부분을 제거하고 원래 뼈의 끝부분과 유사한 인공 부품으로 교체하는 수술이다. 엉덩관절치환술과 무릎관절치환술은 가장 흔한 관절 교체 수술이지만 발목, 발, 어깨, 팔꿈치, 손가락도 교체할 수 있다. 지금까지 개선을 위해 많은 연구가 계속되었지만, 대부분의 기술은 여전히 찰리의 엉덩관절치환술을 모방한 것이다.

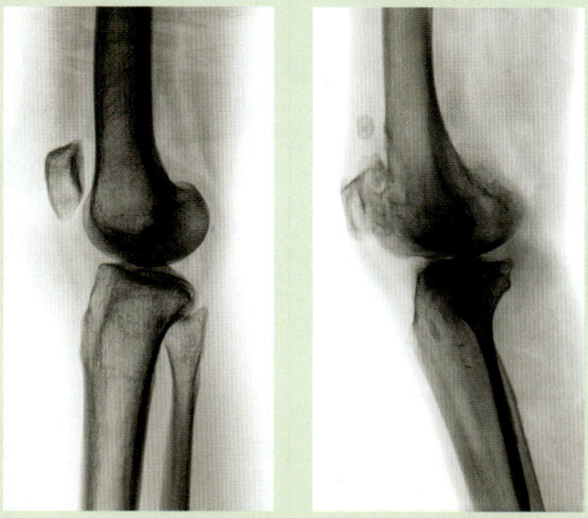

a. b.

그림 11B 뼈관절염.
a. 정상인의 무릎 관절. **b.** 뼈관절염을 앓고 있는 사람의 무릎 관절.
Puwadol Jaturawutthichai/Alamy Stock Photo

관절치환술 후에 회복 중인 환자의 운동과 활동은 수술의 성공을 위해 매우 중요하다. 환자들은 가능한 한 빨리 새로운 관절을 사용하도록 권장된다. 관절의 호전 정도와 운동 범위는 수술 전 관절의 경직 정도와 수술 후 치료 과정에서 환자의 노력 정도에 따라 달라진다. 완전한 회복은 환자마다 다르지만 일반적으로 몇 달이 걸린다. 고령의 환자들은 보철물의 수명이 약 10년 정도 될 것으로 예상된다. 그러나 젊은 환자의 경우 첫 번째 보철물이 마모되면 두 번째 교체가 필요할 수 있다. 그럼에도 불구하고 관절치환술을 받은 사람들은 더 나은 삶의 질과 독립성, 건강하고 통증 없는 활동을 통해 밝은 미래를 기대할 수 있다.

생각해 볼 문제

1. 찰리 인공관절의 각 구성 부품을 진짜 윤활관절과 비교하시오.
2. 류머티즘성 관절염이 면역체계의 문제인 이유를 설명하시오.

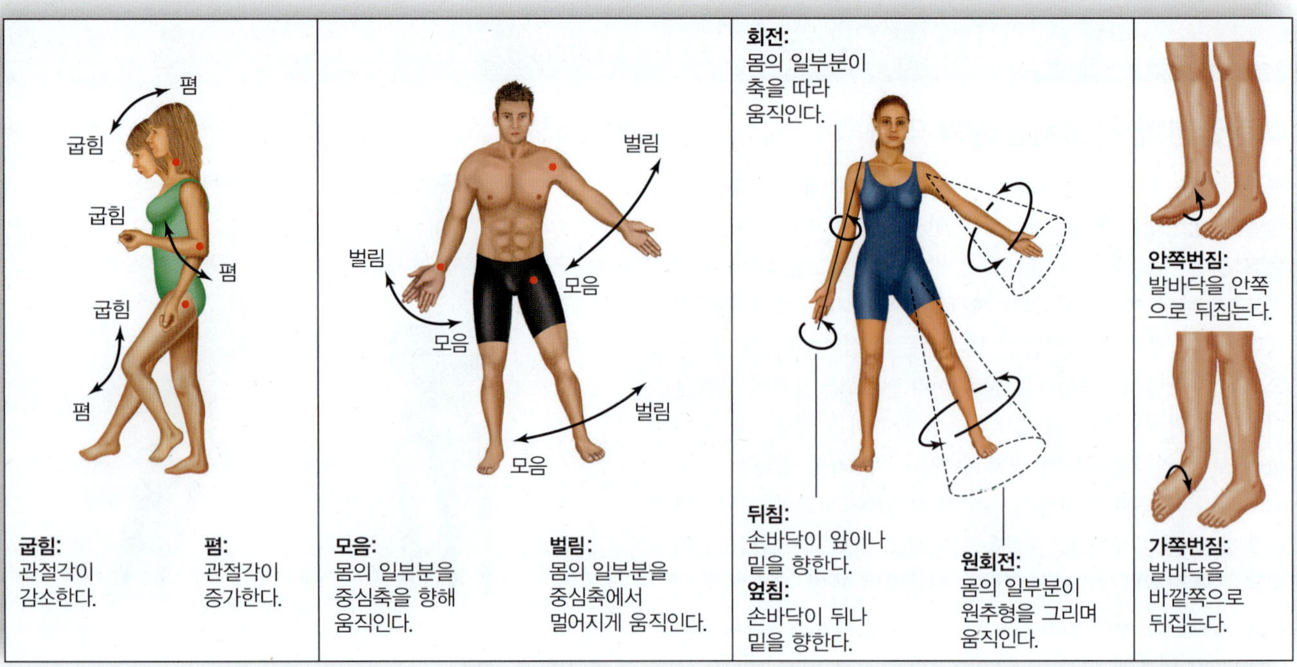

그림 11.11 **윤활관절은 다양한 움직임을 가능하게 한다.**
a. 굽힘과 폄. **b.** 모음과 벌림. **c.** 회전과 원회전. **d.** 안쪽번짐과 가쪽번짐. 빨간 점은 회전축이다.

11.5 뼈의 성장과 항상성

학습 목표

이 절을 학습한 후 다음 사항을 할 수 있어야 한다.

1. 뼈형성 과정을 요약하고, 관련된 세포의 종류를 설명할 수 있다.
2. 뼈의 재형성 과정을 설명할 수 있다.
3. 뼈의 수선 과정을 단계별로 설명할 수 있다.

인체의 형태 형성에 뼈대의 중요성은 발달 과정의 초기 모습에서 분명하게 나타난다. 뼈대는 배아가 단지 약 12 mm인 약 6주부터 형성된다. 대부분의 뼈는 사춘기까지 길이와 폭이 성장하는데, 일부 뼈는 약 25세까지 성장을 지속한다. 어떤 의미에서는 뼈는 스트레스에 대응하여 길이, 모양, 강도가 변하기 때문에 평생 자란다고 볼 수 있다. 이러한 과정을 재형성이라고 한다. 만약 뼈에 손상이 생기면 뼈 수선이라는 작용으로 회복된다.

뼈는 자라고 재형성되며 수선되는 능력을 가진 살아 있는 조직이다. 여러 가지 유형의 세포가 뼈의 성장, 재형성, 수선에 관여한다.

- **뼈모세포**(osteoblast): 뼈를 만드는 세포이다. 이 세포는 뼈의 유기질을 분비하고 칼슘염을 기질에 축적시키는 것을 촉진한다.
- **뼈세포**(osteocyte): 뼈모세포에서 유래한 성숙된 뼈세포이다. 이 세포는 뼈의 구조를 유지한다.
- **뼈파괴세포**(osteoclast): 뼈를 흡수하는 세포이다. 이 세포는 뼈를 분해하고, 혈액으로 칼슘과 인산이 회수되도록 돕는다.

일생 동안 뼈파괴세포는 뼈의 기질을 제거하고 뼈모세포는 뼈를 만든다. 뼈모세포가 석회화된 기질에 의해 싸이게 되면 이 세포는 뼈세포방 내에 있는 뼈세포가 된다.

뼈의 발생과 성장

뼈형성(ossification)은 뼈의 형성을 의미한다. 뼈대의 뼈는 발생 동안 막속뼈되기와 연골속뼈되기의 두 가지 방식으로 생성된다.

막속뼈되기

두개골의 뼈와 같은 납작한 뼈는 막속뼈의 한 예다. **막속뼈되기**

(intramembranous ossification) 과정에서 뼈는 섬유성 결합조직의 얇은 막 사이에서 생성된다. 여기서 결합조직세포로부터 유래한 세포가 뼈형성 과정의 핵심인 뼈모세포가 되어 뼈기질을 분비한다. 이 기질은 점액성 다당류와 콜라겐섬유로 구성된다. 뼈모세포는 칼슘염을 첨가해 기질의 뼈형성을 촉진한다.

뼈형성 결과 갯솜뼈와 잔기둥이 만들어진다. 갯솜뼈는 납작뼈의 안에 남게 되며, 갯솜뼈의 바깥면에 뼈막이 형성된다. 뼈막으로부터 유래한 뼈모세포는 뼈형성을 더욱 진행시킨다. 잔기둥이 만들어지고 융합하여 치밀뼈가 된다. 치밀뼈는 안쪽의 갯솜뼈를 둘러싸는 뼈의 깃을 형성한다.

연골속뼈되기

사람의 뼈대를 구성하는 대부분의 뼈는 연골 내에서 뼈가 형성되는 방식인 **연골속뼈되기**(endochondral ossification)를 통하여 생성된다(그림 11.12). 연골속뼈되기 과정 동안 뼈는 뼈의 연골(유리연골) 모형을 대체한다. 점차 연골은 석회화된 뼈기질로 대체되어 무게를 지탱할 수 있게 된다. 뼈형성은 내부의 중심에서 바깥으로 이동하며 진행된다. 연골속뼈되기 과정은 다음과 같다.

1. **연골 모형**(그림 11.12a): 배아에서 연골세포는 앞으로 형성될 뼈의 모양을 갖춘 유리연골을 형성한다. 그래서 이것을 앞으로 만들어질 뼈의 연골 모형이라 한다. 연골 모형이 석회화되면서 연골세포는 죽어 소멸된다.
2. **뼈의 깃**(그림 11.12b): 새로 만들어진 뼈막에서 유래한 뼈모세포는 유기물질의 뼈기질을 분비하고, 그 기질은 석회화된다. 그 결과 뼈몸통을 덮고 있는 뼈의 깃이 된다. 뼈의 깃은 치밀뼈로 되어 있으며 시간이 지나면서 두꺼워진다.
3. **첫 번째 뼈형성 중심**(그림 11.12c): 혈관은 뼈 내부로 뼈모세포를 옮겨주고, 이들 세포는 갯솜뼈를 만든다. 이곳을 첫 번째로 뼈가 형성된 곳이라 하여, 첫 번째 뼈형성 중심이라고 한다.
4. **골수공간과 두 번째 뼈형성 중심**(그림 11.12d): 뼈몸통의 갯솜뼈는 뼈파괴세포에 의하여 흡수되며, 생성된 공간은 골수공간이 된다. 갓 태어나면 두 번째 뼈형성 중심이 뼈끝에서 생성된다. 갯솜뼈는 뼈끝에 남아 있으며 한동안 적색골수를 만든다. 연골은 뼈끝의 성장판과 긴뼈의 끝을 덮고 있는 관절연골에 남는다.
5. **뼈끝의 (성장)판**(그림 11.12e): **뼈끝판**(epiphyseal plate, 성장판이라고도 함)이라 하는 한 층의 연골이 첫 번째 뼈형

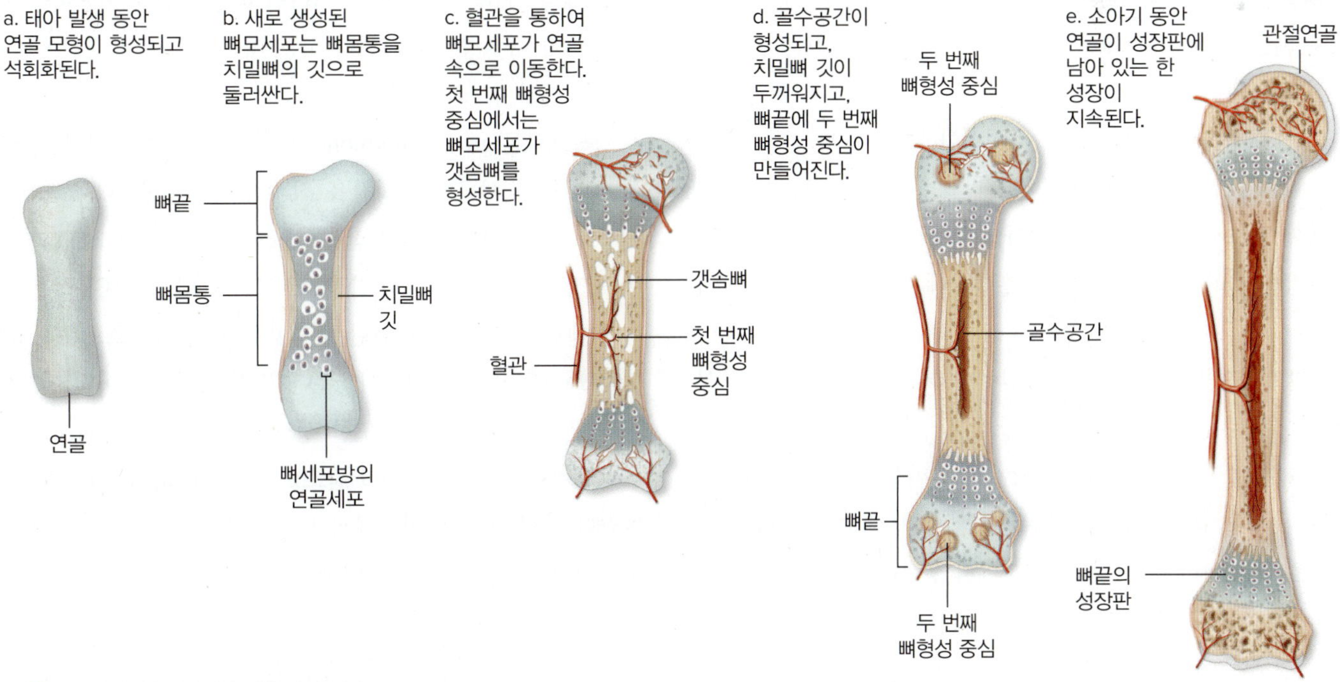

그림 11.12 연골속뼈되기에 의한 뼈의 성장.
연골속뼈되기는 유리연골에서 시작한다. 뼈모세포는 연골에서 증식한 다음 뼈화되어 연골을 뼈로 바꾼다.

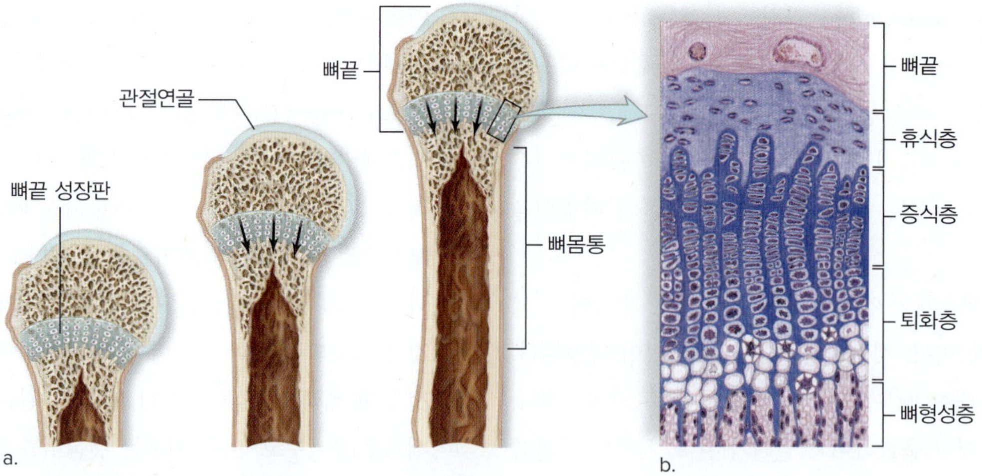

그림 11.13 뼈의 길이 성장.
a. 성장판의 연골이 뼈로 교체되면서 뼈 길이가 증가한다. 화살표는 뼈형성 방향을 나타낸다. **b.** 연골세포는 증식층에서 새로운 연골을 만들고, 연골은 뼈몸통에 가까운 뼈형성층에서 뼈가 된다.

성 중심과 두 번째 뼈형성 중심 사이에 남는다(그림 11.1 참고). 팔다리는 성장판이 존재하는 한 계속해서 성장한다.

그림 11.13에 보이는 것처럼 뼈끝판은 4개 층으로 구성되어 있다. 뼈끝에 가장 가까운 층은 연골이 남아 있는 **휴식층**(resting zone)이다. 다음 층은 연골세포가 새로운 연골세포를 만들어내는 **증식층**(proliferating zone)이다. 세 번째 층은 **퇴화층**(degenerating zone)인데 연골세포가 죽는 곳이다. 네 번째 층은 **뼈형성층**(ossification zone)으로 뼈가 만들어지는 곳이다. 여기서 뼈형성은 뼈의 길이가 자라는 것을 뜻한다. 관절연골의 안쪽 층도 이런 방법으로 뼈형성이 이루어진다.

뼈의 지름은 뼈가 길어짐에 따라 커진다. 뼈막으로부터 유래한 뼈모세포는 뼈파괴세포가 내부에서 골수공간을 확장해 나감에 따라 새로운 뼈형성을 활발하게 한다.

뼈의 최종적인 크기 뼈끝판이 닫히면 더 이상의 뼈의 길이 성장은 할 수 없다. 여자의 경우 팔과 다리의 뼈끝판은 16~18세에 닫히는 것이 보편적이나, 남자의 경우 20세까지 닫히지 않는다. 다른 종류의 뼈 중 일부는 25세까지 계속 자란다.

호르몬(hormone)은 몸의 일부에서 생성되고 다른 부분에서 작용하는 화학 전달체로, 내분비샘에서 분비되어 혈류를 통해 몸 전체에 전달된다. 호르몬은 다음에 논의되는 것처럼 뼈끝판의 활성을 조절한다.

뼈의 성장에 영향을 주는 호르몬

뼈 성장에 중요한 역할을 하는 여러 호르몬이 있다. 그중 하나는 비타민 D(8.6절 참고)이다. 많은 사람이 호르몬으로 생각하지 않지만, 비타민 D는 햇빛에 노출되었을 때 피부에서 만들어질 수 있지만 음식으로도 섭취할 수 있다. 특히 우유의 경우 비타민 D가 첨가되어 있다. 콩팥에서 비타민 D는 호르몬으로 변화하여 장관에서 작용한다. 비타민 D의 주요 기능은 장에서 칼슘의 흡수이다. 비타민 D가 결핍된 어린이에게서 긴뼈가 구부정하게 휘거나 하는 뼈의 변형이 특징인 구루병이 유발될 수 있다.

성장호르몬(growth hormone, GH)은 일반적인 뼈의 성장뿐만 아니라 뼈끝판의 성장을 직접적으로 촉진한다. 그러나 성장호르몬은 세포의 대사작용이 활발하지 못하면 그 효과가 어느 정도 감소한다. 특히 갑상샘호르몬은 세포의 대사작용을 촉진한다(15.6절 참고). 어린 시절 너무 적은 성장호르몬은 **왜소증**(dwarfism)을 유발한다. 유년기(뼈끝단 융합 이전)에 너무 많은 성장호르몬은 과도한 성장으로 **거인증**(gigantism)을 유발하기도 한다(그림 15.9 참고). **말단비대증**(acromegaly)은 뼈끝단 융합 이후의 성인에서 너무 많은 성장호르몬의 분비로 유발된다. 이 경우 손과 얼굴에 있는 뼈가 과도하게 자란다(그림 15.10 참고).

청소년기에는 대개 키가 급성장하는데, 이는 성호르몬의 분비가 증가하였기 때문이다. 이 호르몬은 뼈모세포의 활동성을 증가시킨다. 사춘기가 시작되고 1~2년 내에는 뼈조직의 빠른 성장 속도로 성장판이 덮일 정도이다.

뼈의 재형성과 칼슘 항상성

성인의 뼈는 뼈파괴세포에 의해서 지속적으로 파괴되고, 뼈모세포에 의하여 재형성된다. 뼈의 18% 정도가 매년 파괴되고 재형성된다. 뼈의 이러한 과정을 **뼈의 재형성**(bone remodeling)이라고 하며, 뼈를 강하게 유지하는 과정이다. 파제트병이 있는 사람은 정상인보다 빠르게 새로운 뼈가 생성된다. 이러한 빠른 뼈의 재형성은 결과적으로 정상보다 뼈를 더 부드럽고 약하게 만들어 뼈의 통증, 형태 변화, 골절의 원인이 된다.

뼈의 재형성은 혈액 속 칼슘양을 조절하도록 해준다. 혈중 칼슘 농도는 매우 중요한데 혈액의 응고에 칼슘이 필요한 것을 생각해 보라(5.4절 참고). 또한 혈중 칼슘 농도가 너무 높으면 신경세포와 근육세포가 더 이상 기능을 발휘할 수 없으며, 너무 낮으면 이들 세포가 너무 흥분하여 발작을 일으키게 된다. 칼슘 이온은 세포 내의 신호전달 시스템에 작용하여 세포의 물질대사 조절에도 필요하다. 뼈는 칼슘의 저장소로 혈중 칼슘 농도가 너무 높으면 뼛속에 이들을 저장하고, 너무 낮으면 칼슘을 빼내서 혈중 칼슘 농도를 정상으로 만든다.

특히 2개의 호르몬이 혈중 칼슘 농도를 조절하는 데 관여한다. 부갑상샘호르몬(parathyroid hormone, PTH)은 뼈파괴세포를 활성화하여 뼈의 칼슘 기질을 용해한다. 또한 소장과 콩팥에서 칼슘 재흡수를 촉진하여 혈중 칼슘 농도를 증가시킨다. 비타민 D는 소화관에서 칼슘을 흡수하는 데 필요하므로 비타민 D가 결핍되면 뼈가 약해질 수 있다. 비타민 D는 피부가 햇빛에 노출될 때 생성되고, 식료품점에서 구입한 우유에 비타민 D가 첨가되어 있으므로 쉽게 얻을 수 있다.

칼시토닌(calcitonin)은 부갑상샘호르몬과 반대 작용을 하는 호르몬이다. 여성호르몬인 에스트로겐은 실제로 뼈모세포의 수를 증가시킬 수 있다. 따라서 나이 든 여성의 에스트로겐 감소는 골다공증이라 하는 약한 뼈의 원인이 된다. 골다공증은 건강 특집 '골다공증 예방'에서 논의한다. 젊은 성인에서 뼈파괴세포의 활동은 뼈모세포의 활동성과 비슷하며 여성의 경우 대략 45세까지는 뼈의 양이 안정적으로 유지된다. 그 이후에는 뼈의 양이 감소하기 시작한다.

뼈의 재형성은 스트레스에 대하여 뼈가 어떻게 대응하는지 설명해 준다. 특정 뼈를 사용해야 하는 활동을 하면 활동에 의해 가장 영향을 많이 받는 부위에서 뼈의 직경이 커진다. 이 과정에서 뼈막에 있는 뼈모세포는 그 뼈의 외부 표면 주변에 치밀뼈를 형성하고, 뼈파괴세포는 골수공간 주변의 내부 표면에서 뼈를 분해한다. 골수공간의 크기를 늘리면 뼈가 너무 무겁고 두꺼워지는 것을 방지할 수 있다. 오늘날에는 걷기, 달리기, 역도와 같은 운동이 권장된다. 이러한 운동은 뼈파괴세포 대신 뼈모세포의 작용을 자극하기 때문에 뼈를 강화한다.

뼈의 수선

뼈의 수선은 뼈의 손상이나 골절이 일어났을 때 요구된다. 골절의 수선은 그림 11.14에서 보듯이 일련의 네 단계를 통하여 몇 달에 걸쳐 일어난다.

1. **혈종**(hematoma): 골절 후 파손된 혈관으로부터 흘러나온 혈액은 6~8시간 이내에 부러진 뼈 사이 공간에 혈종(응고된 혈액 덩어리)을 형성한다.
2. **섬유연골성 애벌뼈**(fibrocartilaginous callus): 조직 재형성이 시작되고, 섬유연골성 애벌뼈가 약 3주 동안 부러진 뼈 사이 공간을 채운다.
3. **골성 애벌뼈**(bony callus): 뼈모세포는 갯솜뼈의 잔기둥을 만들고, 섬유연골성 애벌뼈를 부러진 뼈를 이어주는 골성 애벌뼈로 바꾸어 준다. 골성 애벌뼈는 약 3~4개월 동안 지속된다.
4. **재형성**(remodeling): 뼈모세포는 주변에 치밀뼈를 생산하고, 뼈파괴세포는 갯솜뼈를 파괴하여 새로운 골수공간을 만든다.

어떤 면에서 뼈의 수선은 첫 번째 단계인 혈종이 부상이 발생했음을 알려준다는 것을 제외하고는 뼈의 발달과 유사하다. 또한 섬유연골성 애벌뼈가 치밀뼈 생성에 선행한다.

골절의 이름은 어떤 유형의 파손이 발생했는지를 알려준다. 완전골절(complete fracture)은 뼈가 완전하게 부러진 경우이고, 불완전골절(incomplete fracture)은 뼈가 두 조각으로 분리되지 않은 경우이다. 단순골절(simple fracture)은 부러진 뼈가 피부를 뚫지 않은 경우이며, 복합골절(compound fracture)은 피부를 뚫은 경우이다. 감입골절(impacted fracture)

오늘날의 생물학 ▶ 건강

골다공증 예방

골다공증은 뼈대를 구성하는 뼈 양이 줄어 뼈가 약해진 상태이다. 뼈의 양은 20~30세까지 계속 증가한다. 그 후 40~50세까지 뼈의 형성과 파괴가 동일하게 일어난다. 그다음에는 재흡수가 뼈형성을 초과하기 시작하고, 총 뼈의 양이 줄어들게 된다(그림 11C).

시간이 흐르면서 남성은 25%, 여성은 35%까지 뼈를 잃기 쉽다. 그러나 남성이 뼈형성을 감소시키는 천식약을 복용하지 않는 한, 여성보다 밀도가 높은 뼈를 가지는 경향이 있다는 것을 고려해야 한다. 남성의 테스토스테론(남성호르몬) 수준은 45세 이후 서서히 감소하는 반면, 여성의 에스트로겐(여성호르몬) 수준은 45세 전후에 현저하게 감소하기 시작한다. 성호르몬은 뼈의 강도를 유지하는 데 중요한 역할을 하기 때문에, 이러한 차이는 여자가 남자보다 특히 엉덩이, 척추, 긴뼈, 골반과 같은 곳에서 골절이 일어날 확률이 더 높다는 것을 의미한다. 골다공증은 때때로 다양한 결과로 나타나는 질환이기는 하지만 근본적으로 나이가 들면서 나타나는 질환이다.

골다공증 예방법

누구나 나중에 골다공증이 생기지 않도록 조치를 취할 수 있다. 평생 동안 적절한 식이 칼슘의 섭취는 골다공증을 예방하는 중요한 방법이다. 국립골다공증재단(National Osteoporosis Foundation, www.nof.org)은 50세 미만의 성인에게 하루에 칼슘 1,000 mg을 섭취할 것을 권장하고 있다. 50세 이후에는 하루 섭취량이 1,200 mg을 넘어야 한다.

인체가 칼슘을 적절하게 사용하기 위해서는 매일 소량의 비타민 D가 필요하다. 피부가 비타민 D의 전구체를 합성하기 위해서는 햇빛에 노출되어야 한다. 보스턴에서 밀워키, 미니애폴리스, 보이시로 이어지는 '라인(line)'의 위나 북쪽에 거주한다면 겨울 동안 비타민 D를 충분히 섭취하지 못할 가능성이 있다. 따라서 저지방 우유나 시리얼과 같은 강화식품에 있는 비타민 D를 이용해야 한다. 50세 미만이라면 하루에 400~800 IU의 비타민 D를 섭취해야 한다. 50세 이후에는 매일 800~1,000 IU의 비타민 D를 섭취해야 한다.

침대에 누워있는 사람들과 같이 매우 활동적이지 않은 사람들은 적당히 활동적인 사람들보다 25배나 빨리 뼈의 양이 줄어든다. 반면에 규칙적인 걷기나 조깅과 같은 중강도의 체중부하 운동(moderate weight-bearing exercise)은 뼈의 강도를 유지하는 데 또 다른 좋은 방법이다(그림 11C).

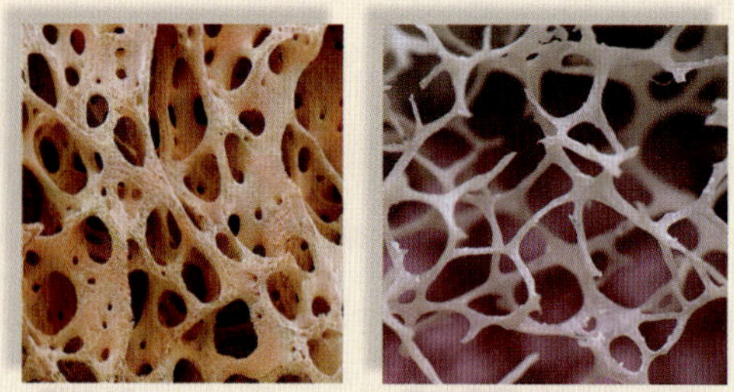

a. 정상 뼈 b. 골다공증

그림 11C 골다공증.
a. 정상인의 뼈. **b.** 골다공증이 있는 사람의 뼈.
(a): Susumu Nishinaga/Science Source; (b): Ed Reschke/Stone/Getty Images

진단과 치료

다음과 같은 위험 요인을 갖고 있는 폐경 후 여성은 골밀도 검사를 받아야 한다.

- 백인 또는 동양인
- 마른 체형
- 골다공증 가족력
- 빠른 폐경(45세 이전)
- 흡연
- 칼슘이 적거나 과도한 알코올 섭취와 카페인 섭취를 하는 식단
- 앉아 있는 생활 방식

골밀도는 이중 에너지 X선 흡수계(dual-energy X-ray absorptiometry, DEXA)라는 방법으로 측정된다. 이 측정법은 X선 튜브에서 방출되는 광자의 흡수 정도로 골밀도를 측정한다. 혈액과 소변 검사는 뼈 손실의 생화학적 표지를 검출하는 데 사용된다. 지난 몇 년 동안 의사가 골다공증에 대하여 위험도가 높은 나이 든 여성이나 남성을 선별하는 것이 더 쉬워졌다.

뼈가 얇은 경우, 골밀도를 높이기 위해 가능한 모든 조치를 취하는 것이 좋다. 왜냐하면 조금만 골밀도를 높여도 골절을 상당히 줄일 수 있기 때문이다. 비록 에스트로겐 요법은 엉덩이 골절의 발생률을 감소시키지만, 장기간의 에스트로겐 요법은 골다공증에 거의 권장되지 않는다. 에스트로겐은 유방암, 심장 질환, 뇌졸중, 혈전의 위험성을 높이는 것으로 알려져 있다. 그러나 다른 치료제가 있다. 갑상샘호르몬인 칼시토닌은 골절률을 낮추면서 골밀도와 강도를 높이는 것으로 알

려져 있다. 또한 비스포스포네이트(bisphosphonate)는 골다공증을 예방하고 치료하는 데 사용되는 비호르몬 계열 약물이다. 칼시토닌이나 비스포스포네이트 중 하나를 사용하여 최적의 결과를 얻기 위해서는 적절한 양의 식이 칼슘과 비타민 D도 섭취해야 한다.

생각해 볼 문제

1. 장기적인 소화계통의 문제들이 어떻게 골다공증 발병 가능성을 높일 수 있는가?
2. 골다공증 위험이 있는 사람들이 체중 부하 운동을 포함한 운동을 늘리도록 권장되는 이유는 무엇인가?

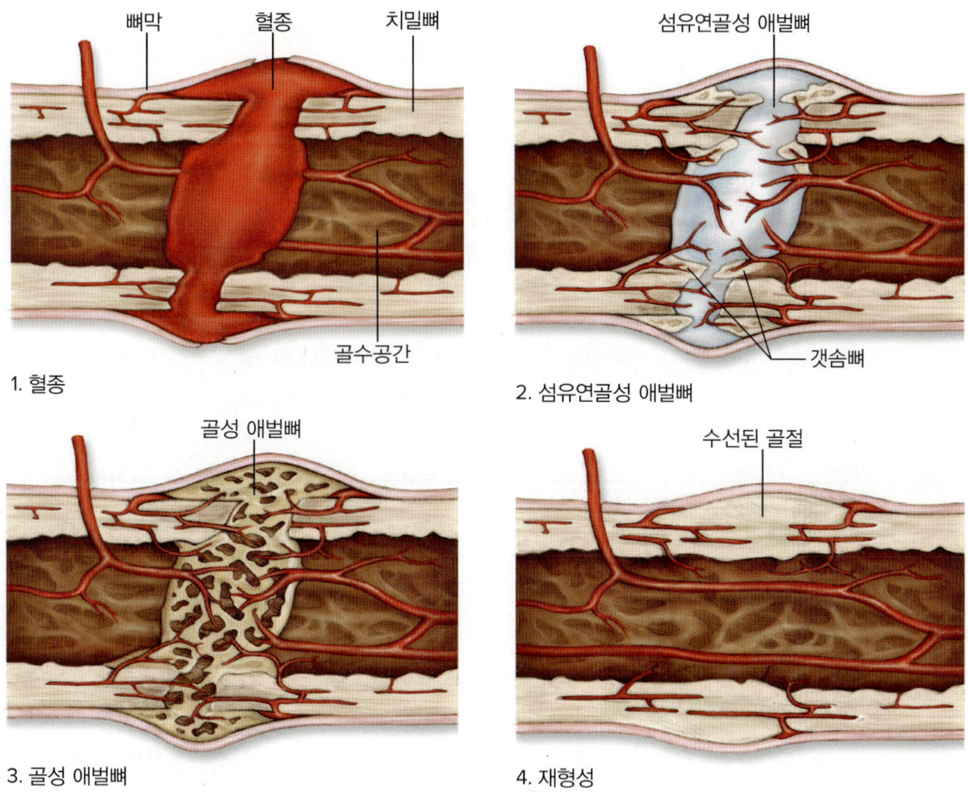

그림 11.14 뼈의 골절과 수선.
골절의 수선 단계.

은 부러진 뼈가 서로 박힌 경우이고, 나선골절(spiral fracture)은 뼈가 뒤틀려 부러진 부분이 고르지 못하고 울퉁불퉁한 경우이다.

뼈에서 생산되는 혈액세포

뼈대계통의 뼛속에는 황색골수와 적색골수 두 가지 유형의 골수가 들어 있다. 황색골수는 지방을 포함하고 있는 에너지 저장소이기도 하다.

적색골수는 혈액세포를 생산하는 곳이다. 적혈구는 혈액 속의 산소 운반체이다. 산소는 호기성 세포호흡에 의한 ATP 생산에 필요하다. 백혈구도 적색골수에서 기원하는데, 백혈구는 병원균과 암세포로부터 신체를 보호하는 데 관여한다. 따라서 백혈구가 없다면 쉽게 질병에 걸려 죽게 된다.

진도 점검하기 11.5

1. 발달 과정에서 뼈 성장이 어떻게 일어나는지 설명하시오.
2. 뼈의 수선 단계를 요약하시오.
3. 뼈대계통이 어떻게 칼슘 항상성과 관련되어 있는지 설명하시오.

개념 연결하기

뼈 발달과 뼈 성장에 영향을 미치는 호르몬에 대한 자세한 내용은 다음 논의를 참고하시오.

8.6절 식단에서 비타민 D와 칼슘의 섭취에 대한 추가 정보를 살펴본다.

15.2절 신체에서 성장호르몬의 역할을 살펴본다.

15.3절 호르몬 칼시토닌과 부갑상샘호르몬(PTH)의 작용을 살펴본다.

결론

이 장에서는 뼈대계통의 구조와 기능을 알아보았다. 우리가 배웠듯이, 이 뼈대계통의 주요 기능 중 하나는 움직임을 가능하게 하는 근육계통과 상호작용하고 지지를 한다는 것이다. 무릎, 엉덩이와 같은 관절은 신체의 뼈가 상호 연결되는 곳이다. 시간이 지남에 따라 이러한 관절은 마모되어 불편하거나 움직이지 못하게 될 수 있다. 전무릎치환과 같은 치환 요법은 상실한 이동성을 대부분은 아니더라도 일부 회복시킬 수 있으며 나이가 들어감에 따라 삶의 질을 높일 수 있다.

요약

11.1 뼈대계통의 개요

뼈대계통(skeletal system)의 기능은 다음과 같다.

- 몸을 지탱하고 보호한다.
- 혈액세포를 생산한다.
- 무기염, 특히 인산칼슘을 저장한다. 또한 지방을 저장한다.
- 근육과 더불어 몸이 유연한 동작을 할 수 있게 한다.

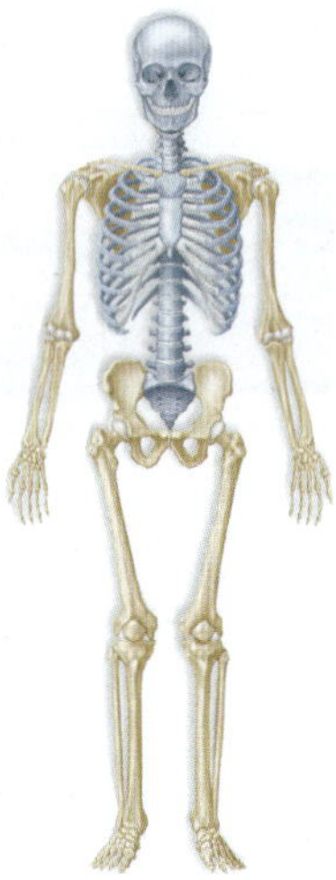

뼈대의 뼈는 뼈조직과 연골로 되어 있다. 긴뼈에 대한 내용은 다음과 같다.

- 긴뼈의 끝은 연골로 덮여 있다. **뼈막**(periosteum, 섬유성 결합조직)은 뼈의 나머지를 덮고 있다.
- **적색골수**(red bone marrow)를 갖고 있는 **갯솜뼈**(spongy bone)는 뼈끝에 있다.
- 황색골수는 뼈몸통의 골수공간에 있다.
- **치밀뼈**(compact bone)는 뼈몸통의 벽을 구성한다.
- **뼈세포**(osteocyte)는 치밀뼈의 **뼈세포방**(lacuna)에 위치한다.

연골(cartilage)은 뼈보다 훨씬 유연한 결합조직으로, **연골세포**(chondrocyte)에 의해 만들어진다.

섬유성 결합조직(fibrous connective tissue)으로 구성된 **인대**(ligament)는 **관절**(joint)에서 뼈와 뼈를 연결해 준다. **힘줄**(tendon)은 근육을 뼈에 연결해 준다.

11.2 몸통뼈대의 뼈

몸통뼈대(axial skeleton)는 두개골, 목뿔뼈, 척주, 가슴우리로 구성되어 있다.

- **두개골**(skull)은 뇌를 보호하는 머리뼈와 얼굴뼈로 형성된다. 출생 때 두개골의 뼈들은 **숫구멍**(fontanel)이라는 막성 부위로 연결되어 있다. **굴**(sinus)은 공기가 차 있는 공간으로 두개골의 무게를 감소시켜 준다. **큰구멍**(foramen magnum)은 척수가 통과하는 두개골의 통로이다.
- 목뿔뼈는 혀를 고정하고, 삼킬 때 사용되는 근육이 붙어 있는 곳이다.
- **척주**(vertebral column)는 충격을 흡수하는 **척추사이원반**(intervertebral disc)으로 분리된 척추뼈로 구성되어 있어 구부러지는 유연성이 있다. 척주는 머리와 목을 지탱하고, 척수를 보호하며, 근육이 붙는 곳이다.
- 가슴우리는 등뼈, 갈비뼈, 갈비연골, 복장뼈로 구성되어 있고 심장과 폐를 보호한다.

11.3 팔다리뼈대의 뼈

팔다리뼈대(appendicular skeleton)는 팔이음뼈, 팔, 다리이음뼈, 다리로 구성되어 있다.

- **팔이음뼈**(pectoral girdle)와 팔은 유연성을 갖는 데 적합하도록 발달하였다.
- **다리이음뼈**(pelvic girdle)와 다리는 체중을 지탱하는 데 적합하도록 발달하였다. **골반**(pelvis)은 다리이음뼈, 엉치뼈, 꼬리뼈로 구성되어 있다. 넙다리뼈는 몸에서 가장 길고 강한 뼈이다.

11.4 관절

뼈는 관절에서 연결되며 세 가지 유형이 있다.

- 섬유관절[예: 머리뼈의 **봉합선**(suture)]은 움직일 수 없다.
- 연골관절(예: 갈비뼈, 복장뼈, 두덩결합 사이의 관절)은 약간 움직일 수 있다.
- 윤활막이 있는 **윤활관절**(synovial joint)은 자유롭게 움직일 수 있다.

11.5 뼈의 성장과 항상성

뼈의 성장, 재형성, 수선에 관여하는 세포는 다음과 같다.

- 뼈를 만드는 세포인 **뼈모세포**(osteoblast)
- 뼈모세포로부터 기원한 성숙된 **뼈세포**(osteocyte)
- 뼈를 파괴하고 흡수하는 **뼈파괴세포**(osteoclast)

뼈의 발생과 성장

- **뼈형성**(ossification)은 뼈의 형성을 의미한다.
- **막속뼈되기**(intramembranous ossification) 과정에서 뼈는 섬유성 결합조직의 판 사이에서 발생한다. 두개골과 같은 납작뼈가 그 예다.
- **연골속뼈되기**(endochondral ossification) 과정에서 뼈의 연골 모형이 석회화된 뼈기질로 교체된다. 뼈는 **뼈끝판**(epiphyseal plate)이라는 지점에서 성장한다.
- 뼈의 성장은 비타민 D, 성장호르몬, 성호르몬에 의해 영향을 받는다.

뼈의 재형성과 항상성에서의 역할

- **뼈의 재형성**(bone remodeling)은 뼈의 재생이다. 뼈파괴세포는 뼈를 분해하고, 뼈모세포는 뼈를 다시 만든다. 일부 뼈는 매년 재활용된다.
- 뼈의 재활용을 통해 신체는 혈중 칼슘 농도를 조절할 수 있다.
- 부갑상샘호르몬과 칼시토닌은 뼈의 재형성을 지시하고, 혈중 칼슘 농도를 조절한다.

뼈의 수선

골절의 수선에는 다음의 네 단계가 필요하다.

- 혈종 형성
- 섬유연골성 애벌뼈
- 골성 애벌뼈
- 재형성

개념 심화 학습

비판적 사고 키우기

1. 대다수 전문가가 골다공증 예방을 위해 칼슘 섭취의 중요성을 강조한다. 그러나 설문조사에 따르면 미국보다 칼슘 섭취량이 적은 중국과 같은 일부 국가에서는 골다공증이 드문 것으로 나타났다. 이러한 연구는 종종 미국에서 더 많은 동물성 단백질을 섭취하며 이것이 뼈의 양에 해로운 영향을 미친다고 지적한다. 이것이 사실이라면 어떠한 생리학적 기전으로 설명할 수 있을까? 미국과 중국의 생활 방식에서 또 다른 어떠한 차별적 요인으로 이러한 골다공증 발생률의 차이가 생기는지 설명할 수 있는가?
2. 하루의 대부분을 실내에서 보내는 사람들(예: 요양원 거주자)이 골절에 더 취약한 이유는 무엇인가?
3. 소아청소년과 전문의들은 패스트푸드를 즐겨 먹는 아이들에게서 구루병 발병률이 증가한다는 점을 점점 더 우려하고 있다. 이들의 식단에서 결핍된 영양소는 무엇인가?

관련성 탐구하기

1. 많은 경우, 무릎치환술을 권하기 전에 의사는 환자에게 10~15파운드(약 4.5~6.8 kg)의 체중 감량을 시도해 보라고 제안한다. 이것이 무릎 관절의 수명을 연장하는 데 어떻게 기여할 수 있는가?
2. 골다공증은 매우 활동적인 사람들에게도 관심사이다. 이 사람들이 나중에 무릎치환술이 필요할 위험성을 줄이기 위해 식단과 일상적인 운동을 어떻게 바꿀 수 있는가?
3. '치환' 수술의 발전은 의학에서 점차 더욱 가속화되고 있다. 무릎, 엉덩이와 같은 관절 외에도, 연구자들이 '치환'할 다른 인체 부위에는 어떤 것이 있는가?

모든 장의 질문에 대한 정답은 *connect.mheducation.com*에서 확인하시오.

CHAPTER

12

근육계통

Soeren Stache/Picture Alliance/Getty Images

이 장의 개요

시작하기 전에

이 장을 시작하기 전에 다음 사항을 논의해 보자.

2.6절 세포가 무산소 과정과 세포호흡 과정을 통해 어떻게 ATP를 생산하는가?

그림 2.21 ATP 회로를 구성하는 단계별 과정은 무엇인가?

3.8절 되먹임 기전이 항상성에 어떻게 기여하는가?

세계 기록 마라톤

지구력 달리기는 인체 생리의 최고 시험 중 하나이다. 케냐 출신 엘리우드 킵초게(Eliud Kipchoge)는 2018년 베를린 마라톤(Berlin Marathon) 42.195 km 풀코스에서 2시간 1분 39초라는 세계 신기록을 세웠다. 이를 이루기 위해 그는 각 마일당 평균 속도를 4분 38.4초로 설정했다. 그러나 이는 그의 개인 최고 성적은 아니었다. 그보다 한 해 전에 킵초게는 비공식 마라톤에서 2시간 25초를 기록했다.

마라톤 선수가 되려면 지속적으로 훈련하고 신체적으로 건강해야 한다. 이것은 근육과 관련해서 어떤 의미가 있는 것일까? 이는 이 장에서 배우게 될 내용으로, 근육은 고유한 복잡한 구조를 가지며, 뼈대계통과 상호작용하고 수축하여 움직임을 가능하게 한다. 또한 근육은 여러 가지 유산소 및 무산소 과정을 통해 수축을 위한 에너지를 생산할 필요가 있다. 마라톤을 위한 훈련은 근육이 이러한 일에 대비하는 준비를 의미한다.

이 장에서는 근육의 해부와 생리에 대해 알아볼 것이다. 주로 걷거나 마라톤을 뛰는 것과 같은, 우리가 익숙한 대부분의 움직임과 관련된 뼈대근육에 중점을 둘 것이다.

이 장을 학습하면서 다음 질문을 생각해 보자.

1. 신경계통이 뼈대계통을 구체적으로 어떻게 제어하는가?
2. 감각계통은 어떻게 신경계통에 영향을 주어 근육계통과 뼈대계통에 영향을 미치는가?
3. 근육계통은 어떻게 인체 항상성에 기여하는가?

12.1 근육계통의 개요

학습 목표

이 절을 학습한 후 다음 사항을 할 수 있어야 한다.

1. 근육의 세 종류와 각 기능을 설명할 수 있다.
2. 뼈대근육의 일반적인 구조를 설명할 수 있다.
3. 인체의 주요한 뼈대근육을 설명할 수 있다.

근육계통(muscular system)은 움직임과 관련이 있다. 움직임이란 인체 활동(걷고 뛰는 활동)과 인체 내에서 발생하는 물질의 이동(혈액과 음식물의 이동)을 의미한다. 근육계통은 근육으로 구성되어 있으며, 근육의 구조는 수축 또는 단축을 통해 움직임을 제공할 수 있다.

근육의 종류

인간은 세 가지 근육조직인 민무늬근육, 심장근육, 뼈대근육을 가지고 있다(그림 12.1). 이들 조직의 세포를 **근세포**(myocyte)라고 한다.

민무늬근육(smooth muscle)의 섬유는 끝이 뾰족한 방추 모양의 세포이며, 하나의 핵(단핵)을 가지고 있다. 세포들은 대개 평행으로 배열되어 있다. 심장근육과 뼈대근육에서는 줄무늬(밝고 어두운 띠)가 보이지만, 민무늬근육에서는 보이지 않는다. 민무늬근육은 속이 빈 내부 기관(8.1절 참고)이나 혈관벽(4.2절 참고)을 구성하여 이들을 수축할 수 있게 한다. 민무늬근육의 수축은 의식적인 조절 없이 불수의적으로 발생한다. 민무늬근육은 뼈대근육보다 느린 수축을 하지만, 지속적인 수축을 하고 쉽게 피로해지지 않는다.

심장근육(cardiac muscle)은 심장의 벽을 형성한다(4.3절 참고). 심장근육의 근섬유는 일반적으로 단핵, 줄무늬 모양, 관 모양의 특성을 보인다. 가지처럼 갈라져 있기 때문에 근섬유가 **사이원반**(intercalated disc)에서 서로 맞물릴 수 있도록 한다. 사이원반의 세포막은 수축이 심장벽 전체에 걸쳐 빠르게 확대될 수 있도록 틈새이음(gap junction, 2.5절 참고)을 가지고 있다. 심장근육의 근섬유는 수축 사이에서 완전히 이완되기 때문에 피로를 방지한다. 심장근육의 수축은 외부로부터의 신경 자극이나 의식적인 조절이 없이도 규칙적으로 발생하기 때문에 불수의적이라고 한다.

뼈대근육(skeletal muscle)의 근섬유는 관 모양, 다핵, 줄무

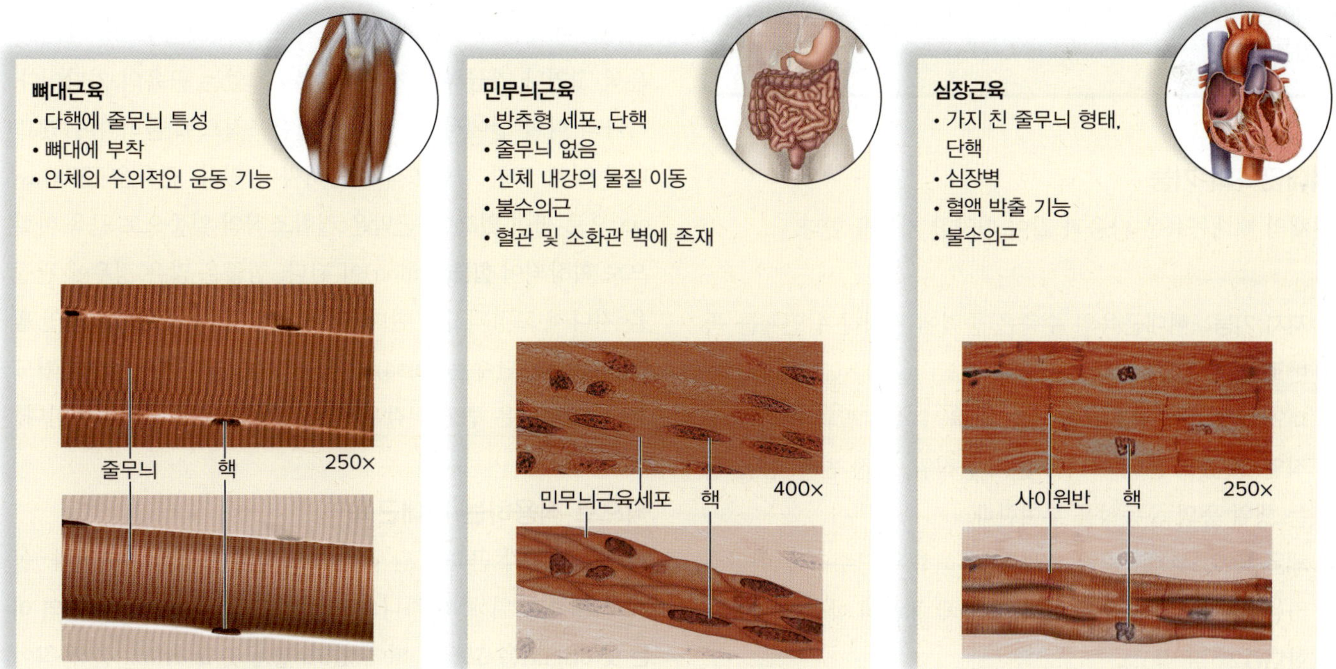

a. b. c.

그림 12.1 인체 내 세 종류의 근육.
인체 근육의 종류에는 (**a**) 뼈대근육, (**b**) 민무늬근육, (**c**) 심장근육이 있다. 각 근육은 서로 다른 특징이 있다.
(사진) (a, c): Ed Reschke; (b): Dennis Strete/McGraw Hill

늬 특성을 가지며, 뼈대에 붙어 있는 뼈대근육을 구성한다(11.1절 참고). 뼈대근육의 근섬유는 근육의 길이 방향으로 이어지기 때문에 길이가 길 수 있다. 뼈대근육의 근육세포는 일반적으로 **근섬유**(muscle fiber)라고 한다. 뼈대근육은 팔과 다리처럼 몸의 특정 부분을 의식적으로 움직일 수 있기 때문에 수의근이라고 한다.

몸의 뼈대근육

동물계에 속하는 인간은 **척추동물**(vertebrate)이다. 척추동물은 내부 척추, 뼈대, 팔다리의 연결 이음새를 가진다. 뼈대근육은 뼈대에 붙어 있기 때문에 근육의 수축은 관절에서 뼈의 운동성을 발생시킨다.

생활 속의 생물학

인간의 몸에는 얼마나 많은 근육이 존재할까?

대다수 전문가들은 인체에 600개 이상의 근육이 있다고 말한다. 근육을 하나의 이름으로 지칭하는 전문가도 있고, 구별하는 전문가도 있어 정확한 개수를 말하기는 어렵다. 어떤 이들은 근육의 개수가 800개나 된다고 말한다.

가장 작은 근육은 중이의 등골근(stapedius)으로 1.27 mm 길이다. 가장 긴 근육은 넙다리빗근(sartorius)으로 엉덩이에서 무릎까지 이어진다. 가장 큰 근육(질량)은 엉덩이의 대부분을 구성하는 큰볼기근이다.

뼈대근육의 기능

인체의 뼈대근육은 다음과 같이 다양한 기능을 한다.

- 지지 기능: 뼈대근육의 수축은 중력에 저항하여 인체를 똑바로 설 수 있게 한다.
- 뼈와 다른 신체 구조의 운동성: 근육 수축은 팔과 다리를 움직일 수 있을 뿐만 아니라 눈의 움직임, 표정 변화, 숨을 쉬는 행위 등의 운동성을 부여한다.
- 체온 유지: 뼈대근육은 ATP를 분해하여 근수축과 이완을 하는데, 이때 발생한 열에 의해 인체 체온의 항상성을 유지한다(12.5절 참고).
- 심장혈관계통과 림프계통의 혈액 및 림프액의 운동성: 뼈대근육 수축의 압력은 심장혈관 정맥에서 혈액을 이송하고, 림프관에서 림프액의 이동을 촉진한다.

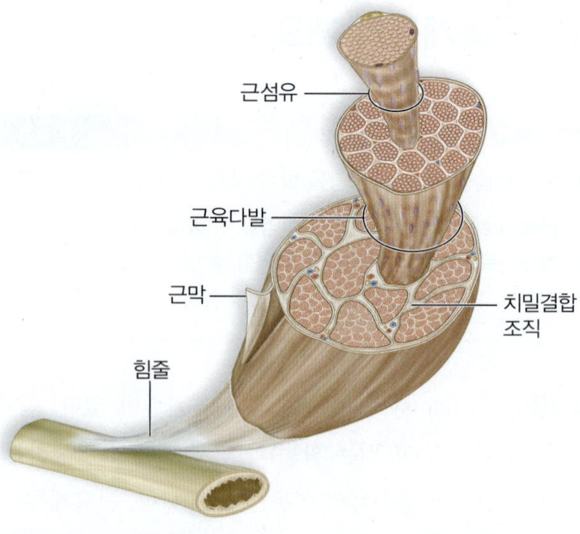

그림 12.2 근육과 뼈의 연결.
결합조직은 근섬유 다발을 분리하여 뼈대근육을 형성한다. 근육을 덮고 있는 결합조직층은 힘줄을 형성하고, 힘줄은 근육을 뼈에 부착시킨다.

- 내장 기관의 보호 및 관절의 안정성: 근육은 뼈에 덧대어져 뼈를 보호하고, 복부의 근육벽은 내장 기관을 보호한다. 근육의 힘줄은 뼈를 관절에 부착하는 데 도움을 준다.

뼈대근육의 기본 구조

뼈대근육은 잘 조직되어 있다. 전체 근육은 **근육다발**(fascicle)이라는 뼈대근육 섬유다발을 가지고 있고(그림 12.2), 이는 붉은색 고기나 가금류를 자를 때 볼 수 있는 근육의 가닥이다. 하나의 다발 안에서 각 섬유는 결합조직으로 둘러싸여 있고, 다발 자체 또한 결합조직에 둘러싸여 있다. 근육은 **근막**(fascia)으로 싸여 있으며, 근막은 결합조직의 일종으로 근육 바깥으로 확장되어 **힘줄**(tendon)이 된다. 힘줄은 많은 경우에 관절을 지나쳐 고정되기도 한다. 작고 액체로 채워진 주머니인 **활액낭**(bursae, 단수는 bursa)은 힘줄과 뼈 사이에서 발견되기도 한다. 활액낭은 쿠션과 같은 역할로 움직임을 원활하게 한다.

짝으로 작용하는 뼈대근육

일반적으로 각 근육은 단 하나의 뼈의 운동에만 관여한다. 쉽게 이해하기 위해 뼈 하나의 움직임만을 생각하자. 근육의 **이는 곳**(origin)은 고정된 뼈에 있고, **닿는 곳**(insertion)은 움직이는 뼈에 있다. 근육이 수축할 때, 닿는 곳에 연결된 힘줄을 당겨서 뼈가 움직인다. 예를 들어 위팔두갈래근이 수축할 때 팔뚝을 들어 올린다.

뼈대근육은 대개 집단으로 작용한다. 따라서 특정 부위를 움직이려면 신경계통은 단 하나의 근육만 자극하는 것이 아니라 움직임에 필요한 근육 집단을 자극한다. 근육 집단을 자극하지만, 특정한 움직임에 대해 하나의 근육이 대부분의 일을 담당하는 경우 이 근육을 **주동근**(agonist, prime mover)이라고 한다. 주동근이 작용할 때, 주동근의 작용을 돕는 **협동근**(synergist)이라는 근육들이 관여한다.

근육이 수축하면 길이가 짧아진다. 따라서 근육은 당기는 작용만 할 수 있고, 밀어내는 작용은 할 수 없다. 이는 원활한 움직임을 위해 주동근에 반대로 작용하는 근육이 필요하다는 사실을 의미한다. 주동근과 반대로 작용하는 근육을 **대항근**(antagonist)이라고 한다. 예를 들어 위팔두갈래근과 위팔세갈래근은 대항근이다. 위팔두갈래근이 아래팔을 굽히면(그림 12.3a), 위팔세갈래근은 아래팔을 펴게 한다(그림 12.3b). 두 근육이 동시에 수축하면 아래팔은 움직임 없이 고정된다. 인체의 움직임이 부드럽게 발생하는 것은 주동근이 작용할 때 대항근은 이완되기 때문이다.

모든 뼈대근육이 팔다리의 움직임과 연관된 것은 아니다. 예를 들어 얼굴 근육(그림 12.4)은 사람의 감정이나 기분을 표현하는 표정을 만들고, 이는 다른 사람들과의 관계에 중요한 역할을 한다.

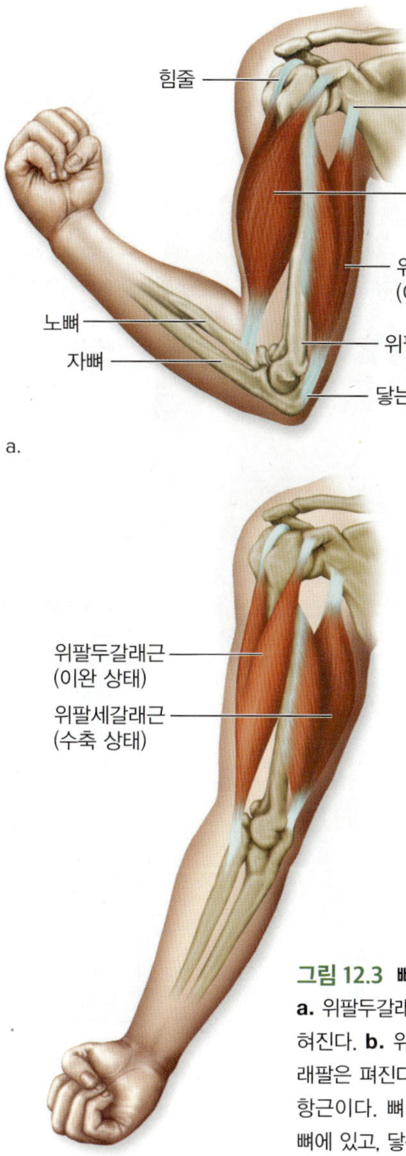

그림 12.3 뼈대근육은 짝으로 움직인다. **a.** 위팔두갈래근이 수축할 때 아래팔이 굽혀진다. **b.** 위팔세갈래근이 수축할 때 아래팔은 펴진다. 이런 이유로 두 근육은 대항근이다. 뼈대근육의 이는 곳은 고정된 뼈에 있고, 닿는 곳은 근육이 수축할 때 움직이는 뼈에 있다.

뼈대근육의 명칭과 작용

주요 위치의 뼈대근육과 그들의 작용을 그림 12.5에서 설명하고 있다.

근육의 이름을 학습할 때, 그 이름이 뜻하는 바를 고려하면 기억하는 데 도움이 될 것이다. 다양한 뼈대근육의 명칭은 근육의 특징을 설명하는 데 쓰인 다음의 용어들을 조합하는 경우가 많다.

- 크기: **큰볼기근**(gluteus maximus)은 엉덩이를 구성하는 가장 큰 근육이다. **작은볼기근**(gluteus minimus)은 엉덩이 근육 중 가장 작다. 크기를 나타내는 다른 용어에는 **큰**(vastus), **긴**(longus), **짧은**(brevis)이 있다.
- 모양: 어깨세모근(deltoid)은 삼각형 모양이다(그리스어로 *delta*는 '삼각형 모양'을 의미함). **승모근**(trapezius)은 사다리꼴 모양이다. 모양을 나타내는 다른 용어에는 **넓은**

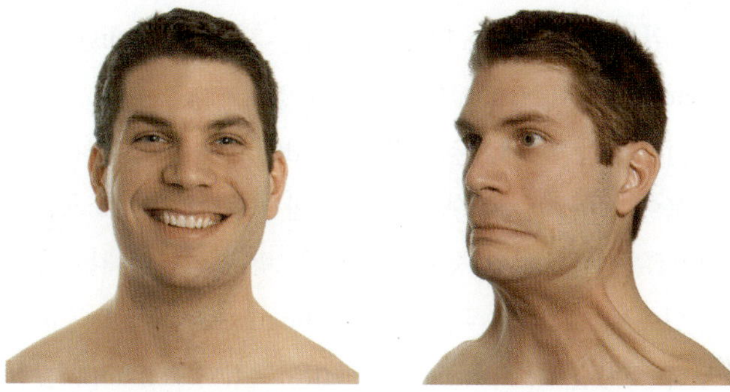

그림 12.4 표정.
우리의 표정은 근육 수축의 결과로 나타난다.
J.W. Ramsey/McGraw Hill

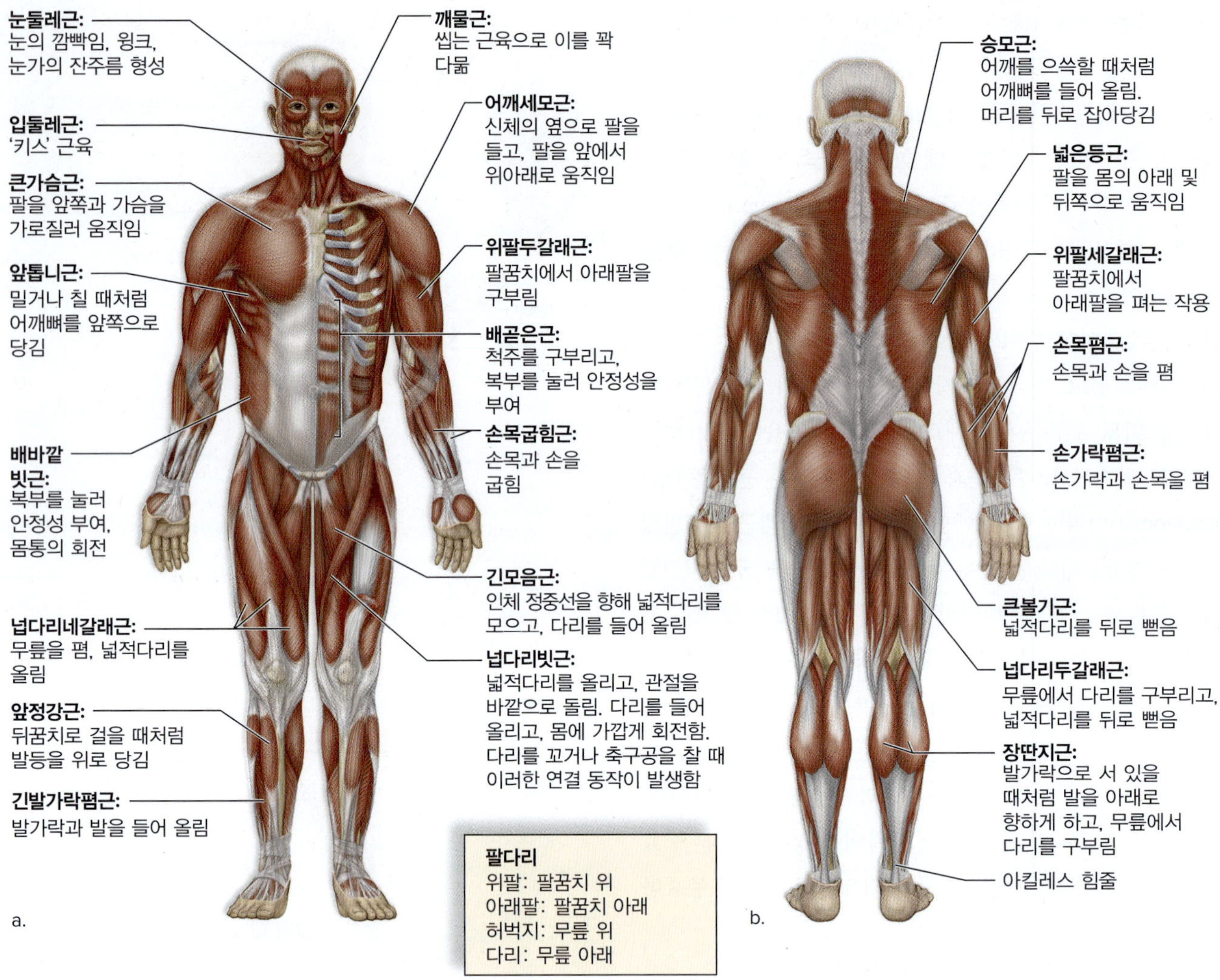

그림 12.5 인체의 주요 뼈대근육.
a. 전면. **b.** 후면.

(latissimus), 둥근(teres)이 있다.

- 위치: 배바깥빗근(external oblique)은 배속빗근(internal oblique)의 바깥에 위치한다. 이마근(frontalis)은 이마뼈에 있다. 위치를 나타내는 다른 용어에는 가슴(pectoralis), 볼기(gluteus), 팔(brachii), 아래(sub)가 있다.
- 근섬유의 방향: 배곧은근(rectus abdominis)은 복부의 세로 근육이다(*rectus*는 '수직'을 의미함). 눈둘레근(orbicularis oculi)은 눈 주위의 둥근 근육이다. 방향을 나타내는 다른 용어에는 가로(transverse), 사선(oblique)이 있다.
- 부착: 목빗근(sternocleidomastoid)은 복장뼈(sternum), 빗장뼈(clavicle), 유양돌기(mastoid)에 부착되어 있다. 유양돌기는 두개골의 관자뼈에 위치해 있다. 위팔노근(brachioradialis)은 위팔(brachium)과 노뼈(radius)에 붙어 있다.
- 부착 수: 위팔두갈래근(biceps brachii)에는 이는 곳이 2개이며, 팔에 위치한다. 넙다리네갈래근(quadriceps femoris)은 이는 곳이 4개이고, 넙다리뼈에 위치한다.
- 작용: 손가락폄근(extensor digitorum)은 손가락(finger, digit)을 편다. 긴모음근(adductor longus)은 넓적다리(thigh)를 모으는 큰 근육이다. 모음이란 인체 정중선을 향해 신체가 움직이는 것을 의미한다. 작용을 나타내는 다른 용어에는 굽힘근(flexor), 깨물근(masseter), 올림근(levator)이 있다.

생활 속의 생물학

백신을 접종할 때 가장 좋은 근육은?

간호사들이 백신과 같은 근육주사를 놓을 때는 주사를 잘 견딜 수 있는 크고 발달된 근육을 선택해야 한다. 또한 큰 혈관을 뚫거나 신경을 다치게 할 수 있으므로 이를 배제할 수 있는 근육을 선택해야 한다. 근육주사 시에 세 군데 선호 주사 부위 중 하나를 선택한다. 일반적으로 청소년이나 성인에게서 잘 발달되어 있는 곳은 어깨세모근이다. 유아나 아동에게는 넓적다리 옆의 가쪽넓은근(넙다리네갈래근 군의 일부)이 가장 좋은 부위이다. 중간볼기근은 등의 아래 및 엉덩이 윗부분이다. 하지만 가장 큰 신경인 좌골신경이 큰볼기근 밑으로 지나기 때문에 간호사들이 중간볼기근에 주사할 때 이를 피하도록 주의해야 한다.

진도 점검하기 12.1

1. 인체를 구성하는 근육의 세 가지 종류와 그 위치를 설명하시오.
2. 뼈대근육의 기능을 요약하시오.
3. 뼈를 움직이기 위해 뼈대근육들이 어떻게 상호작용하는지 설명하시오.

개념 연결하기

근육의 세 가지 종류에 대한 자세한 내용은 다음 논의를 참고하시오.

3.3절 심장근육, 민무늬근육, 뼈대근육의 일반적인 구조를 살펴본다.

4.3절 심장에서 심장근육의 기능을 살펴본다.

8.1절 민무늬근육이 소화관의 벽에 어떻게 덮여 있는지 살펴본다.

12.2 뼈대근육 섬유의 수축

학습 목표

이 절을 학습한 후 다음 사항을 할 수 있어야 한다.

1. 근섬유의 구조를 설명할 수 있다.
2. 근활주 기전이 어떻게 근육을 수축시키는지 설명할 수 있다.
3. 신경근이음부의 활성이 어떻게 근섬유의 수축을 조절하는지 설명할 수 있다.

12.1절에서 뼈대근육의 구조를 살펴보았다. 뼈대근육 조직은 밝고 어두운 띠가 교차해 가로무늬를 나타낸다. 이 띠들은 근섬유 속에 있는 근육원섬유의 배열 때문이다.

표 12.1 근섬유의 해부학적 구조

명칭	기능
근섬유막	가로세관을 형성하는 근섬유의 세포막
근형질	근육원섬유를 포함하여 세포 소기관을 갖는 근섬유의 세포질
미오글로빈	근육 수축을 위해 산소를 저장하는 붉은색 색소
가로세관	근섬유막이 확장하여 근섬유로 연장되고 근육세포질세망으로부터 Ca^{2+}이 유리되도록 신경자극을 전달
근세포질세망	근섬유의 활면소포체로 Ca^{2+}을 저장
근육원섬유	수축하는 근육잔섬유의 다발
근육잔섬유	뼈대근육의 가로무늬를 형성하는 액틴과 미오신 잔섬유로 근육 수축을 유발

근섬유와 활주

근섬유는 평범한 구성요소를 포함하는 세포지만(2.2절 참고) 이 구성요소 중 일부는 특별한 명칭으로 나타낸다(표 12.1). 예를 들어 세포막은 **근섬유막**(sarcolemma, *sarco*-는 '근육'을 의미함)이라 하고, 세포질은 **근형질**(sarcoplasm), 세포질그물은 **근세포질세망**(sarcoplasmic reticulum)이라고 한다. 또한 근섬유는 독특한 해부학적 구조를 보이는데, 그중 하나가 가로 체계(transverse) 형태이다. 근섬유막은 세포 내로 함입되어 **가로세관**[transverse tubule, T tubule(T 세관)]을 형성한다. 가로세관은 확장된 근세포질세망의 측면과 접촉하지만, 융합되어 연결된 형태는 아니다. 근세포질세망은 칼슘 저장소 역할을 하고, 칼슘 이온(Ca^{2+})은 근육의 수축에 필수적이다. 복합 탄수화물인 글리코겐(1.4절 참고)은 근육 수축을 위해 선호되는 에너지원이다.

근섬유막은 직경이 1 μm인 수백 또는 수천 개의 **근육원섬유**(myofibril)를 감싸고 있다. 근육원섬유는 근섬유에서 수축을 담당하는 부분이다. 미토콘드리아와 같은 그 밖의 세포 소기관들은 근육원섬유 사이의 근형질 내에 위치한다. 또한 근형질은 근육 수축을 위한 저장된 에너지로 글리코겐을 포함하고, 근육 수축에 필요한 산소와 결합하는 붉은색 미오글로빈 색소 단백질을 가지고 있다.

근육원섬유와 근육원섬유마디

그림 12.6에 근섬유라고 하는 뼈대근육세포를 나타냈는데, 근섬유는 원기둥 모양을 하고 있고, 이 큰 원기둥 안에 있는 작

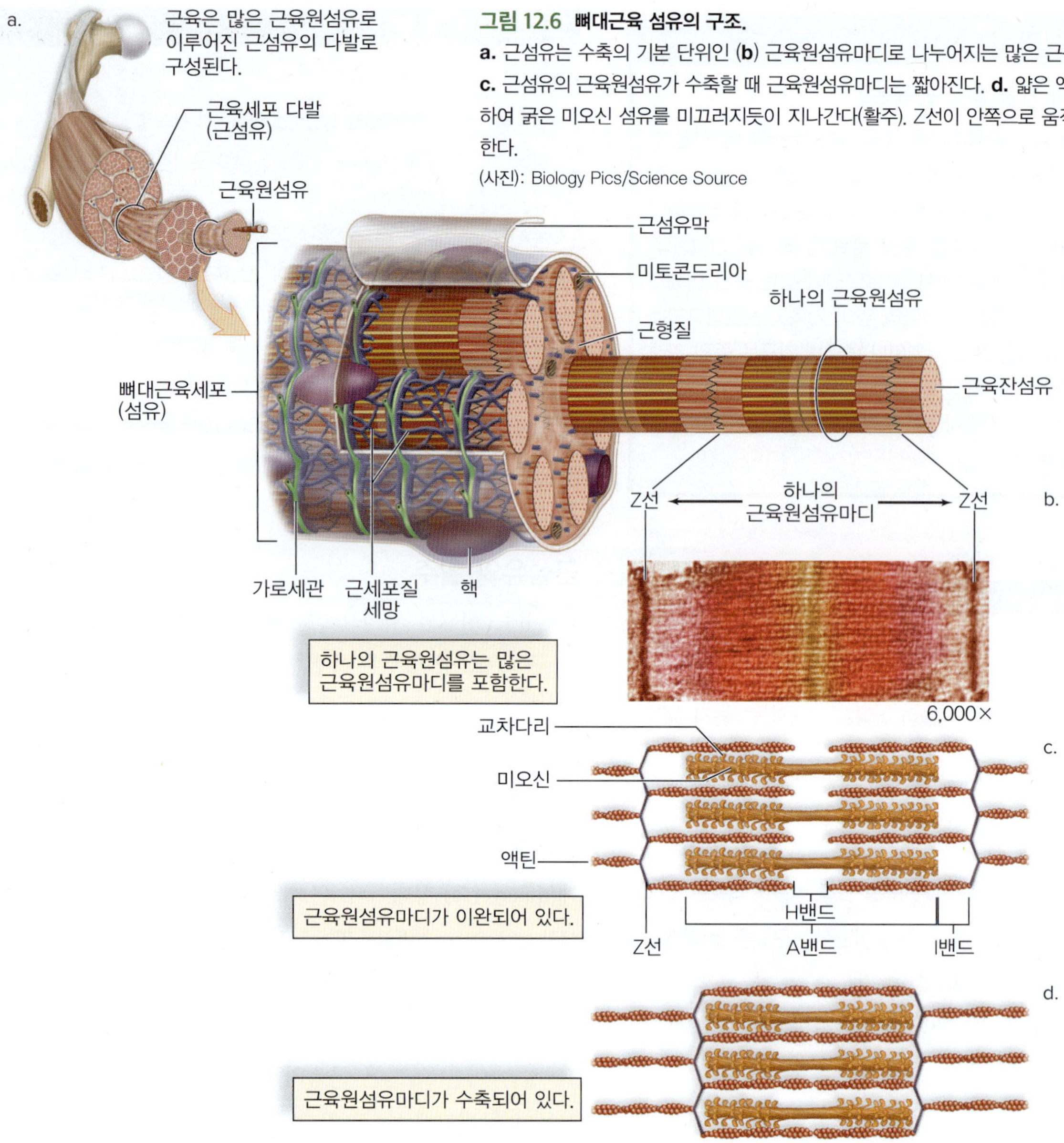

그림 12.6 뼈대근육 섬유의 구조.
a. 근섬유는 수축의 기본 단위인 (**b**) 근육원섬유마디로 나누어지는 많은 근육원섬유로 구성된다. **c.** 근섬유의 근육원섬유가 수축할 때 근육원섬유마디는 짧아진다. **d.** 얇은 액틴 섬유가 중앙을 향하여 굵은 미오신 섬유를 미끄러지듯이 지나간다(활주). Z선이 안쪽으로 움직이고, H밴드는 감소한다.
(사진): Biology Pics/Science Source

생활 속의 생물학

근육세포가 혈색소를 사용하지 않는 이유는 무엇일까?

혈류에서 산소를 수송하는 주요 수송 색소체는 혈색소(hemoglobin, 헤모글로빈)이다. 그러나 조직에서 온도가 상승하고 pH가 더 산성화되면, 혈색소는 산소 분자에 결합하는 능력이 약화된다. 미오글로빈은 혈색소와 마찬가지로 산소 분자에 결합한다. 그러나 미오글로빈은 혈색소보다 산소에 대한 친화력(결합력)이 더 높다. 따라서 운동을 하거나 근육을 사용할 때 온도가 상승하고, 혈색소의 산소 결합력이 약화되어 탈락한 산소가 근육세포의 미오글로빈과 결합한다. 이것이 근육의 수축에 필요한 산소를 효율적으로 공급하는 방법이다.

은 원기둥 형태를 **근육원섬유**(myofibril)라고 한다(그림 12.6a). 근육원섬유는 근섬유의 전체 길이에 해당한다. 근육원섬유는 훨씬 작지만 평행하게 위치한 **근육잔섬유**(myofilament)로 구성되어 있다. 따라서 근육세포는 한 다발의 작은 원기둥(근육잔섬유)들이 큰 원기둥(근육원섬유)으로 모여, 가장 큰 원기둥(근섬유) 안에 모여 있는 형태이다.

광학현미경 상에서 뼈대근육 섬유에서는 줄무늬라는 밝고 어두운 띠를 확인할 수 있다(그림 12.6b). 전자현미경으로 더 확대해 보면, 뼈대근육 섬유의 줄무늬는 근육원섬유 내의 근육잔섬유의 배열에 의해 형성된 것을 볼 수 있다. 근육잔섬유는 두 종류가 있는데, 굵은 근육잔섬유는 **미오신**(myosin)이라는 단백질로 구성되고, 가는 근육잔섬유는 **액틴**(actin)이라는 단백질로 구성된다. 근육원섬유는 수직으로 형성된 **근육원섬유마디**(sarcomere)로 나뉜다. 근육원섬유마디는 어두운 수직선인 Z선과 Z선 사이의 영역이다. Z선의 양쪽에 있는 I밴드는 가는 근육잔섬유만으로 구성되기 때문에 밝은색을 띤다. 근육원섬유마디 안의 어두운 A밴드는 액틴과 미오신 근육잔섬유가 겹쳐지면서 만들어진다. 수축되지 않은 근육원섬유마디에서 A밴드의 안쪽 H밴드에는 액틴은 배제되고, 미오신 근육잔섬유만 존재한다.

굵은 잔섬유와 가는 잔섬유는 다음과 같은 측면에서 다른 특성을 보인다.

- **굵은 잔섬유**(thick filament): 굵은 잔섬유는 수백 개의 미오신 단백질 분자로 구성되어 있다. 미오신 단백질은 길게 뻗은 물질의 끝에 둥근 머리를 가지고 있는 형태로 골프클럽과 같은 모양을 나타낸다. 머리는 근육원섬유마디의 양 측면에서 형성되며, 그 중간에는 만들어지지 않는다(그림 12.6).
- **가는 잔섬유**(thin filament): 가는 잔섬유는 주로 액틴 단백질 두 가닥이 엮여 만들어진 줄의 형태로 되어 있다. 트로포미오신과 트로포닌이라는 두 가지 단백질도 가는 잔섬유에서 역할을 담당하는데, 이것은 이 절의 후반부에서 다룰 것이다.

활주필라멘트 모델

근육이 자극을 받았을 때 전기 신호는 근섬유막을 가로질러 가로세관까지 전달된다. 결과적으로 이 전기 신호로 근세포질세망에서 칼슘 이온을 유리시킨다. 근육원섬유의 근육원섬유마디가 짧아지면 근섬유는 수축한다. 근육원섬유마디가 수축했을 때와 이완되었을 때를 비교해 보면(그림 12.6c) 근육잔섬유 자체의 길이는 변하지 않는 것을 확인할 수 있다. 근육원섬유마디가 짧아지면 액틴(가는) 섬유가 미오신(굵은) 섬유를 미끄러지듯 지나가면서 서로에게 접근한다. 이로 인해 I밴드는 짧아지고, Z선은 안쪽으로 이동하며, H밴드는 거의 또는 완전하게 사라진다(그림 12.6d). 근육원섬유마디가 짧아질 때 직사각형에서 정사각형 형태로 변화한다.

미오신 섬유에 대해 액틴 섬유의 움직임을 근육 수축의 **활주필라멘트 모델**(sliding filament model)이라고 한다. ATP는 근육 수축에 필요한 에너지를 공급한다. 비록 액틴 섬유가 미오신 섬유를 미끄러지듯 지나가지만, 실질적인 일은 미오신 섬유가 담당한다. 미오신 섬유는 ATP를 가수분해하고, 교차다리는 액틴 섬유를 근육원섬유마디의 중심부 방향으로 잡아당긴다.

비유적으로 당신과 친구들을 미오신으로 생각해 보자. 줄을 잡은 당신의 손이 교차다리이고, 줄의 끝(Z선)에 물건을 묶고, 당신은 그 줄(액틴)을 잡아당긴다. 당신이 잡아당길 때처럼 줄을 붙잡고, 잡아당기고, 놓아주고, 다시 줄의 앞쪽을 다시 붙잡는 행위를 반복하는 것이 근육 수축을 하는 양상이다.

근섬유 수축

근섬유는 축삭이 함께 모여 신경을 형성하는 운동신경에 의해 수축하도록 자극받는다. 하나의 운동신경 축삭은 몇 개 또는 여러 개의 근섬유를 자극할 수 있는데, 이것은 각 축삭이 몇 개의 분지를 형성하기 때문이다(그림 12.7a). 축삭의 각 분지는 근섬유의 근섬유막에 매우 가깝게 위치한 축삭 말단에서 끝난다. 축삭 말단은 근섬유막과 시냅스 틈새(synaptic cleft)라는 작은 틈에 의해 분리되어 있다(그림 12.7b). 이들 전체 영역을 **신경근이음부**(neuromuscular junction)라고 한다.

축삭 말단은 신경전달물질인 아세틸콜린(acetylcholine, ACh)을 포함한 시냅스 소낭들을 가지고 있다. 운동신경의 축삭을 따라서 이동한 신경신호가 축삭 말단에 도달하면, 시냅스 소낭들은 축삭 말단의 막과 융합하여 ACh를 시냅스 틈새로 유리한다(그림 12.7c). ACh가 유리되면 시냅스 틈새로 빠르게 확산하여 근섬유막에 있는 ACh 수용체에 결합한다. 이후 근섬유막은 전기 신호를 발생시키고, 이 신호는 근섬유막을 따라 확산하여 가로세관을 따라 근섬유 안쪽으로 이동한다. 가로세관과 근세포질세망이 연결되지는 않았지만 서로 인접해 있음을 기억해 보자. 그럼에도 가로세관의 신호는 근세포질세망에서 칼슘 이온이 유리되도록 하고, 이는 그림 12.8에서 설명하는 것처럼 근육원섬유마디의 수축으로 이어진다.

과학 특집 '보톡스와 주름'에서는 보툴리눔 독소 A라고 하는 세균 신경독소에 대한 상품명인 보톡스라는 약물이 어떻게 얼굴 주름 예방을 포함한 여러 의료 질병의 치료제로 발견되었는지 이야기한다.

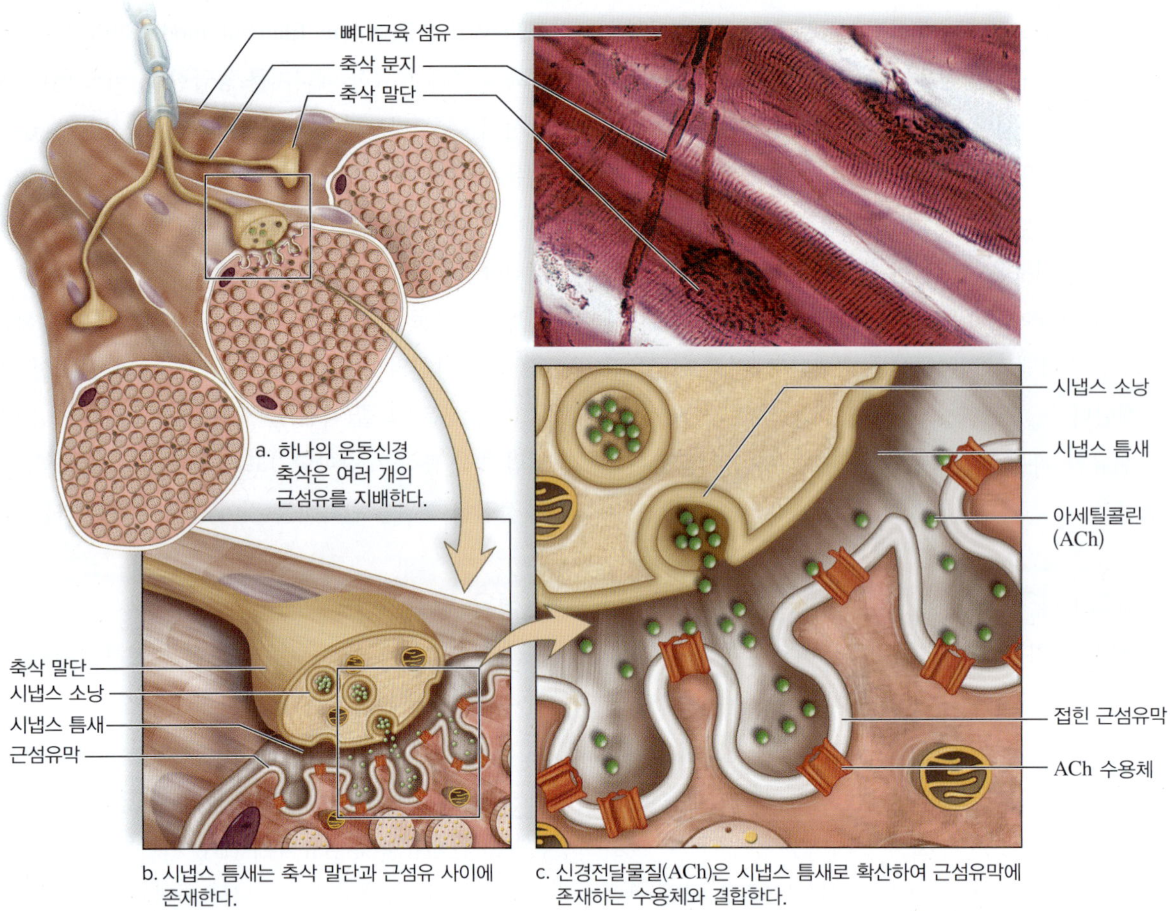

그림 12.7 신경근이음부.
a. 운동신경 섬유의 분지는 시냅스 틈새를 만나는 축삭 말단에서 끝난다. **b.** 시냅스 틈새는 근섬유의 근섬유막과 축삭 말단을 분리한다. **c.** 운동신경 섬유를 따라 이동한 신경자극이 축삭 말단의 시냅스 소낭으로부터 ACh를 방출하고, ACh는 시냅스 틈새를 따라 확산하여 근섬유막의 ACh 수용체와 결합한다. 근섬유막에서 발생하는 전기 신호는 근섬유의 가로세관을 따라 이동하고, 근섬유를 수축시킨다.
(사진): Ed Reschke/Stone/Getty Images

액틴 섬유와 연관된 다른 두 가지 단백질이 있다. **트로포미오신**(tropomyosin) 가닥은 액틴 섬유를 휘감고 있는데, 이는 액틴 분자에 존재하는 미오신 섬유의 결합 부위를 가리고 있다. **트로포닌**(troponin)은 트로포미오신 가닥을 따라 일정 간격으로 분포해있다. 근세포질세망으로부터 분비된 칼슘 이온이 트로포닌과 결합하면 연결되어 있는 트로포미오신의 위치를 변경하고, 이는 트로포미오신에 의해 가려져 있던 미오신 섬유의 결합부가 노출되도록 한다. 결과적으로 미오신 섬유는 액틴 섬유와 결합할 수 있게 된다(그림 12.8a).

근육의 수축을 완전히 이해하기 위해 그림 12.8b를 살펴보자.

1. 미오신 섬유의 머리는 ATP 결합 부위를 가지고 있다. 이 부위에서 ATP는 가수분해되어 ADP와 Ⓟ를 형성한다.
2. ADP와 Ⓟ를 가진 미오신 머리는 액틴 섬유의 결합 부위에 부착하고, 이는 교차다리라고 하는 일시적인 결합을 형성한다.
3. 이제 ADP와 Ⓟ는 유리되고, 교차다리는 신속하게 구부러진다. 이렇게 만들어진 힘은 액틴 섬유를 근육원섬유마디의 중심부 방향으로 잡아당긴다.
4. 다시 ATP 분자가 미오신 머리에 결합하면 교차다리는 풀리고, 미오신 섬유의 머리는 액틴 섬유에서 탈락한다. 사후경직 동안에는 교차다리가 풀리는 과정이 발생하지 않는데(12.3절 과학 특집 '사후경직' 참고), 액틴과 미오신 교차다리를 풀 수 있는 ATP가 공급되지 못하기 때문이다.

살아 있는 근육에서 이러한 순환은 계속되고 미오신은 액틴 섬유를 따라 다시 부착된다. 이 순환은 칼슘 이온이 ATP

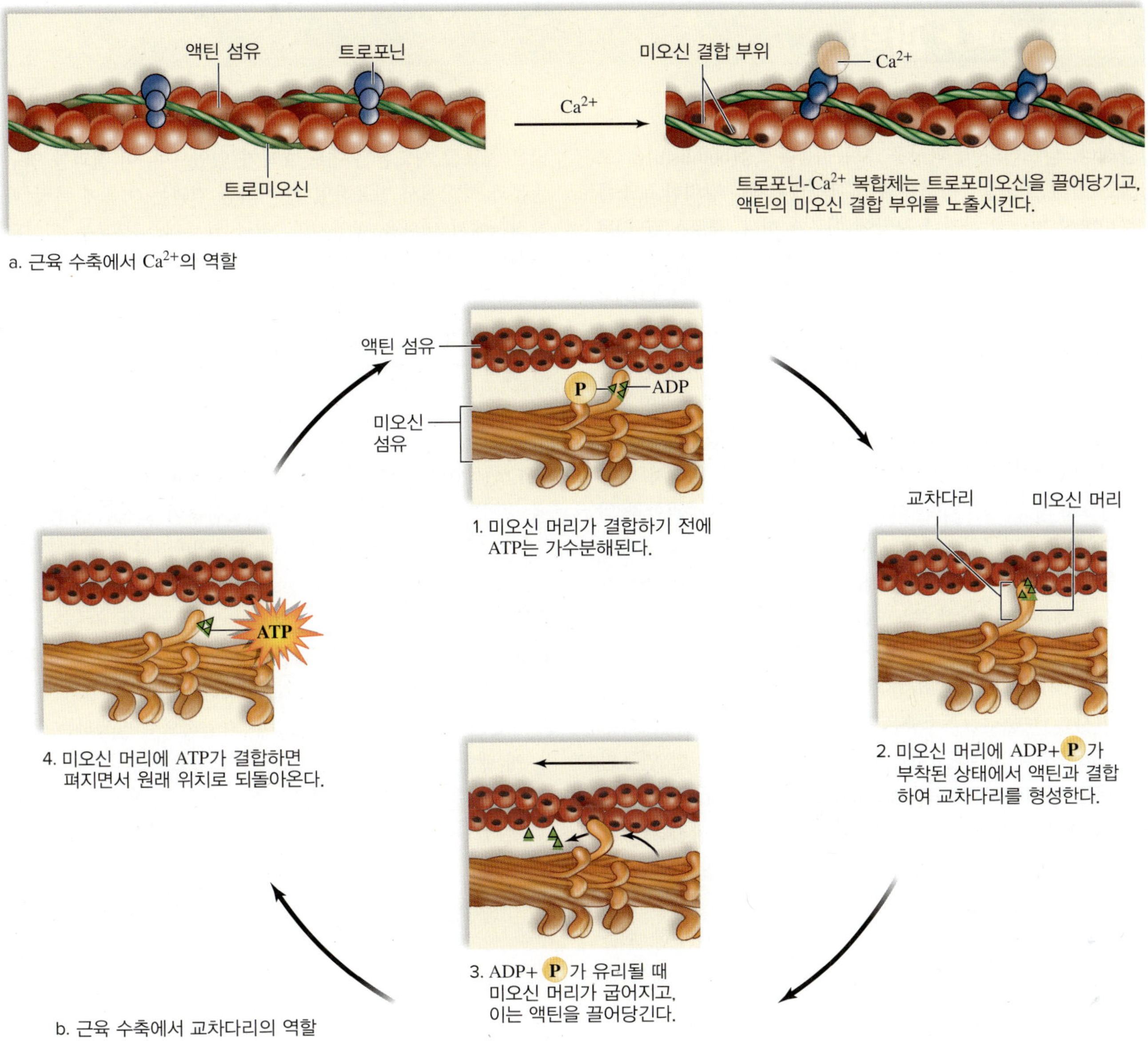

그림 12.8 근육 수축 시 칼슘 이온과 ATP의 역할.
a. 칼슘 이온(Ca^{2+})이 트로포닌과 결합하여 액틴의 미오신 결합 부위를 노출시킨다. **b.** 1~4 과정을 순서대로 따라가 보면 어떻게 미오신이 ATP를 사용하고 근육원섬유마디의 중앙으로 액틴을 끌어당기는지 확인할 수 있다.

라는 에너지를 사용하며 능동적으로 칼슘 저장소로 되돌아올 때 되풀이될 수 있다.

진도 점검하기 12.2

1. 근섬유 내에서 근육원섬유, 근육잔섬유, 근육원섬유마디의 역할을 설명하시오.
2. 활주필라멘트 모델에서 굵은 잔섬유와 가는 잔섬유의 상호작용 기전을 설명하시오.
3. 근육 수축에서 ATP와 칼슘 이온의 역할을 설명하시오.

개념 연결하기

ATP에 대한 추가 정보 및 신경계통이 뼈대근육의 수축을 어떻게 제어하는지에 대한 자세한 내용은 다음 논의를 참고하시오.

그림 2.21 ATP-ADP 주기를 살펴본다.

13.2절 신경계통에서 아세틸콜린과 같은 신경전달물질의 역할을 살펴본다.

그림 13.5 시냅스 틈새에서 신경전달물질의 작용을 살펴본다.

오늘날의 생물학 ▶ 과학

보톡스와 주름

콜레라, 디프테리아, 파상풍, 보툴리눔독소증(botulism)을 포함한 인체 질병을 유발하는 주요 세균병원체는 강력한 독소를 분비하여 병들게 하거나 사망에 이르게 한다. **클로스트리디움 보툴리눔**(*Clostridium botulinum*) 세균에 의해 생성된 보툴리눔 독소는 가장 치명적인 물질 중 하나로 알려져 있다. 마이크로그램(μg) 이하의 정제된 보툴리눔 독소로 일반적인 성인 한 사람을 사망하게 할 수 있고, 4 kg으로 지구상의 전체 인류를 사망하게 할 수 있다. 이 무서운 사실을 감안할 때 거의 200년 전에 치명적인 독소를 발견한 과학자들은 매우 희석된 주사제형의 보툴리눔 독소(보톡스)가 많은 의사에 의해서 미용 목적으로 사용되리라고는 예측하지 못했을 것이다. 과학과 의학의 많은 돌파구와 마찬가지로 보툴리눔독소증을 유발하는 보툴리눔 독소를 인체에 유용하게 이용하는 데는 많은 과학자의 노력에 더해 상당한 운도 작용하였다.

1820년대 독일의 과학자 유스티누스 케르너(Justinus Kerner)는 몇몇 사람이 썩은 소시지를 먹고 사망한 사실을 입증하였다(사실 보툴리눔독소증은 라틴어로 '소시지'를 의미하는 *botulus*로부터 명명되었다). 수십 년 후, 벨기에의 한 연구원인 에밀 피에르 반 에르멘젬(Emile Pierre van Ermengem)은 눈꺼풀이 마비되어 아래로 쳐진다거나 호흡부전까지 다양한 증상을 유발하는 보툴리눔 독소를 생산하는 특정 세균을 확인했다.

1920년대 캘리포니아대학교의 의과학자들은 순수한 보툴리눔 독소를 획득하였고, 이 독소가 특히 운동신경의 축삭 말단에서 아세틸콜린의 분비를 방해하여 신경이 근육을 수축시키는 작용을 억제한다는 사실을 확인하였다.

과학자들은 곧 안면근육이나 성대 경련, 사시와 같이 근육의 수축이 과도하게 나타나는 상태의 치료 방법으로 독소를 매우 희석하여 시험하기 시작했다. 1989년 미국식품의약국(FDA)은 안검경련(눈꺼풀경련)과 사시증(눈의 교차)이라는 특정 눈의 상태를 치료하는 방법으로 희석된 보툴리눔 독소(보톡스)를 처음 승인했다.

이 무렵, 다행히도 안과학 의료계가 희석된 독소의 잠재력을 발견하였다. 캐나다의 안과 의사 진 캐루더스(Jean Carruthers)는 이 약을 이용해 환자의 눈 상태를 치료하고 있었는데, 주름도 어느 정도 완화된다는 사실에 주목했다. 어느 날 밤 저녁 식사에서 캐루더스는 피부과 의사인 남편과 이 정보를 공유했고, 남편은 희석된 독소를 피부에 주입함으로써 환자의 깊은 주름을 완화할 수 있는지 조사하기로 결정했다. 치료는 잘 되었고, 몇 명의 환자(자신들뿐만 아니라)에게 더 많은 치료를 시도한 후에도 효과가 있었으며, 이 결과를 연구논문과 학회에서 발표하였다. 이러한 결과는 처음에 특정 과학집단에서 비판을 받았지만, 결국 캐루더스 부부는 희석된 보툴리눔 독소가 주름 치료에 효과적이라는 사실을 과학계에 납득시킬 수 있었다. 그러나 이 부부는 그 용도로 특허를 낸 적은 없었기 때문에, 현재 특허를 낸 회사에서 벌어들이는 40억 달러의 연간 판매액 수입을 놓쳤다.

2002년 FDA가 보툴리눔 독소 사용을 안면주름 치료에 승인한 이후 희석된 보툴리눔 독소의 사용은 증가하고 있다(그림 12A). 2010년 3월에는 상지 경직성 환자의 근육경직 치료에 승인되었으며, 편두통 치료를 포함하여 희석된 보툴리눔 독소가 90가지 이상의 용도에 대해 승인받았다.

생각해 볼 문제

1. 보툴리눔독소증은 이미 만들어진 독소에 의해서 발생하는데, 어떻게 치료될 수 있다고 생각하는가?
2. 기업들이 보툴리눔 독소와 같은 자연적으로 발생하는 물질에 대한 특허를 받을 수 있어야 한다고 생각하는가, 아니면 안 된다고 생각하는가?

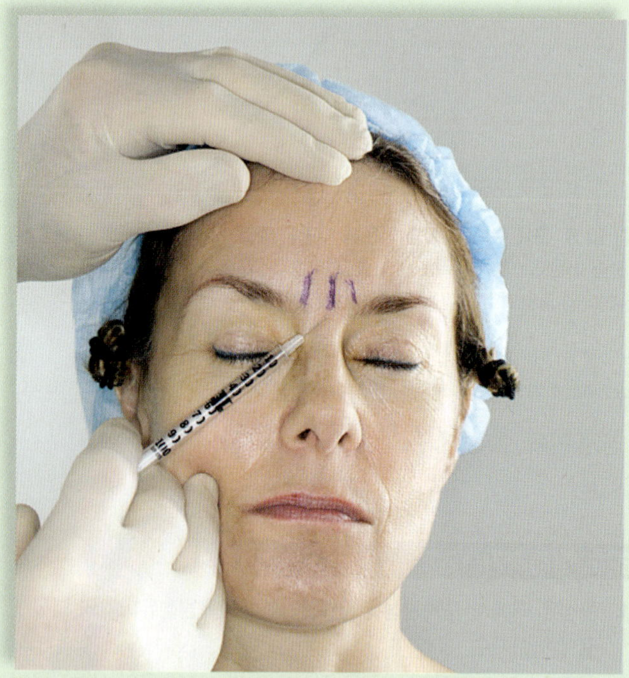

그림 12A 보톡스 치료.
여성의 주름을 희석된 보툴리눔 독소로 치료하고 있다.
Thinkstock/Comstock Images/Getty Images

12.3 전체 근육의 수축

학습 목표

이 절을 학습한 후 다음 사항을 할 수 있어야 한다.

1. 근육 연축의 단계와 각 단계에서 발생하는 작용을 설명할 수 있다.
2. 가중과 강축이 전체 근육 수축의 강도를 어떻게 증가시킬 수 있는지 설명할 수 있다.
3. 근육세포에서 근육 수축을 위한 ATP를 어떻게 생산하는지 요약할 수 있다.
4. 빠른 연축과 느린 연축 근섬유를 구별하여 설명할 수 있다.

위팔두갈래근이나 위팔세갈래근처럼 모든 근육의 수축은 신경계통의 신호로 활성화되어야만 한다.

근육의 운동단위

12.2절에서 살펴본 것처럼 신경에 있는 각 축삭은 많은 근섬유를 자극한다. 신경섬유와 그 신경섬유가 지배하고 있는 모든 근섬유를 함께 하나의 **운동단위**(motor unit)라고 한다. 운동단위는 '실무율(all-or-none law)'이라고 하는 원칙으로 작용한다. 왜 그럴까? 하나의 운동단위에 있는 모든 근섬유는 한꺼번에 수축하기 때문에 전체가 수축하거나 수축하지 않는다. 운동단위에 있는 근섬유의 수는 다양하다. 예를 들어 눈을 움직이는 안구 근육은 23개의 근섬유당 1개의 운동신경 축삭이 지배하지만, 종아리의 장딴지근에서는 1개의 운동신경 축삭이 1,000개 근섬유를 지배한다. 따라서 눈의 움직임은 종아리를 움직이는 것보다 더 미세한 제어가 요구된다.

운동단위가 저빈도 전기자극을 받으면 한 번의 수축이 발생한다. 이 반응을 근육의 **근육 연축**(muscle twitch)이라고 하는데, 아주 잠깐(1초 이내) 지속된다. 근육 연축은 일반적으로 세 단계로 구분되며, 이를 이해하기 위해서는 근섬유 수축에 대한 내용을 알 필요가 있다. 잠복기는 자극과 수축이 시작되는 시점 사이의 시간이며(그림 12.9a), 이 시간 동안 근육 수축이 시작되는 일련의 과정을 머릿속에 그려볼 수 있다. 신경전달물질인 아세틸콜린이 분비되어 시냅스 틈새로 확산하고, 근섬유막의 수용체 결합 후 발생한 전기적 신호가 근섬유막을 가로질러 가로세관으로 전달된다. 근육의 수축기는 칼슘 이온이 근세포질세망에서 유리되어 미오신과 액틴 교차다리가 형성된 이후이다. 이미 알고 있는 바와 같이 근육이 수축하면 길이는 짧아진다. 그래프에서 근육 수축에 따라 힘이 증가한다. 마지막으로 이완기가 되면 근육의 연축은 끝나며, 미오신과 액틴의 교차다리가 풀리고 칼슘 이온은 근세포질세망으로 유입된다. 근육이 안정 시 길이로 되돌아올 때 발생한 힘은 감소한다.

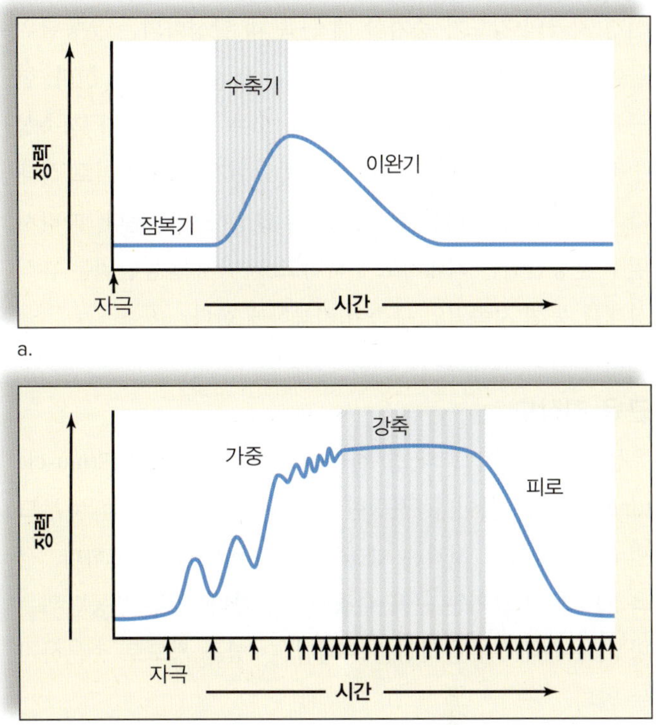

그림 12.9 단일 근육 연축의 세 단계.
a. 단일 전기 자극에 의한 근육 자극은 잠복기, 수축기, 이완기를 보이는 근육 연축을 발생시킨다. **b.** 반복적인 자극은 가중과 강축을 발생시키고, 이는 자극 사이에도 운동단위가 이완되지 않아 강력한 힘을 발생시킨다.

만약 운동단위에 빠르고 연속적인 자극이 주어지면, 근육은 완전히 이완되지 못하고 연속되는 자극에 반응하여 수축할 수 있다. 이때 가중(*summation*)이라고 하는 수축의 중첩 현상이 발생하여 **강축**(tetanus)이라는 최대로 지속되는 근육의 수축이 발생한다(그림 12.9b). 강축은 에너지가 고갈되거나 근육이 피로해질 때까지 지속된다. 자극이 연속적으로 지속될 때 근육이 이완되어 있다면, 이는 근육 피로(muscle fatigue)가 발생한 것이다. 근육세포의 강축은 파상풍(tetanus)이라는 감염과는 다르다. 파상풍이라는 감염은 **파상풍균**(*Clostridium tetani*)이라는 세균에 의해 유발되고, 호흡근을 포함한 근육들이 완전히 수축되어 이완되지 않기 때문에 사망에 이른다.

하나의 완전한 근육은 전형적으로 많은 운동단위를 가진다.

신경 자극의 강도가 증가할 때 근육 내 활성화되는 운동단위들이 점차 증가하는데, 이를 **동원**(*recruitment*)이라고 한다. 한 근육이 최대로 수축하기 위해서는 모든 운동단위가 강축성 수축을 해야 한다. 그러나 모든 운동단위가 동시에 피로 상태가 될 수 있어 이러한 현상은 거의 발생하지 않는다. 따라서 일부 운동단위는 최대치로 수축하고, 나머지 운동단위는 휴식 상태를 통해 지속적인 수축이 가능하게 한다.

근육 긴장도

운동의 바람직한 효과 중 하나는 적절한 **근육 긴장도**(muscle tone)를 갖는 것이다. 적절한 긴장도를 갖는 근육들은 부드럽고 축 늘어진 것과는 대조적으로 단단하고 견고하다. 근육 긴장도의 크기는 근육 수축에 의존한다. 일부 운동단위는 항상 수축되지만 움직임을 유발할 수 있을 정도로 충분하지는 않다.

근육 수축의 에너지

근육은 다양한 에너지원을 사용할 수 있고, 근육이 수축하는 데 필요한 ATP를 생산하는 여러 가지 방법이 있다.

운동의 에너지원

근육은 네 가지 에너지원을 가지고 있는데(그림 12.10), 이 중 글리코겐과 중성지방은 근육에 저장되어 있고, 포도당과 지방산은 혈액으로부터 획득한다. 에너지원의 소비 정도는 운동의 강도와 지속 시간에 따라 달라진다. 그림 12.10은 최대하 운동(개인 최대 운동능력의 65~75% 수준)의 지속 시간에 따른 네 가지 에너지원으로부터 동원되는 에너지의 비율을 나타낸 것이다. 운동시간이 증가할수록 근육에 저장된 에너지원(글리코겐과 중성지방)의 사용은 감소하고, 혈액으로 공급되는 에너지원(포도당과 지방산)의 사용이 증가한다.

혈당과 혈장 지방산은 순환하는 혈액을 통해 근육에 공급된다. 어떤 사람은 체중을 줄이거나 유지하기 위해 운동을 하고, 근육세포에 의한 혈장 지방산의 사용에 특별히 관심을 가진다. 지방조직은 근육 수축을 위한 혈장 지방산의 근원이다. 그림 12.10은 운동시간이 증가할수록 지방 연소의 양이 증가한다는 것을 보여준다. 이런 이유로 지방의 섭취량을 줄이고 운동을 병행하면 체지방을 줄일 수 있다. 최대하 운동은 최대 운동보다 지방을 더 연소하는데, 지금부터 그 이유를 설명할 것이다.

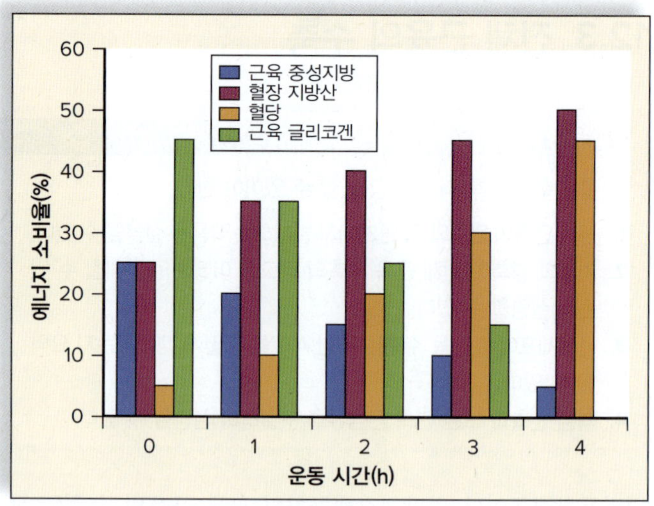

그림 12.10 근육 수축을 위한 에너지원.
최대하 운동(65~75%의 노력)을 하는 동안 네 가지 주요 에너지원으로부터 발생하는 에너지 비율을 표시하였다. 운동 시간의 증가에 따라 혈장 지방산의 비율이 증가한다.

근육 수축을 위한 ATP의 원천

근육세포가 저장할 수 있는 ATP는 한정되어 있다. 저장된 ATP가 고갈되었을 때, 세포는 필요한 ATP를 얻기 위한 세 가지 방법이 있다(그림 12.11). 그 세 가지 방법은 (1) 크레아틴 인산(creatine phosphate, CP) 경로에 의한 ATP 생산, (2) 발효 과정에 의한 ATP 생산, (3) 미토콘드리아에서 발생하는 호기성 세포호흡에 의한 ATP 생산이다. 유산소 운동은 세포호흡에 의존하여 ATP를 공급한다. CP 경로나 발효에 의한 ATP 형성은 산소를 요구하지 않기 때문에 두 과정은 모두 무산소 호흡 과정이다.

크레아틴 인산 경로 근육이 ATP를 생산하는 가장 단순하고 신속한 방법은 다음 그림처럼 단 한 가지 반응(그림 12.11a)으로만 구성된 CP 경로를 사용하는 것이다.

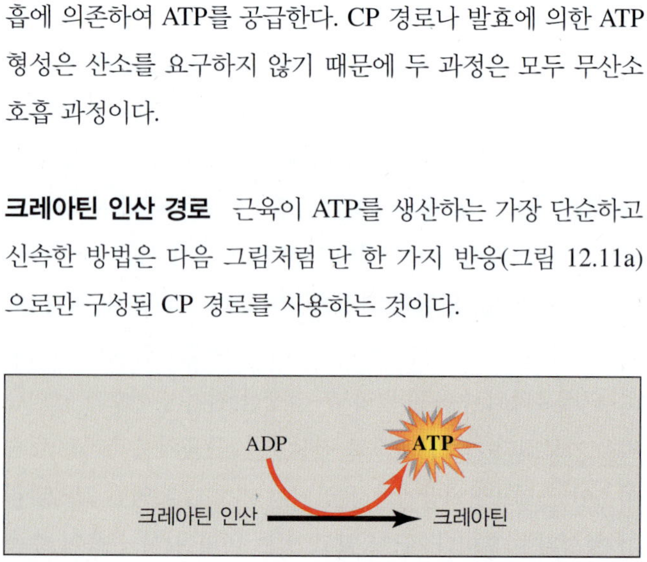

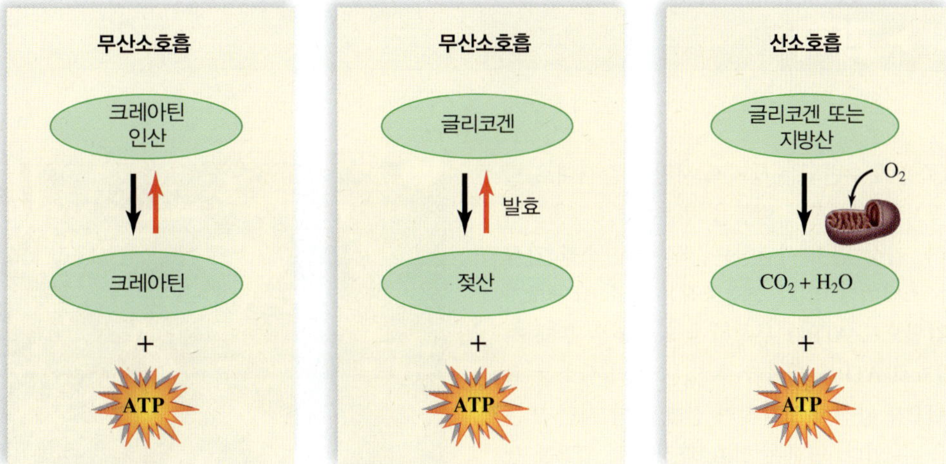

a. 크레아틴 인산 b. 발효 c. 세포호흡

그림 12.11 근육세포가 수축에 필요한 ATP 에너지를 생성하는 세 가지 경로.
a. 수축이 시작되면 근육세포는 크레아틴 인산을 분해하여 ATP를 생산한다. 쉬고 있을 때 근육세포는 크레아틴 인산을 새로 합성한다(빨간색 화살표). **b.** 근육세포는 또한 ATP를 신속하게 생산하기 위해 발효 과정을 이용한다. 쉬고 있을 때 근육세포는 젖산을 대사하여 가능한 한 많은 포도당과 글리코겐을 만든다(빨간색 화살표). **c.** 장기간 수축을 위해서 근육세포는 세포호흡으로 전환하여 산소호흡으로 ATP를 생산한다.

크레아틴 인산에 의한 ATP 형성 반응은 잔섬유의 활주 중간에 발생하기 때문에 근육이 사용할 수 있는 가장 신속한 에너지원이다. 크레아틴 인산은 근육세포가 쉴 때만 형성되고 제한된 양만 저장된다. CP 경로는 최대하 운동의 초기, 5초 미만으로 지속되는 단기 고강도 운동 중에 사용된다. 미식축구경기에서 한 번의 플레이를 완성하는 에너지는 주로 CP 시스템에서 나온다. 5초 이상 지속되는 강렬한 활동에는 발효를 이용한다.

발효 무산소 상태에서 해당과정과 발효(fermentation, 2.6절 참고)는 포도당을 젖산으로 분해하면서 2분자의 ATP를 생산한다. 이 경로는 글리코겐에서 시작할 가능성이 가장 높다. 호르몬이 근육세포에서 글리코겐을 분해하라는 신호를 보내고, 이는 포도당을 에너지원으로 이용할 수 있게 만든다.

CP 경로처럼 발효는 빠르게 작용하지만, 젖산이 축적된다(그림 12.11b 참고). 우리는 대부분 격렬한 운동 후에 거친 숨을 몰아쉬는 경험을 해봤을 것이다. 이처럼 계속되는 산소의 흡입을 **산소부채**(oxygen debt)라고 하며, 이것은 부분적으로는 젖산의 대사와 세포가 본래의 에너지 상태로 회복되는 데 필요하다. 젖산은 간으로 이송되어 젖산의 20%는 이산화탄소와 물로 완전히 분해된다. 나머지 80%의 젖산은 호흡을 통해 획득된 에너지를 이용하여 포도당과 그 후에 글리코겐으로 전환하는 데 사용된다. 훈련받는 사람들에게서는 개별 근육 내에 미토콘드리아의 숫자가 증가하며, ATP 생산 시 발효보다는 미토콘드리아에 의한 호기성 과정에 더 크게 의존한다. 결과적으로 근육은 발효를 거의 이용하지 않는다.

세포호흡 세포호흡(cellular respiration)은 ATP를 생산하는 세 가지 기전 중에서 가장 느리다. 그러나 음식물의 분자로부터 일반적으로 ATP를 수십 분자씩 생산하는 가장 효율적인 방법이다. 2.6절에서 논의한 바와 같이 세포호흡은 미토콘드리아에서 발생한다. 그래서 이 과정은 호기성(aerobic)이고, 호흡계통에 의해 산소가 공급되어야 한다. 게다가 근육세포 내에서 **미오글로빈**(myoglobin)이라는 단백질이 미토콘드리아에 산소를 직접 전달한다. 세포호흡은 근육에 저장된 근육 내 글리코겐의 분해로 생산된 포도당, 혈액으로부터 흡수된 포도당, 그리고 지방의 소화로 형성된 지방산을 이용할 수 있다(그림 12.11c). 또한 세포호흡은 운동 강도가 최대하일 때 ATP를 공급하기에 가장 적합하다. 그림 12.9에 따라, 만약 당신이 체중을 줄이기 위해 운동을 한다면 최대하의 강도로 오랜 시간 동안 운동을 해야 한다. 현재 많은 운동프로그램이 이러한 수준을 목표로 하고 있고, 사실상 모두 세포호흡에 의해 ATP를 생산하기 위해 중성지방 또는 지방의 활용을 극대화한 것이다.

오늘날의 생물학 ▶ 과학

사후경직

사람이 사망하면 죽음에 수반되는 생리적 사건이 순서대로 발생한다. 호흡이 중지되고 심장이 박동을 멈추며, 조직세포가 사멸하기 시작한다. 가장 먼저 사멸하는 조직은 산소를 가장 많이 필요로 하는 조직이다. 뇌와 신경조직은 산소 요구도가 매우 높아 산소 결핍으로 ATP가 부족하게 되면 6분 후에 사멸한다. 그러나 발효로 ATP를 생산할 수 있는 조직(산소를 요구하지 않음)은 ATP가 완전히 고갈되기 전까지 한 시간 또는 그 이상 살아 있을 수 있다. 근육은 발효 과정으로 ATP를 생산하기 때문에 근육세포는 임상적 사망 후 한동안 생존할 수 있다. 근육의 죽음은 사후경직(rigor mortis), 즉 '죽음의 경직'(그림 12B)이라고 하는 과정에 의해 나타난다.

경직은 근육이 이완될 때 필요한 ATP가 공급되지 않아서 발생하기 때문에, 사망으로 ATP가 생산되지 못하면 근육은 수축 상태로 고정된다. 예를 들어 살인 피해자가 책상에 앉아 있는 상태로 사망하면 사후경직된 시신이 앉은 자세로 고정된다. 사후경직은 사망 후 24~36시간 정도 경과 후에 풀리는데, 이는 리소좀이 파열되기 때문이다. 리소좀은 근육 단백질인 액틴과 미오신 사이의 교차다리를 분해하는 단백질 가수분해효소를 유리한다.

체온과 사후경직의 존재 여부로 사망 시간을 추정할 수 있다. 예를 들어 사망 후 3시간 이내의 사체는 여전히 따뜻하고(체온에 가까운 37°C) 사후경직이 나타나지 않는다. 약 3시간 후, 사체의 체온은 낮아지고 사후경직이 발생하기 시작한다.

그림 12B 사후경직.
사후경직의 상태는 사망 시간을 추정하는 데 도움을 줄 수 있다.
Justin Sullivan/Getty Images

사망 후 8시간 이상 경과된 사체는 완전히 경직되고, 사체의 온도는 주변과 같게 된다. 법의학 병리학자들은 체온이 주변 환경과 같고 사후경직의 흔적이 없다면 사망한 지 24시간 이상이라고 판단한다.

생각해 볼 문제

1. 사후경직이 시작되는 동안 근육원섬유마디에서 어떤 일이 발생하는지 설명하시오.
2. 주변 온도가 사후경직의 시작에 어떤 영향을 미친다고 생각하는가?

사망하면 근육세포들은 에너지를 생성할 능력을 상실한다. 과학 특집 '사후경직'에서 설명하는 대로, 법의학자가 사망 시간을 추정하는 데 도움을 줄 수 있는 일련의 사건이 발생한다.

빠른연축 근섬유와 느린연축 근섬유

지금까지 우리는 모든 근섬유가 산소호흡과 무산소호흡으로 물질대사를 수행한다는 것을 알아보았다. 그러나 특정 근섬유는 두 가지 중 하나의 물질대사에 더 치중하여 근육원섬유에 ATP를 공급한다. 빠른연축 섬유는 크레아틴 인산 경로와 발효 과정이라는 무산소호흡으로 근육에 ATP를 공급하는 경향이 있다. 느린연축 섬유는 산소호흡인 세포호흡을 선호하는 경향이 있다.

빠른연축 섬유

빠른연축 섬유(fast-twitch fiber)는 보통 무산소호흡성이고, 많은 수의 근섬유를 포함한 운동단위 때문에 강력한 힘을 위해 설계된 듯하다(그림 12.12). 이들은 폭발적인 에너지를 제공하기 때문에 단거리 달리기, 역도, 골프 스윙, 투포환 등의 스포츠 활동에 적합하다. 빠른연축 섬유는 느린연축 섬유보다 미토콘드리아와 미오글로빈이 적고, 혈관이 적어서 밝은색을 띤다. 빠른연축 섬유는 느린연축 섬유보다 더 빠르게 최대 장력에 도달하며, 최대 장력의 크기도 더 크다. 그러나 무산소호흡을 통해 공급되는 에너지에 의존하기 때문에 젖산의 축적에 취약하여 빨리 피로해진다.

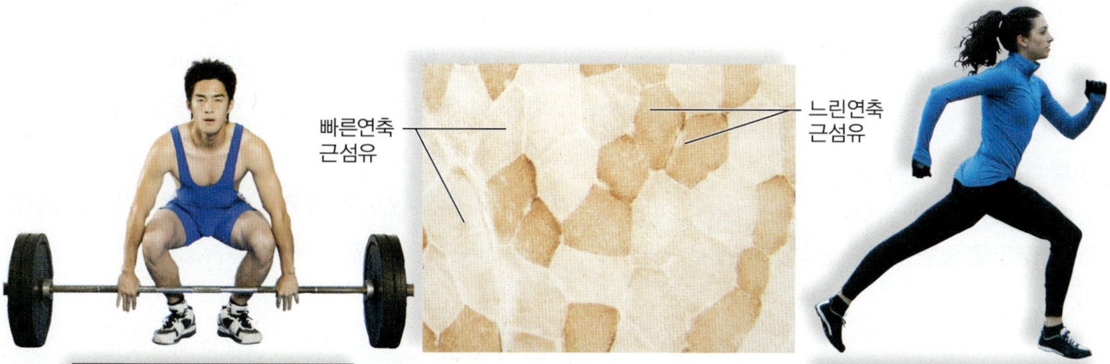

빠른연축 근섬유
- 산소가 필요하지 않다.
- 폭발적인 힘을 가진다.
- 쉽게 피로하다.

느린연축 근섬유
- 산소가 필요하다.
- 꾸준한 힘을 가진다.
- 지구력이 있다.

그림 12.12 빠른연축 근섬유와 느린연축 근섬유의 구조적 차이.
만약 당신의 근육이 빠른연축 근섬유를 많이 가지고 있다면(밝은색) 역도와 같은 빠르고 큰 힘을 내야 하는 스포츠를 더 잘할 것이다. 근육에 느린연축 근섬유가 더 많다면(어두운색) 크로스컨트리처럼 지구력과 지속력이 필요한 스포츠를 더 잘할 것이다.
(역도 선수): Isadora Getty Buyou/Image Source; (연축 근섬유): Cultura Creative Ltd/Alamy Stock Photo; (달리기 선수): John Giustina/Purestock/Getty Images

느린연축 섬유

적은 수의 섬유로 구성된 운동단위를 갖는 **느린연축 섬유**(slow-twitch fiber)는 지구력과 지속력이 상대적으로 더 크기 때문에 장거리 달리기, 자전거 타기, 조깅, 수영 등 지구력이 요구되는 스포츠에 도움이 된다. 느린연축 섬유는 에너지를 대부분 산소호흡으로 생산하기 때문에 쉽게 피로해지지 않고, 다만 생리적으로 공급이 부적절할 때만 피로하게 된다. 느린연축 섬유는 미토콘드리아가 많고, 근육 내의 호흡 색소단백질인 미오글로빈을 포함하기 때문에 상대적으로 어두운색을 띤다(그림 12.12). 또한 느린연축 섬유는 고밀도의 모세혈관다발로 싸여 있어 빠른연축 섬유보다 상대적으로 더 많은 혈액과 산소를 이용할 수 있다. 느린연축 섬유는 최대 장력에 도달하는 시간도 길고 작은 장력을 보이지만, 피로에 매우 강하다. 느린연축 섬유는 글리코겐과 지방의 저장량이 많아서 산소만 제대로 공급된다면 풍부하게 존재하는 미토콘드리아를 통해 지속적으로 ATP를 생산할 수 있다.

생활 속의 생물학

운동 후 며칠 뒤 근육이 아픈 이유는 무엇일까?

많은 사람이 격렬한 운동을 하고 24~48시간 후 지연성 근통증(Delayed Onset Muscle Soreness, DOMS)을 경험한다. DOMS는 회복 기간이 수일 정도인 조직 손상 및 염증에 의해 발생하는 것으로 생각된다. 익숙하지 않은 운동은 DOMS를 유발하며, 근육이 늘어났을 때 수축하는 활동과 관련이 있다. 예를 들어 계단을 내려가고, 내리막길을 달리고, 역기를 들고, 쪼그려 앉은 자세와 팔굽혀펴기를 하는 동작을 의미한다. DOMS를 방지하기 위해서는 준비운동을 철저하게 하고, 마무리를 완전하게 해야 한다. 운동 후 스트레칭도 DOMS를 완화할 수 있다. 새로운 운동을 할 때는 서서히 시작하여 점진적으로 강도를 높여서 진행해야 하고, 급하게 운동을 시작하거나 자신의 통상적인 운동 형태에서 크게 벗어나지 말아야 한다.

진도 점검하기 12.3

1. 근육 연축의 단계를 설명하시오.
2. 근육 연축을 가중 및 강축과 비교하여 설명하시오.
3. 크레아틴 인산 경로, 발효, 세포호흡을 통해 근육 수축에 필요한 ATP가 어떻게 생산되는지 요약하시오.
4. 역도선수가 장거리 달리기에 적합하지 않은 이유를 설명하시오.

개념 연결하기

근육 수축을 위한 에너지원과 ATP 생성 경로에 대한 자세한 내용은 다음 논의를 참고하시오.

1.4~1.5절 탄수화물 및 지질의 구조와 에너지 영양소로서 기능을 살펴본다.

2.6절 세포호흡과 발효 경로를 통해 ATP가 어떻게 생성되는지 살펴본다.

그림 2.21 ATP-ADP 주기를 살펴본다.

12.4 근육질환

학습 목표

이 절을 학습한 후 다음 사항을 할 수 있어야 한다.

1. 염좌나 삠 같은 일반적인 근육의 상태를 구별하여 설명할 수 있다.
2. 섬유근육통, 근이영양증, 중증근무력증, 근육암의 원인을 요약할 수 있다.

근육질환은 우리의 일상에서 흔히 볼 수 있다. 그러나 몇몇 질환은 삶을 위협할 만큼 치명적인 경우도 있다.

일반 근육 증상

경련(spasm)은 갑자기 발생하는 불수의적인 근육의 수축으로 대개 통증을 동반하며, 민무늬근육과 뼈대근육에서 발생할 수 있다. 장관의 민무늬근육에서 발생한 경련은 복통 또는 배의 통증이라고 한다. 뼈대근육의 다발성 경련은 발작 또는 **경기**(convulsion, 경련)라고 한다. **쥐**(cramp, 경련)는 격렬한 운동에 의해 발생할 수 있는 강하고 통증을 유발하는 경련으로, 특히 다리와 발에 발생할 수 있으며 심한 운동 후, 심지어 수면 시에도 생길 수 있다. 주기적인 눈 깜빡임, 고개 돌리기, 얼굴 찡그리기와 같은 **안면 틱**(facial tic)은 자발적으로 조절할 수 있는 경련이지만, 큰 노력을 기울여야만 수의적으로 조절할 수 있다.

염좌(strain)는 근육이 늘어나거나 찢어져서 발생한다. **삠**(sprain)은 근육뿐만 아니라 인대, 힘줄, 혈관, 신경의 손상이 발생하여 부종이 동반되는 관절의 꼬임 현상이다. 발목과 무릎에서 삠이 종종 발생한다. 삠에 의해 힘줄에 염증이 발생하는 질환을 **힘줄염**(tendinitis, tendonitis)이라고 한다. 힘줄염은 힘줄 아래에 있는 윤활낭을 자극하여 **윤활낭염**(bursitis)을 유발할 수 있다.

건강 특집 '운동의 중요성'에 제시한 것처럼 규칙적인 운동으로 많은 근육질환을 예방할 수 있다.

생활 속의 생물학

안검경련(eyelid tic)과 안검근육경련(eyelid twitch)의 차이는 무엇일까?

답은 그 행동을 제어할 수 있는지 여부로 결정된다. 개개인이 일시적으로라도 움직임을 제어할 수 있다면 틱이라고 한다. 움직임을 제어할 수 없다면 근육경련으로 간주한다. 경련이 주의력결핍과잉행동장애(Attention Deficit Hyperactivity Disorder, ADHD)에 대한 약물과 관련이 없다는 사실이 밝혀졌지만, 틱의 정확한 원인은 밝혀져 있지 않다. 근육경련은 뇌의 특정 영역에서 신호 문제라고 알려져 있다. 틱과 경련의 심각도는 스트레스와 수면 문제에 의해 영향을 받을 수 있다.

근육질환

다음 근육질환의 증상들은 좀 더 심각하며, 항상 세심한 치료가 필요하다.

근육통과 섬유근육통

근육통(myalgia)은 근육의 통증을 뜻한다. 근육통의 가장 일반적인 원인은 하나 또는 다수의 근육을 과도하게 사용하거나 늘릴 때 발생한다. 특별한 외상이나 원인이 없이 발생한 근육통은 종종 바이러스 감염으로 발생한다. 근육통은 **근염**(myositis, 근육의 염증)을 동반하기도 하는데, 바이러스 감염이나 면역체계의 질환에 대한 반응으로 나타난다. **섬유근육통**(fibromyalgia)은 전신 통증, 압통, 근육이 뻣뻣해지는 만성적인 증상이 나타난다. 섬유근육통의 자세한 원인은 밝혀지지 않았지만, 대부분 점진적으로 발생하고 어떤 경우에는 손상 후 갑자기 발생하기도 한다.

근이영양증

근이영양증(muscular dystrophy)은 점진적인 근육의 약화 및 퇴행을 특징으로 하는 질환군에 적용되는 포괄적인 용어이다. 근섬유가 사멸하면 지방과 결합조직이 그 자리를 대체한다. **듀센형 근이영양증**(Duchenne muscular dystrophy)은 가장 보편적인 형태로 결함이 있는 X 염색체 유전자의 유전으로 발생하며, 그 원인으로는 현재 디스트로핀 단백질의 결핍이 알려져 있다. 디스트로핀이 결핍되면 칼슘이 근육세포 내로 유입되어 근섬유를 용해하는 효소가 활성화된다. 디스트로핀 결핍을 치료하는 방법으로 디스트로핀을 생산하는 미성숙 근육세포를 근육 내에 주사하는 방법이 이용되기도 한다.

중증근무력증

중증근무력증(myasthenia gravis)은 눈꺼풀, 얼굴, 목, 사지말단

오늘날의 생물학 ▶ 건강

운동의 중요성

운동프로그램은 근력, 근지구력, 유연성을 증진한다. 근력은 근육 집단이 최대 노력으로 저항력에 대항하여 발휘하는 힘이다. 근지구력은 근육이 일정 시간 동안 반복적으로 수축하거나 수축된 상태를 유지하는 능력으로 평가한다. 유연성은 관절의 운동 범위를 관찰하여 판단한다.

운동은 또한 심폐지구력을 향상한다. 심장박동수와 심박출량이 증가하며, 기관이 확장되어 심장과 폐는 장기간의 근육 활동을 지원할 수 있다. 혈관에서 동맥경화성 플라크의 발달을 늦추는 분자인 고밀도 지질단백질(high density lipoprotein, HDL)의 혈중 농도가 증가한다(4.7절 참고). 또한 체내 단백질과 지방의 비율은 운동할 때 유익하게 변화한다.

운동은 몇 가지 유형의 암을 예방하는 데도 도움이 된다. 암은 적절한 식단, 금연, 방사선 및 화학약품 회피, 적절한 검진 수행, 암의 초기 경고신호 발견 등으로 예방할 수 있다. 그러나 주기적인 운동을 하는 사람은 대장암, 유방암, 자궁경부암, 자궁암, 난소암의 발생 확률이 낮다고 연구되었다.

나이와 관계없이 근력운동은 뼈의 밀도와 강도를 증진하고, 근육의 근력과 지구력을 향상한다. 심지어 80~90대 남녀도 뼈와 근력을 향상해 더 독립적인 삶을 살 수 있다. 운동은 뼈가 약하고 부러지기 쉬운 골다공증을 예방하는 데 도움을 준다(11.5절 참고). 운동은 노인뿐만 아니라 젊은이의 조골세포 활성도 촉진한다. 젊을 때 뼈가 튼튼할수록 노년기 골다공증의 가능성이 감소한다. 운동은 활동량을 증가시킬 뿐 아니라 다른 조직보다 근육의 대사속도가 높아 체중 증가를 억제한다. 인체 내 근육량이 증가하면 체지방이 축적될 확률이 감소한다.

운동은 우울증을 완화하고 기분을 좋게 한다. 어떤 사람은 운동이 실제로 그들을 더 활기차게 만든다고 말한다. 더구나 운동 후(특히 늦은 오후 시간)에 잠을 잘 잔다. 자존감은 향상된 체형뿐만 아니라 다른 요인에 의해서도 증가한다. 예를 들어 격렬한 운동은 통증을 완화하고 안정감을 주는 것으로 알려진 엔도르핀 같은 화학물질을 분비시킨다.

합리적인 운동프로그램은 격렬한 운동에 의한 손상 없이 이러한 혜택을 제공한다. 너무 격렬한 운동은 허리 통증 및 무릎인대가 찢어지는 스포츠 부상을 초래할 수 있어 인체에 해롭다. 표 12A에 연령대에 적합한 운동프로그램을 제시하였다.

미네소타대학교의 아서 레온(Arthur Leon) 박사는 1만 2,000명의 남성이 참여한 연구에서 심장마비의 위험을 1/3로 낮추는 데 단지 적당한 운동이 필요하다는 사실을 확인하였다. 텍사

표 12A 건강 유지

운동	어린이(7~12세)	청소년(13~18세)	성인(19~55세)
활동량	매일 1~2시간 활발한 활동	주 3~5일, 1시간/일 활발한 활동 또는 매일 30분 적당한 활동	주 3일, 1시간/일 활발한 활동 또는 매일 30분 적당한 활동
목적	자유로운 놀이	유연체조로 근육 증진	에어로빅, 스트레칭, 요가 등 허리통증 방지 운동
체계	팀 스포츠, 춤, 수영을 통한 운동 능력 증진	팀 스포츠, 춤, 등산, 수영 등 지속	체지방 조절을 위한 유산소 운동
집단	체육시간 외에 더 많은 운동 즐기기	테니스, 수영, 승마 등 평생 즐길 수 있는 스포츠	달리기 동호회, 자전거 동호회, 야외활동 그룹 등 운동 파트너 찾기
가족	볼링, 보트 타기, 캠핑, 등산 등 가족 야외활동 참여하기	등산, 자전거 타기, 크로스컨트리 스키 등 활동적인 방학 보내기	볼링, 보트 타기, 캠핑, 등산 등 가족 야외활동 시작하기

Rawpixel.com/Shutterstock

Nancy Ney/Photodisc/Getty Images

Stockbyte/Getty Images

스주 댈러스에서 에어로빅스연구소(Aerobics Research)가 1만 명 이상의 남성과 3,000명 이상의 여성을 포함하여 실시한 또 다른 연구에서도 약간의 운동이 심장혈관 질환과 암으로 인한 사망 위험성을 낮추는 것으로 나타났다. 운전 대신 모퉁이 상점까지 걸어가나 엘리베이터 대신 계단을 오르는 활동만으로도 당신의 건강을 증진할 수 있다.

생각해 볼 문제

1. 근섬유 수준에서 운동은 어떻게 근력을 증가시키는가?
2. 지나치게 격렬한 운동으로 어떻게 근섬유가 손상될 수 있는가?

근육의 약화를 특징으로 하는 자가면역질환이다. 면역체계가 ACh 수용체를 파괴하는 비정상적인 항체를 생성하기 때문에 근육 수축 장애가 발생한다. 중증근무력증의 첫 번째 징후는 많은 경우 눈꺼풀이 처지거나 시야가 2개로 보이는 증상이다. 처방은 주로 ACh를 분해하는 효소를 억제하는 약물이 사용되고, 이러한 약물들은 ACh가 신경근이음부에 축적되게 하여 근육으로의 신경신호 전달을 강화한다.

근육암

육종(sarcoma)은 근육에서 발견되는 것과 같은 결합조직에서 기원하는 암이다. 연조직 육종은 민무늬근육과 뼈대근육에서 발생한다. 민무늬근육에서 더 흔한 형태 중 하나는 자궁벽에서 발생하는 자궁근종이다. 횡문근육종(rhabdomyosarcoma)은 뼈대근육에서 기원하거나 인체의 다른 부위에서 근육으로 전이된 희귀한 형태의 암이다. 이 두 종류의 육종은 모두 양성이거나 악성일 수 있다.

진도 점검하기 12.4

1. 염좌와 삠을 구별하시오.
2. 근육통과 중증근무력증의 잠재적인 원인을 비교하고 대조하시오.
3. 근이영양증의 잠재적인 증상을 설명하시오.

개념 연결하기

이러한 질병의 생리학에 대한 배경 정보는 다음 논의를 참고하시오.

6.3절 염증반응을 살펴본다.

6.5절 인체에서 자가면역반응이 어떻게 질병을 유발하는지 살펴본다.

20.4절 성염색체 유전에 관한 추가 정보를 살펴본다.

12.5 항상성

학습 목표

이 절을 학습한 후 다음 사항을 할 수 있어야 한다.

1. 운동에서 근육계통과 뼈대계통의 역할을 설명할 수 있다.
2. 체온의 항상성에서 근육계통의 역할을 설명할 수 있다.

이 절에서는 인체 항상성에 대한 근육계통의 기여도에 중점을 두어 살펴보고자 한다(그림 12.13). 인체의 주요 부분을 보호하고 움직임을 만드는 경우처럼 많은 경우에서 근육계통은 뼈대계통과 긴밀히 협력한다.

움직임을 발생시키는 근육계통과 뼈대계통

움직임은 항상성 유지에 필수적이다. 뼈대계통과 근육계통은 몸을 움직일 수 있도록 함께 작용한다. 뼈대근육이 수축하여 근육에 붙어 있는 뼈를 당겨 관절에서 움직임을 유발할 때 어떤 일이 발생하는지를 보면 확실하게 알 수 있다. 이런 종류의 움직임은 우리가 환경의 특정한 종류의 변화에 반응할 수 있도록 한다. 예를 들어 햇빛에 앉아 있다가 덥다고 느끼기 시작하면 일어나서 그늘진 곳으로 움직일 수 있다.

근육계통과 뼈대계통은 항상성을 유지하는 데 중요한 다른 유형의 움직임에도 작용한다. 턱과 혀에 연결된 뼈대근육의 수축은 치아로 음식을 씹을 수 있도록 한다. 꿈틀운동에서 주기적인 민무늬근육의 수축은 섭취된 음식물을 소화관을 통해 이동시킨다. 이 과정은 인체 내 세포에 영양분을 공급하는 데 필요하다. 혈액을 동맥계로 보내는 끊임없는 심장박동은 심장근육의 수축으로 발생한다. 호흡 및 다리의 움직임과 연관된 인체 내 뼈대근육의 수축은 심장으로 혈액을 되돌리는 정

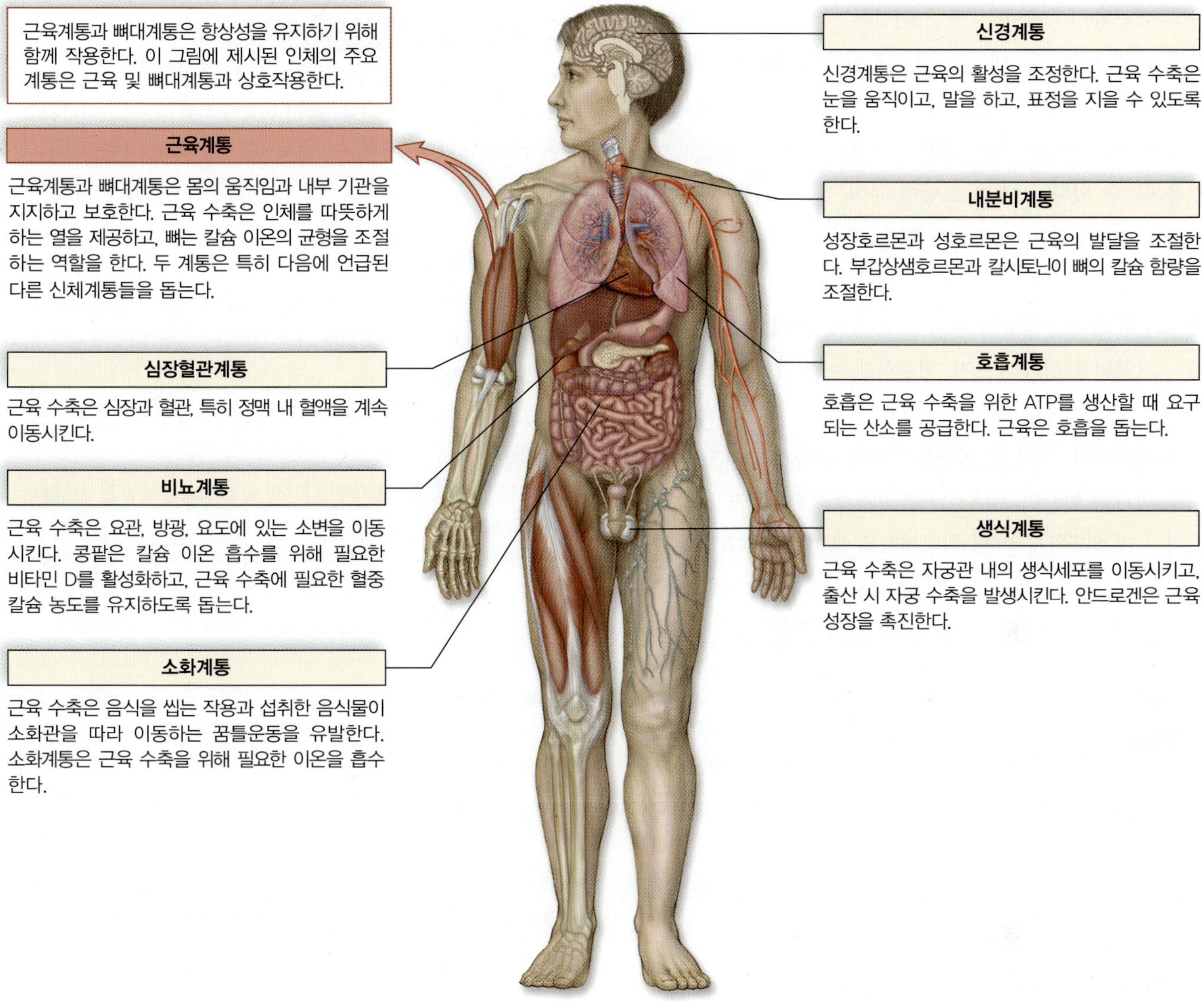

그림 12.13 근육계통의 항상성 조절.
근육계통은 인체의 항상성 유지를 위해 인체 주요 계통과 함께 작용한다.

맥환류를 돕는다. 이것이 군인들과 행진 악단의 멤버들이 가만히 서 있을 때 무릎을 장시간 고정하지 않도록 주의를 주는 이유이다. 정맥환류의 감소는 혈압을 떨어뜨리고 현기증을 유발할 수 있다. 또한 뼈대근육의 수축으로 가해지는 압력은 사이질액을 림프모세관으로 유입시키는 작용을 돕는다.

인체 주요 부위를 보호하는 근육계통과 뼈대계통

뼈대계통은 뇌, 심장, 폐, 척수, 콩팥, 간, 주요 내분비샘 등 인체의 연한 내부 기관을 보호하는 중요한 역할을 한다. 특히 항상성 유지에 필요한 활성을 나타내는 신경계와 내분비기관은 보호되어야 한다.

근육계통은 뼈를 덮어 보호하고, 이들과 연결된 힘줄과 윤활낭은 관절을 강화하고 보호한다. 복벽의 근육은 연한 내부 기관들에 추가적인 보호 기능을 제공한다. 이런 역할을 담당하는 근육에는 그림 12.5에 나타난 배곧은근과 배바깥빗근이 있다.

체온을 유지하는 근육계통

근육계통은 체온 조절을 돕는다. 추운 환경에서는 피부 혈관 내의 민무늬근육이 수축하여 피부로의 혈류량을 감소시키고, 이는 생명 유지에 필요한 기관이 존재하는 인체의 심부(core)에 체열을 보존하는 데 도움을 준다. 몹시 추울 때 불수의적으로 뼈대근육이 수축하는 떨림 현상이 시작되는데, 이러한 작용은 뇌의 시상하부 내 온도에 민감한 신경세포에 의해 나타난다. 뼈대근육의 수축은 ATP를 요구하는데, 결국 ATP를 사용하여 열을 발생시키는 것이다. 우리는 추울 때 소름이 돋는 것을 볼 수 있다. 이것은 모낭에 붙어 있는 작은 민무늬근육 다발인 털세움근이 수축하여 털을 세우기 때문이다. 이러한 작용은 인간의 체온 보호에는 큰 도움이 되지 않지만, 털이 많은 포유류에게는 상당한 효과가 있다. 추운 겨울날 밖에 있는 개나 고양이를 생각해 보자. 평평하게 누워 있을 때보다 서 있을 때 털은 체열을 더욱 잘 보존한다. 소름은 한편으로는 두려움을 나타낸다. 털이 선 인간은 그다지 강하게 보이지 않지만, 겁을 먹거나 털끝이 곤두선 공격적인 동물은 더 커 보이고 포식자나 경쟁자에게 좀 더 위협적으로 보일 수 있다.

진도 점검하기 12.5

1. 항상성에서 움직임의 중요성을 요약하시오.
2. 체온 유지를 위해 근육계통이 어떻게 작동하는지 요약하시오.
3. 근육계통이 소화계통과 어떻게 상호작용하는지 설명하시오.

개념 연결하기

칼슘과 체온의 항상성에 대한 자세한 내용은 다음 논의를 참고하시오.

3.8절 인체가 항상성 유지를 위해 되먹임 기전을 어떻게 활용하는지 살펴본다.

그림 3.17 인체 체온 조절에 시상하부가 어떻게 관여하는지 살펴본다.

15.3절 칼슘 항상성에 대한 갑상샘 및 부갑상샘의 조절 기전을 살펴본다.

결론

엘리우드 킵초게의 노력은 매우 놀라운 일이지만 우리 대부분은 마라톤을 뛸 일이 거의 없을 것이다. 마라톤 경주 중 킵초게의 몸에서 작용하는 생리적 원리는 우리가 일상적인 생활을 하는 동안에도 발생한다. 우리 삶의 모든 측면에서 움직임의 중요성과 건강과의 연결고리를 고려할 때, 뼈대계통과 근육계통의 기능을 이해하는 것이 중요하다.

요약

12.1 근육계통의 개요

근육계통(muscular system)은 내적 및 외적 움직임에 관여한다. 근육조직은 **근세포**(myocyte)로 구성되어 있다.

- **민무늬근육**(smooth muscle)은 내부 기관에 존재하며 불수의적으로 수축한다.
- **심장근육**(cardiac muscle)은 심장벽에 존재하는 불수의근이다. 심장근육에는 빠른 수축을 가능하게 하는 **사이원반**(intercalated disc)이 존재한다.
- **뼈대근육**(skeletal muscle)은 작은 다발로 구성된 **근섬유**(muscle fiber)라고 하는 세포들의 다발로 구성된 수의근으로, 일반적으로 뼈대에 힘줄로 연결된다.

뼈대근육은 지지, 움직임, 보호 기능을 나타낸다. 뼈대근육은 **힘줄**(tendon)에 의해 뼈에 연결된다. **활액낭**(bursa)은 근육과 뼈 사이에 쿠션을 제공한다.

몸의 뼈대근육

모든 뼈대근육은 **이는 곳**(origin, 고정된 지점)과 **닿는 곳**(insertion, 움직이는 지점)을 갖는다. 움직임이 발생할 때, 근육들은 주동근, 협동근, 대항근으로 각각 작용한다.

뼈대근육의 명칭과 작용

근육은 크기, 모양, 위치, 근섬유의 방향, 부착 수, 작용으로 명칭이 지어졌다.

12.2 뼈대근육 섬유의 수축

근섬유는 **액틴**(actin)과 **미오신**(myosin) 섬유로 구성된 **근육원섬유**(myofibril)로 구성된다. **근육원섬유마디**(sarcomere)가 짧아지고, 액틴 섬유가 미오신 섬유를 미끄러지듯 지나가면서 근육 수축이 발생한다.

- 신경자극은 운동신경을 따라 이동하고, **신경근이음부**(neuromuscular junction)에 있는 근섬유를 자극한다.
- 근섬유의 **근섬유막**(sarcolemma)은 근세포질세망에 거의 닿은 **가로세관**[transverse tubule, T tubule(T 세관)]을 형성하며, 칼슘 이온을 저장하는 **근세포질세망**(sarcoplasmic reticulum)에 가깝게 붙어 있다.
- 칼슘 이온이 근섬유로 유리되면 액틴 섬유가 미오신 섬유를 미끄러지듯 지나간다.
- 신경근이음부에서 시냅스 소낭은 신경전달물질인 아세틸콜린을 방출하고, 즉시 시냅스 틈새로 확산한다.
- 아세틸콜린(ACh)이 근섬유막에 수용되면 전기 신호가 시작되고 칼슘이 유리된다.

- 칼슘 이온이 **트로포닌**(troponin)과 결합하면 **트로포미오신**(tropomyosin)의 위치를 변화시키고, 이는 미오신 결합 부위를 노출시킨다.
- 미오신 섬유는 ATP를 분해하고 액틴 섬유와 교차다리를 형성한다.
- ADP와 Ⓟ가 떨어져 나가면 교차다리는 그 위치를 바꾼다.
- **활주필라멘트 모델**(sliding filament model)은 액틴 섬유를 근육원섬유마디의 중심으로 끌어당긴다.

12.3 전체 근육의 수축

근육의 운동단위

- 근육은 단일 운동신경 축삭에 의해 조절되는 몇몇 섬유로 구성된 **운동단위**(motor unit)가 있다.
- 운동단위 수축은 **근육 연축**(muscle twitch), 가중(summation), **강축**(tetanus)의 개념으로 설명한다.
- 근육 수축의 힘은 동원되는 운동단위의 수에 따라 다양하다.
- 인체에서 **근육 긴장도**(muscle tone)라는 지속적이고 약한 근육의 장력은 번갈아 수축하는 근육의 운동단위에 의해 유지된다.

근육 수축의 에너지

근섬유는 근육 수축을 위해 ATP를 획득하는 세 가지 방법이 있다.

- 크레아틴 인산(CP)이 인산을 ADP로 전달하여 ATP를 생산하기 때문에 CP 경로가 가장 빠르다.
- 발효도 빠르게 ATP를 생산한다. 축적된 젖산을 대사하는 데 산소가 필요하기 때문에, 발효는 **산소부채**(oxygen debt)와 관련이 있다.
- 세포호흡은 근육에 ATP를 가장 많이 제공하지만, 혈액 속의 많은 포도당과 산소가 미토콘드리아로 운반되기 때문에 더 오래 걸린다. 근육세포의 **미오글로빈**(myoglobin)은 산소를 미토콘드리아에 전달한다. 세포호흡은 유산소 운동을 할 때 발생하고, 포도당 이외에 지방산을 연소시킨다.

빠른연축 근섬유와 느린연축 근섬유

- 역도 같은 스포츠에서 적합한 빠른연축 섬유는 미토콘드리아와 미오글로빈이 거의 없어 무산소호흡에 의존하여 ATP를 획득한다. 더 많은 근섬유를 포함한 운동단위로 폭발적인 힘을 발생시키지만, 빨리 피로해진다.
- 육상, 수영 같은 스포츠에 적합한 느린연축 섬유는 산소호흡에 의존하여 ATP를 생산한다. 많은 미토콘드리아와 미오글로빈이 있어 느린연축 섬유의 색깔은 어둡다.

12.4 근육질환

- 근육질환에는 **경련**(spasm), **경기**(convulsion), **쥐**(cramp), **안면 틱**(facial tic) 등이 있다.
- 근육계통의 손상에는 **염좌**(strain), **삠**(sprain), **힘줄염**(tendinitis), **윤활낭염**(bursitis) 등이 있다.
- 근육계통의 질환에는 **근육통**(myalgia), **섬유근육통**(fibromyalgia), **근이영양증**(muscular dystrophy), **듀센형 근이영양증**(Duchenne muscular dystrophy), **중증근무력증**(myasthenia gravis)과 함께 근육암인 **육종**(sarcoma) 등이 있다.

12.5 항상성

- 근육과 뼈는 움직임을 만들고 인체의 주요 부위를 보호한다.
- 근육은 일정한 체온을 유지할 수 있도록 열을 생산한다.

개념 심화 학습

비판적 사고 키우기

1. 디스트로핀 단백질은 근육의 근섬유막과 바깥쪽 근섬유 사이에 존재하며, 근섬유에서 발생한 근육 수축의 힘을 근육의 결합조직까지 전달하는 역할을 한다. 케이트(Kate)의 경우, 이 단백질의 돌연변이로 근이영양증의 증상이 나타났다.
   a. 디스트로핀 단백질의 결손이 근육 협동의 소실과 근육 약화를 일으키는 이유는 무엇인가?
   b. 근이영양증은 시간이 지날수록 근육량이 감소하는 근육 소모 질환으로 알려져 있다. 디스트로핀의 결함이 어떻게 근육조직의 소모를 유발하는가?
2. 과학 특집 '사후경직'(12.3절)에서 사후경직에 대해 살펴보았다. 아마도 여러분은 범죄 드라마의 팬일 수 있다. 그렇다면 사망한 사람에게서 사후경직의 시작은 여러 가지 요인에 영향을 받을 수 있다는 것을 알 것이다. 다음을 생각해 보자.
   a. 만약 사망한 후에 사체가 빠르게 저온처리 되었다면, 이것은 사후경직의 시기에 어떤 영향을 미치는가?
   b. 저온처리 외에 사후경직의 시작을 촉진하거나 늦출 수 있는 요인을 생각해 보자.
3. 환경적 요인에 따라 다르기는 하지만, 사후경직은 대개 사망한 후로부터 1~2일 이내에 끝난다. 사후경직이 며칠 후에 사라지는 이유는 무엇인가?

관련성 탐구하기

1. 인간이 마라톤을 빨리 달리는 데는 한계가 있다고 생각하는가? 그 한계를 결정하는 요인은 무엇인가?
2. 마라톤과 같은 부담이 큰 스포츠가 근육에서 신체의 에너지 이용 방식을 어떻게 변화시키는가? 이것이 마라톤 주자의 식단을 어떻게 변화시키는가?
3. 이 장에서는 뼈대근육에 대해 논의했지만, 달리기가 심장근육과 민무늬근육에는 어떤 영향을 미칠 것이라고 생각하는가?

모든 장의 질문에 대한 정답은 *connect.mheducation.com*에서 확인하시오.

CHAPTER 13 신경계통

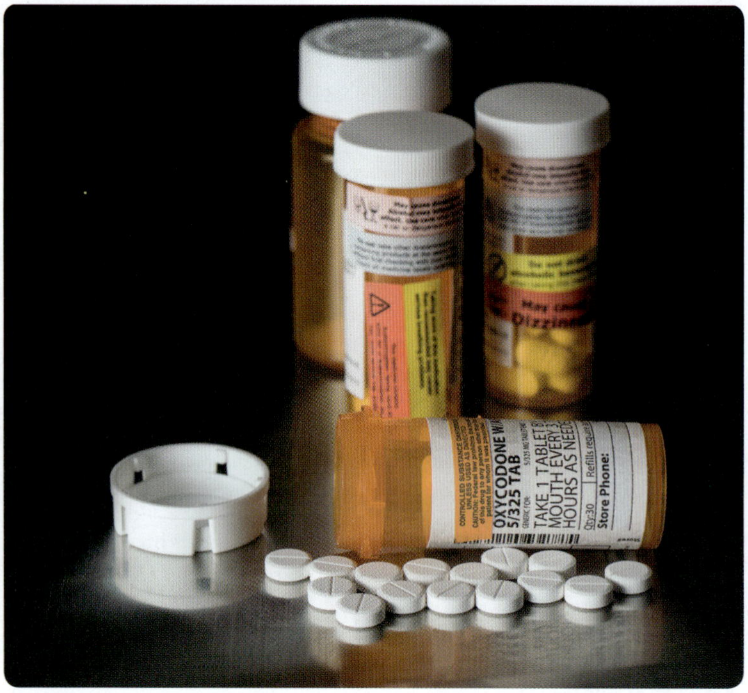

Steve Heap/Shutterstock

이 장의 개요

13.1 신경계통의 개요
13.2 중추신경계통
13.3 둘레계통과 고등 정신 기능
13.4 말초신경계통
13.5 약물치료와 약물사용장애

시작하기 전에

이 장을 시작하기 전에 다음 사항을 논의해 보자.

1.1절 이온과 원자는 어떻게 다른가?

2.3절 소듐-포타슘 펌프는 세포막을 가로질러 이온을 어떻게 운반하는가?

3.1절 인체 신경조직의 기능은 무엇인가?

오피오이드와 신경계통

미국에서는 매일 약 130명이 오피오이드 과다 복용으로 사망하며, 오피오이드 중독과 오남용은 사회와 경제 복지에 영향을 미치는 국가적 위기가 되었다.

오피오이드 시스템은 중추신경계통의 한 부분으로, 사람에서 통증, 보상, 중독성 행동을 조절한다. 오피오이드 수용체는 막관통 단백질에 속하며, 모르핀이나 헤로인과 같은 오피오이드가 수용체에 결합하면 통증 경로가 바뀌어 행복감과 즐거움을 느끼게 된다. 오피오이드의 주요 수용체는 뮤, 델타, 카파의 세 가지인데, 뮤 수용체는 뇌의 보상 시스템을 작동시키는 분자 스위치이고, 델타 수용체는 사람의 감정 상태를 결정하는 역할을 하며, 카파 수용체는 통증 완화와 관련이 있다.

모르핀은 수술 후 통증을 조절하거나, 만성통증으로 고통받는 사람들에게 가장 널리 사용되는 오피오이드이다. 모르핀은 뮤 수용체에 작용하여 남용과 중독의 가능성이 있다. 오피오이드 남용 방지를 위해 여러 가지 약물이 처방되는데, 이러한 약물들은 오피오이드 수용체에 결합하여 금단증상을 방지한다.

이 장에서는 오피오이드와 같은 진통제의 표적이 되는 신경계통의 구조와 기능을 알아볼 것이다.

이 장을 학습하면서 다음 질문을 생각해 보자.

1. 세포의 수용체는 자극에 대한 신경계통의 반응에 어떤 역할을 하는가?
2. 오피오이드와 같은 진통제의 영향을 가장 많이 받는 중추신경계통 부위는 어디인가?

13.1 신경계통의 개요

학습 목표

이 절을 학습한 후 다음 사항을 할 수 있어야 한다.

1. 중추신경계통과 말초신경계통의 위치와 기능을 구분할 수 있다.
2. 뉴런의 세 가지 유형과 각 기능을 설명할 수 있다.
3. 활동전위의 생성과 전파 과정을 요약할 수 있다.
4. 신경전달물질의 기능과 시냅스 통합 과정을 설명할 수 있다.

신경계통(nervous system)은 내외부 환경으로부터 들어온 감각정보를 받아들이고 처리하며, 크게 두 가지 영역으로 구성된다. 신경계통의 주요 구조는 그림 13.1에서 보여주고 있다.

중추신경계통(central nervous system, CNS)은 뇌와 척수로 구성된다. 뇌는 두개골에 완전히 둘러싸여 보호되며, 척추로 보호되는 척수와 직접 연결되어 있다. **말초신경계통**(peripheral nervous system, PNS)은 중추신경계통 바깥쪽에 있는 신경들로 구성된다. 중추신경계통과 말초신경계통의 구분은 아주 명확하지는 않으며, 이들은 서로 연결되어 함께 작동한다(그림 13.2).

신경계통의 기능은 세 가지이다.

- 신경계통은 감각자극을 받아들인다. 피부와 몸의 여러 기관에 분포한 감각수용체는 외부와 내부의 자극에 반응하여 신경신호를 생성하며, 이 신호는 말초신경계통을 통해서 중추신경계통으로 전달된다. 예를 들어 쿠키를 굽는 냄새를 맡으면 코의 후각(냄새)수용체는 말초신경계통을 사용하여 중추신경계통으로 정보를 전달한다.
- 중추신경계통은 우리 몸 곳곳에서 받아들인 신경신호 정보를 처리하고 통합한다. 중추신경계통은 정보를 확인하고 기억이라는 형태로 정보를 저장하며, 적절한 운동반응을 나타낸다. 예를 들어 쿠키를 굽는 냄새는 맛에 대한 사람들의 기억을 불러일으킨다.

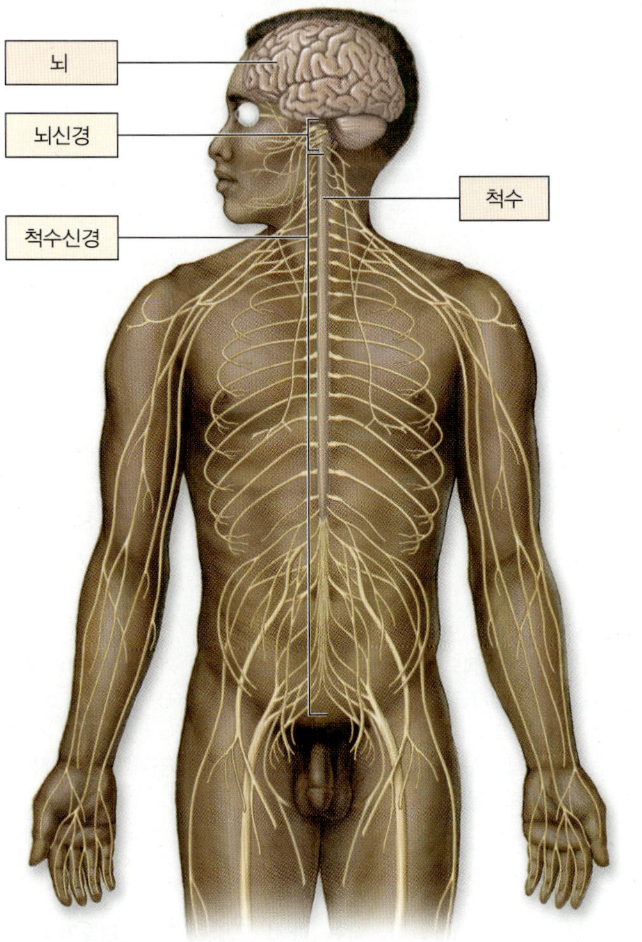

그림 13.1 중추신경계통.
중추신경계통은 뇌와 척수로 구성된다. 말초신경계통은 중추신경계통 바깥쪽의 신경들로 구성된다.

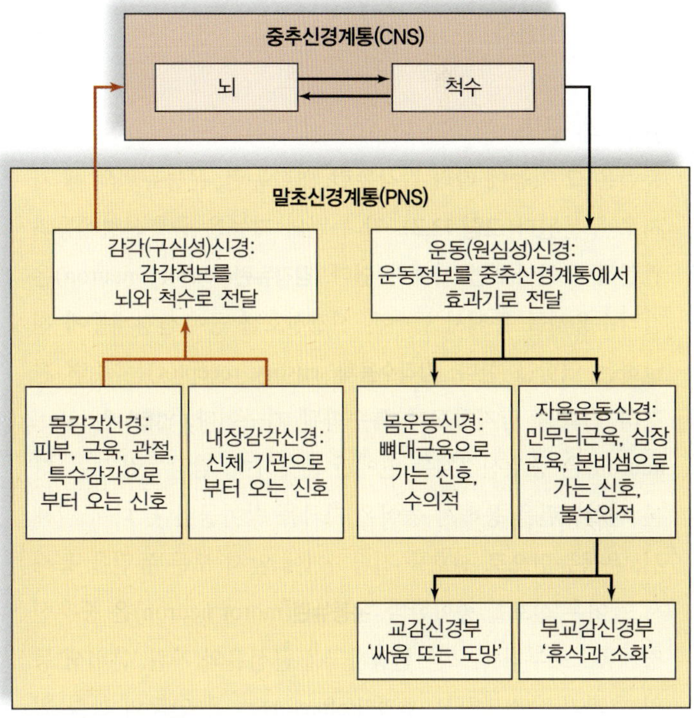

그림 13.2 신경계통의 구성.
빨간색 화살표는 중추신경계통이 감각정보를 받아들이는 경로를, 검은색 화살표는 중추신경계통이 말초신경계통과 소통하는 경로를 나타낸다.

- 중추신경계통은 운동반응을 생성한다. 중추신경계통에서 유도된 신경신호는 말초신경계통을 거쳐 근육과 분비샘, 기관으로 전해진다. 쿠키를 먹기 전이라도 침샘으로 전달된 신호는 침을 분비시키고, 위에서는 쿠키를 소화하는 데 필요한 위산과 효소를 만든다. 또한 중추신경계통은 팔과 손이 쿠키에 닿도록 움직임을 조절하기도 한다.

신경조직

신경조직은 뉴런과 신경아교세포로 이루어져 있다. **뉴런**(neuron)은 신경계통 곳곳으로 신경자극을 전달하고, **신경아교세포**(neuroglia, glial cell)는 뉴런을 지지하고 영양을 공급하는 역할을 한다.

뇌에는 신경아교세포(3.4절 참고)가 뉴런의 수보다 더 많고, 여러 종류가 있으며, 각각 특수한 기능이 있다. 미세아교세포(microglia)는 식세포로서 세균과 죽은 세포를 제거한다. 별아교세포(astrocyte)는 뉴런을 지지하며 대사를 담당한다. 말이집은 단단하게 나선형으로 감싼 신경아교세포의 막으로 이루어져 있다. 말초신경계통에서는 슈반세포(Schwann cell)가 말이집 형성을 담당하며, 랑비에결절이라는 틈새를 가진다. 중추신경계통에서는 희소돌기아교세포(oligodendrocyte)가 말이집을 형성한다.

뉴런의 구조

뉴런은 그 기능에 따라 감각뉴런, 연합뉴런, 운동뉴런의 세 가지로 구분된다(그림 13.3). 각 뉴런의 기능은 중추신경계통과 관련하여 알아보면 이해가 쉽다. **감각뉴런**(sensory neuron)은 감각수용체를 통해서 들어온 신경신호를 중추신경계통에 전달하는 역할을 한다. **감각수용체**(sensory receptor)는 주변 환경의 변화를 감지하도록 특수화된 기구이다. **연합뉴런**(interneuron)은 중추신경계통 안에만 존재하며, 감각뉴런 또는 다른 연합뉴런을 통해서 들어온 자극을 받아들인다. 다시 말해서, 운동뉴런으로 신호를 전달하기에 앞서 모든 뉴런을 통해서 들어온 신호를 종합한다. **운동뉴런**(motor neuron)은 중추신경계통으로부터 나오는 신경자극을 근섬유와 기관, 분비샘 등의 효과기로 전달하고, **효과기**(effector)는 몸 안팎의 환경 변화에 대한 반응을 나타낸다.

뉴런의 형태는 종류마다 다르지만 모두 세포체, 가지돌기,

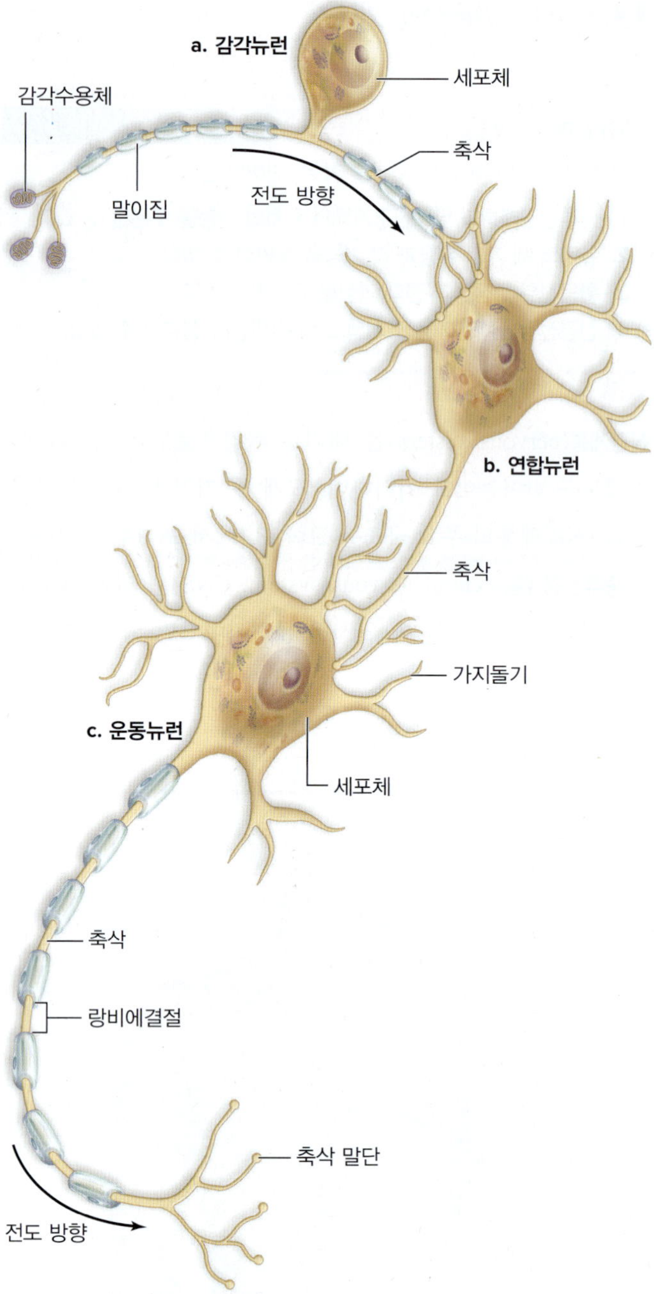

그림 13.3 **감각뉴런, 연합뉴런, 운동뉴런의 구조.**
a. 감각뉴런은 말이집으로 덮여 있는 긴 축삭을 가지며, 가지돌기로부터 중추신경계통까지 신경자극을 전달한다. **b.** 중추신경계통 안에는 그림에서 보이는 것처럼 말이집으로 덮여 있지 않은 짧은 축삭을 가진 연합뉴런들이 있다. **c.** 운동뉴런은 말이집으로 둘러싸인 긴 축삭을 통해서 신경자극을 중추신경계통으로부터 효과기로 전달한다.

축삭의 세 부분을 가지고 있다. **세포체**(cell body)에는 핵과 다른 세포소기관들이 있다. 짧은 돌기 모양을 한 **가지돌기**(dendrite)는 감각수용체 또는 다른 뉴런으로부터 오는 신호를 받아들인다. 각 가지돌기에서 온 신호들이 모여서 생긴 신경신

오늘날의 생물학 ▶ 과학

신경 재생과 줄기세포

사람의 경우 뇌와 척수 외부의 축삭은 재생할 수 있지만, 내부의 축삭은 재생되지 않는다(그림 13A). 부상 후, 중추신경계통의 축삭은 퇴화하여 신경 기능의 영구적인 손실을 초래한다. 흥미롭게도 뇌와 척수에 있는 세포의 약 90%는 뉴런이 아니라 신경아교세포이다. 뇌와 척수 외부의 신경에서 신경아교세포는 축삭 재생을 돕는 슈반세포이다. 중추신경계통의 신경아교세포는 미세아교세포, 희소돌기아교세포, 별아교세포를 포함하고, 이들은 축삭 재생을 억제한다.

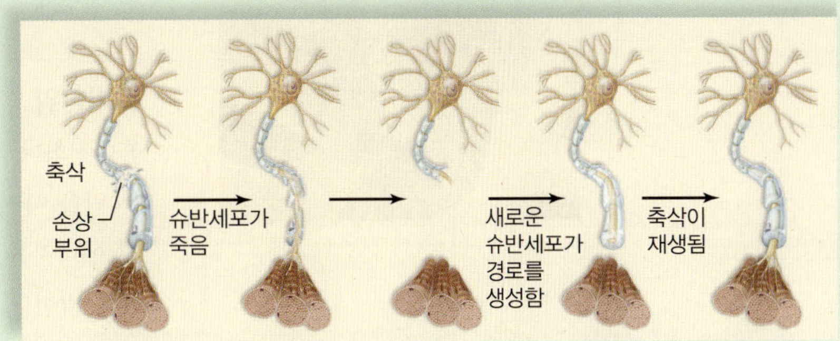

그림 13A 신경세포의 재생.
중추신경계통 외부에서는 슈반세포라 불리는 새로운 신경아교세포가 축삭이 근육에 도달하는 경로를 형성하기 때문에 신경이 재생된다. 중추신경계통 내부에서 희소돌기아교세포라고 불리는 유사한 신경아교세포에는 이러한 기능이 없다.

척수에는 자체 줄기세포가 포함되어 있다. 실험동물에서 척수가 손상되면 이 줄기세포는 증식하지만, 뉴런이 아닌 신경아교세포가 된다. 연구자들은 줄기세포가 신경아교세포가 되도록 유도하는 과정을 이해하려고 노력하고 있으며, 미래에는 이에 대한 지식이 줄기세포가 뉴런이 되도록 조작할 수 있게 해줄 것이다.

실험실에서 신경줄기세포를 대상으로 한 초기 실험에서 존스홉킨스대학교의 과학자들은 배아줄기세포(ES)가 근육수축을 유발하는 신경세포인 척수의 운동뉴런으로 분화하도록 유도했다. 그 후에 운동뉴런은 축삭을 생성했다. 근육세포와 같이 배양했을 때 운동뉴런은 신경근이음부(신경근접합부)를 형성하고 근육의 수축까지 일으켰으며, 이 세포를 그 후 척수 손상을 입은 쥐의 척수에 이식하였다. 이식된 세포 중 일부는 척수 내에서 한 달 이상 생존했으나, 증상은 개선되지 않았고 제 기능을 하는 뉴런 연결도 이루어지지 않았다.

이후 같은 연구팀의 실험에서 마비된 쥐는 중추신경계통의 억제를 극복하기 위해 약물과 신경성장인자를 투여받았다. 이러한 기술은 뉴런의 이식 성공률을 높였다. 놀랍게도 이식된 뉴런의 축삭은 근육에 도달하여 신경근이음부를 형성했고, 마비 증상은 부분적으로 완화되었다. 손상된 중추신경계통 뉴런을 치료하기 위해 자신의 줄기세포와 실험실에서 배양한 줄기세포를 모두 사용하는 연구가 진행되고 있다. 많은 의문점이 남아 있지만, 현재 결과는 희망적이다.

생각해 볼 문제

1. 뉴런이 단순히 신체의 다른 부위로부터 이식될 수 없는 이유는 무엇인가?
2. 이 연구가 파킨슨병과 같은 신경퇴행성질환을 앓고 있는 환자들에게 어떤 도움이 될 것인가?

호는 축삭을 따라 전달된다. **축삭**(axon)은 신경자극을 전달하는 뉴런의 일부이다. 축삭 중에는 길이가 상당히 긴 것도 있으며, 각 축삭은 **신경섬유**(nerve fiber)라고 부르고, 이들이 모여 **신경**(nerve)이 된다.

감각뉴런의 매우 긴 축삭은 감각수용체가 있는 가지돌기에서 중추신경계통까지 신경신호를 전달하는데, 가지돌기와 축삭의 중간에 세포체가 위치한다. 반면 연합뉴런과 운동뉴런에서는 여러 개의 가지돌기를 통해서 들어온 신경신호가 세포체로 모인 뒤 축삭을 통하여 다른 곳으로 전달된다.

말이집

일부 축삭은 이를 보호하는 **말이집**(myelin sheath, 미엘린 수초)으로 둘러싸여 있다(그림 13.4a). 말초신경계통에서 이러한 덮개는 **슈반세포**(Schwann cell)라는 신경아교세포에 의하여 형성되는데, 슈반세포의 세포막에 말이집 지질인 미엘린이 포함되어 있다. 말이집은 슈반세포가 축삭을 100번 정도 돌려 감아 형성되며, 이 과정에서 세포막 여러 층이 겹쳐서 덮인다. 슈반세포는 축삭의 일부분만을 돌려 감기 때문에 말이집이 끊어진 부분이 나타나며, 말이집이 없는 부분의 간극을

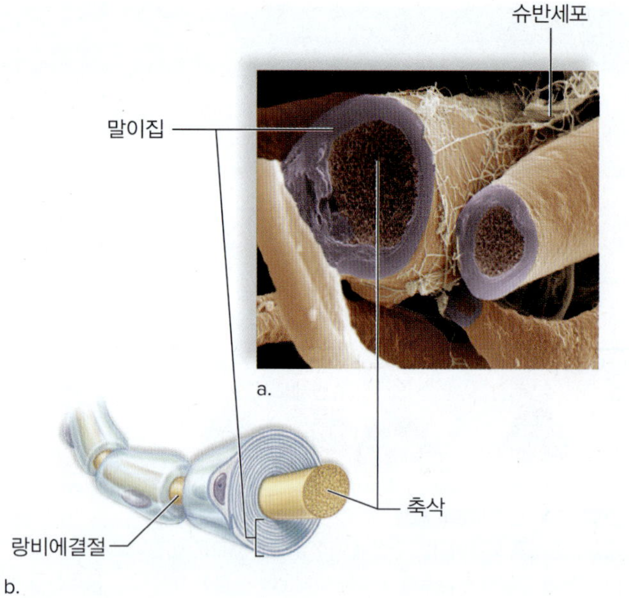

그림 13.4 말이집.
a. 말초신경계통에서 말이집은 슈반세포가 축삭을 돌려 감아 형성된다. **b.** 랑비에결절은 말이집 사이의 간극이다.
(a): Steve Gschmeissner/Science Photo Library/Alamy Stock Photo

랑비에결절(nodes of Ranvier)이라고 한다(그림 13.4b). 슈반세포는 작고, 축삭은 수십 센티미터에서 1미터 이상에 이를 만큼 길기 때문에(예: 척수에서 발까지 이어질 경우) 단일 축삭을 돌려 감는 데 수백 개 이상의 슈반세포가 필요할 때도 있다.

과학 특집 '신경 재생과 줄기세포'에서 어떻게 슈반세포가 신경 재생에 관여하는지 알아본다.

길이가 긴 축삭은 대부분 말이집으로 싸여 있지만, 짧은 축삭은 그대로 노출되기도 한다. 대뇌의 회색질은 축삭에 말이집이 없어 회색으로 보인다. 말초신경계통의 신경섬유들은 훌륭한 절연체로 작용하는 말이집으로 싸여 있어 반짝이는 흰색으로 보인다. 말이집이 손상되면 **다발성경화증**(multiple sclerosis, MS)에서와 같이 뉴런이 신경신호를 전달하기 어렵다. 결과적으로 다발성경화증은 신경계통을 '단락'시키는 것이다. 말이집은 말초신경계통 뉴런의 재생에도 중요하다. 만일 사고로 축삭이 절단되었더라도 말이집이 그대로 남아 있으면, 이 관을 통하여 새로운 신경섬유가 자라날 수 있다.

뉴런의 생리학

신경자극(nerve impulse, 신경충격)은 신경계통 내에서 정보를 전달하는 전기화학적인 변화이다. 과거에 신경자극은 사람의 몸이나 다른 생명체에서 분리한 뉴런으로만 연구할 수 있었으나, 이제는 기술이 더 발전되어 연구자들이 단일의 정상적인 신경세포로 신경자극에 대해 연구할 수 있게 되었다.

휴지전위

휴대전화나 휴대용 컴퓨터에는 배터리가 있고, 모든 배터리는 막을 사이에 두고 분리된 음이온과 양이온에 의해 만들어진 에너지를 가지며, 이 **위치에너지**로 휴대전화나 전등의 불빛을 밝힌다. 휴지상태의 뉴런은 완전히 충전된 배터리와 같은 위치에너지를 가지고 있다. **휴지전위**(resting potential)라고 하는 이 에너지는 세포막이 극성을 가지므로 존재한다. 세포막의 안쪽은 음이온이 저장되어 있고, 막 바깥쪽에는 양이온이 있다.

그림 13.5a와 같이 세포막의 바깥쪽은 양전하를 띤 소듐 이온(Na^+)이 주위를 둘러싸고 있어서 양전하를 띠고 있다. 휴지 시 뉴런의 세포막은 포타슘은 통과할 수 있으나 소듐은 통과할 수 없어, 양전하를 띤 포타슘 이온(K^+)은 세포 바깥으로 확산하여 원래 있던 소듐 이온과 함께 세포막 바깥이 더 많은 양전하를 띠게 된다. 이때 세포 안은 크기가 커서 세포 밖으로 나갈 수 없는, 음전하를 띠는 단백질과 다른 분자들로 인해 음전하를 띠게 된다.

배터리에서와 같이 뉴런의 휴지전위는 전압으로 측정할 수 있다. D-크기 배터리 전압은 1.5 V이지만, 신경세포는 0.070 V 혹은 70 mV를 나타낸다(그림 13.5a). 이때 세포막 안쪽은 음전하를 띠는 단백질과 다른 분자들로 인해 음전하를 띠고 있고, 세포막 바깥쪽은 소듐 이온과 포타슘 이온들이 모여 양전하를 띠고 있다. 따라서 세포막 바깥을 기준으로 안쪽을 비교하여, 관례상 전압 측정값을 음수로 나타낸다.

충전식 배터리와 같이 뉴런은 활동하기 위해서 휴지전위를 유지해야 한다. 이를 위해 뉴런은 소듐 이온을 세포 바깥으로, 포타슘 이온을 세포 내로 능동수송해야 한다. **소듐-포타슘 펌프**(sodium-potassium pump)라는 세포막의 단백질 수송체는 소듐 이온을 세포 외로 방출하고, 포타슘 이온을 세포 내로 유입한다(2.3절 참고). 이러한 활동은 세포를 새 배터리와 같이 '충전'하여 일할 수 있도록 한다.

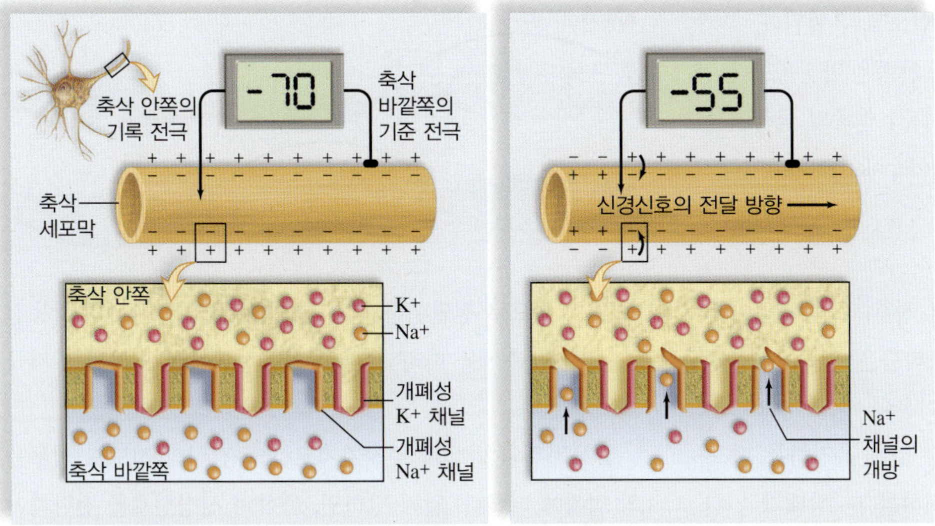

a. 휴지전위: 축삭 바깥의 Na^+, 축삭 안의 K^+과 많은 음이온. 전하의 분리는 세포에 극을 형성하고 휴지전위를 유발한다.

b. 자극은 축삭을 역치 수준까지 도달하게 한다. 축삭의 전압은 −70에서 −55까지 증가한다. 활동전위가 시작된다.

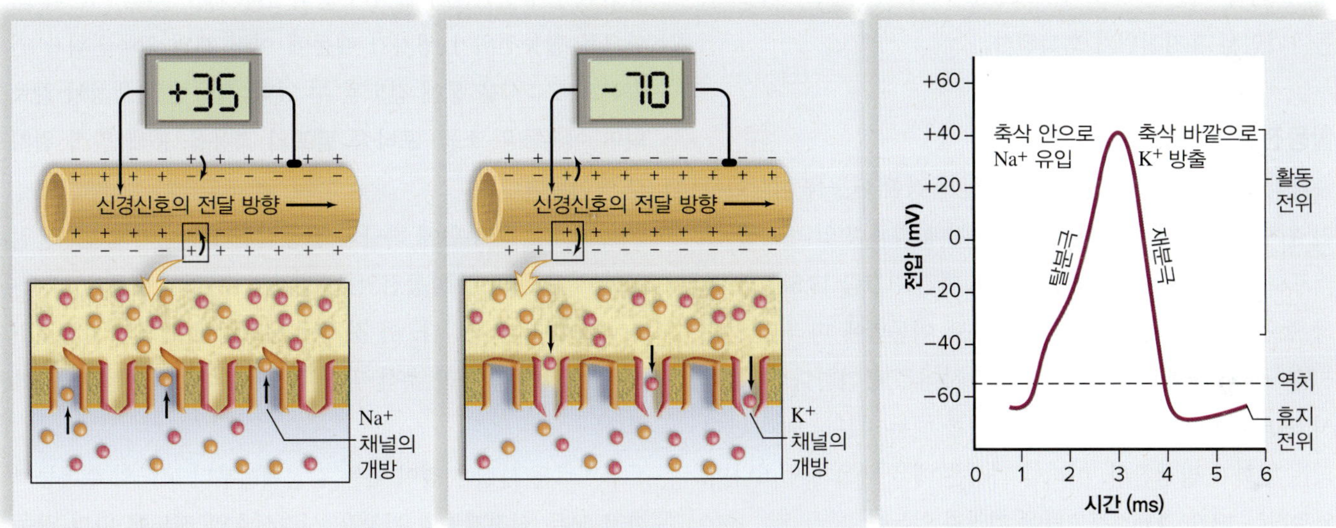

c. 탈분극 시 Na^+ 통로가 열리고, Na^+이 축삭 안으로 유입된다.

d. 활동전위 종료: K^+ 통로가 열리고, K^+이 축삭 바깥으로 방출되면 재분극이 일어난다. 소듐–포타슘 펌프는 이온을 휴지 위치로 되돌린다.

e. 전압 변화를 시간에 따라 기록하면 활동전위를 보여줄 수 있다.

그림 13.5 활동전위의 발생. **a.** 휴지전위는 뉴런이 신경자극을 전도하지 않는 상태이다. 활동전위가 형성되는 동안에 **b.** 자극은 세포를 역치에 이르게 한다. **c.** 탈분극 상태에 이어 **d.** 재분극이 일어난다. **e.** 활동전위의 생성을 나타내는 그래프이다.

활동전위

뉴런의 휴지전위 위치에너지는 뉴런이 신경자극을 전도하기 위해 사용된다. 전도의 과정을 **활동전위**(action potential)라고 하며, 뉴런의 축삭에서 일어난다. **자극**(stimulus)은 뉴런을 활성화하고, 활동전위가 시작된다. 예를 들어 피부의 통증 뉴런의 자극은 날카로운 침으로 찌르는 것이 될 수 있다. 자극이 **역치**(threshold)에 이를 정도로 충분히 강하면 그 결과 활동전위가 유발된다. 그림 13.5b와 같이 역치 전압은 −55 mV 수준이며, 활동전위는 실무율(all-or-nothing event)의 법칙을 따라 발생한다. 역치에 도달하면 활동전위는 자동으로 완전하게 발생된다. 반면에 역치에 도달하지 못하면 활동전위는 일어나지 않는다. 자극이 더 강해져도 활동전위의 크기에는 변함이 없다. 그러나 주어진 시간 내에 더 많은 활동전위를 일으킬 수는 있으며, 이때 결과적으로 사람들은 통증이 증가한 것을 느끼게 된다.

소듐 통로의 개방 소듐 이온에 특이적인 단백질 통로가 축삭의 세포막에 존재한다. 활동전위가 시작될 때 가장 먼저 소듐 통로가 열리고, 소듐 이온이 축삭 안으로 유입된다. 추가된 양전하를 띤 소듐 이온에 의해 축삭 안쪽은 바깥쪽보다 양전하를 띠게 된다(그림 13.5c). 이렇게 축삭 안쪽의 극성이 음극에서 양극으로 바뀌는 현상을 **탈분극**(depolarization)이라고 한다.

포타슘 통로의 개방 탈분극이 일어난 직후, 소듐 채널이 닫히고 분리된 포타슘 통로가 열린다. 포타슘은 세포에서 빠르게 흘러나온다. 양전하를 띤 포타슘 이온이 세포 밖으로 빠져나가고, 세포 내부에 밖으로 나갈 수 없는 음전하를 띤 큰 이온이 있기에 세포 내부는 다시 음전하를 띤 상태가 된다. 이러한 극성의 변화를 **재분극**(repolarization)이라고 한다(그림 13.5d). 마지막으로 소듐-포타슘 펌프는 활동전위를 완성하고, 포타슘 이온은 세포 안으로, 소듐 이온은 세포 바깥으로 돌아가면서 휴지전위가 회복된다.

활동전위의 그래프

축삭막을 가로지르는 전압의 이러한 급격한 변동을 시각화하기 위해, 연구자들은 일반적으로 시간에 따른 전압 변화를 그래프로 나타내는 것이 유용하다고 여긴다(그림 13.5e). 탈분극 동안, 소듐 이온이 축삭의 내부로 이동함에 따라 전압은 −70~−55 mV에서 +30~+35 mV 사이로 증가한다. 재분극 시, 포타슘 이온이 축삭 바깥으로 나올 때는 탈분극 때와 반대되는 변화가 발생한다. 이러한 과정은 매우 빠르게 일어나며, 완료하는 데 3~4 ms 정도밖에 걸리지 않는다.

활동전위의 전파

말이집으로 둘러싸이지 않은 뉴런에서는 축삭의 한 부위에서 형성된 활동전위가 인접한 부위를 자극하여 또 다른 활동전위를 유도한다. 전체 축삭으로의 전도는 축삭의 모든 부분이 자극되어야 하므로 다소 늦어질 수 있다(가느다란 축삭의 경우 대략 1 m/s의 속도이다).

말이집 축삭에서는 축삭의 말이집이 덮인 부분을 뛰어넘으면서 한 랑비에결절에서 발생한 활동전위가 다음 랑비에결절로 전달된다. 이런 방식의 자극전도를 **도약전도**(saltatory conduction, 라틴어로 *saltatio*는 '점프하다'를 의미함)라고 하는데, 그 속도가 매우 빠르다. 굵은 말이집 축삭에서는 100 m/s

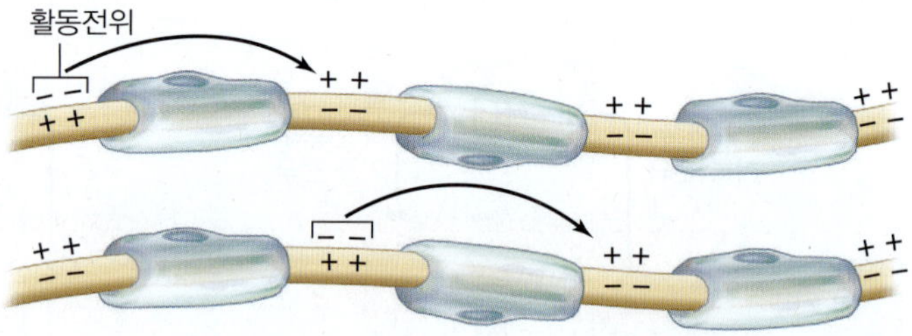

가 넘는 속도로 전달된다. 말이집이 있든 없든 하나의 활동전위는 전체 축삭을 따라 그다음 활동전위를 유도하면서 자극을 전파한다.

활동전위의 발생과 마찬가지로 활동전위의 전도도 실무율의 법칙에 따른다. 달리 말하면, 축삭이 신경신호를 전달하거나 전달하지 않거나 둘 중 하나이며, 그 중간은 없다는 뜻이다. 전달되는 정보의 강도는 주어진 시간 동안 얼마나 많은 활동전위가 형성되는지에 따라 달라진다. 매우 적은 이온의 교환으로 활동전위가 생기기 때문에 여러 개의 활동전위가 연속적으로 축삭을 통해 전도될 수 있다. 활동전위 생성이 완료되면 이온들은 소듐-포타슘 펌프의 작용을 통해 원래 위치로 돌아온다.

축삭의 특정 부위에 하나의 활동전위가 지나가고 난 뒤 일정한 시간 동안은 활동전위를 전도할 수 없는 **불응기**(refractory period)가 생긴다. 이 장치는 세포체에서 생긴 활동전위가 항상 축삭을 따라 축삭 말단 쪽으로만 신호가 전달되도록 한다.

흥미로운 사실은 깊이 있는 감정에서부터 고도의 추론능력까지 모든 신경계통의 기능은 신경신호의 전도에 따라 작동한다는 사실이다.

시냅스

모든 축삭은 그 말단에 여러 개의 가느다란 가지를 형성하며, 이들 가지 끝의 작고 부풀어 오른 부분을 **축삭 말단**(axon terminal)이라고 한다. 말단은 다른 뉴런의 가지돌기 또는 세포체와 인접하여 **시냅스**(synapse)를 형성한다(그림 13.6). 자극을 내보내는 뉴런과 받아들이는 뉴런 사이에는 **시냅스 틈새**(synaptic cleft)라는 작은 틈이 있다. 신경신호는 이 틈새를 뛰어넘어 전도될 수 없으므로 특수한 방법으로 신호가 전달된다.

시냅스를 건너 자극을 전달하는 것은 축삭 말단의 시냅스 소낭에 저장된 **신경전달물질**(neurotransmitter)이라 불리는 분

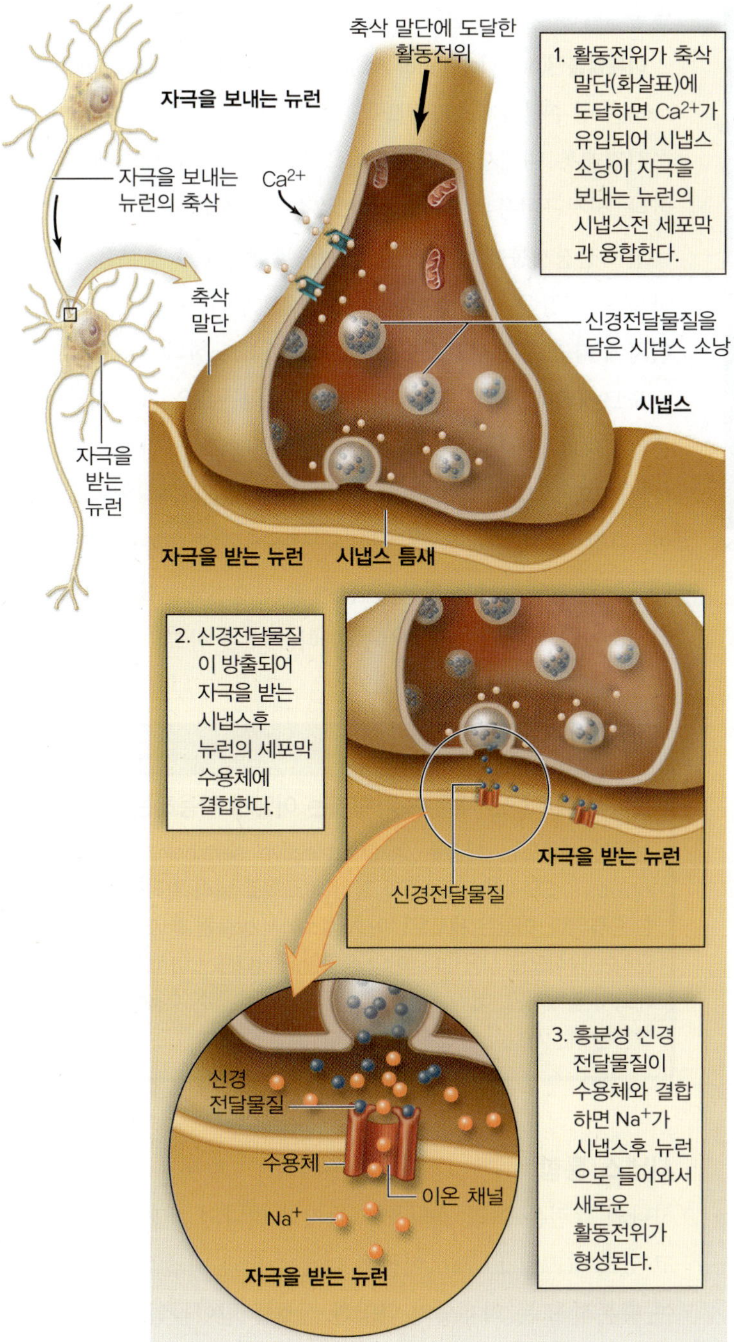

그림 13.6 시냅스에서의 신호전달.
한 뉴런에서 다른 뉴런으로 자극이 시냅스를 통해 전달될 때 방출되는 신경전달물질이 시냅스 틈새로 확산하여 자극을 전달받는 뉴런의 세포막 수용체에 결합한다.

자들이다(소낭의 기능은 2.4절 참고). 이들이 작용하는 순서는 다음과 같다(그림 13.6). (1) 축삭을 따라 전도되어 내려오던 신경신호가 축삭 말단에 도달한다. (2) 칼슘 이온이 말단 안쪽으로 유입되어 시냅스 소낭과 시냅스전 세포막의 융합을 유도한다. (3) 소낭 안에 들어 있던 신경전달물질이 시냅스 틈새로 방출되어 틈새를 지나 자극을 전달받는 뉴런의 특정한 수용체 단백질과 결합한다.

이때 결합한 수용체의 종류에 따라 자극을 받아들이는 뉴런이 흥분되기도 하고 억제되기도 한다. 그림 13.7은 아세틸콜린과 같은 신경전달물질이 소듐 통로를 열어 소듐 이온이 자극을 받아들이는 뉴런으로 유입되어 흥분이 일어나는 경우를 보여준다. 반대로 신경전달물질이 포타슘 이온의 유출을 일으키는 경우에는 자극 전달이 억제된다.

신경전달물질이 일단 시냅스 틈새로 방출되어 다음 뉴런의 반응을 유도하고 난 뒤에는 틈새(cleft)에서 제거된다. 일부 시냅스에서는 시냅스후 세포막에 신경전달물질을 신속히 불활성화시키는 효소가 존재한다. 예를 들어 **아세틸콜린에스테라아제**(acetylcholinesterase, AChE)는 아세틸콜린을 분해한다. 다른 시냅스에서는 시냅스전 세포막에서 신경전달물질의 신속한 재흡수가 일어나 시냅스 소낭에 다시 포장되거나 분해된다.

시냅스에서 신경전달물질이 신속하게 제거되어야 하는 이유는 자극의 전달이 필요 이상으로 지속되는 것을 막기 위함이다. 자극을 받아들이는 뉴런은 상황의 변화에 빠르게 대처해야 하는데, 만일 시냅스 틈새에 이전 자극의 결과로 방출된 신경전달물질이 아직도 남아 있다면 적절한 반응을 나타낼 수 없다.

신경전달물질

생명체의 신경전달물질로 알려지거나 의심되는 화합물은 100여 가지가 넘으며 이 중에 아세틸콜린, 노르에피네프린, 도파민, 세로토닌, 글루탐산, 감마아미노부틸산(gamma-aminobutyric acid, GABA) 등이 사람에서 보다 일반적으로 작용하는 신경전달물질로 알려져 있다. 신경전달물질들은 신경 사이에서 신호를 전달하며, 신경-근육, 신경-기관, 신경-분비샘 사이 시냅스들 또한 신경전

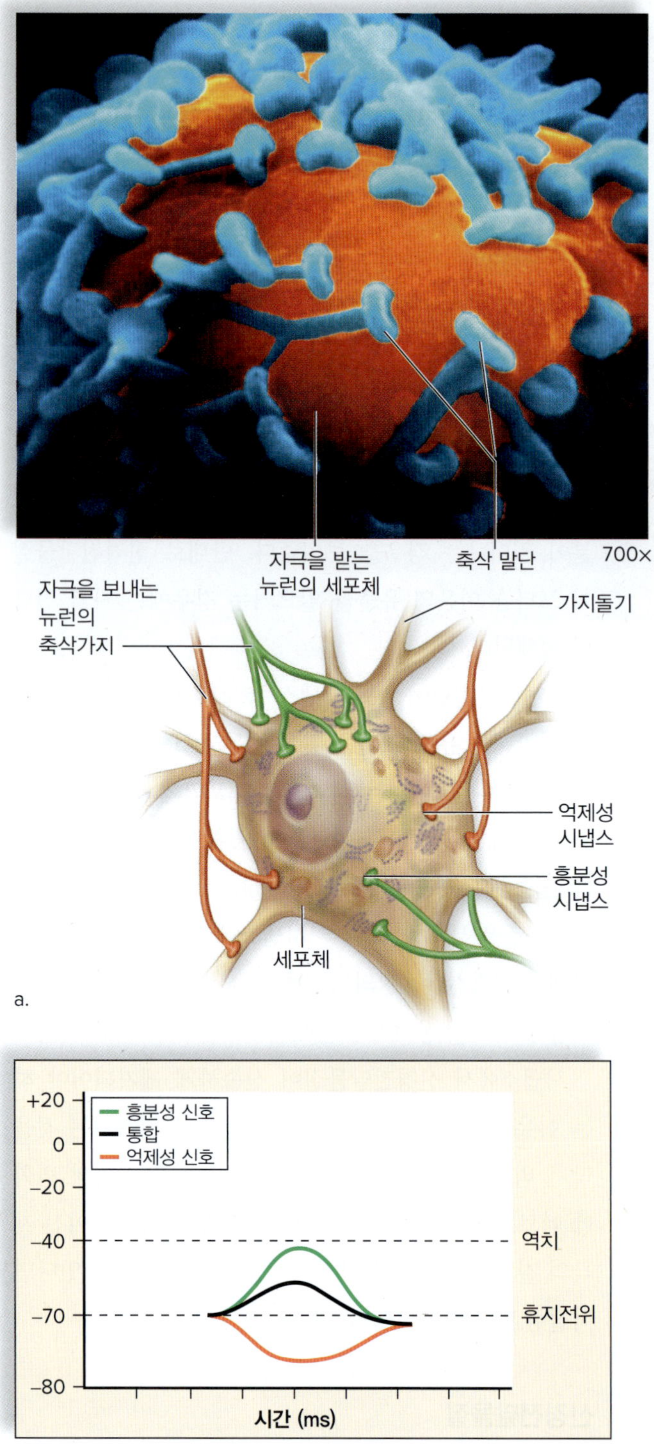

b.

그림 13.7 시냅스에서 전달된 흥분성과 억제성 신호의 통합.
a. 흥분성 신호와 억제성 신호가 시냅스후 뉴런의 가지돌기와 세포체에서 합쳐진다. 이렇게 합쳐진 신호로 인해 막전위가 역치 이상으로 상승하는 경우에만 활동전위가 형성된다. **b.** 이 그림은 역치에 도달하지 못한 경우이다.
(사진) (a): Omikron/Science Source

달물질을 통해 연결된다.

아세틸콜린(acetylcholine, ACh)과 **노르에피네프린**(norepinephrine)은 중추신경계통과 말초신경계통에서 모두 작용하며, 말초신경계통 내에서는 신경근이음부라고 하는 시냅스에 작용한다. 신경근이음부의 구조는 12.2절에서 살펴본다.

말초신경계통에서 아세틸콜린은 뼈대근육의 흥분을 촉진하지만, 심장근육은 억제한다. 또한, 민무늬근육과 분비샘은 위치에 따라 흥분시키기도 하고 억제하기도 한다.

노르에피네프린은 일반적으로 민무늬근육을 흥분시킨다. 중추신경계통에서 노르에피네프린은 꿈을 꾸고, 잠에서 깨어나는 일과 기분을 관장한다. **세로토닌**(serotonin)은 체온과 수면, 감정, 인지 활동을 조절한다. 신경계통에 영향을 미치는 약물들은 시냅스에서 작용하며, 특정 신경전달물질의 기능을 억제하거나 항진시키는 작용을 한다(13.5절 참고).

> **생활 속의 생물학**
>
> **선택적 세로토닌 재흡수 억제제는 어떻게 작용하는가?**
>
> 선택적 세로토닌 재흡수 억제제(selective serotonin reuptake inhibitors, SSRIs)는 우울증과 불안 치료제로 널리 알려진 약물의 한 종류이다. 이들은 세로토닌이 시냅스에서 방출된 후 재흡수를 차단하는 방식으로 작용한다. 이의 정확한 메커니즘은 아직 완전히 이해되지 않았지만, 이 약물들은 뉴런 표면의 재흡수 수용체와 상호작용한다는 사실이 널리 알려져 있다.

시냅스 통합

하나의 뉴런은 여러 개의 가지돌기와 하나의 세포체를 가지고 있으며(그림 13.7a), 이들은 다른 뉴런과 시냅스를 형성하여 흥분성 또는 억제성의 다양한 신호를 받아들인다. 흥분성 신경전달물질은 시냅스에서 소듐 통로를 개방하여 흥분성 신호를 생성하고, 뉴런을 역치 수준까지 이끌며(그림 13.7b의 초록색 선), 역치에 이르게 되면 활동전위가 발생한다. 반면에 억제성 신경전달물질은 포타슘 통로를 열어 뉴런에서 활동전위가 발생하지 않도록(그림 13.7b의 빨간색 선) 한다.

뉴런이 이처럼 상반된 신호들을 받아들여 합하는 것을 **통합**(integration)이라고 한다. 만일 어떤 뉴런이 받아들이는 억제성 신호보다 흥분성 신호가 더 크다면(이는 여러 개의 시냅스를 통해 들어올 수도 있고, 하나의 시냅스를 통하여 연속적으로 들어올 수도 있음), 결과적으로 신경신호가 전달될 것이다. 반대로 만일 억제성 신호가 더 크다면, 역치에 이르지 못하여 탈분극은 일어나지 않을 것이다(그림 13.7b의 검은색 선).

진도 점검하기 13.1

1. 뉴런의 세 가지 종류를 설명하고, 뉴런의 세 가지 주요 부분을 설명하시오.
2. 신경자극은 어떻게 전파되는지 설명하시오.
3. 신경자극이 어떻게 한 뉴런에서 다음 뉴런으로 전달될 수 있는지 요약하시오.

개념 연결하기

뉴런과 신경계통에 대한 자세한 내용은 다음 논의를 참고하시오.

3.4절 줄기세포가 신경조직을 재생하는 데 어떻게 이용되는지 살펴본다.

그림 12.7 신경근이음부에서 시냅스의 역할을 살펴본다.

14.1절 어떻게 말초신경계통에서 중추신경계통으로, 그리고 중추신경계통에서 말초신경계통으로 신호를 보내는지 살펴본다.

13.2 중추신경계통

학습 목표

이 절을 학습한 후 다음 사항을 할 수 있어야 한다.

1. 척수의 구조와 각 부분의 기능을 설명할 수 있다.
2. 뇌의 구조와 각 부분의 기능을 설명할 수 있다.
3. 뇌의 엽과 사람 뇌의 주요 영역을 구분하여 설명할 수 있다.
4. 일차운동령과 일차몸감각령의 기능을 구분하여 설명할 수 있다.

척수와 뇌로 이루어진 중추신경계통은 감각기를 통해서 들어온 정보를 종합하여 운동 조절이 시작되는 장소이다. 척수는 척추, 뇌는 두개골이라는 뼈로 보호되어 있다. 또한, 뇌와 척수는 모두 **뇌척수막**(meninges, 단수는 meninx)이라는 보호막으로 둘러싸여 있다. **뇌척수막염**은 뇌척수막이 세균이나 바이러스에 감염되어 발생하는 질병이다. 뇌척수막 사이 공간은 **뇌척수액**(cerebrospinal fluid)으로 채워져 완충과 보호의 역할을 한다. 병원에서 허리천자(lumbar puncture) 검사를 할 경우, 척수 부근에서 뇌척수액을 소량 추출한다. 뇌척수액은 뇌실 안과 척수 중앙관 속에도 들어 있다. 뇌는 4개의 서로 연결된 **뇌실**(ventricle)로 나뉘는데, 이곳에서 뇌척수액이 만들어져 저장된다(그림 13.8). 정상적인 경우, 필요 이상의 뇌척수액이 만들어지면 심장혈관계통을 빠져나가지만, 간혹 그 통로가 막히는 예도 있다. 물뇌증(hydrocephalus)에 걸린 어린 아기의 뇌는 뇌척수액이 차서 부풀어 있다. 어른의 뇌는 뇌척수액이 축적되어도 크기가 변하지는 않지만, 대신 두개골을 압박하여 제때 치료하지 않으면 치명적인 심각한 뇌 손상을 유발한다.

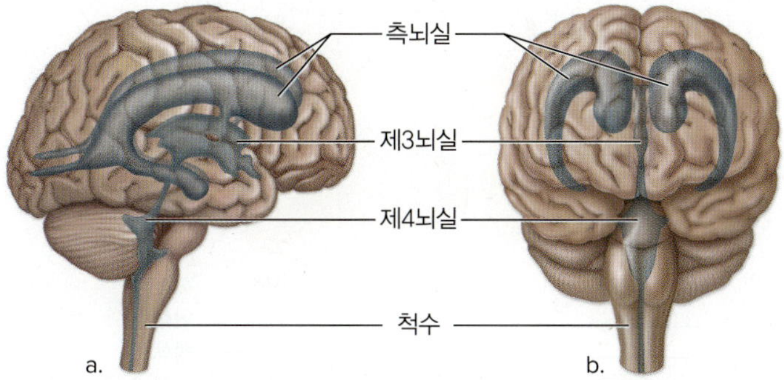

그림 13.8 뇌실.
뇌에는 4개의 뇌실이 있다. 측뇌실은 뇌의 양쪽 측면에 있으며, 제3뇌실과 연결된다. 제3뇌실은 제4뇌실의 위쪽과 연결된다. 척수 중심관은 제4뇌실의 아래쪽과 연결된다. 모든 구조의 내부에는 뇌척수액이 있다. **a.** 뇌가 투명하다고 가정할 때 옆에서 본 뇌실의 모습. **b.** 앞에서 본 뇌실의 모습.

중추신경계통은 백색질과 회색질로 이루어져 있다. **회색질**(gray matter)은 세포체와 짧고 말이집이 없는 신경섬유가 모인 부위이고, **백색질**(white matter)은 말이집으로 싸인 축삭들이 나란히 모인 다발이며, 이를 **신경로**(tract)라고 한다.

척수

척수(spinal cord)는 뇌의 아래쪽으로부터 두개골에 뚫린 큰 구멍(foramen magnum, 그림 11.4 참고)을 통해 나와서 척주관 속으로 뻗어 내려간다.

척수의 구조

척수의 단면에는 중심관과 회색질, 그리고 백색질이 나타난다(그림 13.9a). 그림 13.9b는 척추뼈들이 어떻게 척수를 보호하는지 보여준다. 척수신경은 작은 척추사이 구멍으로 척수에서 뻗어 나와 있다. 섬유연골 척추사이원반(intervertebral disc)은 척추를 구분해주며, 만일 이 원반이 터지거나 빠져나오면 척수신경을 눌러 통증과 운동 상실을 유발한다.

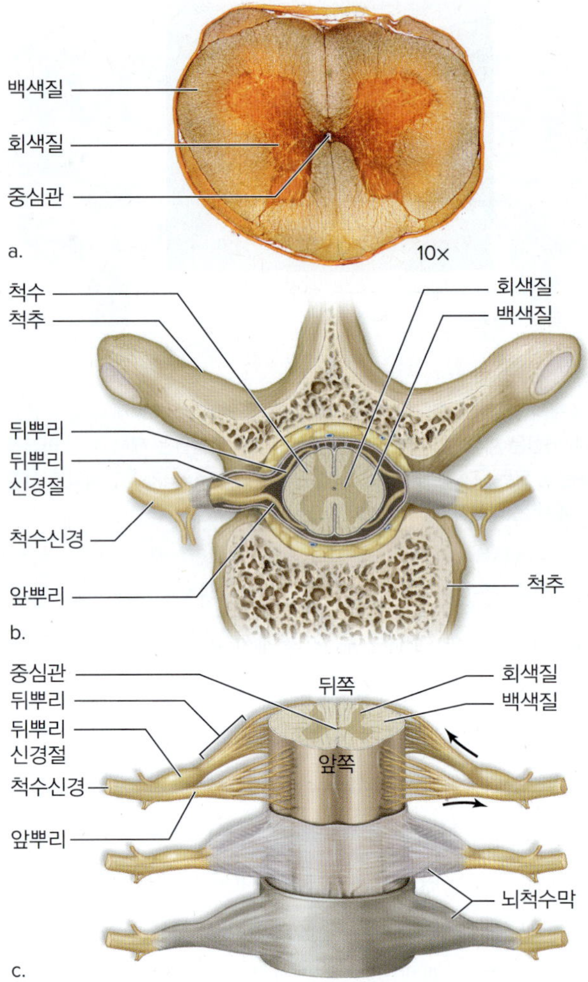

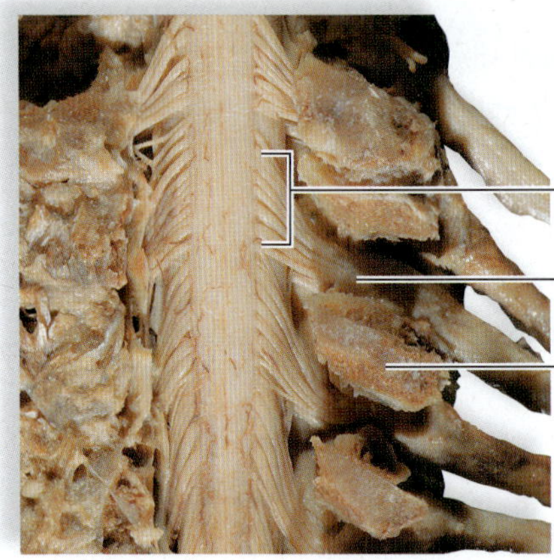

d. 뒤쪽에서 본 척수와 척수신경의 뒤뿌리

그림 13.9 척수와 척수신경에서 보이는 백색질과 회색질의 구조.
a. 척수의 단면, 백색질과 회색질의 배열을 보여준다. **b.** 척수에서 척수신경이 뻗어 나온다. **c.** 척수는 척추로 둘러싸여 보호받고 있다. **d.** 척수신경이 척수에서 뻗어 나오는 모습.
(a): Scientifica/Corbis Documentary/Getty Images; (d): Rebecca Gray/Don Kincaid/Wise Anatomy Collection/McGraw Hill

중심관에는 척수를 보호하는 뇌척수막과 마찬가지로 뇌척수액이 들어 있다. 중앙에 들어 있는 회색질은 그 단면이 *H*자 모양을 나타내는데(그림 13.9a, c), 이곳에 일부 감각뉴런과 운동뉴런, 그리고 이들을 연결해주는 연합뉴런들이 있다. 회색질로 들어가는 감각섬유가 척수신경의 뒤뿌리(dorsal root)를 이루고, 회색질을 빠져나오는 운동섬유가 척수신경의 앞뿌리(ventral root)를 이룬다. 뒤뿌리와 앞뿌리는 척수신경이 척주관을 나오기 전에 합쳐져서 혼합신경(mixed nerve)을 형성한다(그림 13.9c, d). 척수신경은 말초신경계통에 속한다.

척수의 백색질은 회색질 주변에 형성되어 있으며, 신호를 뇌에 전달하는 오름신경로(주로 등쪽에 위치함)와 뇌로부터 나오는 신호를 전달하는 내림신경로(주로 배쪽에 위치함)가 들어 있다. 대부분의 신경로가 뇌로 들어가거나 뇌에서 빠져나온 뒤 서로 교차하기 때문에 몸의 오른쪽은 왼쪽 뇌가, 그리고 몸의 왼쪽은 오른쪽 뇌가 관장한다.

척수의 기능

척수는 뇌와 척수로부터 뻗어 나온 말초신경 사이의 연결을 담당한다. 누군가 손을 건드리면 이곳에 있는 감각수용체가 신경신호를 생성하고, 이 신경신호는 감각섬유를 통해서 척수에 도달한 후 척수의 오름신경로를 따라 뇌에 전달된다(그림 13.2 빨간색 화살표 참고).

통증의 관문통제설(gate control theory)은 척추의 신경로 곳곳에 '관문(gate)'이 있어 이들이 말초신경으로부터 들어온 통증 신호가 뇌로 전달되는 것을 통제한다는 학설이다. 이 관문들이 통증 신호를 어떻게 처리하느냐에 따라 신호가 직접 뇌로 전달되기도 하고 전달이 억제되기도 한다. 통증 신호는 또한 촉각수용체나 엔도르핀으로부터 수신된 신호에 의하여 차단될 수도 있다.

뇌는 팔다리의 자발적인 통제를 조정한다. 뇌에서 시작된 운동신호는 운동섬유를 통해 척수로 내려와 근육으로 전달된다(그림 13.2 검은색 화살표 참고). 이 때문에 척수가 절단되면 감각을 느끼지 못하고 근육을 수의적으로 조절할 수 없는 마비 상태가 온다. 만일 절단된 부위가 가슴 쪽이면, 몸 아래와 다리가 마비되는 **하반신불수**가 일어난다. 반면에 절단된 부위가 목 부위 쪽이면, **사지마비**가 일어난다.

반사작용 척수는 수천 개가 넘는 **반사활**(reflex arc)들이 모인 곳이다(**그림 13.18** 참고). 감각수용체가 자극을 받아들이면서 발생한 신경신호는 감각뉴런의 축삭을 타고 척수에 도달한다. 이곳에서 연합뉴런이 들어온 정보들을 종합한 뒤 이 신호를 운동뉴런에 전달하면 운동뉴런의 축삭이 뼈대근육을 수축시켜 자극에 대한 반응이 일어난다. 반사활에 있는 운동뉴런들은 민무늬근육, 기관, 분비샘에도 영향을 미칠 수 있다. 척수에 있는 연합뉴런들은 여러 개의 다른 뉴런들과 시냅스를 형성하고 있어서 다른 연합뉴런과 운동뉴런에 신호를 보낼 수 있다.

척수는 내부 기관에도 비슷한 반사활을 생성할 수 있다. 예를 들어 혈압이 떨어지면 목동맥과 대동맥에 있는 내부 수용체가 이를 감지하고 신경신호를 생성하여 감각섬유를 통해 척수를 지나 오름신경로를 타고 뇌의 심장혈관중추로 보낸다. 이후 신경신호는 내림신경로를 타고 척수로 내려와서 운동신호를 일으키며, 결과적으로 혈관이 수축되어 혈압이 상승한다.

뇌

사람의 **뇌**(brain)는 생명과학에서 마지막으로 남은 미개척 영역이라고 한다. 현대 신경생물학의 궁극적인 목표는 뇌의 다양한 부위별로 그 기능과 구조를 완벽하게 이해하여 사람들의 고통을 초래하는 수천 가지의 정신 질환을 예방 또는 치료할 방법을 찾아내는 것이다. 이 절에서는 지금까지 뇌에 관하여 알려진 사실들과 현대적 연구내용 중 극히 일부만을 소개하고 있다.

뇌의 각 부위는 대뇌, 사이뇌, 소뇌, 뇌줄기로 구분된다. 뇌에는 또한 4개의 뇌실이 있으며(그림 13.8 참고), 각각 2개의

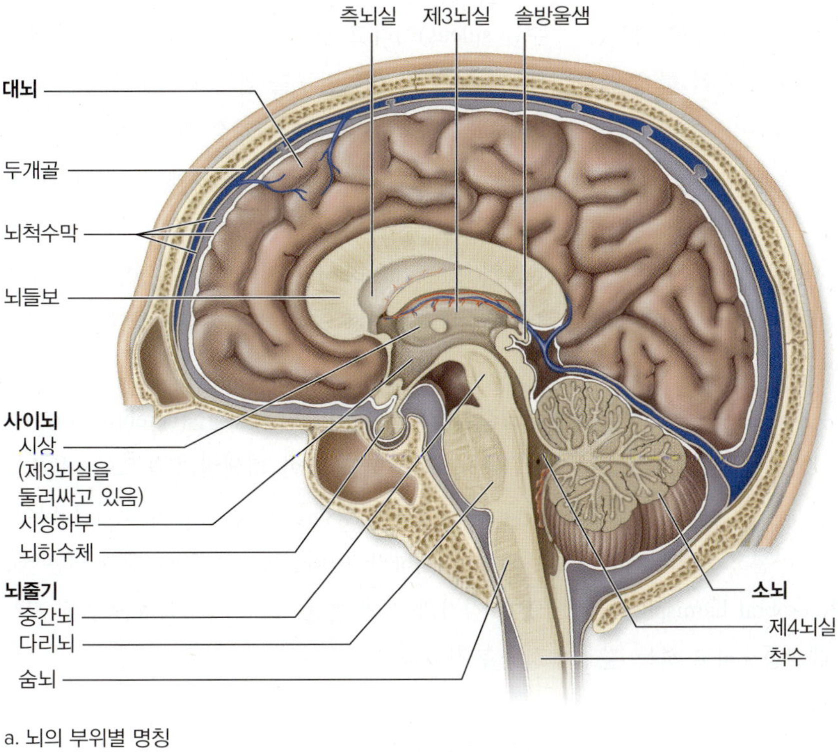

a. 뇌의 부위별 명칭

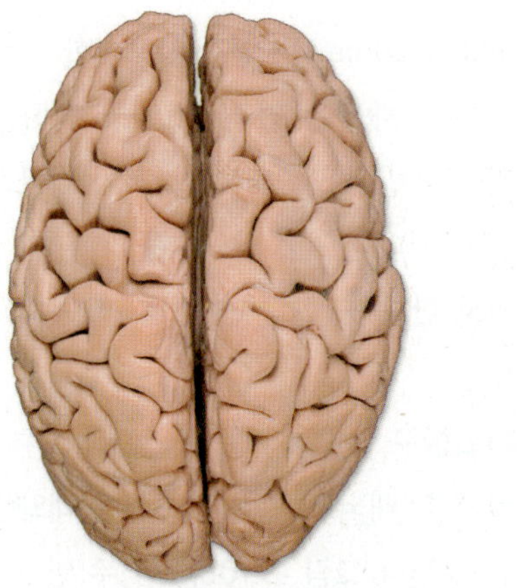

b. 대뇌반구

그림 13.10 사람의 뇌.
a. 대뇌는 사람 뇌의 가장 큰 부분을 차지한다. **b.** 위쪽에서 바라본 대뇌의 왼쪽 및 오른쪽 반구. 두 반구는 뇌들보(뇌량)로 서로 연결되어 있다.
(b): Christine Eckel/McGraw Hill

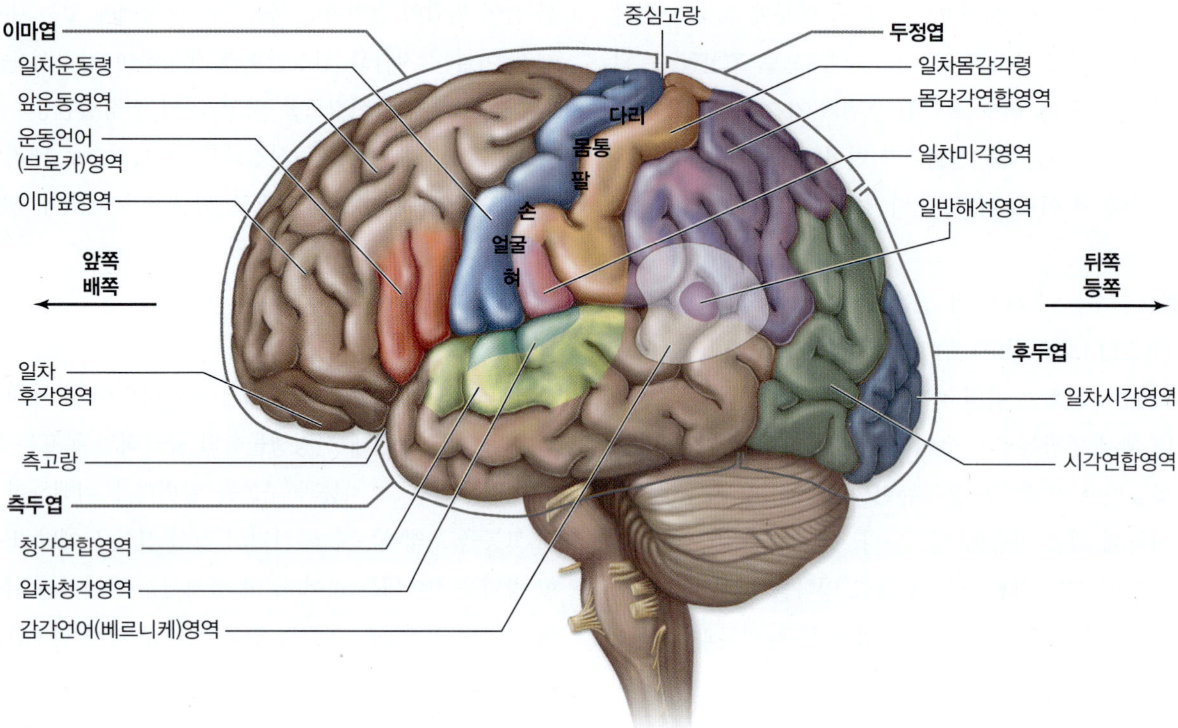

그림 13.11 대뇌반구의 뇌엽.
각 대뇌반구는 이마엽, 두정엽, 후두엽, 측두엽의 4개 뇌엽으로 구성되어 있다. 이마엽의 중추는 움직임, 높은 수준의 추론능력과 후각을 조절한다. 두정엽의 뉴런은 몸감각, 측두엽의 뉴런은 청각, 후두엽은 시각을 관장하는 중추를 가진다.

측뇌실과 제3뇌실, 제4뇌실로 불린다. 2개의 측뇌실과 대뇌, 제3뇌실과 사이뇌, 제4뇌실과 뇌줄기와 소뇌를 각각 함께 연관 지어 생각하면 편하다(그림 13.10a).

대뇌

대뇌(cerebrum)는 인간을 포함한 포유류에서 뇌의 가장 큰 부분이다. 대뇌는 감각신호가 도달하는 마지막 중추이자 수의적 운동반응을 명령하기 전에 받아들인 모든 신호가 종합되는 곳이다. 또한, 뇌의 다른 부분과 소통하고 활동을 조정하기도 한다.

대뇌반구 사람의 몸이 왼쪽과 오른쪽 두 부분으로 이루어진 것처럼, 대뇌도 왼쪽과 오른쪽 **대뇌반구**(cerebral hemisphere)로 나뉜다(그림 13.10b). 이 두 반구는 세로틈새라고 하는 깊게 파인 고랑으로 구분되며, **뇌들보**(corpus callosum)라는 광범위한 신경관 다리로 서로 연결되어 있다.

대뇌의 특징적인 외관으로는 크게 주름 접힌 구조인 대뇌이랑(gyri, 단수는 gyrus)이 있으며, 이들은 **대뇌고랑**(sulci, 단수는 sulcus)이라고 불리는 얕은 고랑으로 나뉘어 있다. 또한 대뇌고랑은 각 대뇌반구를 엽으로 나눈다(그림 13.11). 이마엽(frontal lobe)은 이 중에서 가장 앞쪽에 있는 뇌엽으로 이마 바로 뒤에 있다. 이마엽보다 뒤쪽에 **두정엽**(parietal lobe)이, 그 뒤쪽에, 즉 머리 뒤편에는 **후두엽**(occipital lobe)이 있다. **측두엽**(temporal lobe)은 이마엽과 두정엽 아래쪽, 다시 말해서 귀와 관자놀이가 있는 부분에 위치한다.

대뇌겉질 뇌의 바깥층인 **대뇌겉질**(cerebral cortex)은 두께가 얇고 매우 복잡하게 접힌 회색질의 층으로 대뇌반구를 덮고 있다. 회색질을 구성하고 있는 뉴런의 축삭은 말이집이 없다는 것을 기억하라. 대뇌겉질에는 10억 개가 넘는 세포체가 있으며, 감각과 수의 운동, 그리고 의식과 연관된 모든 사고 과정을 관장한다.

일차운동령과 감각영역 대뇌겉질에는 운동영역과 감각영역, 연합영역이 있다. **일차운동령**(primary motor area)은 이마엽에서 중심고랑(central sulcus) 바로 앞쪽에 위치한 부분으

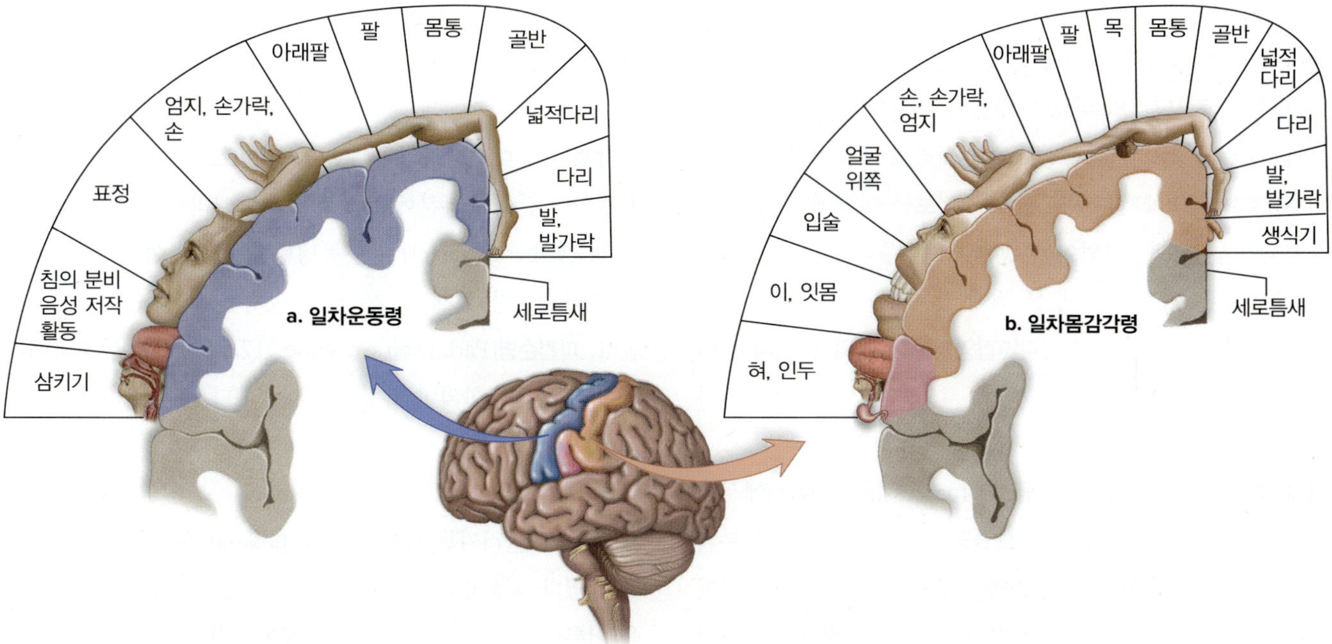

그림 13.12 뇌에서의 일차운동령과 일차몸감각령.
a. 일차운동령(파란색)은 이마엽에, **b.** 일차몸감각령은 두정엽에 위치한다. 일차미각영역은 분홍색으로 표시되어 있다. 각 영역이 담당하는 몸 부위의 크기를 해당 겉질의 상대적 면적으로 나타냈다.

로, 뼈대근육을 움직이는 수의 명령이 이곳에서 나간다. 우리 몸의 각 부분은 이 영역의 특정 부분에 의해서 조정된다(그림 13.12a). 이 그림에서 대뇌겉질의 큰 부분이 정교하고 섬세한 움직임을 수행하는 구조를 조절하는 것을 볼 수 있을 것이다. 그래서 얼굴운동(연하, 침 분비, 표정)을 조절하는 근육들은 일차운동령의 많은 부분을 차지한다. 마찬가지로 손의 움직임 또한 상당히 큰 정확성이 요구되는데, 이 두 구조를 조절하는 명령을 내리는 부분이 거의 일차운동령의 2/3를 차지한다.

> **생활 속의 생물학**
>
> **왜 한쪽 뇌에 뇌졸중이 일어나면 다른 쪽 몸에 영향을 미치는가?**
>
> 일차운동령에서 내려오는 내림운동신경로와 일차몸감각령에서 올라오는 오름감각신경로는 척수와 숨뇌에서 교차한다. 오른쪽 대뇌반구의 운동뉴런은 교차로 인해 신체의 왼쪽을 지배하고, 반대의 경우도 그렇다. 마찬가지로 신체의 왼쪽 절반에서 오는 감각은 오른쪽 대뇌반구로 전달된다. 뇌졸중에 의한 뇌 조직의 파괴는 반대쪽 신체로 나가는 운동신호와 그쪽으로부터 들어오는 감각정보의 전달을 방해한다.

일차몸감각령(primary somatosensory area)은 중심고랑의 바로 뒤쪽, 두정엽에 있으며 피부와 뼈대근육을 통해서 들어온 감각정보가 이곳으로 들어온다. 우리 몸 모든 부위의 감각을 인지하는 영역이 그림 13.12b에 보이는 것처럼 순서대로 늘어서 있다. 일차운동령과 마찬가지로, 일차감각겉질의 넓은 영역들도 급성 감각이 있는 신체 부위에 할당된다. 다시 한번 강조하지만, 얼굴과 손은 감각겉질의 가장 큰 영역을 차지한다.

그 밖의 다른 일차감각(미각, 시각, 청각, 후각)을 받아들이는 영역은 대뇌겉질의 다른 곳에 위치하며(그림 13.11 참고), 두정엽의 일차미각영역(분홍색)은 미각에 해당한다. 시각정보는 후두엽의 일차시각겉질(파란색)에서 인지되며, 측두엽의 일차청각영역(초록색)은 귀로부터 정보를 받아들인다. 후각은 이마엽의 표면 깊숙한 곳에 있는 일차후각영역(노란색)으로 전달된다.

연합영역 **연합영역**(association area)은 감각정보의 통합이 이루어지고 기억이 저장되는 곳이다. 일차운동령의 앞쪽에 앞운동영역(premotor area)이 있는데, 걸어가면서 동시에 말을 하는 것처럼 숙달을 요하는 움직임을 관장하며, 앞운동영역에서 보낸 정보는 소뇌로 전달되어 통합된다. 아기가 태어날 때 일시적으로 산소 공급이 중단되면 대뇌겉질의 운동령을 손상시켜 팔과 다리의 경련성 쇠약을 일으키는 뇌성마비가 생긴다. 일차몸감각령의 바로 뒤쪽에 있는 **몸감각연합영역**은 피부와 근육이 감지한 감각정보를 분석하고 처리한다. 후두엽의 **시각연합영역**에서는 새로운 시각정보를 이전에 보았던 시각정보와 연결하는 작업이 수행된다. 즉, 우리가 어떤 얼굴이나 광경 또는 기호를 전에 본 적이 있는지를 '판단'하는 것이다. 마찬가지로 측두엽의 **청각연합영역**은 소리와 관련되어 비슷한 기능을 수행한다.

처리 중추 대뇌겉질의 처리 중추(processing center)에서는 여러 연합영역에서 통합한 정보들을 더 높은 수준에서 분석하는 작업을 수행한다. **이마앞영역**(prefrontal area)은 이마엽에 있는 연합영역으로, 다른 연합영역들로부터 온 정보를 이용하여 행동을 계획하고 추론하는 기능을 담당한다. 인간만의 가장 소중한 능력들인 추론, 비판적 사고, 적절한 행동의 도출은 이 영역이 수행하는 정보 통합 능력에 기인한다.

인간의 유일무이한 능력인 언어능력은 대뇌 왼쪽 반구에 있는 2개의 처리 영역에 부분적으로 의존한다. 왼쪽 측두엽의 뒤쪽에 있는 **베르니케영역**(Wernicke's area)과 왼쪽 이마엽에 있는 **브로카영역**(Broca's area)이 그것이다. 이 중 브로카영역은 입술, 혀, 후두 등 말을 하는 데 필요한 근육을 조절하는 일차운동령의 바로 앞쪽에 놓여 있다(그림 13.11 참고). 베르니케영역은 우리가 문자로 쓰인 언어와 귀로 듣는 언어를 이해하여 이 정보를 브로카영역으로 전달한다. 브로카영역에서는 이를 문법에 맞도록 손질한 뒤, 일차운동령으로 하여금 말을 하거나 글을 쓰는 데 필요한 근육을 움직이도록 자극을 내보낸다.

중심 백색질 대뇌의 나머지 대부분은 백색질로 이루어져 있다. 어린아이가 성장함에 따라 백색질이 발달하고 축삭의 말이집화가 일어나면서 이와 함께 뇌의 크기가 커지고 복잡해진다. 예를 들어 언어 발달에 관련된 신경로의 뉴런들이 말이집화 되면서 아이들은 말을 더 잘할 수 있게 된다. 일차운동령에서 나오는 내림신경로는 대뇌의 아래쪽 중추들과 소통하고, 뇌의 아래쪽 중추에서 나오는 오름신경로는 감각정보를 일차몸감각령까지 전달한다. 또한 대뇌 속에 있는 신경로들은 그림 13.11에 나타난 다양한 감각, 운동, 연합영역들 사이에 정보를 전달하기도 한다. 뇌들보의 신경로들은 대뇌의 왼쪽 반구와 오른쪽 반구를 서로 연결한다.

바닥핵 각 대뇌반구의 대부분은 신경로로 구성되어 있지만, 백색질의 깊숙한 부분에는 회색질의 덩어리들이 존재한다. 이들 **바닥핵**(basal nuclei)은 운동명령을 통합하여 근육이 적절히 자극되거나 억제되도록 하여 운동을 조정하고 유연하게 한다. **파킨슨병**(Parkinson's disease, 17.5절 참고)은 바닥핵의 특정 뉴런이 퇴화되어 발생하는 질병이다.

사이뇌

제3뇌실을 둘러싸는 **사이뇌**(diencephalon)에는 시상과 시상하부가 있다. **시상하부**(hypothalamus)는 제3뇌실의 아래쪽 바닥을 이루며 배고픔과 수면, 갈증, 체온, 체내 수분 균형을 조절하여 몸의 항상성 유지를 위한 정보를 통합하는 중추이다. 시상하부는 뇌하수체를 조절하여 신경계통과 내분비계통을 연결한다.

시상(thalamus)은 제3뇌실의 옆과 위에 붙은 2개의 회색질 덩어리로 구성된다. 시상은 냄새를 제외한 모든 감각이 최종적으로 도달하는 장소로, 시각과 청각, 몸감각의 정보들이 뇌신경과 척추에서 나오는 신경로를 타고 이곳으로 전달된다. 시상은 이 정보들을 통합하여 대뇌의 적절한 부위로 전달한다. 또한 뇌의 각성에 관여하고, 기억이나 감정과 같은 고등한 정신적 기능에도 참여한다.

사이뇌에는 멜라토닌이라는 호르몬을 분비하는 솔방울샘(pineal gland)이 있다. 최근 들어 멜라토닌이 사람의 일주기리듬에 미치는 영향에 관해서 많은 대중적 관심이 형성되고 있다. 연구자들은 이 호르몬이 시차 극복과 불면증 해소에 도움이 될 수 있다고 여기며, 또한 멜라토닌이 사춘기가 시작되는 시기를 조절할 가능성에 대해서도 흥미를 가지고 있다.

소뇌

소뇌(cerebellum)는 대뇌 후두엽의 아래에 있으며, 제4뇌실에 의하여 뇌줄기와 분리되어 있다. 소뇌도 가느다란 중앙부에 의해서 연결된 두 부분으로 나뉘는데, 이 둘은 모두 주로 백색질로 구성된다. 소뇌의 백색질은 그 종단면이 **소뇌나무**(arbor vitae)라고 하는, 마치 나무와 비슷한 모양으로 나타난다. 백색질의 바깥쪽은 복잡하게 접힌 회색질의 얇은 층으로 싸여 있다.

소뇌는 눈과 귀, 관절, 근육으로부터 현재 몸의 각 부위가 어떤 자세를 취하고 있는지를 알려주는 감각을 받아들이는 한편, 이들 부위를 어떻게 움직여야 할지를 알려주는 대뇌겉질로부터의 신호를 수용한다. 이 정보를 종합한 뒤 소뇌는 뇌줄기를 통해서 뼈대근육으로 운동신호를 내보낸다. 이러한 방법으로 소뇌는 자세와 균형을 유지하며, 여러 근육의 유연하고 조화된 수의운동을 만들어낸다. 피아노를 연주하거나 야구공을 치는 것과 같은 새로운 운동 기술을 학습할 때도 소뇌의 도움이 필요하다.

뇌줄기

뇌줄기(brain stem)는 중간뇌, 다리뇌, 숨뇌를 포함하는 구조로, 신경로가 이곳에서 교차한다(그림 13.10a 참고). **중간뇌**(midbrain)는 대뇌와 척수 또는 대뇌와 소뇌 사이를 지나는 신경로들을 연계해주는 간이역과 같은 곳이다. 또한, 중간뇌에는 시각, 청각, 촉각 반응을 위한 반사중추도 있다. **다리뇌**(pons, 라틴어로 *pons*는 '다리'를 의미함)는 소뇌와 중추신경계통의 나머지 부분 사이를 지나는 축삭 다발을 포함한다. 다리뇌는 숨뇌와 함께 호흡 속도를 조절하며, 다리뇌의 반사중추는 시각과 청각을 통해 들어온 자극에 대응하여 머리의 움직임을 조정한다.

숨뇌(medulla oblongata, 연수)에는 심장박동과 호흡, 혈관수축을 통한 혈압 조절에 관여하는 여러 반사중추가 존재한다. 또한 구토와 기침, 재채기, 딸꾹질, 물질을 삼키는 작용과 관련된 반사중추도 포함된다. 숨뇌는 척수 바로 위에 있어서 척수와 상위 뇌 중추 사이의 오름신경로와 내림신경로가 숨뇌에 포함된다. 신경로는 함께 지나는 축삭들의 다발이며, 감각정보는 오름신경로로, 운동정보는 내림신경로로 전달된다.

그물체 **그물체**(reticular formation)는 회색질이 뭉쳐진 핵과 뇌줄기의 길이를 확장하는 섬유가 복잡하게 얽힌 그물구조이다(그림 13.13). 그물체는 그물활성계통(reticular activating system, RAS)의 주요 구성요소로, 감각신호들을 받아들여 보다 상위에 있는 중추로 전달하는 한편, 운동신호를 받아 척수에 전달한다.

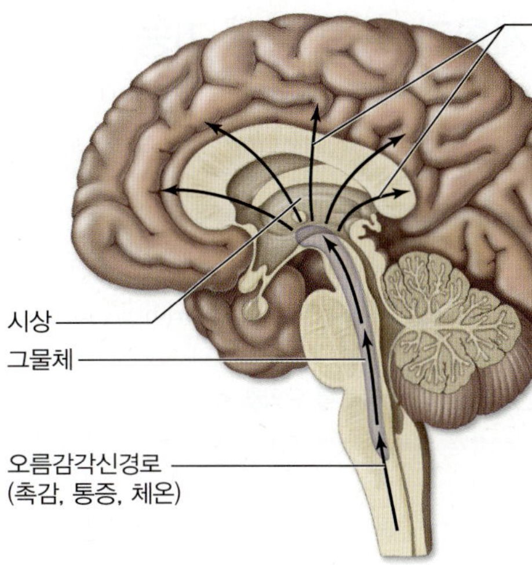

그림 13.13 뇌에서의 그물체.
그물체는 중추신경계통의 여러 부위로 운동 및 감각정보를 전달한다. 이 중 한 부위인 그물활성계통(화살표 참고)은 대뇌를 깨워 수면 상태와 각성 상태를 조절한다.

그물활성계통은 시상을 통해서 대뇌를 각성시켜 깨어 있는 상태를 만든다. 그물활성계통을 깨우려면 자명종 시계 소리나 밝은 빛이 필요하다. 또 소금의 냄새를 맡거나 얼굴에 찬물을 끼얹어도 뇌를 각성시킬 수 있다. 그물활성계통은 불필요한 감각신호를 걸러낼 수 있는데, TV를 켜놓은 채로 공부할 수 있는 것은 바로 이 때문이다. 마찬가지로 그물활성계통 덕분에 특별히 방해되는 소리가 아닌 한 주변 사람들의 소리를 감지하지 않고 시험을 볼 수도 있다. 그물활성계통을 불활성화시켜 잠이 들고 싶다면 빛과 소리를 차단하면 된다. 일반적인 마취제는 인위적으로 그물활성계통을 억제하는 약물이다. 그물활성계통에 심각한 손상을 입으면 회복될 수 없는 혼수상태에 빠지게 된다.

진도 점검하기 13.2

1. 척수의 기능을 설명하시오.
2. 뇌의 주요 영역을 요약하고, 각각의 일반적인 기능을 설명하시오.
3. 인체의 항상성 유지에 그물활성계통이 어떻게 관련되어 있는지 설명하시오.

개념 연결하기

중추신경계통에 대한 자세한 내용은 다음 논의를 참고하시오.

9.5절 중추신경계통이 어떻게 호흡을 조절하는지 살펴본다.

17.5절 노화와 알츠하이머병과 같은 질병이 뇌에 어떤 영향을 미치는지 살펴본다.

13.3 둘레계통과 고등 정신 기능

학습 목표

이 절을 학습한 후 다음 사항을 할 수 있어야 한다.

1. 둘레계통의 구조를 설명할 수 있다.
2. 기억, 언어, 말하기에 둘레계통이 어떻게 관련되어 있는지 설명할 수 있다.
3. 둘레계통과 관련된 기억의 종류를 요약할 수 있다.

둘레계통은 사람의 감정(공포, 즐거움, 슬픔)과 고차원적인 정신작용(추론, 기억)을 통합한다. 둘레계통에 의해 성적 행위와 먹는 행동과 같은 활동은 즐겁게 느껴지며, 정신적인 스트레스는 혈압상승을 초래할 수 있다.

둘레계통

대뇌 깊숙한 곳에 있는 **둘레계통**(limbic system, 변연계)은 진화상 그 기원이 오래된 구조로, 해부학적으로 독립된 형태라기보다는 연관된 기능을 가진 영역을 모아서 지칭하는 개념이다(그림 13.14). 둘레계통은 매우 원시적인 감정과 고차원적인 정신작용을 섞어 일체화한다. 성적 행위와 먹는 행동에서 즐거움을 느끼게 하고, 반대로 기분 좋지 않은 감각이나 감정(통증, 좌절, 증오, 절망)은 스트레스 반응을 내게 한다.

둘레계통을 구성하는 두 가지 중요한 구조는 편도체와 해마이다. 특히 **편도체**(amygdala)는 사람의 경험에 감정이라는 층을 덧씌우는 역할을 하며, 두려운 감정을 형성하기도 한다. 바로 이 중추에서 과거의 경험을 통해 알고 있는 사실을 이용하여 현재 상황을 평가할 수 있도록 한다. 편도체는 '싸움-도망 반응(fight-or-flight reaction)'을 필요시 유도하기도 하는데, 만일 밤늦은 시간에 길을 걷다가 뒤를 돌아보았을 때 복면을 쓴 사람이 따라오고 있다면 편도체는 당장 뛰어서 도망치라고 명령할 것이다. 그러나 때로는 이마엽겉질이 둘레계통을 압도하여 상황을 재점검해 보고 과도한 반응을 나타내는 것을 자제하도록 만들 수도 있다.

해마(hippocampus)는 기억과 학습에 중요한 역할을 담당하는 것으로 알려져 있다. 해마는 학습이 일어나는 동안 정보의 관문 역할을 하면서 상황에 관한 정보 중 어느 것을 기억으로 저장할 것인지, 이 정보를 뇌의 다른 어떤 부위를 이용하여 암호화하고 저장할 것인지를 결정한다. 해마는 이마엽겉질과 신호를 주고받을 수 있는데, 그 이유는 우리가 어떤 결정을 내릴 때 기억이 매우 중요한 역할을 하기 때문이다.

고등 정신 기능

생명과학의 다른 분야와 마찬가지로, 뇌에 관한 연구도 기술의 혁신에 힘입어 진보해 왔다. 신경과학자들은 이제 인간의 뇌를 연구하기 위해 다양한 기술을 마음대로 사용할 수 있으며, 여기에는 뇌의 기능을 기록할 수 있는 현대적 기술도 포함된다.

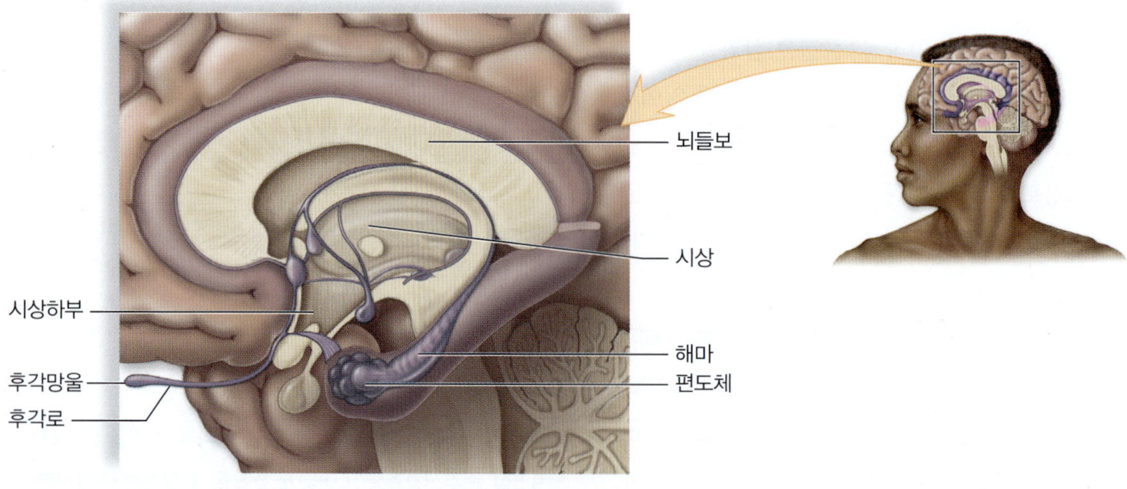

그림 13.14 둘레계통과 관련된 뇌 영역.
둘레계통(보라색)에서 왼쪽 및 오른쪽 대뇌반구의 깊은 곳에 있는 부분과 사이뇌를 둘러싼 부분들은 공포나 쾌감과 같은 보다 원초적인 감정과, 추론과 같은 고등 정신 기능을 결합해준다. 따라서 원초적인 감정은 우리의 행동에 영향을 미칠 수 있지만, 이성은 그것들을 억제할 수도 있다.

기억과 학습

뇌들보의 연결된 신경로들이 두 대뇌반구가 함께 작용한다는 증거인 것처럼, 둘레계통은 겉질 부위가 학습과 기억을 생성하기 위해 하부 중추와 함께 작용할 수 있음을 나타낸다. **기억**(memory)은 어떤 생각을 마음에 새기거나 과거의 사건을 떠올릴 수 있는 능력을 말하며, 그 대상은 바로 어제 새로 배운 단어에서부터 우리의 인생을 형성하는 어린 시절의 감성적인 경험에 이르기까지 매우 다양하다. **학습**(learning)은 이러한 과거의 기억을 유지하고 이용할 때 일어난다.

기억의 종류 누구든지 일곱 자리 숫자로 된 전화번호를 짧은 시간 동안 외워본 경험이 있을 것이다. 영어에서는 이런 경우를 '뇌의 가장 앞쪽에 넣어둔다'고 표현하는데, 이는 사실 옳은 말이다. **단기기억**(short-term memory)이 형성될 때 활발하게 작용하는 이마앞영역은 실제로 이마 바로 뒤편에 있다. 어떤 경우에는 전화번호를 외워버려서 **장기기억**(long-term memory)으로 전환된 전화번호들도 있다. 이 전화번호들을 그것과 관련된 사람 또는 장소를 떠올리지 않으면서 단지 숫자만을 기억해내는 것은 불가능하다. 그 이유는 대부분의 장기기억은 **의미기억**(semantic memory: 숫자, 단어 등)과 **일화기억**(episodic memory: 사람, 사건 등)이 혼합된 상태이기 때문이다.

숙련기억(skill memory)이란 또 다른 형태의 기억으로, 일화기억과 별개로 존재한다. 숙련기억은 자전거를 타거나 아이스하키를 할 때처럼 몸을 움직이는 것과 관련이 있다. 이런 기술을 처음 배울 때는 기술이 완성된 후보다 훨씬 넓은 범위의 대뇌겉질이 관여한다. 달리 말하자면 기술을 처음 배울 때는 행동 하나하나를 일일이 생각해가며 움직여야 하지만, 일단 그것을 익히고 나면 자동으로 실행된다는 뜻이다. 숙련기억에는 의식 수준의 아래에 있는 대뇌의 모든 운동영역이 관여한다.

장기기억의 저장과 재생 장기기억은 여러 개의 조각으로 나뉘어 대뇌겉질의 감각연합영역에 흩어져 저장되어 있다. 시각적 지각은 시각연합영역에 저장되고, 소리는 청각연합영역에 저장된다. 이전에 언급한 바와 같이, 해마는 감각연합영역(기억이 저장되는 곳)과 이마앞영역(기억이 사용되는 곳) 사이를 연결하는 역할을 담당한다. 기억이 저장될 때와 저장된 기억을 떠올릴 때 이마앞영역은 해마와 연락을 주고받는다. 어떤 기억이 강렬한 감정을 불러일으키는 이유는 공포의 조건화, 위험과 뇌의 여러 부분이 받아들이는 감각 자극과의 연관을 편도체가 수행하기 때문이다.

> **생활 속의 생물학**
>
> **기억상실이란 무엇인가?**
>
> 기억상실은 기억 경로의 붕괴로 인한 것이며, 일시적이거나 영구적일 수 있다. 순행성기억상실증에서 둘레계통 손상은 부상 이전에 발생한 사건에 대한 장기기억을 지금 여기서 발생하는 사건으로부터 분리한다. 순행성기억상실증에 걸린 사람은 과거의 사건(오래전 생일날의 추억)에 대해 대화를 나눌 수 있지만, 그날 아침 메뉴를 기억할 수는 없다. 퇴행성기억상실증에서 머리의 타박 또는 이와 유사한 상해에 의한 손상은 부상 전의 다양한 시간 동안의 모든 기억을 잃도록 한다. 예를 들어 자동차 사고로 인한 머리 부상에 의해 사고 전 몇 시간에서 며칠 동안의 모든 기억을 소실할 수 있다.

장기기억 강화 뇌의 각 부분에서 담당하는 기억 기능의 이해도 중요하지만, 여러 정신 질환의 치료를 위해 중요한 단계는 기억을 세포 수준에서 이해하는 일이다. 한 시냅스가 짧은 기간 동안 집중적으로 사용되고 나면 이전보다 많은 양의 신경전달물질을 분비하게 되는데, 이 현상을 가리켜서 **장기기억 강화**(long-term potentiation)라고 한다. 장기기억 강화는 기억의 저장에도 관여하는 것으로 보인다.

언어와 말

언어는 의미기억에 의존하므로, 기억과 언어에 사용되는 뇌의 영역은 동일하다. 이 과정에 기여하는 경로가 손상되면 주변 환경의 상황을 제대로 파악할 수 없고, 이에 따라 적절히 말할 수도 없게 된다.

언어를 보고 듣는 능력은 후두엽과 측두엽의 감각중추에 의존적이다. 뇌의 베르니케영역(13.2절 참고)에 손상을 입으면 언어를 이해할 수 없게 된다. 반면 브로카영역에 손상을 입으면 언어를 말하고 쓰지 못하게 된다. 뇌의 시각중추와 베르니케영역, 브로카영역은 그림 13.15에 표시되어 있다.

언어와 말에 관련된 흥미로운 측면 중 하나는 뇌의 왼쪽 반구와 오른쪽 반구가 각기 다른 역할을 담당할지도 모른다는

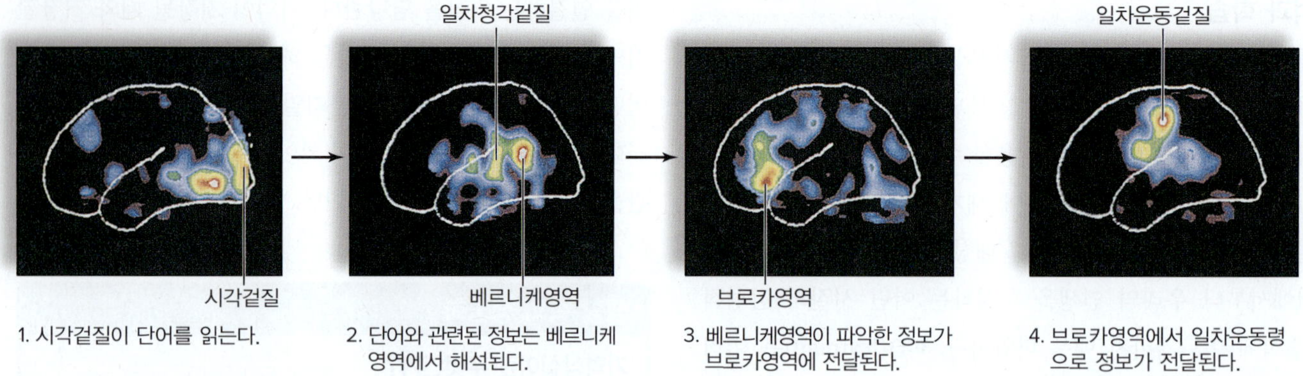

그림 13.15 읽기와 관련된 뇌의 영역.
피검사자에게 방사성 물질을 주입한 상태에서 특정 행동을 하도록 한 뒤, 양전자방출단층촬영(positron-emission tomography, PET)을 하며 고속 컴퓨터로 찍은 뇌의 영상들이다. 비활성 뇌 조직이 아닌 활성된 뇌 조직이 우선적으로 방사성 물질을 흡수하기 때문에 컴퓨터가 생성한 뇌의 단면 이미지는 뇌 활동이 어디에서 일어나고 있는지 보여준다. 위의 PET 영상들은 단어를 읽고 나서 말로 표현하는 과정에 관여하는 대뇌겉질 경로를 보여준다. 활동이 가장 활발한 부분은 빨간색으로, 그리고 덜 활발한 부분은 파란색으로 나타나 있다.
Courtesy of Marcus Raichle

점이다. 브로카영역과 베르니케영역(13.2절 참고)이 모두 뇌의 왼쪽 반구에 있음을 고려할 때, 이 부분이 언어 기능에 매우 중요할 것으로 예상된다. 뇌의 왼쪽 반구의 역할은 뇌들보를 절단하는 수술을 받은 환자들에서 연구할 수 있다. 이 수술은 간질 환자의 발작 조절에 사용되는데, 수술 후 환자들은 양쪽 대뇌반구의 직접적인 소통이 불가하여 '뇌분리' 현상을 겪는다. 이러한 증상의 환자들이 오른쪽 눈으로만 물체를 본다면, 그 물체의 이미지는 오른쪽 반구에만 전송된다. 이 환자는 예를 들어 종이를 자를 때는 가위를 집는 등 특정 용도에 맞는 물체를 선택할 수 있지만, 그 물체의 이름을 알고 말할 수는 없다.

연구자들은 뇌의 양쪽이 동일한 정보를 다르게 처리한다고 생각한다. 오른쪽 반구가 접근에 있어 더 구체적인 반면, 왼쪽 반구는 더 일반적이다. 하지만 연구 결과는 또한 뇌를 '우뇌적'과 '좌뇌적'으로 분류하는 것이 개인의 뇌 활동을 정확하게 나타내는 것은 아닐 수도 있다는 것을 보여준다.

진도 점검하기 13.3

1. 둘레계통의 기능을 요약하시오.
2. 둘레계통의 구조 중에서 싸움-도망 반응, 학습, 장기기억에 관여하는 것은 무엇인지 설명하시오.
3. 왼쪽 및 오른쪽 뇌와 말과 언어의 관계를 설명하시오.

개념 연결하기

이 절에 제시된 주제에 대한 자세한 내용은 다음 논의를 참고하시오.

17.5절 신경계통을 포함한 신체에 노화가 미치는 영향을 살펴본다.

13.4 말초신경계통

학습 목표

이 절을 학습한 후 다음 사항을 할 수 있어야 한다.

1. 척수반사 과정을 설명할 수 있다.
2. 말초신경계통의 몸신경과 자율신경을 구분할 수 있다.
3. 자율신경에서 교감신경부와 부교감신경부를 구분할 수 있다.

말초신경계통은 중추신경계통의 바깥쪽에 있는 신경들을 말한다. 이들은 그 발원지에 따라 뇌에서 발생하는 뇌신경과 척수에서 발생하는 척수신경으로 구분되며, 중추신경계통으로부터 오고 가는 신경신호를 전달한다. 지금 이 책을 읽고 있는 사람의 눈은 뇌신경을 통해 뇌에 메시지를 보내 글을 읽을 수 있고, 뇌는 척수와 척수신경을 통해 근육에 신호를 보내 책장을 넘기도록 한다.

그림 13.16은 신경의 해부도를 보여준다. 뉴런의 세포체와 가지돌기는 중추신경계통 또는 신경절에 들어 있다. **신경절**

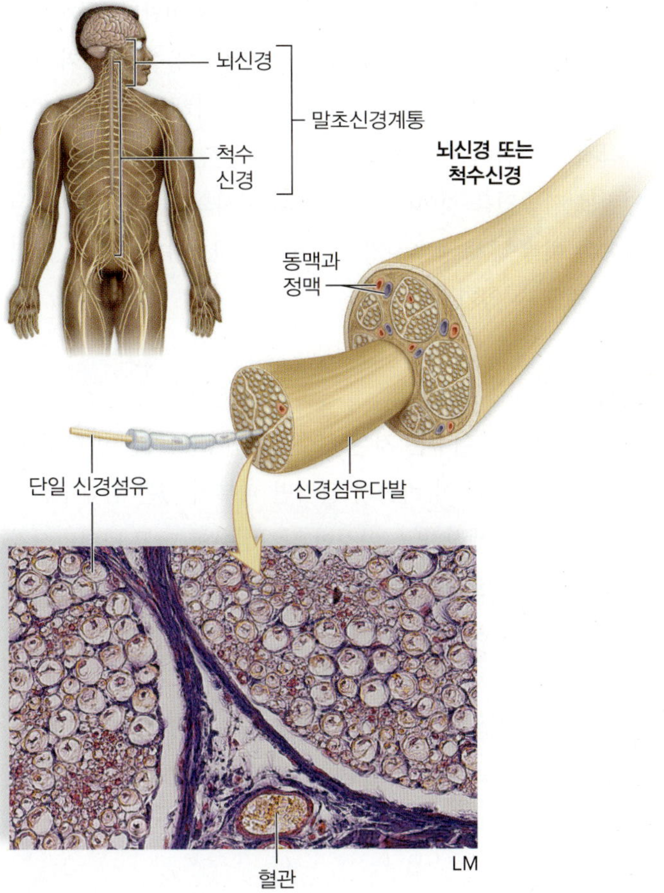

그림 13.16 신경의 구조.
말초신경계통은 뇌신경과 척수신경으로 구성된다. 신경은 결합조직에 의해서 구분되는 축삭 다발로 이루어져 있다.
(사진): PASIEKA/Science Photo Library/Getty Images

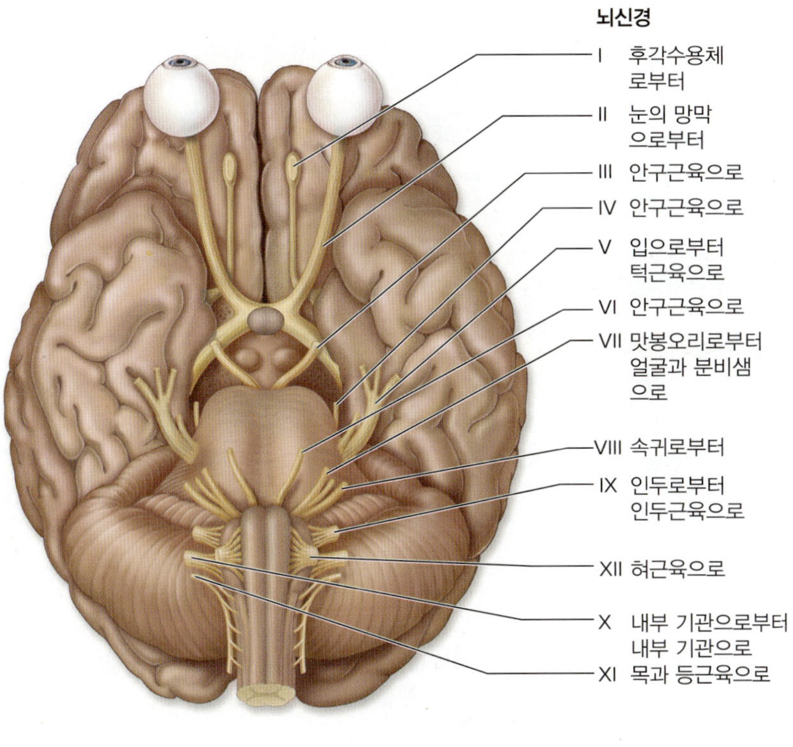

그림 13.17 뇌신경.
전체적으로 볼 때 뇌신경은 머리 부위에서 감각입력을 받고 운동출력을 보낸다. 척수신경은 몸의 나머지 부분에서 감각입력을 받고 운동출력을 보낸다. 두 가지 중요한 예외는 미주신경, 즉 내부 기관과 소통하는 X와 목과 등 근육을 조절하는 척추 부속신경 XI이다.

(ganglia, 단수는 ganglion)은 중추신경계통 밖에 있는 신경세포의 집합체이며, 신경세포의 축삭은 중추신경계통으로부터 뻗어 나와 척수를 이룬다. 그러니까 결국 뇌신경이든 척수신경이든, 모든 신경은 뉴런의 기다란 돌기인 축삭으로 이루어진 셈이다.

사람은 뇌에 붙은 12쌍의 **뇌신경**(cranial nerve)을 가지고 있으며, 로마숫자로 일련번호가 붙어 있다(**그림 13.17**). 이 중 일부는 감각신경으로 감각섬유만을 포함하고 있는 반면, 운동섬유만으로 이루어진 운동신경도 있다. 또한, 운동섬유와 감각섬유를 모두 가지는 신경도 있다. 뇌신경은 주로 머리, 목, 얼굴 부위를 관장한다. 그러나 미주신경(X)은 식도와 후두뿐 아니라 대부분의 내부 기관에까지 가지가 뻗어 있다. 미주신경은 뇌줄기, 그중에서도 시상하부와 소통하는 숨뇌에서 발원한다. 즉, 내부 기관을 조정하는 뇌의 두 부분과 연결된 셈이다.

사람의 **척수신경**(spinal nerve)은 모두 31쌍으로, 척수의 양쪽에서 뻗어 나온다(그림 13.9 참고). 척수신경의 뿌리는 감각뉴런의 축삭과 운동뉴런의 축삭을 물리적으로 분리하여 문자 *Y*와 같은 배열을 형성한다. 척수신경의 후근에는 감각수용체 정보를 안쪽(척수쪽)으로 전달하는 감각섬유가 들어 있으며, 이 감각뉴런의 세포체는 후근 신경절(뒤뿌리신경절)에 들어 있다. 한편, 척수신경의 전근(앞뿌리)은 자극을 척수로부터 효과기로 전달하는 운동섬유가 들어 있다. 그림 13.9에서 전근과 후근이 결합하여 척수신경을 이루는 것을 보여준다. 모든 척수신경은 감각섬유와 운동섬유를 둘 다 가지기 때문에 혼합신경이라고 부른다. 각 척수신경은 특정한 몸 부위를 조절한다. 예를 들어 갈비뼈의 늑간근육은 가슴신경에 의해 자극된다.

> **생활 속의 생물학**
>
> **아스피린은 어떻게 작용하는가?**
>
> 아스피린은 아세틸살리실산(acetylsalicylic acid, ASA)이라는 화학물질로 만들어진다. 손상된 조직은 프로스타글란딘이라는 지방산을 다량 생성한다. 프로스타글란딘은 뇌가 통증으로 해석하는 조직의 손상이 발생했을 때 말초신경계통에서 신호로 작용하고, COX (cyclooxygenase)라고 불리는 효소의 작용으로 세포에서 합성된다. 아세틸살리실산은 이 효소의 활성을 감소시켜 프로스타글란딘의 합성을 억제하고 통증을 감소시킨다.

몸신경계통

말초신경계통은 몸신경계통과 자율신경계통으로 나뉜다. **몸신경계통**(somatic system)의 신경은 피부와 뼈대근육, 인대를 관장한다(그림 13.2 참고). 또한 몸 바깥쪽의 감각수용체를 통해서 들어온 자극을 중추신경계통에 전달하고, 이로부터 나온 운동명령은 몸운동신경을 통해 뼈대근육에 전달된다.

그러나 모든 몸의 움직임이 수의적이지는 않다. 어떤 움직임은 우리가 원하지 않아도 자동으로 일어난다. 몸신경계통에서 자극에 대해 자동으로 일어나는 반응을 가리켜 **반사**(reflex)라고 한다. 반사는 그것에 대해 생각해 볼 시간도 없이 즉각적으로 일어난다. 예를 들어 눈에 손전등을 비추면 눈은 저절로 깜박였을 것이다. 이 장에서 반사의 경로를 공부하는 이유는 이를 통해 중추신경계통에 신경신호가 오고가는 경로를 이해할 수 있기 때문이다.

반사활

그림 13.18이 보여주는 것은 척수에서만 일어나는 반사의 경로이다. 만일 손끝이 바늘에 찔리면 피부에 있는 감각수용체가 신경신호를 생성하고, 이것이 감각섬유를 타고 뒤뿌리신경절을 통해 척수로 전달된다. 뒤뿌리를 통하여 척수로 들어오는 뉴런들은 여러 개의 연합뉴런에 신호를 보내는데, 이 중 일부는 세포체와 가지돌기를 척수에 묻고 있는 운동뉴런과 시냅스를 형성하고 있다. 이렇게 해서 운동뉴런으로 전달된 자극은 곧바로 운동섬유를 통해 효과기로 보내져 자극에 대한

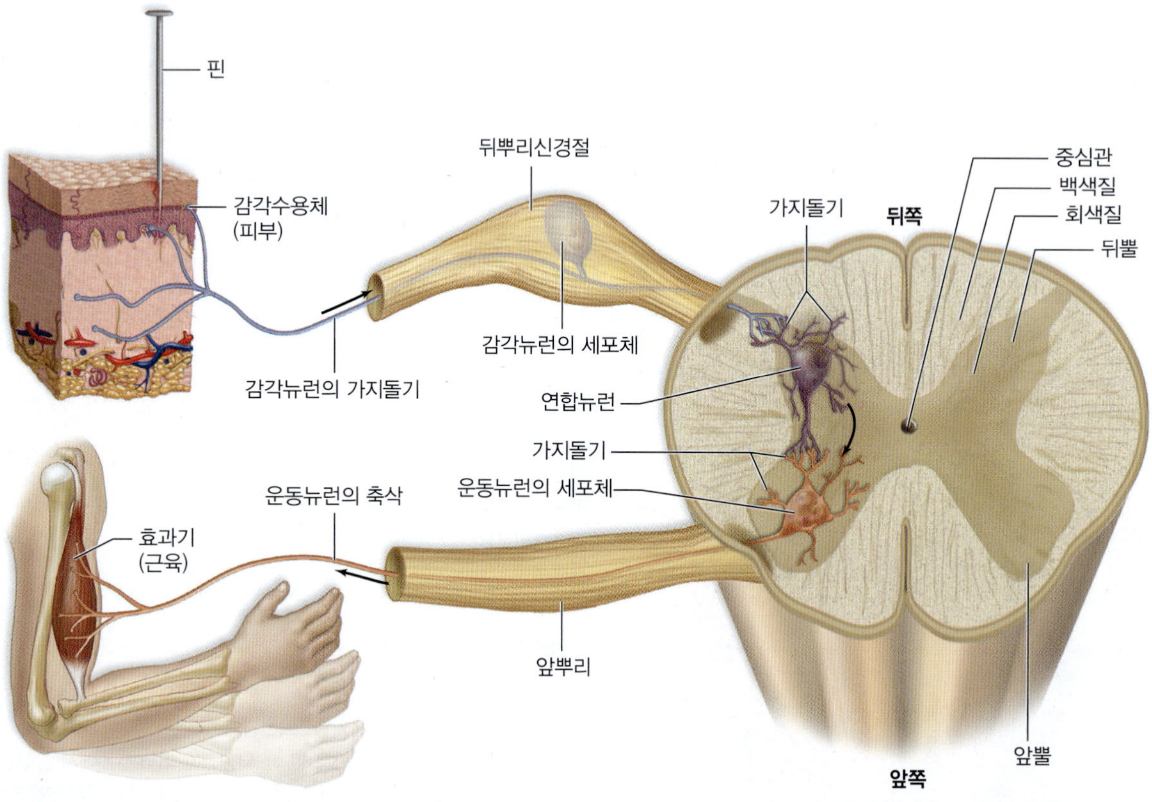

그림 13.18 척수반사활.
어떤 자극(예: 뾰족한 핀)은 피부에 분포한 감각수용체를 자극하여 신경신호를 발생시키고, 이것은 감각신경의 축삭을 따라 척수에 전달된다. 연합뉴런이 이 신호를 통합하여 운동뉴런에 전달하면 운동뉴런의 신경신호가 뼈대근육에 전해져 근수축이 일어난다. 그 결과 손이 뾰족한 물체로부터 움츠러들게 된다.

반응을 나타내게 된다. 이 경우 효과기가 근육이므로 바늘이 손끝에 닿았을 때의 반응은 근육수축으로 손이 움츠러드는 것이지만, 다른 반응도 일어날 수 있다. 예를 들어 눈을 질끈 감는다거나 통증으로 인해 비명을 지르는 일 등이다. 이러한 일련의 반응은 연합뉴런 중의 일부가 뇌에도 자극을 전달하기 때문에 일어난다. 사실 뇌가 정보를 받아들이고 이를 해석하기 전에는 통증을 느낄 수 없다.

자율신경계통

자율신경계통(autonomic system)도 말초신경계통에 속하며(그림 13.2 참고), 심장근육과 민무늬근육, 내부 기관, 분비샘을 조절한다. 자율신경계통은 교감신경부와 부교감신경부로 나뉜다(그림 13.19). 이 두 계통의 활성화는 일반적으로 상반된 반응을 나타낸다.

교감신경부와 부교감신경부의 기능은 달라도 이들에게는 공통점이 있다. (1) 보통 불수의적인 방식으로 작용한다. (2) 모든 내부 기관에 분포해 있다. (3) 각 신경자극마다 2개의 뉴런과 1개의 신경절을 자극한다. 첫 번째 뉴런은 세포체가 중추신경계통에 들어 있고, 신경절로 들어가는 신경절전 섬유를 가진다. 두 번째 뉴런은 세포체가 신경절에 있으며, 신경절을 떠나는 신경절후 섬유를 가진다.

혈압 또는 호흡 속도를 조절하는 반사작용은 몸의 항상성 유지에 매우 중요하다. 이러한 반사는 내부 기관과 접촉해 있는 감각뉴런들이 중추신경계통에 신호를 보냄으로써 시작되고, 자율신경계통에 속한 운동뉴런에 의해 완료된다.

교감신경부

교감신경부(sympathetic division)의 신경절전 섬유들은 대부분 척수의 중간 부분에서 시작되며, 척수 근처에 위치한 신경절에서 끝난다.

교감신경부의 역할은 싸우거나 도망쳐야 할 위급한 상황에서 매우 중요하다. 이때 교감신경은 심장박동을 증가시키고 기관지를 확장하는데, 이는 활발한 근육운동을 위하여 포도당과 산소가 필요하기 때문이다. 교감신경은 콩팥과 방광뿐만 아니라 소화기관의 활동을 억제하는데, 그 이유는 위급한 상황에서 소화와 배변, 배뇨는 급선무가 아니기 때문이다. 신경절후 축삭이 주로 분비하는 신경전달물질은 노르에피네프린(NE)인데, 이것은 부신속질에서 분비되는 에피네프린(아드레날린)과 구조적으로 같으며, 이와 마찬가지로 심장박동을 빠르게 하고 근육을 수축시킨다.

부교감신경부

부교감신경부(parasympathetic division)는 몇 개의 뇌신경(예: 미주신경)과 척수의 맨 아랫부분인 천골(엉치)에서 시작되는 신경섬유들로 이루어진다. 그래서 부교감신경부를 가리켜 자율신경계통의 두개천골 부분이라고도 한다. 부교감신경부에서는 신경절이 내부 기관 근처 혹은 내부에 위치해 있으므로 신경절전 섬유가 길고, 신경절후 섬유는 짧다.

부교감신경부를 집안관리부서라고도 하는데, 그 이유는 우리가 긴장을 풀고 있는 상태에서 일어나는 몸 내부의 모든 반응을 관장하기 때문이다. 예를 들어 부교감신경부는 눈의 동공을 수축시키고, 음식의 소화를 촉진하며, 심장박동이 느려지게 한다. 이러한 관점에서 본다면, 부교감신경계통은 **휴식과 소화계통**(rest-and-digest system)인 셈이다. 부교감신경부가 사용하는 신경전달물질은 아세틸콜린(ACh)이다.

몸신경계통과 자율신경계통의 비교

말초신경계통은 몸신경계통과 자율신경계통을 포함한다는 것을 기억하라. 표 13.1은 몸운동경로와 자율신경계통의 자율운동경로의 특징과 기능을 비교한 것이다.

진도 점검하기 13.4

1. 뇌신경과 척수신경의 차이점을 설명하시오.
2. 자극에 가장 빠르게 반응하는 방법은 무엇인지 설명하시오.
3. 자율신경계통에 문제가 생긴 경우 항상성에 어떤 변화가 생기는지 예측해 보시오.

개념 연결하기

말초신경계통과 몸의 다른 계통과의 상호작용에 대한 자세한 내용은 다음 논의를 참고하시오.

4.3절 자율신경계통이 어떻게 심장박동을 조절하여 항상성 유지를 돕는지 살펴본다.

9.5절 뇌와 가로막 사이에서 신호가 어떻게 호흡률을 조절하는지 살펴본다.

14.1절 말초신경계통에서 처리된 감각입력의 종류를 대략적으로 살펴본다.

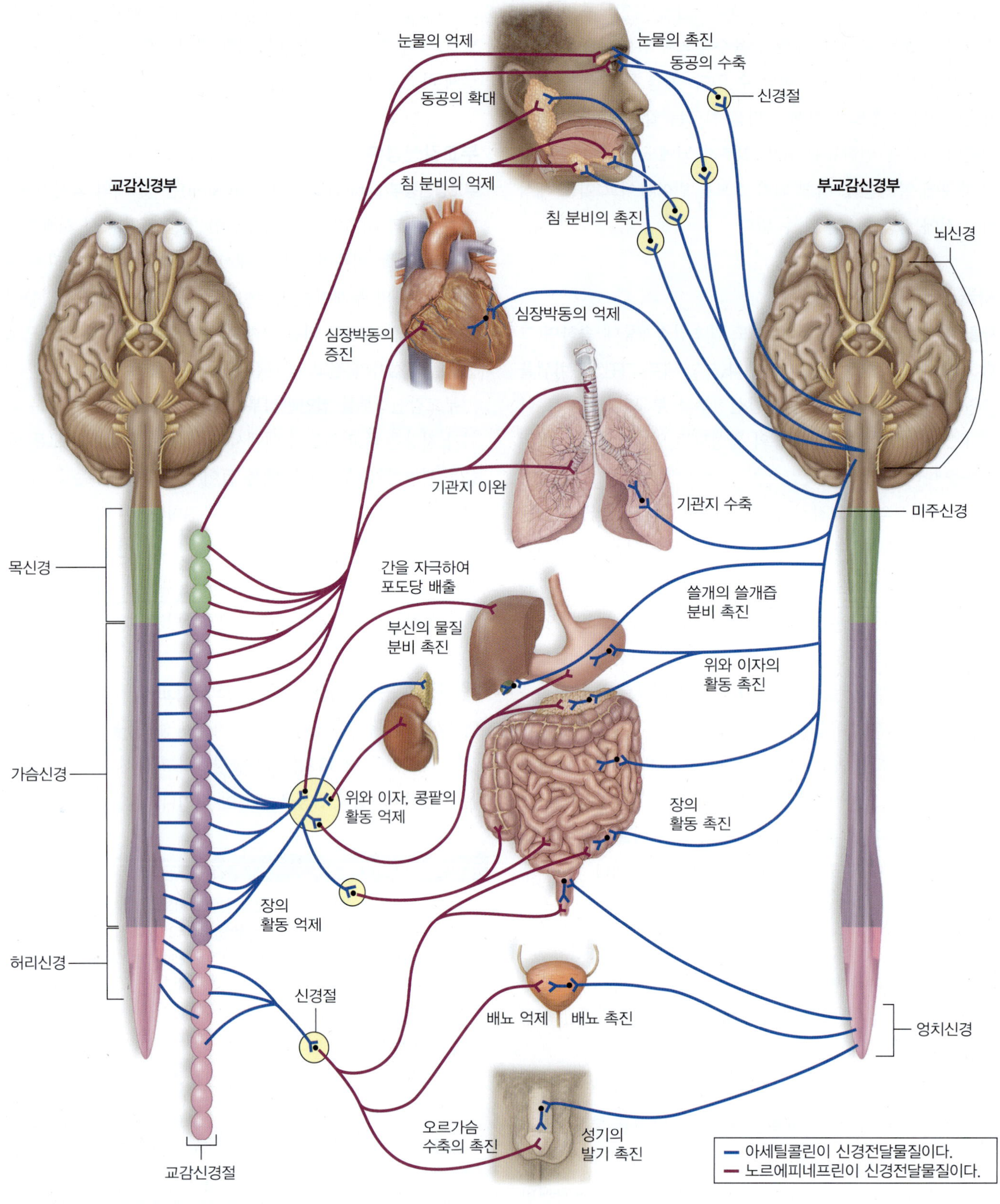

그림 13.19 자율신경계통의 두 영역.
교감신경 신경절전 섬유(*왼쪽*)는 척수의 가슴과 허리에서 뻗어 나오며, 부교감신경 신경절전 섬유(*오른쪽*)는 뇌와 척수의 엉치부위에서 나온다. 각 영역은 같은 기관에 분포해 있지만, 상반된 효과를 나타낸다.

표 13.1 몸운동경로와 자율운동경로의 비교

		자율운동경로	
	몸운동경로	교감신경	부교감신경
조절 형태	수의/불수의	불수의	불수의
신호당 뉴런 수	1	2(신경절전 섬유가 신경절후 섬유보다 더 짧다.)	2(신경절전 섬유가 신경절후 섬유보다 더 길다.)
운동섬유의 위치	대부분의 뇌신경과 모든 척수신경	가슴과 허리신경	뇌신경(예: 미주신경)과 엉치신경
신경전달물질	아세틸콜린	노르에피네프린	아세틸콜린
효과기	뼈대근육	민무늬근육, 심장근육, 분비샘, 기관	민무늬근육, 심장근육, 분비샘, 기관

13.5 약물치료와 약물사용장애

학습 목표

이 절을 학습한 후 다음 사항을 할 수 있어야 한다.

1. 약물이 신경계통과 상호작용하는 방식을 설명할 수 있다.
2. 약물이 신경계통에 우울증제, 자극제 또는 향정신제 효과가 있는지 구분할 수 있다.
3. 약물의 장기 효과를 설명할 수 있다.

단어를 읽을 때, 뇌의 시냅스들은 정보를 조직하고, 통합하고, 목록을 작성한다. 이러한 시냅스에 존재하는 신경전달물질들이 무수한 활동전위 발생을 조절하고, 신경회로망을 연결한다. 인간의 모든 사고, 감정, 행동들이 중추신경계통과 말초신경계통의 신경전달물질에 의해 조절된다는 사실은 놀라운 일이다. 합법적 약물과 불법적으로 남용되는 약물들 모두 시냅스에서의 신호전달을 수정하고 조절하여 사람의 기분, 정서 상태, 행동과 인격을 변화시킬 수 있다.

약물의 작용방식

사람의 뇌에서 신경전달물질로 작용하는 화학물질은 40개 정도가 알려져 있다. 가장 널리 알려진 신경전달물질은 아세틸콜린, 노르에피네프린, 도파민, 세로토닌, 감마아미노부티르산(gamma-aminobutyric acid, GABA)이다. **아세틸콜린**은 둘레계통의 기억회로에 필수적인 중추신경계통 신경전달물질이다. **노르에피네프린**은 꿈을 꾸고 잠에서 깨어나는 일, 그리고 기분을 관장한다. **도파민**은 신경전달물질로서 뇌의 기분 조절에 중심적인 역할을 하고, 또한 바닥핵의 신경전달물질로서 조정된 움직임을 나타내도록 돕는다. **세로토닌**은 체온 조절, 수면, 감정, 인지에 관여하며, **GABA**는 중추신경계통에 풍부한 억제성 신경전달물질이다.

신경조절물질(neuromodulator)은 신경전달물질의 분비를 억제하거나 뉴런이 신경전달물질에 반응하는 양상을 변화시키는 자연적으로 존재하는 분자이다. 가장 잘 알려진 신경조절물질 두 가지는 P물질(substance P)과 엔도르핀이다. **P물질**은 통증이 있을 때 감각뉴런이 분비하는 신경펩티드이고, **엔도르핀**은 P물질이 분비되는 것을 막는 자연 진통제이다. 엔도르핀은 물리적 또는 감정적 스트레스 상황에서 뇌에서 분비된다. 이 두 신경조정물질은 오래 달릴 때 쾌감을 느끼는 '러너하이' 현상과 관련되어 있다.

치료약물과 불법적 약물은 모두 몇 가지 기본적인 작용방식을 가진다.

- 이들은 시냅스에서 신경전달물질의 양을 증가시켜 작용을 촉진한다. 알프라졸람(자낙스)과 다이아제팜(발륨)은 GABA의 양을 증가시켜 공황발작이나 불안을 치료하기 위해 쓰인다. 노르에피네프린과 세로토닌이 부족하면 우울증에 걸린다. 실제로 우울증 치료를 위하여 처방되는 플루오세틴(프로작), 파록세틴(팍실), 둘록세틴(심발타)은 시냅스에서 노르에피네프린 또는 세로토닌을 축적시켜 항우울제 효과가 있다. 알츠하이머병은 점진적으로 기억상실을 초래하는데(17.5절 참고), 알츠하이머병에 사용되는 약물은 아세틸콜린이 둘레계통의 시냅스에 축적되도록 한다.

- 이들은 신경전달물질의 작용을 방해하거나 감소시킨다. 예를 들어 조현병 치료에 사용되는 항정신병제는 도파민의 활성을 감소시킨다. 커피, 초콜릿, 차에 들어 있는 카페인은 뇌에서 억제성 신경전달물질의 효과를 방해하여 각성 효과를 낸다.
- 이들은 신경전달물질이나 신경조절물질을 대체하거나 흉내 낸다. 코데인, 헤로인, 모르핀 등의 아편류 약물들은 엔도르핀 수용체와 결합하여 통증을 줄여주고 행복감을 느끼게 해준다.

진행되고 있는 신경생리학과 신경약리학(신경계통의 기능과 약물이 신경계통에 작용하는 방식을 연구하는 분야) 연구는 정신병이 신경전달물질의 불균형에서 초래된다는 증거들을 보여주고 있다. 이러한 연구는 의심할 여지 없이 정신 질환에 대한 치료법을 개선하고 약물사용장애에 대한 통찰력을 제공할 것이다.

약물사용장애

정신병과 마찬가지로 약물사용은 신경전달물질의 수준과 관련되어 있다. 앞에서 언급한 것처럼 신경전달물질인 도파민은 기분 조절에 필수적이다. 도파민은 뇌에 내장된 **보상회로**의 작동에 중추적인 역할을 담당한다. 보상회로란 정상적인 환경에서 음식을 먹는 것처럼 건전하고 즐거운 활동을 촉진하는 뉴런들의 집합을 말한다. 식사, 소비, 도박 등과 같은 행동들은 이러한 행위가 보상회로를 자극해 기분을 좋게 만들기 때문에 중독될 수도 있다. 약물사용장애를 가진 사람들은 인위적으로 보상회로를 자극하는 약물을 복용하여 이를 계속 얻기 위해 기본적인 신체적 필요마저 무시하는 상태에까지 이른다.

약물의 복용량을 지키더라도 그 약효가 위험한 결과를 초래할 수 있는 상황이면 **약물사용장애**(substance use disorder)라고 볼 수 있다. 약물사용장애를 가진 사람들은 심리적, 물리적으로 약물에 의존한다. 심리적 의존 상태는 특정 약물을 갈망하며, 이를 찾기 위하여 많은 시간을 허비하고, 상습적으로 복용하는 경우를 말한다. 또한 이전에는 물리적 의존 상태를 가리켜서 '중독'이라고 했는데, 어떤 약물에 중독되면 내성이 생겨 같은 효과를 얻는 데 점점 더 많은 양의 약물을 필요로 하고, 약물 공급이 중단되면 금단현상이 일어난다. 이러한 현상은 성인과 청소년뿐만 아니라 약물사용자인 산모가 낳은 신생아에게서도 발생한다. 알코올과 마약, 담배는 모두 발달 중인 배아, 태아, 또는 신생아에게 심각한 영향을 미친다.

표 13.2는 이 절에서 살펴볼 몇 가지 약물을 보여준다.

표 13.2 중추신경계통에 영향을 미치는 약물

약물	효과	전달 경로
알코올	진정제	음주
니코틴	자극제	흡연, 씹는 담배
코카인	자극제	코로 흡입, 주사, 흡연
메스암페타민/엑스터시	자극제	흡연, 알약 복용
헤로인	진정제	코로 흡입, 주사, 흡연
마리화나/K2	향정신성	흡연, 섭취

알코올

카페인을 제외하고(건강 특집 '카페인은 과연 건강에 좋은가, 나쁜가?' 참고), 알코올은 미국의 10대들 사이에서 가장 광범위하게 사용되고 남용되는 약물이다. 전국 조사 결과, 고등학생의 30%가 조사 이전 30일 동안 약간의 술을 마신 적이 있다고 했고(2014년 37.4%에서 감소), 14%가 폭음(한 자리에서 5잔 이상)을 한 것으로 나타났다. 성인 중 86.4%가 평생 술을 마셨다고 응답했으며, 56%는 지난 한 달 동안 술을 마셨다고 응답했다. 특히 대학생 연령의 젊은 성인의 80%가 술을 마신다고 응답했다. 미국질병통제예방센터에 따르면 대학에서 미성년자가 음주로 연간 거의 4,300명이 사망하고, 11만 9,000회가 넘는 응급실 방문이 발생한다.

알코올은 뇌의 여러 부분에서 억제성 신경전달물질인 GABA의 작용을 증진하여 **진정제**로 작용한다. 술을 마시는 양에 따라 알코올은 뇌에 영향을 미쳐 이완감, 억제력 저하, 집중력 및 조정력 저하, 언어의 어눌해짐, 구토 등을 유발할 수 있다. 체내 알코올 농도가 너무 높아지면 혼수상태에 빠지거나 사망에 이르기도 한다.

에탄올은 섭취하면 GABA와 세로토닌, 도파민 등 다른 신경전달물질의 작용에 영향을 주어 뇌에서 약물의 역할을 한다. 알코올은 주로 간에서 대사되면서 간의 정상적인 작동을 방해하여 지방이 분해되지 못하도록 한다. 간 악화의 첫 단계

오늘날의 생물학 ▶ 건강

카페인은 과연 건강에 좋은가, 나쁜가?

레드불, 락스타, 몬스터, 풀 스로틀. 대부분의 미국 식료품점의 음료 코너에 가면, 이러한 제품과 기타 '에너지 음료'의 다채로운 라벨이 관심을 끌기 위해 경쟁하고 있다(그림 13B). 놀랄 일이 아닌 것이 미국은 세계 최대의 에너지 음료 소비국으로, 2019년에 총 12억 5천만 개의 에너지 음료를 소비했다.

미국 성인의 약 90%가 매일 카페인을 섭취한다고 한다. 카페인, 또는 1,3,7-트리메틸잔틴은 전 세계적으로 60종이 넘는 식물에서 자연적으로 존재한다. 이들은 식물을 먹으려는 특정 곤충들을 죽이는 천연 살충제 기능을 한다고 여겨지며, 커피, 차, 그리고 초콜릿에 자연적으로 존재한다. 비록 연구 결과들은 카페인이 없는 음료에 카페인을 첨가해도 대부분의 사람들은 그 차이를 맛으로 구분할 수 없다는 것을 보여주지만, 카페인은 풍미를 더하기 위해 청량음료와 에너지 음료에 첨가된다.

사람에게 카페인은 중추신경계통 자극제이다. 카페인은 혈액-뇌 장벽을 쉽게 통과하여 화학적으로 비슷한 아데노신의 효과를 차단하는 것으로 보인다. 뇌에서 아데노신은 정상적으로 뇌의 활동을 억제하는 것처럼 보이며, 이 효과를 차단하여 카페인은 경계도를 높일 수 있다. 그러나 카페인의 지속적인 섭취에 반응하여 뇌세포는 더 많은 아데노신 수용체를 생성하도록 조절되므로, 같은 효과를 내기 위해 카페인의 지속적인 증가가 요구된다. 주기적으로 카페인을 섭취하는 사람이 갑자기 섭취를 중단하면 두통, 집중력 저하, 불면증 등 금단 증상이 12~24시간 이내에 생기며 1~5일간 지속될 수 있다.

미국인들은 여전히 대부분의 카페인을 커피에서 섭취한다. 비교해 보면 12온스짜리 다이어트 코크 한 캔에는 카페인이 약 38 mg 들어 있고(일반 코크보다 10 mg 더 많음), 마운틴듀에는 55 mg, 다이어트 펩시 맥스에는 69 mg이 들어 있다. 에너지 음료는 훨씬 더 다양한데 레드불에는 80 mg, 풀 스로틀과 몬스터에는 약 160 mg으로 두 배가 들어 있다. 20온스짜리 픽스엑스 에너지 익스트림 한 병에는 무려 400 mg의 카페인이 들어 있다.

과학자들과 의사들은 에너지 음료에 있는 고용량의 카페인과 다량의 음료 섭취가 점점 더 이들을 카페인 과다의 위험에 빠뜨릴 수 있다고 우려하게 되었다. 자극제로서 고용량의 카페인은 심각한 결과를 초래할 수 있다. 고용량 카페인의 부작용으로는 신경과민, 과민성, 떨림, 불면증, 두통, 고혈압이 있으며, 심장의 정상적인 작동을 방해하여 두근거림과 불규칙한 심장박동을 유발할 수 있다. 카페인은 장에서 철분의 흡수를 감소시키고, 이뇨제의 역할을 하므로 소변에서 칼슘 손실을 증가시킨다. 20% 정도의 일부 사람들은 낮은 수준의 카페인에도 민감하기 때문에, 단 몇 밀리그램도 문제를 일으킬 수 있다. 임신한 여성과 수유 중인 여성도 카페인 섭취를 제한하도록 주의해야 한다. 다행히 카페인으로 인한 사망은 드물다. 성인의 치사량은 5,000 mg 정도로 추정된다.

그림 13B 에너지 음료.
오늘날 판매되는 일반적인 에너지 음료들.
Ricochet Creative Productions, LLC/McGraw Hill

카페인 사용(또는 남용)에는 분명한 단점이 있다. 하지만 장점은 없을까? 일부 연구들은 카페인을 적당히 섭취하면 건강상의 이점이 있을 수 있다는 것을 보여준다. 예를 들어 하루에 2~3잔의 카페인이 든 커피를 마신 여성은 심장병으로 인한 사망 위험이 25% 낮았고, 일주일에 5~7잔을 마신 여성은 비음주자보다 모든 원인으로 인한 사망 위험이 7% 낮았다. 남성의 경우, 비록 그 이점이 통계적으로 유의하지 않았지만, 과학자들은 하루에 최대 7잔의 커피를 마시는 것에 대해 건강상의 위험을 발견하지 못했다. 다른 연구들은 카페인과 향상된 운동능력 및 학업 성취도 증가, 파킨슨병, 편두통, 심지어 당뇨병의 위험 감소 사이의 연관성을 제안했다. 따라서 카페인의 위험과 이점에 대한 논쟁이 결코 완전히 해결되지는 않겠지만, 많은 사람들에게 적당한 양의 카페인 섭취는 이로울 수 있다.

생각해 볼 문제

1. 당신이 하루에 얼마나 많은 카페인을 섭취하는지 추정해 보라. 카페인 섭취 후 어떤 영향을 느끼는가?
2. 당신은 제조업자들이 라벨에 청량음료와 에너지 음료의 카페인 함량을 의무적으로 표시해야 한다는 것에 동의하는가? 동의하는 이유는 무엇인가? 혹은 동의하지 않는 이유는 무엇인가?

인 지방 축적은 단 하룻밤의 과음으로도 일어난다. 과음이 계속되면 간 손상의 다음 단계에서 섬유성 흉터 조직이 침착된다. 이 시점에서 과음을 멈추면 간은 회복되어 다시 정상 상태가 될 수 있다. 그렇지 않으면 최종적이고 되돌릴 수 없는 단계인 간경변이 발생한다. 간세포는 죽고 굳어 주황색(**간경변증**은 '주황색'을 의미함)으로 변한다.

알코올은 탄수화물이므로 몸이 사용할 에너지로 전환될 수 있다. 하지만 알코올음료는 몸에 필요한 비타민, 미네랄, 필수 아미노산, 지방산이 부족하다. 이러한 이유로 많은 알코올 중독자들은 비타민과 영양이 부족한 상태이며, 병에 걸리기 쉽다.

미국 외과의사회는 광범위한 연구를 바탕으로 임산부에게 술을 전혀 마시지 말 것을 권고하고 있다. 알코올은 태반을 자유롭게 넘나들며 신생아에게 태아알코올증후군을 일으키는데, 이는 지적 장애와 다양한 신체적 결함을 특징으로 한다.

니코틴

미국질병통제예방센터에 따르면 2005년 이후 흡연 인구는 계속해서 감소하고 있지만 2019년 미국에서 성인의 14.0%, 18~20세의 7.8%가 흡연하는 것으로 나타났다. 흡연으로 연중 48만 명 이상이 사망한다. 이는 전통적으로 흡연과 연관되어 있지만 전자담배의 사용과도 관련이 있다.

흡연하는 동안 니코틴은 급속히 체내로 전달된다. 이는 부신을 자극하여 에피네프린을 방출하고, 혈당을 높이고, 고양되는 느낌을 유발한다. 혈당이 떨어지면 우울과 피로감이 오고, 니코틴을 더 찾게 된다. 니코틴이 중추신경계통의 뉴런에 결합하면 도파민이 방출되어 일시적인 즐거움을 느끼게 하고, 약물에 대한 의존성을 강화하여 흡연자의 약 70%는 중독된다.

앞서 언급한 대로 흡연은 심장혈관계통과 호흡계통의 심각한 질병과 강하게 연관되어 있다. 중독자의 10~20% 정도는 중독에서 빠져나올 수 있다. 금연을 위해 피부패치, 껌, 새로 개발된 니코틴 흡입제 등과 같은 안전한 니코틴 투여를 위한 의학적 접근법이 있으며, 이를 통해 금단증상이나 약물 의존성을 최소화할 수 있다. 몇 종류의 항니코틴 백신(NicVAX 등)이 현재 개발 중이거나 조기 임상실험 중에 있다. 이러한 백신은 니코틴이 뇌로 들어가는 것을 막는 항체 생산을 자극한다.

코카인과 크랙

코카인은 *Erythroxylon coca*라는 관목식물에서 추출되는 알칼로이드 화합물이다. 무려 3,500만 명에 해당하는 미국인들이 가루를 흡입하거나 혈관 주사 또는 담배처럼 피우는 형태로 코카인을 사용해 본 적이 있다. 코카인은 중추신경계통의 강력한 자극제로 시냅스에서 도파민의 재흡수를 막아 뇌 활성을 전체적으로 증가시켜, 그 결과 강렬한 행복감이 약 5~30분 동안 지속된다. 그러나 코카인을 오래 사용하면 뇌의 대사 기능이 상실된다(그림 13.20).

담배처럼 피울 수 있게 만들어 거리에서 파는 코카인을 '크랙'이라고 부른다. **크랙**이라는 이름은 이것을 피울 때 나는 소리에서 따온 것으로, 이것을 피우면 대량의 마약 성분이 신속하게 뇌에 도달하여 강렬한 쾌감을 느끼게 된다. 약 800만 명이 넘는 미국인이 크랙을 이용한다.

코카인 폭음은 사람이 훨씬 더 높은 용량으로 마약을 복용하는 기간을 말하며, 이러한 폭음 후 사람은 음식이나 수면에 대한 욕구가 거의 없는 과잉행동 상태가 되지만, 성욕은 증가한다. 그 후 피로, 우울, 짜증, 그리고 성에 대한 관심 부족을 특징으로 하는 충돌 기간이 뒤따른다. 사실 코카인을 하는 남성들은 종종 발기부전 상태가 된다.

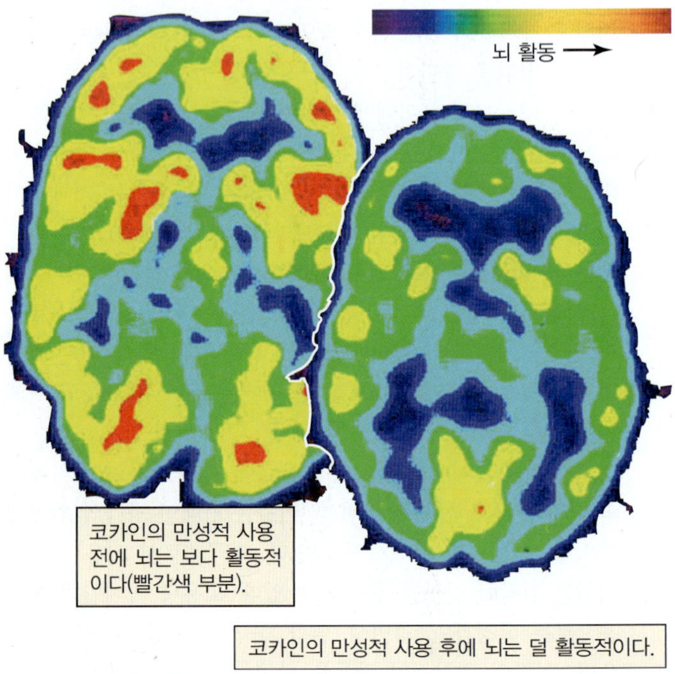

그림 13.20 코카인 사용.
코카인 사용 전후의 뇌 활동.
(사진): Brookhaven National Laboratory/Science Source

코카인은 중독성이 매우 크다. 지속적으로 사용하면 뇌는 도파민이 과량으로 존재하는 것으로 착각하여 도파민 생성을 줄인다. 이 때문에 사람들은 금단증상과 코카인에 대한 극심한 갈망을 경험한다. 코카인을 과다 복용하면 심장 또는 호흡정지를 일으킬 수 있다.

메스암페타민과 엑스터시

메스암페타민과 엑스터시는 클럽, 파티, 콘서트, 다른 외부 행사에서 빈번히 쓰여 클럽 또는 파티 약물로 분류되지만, 중독성이 매우 강하고 해로운 약물이다. 메스암페타민('메스' 또는 '크랭크'로 흔히 부름)은 강력한 중추신경계통 자극제이다. 메스는 감기나 천식약의 성분인 에페드린이나 슈도에페드린으로 간단한 시설에서 종종 만들기도 한다. 그 결과 많은 주에서는 감기약이나 천식약을 쉽게 구입하기 어렵게 하는 법을 통과시켰다. 약물을 제조하는 데 사용되는 다수의 독성 화학물질 때문에 메스 제조시설은 사람과 환경에 위협이 된다. 미국에서 900만 명 이상의 사람들이 적어도 한 번 이상 메스암페타민을 사용하는 것으로 나타났다. 메스암페타민은 코로 흡입할 수 있는 가루나 결정(크리스털 메스 또는 아이스)의 형태로 사용된다.

메스암페타민의 구조는 도파민과 유사하여, 약물을 사용하면 즉각적으로 황홀감, 에너지, 각성 상태, 고양된 기분을 느낄 수 있다. 그러나 초기의 황홀감이 사라지고 난 뒤에는 초조함이 뒤따르고, 이는 간혹 폭력적인 행동으로 이어지기도 한다. 이 약물을 장기적으로 사용할 경우 암페타민 정신병에 이르는데 편집증, 환각, 과민성, 공격적인 이상행동을 나타낸다.

메틸렌디옥시메스암페타민(MDMA)은 메스암페타민과 화학적으로 비슷한 약물로 흔히 '엑스터시'라고 부른다. 많은 사용자는 'X'로 부르며, 아스피린이나 사탕 같은 형태의 알약으로 복용하여 행복감과 사랑을 느끼도록 해준다. 그러나 이 약물 또한 다른 자극제들과 같은 부작용을 가지고 있을 뿐만 아니라 체온 조절을 방해하게 되어 이상고온증, 고혈압, 경련을 유발한다. 알코올 중독으로 인한 사망이 가장 흔하지만, 엑스터시는 매년 젊은 성인 사망사고의 요인으로 알려져 있다.

데이트 강간이나 약탈 약물로 알려진 진정제들에는 플루니트라제팜(로힙놀 또는 루피스), 감마하이드록시부틸산(GHB), 케타민(스페셜케이) 등이 있다. 케타민은 수의사들이 동물 수술 시에 사용하는 약물이다. 이러한 약물은 면식이 있는 사람으로부터 투여받아 몽롱해져 움직일 수 없게 되고, 이는 결국 성폭행으로 이어진다.

헤로인

헤로인은 터키와 동남아, 남미 일부 지역에서 자라는 아편 양귀비의 진 또는 수액에서 얻어진다. 아편(opium)으로부터 파생된 약물을 아편(opiates), 또는 더 흔히 **오피오이드**(opioids)라고 부른다. 이것에는 모르핀과 코데인도 포함된다. 헤로인을 주사로 놓거나 코로 흡입하거나 담배처럼 피운 후에는 수분 내에 황홀감과 함께 모든 통증이 사라진다. 미국인 중에서 400만 명 정도가 일생 중 가끔 헤로인을 사용하며, 30만 명 이상은 매년 이 약물을 사용한다.

이는 다른 불법약물처럼 중독이 흔한데, 헤로인과 오피오이드는 통증을 없애고 안정감을 느끼게 하는 자연적 신경전달물질인 엔도르핀 수용체에 결합한다. 헤로인을 반복 사용하면 인체에서는 엔도르핀의 생성이 감소한다. 그 결과 내성이 생겨 사용자들은 금단증상(떨림, 무력감, 경련, 구토)을 방지하기 위해 더 많은 용량을 복용하게 되지만, 처음 느낀 황홀감은 다시 느낄 수 없게 된다. 헤로인을 장기간 사용하면 중독성이 생기는 것은 물론, 불결한 주사기를 통해서 간염, HIV/AIDS, 각종 세균성 감염에 노출되기 쉽다. 중증 중독자는 경련을 겪을 수 있고, 호흡정지로 사망할 수도 있다.

헤로인 중독을 치료하는 데 많이 사용되는 방법은 메타돈, 부프레노르핀, 날록손(서브옥손) 등의 합성 아편제를 이용하여 금단현상을 줄이는 한편, 헤로인의 효과를 차단하는 것이다. 그러나 메타돈 자체에 중독될 수 있고, 메타돈으로 인한 사망 또한 증가하는 추세이다.

마리화나와 K2

마리화나 식물인 *Cannabis sativa*의 말린 꽃 꼭대기, 잎, 줄기에는 THC(tetrahydrocannabinol)가 풍부한 수지가 함유되어 있으며, 이 수지로 덮여 있다. 마리화나는 섭취할 수도 있지만, 일반적으로 '조인트'라고 불리는 담배, 파이프 또는 기타 기구로 흡연하여 사용된다. 약 6,500만 명의 미국인이 마리화나를 사용한 적이 있어 미국에서 가장 일반적으로 사용되는 불법약물이 되었다. 2020년에는 15개 주에서 기호용 마리화나를 합법화했으며, 5개 주를 제외한 모든 주에서 마리화나를 비범죄화하거나 암, AIDS, 녹내장 치료와 같은 의료 목적으로 사용할 수 있도록 했다.

연구자들은 아마도 만족감을 느끼기 위해 THC가 단기기억 처리에 중요한 자연적인 신경전달물질인 아난다미드의 수용체에 결합한다는 사실을 발견했다. 마리화나를 가끔 사용하는 사람은 시각과 판단력의 변화와 함께 가벼운 행복감을 경험한다. 하지만 마리화나의 과도한 사용은 환각, 불안, 우울증, 편집증, 정신병적 증상을 유발할 수 있다. 장기간의 마리화나 사용이 뇌에 미치는 영향과 간접적으로 흡입하는 마리화나 연기가 호흡계통에 미치는 영향을 확인하기 위한 연구는 아직 진행 중이다.

최근 몇 년 동안 K2 또는 스파이스라고 불리는 합성 화합물에 대한 인식도 증가하고 있다. 원래 클렘슨대학교의 유기화학자가 합성한 K2는 THC보다 약 10배 더 강력하다. 일반적으로 이 화학물질을 다른 허브 제품의 혼합물에 뿌려 흡연한다. 그러나 생산방법과 생산량에 대한 규제가 없기 때문에 K2 자체 또는 혼합물질의 양은 크게 달라질 수 있는데, 이는 K2 사용자들에서 생긴 심각한 의학적 문제들, 심지어 사망에 대한 여러 보고들에 대한 이유가 된다.

진도 점검하기 13.5

1. 약물치료와 불법적 약물사용의 차이점을 설명하시오.
2. 알코올과 니코틴을 포함한 약물사용은 신경계통에 어떤 영향을 미치는지 설명하시오.
3. 치료약물과 불법약물의 여러 작용 기전을 설명하시오.

개념 연결하기

약물사용이 인체의 여러 계통에 미치는 장기적 영향에 대한 자세한 내용은 다음 논의를 참고하시오.

4.7절 흡연이 심장혈관계통에 미치는 부정적인 장기적 영향을 살펴본다.

10.4절 알코올이 비뇨계통에서 이뇨제로 작용하는 방식을 살펴본다.

19.2절 흡연과 알코올, 그리고 암 발병 위험 증가 사이의 관련성을 살펴본다.

결론

이 장에서는 신경계통의 구조와 기능을 살펴보았다. 이번에 배웠듯이, 신경계통은 신체의 조직과 감각기관으로부터 정보를 처리하기 위해 신경을 통하여 신경자극의 형태로 정보를 뇌와 척수로 전달한다. 그곳에서 이 정보가 처리되어 신경자극이 신체의 조직과 기관으로 전송된다.

오피오이드와 같은 다양한 물질과 약물들은 이 정보의 전달이나 처리를 방해할 수 있다. 이들 화합물이 세포 수준에서 어떻게 작용하는지 이해함으로써 의과학 연구자들은 통증이나 불안, 우울증을 담당하는 특정 처리 경로를 표적으로 삼을 수 있다. 그러나 많은 경우 이러한 약물은 남용되어 개인에게 중독과 같은 문제를 일으킬 수도 있다.

요약

13.1 신경계통의 개요

신경계통(nervous system)의 특징은 다음과 같다.

- **중추신경계통**(central nervous system, CNS)과 **말초신경계통**(peripheral nervous system, PNS)으로 이루어져 있다.
- (1) 자극의 감지, (2) 정보의 통합, (3) 운동의 실행 기능을 수행한다.

신경조직

신경조직은 **뉴런**(neuron)과 **신경아교세포**(neuroglia) 두 종류로 되어 있다.

- 뉴런은 **활동전위**(action potential)를 이용해 신경신호를 전달한다.
- 신경아교세포는 뉴런에 영양을 공급하고 이를 지지한다.

뉴런의 구조

뉴런은 **가지돌기**(dendrite), **세포체**(cell body), **축삭**(axon)으로 이루어져 있다. 뉴런의 축삭이 모여 **신경**(nerve)이 된다. 뉴런에는 세 종류가 있다.

- **감각뉴런**(sensory neuron)은 **감각수용체**(sensory receptor)로부터 받아들인 신경신호를 중추신경계통에 전달한다.
- **연합뉴런**(interneuron)은 중추신경계통 내부에 존재한다.
- **운동뉴런**(motor neuron)은 중추신경계통에서 신경신호를 받아 이를 근육과 분비샘 등의 **효과기**(effector)에 전달한다.

말이집

- 길이가 긴 축삭은 신경아교세포에 의해 만들어지는 **말이집**(myelin sheath)으로 둘러싸여 있다. 말이집이 끊어진 부분의 틈새를 **랑비에결절**(nodes of Ranvier)이라고 한다.
- **다발성경화증**(multiple sclerosis, MS)은 말이집이 손상되어 신경신호의 끊어짐을 유발한다.

뉴런의 생리학

신경계통 내에서 **신경자극**(nerve impulse)은 정보를 전달한다. 신경자극의 생성은 뉴런의 막을 가로지르는 극성에 기초한다.

- 휴지전위: Na^+는 축삭 바깥쪽에 더 많고, K^+는 축삭 안쪽에 더 많다. 축삭은 아무 신호도 전달하지 않는 상태이다. **휴지전위**(resting potential)는 **소듐-포타슘 펌프**(sodium-potassium pump)에 의한 능동수송으로 유지된다.
- 활동전위: **자극**(stimulus)이 **역치**(threshold)를 넘을 정도로 충분히 강하면 축삭 세포막 안팎의 극성이 바뀌며 신경신호가 생성된다. Na^+ 통로가 열리면 Na^+가 축삭 안쪽으로 들어오면서 **탈분극**(depolarization)이 일어난다. K^+ 통로가 열리면 K^+가 축삭 바깥쪽으로 나가면서 **재분극**(repolarization)이 일어난다.
- 신호전달: 말이집이 있으면 **도약전도**(saltatory conduction)가 일어나 신경신호가 더 빠르게 전달된다. 활동전위 이후에는 **불응기**(refractory period)가 있어 추가로 활동전위가 생성되지 않는다.

시냅스

- 모든 축삭의 말단에는 **축삭 말단**(axon terminal)이 있어 다른 뉴런 또는 표적 세포와의 사이에 **시냅스**(synapse)를 형성한다.
- 신경전달물질이 **시냅스 틈새**(synaptic cleft)로 방출되면서 신경자극이 전달된다.
- **신경전달물질**(neurotransmitter)이 시냅스후 세포막의 수용체와 결합하면 흥분 또는 억제가 일어난다.
- **아세틸콜린에스테라아제**(acetylcholinesterase, AChE)는 시냅스 틈새에서 신경전달물질의 분해를 돕는 효소이다.

신경전달물질

- **아세틸콜린**(acetylcholine), **노르에피네프린**(norepinephrine), **세로토닌**(serotonin)과 같은 신경전달물질이 시냅스를 가로질러 신호를 전달한다.
- **통합**(integration)은 억제성 신호와 흥분성 신호의 총합을 나타낸다.

13.2 중추신경계통

중추신경계통은 감각 투입을 수신하고 통합하여 운동명령을 내보낸다. 중추신경계통은 척수와 뇌로 구성된다. 중추신경계통은 **뇌척수액**(cerebrospinal fluid)으로 채워진 **뇌척수막**(meninges)으로 싸여 보호된다. 뇌척수액은 4개의 **뇌실**(ventricle)에도 채워져 있다. 중추신경계통에서 **회색질**(gray matter)에는 세포체와 말이집이 없는 신경섬유가 있고, **백색질**(white matter)은 말이집화된 축삭과 이들이 모인 **신경로**(tract)로 이루어져 있다.

척수

- **척수**(spinal cord)는 **뇌**(brain)로 오고 가는 신호전달을 관장하며 반사작용을 수행한다.

뇌

- 대뇌: **대뇌**(cerebrum)는 2개의 **대뇌반구**(cerebral hemisphere)로 나뉘며, 이들은 **뇌들보**(corpus callosum)로 연결되어 있다.
- 대뇌에서는 감각, 추론, 학습과 기억, 말과 언어가 일어난다.
- 각 대뇌반구의 **대뇌겉질**(cerebral cortex)에는 4개의 뇌엽, 즉 이마엽, 두정엽, 후두엽, 측두엽이 있다.
- 이마엽의 **일차운동령**(primary motor area)은 하부 뇌 중추로 운동명령을 보내고, 이 명령은 운동뉴런으로 전달된다.
- 두정엽에 있는 **일차몸감각령**(primary somatosensory area)은 감각뉴런과 통신하여 하부 뇌 중추로부터 감각정보를 받아들인다.
- **연합영역**(association area)은 모든 뇌엽에 존재한다. 이마엽에 있는 **이마앞영역**(prefrontal area)은 행동을 계획하고 사고하는 기능을 담당한다.
- **베르니케영역**(Wernicke's area)과 **브로카영역**(Broca's area)은 말과 관련된 2개의 처리 중추이다.

바닥핵: **바닥핵**(basal nuclei)은 근육으로 향하는 운동명령을 통합하여 움직임을 조정한다. **파킨슨병**(Parkinson's disease)은 이 부분의 뉴런이 퇴화하여 발생하는 질병이다.

사이뇌: **사이뇌**(diencephalon)는 시상하부와 시상으로 구성된다. **시상하부**(hypothalamus)는 몸의 항상성을 조절하고, **시상**(thalamus)은 감각정보를 대뇌에 전달한다.

소뇌: **소뇌**(cerebellum)는 뼈대근육의 수축을 조절한다.

뇌줄기: **뇌줄기**(brain stem)는 중간뇌, 다리뇌, 숨뇌를 포함한다.

- **중간뇌**(midbrain)는 대뇌와 척수 또는 대뇌와 소뇌 간의 간이역과 같은 역할을 한다.
- **다리뇌**(pons)와 **숨뇌**(medulla oblongata, 연수)에는 호흡과 심장박동을 조절하는 중추가 있다.
- **그물체**(reticular formation)는 그물활성계통(reticular activating system, RAS)의 구성요소로 감각신호들을 받아들여 뇌의 보다 상위에 있는 중추로 전달한다.

13.3 둘레계통과 고등 정신 기능

- 대뇌 깊숙한 곳에 있는 **둘레계통**(limbic system)은 감정, **학습**(learning)과 같은 고차원적인 정신 기능을 관장한다.
- **편도체**(amygdala)는 '공포감'을 느껴야 할 상황을 결정한다.
- **해마**(hippocampus)는 기억의 저장과 재생을 관장한다.

- **기억**(memory)은 **단기기억**(short-term memory)이나 **장기기억**(long-term memory)으로 처리된다. 장기기억은 **의미기억**(semantic memory)이나 **일화기억**(episodic memory)으로 분류된다. **숙련기억**(skill memory)은 자전거 타기와 같은 과정과 관련되어 있다.

13.4 말초신경계통

- 말초신경계통은 신경과 **신경절**(ganglia, 단수는 ganglion)만으로 이루어져 있다.
- **뇌신경**(cranial nerve)은 뇌에 오고 가는 신경자극을 전달한다.
- **척수신경**(spinal nerve)은 척수에 오고 가는 신경자극을 전달한다.
- 말초신경계통은 몸신경계통과 자율신경계통으로 나뉜다.

몸신경계통

몸신경계통(somatic system)은 피부, 뼈대근육, 인대를 조절한다.

- 일부 움직임은 자율적이며 불수의적인 **반사**(reflex) 때문에 일어난다.
- 다른 움직임은 대뇌겉질로부터 명령을 받아 수의적으로 일어난다.

자율신경계통

자율신경계통(autonomic system)은 **교감신경부**(sympathetic division)와 **부교감신경부**(parasympathetic division)로 나뉜다.

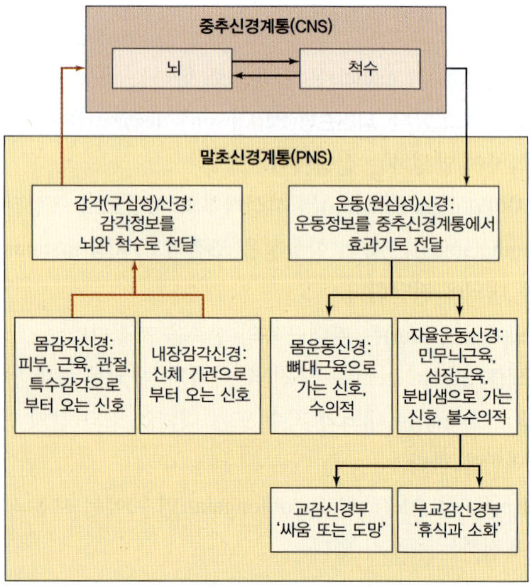

교감신경부: 스트레스 상황에서 일어나는 반응을 관장한다.
부교감신경부: 휴식 상황에서 일어나는 반응을 관장한다.

- 이 두 신경부의 작용은 불수의적이고 자율적이다.
- 이 두 신경부는 내부 기관에 분포해 있다.
- 매번 신경자극이 생성될 때마다 2개의 뉴런과 1개의 신경절이 관여한다.

13.5 약물치료와 약물사용장애

- 아세틸콜린, 노르에피네프린, 도파민, 세로토닌과 같은 신경전달물질은 신경계통의 신호전달에 중요한 역할을 한다.
- 신경조절물질은 신경전달물질의 분비를 억제한다.
- 신경성 약물은 특정 신경전달물질의 작용을 억제 또는 촉진하거나 흉내 낸다.
- 알코올, 니코틴, 마리화나와 같은 약물은 우울증제, 각성제, 혹은 향정신적 작용을 한다.
- 몸이 신경성 약물의 존재를 보상하게 되면 약물 의존성이 발생한다.

개념 심화 학습

비판적 사고 키우기

1. 과학자와 의사는 뇌의 어느 영역이 어떤 활동을 담당하는지 어떻게 확인하였다고 생각하는가? (예: 그림 13.11과 13.12 참고)
2. 도파민은 뇌의 핵심 신경전달물질이다. 파킨슨병 환자는 도파민이 부족하여 고통받는 반면 니코틴, 코카인, 메스암페타민과 같은 약물을 남용하는 사람에서는 도파민의 작용이 향상된다. 이들 약물이 파킨슨병의 치료제가 될 수 있을까? 그렇다면 그 이유는 무엇이고, 아니라면 그 이유는 무엇인가?
3. 알츠하이머병, 파킨슨병, MS 등 뇌질환을 치료하기 어렵게 만드는 요인은 무엇인가?
4. 검은과부거미에 물려 강력한 AChE 억제제가 체내에 주입된 경우 어떻게 근육경련, 타액 분비, 빠른 심박수, 고혈압이 유발되는가?

관련성 탐구하기

1. 신경계통이 오피오이드와 어떻게 상호작용하는지 배운 내용을 토대로 설명하시오.
2. 만성 통증이나 기타 질병으로 고통받는 환자에게 오피오이드를 처방해야 한다고 생각하는가? 어떤 제한을 두어야 하는가?
3. 모든 사람이 오피오이드에 동일하게 반응하는 것은 아니라는 점을 알고 있을 것이다. 이 장에서 배운 내용을 통해 이러한 반응의 다양성을 설명하는 몇 가지 요인은 무엇인지 설명하시오.

모든 장의 질문에 대한 정답은 *connect.mheducation.com*에서 확인하시오.

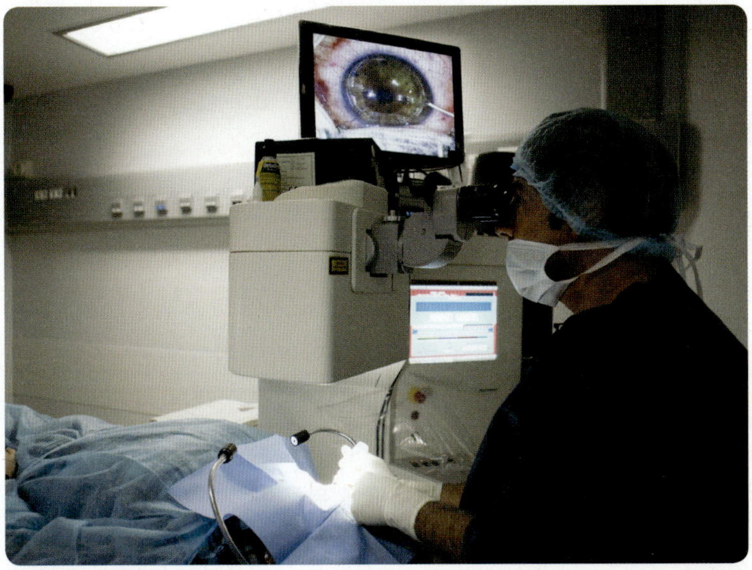

Amélie Benoist/Science Source

CHAPTER 14 감각

이 장의 개요

시작하기 전에

이 장을 시작하기 전에 다음 사항을 논의해 보자.

13.1절 몸속에서 중추신경계통과 말초신경계통은 어떤 역할을 하는가?

13.2절 대뇌겉질의 일차몸감각영역은 어떤 역할을 하는가?

13.3절 소뇌는 균형을 유지하는 것을 어떻게 도와주는가?

시력 향상

당신 또는 당신의 친한 친구 중 한 명은 안경을 쓸 가능성이 있다. 실제로 미국인 1억 5,000만 명(인구의 64% 이상)이 시력 문제를 교정하기 위해 안경을 착용한다. 당신이 그들 중 한 사람이라면 안경을 쓰지 않기 위해 눈 수술을 고려할 수 있다.

라식(LASIK)은 laser-assisted in situ keratomileusis의 약자로 레이저를 사용하여 각막의 모양을 영구적으로 바꾸는, 빠르고 상대적으로 고통이 없는 시술이다. 시술 중에 눈 앞쪽에서 조직의 작은 피복(결막)을 잘라낸다. 피복은 뒤로 접혀서 각막이 노출되어 안과의사가 각막에서 일정량의 조직을 제거한다. 레이저의 각 펄스는 소량의 각막 조직을 제거하여 안과의사가 각막 곡선의 가파른 정도를 평평하게 하거나 증가시킬 수 있다. 이 절차가 끝나면 조직 피복을 제자리에 놓고 자체적으로 치유되도록 한다.

이런 유형의 수술에 이상적인 환자가 되려면 18세 이상이어야 하며, 매년 2회 연속으로 시력 검사를 받아 시력이 비교적 안정적인 것으로 나타난 사람이어야 한다. 시술로 인해 약간의 불편함이 있을 수 있지만 일반적으로 안전하며, 거의 80%의 환자가 더 이상 안경이 필요하지 않을 정도로 시력이 향상된다.

이 장에서는 눈의 구조와 기능을 알아보고, 설명을 위해 중추신경계통에 정보를 제공하는 다른 감각기관도 살펴볼 것이다.

이 장을 학습하면서 다음 질문을 생각해 보자.

1. 시력에서 각막의 역할은 무엇인가?
2. 다른 거리에 있는 물체를 바라볼 때 눈은 일반적으로 어떻게 적응하는가?

14.1 감각수용체와 감각의 개요

학습 목표

이 절을 학습한 후 다음 사항을 할 수 있어야 한다.

1. 감각수용체 4개를 분류하고, 각 수용체가 어떤 자극에 반응하는지 설명할 수 있다.
2. 지각과 감각을 구별할 수 있다.
3. 감각통합과 감각적응의 목적을 설명할 수 있다.

감각수용체(sensory receptor)는 외부 환경의 자극을 신경자극이라는 신호로 전환하는 능력이 있다. 이 전환은 일반적으로 **감각변환**(sensory transduction)이라고 한다. 어떤 감각수용체는 변형된 신경이며, 또 어떤 것은 신경과 밀접하게 관련된 특수화된 세포이다. 감각수용체는 내부와 외부 환경에서 유래한 자극을 감지한다. **외수용체**(exteroceptor)는 미각, 후각, 시각, 청각, 평형감각과 같이 몸 밖의 자극을 감지한다(**표 14.1**). **내수용체**(interoceptor)는 몸의 안쪽으로부터 자극을 받는다. 내수용체에는 혈압의 변화를 감지하는 압력수용체(baroreceptor, pressoreceptor), 몸의 물과 염분의 균형을 조절하는 삼투수용체(osmoreceptor), 혈액의 pH를 감지하는 화학수용체(chemoreceptor)가 있다.

내수용체는 몸의 항상성과 직접적으로 관련이 있고, 음성되먹임 기전으로 조절된다(그림 3.15 참고). 예를 들어 혈압이 올라가면 압력수용체는 뇌의 조절 중추에서 동맥혈관벽에 신경신호를 보내어 내장근육을 이완하도록 한다. 그 결과로 혈압이 정상으로 떨어지면 압력수용체는 더 이상 자극되지 않는다.

눈, 귀, 피부에 있는 외수용체는 중추신경계통에 계속적으로 메시지를 전달한다. 이러한 방식으로 외부 환경의 상태를 계속 알려준다.

감각수용체의 종류

사람의 감각수용체는 화학수용체, 빛수용체, 기계적수용체, 온도수용체 네 가지로 구분된다.

화학수용체(chemoreceptor)는 근처에 있는 화학물질에 반응한다. 표 14.1에서 볼 수 있듯이 외부 자극에 해당하는 맛과 냄새는 화학수용체를 이용한다. 그러나 내부 자극에 민감한 여러 다른 기관도 마찬가지다. 혈액의 pH를 감시하는 화학수용체가 목동맥과 대동맥에 위치하며, 만약 pH가 낮아지면 호흡수는 증가한다. 그 결과로 몸 안의 이산화탄소가 배출되면 혈액의 pH는 올라가게 된다. **통각수용체**(nociceptor, pain receptor)는 일종의 화학수용체이며, 손상된 조직에 분비되는 화학물질에 반응하는 노출된 가지돌기이다. 통각수용체는 우리 몸에 위험을 알려주기 때문에 보호적이다. 예를 들어 통증이 없다면 맹장(막창자)이 터질 때 필요한 의학적인 도움을 얻지 못할 것이다.

빛수용체(photoreceptor)는 빛에너지에 반응한다. 우리 눈은 빛에 민감한 빛수용체로 구성되어 있고 시각을 제공한다. 막대세포라는 빛수용체가 자극을 받으면 물체를 흑백으로 볼 수 있고, 원뿔세포는 물체의 색을 구별한다.

기계적수용체(mechanoreceptor)는 기계적인 힘에 자극을 받고, 이는 대부분 일종의 압력을 유발한다. 우리가 소리를 들을 때 공기 중 음파는 속귀의 액체로 인한 압력파로 변환되어 기계적수용체가 감지할 수 있다. 기계적수용체는 중력과 움직임의 변화를 감지할 때 압력파에 반응하고 균형을 유지하는 데 도움을 준다. 이 수용체는 속귀의 안뜰(전정)기관과 세반고리

표 14.1 외수용체

감각수용체	자극	분류	감각	감각기관
미각세포	화학물질	화학수용체	미각	맛봉오리
후각세포	화학물질	화학수용체	후각	후각상피
망막의 원뿔세포와 막대세포	광선	빛수용체	시각	눈
속귀의 나선기관 안 털세포	음파	기계적수용체	청각	귀
속귀의 반고리뼈관 안 털세포	움직임	기계적수용체	회전평형	귀
속귀의 안뜰기관 안 털세포	중력	기계적수용체	중력평형	귀

뼈관에 있다.

촉각은 강한 압력과 미세한 압력에 반응하는 압력수용체에 의해서 감지된다. 압력수용체(baroreceptor)는 혈압 변화를 감지하기 위해 동맥에 위치하고, 폐의 신장수용체(stretch receptor)는 폐의 팽창 정도를 감지한다. 고유감각수용체(proprioceptor)는 근육섬유, 힘줄, 관절, 인대의 늘어남을 감지한다. 고유감각수용체의 신호는 팔다리의 위치를 감지한다.

온도수용체(thermoreceptor)는 시상하부와 피부에 있으며, 온도 변화를 감지한다. 이 수용체는 열과 냉기에 반응하고, 체온 조절에 중요한 역할을 한다(그림 3.17 참고).

감각은 어떻게 발생하는가

감각수용체는 신경신호가 발생하는 환경적 자극에 반응한다. 신경신호가 뇌의 대뇌겉질에 도착하면, 자극의 의식적인 지각(conscious perception)인 **감각**(sensation)이 나타난다.

13.4절에서 논의한 것처럼, 감각수용체는 반사활의 첫 번째 구성요소이다. 우리는 감각 정보가 뇌에 도달했을 때 반사작용을 알아차린다. 그때에 뇌는 이 정보를 다른 감각수용체에서 받아들인 다른 정보와 통합하게 된다. 화상을 입었을 때 뜨거운 난로에서 재빨리 손을 떼면 어떻게 되는지 생각해 보라. 뇌는 피부뿐만 아니라 눈, 코를 비롯한 모든 감각수용체를 통해 정보를 받아들인다.

감각수용체는 자유신경종말(free nerve endings) 또는 피막신경종말(encapsulated nerve endings)이 있으며, 신경세포와 밀접하게 관련된 특별한 세포의 형태로 존재하기도 한다. 대부분의 경우, 감각수용체 세포막에는 자극에 반응하는 수용체 단백질이 분포하고 있다. 예를 들면 화학수용체의 세포막에는 특정한 화학물질에 결합하는 수용체단백질이 있다. 화합물과 수용체가 결합하면 이온통로가 열리고 세포막을 가로질러 해당 이온이 이동한다. 자극이 충분히 강할 경우, 신경신호가 발생해 말초신경계통(PNS)의 감각신경섬유를 통해 중추신경계통(CNS)으로 전달된다(**그림 14.1**). 자극이 강하면 강할수록 신경신호의 빈도가 증가한다. 척수에 먼저 도달한 신경신호는 오름신경로를 통해 뇌로 전달되며, 마침내 신경신호가 대뇌겉질에 이르면 감각을 느끼게 된다.

모든 감각수용체는 신경신호를 발생시키지만, 감각은 신경신호를 받아들이는 뇌의 부분에 따라 달라진다. 예를 들면 시각신경에서 시작된 신경신호는 결국 대뇌겉질의 시각영역에 도달하고, 그 후에 우리는 물체를 본다. 청각신경에서 시작된 신경신호는 대뇌겉질의 청각영역에 도달하고, 우리는 청각겉질이 자극되었을 때 소리를 들을 수 있다. 만일 이들 두 신경을 바꿀 수 있다면, 시각의 자극은 귀를 통해 청각으로 들을 수 있을 것이다.

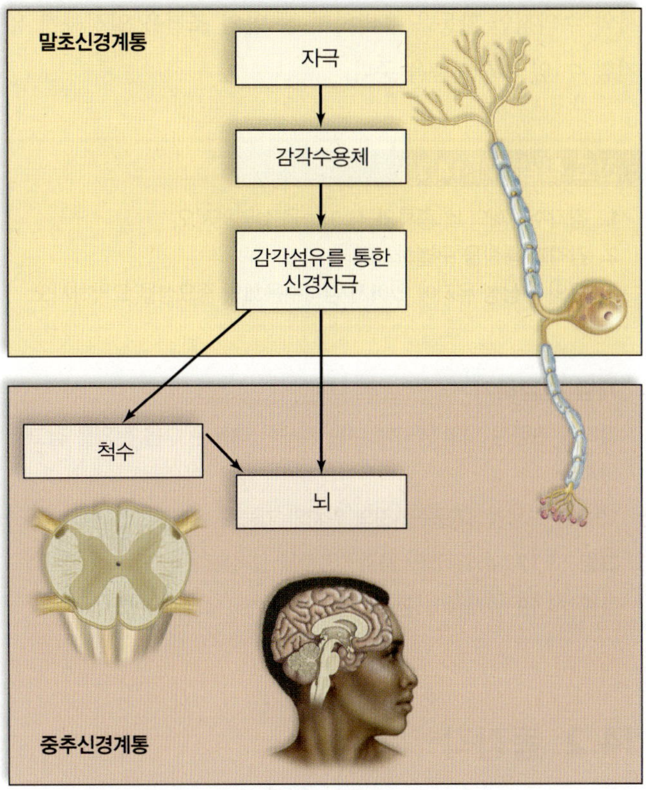

그림 14.1 감각과 감각 지각에서 중추신경계통과 말초신경계통의 역할. 자극을 감지한 감각수용체는 말초신경계통에서 신경신호를 유발한다. 이 신호는 중추신경계통에 몸 안팎 환경에 관한 정보를 준다. 중추신경계통은 이 모든 정보를 통합한 뒤 자극에 대한 운동반응을 시작한다.

감각수용체는 신경신호를 생성하기 전에 먼저 받아들인 모든 자극을 합산하는 **통합**(integration) 작용을 수행한다. **감각적응**(sensory adaptation)은 통합의 한 가지 형태이며, 시간이 지남에 따라 자극에 대한 반응이 감소하는 것이다. 우리 모두 어떤 방에 들어갔을 때 강한 냄새를 맡지만 어느 정도 시간이 지나면 맡을 수 없는 것을 경험한다. 감각적응이 나타나면 감각수용체는 뇌로 더 적은 신경신호를 보낸다. 이 신경신호가 없어지면 감각자극은 감소한다. 감각수용체의 기능은 몸의 항상성 유지에 기여한 바가 크다. 감각의 입력이 없다면 몸 안팎의 환경 변화를 감지할 수 없다. 이런 감각 정보는 적절한 반사와 수의적인 활동을 유발하여 몸 안의 조건을 일정하게 유지할 수 있도록 도움을 준다.

진도 점검하기 14.1

1. 감각수용체의 네 종류와 각 기능을 설명하시오.
2. 감각과 통합을 구별하시오.
3. 몸의 항상성 유지에 있어서 감각수용체의 중요성을 요약하시오.

개념 연결하기

감각과 관련된 뇌의 영역에 대한 자세한 내용은 다음 논의를 참고하시오.

13.2절 그물활성계통(RAS)의 위치와 기능을 살펴본다.

그림 13.12 대뇌겉질의 몸감각영역을 살펴본다.

그림 13.18 반사활에 관련된 말초신경계통을 살펴본다.

14.2 몸감각

학습 목표

이 절을 학습한 후 다음 사항을 할 수 있어야 한다.

1. 고유감각수용체와 피부수용체를 기능별로 구분할 수 있다.
2. 각 피부수용체의 일반적인 기능과 위치를 설명할 수 있다.
3. 통각수용체의 역할과 통각수용체가 감지하는 감각 자극의 종류를 설명할 수 있다.

피부, 근육, 관절, 내부 기관에 분포한 수용체들의 감각을 **몸감각**(somatic sense)이라고 한다. 이 수용체는 고유감각수용체, 피부수용체, 통각수용체의 세 가지 형태로 분류할 수 있다. 이들 수용체는 척수를 통한 신경자극을 대뇌겉질의 일차 몸감각영역으로 전달한다(그림 13.12 참고).

고유감각수용체

고유감각수용체는 근육긴장도를 유지하여 몸의 균형 및 자세를 유지하는 반사작용에 관여하는 기계적수용체이다. 예를 들면 **근육방추**(muscle spindle)라고 하는 고유감각수용체는 근육섬유 안에 있다(**그림 14.2**). 만일 근육이 너무 많이 이완되면 근육을 수축하기 위해 신경자극을 발생시켜 근육방추는 늘어난다. 반대로 근육이 너무 많이 늘어나면 근육과 뼈를 연결하는 힘줄의 고유감각수용체인 **골지힘줄기관**(Golgi tendon organ)이 근육을 이완하기 위해 신경자극을 생성한다. 두 작용의 수용체는 함께 작용하여 근육긴장도를 기능적으로 유지하도록 한다. 근육방추와 관련된 **무릎반사**(knee-jerk reflex)는 의사가 반사작용을 검사할 수 있도록 한다. 근육방추에서 중추신경계통으로 보내진 정보는 몸의 균형과 자세를 유지하기 위해 사용된다. 중력의 작용이 항상 뼈대와 근육에 작용함에도 불구하고 적절한 균형과 신체 위치를 유지하는 것이다.

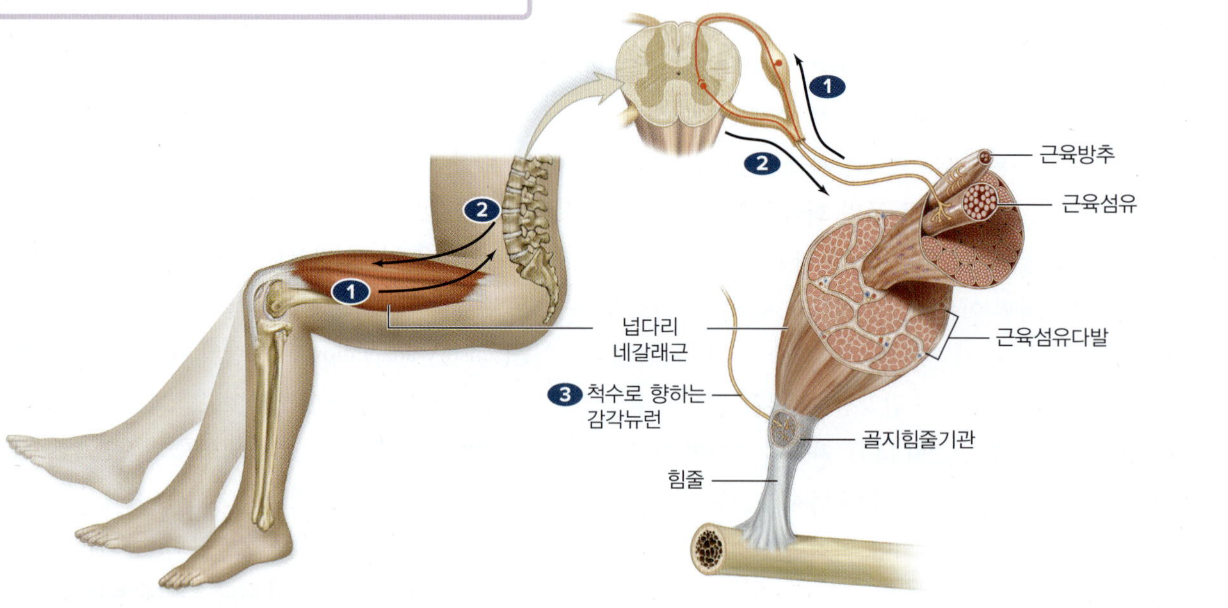

그림 14.2 고유감각수용체의 작용.
(1) 근육이 늘어날 때 근육방추가 척수로 감각신경자극을 전달한다. **(2)** 척수로부터 운동신경자극이 발생하여 근육을 수축시킨다. **(3)** 힘줄이 지나치게 늘어나면 골지힘줄기관이 근육을 이완시킨다.

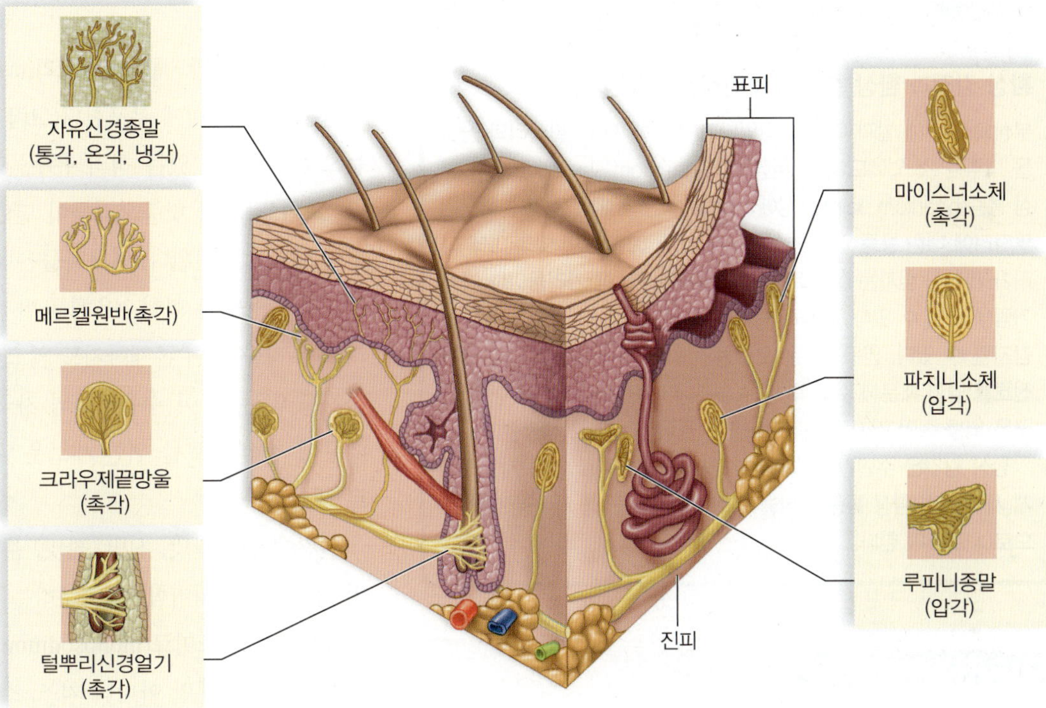

그림 14.3 피부의 감각수용체.
각 감각수용체가 일반적으로 담당하는 기능은 그림에 표시되어 있다. 그러나 수용체는 항상 특화되어 있지 않다. 예를 들어 귀의 피부를 현미경으로 관찰해 보면 자유신경종말(통각수용체)만 보이지만, 귀의 피부를 통하여 모든 감각을 인지할 수 있다. 이는 피부의 감각수용체들이 완벽하게 특수화되어 있지는 않음을 암시한다.

피부수용체

피부는 표피와 진피로 구성되어 있다(3.7절 참고). 진피에는 촉각, 압각, 통증, 온도(따뜻함과 차가움)를 감지하는 **피부수용체**(cutaneous receptor)가 있다(그림 14.3). 진피에는 이러한 얇은 수용체들이 모자이크 형태로 분포해 있으며, 피부 위에 금속 탐침이 느리게 스치듯 지나가는 것을 감지한다. 어느 지점에서는 촉각이나 압각을 느낄 것이고, 다른 지점에서는 따뜻하거나 차가움(탐침의 온도에 의존함)을 느낄 것이다.

미세한 촉각을 감지하는 몇몇 피부수용체는 촉각의 위치와 모양, 크기, 질감과 같은 특별한 정보를 알 수 있게 해준다. **마이스너소체**(Meissner corpuscles)와 **크라우제끝망울**(Krause end bulbs)은 손끝, 손바닥, 입술, 혀, 젖꼭지, 음경, 음핵에 집중되어 있다. **메르켈원반**(Merkel discs)은 표피와 진피가 만나는 곳에서 찾을 수 있다. 털주머니의 아래쪽에 있는 **털뿌리신경얼기**(root hair plexus)라고 하는 자유신경종말은 털주머니를 둘러싸고 있으며, 털을 건드리면 반응하게 된다.

압력을 감지하는 두 가지 피부수용체에는 파치니소체와 루피니종말이 있다. **파치니소체**(Pacinian corpuscles)는 양파 모양의 감각수용체로서 진피 깊은 곳에 있으며, **루피니종말**(Ruffini endings)은 결합조직 막으로 둘러싸여 있고 신경섬유 레이스로 된 망으로 구성되어 있다.

온도수용체는 표피의 자유신경종말이며, 이 중 일부는 차가움을, 다른 것은 따뜻함을 감지한다. 냉각수용체는 온각수용체보다 더 많지만, 두 형태는 구조적 차이가 구분되지 않는다.

통각수용체

피부와 같이 많은 내부 기관도 통각수용체가 있으며, 손상된 조직에서 방출하는 화학물질들에 반응한다. 기계적, 온도, 전기적 자극이나 독성물질로 인해 염증이 생성되면 세포는 통각수용체를 자극하는 프로스타글란딘이라는 화학물질을 분비하게 된다. 진통제의 성분인 아스피린과 이부프로펜은 이 화학물질을 합성하는 효소를 억제하므로 통증을 줄일 수 있다.

때때로 몸 안쪽의 통각수용체가 자극되면 내부 기관뿐만 아니라 피부에서도 통증을 느낄 때가 있는데, 이를 가리켜 **연관통**(referred pain)이라고 한다. 내부 기관에 따라서 등 뒤, 사타구니, 복부 등의 피부영역과 관련된 연관통을 느낀다. 예를 들어 심장의 통증은 왼팔과 어깨에서 느껴진다. 이는 내부 기관의 통각수용체에서 발생하는 신경자극이 척수로 이동하는 과정에서 피부의 통증 자극도 받아들이는 신경세포와 연접하기 때문이라고 추측한다. 이런 종류의 연관통은 흔히 남성이 여성보다 더 흔한 것으로 알려져 있다. 여자가 종종 심장마비 중에 겪는 비특이적 증상은 진단을 지연시킬 수도 있다.

생활 속의 생물학

환상 감각과 환상 통증의 차이점은 무엇인가?

부상으로 인해 발과 다리를 잃었다고 가정해 보자. 팔다리의 상실을 다루는 것 외에도 종종 환상 감각(phantom sensation)이나 환상 통증(phantom pain) 현상에 대처해야 한다. 환상 감각은 절단된 팔다리에 대한 통증 없는 인식을 의미한다. 예를 들면 발과 아래 다리가 제거된 환자는 실제로는 발이 없지만, '발'에 가려움이나 따끔거림을 느낄 수 있다. 유사하게, 환상 통증도 없는 신체 부위로부터 감지될 수 있다. 연구자들은 오랫동안 뇌가 다리와 발로부터 오는 신호를 받기 때문에 수술 후 남은 부분에 대한 촉각과 같은 어떤 자극은 뇌를 속여 감지된 감각으로 받아들이게 한다고 생각한다.

환상 감각은 수년간 지속될 수 있지만 대개 치료 없이 자연스럽게 사라진다. 환상 통증은 약물 치료, 마사지, 물리 치료의 조합 등으로 치료해야 한다.

진도 점검하기 14.2

1. 팔과 다리의 위치를 감지하기 위해 몸이 어떻게 고유감각수용체를 이용하는지 설명하시오.
2. 피부수용체의 각 역할을 요약하시오.
3. 통각수용체가 항상성 유지에 중요한 이유를 설명하시오.

개념 연결하기

이 절의 수용체에 대한 자세한 내용은 다음 논의를 참고하시오.

그림 3.11 인간 피부의 구조를 더 자세히 살펴본다.

12.2절 근육섬유의 수축에 대한 전반적인 정보를 살펴본다.

13.2절 뇌가 통각수용체로부터 정보를 받는 방법에 대한 관문조절설을 살펴본다.

14.3 미각과 후각

학습 목표

이 절을 학습한 후 다음 사항을 할 수 있어야 한다.

1. 미각과 후각을 비교할 수 있다.
2. 혀와 코의 후각영역 구조를 설명할 수 있다.
3. 뇌가 후각과 미각 정보를 어떻게 수용하는지 요약할 수 있다.

맛과 냄새는 이를 감지하는 수용체가 먹는 음식 또는 숨 쉬는 공기 중의 화합물에 결합하기 때문에 화학적 감각으로 분류된다. 화학수용체는 특정 분자에 결합하는 세포막 수용체이다. 미각세포와 후각세포는 화학수용체의 예다.

미각

성인은 대략 1만 개의 **맛봉오리**(taste bud)를 가지고 있으며, 이들은 대부분 혀에 분포한다(**그림 14.4**). 많은 맛봉오리가 맨눈으로도 볼 수 있는 혀의 유두돌기 측면을 따라 늘어서 있다. 또한 낱개의 맛봉오리들이 단단입천장(경구개), 인두, 후두덮개에서 발견된다. 연구자들은 폐에서 오직 쓴맛의 화학물질에만 반응하는 화학수용체를 발견했다. 이 수용체들은 봉우리에 무리를 지어 존재하지도 않으며, 맛의 신호를 뇌에 전달하지도 않는다. 이 수용체들의 자극은 기도 확장을 유발하기 때문에 천식 치료를 위한 새로운 약물의 적용이 가능할 것으로 예측된다.

인간에게는 단맛, 신맛, 짠맛, 쓴맛, 우마미(일본어로 '향감미, 감칠맛'을 의미함)를 구분하는 5종류의 미각수용체가 있다. 일반적인 조미료(monosodium glutamate, MSG)와 같은 특정 아미노산뿐만 아니라 치즈, 소고기 수프, 일부 해산물에서 우마미를 느낄 수 있다. 각각의 맛에 대한 맛봉오리는 혀 전체에 분포하고 있으며, 특정 맛을 특정 구역에서 더 민감하게 느낄 수 있고, 음식은 하나 이상의 맛봉오리를 자극할 수 있다. 뇌에서는 들어오는 감각 자극의 전체적인 패턴을 조사하고, 각각의 맛 메시지를 '가중평균'으로 받아들여 맛을 인지한다.

뇌는 어떻게 미각 정보를 받아들이는가

맛봉오리의 끝부분에는 **맛구멍**(taste pore)이 열려 있다(그림 14.4c). 이 구멍은 지지 세포와 여러 개의 미각세포 끝부분이 미세융모를 형성한 구조이다. 화학물질이 미세융모 끝부분에 있는 수용체단백질에 결합하면 신경신호가 발생해 감각신경섬유를 타고 뇌에 전달된다. 미각겉질에 도달한 자극은 일차적으로 두정엽(parietal lobe, 마루엽)에 위치하며, 특정한 맛으로 분류된다.

후각

우리가 '맛'이라고 감지하는 자극의 약 80~90%는 사실 알고 보면 냄새이다. 감기에 걸려서 코가 막히면 음식의 맛을 느낄 수 없는 것은 바로 이 때문이다. 냄새는 1,000만~2,000만 개에 이르는 **후각세포**(olfactory cell)에 의해서 감지되며, 이 후각세포들은 코안의 천장에 위치한 후각상피(olfactory epi-

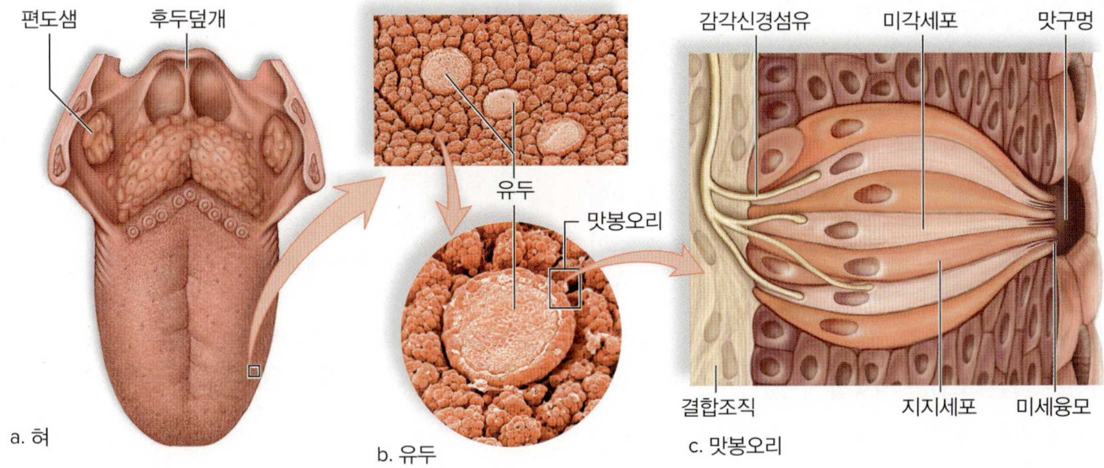

그림 14.4 혀와 미각.
a. 혀의 유두에 있는 맛봉오리는 단맛, 신맛, 짠맛, 쓴맛, 우마미를 구분한다. **b.** 혀 유두의 확대 현미경 사진. **c.** 맛봉오리는 유두의 측면을 따라 늘어서 있다. 미각세포 끝부분의 미세융모에는 수용체단백질이 분포해 있다. 이 수용체에 화합물이 결합하면 신경신호가 발생해서 뇌로 전달되고 맛을 느끼게 된다.
(b): Clouds Hill Imaging Ltd./Corbis Documentary/Getty Images

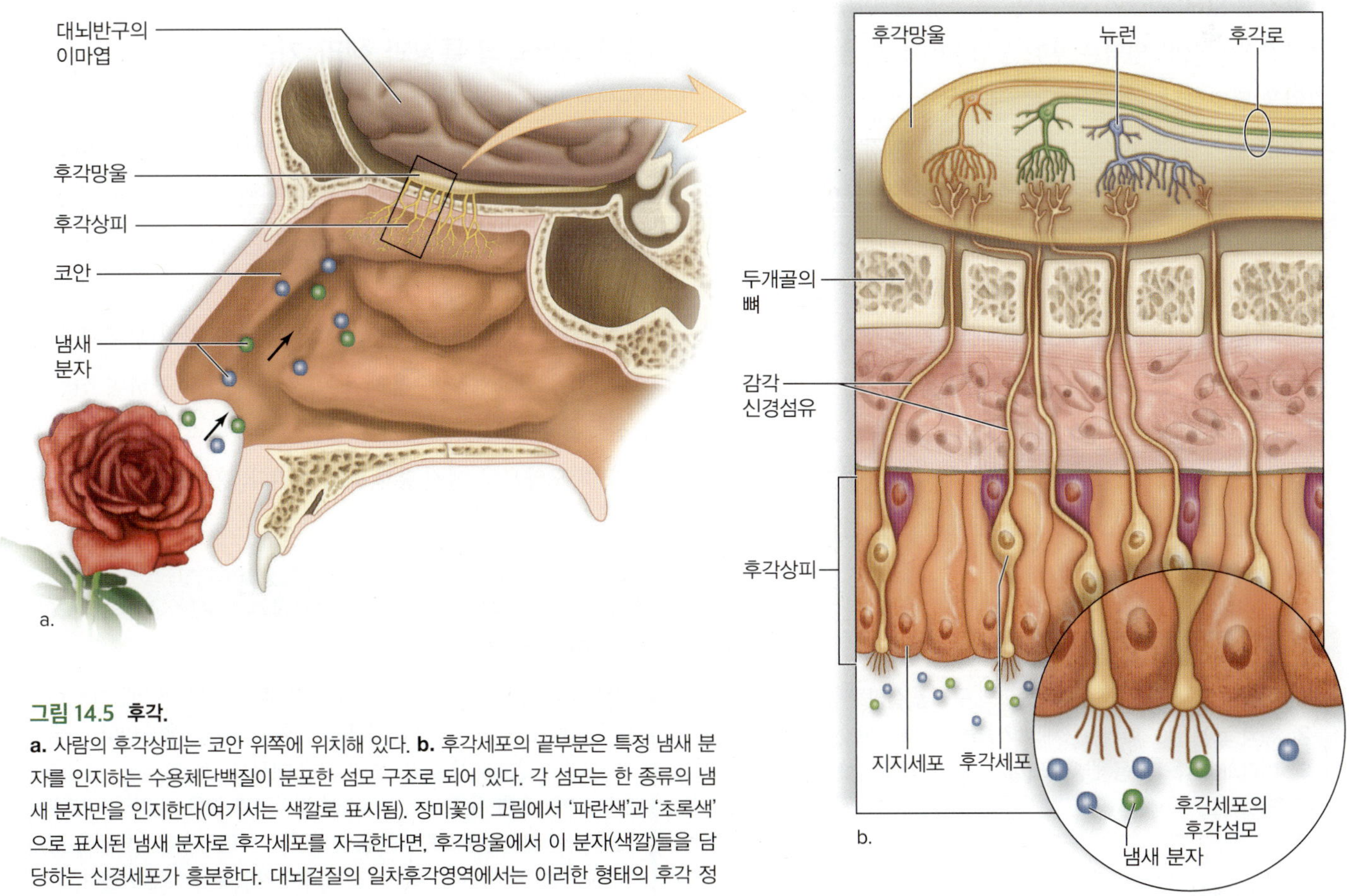

그림 14.5 후각.
a. 사람의 후각상피는 코안 위쪽에 위치해 있다. **b.** 후각세포의 끝부분은 특정 냄새 분자를 인지하는 수용체단백질이 분포한 섬모 구조로 되어 있다. 각 섬모는 한 종류의 냄새 분자만을 인지한다(여기서는 색깔로 표시됨). 장미꽃이 그림에서 '파란색'과 '초록색'으로 표시된 냄새 분자로 후각세포를 자극한다면, 후각망울에서 이 분자(색깔)들을 담당하는 신경세포가 흥분한다. 대뇌겉질의 일차후각영역에서는 이러한 형태의 후각 정보를 장미꽃 냄새로 분류한다.

thelia)에 자리 잡고 있다(**그림 14.5**). 후각세포는 변형된 형태의 신경세포이며, 각 세포의 말단에 5개의 후각섬모(olfactory cilia)가 빗자루처럼 붙어 있다. 이 후각섬모의 수용체단백질이 냄새 분자와 결합한다.

뇌는 어떻게 후각 정보를 받아들이는가

냄새 분자와 결합하는 수용체단백질은 약 1,000가지이며, 각각의 후각세포는 이 중 한 가지만을 합성한다. 비슷한 후각세포들로부터 연장된 신경섬유는 뇌의 연장인 후각망울(olfactory bulb)에 있는 같은 신경세포에까지 이어진다. 냄새는 여러 가지 다양한 냄새 분자가 섞인 것으로, 각기 특정한 조합의 수용체단백질에 결합한다. 예를 들어 장미꽃이라면 그림 14.5에서 파란색과 초록색으로 표시된 후각세포를 자극하는 반면, 카네이션은 다른 조합을 자극할 수 있다. 즉, 후각망울이 알아차리는 냄새의 특징은 어떤 신경세포가 자극을 받았는지에 따라 결정된다. 이 신경세포들이 각기 받아들인 정보를 후각 신경로를 통해서 대뇌겉질의 후각영역에 전달할 때 우리는 이것이 장미꽃의 향기인지 카네이션의 향기인지를 알 수 있게 된다.

후각겉질(olfactory cortex)은 측두엽(관자엽)에 존재한다. 후각겉질의 어떤 영역은 후각을 감지하고, 다른 영역은 후각 기억을 담당한다.

어떤 냄새가 특정 사람이나 장소에 관한 강렬한 기억을 불러일으키는 경험을 해본 적이 있는가? 예를 들어 특정 음식 냄새가 좋아하는 휴가를 떠올리게 할 수 있다. 이는 후각망울이 기억 및 감정과 관련된 중추의 둘레계통과 직접 연결되어 있기 때문이다(13.3절 참고). 어떤 조사자는 조사 대상자가 그림을 감상하던 중 오렌지 냄새를 맡았다면 그림을 더 생생하게 떠올리고 그림에 대한 여러 가지 깊은 감정을 갖게 되는 것을 보여주었다. 나이가 들면 후각세포의 숫자가 줄어든다. 만약 노인들이 연기 냄새나 가스가 새는 것을 잘 맡지 못한다면 위험에 처할 수 있다.

진도 점검하기 14.3

1. 미각과 후각에 관여하는 혀와 코의 구조를 설명하시오.
2. 혀와 코에 있는 화학수용체의 기능을 비교하시오.
3. 미각과 후각의 수용체부터 뇌까지 이르는 감각 정보의 경로를 요약하시오.

개념 연결하기

화학수용체에 대한 자세한 내용은 다음 논의를 참고하시오.

9.5절 숨뇌에서 호흡중추의 기능을 살펴본다.

13.3절 냄새와 맛의 기억을 유지하는 둘레계통의 역할을 살펴본다.

14.4 시각

학습 목표

이 절을 학습한 후 다음 사항을 할 수 있어야 한다.

1. 인간의 눈 구조를 설명할 수 있다.
2. 멀거나 가까운 물체에 눈이 어떻게 초점을 맞추는지 설명할 수 있다.
3. 시각에서 빛수용체의 역할을 설명할 수 있다.
4. 시력에 문제가 있는 눈의 특이점을 요약할 수 있다.

시각은 눈과 뇌의 작용을 필요로 한다. 사실 시각 작용의 상당 부분은 신경신호가 뇌로 전달되기 전에 눈에서 일어난다. 여전히 연구자들은 적어도 대뇌겉질의 1/3이 시각 정보 처리에 참여하는 것으로 추정하고 있다.

눈의 해부학적 특징과 생리 기능

안구는 지름이 약 2.5 cm 정도인 길쭉한 공 모양이며 3개의 층, 즉 공막, 맥락막, 망막으로 이루어져 있다(그림 14.6). 가장 바깥쪽에 있는 **공막**(sclera)은 흰색의 섬유질이며, 결합조직으로 이루어진 투명한 **각막**(cornea)은 눈의 창문이라고 알려져 있다.

중간층인 얇은 **맥락막**(choroid)은 혈관이 많이 분포되어 있으며, 검은 색소는 빛수용체가 미처 흡수하지 못하여 산란된 광선들을 흡수하며 시력에 도움을 준다. 맥락막은 눈 앞쪽에서 도넛 모양으로 생긴 **홍채**(iris)가 된다. 홍채는 그 중앙에 있

생활 속의 생물학

핑크아이란 무엇인가?

대부분의 사람은 삶의 어느 시점에서 결막염 또는 핑크아이(pinkeye)로 고통을 받는다. 결막염은 결막의 점막에 생기는 염증이다. 결막은 눈에 윤활성을 제공하여 눈이 건조해지지 않도록 하는 역할을 한다. 가장 흔한 유형인 바이러스성 결막염의 경우, 바이러스 병원체에 대한 면역반응으로 염증을 일으킨다. 바이러스성 결막염은 전염성이 강하기 때문에 질병이 전파되지 않도록 주의해야 한다. 그러나 모든 결막염이 전염성이 있는 것은 아니다. 알레르기 및 기타 의학적 상태는 핑크아이와 유사한 증상을 일으킬 수 있다. 보통은 눈에 윤활 작용과 염증을 줄이는 데 도움이 되는 안약을 사용하여 치료한다.

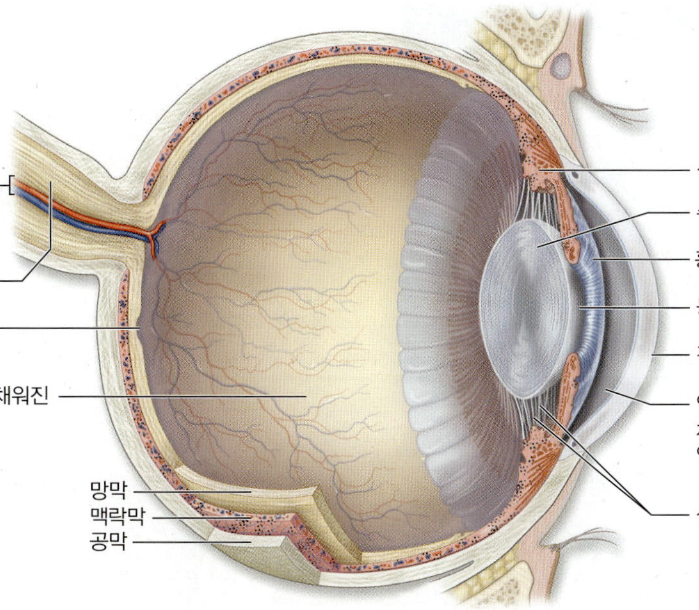

그림 14.6 사람 눈의 구조.
가장 바깥쪽에 있는 공막은 각막으로 연결되며, 중간층인 맥락막은 섬모체와 홍채로 연결된다. 가장 안쪽의 망막에는 시각을 위한 빛수용체가 분포해 있다. 중심오목은 가장 명확한 상이 맺히는 장소이다.

는 작은 구멍인 **동공**(pupil)의 크기를 조절하여 안구로 들어오는 빛의 양을 조절한다. 사람의 눈동자 색깔은 홍채에 들어 있는 색소에 의해서 결정된다. 색소가 많이 침착되어 있으면 갈색, 엷게 침착되면 파란색이나 초록색을 띤다. 홍채 뒤쪽은 맥락막이 두꺼워져 섬모체(ciliary body)를 형성한다. 섬모체에는 섬모체근(ciliary muscle)이 있어서 가깝고 먼 물체를 바라볼 때 수정체의 두께를 조절한다.

수정체(lens)는 섬모체띠(suspensory ligament)에 의해서 섬모체에 연결되어 있고, 수정체에 의해서 눈은 2개의 방으로 나뉘어 있다. 즉, 수정체 앞쪽에 있는 안구앞방(anterior chamber)과 수정체 뒤쪽의 안구뒷방(posterior chamber)으로 나뉜다. 안구앞방은 **안구방수**(aqueous humor)라는 투명한 액체로 채워져 있으며, 매일 소량의 안구방수가 새로 생성된다. 정상인의 경우 안구방수는 작은 관을 통해서 안구앞방을 빠져나가는데, **녹내장**(glaucoma)이 생기면 배수관이 막혀서 안구방수가 안구 안에 축적된다. 만일 치료하지 않고 방치하면 높아진 안압이 빛수용체가 위치한 망막의 신경섬유를 담당하는 혈관을 압박해 연결된 신경섬유가 영양분 부족으로 점차 죽어가므로 부분적인 실명이 발생하고, 결국 완전한 실명에 이른다.

눈의 세 번째 층인 **망막**(retina)은 눈 뒤쪽에 있으며, 투명하고 점성이 있는 **유리체액**(vitreous humor)으로 채워져 있다. 유리체액은 망막을 제자리에 고정하고 수정체를 지지한다. 망막은 막대세포와 원뿔세포 두 가지의 빛수용체로 구성되어 있다. 막대세포는 빛에 매우 민감하지만 색을 구분하지 못한다. 따라서 밤이나 어두운 방 안에서 사물이 회색으로 보인다. 밝은 빛에만 반응하는 원뿔세포는 여러 가지 다른 파장의 빛을 감별할 수 있으며, 이 민감도는 색을 구별할 수 있도록 한다. 망막에는 원뿔세포가 밀집한 **중심오목**(fovea centralis)이라 하는 특별한 부분이 있다. 우리가 어떤 사물을 똑바로 바라볼 때 빛은 이 부위에 집중된다. 사물의 영상은 중심오목에서 가장 선명하게 맺히기 때문에 이 현상은 우리가 사물을 보다 잘 볼 수 있게 해준다. 망막에서 나오는 감각섬유들이 **시신경**(optic nerve)을 형성하며, 신경신호를 뇌의 시각겉질(visual cortex)로 전달한다.

표 14.2에 눈의 주요 구조와 그 기능을 요약하였다.

수정체의 기능

각막은 수정체와 안구방수의 도움을 받아 물체의 상이 망막에 맺히도록 한다. 초점을 맞추는 작업은 각막에서 시작되고

표 14.2 눈의 구조

구조	기능
공막	눈을 보호하고 지지함
각막	빛을 굴절시킴
동공	빛을 받아들임
맥락막	미광을 흡수함
섬모체	수정체를 제자리에 잡아주고 원근조절을 함
홍채	눈으로 들어오는 빛의 양을 조절함
망막	시각의 빛수용체를 가지고 있음
막대세포	흑백 시력을 가능하게 함
원뿔세포	색상과 예리한 시각을 가능하게 함
중심오목	대부분의 원뿔세포가 존재하여 정확한 시각을 가능하게 함
기타	
수정체	빛을 굴절시키고 초점을 맞춤
안구방수	빛을 전달하고 안구를 지지함
시신경	시각겉질에 자극을 전달함

빛이 수정체와 안구방수를 통과하면서 완성된다. 이 과정에서 빛이 굴절되기 때문에 **초점**(focus)이 맺힌 상은 실제 물체의 크기보다 훨씬 작아진다. 안구의 길이가 너무 길거나 짧으면 교정 렌즈로 바른 위치에 상이 맺히게 해주어야 한다. 망막에 맺힌 상은 상하좌우가 바뀐 모양이다.

가까운 물체를 바라볼 때는 **시각순응**(visual accommodation)이 일어나 수정체의 모양이 변경된다. 수정체의 모양을 조절하는 것은 섬모체 내에 있는 섬모체근이다. 먼 곳을 바라볼 때는 섬모체근이 이완되어 여기에 부착된 섬모체띠가 팽팽해져서 수정체는 비교적 평평한 모양이 된다(그림 14.7a). 반대로 가까운 곳에 있는 물체를 볼 때는 섬모체근이 수축한 결과 섬모체띠가 긴장이 풀려서(늘어나서) 자연스러운 탄성을 회복한 수정체가 둥글고 두툼한 모양으로 되돌아간다(그림 14.7b). 섬모체근의 수축과 이완의 결과로 초점이 맞는 상이 망막에 맺힌다. 섬모체근의 수축은 매우 섬세한 조절이 필요하기 때문에 오랫동안 지속되면 눈에 피로가 온다. 대개 40세가 넘으면 수정체의 탄력이 감소하여 시각순응이 어려워진다. 이러한 현상은 일반적으로 장시간 컴퓨터 작업을 하는 사람들에게서도 나타나는데, 이는 강렬한 집중으로 초점을 맞추고 눈 깜박임이 적어 안구 건조를 유발하기 때문이다. 따라서 눈의 피로를 줄이기 위해 안약이나 교정 렌즈 또는 안경이나 콘택트렌즈가 필요하다.

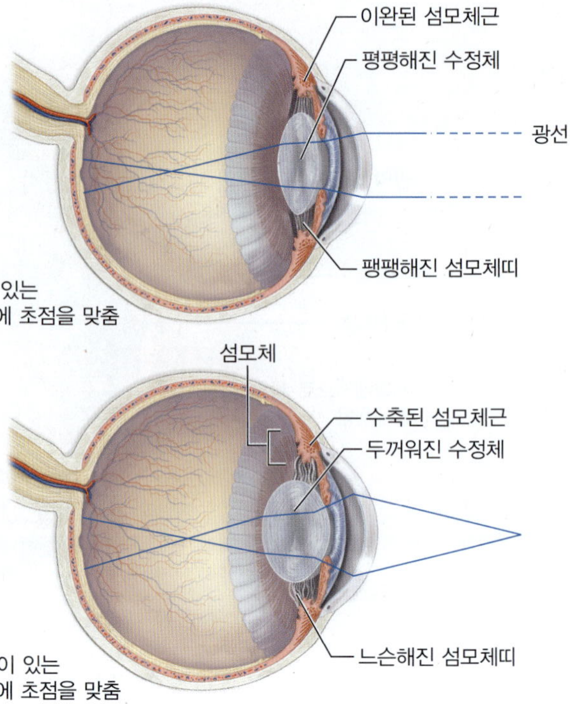

그림 14.7 눈 망막에서의 초점 조절. 어떤 물체의 각 부분에서 나오는 광선은 각막과 수정체를 통과하면서 굴절되어 상하좌우가 뒤집힌 상으로 망막에 맺힌다. **a.** 먼 곳을 바라볼 때는 섬모체가 이완되고 섬모체띠는 팽팽해져 수정체가 평평해진다. **b.** 가까운 곳을 바라볼 때는 섬모체가 수축하고 섬모체띠가 이완하여 눈의 순응, 즉 수정체의 모양이 둥글어지는 현상이 일어난다.

시각이 뇌로 전달되는 경로

시각자극의 경로는 빛이 망막의 빛수용체에 집중되는 것과 동시에 시작된다. 망막에서 나타나는 일부 통합작용은 신경신호가 시신경에서 뇌로 전달되기 전에 시작된다.

빛수용체의 기능 그림 14.8a는 **막대세포**(rod cell)와 **원뿔세포**(cone cell) 두 종류의 빛수용체를 보여준다. 이 두 세포는 모두 짧은 줄기로 안쪽분절로 연결된 바깥분절을 가지고 있다. 색소 분자들은 바깥분절에 무수히 많이 들어 있는 원반 구조의 막에 박혀 있다. 안쪽분절의 시냅스 말단에는 시냅스 소포가 모여 있다.

막대세포의 시각색소는 로돕신이라는 짙은 보라색 물질이다(그림 14.8b). **로돕신**(rhodopsin)은 옵신(opsin)이라는 단백질과 비타민 A의 유도체인 **레티날**(retinal)이라고 하는 빛을 흡수하는 분자로 만들어진 복합 분자이다. 막대세포가 빛을 흡수하면 로돕신이 옵신과 레티날로 분해되면서 일련의 반

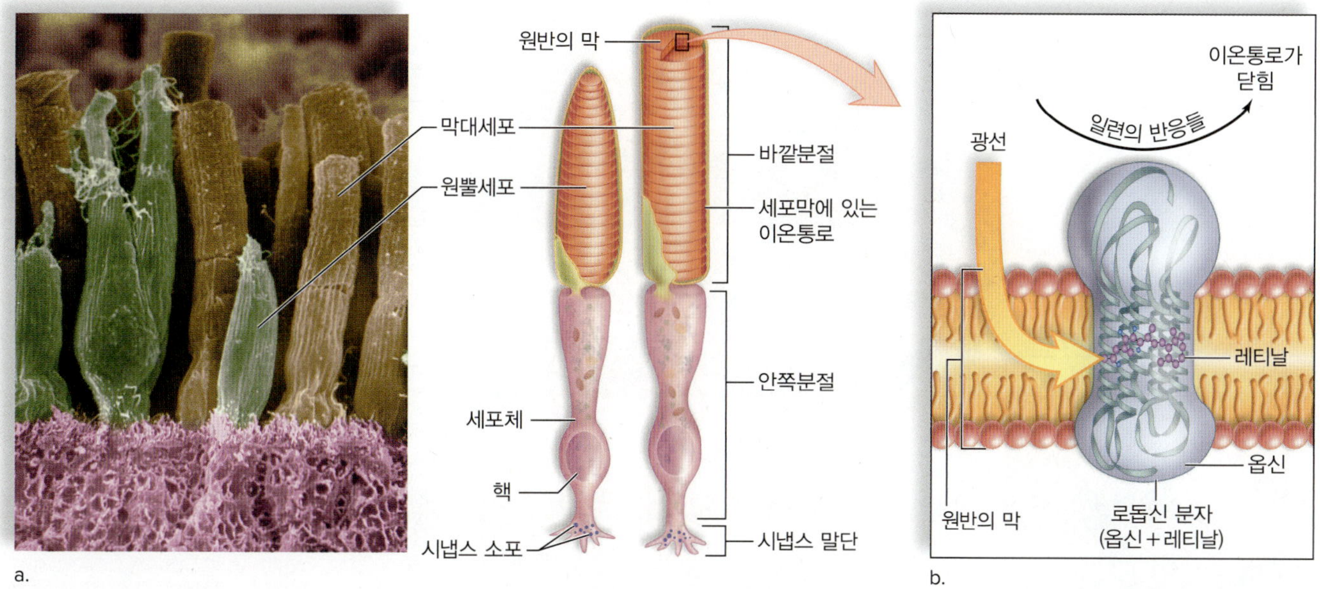

그림 14.8 눈의 두 종류의 빛수용체.
a. 막대세포와 원뿔세포의 바깥분절에는 막으로 둘러싸인 원반들이 있으며, 그 속에 색소가 포함되어 있다. **b.** 막대세포의 원반에는 옵신 단백질과 레티날이라는 색소의 복합체인 로돕신이 들어 있다. 로돕신은 빛에너지를 받으면 분해되어 레티날을 방출하고, 이것이 신호전달경로를 자극하여 세포막의 이온통로가 닫히는데, 그 결과 신경신호가 뇌로 전달된다.
(a): Omikron/Science Source

응이 시작되어 막대세포 세포막의 이온통로가 닫힌다. 그 결과 막대세포의 시냅스 소포에서 억제성 신경전달물질의 방출이 중지되고, 망막의 다른 신경세포로 신호가 전달된다. 막대세포는 빛에 매우 민감하게 반응하므로 야간 시력에 적합하다. 따라서 비타민 A가 풍부한 당근이나 오렌지, 노란색 채소의 섭취가 야간 시력을 향상시킨다는 말은 사실이다. 막대세포는 중심오목을 제외한 망막 전체에 걸쳐 다량으로 분포한다. 그래서 막대세포는 움직임에 대한 주변의 시각과 인식 또한 제공한다.

반면에 원뿔세포는 중심오목에 집중되어 있으며, 밝은 빛에 활성화되어 물체의 세밀한 윤곽과 색 구별에 사용된다. 색시각(color vision)에는 세 종류의 원뿔세포가 필요한데, 이들 각각은 B(파란색), G(초록색), R(빨간색) 색소를 가지고 있다. 세 가지 색소는 레티날과 옵신에 의해 만들어지는데 이때 각 옵신의 구조에는 미세한 차이가 있으며, 이에 따라 각 색소에 흡수 패턴의 차이가 생긴다. 이 삼원색의 사이에 해당하는 색들은 세 가지 원뿔세포의 다양한 조합에 의해서 감지된다.

> **생활 속의 생물학**
>
> **피곤하거나 눈이 가려울 때 감은 눈을 비비면 왜 별이 생기는가?**
>
> 눈은 액체와 부드러운 젤라틴 물질로 채워진 유연한 용기이다. 눈을 비비면 눈에 압박이 가해져 눈의 압력이 증가한다. 결과적으로 눈의 빛수용체는 증가한 압력으로 자극된다. 신경신호가 뇌로 전달될 때 뇌는 '시각'을 감지한다. 우리가 '별을 보는' 이유는 눈에서의 신경신호가 단지 시각만 만들어내기 때문이다.

망막의 기능 망막은 세 층의 신경세포로 이루어져 있다(그림 14.9). 이 중 맥락막(choroid)에 가장 가까운 층은 막대세포와 원뿔세포를 포함한다. 두극세포(bipolar cell)층은 막대세포와 원뿔세포를 덮고 있다. 가장 안쪽 층에는 신경절세포(ganglion cell)가 있으며, 이들의 감각신경섬유가 시신경을 형성한다. 빛을 감지하는 것은 막대세포와 원뿔세포뿐이므로 일단 빛이 망막의 뒤편까지 통과해야만 이들을 자극할 수 있다.

막대세포와 원뿔세포는 두극세포와 시냅스를 형성하고, 두극세포는 시신경을 이루는 신경절세포에 신호를 전달하여 자극한다. 그림 14.9를 보면 막대세포와 원뿔세포의 숫자가 신경절세포보다 훨씬 많다는 것을 알 수 있다. 실제로 신경절세포는 100만 개 정도에 불과한 반면, 막대세포와 원뿔세포는 각각 1억 5,000만 개와 650만 개에 달한다. 원뿔세포와 막대

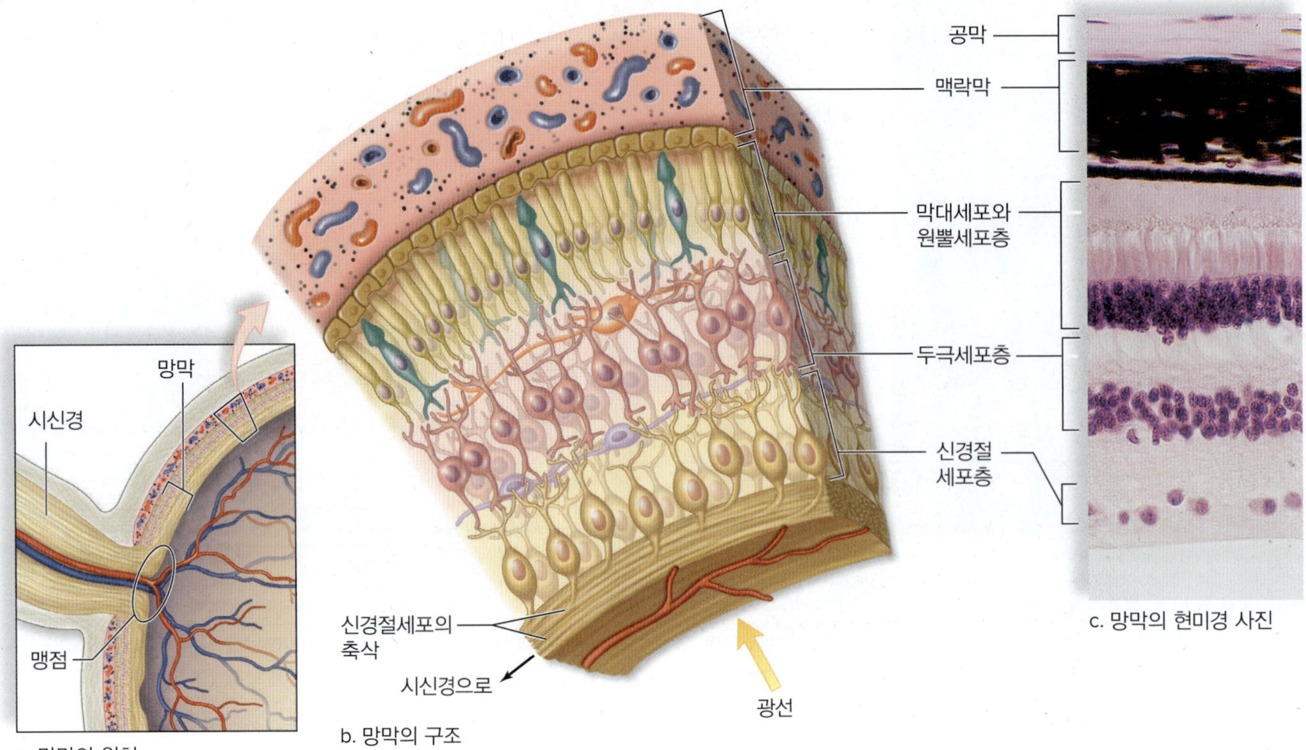

a. 망막의 위치

b. 망막의 구조

c. 망막의 현미경 사진

그림 14.9 망막의 구조.
a. 망막은 눈 안쪽 층에 있다. **b.** 망막 뒤편 맥락막에 인접한 부위에 분포해 있는 원뿔세포와 막대세포는 신경절세포와 시냅스를 형성하고 있는 두극세포와 시냅스를 형성한다. 신호의 통합은 이들 시냅스에서 일어난다. 원뿔세포는 일반적으로 막대세포보다 선명하고 세밀하게 물체를 구분할 수 있다. **c.** 공막과 맥락막의 현미경 사진은 이들이 여러 층의 세포로 이루어진 망막보다 두께가 얇다는 것을 보여준다.
(c): Dennis Strete/McGraw Hill

세포의 민감도는 이들이 얼마나 신경절세포와 직접 연결되어 있는지에 따라 결정된다. 150개 정도의 막대세포가 같은 신경절세포를 자극한다는 점을 감안하면, 이들이 흐릿하고 불분명한 상을 만드는 것이 당연하다. 반면 중심오목의 일부 원뿔세포들은 각기 하나씩의 신경절세포와 연결되므로 원뿔세포, 그 중에서도 특히 중심오목 부분의 세포가 어떻게 보다 선명하고 세밀한 상을 만들어내는지 설명해 준다.

신경신호가 두극세포와 신경절세포를 지나는 과정에서 통합이 이루어진다. 따라서 이 작업의 상당 부분은 신경절세포가 신경신호를 생성하기 이전 망막에서 일어난다. 신경절세포가 모여 시신경을 형성하고 시신경은 시각겉질에 정보를 전달하며 여기에서 추가적인 통합이 일어난다.

맹점 그림 14.9를 자세히 보면 시신경의 망막이 빠져나가는 부위에는 막대세포와 원뿔세포가 없다는 사실을 알 수 있다. 따라서 이 부분에서는 어떤 상도 맺히지 않으며, 이 사실은 간단한 실험으로 증명이 가능하다. 흰 종이 한가운데에 작은 점을 찍은 것을 앞에 놓고 똑바로 앞을 바라보면서 오른손으로 종이를 천천히 눈 앞쪽으로 끌어당겨 본다. 그러면 어느 순간 점이 사라지는 것을 알 수 있는데, 이것이 바로 오른쪽 눈의 **맹점**(blind spot)이다. 우리가 양쪽 눈으로 완벽한 상을 볼 수 있는 것은 오른쪽 눈과 왼쪽 눈의 맹점이 일치하지 않기 때문이다. 오른쪽 눈의 맹점은 눈 중심에서 약간 오른쪽에, 왼쪽 눈의 맹점은 약간 왼쪽에 있다.

망막에서 시각겉질까지 시각겉질에 도달하기 위해 신경자극은 눈에서 시신경교차까지 시신경에 의해 전달된다(그림 14.10). **시신경교차**(optic chiasma)는 시신경이 X자 모양을 형성한 구조이며, 이곳에서 빠져나와 시신경은 **시각로**(optic tract)가 된다. 망막의 오른쪽 절반에서 시작된 신경섬유는 오른쪽 시각로로 모인다. 이와 유사하게 망막의 왼쪽에서 시작된 신경섬유가 모여 왼쪽 시각로를 형성한다.

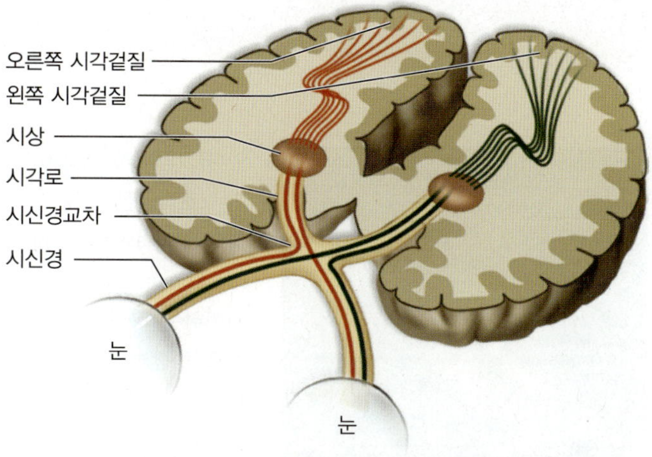

그림 14.10 시신경교차의 기능.
시신경이 교차하기 때문에 망막의 오른쪽에서 감지한 정보는 오른반구의 시각겉질로, 망막의 왼쪽에서 감지한 정보는 왼반구의 시각겉질로 전달된다. 이 두 정보 자료가 통합되면 시야 전체를 바라볼 수 있다.

시각로는 시상하부를 한 바퀴 도는데, 그 신경섬유의 대부분은 시상 안에 있는 신경핵(신경세포의 세포체가 모인 구조)의 신경세포와 시냅스를 이룬다. 시상핵의 축삭은 시각부챗살을 형성하며 후두엽의 **시각겉질**로 신경자극을 전달한다. 영상은 시각겉질에서 분할된다. 이때 시각겉질의 오른쪽은 오른쪽 시각로가 운반하는 정보만을, 왼쪽은 왼쪽 시각로가 운반하는 정보만을 수용하기 때문에 반으로 잘린 영상이 만들어진다. 정확한 거리 감각을 얻으려면 두 시각겉질이 긴밀한 연락을 주고받아야 한다. 또한 눈에 맺힌 상은 상하좌우가 바뀐 형태이므로 뇌에서 이것을 올바르게 전환해 주어야 사물을 원래 모양대로 바라볼 수 있다.

눈의 이상

색맹과 안구 형태의 이상은 가장 흔히 발견되는 눈의 이상이다. 색맹에는 여러 형태가 있으며, 유전적 돌연변이에 기인한다. 완전 색맹은 실제로 매우 드물고, 대부분은 원뿔세포 중 한 종류가 결여되거나 숫자가 모자라서 발생하는 불완전 색맹이다. 이 중 빨간색과 초록색을 구별하지 못하는 적록색맹이 대부분이다. 적록색맹 유전자는 X 염색체상에 존재하므로 하나의 X 염색체를 가지는 남자에게서 빈도가 더 높으며(20.5절 참고), 남성의 5~8%가 적록색맹이다. 만일 빨간색 파장에 반응하는 원뿔세포가 결여되면 초록색이 상대적으로 두드러지고, 그 반대의 경우에도 마찬가지이다.

원거리 시력

흔히 말하는 20/20 시력이란 정상 시력을 가진 사람이 약 6미터(20피트) 밖에서 볼 수 있는 물체를 식별할 수 있는 능력을 말한다. 가까운 곳의 물체는 볼 수 있지만 이보다 멀리 떨어진 곳의 물체를 구분하지 못하면 **근시**(nearsighted)라고 한다. 근시인 사람들은 멀리 떨어진 것보다 가까운 물체를 더 잘 볼 수 있다. 안구의 모양은 앞뒤로 길어진 형태여서 먼 곳을 바라보려고 하면 상이 망막 앞쪽에 맺힌다(그림 14.11a). 그러나 수정체는 안구의 길어진 모양을 보완할 수 있기 때문에 가까운 물체를 볼 수 있다. 먼 곳을 보려면 상이 망막에 맺히도록 빛을 퍼뜨려 주는 오목렌즈를 사용해 교정해 주어야 한다.

시력검사표를 읽는 데는 아무런 어려움이 없지만 가까운 곳에 있는 물체를 선명하게 보지 못하면 **원시**(farsighted)라고

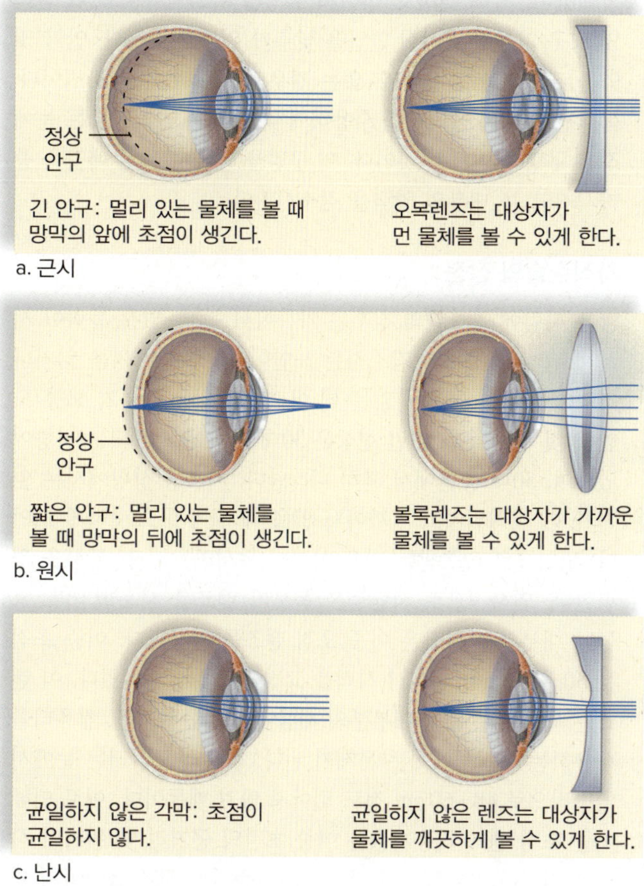

그림 14.11 눈의 이상과 교정에 쓰이는 수정체.
a. 근시안은 오목렌즈를 사용하면 상의 초점이 망막에 맺히게 할 수 있다. **b.** 원시안은 볼록렌즈를 사용하면 상의 초점이 망막에 맺히게 할 수 있다. **c.** 난시가 있는 사람은 표면이 일정하지 않은 렌즈를 사용하면 상의 초점이 망막에 맺히게 할 수 있다.

오늘날의 생물학 ▶ 건강

시력 문제의 해결

나쁜 시력은 여러 문제로 발생할 수 있지만, 다른 그 어떤 문제보다 중요하다. 이 중 백내장이나 녹내장과 같은 질환은 종종 치료가 필요하다.

백내장과 녹내장

백내장(cataract)은 눈의 수정체가 흐려질 때 발생한다. 일반적으로 수정체가 깨끗한 경우 빛이 쉽게 통과할 수 있지만, 흐린 수정체는 망막에 도달하는 빛의 양을 줄여 서서히 시력 손실을 유발한다. 다행히 의사들은 흐린 수정체를 외과적으로 제거하고 투명한 플라스틱 수정체로 교체할 수 있으며, 이를 통해 수정체를 통과하는 빛의 양을 복원하면 시력이 회복될 수 있다.

녹내장(glaucoma)은 눈 내부의 과도한 체액 축적으로 인해 발생하며, 시력 저하로 이어져 실명을 유발할 수 있다. 안약 및 경구 약물이 증가한 안압을 낮추기 위해 처방된다. 안약 및 약물로 압력을 조절할 수 없는 경우 수술이 유일한 방법이다. 녹내장 수술은 레이저를 사용하여 각막과 홍채가 만나는 눈에 작은 구멍을 만드는 것이다. 이 구멍을 통하여 유체 배출을 증가시키고 눈 내부의 압력을 감소시킨다.

라식수술의 장점

많은 사람에게 노화의 징후는 가까이서 볼 수 있는 능력이 서서히 그리고 꾸준히 감소하는 노안이다. 작은 글씨를 읽거나 조명이 어두운 곳에서 읽는 데 어려움이 있는 경우가 보통 노안의 첫 징후이다. 이런 현상은 30대 후반에 시작되는 경향이 있으며, 50대 중반에서 흔히 나타난다. 저조명 상황에서는 읽기가 더 어려워지고 가까이서 읽을 때 글자가 흐릿하게 보인다. 노안으로 고통받는 많은 사람이 독서하는 동안 두통을 경험한다. 역사적으로 사람들은 돋보기 렌즈를 사용했지만, 오늘날 대부분의 사람은 이중 초점 렌즈를 착용한다. 이중 초점은 30~45 cm 거리에서 시력을 교정하도록 설계되었다. 이 렌즈는 독서하는 동안 대부분의 사람에게 적합하지만, 컴퓨터를 사용하는 사람들에게는 문제가 된다. 컴퓨터 모니터는 눈에서 일반적으로 48~60 cm 정도 떨어져 있기 때문이다. 이로 인해 이중 초점 렌즈 착용자들은 이중 초점의 근거리 및 원거리 사이를 전환하기 위해 지속적으로 머리를 위아래로 움직이게 된다. 또 다른 해결책은 한쪽 눈을 교정된 콘택트렌즈를 착용하여 가까운 물체를 보고 다른 쪽 눈을 수정하여 먼 물체를 보는 것이다. 라식수술에서도 동일한 유형의 교정을 수행할 수 있다(그림 14A). 레이저-보조각막절삭가공성형술(laser-assisted in situ keratomileusis)을 의미하는 라식은 일반적으로 광범위한 시력 문제에 대한 안전하고 효과적인 치료 방법이다.

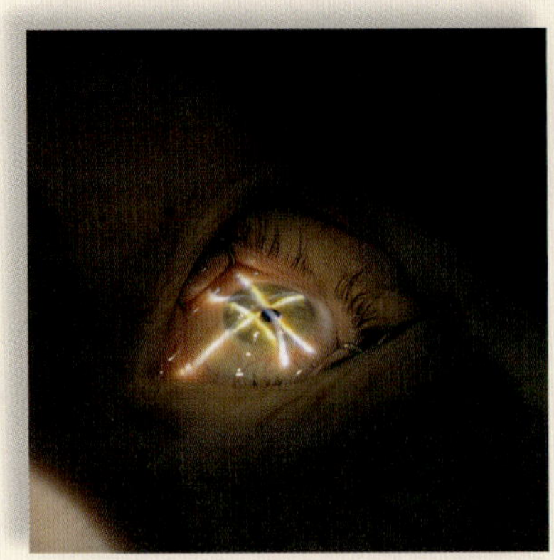

그림 14A 라식수술.
라식은 시각 문제 교정에 이용하는 수술 방법이다.
Arctic-images/Stone/Getty images

라식은 레이저를 사용하여 각막의 모양을 영구적으로 변화시키는 빠르고 비교적 고통이 없는 수술법이다. 라식은 대다수 환자의 시력을 향상시키고 시력 교정 렌즈에 대한 의존성을 줄인다. 이상적인 라식수술 대상자는 18세 이상이며, 최소 2년 동안 안정적인 콘택트렌즈 또는 안경 처방을 받아야 한다. 또한 환자는 적절한 깊이의 깨끗한 각막판을 안전하게 만들 수 있도록 각막 두께가 충분해야 한다. 일반적으로 근시, 난시, 원시와 같은 일반적인 시력 문제의 영향을 받는 환자는 라식에 잘 반응한다. 수술 후 제대로 치유할 수 있는 능력을 저하하는 질병을 앓고 있는 사람은 라식수술 대상자가 아니다. 또한 백내장, 진행성 녹내장과 각막 또는 기타 안과 질환을 앓고 있는 사람은 라식수술의 고려 대상이 아니다.

따라서 라식수술을 받기 위해서는 안과 전문의와 절차를 철저히 논의해야 한다. 라식의 목표는 안경이나 콘택트렌즈에 대한 의존도를 줄이는 것이지, 의존도를 완전히 없애는 것은 아니라는 것을 인식해야 한다.

라식수술의 과정

라식수술은 눈 앞쪽에서 작은 조직판(결막)을 잘라내는 것이다. 잘라낸 판을 뒤로 접어 각막을 노출시켜 외과의사가 각막에서 정해진 양의 조직을 제거할 수 있다. 레이저의 각 펄스는 소량의 각막 조직을 제거하여 외과의사가 각막 곡선의 가파른 부분을 평평하게 하거나 증가시킨다. 수술 후에는 조직판을 다시 제자리에 놓고 스스로 회복되게 한다. 라식수술 환자는 수술과 관련된 불편함을 완화하기 위해 안약이나 약물을 처방받는다. 시력 개선은 수술 후 다음 날부터 시작되지만, 일반적으로 2~3개월이 걸린다. 대부분의 환자는 20/20에 가까운 시력을 갖지만, 시력 향상의 가능성은 부분적으로 수술 전 환자의 눈이 얼마나 좋은지에 달려 있다.

다른 수술과 마찬가지로 라식 또한 합병증의 가능성이 있다. 부작용에는 눈에 무언가가 있거나 시력이 흐려지는 느낌이 포함된다. 물체 주위에 후광이 보이거나 눈부심에 매우 민감할 수도 있다. 또한 건조함은 눈에 자극을 줄 수 있다. 일반적으로 이러한 영향은 일시적이며, 수술 후 합병증 발생률은 매우 낮다. 모든 유형의 수술을 고려하기 전에 항상 의사와 상담해야 한다.

생각해 볼 문제

1. 그림 14.11을 참고하여 라식수술이 어떻게 눈으로 들어오는 빛의 흐름을 교정하는지 설명하시오.
2. 두 눈이 서로 다른 거리에 초점이 잡히는 사람들은 어떤 문제를 경험할 수 있는가?

한다. 가까운 곳보다 먼 곳을 더 잘 보는 원시인 사람의 안구는 앞뒤로 짧으며, 가까운 곳에 있는 물체에 초점을 맞추려면 상이 망막 뒤쪽에 맺힌다(그림 14.11b). 그러나 먼 곳을 볼 때는 수정체의 모양을 조절하여 이를 보완할 수 있다. 원시안의 눈은 볼록렌즈로 교정하면 상이 망막에 맺힌다.

각막 또는 수정체 표면이 고르지 못하면 빛이 망막에 균일하게 초점을 형성하지 못하여 흐릿한 상이 맺힌다. 이를 **난시**(astigmatism)라고 하며, 표면이 불균등한 렌즈로 보정할 수 있다(그림 14.11c).

오늘날 많은 사람이 라식수술을 통해 렌즈 없이 시력 교정 효과를 얻고자 한다. 라식수술은 건강 특집 '시력 문제의 해결'에서 더 자세히 논의한다.

진도 점검하기 14.4

1. 눈의 구조와 각 기능을 설명하시오.
2. 빛수용체의 두 종류와 각 기능을 설명하시오.
3. 빛수용체가 어떻게 시각겉질까지 시각 정보를 전달하는지 설명하시오.

개념 연결하기

이 절에 제시된 자료에 대한 자세한 내용은 다음 논의를 참고하시오.

표 8.8 비타민 A의 기능과 식이 공급을 살펴본다.

13.2절 뇌의 대뇌겉질에 시각연합영역의 기능을 살펴본다.

20.5절 색맹과 관련된 유전적 패턴을 살펴본다.

14.5 청각

학습 목표

이 절을 학습한 후 다음 사항을 할 수 있어야 한다.

1. 청각에 관여하는 귀의 구조를 설명할 수 있다.
2. 소리가 어떻게 신경신호로 전환되는지 요약할 수 있다.
3. 귀에서 뇌까지 이르는 청각 정보의 경로를 설명할 수 있다.

귀는 소리를 듣는 것과 균형감각(평형감각)이라는 두 가지 감각 기능이 있다. 두 감각수용체는 모두 속귀에 있으며, **부동섬모**(stereocilia, 단수는 stereocilium)를 가진 **털세포**(hair cell)로 구성되어 있다. 이들은 기계적인 자극에 반응하는 기계적 수용체이다.

귀의 해부학적 특징과 생리 기능

그림 14.12에서는 귀가 3개의 구역인 바깥귀, 가운데귀, 속귀로 이루어진 것을 보여준다. **바깥귀**(outer ear)는 **귓바퀴**(pinna)와 **귀길**(auditory canal)로 구성된다. 귀길(바깥귀길)의 입구는 섬세한 털과 땀샘이 밀집해 있다. 특히 바깥귀길의 천장 쪽에 분포한 변형 땀샘에서는 귀지를 분비하여 외부 오염물질과 병균이 귓속으로 침입하는 것을 막아준다.

가운데귀(middle ear)는 **고막**(tympanic membrane)에서 시작하여 막으로 덮인 2개의 작은 구멍을 가진 뼈로 된 벽에서 끝난다. 2개의 작은 구멍은 각각 **타원창**(oval window)과 **둥근창**(round window)이라 한다. 고막과 타원창 사이에 있는 3개의 작은 뼈는 합쳐서 **귓속뼈**(ossicle)라고 하며, 모양에 따라 **망치뼈**(malleus), **모루뼈**(incus), **등자뼈**(stapes)라고 한다. 망치뼈

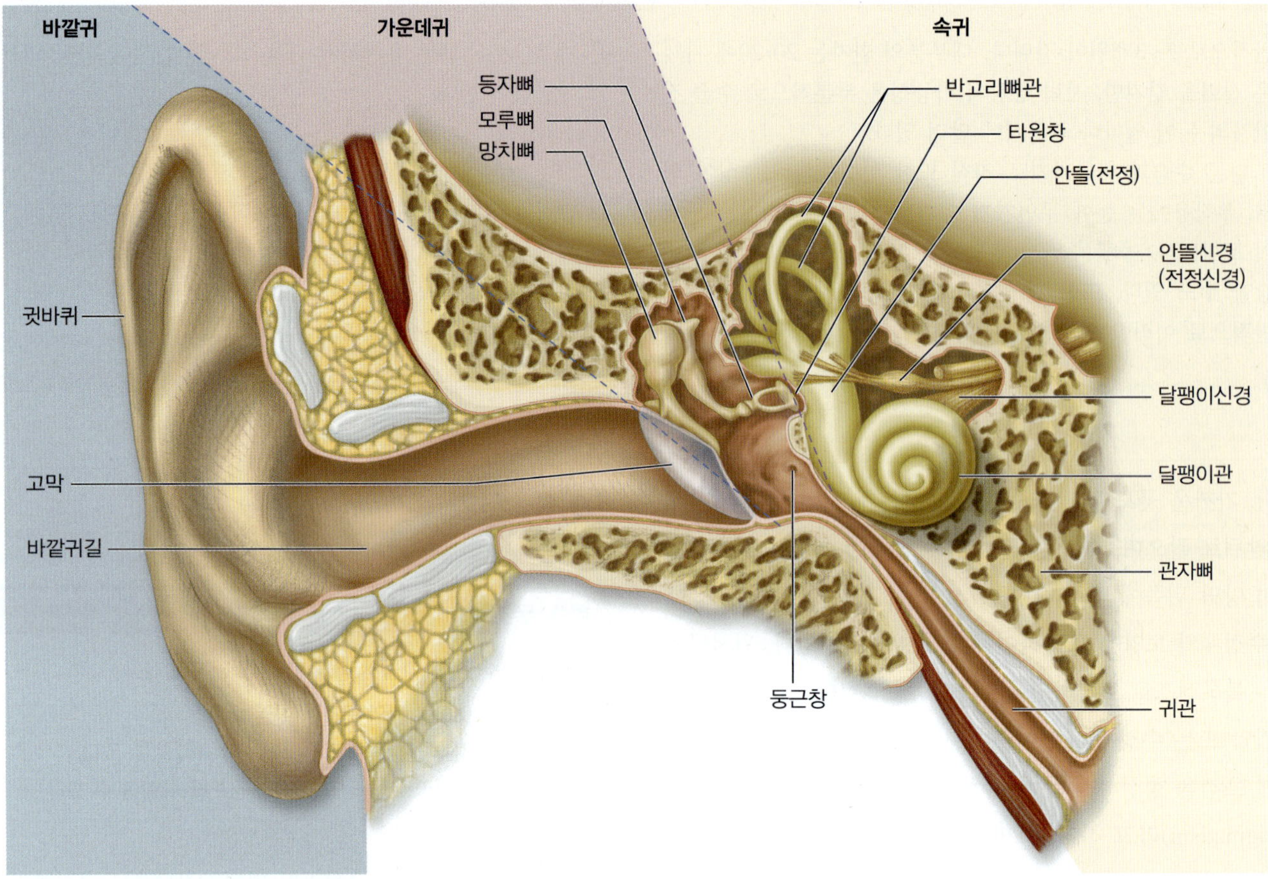

그림 14.12 사람 귀의 세 영역.
바깥귀는 귓바퀴(일반적으로 '귀'라고 하는 부분)와 바깥귀길로 구성된다. 고막이 바깥귀와 가운데귀를 분리한다. 가운데귀에서 망치뼈, 모루뼈, 등자뼈가 소리의 파장을 증폭시킨다. 속귀에서 평형감각을 담당하는 기계적수용체는 반고리뼈관과 안뜰기관 안에, 소리를 담당하는 감각수용체는 달팽이관 안에 들어 있다.

는 고막에 부착되어 있고 등자뼈는 타원창에 맞닿아 있다. **귀관**[auditory tube, 유스타키오관(eustachian tube)이라고도 함]은 가운데귀와 코인두(nasopharynx)를 연결하며, 고막 양쪽의 기압을 균일하게 한다. 엘리베이터 안이나 비행기에서 귀가 먹먹할 때 껌을 씹거나 하품을 하거나 침을 삼키는 것은 상승이나 하강 시 귀관을 따라 공기가 움직이는 것을 도와준다. 이 과정에서 소리가 나며 귀가 뚫리는 것을 느낄 수 있다.

공기가 들어 있는 바깥귀, 가운데귀와는 달리 속귀는 액체로 채워져 있다. 해부학적으로 **속귀**(inner ear)는 세 부분으로 나뉜다. 이 중 **반고리뼈관**(semicircular canal)과 **안뜰**(vestibule)은 평형감각을, **달팽이관**(cochlea)은 청력을 담당한다. 달팽이관은 나선형으로 꼬인 모양이 달팽이의 껍데기를 닮았다고 해서 붙여진 이름이다.

청각이 뇌로 전달되는 경로

청각경로는 귀길에서부터 시작되고, 그 후 청각은 귀의 다른 부분들, 달팽이신경, 뇌를 필요로 한다.

귀길을 거쳐 가운데귀로 듣기 작용은 음파가 귀길로 들어오는 것에서부터 시작된다. 마치 호수의 수면 위에 물결이 퍼져나가는 것과 같이 음파는 분자들의 연속적인 진동으로 전달된다. 일반적으로 음파는 많은 에너지를 전달하지 않는다. 하지만 수많은 음파가 동시에 고막을 두드리면 가벼운 진동이 일어난다. 알다시피 귓속뼈(auditory ossicle)는 서로 연결되어 있다. 고막의 안쪽 벽에 부착되어 있는 망치뼈가 고막의 진동을 모루뼈와 등자뼈에 차례로 전달한다. 처음 압력파의 진폭은 귓속뼈들을 따라 움직이는 동안에 크게 증가한다. 압력은 약 20배 정도 증폭된다. 마지막으로 등자뼈가 타원창의 막을 진동시키고, 압력이 달팽이관 안쪽의 액체로 전해진다.

생활 속의 생물학

'이어 튜브'란 무엇인가?

어린이의 귀관은 성인보다 수평으로 위치해 있는 경향이 있다. 이로 인해 액체가 귀관에 축적되어 감염이 발생할 수 있다. 이 감염을 중이염(otitis media)이라고 하며, 종종 고통스럽다. 장기적인 중이염은 청력 손실을 유발할 수 있다.

고막절개술(tympanostomy)은 고막에 작은 튜브를 삽입하여 이러한 액체가 더 쉽게 배출되도록 하여 감염 가능성을 줄인다. 대부분의 경우 튜브는 시간이 지남에 따라 막에서 떨어지지만 때로는 의사가 제거해야 한다.

달팽이관에서 청각겉질까지 달팽이관의 단면을 살펴보면(그림 14.13) 3개의 관을 볼 수 있다. 이 달팽이관 안에는 **나선기관**[spiral organ, 코르티기관(organ of Corti)이라고도 함]이라고 하는 청각수용체가 들어 있다. 이 나선기관은 작은 털세포들과 덮개막(tectorial membrane)이라는 젤라틴 물질로 구성되어 있다. 털세포는 바닥막(basilar membrane) 위에 있고 털세포로부터 나온 부동섬모들이 덮개막 속에 파묻혀 있다.

등자뼈가 타원창을 두들기면 그 압력의 파장이 안뜰관(vestibular canal)으로부터 바닥막을 지나 달팽이관의 고실관(tympanic canal)에 도달한다. 바닥막이 위아래로 진동함에 따라 덮개막에 파묻혀 있는 털세포의 부동섬모가 구부러진다. 그러면 **달팽이신경**(cochlear nerve)으로부터 신경신호가 발생하여 뇌로 전달된다. 측두엽(temporal lobe, 관자엽)의 청각겉질(auditory cortex)에 도달한 자극은 이곳에서 '소리'로 해석된다.

나선기관의 여러 부분은 각기 다른 파장과 높낮이의 소리에 민감하게 반응한다. 기관의 끝 쪽으로 갈수록 튜바(tuba)처럼 낮은 소리를, 그리고 시작 부분인 아래쪽으로 갈수록 종소리나 호각 소리처럼 높은 소리를 감지한다. 나선기관의 각 부분에서 뻗어 나오는 신경섬유는 청각겉질에서 조금씩 다른 부분과 연결되어 있다. 그래서 우리가 듣는 음조의 감각(pitch sensation)은 바닥막의 어느 부위가 진동하고 그 결과 청각겉질의 어느 부위가 자극을 받는가에 따라 달라진다.

음량은 소리의 파장이 가지는 진폭으로 결정된다. 커다란 소리는 안뜰관액(fluid within the vestibular canal)으로 하여금 보다 강하게 바닥막을 압박하여 진동의 폭이 증가하게 되는데, 그 결과가 바로 우리가 느끼는 음량이다. 건강 특

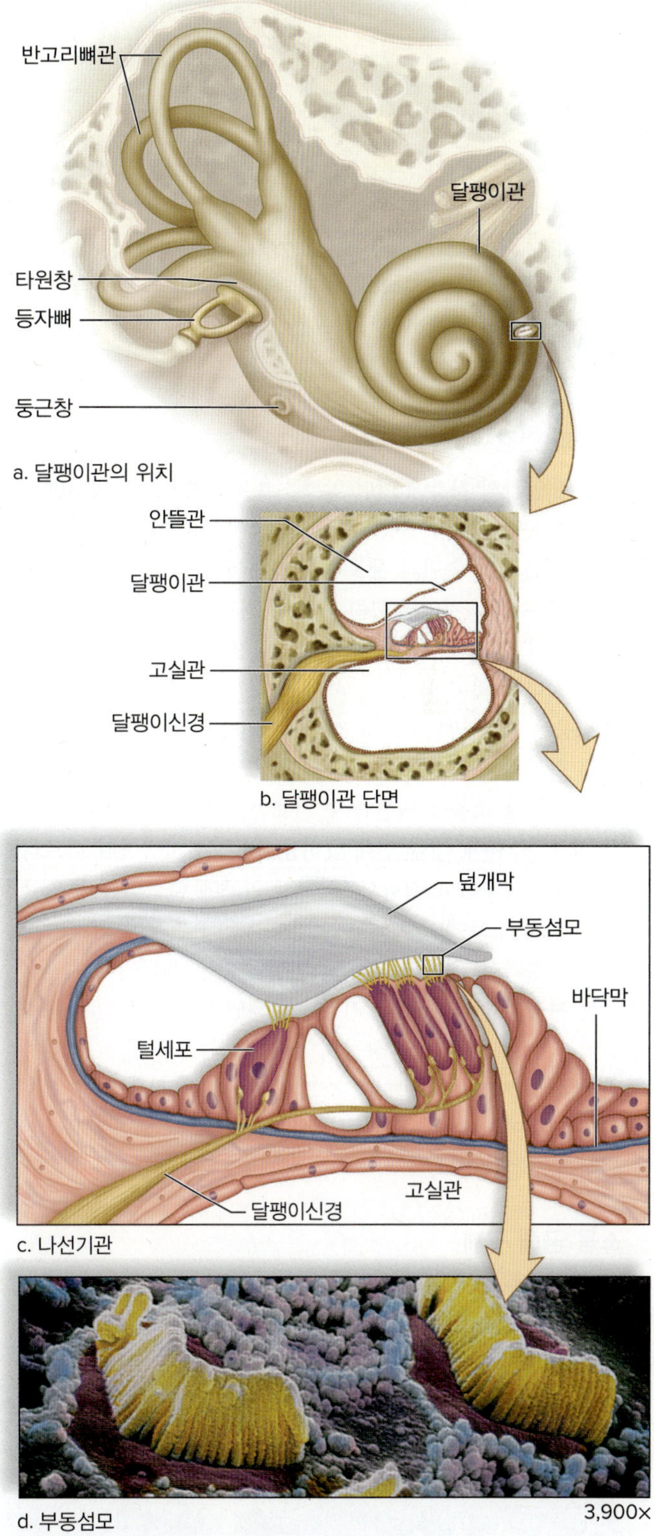

그림 14.13 나선기관이 음파를 신경신호로 전환하는 방법.
a. 나선기관은 (**b**) 달팽이관 안에 있다. **c.** 나선기관은 아래쪽의 바닥막과 위쪽의 덮개막 사이에 있는 털세포로 구성된다. 달팽이관 안으로 압력의 파동이 지나가면 바닥막이 진동하면서 덮개막에 묻힌 부동섬모가 움직여 신경자극이 발생하여 달팽이신경으로 전달되어 소리가 들리게 된다. **d.** 부동섬모의 현미경 사진.
(사진): Prof. P.M. Motta/Univ. "La Sapienza," Rome/Science Source

오늘날의 생물학 ▶ 건강

소음 공해

우리는 때때로 원치 않는 소음에 노출된다. 소음 공해는 성가시고 산만하며 잠재적으로 해로운 환경의 소음이다. 이것은 비행기, 자동차, 잔디 깎는 기계, 기기, 우리 자신의 시끄러운 음악과 이웃에서 비롯된다. 직장, 놀이공원과 같은 공공장소, 집에도 소음이 존재한다. 이는 삶의 질 하락에 잠재적으로 큰 영향을 미칠 수 있다.

소음과 건강

소음은 인간의 건강에 어떤 영향을 미치는가? 소음 공해에 대한 가장 큰 걱정은 아마도 큰 소리(85데시벨 이상)나 만성 소음에 노출되면 속귀의 세포가 손상되어 청력 손실이 발생할 수 있다는 점일 것이다(그림 14B). 콘서트장에서 나는 큰 소리의 음악과 같은 소음은 결과적으로 나선기관을 손상시키고 청력을 저하할 것이다.

소음은 다른 방법으로도 건강에 영향을 줄 수 있다. 물리적 또는 화학적 오염을 포함한 다른 혼란스러운 요소가 존재하기 때문에 환경 소음에 대한 연구 자료는 해석하기 어려울 수 있다. 특히 소음에 대한 인내심(허용 수준)은 사람마다 다르다. 그럼에도 불구하고 실험실 및 현장 연구에 따르면 소음은 청각 이외의 부분에도 유해할 수 있다. 정신 건강에 미치는 영향에는 성가심, 집중력 부족, 과민성 증가가 포함된다. 항공기 또는 자동차 소음 등에 장기간 노출되면 어린이의 인지 능력, 언어 학습, 기억력이 손상될 수 있다. 소음은 종종 수면 손실과 생산성 저하를 유발하며 스트레스를 유발할 수 있다. 또한 여러 연구에서 소음 공해와 심혈관 건강, 특히 고혈압과의 관련성이 입증되었다.

소음 공해 규제

소음 공해는 수십 년 동안 관심사였다. 1972년, 미국의 소음 규제법(Noise Control Act)은 연방 소음 통제 및 연구를 조정하고 소음 방출 표준을 개발하기 위한 수단으로 통과되었다. 목표는 미국인을 '건강이나 복지를 위협하는 소음'으로부터 보호하는 것이었다. 미국환경보호청(Environmental Protection Agency, EPA)은 소음 공해를 규제할 수 있는 연방 기관을 보유하고 있으며, EPA의 소음방지관리국(Office of Noise Abatement and Control, ONAC)은 소음 지침을 수립하기 위해 노력하였다. 그러나 ONAC의 활동은 1981년에 주 및 지방 정부로 이전되었다. 현재 EPA는 웹사이트 www.epa.gov에서 소음 공해에 대한 표준을 유지하고 있지만, 범국가적 소음 정책은 없는 실정이다.

작업장 소음 노출은 미국노동부 산하의 직업안전위생국(Occupational Safety and Health Administration, OSHA)에 의해 통제된다. OSHA는 작업장 소음에 대한 지침을 설정했다. OSHA 규정에 따라 소음 수준이 특정 값을 초과하는 경우 보호 장비를 제공해야 한다. 여기에는 소음 감소용 귀마개 및 큰 장비를 다루는 사람들을 위한 기타 보호 방법이 포함될 수 있다. 그러나 OSHA 지침에는 개방형 사무실과 같은 비산업 환경에 있을 수 있는 전화벨 소리 및 컴퓨터 소음과 같은 내용은 다루지 않는다. 항공 및 교통 소음 감소 계획은 미국 교통국, 연방항공청(Federal Aviation Administration, FAA)과 연방고속도로국(Federal Highway Administration, FHWA)에서 각각 감독한다. 지방 정부는 종종 도심이나 공원과 같은 공공장소의 소음 수준을 통제하는 법률을 가지고 있다. 그러나 국가표준이 없으면 법은 지역마다 다르다.

생각해 볼 문제

1. 소음 공해가 스트레스를 유발한다는 것을 감안할 때, 어떤 신체계통이 영향을 받을 수 있는가?
2. 지역 차원에서 이웃의 소음 공해를 억제하기 위해 무엇을 할 수 있다고 생각하는가?

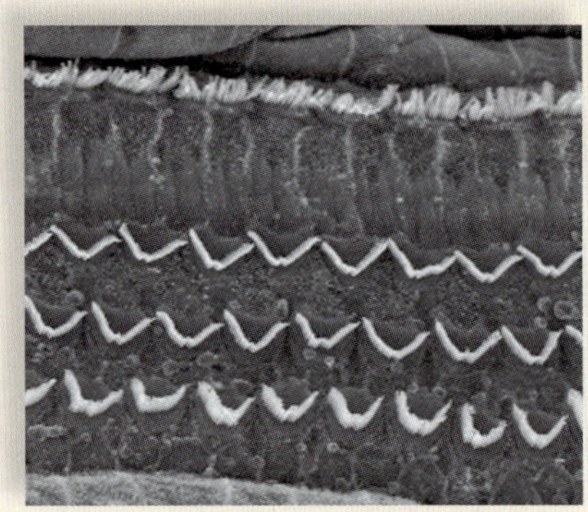

a.

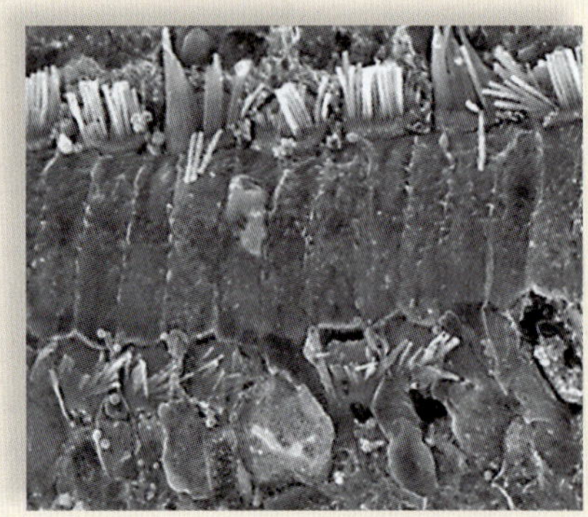

b.

그림 14B 큰 소음은 나선기관의 털세포를 손상한다. **a.** 기니피그의 나선기관에 있는 정상적인 털세포. **b.** 손상된 세포. 이 손상은 록 콘서트에서와 동일한 소음 수준에 24시간 노출된 후에 발생하였다(표 14.3 참고). 손실된 세포가 교체되지 않고 손상된 세포도 죽을 수 있기 때문에 청력이 영구적으로 손상된다.
Dr. Joseph E Hawkins/University of Michigan/Kresage Hearing Research Institute

집 '소음 공해'에서 설명한 대로 85데시벨 이상의 소음 수준(표 14.3)은 영구적인 청각장애를 유발할 수 있다.

표 14.3 청력에 영향을 미치는 소음

소음의 유형	소음 수준 (데시벨)	영향
붐카(고성능 스피커를 장치하여 음악을 시끄럽게 틀어대는 자동차), 제트엔진, 엽총, 콘서트 소음	125 이상	고통의 한계 상황. 청력 손실 가능성 높음
나이트클럽, 천둥소리	120 이상	청력 손실 가능성 있음
바깥귀길의 이어폰	110~120	청력 손실 가능성 있음
전동톱, 공기 압축 드릴, 잭해머, 심포니 오케스트라, 스노모빌, 쓰레기 수거차, 시멘트 혼합기 소리	100~200	1분 이상 정기적으로 노출될 경우 영구적인 청력 손실 가능성 있음
농장 트랙터, 신문윤전기, 지하철, 오토바이 소음	90~100	15분 동안 무방비 상태로 노출될 경우 잠재적인 청력 손실 가능성 있음
잔디 깎는 기계, 믹서기 소음	85~90	8시간 이상 연속적으로 매일 노출될 경우 청력 손실 가능성 있음
디젤 트럭, 평균 도시 교통 소음	80~85	짜증이 나는 정도. 지속적으로 노출될 경우 청력 손실 가능성 있음

진도 점검하기 14.5

1. 듣기에 관여하는 귀의 구조와 각 기능을 설명하시오.
2. 청각의 관점에서 기계적수용체의 역할을 설명하시오.
3. 나선기관이 어떻게 소리를 신경자극으로 전환하는지 요약하시오.

개념 연결하기

이 절에 제시된 자료에 대한 자세한 내용은 다음 논의를 참고하시오.

13.2절 청각에서 뇌의 대뇌겉질의 기능을 살펴본다.

그림 13.16 신경의 구조를 살펴본다.

14.6 평형감각

학습 목표

이 절을 학습한 후 다음 사항을 할 수 있어야 한다.

1. 기계적수용체가 평형감각에 어떻게 관여하는지 설명할 수 있다.
2. 평형감각을 담당하는 귀의 구조를 설명할 수 있다.
3. 회전평형과 중력평형을 구별할 수 있다.

반고리뼈관, 둥근주머니, 타원주머니에서 시작되는 안뜰신경(vestibular nerve)은 뇌줄기와 소뇌로 신경신호를 전달한다(그림 14.14). 안뜰신경이 뇌와의 연락을 통해 평형감각을 담당하는 데 도움을 주지만, 몸의 다른 기관도 이를 돕는다. 14.5절에서 설명한 고유감각수용체가 그 한 예이며, 시각 또한 뇌가 반응할 수 있는 데 크게 도움이 되는 입력을 제공한다. 그 이유를 알아보기 위하여 먼저 평형감각에 관여하는 두 가지 기계적수용체를 알아보자.

회전평형 경로

반고리뼈관(semicircular canal)에 있는 기계적수용체들은 머리를 돌리거나 각을 이루며 움직이는 것을 감지하는데, 이것을 **회전평형**(rotational equilibrium)이라고 한다(그림 14.14a). 우리는 3개의 반고리뼈관(세반고리뼈관)이 각각 3차원 공간의 3개 축과 일치하는 모양으로 배치되어 있다는 점에 주목할 필요가 있다. 세반고리뼈관의 아래쪽은 약간 커져 있고 이를 **팽대**(ampulla)라 하는데, 팽대들 안에는 작은 털세포들이 있고 부동섬모는 팽대정(cupula)이라고 하는 젤라틴 물질에 파묻혀 있다. 세반고리뼈관의 특수한 배열로 인하여 각 팽대는 공간의 3개 평면상에서 머리가 움직이는 것을 알아차릴 수 있다. 반고리뼈관액이 흘러나와서 팽대정을 대체하면 부동섬모가 휘어지고, 이로 인해 안뜰신경으로부터 뇌로 신경신호가 전달되는 방식에 변화가 온다. 뇌는 반고리뼈관의 팽대 속에 들어 있는 털세포가 보내는 정보를 받아들인 뒤, 몸의 각 부위에 있는 뼈대근육을 조절하여 평형감각을 유지하려고 한다.

빙빙 돌면 왜 어지럼을 느끼게 되는가? 우리가 돌 때 팽대정이 같은 방향으로 움직이기 시작하고, 부동섬모의 구부러짐이 털세포로 하여금 뇌로 신호를 보내도록 한다. 시간이 경과함에 따라 팽대정은 우리가 도는 속도를 따라잡고, 털세포는 더 이상 뇌로 신호를 보내지 않는다. 우리가 도는 것을 멈추면 천천히 움직이던 팽대정은 회전방향으로 계속 움직이고 부동섬모는 다시 휘게 되므로 우리가 움직이고 있다고 알려준다. 그러나 눈은 우리가 이미 멈춰 선 것을 안다. 이런 혼재된 신호들이 뇌로 보내져서 우리는 어지러움을 느낀다.

중력평형 경로

타원주머니(utricle)와 **둥근주머니**(saccule) 속 기계적수용체들은

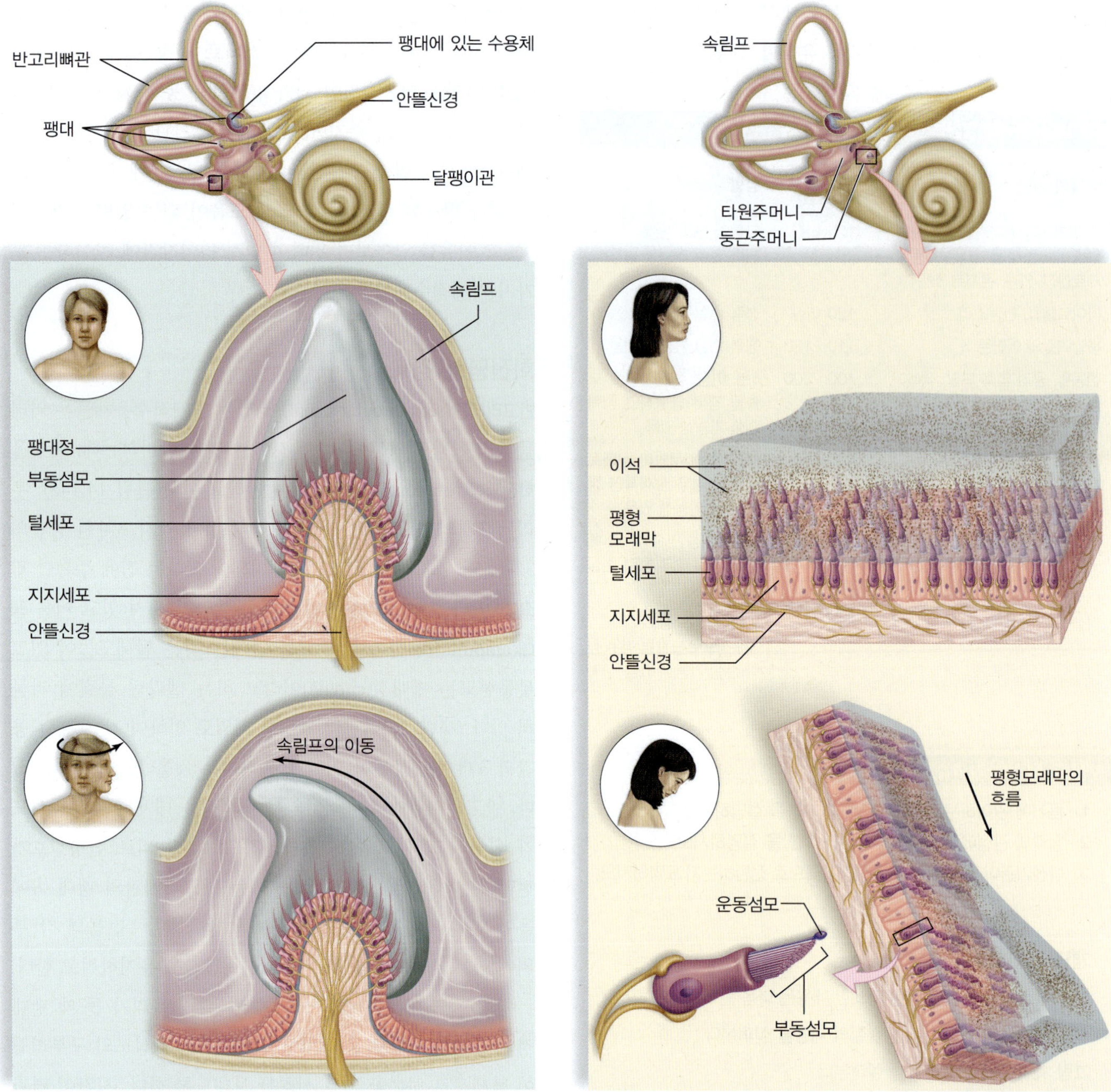

a. 회전평형: 반고리뼈관의 팽대 안 수용체

b. 중력평형: 안뜰기관의 타원주머니와 둥근주머니 안 수용체

그림 14.14 속귀와 평형감각의 기계적수용체.
a. 회전평형은 반고리뼈관의 팽대에 있는 수용체에 의해 조정된다. **b.** 중력평형은 반고리뼈관과 가까운 곳에 위치한 타원주머니와 둥근주머니 속의 수용체에 의해 조정된다.

수직면 또는 수평면을 따라 머리 움직임이나 **중력평형**(gravitational equilibrium)을 감지한다. 이 두 주머니는 2개의 막으로 둘러싸인 작은 주머니들로 속귀 속 세반고리뼈관 근처에 있다. 이들은 모두 작은 털세포를 가지고 있으며, 그 부동섬모는 **평형모래막**(otolithic membrane)이라고 하는 젤라틴질 막 속에 묻혀 있다(그림 14.14b). 이 막 위에는 탄산칼슘($CaCO_3$)이 주성분인 과립 또는 **이석**(otolith) 입자들이 놓여 있다. 타원주머니는 주로 머리가 수평 방향(앞-뒤)으로 움직이는 것과 고개를 숙이는 것을 감지하며, 둥근주머니는 수직 방향(위-아래)의 움직임에 반응한다.

우리 몸이 움직이지 않을 때는 타원주머니와 둥근주머니의 이석들이 털세포 위쪽의 평형모래막 위에 정지해 있지만, 머리나 몸이 수평 또는 수직 방향으로 움직이면 이석의 이동으로 평형모래막이 처져서 털세포의 부동섬모들이 구부러진다. 이때 부동섬모들이 **운동섬모**(kinocilium)라는 가장 긴 부동섬모가 있는 쪽으로 구부러지면 안뜰신경의 신경자극이 증가하고, 운동섬모 반대편으로 휘어지면 신경자극은 감소한다. 또한 안뜰신경에 신경자극이 발생하는 빈도에 따라 몸이 위로 움직이는지 아래로 움직이는지를 알아차릴 수 있다.

이 모든 정보가 소뇌(cerebellum)에 도달하면 소뇌는 이를 토대로 그 순간에 머리 움직임의 방향을 결정한다. 소뇌(13.2절 참고)는 균형과 중력평형을 유지하는 데 중요하다는 것을 기억해야 한다. 소뇌는 시각과 고유감각의 입력(proprioceptive input)뿐 아니라 속귀(반고리뼈관, 타원주머니, 둥근주머니)로부터의 정보를 처리한다. 이에 덧붙여서 뇌의 이마엽 운동겉질(motor cortex)은 어떤 특정한 움직임에서 팔다리가 있어야 할 위치에 대해 신호를 보내준다. 이러한 신경 입력들을 통합한 후 만일 필요하다면, 공간상에서 소뇌는 우리의 위치를 바꿀 수 있도록 뼈대근육의 수축을 조정한다.

부동섬모가 지속적으로 자극을 받으면 멀미(motion sickness)가 나게 되며, 특히 눈에 보이는 풍경과 평형기관으로부터 오는 정보가 상반되는 경우에 이 현상은 더욱 심해진다. 당신이 파도에 의해 위아래와 좌우로 흔들리는 배에 있다고 상상해 보자. 당신은 앞에 있는 벽을 볼 수 있고 그 벽은 움직이지 않기 때문에 이 시각 정보는 당신이 가만히 서 있다는 것을 알려준다. 하지만 속귀의 세 가지 감각영역 모두에서 오는 입력 정보는 당신의 뇌가 위아래로, 그리고 좌우로 움직이고 있음을 알려준다. 뇌로 들어오는 이 두 가지의 정보를 일치시킬 수 있다면 기분이 좋아질 것이다(뱃멀미의 정도가 덜해짐). 따라서 갑판에 올라서면 시각 신호와 속귀의 신호가 당신이 움직이고 있다는 사실을 뇌에 전달하기 때문에 뱃멀미 정도가 덜해진다. 디멘히드리네이트(dimenhydrinate, 상품명 Dramamine) 같은 항히스타민제는 속귀 수용체의 민감도를 완화해 주기 때문에 소뇌의 충격을 줄여 멀미를 완화하는 데 도움이 된다.

진도 점검하기 14.6

1. 몸의 균형을 유지하는 데 관여하는 신체 구조의 위치와 기능을 설명하시오.
2. 회전평형이 이루어지는 방식을 설명하시오.
3. 회전평형과 중력평형을 비교하고, 균형을 유지하기 위해 이 둘이 어떻게 작용하는지 설명하시오.

개념 연결하기

평형감각에 대한 자세한 내용은 다음 논의를 참고하시오.

13.1절 신경세포의 구조와 신경자극의 발생을 살펴본다.

13.2절 균형과 관련된 감각 정보의 처리에서 소뇌의 역할을 살펴본다.

결론

이 장에서 우리는 감각이 신경계통과 어떻게 상호작용하여 외부 세계에 대한 정보를 해석하기 위해 뇌에 응답하는지 탐구했다. 다른 신체계통과 마찬가지로 라식과 같은 의료 절차의 발전은 의사가 감각기관과 관련된 많은 문제를 해결할 수 있게 한다.

요약

14.1 감각수용체와 감각의 개요

신호의 전달은 **감각수용체**(sensory receptor)에 의한 자극의 감지로 시작된다. 감각수용체는 인체 내부[**내수용체**(interoceptor)]와 외부[**외수용체**(exteroceptor)]에서 오는 자극을 감지한다. 일반적으로 수용체는 자극의 종류에 따라 구분된다.

- **화학수용체**(chemoreceptor)는 화학적 자극을, **통각수용체**(nociceptor)는 통증을 감지하는 화학수용체의 한 유형이다.
- **빛수용체**(photoreceptor)는 빛 자극을 감지한다.
- **기계적수용체**(mechanoreceptor)는 물리적 힘에 의한 자극을 감지한다.
- **온도수용체**(thermoreceptor)는 온도 변화에 따른 자극을 감지한다.

이들의 기능은 다음과 같다.

- **감각수용체**는 입력되는 신호를 **통합**(integration)하여 척수나 뇌로 보내는 신경신호를 개시한다. **감각적응**(sensory adaptation)은 지속된 자극에 의하여 발생한다.
- **감각**(sensation)은 신경신호가 대뇌겉질로 전달될 때 발생한다.
- 지각은 감각의 해석이다.

14.2 몸감각

몸감각은 피부, 근육, 관절, 내부 기관에 분포한다. 몸감각과 관련된 감각수용체는 다음과 같다.

- 고유감각수용체(기계적수용체)는 반사활동에 관여하고 평형과 자세 유지에 도움을 준다.
- 피부에 있는 **피부수용체**(cutaneous receptor)는 촉각, 압각, 온도를 감지한다.
- 통각수용체는 손상된 조직에서 오는 화학적 신호에 반응하여 통증을 감지한다.

14.3 미각과 후각

맛과 냄새는 주변의 화학물질에 의해 자극을 받는 화학수용체를 통해서 느낀다.

미각

맛에 대한 수용체는 기본적으로 **맛봉오리**(taste bud)에서 발견된다. 미각세포의 미세융모는 뇌가 단맛, 신맛, 짠맛, 쓴맛, 우마미(감칠맛)를 느끼게 하는 분자들에 대한 수용체단백질을 갖고 있다.

후각

후각세포(olfactory cell)의 섬모는 뇌가 여러 가지 냄새를 구별하게 하는 분자들에 대한 수용체단백질을 갖고 있다.

14.4 시각

시각은 눈, 시신경, 대뇌겉질 시각영역의 작용으로 감지된다.

눈의 해부학적 특징과 생리 기능

눈은 3개의 층으로 이루어져 있다.

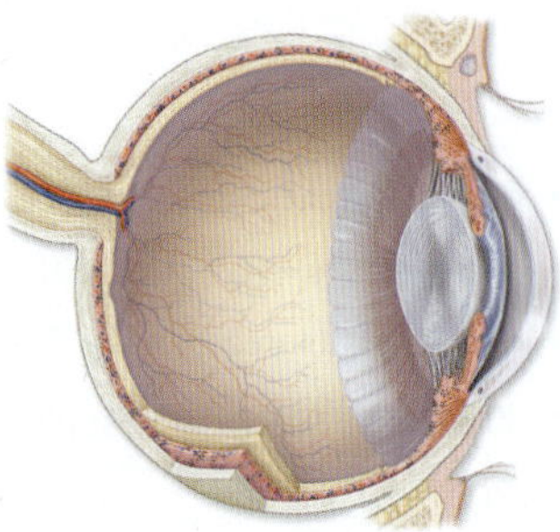

- **공막**(sclera, 바깥층)은 안구를 보호하고 그 형태를 유지한다.
- **맥락막**(choroid, 중간층, 색소상피층)은 빛을 흡수한다.
- **망막**(retina, 안쪽 층)에는 약한 빛에 반응하는 수용체인 막대세포와 밝은 빛에 반응하고 색깔을 구별하는 원뿔세포가 있다.
- 수정체의 기능: 빛은 **홍채**(iris)에 의해 크기가 조절되는 **동공**(pupil)으로 들어간다. **수정체**(lens)는 **각막**(cornea), **안구방수**(aqueous humor), **유리체액**(vitreous humor)과 함께 빛으로 망막에 **초점**(focus)을 맞추는데, 일반적으로 망막에 **중심오목**(fovea centralis)이 있다. 물체를 보기 위해 **시각순응**(visual accommodation)이 수정체의 두께 변화에 따라 발생한다.
- 빛수용체: 망막에는 흑백 구분을 위한 **막대세포**(rod cell)와 색을 구분하기 위한 **원뿔세포**(cone cell) 두 종류의 빛수용체가 존재한다. 두 세포는 레티날(비타민 A)을 포함하는 **로돕신**(rhodopsin)을 함유하고 있다. **맹점**(blind spot)에는 두 종류의 세포가 존재하지 않는다.
- 시각이 뇌로 전달되는 경로: 시각 경로는 빛이 망막의 빛수용체(막대세포와 원뿔세포)를 자극하면서 시작된다. **시신경**(optic nerve)은 눈에서 **시신경교차**(optic chiasma)로 신경자극을 전달한다. 신경자극은 시신경교차를 떠나 **시각로**(optic tract)를 따라 시상을 경유하여 후두엽에 있는 일차시각영역으로 전달된다.

눈의 이상

눈의 이상은 눈의 내압 증가(녹내장), 유전적 요인(색맹), 안구 형태 이상[**근시**(nearsighted), **원시**(farsighted), **난시**(astigmatism)를 유발]의 원인 등에 의해 발생한다.

14.5 청각

청각은 귀, 달팽이신경, 대뇌겉질의 청각영역 작용으로 감지된다.

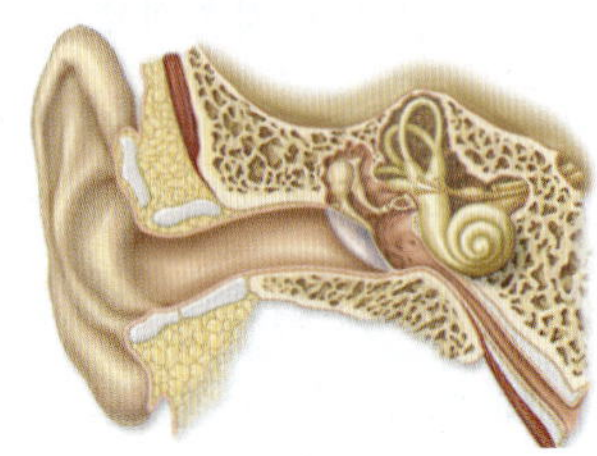

귀의 해부학적 특징과 생리 기능

귀는 3개 부분으로 이루어져 있다.

- **바깥귀**(outer ear)에서는 **귓바퀴**(pinna)와 **귀길**(auditory canal)을 통해 소리 파동이 가운데귀로 전달된다.
- **가운데귀**(middle ear)에서는 **고막**(tympanic membrane)[**타원창**(oval window), **둥근창**(round window)]과 **귓속뼈**(ossicle)[**망치뼈**(malleus), **모루뼈**(incus), **등자뼈**(stapes)]가 소리 파동을 증폭시킨다.
- **속귀**(inner ear)에서는 **반고리뼈관**(semicircular canal)과 **안뜰**(vestibule)이 회전평형을, 그리고 타원주머니와 둥근주머니가 중력평형을 감지하며, 또 **달팽이관**(cochlea) 안에 있는 나선기관에 소리를 감지하는 기계적수용체인 **부동섬모**(stereocilia)를 가진 **털세포**(hair cell)가 들어 있다.

귀관(auditory tube, 유스타키오관)은 고막 양쪽의 압력을 일정하게 하는 역할을 한다.

청각이 뇌로 전달되는 경로: 소리의 경로는 바깥귀가 소리의 파장을 받아서 가운데귀로 전달하고, 이곳에서 증폭된 파장이 타원창의 막에 도달함으로써 시작된다.

- 청각을 담당하는 기계적수용체는 **나선기관**(spiral organ, 코르티기관)의 바닥막 위에 있는 털세포이다.
- 신경신호는 **달팽이신경**(cochlear nerve)에서 시작해 대뇌겉질 측두엽에 있는 일차청각영역으로 전달된다.

14.6 평형감각

귀에는 또한 평형감각을 담당하는 기계적수용체가 있다.

회전평형 경로

- **회전평형**(rotational equilibrium)은 반고리뼈관 안의 기계적수용체인 털세포가 몸과 머리의 회전 및 각도를 이루는 움직임을 감지한다.

중력평형 경로

- **중력평형**(gravitational equilibrium)은 둥근주머니와 타원주머니 안의 기계적수용체인 털세포가 수평 또는 수직 방향으로의 움직임을 감지한다. 이 과정에서 필요한 탄산칼슘 과립을 **이석**(otolith)이라고 한다.

개념 심화 학습

비판적 사고 키우기

1. 우리가 피자 레스토랑에서 저녁을 즐길 때 작동하는 수용체는 어떤 것들인가?
2. 언급된 혈중 pH 외에도 화학수용체는 어떤 항상성 조건을 감시하는가?
3. 맛, 냄새, 압력과 같은 일부 감각수용체는 감각적응 또는 자극에 대한 반응 감소를 자주 겪는다. 반대로 통각수용체는 적응에 덜 민감하다. 이러한 현상이 왜 생물학적 감각으로 좋은 것인가? 정상적으로 통증을 느낄 수 없는 아이가 태어난다면 어떤 일이 일어나겠는가?
4. 공항에서 일하는 사람과 건설 노동자는 지속적으로 시끄러운 소리에 노출되기 쉽다. 장기적으로 시끄러운 소리에 노출된다면 어떤 결과가 생기며, 그 이유는 무엇인가?
5. 청신경과 안뜰신경은 뇌로 함께 연결된다. 만일 복합신경에 종양이 자란다면 어떤 감각이 영향을 받게 되는가?
6. 줄기세포는 현재 일부 형태의 노화 관련 황반변성(AMD)을 치료하는 데 사용되고 있다. 이러한 미분화세포가 망막에 주입될 때 손상된 망막세포를 대체할 수 있다고 추정한다. 소음으로 청력 손상과 같은 다른 감각 손상을 치료하기 위해 줄기세포요법은 어떻게 사용될 수 있는가? 이러한 접근법의 어려움은 무엇인가?

관련성 탐구하기

1. 시간이 지남에 따라 시력은 어떻게 변화하는가? 눈의 구조에 대해 알고 있는 내용을 기초로 이런 변화에 어떤 요인이 관련 있다고 생각하는가?
2. 어떤 동물은 인간이 볼 수 없는 적외선과 같은 빛의 파장을 볼 수 있다. 적외선 파장을 볼 수 있다면 환경과의 상호작용이 어떻게 바뀔 것이라고 생각하는가?
3. 시력 교정을 위해 라식수술을 고려하는가? 그 이유는 무엇인가?

모든 장의 질문에 대한 정답은 *connect.mheducation.com*에서 확인하시오.

CHAPTER

15

내분비계통

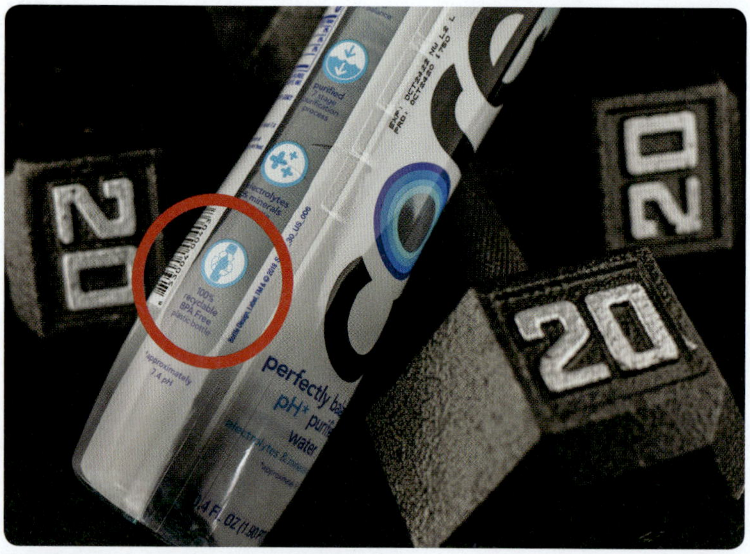

Ricochet Creative Productions, LLC/McGraw Hill

이 장의 개요

15.1 내분비샘
15.2 시상하부와 뇌하수체
15.3 갑상샘과 부갑상샘
15.4 부신
15.5 이자
15.6 기타 내분비샘
15.7 호르몬과 항상성

시작하기 전에

이 장을 시작하기 전에 다음 사항을 논의해 보자.

1.5절 스테로이드의 구조는 무엇인가?

3.8절 음성되먹임 기전은 어떻게 항상성에 관여하는가?

13.2절 신경계통에서 시상하부의 역할은 무엇인가?

호르몬 교란물질

당신은 상점에서 물병과 플라스틱 용기에 'BPA-free'라는 라벨을 본 적이 있을 것이다. 또는 화학물질 및 플라스틱과의 접촉이 인간의 건강에 미치는 영향에 대한 뉴스 보도를 들어 봤을 것이다. 대부분 이 중심에는 BPA(비스페놀 A)라는 화학물질이 있다. BPA는 식품과 플라스틱 산업에서 음식과 물 용기의 내부 표면물질로 사용된다. 이 때문에 BPA는 종종 소화계통을 통해 인체로 유입된다. 인체 내에서 BPA는 에스트라디올이라고 하는 에스트로겐의 한 형태와 유사한 작용을 한다. 음식물 내 낮은 수준의 BPA는 특별한 문제를 일으키지 않지만, 고농도의 BPA는 혈압, 면역, 남성 및 여성에게서 모두 생식 문제를 야기한다.

일부 호르몬 교란물질은 해충을 조절하는 데 중요한 역할을 한다. 호르몬은 많은 곤충의 발달(변태)을 조절한다. 이들 중 하나는 청소년 호르몬이라고 한다. 벼룩 제거 스프레이에서 발견되는 주요 성분인 메토프렌(methoprene)은 벼룩이나 모기와 같은 곤충의 청소년 호르몬을 방해하는 곤충 성장 조절제이다. 메토프렌은 직접적으로 곤충을 죽이지 않고 그들이 알에서 유충으로, 그런 뒤 성충으로 발달하는 능력을 억제한다.

이 장에서는 내분비계통의 구조와 기능, 생산되는 호르몬의 인체 생리에서의 중요성을 알아볼 것이다.

이 장을 학습하면서 다음 질문을 생각해 보자.

1. 왜 인간과 같은 동물들은 다양한 호르몬을 가지고 있는가?
2. 신경계통은 내분비계통과 함께 인체의 기능을 어떻게 조절하는가?
3. 되먹임 기전은 어떻게 혈당 조절에 도움을 줄 수 있는가?

15.1 내분비샘

학습 목표

이 절을 학습한 후 다음 사항을 할 수 있어야 한다.

1. 신경전달물질과 호르몬 작용 기전의 차이를 구별할 수 있다.
2. 내분비샘 및 외분비샘을 구별할 수 있다.
3. 내분비계통의 샘과 기관을 설명할 수 있다.
4. 펩티드호르몬과 스테로이드호르몬의 작용을 비교할 수 있다.

내분비계통(endocrine system)의 기관들(그림 15.1)은 인체 내 다른 기관을 조절하는 **호르몬**(hormone)이라고 하는 화학신호를 생산한다. 내분비계통은 인체 내 항상성 조절을 위해 신경계통과 매우 밀접하게 작용한다.

내분비샘과 외분비샘에는 기능의 차이가 있다. **외분비샘**(exocrine gland)은 생성물을 관을 통해 다른 기관의 내부 또는 몸 바깥으로 분비한다. 소화계통의 부속샘(8.4절 참고)이 외분비샘의 대표적인 예다. 예를 들면 침샘은 침샘관을 통해

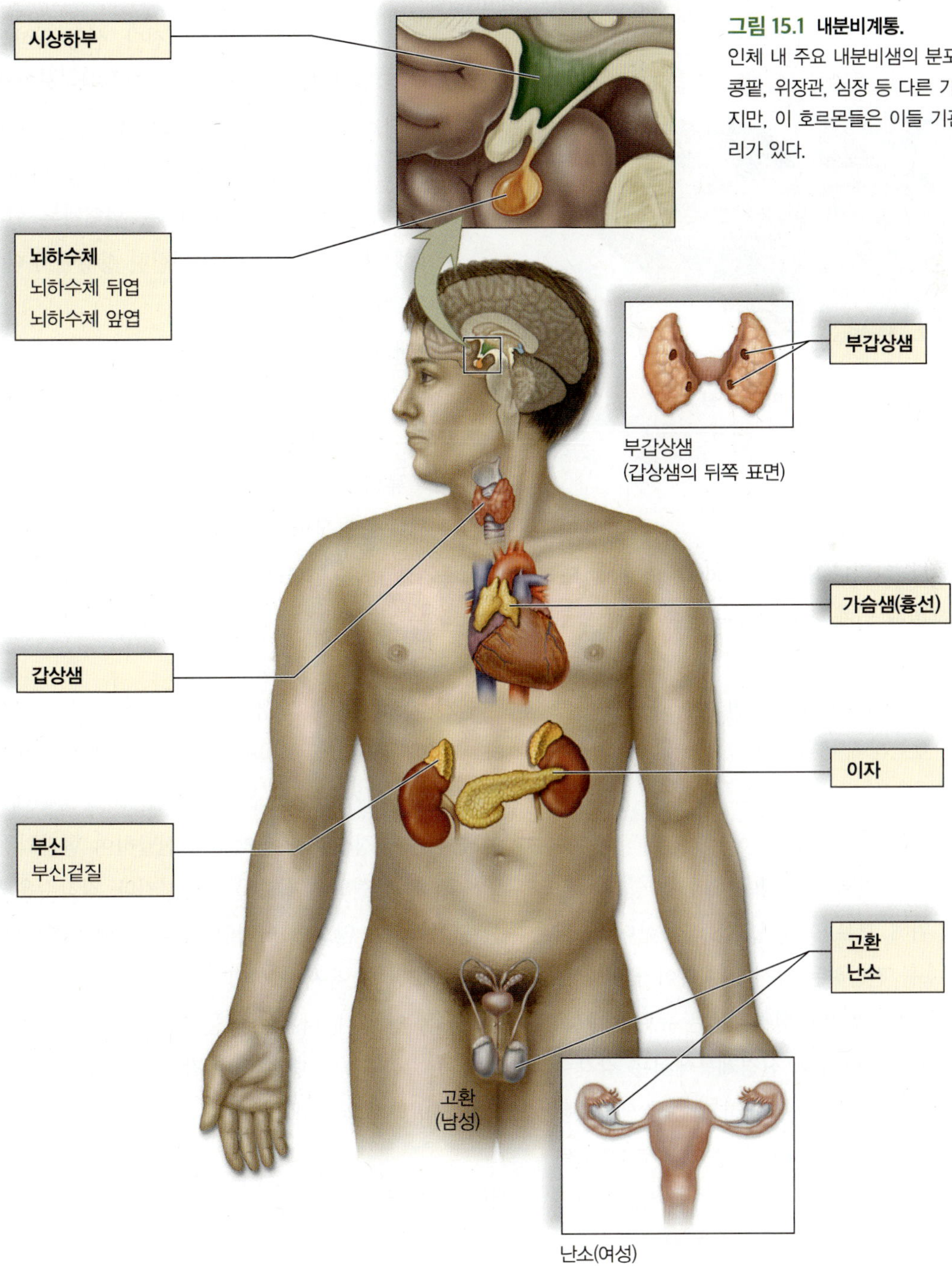

그림 15.1 내분비계통.
인체 내 주요 내분비샘의 분포 및 위치를 제시하였다. 콩팥, 위장관, 심장 등 다른 기관들도 호르몬을 분비하지만, 이 호르몬들은 이들 기관의 일차적 기능과는 거리가 있다.

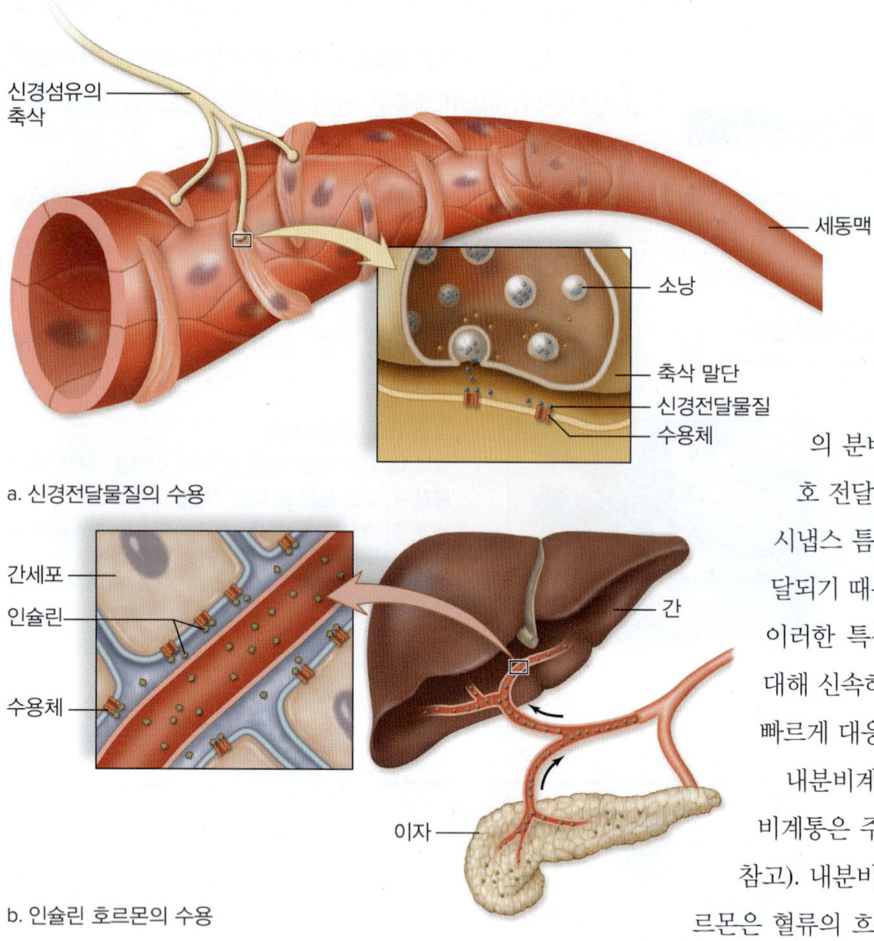

그림 15.2 신경전달물질과 호르몬의 작용.
a. 축삭을 따라 이동한 신경자극이 신경전달물질의 방출을 유발한다. 화학신호인 신경전달물질은 세동맥 벽의 수용체에 결합하여 세동맥의 수축을 유발한다. **b.** 이자에서 생산된 호르몬인 인슐린은 심장혈관계통을 통해 간으로 이동하고, 간세포의 수용체에 결합하면 포도당을 글리코겐으로 합성하여 저장한다.

침을 입안으로 분비한다. 그러나 **내분비샘**(endocrine gland)은 호르몬을 혈관으로 분비해 인체 전체로 운반한다. 특정 호르몬의 표적세포는 그 호르몬에 대한 수용체 단백질을 가지고 있다. 호르몬이 수용체 단백질에 결합하면 자물쇠에 열쇠가 들어맞듯 표적세포는 호르몬에 반응한다.

내분비계통과 신경계통의 비교

신경계통과 내분비계통은 인체 항상성에 영향을 줄 수 있는 변화에 대응하기 위해 모두 화학신호를 사용한다. 그러나 두 계통의 화학신호를 전달하는 방식에는 차이가 있다(그림 15.2). 13.1절에서도 논의했지만, 신경계통은 뉴런(neuron, 신경세포)이 신호 전달을 담당한다. 신경계통에서는 감각수용체가 내적 및 외적 환경의 변화를 감지하고, 중추신경계통(CNS)이 정보를 통합하여 근육과 내분비샘을 자극함으로써 반응한다. 신경계통의 신호 전달은 신경신호가 축삭(axon)을 통해 축삭 말단으로 전달되면 연결된 시냅스로 신경전달물질의 분비를 통해 이루어진다. 신경 축삭을 통한 신호 전달과 축삭 말단에서 분비되는 신경전달물질이 시냅스 틈새의 아주 짧은 거리를 확산하여 빠르게 전달되기 때문에 신경계통은 자극에 신속하게 대응한다. 이러한 특성은 인체의 안전을 위협하는 외부 자극에 대해 신속하게 반응하여 위험한 상황에서 다치지 않고 빠르게 대응할 수 있다.

내분비계통은 신경계통과는 다르게 작용한다. 내분비계통은 주로 내분비샘으로 구성되어 있다(그림 15.1 참고). 내분비샘은 호르몬을 혈류로 분비하고, 분비된 호르몬은 혈류의 흐름을 통해 인체 내의 표적세포로 운반된다. 혈류를 통한 호르몬의 이동 시간이 더 오래 걸리기 때문에 표적세포의 반응도 더 느리게 나타나지만, 내분비계통의 호르몬 효과는 더 오래 지속된다. 다시 말해 내분비계통은 느리지만 효과가 지속되는 특성이 있다.

신경계통과 내분비계통은 모두 음성되먹임 기전을 사용한다는 것에 주목해야 한다(3.8절 참고). 만일 혈압이 하강하면 감각수용체가 그 신호를 뇌에 있는 조절 중추에 전달한다. 이 중추는 신경신호를 동맥벽에 전달하여 혈관의 수축을 유도하고, 이는 혈압의 상승을 발생시킨다. 감각수용체가 더 이상 활성화되지 않으면 되먹임 기전도 불활성화된다. 혈당 수치가 높아질 때 유사하게 이자에서 인슐린이 분비되고, 이는 간, 근육, 인체 내 다른 세포들로의 포도당 흡수를 촉진한다(그림 15.2 참고). 혈당 수치가 감소하면 이자는 더 이상 인슐린을 분비하지 않는다.

화학신호로서 호르몬

다른 화학신호처럼 호르몬은 세포, 기관, 개체 간 소통을 위한

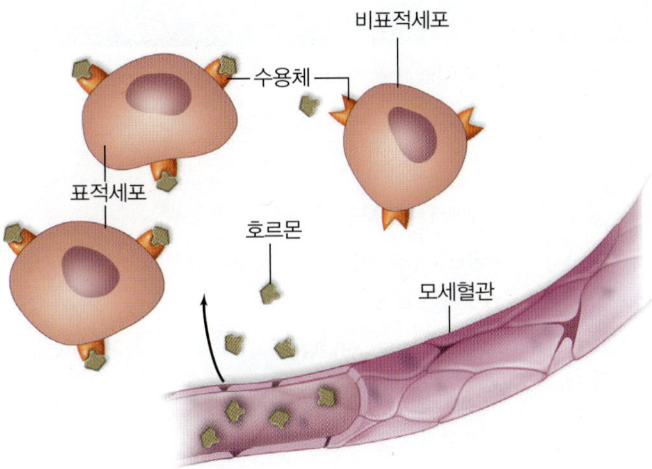

그림 15.3 **호르몬과 표적세포.**
대부분의 호르몬은 혈류를 통해 표적세포에 도달한다. 표적세포는 호르몬에 대한 수용체를 가지고, 호르몬이 열쇠와 자물쇠의 관계처럼 수용체에 결합한다.

도구이다. 호르몬은 수용체를 통해 표적세포의 물질대사에 영향을 준다(그림 15.3).

호르몬 수용체의 중요성은 **안드로겐 불감성 증후군**(androgen insensitivity syndrome) 연구에서 확인되었다. X, Y 성염색체를 모두 가진 남성이 안드로겐 불감성 증후군인 경우, Y 염색체를 가지고 있기 때문에 고환이 배안에 남아 있는 잠복고환 상태라도 성호르몬인 테스토스테론을 생산한다(15.6절 참고). 그러나 인체 내 표적세포에 테스토스테론 수용체가 없어 호르몬에 반응하지 못하여 이 개체는 유전적으로는 남성이지만 여성의 신체적 특성을 나타낸다.

내분비계통에서 분비되는 호르몬의 종류와 기능 및 인체 내 표적기관을 표 15.1에 요약하였다.

테스토스테론처럼 대부분의 호르몬은 샘으로부터 혈류로 분비되어 표적세포까지 이동하기 때문에 멀리 떨어진 인체 부위에 작용한다. 또한 뇌의 시상하부에 있는 신경분비세포에서 생산되어 분비되는 분비물도 호르몬으로 간주된다. 이 분비물은 시상하부와 뇌하수체 사이의 모세혈관 그물을 통해 이동하고, 뇌하수체로부터의 호르몬 분비를 촉진하고 일부는 억제한다.

모든 호르몬이 멀리 떨어진 인체 부위에 작용하는 것은 아니다. 프로스타글란딘은 **국소 호르몬**(local hormone)의 좋은 예로, 분비된 후 혈류를 통해 이동하지 않고 주위 세포에 영향을 주어 때때로 통증과 염증반응을 촉진한다. 성장인자도 국소 호르몬의 일종으로 세포분열과 유사분열을 촉진한다.

다른 개체의 행동에 영향을 미치는 화학신호를 **페로몬**(pheromone)이라고 한다. 페로몬은 인간이 아닌 동물에서 소통을 위한 도구로 사용되며, 자신의 영역을 표시하거나 짝짓기할 상대를 유인하는 데 이용된다. 사람도 페로몬을 생산한다. 남성으로부터 분비되는 페로몬은 여성의 월경 전 초조함과 긴장을 완화한다는 사실이 알려졌다. 같은 가정에 사는 여성들은 종종 유사한 월경주기를 나타내는데, 이것은 월경 중인 여성의 겨드랑이 분비물이 다른 여성의 월경주기에 영향을 주기 때문이다.

호르몬의 작용

호르몬은 세포에 광범위한 영향을 미친다. 표적세포가 특정 물질(포도당 등) 및 이온(칼슘 등)의 흡수를 증가시키도록 유도하는 영향도 있다. 이러한 영향 중에는 표적세포의 구조를 변화시키기도 하지만, 단순히 세포 대사에만 영향을 주기도 한다. 성장호르몬은 펩티드로 뼈의 구조 변화를 유도하는 세포의 대사에 영향을 준다. **펩티드호르몬**(peptide hormone)은 펩티드, 단백질, 당단백질, 변형된 아미노산 등을 포함하는 호르몬을 지칭한다. 성장호르몬은 뇌하수체 앞엽에서 생산되어 분비되는 단백질이다. 모든 **스테로이드호르몬**(steroid hormone)은 콜레스테롤로부터 합성되기 때문에 4개의 탄소 고리 구조로 되어 있다(그림 1.20 참고).

펩티드호르몬의 작용 대부분의 내분비샘은 펩티드호르몬을 분비한다. 펩티드호르몬의 작용은 표적세포의 종류에 따라 다양하게 나타나지만, 표적세포의 세포막을 투과할 수 없어 세포막 표면의 수용체와 결합해야만 한다.

이 장에서 에피네프린 호르몬이 근육세포의 세포막 수용체에 결합했을 때 어떤 현상이 발생하는지를 살펴볼 것이다(그림 15.4). 근육세포에서 에피네프린을 수용하면 글리코겐을 포도당으로 분해하여 ATP 생산을 위한 에너지원으로 공급하게 된다. 에피네프린과 수용체의 결합 즉시 **고리형 아데노신일인산**(cyclic adenosine monophosphate, cAMP)이 생성된다. cAMP는 하나의 인산이 아데노신과 두 위치에서 결합하므로 고리 형태를 나타낸다. cAMP는 세포의 단백질인산화효소(protein kinase)를 활성화하고, 활성화된 인산화효소는 또

표 15.1 주요 내분비샘에서 생산되는 호르몬

내분비샘	분비호르몬	표적조직/기관	주요 기능
시상하부	시상하부분비호르몬	뇌하수체 앞엽	뇌하수체 앞엽 호르몬 분비 조절
뇌하수체			
뇌하수체 뒤엽	항이뇨호르몬(ADH)	콩팥	콩팥에서 수분 재흡수 촉진
	옥시토신	자궁, 젖샘	자궁근육 수축 촉진, 젖샘의 젖 분비 촉진
뇌하수체 앞엽	갑상샘자극호르몬(TSH)	갑상샘	갑상샘호르몬 분비 촉진
	부신겉질자극호르몬(ACTH)	부신겉질	부신겉질호르몬 분비 촉진
	생식샘자극호르몬(FSH, LH)	생식샘	난자 및 정자 생산, 성호르몬 분비
	프로락틴(PRL)	젖샘	젖 생산
	성장호르몬(GH)	연한 조직, 뼈	세포 분열, 단백질 합성, 뼈 성장
	멜라닌세포자극호르몬(MSH)	피부의 멜라닌세포	사람에서 기능 불명, 단순한 척추동물에서 피부색 조절
갑상샘	티록신(T_4), 삼요오드티로닌(T_3)	모든 조직	대사율 증가, 성장 및 발달 조절
	칼시토닌	뼈, 콩팥	혈중 칼슘 농도 감소
부갑상샘	부갑상샘호르몬(PTH)	뼈, 콩팥, 소장	혈중 칼슘 농도 증가
부신			
부신겉질	글루코코르티코이드(코르티솔)	모든 조직	혈당 증가, 단백질 분해 촉진
	광물코르티코이드(알도스테론)	콩팥	소듐 재흡수 촉진, 포타슘 배설 촉진
	성호르몬	생식샘, 피부, 근육, 뼈	생식기관 자극, 성징 발현 촉진
부신속질	에피네프린, 노르에피네프린	심장, 기타 근육	위급 상황에서 분비, 혈당 증가
이자	인슐린	간, 근육, 지방조직	혈당 감소, 글리코겐 합성 증가
	글루카곤	간, 근육, 지방조직	혈당 증가
생식샘			
고환	안드로겐(테스토스테론)	생식샘, 피부, 근육, 뼈	남성 성징 발현
난소	에스트로겐, 프로게스테론, 적은 양의 테스토스테론	생식샘, 피부, 근육, 뼈	여성 성징 발현
가슴샘(흉선)	티모신	T림프구	T림프구의 생산 및 성숙
솔방울샘	멜라토닌	뇌	하루주기리듬 조절, 생식기관의 성숙

다른 효소를 활성화한다. cAMP 형성에 따른 일련의 효소 반응을 **효소 연쇄반응**(enzyme cascade)이라고 한다. 연쇄반응의 단계마다 각각의 효소가 사용되기 때문에 많은 효소가 관여하게 된다. 최종적으로 많은 글리코겐 분자가 포도당으로 분해되어 혈류로 유입된다.

전형적인 펩티드호르몬인 에피네프린은 세포 내로 들어가지 못한다. 따라서 에피네프린은 일차전령체(first messenger)라고 하고, 물질대사 체계를 작동시키는 cAMP는 **이차전령체**(second messenger)라고 한다. 이 용어들을 쉽게 설명하기 위해서 에피네프린을 합성하여 분비하는 부신속질(adrenal medulla)을 사무실이라고 가정하자. 이때 에피네프린은 사무실에서 공장(세포)으로 보내는 배달기사(일차전령체)라고 할 수 있다. 배달기사는 공장으로 들어갈 수 있는 출입증이 없기 때문에, 공장에 도착해서 인터폰을 통해 감독관에게 사무실에서 특정한 물품을 주문했다는 것을 알려준다. 감독관(cAMP, 이차전령체)이 컴퓨터에 명령을 입력하면 기계(효소 연쇄반응)는 지시에 따라 제품을 생산한다.

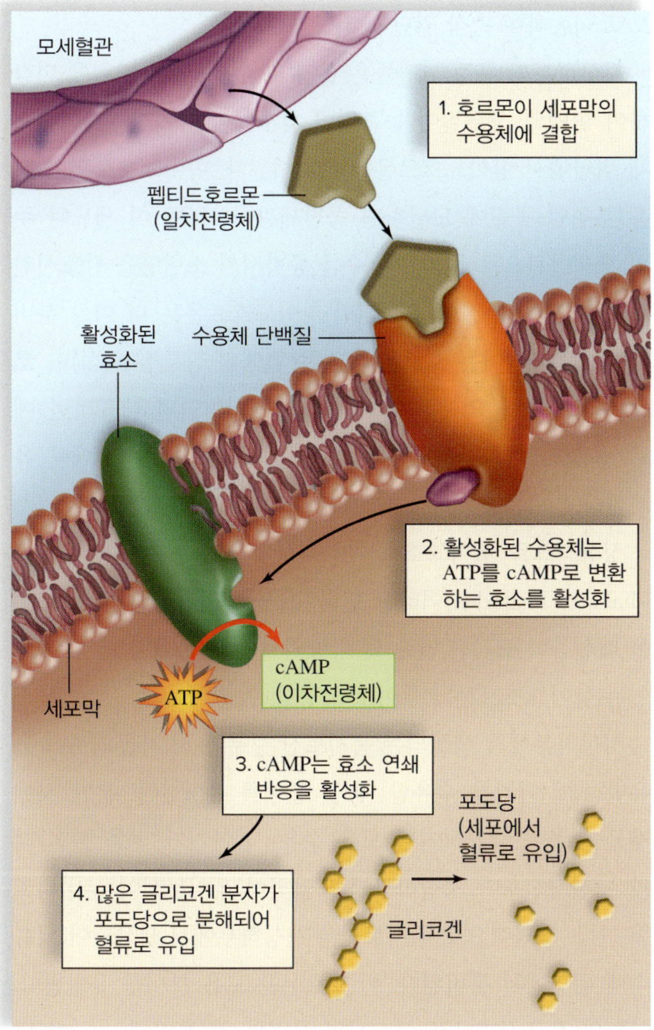

그림 15.4 펩티드호르몬의 작용.
펩티드호르몬(일차전령체)이 세포막의 수용체에 결합한 후 cAMP(이차전령체)가 형성되고, 이는 효소 연쇄반응을 활성화한다.

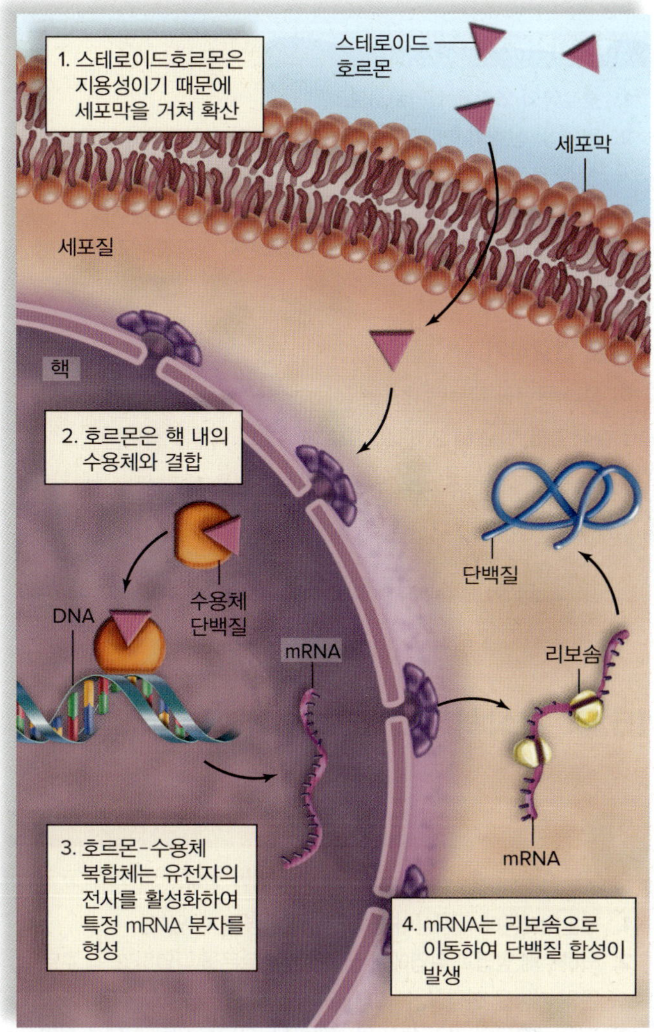

그림 15.5 스테로이드호르몬의 작용.
스테로이드호르몬은 표적세포의 세포막을 직접 통과하여 핵 또는 세포질의 수용체에 결합한다. 호르몬-수용체 복합체는 DNA에 결합하여 유전자 발현을 유도한다.

스테로이드호르몬의 작용 스테로이드호르몬은 부신겉질, 난소, 고환에서만 생성된다. 갑상샘호르몬은 스테로이드호르몬의 작용과 유사하지만 구조가 다른 아민 계열의 호르몬이다. 스테로이드호르몬은 소수성(1.5절 참고)이기 때문에 세포막 수용체에 결합하지 않고, 지방과 같이 직접 세포 내로 들어갈 수 있다(**그림 15.5**).

일단 세포 내로 들어온 스테로이드호르몬은 핵에 존재하거나 때때로 세포질에 존재하는 수용체에 결합한다. 핵 내에서 호르몬-수용체 복합체는 DNA에 결합하여 특정 유전자의 발현을 활성화한다. 유전자 발현으로 전사된 전령 RNA(mRNA)는 세포질 내 리보솜으로 이동하여 단백질 합성을 시작한다(21.2절 참고). 비유하자면 스테로이드호르몬은 공장을 출입할 수 있는 출입증을 가진 택배기사와 같다. 일단 안에 들어가면 공장 관리자(DNA)와 접촉하게 되고, 공장(세포)이 제품을 생산할 준비가 된 것을 확인하게 된다.

스테로이드호르몬의 한 예로 부신에서 생산되는 알도스테론이 있다. 알도스테론은 콩팥을 표적으로 혈액 내 수분-염분 균형을 조절하는 역할을 한다. 일반적으로 펩티드호르몬이 세포 내에 이미 존재해 있던 효소를 활성화하는 것과 비교하여 스테로이드호르몬은 새로운 단백질을 합성하기까지 시간이 걸리기 때문에 더 느리게 작용하지만, 작용 효과는 더 오래 지속된다.

진도 점검하기 15.1

1. 호르몬의 역할을 설명하시오.
2. 기능 및 신호의 형태를 통해 내분비계통과 신경계통을 비교하여 설명하시오.
3. 펩티드호르몬과 스테로이드호르몬의 차이점을 요약하시오.
4. 펩티드호르몬은 왜 이차전령체가 필요한지 설명하시오.

개념 연결하기

이 절과 관련된 자세한 내용은 다음 논의를 참고하시오.

1.5~1.6절 인체 내 스테로이드와 단백질의 역할을 살펴본다.

2.3절 세포막의 구조 및 이와 연관된 단백질을 살펴본다.

13.2절 신경계통과 내분비계통을 통합하는 시상하부의 위치와 기능을 살펴본다.

15.2 시상하부와 뇌하수체

학습 목표

이 절을 학습한 후 다음 사항을 할 수 있어야 한다.

1. 내분비계통에서 시상하부의 역할을 설명할 수 있다.
2. 뇌하수체 앞엽과 뒤엽에서 생산되는 호르몬을 나열하고, 각 호르몬의 기능을 설명할 수 있다.
3. 주요 호르몬의 과잉 생산 및 부족 시 나타나는 인체 상태를 설명할 수 있다.

시상하부(hypothalamus)는 신경계통과 내분비계통을 연결하는 역할을 한다. 시상하부는 자율신경계통과의 소통을 통해 체온 및 수분-염분 평형과 같은 내적 환경을 조절한다. 시상하부는 또한 **뇌하수체**(pituitary gland)로부터의 샘 분비를 조절한다. 직경 1cm 정도로 작은 샘인 뇌하수체는 줄기 같은 구조에 의해 시상하부와 연결된다. 뇌하수체는 구조적으로 앞엽과 뒤엽으로 구성되고 서로 연결되어 있지만, 생리학적으로 별개의 샘으로 작용한다.

뇌하수체 뒤엽

신경분비세포라고 부르는 시상하부 내 신경세포는 **항이뇨호르몬**(antidiuretic hormone, ADH)과 **옥시토신**(oxytocin)을 합성하여(그림 15.6) 축삭을 통해 **뇌하수체 뒤엽**(posterior pituitary)으로 이송하여 축삭 말단에 저장한다.

시상하부의 특정 신경들은 혈액 내 수분-염분 평형에 민감하여 혈액의 삼투질이 농축되어 삼투압이 증가할 때 뇌하수체 뒤엽에서 항이뇨호르몬을 분비시킨다. 항이뇨호르몬이 작용 부위인 콩팥에 도달하면 콩팥세관에 작용하여 세뇨관 주위 모세혈관으로 물의 재흡수를 증가시켜 소변량을 감소시킨다. 혈액의 삼투질이 희석되면 항이뇨호르몬은 더 이상 분비되지 않는다. 이는 호르몬의 작용(혈액의 삼투질 희석)이 호르몬의 분비를 억제하기 때문에 음성되먹임의 대표적인 예로, 음성되먹임 기전은 인체의 항상성과 안정적인 상태를 유지한다.

정상적으로 항이뇨호르몬이 생성되지 않는 상태를 요붕증(diabetes insipidus)이라고 한다. 요붕증 환자는 과량의 소변을 배설하여 심각한 탈수 및 다량의 주요 이온을 잃게 되지만, 이는 항이뇨호르몬의 투여로 교정할 수 있다.

시상하부에서 생성되는 옥시토신은 분만 시 자궁의 수축을 유발하고, 아기를 수유할 때 젖 분비를 유도한다. 분만 시에 자궁 수축이 증가하거나 모유 수유 시 아기가 젖을 빨면 더 많은 신경신호가 시상하부에 도달하여 옥시토신이 분비되도록 한다. 결과적으로 옥시토신은 시상하부에서 생산되어 뇌하수체 뒤엽에서 분비된다. 이 호르몬은 모유 분비를 유발한다. 아기의 울음소리가 옥시토신의 분비와 젖 분비에 자극이 되

생활 속의 생물학

유도분만이란 무엇인가?

분만을 위한 산도를 준비하는 약물치료 후, 옥시토신(피토신)을 사용하여 분만을 유도한다. 피토신은 뇌하수체 뒤엽에서 방출되는 옥시토신의 합성 약물로, 분만 시 자궁 수축 강도를 높이기 위해 옥시토신을 투여할 수도 있다. 더 강한 수축은 필요한 경우(예: 자궁이 잘 수축되지 않거나 분만 중 산모나 아이의 건강이 위험한 경우) 분만 과정을 빠르게 한다. 옥시토신은 강한 자궁 수축이 지속되도록 하여 산후 출혈을 최소화하기 위해 분만 후에 일반적으로 사용된다.

옥시토신은 과도한 자궁 수축을 유발하여 자궁이 찢어지는 손상이 발생할 수 있어 주의 깊게 관찰해야 한다. 또한 매우 강한 수축으로 인해 태아로의 혈액 공급이 줄어들 수 있어 아기에게 치명적일 수 있다. 비록 분만 시간은 줄여주지만, 옥시토신으로 분만을 유도하는 것은 산모에게 매우 고통스러운 일이다. 의사들은 분만을 유도하거나 수축을 강화하기 위해 가능하다면 더 부드럽고 자연스러운 방법을 선호한다.

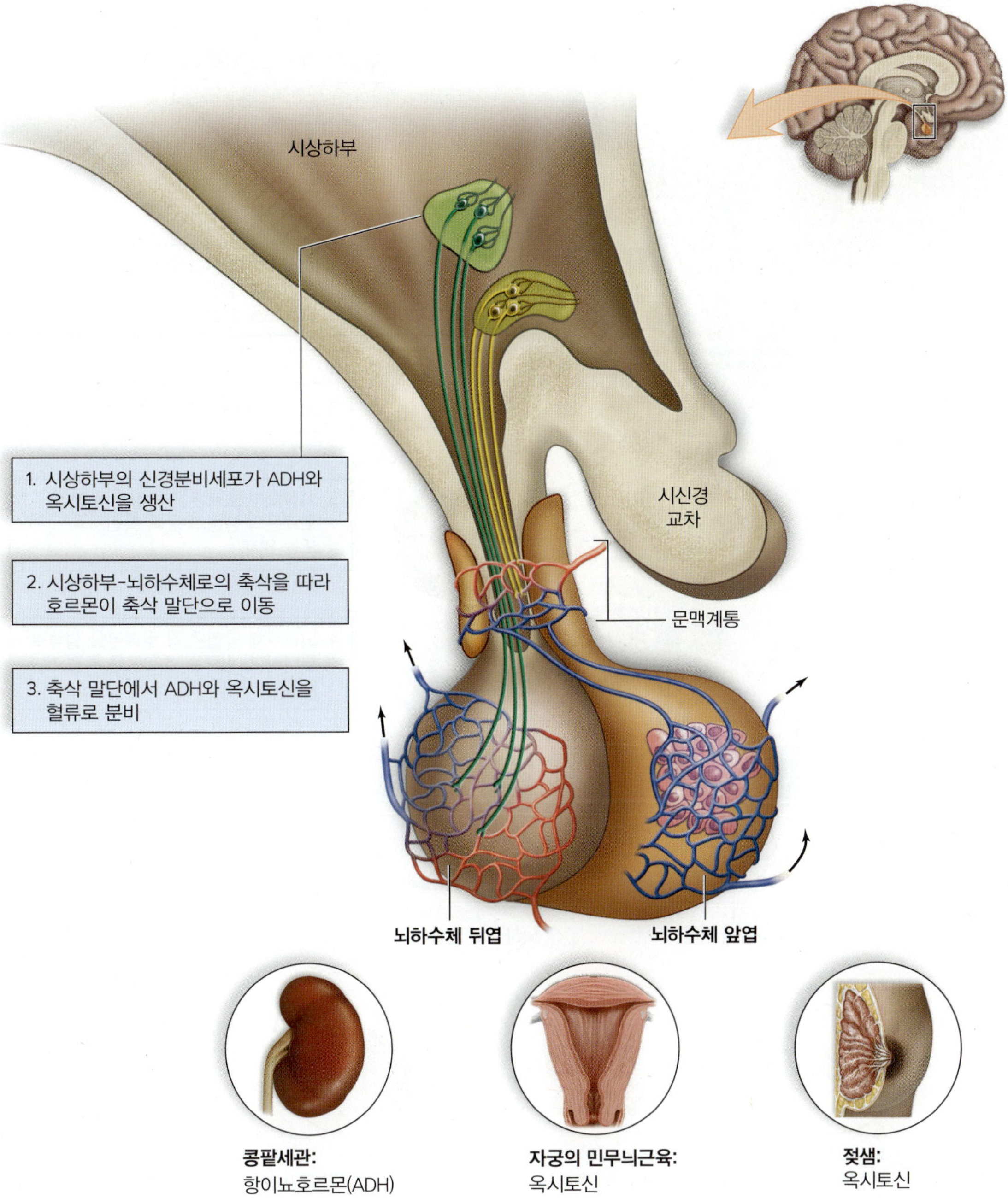

그림 15.6 시상하부와 뇌하수체 뒤엽에서 생성되는 호르몬.
시상하부에서는 항이뇨호르몬과 옥시토신이 생성되어 뇌하수체 뒤엽에 저장되고 분비된다.

기도 하는데, 이는 수유 중인 여성들의 불만스러운 부분이다. 두 경우 모두 뇌하수체 뒤엽에서 옥시토신의 분비를 촉진하는 양성되먹임 조절 기전으로 자극이 계속되면 더 강한 반응이 유발된다. 양성되먹임은 자극이 사라지면 멈추게 된다. 그러므로 인체 항상성 유지에는 양성되먹임보다는 음성되먹임 기전이 주요하게 작용한다.

뇌하수체 앞엽

정맥으로 연결된 두 모세혈관계로 구성된 문맥계통이 시상하부와 **뇌하수체 앞엽**(anterior pituitary) 사이에 존재한다. 시상하부는 뇌하수체 앞엽으로 문맥계통을 통해 분비호르몬과 억제호르몬을 생성하여 뇌하수체 앞엽의 호르몬 분비를 조절한다(그림 15.7). 갑상샘자극호르몬 분비호르몬(thyroid-releasing

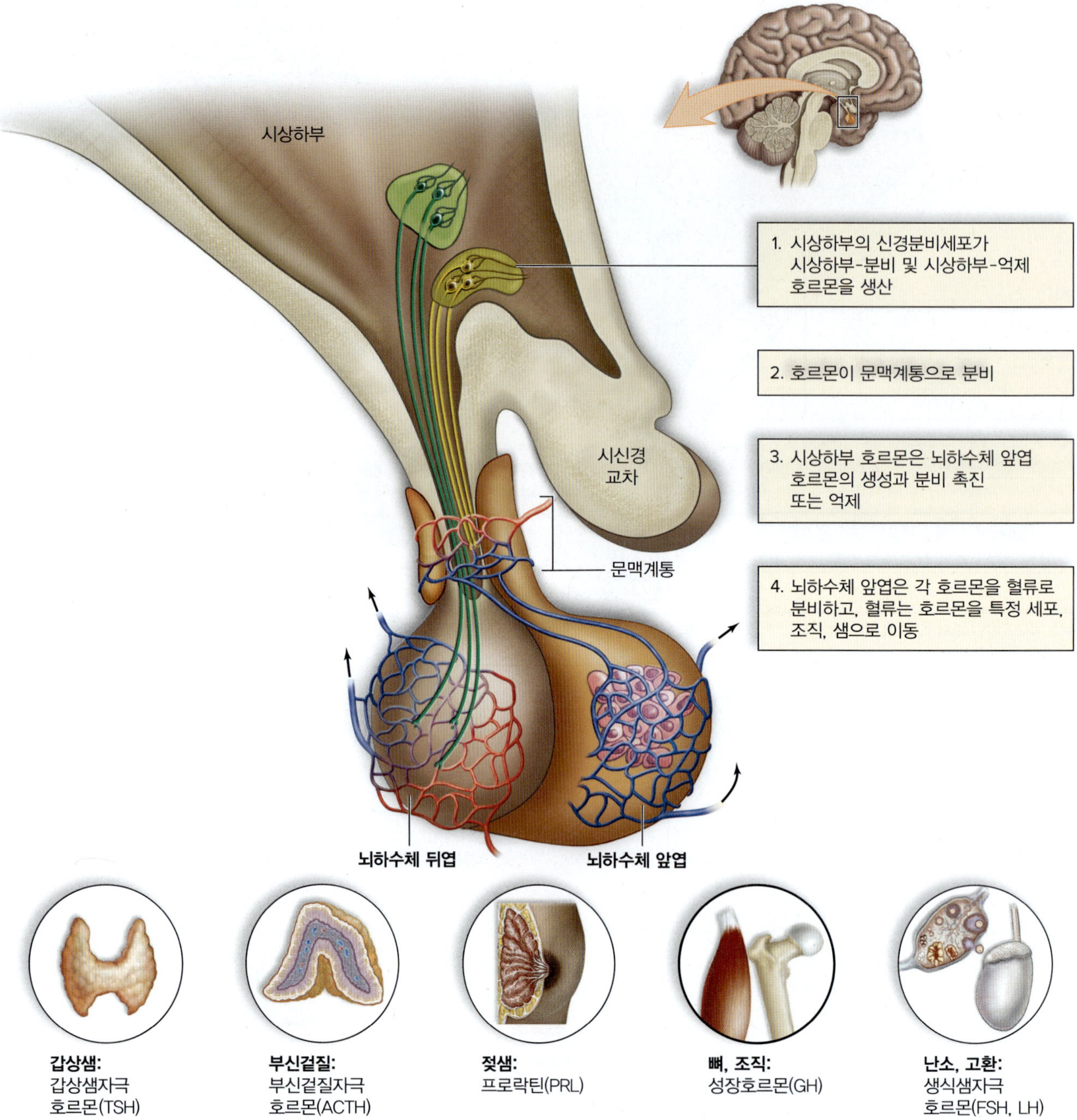

그림 15.7 뇌하수체 앞엽에서 생산되는 호르몬.
시상하부는 뇌하수체 앞엽의 호르몬 분비를 조절하고, 뇌하수체 앞엽은 갑상샘, 부신겉질, 생식샘의 호르몬 분비를 조절한다.

hormone, TRH) 또는 억제호르몬(thyroid-inhibiting hormone, TIH)이 대표적인 예다. 갑상샘자극호르몬 분비호르몬(TRH)은 뇌하수체 앞엽을 자극하여 갑상샘자극호르몬(TSH)의 분비를 촉진하고, 갑상샘자극호르몬 억제호르몬(TIH)은 갑상샘자극호르몬(TSH)의 분비를 억제한다.

뇌하수체 앞엽에서 생성되는 7개의 호르몬 중 4개는 다른 샘들에 영향을 미친다. **갑상샘자극호르몬**(thyroid-stimulating hormone, TSH)은 갑상샘을 자극하여 갑상샘호르몬을 생산하게 한다. **부신겉질자극호르몬**(adrenocorticotropic hormone, ACTH)은 부신겉질로부터 코르티솔을 생산한다. **생식샘자극호르몬**(gonadotropic hormone)인 **난포자극호르몬**(follicle-stimulating hormone, FSH)과 **황체형성호르몬**(luteinizing hormone)

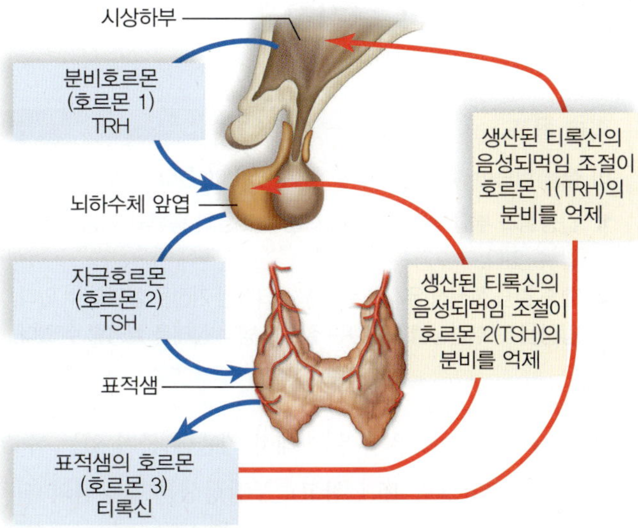

그림 15.8 내분비계통의 음성되먹임 기전.
되먹임 기전(빨간색 화살표)은 시상하부와 뇌하수체에서 생산되는 호르몬(파란색 화살표)의 양을 조절하는 방법이다.

은 생식선(남성은 고환, 여성은 난소)을 자극하여 생식세포와 성호르몬을 생산하게 한다. 각각의 경우 마지막 호르몬의 혈중 농도는 음성되먹임으로 첫 두 호르몬의 분비를 조절한다(그림 15.8).

뇌하수체 앞엽에서 생산되는 나머지 세 가지 호르몬은 다른 샘에 영향을 미치지 않는다. **프로락틴**(prolactin)은 출산 후에 많은 양이 생산되어 유방 내 유선을 발달시켜 젖 생산을 촉진한다. 또한 탄수화물과 지방 대사에도 중요한 역할을 한다.

멜라닌세포자극호르몬(melanocyte-stimulating hormone, MSH)은 피부색 변화를 일으키는 멜라닌색소포를 가진 많은 어류, 양서류, 파충류에서 피부색 변화를 일으킨다. 사람은 이 호르몬의 농도가 매우 낮다.

성장자극호르몬인 **성장호르몬**(growth hormone, GH)은 세포 내로 아미노산의 유입 속도를 증가시켜 단백질을 합성하여 뼈대 및 근육의 성장을 촉진한다. 또한 포도당 대사와는 반대로 지방 대사를 촉진한다. 성장호르몬은 간에서 인슐린 유사 성장인자 1(IGF-1)의 생성을 촉진하기 때문에 인슐린 유사 성장인자 1은 성장호르몬의 수준을 측정하는 지표로 사용된다. 인슐린 유사 성장인자 1은 성장과 발달을 촉진하기도 하는데, 이는 성장호르몬이 성장과 발달에 미치는 영향을 매개한다고 볼 수 있다.

성장호르몬의 작용

성장호르몬은 뇌하수체 앞엽에서 생산되고, 신체 성장이 활발한 아동기와 청소년기에 가장 많이 분비된다. 만일 아동기에 성장호르몬이 너무 적게 분비되면 신체의 비율은 정상이지만 키가 작은 **뇌하수체 난쟁이증**(pituitary dwarfism)이 나타난다. 합성 성장호르몬은 난쟁이증의 치료에 사용되었다. 성장호르몬의 과다 분비는 **거인증**(gigantism)을 유발한다(그림 15.9). 거인증인 사람들은 종종 추가적인 건강 문제가 발생하는데, 이는 주로 성장호르몬이 이차적으로 혈당 수치에 영향을 미쳐 **당뇨병**(diabetes mellitus)을 촉발하기 때문이다(15.5절 참고).

간혹 성장호르몬은 성인에서도 과다하게 분비되어 **말단비대증**(acromegaly)을 초래한다. 성인에서는 긴 뼈의 성장이 불가능하여 말단비대증은 발, 손, 얼굴(특히 턱, 코, 눈썹 융기)이 지나치게 커지게 된다(그림 15.10).

그림 15.9 사람의 키에 영향을 주는 성장호르몬.
성장호르몬의 과다 분비는 거인증을 유발할 수 있다.
Xinhua News/Li Xin Xinhua/AP Images

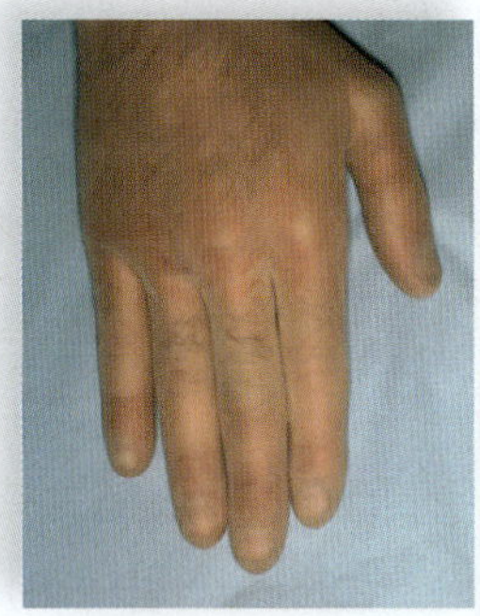

정상인의 손

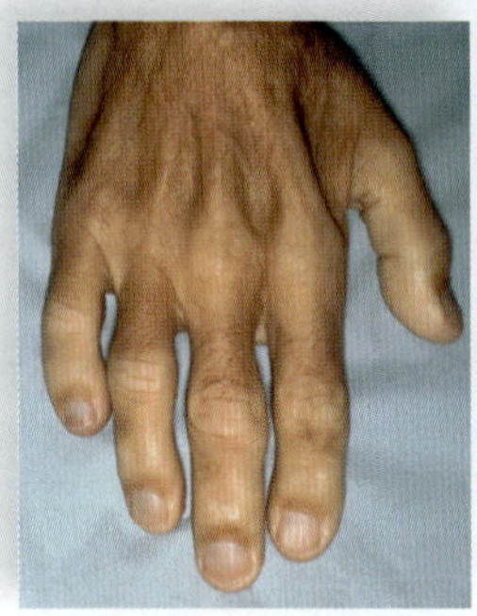

말단비대증 환자의 손

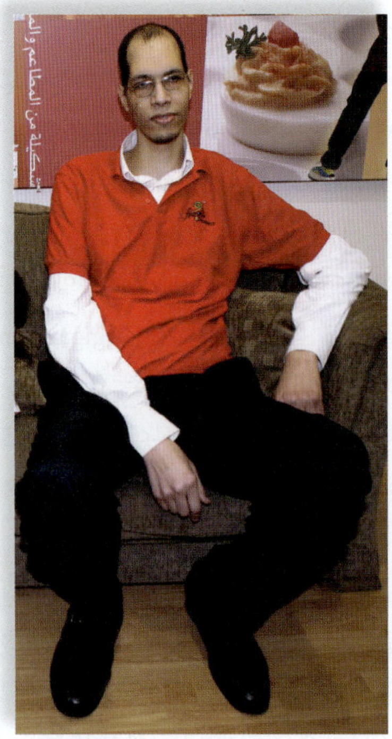

그림 15.10 성인에서 성장호르몬의 과다 분비는 말단비대증을 유발할 수 있다. 말단비대증은 성인에서 성장호르몬의 과다 분비로 유발되며 얼굴, 손가락, 발가락이 나이가 들수록 비대해진다.

(두 손): Bob Tapper/Medical Images/DIOMEDIA; (남성): Yasser Al-Zayyat/AFP/Getty Images

진도 점검하기 15.2

1. 내분비계통과 신경계통은 각각 어떤 방식으로 소통하는지 설명하시오.
2. 뇌하수체 뒤엽에서 생산되는 호르몬의 종류와 각 기능을 설명하시오.
3. 뇌하수체 앞엽에서 생산되는 호르몬의 종류와 각 기능을 설명하시오.

개념 연결하기

이 절에 제시된 호르몬에 대한 자세한 내용은 다음 논의를 참고하시오.

11.2절 성장호르몬이 뼈 성장에 미치는 영향을 살펴본다.

16.2절 남성의 정자세포 생산에서 뇌하수체 호르몬의 역할을 살펴본다.

16.4절 여성의 난소주기에서 뇌하수체 호르몬의 역할을 살펴본다.

15.3 갑상샘과 부갑상샘

학습 목표

이 절을 학습한 후 다음 사항을 할 수 있어야 한다.

1. 갑상샘과 부갑상샘에서 분비되는 호르몬의 종류와 기능을 설명할 수 있다.
2. 혈중 칼슘 항상성 유지를 위한 음성되먹임 기전을 설명할 수 있다.
3. 갑상샘 및 부갑상샘과 연관된 질병과 병적 상태를 설명할 수 있다.

갑상샘(thyroid gland)은 후두 아래쪽 기관에 붙어 있는 목 부위의 큰 샘이다(그림 15.1 참고). 부갑상샘은 갑상샘의 뒤쪽 표면에 존재한다.

갑상샘

갑상샘은 신체의 대사율을 조절하고 칼슘의 항상성을 유지한다. 갑상샘은 많은 수의 난포로 구성되어 있고, 요오드 원자 3개를 포함하는 **삼요오드티로닌**(triiodothyronine, T_3)과 4개를 포함하는 **티록신**(thyroxine, T_4)으로 채워진 갑상샘 세포로 구성되어 있다.

갑상샘호르몬의 작용

삼요오드티로닌(T_3)과 티록신(T_4)을 생산하기 위해 갑상샘은 요오드가 필요하다. 갑상샘 내 요오드 농도는 혈액의 요오드 농도보다 25배까지 높을 수 있다. 음식물 섭취 시 요오드가 부족하면 갑상샘은 갑상샘호르몬을 생산할 수 없다. 뇌하수체 앞엽에서 분비되는 갑상샘자극호르몬(TSH)에 의한 지속적인 자극은 갑상샘의 비대를 유발하여 **풍토성 갑상샘종**(endemic goiter)이 발생할 수 있다(그림 15.11a). 1920년대에는 요오드화염의 섭취가 갑상샘에서 갑상샘호르몬 생성을 촉진하여 갑상샘종을 예방한다는 사실이 밝혀졌다. 그러나 요오드 결핍증은 세계 여러 지역에서 여전히 흔하게 나타나며, 전 세계 약 20억 명이 여전히 일부 요오드 결핍 상태를 보인다.

갑상샘호르몬은 인체 내 대사율을 증가시키지만 특정한 표적기관이 없다. 대신에 갑상샘호르몬은 인체 내 모든 세포의 대사 속도를 증가시켜 포도당의 분해를 촉진하여 에너지를 생산한다.

만일 갑상샘이 정상적으로 발달하지 못하면 **선천성 갑상샘**

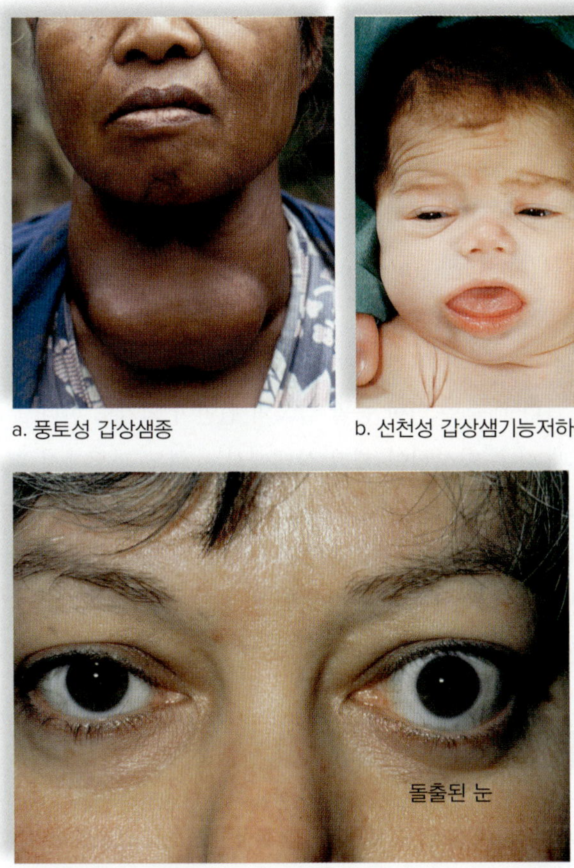

a. 풍토성 갑상샘종 b. 선천성 갑상샘기능저하증

c. 안구돌출갑상샘종

그림 15.11 풍토성 갑상샘종, 갑상샘기능저하증과 안구돌출갑상샘종. **a.** 비대한 갑상샘은 요오드가 부족한 식사로 발생할 수 있다. 요오드가 부족하면 갑상샘은 호르몬을 생성할 수 없고, 뇌하수체 앞엽에서 갑상샘자극호르몬이 계속 분비되어 갑상샘을 자극하기 때문에 비대해진다. **b.** 유아기 또는 아동기에 갑상샘기능저하증을 앓은 사람은 정상적인 성장과 발달을 하지 못한다. 조기에 치료하지 않으면 키가 작고 뚱뚱한 신체와 지적장애를 보일 수 있다. **c.** 안구돌출갑상샘종은 과활성된 갑상샘에 의해 발생하고, 안와 조직의 부종으로 안구가 돌출된다.

(a): Bruce Coleman/Avalon/Alamy Stock Photo; (b): Mediscan/Alamy Stock Photo; (c): Dr P. Marazzi/Science Source

기능저하증(congenital hypothyroidism)이 발생할 수 있다(그림 15.11b). 선천성 갑상샘기능저하증이 있는 사람은 키가 작고 비만하며 유아기 또는 아동기에 극심한 갑상샘기능저하증(갑상샘호르몬의 저분비)을 경험한다. 갑상샘호르몬 치료는 성장을 촉진할 수는 있지만, 생후 2개월 이내에 치료를 시작하지 않으면 지적장애를 초래하게 된다. 성인에서 갑상샘기능저하증이 발생하면 무기력, 체중 증가, 탈모, 느린 맥박, 체온 감소, 두껍고 부어 있는 피부 등의 특징을 보이는 **점액부종**(myxedema)이 발생할 수 있다. 이는 적절한 용량의 갑상샘호르몬 투여로 정상적인 인체 기능과 외형을 회복시킬 수 있다.

갑상샘기능항진증(hyperthyroidism, 갑상샘호르몬 과다 분비)은 갑상샘이 과하게 활성화되고 비대하여 갑상샘종을 형성하는 것이다. 이런 유형의 갑상샘종은 안구가 안와 조직의 부종 및 종창에 의해 돌출되는 **안구돌출갑상샘종**(exophthalmic goiter)이 발생한다(그림 15.11c). 환자는 대개 지나치게 활동적이며, 신경질적이고 민감하여 불면증을 경험한다. 이 경우 갑상샘의 일부를 수술적으로 제거하거나 방사성 요오드로 파괴하는 방법이 효과적일 때가 있다. 갑상샘기능항진증은 갑상샘 종양에 의해서도 발생할 수 있으며, 보통 신체검사 중에 우연히 발견된다. 이 경우도 마찬가지로 외과적 수술과 병행하여 방사성 요오드를 투여하여 치료하며, 대부분의 환자들에서 치료 예후는 성공적이다.

칼시토닌

칼슘 이온(Ca^{2+})은 신경 전도와 근육 수축에 중요한 역할을 하며, 혈액 응고를 위해서도 필수적이다. 혈중 칼슘 농도가 증가하면 갑상샘에서 분비되는 **칼시토닌**(calcitonin)에 의해 혈중 칼슘 농도가 부분적으로 조절된다(그림 15.12). 칼시토닌의 주요 효과는 뼈파괴세포의 수와 활동성을 일시적으로 감소시키고, 뼈에 칼슘을 축적하는 것이다. 혈중 칼슘 농도가 정상 수준으로 회복되면 갑상샘에서 칼시토닌의 분비는 억제된다.

부갑상샘

부갑상샘호르몬(parathyroid hormone, PTH)은 **부갑상샘**(parathyroid gland)에 의해 생성되며 혈중 칼슘 농도를 증가시킨다. 혈중 칼슘 농도가 감소하면 PTH의 분비가 증가하고, 이는 뼈파괴세포 활성을 촉진해 뼈에서 칼슘이 혈액으로 유리되도록 한다. PTH는 콩팥에서 칼시트리올(calcitriol)이라고 하는 비타민 D의 활성화 형태를 만들고, 이는 콩팥세관에서 칼슘의 재흡수를 촉진한다. 장에서의 칼슘 흡수도 칼시트리올에 의해 촉진된다. 이러한 효과들은 결과적으로 혈중 칼슘 농도를 정상 수준으로 회복시키며, 결과적으로 PTH의 분비는 멈추게 된다.

수년 전까지만 해도 4개의 부갑상샘은 크기가 작고 갑상샘의 뒤쪽에 있는 위치 때문에 갑상샘 수술 중에 실수로 제거하기도 하였다. 부갑상샘이 제거되면 PTH 분비가 부족하여 **부갑상샘기능저하증**(hypoparathyroidism)이 된다. 부갑상샘기능

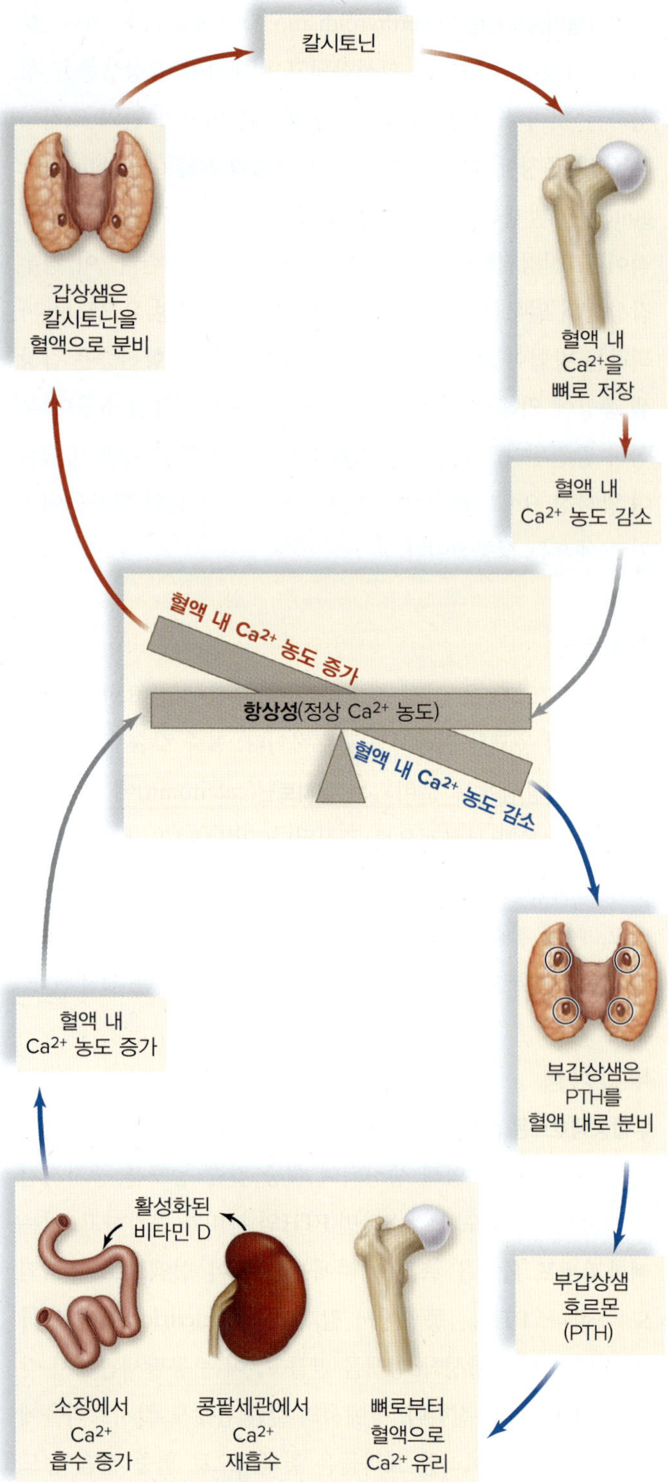

그림 15.12 혈중 칼슘 항상성.
위: 혈중 칼슘 농도가 증가하면 갑상샘은 칼시토닌을 분비한다. 칼시토닌은 뼈로의 칼슘 이온(Ca^{2+}) 흡수를 촉진하여 혈중 칼슘 농도를 감소시킨다. **아래:** 혈중 칼슘 농도가 감소하면 부갑상샘호르몬(PTH)이 분비된다. 부갑상샘호르몬은 뼈로부터 칼슘 이온의 유리를 촉진하고, 콩팥에서 칼슘 이온의 재흡수와 비타민 D 활성화, 그리고 장에서 칼슘 이온의 흡수를 증가시켜 혈중 칼슘 농도를 정상으로 회복시킨다.

저하증은 혈중 칼슘 농도가 급격하게 감소하고, 과도한 신경흥분성이 나타난다. 신경신호가 연속해서 발생하면 인체 근육의 연속적인 수축으로 몸에 경련이 일어나는 **강직**(tetany)이 나타난다. 이때 치료하지 않으면 심각한 부갑상샘기능저하증으로 발작 및 심장기능부전에 의해 죽음에 이를 수 있다.

부갑상샘기능항진증(hyperparathyroidism, PTH 과다 분비)을 치료하지 않으면 뼈에서 지속적으로 칼슘이 유리되어 골다공증이 발생한다. 부갑상샘기능항진증은 소변을 통한 칼슘이온의 과다 배출로 인한 콩팥 결석의 원인이 되기도 한다.

골절과 같은 항상성이 깨진 상태에서는 회복 과정에서 뼈파괴세포가 오래된 뼈를 파괴하고, 뼈모세포는 새로운 뼈를 생성한다. 부갑상샘호르몬, 칼시토닌, 비타민 D를 포함한 많은 인자가 새로운 뼈 형성에 관여한다. 골절 회복에 필요한 칼슘은 골절 부위에 새롭게 생성된 모세혈관을 통해 공급된다.

진도 점검하기 15.3

1. 갑상샘호르몬이 대사율에 어떤 영향을 주는지 설명하시오.
2. 칼시토닌과 부갑상샘호르몬에 의한 혈중 칼슘 농도 조절을 설명하시오.
3. 인체에 미치는 영향을 고려하여 갑상샘기능항진증과 부갑상샘기능항진증을 구별하시오.

개념 연결하기

칼슘의 중요성에 대한 자세한 내용은 다음 논의를 참고하시오.

11.5절 칼슘 항상성 조절에서 뼈의 역할을 살펴본다.

12.2절 근육 수축에서 칼슘 이온의 역할을 살펴본다.

13.1절 칼슘 이온이 어떤 방식으로 신경 시냅스 활성에 관여하는지 살펴본다.

15.4 부신

학습 목표

이 절을 학습한 후 다음 사항을 할 수 있어야 한다.

1. 부신겉질과 속질에서 분비되는 호르몬의 종류와 기능을 설명할 수 있다.
2. 스트레스 반응에 관여하는 부신겉질 호르몬의 역할을 설명할 수 있다.
3. 광물코르티코이드와 글루코코르티코이드 호르몬을 구별하여 설명할 수 있다.

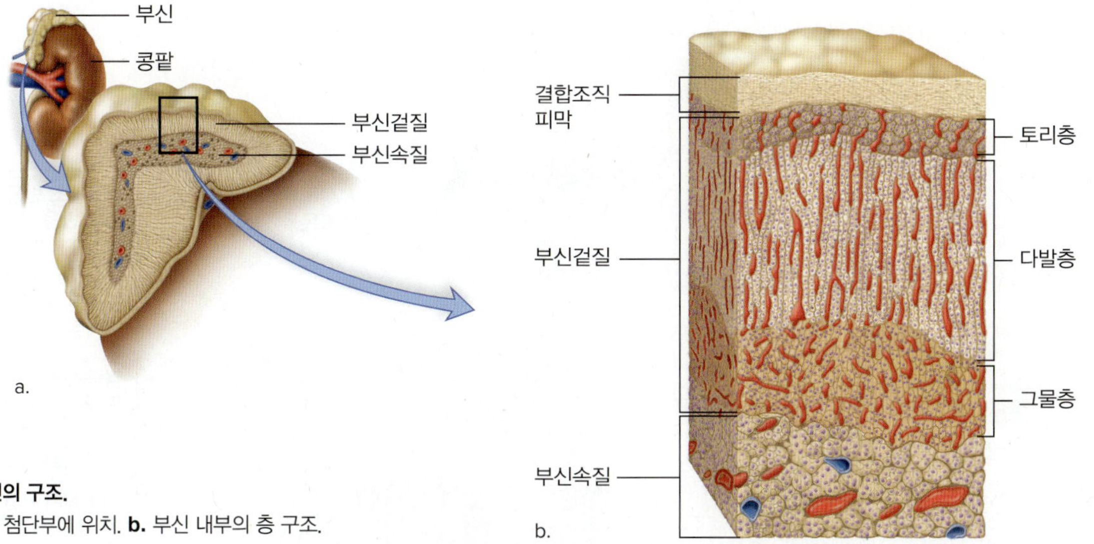

그림 15.13 부신의 구조.
a. 부신은 콩팥의 첨단부에 위치. **b.** 부신 내부의 층 구조.

부신(adrenal gland)은 콩팥의 바로 위에 위치한다(그림 15.1 참고). 부신은 **부신속질**(adrenal medulla)이라는 안쪽 부분과 **부신겉질**(adrenal cortex)이라는 바깥쪽 부분으로 구성된다(그림 15.13). 부신겉질과 속질은 뇌하수체 앞엽과 뒤엽처럼 기능적으로 별개인 내분비샘이다. 부신속질은 신경 지배를 받는 반면에, 부신겉질은 시상하부의 부신겉질자극호르몬 분비호르몬(corticotropin-releasing hormone, CRH)과 뇌하수체 호르몬인 부신겉질자극호르몬(ACTH)에 의해 조절된다. 감정적, 신체적 손상을 포함한 모든 종류의 스트레스는 시상하부를 자극하여 부신겉질의 호르몬 분비를 촉진한다.

부신속질

시상하부에서 시작된 신경신호가 뇌줄기, 척수, 신경절 이전 교감신경 섬유를 통해 부신속질에서 호르몬 분비를 촉진한다. 부신속질의 세포는 변형된 신경절후 뉴런으로 추측된다.

부신속질에서 분비되는 **에피네프린**(epinephrine, adrenaline)과 **노르에피네프린**(norepinephrine, noradrenaline)은 긴급 상황에서 싸움-도망 방법으로 대응할 수 있도록 빠르게 인체의 변화를 유발한다. 이러한 호르몬은 스트레스에 대한 단기 반응 효과를 나타낸다(그림 15.14a).

부신겉질

부신겉질은 토리층, 다발층, 그물층의 세 부분으로 나뉜다(그림 15.13b). 부신속질로부터 분비되는 호르몬과는 반대로 부신겉질에서 분비되는 호르몬은 스트레스에 대한 장기 반응을 나타낸다(그림 15.14b). 부신겉질에서 분비되는 두 가지 주요 호르몬은 글루코코르티코이드와 광물코르티코이드가 있다. 또한 부신겉질은 적은 양이지만 남성 및 여성의 성호르몬을 분비한다.

글루코코르티코이드

ACTH에 의해 분비가 조절되는 **글루코코르티코이드**(glucocorticoid)는 탄수화물, 단백질, 지방의 대사를 조절한다. 부신겉질에서 분비되는 글루코코르티코이드 중 **코르티솔**(cortisol)은 스트레스 반응과 손상된 조직의 회복 과정에 주요하게 작용한다. 글루코코르티코이드는 다음 두 가지 방법으로 혈당을 높이는 작용을 한다. (1) 글루코코르티코이드는 근육 단백질을 아미노산으로 분해하여 혈액을 통해 간으로 보낸다. 간은 과량의 아미노산으로부터 포도당을 합성하여 다시 혈액으로 보낸다. (2) 글루코코르티코이드는 탄수화물보다는 지방산의 대사를 촉진하여 포도당의 사용을 줄이고, 혈당을 높은 상태로 유지한다.

글루코코르티코이드는 붓고 통증을 유발하는 염증반응을 억제한다. 혈액의 글루코코르티코이드 수치가 매우 높으면 감염 부위에서 발생하는 염증반응을 포함한 인체의 방어 기전이 억제된다. 코르티손(cortisone)이나 다른 글루코코르티코이드는 염증으로 인한 통증이나 부기를 완화할 수 있지만, 투약 시 인체를 감염과 상처에 취약하게 만들 수도 있다.

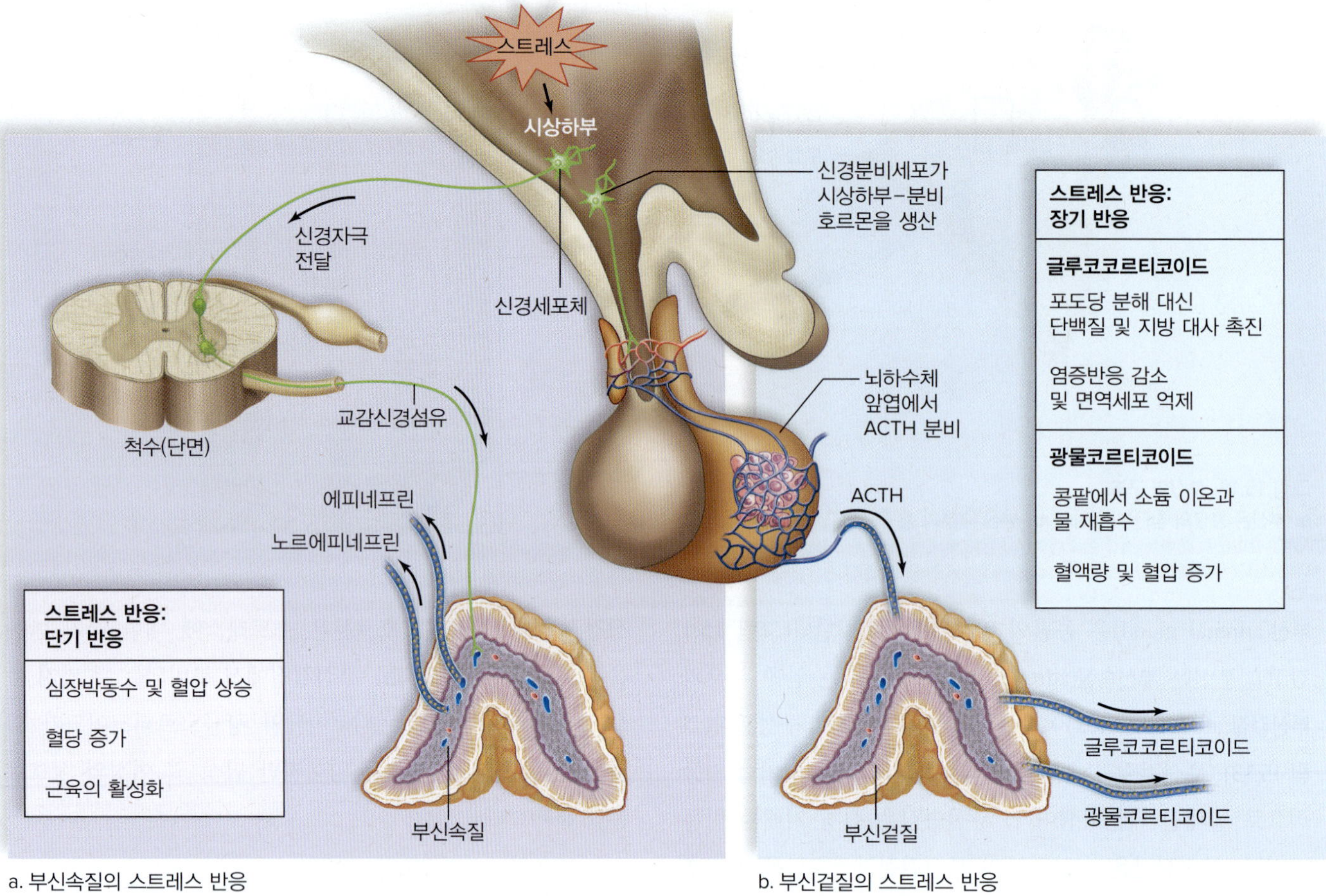

그림 15.14 스트레스에 대한 부신속질과 부신겉질의 반응.
부신겉질과 속질은 스트레스에 반응할 때 시상하부의 조절을 받는다. **a.** 신경 자극은 부신속질의 스트레스에 대한 빠른 단기 반응을 유발한다. **b.** 부신겉질은 느리고 장기적인 스트레스 반응을 제공한다. ACTH는 부신겉질에서 글루코코르티코이드 분비를 유도하고, 독립적으로 부신겉질은 광물코르티코이드를 분비한다.

광물코르티코이드

부신겉질의 토리층에서 생산되는 **광물코르티코이드**(mineralocorticoid)는 인체의 전해질 균형을 조절한다. 광물코르티코이드 중 가장 중요한 호르몬은 **알도스테론**(aldosterone)으로 콩팥세뇨관에서 Na^+의 재흡수와 K^+의 배설을 촉진하는 작용을 한다.

광물코르티코이드의 분비는 뇌하수체 앞엽에 의해 조절되지 않는다. 혈중 소듐(나트륨) 수치 및 혈압이 감소하면 콩팥은 **레닌**(renin)을 분비한다(그림 15.15). 레닌은 효소 작용으로 혈장단백질인 안지오텐시노겐을 안지오텐신 I으로 전환하고, 안지오텐신 I은 폐모세혈관의 안지오텐신 전환효소(angiotensin-converting enzyme, ACE)에 의해 안지오텐신 II로 전환된다. 안지오텐신 II는 부신겉질로부터 알도스테론의 분비를 촉진한다. 레닌-안지오텐신-알도스테론이라 하는 이 체계는 안지오텐신 II에 의한 세동맥 수축과 알도스테론에 의한 콩팥에서 소듐 재흡수 촉진이라는 두 가지 방법으로 혈압을 높인다. 혈중 소듐 수치가 높아지고, 부분적으로 시상하부에서 분비되는 항이뇨호르몬(ADH)에 의해 물이 재흡수된다(15.2절 참고). 재흡수는 콩팥세뇨관에서 혈액으로 물이 흡수되는 것을 나타낸다. 이로써 혈압은 정상으로 회복된다.

앞서 혈압을 유지하는 데 콩팥이 어떤 역할을 하는지 배웠다(10.4절 참고). 소듐의 재흡수로 혈압이 상승하면 심장의 심방이 확장된다. 혈액량이 크게 증가하면 심방근육은 심방소듐이뇨호르몬(atrial natriuretic hormone, ANH)을 분비하고, 이는 부신겉질에서 알도스테론의 분비를 억제한다. 심장이 호르몬을 분비하는 여러 기관 중 하나지만, 심장의 주요 기능이 아니기 때문에 그림 15.1에서 심장을 내분비 기관에 포함시키지는 않는다. ANH는 **소듐 이뇨**(natriuresis)를 유발하여 소듐 이

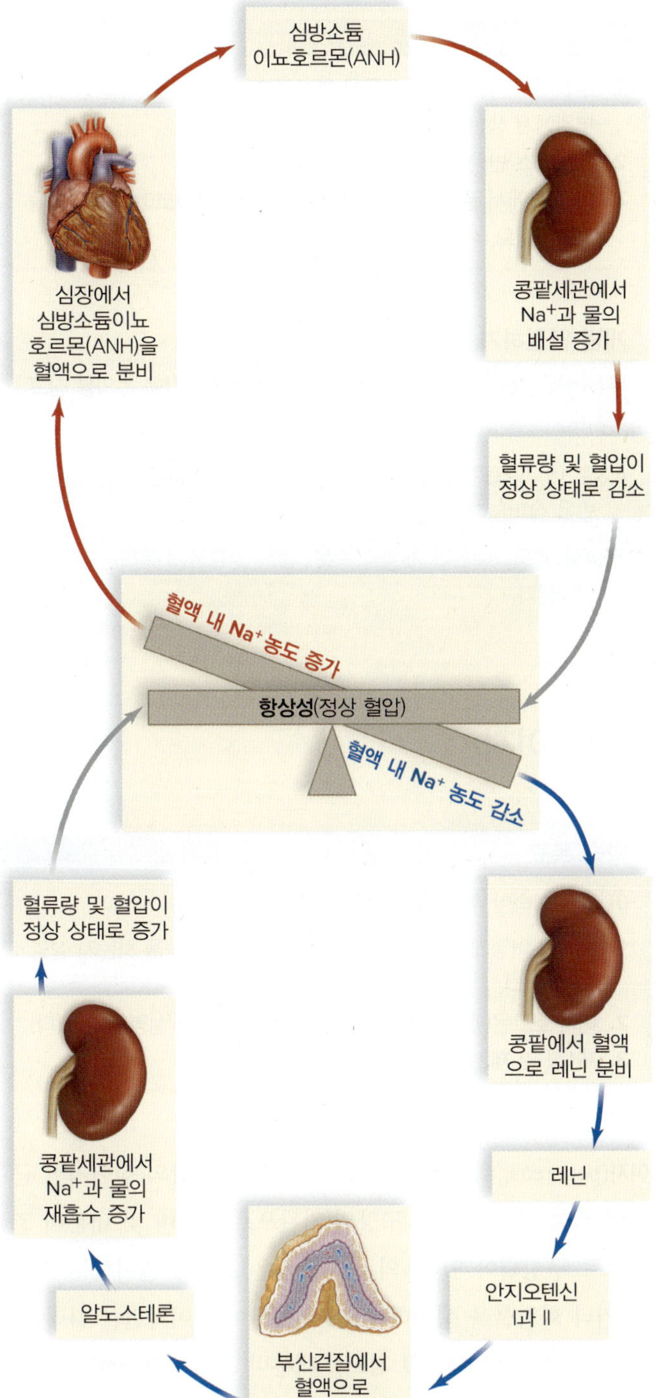

그림 15.15 호르몬에 의한 혈압 조절.
아래: 혈중 소듐 수치가 감소하면 혈압은 낮아지고 콩팥에서 레닌을 분비한다. 레닌은 부신겉질에서 알도스테론의 분비를 촉진한다. 알도스테론은 콩팥에서 소듐 이온과 물의 재흡수를 촉진하여 혈액량과 혈압을 정상 수치로 회복시킨다. **위:** 혈중 소듐 수치가 증가하면 혈액량이 증가하고, 이는 심방의 확장을 유발하여 심방근육에서 심방소듐이뇨호르몬(ANH)의 분비를 촉진한다. ANH는 콩팥에서 소듐과 물의 배설을 촉진하여 혈압을 정상 수치로 낮추는 작용을 한다.

온의 배설을 촉진하고, 이는 물의 배설을 동반하여 혈압을 낮추는 작용을 한다.

성 스테로이드

부신겉질에서는 적은 양이지만 **생식샘코르티코이드**(gonadocorticoid)라 하는 성호르몬을 분비한다. 남성호르몬인 **안드로겐**(androgen)과 여성호르몬인 에스트로겐(estrogen)이 생식샘코르티코이드에 해당한다. 대표적인 안드로겐은 주요 남성호르몬인 **테스토스테론**(testosterone)의 전구체인 **디하이드로에피안드로스테론**(dehydroepiandrosterone, DHEA)이다. DHEA는 사춘기 이후에 남성에게 활성화되어 작용하지만, 남성과 여성에서 모두 성 발달에 관여한다. 더불어 부신겉질에서는 적은 양이지만 **에스트로겐**(estrogen)의 한 형태인 **에스트라디올**(estradiol)을 생산한다. 여성에서 대부분의 에스트로겐은 난소에서 생산되지만, 부신겉질에서 생산되는 적은 양의 에스트라디올은 사춘기 골격 성장과 뼈 질량을 조절하는 데 중요한 역할을 한다.

부신겉질의 기능장애

글루코코르티코이드의 분비 저하로 혈중 농도가 낮을 경우 **애디슨병**(Addison's disease)이 유발된다. 혈중 글루코코르티코이드 농도가 낮을 경우 음성되먹임이 억제되어 뇌하수체 앞엽에서 ACTH 분비가 계속되면 MSH처럼 멜라닌 생성을 촉진하는 작용을 하는 과량의 ACTH에 의해 피부가 갈색으로 변화한다(그림 15.16). 글루코코르티코이드가 없을 경우 스트레스 상황에서 포도당의 공급이 제한되고, 경증 감염 시에도 사망에 이를 수 있다. 어떤 경우에는 알도스테론의 분비 저하로 소듐과 물의 배설이 증가하여 혈압이 낮아지고 심각한 탈수가 초래되기도 한다. 애디슨병은 방치하면 치명적일 수 있다.

과도한 수준의 글루코코르티코이드는 **쿠싱증후군**(Cushing's syndrome)을 일으킨다(그림 15.17). 이 질환은 뇌하수체에 영향을 주어 과도한 ACTH가 분비되거나 부신겉질 자체에 영향을 미치는 종양에 의해 발생한다. 그러나 가장 흔한 원인은 다른 질환(만성 염증 억제)을 치료하기 위해 글루코코르티코이드를 만성적으로 투여하는 것이다. 원인과 관계없이 과도한 글루코코르티코이드는 근육 단백질을 대사시키고 복부에 피하 지방의 축적을 유발한다. 여성에게서 부신 유래의 남성호

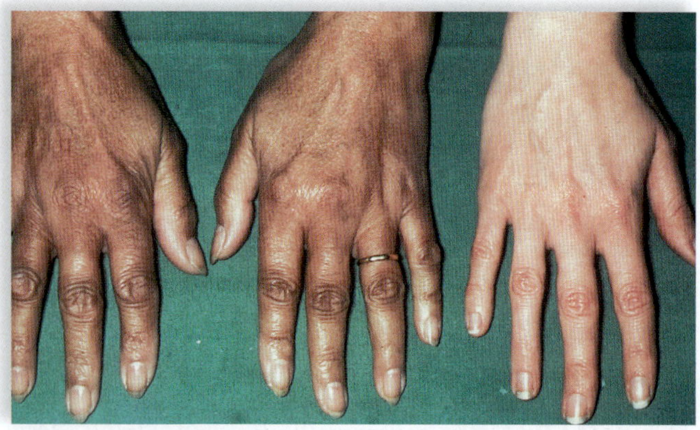

그림 15.16 애디슨병.
애디슨병은 햇빛에 노출되지 않아도 전체 피부가 갈색으로 변화하는 증상이 나타난다. 왼쪽 및 중앙에 있는 손과 오른쪽(정상)에 있는 손의 색깔을 비교해 보자.
BSIP/Science Source

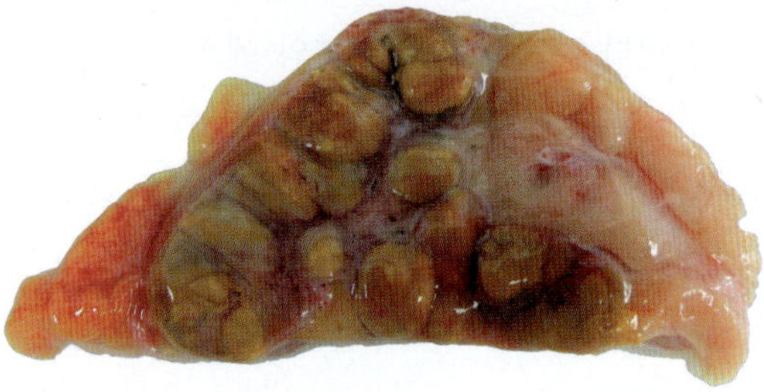

a.

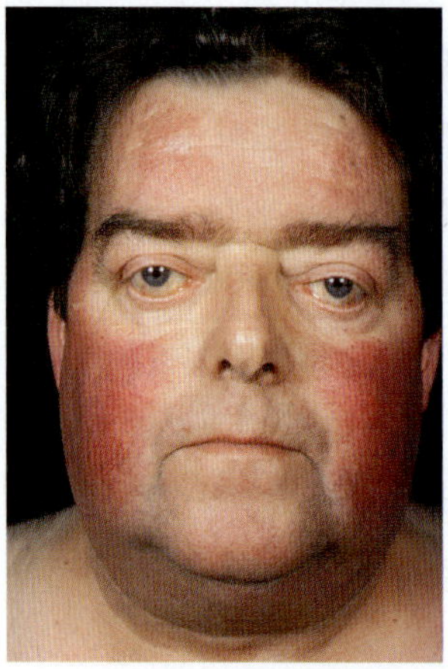

b.

그림 15.17 쿠싱증후군.
a. 부신 과형성과 관련된 종양은 쿠싱증후군을 일으킨다. **b.** 쿠싱증후군의 전형적인 모습을 보여주는 남성.
(a): Dennis K. Burns, MD/Travis G. Brown, MD/Walter L. Kemp, MD/McGraw Hill; (b): Biophoto Associates/Science Source

르몬이 과도하게 생산되면 체모가 증가하고, 목소리가 굵어지며, 수염이 자라는 남성화(masculinization)가 나타난다. 원인에 따라 쿠싱증후군의 치료는 코르티손 섭취량의 신중한 감소, 코르티솔 억제 약물의 사용 또는 뇌하수체나 부신 종양을 제거하는 수술이 있다.

진도 점검하기 15.4

1. 부신에서 생산되는 호르몬을 열거하고, 부신겉질과 속질 중 어떤 부위에서 생산되었는지 구분하여 설명하시오.
2. 스트레스 반응에서 부신의 역할을 설명하시오.
3. 인체 내에서 글루코코르티코이드와 광물코르티코이드의 작용을 비교하시오.

개념 연결하기

부신에서 생산되는 호르몬에 대한 자세한 내용은 다음 논의를 참고하시오.

4.3절 에피네프린과 노르에피네프린이 심장박동수를 조절하는 방법을 살펴본다.

10.4절 알도스테론이 체액의 수분-염분 균형을 조절하는 방법을 살펴본다.

15.5 이자

학습 목표

이 절을 학습한 후 다음 사항을 할 수 있어야 한다.

1. 이자가 어떻게 내분비샘 및 외분비샘으로서 기능을 하는지 설명할 수 있다.
2. 이자 호르몬에 의한 포도당 항상성(혈당) 조절을 설명할 수 있다.
3. 제1형 및 제2형 당뇨병을 구분할 수 있다.

이자(pancreas, 췌장)는 위 뒤쪽의 복부와 소장의 십이지장 근처에 걸쳐 있는 물고기 모양의 기관으로 외분비 및 내분비 조직으로 구성되어 있다. 외분비 조직은 소화에 관여하는 효소와 기타 화합물을 생산하여 분비하고, 이는 이자관을 따라 소장 내로 전달된다(8.4절 참고). 내분비 조직은 **이자섬**[pancreatic islet, 랑게르한스(Langerhans)섬]이라고 하며, **그림 15.18**에서 알 수 있듯이 각 이자섬은 외분비 조직으로 둘러싸여 있다. 이자섬은 기관의 내분비 기능에 중요한 역할을 하는 다양한 유형의 세포로 구성된다. A세포는 글루카곤의 분비를 담당하는 반면, B세포(면역계통의 B세포와 혼동하지 말 것)는 인슐린을 분비한다. 세 번째 세포 유형인 D세포는 소화 과정을 조절하기 위해 인슐린과 동시에 분비되는 호르몬인 소마토스타틴을 분비한다.

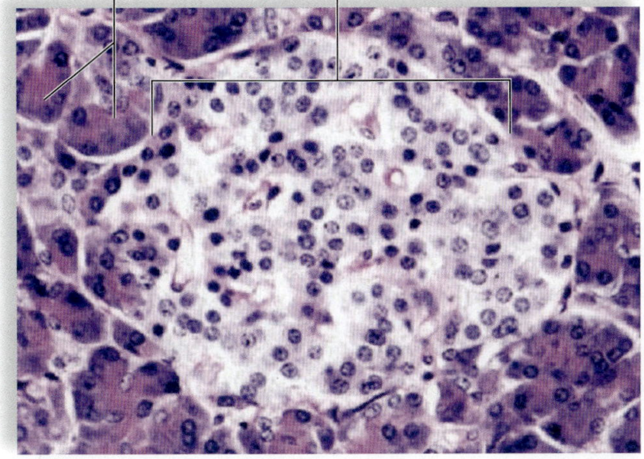

그림 15.18 이자의 내분비 및 외분비 조직.
광학현미경 사진은 이자가 두 가지 형태의 세포로 구성된 모습을 보여준다. 외분비샘은 소화액을 생산하고, 내분비샘은 인슐린과 글루카곤 호르몬을 생산한다.
Victor P. Eroschenko

다른 내분비 기관과는 다르게 이자는 뇌하수체의 조절을 받지 않고 혈당의 변화에 직접 반응한다. 식사 후 혈당 수치가 높아지면 B세포는 **인슐린**(insulin)을 분비한다. 인슐린은 간세포, 근육세포, 지방조직세포로 포도당의 흡수를 촉진한다. 간세포 및 근육세포에서 포도당은 글리코겐으로 저장된다. 근육세포에서 포도당은 근육 수축을 위한 에너지를 제공하고, 지방세포 내로 유입된 포도당은 지방 합성을 위한 글리세롤을 공급한다. 이처럼 인슐린은 다양한 방법으로 혈당을 낮춘다(**그림 15.19 위**).

식사 시간 사이에 혈당이 낮을 때 이자의 A세포에서 **글루카곤**(glucagon)이 분비된다. 글루카곤의 주요 표적조직은 간과 지방조직이다. 글루카곤은 간에서 글리코겐을 포도당으로 분해하고, 포도당 대신 지방과 단백질을 에너지원으로 사용하도록 한다. 지방조직세포가 지방을 글리세롤과 지방산으로 분해하면 간은 이를 흡수하여 포도당 합성에 이용한다. 이와 같은 방법으로 글루카곤은 혈당 수치를 높인다(**그림 15.19 아래**).

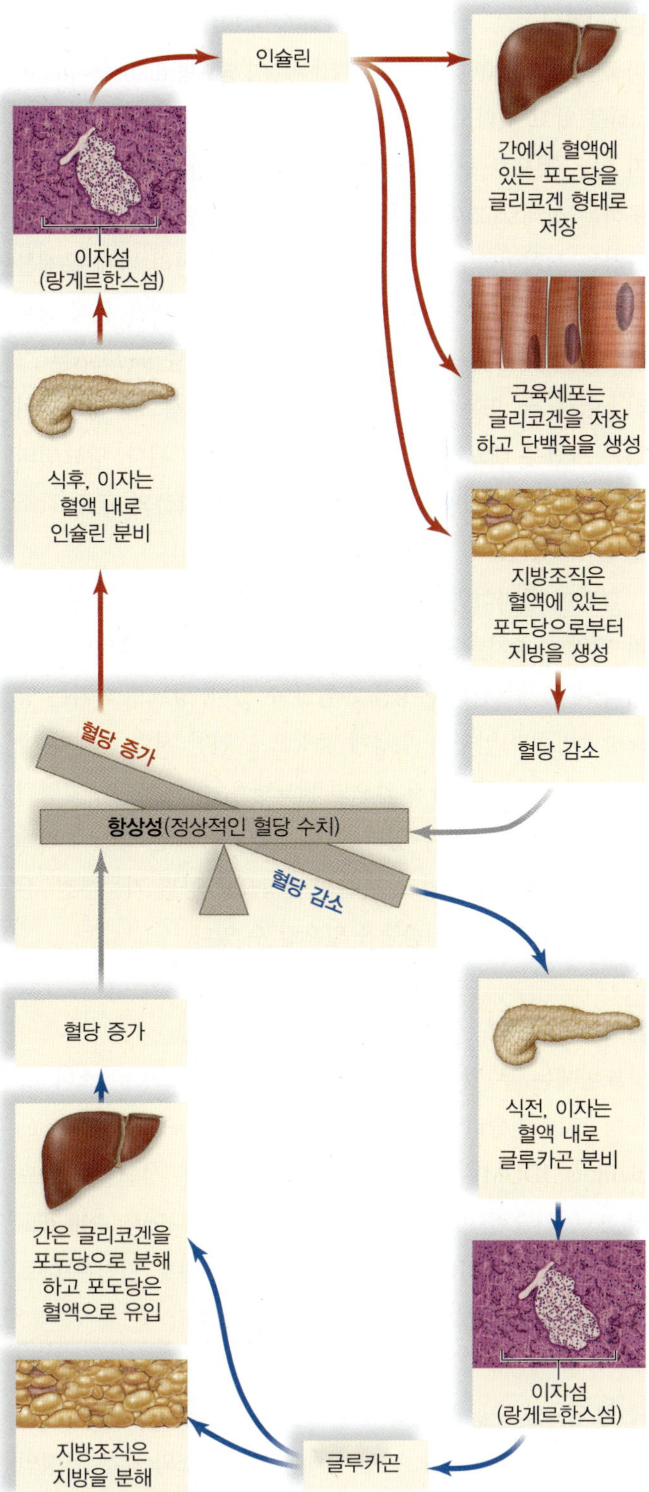

그림 15.19 혈당의 항상성 조절.
위: 혈당이 높을 때 이자는 인슐린을 분비한다. 인슐린은 포도당을 글리코겐 형태로 저장하고, 단백질과 지방을 합성함으로써 혈당을 낮춘다. **아래:** 혈당이 낮을 때 이자는 글루카곤을 분비한다. 글루카곤은 인슐린과 반대로 작용하여 혈당을 정상 수준으로 높인다.

당뇨병

미국인 중 3,200만 명(인구의 10.4%)이 **당뇨병**(diabetes mellitus)을 앓고 있다고 추정된다. 이들 중 800만 명은 진단을 받지 않은 것으로 보인다. 당뇨병은 혈당의 항상성을 조절하지 못하는 상태로(그림 15.19), 결과적으로 혈당이 과도하게 증가하는 질환이다. 당뇨병은 인체 항상성에 여러 가지 문제를 일으킨다. 혈당이 증가하면 포도당 및 물이 소변을 통해 배설된다. 당뇨병(diabetes mellitus)이라는 단어 중 *mellitus*는 그리스어로 '꿀' 또는 '달다'라는 의미이다. 결과적으로 당뇨병이 있는 사람은 배뇨가 잦아지고 갈증을 느끼게 된다. 당뇨병의 다른 증상으로는 피로감 및 비정상적인 배고픔과 체중 감소를 들 수 있다.

혈당이 증가하면 삼투 현상에 의해 물의 잔류량을 증가시켜 혈압이 증가하고, 결과적으로 콩팥, 눈, 순환계통의 다른 지역 내 모세혈관의 손상을 유발할 수 있다. 당뇨병 환자는 당뇨망막병증과 안구의 수정체 종창으로 인한 시력 문제가 발생할 수 있다. 치료하지 않으면 당뇨병은 중증화되고, 치명적인 합병증이 동반될 수 있다. 이는 치유되지 않는 상처 부위에 심각한 감염이 동반되고, 혈관의 손상으로 콩팥 기능부전, 신경 손상, 심장마비, 뇌졸중을 일으킬 수 있다.

당뇨병의 유형

당뇨병에는 두 가지 유형이 있다. 제1형 당뇨병은 소아 당뇨병 또는 인슐린 의존성 당뇨병(insulin-dependent diabetes mellitus, IDDM)이라고 하고, 제2형 당뇨병은 성인발병 당뇨병 또는 인슐린 비의존성 당뇨병(non-insulin-dependent diabetes mellitus, NIDDM)이다. 당뇨병의 유형별 원인은 다르지만, 아동 또는 성인에게서 발생할 수 있다.

제1형 당뇨병 제1형 당뇨병에서는 이자가 충분한 양의 인슐린을 생산하지 못한다. 이런 상태는 바이러스와 같은 환경인자에 노출되어 세포독성 T세포가 자가면역반응으로 이자섬을 파괴하기 때문에 주로 발생한다(6.5절 참고). 인체는 에너지원을 지방 대사에 의존하게 되어 혈중 케톤체가 축적되는 **케톤산증**(ketoacidosis)이 발생하고, 심한 경우 혼수 또는 사망에 이를 수 있다.

제1형 당뇨병 환자는 매일 인슐린 주사를 맞아야 한다. 이 주사는 당뇨 증상을 조절해 주기는 하지만 혈당 수치가 저혈당(hypoglycemia)과 고혈당(hyperglycemia)을 오가기 때문에 여전히 문제점이 발생할 수 있다. 저혈당과 고혈당의 증상이 유사하기 때문에 혈당 수치를 검사하지 않으면 어느 상태인지 확신할 수 없다. 저혈당 및 고혈당은 발한, 창백한 피부, 얕은 호흡, 불안 증상을 보이고, 증상이 나타날 때 혈당 수치를 정상으로 되돌리는 데 주력해야 한다. 만일 저혈당의 문제라면 포도당 정제약을 1~2알 섭취하거나 사탕이나 오렌지 주스를 마시는 방법으로 증상을 완화할 수 있다. 고혈당의 문제라면 인슐린을 투여하는 방법이 있다. 혈당을 조절하는 더 좋은 방법은 피부 아래에 플라스틱 카테터를 삽관하여 몸 밖에 착용하는 인슐린 펌프를 이용하는 것이다.

당뇨병은 흔한 질병이기 때문에 많은 연구자가 치료를 위한 더욱 효과적인 방법을 개발하기 위해 노력하고 있다. 최근에 혈당을 실시간으로 감지하여 인슐린을 투여하는 인공 이자의 개발이 진전되고 있다. 또한 제1형 당뇨병 환자에 다른 사람의 이자를 이식하거나 태아의 이자섬 세포를 이식하는 방법도 가능하다. 또 다른 방법은 이종간이식으로, 돼지와 같은 다른 종의 인슐린 생산 이자섬 세포를 인체 내 면역체계가 외래 물질로 인식하여 공격하지 못하도록 캡슐에 싸서 인슐린을 분비하도록 하는 방법이다. 마지막으로, 연구자들은 T세포의 면역반응을 억제하여 이자섬에 대한 면역 공격을 차단할 수 있는 백신을 시험하는 단계에 이르렀다.

제2형 당뇨병 당뇨병을 앓고 있는 성인의 대부분은 제2형 당뇨병을 앓고 있다. 종종 환자는 과체중이거나 비만이고, 지방조직은 인슐린 수용체의 기능을 손상하는 물질을 생산한다. 그러나 제2형 당뇨병이 특정 가족이나 심지어 민족 집단에서 더 자주 발생하는 경향에서 볼 수 있듯이 복잡한 유전적 요인이 관련될 수 있다. 예를 들어 이 질환은 히스패닉이 아닌 백인보다 아프리카계 미국인에서 77% 더 흔하게 발생한다.

일반적으로 인슐린이 세포막 수용체에 결합하면 포도당에 대한 단백질 운반체의 수가 증가하여 더 많은 포도당이 세포로 유입된다. 제2형 당뇨병 환자의 경우 인슐린은 정상적으로 수용체에 결합하지만, 포도당 운반체의 수는 증가하지 않는다. 따라서 이런 상태의 세포는 인슐린 저항성을 가지고 있다고 한다.

저지방 및 저당 식이요법을 고수하고, 규칙적인 운동을 통해 제2형 당뇨병을 예방하거나 최소한 조절할 수 있지만, 이 방법이 실패하면 이자가 인슐린을 더 많이 분비하도록 자극하고 간과 근육세포에서 포도당의 대사를 증가시키는 경구약을 사용할 수 있다. 수백만 명의 미국인이 자각하지 못하고 제2형 당뇨병을 앓고 있고, 치료하지 않은 제2형 당뇨병은 제1형 당뇨병에 못지않게 심각한 영향을 미칠 수 있다.

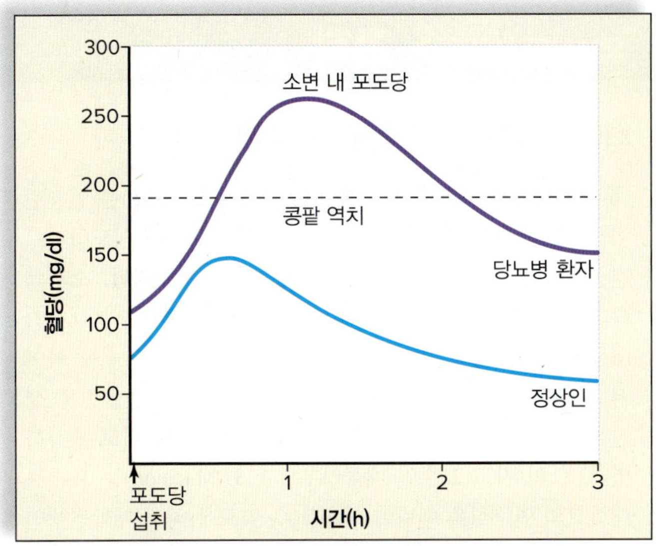

그림 15.20 당뇨 진단을 위한 경구 포도당 내성 검사. 100 g 포도당을 섭취한 후 당뇨병 환자에서는 혈당이 급격하게 증가하고 소변으로 포도당이 검출된다. 또한 적어도 2시간 동안 혈당이 200 mg/dl 이상으로 유지된다.

생활 속의 생물학

임신성 당뇨병은 무엇이고, 어떤 원인으로 발생하는가?

임신 전에는 당뇨병이 없었지만 임신 중에 혈당이 높아진 여성은 임신성 당뇨병(gestational diabetes)이 발생한 것이다. 임신성 당뇨병은 임신한 여성의 소수에서 발생한다. 이러한 형태의 당뇨병은 인슐린 저항성에 의해 발생하는데, 인체 인슐린 농도는 정상이지만 세포가 정상적으로 반응하지 못하는 상태다. 임신성 당뇨병과 인슐린 저항성은 일반적으로 임신 후반기에 발생한다. 신중하게 계획된 식사와 운동은 임신성 당뇨병을 조절하지만, 인슐린 주사가 필요할 수도 있다.

만일 임신성 당뇨병을 치료하지 않으면 많은 양의 포도당이 태반을 가로질러 태아에게 전달되며 태아의 고혈당을 유발할 수 있다. 태아에서 여분의 에너지가 지방으로 저장되면 평균적인 체중보다 더 커지는 거대아가 될 수 있다. 거대아의 분만은 태아와 모체 모두에게 위험할 수 있으므로 제왕절개 수술이 필요할 수 있고, 출생 후 합병증이 흔하게 발생한다. 더욱이 아이가 비만이 되어 제2형 당뇨병이 발병할 위험성이 더 크다.

임신성 당뇨병은 아이가 태어난 후에 일반적으로 사라진다. 그러나 임신성 당뇨병을 경험한 여성은 나중에 임신했을 때 또다시 발병할 가능성이 더 크며, 나중에 제2형 당뇨병이 발병하는 경향이 있다.

생활 속의 생물학

인슐린 주사의 대체 방법이 있는가?

최근까지 당뇨병 환자는 인슐린을 공급받기 위해 대개 인슐린 펌프나 주사에 의존해야 했다. 하지만 미국식품의약국(FDA)은 인슐린을 전달하는 방법으로 인슐린 흡입기를 승인했다. 흡입기는 폐 속으로 인슐린 건조 분말을 전달하고, 폐 속에서 혈류로 흡수된다. 인슐린 흡입기는 인슐린 주사를 대체하도록 설계된 것이 아니라 식사 시간에 소량의 인슐린을 투여할 목적으로 고안되었다.

당뇨 검사

경구 포도당 내성 검사로 당뇨병을 진단할 수 있다. 피험자에게 100 g의 포도당을 섭취하게 한 후 일정한 간격으로 혈당을 측정한다. 당뇨병이 있는 사람은 혈당이 급격히 증가한 후 수 시간 동안 지속되며(그림 15.20), 소변에서 포도당이 검출된다. 정상적인 사람에게서는 혈당 수치가 다소 증가하지만 2시간 이내에 정상으로 돌아온다.

진도 점검하기 15.5

1. 이자의 외분비샘 및 내분비샘 기능을 구별하시오.
2. 이자 호르몬의 작용에 의한 혈당 조절 기전을 설명하시오.
3. 제1형 및 제2형 당뇨병에서 이자의 기능이 어떻게 다른지 설명하시오.

개념 연결하기

당뇨병의 다양한 형태에 대한 자세한 내용은 다음 논의를 참고하시오.

3.8절 혈당의 항상성을 조절하는 되먹임 기전을 살펴본다.

8.6절 비만을 판단하고 당뇨병의 위험성 지표로 사용하는 체질량 지수(BMI)를 살펴본다.

10.3절 비뇨계통에서 당뇨병의 영향을 살펴본다.

오늘날의 생물학 ▶ 과학

화학 전령체로서 인슐린 발견

캐나다 의학자인 프레더릭 밴팅(Frederick Banting)은 인슐린이 화학 전령체라는 사실을 밝히기 위해 분리를 시도하기로 결심하였다. 이전의 연구자들이 이를 시도하였지만, 소화액 속의 많은 효소가 분리 과정에서 단백질인 인슐린을 분해하기 때문에 실패하였다. 밴팅은 이전의 연구로부터 이자관을 묶어서 막으면 소화액을 분비하는 세포만 파괴되고 인슐린을 생산하는 이자섬(랑게르한스섬)은 영향을 받지 않는다고 생각하였다. 그의 지도 교수인 매클라우드(J. J. Macleod)는 토론토 대학교의 연구실을 밴팅이 사용할 수 있도록 하고 대학원생인 찰스 베스트(Charles Best)에게 그를 돕도록 하였다.

밴팅과 베스트는 한정된 연구기금으로 여름 내내 연구실에서 먹고 자며 연구를 수행하였다. 여름이 끝날 무렵 당뇨병이 있는 개의 혈당을 낮추는 이자 추출물을 획득할 수 있었다. 매클라우드는 생화학자에게 이 추출물을 정제하도록 하였다. 1922년 인간 환자를 대상으로 인슐린 치료가 시작되었고, 이때는 돼지와 소로부터 대량으로 인슐린을 정제하여 사용하였다. 밴팅과 베스트가 수행했던 실험 체계는 표 15A에서 확인할 수 있다.

인슐린의 발견으로 밴팅과 매클라우드는 1923년에 노벨생리의학상을 수상하였다. 인슐린의 아미노산 서열은 1953년에 밝혀졌다. 인슐린은 현재 재조합 DNA 기술을 활용하여 대장균(*Escherichia coli*)과 같은 세균을 이용하여 생산한다. 합성 인슐린(그림 15A)이라고 하는 재조합 인슐린은 전 세계적으로 당뇨병 환자의 건강 증진에 중요한 역할을 하고 있다.

표 15A 밴팅과 베스트가 활용한 실험 체계

실험 과정	실험 결과
1. 물질의 출처 확인	이자섬
2. 물질의 생리적 효과 확인	혈당을 낮추는 이자 분비물
3. 물질의 분리	이자 분비물 중 인슐린 분리
4. 기대했던 생리적 효과	인슐린이 혈당을 낮추는 효과

생각해 볼 문제

1. 대장균과 같은 세균에서 사람에게 사용될 의약품(예: 인슐린)을 생산하여 적용하는 방법은 어떤 장점과 잠재적인 단점이 있는가?
2. 어떤 사람은 의학 연구를 위해 동물을 사용하는 것을 반대한다. 당신은 동물실험 없이 인슐린이 발견되었을 가능성이 있다고 생각하는가? 그렇게 생각하는 이유는 무엇인가?

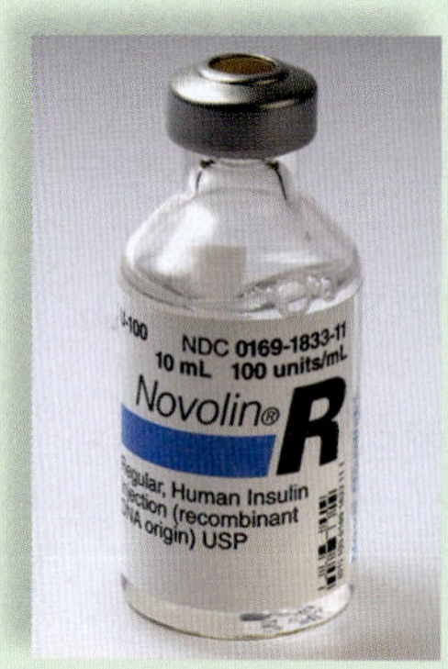

그림 15A 합성 인슐린. 인슐린은 현재 재조합 및 생물공학 기술로 생산한다.
Jill Braaten/McGraw Hill

15.6 기타 내분비샘

학습 목표

이 절을 학습한 후 다음 사항을 할 수 있어야 한다.

1. 생식기관, 가슴샘, 솔방울샘에서 생산되는 호르몬의 종류와 기능을 설명할 수 있다.
2. 내분비계통 이외의 샘이나 기관에서 생산되는 호르몬의 종류를 설명할 수 있다.

남성의 고환이나 여성의 난소는 **생식샘**(gonad)으로 호르몬을 생산하기 때문에 내분비샘으로 간주된다. 이외에도 가슴샘이나 솔방울샘 역시 내분비 기능을 한다.

고환 및 난소

고환과 난소의 활성은 시상하부와 뇌하수체에 의해 조절된다. **고환**(testis)은 음낭에 위치하고, **난소**(ovary)는 골반강에 위치한다. 고환은 **테스토스테론**(testosterone)과 같은 안드로겐(남성호르몬)을 생산한다. 난소는 여성호르몬인 **에스트로겐**

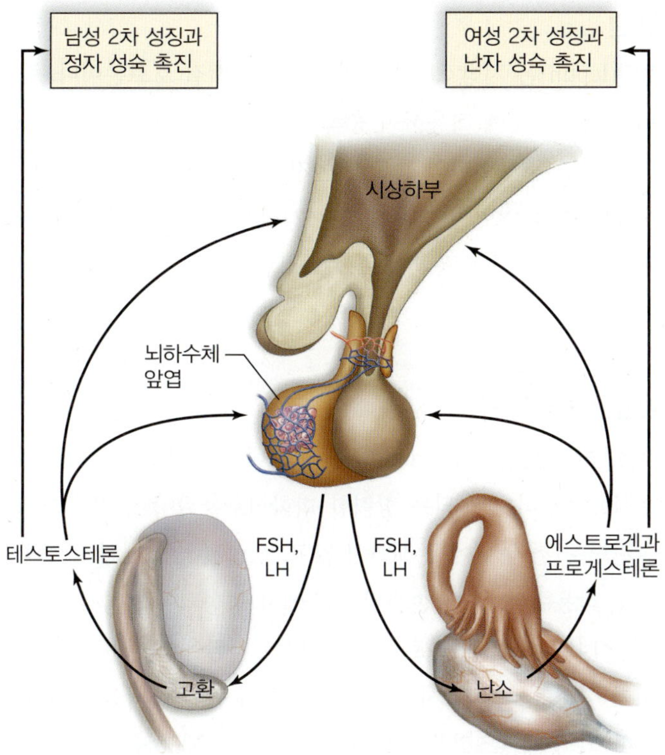

그림 15.21 고환과 난소에서 분비되는 호르몬 및 되먹임 분비 조절. 고환과 난소는 성호르몬을 분비한다. 고환은 테스토스테론을 분비하고, 난소는 에스트로겐과 프로게스테론을 분비한다. 남성과 여성에서 시상하부로부터의 GnRH와 뇌하수체로부터의 FSH 및 LH의 분비는 고환과 난소에서 분비되는 호르몬에 의해 되먹임 기전으로 조절된다.

(estrogen)과 **프로게스테론**(progesterone)을 생산한다. 이 호르몬들은 되먹임 기전으로 시상하부의 생식샘자극호르몬 분비호르몬(GnRH)의 분비와 생식샘자극호르몬인 난포자극호르몬(FSH)과 황체형성호르몬(LH)의 뇌하수체 분비도 조절한다(그림 15.21). FSH와 LH의 작용에 대해서는 16.4절에 더 자세히 기술되어 있다. 난소는 또한 소량의 테스토스테론을 생산한다.

생식샘자극호르몬의 영향으로 사춘기 때 고환은 많은 양의 테스토스테론을 분비하기 시작한다. 테스토스테론은 음경과 고환의 성장을 자극하고 사춘기 동안 얼굴, 겨드랑이, 음모의 성장을 포함한 남성의 2차 성징을 발달시킨다. 또한 후두와 성대의 확장을 촉진하여 저음의 목소리를 갖게 한다. 테스토스테론은 피부의 기름과 땀샘을 자극하여 여드름과 체취의 원인이 되기도 한다. 테스토스테론의 또 다른 부작용은 대머리를 들 수 있다. 비록 여성도 대머리 유전자를 물려받지만, 남성에서 대머리가 더 많은 이유는 테스토스테론 때문이다. 테스토스테론은 남성의 근력을 증가시키는데, 이것이 일부 운동선수가 테스토스테론 또는 관련 화학물질인 **단백동화(합성대사)스테로이드**(anabolic steroid)를 복용하는 이유이기도 하다.

여성호르몬인 에스트로겐과 프로게스테론은 인체에 많은 영향을 준다. 특히 사춘기 때 분비되는 에스트로겐은 자궁과 질의 성장을 촉진한다. 에스트로겐은 난자의 성숙에 필요할 뿐만 아니라 체모와 지방의 축적 등 여성의 2차 성징을 발달시킨다. 일반적으로 여성은 피부밑에 더 많은 지방이 축적되어 남성보다 외형에서 더 매끄러운 모습을 보이고, 다리이음뼈가 남성보다 넓어서 골반강이 더 크다. 에스트로겐과 프로게스테론은 유방의 발달과 월경(자궁으로부터 혈액 및 점액 조직이 탈락하는 것)을 포함한 자궁주기의 조절에 관여한다.

가슴샘

소엽성 **가슴샘**(thymus, 흉선)은 복장뼈 바로 아래 위치한다(그림 15.1 참고). 이 기관은 아동기에 크기가 가장 크고 활성이 높다. 나이가 들수록 크기는 작아지고, 지방질이 더 많아진다. 골수에서 생성된 림프구가 가슴샘을 지나면서 T림프구로 전환된다. 가슴샘의 소엽에는 **티모신**(thymosin)이라는 호르몬을 분비하는 상피세포가 늘어서 있고, 티모신은 소엽 안에 들어차 있는 림프구의 분화를 돕는다. 티모신은 보통 가슴샘에서만 작용하지만, AIDS나 암 환자에서 T림프구의 기능을 증진하는 방법으로 연구되고 있다.

솔방울샘

뇌에 위치한 **솔방울샘**(pineal gland, 그림 15.1 참고)은 주로 밤에 **멜라토닌**(melatonin)이라는 호르몬을 분비한다. 멜라토닌은 하루 중 수면-각성 주기와 연관되어 있다. 일반적으로 멜라토닌 수치가 높아지는 밤에 수면을 하고, 멜라토닌 수치가 낮은 낮 시간에 깨어난다(그림 15.22). 시상하부에 위치한 생체시계에 의해 조절되는 하루 24시간 주기의 리듬을 **하루주기리듬**(circadian rhythm)이라고 한다.

동물연구를 통해 멜라토닌은 또한 성 발달을 조절한다는 사실이 밝혀졌다. 뇌종양으로 솔방울샘이 손상된 아이들은 사춘기가 빨리 진행되는 것도 이러한 사실 때문이다.

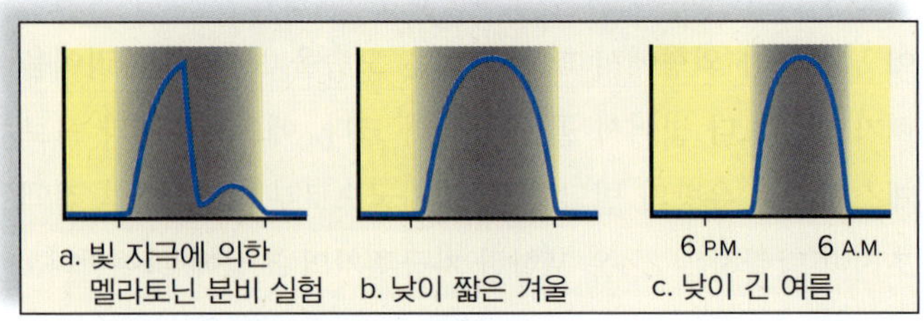

그림 15.22 **계절에 따른 멜라토닌 생산 변화.**
멜라토닌의 생산은 수면 시 밤에 가장 많이 생산된다. **a.** 빛은 멜라토닌 생산을 억제한다. 멜라토닌은 (**c**) 여름보다 (**b**) 겨울에 더 오랫동안 분비된다.
(사진): Evelyn Jo Johnson

기타 기관 및 조직의 호르몬

내분비샘으로 간주되지 않는 일부 기관에서 호르몬이 분비된다. 이미 앞서 콩팥은 레닌을 분비하고 심장은 심방소듐이뇨 호르몬을 생산한다는 사실을 설명했다(15.4절 참고). 위와 소장 역시 소화 분비를 조절하는 펩티드호르몬을 분비한다. 호르몬이 생산되는 조직은 그 밖에도 여러 종류가 있다.

적혈구형성인자

콩팥은 혈액의 산소 압력이 낮을 때 콩팥조혈자극인자(renal erythropoietic factor, REF)를 분비하여 간에서 합성된 **적혈구형성인자**(erythropoietin, EPO)의 전구체를 활성형으로 전환하여 적색골수에서 적혈구의 형성과 분화를 촉진한다. 혈액 내 적혈구 수가 증가하면 결과적으로 혈액 내 산소 압력이 증가한다. 다른 여러 기관과 세포에서도 세포분열과 유사분열을 촉진하는 펩티드 성장인자를 분비한다. 성장인자들도 특이 수용체가 있는 세포에만 작용하기 때문에 호르몬으로 간주된다. 이들 중 일부는 혈액으로 분비되고, 일부는 주변의 세포로 확산하여 작용한다.

렙틴

렙틴(leptin)은 지방조직에서 생산되는 단백질 호르몬이다. 렙틴은 시상하부에 작용하여 충족 신호를 나타낸다. 비만한 사람의 혈중에는 렙틴의 농도가 높지만, 그들이 생산하는 렙틴은 유전적 돌연변이 때문에 또는 시상하부 세포에 렙틴에 대한 적절한 수의 수용체가 부족하기 때문에 효과가 없을 수 있다.

프로스타글란딘

프로스타글란딘(prostaglandin)은 세포 내에서 지방산인 아라키돈산으로부터 생산되는 강력한 화학신호물질이다. 프로스타글란딘은 혈액 내에 존재하지 않고, 생성된 장소에서 국소적으로 작용한다. 또한 손상된 조직에서 생성되어 통증을 일으킨다(14.2절 참고). 프로스타글란딘은 자궁에서 근육을 수축시켜 여성들의 월경 시 통증과 불쾌감의 원인이 되기도 한다. 또한 뇌의 체온조절중추에 대한 재설정을 유도하는 발열원으로 작용하기도 한다. 아스피린은 프로스타글란딘의 합성을 억제하는 특성 때문에 해열 및 진통 작용을 한다.

특정 프로스타글란딘은 위산 분비를 억제하여 위 역류 치료제로 사용된다. 어떤 프로스타글란딘은 혈압을 낮추는 작용으로 고혈압 치료에 사용되고, 혈소판 응집 억제 작용을 하는 유형은 혈전증 예방에 사용된다. 프로스타글란딘은 유형별로 서로 반대 작용을 하기 때문에 사용을 표준화하는 것은 매우 어렵다. 따라서 프로스타글란딘을 이용한 치료는 여전히 실험적 연구 단계에 머물러 있다.

진도 점검하기 15.6

1. 인체에서 테스토스테론과 에스트로겐의 역할을 요약하시오.
2. 멜라토닌과 수면-각성 주기의 연관성을 설명하시오.
3. 혈액 내 산소분압이 낮을 때 인체의 반응을 설명하시오.

개념 연결하기

이 절에서 기술한 호르몬에 대한 자세한 내용은 다음 논의를 참고하시오.

5.2절 적혈구가 형성될 때 적혈구형성인자의 역할을 살펴본다.

8.4절 소화 호르몬의 역할을 살펴본다.

16장 남성 및 여성의 성호르몬 역할을 살펴본다.

15.7 호르몬과 항상성

학습 목표

이 절을 학습한 후 다음 사항을 할 수 있어야 한다.

1. 인체의 외부 변화에 대한 내분비계통과 신경계통의 반응성을 설명할 수 있다.
2. 인체의 내부 변화에 대한 내분비계통과 신경계통의 반응성을 설명할 수 있다.

신경계통 및 내분비계통은 상호 보완적으로 작용하여 인체의 항상성을 유지한다(그림 15.23).

외부 변화에 대한 반응

신경계통은 특히 외부 환경의 변화에 빠르게 대응할 수 있다. 어떤 반응은 우리가 인지하지 못하는 사이에 자동으로 나타난다. 얼굴 앞에 투명한 플라스틱을 대고 다른 사람에게 부드러운 물체를 가볍게 던지도록 해보자. 이때 눈을 깜빡이지 않을 수 있는가? 이러한 반사작용은 여러분의 눈을 보호하게 한다.

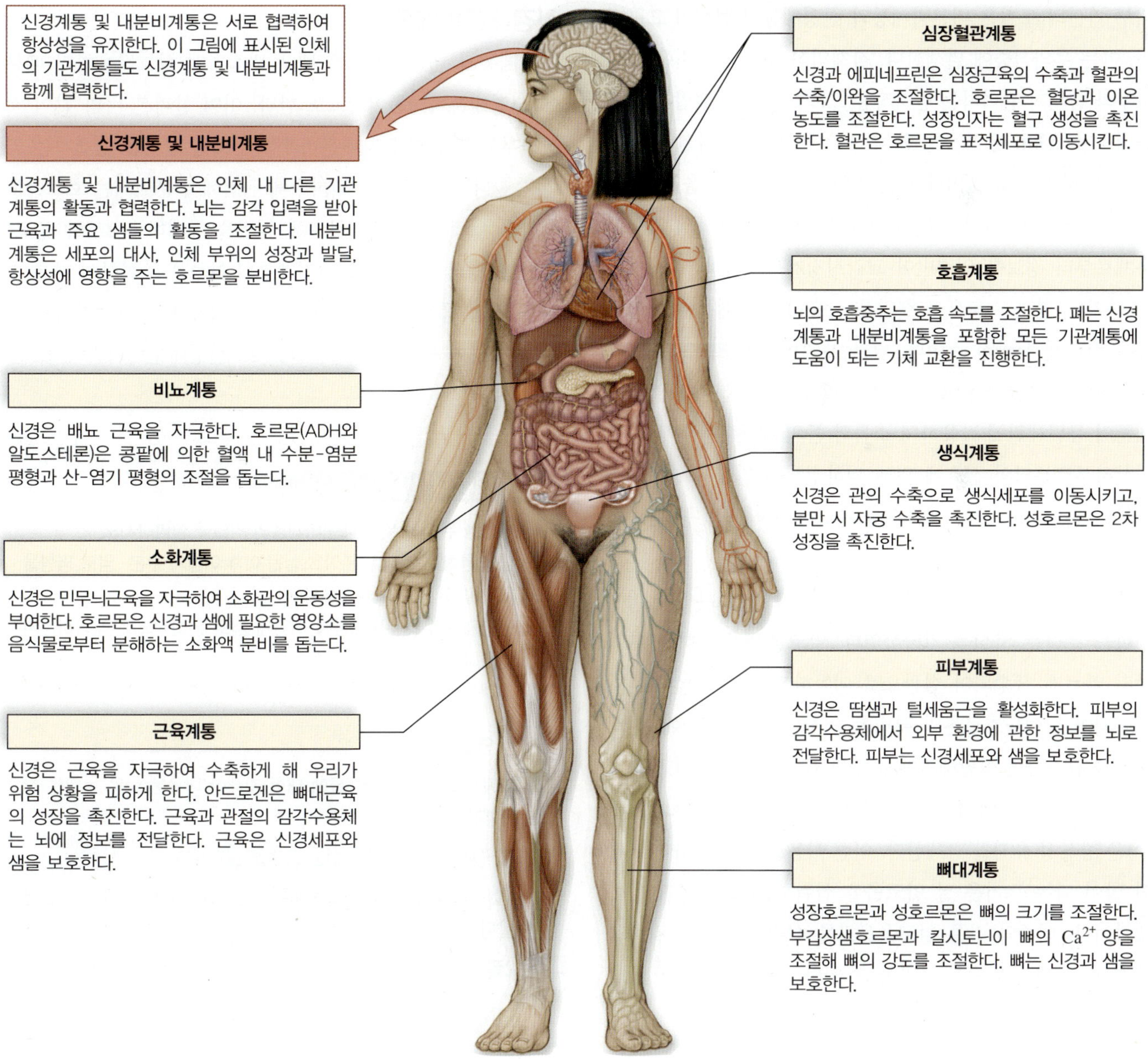

그림 15.23 항상성 조절을 위한 신경계통과 내분비계통의 상호작용. 인체 내 다른 기관의 조절에 신경계통과 내분비계통이 서로 협력한다.

감각수용체를 가진 눈과 기타 기관들은 외부 환경에 대한 귀중한 정보를 제공한다. 수백만 개의 정보를 수용하는 중추신경계통은 정보를 통합하고, 이를 이전에 저장된 기억과 비교하여 적절한 행동을 결정한다. 신경계통은 종종 몸의 움직임을 통해 외부 환경의 변화에 반응하고, 이는 우리에게 가능한 한 적절한 환경에 머무를 수 있도록 한다. 그렇지 않으면 우리는 신경계통이 극단적인 조건에도 불구하고 항상성을 유지하는 능력을 시험해 볼 수 있다.

내부 변화에 대한 반응

내부 기관의 조절은 내분비계통과 신경계통의 협력이 요구되며, 이는 무의식중에 발생한다. 잠재의식 수준의 조절은 시상하부와 숨뇌가 관여하는 반사작용으로 발생한다. 혈압을 예로 들어보자. 5 km 달리기를 한 후 나무 아래에서 잠깐 쉰다고 하자. 다시 뛰려고 일어나는 순간 약간의 어지럼증을 느낄 것이다. 그러나 그 순간 숨뇌가 대동맥궁과 경동맥동의 압력수용체로부터 정보를 입력받아 교감신경계통을 통해 심장박동수 증가와 혈관 수축으로 혈압을 상승시키기 때문에 어지럼증은 빠르게 사라질 것이다. 땀을 흘리면 혈액의 수분-염분 불균형이 나타난다. 이럴 경우 부신겉질로부터 분비된 알도스테론이 콩팥세관에 작용하여 소듐과 물의 재흡수를 촉진하고, 시상하부로부터의 신호에 의해 뇌하수체 뒤엽에서 항이뇨호르몬이 분비되어 물의 재흡수를 촉진하는 작용을 통해 소듐과 물을 보존할 것이다.

13.5절에서 알코올과 같은 약물이 항이뇨호르몬의 분비에 영향을 준다는 사실을 기술하였다. 알코올을 섭취하면 위를 따라 빠르게 흡수되어 혈관으로 이동하고, 이는 시상하부에 전달되어 항이뇨호르몬의 분비를 억제한다. 항이뇨호르몬의 수치가 감소하면 콩팥세관에서 물의 흡수가 억제되어 결과적으로 희석된 다량의 소변을 배설한다. 과도한 수분의 소실(탈수)은 항상성 유지를 방해한다. 이런 이유로 운동을 하거나 땀이 많이 나는 뜨거운 날 알코올을 섭취하는 것은 좋지 못한 생각이다. 맥주와 같은 알코올음료를 섭취하는 것은 갈증을 해결하기보다는 탈수를 유발할 수 있다.

생식계통의 조절

생식계통은 신경계통과 내분비계통의 조절 없이는 제 기능을 할 수 없다. 시상하부는 고환과 난소로부터 호르몬 분비와 생식세포의 생산을 조절하는 뇌하수체 앞엽을 통제한다. 신경계통은 고환 세정관의 근육 수축을 조절하여 정자의 방출을 조절할 수 있다. 신경계통은 또한 자궁관을 수축시켜 배아를 자궁으로 이동시키고, 착상 후 발생 과정이 진행되게 한다. 시상하부에서 생산되는 옥시토신에 의한 양성되먹임의 조절 없이는 분만이 발생하지 않는다.

신경내분비계통

신경계통과 내분비계통은 매우 밀접하게 상호작용하기 때문에 신경내분비계통이라고도 한다. 이미 살펴본 바와 같이 시상하부는 신경계통과 내분비계통의 조절 활성을 연결하는 역할을 한다. 시상하부는 뇌하수체 뒤엽에서 분비되는 호르몬을 생산하는 것 외에도 뇌하수체 앞엽을 통제하는 호르몬을 생산한다. 시상하부는 자율신경계통의 활성을 조절하여 다른 기관을 직접 통제한다. 시상하부는 신경계통과 내분비계통 모두의 활성에 중요한 역할을 하므로 신경내분비기관이라고도 한다.

진도 점검하기 15.7

1. 항상성 유지를 위한 내분비계통의 역할을 설명하시오.
2. 땀을 통해 수분과 염분이 소실된 이후 어떻게 수분-염분 평형을 회복할 수 있는지 설명하시오.
3. 신경계통과 내분비계통이 어떻게 서로 통합적으로 작용하는지 설명하시오.

개념 연결하기

이 절에서 기술한 기관계통에 대한 자세한 내용은 다음 논의를 참고하시오.

4.3절 심장박동수를 조절하는 요인을 살펴본다.

10.4절 콩팥세관에서 알도스테론과 항이뇨호르몬의 작용 기전을 살펴본다.

13.2절 중추신경계통에서 시상하부와 숨뇌의 역할을 살펴본다.

결론

우리가 살펴본 바와 같이 호르몬은 인체의 대부분을 조절할 수 있는 수단으로 작용한다. 인슐린처럼 이러한 호르몬은 특정 세포, 조직, 기관을 화학신호로서 표적으로 하거나 성호르몬처럼 기관계통을 훨씬 더 광범위하게 제어할 수 있다.

우리는 인간이 만든 일부 화학물질이 인체에서 자연적으로 생성되는 호르몬의 작용을 모방하거나 때로는 방해하는 능력이 있다는 것을 이해하기 시작했다. 비스페놀 A의 경우 에스트로겐을 모방하기 때문에 고용량은 인체에 광범위하게 해로운 영향을 미칠 수 있다.

요약

15.1 내분비샘

내분비계통(endocrine system)은 신경계통과 함께 작용하여 다른 신체계통의 활성을 조절한다. **내분비샘**(endocrine gland)은 혈류 속으로 호르몬을 분비한다. 호르몬은 혈관을 통해 표적기관이나 표적조직으로 이동하기 때문에 관으로 분비되는 **외분비샘**(exocrine gland)과는 다르다.

- **호르몬**(hormone)은 멀리 위치한 몸의 기관 사이에 작용하는 화학신호의 일종으로 펩티드호르몬과 스테로이드호르몬 등이 있다.
- **페로몬**(pheromone)은 다른 사람의 행동에 영향을 주는 화학신호물질이다.
- **펩티드호르몬**(peptide hormone)이 세포막의 수용체에 결합하면 세포 내에서 연쇄효소반응이 활성화된다. 펩티드호르몬은 전형적으로 **고리형 아데노신일인산**(cyclic adenosine monophosphate, cAMP)과 같은 **이차전령체**(second messenger)를 이용한다.
- **스테로이드호르몬**(steroid hormone)이 수용체와 결합한 후 호르몬-수용체 복합체는 DNA와 결합해 DNA의 전사를 활성화해 단백질을 합성한다.

15.2 시상하부와 뇌하수체

시상하부(hypothalamus)는 **뇌하수체**(pituitary gland)의 호르몬 분비를 조절하여 내분비계통을 통제한다. 시상하부에 있는 신경분비세포는 **항이뇨호르몬**(antidiuretic hormone, ADH)과 **옥시토신**(oxytocin)을 생산하고, 이 호르몬들은 분비 신호가 발생하기 전까지 **뇌하수체 뒤엽**(posterior pituitary) 축삭 말단에 저장된다.

- 시상하부는 시상하부분비호르몬 및 시상하부억제호르몬을 생산하고 문맥계통을 통해 뇌하수체 앞엽으로 보낸다.
- **뇌하수체 앞엽**(anterior pituitary)은 **갑상샘자극호르몬**(thyroid-stimulating hormone, TSH), **부신겉질자극호르몬**(adrenocorticotropic hormone, ACTH), **생식샘자극호르몬**(gonadotropic hormone), **난포자극호르몬**(follicle-stimulating hormone, FSH), **황체형성호르몬**(luteinizing hormone, LH), **프로락틴**(prolactin), **멜라닌세포자극호르몬**(melanocyte-stimulating hormone, MSH), **성장호르몬**(growth hormone, GH)과 같은 여러 형태의 호르몬을 분비한다. 이 호르몬 중 일부는 다른 내분비샘을 자극하여 호르몬을 분비시킨다.
- 성장호르몬과 연관된 내분비계통의 질환은 **뇌하수체 난쟁이증**(pituitary dwarfism), **거인증**(gigantism), **말단비대증**(acromegaly)이 있다.

15.3 갑상샘과 부갑상샘

갑상샘(thyroid gland)이 대사율을 증가시키는 **삼요오드티로닌**(triiodothyronine, T_3)과 **티록신**(thyroxine, T_4)을 생산하기 위해서는 요오드가 필요하다.

- 요오드 공급이 부족하면 **풍토성 갑상샘종**(endemic goiter)이 발생한다. 갑상샘이 정상적으로 발달하지 않으면 **선천성 갑상샘기능저하증**(congenital hypothyroidism)이 발생할 수 있다.
- 성인에서 **갑상샘기능저하증**(hypothyroidism)은 **점액부종**(myxedema)을 유발하고, **갑상샘기능항진증**(hyperthyroidism)은 **안구돌출갑상샘종**(exophthalmic goiter)을 일으킨다.
- 갑상샘은 혈중 칼슘 농도를 낮추는 **칼시토닌**(calcitonin)을 생산한다.
- **부갑상샘**(parathyroid gland)은 혈중 칼슘 농도를 높이는 **부갑상샘호르몬**(parathyroid hormone, PTH)을 분비한다.

15.4 부신

부신(adrenal gland)은 스트레스에 대응한다.

부신속질

부신속질(adrenal medulla)은 스트레스에 반응하여 **에피네프린**(epinephrine)과 **노르에피네프린**(norepinephrine)을 즉시 분비하여 심장박동수와 혈압을 높이고, 혈당 수치를 증가시켜 근육의 동력을 활성화한다.

부신겉질

부신겉질(adrenal cortex)은 **글루코코르티코이드**[glucocorticoid, 대표적으로 **코르티솔**(cortisol)], **광물코르티코이드**[mineralocorticoid, 대표적으로 **알도스테론**(aldosterone)], **생식샘코르티코이드**[gonadocorticoid, 대표적으로 **디하이드로에피안드로스테론**(dehydroepiandrosterone, DHEA)], **안드로겐**(androgen)과 **에스트라디올**[estradiol, 대표적으로 **에스트로겐**(estrogen)]을 생산한다. 글루코코르티코이드는 탄수화물, 단백질, 지방 대사를 조절하고 염증반응을 억제한다. 콩팥에서 분비되는 **레**

닌(renin)에 의해 분비되는 광물코르티코이드는 수분과 염분 균형을 유지하고, 혈액량과 혈압을 증가시킨다.

- 부신겉질에 문제가 발생하면 **애디슨병**(Addison's disease)이나 **쿠싱증후군**(Cushing's syndrome)이 발생할 수 있다.

15.5 이자

이자(pancreas, 췌장)는 내분비 및 외분비 세포로 구성된다. **이자섬**(pancreatic islet)은 인슐린과 글루카곤을 분비한다.

- **인슐린**(insulin)은 혈당을 낮추는 작용을 한다.
- **글루카곤**(glucagon)은 혈당을 높이는 작용을 한다.
- **당뇨병**(diabetes mellitus)은 이자가 인슐린을 생산하지 못하거나 표적세포에서 인슐린을 수용하지 못할 때 발생할 수 있다.

15.6 기타 내분비샘

다른 내분비샘에서도 호르몬이 생산된다.

- **고환**(testis)과 **난소**(ovary)와 같은 **생식샘**(gonad)에서도 성호르몬이 생산된다. 남성호르몬에는 안드로겐[대표적으로 **테스토스테론**(testosterone)]이 있고, 여성호르몬에는 **에스트로겐**(estrogen)과 **프로게스테론**(progesterone)이 있다. **단백동화(합성대사)스테로이드**(anabolic steroid)는 테스토스테론과 유사하게 작용한다.
- **가슴샘**(thymus, 흉선)은 림프구 생산과 성숙을 촉진하는 **티모신**(thymosin)을 분비한다.
- **솔방울샘**(pineal gland)은 **하루주기리듬**(circadian rhythm)과 생식기관의 발달에 관여하는 **멜라토닌**(melatonin)을 생성한다.

내분비샘 이외의 기관이나 조직에서도 호르몬이 생산된다.

- 콩팥은 **적혈구형성인자**(erythropoietin, EPO)를 생산한다.
- 지방조직은 시상하부에 작용하는 **렙틴**(leptin)을 생산한다.
- **프로스타글란딘**(prostaglandin)은 세포 내에서 생산되어 국소적으로 작용한다.

15.7 호르몬과 항상성

신경계통과 내분비계통은 다른 기관계통을 조절하여 항상성을 유지한다.

- 신경계통은 감각수용체로부터 정보를 수용한 후 외부 환경에 반응할 수 있다. 감각수용체는 눈, 귀와 같은 기관에 존재한다.
- 신경계통과 내분비계통은 잠재의식 수준에서 내부 기관을 통제하는 데 협력한다. 이러한 통제는 시상하부와 숨뇌가 관여하는 반사작용으로 발생한다.
- 신경계통과 내분비계통은 밀접하게 상호작용하기 때문에 신경내분비계통이라고도 한다.

개념 심화 학습

BioNOW

이 과학이 여러분의 삶과 어떻게 연관성이 있는지 알고 싶은가? 그렇다면 다음의 BioNOW 영상을 참고하길 바란다.

- 메추리 호르몬

McGraw Hill

메추리의 신경계통과 내분비계통은 어떻게 상호 협력하여 변화하는 환경에 대응하는가?

비판적 사고 키우기

호르몬이 순환계통에 의해 수송되기 때문에 혈액검사는 내분비계통 장애를 진단할 수 있는 방법이다. 아이의 성장이 정상보다 느리다면 성장호르몬과 인슐린 유사 성장인자 1의 혈중 농도를 검사하여 성장 결핍 여부를 확인할 수 있다. 갑상샘자극호르몬, 삼요오드티로닌(T_3)과 티록신(T_4)의 혈중 수치로 갑상샘 기능에 대한 정보를 확인할 수 있다. 포도당 내성 검사와 같은 일부 검사는 호르몬 수치를 직접적으로 측정하지 않는다. 대신 혈액 내 특정 화합물의 농도를 측정하여 내분비샘의 기능이 정상적인지 간접적으로 관찰한다.

1. 특정 신호에 대해 표적세포가 반응하는 방식으로 난포자극호르몬은 성장호르몬과 어떤 유사점이 있는가?
2. 혈중 갑상샘자극호르몬의 수치가 높다면 갑상샘기능저하증을 진단할 수 있다. 갑상샘자극호르몬의 수치가 높은 원인을 설명하시오. (힌트: 갑상샘의 활성이 정상일 때 갑상샘자극호르몬이 어떻게 조절되는지 생각해 보자.)
3. 당뇨병이 있는 사람이 소변을 자주 보고 자주 갈증을 느끼는 이유는 무엇인가?
4. 당뇨병이 있는 사람들을 위해 특별히 고안했다는 규정식 광고를 볼 수 있는데, 이런 규정식은 '정상적인' 식이와 어떻게 다른가?

관련성 탐구하기

1. 사람들은 인간이 호르몬을 생산한다고 믿었지만, 여러 가지 호르몬을 규명하는 연구는 어려운 시간을 겪어왔다. 왜 이런 경우가 있다고 생각하는가?
2. 비스페놀 A는 플라스틱 제조에 사용되는 화학물질로 인간에게 호르몬 교란 물질로 작용하고, 특히 생식력의 문제를 발생시키는 것으로 의심된다. 여러분이 비스페놀 A에 대한 연구를 시작한다고 가정할 때, 그 연구에 어떤 인체 호르몬을 포함시킬 것인가?
3. 신경계통의 화학신호보다 호르몬의 역할을 이해하기가 왜 더 어렵다고 생각하는가?

모든 장의 질문에 대한 정답은 *connect.mheducation.com*에서 확인하시오.

CHAPTER 16 생식계통

MedicalRF.com

이 장의 개요

시작하기 전에

이 장을 시작하기 전에 다음 사항을 논의해 보자.

7.1절 어떤 인자가 HIV 감염의 위험을 증가시키는가?

15.6절 테스토스테론은 어디에서 생산되며 남성에서의 기능은 무엇인가?

15.6절 에스트로겐과 프로게스테론은 어디에서 생산되며 여성에서의 기능은 무엇인가?

세 부모의 아기

체외수정(IVF) 기술은 수년 동안 부부가 아이를 가질 수 있도록 돕기 위해 사용되어 왔다. 이 과정은 어머니에게서 난자를 채취하고 아버지의 정자로 수정하여 배아를 생성한 후, 그 배아를 어머니(또는 대리모)에게 이식하여 아이를 출산하는 것을 포함한다. 어머니의 세포 미토콘드리아에 결함이 있는 경우에는 기증자 난자를 사용할 수 있는 새로운 기술이 제안되었다.

미토콘드리아는 세포 내부에 있는 세포기관으로, 세포의 대사에 필요한 ATP 에너지를 생성한다. 이 기관에는 37개의 유전자를 암호화하는 유전적 물질(DNA)이 포함되는데, 그중 14개는 효율적인 ATP 생산과 관련된 특정 단백질과 연관되어 있다. 이러한 유전자의 결함은 알퍼스(Alpers)병 및 여러 미토콘드리아 근육질환과 같은 심각한 상황으로 이어진다. 미토콘드리아와 관련된 핵 내 다른 수많은 유전자가 있지만, 논란의 대상이 된 것은 미토콘드리아 자체에 있는 이 작은 유전자 집합이다. 논쟁의 대상은 이러한 미토콘드리아 유전자와 직접적으로 관련된 유전질환을 예방하는 혁신적인 치료이다.

체외수정의 한 형태는 종종 '세 부모의 아기(Three Parents-One Baby)'라고 하는데, 제3자가 어머니의 핵과 아버지의 정자와 함께 수정될 난자를 기증한다. 기증자의 핵유전자는 제거되지만, 미토콘드리아 내부의 유전자는 남아 있다. 결과적으로 태어날 아이는 어머니와 아버지의 모든 핵유전자를 갖고 있지만, 미토콘드리아 내 37개의 유전자는 원래 난자세포의 기증자에게 속한다.

이 장에서는 인간의 생식기관 구조와 기능, 체외수정과 같은 과정이 필요한 질환을 알아볼 것이다.

이 장을 학습하면서 다음 질문을 생각해 보자.

1. 후손에게 보통 어떤 성별이 미토콘드리아 유전자를 기여하는가?
2. 체외수정은 다른 보조생식기술과 어떻게 다른가?

16.1 인간의 생활주기

학습 목표

이 절을 학습한 후 다음 사항을 할 수 있어야 한다.

1. 인간의 생식계통 기능을 설명할 수 있다.
2. 인간의 생활주기를 기술하고 유사분열과 감수분열의 차이를 설명할 수 있다.

우리 몸의 다른 계통과 다르게 **생식계통**(reproductive system)은 남성과 여성에서 서로 매우 다르다. 남성과 여성 모두 생식계통은 새로운 개체인 자손을 만들기 위해 생식세포를 생산한다. 특히 여성의 생식계통은 수정란이 배아를 거쳐 태아가 되어 출생할 때까지 태아를 보호하고 영양분을 공급하는 기능도 수행한다. 생식기관에는 다음 기능이 있다.

- 남성은 고환에서 정자를 생산하고, 여성은 난소에서 난자를 생산한다.
- 남성은 정자가 체외로 빠져나올 때까지 생식기관의 관에서 영양을 공급하고 수송한다. 여성은 자궁관을 통해 자궁으로 난자를 수송한다.
- 남성의 음경은 여성의 질로 정자를 넘겨주고, 여성의 질은 정자를 받아들이는 기능을 한다. 질은 월경 분비물을 몸 바깥으로 배출하고 출산을 위한 통로기도 하다.
- 여성의 자궁은 체내에서 수정란이 발생할 수 있도록 한다. 출산 이후, 여성의 유방은 젖을 생산하여 자손에게 영양을 공급한다.
- 고환과 난소는 성호르몬을 생산한다. 성호르몬은 신체를 남성화 또는 여성화하는 역할을 한다. 여성의 경우, 성호르몬은 임신을 유지하는 기능을 수행한다.

많은 동물과 달리 인간은 태어나자마자 생식할 수 있는 능력이 없다. 대신 어린이가 성적인 능력을 갖춘 청년이 되어가는 **사춘기**(puberty)라는 일련의 변화 과정을 겪는다. 생식계통은 사춘기가 끝날 때까지 완전한 기능을 하지 못한다. 성적 성숙은 여성의 경우 10~14세 사이에, 남성의 경우 12~16세 사이에 일어난다. 사춘기가 지나면 인간은 자손을 생산할 수 있다.

유사분열과 감수분열

인간의 생활주기 동안 일어나는 2가지 유형의 세포분열을 살펴보기에 앞서, 유전물질인 DNA가 핵 내에서 46개의 염색체에 분포되어 있다는 것을 인식해야 한다. 46개의 염색체는 쌍으로 존재하여 23쌍을 이룬다. 쌍을 이루는 두 염색체는 각각 부모에게서 하나씩을 물려받는다. 인체를 구성하는 대부분의 세포는 염색체가 46개다. 생활주기 대부분의 기간 동안 세포들은 **유사분열**(mitosis, 체세포분열)이라고 하는 과정을 통해 분열된다(18.3절 참고). 유사분열은 **복제분열**로, 유사분열에서 나온 각 세포는 염색체가 46개로 동일한 구성을 갖는다.

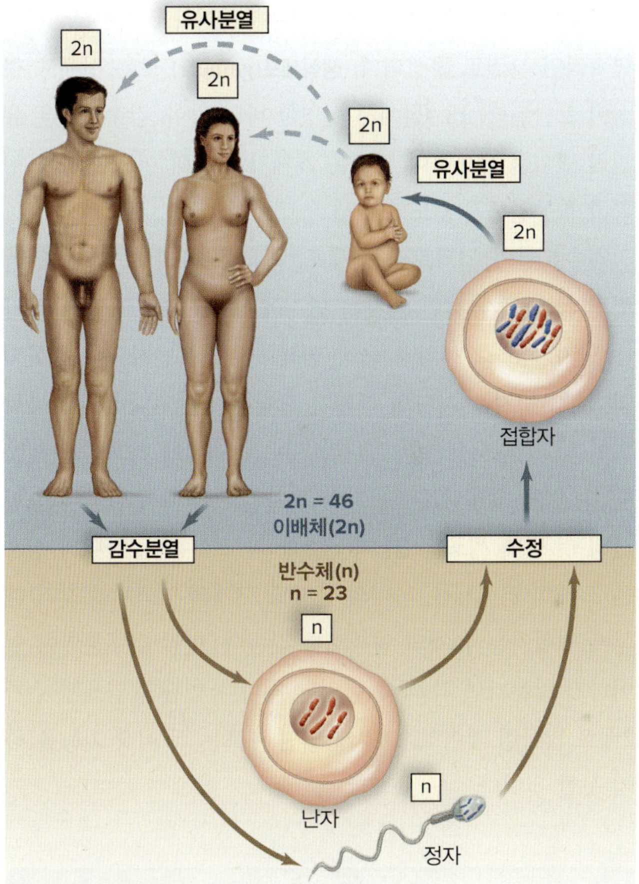

그림 16.1 인간의 생활주기.
인간의 생활주기에는 2가지 유형의 세포분열이 있다. 하나는 염색체 수가 그대로 보존되는 유사분열이고, 다른 하나는 그 수가 감소하는 감수분열이다. 성장 또는 손상된 조직의 복구 과정이 일어나는 동안, 유사분열을 통해 생성된 새로운 세포는 46개의 염색체를 가진다. 반면, 생식세포가 생성되는 동안에는 염색체 수가 46개에서 23개로 감소한다. 그러므로 하나의 난자와 하나의 정자 각각은 23개의 염색체를 갖는다. 정자가 난자와 수정하여 생긴 접합자라고 하는 세포는 46개의 염색체를 갖는다.

다시 말해, 세포가 분열할 때 유사분열을 통해 자신의 정확한 사본을 생성하며, 마치 사물 복사기가 메모지 한 장을 복사하는 것처럼 작동한다. 인간의 생애주기에서 유사분열은 세포의 성장과 조직의 복구에서 중요한 역할을 하는 세포 분열 유형이다(그림 16.1).

생식의 목적으로 인간은 **감수분열**(meiosis)이라고 하는 또 다른 유형의 세포분열을 수행한다. 감수분열은 오직 정자를 생산하는 동안 남성의 고환에서, 난자를 생산하는 동안 여성의 난소에서만 일어난다. 감수분열에는 2가지 기능이 있으며(18.4절 참고), 그중 첫 번째 기능을 **감소분열**이라고 한다. 감수분열이 일어나는 동안, 염색체 수는 정상적인 이배체(2n) 46개의 염색체에서 반수체(n) 23개의 염색체로 감소한다. 감수분열은 일차감수분열과 이차감수분열이라고 하는 두 번의 연속적인 분열로 구성되며, **생식세포**(gamete) 또는 성세포 형성이 포함된다. 18.4절에서 설명한 바와 같이, 감수분열은 유전적 변이를 유도하여 새로운 개체가 부모의 어느 한쪽과 정확하게 동일하지 않도록 한다.

감수분열의 결과로 생식세포, 즉 정자 또는 난자가 만들어진다. 편모가 달린 정자는 난자에 비해서 매우 작다. 정자는 난자 쪽으로 헤엄쳐 오직 염색체만을 운반하도록 특화되어 있다. 난자는 하나의 정자가 도착하기를 기다리도록 특화되어 있고, 염색체뿐만 아니라 새로운 개체에 세포질을 제공할 수 있게 되어 있다. 난자와 정자가 수정해서 만들어진 인간의 첫 번째 세포를 **접합자**(zygote)라고 부른다. 하나의 정자는 23개의 염색체를, 하나의 난자도 23개의 염색체를 갖기 때문에 접합자는 46개의 염색체를 갖는다. 만일 감수분열이 일어나지 않는다면 각 세대를 지날 때마다 인간의 염색체 수가 2배로 많아질 것이고, 그렇게 되면 세포는 더 이상 기능을 하지 못할 것이다.

생활 속의 생물학

세포 중 염색체 수가 46개가 아닌 것은?

인간의 경우 23쌍의 염색체를 가지고 있지 않은 세포는 적혈구와 간세포다. 5.2절에서 적혈구는 핵이 없으므로 염색체가 없다. 간세포(hepatocyte)는 일반적으로 3개 이상의 염색체 복사본을 가지고 있다(69개 이상의 염색체를 가짐). 이 상태를 다배수(polyploidy)라고 하는데, 이것은 간의 독성 화합물을 분해하는 능력을 제공한다.

진도 점검하기 16.1

1. 남성과 여성에서 생식계통의 기능을 비교하시오.
2. 인간의 생활주기에서 두 유형의 세포분열을 대비하여 설명하시오.
3. 남성과 여성에서 감수분열이 일어나는 곳을 설명하시오.

개념 연결하기

이 절에 제시된 자료에 대한 자세한 내용은 다음 논의를 참고하시오.

15.6절 성호르몬에 대해 살펴본다.

18.3~18.4절 유사분열과 감수분열의 단계를 살펴본다.

18.5절 유사분열과 감수분열의 과정을 살펴본다.

16.2 남성의 생식계통

학습 목표

이 절을 학습한 후 다음 사항을 할 수 있어야 한다.

1. 남성 생식계통의 구조와 각 기능을 설명할 수 있다.
2. 정자발생 장소와 각 단계를 설명할 수 있다.
3. 호르몬이 남성 생식계통의 기능을 어떻게 조절하는지 요약할 수 있다.

남성 생식계통의 기관들을 표 16.1과 그림 16.2에 제시하였다.

남성의 생식샘 또는 일차생식기관은 한 쌍의 **고환**(testes, 단수는 testis)이다. 고환은 **음낭**(scrotum)이라는 주머니 속에 들어 있다. 고환에서 생성된 정자는 **부고환**(epididymis, 복수는 epididymides)에서 성숙한다. 부고환은 고환에서 이어져 심하게 꼬여 있는 관으로 되어 있다. 정자의 성숙 과정은 정자가

표 16.1 남성의 생식기관

기관	기능
고환	정자와 성호르몬을 생산하는 기관
부고환	정자가 성숙하고 저장되는 관
정관	정자가 저장되고 이동하는 관
정낭	정액에 영양소와 액상 성분을 공급하는 기관
전립샘	정액에 액상 성분을 공급하는 기관
요도	정자를 수송하는 기관
망울요도샘	정액에 점액을 포함한 액체를 공급하는 기관
음경	성교를 위한 기관

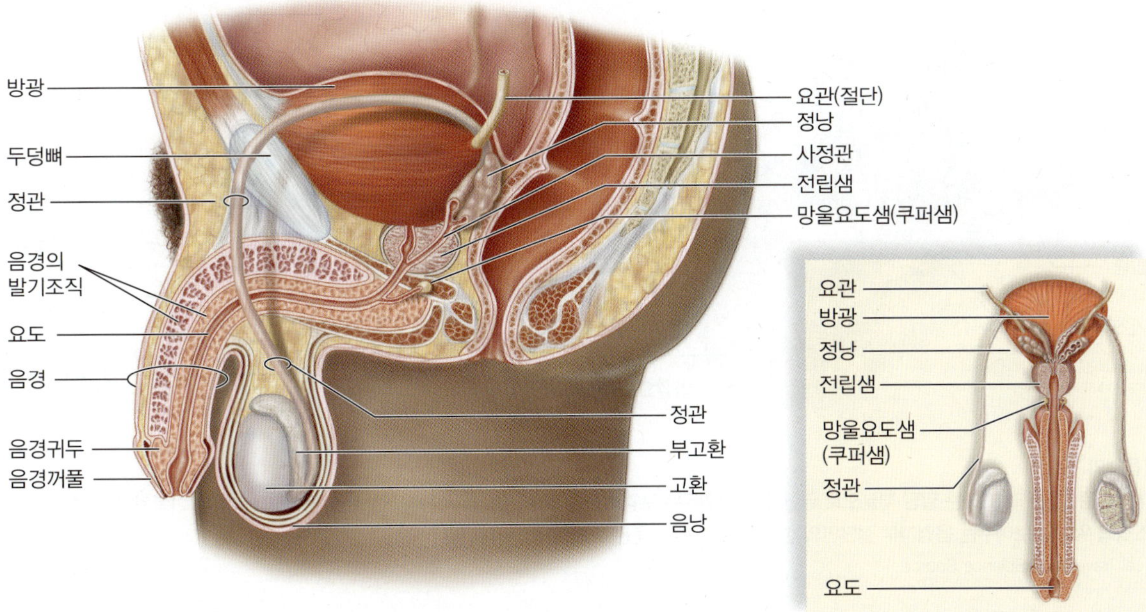

그림 16.2 남성의 생식계통.
고환은 정자를 생산한다. 정낭, 전립샘, 망울요도샘은 정액의 액상 성분을 제공한다. 정자는 정관에서 사정관을 거쳐 요도를 통해 음경을 빠져나간다. 음경의 음경꺼풀을 제거하는 것이 포경수술이다.

난자로 헤엄쳐 가기 위해 꼭 필요한 과정이다. 정자는 부고환을 떠나 **정관**(vas deferens, 복수는 vasa deferentia)으로 들어간다. 정관은 정자를 일시적으로 저장하기도 한다. 정관은 배안(abdominal cavity)에 존재하며, 방광 주위로 곡선을 그리며 돌아서 사정관으로 연결되어 있다. 사정관은 **요도**(urethra)로 들어간다.

사정이 일어나는 동안, 정자는 **정액**(semen)이라는 액체에 섞여 음경을 빠져나온다. 정낭, 전립샘, 망울요도샘은 정액에 분비물을 첨가한다. 한 쌍의 **정낭**(seminal vesicle)은 방광의 아랫부분에 놓여 있고, 각각은 정관과 연결된 관을 하나씩 가지고 있다. **망울요도샘**(bulbourethral gland, Cowper's gland)은 전립샘 뒤쪽 요도의 양쪽 가장자리 쪽에 있는 땅콩처럼 생긴 기관이다. 이곳의 분비물은 정액을 젤리처럼 만든다. **전립샘**(prostate gland)은 하나의 도넛처럼 생긴 분비샘으로 방광 아래에 있으며, 요도의 상단부를 둘러싸고 있다. 나이 든 남성들에서 전립샘은 비대해져 요도를 압박하여 배뇨 시 통증과 불편함을 일으킬 수 있다. 이 상태는 10.5절의 건강 특집인 '전립선 비대로 인한 비뇨기 장애'에서 더 자세히 다루고 있다.

정액의 구성 성분은 특정한 기능이 있다. 정자는 염기성 용액에서 더욱 활동적이기 때문에 정액은 약염기성(약 pH 7.5)을 띤다. 정자의 헤엄치는 움직임이 가능하기 위해서는 에너지가 필요하기 때문에 정액은 에너지원으로 과당을 함유하고 있다. 또한 프로스타글란딘을 포함하며, 이 화학물질은 자궁 수축을 일으키는 역할을 하여 정자가 난자를 향해 이동하는 것을 돕는다.

음경과 남성의 오르가슴

음경(penis)은 성교를 위한 남성의 기관이며(그림 16.3), 비뇨계통의 요도를 포함한다. 음경은 기다란 자루 모양의 몸통 부분과 **음경귀두**(glans penis)라고 하는 확장된 말단부로 구성되어 있다. 정상적으로 귀두는 **음경꺼풀**(foreskin)이라고 하는 한 겹의 피부에 둘러싸여 있다. 음경꺼풀을 외과적으로 제거하는 **포경수술**(circumcision)은 출생 후 곧바로 시행되기도 한다. 이것은 종교적 이유보다는 위생, 요로 감염 및 고환암 위험 감소 등 지각된 건강상 이점을 위해 주로 시행된다. 우간다 남성 3,000명을 대상으로 한 연구에 따르면, 포경을 받지 않은 남성과 비교해 포경을 받은 남성은 HIV, 인간 유두종 바이러스, 혹은 생식기 헤르페스 감염 가능성이 25~35% 낮았다. 그러나 일부에서는 통증이나 음경 감각 손실과 같은 위험에 초점을 맞추며 이 절차에 반대하고 있다. 미국소아과학회

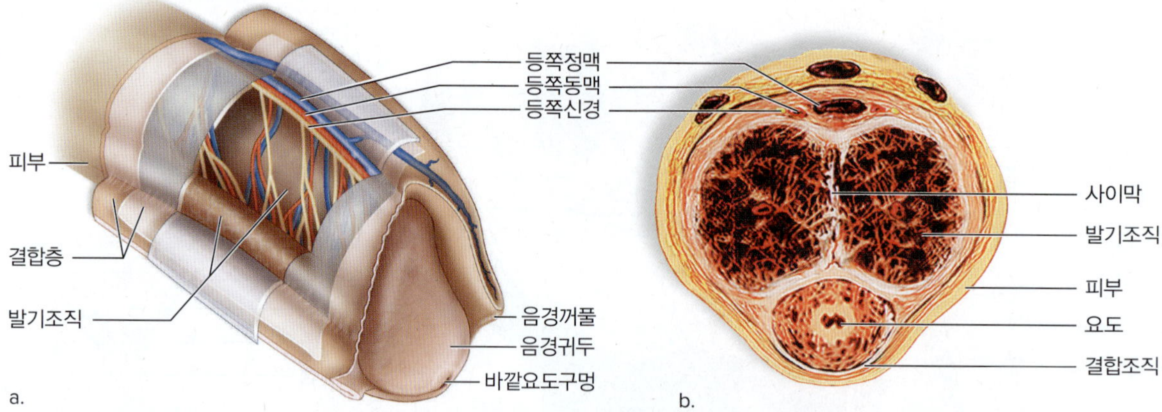

그림 16.3 음경의 구조.
a. 음경의 자루는 음경귀두라고 하는 말단 부분으로 끝난다. 음경귀두는 포경수술을 하지 않았다면 음경꺼풀로 덮여 있다. 음경은 기둥처럼 생긴 발기조직을 포함한다. **b.** 발기조직의 위치를 보여주는 음경자루 절단면의 현미경 사진. 한 기둥은 요도를 둘러싸고 있다.
(b): Anatomical Travelogue/Science Source

(American Academy of Pediatrics)는 일상적인 신생아 포경을 권장하기에는 이점이 충분하지 않다는 입장이다.

확장 가능한 혈액 공간을 포함하는 해면질의 발기조직이 음경의 몸통을 통해 확장되고, 성적 흥분 중 자율 신경이 산화질소(NO)를 방출한다. 이 자극은 cGMP(cyclic guanosine monophosphate)라고 하는 ATP와 유사한 고에너지 화합물을 생성한다. cGMP는 혈관벽의 매끄러운 근육을 이완시키고, 해질조직을 혈액으로 채우게 한다. 음경에서 혈액을 데려가는 정맥이 압박되고, 음경은 발기 상태가 된다.

발기부전(erectile dysfunction, ED)은 음경이 성관계를 유지할 만큼의 발기 상태에 이르지 못하는 것을 말한다. 발기부전은 부족한 혈액의 흐름, 특정 약물 및 질병에 따른 여러 가지 요인으로 일어날 수 있다. 발기부전을 치료하기 위한 의약품은 cGMP를 분해하는 효소를 저해하여 cGMP의 작용이 유지되도록 하여 발기가 지속되도록 한다. 이러한 의약품의 일부는 같은 효소가 망막에도 존재하기 때문에 시력에 문제를 일으킬 수도 있다. 발기가 일어나는 동안, 조임근은 방광을 닫아서 소변이 요도로 흘러나오지 못하게 한다(요도는 소변과 정액이 지나가는 길이다).

성적 흥분이 고조되면 정자는 정관에서 요도로 들어가며, 이때 부속샘들은 정액 성분을 방출한다. 일단 정액이 요도에 진입하면 규칙적으로 반복되는 근육 수축이 정액을 음경 바깥으로 배출시키는데, 이를 사정(ejaculation)이라고 한다.

음경에서 정액을 배출하는 수축 과정은 남성 오르가슴의 한 부분이며, 오르가슴은 성적 자극이 최고조에 이르렀을 때 일어나는 생리적·심리적 흥분이다. 쾌감 중추는 대뇌에 있다. 그러나 생리학적인 반응이 일어나는 곳은 온몸과 생식기관, 그와 관련된 근육을 모두 포함한다. 현저한 근육 긴장이 일어나고 나서 수축과 이완이 일어난다. 사정이 일어난 후 성적 흥분이 가라앉으면, 음경은 다시 원래의 축 늘어진 상태로 되돌아간다. 통상적으로 불응기라고 일컫는 기간이 존재하기 때문에 자극이 있어도 일정 기간 동안 발기가 일어나지 않는다. 불응기의 길이는 나이가 들어감에 따라서 늘어난다.

사정이 일어날 때 배출되는 3.5 ml의 정액에는 약 1억 개 이상의 정자가 존재한다. 정자의 수가 이보다 훨씬 더 적을 수도 있지만, 정자와 난자의 수정은 일어날 수 있다.

생활 속의 생물학

사각팬티 혹은 삼각팬티?

음낭이 남성의 생리에서 차지하는 역할은 고환의 온도를 체온보다 낮게 유지하는 것이다. 낮은 온도는 정상적인 정자 생산을 위해 필요하다. 남성의 속옷 타입이 온도를 변화시켜 정자 생산에 영향을 미친다고 생각할 수 있다. 그러나 관련된 연구는 이러한 가정을 지지하지 않는다. 남자가 입는 속옷의 밀착 여부가 정자 수와 생식력에 크게 영향을 미치지 않는 것으로 나타났다.

남성의 생식샘: 고환

정자와 남성호르몬을 생산하는 고환은 음낭 내, 남성의 배안 바깥에 있다. 고환은 배안 내부에서 발생을 시작하지만, 태아 발생의 마지막 두 달 동안 음낭 안으로 내려온다. 만일 고환이 아래로 내려가지 않으면 음낭으로 고환을 내리는 치료나 수술을 시행하는데, 이러한 처치를 받지 못하면 불임으로 이어질 수 있다. 이러한 현상은 정상 체온이 정상적인 정자를 생산하기에 너무나 높기 때문이다. 음낭은 고환을 몸쪽으로 가깝게 당기거나 멀리 있게 하여 고환의 온도 조절을 돕는다.

정세관

고환의 세로절단면은 고환이 소엽(lobule)이라고 하는 구획으로 구성되어 있다는 것을 보여준다. 각 소엽은 1개에서 3개 정도의 심하게 꼬여 있는 **정세관**(seminiferous tubule)으로 구성되어 있다(그림 16.4a). 현미경으로 관찰한 정세관의 절단면을 보면 정세관이 **정자발생**(spermatogenesis, 그림 16.4b)을 일으키는 세포들로 채워져 있다는 것을 알 수 있다.

정자 생산이 일어나는 동안, **정조세포**(spermatogonia)는 일차정모세포(primary spermatocyte)로 분열한다. 이러한 세포

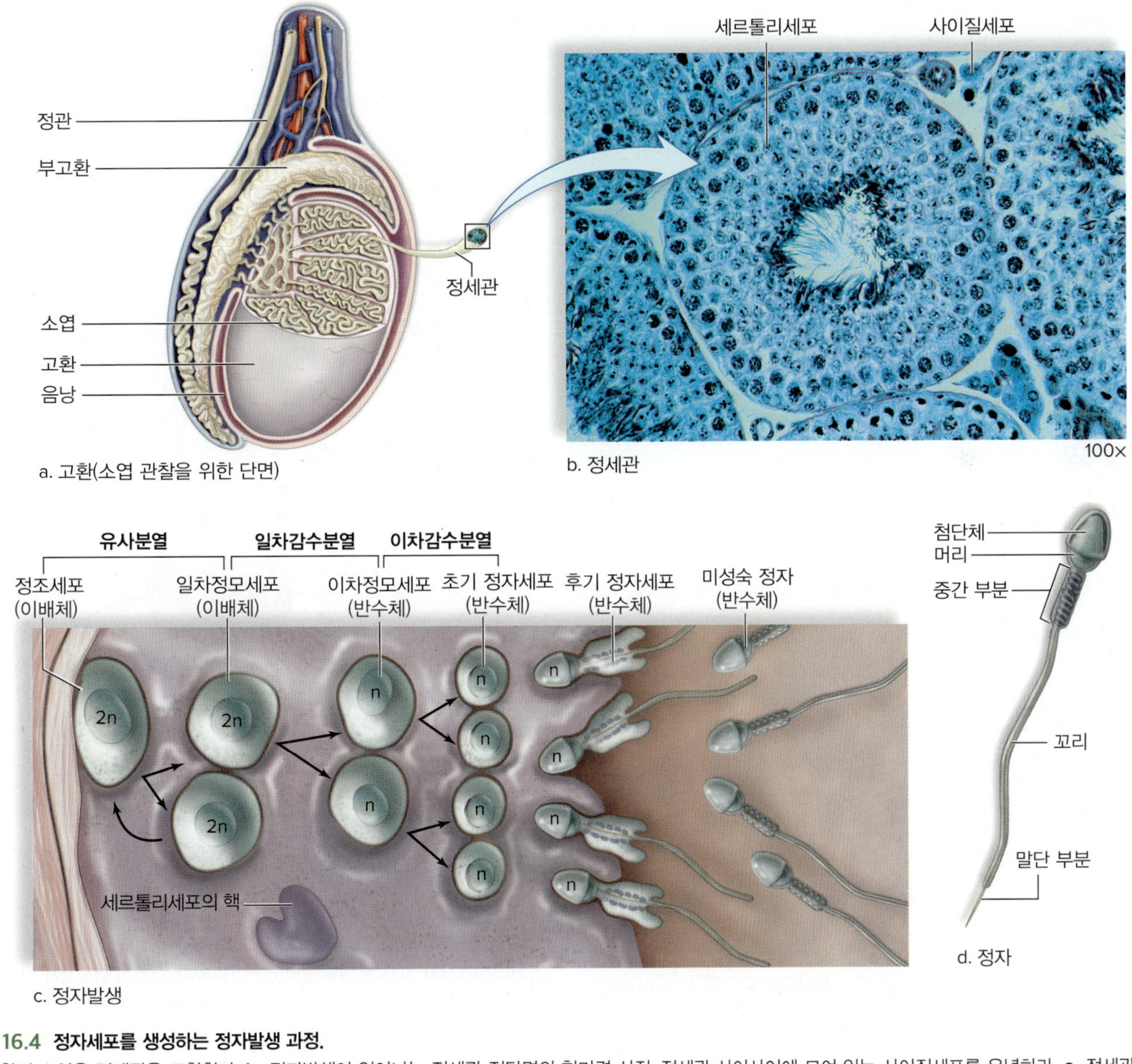

그림 16.4 정자세포를 생성하는 정자발생 과정.
a. 고환의 소엽은 정세관을 포함한다. **b.** 정자발생이 일어나는 정세관 절단면의 현미경 사진, 정세관 사이사이에 모여 있는 사이질세포를 유념하라. **c.** 정세관 벽에서 일어나는 정자발생 과정의 모식도. **d.** 정자는 머리, 중간 부분(중편), 꼬리로 나뉜다. 머리 내부에 핵이 있고, 머리는 효소를 포함한 첨단체에 둘러싸여 있다.
(b): ©Ed Reschke

중 일부는 정자발생 과정을 거치지 않고 줄기세포로 작용하여 남자가 일생 동안 정자발생을 지속할 수 있도록 한다. 일차정모세포는 정세관의 바깥쪽 벽으로부터 안쪽으로 이동하고, 크기가 커지며, 23개의 염색체를 가지는 **이차정모세포**(secondary spermatocyte)를 생성하기 위해 일차감수분열을 진행한다(그림 16.4c). 이차정모세포(n)는 각각 23개의 염색체를 가지는 4개의 **정자세포**(spermatid)를 생성하기 위해 이차감수분열을 진행한다. 그런 다음 정자세포는 정자로 분화한다. 정자발생 과정 중에 생성되는 세포들을 지지하고, 이들 세포에 영양을 공급하는 **세르톨리세포**(Sertoli cell, 보라색)를 주목하라. 정조세포에서 정자로 발생하는 과정은 약 74일 정도가 걸린다.

성숙한 **정자**(sperm)는 머리, 중간 부분, 편모를 지닌 꼬리로 나뉜다(그림 16.4d). 중간 부분의 미토콘드리아는 편모를 가지는 꼬리의 운동에 필요한 에너지를 공급한다. 머리에는 첨단체(acrosome)라고 하는 모자에 둘러싸여 있는 핵이 있다. 첨단체에는 난자를 침투해 들어가는 데 필요한 효소가 있다. 정상적인 남성의 사정된 정액은 수억 개의 정자를 포함하고 있으나, 오직 1개의 정자만이 난자에 들어간다. 보통 정자는 여성 생식관에서 48시간 이상 생존하지 못한다.

사이질세포

남성의 성호르몬인 안드로겐은 정자관 사이에 있는 세포에서 분비되는데, 이 세포를 **사이질세포**(interstitial cell)라고 한다. 안드로겐 가운데 가장 중요한 것은 테스토스테론으로, 그 기능에 대해 다음에 설명할 것이다.

남성의 호르몬 조절

시상하부는 뇌하수체 앞엽이 생식샘자극호르몬을 방출하도록 촉진하는 생식샘자극호르몬 분비호르몬(gonadotropin-releasing hormone, GnRH)을 분비하기 때문에 고환의 성 기능의 궁극적인 조절장소이다(15.2절 참고). 생식샘자극호르몬에는 2가지가 있다. 하나는 **난포자극호르몬**(follicle-stimulating hormone, FSH)이고, 다른 하나는 **황체형성호르몬**(luteinizing hormone, LH)이다. 이 두 호르몬은 여성에서의 기능을 고려하여 명칭이 지어졌지만, 남성에서도 생성되고 기능한다. 남성에서 FSH는 정세관에서 정자의 생성을 촉진하고, LH는 사이질세포에서의 테스토스테론 생성을 조절한다.

이러한 호르몬은 정자와 테스토스테론을 비교적 일정하게 생산하도록 조절하는 음성되먹임 조절에 관여한다(그림 16.5). 혈액 내에 많은 양의 테스토스테론이 일정 시간 유지되면, 테스토스테론은 시상하부와 뇌하수체 앞엽에서의 GnRH와 LH 분비를 감소시킨다. 테스토스테론의 농도가 감소하면 시상하부에서 GnRH 분비가 증가하고, 뇌하수체 앞엽은 사이질세포에서 테스토스테론 분비를 촉진하는 LH의 분비를 증가시킨다. 이러한 기전으로 정세관에서는 지속해서 정자가 만들어진다. 정세관 벽의 세르톨리세포는 GnRH와 FSH의 분비를 억제하는 인히빈(inhibin)이라는 호르몬을 생산한다(그림 16.5 참고).

남성에서 주요한 성호르몬인 **테스토스테론**(testosterone)은

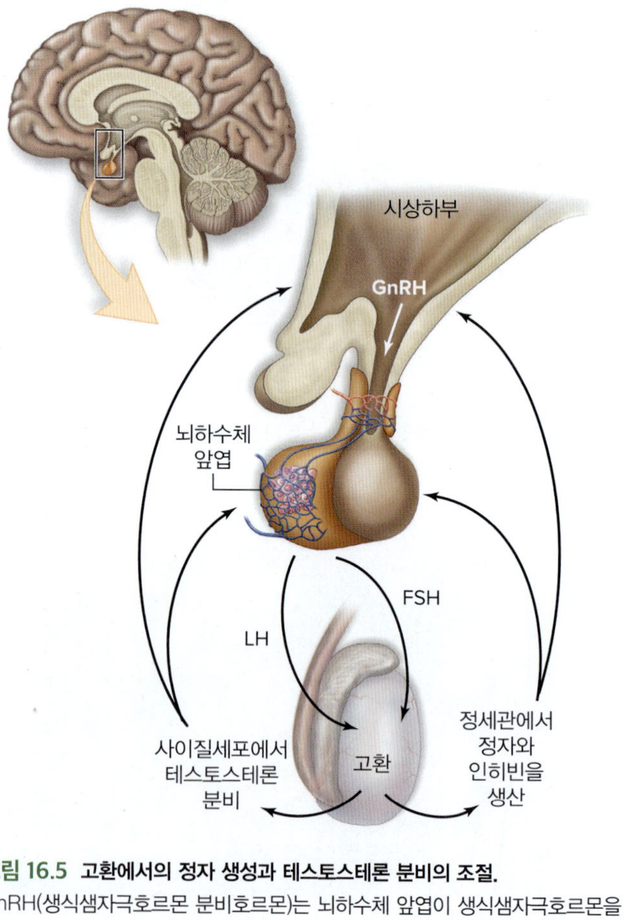

그림 16.5 고환에서의 정자 생성과 테스토스테론 분비의 조절.
GnRH(생식샘자극호르몬 분비호르몬)는 뇌하수체 앞엽이 생식샘자극호르몬을 분비하도록 촉진한다. 뇌하수체 앞엽이 분비하는 생식샘자극호르몬에는 정자의 생성을 촉진하는 난포자극호르몬(FSH)과 테스토스테론의 생성을 촉진하는 황체형성호르몬(LH)이 있다. 테스토스테론과 인히빈은 시상하부와 뇌하수체 앞엽에 대해 음성되먹임 조절을 하며, 혈액 내 테스토스테론 수준과 고환을 통해 정자의 생성을 조절한다.

표 16.1에 열거된 기관의 정상적인 발생과 기능에 필수적이다. 또한 테스토스테론은 사춘기에 발생하는 남성의 2차 성징을 불러일으키고 유지한다. 남성은 일반적으로 여성보다 키가 더 크며, 더 넓은 어깨와 몸통에 비해서 상대적으로 다리가 길다. 여성의 목소리보다 남성의 목소리가 더 굵은 이유는 성대가 길고 큰 후두를 가지기 때문이다. 이른바 아담의 사과(Adam's apple)라고 하는 것은 후두의 한 부분이고, 그것은 보통 여성보다 남성에게서 더 두드러진다. 테스토스테론은 남성이 얼굴과 가슴, 경우에 따라서 등과 같은 몸의 부분에서 눈에 띄는 체모를 발달시키도록 한다. 또한 이와 관련된 화학물질은 주로 남성에게서 탈모를 일으켜 대머리가 되게 한다.

테스토스테론은 남성의 근육 발달과 관계있다. 이러한 기능을 알기 때문에, 때때로 남성과 여성은 테스토스테론 또는 테스토스테론과 유사한 스테로이드호르몬인 합성대사 스테로이드(anabolic steroid)를 복용한다. 합성대사 스테로이드의 복용은 콩팥, 심장혈관계통, 호르몬 불균형과 관련된 건강 문제를 발생시킬 수 있다.

진도 점검하기 16.2

1. 남성 생식계통의 구조를 열거하고, 이들을 정자가 지나는 순서대로 나열하시오.
2. 정자발생 과정을 기술하시오.
3. 남성 생식계통에서 테스토스테론의 중요성을 설명하시오.

개념 연결하기

이 절에 제시된 자료에 대한 자세한 내용은 다음 논의를 참고하시오.

그림 1.20 테스토스테론의 화학 구조를 살펴본다.

15.6절 남성호르몬에 대한 추가 정보를 살펴본다.

18.4절 감수분열 과정에서 정자 생성 중 염색체 수를 감소시키는 방법을 살펴본다.

16.3 여성의 생식계통

학습 목표

이 절을 학습한 후 다음 사항을 할 수 있어야 한다.

1. 여성 생식계통의 구조와 각 기능을 설명할 수 있다.

표 16.2 여성의 생식기관

기관	기능
난소	난자와 성호르몬을 생산하는 기관
자궁관	난자를 수송하고, 수정이 일어나는 장소
자궁	발생 중인 태아를 품는 곳
자궁목	자궁의 개구부를 포함하는 곳
질	성관계 시 음경을 수용하며, 산도이자 월경혈이 배출되는 통로

여성의 생식선은 양쪽 골반강 상부에 위치한 얕은 홈 속에 있는 한 쌍의 **난소**(ovary)이다. 난소는 **난자**(egg)를 생성하며, 여성호르몬인 에스트로겐과 프로게스테론을 분비한다. 여성 생식기관에는 표 16.2에 나열된 기관과 그림 16.6에 나와 있는 기관이 포함된다.

생식관

난관 또는 나팔관이라고도 하는 **자궁관**(uterine tube)은 자궁에서 난소로 뻗어 있다. 그러나 자궁관은 난소와 붙어 있지는 않다. 대신에 자궁관 끝부분에는 난소를 쓸어내리는 손가락 같은 돌기인 **자궁관술**(fimbriae, 단수는 fimbria)이 있다. 하나의 난자가 배란기 동안 난소에서 배출되면, 자궁관술의 복합적인 작용과 자궁관 내부의 섬모운동을 통해 자궁관 안으로 빨려 들어간다.

일단 자궁관에 들어가면, 난자는 섬모운동과 자궁관 근육 수축에 의해 자궁 쪽으로 천천히 이동한다. 난자는 수정이 일어나지 않았을 경우, 약 6~24시간 동안만 생존한다. 수정과 접합자의 생성은 보통 자궁관에서 일어난다. 발생하는 배아는 정상적으로 며칠 후 자궁에 도달하고, **착상**(implantation)이 일어난다. 착상은 배아가 자궁내막에 파묻히는 과정이며, 그 전에 자궁속벽은 착상을 준비하고 있다.

자궁(uterus)은 거꾸로 놓인 서양배 모양과 크기를 가지며, 두꺼운 벽과 근육으로 된 기관이다(그림 16.6). 임신을 하지 않았을 때 자궁은 방광 위에 놓여 있다. 자궁관은 자궁의 위쪽 끝에 연결되어 있다. 반면에 아래쪽 끝에는 **자궁목**(cervix)이 있는데 질과는 거의 직각을 이루면서 연결되어 있다.

자궁목암은 여성에게 흔히 발생하는 암의 한 형태다. 초기 검진은 팹 검사(Pap test)라는 자궁목암 검사법을 통해 가능하다.

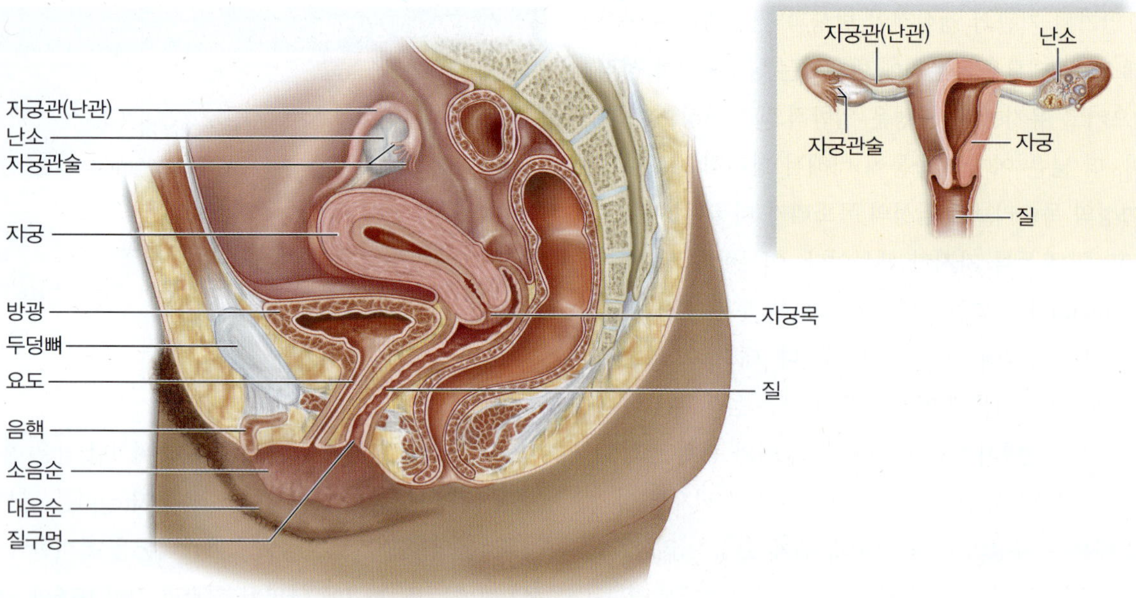

그림 16.6 여성의 생식계통.
난소는 대개 한 달에 하나의 난자를 방출한다. 수정은 자궁관에서, 발생은 자궁에서 일어난다. 질은 산도이자 성관계를 위한 기관이고, 월경혈이 배출되는 통로다.

이 방법은 현미경 관찰을 위해 자궁목 부분에서 일부 세포를 떼어 내어야 한다. 만일 세포에서 발암성이 관찰되면, 의사들은 **자궁절제술**(hysterectomy)을 권유하기도 한다. 자궁절제술은 자궁목을 포함한 전체 자궁을 제거하는 것이다. 난소를 포함하여 자궁을 제거하는 것은 **난소자궁절제술**(ovariohysterectomy)이라고 한다. 성관계는 질이 남아 있기 때문에 여전히 가능하다.

배아와 태아의 발생은 자궁에서 일어난다. 정상인 자궁은 너비가 약 5 cm다. 그러나 발생하는 태아가 있을 때는 약 30 cm 이상으로 확장될 수 있다. **자궁내막**(endometrium)이라고 하는 자궁의 안쪽 부위는 태반 형성에 참여한다. 태반은 배아와 태아의 발생에 필요한 영양소를 공급한다. 자궁내막은 두 층으로 되어 있다. 매 월경주기마다 배출되는 기능층과 생식세포의 바닥층이 그것이다. 임신하지 않은 여성의 자궁내막 기능층은 매달 반복되는 자궁주기라고 부르는 생식주기에 따라서 두께가 변한다.

자궁목의 작은 구멍은 질 통로와 만난다. **질**(vagina)은 입구에 뒤로 45° 정도로 누워 있는 관이다. 질의 점액성 속막은 주름져 있어 확장될 수 있다. 이것은 질이 출산 시 산도로 기능하는 데 특히 중요하고, 성관계 시 질이 음경을 받아들이는 것을 용이하게 한다. 또한 질은 월경 시에 혈액이 배출되어 나오는 통로다. 몇몇 종류의 세균은 정상적으로 질 내부에 서식하면서 산성 환경을 형성한다. 이러한 환경은 병원성 세균의 증식을 막지만, 정자는 정액이 제공하는 염기성 환경을 더 선호한다.

외부 생식기

여성의 외부 생식기는 전체로 **음부**(vulva)라고 알려져 있다(그림 16.7). 음부는 대음순(labia majora)이라고 하는 2개의 크고,

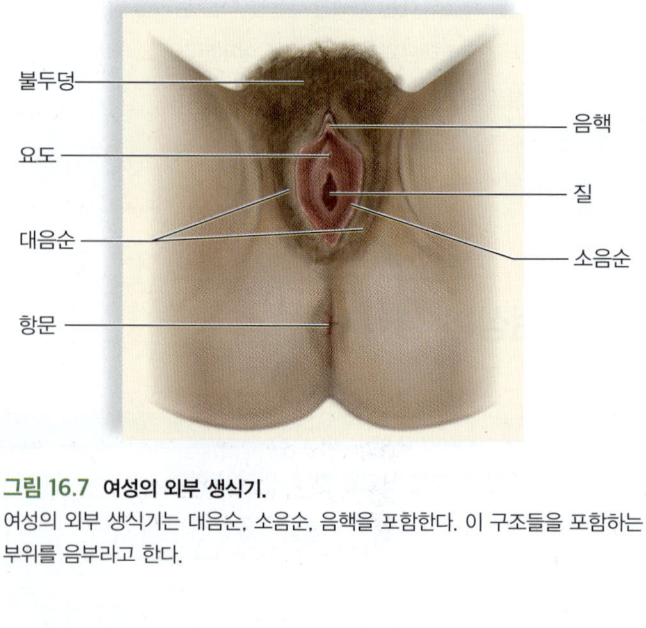

그림 16.7 여성의 외부 생식기.
여성의 외부 생식기는 대음순, 소음순, 음핵을 포함한다. 이 구조들을 포함하는 부위를 음부라고 한다.

털로 덮여 있고 접혀 있는 피부를 포함한다. 대음순은 음모로 덮여 있는 지방질 돌출부인 **불두덩**(mons pubis)에서 뒤쪽으로 확장되어 있다. **소음순**(labia minora)은 대음순 바로 안쪽에 놓여 있는 2개의 작은 주름이다. 그것들은 질구멍으로부터 앞쪽으로 둥글게 확장되어 있고 음핵을 덮는 포피를 형성한다. **음핵**(glans clitoris)은 여성의 성적 흥분을 일으키는 기관이다. 음핵은 남성의 음경처럼 성적인 자극을 받는 동안에 혈액이 몰리는 발기조직을 포함하고 있다.

소음순 주름 사이에 **요도**(urethra)와 **질구멍**(vagina)이 있다. 질구멍의 일부는 **처녀막**(hymen)으로 막혀 있을 수도 있다. 처녀막은 성관계 또는 신체활동을 통해서도 파괴될 수 있다. 처녀막 일부가 성관계 후에도 계속 남아 있다면, 외과적 수술을 통해서 제거할 수 있다.

여성에게서 비뇨계통과 생식계통은 완전히 분리되어 있다는 것을 상기해야 한다. 예를 들어 요도는 오직 소변을 배출하기 위한 관이고, 질은 오직 산도와 성관계를 위한 구조, 월경 시 배출구로만 기능한다.

여성의 오르가슴

성적 자극을 받는 상황에서 소음순, 질벽, 음핵은 혈액으로 확장된다. 유방 또한 부풀어 오르고, 젖꼭지도 발기한다. 대음순은 확장되고, 붉어지며, 질구멍에서 바깥쪽으로 펼쳐진다.

질은 확장하고 길어진다. 질벽의 혈관은 질 내부를 적시고 매끄러워지도록 하는 액체를 방출한다. 소음순 아래의 점액 분비샘들은 음경이 질 내부로 들어갈 때 원활하게 해준다. 질이 여성의 성관계를 위한 기관이라면, 음핵은 여성의 성적 반응에 가장 중요한 역할을 한다. 극도로 민감해진 음핵은 보통 크기보다 두세 배 커질 수 있다. 음경의 삽입과 두덩뼈에 대한 압박이 음핵을 자극한다.

오르가슴은 성적 반응이 최고조일 때 일어난다. 혈압과 심장박동수가 증가하고, 호흡이 거칠어지며, 자궁과 자궁관 벽은 율동적으로 수축한다. 기관들이 정상적인 크기로 돌아갈 때, 강하며 즐거운 기분이 이완작용에 의해 뒤따라온다. 여성은 불응기를 가지지 않기 때문에 여러 번의 오르가슴이 한 번의 성적 경험을 겪는 동안 일어날 수 있다.

진도 점검하기 16.3

1. 여성 생식기관 중 (a) 어느 것이 난자를 생성하고, (b) 난자를 운반하며, (c) 발생 중인 배아를 수용하고, (d) 산도의 기능을 수행하는지 설명하시오.
2. 여성 생식기관에서 질과 자궁의 역할을 설명하시오.
3. 여성의 비뇨계통과 생식계통이 분리되어 있는 이유를 논의하시오.

개념 연결하기

이 절에 제시된 자료에 대한 자세한 내용은 다음 논의를 참고하시오.

17.1절 정자와 난자의 결합 과정을 살펴본다.
17.2절 자궁 내 태아 발달의 단계를 살펴본다.
19.1~19.2절 암세포의 특성과 암의 원인을 살펴본다.

16.4 난소주기

학습 목표

이 절을 학습한 후 다음 사항을 할 수 있어야 한다.

1. 난소주기의 각 단계를 나열하고, 단계별로 어떤 일이 일어나는지 설명할 수 있다.
2. 난자발생 과정을 설명할 수 있다.
3. 에스트로겐과 프로게스테론이 난소주기에 어떠한 영향을 미치는지 설명할 수 있다.

여성의 호르몬 수치는 난소주기에 따라 주기적으로 변동하며, 난소주기는 자궁주기를 촉진한다.

난소주기: 비임신기

하나의 난소는 많은 **난포**(follicle)를 갖고, 각 난포는 **난모세포**(oocyte)라는 미성숙 난자를 포함한다. 여성은 200만 개 정도의 난포를 가지고 태어나지만, 사춘기가 되면 그 수가 30만~40만 개 정도로 줄어든다. 일반적으로 여성은 생식이 가능한 시기 동안에 난자를 한 달에 하나씩 생산하기 때문에, 여성의 생애 동안 극히 적은 수(약 400개)의 난포만이 **난소주기**(ovarian cycle) 동안에 성숙한다(그림 16.8). **일차난포**(primary follicle)의 상피세포는 **일차난모세포**(primary oocyte) 주위를 둘러싼다. **이차난포**(secondary follicle)에는 난포액 속에 난모세포가 잠겨 있다. **수포성 난포**[그라프 난포(Graafian fol-

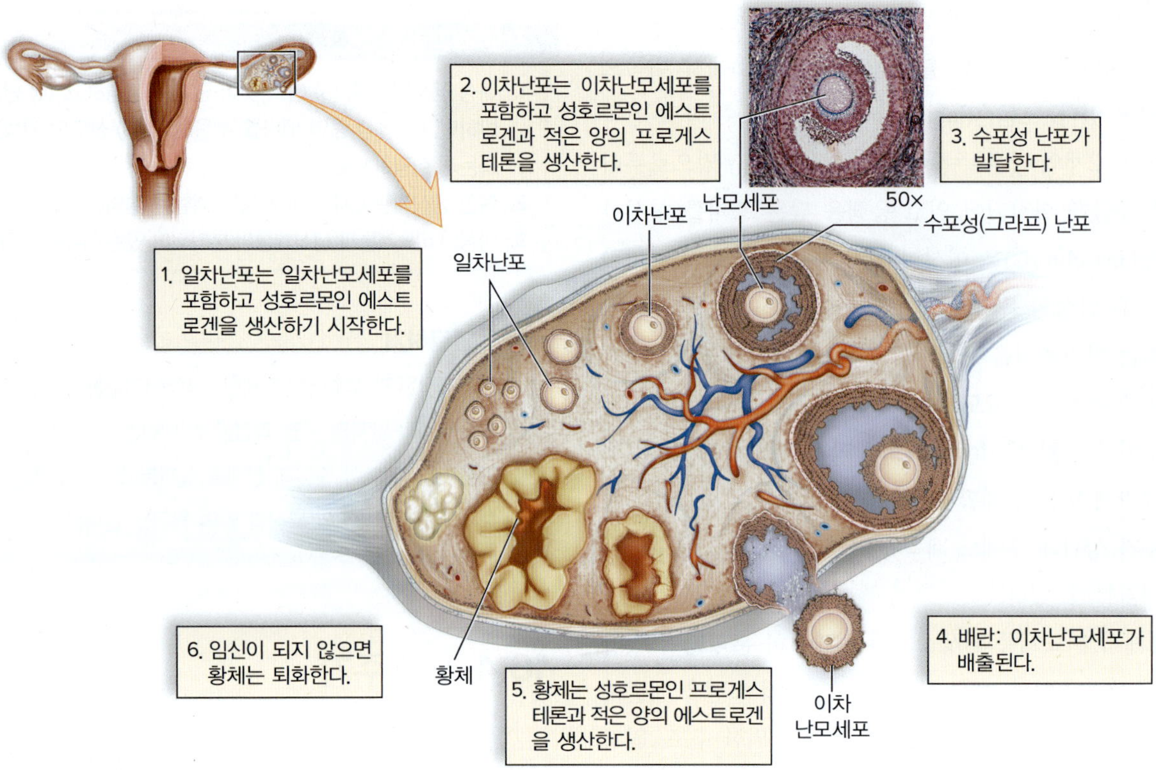

그림 16.8 난소주기.
하나의 난포는 난소 내 한 장소에서 모든 단계(1~6)를 거친다. 난포가 성숙하면 난포세포층이 이차난모세포를 둘러싼다. 궁극적으로 성숙 난포는 터져서 이차난모세포를 방출한다. 그 이후 난포는 황체가 되고, 결국에는 퇴화한다.
(사진): ©Ed Reschke

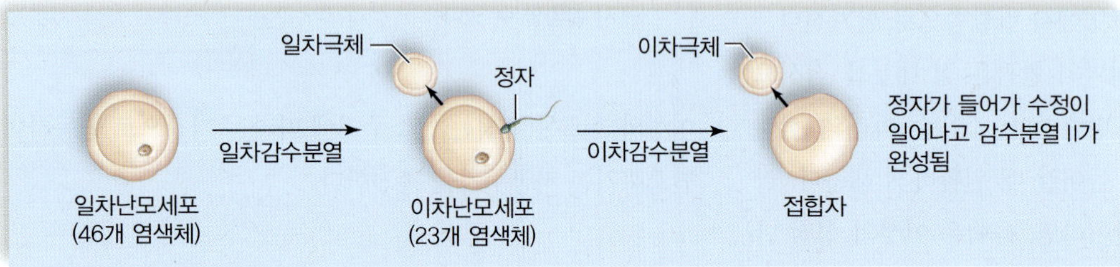

그림 16.9 난자세포를 생성하는 난자발생 과정. 난자발생 과정 동안 염색체 수는 46개에서 23개로 감소한다. 난자발생 과정을 통해 기능하는 1개의 난자와 기능하지 못하는 극체가 만들어진다.

licle)]에는 액체로 채워져 있는 빈 공간이 점점 커져 난포벽이 난소의 표면에 닿게 된다.

그림 16.9는 **난자발생**(oogenesis) 과정의 단계를 보여주고 있다. 일차난모세포는 일차감수분열을 겪고, 그 결과로 생긴 딸세포들은 염색체 23개의 반수체이다. 이러한 세포 중 하나는 **극체**(polar body)라고 한다. 극체는 그 기능이 단지 버려진 염색체를 붙잡고 있는 것이기 때문에 세포 '쓰레기통'의 한 종류로 간주된다. 이차난모세포는 오직 정자에 의해서 수정이 일어났을 경우에만 이차감수분열을 진행한다. 만일에 이차난모세포가 수정되지 않는 채로 남아 있다면 결코 감수분열을 완성하지 못하고, 난소에서 배란된 직후에 퇴화될 것이다.

배란기가 되면 수포성 난포는 터지고 투명한 막으로 둘러싸인 난모세포(난자)를 방출하는 **배란**(ovulation)이 일어난다. 일단 수포성 난포는 난모세포를 배란시키고 나면, 분비샘과 비슷한 구조를 띤 **황체**(corpus luteum)로 변한다. 난자가 수정되지 못하면 황체는 퇴화한다.

16.3절에서 언급했듯이 난소는 난자를 생산하고, 여성호르몬인 에스트로겐과 프로게스테론을 생산한다. 일차난포는 에

스트로겐을 생산하고, 이차난포는 에스트로겐과 일부 프로게스테론을 생산한다. 황체는 프로게스테론과 일부 에스트로겐을 생산한다.

난소주기의 단계

남성과 유사하게, 시상하부는 GnRH를 분비하여 난소의 성적 기능을 조절한다. GnRH는 뇌하수체 앞엽으로 하여금 FSH와 LH를 생산하도록 하고, 이 호르몬들은 난소주기를 조절한다. 생식샘자극호르몬들은 일정한 수준으로 존재하지 않고, 주기가 진행되는 동안 다른 속도로 분비된다. 다시 말해서 전반부인 **난포기**(follicular phase)에서는 FSH가 에스트로겐을 분비하는 난포의 발달을 촉진시킨다는 점이 중요하다(그림 16.10). 혈중 에스트로겐 농도가 증가하면, 뇌하수체 앞엽에서 FSH의 분비를 음성되먹임으로 조절하여 난포기가 끝난다.

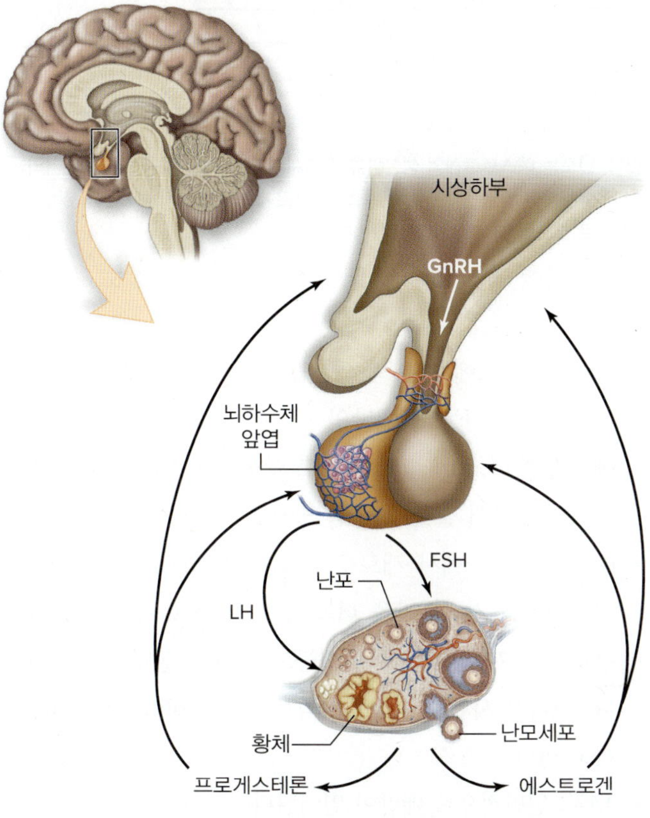

그림 16.10 난소에서의 에스트로겐과 프로게스테론 생성의 조절.
시상하부는 GnRH를 생산한다. GnRH는 뇌하수체 앞엽을 자극하여 FSH와 LH를 생산하도록 한다. FSH는 일차적으로 난포로 하여금 에스트로겐을 생산하도록 촉진하고, LH는 황체가 프로게스테론을 생산하도록 자극한다. 에스트로겐과 프로게스테론은 생식기(예: 자궁)의 기능과 2차 성징을 유지하도록 하며, 시상하부와 뇌하수체 앞엽에 대해 되먹임 작용을 수행한다. 되먹임 조절은 또한 혈중 에스트로겐과 프로게스테론의 상대적인 양을 조절한다.

난포기 말미에 에스트로겐 농도가 정점에 이르면 양성되먹임으로 시상하부와 뇌하수체에 영향을 미친다. 결과적으로 시상하부에서 GnRH 분비가 증가한다. 이것은 뇌하수체 앞엽의 급격한 LH 분비를 일으키고, 28일 주기의 14일째 되는 날에 배란을 일으킨다.

이제 **황체기**(luteal phase)가 시작된다. 난소주기의 황체기 동안에는 LH가 황체의 발달을 촉진하고, 이 황체가 프로게스테론을 분비한다. 임신이 일어나지 않으면 황체는 퇴화하고 새로운 주기가 월경과 함께 시작된다(그림 16.11).

에스트로겐과 프로게스테론

에스트로겐(estrogen)과 **프로게스테론**(progesterone)은 자궁뿐만 아니라 몸의 다른 기관에도 영향을 준다. 에스트로겐은 여성에게서 체모나 체지방을 포함한 2차 성징을 나타내는 데에 매우 중요한 역할을 담당한다. 일반적으로 여성은 남성보다 피부밑지방이 더 축적되어 있기 때문에 체형이 더 둥근 편이다. 남성처럼 여성도 사춘기 때에 겨드랑이털과 음모가 발달한다. 여성의 경우 음모의 위쪽 경계는 수평적이나, 남성은 배꼽을 향해 좀 더 위로 뻗어 있다. 에스트로겐과 프로게스테론 둘 다 유방의 발달에도 필요하다. 기타 호르몬이 임신 후 모유의 생산과 수유에 관련된다. 프로락틴은 임신 후 젖 생산에 관여하며, 옥시토신은 아기가 양육되기 시작하면 우유 생산량을 감소시킨다.

> **생활 속의 생물학**
>
> **여성도 테스토스테론을 만들까?**
>
> 여성의 부신과 난소는 소량의 테스토스테론을 만든다. 여성의 낮은 테스토스테론 수치는 성욕에 영향을 미칠 수 있다. 여성의 성욕을 회복시키기 위한 보충적인 테스토스테론의 사용은 많은 연구가 되지 않아 불확실하다.
>
> 또한 남성들도 에스트로겐을 만든다. 어떤 에스트로겐은 부신에서 생성된다. 안드로겐은 생식샘과 말초조직의 효소에 의해 에스트로겐으로 전환된다. 에스트로겐은 남성의 골다공증을 예방할 수 있다.

골반뼈는 여성이 더욱 넓고 깊어 골반의 크기도 보통 남성에 비해 상대적으로 크다. 따라서 여성이 남성보다 더 넓은 엉덩이를 가지며, 넙다리가 무릎으로 내려올수록 모이는 모양이 남성보다 더 심하다. 여성의 골반은 앞쪽을 향해 기울어져

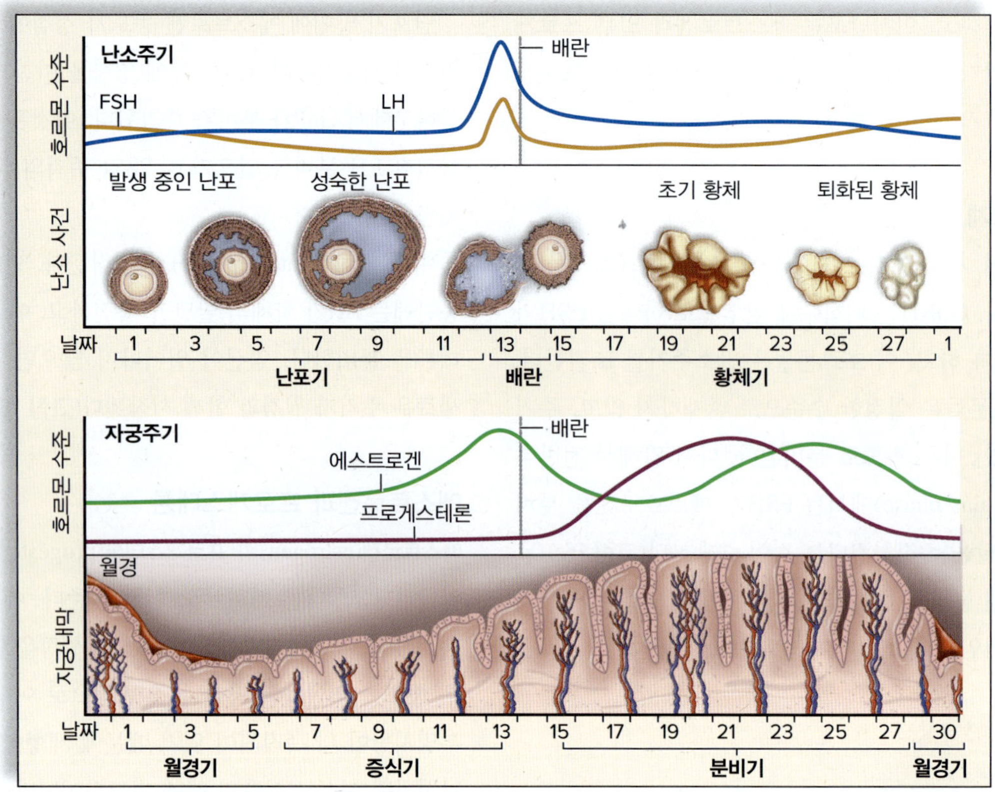

그림 16.11 난소주기(위)와 자궁주기(아래).
난포기 동안, 뇌하수체 앞엽에 의해서 분비되는 FSH는 난소에서 난포의 성숙을 촉진한다. 난포는 에스트로겐의 생산량을 증가시키고, 이러한 작용이 자궁주기의 증식기 동안에 자궁내막이 두꺼워지도록 유도한다. 배란 후 난소주기의 황체기 동안에는 LH가 황체의 발달을 촉진한다. 특별히 프로게스테론은 자궁내막이 분비 기능을 갖게 한다. 자궁내막이 파괴되면서 일어나는 월경은 프로게스테론의 생산이 낮은 수준으로 감소할 때 시작된다.

있기 때문에 여성은 남성에 비해 허리의 등 쪽 곡선이 더 낮게 내려와 있으며, 배가 나오고 볼기가 돌출되는 경향이 있다.

난소주기가 끝나는 여성의 **폐경**(menopause)은 45~55세 사이에 일어난다. 난소는 뇌하수체 앞엽에 의해서 생산된 생식샘자극호르몬의 영향을 더는 받지 못하고, 에스트로겐과 프로게스테론을 생산하지도 못한다. 폐경기가 시작하면 월경은 불규칙해지지만, 월경이 일어나고 있는 한 여성은 임신할 수 있다. 그러므로 월경이 1년 동안 한 번도 일어나지 않을 때까지 완전히 폐경되었다고 생각해서는 안 된다.

자궁주기: 비임신기

여성호르몬인 에스트로겐과 프로게스테론은 여러 기능이 있다. 기능 중 하나는 자궁내막에 영향을 주며, 자궁이 **자궁주기**(uterine cycle)라고 하는 일련의 주기적 과정을 겪도록 한다(그림 16.11). 28일 주기는 다음처럼 구분될 수 있다.

- 1~5일: 체내에 적은 양의 에스트로겐과 프로게스테론이 자궁내막을 허물고, 내막의 혈관을 파괴한다. 주기의 1일에는 **월경**(menstruation)이라고 알려진 과정을 통해 혈액과 조직의 산물이 질을 통해 몸 밖으로 나온다.
- 6~13일: 난소에서 새로운 난포가 에스트로겐 생산을 증가시키면서 자궁내막을 더욱 두껍게 하고, 새로운 혈관의 분포를 증가시키며, 분비 기능도 활발한 상태로 만들어준다. 이러한 시기를 자궁주기의 증식기(proliferative phase)라고 한다.
- 14일: 일반적으로 배란이 일어난다.
- 15~28일: 난소 내 황체가 프로게스테론 생산을 증가시키면서 자궁내막이 두세 배 더 두꺼워진다(1 mm에서 2~3 mm로). 그리고 자궁샘들이 성숙해지고 끈적한 점액을 분비한다. 이 시기를 자궁주기의 분비기(secretory phase)라고 한다. 자궁내막은 이제 발생 중인 배아를 받아들일 준비가 되어

표 16.3 난소주기와 자궁주기: 비임신기

난소주기	현상	자궁주기	현상
난포기(1~13일)*	FSH가 분비되기 시작한다.	월경(1~5일)	자궁내막이 파괴된다.
	난포가 성숙한다. 에스트로겐 분비가 증가한다.	증식기(6~13일)	자궁내막이 다시 생성된다.
배란기(14일)*	LH 분비가 급격히 증가한다.		
황체기(15~28일)*	LH 분비가 계속된다. 황체가 형성된다. 프로게스테론 분비가 두드러진다.	분비기(15~28일)	자궁내막이 두꺼워지고, 분비샘이 분비 기능을 수행한다.

* 28일 주기로 가정한다.

있다. 만일에 이 과정이 일어나지 않는다면, 난소 내 황체는 퇴화하고, 프로게스테론 농도가 낮아지면서 자궁내막은 또 다시 탈락되고 월경이 시작된다.

표 16.3은 임신이 일어나지 않았을 때 자궁주기와 난소주기의 단계를 비교한 것이다.

수정과 임신

일반적으로 피임하지 않은 상태로 성관계를 하면 많은 정자는 배란된 난자가 존재하는 자궁관 내부로 이동한다. 배란된 난자는 단지 12~24시간 생존하지만 정자는 자궁관에서 최대 6일까지 생존할 수 있다. 난자와 수정하기 위해서 오직 하나의 정자만 필요하기 때문에 배란 며칠 전의 성관계도 임신될 수 있다.

수정된 난자는 **접합자**라고 한다. 접합자는 자궁관을 따라 자궁으로 이동하면서 발생 과정을 진행한다. 접합자는 분할하여 **배아**(embryo)가 된다. 자궁내막은 발생 중인 배아의 착상 준비를 한다. 수정 며칠 후 배아는 자궁내막에 착상한다. 착상은 임신이 시작되었음을 알려주는 신호이다. 낙태는 자연적(유산이라고 함)으로 일어날 수도 있고, 인위적으로 유도할 수도 있다. 낙태의 각 유형은 배아 또는 태아의 소실로 끝이 난다.

발생 중인 배아 또는 태아가 모체와 물질교환을 하기 위한 **태반**(placenta)은 모체와 태아 모두의 조직에서 형성된다. 비록 혈액이 서로 섞이지는 않지만, 태아와 모체 혈액 사이에서 물질의 교환이 태반을 통해 일어난다. 먼저 태반은 **사람융모생식샘자극호르몬**(human chorionic gonadotropin, HCG)을 생산하고, 이것은 난소 내의 황체를 유지시키는 기능을 한다. 보통의 임신 검사는 혈액이나 소변 내의 HCG의 존재 유무를 감지하는 것이다. HCG의 양이 증가하면 황체가 더 많은 양의 프로게스테론을 분비하도록 하며, 이 프로게스테론은 시상하부와 뇌하수체 앞엽의 기능을 감소시키고, 그로 인해 새로운 난포가 생성되지 못하게 한다. 프로게스테론은 배아가 이제 막 자리 잡은 자궁내막을 유지하도록 한다. 성관계 이후 규칙적으로 일어났던 월경이 나타나지 않는다면, 임신을 했다는 신호가 될 수 있다(그림 16.12).

결국에는 태반 그 자체가 프로게스테론과 약간의 에스트로겐을 생산하게 되므로 황체는 더 이상 필요 없게 되어 퇴화한다.

많은 여성은 임신을 피하기 위해 경구피임약을 사용한다(16.5절 참고). 가장 흔히 사용하는 피임제의 경우, 21일 동안 합성 에스트로겐과 프로게스테론이 포함된 활성 약(active pill)을 복용하고, 이후 7일 동안에는 에스트로겐과 프로게스테론을 포함하지 않는 불활성 약(inactive pill)을 복용한다(그림 16.13). 활성 약을 복용하면 자궁내막이 다시 두꺼워지기 시작하며, 활성 약을 마지막 복용한 이후 프로게스테론 수준이 떨어지게 되면 월경이 일어난다. 불활성 약을 복용하지 않고 바로 활성 약을 먹게 되면 월경이 일어나지 않고 지나치게 된다. 경구피임약 중에는 활성 약을 3개월 동안 지속적으로 복용하는 것도 있다. 이 피임제를 복용하게 되면 1년에 4번만 월경을 하게 된다.

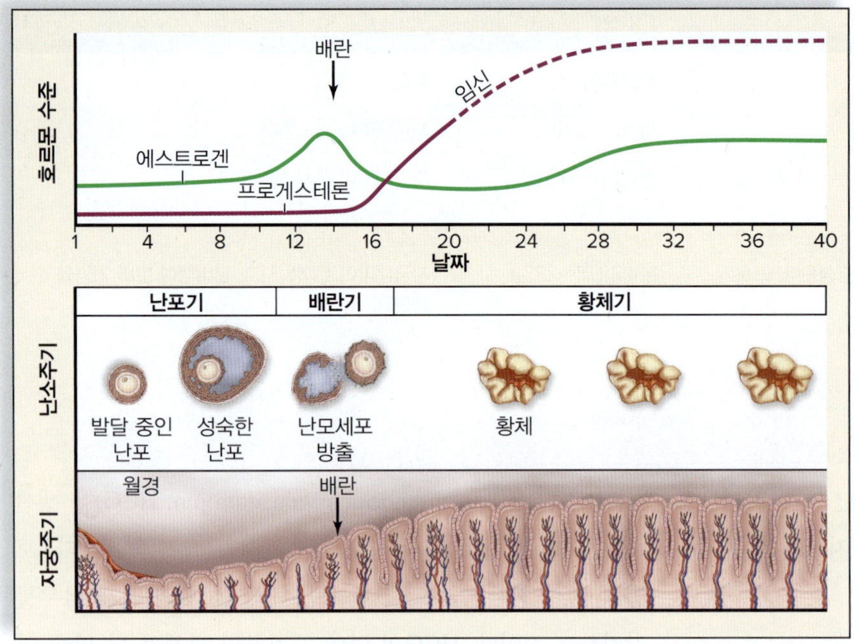

그림 16.12 황체와 자궁내막에 대한 임신의 효과. 임신이 되면 황체는 퇴화하지 않고 남아서 상당량의 프로게스테론을 분비한다. 그러므로 월경이 일어나지 않게 되고, 배아가 자라나는 자궁내막은 유지된다.

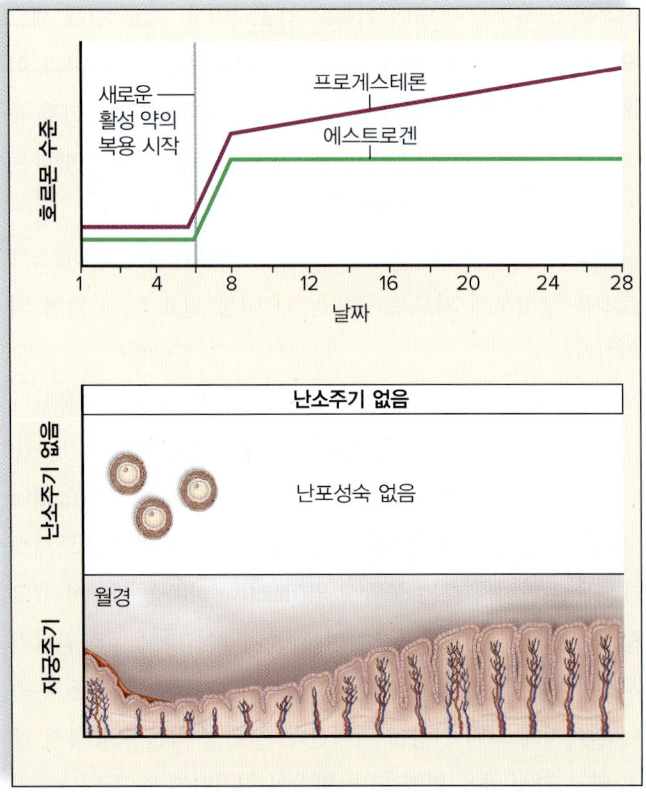

그림 16.13 난소주기에 대한 경구피임약의 효과. 활성 피임약은 자궁내막이 두꺼워지도록 하며, 이러한 내막은 불활성 약을 복용할 때 탈락하여 얇아진다. 시상하부와 뇌하수체 앞엽에 대한 되먹임 억제가 난소주기를 일어나지 않게 한다.

진도 점검하기 16.4

1. 난소주기와 자궁주기에서 에스트로겐과 프로게스테론의 역할을 요약하시오.
2. 임신 중 난소주기와 자궁주기에 일어나는 변화를 설명하시오.
3. 경구피임약을 복용했을 때 난소주기와 자궁주기에 일어나는 변화를 설명하시오.

개념 연결하기

이 절에 제시된 자료에 대한 자세한 내용은 다음 논의를 참고하시오.

15.6절 남성호르몬에 대한 추가 정보를 살펴본다.

17.1절 정자세포에 의한 난자의 수정 단계를 살펴본다.

18.4절 감수분열이 난자발생 과정 동안 염색체 수를 어떻게 감소시키는지 살펴본다.

16.5 생식의 조절

학습 목표

이 절을 학습한 후 다음 사항을 할 수 있어야 한다.

1. 피임의 종류를 나열하고 각각의 방법이 어떻게 수정이 일어날 기회를 줄이는지 설명할 수 있다.
2. 불임의 원인을 설명할 수 있다.
3. 보조생식기술이 임신의 기회를 어떻게 증가시키는지 기술할 수 있다.

생식 가능성을 줄이거나 강화하는 데 몇 가지 수단이 사용될 수 있다. 한 개인이나 부부가 자녀의 수를 조절하기 위해 **피임법**(birth control method)을 사용할 수 있는 반면, 불임 부부들은 보조생식기술의 도움을 받아 임신 성공률을 높일 수 있다.

피임법

피임의 가장 확실한 방법은 금욕(abstinence)이다. 이것은 성관계를 하지 않는 것을 뜻한다. 이러한 형태의 피임은 성적으로 전염되는 질병의 확산을 방지할 수 있는 이점이 있다. 표 16.4는 미국에서 사용되는 다양한 피임 방법과 각 방법의 효율을 보여주고 있다. 예를 들어 피임제를 통해서는 98%의 효율을 예상할 수 있으며, 다만 2% 정도의 여성이 피임에 실패할 수 있다. 다른 방법으로는 질외사정을 하는 것인데 성공률이 75%이다. 질외사정법은 효율이 낮은 피임법이다.

피임(contraceptive)에는 약물을 복용하는 방법과 기구를 사용하는 방법이 있다. 효과적인 피임법으로 많이 사용되는 **경구피임약**(birth control pill)은 에스트로겐과 프로게스테론 복합성분 약제이다(그림 16.14a). 대부분 경구피임약은 매일 복용해야 한다. 처음 21일 동안 복용해야 하는 약에는 활성호르몬이 포함되어 있다. 다음 7일간은 불활성 약을 복용한다. 알약의 형태이든 또는 피부에 붙이는 패치의 형태이든 이런 호르몬 제제의 적용은 뇌하수체로 하여금 FSH와 LH의 생산을 억제하여 난소에서 난포가 발달하지 못하게 한다. 결국 배란이 일어나지 않기 때문에 임신이 되지 않는다. 그러나 부작용의 가능성 때문에 경구피임약을 복용하는 여성은 정기적으로

표 16.4 일반적으로 사용되는 피임법*

이름	절차	방법	유효성	위험
금욕	성관계를 자제	질에 정자가 없음	100%	없음
정관수술	정관을 자르고 묶음	정액에 정자가 없음	99%	회복 불가능한 불임
난관결찰	자궁관을 자르고 묶음	자궁관에 난모세포가 없음	99%	회복 불가능한 불임
경구피임법	매일 복용하는 호르몬제	뇌하수체 앞엽은 FSH와 LH를 분비하지 않음	약 91%	심장마비, 뇌졸중, 혈전색전증의 위험 증가
피임 임플란트	프로게스틴 튜브(프로게스테론의 한 형태) 피부 아래 이식	뇌하수체 앞엽은 FSH와 LH를 분비하지 않음	99% 이상	다른 호르몬 치료와 유사. 삽입/제거에 대한 드문 문제
피임 주사/패치	호르몬 주사	뇌하수체 앞엽은 FSH와 LH를 분비하지 않음	약 91%	다른 호르몬 치료와 유사
질 피임 링	매달 질에 링 삽입	뇌하수체 앞엽은 FSH와 LH를 분비하지 않음	약 91%	다른 호르몬 치료에 비해 다소 낮음
자궁내장치(IUD)	의사가 플라스틱 코일을 자궁에 삽입	착상 방지	약 99%	PID†, 삽입/제거에 대한 드문 문제
피임용 격막	성교 전 자궁경부를 덮기 위해 질에 삽입되는 라텍스 컵	정자가 자궁으로 들어가는 것을 막음	약 88%, 살정제와 병용하면 증가	라텍스 또는 살정제 알레르기
자궁경부 캡	흡입으로 자궁경부 위에 고정된 라텍스 캡	자궁경부 근처에 살정제를 전달	약 71~86%	UTI†, 라텍스 또는 살정제 알레르기
남성 콘돔	발기된 음경 위에 라텍스 외장이 장착됨	정자를 포획하고 성병을 예방	약 85%	라텍스 알레르기
여성 콘돔	질 내부에 장착된 폴리우레탄 라이너	정자가 자궁으로 들어가는 것을 막고 성병을 예방	약 79%	라텍스 알레르기
성교 중단(질외사정)	사정 전에 음경을 빼낸 경우	정자가 들어가는 것을 방지	약 78%	없음
살정제 젤리, 크림 또는 폼	성교 전에 삽입되는 살정제	대량의 정자를 죽임	약 71%	UTI†, 질염, 알레르기
자연적인 가족계획	기록 보관, 다양한 검사 방법으로 배란일 결정	매월 특정일에는 성관계를 피함	약 76~88%	없음

* 28일 주기로 가정한다.
† = 골반염증질환, ‡ = 요로 감염

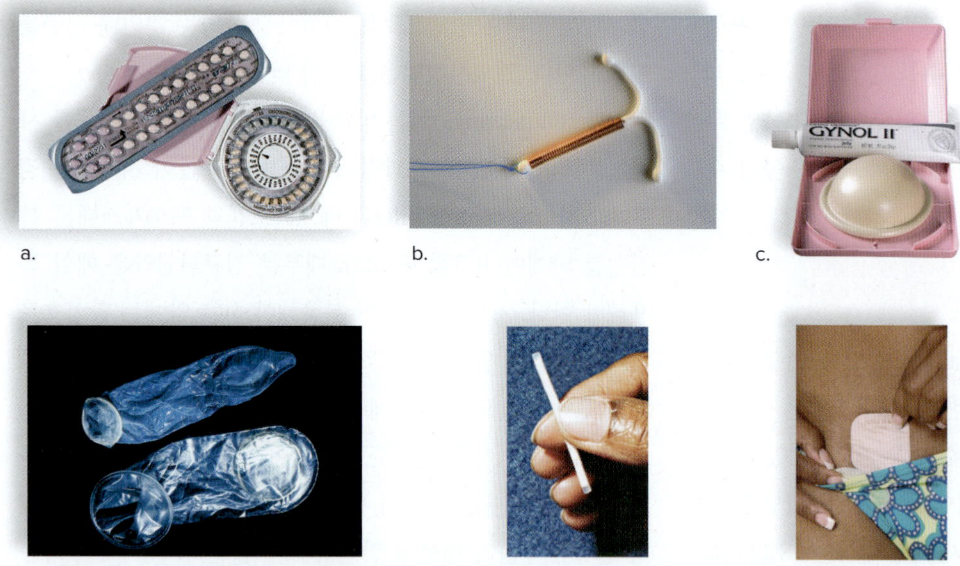

그림 16.14 다양한 피임 방법.
a. 경구피임약(피임약). **b.** 자궁내장치(IUD). **c.** 살정제 젤리 및 피임용 격막. **d.** 남성과 여성의 콘돔. **e.** 피임 임플란트. **f.** 패치.
(사진) (a): Bob Coyle/McGraw Hill; (b): Ottfried Schreiter/imageBROKER/Alamy Stock Photo; (c): Jill Braaten/McGraw Hill; (d): Scott Camazine/Science Source; (e): Courtesy of Population Council/Karen Tweedy-Holmes; (f): Bob Pardue/Medical Lifestyle/Alamy Stock Photo

의사의 진료를 받아야 한다.

남성을 위한 안전하고 효과적인 호르몬 피임법에 관한 연구가 진행 중이다. 피부 내 이식, 알약, 패치, 주사 등을 통해 테스토스테론과 프로게스테론이 정자 생산을 막는 수준에서 작용하도록 하는 방법이 연구 중이다. 가장 성공적인 연구는 아직 실험 단계고, 적어도 몇 년간 임상실험이 더 필요할 것으로 보인다.

자궁내장치(intrauterine device, IUD)는 성형된 플라스틱의 작은 조각으로 의사가 자궁 내부에 삽입할 수 있다(그림 16.14b). IUD의 기능은 자궁과 자궁관의 내부 환경을 변화시켜 수정이 잘 일어나지 못하게 한다. 만약 수정이 된다고 해도 착상이 일어날 수 없다.

피임용 격막(diaphragm, 다이어프램)은 치골 뒤에 있으며 자궁경부에 꼭 맞는 유연한 테두리가 있는 부드러운 라텍스 컵이다(그림 16.14c). 사용 시 의사에 의해 적절히 피팅해야 하며, 성관계 2시간 이내에 피임용 격막을 질에 삽입할 수 있다. 또한 살정제 젤리나 크림과 함께 사용해야 하며, 성관계 후 최소 6시간 동안 그대로 두어야 한다. 피임용 격막은 작은 자궁경부 캡이다.

남성 및 여성용 **콘돔**(condom)은 임신 예방에 도움이 될 뿐만 아니라 성병도 방지한다(그림 16.14d). 여성용 콘돔은 자궁경부에 딱 맞는 유연한 링이 있는 대형 폴리우레탄 튜브로 구성된다. 튜브의 열린 끝부분에는 외부 생식기를 덮는 링이 있다. 남성용 콘돔은 대부분 발기한 음경에 맞는 라텍스 덮개다. 사정액은 덮개 안에 갇혀 있기 때문에 질 안으로 들어가지 않는다. 살정제와 함께 사용하면 콘돔만 사용하는 것보다 보호 효과가 더 좋다.

피임 임플란트와 패치(그림 16.14e, f)는 합성 프로게스테론 사용으로 난소주기를 방해하여 배란을 방지한다. 대부분의 버전은 약 3년 동안 효과가 유지되는 단일 캡슐로 구성된다. 피임 주사는 프로게스테론 단독 또는 에스트로겐과 프로게스테론의 조합으로 제공된다. 주사 간격은 1개월에서 수개월까지 다양하다.

면역 피임약이라고도 하는 피임 백신(contraceptive vaccine)은 한동안 연구되어 왔지만, 현재 사람에게 사용할 수 있는 백신은 없다. 일반적으로 이러한 조치는 체내에서 생산되는 생식세포(난자 또는 정자)의 생존력을 감소시켜 기능을 손상시키거나 수정 후 발달을 방해하는 데 중점을 두었다. 다른 포유동물을 대상으로 한 연구에 따르면 이 접근 방식이 가능하지만, 개인 간 인간 면역체계의 차이로 면역 피임법은 다른 피임 방법만큼 효과적이지 않은 것으로 나타났다.

응급 피임법

응급 피임법 또는 '사후피임약(morning-after pill)'은 관계 후 임신을 예방할 수 있는 약물로 구성된다. '사후피임'은 부적절한 표현으로, 관계 후 5일 뒤 약물을 복용해도 된다.

응급 피임법으로 미국식품의약국(FDA)에서 첫 승인된 제품은 '프레벤(Preven)'이라는 키트다. 프레벤은 4개의 합성된

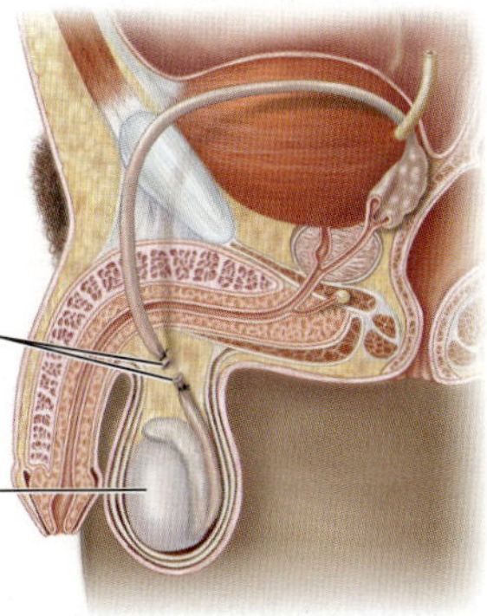

a.

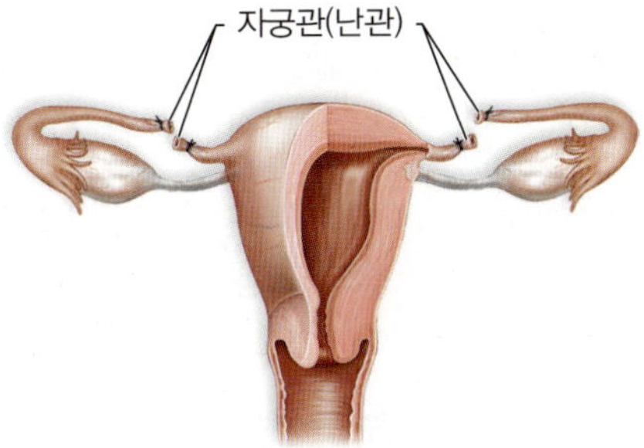

b.

그림 16.15 정관절제술과 자궁관묶음(난관결찰).
a. 정관절제술은 음낭 피부에 2개의 작은 절개 부위를 통해 시행된다. 각 정관을 밖으로 드러내서 자른다. 절단된 말단은 묶은 다음, 전기를 이용하여 봉합한다. 음낭의 개구부는 봉합하여 닫힌다. **b.** 자궁관묶음을 하려면 복부를 한 곳 또는 두 곳 정도 절단한다. 절단 부위를 통해 삽입된 기구를 사용하여, 자궁관을 열로 지지거나 자르고 묶는다. 그런 다음 피부 절개 부위를 봉합한다.

프로게스테론 알약으로 구성된다. 2개는 사후 72시간 이내에 복용해야 하고, 2개는 12시간 더 지나고 난 후에 복용해야 한다. 호르몬은 정상적인 자궁주기를 망가뜨려, 자궁내막에 배아가 착상하지 못하도록 한다. 한 연구에서는 프레벤이 의도하지 않은 임신을 예방하는 데 85% 효과적인 것으로 추정하였다. 프레벤 키트는 임신 테스트기를 포함하고 있는데, 이 약물은 이미 임신이 된 후에는 효과가 없기 때문에 약을 복용하기 전에 임신 여부를 검사해야 한다.

2006년 FDA가 승인한 다른 약물은 'Plan B One-Step'으로 관계 후 72시간 이내라면 임신은 89%까지 막을 수 있다. 17세 이상 여성은 처방전 없이 사용 가능하다. 2010년 8월에는 'ulipristal acetate(ella라고 알려져 있음)'가 응급 피임약으로 승인되었다. 이것은 관계 후 5일까지 복용 가능하고, 일부 연구들은 Plan B One-Step보다 효과적이라고 보고하였지만, 이 약의 복용은 처방전이 필요하다.

RU-486 또는 'abortion pill'로 알려진 미페프리스톤(Mifepristone)은 자궁내막세포에 있는 프로게스테론 수용체를 막음으로써 착상된 배아가 유산되도록 유도한다. 이 약물은 자궁내막을 탈락시키는데 이때 배아도 함께 떨어져 배출된다. 자궁 수축을 유도하기 위해 프로스타글란딘(prostaglandin)과 RU-486을 함께 복용하면, 임신 49일째까지 낙태를 유도하는 데 95% 효과적이다. RU-486의 사용은 작용 기전 때문에 다른 약물보다 더 논란이 되고 있다. 현재 미국에서는 임신 초기 의료적 측면의 낙태 목적으로 사용하고 있지만, 응급 피임에는 승인하지 않는다.

수술적 방법

정관절제술과 자궁관묶음은 불임시술의 두 가지 방법이다(그림 16.15). **정관절제술**(vasectomy)은 정관을 잘라서 양쪽을 묶는 방법이다. 결과적으로 오르가슴을 느낄 때 정자가 사정되는 정액에 합류할 수 없게 된다. 이때 정자는 대부분 흡수된다. 이러한 시술을 받고 난 다음에도 사정물의 양은 거의 정상적이다. 왜냐하면 정자는 전체 정액 양의 1%에 불과하기 때문이다. 또한 고환이 테스토스테론을 계속 생산할 수 있기 때문에 2차 성징을 유지하는 데에는 아무런 문제가 없다.

자궁관묶음(tubal ligation, 난관결찰)은 자궁관을 절제하고 봉합하는 방법이다. 난자가 자궁으로 나오는 길이 차단되기 때문에 임신은 결코 일어날 수가 없다. 오직 2개의 조그만 구멍을 내는 복강경시술로 이를 시행한다. 외과의사는 자궁관을 관찰하기 위하여 복강경을 삽입하고, 자궁관을 절단하기 위하여 작은 외과용 칼을 삽입한다.

정관절제술과 자궁관묶음은 영구적인 피임법으로 볼 수 있다. 또한 관을 다시 잇는 시술을 하면 가임 가능성은 비록 50% 정도지만 획득될 수 있다.

생활 속의 생물학

정관절제술은 100% 효과가 있는가?

정관절제술과 자궁관묶음은 영구적인 피임의 형태로 간주된다. 그러나 많은 남성들은 정관절제술 이후 몇 달 동안 아이를 낳는 것이 여전히 가능하다는 것을 깨닫지 못하고 있다. 왜냐하면 시술 후 정자 일부가 정관에 남아 있기 때문이다. 정관절제술을 받은 남성은 1~2개월 동안 또는 의사가 후속적으로 정자 수를 확인하고, 정자가 더 이상 정관에 존재하지 않음을 확인할 때까지 다른 형태의 피임을 사용할 필요가 있다. 매우 드물게, 정관은 다시 연결되어 정자가 다시 사정될 수 있게 한다. 100% 효과적인 피임은 금욕이 유일하지만, 정관절제술도 99.8% 이상의 큰 효과가 있다.

불임

불임(infertility)이란 부부가 피임하지 않고 정상적인 성관계를 1년 이상 지속하였음에도 불구하고 임신에 실패하는 경우다. 대부분의 전문가들은 전체 부부의 약 15% 정도를 불임으로 보고 있다. 남녀 모두에게 비슷한 비율로 불임의 원인이 있다.

불임의 원인

남성에게서 불임의 가장 흔한 원인은 정자 수의 부족과 환경인자에 기인한 비정상적인 정자의 존재이다. 담배를 피우고 술을 즐겨 마시면서, 앉아서 생활하는 것이 남성 불임의 가장 큰 원인으로 보인다. 남성은 하루 대부분을 컴퓨터와 TV 시청 또는 운전을 하면서 앉아 있게 되는데, 이런 자세에서는 고환의 온도가 적절한 정자를 생산하지 못할 정도로 너무 높은 상태로 지속된다.

비만은 여성 불임의 매우 중요한 요인이다. 정상 체중인 여성의 경우 지방세포가 렙틴(leptin)을 분비하는데, 이 호르몬은 시상하부의 GnRH 분비를 자극한다. 이때 FSH가 분비되고 정상적인 난포의 성숙이 뒤따른다. 과체중 여성의 경우 렙틴 농도가 매우 높고, 그에 따라 렙틴이 GnRH와 FSH 분비에 비정상적인 영향을 미치게 되며, 난소가 여러 개의 작은 난포를 생성하지만, 배란에는 실패한다. 여성에게서 볼 수 있는 다른 불임의 원인으로는 골반염증질환[pelvic inflammatory disease(PID), 16.6절 참고]과 자궁내막증에 의한 자궁관 폐쇄를 들 수 있다. **자궁내막증**(endometriosis)은 자궁내막 조직이 자궁 밖의 기관, 특별히 자궁관이나 배안 내 기관들에서 나타나는 것이다. 월경액이 역류하면서 함께 유출된 자궁세포들이 배안 다른 조직에 정착해서 살아 있게 됨으로써 자궁주기가 진행되면서 이 세포들도 주기적 변화를 나타낸다. 그러나 통증이 동반되고, 비정상적인 구조로 말미암아 착상과 임신을 어렵게 만든다.

때때로 불임의 원인은 의료적 방법으로 제거할 수 있어 자손을 가질 수 있다. 만일에 장애가 없거나 여성의 경우 체중이 정상이라면, 난소에서 배란을 촉진하는 생식샘자극호르몬을 성분으로 하는 불임 치료약물을 사용할 수 있다. 하지만 과학의 다양성 특집 '불임은 치료해야 하는가?'에서 논의된 바와 같이, 이러한 호르몬 제제 처방은 한 번에 여러 개의 난자가 배란되기도 해서 쌍둥이 출산의 원인이 될 수도 있다.

임신에 반복적으로 실패하거나 다른 이유로 생식이 정상적으로 일어나지 않을 때, 어떤 부부들은 자식을 입양한다. 다른 이들은 임신하기 위해 다음 단락에서 언급할 보조생식기술의 도움을 받는다.

보조생식기술

보조생식기술(assisted reproductive technology, ART)은 임신의 기회를 높이는 데 적용되는 여러 기술을 말한다. 흔히 정자 또는 난자를 고환과 난소에서 추출하고, 의료적 또는 실험적 조건에서 수정을 시행하는 것이 한 예이다.

인공정액주입(Artificial Insemination by Donor, AID) 의사가 정액을 여성의 질 내에 주입하는 방법이다. 흔히 주입되는 정자는 여성의 파트너의 것이다. 이 방법은 여성의 파트너가 적은 수의 정자를 가질 때 특별하게 효과가 있다. 왜냐하면 정자를 여러 번 수집하여 수정이 가능한 개수만큼의 정자를 농축하여 사용할 수 있기 때문이다. 여성이 알지 못하는 사람에게서 얻은 정자를 기증받아서 수정할 수도 있다. 어떤 경우에는 파트너의 정자와 익명 기증자의 정자가 혼합되어 사용되기도 한다.

변형된 AID로 **자궁내정액주입**(intrauterine insemination, IUI)이라는 것이 있다. IUI에서는 먼저 약물로 난소를 자극한 후, 기증자의 정자를 질이 아니라 자궁 내부에 직접 주입한다.

부모가 될 사람들이 원할 경우, 원하는 자식의 성별을 선택하기 위해, 주입하는 정액을 X 염색체 또는 Y 염색체가 많이 함유하도록 처리하기도 한다. X를 지닌 정자와 난자가 수정되면 여자 아이가 탄생한다. Y를 지닌 정자가 수정되면 남자 아이가 탄생한다.

체외수정(In Vitro Fertilization, IVF) 수정을 실험실에서 일어나도록 하는 것이다. 초음파로 난소 내에 생성되고 있는 난포들을 확인한 후 미세바늘을 이용하여 미성숙 난자를 채취한다. 채취된 미성숙 난자는 실험실 내에서 성숙한 난자로 배양된다. 이후 배양 용기에서 인위적으로 정자를 배양된 난자에 주입하여 수정이 일어나게 한다. 2~4일 뒤에 배아는 자궁주기의 분비기에 도달한 여성의 자궁으로 옮겨 착상을 유도

오늘날의 생물학 ▶ 과학의 다양성

불임은 치료해야 하는가?

결혼을 하면 부부들은 가족계획을 세운다. 하지만 아직도 많은 사람들에게 임신은 어렵거나 불가능한 일이기도 하므로, 그들의 꿈은 실현되지 않을 수도 있다. 불임으로 치료를 받기 전에, 부부는 그들이 아이를 갖기 위해 어느 정도까지 진행할 것인지를 결정해야 한다. 여기 몇 가지 가능한 위험들이 있다.

그림 16A 생식기술. 생식기술은 다태아 출산을 유도할 수 있다.
Nancy R. Cohen/Photodisc/Getty Images

불임 치료를 위해 사용되는 몇 가지 방법

남자의 정자 수가 적거나 정자의 운동성이 낮다면, 임신을 위해 특별히 더 많이 선택된 정자 수를 인공수정에 사용할 수 있다. 모든 의학적인 절차에는 위험이 있지만 인공수정은 일반적으로 안전하다.

여성의 불임이 생식계통의 신체적 이상 때문이라면, 수술로 치료받을 수도 있다. 수술은 현재 매우 정교하지만 출혈, 감염, 장기 손상, 마취에 대한 부작용 등 위험이 있다. 체외수정(IVF)을 위해 난자를 채취하는 것과 관련된 위험이 있다. 몇 개의 난자를 모으기 위해, 여성은 난자 생산을 촉진하는 호르몬 기반의 약을 복용해야 한다. 그러한 약물들은 난소과잉자극증후군을 일으킬 수 있다. 즉, 난소 확대와 복액 축적을 야기할 수 있다. 가벼운 경우에는 불편한 증상 정도이지만, 심한 경우(희귀한 경우지만) 여성의 생명이 위태로울 수 있다.

보통 체외수정에는 많은 배아의 생성이 동반된다. 가장 건강해 보이는 배아는 여성의 몸으로 옮겨진다. 나머지 배아는 추후 임신 시도를 위해 냉동시키거나 다른 불임 부부들에게 제공되거나, 연구를 위해 기부되거나, 혹은 파괴된다. 지난 15년 동안 미국에서 다태아 임신의 현저한 증가는 불임 치료에 크게 기인했다(그림 16A). 1999년부터 다태아 임신(세쌍둥이 이상)의 수는 변동이 없었지만, 쌍둥이 임신은 계속 증가하고 있다.

그들은 꿈이 이루어진 것처럼 보일지 모르지만 다태아 임신은 어렵다. 산모는 한 명의 태아를 임신한 여성보다 임신당뇨병이나 고혈압 같은 합병증이 생기기 쉽다. 자궁에 있는 아기들의 위치를 잡는 것은 질 분만 가능성을 떨어뜨릴 수 있고, 조기분만을 일으킬 수 있다. 미숙아로 태어난 아기들은 수많은 고난을 겪는다. 유아 사망과 장기장애는 다산아에서 더 흔하다. 이것은 쌍둥이에게도 발생한다.

냉동 배아에서는 어떤 일이 일어날까?

수천 명의 사람들이 매년 불임 치료를 받는다. 수많은 불임 치료는 여러 윤리적 문제를 불러일으켰다. 예를 들어 저장된 냉동 배아(미국에서 수십만 개)의 수가 많을 것으로 추정되면서, 냉동 배아의 장기 생존 가능성이 잘 파악되지 않아 배아의 운명에 대한 논쟁이 제기되었다. 과학자들은 다른 부부에게로 기증된 배아는 착상 기회를 얻지 못하여 생존할 가능성이 없다고 걱정할지도 모른다. 일부 종교 단체들은 이러한 배아를 파괴하거나 연구에 사용하는 것에 강하게 반대한다. 배아를 제공한 사람만이 배아의 운명에 대한 결정을 내릴 때 유일하게 권리를 행사할 수 있다고 생각한다. 불임클리닉은 냉동 배아의 저장에 대한 금전적 보상을 더 이상 받지 못할 수도 있고, 배아를 만들어낸 부부와 접촉하지 못할 수도 있다. 그러면 문제는 그 클리닉이 이제 그들의 운명을 결정할 권리가 있느냐 하는 것이 된다.

누가 치료를 받아야 하는가?

불임 치료는 자발적이기 때문에, 어떤 사람들을 돌려보내는 것이 받아들여질 수 있을까? 의사는 여성의 건강을 해칠 수 있더라도 치료를 계속해야 하는가? 치료를 제한하는 것에 찬성하는 사람들은 의사가 환자에게 발생할 잠재적인 해를 예방할 책임이 있다고 주장한다. 반면 특정인이 의학적 이유로 출산을 거부 받는다면 인종, 종교, 성, 소득 등 다른 이유로도 거부될 수 있다는 우려도 있다.

생각해 볼 문제

1. 부부는 한 명 혹은 두 명 모두의 생명을 위태롭게 할 수 있음에도 아이를 갖기 위해 모든 노력을 해야 하는가?
2. 불임 치료로 다태아 임신을 확인한 부부는 민간과 공공 서비스로부터 도움을 받아야 하는가?
3. 사회가 냉동 배아를 어느 정도까지 보호해야 하는가?

한다. 원한다면 배아의 유전적 질환에 대한 검사를 수행할 수도 있고, 질병이 없다고 판단된 배아만이 사용될 수 있다. 만일 성공적으로 착상되면, 이후엔 정상적인 발생 과정이 진행된다.

생식세포 자궁관내이식(Gamete Intrafallopian Transfer, GIFT) 생식세포(gamete)란 정자 또는 난자와 같은 생식세포를 뜻한다. GIFT는 체외수정의 낮은 성공률(15~20%)을 극복하기 위해 고안되었다. 생식세포 자궁관내이식은 난자를 채취한 직후 정자와 함께 자궁관에 다시 주입한다는 것을 제외하고는 체외수정(IVF)과 같다. GIFT는 난자의 채취와 자궁 내 주입 과정이 한 번에 시행되기 때문에 여성이 한 번의 시술만 받으면 되는 장점이 있다. 이 방법은 실험실에서 수정을 유도한 후, 자궁이 아닌 자궁관에 접합자(수정란)를 도입하는 식으로도 시도될 수 있다.

대리모(surrogate mother) 일부 경우 여성이 금전적 대가를 받고 아기를 임신하기도 한다. 이러한 여성을 대리모라고 한다. 정자와 심지어 난자도 계약한 부모에 의해 제공될 수 있다.

세포질내정자주입(Intracytoplasmic Sperm Injection, ICSI) 고도의 정교한 방법으로 하나의 정자를 하나의 난자에 주입한다(그림 16.16). 남자가 생식 기능에 심각한 문제가 있을 경우, 매우 효과적으로 이용될 수 있다.

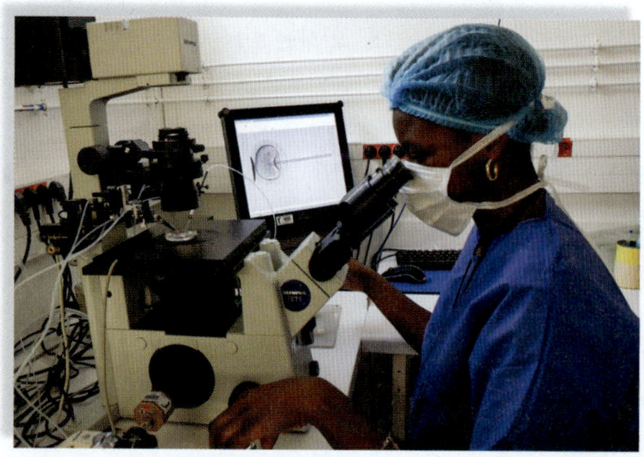

그림 16.16 세포질내정자주입(ICSI).
컴퓨터 모니터에 연결된 현미경을 사용하여 세포질 내에 정자를 주입한다. 피펫은 난자를 안정적으로 고정하는 반면, 바늘(보이지 않음)이 정자를 난자에 삽입한다.
BENOIT TESSIER/Reuters/Alamy Stock Photo

진도 점검하기 16.5

1. 주요한 피임법을 효율이 높은 순서대로 나열하시오.
2. 정관절제술과 자궁관묶음이 영구적인 피임 방법인 이유를 설명하시오.
3. 불임 치료 방법인 IVF와 GIFT의 차이를 설명하시오.

개념 연결하기

이 절에 제시된 자료에 대한 자세한 내용은 다음 논의를 참고하시오.

15.2절 생식샘자극호르몬의 역할을 살펴본다.

15.6절 여성 생식기관에서 생산되는 호르몬을 살펴본다.

16.6 성병

학습 목표

이 절을 학습한 후 다음 사항을 할 수 있어야 한다.

1. 바이러스와 세균에 의해 일어나는 성병을 구분할 수 있다.
2. 성병의 원인과 치료를 설명할 수 있다.

성병(sexually transmitted disease, STD) 또는 성감염병(sexually transmitted infection, STI)은 바이러스, 세균, 균류, 기생충에 의해 발생한다.

바이러스성 성병

오늘날 바이러스로 인한 성병 중에서, AIDS(acquired immunodeficiency syndrome)와 생식기 헤르페스(genital herpes)를 치료하는 방법이 있다. 그러나 중요한 점은 HIV/AIDS와 생식기 헤르페스 바이러스를 우리 몸에서 완전하게 제거할 수 없다는 것이다. 치료를 위해 사용하는 약물은 단지 바이러스의 증식을 억제할 뿐이다. 그래서 현재까지 바이러스로 인한 질병을 완치하는 방법은 없다. 게다가 항바이러스 약물은 우리 몸을 쇠약하게 하는 심각한 부작용이 있다.

HIV 감염

7.2절에서 우리는 HIV 바이러스와 AIDS의 관계뿐만 아니라 보다 일반적인 치료 형태도 살펴봤다. 여러 가지가 시험 중이지만 현재 HIV 감염을 예방하는 백신은 없으며, AIDS에 대

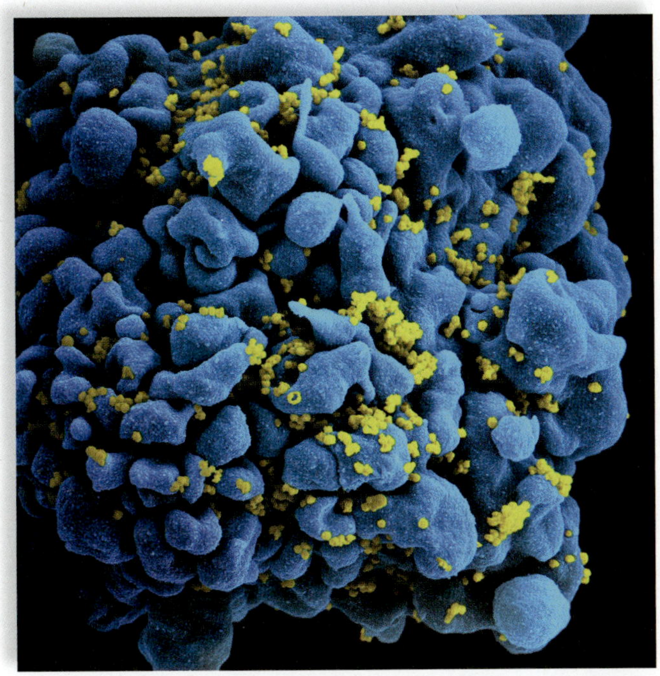

그림 16.17 HIV 바이러스에 감염된 세포.
주로 도움 T세포(파란색)가 HIV 바이러스(노란색)에 감염되지만, 도움 T세포와 함께 일하는 대식세포도 감염될 수 있다.
National Institute of Allergy and Infectious Diseases(NIAID)/NIH/USHHS

한 치료법도 없다. 가장 좋은 조치는 건강 특집 '성병의 전염 방지'에 설명된 성병 전염 예방 지침을 따르는 것이다.

HIV의 일차 숙주(primary host)는 도움 T림프구(helper T lymphocyte) 또는 도움 T세포(helper T cell)이다(그림 16.17). 이들은 면역반응(16.3절 참고)이 일어나도록 하는 주요 세포이기 때문에, 이 세포들이 소실되면 면역체계는 매우 심각한 면역장애에 빠지게 된다. HIV 감염 초기에는 증상이 매우 가볍지만, 이때 감염된 사람은 매우 높은 전염성을 나타낸다. 감염 후 수개월에서 수년 후에, 도움 림프구의 수가 줄어들면 감염성 질병(또 다른 성병)에 감염되기 쉽고, 증상이 나타나기 시작한다. 일반적으로 AIDS라고 부르는 감염 말기에는, 도움 T세포 수가 정상 수치 이하로 떨어진다. 이때 최소한 하나 이상의 기회감염(opportunistic infection)을 겪게 된다. 기회감염 병원체들은 평소에 활동을 못 하다가 면역체계가 매우 약해졌을 때 질병을 유발한다. AIDS 환자들은 전형적으로 **폐포자충폐렴**(Pneumocystis pneumonia)과 같은 기회감염성 질병으로 사망한다.

AIDS를 완치시킬 수는 없지만, 고효능 항레트로바이러스 치료법(highly active antiretroviral therapy, HAART)은 HIV의 증식을 억제하여 혈액 내에서 바이러스가 검출되지 않을 정도로 그 수를 줄일 수 있다. 그러나 HAART 치료는 반드시 무기한으로 계속 수행되어야 한다. 왜냐하면 약의 복용을 중단하는 즉시 바이러스가 다시 증식을 시작하기 때문이다.

생식기 사마귀

현재 약 7,900만 명의 미국인이 인간유두종 바이러스(human papillomavirus, HPV)에 감염된 것으로 추정된다. HPV 유형은 100가지가 넘는다. 대부분이 사마귀를 유발하며, 약 30가지 유형이 성적으로 전염되는 생식기 사마귀를 유발한다. 생식기 사마귀는 남성의 음경 또는 포피, 여성의 외음부, 질 또는 자궁경부에 편평하거나 융기된 사마귀로 나타날 수 있다. 사마귀 또는 사마귀가 자궁경부에만 있는 경우 질병의 외부 징후나 증상이 없을 수 있다. 신생아는 산도를 통과하는 동안 HPV에 감염될 수도 있다.

현재 눈에 보이는 사마귀에 감염된 개인은 수술, 냉동 또는 레이저나 산을 이용한 화상으로 성장을 제거할 수 있다. 그러나 제거된 눈에 보이는 사마귀는 재발될 수 있다. 생식기 사마귀를 가장 흔히 일으키는 인간 유두종 바이러스에 대한 백신이 출시되었다. 이러한 발달은 암 예방뿐만 아니라 사마귀 자체 예방에도 매우 중요한 단계이다. 생식기 사마귀, 특히 HIV 바이러스는 자궁경부암뿐만 아니라 외음부, 질, 항문 및 음경의 종양과 관련이 있다. 연구자들은 이들 바이러스가 모든 자궁경부암 사례의 최대 90%에 관여할 수 있다고 믿는다. 26세 이전에 여성과 남성 모두에게 권장되는 HPV 예방접종을 통해 이러한 암이 과거의 일이 될 수도 있다.

생식기 헤르페스

생식기 헤르페스(genital herpes)는 단순헤르페스 바이러스(herpes simplex virus)에 의해 발생한다. 제1형은 주로 입술 주위에서 물집을 형성하는 반면, 제2형은 주로 생식기에 병변을 일으킨다(그림 16.18).

사람들은 주로 성인이 되었을 때 제2형 헤르페스 바이러스에 감염된다. 몇몇 사람들은 증상이 나타나지 않지만, 다른 사람들은 생식기에 수포가 생기기 전에 따끔거림 또는 가려움을 경험한다. 수포가 터지면 궤양을 형성하게 되는데 아물기까지는 5일~3주에 이른다. 수포는 발열, 배뇨통증, 삼고랑림

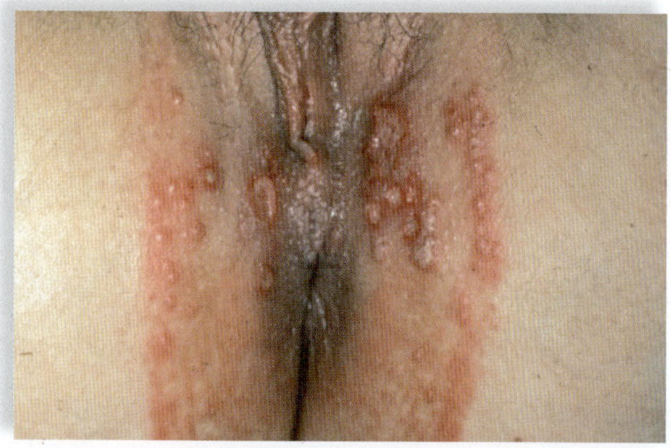

a.

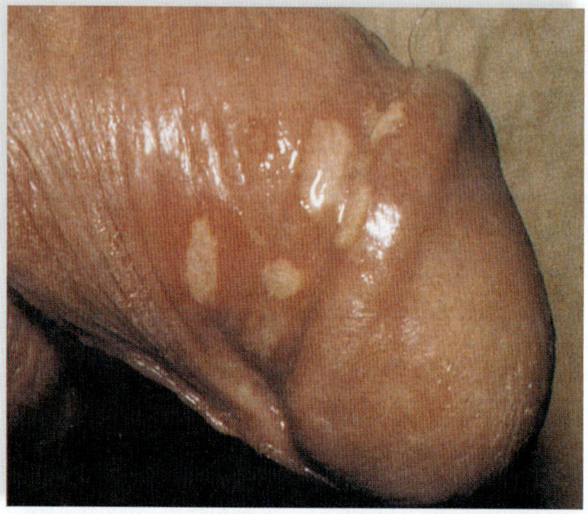

b.

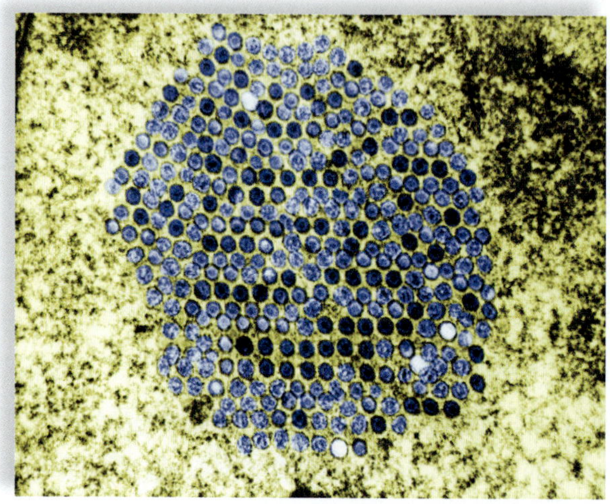

c.

그림 16.18 제2형 단순헤르페스 바이러스와 생식기 헤르페스. 헤르페스 바이러스의 여러 종류 중 일반적으로 제2형 단순헤르페스 바이러스가 생식기 헤르페스를 유발한다. 대략 1년에 100만 명 정도가 감염되고, 그들 대부분이 10대와 청년층이다. 생식기 헤르페스의 증상은 수포 때문에 생겨난다. **a.** 여성의 음순에 발생한 헤르페스. **b.** 남성의 음경에 발생한 헤르페스. **c.** 단순헤르페스바이러스가 감염된 세포.

(a): Bob Tapper/Medical Images/DIOMEDIA; (b): Clinical Photography, Central Manchester University Hospitals NHS Foundation Trust, UK/Science Source; (c): David M. Phillips/Science Source

프절 비대 그리고 여성에게서는 다량의 분비물을 동반한다. 이 시기에 환자들은 HIV에 감염될 위험도 증가한다.

궤양이 치료된 후에 그 질병은 잠복 상태가 된다. 비록 빈도가 낮고 심하지 않은 증상이긴 하지만, 수포는 재발할 수 있다. 열, 스트레스, 햇빛, 월경은 증상의 재발과 관련되어 있다. 태아가 산도 내 포진에 노출되어 감염될 수 있는데, 신경학적 질환을 일으킬 뿐만 아니라 죽음에 이르게 할 수 있다. 제왕절개 수술은 이를 예방할 수 있다. 몇 가지 항바이러스 약이 개발되어 있지만, 완치는 어렵다. 라텍스나 폴리우레탄 콘돔을 사용하면 성행위 상대에게 바이러스가 전염되는 것을 막아주므로 미국식품의약국(FDA)이 권고하고 있다.

간염

간염 바이러스(hepatitis virus)는 간에 감염되고 간 손상, 간암, 사망으로 이끌 수 있다. 간염을 일으킬 수 있는 바이러스들은 A, B, C, D, E, G로 분류된 총 6종류가 있다. A형 간염은 일반적으로 오염된 식수에서 발생하지만, 구강/항문 접촉을 통한 성교를 통해서도 일어날 수 있다. B형 간염은 성 접촉과 오염된 혈액을 매개로 전염된다(주삿바늘 사고, 오염된 혈액 수혈, 마약 투여 시 오염된 바늘 공동 사용, 산모에게서 태아로 전염 등). B형 간염과 HIV는 전염 경로가 같기 때문에 동시 감염이 일어난다. 다행히도 A형 간염과 B형 간염을 예방할 수 있는 혼합백신이 있고, 현재는 감염을 막기 위해 모든 어린이는 예방접종을 받도록 권장하고 있다(6.4절 참고). C형 간염은 대부분 수혈에 의해 발생한다. D형과 G형 간염은 성행위를 통해 감염되는 반면, E형 바이러스는 오염된 물로 발생한다. 혈액과 혈액 산물 검사는 수혈에 의한 간염 바이러스의 전염을 예방할 수 있다. 또한 적절한 수질 관리 기술은 식수의 오염으로 발생하는 간염을 예방할 수 있다.

세균성 성병

세균으로 인한 성병만이 항생제로 치료가 가능하다. 항생제 내성을 획득한 세균들은 치료를 위해서 더욱 강한 항생제를 장기간 투여해야 한다.

클라미디아

클라미디아(chlamydia)는 원인균인 클라미디아 트라코마

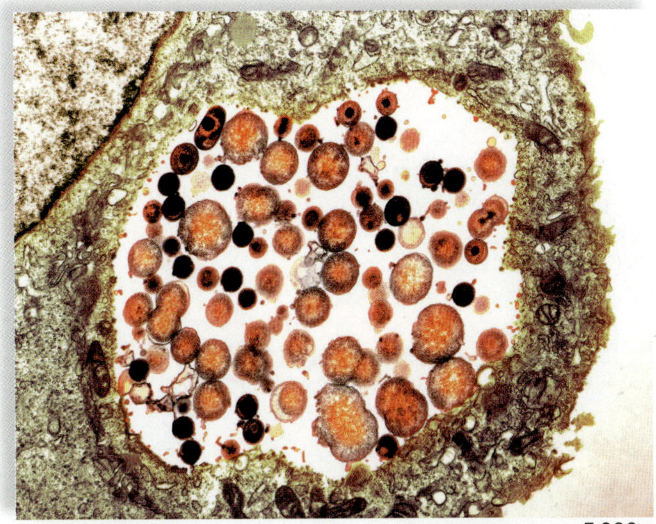

5,000×

그림 16.19 클라미디아 감염.
클라미디아 트라코마에 감염된 세포. 붉은색, 갈색, 검은색으로 염색된 바이러스는 증식단계 중 각기 다른 단계에 있는 것을 보여주고 있다.
Biomedical Imaging Unit, Southampton General Hospital/Science Source

(*Chlamydia trachomatis*)의 이름에서 유래하였다(그림 16.19). 새로운 클라미디아 감염의 발생은 1984년 이후로 꾸준히 증가하고 있다.

생식관의 클라미디아 감염은 특히 여성에게서 일반적으로 가벼운 증상 또는 무증상을 보인다. 감염된 후 18~21일 후에, 남성은 배뇨와 사정 시에 타는 듯한 느낌을 받을 수 있다. 여성은 요로 감염의 증상들과 함께 질액의 분비가 일어날 수 있다. 클라미디아는 또한 HIV 감염의 위험을 증가시키는 자궁목 궤양을 유발한다.

만일 여성이 감염이 아니라고 오진을 받거나, 의학적 도움을 찾지 못한다면 감염이 자궁목에서부터 자궁관으로 확장되어 골반염증질환(pelvic inflammatory disease, PID)을 일으킬 수 있다. 이것은 아주 고통스러운 상태로 자궁관을 막아 불임의 가능성을 유발할 수 있다. 만일 태아가 출산 시에 클라미디아와 접촉한다면, 눈의 감염 또는 폐렴의 결과를 가져올 수 있다.

임질

임질(gonorrhea)은 임질균(*Neisseria gonorrhoeae*)에 의해 일어난다. 전형적인 증상으로 배뇨 시 통증과 탁하고 푸르스름하고 누런 요도 분비물이 나타나기 때문에, 남성의 임질 진단은 어렵지 않다. 여성의 경우 무증상의 감염 상태는 골반염증질환(PID)으로 이어지고, 이는 난소, 자궁과 다른 생식계통의 구조를 손상시킨다. 만일 태아가 출산 시 임질균에 노출된다면, 실명을 초래할 수 있는 눈 감염이 발생할 수 있다. 모든 신생아는 이러한 가능성을 예방하기 위해 안약을 넣어준다.

항문에 감염되어 항문 통증과 배변 시 출혈 또는 고름 분비로 특징지어지는 임질 직장항문염 또한 감염자에서 발생한다. 구강/항문 접촉은 혀, 식도, 편도의 감염을 유발할 수 있다. 임질은 몸 내부 기관으로도 퍼질 수 있으며, 심장 질환 또는 관절염을 유발한다. 만일 한 사람이 우연히 감염된 생식기를 만진 후 눈을 만졌다면, 안구에 심각한 감염이 올 수 있다. 지금까지 임질은 항생제 처방으로 치료할 수 있지만, 항생제 내성은 점점 증가하는 추세며, 임질균은 다양한 항생제에 내성을 나타내고 있어서 현재 '슈퍼버그(superbug)'로 분류된다.

매독

매독(syphilis)은 트레포네마 팔리듐(*Treponema pallidum*)이라고 하는 세균을 통해 발생한다(그림 16.20). 다른 세균성 질병과 마찬가지로, 페니실린은 매독에 효과적인 항생제이다. 매독은 3단계의 시기를 거치며, 각 단계 사이에 무증상 시기가 존재한다. 제1기 동안에는 딱딱한 감(chancre, 딱딱한 가장자리를 지니고 궤양성의 쓰라림을 동반함)이 감염된 부위에 나타난다. 발진은 보통 자발적으로 치료되지만, 작은 흉터를 남긴다. 제2기 동안에는 가렵지 않은 발진이 나타나고 심지어는 손바닥과 발바닥에도 발생한다. 또한 머리가 빠지고 점막

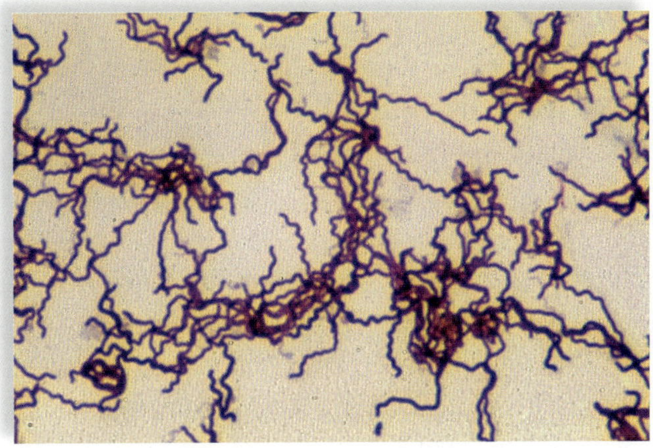

그림 16.20 매독균.
매독의 원인균인 트레포네마 팔리듐.
Melba Photo Agency/Alamy Stock Photo

오늘날의 생물학 ▶ 건강

성병의 전염 방지

성행위를 통해 전달되는 성병

- 성관계를 삼가거나 성병이 없는 항상 같은 파트너와 성관계를 맺는다(그림 16B).
- 여러 사람과의 성행위를 자제한다. 만일 당신이 두 사람과 성관계를 맺고 있고, 이들도 각각 두 사람과 성관계를 맺고 있다면, 관련되는 사람의 수는 꽤 많아진다.
- 정맥주사 약물 사용자는 AIDS와 B형 간염에 걸릴 위험이 있기 때문에 관계를 맺는 것은 위험하다는 것을 명심하라. 이미 또 다른 성병을 앓고 있는 사람은 HIV 감염에 더 취약하다는 것을 명심하라.
- 항문 성교(음경이 직장 안으로 삽입되는 것)를 피하라. 이러한 행동은 HIV 감염의 위험을 증가시키기 때문이다. 직장의 안쪽은 얇고, 감염된 CD4 T세포는 쉽게 체내로 들어갈 수 있다. 또한 직장에는 많은 혈관이 공급되고 있으며, 음경을 직장 내에 삽입하면 찢어지거나 출혈이 일어나 HIV의 감염을 용이하게 할 수 있다. 질 안쪽은 두껍고 침투하기 어렵지만, 자궁의 안쪽은 특정 시기에 하나의 세포 두께에 불과하여, CD4 T세포가 들어갈 수 있게 한다.
- 포경수술을 하지 않은 남성은 포경수술을 한 남성보다 감염이 되기 쉽다. 질 분비물, 바이러스, 세균이 음경꺼풀 밑에 더 오래 남아 있을 수 있기 때문이다.

안전한 성생활 연습하기

- 당신의 성관계 상대가 1명 이상이라면, 성교 중에는 항상 라텍스 콘돔을 사용하라. 콘돔 사용 시 제조사에서 제공하는 지침을 반드시 따르도록 하라. 한때 콘돔 사용자들은 콘돔과 함께 nonoxynol-9을 사용하라고 권고받았으나, 검사 결과 살정 효과가 HIV를 포함한 바이러스에 아무런 영향을 미치지 않는 것으로 나타났다.
- 구강성교(파트너의 입 안으로 음경의 삽입과 접촉)와 외음핥기(질 안쪽으로 혀의 삽입과 접촉)는 전염의 수단일 수 있으므로 피한다. 입과 잇몸에는 종종 성병이 쉽게 전달될 수 있는 상처와 염증이 있다.
- 음경, 질, 구강, 손을 청결하게 하라. 호르몬 피임약이 여성 성기가 HIV를 포함한 성병을 쉽게 받아들일 수 있도록 한다는 것을 명심하라.
- 알코올이나 당신의 행동을 통제할 수 없게 할 수 있는 약물 사용을 조심하라.

그림 16B 성병의 전염.
성행위는 성병 전염을 증가시킬 수 있다.
(왼쪽): Igormakarov/Shutterstock; (오른쪽): Laura Doss/Image Source/Getty Images

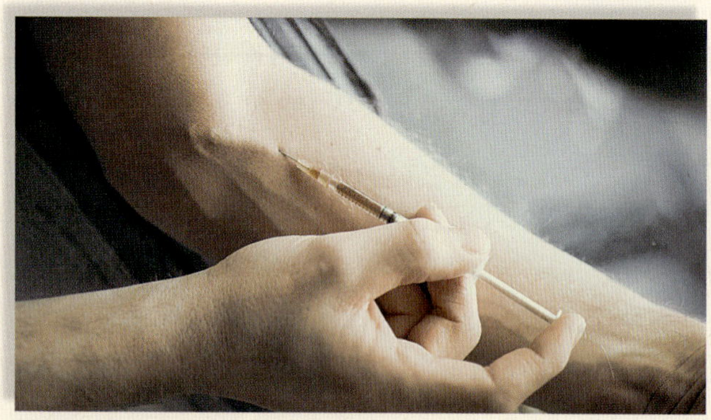

그림 16C 바늘을 공유하여 전염되는 성병.
바늘을 공유하면 HIV 및 간염을 포함한 다양한 형태의 성병이 전염될 수 있다.
Don Mason/Brand X Pictures/Getty Images

HIV를 전염시키는 약물 사용

- 당신의 정맥에 약을 주입하는 습관을 들이지 마라. HIV와 B형 간염은 혈액과 혈액의 접촉을 통해 전염될 수 있다는 것을 알아두어라.
- 주사를 놓을 때는 항상 새로운 멸균 바늘을 사용하거나, 약물 사용자여서 행동을 멈출 수 없는 경우에는 표백제로 세척한 바늘을 사용하라(그림 16C).

생각해 볼 문제

1. 왜 여성 피임약의 사용이 실제로 HIV에 걸릴 확률을 증가시키는가?
2. 혈액 속 어느 세포가 HIV의 숙주 역할을 하는가?

에 전염성의 회색 부분이 나타날 수 있다. 시간이 지나면 이러한 증상들은 저절로 없어진다.

환자가 사망할 때까지 지속되는 제3기 동안에 매독은 특히 대동맥에서 동맥류를 유발하여 심장혈관계통에 악영향을 미치며, 신경계통에 손상을 주어 정신적인 장애를 가져온다. 또한 넓은 부위에 걸쳐 손상을 가져오는 궤양인 고무종(gumma)은 피부 또는 내장 기관 내에서도 발생할 수 있다.

선천적인 매독은 태반을 통해서 전달된 매독균에 의해 유발된다. 감염된 아이는 시력을 잃고, 또는 수많은 해부학적 기형을 지닌다. 매독의 증상 조절은 즉각적으로 적절하게 치료가 될 때 가능하다. 따라서 모든 성적 접촉을 추적하여 치료할 수 있도록 하는 것이 중요하다. 매독은 혈액검사 또는 손상된 피부에서 나오는 분비물을 현미경으로 검사하여 진단할 수 있다.

생활 속의 생물학

화장실에서 성병이 전염될 수 있을까?

1980년대 중반 HIV/AIDS가 처음 확인되었을 때, 많은 사람이 화장실 변기에 있는 바이러스에서 감염되는 것을 우려했다. 화장실 변기는 플라스틱이기 때문에 질병을 일으키는 유기체에게 그다지 안정적인 환경이 아니다. 만일 당신이 변기에 앉기를 주저하거나 아니면 앉을지 말지를 고민한다면, 그것이 당신에게 성병을 전염시키지 않는다는 것을 기억하라.

질 감염증

세균성 질염(vaginitis)은 질에 감염되는 염증성 질환의 이름으로 부인과 질환 중에서 가장 흔한 병이다. 세균질증(bacterial vaginosis, BV)은 미국 여성의 질염 환자 중 40~50%를 차지한다고 추정된다. 질에 서식하는 특정 박테리아가 과도하게 증식하면 질염이 발생한다. 가드넬라 바지노시스(*Gardnerella vaginosis*)라는 세균의 과도한 증식과 그에 따른 증상들은 성별에 무관하게 일어난다. 무증상의 남성들에게서 감염된 여성이 증상을 나타내기도 한다.

BV의 증상으로 심한 냄새가 나는 질 분비물, 배뇨 시 타는 듯한 통증, 음부의 가려움증 등이 있다. 일부 여성에게서는 감염에 따른 증상이 나타나지 않는다. BV의 발생 원인은 아직 명확히 밝혀지지 않았다. 성관계 파트너가 여럿인 여성에게서 BV의 감염 확률은 높아지지만 성관계를 갖지 않은 여성에게서 발생하기도 한다. 질 세척이 오히려 BV의 원인이라는 보고도 있다. BV를 가진 여성은 HIV, 헤르페스, 클라미디아, 임질과 같은 다른 성병에 감염될 확률이 높아진다. BV 상태의 임산부는 조산의 위험이 크게 높아진다.

여성들은 일반적으로 효모인 칸디다 알비칸스(*Candida albicans*)와 원생동물인 질편모충(*Trichomonas vaginalis*)에 의해서도 질염에 걸릴 수 있다. 칸디다는 평상시 정상적으로 질 내에 살고 있는 미생물이지만, 특정한 상황에서 증식이 일어나 질염을 일으킨다. 여성이 경구피임약이나 항생제를 복용하는 경우, 칸디다 질염이 발생하기 쉽다. 두 약물 모두 질 내 미생물 서식 환경의 균형을 깨뜨려 감염이 일어나기 쉽게 되는 것이다. 칸디다 감염 시 끈적끈적하고 흰색의 질 분비물이 나타나고, 음순이나 질에 가려움증이 생긴다. 치료를 위해 항곰팡이약물을 질 내 투입하기도 한다. 질편모충증(trichomoniasis)은 남성과 여성 모두가 감염될 수 있다. 요도 감염은 남성에게서 흔하다. 감염된 남성은 무증상을 나타내기도 하는데, 성교 시 여성에게 이 기생충을 감염시킨다. 질편모충에 감염된 여성은 고약한 냄새를 내는 황록색의 거품성 분비물을 내고, 음부에 가려움을 느낀다. 질편모충증은 HIV 감염의 위험성을 높인다. 한쪽이 치료되었다고 하더라도 다른 파트너가 감염된 상태면 재감염이 일어날 수 있다. 따라서 성공적 치료를 위해서는 성관계 파트너 양쪽이 모두 치료를 받아야 하고, 완치가 될 때까지 금욕해야 한다.

진도 점검하기 16.6

1. 클라미디아와 임질 감염으로 나타날 수 있는 질환을 설명하시오.
2. 여성에게서 생식기 사마귀는 어떤 의학적 상태와 관련되는지 설명하시오.
3. 성병은 어떤 성적 행위에서 가장 흔하게 일어나는지 설명하시오.

개념 연결하기

이 절에 제시된 자료에 대한 자세한 내용은 다음 논의를 참고하시오.

7.1절 바이러스와 박테리아의 구조를 살펴본다.

7.2절 HIV 바이러스, 그 복제 및 AIDS 질병에 대한 자세한 정보를 살펴본다.

7.4절 항생제 내성이 어떻게 발생하는지와 질병 치료에 미치는 영향을 살펴본다.

결론

세 부모의 체외 수정 절차는 임상 연구 승인을 위해 미국식품의약국(FDA)의 검토를 받고 있다. 그러나 2015년 영국은 유전병 유전을 예방하기 위해 세 부모 IVF를 승인한 최초의 국가가 되었다. 영국에서 받아들여졌음에도 불구하고 이 절차는 생식 문제에 관심이 있는 많은 당사자들 사이에서 논란의 원천이 되어 왔다.

언론에서는 세 부모의 아기로 대중화되었지만, 문제의 유전자는 인간 세포에 있는 약 1만 9,000개의 유전자 중 37개에 불과하다. 따라서 많은 사람들은 기증된 미토콘드리아 유전자가 부모에게서 파생된 나머지 유전체에 비해 그 수가 적기 때문에 이를 제3의 부모 아기라고 부르는 것이 정당화되지 않는다고 주장한다.

그러나 이것은 시작에 불과하다. 더욱 논란이 될 수 있는 추가 기술이 개발되고 있다. 2015년에 연구자들은 다른 난자를 사용해서 난자를 수정하는 것이 가능하여 정자가 필요하지 않을 수 있다고 발표했다. 이러한 기술이 적용되려면 몇 년이 걸릴 수 있지만, 생식에 대한 전통적인 관점인 난자 하나–정자 하나를 바꾸는 것에 대한 반대가 이미 진행되고 있다.

요약

16.1 인간의 생활주기

생식계통(reproductive system)은 남성과 여성의 **생식세포**(gamete)를 생성한다. 여성의 생식계통은 수정의 장소를 제공하고, 수정 후 **접합자**(zygote)를 형성하며 태아를 보호하고 필요한 영양분을 공급한다.

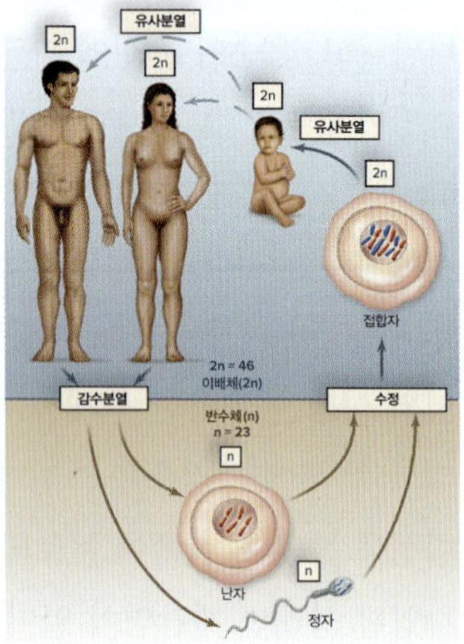

고등생물의 생활주기는 두 가지 세포분열, 유사분열과 감수분열을 한다.

- **유사분열**(mitosis, 체세포분열): 성장과 조직의 복구
- **감수분열**(meiosis): 반수체 생식세포 생산

16.2 남성의 생식계통

남성의 외부 생식기는 다음과 같다.

- **음경**(penis): 성교를 위한 기관
- **음낭**(scrotum): **고환**(testis) 저장소

정자발생(spermatogenesis)은 고환의 **정세관**(seminiferous tubule)에서 일어나는 **정자**(sperm) 생산을 말한다.

- **세르톨리세포**(Sertoli cell)는 정자발생 과정을 조절한다.
- 성숙한 정자는 **부고환**(epididymis)에 저장된다. 성숙한 정자는 첨단체를 포함한 머리, 미토콘드리아를 포함한 중간 부분, 꼬리로 구성된다.
- 정자는 **정관**(vas deferens)을 거쳐 **요도**(urethra)로 이동한다.
- **정낭**(seminal vesicle), **전립샘**(prostate gland), **망울요도샘**(bulbourethral gland)은 정자에 액체를 추가한다(분비작용에 의함).
- 정자와 분비물들이 혼합된 것을 **정액**(semen)이라고 한다.

남성은 오르가슴에 도달 시 음경에서 정액이 배출된다.

포경수술(circumcision)은 음경의 포피를 제거하는 것이다. **발기부전**(erectile dysfunction, ED)은 발기를 성교에 필요한 시간 동안 충분히 유지하지 못하는 것이다.

남성의 호르몬 조절

- 호르몬 조절은 시상하부, 뇌하수체 앞엽, 고환과 관련되어 있으며, 주로 테스토스테론을 일정한 수준으로 유지한다.
- 뇌하수체 앞엽에서 분비되는 **난포자극호르몬**(follicle-stimulating hormone, FSH)은 정자발생을 촉진한다.
- 뇌하수체 앞엽에서 분비되는 **황체형성호르몬**(luteinizing hormone, LH)은 **사이질세포**(interstitial cell)에 의한 **테스토스테론**(testosterone) 생성을 촉진한다.

16.3 여성의 생식계통

난소(ovary) 내에서 일어나는 난자발생은 일반적으로 매달 하나의 성숙한 난포를 생산한다.

- 이 난포는 난소에서 부풀어 올라 터져서 **자궁관술**(fimbriae)에 의해 **자궁관**(uterine tube)으로 **난자**(egg)를 배출한다.
- 자궁관은 **자궁**(uterus)에 연결되어 있고, 자궁에서 **착상**(implantation)과 발생이 일어난다. **자궁내막**(endometrium)은 자궁 안쪽에 위치하면서 태반 형성에 관여한다. 자궁내막증은 자궁 이외의 장소에 자궁조직이 발견되는 것이다.
- **자궁목**(cervix)은 자궁의 아래 끝부분으로 질과 이어진다. 팹 검사(Pap test)는 자궁목암 유무를 조사하는 검사법이다.
- 여성 외부 생식기 영역은 질구멍, 음핵, 대음순, 소음순을 포함한다.
- **질**(vagina)은 성교를 위한 기관이고, 여성의 산도이다.

여성의 오르가슴은 자궁과 자궁관의 수축으로 최고조에 이른다.

16.4 난소주기

난소주기: 비임신기

- **난자발생**(oogenesis)은 **난모세포**(oocyte)와 **극체**(polar body)를 형성한다.

- **난소주기**(ovarian cycle)는 시상하부와 뇌하수체 앞엽의 호르몬 조절로 이루어진다.
- 주기의 전반기 동안에는, 뇌하수체 앞엽에서 분비된 FSH가 에스트로겐과 소량의 프로게스테론을 분비하는 **난포**(follicle)의 성숙을 유발한다.
- **배란**(ovulation) 이후와 후반기 동안에는 뇌하수체 앞엽에서 분비된 LH가 난포를 **황체**(corpus luteum)로 변환시킨다.
- 황체는 프로게스테론과 약간의 에스트로겐을 분비한다.
- **폐경**(menopause)은 여성의 생애에서 난소주기가 중단되는 것이다.

자궁주기: 비임신기

에스트로겐과 프로게스테론은 **자궁주기**(uterine cycle)를 조절한다.

- **에스트로겐**(estrogen)은 자궁내막의 재구성을 유발한다.
- 배란은 일반적으로 28일 주기의 14일째에 일어난다.
- 황체에 의해 생성된 **프로게스테론**(progesterone)은 자궁내막을 두껍게 만들고 분비를 시작하게 한다.
- 호르몬의 낮은 수치는 자궁내막이 무너지면서 **월경**(menstruation)의 시작을 유발한다.

수정과 임신

수정이 일어나면 배아는 두꺼워진 자궁내막에 안착한다.

- 황체는 **태반**(placenta)에서 생산되는 **사람융모생식샘자극호르몬**(human chorionic gonadotropin, HCG)을 통해 계속 유지되고, 그로 인해 프로게스테론의 분비가 지속된다.
- 월경은 임신기간에는 일어나지 않는다.

16.5 생식의 조절

피임(contraceptive)은 임신 가능성을 줄여주는 **피임법**(birth control method)이다.

- 잘 알려진 피임 방법으로는 **경구피임약**(birth control pill), **자궁내장치**(intrauterine device, IUD), **피임용 격막**(diaphragm, 다이어프램), **콘돔**(condom) 등이 있다.
- 피임용 백신, 임플란트, 주사 등이 개발되어 사용이 가능하다.
- **정관절제술**(vasectomy)과 **자궁관묶음**(tubal ligation, 난관결찰)은 영구적 불임을 만든다.
- 보조생식기술의 발달은 **불임**(infertility) 부부가 아이를 가질 수 있도록 도울 수 있다. 불임은 여성의 **자궁내막증**(endometriosis), 음주, 남성의 흡연을 포함한 여러 가지 요인으로 발생될 수 있다. 이러한 기술 중 몇 가지는 다음과 같다.
- 인공정액주입(AID)
- **체외수정**(IVF)
- 생식세포 자궁관내이식(GIFT)
- 세포질내정자주입(ICSI)

16.6 성병

성병은 바이러스, 세균, 균류, 기생충에 의해 감염된다.

바이러스성 성병

- AIDS는 HIV에 의해 감염된다.
- 생식기 사마귀는 HPV에 의해 야기된다. 이러한 바이러스들은 생식기 사마귀 또는 병변을 일으키고 특정한 암과 관련되어 있다.
- 생식기 헤르페스는 제2형 헤르페스 바이러스에 의해 야기된다. 이는 생식기에 물집을 유발한다.
- 간염은 간염 바이러스 A, B, C, D, E, G에 의해 야기된다. A와 E는 일반적으로 오염된 물에 의해 전염된다. B와 C는 수혈에 의해 일어난다. 그리고 B, D, G는 성 접촉으로 전염된다.

세균성 성병

- 클라미디아는 클라미디아 트라코마티스(*Chlamydia trachomatis*)에 감염되어 발생한다.
- 임질은 임질균(*Neisseria gonorrhoeae*)에 감염되어 발생한다.
- 매독은 트레포네마 팔리듐(*Treponema pallidum*)에 감염되어 발생한다. 3단계의 시기를 거치며, 제3기에는 사망에 이르게 된다.

질 감염증

- 세균성 질증은 세균이 과잉증식하여 발생한다. 가드넬라 바지노시스(*Gardnerella vaginosis*)가 흔한 원인균이다.
- 효모인 칸디다 알비칸스(*Candida albicans*)가 과잉증식되어 칸디다증이 일어난다. 항생제나 호르몬제 피임약 복용이 원인이 될 수 있다.
- 기생충인 질편모충(*Trichomonas vaginalis*)도 질증을 일으킨다. 남성과 여성 모두에게 감염되지만, 남성은 종종 무증상이다.

개념 심화 학습

비판적 사고 키우기

1. 집중적으로 훈련하는 여성 운동선수는 월경이 중단되는 경우가 많다. 체지방이 일정 수준 이하로 감소하는 것이 중요한 요인인 것으로 보인다. 여성의 체지방과 생식 주기 사이의 관계에 대해 가능한 진화론적 설명을 제시하시오.
2. 현재 남성의 평균 정자 수는 수십 년 전보다 적다. 정자 수가 감소하는 이유는 알려져 있지 않다. 테스트 가능한 가설을 수립하는 데 어떤 데이터가 도움이 될 수 있는가?
3. 피임약을 사용하는 여성은 난소암 발병 위험이 낮은 것으로 나타나는 반면, 발달하는 난포 수를 증가시키는 생식력 강화 약물을 사용하면 발병 위험이 높아질 수 있다. 이러한 치료법이 여성의 난소암 발병 위험에 어떤 영향을 미칠 수 있는지 생각해 보시오.

관련성 탐구하기

1. CRISPR(21.3절 참고)와 같은 새로운 분자 도구를 사용하면 배아에 직접적인 유전적 변형이 가능해진다. 당신이 잠재적인 부모라면 어떤 상황에서 자녀의 유전자를 수정하고 싶은가?
2. 왜 어떤 사람들은 생식기술의 사용이 '부자연스러운' 과정이라고 말하는가? 그리고 이에 대해 어떻게 생각하는가?
3. 가까운 미래에는 인간의 생식이 완전히 어머니 밖에서 일어나는 것이 가능할 수도 있다. 이것이 발달 중인 태아에게 어떻게 유익할 수 있으며, 단점은 무엇인가?

모든 장의 질문에 대한 정답은 *connect.mheducation.com*에서 확인하시오.

Yuri_Arcurs/iStock/Getty Images

CHAPTER

17 발생과 노화

장수의 유전학

우리 몸은 태어나는 순간부터 노화가 시작된다. 의학과 영양학의 발전으로 기대 수명이 미국에서는 1900년에 약 45세에서 오늘날 79세 미만까지 증가하였다. 100세 이상을 살아가는 사람이 점점 늘어나고 있다(이를 100세 노인이라고 함). 미국에는 전체 인구의 약 0.02%에 해당하는 8만 명이 넘는 100세 이상 노인들이 있다. 일본과 오키나와에서는 그 비율이 미국의 거의 3배에 달한다.

지난 몇 년 동안 연구자들은 왜 어떤 사람들이 100세 이상 사는지에 대한 미스터리를 풀기 위해 새로운 분자 기술을 사용하기 시작했다. 한 유전자의 변형인 *FOX03A*는 일반 노인보다 100세 이상 노인에게서 더 많이 발생하는 것으로 확인되었다. 이 유전자는 신체의 인슐린 경로를 조절하고 자유라디칼로부터 세포를 보호하는 유전적 메커니즘을 제어하는 것으로 보인다. 이러한 인슐린 조절과 자유라디칼에 대한 보호가 다양한 유기체의 수명을 연장시키는 것으로 오랫동안 알려져 왔다. 흥미롭게도 *FOX03A*는 또한 세포사멸 과정에 관여하고, 이는 암으로부터 신체를 보호하는 데 도움이 될 수 있는 것으로 여겨져 왔다. 연구자들은 *FOX03A*가 장수를 위한 유일한 유전자라고 생각하지는 않지만, 인간 노화에 대한 대규모 유전체(게놈) 연구의 출발점을 제공하고 있다고 생각한다.

이 장에서는 잉태되는 순간부터 노년으로 발달되어 가면서 인체에 어떤 일이 일어나는지 알아볼 것이다.

이 장을 학습하면서 다음 질문을 생각해 보자.

1. 인간의 발생 과정을 통제하는 유전적 요인은 무엇인가?
2. 세포 및 생리적 수준에서 세포 노화의 주요 원인은 무엇인가?

이 장의 개요

시작하기 전에

이 장을 시작하기 전에 다음 사항을 논의해 보자.

16.2절 정자발생에서 정자세포는 어떻게 만들어지는가?

16.4절 난자발생에서 난자세포는 어떻게 만들어지는가?

16.4절 여성의 생식계통에서 에스트로겐과 프로게스테론의 역할은 무엇인가?

17.1 수정

학습 목표

이 절을 학습한 후 다음 사항을 할 수 있어야 한다.

1. 정자에 의한 난자세포의 수정 단계를 설명할 수 있다.

16장에서 남성과 여성의 생식계통 구조와 기능을 살펴보았다. 생식계통의 기능 중 한 가지는 하나의 새로운 개체를 생성하기 위한 생식세포(난자와 정자세포)를 생산하는 것이다. **수정**(fertilization)은 새로운 개체의 첫 번째 세포인 **접합자**(zygote)를 형성하기 위한 정자와 난자의 결합이다(그림 17.1).

수정 단계

정자의 꼬리는 정자가 난자 쪽으로 헤엄쳐 갈 수 있도록 돕는 편모로 되어 있다. 정자의 가운데 부분에는 에너지를 생산해 낼 수 있는 미토콘드리아가 있다. 머리는 막으로 둘러싸인 첨단체(acrosome)로 덮여 있는 핵으로 되어 있다. 첨단체는 소화 효소들을 함유하고 있는 세포 기관이다. 오직 정자의 머리에서 나온 핵만 난자의 핵과 융합된다.

난자의 세포막은 **투명대**(zona pellucida)라고 하는 세포외기질로 둘러싸여 있다. 차례로, 투명대는 집합적으로 **방사관**(corona radiata)이라고 하는 서로 붙은 난포세포의 여러 층으로 둘러싸여 있다. 이 세포들은 난자가 난소의 난포에 있는 동안 난자에 영양분을 제공한다.

수정과정 동안에 몇 개의 정자가 방사관을 뚫고 들어간다. 몇 개의 정자는 투명대를 뚫고 들어가려 시도하지만, 오직 한 개의 정자만이 난자로 들어간다. 첨단체는 정자가 투명대를 뚫고 들어가는 데 중요한 역할을 한다. 정자의 머리가 투명대에 단단히 붙고 난 후에, 첨단체는 정자가 투명대를 뚫고 나갈 수 있도록 소화 효소를 분비한다. 한 개의 정자가 난자에 연결되면 난자의 세포막과 정자가 융합되고 정자의 핵은 난자로 들어가게 된다. 정자핵과 난자핵의 융합은 그 이후에 계속된다.

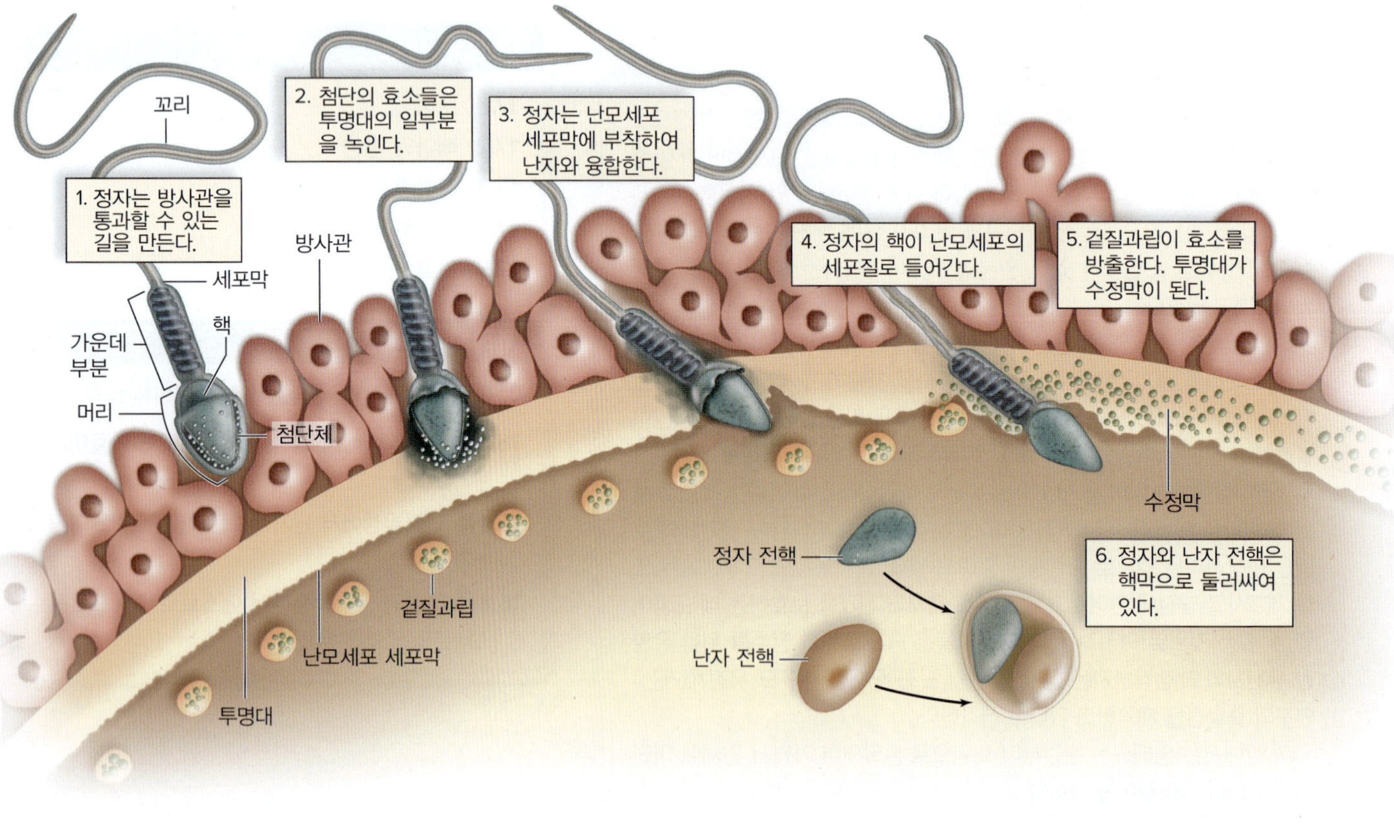

그림 17.1 수정.
수정 초기에 한 개의 정자가 난자 세포막의 미세융모에 의해 난자로 끌려가게 된다. 첨단체에서 분비되는 효소들의 도움으로 정자는 투명대를 통과할 수 있는 길을 만든다. 정자가 난자의 세포막에 부착된 후에 다른 정자가 난자로 들어오는 것을 막는 일련의 변화가 일어난다. 수정은 정자 전핵과 난자 전핵이 합해져서 접합자가 되면 완성된다.

오늘날의 생물학 ▶ **과학의 다양성**

수정의 이해

20세기 초에는 종종 백인이 아닌 과학자들을 향한 학계의 발전을 방해하는 인종적 편견으로 흑인계 미국인이 과학의 길을 걷는 것은 흔치 않았다. 하지만 세포의 비밀을 밝혀낸 선구적인 생물학자인 어니스트 에버렛 저스트(Ernest Everett Just)는 그 세대에서 가장 저명한 생물학자가 되었을 뿐만 아니라, 수정 과정을 이해하는 기초를 다지기도 했다. 그의 연구 결과는 후세대 과학자들의 작업을 뒷받침할 것이다.

어니스트 에버렛 저스트(그림 17A)는 1883년 사우스캐롤라이나주 찰스턴에서 태어났다. 그의 어머니는 학교를 설립하고 사우스캐롤라이나 해안에 있는 제임스섬의 흑인 아이들을 지도하였다. 그곳에서 그녀는 그녀의 아들을 교육하였고, 선생님이 되도록 격려하였다. 저스트는 15세 때 이미 사우스캐롤라이나에 있는 흑인 학교에서 학생들을 가르칠 수 있는 자격을 획득하였다. 하지만 저스트는 가르치는 것에 관심이 없었다. 1900년 그는 유일한 흑인 학생으로 뉴햄프셔에 있는 학교에서 대학 준비 과정에 다녔다. 이 과정에서 그는 결국 다트머스로 왔고, 그곳에서 그는 생물학을 전공하는 유일한 우등생으로 졸업했다. 하지만 학계에서 더 나아가고자 하는 그의 열망에도 불구하고, 그는 미국의 북쪽과 남쪽에 있는 대학의 거의 모든 학과와 교수진에게 배척당하였다.

그림 17A 어니스트 에버렛 저스트. 어니스트 에버렛 저스트는 수정생물학에 대한 초기 연구의 일부를 수행하였다.
Photo Researchers/Science History Images/Alamy Stock Photo

대신에 워싱턴 DC에 있는 유명한 흑인 대학(HBC)인 하워드대학교에서 영어와 생물학을 가르치기 시작하였다. 저스트의 경력이 시작된 것은 이 무렵이었다. 다트머스 때부터 세포의 연구에 관심이 있었고, 매사추세츠주 우즈 홀에 있는 해양 생물학 연구소에서 연구 제안을 수락하였다. 그곳에서 그는 해양 무척추동물 실험적 배아 연구를 시작했고, 특히 암컷 난자의 성질에 특별한 관심을 갖고 해양벌레에 대해 연구하였다. 그의 연구는 수정에서 엑토플라즘 또는 난자 표면의 중요한 역할을 발견하였고, 난자는 수정 과정에서 정자가 미리 정해져 있는 곳이 아니라 난자 표면의 어느 지점에든 난자로 들어갈 동등한 확률을 가지고 있음을 보여주었다.

나중에 시카고대학교에서 박사 논문의 일부로 출판되었던 이러한 발견은 수정에서 난자의 역할을 이해하는 데 기여했고, 훗날 발생 생물학에서 다른 과학자들의 연구를 위한 토대가 되었다. 하지만 박사 학위를 취득하고, 해당 분야의 최고 성과를 거둔 흑인계 미국인에게 주어지는 명망 있는 스핀간(Spingarn) 메달을 수상했음에도 불구하고, 그는 여전히 인종적 장벽에 부딪혀 자신을 교수로 영입할 대학을 찾기 위해 노력해야 했다.

그는 미국에서 일자리를 찾을 수 없어서 제2차 세계대전 사이 과학과 문화의 르네상스 시대에 있었던 유럽으로 이주하였다. 이 기간에 그는 세포생물학에서 영향력 있는 '해양동물의 난자 실험에 대한 기초 방법'과 '세포 표면 생물학'이라는 두 권의 책을 출판하였고, 심지어 1933년 나치즘의 등장으로 단기로 단축된 독일 베를린 카이저 빌헬름 연구소의 방문 연구원으로 초빙된 최초의 미국인이 되었다.

그는 남은 인생의 대부분을 유럽, 주로 프랑스에서 보냈다. 제2차 세계대전 중 그는 포로로 잡혀 있었지만, 그 후 그가 연구를 계속할 수 있도록 해주는 몇 안 되는 기관 중 하나인 하워드대학교로 돌아왔다. 그는 미국으로 돌아온 지 불과 1년 만에 췌장암으로 사망하였다.

당시의 많은 흑인 과학자들처럼 저스트의 업적은 20세기 대부분의 기간 동안 백인들의 업적을 우선시하는 경향으로 주목받지 못했다. 오늘날 그는 진정으로 유기체에서 세포 표면의 역할을 이해한 최초의 과학자로 인정받고 있다. 또한 그의 연구는 과학자들이 수정 과정에서 난자의 역할을 이해하는 데 기여했다. 최근에는 과학계의 압도적인 인종적 편견 상황에도 불구하고, 시카고대학교와 다트머스대학교 심포지엄에서 그의 과학적이고 전문적인 업적을 인정받았다.

정상적인 발생 과정을 보장하기 위해서는 오직 1개의 정자가 1개의 난자에 들어가야 한다. 다정자수정(1개 이상의 정자 침투)의 방지는 난자의 세포막과 투명대의 변화에 달려 있다. 한 개의 정자가 난자에 닿으면 Na^+ 이온의 급속한 분비가 난자의 세포막을 탈분극시키게 되고, 이로 인하여 다른 정자가 부착하는 것을 방지하게 된다. 이에 더하여 겉질과립이라는 소낭들이 효소를 방출해서 투명대가 투과 불가능한 수정막이 되게 한다. 이제 정자는 더는 투명대에 결합할 수 없다.

과학의 다양성 특집 '수정의 이해'를 탐구해 보면 수정이 어떻게 일어나는지에 대한 우리의 이해 중 대부분은 발생 생물학의 초기 연구 선구자인 생물학자 어니스트 에버렛 저스트의 연구 덕분이라는 것을 알 수 있다.

진도 점검하기 17.1

1. 수정의 단계를 설명하시오.
2. 방사관과 투명대 기능의 차이를 구별하시오.
3. 다수의 정자가 같은 난자에 수정이 일어나지 못하게 하는 것이 무엇인지 설명하시오.

개념 연결하기

정자와 난자세포에 대한 자세한 내용은 다음 논의를 참고하시오.

16.2절 정자발생에 의해 정자가 어떻게 생성되는지 살펴본다.

16.4절 난자발생에 의해 난자가 어떻게 생성되는지 살펴본다.

17.2 배아의 발생

학습 목표

이 절을 학습한 후 다음 사항을 할 수 있어야 한다.

1. 발생 시 분할, 성장, 형태 형성, 분화가 어떤 역할을 하는지 설명할 수 있다.
2. 배아바깥막들을 구별하고 각 기능을 설명할 수 있다.
3. 일차 배엽으로부터 형성되는 기관들을 구별할 수 있다.
4. 전배아기와 배아기 발생 단계에서 일어나는 주요 사건들을 요약할 수 있다.

인간의 발생은 전배아기 발생, 배아기 발생, 태아 발달로 진행된다. 표 17.1에 발생 기간 동안 일어나는 주요 사건들을 요약하였다.

발생의 과정

인간 배아가 발생하면서 다음 과정이 일어난다.

- **분할**(cleavage, 난할): 수정이 일어난 직후, 접합자는 분열하기 시작하여 2개가 되고, 그다음 4개, 8개, 16개, 32개 그리고 그 이상의 세포들로 분열한다. 이 분열이 일어날 때 세포의 크기는 증가하지 않는다. 분할 과정의 세포분열은 체세포분열이다. 그리고 각 세포는 완벽한 전체 수의 염색체와 유전자를 받는다.
- **성장**(growth): 배아기 발생 동안, 세포분열은 딸세포의 크기 증가와 함께 일어난다.
- **형태 형성**(morphogenesis): 형태 형성은 배아가 모양을 갖추는 것을 뜻하며, 어떤 세포들이 다른 세포들과 관련하여 움직이는 것이 보일 때 처음으로 분명하게 관찰된다. 이러한 움직임으로 배아는 다양한 형태를 띠기 시작한다.
- **분화**(differentiation): 세포들이 특정한 구조와 기능을 가질 때, 분화가 일어난다. 눈에 띌 정도로 분화되는 첫 번째 기관계통은 신경계통이다.

생활 속의 생물학

출산 예정일은 어떻게 계산할까?

출산 예정일은 임신 전 여성의 마지막 월경주기 첫날부터 계산한다. 임신부터 출생까지는 대략 266일이다. 월경주기가 시작된 후 약 14일 후에 임신이 일어난다(월경주기의 중간에 배란이 일어남). 이것은 출산일까지 총 280일, 즉 대략 40주이다.

실제 날짜를 추정하기 위해 내겔의 규칙(Naegele's rule)이라고 하는 계산이 종종 사용된다.

1. 마지막 월경 기간의 첫날을 출발점으로 사용한다.
2. 월경 기간이 발생한 달에서 3개월을 뺀다.
3. 마지막 기간의 첫날에 7일을 더한다.

예를 들어 여성의 마지막 월경 기간이 1월 1일에 시작되었다고 가정하면, 아기의 대략적인 출산 예정일은 10월 8일이다. 초음파 검사는 아기의 출산 예정일을 확인하는 데도 자주 사용된다.

표 17.1 인간 발생

시간	어머니에게 일어나는 사건	아기에게 일어나는 사건
전배아기 발생		
1주	배란이 일어난다.	수정이 일어난다. 세포분열이 시작되고 계속된다. 융모막이 형성된다.
배아기 발생		
2주	임신 초기의 증상(메스꺼움, 유방 부기, 피로)이 나타난다. 혈액 임신검사에서 양성반응이 나온다.	착상이 일어난다. 양막과 난황주머니가 나타난다. 배아가 조직을 가진다. 태반이 형성되기 시작한다.
3주	첫 번째로 월경을 거른다. 소변 임신검사에서 양성반응이 나온다. 임신 초기의 증상이 계속된다.	신경계통이 발달하기 시작한다. 요막과 혈관이 나타난다. 태반이 잘 형성되어 있다.
4주		팔다리싹이 형성된다. 심장을 알아볼 수 있고 박동을 하고 있다. 신경계통이 뚜렷해진다. 배아가 꼬리를 가지고 있다. 다른 기관계통이 형성된다.
5주	자궁이 달걀만 한 크기가 된다. 자궁이 커지면서 방광이 압력을 받아 소변이 자주 마렵게 된다.	배아가 휜다. 머리가 크다. 팔다리싹이 분열을 나타낸다. 코와 눈과 귀를 알아볼 수 있다.
6주	자궁이 오렌지만 한 크기가 된다.	손가락과 발가락이 나타난다. 뼈대가 연골화되어 있다.
2개월	자궁이 두덩뼈 위에 있는 것이 느껴진다.	모든 기관계통이 형성된다. 연골이 뼈로 대체된다. 얼굴의 생김새가 분명해진다. 배아가 대략 38 mm 정도의 길이가 된다.
태아 발달		
3개월	자궁이 자몽만 한 크기가 된다.	초음파로 성 감별이 가능하다. 손톱이 나타난다.
4개월	임신 경험이 있는 어머니에게 태아의 움직임이 느껴진다.	뼈대가 보인다. 머리털이 생기기 시작한다. 태아의 길이는 약 150 mm, 무게는 약 170 g 정도가 된다.
5개월	임신 경험이 없던 어머니에게도 태아의 움직임이 느껴진다. 자궁이 배꼽 부위까지 도달하고, 임신이 확실해진다.	태지라고 불리는 치즈 막처럼 생긴 보호막이 생긴다. 심장박동 소리가 들린다.
6개월	의사가 아기의 머리와 등과 팔다리가 어디 있는지 구별할 수 있게 된다. 유방이 커지고 젖꼭지와 젖꽃판이 검게 착색된다. 초유가 생산된다.	몸이 솜털이라고 하는 미세한 털로 뒤덮인다. 피부가 쭈글쭈글하고 붉다.
7개월	자궁이 배꼽과 가슴우리(흉곽)의 중간까지 도달한다.	고환이 음낭으로 내려간다. 눈이 열린다. 태아의 길이는 약 300 mm, 무게는 약 1,350 g 정도가 된다.
8개월	몸무게가 평균적으로 일주일에 0.45 kg 늘어난다. 어머니의 무게 중심이 앞으로 쏠리기 때문에 서 있거나 걷는 것이 힘들어진다.	몸에 털이 사라지기 시작한다. 피하지방이 생기기 시작한다.
9개월	자궁이 가슴우리(흉곽)까지 도달하여 숨이 가빠지고 속쓰림이 생긴다. 잠자는 것이 힘들어진다.	태아가 태어날 준비가 되었다. 태아의 길이는 약 530 mm, 무게는 약 3,400 g 정도가 된다.

발생의 단계

전배아기 발생(pre-embryonic development)은 임신 1주에 일어나는 사건들을 포함하며, **배아기 발생**(embryonic development)은 2주 후부터 시작해서 2개월 말까지의 기간이다.

전배아기 발생

발생 1주의 사건들이 그림 17.2에 보여진다.

수정이 일어난 직후, 접합자는 자궁관을 지나서 자궁으로 내려가면서 반복적으로 분열한다. 이 시점을 **배아**(embryo)라고 일컫는다. **상실배**(morula)는 배아세포가 조밀하게 모여 있는 공인데, 나중에 **주머니배**(blastocyst)가 된다. 주머니배의 많은 세포는 잘 정렬되어 일부는 **속세포덩이**(inner cell mass)를 형성하고, 그 바깥쪽으로 또 다른 세포층을 형성하여 둘러싼다. 속세포덩이는 **태아**(fetus)가 된다.

속세포덩이의 각 세포는 모든 종류의 조직으로 될 수 있는 유전적 가능성을 가지고 있다. 때때로 발생 과정 동안에 상실

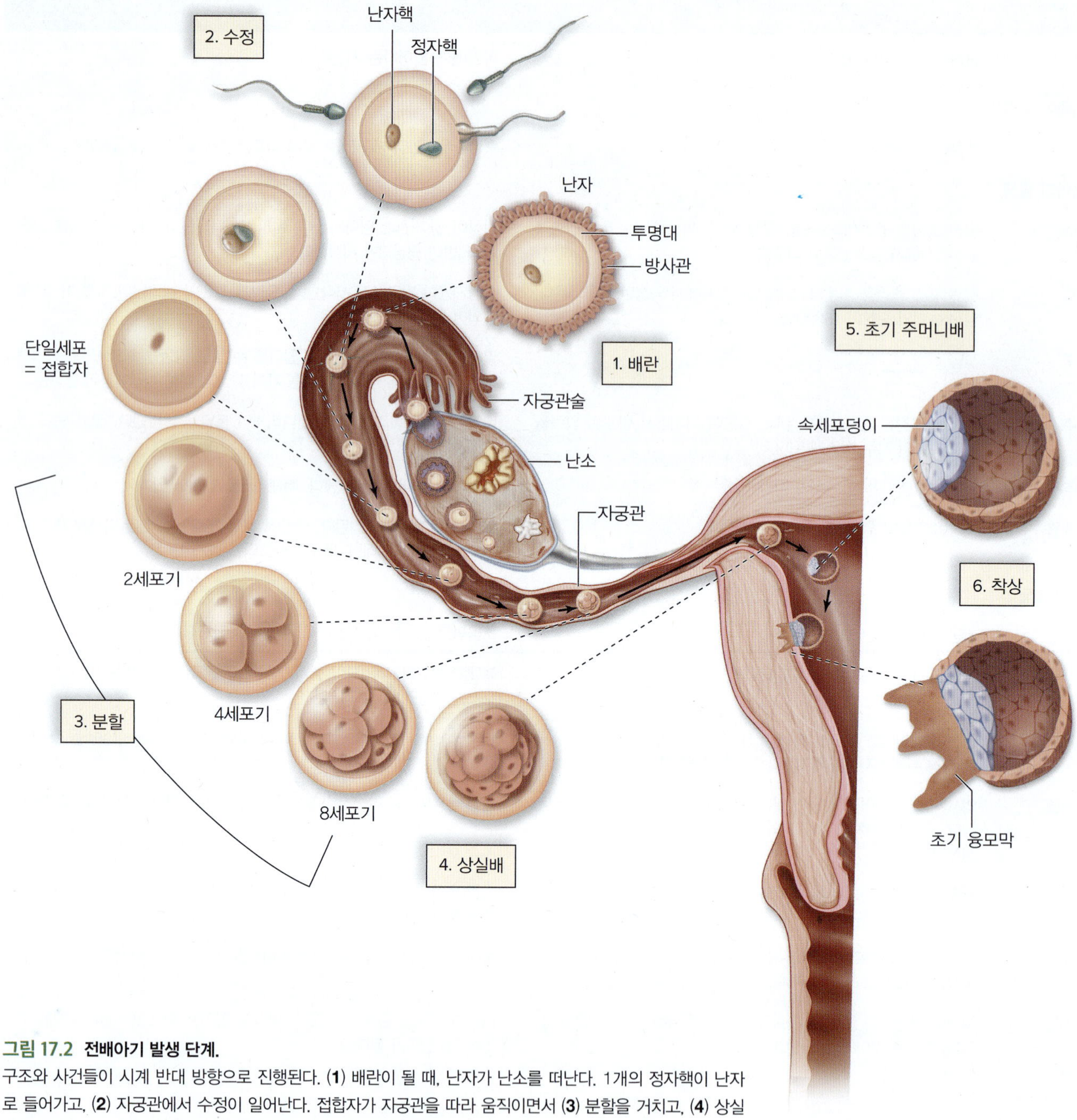

그림 17.2 전배아기 발생 단계.
구조와 사건들이 시계 반대 방향으로 진행된다. (**1**) 배란이 될 때, 난자가 난소를 떠난다. 1개의 정자핵이 난자로 들어가고, (**2**) 자궁관에서 수정이 일어난다. 접합자가 자궁관을 따라 움직이면서 (**3**) 분할을 거치고, (**4**) 상실배를 형성한다. (**5**) 주머니배가 형성된 다음, (**6**) 자궁 내벽에 착상된다.

배의 세포들이 갈라지거나 속세포덩이의 세포들이 찢어지기도 하고, 1개보다는 2개의 배아가 생긴다. 만일 발달이 잘 진행된다면 이 2개의 배아는 완전히 동일한 염색체를 가지고 있기 때문에 일란성 쌍둥이가 될 것이다. 이란성 쌍둥이는 2개의 난자가 각각 다른 2개의 정자에 수정될 때 생기며, 염색체가 동일하지 않다.

배아바깥막

배아바깥막(extraembryonic membrane)은 배아나 태아의 일부가 아니다. 대신에 그 이름에서 알 수 있듯이, 이들은 배아의 바깥에 있다(그림 17.3). 인간의 배아를 둘러싼 배아바깥막들의 이름은 조류나 파충류와 같이 껍데기가 있는 알을 낳는 동물들의 일반적인 기능에서 유래되었다. 알을 낳는 동물에서는

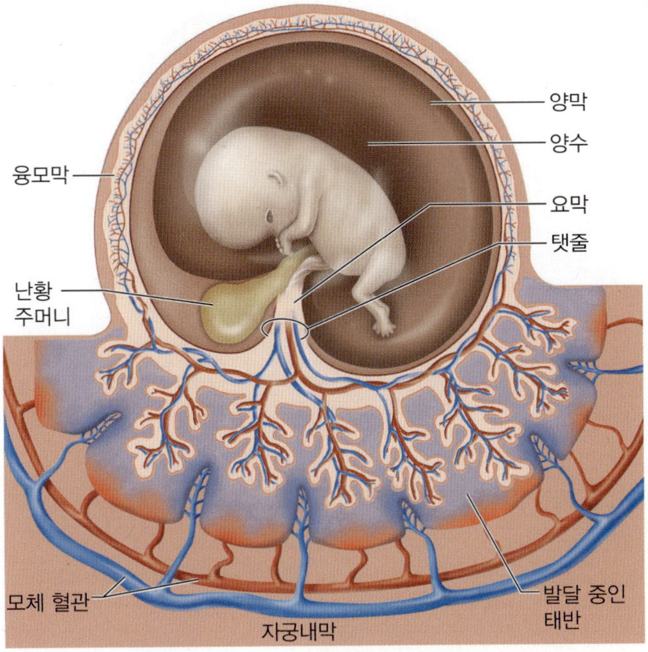

그림 17.3 배아바깥막.
융모막과 양막이 배아를 둘러싸고 있다. 2개의 다른 배아바깥막인 난황주머니와 요막은 탯줄을 만드는 데 기여한다.

융모막이 껍질 옆에 있고, 기체 교환을 담당한다. 양막은 보호 기능이 있는 양수를 담고 있는데, 이 양수 속에 발생 중인 배아가 잠겨 있다. 요막은 질소 배설물을 모으고, 난황주머니는 영양소를 공급하는 난황을 둘러싼다.

인간은 자궁 안에서 발달하기 때문에 배아바깥막의 기능이 다른 동물과는 약간 다르다. 인간에게 있는 배아바깥막의 기능은 다음과 같다.

- **융모막**(chorion)은 태아 쪽 **태반**(placenta)으로 발달하는데, 태반은 배아 또는 태아에게 산소와 영양소를 공급하고 노폐물을 가져가는 기능을 하는 기관이다. 융모막 융모(chorionic villi)는 융모막의 접촉면을 늘리기 위해 손가락 모양으로 노출되어 있다. 융모막 융모 안에 있는 혈관들은 배꼽 혈관들과 이어져 있다.
- **요막**(allantois)은 난황주머니처럼 배아에서 뻗어 나와 있다. 이것은 태아의 콩팥에서 만들어진 적은 양의 소변을 축적하고, 이는 후에 방광이 된다. 지금은 요막의 혈관이 배꼽 혈관이 되는데, 태아로 혈액을 가져가고 가져오는 역할을 한다. 배꼽동맥은 태아에게서 태반으로 산소가 적은 혈액을 보내고, 배꼽정맥은 태반에서 태아에게 산소가 풍부한 혈액을 공급한다.
- **난황주머니**(yolk sac)는 처음으로 나타나는 배아바깥막이다. 새처럼 알을 낳는 동물의 경우에는 난황주머니가 난황(yolk)을 담고 있는데, 난황은 발생 중인 배아의 식량이다. 인간과 같은 포유류에서는 이 기능을 태반이 수행하므로 난황주머니에는 난황이 거의 없다. 하지만 난황주머니는 풍부한 혈관들을 가지고 있다. 난황주머니는 혈구 생성의 첫 번째 장소이다.
- **양막**(amnion)은 배아와 태아가 커지면서 함께 커진다. 양막은 태아로 발달하는 배아를 보호하고 쿠션 역할을 하는 양수를 담고 있다.

배아기 발생

임신 2주에 착상이 시작된다. 배아기 발생은 임신 2개월 말까지 지속된다. 배아기 발생의 마지막 단계에서 배아는 거의 사람처럼 보인다.

임신 2주 일반적으로 발생이 시작된 첫째 주가 끝날 때, 배아는 자궁의 벽에 착상하는 과정을 시작한다. **착상**(implantation)이 성공적으로 일어났을 때, 여성은 의학적으로 임신이 된 것이다. 때때로 배아가 자궁이 아닌 다른 곳에 착상하는 경우도 있는데, 대개 자궁관이 그 장소이다. 이런 경우를 **자궁외임신**이라고 부른다. 자궁관은 배아를 성장시킬 만큼 확장되지 않기 때문에 이러한 임신 형태는 성공할 수 없고, 산모의 건강을 위협한다. 착상하는 동안, 융모막은 자궁내막의 혈관과 조직을 일부 분해하는 효소를 분비한다. 또한 융모막은 임신검사의 기본인 **사람융모생식샘자극호르몬**(human chorionic gonadotropin, HCG)을 분비한다. HCG는 황체형성호르몬(LH)처럼 작용하여 임신이 되었을 때는 보통 황체가 퇴화하는 시기가 지나도 황체가 계속 유지되도록 한다. 이처럼 자극을 받기 때문에 황체는 황체호르몬을 분비하여 자궁내막벽을 유지시킨다. 자궁내막이 유지되면 월경이 일어나지 않게 된다.

주요 과정이 진행되면서 속세포덩이는 **배아원반**이 되고, 배아바깥막이 2개 더 형성된다(그림 17.4a, b). 난황주머니는 혈구가 최초로 형성되는 장소이다. 발생이 진행되면서 양막강

그림 17.4 배아기 발생 단계.
a. 처음에 배아에는 어떤 기관도 형성되어 있지 않고 단지 조직만 있다. 양막강이 배아원반의 위에 있고, 난황주머니는 아래에 있다. 융모막 융모가 보인다. **b, c.** 요막과 난황주머니(2개의 배아바깥막)가 몸줄기의 안쪽에 위치해 있고, 이것은 탯줄이 된다. **d.** 35일 후, 배아는 머리 영역과 꼬리 영역을 가지게 된다. 탯줄은 배아와 양막(태반) 사이에 혈관들을 형성해준다.

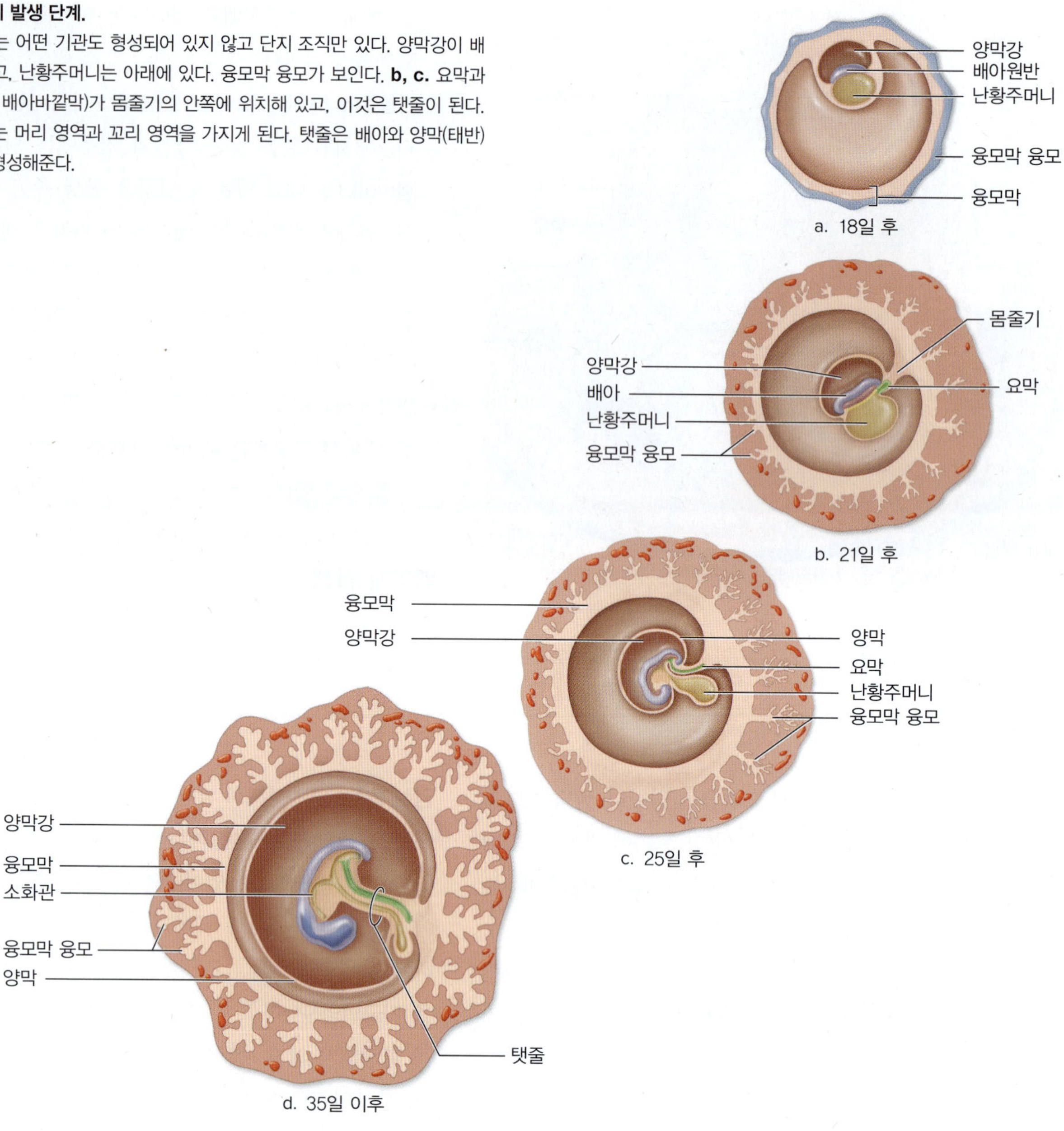

은 배아(이후에는 태아)를 둘러싸고 있다. 사람의 양수는 추위와 열에 완충재로서 기능한다. 또한 모체의 운동에 따른 충격을 흡수한다.

장배 형성(gastrulation)이라고 하는 주요 사건은 속세포덩이를 배아원반으로 바꾼다. 장배 형성은 세포들이 움직여서 이동하는 형태 형성의 한 예이다. 이 경우에는 **일차 배엽**(primary germ layer)이라고 하는 조직층이 되도록 세포들이 움직여서 이동한다. 장배 형성이 끝날 때까지 배아원반은 3개의 일차 배엽으로 외배엽, 중배엽, 내배엽을 가지는 배아가 된다. 그림 17.5는 일차 배엽들의 중요성을 보여준다. 한 개체의 모든 기관을 각각 추적해 보면 일차 배엽 중 하나로 거슬러 올라간다(표 17.2).

표 17.2 초기 배엽층의 구조

일차 배엽	성인 구조
외배엽(바깥층)	피부의 표피, 입안과 직장의 상피 내벽, 신경계통
중배엽(중간층)	뼈대, 근육계통, 피부 진피, 심장혈관계통, 비뇨계통, 생식계통, 호흡계통과 소화계통의 외층
내배엽(안쪽층)	소화관 및 호흡기의 상피 내벽, 관련 분비샘, 비뇨기 방광 상피 내벽

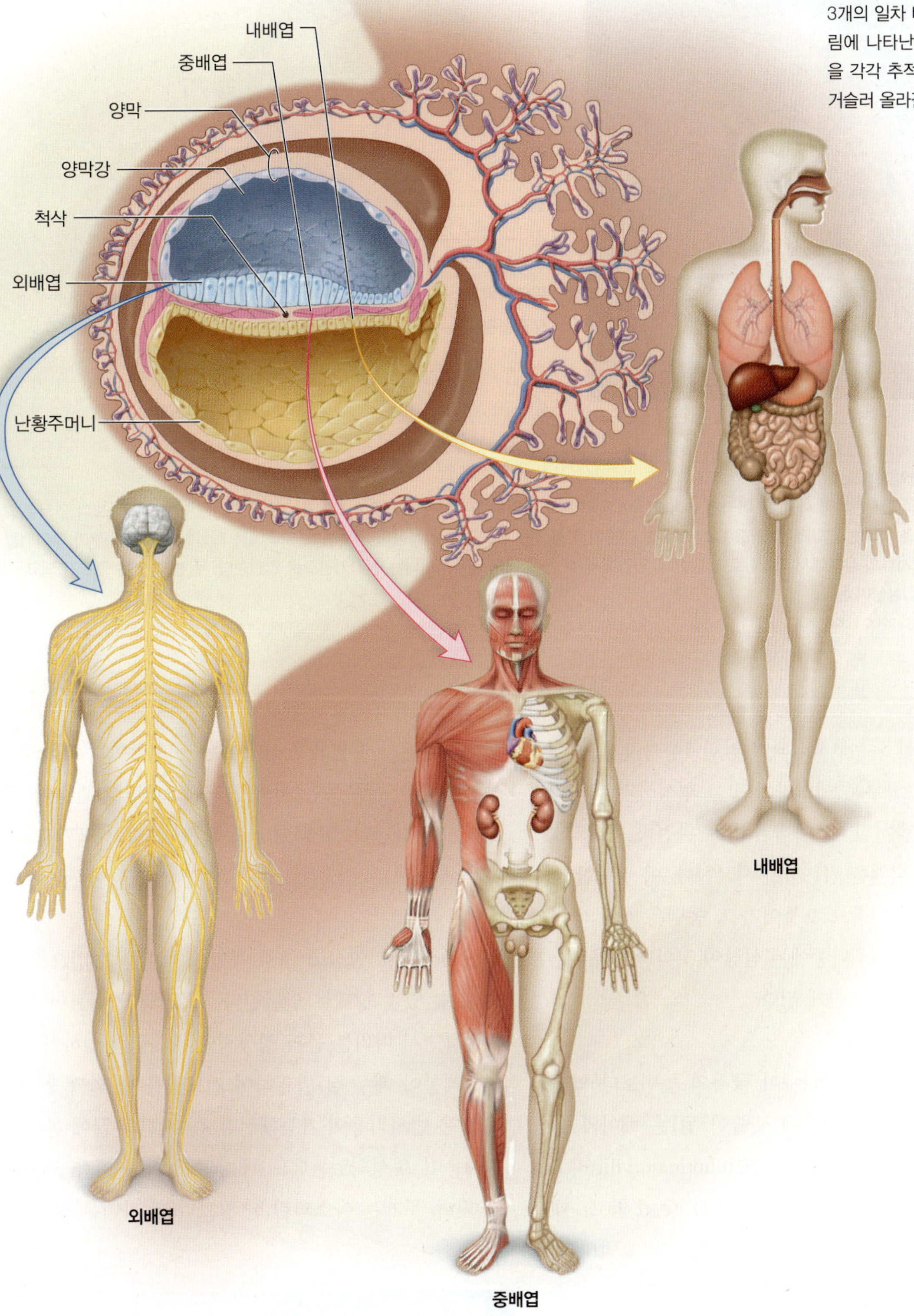

그림 17.5 배아의 배엽. 배아는 외배엽, 중배엽, 내배엽이라는 3개의 일차 배엽을 가지고 있다. 이 그림에 나타난 것처럼 기관들과 조직들을 각각 추적해 보면 하나의 배엽으로 거슬러 올라갈 수 있다.

임신 3주 2개의 중요한 기관계통이 임신 3주에 모양을 갖춘다. 신경계통은 확실하게 보이는 첫 번째 기관계통이다. 처음에는 배아의 뒷부분 전체가 두꺼워지는 것이 보인다. 그 후 중앙이 안으로 접히면서 주머니가 형성된다. 그 끝부분을 **신경주름**이라 명명한다. 신경주름이 중앙에 도달했을 때 신경관이 형성된다. 이 신경관은 나중에 뇌와 척수로 발달한다.

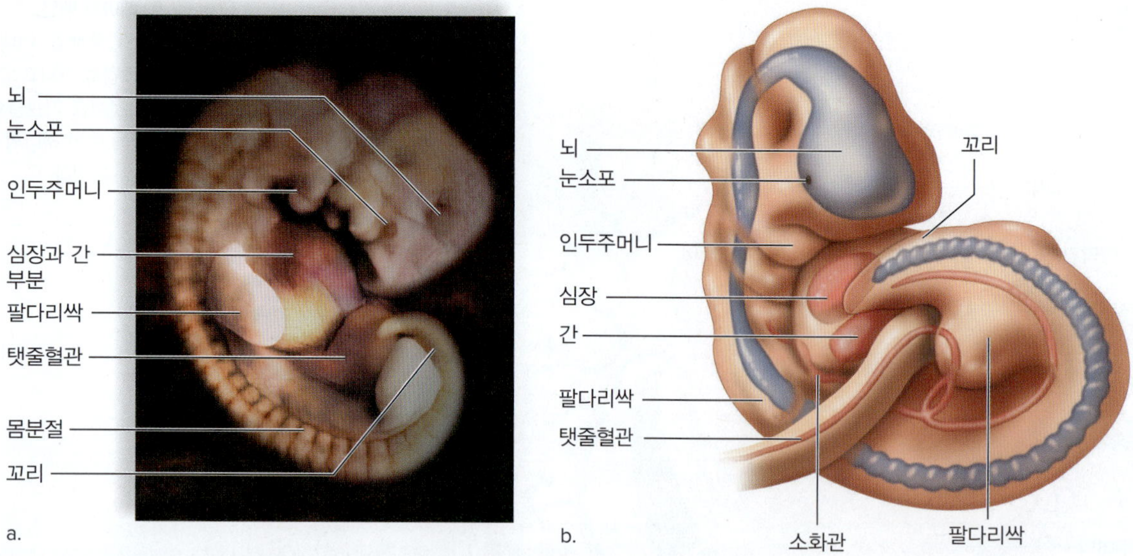

그림 17.6 임신 5주 배아의 모습.
a. 임신 5주 후 인간 배아의 전자현미경 사진. **b.** 머리가 심장과 간에 닿기 위해 배아는 구부러진 모양을 하고 있다. 이 두 기관은 다른 기관들보다 먼저 발달한다. 소화계통이 형성 중이고, 팔과 다리는 팔다리싹이라고 하는 볼록한 부분에서 형성된다. 꼬리는 진화상의 자투리다. 꼬리뼈는 퇴화하여 그중 일부가 꼬리뼈를 이룬다. 인두주머니는 물고기나 양서류의 유충에서 아가미로 발달한다. 인간에서 첫 번째 쌍의 인두주머니는 청각기관으로 발달한다. 두 번째 쌍은 편도가 되고, 세 번째와 네 번째 쌍은 가슴샘과 부갑상샘이 된다.
(a): Anatomical Travelogue/Science Source

심장의 발달은 임신 3주에 시작되어 임신 4주까지 계속 이어진다. 처음에는 양 끝부분 세포가 심장을 형성하기 위하여 이동한다. 이것들이 합쳐질 때, 아직 심방이 완전히 형성되지는 않았지만, 심장은 혈액을 펌프하기 시작한다. 이 커다란 관 형태의 심장에 정맥은 뒤쪽으로 들어가고, 동맥은 심장의 앞쪽으로 빠져나온다. 그러나 나중에는 심장이 꼬이면서 대부분의 주요 혈관이 앞쪽에 위치하게 된다.

임신 4~5주 임신 4주에 배아는 이 글자의 높이보다 약간 더 큰 크기가 된다. 몸줄기(이후에 탯줄이 됨)는 배아와 융모막을 연결하는데, 융모막은 **융모막 융모**(chorionic villi)라고 하는 나무 형태의 돌기를 가지고 있다(그림 17.4c, d 참고). 네 번째 배아바깥막인 요막은 몸줄기 안에 존재한다. 요막의 혈관은 탯줄의 혈관이 된다. 머리와 꼬리가 위로 올라가고, 몸줄기는 수축하여 앞쪽으로 이동한다. 이러한 과정이 끝나면 **탯줄**(umbilical cord)이 완전히 형성된다(그림 17.4d 참고). 탯줄은 발생하는 배아와 태반을 연결해준다.

곧 팔다리싹이 나타난다(그림 17.6). 나중에 팔과 다리가 이 팔다리싹에서 발생하고 심지어는 손과 발이 뚜렷하게 보인다. 동시에 임신 5주 동안 머리가 커지고 감각기관들이 좀 더 분명하게 나타난다. 발생 중인 눈과 귀 그리고 코까지도 구별이 가능하다.

임신 6~8주 임신 6~8주 동안에 배아는 인간으로 쉽게 알아볼 수 있는 형태로 발달한다. 뇌 발달과 더불어 목 부분이 발달하면서 머리는 몸과 정상적인 관계를 형성하기 시작한다. 신경계통이 매우 잘 발달하여 건드렸을 때 깜짝 놀라는 반응과 같은 반사작용이 가능해진다. 이 기간의 끝에 몸의 모든 기관계통이 형성되었는데도 배아의 길이는 대략 38 mm 정도가 되며, 무게는 아스피린 한 알보다 더 가벼운 정도가 된다.

진도 점검하기 17.2

1. 형태 형성과 분화 과정의 차이를 구별하시오.
2. 배아바깥막의 기능을 설명하시오.
3. 전배아기 발생과 배아기 발생 동안에 어떤 일이 일어나는지 요약하시오.

개념 연결하기

이 절에서 설명한 주제에 대한 자세한 내용은 다음 논의를 참고하시오.

3.6절 몸의 각 기관계통의 기능을 살펴본다.

16.4절 임신했을 때 사람융모생식샘자극호르몬과 황체호르몬의 역할을 살펴본다.

17.3 태아의 발생

학습 목표

이 절을 학습한 후 다음 사항을 할 수 있어야 한다.

1. 태아 발달 과정에서 황체호르몬과 에스트로겐의 역할을 설명할 수 있다.
2. 태아의 혈액 흐름과 태반의 역할을 설명할 수 있다.
3. 3~9개월 사이 태아 발달에서 일어나는 주요 일들을 요약할 수 있다.
4. 남성과 여성 생식기의 발달 과정을 설명할 수 있다.

태반(placenta)은 임신 중 황체호르몬과 에스트로겐의 원천이다. 이 호르몬에는 두 기능이 있다. 시상하부와 뇌하수체 앞엽의 음성 피드백 때문에 새로운 난포가 성숙하는 것을 막고, 자궁내막을 유지한다. 그래서 임신 중에는 대개 월경이 일어나지 않는다.

태반은 융모막에 의한 태아 쪽과 자궁조직에 의한 산모 쪽을 지니고 있다(그림 17.7a). 산모의 혈액과 태아의 혈액은 절대로 섞이지 않는데, 이는 물질교환이 융모를 가로질러 확산에 의해 일어나기 때문이다. 이산화탄소와 다른 노폐물들은 태아 쪽에서 어머니 쪽으로 옮겨 온다. 그리고 영양소와 산소는 확산되어 태반의 어머니 쪽에서 태반의 태아 쪽으로 옮겨간다.

건강 특집 '선천성 결함의 예방과 테스트'에서 논의되듯이 해로운 화학물질 또한 태반을 통과할 수 있고, 이런 현상은 다양한 구조가 처음으로 형성되는 배아기에 각별히 집중된다. 각 기관이나 부분들은 어떤 물질이 그것의 일반적인 발생과 기능을 바꿔버릴 수 있는 민감한 시기를 갖는 것으로 보인다.

태아 혈액순환

탯줄은 태반과 태아 사이에 뻗어 있다. 탯줄은 배꼽동맥과 배꼽정맥을 포함하기 때문에 태아의 생명선이다(그림 17.7b). 태아의 대동맥 안에 있는 혈액은 장골동맥(엉덩동맥)을 비롯한 다양한 갈래를 따라 움직인다. 장골동맥은 산소가 적은 혈액을 태반으로 수송하는 **배꼽동맥**으로 연결되어 있다. **배꼽정맥**은 산소와 영양소가 풍부한 혈액을 태반에서 태아로 수송한다. 배꼽정맥은 간으로 들어갔다가 **정맥관**으로 합류된다. 정맥관은 혈액을 오른심방으로 돌려보내는 아래대정맥과 합쳐진다. 이 뒤섞인 혈액은 심장으로 들어가고 **타원구멍**을 통하여 좌심방으로 수송된다. 좌심실은 이 혈액을 대동맥으로 펌프질한다. 우심방으로 들어간 산소가 적은 혈액은 폐동맥으로 펌프질되어 들어간다. 그것은 **동맥관**을 통하여 대동맥과 합류한다. 그러므로 우심방으로 들어간 대부분의 혈액은 폐를 우회해서 간다.

출생 시에 탯줄을 묶고 폐가 팽창하기 때문에 다양한 순환계통의 변화가 일어난다.

- 폐의 팽창은 폐로 가는 혈류저항을 감소시키고, 결과적으로 우심방에서 우심실과 폐동맥으로 가는 혈류량을 증가시킨다. 이제 태반이 아닌 폐에서 기체 교환이 일어난다. 산소가 풍부한 혈액은 폐정맥을 통해 왼쪽 심장으로 간다.

생활 속의 생물학

언제 태아의 심장박동이 처음 확인될까?

태아의 심장은 나중에 심장 구조를 형성하게 되는 관 구조를 하면서 먼저 가슴의 조직에서 형성된다. 태아 발달 5주째가 되면 심장이 형성된다. 그것은 너무 작아서 소리를 들을 수 없지만, 초음파를 이용해 볼 수 있다. 발달 10주째가 되면, 심장은 완전히 발달되어 분당 150~195회의 박동을 한다. 이 시기의 심장 소리를 태아심장음(FHT)이라 부르며, 심장의 작은 크기 때문에 매우 빠르다. 하지만 분당 120~160회의 박동으로 안정될 것이고(대개 12주 이후), 심지어는 모체의 심박에 맞춰서 뛰게 된다. 태아의 심장음은 첫 번째 3개월 끝과 두 번째 3개월 시작 시점에 도플러라고 하는 증폭장치를 통해 심장에 무해한 음파로 변환되어 들을 수 있다. 그 시점이 지나면 태아와 심장의 크기가 커질수록 태아의 위치에 따라 청진기로 감지할 수 있다.

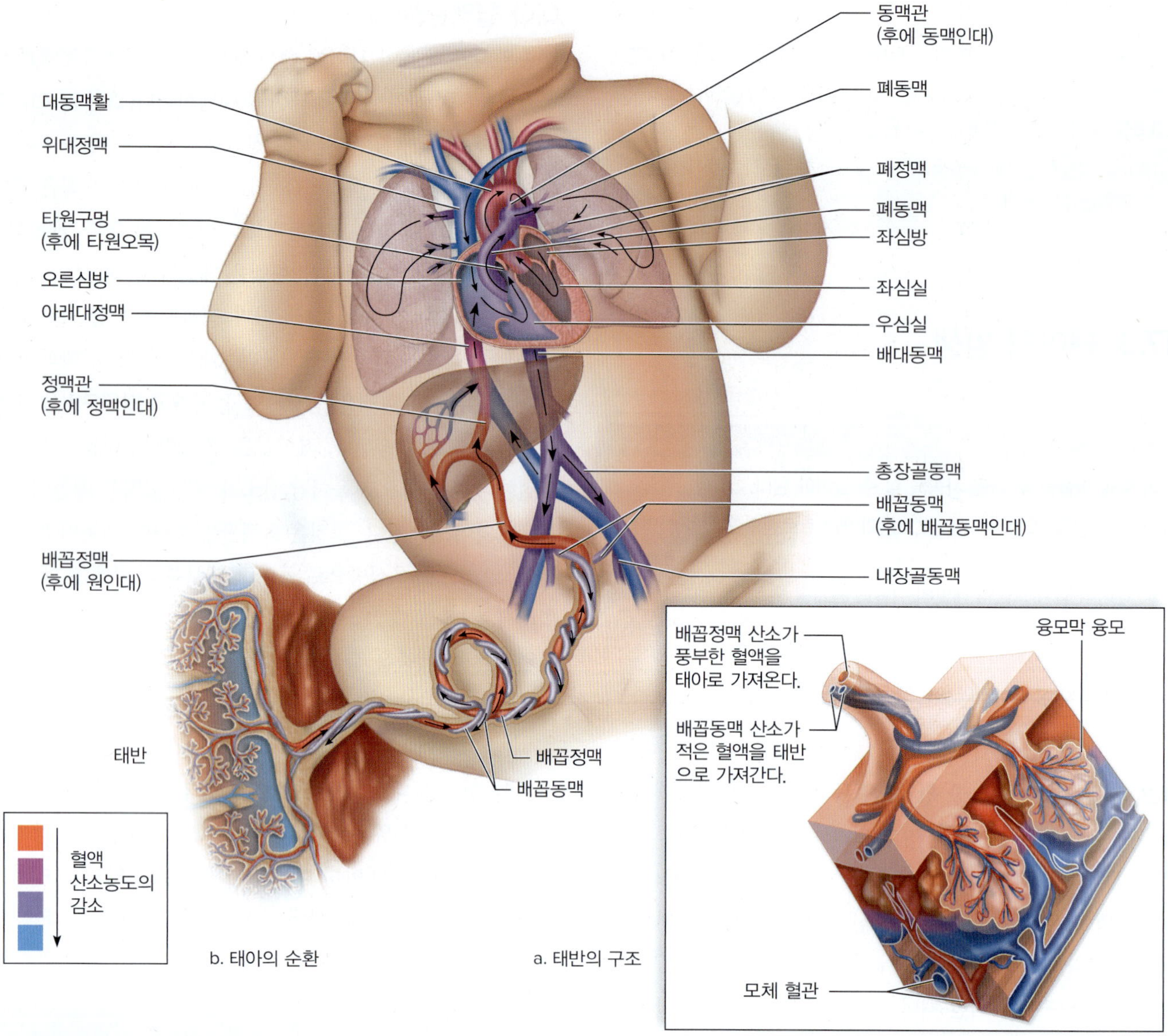

그림 17.7 태반과 태아의 순환.
a. 태반에서는 태아 혈액과 산모 혈액 간의 분자교환이 융모막 융모의 벽을 통하여 일어난다. **b.** 태반이 존재하므로 태아의 혈액 흐름은 성인의 혈액 흐름과는 다르다(그림 4.11 참고).

- 혈액의 증가는 폐정맥에서 좌심방으로 흘러간다. 좌심방으로의 혈류 증가는 타원구멍을 덮는 덮개 운동을 유발한다. 이런 기전이 실패한다고 해도, 우심방에서 좌심방으로의 혈액 이동은 거의 일어나지 않는다. 왜냐하면 입구가 좁기도 하고, 심장이 수축하면 입구가 닫히기 때문이다.
- 내피세포가 분열해서 관을 막아버리기 때문에 출생 시에 동맥관이 닫힌다.
- 동맥관의 나머지와 배꼽동맥, 배꼽정맥의 일부는 나중에 결합조직으로 변한다.

태아 발달에서 일어나는 일들

태아 발달(fetal development)은 3~9개월에 이르는 발달을 포함한다. 이 시기에 태아는 인간으로 인식되지만, 아직 많은 정교한 과정들이 남아 있다. 태아는 독립적인 개체로 살 수 있을 만큼 크기가 커지고 몸무게가 증가한다.

기관과 조직의 발달이 빠르게 진행되므로, 태아는 화학물질이나 방사선 같은 외부 환경적 영향에 특히 취약하다. 초음파 검사와 같은 시술은 전반적인 발생률과 잠재적인 신체적 문제를 진단할 수 있게 하는 반면에, 태아의 유전적인 기

오늘날의 생물학 ▶ 건강

선천성 결함의 예방과 테스트

선천성 결함이나 선천성 장애는 태어나면서 나타나는 비정상적인 상태를 뜻하며, 신생아 사망 원인 중 하나다. 미국질병통제예방센터(CDC)에 따르면, 미국에서 태어나는 아이의 33명 중 1명은 선천성 결함이 있다. 유전요인에 의한 선천성 장애는 태어나기 전에 다양한 방법으로 검사할 수 있다(그림 17B). 하지만 이러한 방법들이 위험하지 않은 것은 아니다.

일부 선천성 결함은 심각하지 않고, 모든 걸 예방할 수 있는 것은 아니다. 하지만 여성은 건강한 아이를 낳을 가능성을 높이기 위한 조치를 취할 수 있다.

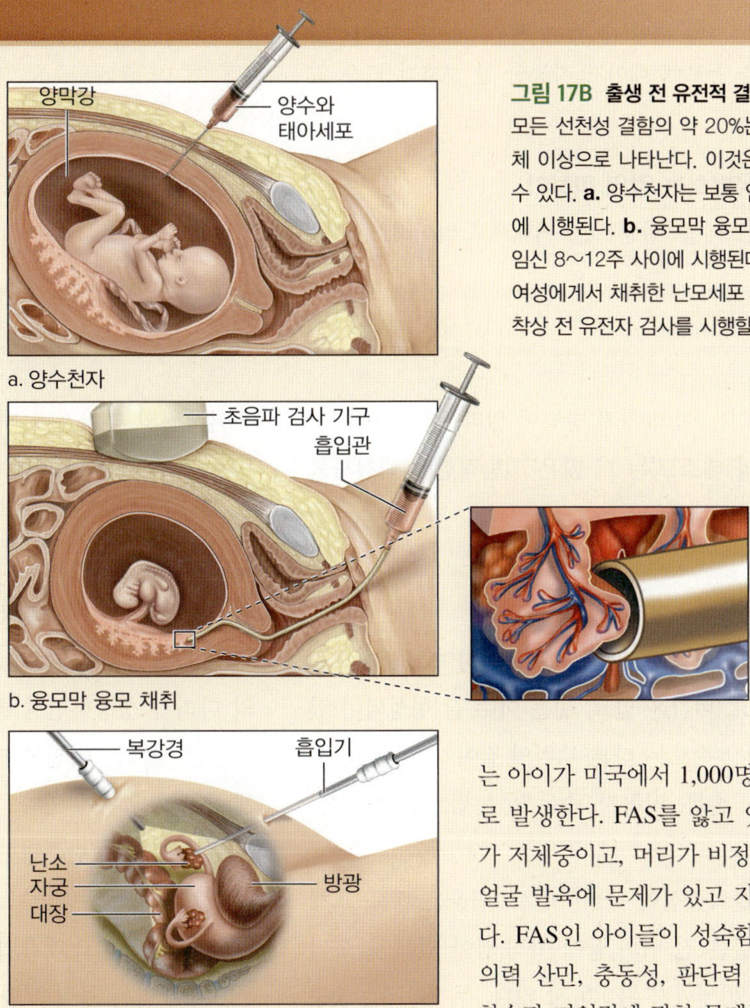

그림 17B 출생 전 유전적 결함 검사방법. 모든 선천성 결함의 약 20%는 유전적 또는 염색체 이상으로 나타난다. 이것은 출생 전에 검사할 수 있다. **a.** 양수천자는 보통 임신 15~17주 사이에 시행된다. **b.** 융모막 융모 채취는 일반적으로 임신 8~12주 사이에 시행된다. **c.** 체외수정 전에 여성에게서 채취한 난모세포 또는 초기 배아에서 착상 전 유전자 검사를 시행할 수 있다.

건강한 식습관

특정 선천성 결함은 영양 결핍으로 발생할 수 있다. 예를 들어 가임기 여성들은 척추갈림증과 무뇌증 같은 신경관 결함을 예방하기 위해 충분한 양의 엽산(비타민 B)을 확실히 섭취하도록 권고된다. 척추갈림증은 척추뼈의 일부가 제대로 발달하지 못하여 척수신경이 적절히 보호받지 못하는 것이다. 무뇌증은 태아 뇌의 대부분이 발달하지 못한 것이다. 무뇌증의 태아는 태어나자마자 사망하거나 불과 며칠만 생존한다.

다행히 잎이 많은 채소, 견과류, 감귤류에 엽산이 풍부하게 함유되어 있다. 미국질병통제예방센터(CDC)는 모든 가임기 여성에게 엽산이 풍부한 음식을 섭취하는 것 외에 매일 최소한 400 μg의 엽산 보충제를 섭취할 것을 권고한다. 불행하게도 신경관 선천적 결함은 임신 후 불과 몇 주 만에 발생할 수 있으며, 많은 여성들이 아직 자신이 임신했다는 사실을 모르고 있을 때, 특히 계획되지 않은 임신일 때 발생할 수 있다.

술, 담배와 약물 남용 피하기

임신 중 술을 마시는 것은 선천성 장애를 유발하는 원인이 된다. 심각한 경우, 태아알코올증후군(FAS)을 가지고 태어나는 아이가 미국에서 1,000명 중 0.2~2.0명꼴로 발생한다. FAS를 앓고 있는 많은 어린이가 저체중이고, 머리가 비정상적으로 작으며, 얼굴 발육에 문제가 있고 지적장애를 수반한다. FAS인 아이들이 성숙함에 따라 종종 주의력 산만, 충동성, 판단력 저하뿐만 아니라 학습과 기억력에 관한 문제들을 드러내곤 한다. 과음은 종종 여성의 엽산 수준을 낮추며, 신경관 손상 위험을 높이는 결과를 초래한다.

흡연은 많은 선천성 장애를 유발한다. 흡연을 하는 산모에게서 출생한 아기들은 비흡연 산모에게서 출생한 아기들에 비하여 출생 몸무게가 낮고 얼굴, 심장과 뇌의 결함을 더 많이 보여주는 것으로 보인다.

불법적인 약물 또한 금지되어야 한다. 예를 들어 코카인은 혈압 변동의 원인이 되어 태아에게 공급되는 산소를 빼앗게 된다. 코카인에 노출된 아기들은 시력과 조정력에 문제가 발생하고 지적 장애를 갖게 될 수도 있다.

임신 예정 또는 임산부에게 의학적 경보

건강한 성인에게 안전한 일부 약들은 성장 중인 태아에게 위험할 수 있다. 예방주사를 맞고자 하는 임산부는 의사와 상담해야 한다.

발생하는 배아나 태아의 빠르게 분열하는 세포는 방사선에 손상을 받기 쉽기 때문에, 임산부는 불필요한 X선 검사를 피해야 한다. X선 검사를 피할 수 없는 경우, 여성은 방사선사에게 임신 사실을 통보해 태아가 가능한 한 보호받을 수 있도록 해야 한다.

선천성 결함을 유발하는 감염 피하기

루벨라, 톡소플라스마증, 단순포진, 거대세포 바이러스, 지카 바이러스 같은 특정 병원체는 선천성 결함을 일으킬 수 있다.

생각해 볼 문제

1. 담배, 술, 불법 마약 외에 임산부가 피해야 할 다른 잠재적 위험은 무엇인가? 그 이유는 무엇인가?

형을 테스트할 수 있는 여러 가지 방법이 있다. 건강 특집 '선천성 결함의 예방과 테스트'는 더 많은 일반적인 선택검사를 분석하고 있다.

임신 3~4개월

임신 3개월째 태아의 머리는 다른 부분에 비하여 상대적으로 크다. 코는 평평하고, 미간은 넓고, 귀는 아주 잘 형성되어 있다. 태아 머리의 성장 속도는 다른 부위의 길이가 증가하면서 느려지기 시작한다. 손톱, 젖꼭지, 속눈썹, 눈썹, 머리카락 등이 나타난다.

대부분의 뼈에 골화중심이 나타나면서, 연골은 뼈로 교체되기 시작한다. 연골은 긴 뼈의 끝에 아직 남아 있고, 골화되는 과정은 18세나 20세까지 완전하지 않다. 두개골에는 **숫구멍**(fontanel)이라는 6개의 큰 막으로 된 부분이 있다. 이 부분은 산도를 통해서 머리가 빠져나가고 유아기에 뇌가 빠르게 성장할 수 있는 상당량의 유연성을 부여한다. 보통 2세쯤 되면 계속되는 두개골이 융합되기 시작하여 결국 숫구멍은 닫힌다.

때로 임신 3개월째에는 태아의 성별을 구별할 수 있다. 이 절에 언급할 것처럼, 일반적으로 Y 염색체에 존재하는 *SRY* 유전자가 존재하면 고환과 남성 생식기의 발달이 시작된다. 그렇지 않으면 자궁과 여성 생식기가 발달한다. 이 기간에는 고환 또는 자궁 둘 다 뱃속에 존재한다. 하지만 태아 발달기 중 마지막 세 번째 단계에 이르면, 고환은 음낭으로 내려간다. 때로 고환이 음낭으로 내려가지 못할 수 있다. 이 경우 나중에 정상적인 위치로 보내기 위한 수술이 가능하다.

임신 4개월째에는 의사가 산모의 배에 청진기를 대면 태아의 심장박동 소리가 충분히 들을 수 있을 정도로 커진다. 임신 4개월의 막바지에 태아는 약 152 mm가 되고, 무게는 약 171 g 정도가 된다.

임신 5~7개월

임신 5개월부터 7개월까지 산모는 태동을 느끼기 시작한다(그림 17.8). 처음에는 단지 펄럭이는 감각만 느껴지다가 태아의 다리가 성장하면서 발로 차고 찌르는 것을 느낄 수 있다. 하지만 태아는 여전히 태아의 머리가 구부러진 무릎에 닿은 채로 태아 위치에 있다.

주름이 있고 반투명한 피부는 **배냇솜털**(lanugo)로 덮여 있다. 그다음으로는 양수로부터 섬세한 피부를 보호해주는 역할을 하는 하얗고 매끄럽고 치즈 같은 **태아기름막**(vernix caseosa)이라 하는 물질로 덮여 있다. 눈은 완전히 열릴 수 있다.

임신 7개월의 막바지에 이르면, 태아는 300 mm 정도로 성장하고 무게도 무려 1,380 g이나 나가게 된다. 만일 이 시기에 태아가 태어난다고 해도 생존할 것이다.

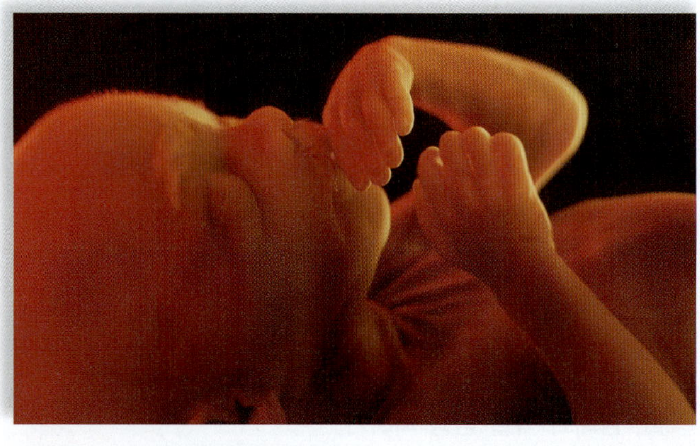

그림 17.8 임신 5~7개월의 태아.
주름진 피부가 가는 털로 덮여 있다.
James Stevenson/Science Source

생활 속의 생물학

태아는 자궁에서 소리를 들을 수 있을까?

태아의 귀는 8주 정도에 발달하기 시작하지만 완전하지는 않다. 18주 때에 머리뼈와 가운데귀의 뼈들이 형성되고 뇌의 신경과 연결되면서 태아는 들을 수 있다. 이 시기에 엄마의 심장박동과 같은 소리가 들린다. 25주가 되면 태아는 목소리를 들을 수 있게 되고, 특히 엄마의 목소리를 알아챈다. 태아의 심장박동수가 약간 느려지게 되는데, 이는 엄마의 목소리가 태아를 편안하게 한다는 신호이다.

그 이후 임신 기간 동안, 태아의 청각은 외부 세계의 정보를 받아들인다. 부드러운 음악은 태아를 재운다. 시끄러운 소리는 놀라게 해 태아를 깨운다. 하지만 자궁 속의 태아에게 도달하는 모든 소리는 명확하지 않다. 태아의 귀는 양수로 채워져 있고, 바깥귀는 태아의 피부를 보호하는 왁스 코팅으로 덮여 있기 때문이다.

임신 8~9개월

임신 9개월의 막바지에 태아의 크기는 무려 530 mm가 되고 약 3,400 g 정도 나가게 된다. 체중 증가량은 크게 피부밑에 있는 지방의 축적에 기인한다. 산달이 다 되어 태어난 아기는 비교적 정상으로 태어난다. 조산된 아기는 폐가 제대로 발달하지 못해서 생기는 호흡곤란증, 황달, 감염 등의 문제점이 생길 수 있다.

태아의 발달 과정이 마무리될 때쯤이 되면 태아는 자신의 머리가 자궁목 쪽을 향할 수 있도록 몸을 회전시킨다. 하지만 만약 태아가 몸을 회전시키지 못하면, 골반위 분만(엉덩이가 먼저 나옴) 가능성이 높다. 태아가 거꾸로 태어날 때 자궁이 상당히 많이 팽창해야 하는데 이는 매우 힘든 일이고, 아기가 거꾸로 태어날 경우 태아의 질식사 가능성도 커진다. 그래서 배안과 자궁벽을 절개하는 **제왕절개**(cesarean section)가 행해진다.

남성 생식기와 여성 생식기의 발생

성별은 수정이 일어날 때 결정된다. 남성은 X와 Y 염색체를 가지고, 여성은 2개의 X 염색체를 가진다. Y 염색체에는 *SRY*(sex-determining region of the Y, Y성을 결정하는 부분)라는 유전자가 배아의 생식샘 조직이 남성 혹은 여성으로 결정되도록 한다. *SRY* 유전자로 암호화된 단백질은 인체의 다른 발달유전자의 발현과 기능을 조절하는 조절 기전으로 활동한다(21.2절 참고).

생식기의 발생

내부와 외부 생식기의 발달은 *SRY* 유전자의 존재 여부에 달려 있다.

내부 생식기 발생 과정의 첫 몇 주 동안에는 외부 검사로 출산되지 않은 아이가 남성인지 여성인지를 판별하는 것이 불가능하다. 임신 7주가 될 때까지 생식샘은 발달하지 않는다. 생식샘이 될 조직은 후에 호르몬의 영향으로 고환이 될 수도 있고 난소가 될 수도 있기 때문에 아직 **미분화되어 있다**고 말한다.

그림 17.9에서 6주째에는 남성이나 여성 모두 같은 형태의 관들을 가지고 있음을 나타낸다. 이런 미분화 단계 동안에는 배아가 남성이나 여성으로 분화될 수 있는 가능성이 둘 다 있다. 만일 *SRY* 유전자가 존재한다면, **고환을 결정하는 인자**로 알려진 단백질이 고환의 발달을 조절한다. 고환에서 생산된 **테스토스테론**(testosterone)이 볼프관을 자극하여 남성 생식관이 되게 한다(15.6절 참고). 볼프관은 남성의 비뇨계통과 생식계통이 함께 존재하는 부분인 요도와 만나게 된다. 항뮐러 호르몬은 뮐러관을 퇴화시킨다. *SRY* 유전자가 없으면, 미분화 조직으로부터 고환 대신에 난소가 발달한다. 볼프관이 퇴화되

생활 속의 생물학

지카 바이러스는 선천성 결함과 어떻게 관련되어 있을까?

지카 바이러스는 1952년 아프리카에서 처음 보고되었지만, 2015년 브라질에서 보도되기 전까지 서반구에는 크게 알려지지 않았다.

지카 바이러스는 감염된 *에데스* 모기에게 물려 전염되고, 감염된 남성으로부터 여성으로 성 접촉을 통해 전염될 수 있다. 대부분의 사람에게 지카 바이러스 감염은 열, 발진, 관절통 등의 가벼운 증상을 일으킨다. 어떤 사람들은 무증상이기도 하다.

그러나 드물게 지카 바이러스에 감염된 임산부에게서 소두증의 아기가 태어나기도 한다. 소두증은 유아의 머리와 뇌가 비정상적으로 작게 태어나는 선천성 결함의 일종이다. 이는 발작, 지적장애, 시력 문제를 포함한 여러 가지 발달 문제를 일으킨다. 소두증에 대한 치료법은 없다.

지카 바이러스가 소두증을 일으키는 원인에 대한 연구는 여전히 진행 중이다. 최근 연구에서 바이러스가 *Ankle2* 유전자와 같이 뇌 발생에 연관된 유전자들에 의해 생산되는 단백질에 관여하는 것으로 주장되었다. 이는 과학자들이 소두증의 발병 확률을 줄일 수 있게 하기 위하여 이 단백질을 보호하는 방법을 개발하도록 이끌게 될지도 모른다.

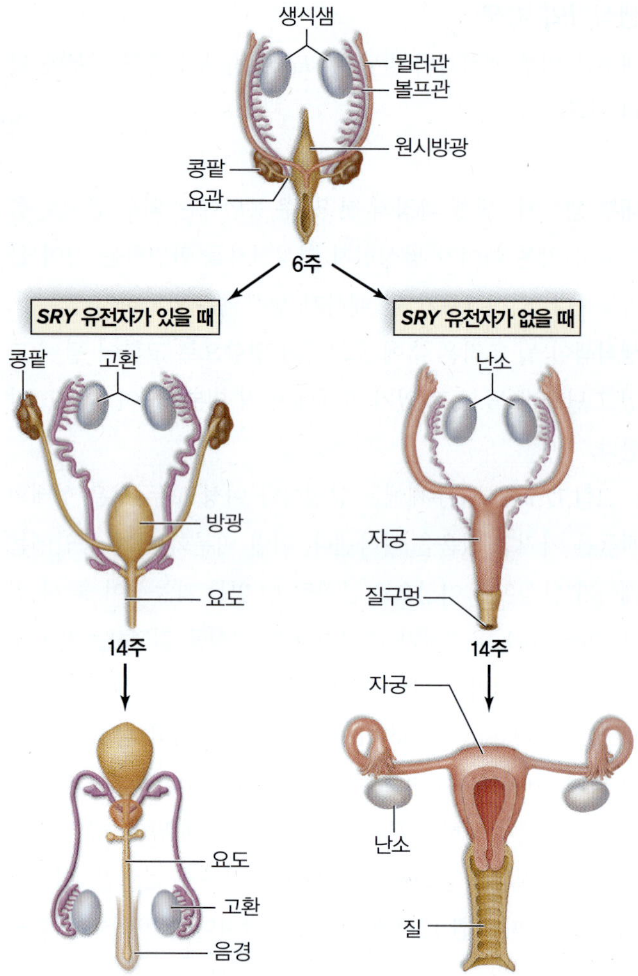

그림 17.9 내부 생식기의 발생.
내부 생식기의 발생은 주로 Y 염색체에 *SRY* 유전자의 유무로 결정된다.

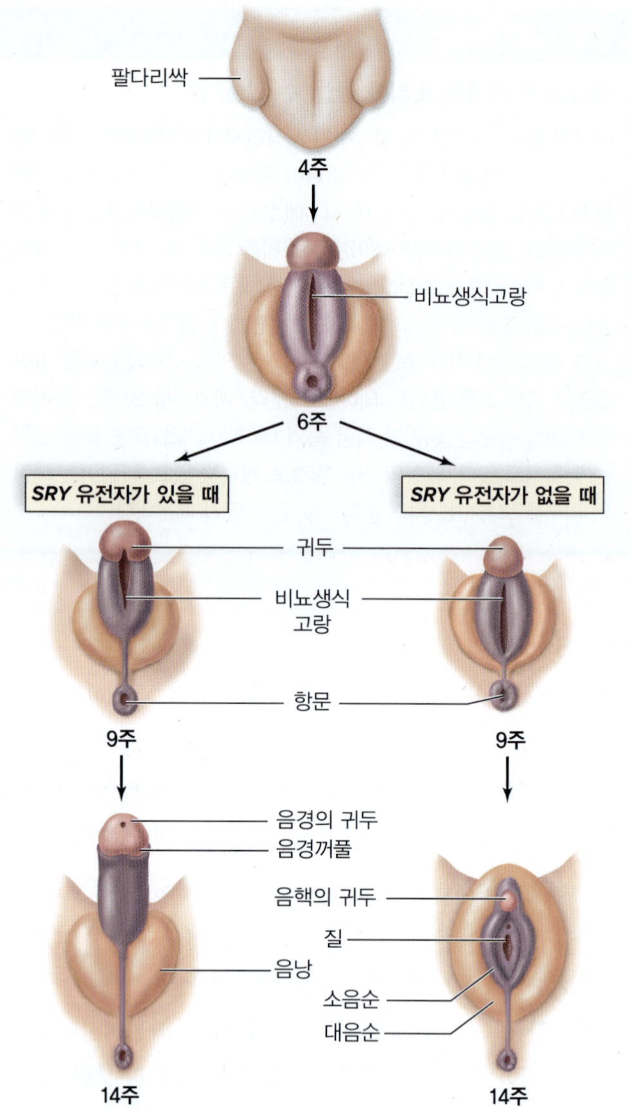

그림 17.10 외부 생식기의 발달.
Y 염색체의 *SRY* 유전자 유무는 외부 생식기 발달에 중요한 역할을 한다.

면 테스토스테론이 없으므로 뮐러관은 자궁과 나팔관으로 발달하게 된다. 에스트로겐은 볼프관에는 어떤 영향력도 미치지 못하기 때문에, 여성에게서는 볼프관이 발달하지 않는다. 질은 자궁에서 확장되는 형태로 발달한다. 남성과 달리 여성에서 비뇨계통과 생식계통의 연결고리는 존재하지 않는다.

14주째가 되면 원시적인 고환과 난소가 배안 깊숙한 곳에 존재한다. 난소의 내부 검사에서 난자를 지니는 작은 낭모들이 많은 양 함유되어 있음을 알 수 있다. 발달의 마지막 단계로 가면서 난소는 뱃속에 그대로 남는 반면에, 고환은 음낭으로 내려가게 된다.

외부 생식기 그림 17.10은 외부 생식기의 발달 과정을 보여준다. 이 조직은 처음에는 아직 분화되지 않아서 남성 생식기가 될 수도 있고, 여성 생식기가 될 수도 있다. 6주째에는 다리 사이에 작은 돌기 같은 것이 생긴다. 이것은 남성에서는 음경으로, 여성에서는 음핵으로 발달한다. 9주째에는 **비뇨생식고랑**(urogenital groove)이 두 팽윤한 부분의 경계를 짓는 것이 보인다. 14주까지는 이러한 비뇨생식고랑이 남성에서는 없어지고, 원래 팽윤되어 있던 부분에서부터 음낭이 형성된다. 여성에서는 비뇨생식고랑이 계속 유지되고 질 입구가 된다. 대음순과 소음순이 음낭 대신에 존재한다. 이러한 변화는 부신과 전립선에서 생산되고 테스토스테론에서 유래한 디하이드로테스토스테론(DHT)의 존재 여부에 따라 일어난다.

생활 속의 생물학

SRY 유전자가 제대로 기능을 하지 않는다면 무슨 일이 발생할까?

Y 염색체 위에 *SRY* 유전자는 고환에서 뮐러-억제 물질(MIS)을 생산하는 세르톨리세포를 유발하는 하나의 단백질을 생성한다. 이 단백질은 고환에 있는 라이디히 세포(Leydig cell)가 남성성(정관, 부고환, 음경 등)의 발달을 주도하는 테스토스테론을 생성하게 한다. *SRY* 유전자와 이 호르몬이 없는 경우에는 여성성(자궁, 자궁관, 난소 등)이 형성되기 시작한다.

생식기의 비정상적인 발달

모든 XY 염색체를 가진 개체들이 남성으로 발달한다고 말하는 것은 옳지 않다. XY 염색체를 가진 몇몇 개체들은 여성이 되기도 한다(XY 염색체 여성화 증후군). 이와 비슷하게 XX 염색체를 가진 몇몇 개체들도 남성으로 발달할 수도 있다(XX 염색체 남성화 증후군). XY 여성화 증후군 개체들에서는 Y 염색체의 *SRY* 유전자를 함유하는 한 부분이 없다(이를 결손이라고 함). XX 남성화 증후군 개체들에서는 *SRY* 유전자가 X 염색체로 이동한다(이를 전좌라고 함). *SRY* 유전자는 고환의 형성을 유도하고, 고환에서 다음의 호르몬들을 분비한다.

- 테스토스테론: 부고환, 정관, 정낭, 사정관의 발달을 자극한다.
- 항뮐러 호르몬: 더 이상의 여성 생식기의 발달을 막으며, 그것들을 퇴화시킨다.
- 디하이드로테스토스테론(DHT): 테스토스테론에서 유래하며 요도, 전립샘, 음경, 음낭을 발달시킨다.

애매한 성 결정 이들 중 하나 또는 그 이상의 호르몬 부재는 애매한 성 결정의 결과를 초래한다. 그 개체는 여성의 생식샘은 없지만, 여성의 외부 생식기는 존재하게 된다.

안드로겐 불감성 증후군(androgen insensitivity syndrome)에서는 발달 과정 중 고환에서 이들 세 종류의 호르몬이 생성되지만, 세포막에 존재한 테스토스테론 수용체가 제대로 작동하지 않기 때문에 여성으로 발달하게 된다. 외부 생식기는 여성으로 발달하게 되며, 볼프관은 내부에서 퇴화된다. 음낭이 발달하지 않기 때문에 고환이 아래로 내려오지 못하고, 대신에 몸속 깊숙이 존재하게 된다. 개체는 여성의 2차 성징을 발달시키며 월경이 일어나지 않는다는 것을 알기 전까지는 어떤 이상한 점도 발견되지 않는다.

진도 점검하기 17.3

1. 태반에서 시작되어 태아에 이르기까지 혈액의 흐름을 설명하고, 태아 순환에서 특이적으로 존재하는 구조의 이름을 나열하시오.
2. 태아의 발생 과정에서 일어나는 주요한 사건들을 월별로 요약하시오.
3. 남성과 여성의 생식기 발달에서 나타나는 차이점은 무엇인지 설명하시오.

개념 연결하기

이 절에서 설명한 주제에 대한 자세한 내용은 다음 논의를 참고하시오.

그림 16.2~16.3 남성 생식계통의 구조를 살펴본다.

그림 16.6~16.7 여성 생식계통의 구조를 살펴본다.

20.5절 성과 연계된 유전의 원리를 살펴본다.

17.4 임신과 출산

학습 목표

이 절을 학습한 후 다음 사항을 할 수 있어야 한다.

1. 임신 중 여성의 생리적 변화에 프로게스테론과 에스트로겐의 영향을 설명할 수 있다.
2. 출산 단계에서 일어나는 일들을 요약할 수 있다.

임신

임신 중에 산모의 몸에서 일어나는 주요 변화(표 17.1 참고)는 프로게스테론과 에스트로겐 호르몬에 크게 기인한다(표 17.3).

표 17.3 산모에게 태반 호르몬의 영향

호르몬	주요 영향
프로게스테론	민무늬근육 이완, 자궁의 운동성 감소, 태아에 대한 산모의 면역작용 감소
에스트로겐	자궁의 혈류량 증가, 레닌-안지오텐신-알도스테론 활동성 증가, 간에 의한 단백질 합성 증가
펩티드호르몬	인슐린 내성 증가

소화계통과 영양

첫 임신 때 산모는 메스꺼움, 구토, 식욕 저하, 속쓰림, 변비, 피로감을 느낀다. 이러한 증상은 가라앉고, 몇몇 산모들은 체중이 증가하는데도 에너지 수준과 전반적인 안녕감은 증가한다. 임신 중에 산모는 유방과 자궁의 커짐, 태아의 무게, 양수의 양, 태반의 크기, 산모의 체액 증가, 단백질과 지방과 무기질이 축적되어 체중이 증가한다. 증가한 체중은 척추전만(척추만곡)과 허리통증을 유발할 수 있다.

임신한 산모의 대사율은 10~15% 이상 증가한다. 이는 과식을 유발할 수 있는데, 태아 발달에 필요한 에너지인 하루 약 300 kcal만 더 증가시키면 된다. 무엇보다도 중요한 것은 음식의 질인데, 이는 산모의 몸에는 철분, 칼슘, 단백질이 더욱 요구되기 때문이다.

순환계통

체중의 증가 외에도, 산모에게 나타나는 많은 생리적인 변화는 태아를 발달시키는 기타 태반 호르몬 때문이다. 프로게스테론은 동맥혈관 벽의 민무늬근육 이완을 통해 자궁의 운동성을 감소시킨다. 동맥이 팽창되어 혈압이 낮아지면 에스트로겐에 의해 촉진되는 레닌-안지오텐신-알도스테론 기전이 움직인다. 알도스테론은 소듐과 물이 빠져나가지 못하고 그 자리에 존재하게끔 촉진하고, 혈액의 부피가 임신 28~32주 동안에 최고점에 도달할 때까지 증가한다. 전체적으로 혈액의 부피는 5~7 L로 40%가 증가한다. 혈액의 부피가 증가함에 따라 적혈구의 증가도 함께 일어난다. 혈액의 증가와 함께, 심장에서 빠져나가는 혈액의 양도 20~30% 정도 증가한다. 콩팥, 태반, 피부, 가슴으로 향하는 혈류도 의미 있게 증가한다. 민무늬근육 이완은 또한 임신 시 흔한 위장의 영향들을 설명해준다. 많은 이들이 경험하는 속쓰림은 식도괄약근의 이완 때문에 일어나고 위장 내용물 역류가 식도로까지 이어진다. 변비는 장의 운동성이 감소하여 일어난다.

호흡계통

임신한 여성에게 폐활량의 증가는 흥미롭다. 기관지가 이완되지만, 이것만으로는 일반적으로 40%나 증가하는 폐활량과 일호흡량을 설명하지는 못한다. 임신하지 않은 여성의 자궁이 60~80 g인 데 반하여, 임신을 하면 900~1,200 g으로 커지는 자궁은 호흡 기능의 향상을 일으킨다. 커진 자궁은 대부분 배안을 차지하게 되고, 복장뼈의 검상돌기에 이르게 된다. 이러한 증가는 장, 간, 위, 가로막(횡격막)을 위로 압박하며, 가슴안을 넓힌다. 임신하지 않은 여성에 비해 산모의 산소 수준은 거의 변하지 않는다. 혈액 내 이산화탄소의 수준은 20%까지 떨어져서 태아 혈액 내의 이산화탄소가 태반을 통해 산모의 혈액으로 들어올 수 있는 농도기울기를 만든다.

기타 영향

자궁 크기의 증가는 여러 가지 문제를 유발한다. 골반각 안에서 자궁과 방광의 압박(그림 17.11)은 스트레스성 요실금(incontinence)을 일으킬 수 있고, 자기도 모르게 소변을 누출하게 된다. 특히 누울 때 하부의 대정맥 압박으로 정맥을 통한 심장으로의 혈액순환이 감소할 수 있고, 그 결과로 부종과 하지정맥류가 발생할 수 있다.

스테로이드호르몬인 황체호르몬과 에스트로겐의 영향으로, 태반은 또 다른 펩티드호르몬을 생성한다. 그중 하나는 세포로 하여금 인슐린에 내성을 갖도록 만들고, 그 결과로 임신으로 인한 당뇨병을 일으킬 수 있다. 임신 중에 발견되는 피부에서의 변화 중 몇 가지는 태반 호르몬 때문에 일어난다. '임신선(stretch mark)'은 전형적으로 배에서 가슴 바로 아래까지 피부가 수축되는 것 때문이 아니라, 스테로이드호르몬의 증가 때문에 형성된다. 임신 중에 멜라닌 형성 세포의 활성 또한 증가한다. 결과적으로 많은 산모에게 일반 부위에서 배꼽 부위에 이르는 흑선이 발생한다. 더하여 얼굴, 목, 유방 젖꽃판 같은 피부가 검게 되는 것은 일반적인 현상이다.

> **생활 속의 생물학**
>
> **임신선의 길이 또는 너비가 아기의 성별을 나타내는가?**
>
> 임신선은 멜라닌세포의 분비물 때문에 일어난다. 피부가 고운 여성일수록 선이 더 어두울 수도 있고, 선의 길이와 너비는 임산부마다 다를 수 있다. 하지만 임신선과 발달 중인 태아의 성 또는 기타 특징들 사이에는 아무런 상관관계가 없다.

출산

자궁은 출산하는 내내 수축한다. 처음에는 약한 수축이 매 15~20분에 한 번씩 20~30초 동안 일어난다. 출산의 막바지

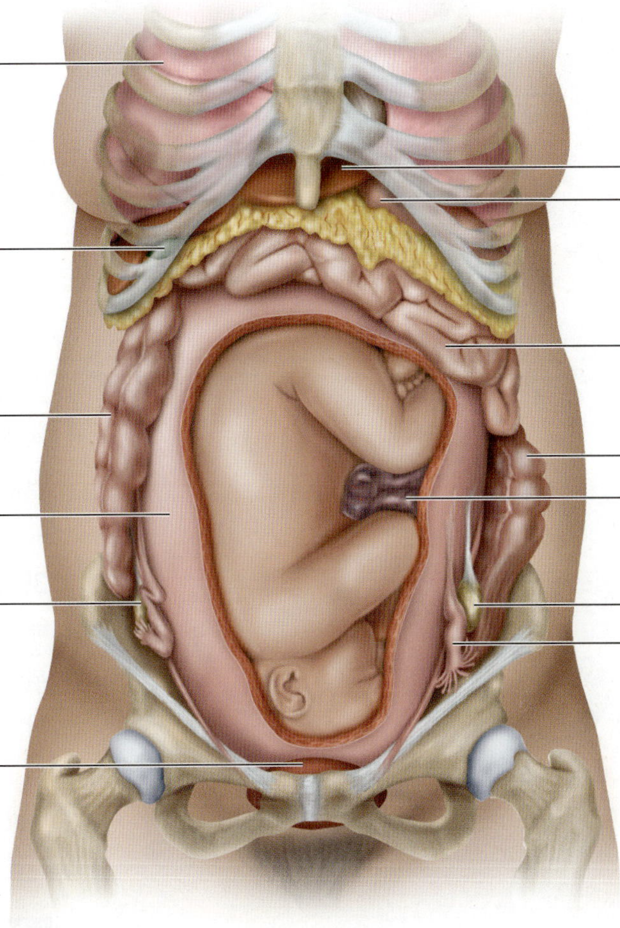

그림 17.11 임신 여성의 내부 기관 변화. 태아가 임신한 여성의 많은 기관을 압박하고 있다.

에는 수축이 매우 강하고 급격하게 일어나고, 산모는 산통이 시작되었다고 생각한다. '가성 진통' 수축은 **브랙스톤 힉스 수축**(Braxton Hicks contraction)이라고 한다. 진성 진통 시작은 규칙적으로 매 15~20분에 한 번씩 일어나서 40초 정도 지속되는 자궁 수축에 의해 표시된다.

양성되먹임 기전은 진통이 시작하여 계속됨을 설명할 수 있다. 자궁 수축은 자궁목의 수축으로 유도되는데, 이는 뇌하수체 뒤에서 생성되는 옥시토신으로 인해 일어난다. 옥시토신은 자궁 근육을 직접 자극하기도 하고, 프로스타글란딘의 활성을 통해 자극한다. 자궁 수축은 태아를 아래로 밀어내고, 자궁목은 점점 더 팽팽해진다. 이 주기는 출산이 끝날 때까지 계속 반복된다.

자식을 낳는 출산과정인 **분만**(parturition) 직전 또는 분만이 시작되자마자, 자궁목의 점막이 떨어져 나가면서 '출혈'이 동반된다. 이 점막은 임신 중에 세균과 정자가 자궁으로 들어오는 것을 막는다.

1단계

첫 진통이 일어나는 동안, 자궁의 하부가 태아의 머리 방향으로 위로 당겨지면서 자궁관이 서서히 사라지는 방식으로 자궁 수축이 일어난다. 이 과정을 **자궁목소실**(effacement) 또는 '자궁경관 올리기'라고 부른다. 수축이 더 진행되면서 태아의 머리는 자궁목 팽창을 도와주는 쐐기의 역할을 한다(그림 17.12a). 양막이 아직 파열되지 않았다면, 이 과정에서 양막이 파열되고 양수가 질을 통해서 방출될 가능성이 높다(이를 '파수'라고 함). 분만의 첫 단계는 자궁이 완전히 팽창되었을 때 끝난다.

2단계

분만의 두 번째 단계 동안 자궁 수축은 1~2분 만에 한 번씩 일어나고, 이는 각각 1분 정도 지속된다. 이 진통은 출산을 위해 태아를 밀어내려고 하는 욕구와 함께 동반된다. 태아의 머리가 점차 질 쪽으로 내려옴에 따라서 태아를 밀어내려고 하

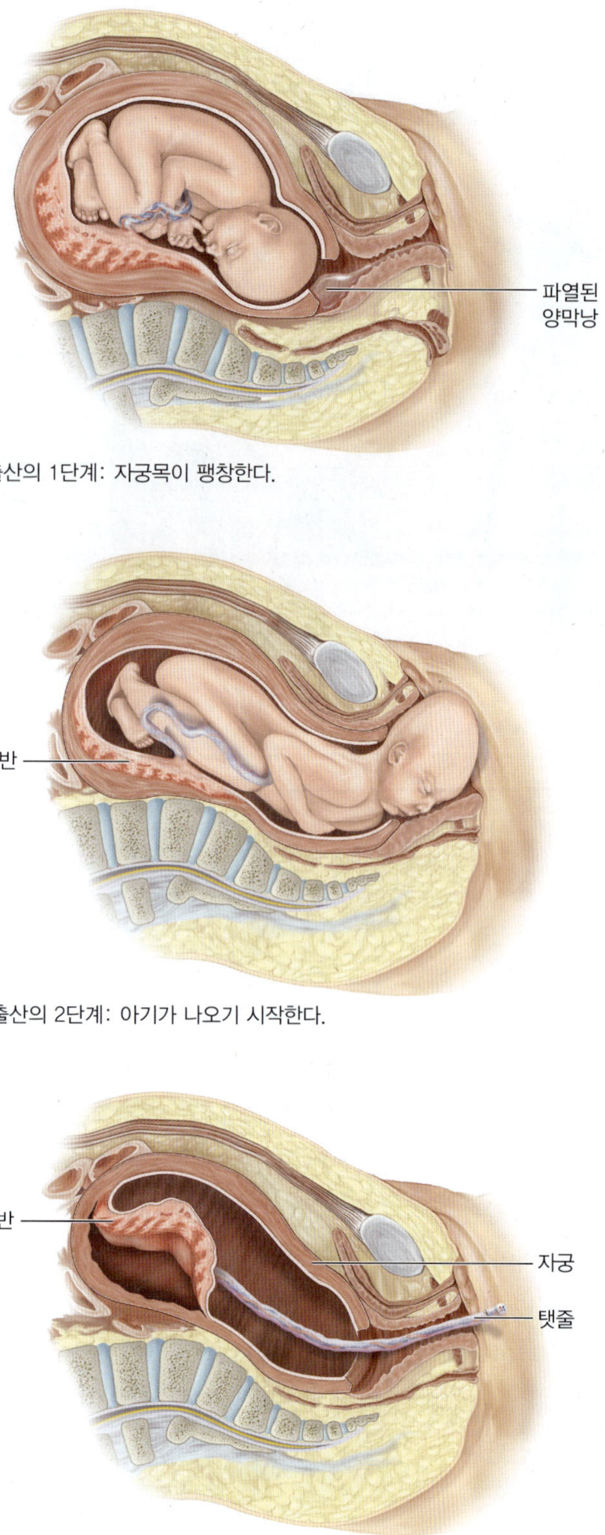

a. 출산의 1단계: 자궁목이 팽창한다.

b. 출산의 2단계: 아기가 나오기 시작한다.

c. 출산의 3단계: 태반이 배출된다.

그림 17.12 출산의 단계.
출산의 단계는 다음의 과정을 거친다. **a.** 자궁목의 팽창. **b.** 아기의 출산. **c.** 태반의 배출.

는 산모의 욕구는 점점 더 커진다. 태아의 머리가 질 외부에 도착하면, 뒤통수가 위를 향하게 된다(그림 17.12b). 질구멍의 크기를 키우기 위해서 **회음절개술**(episiotomy)이 흔히 행해진다. 절개로 개구가 넓어지게 되며, 이는 나중에 꿰맨다. 태아의 머리가 외부로 나오자마자 의사는 태아의 머리를 잡고, 한쪽 어깨가 나온 후 나머지 어깨가 밖으로 나올 때까지 계속 태아의 몸이 아래쪽으로 나올 수 있도록 유도한다. 나머지 태아의 몸이 나오는 것은 매우 쉽다.

태아가 정상적으로 숨을 쉬기 시작하면 태반에서 태아를 꺼내고, 탯줄을 자르고 묶는다. 탯줄의 남은 부분은 묶어서 남겨두는데, 이는 후에 배꼽이 된다.

3단계

태반 또는 **후산**(afterbirth)은 분만 3단계에서 밖으로 나오게 된다(그림 17.12c). 분만이 끝나고 대략 15분 후에 자궁 근육의 수축은 자궁을 움츠러들게 하고, 태반을 자궁 밖으로 나갈 수 있게 한다. 태반은 곧 질 속으로 배출된다. 태반과 양막이 밖으로 나오자마자 분만이 마무리된다.

진도 점검하기 17.4

1. 임신 중 여성의 몸에서 일어나는 호르몬 변화를 설명하시오.
2. 임신 중 산모의 혈액에 이산화탄소 수준이 20%로 떨어진다. 이러한 현상이 태아에게 미치는 이익은 무엇인가?
3. 출산의 3단계를 설명하시오.

개념 연결하기

이 절에서 설명한 주제에 대한 자세한 내용은 다음 논의를 참고하시오.

3.8절 양성되먹임 기전을 살펴본다.

10.4절 알도스테론이 콩팥에서 소변 생성을 어떻게 조절하는지 살펴본다.

16.4절 여성호르몬인 에스트로겐과 프로게스테론의 기능을 살펴본다.

17.5 노화

학습 목표

이 절을 학습한 후 다음 사항을 할 수 있어야 한다.

1. 노화의 원인에 대한 가설을 설명할 수 있다.
2. 몸의 각 기관계통에서 일어나는 노화의 영향을 설명할 수 있다.

발달은 분만하였다고 해서 멈추는 것이 아니다. 삶의 단계인 유아기, 유년기, 청소년기, 성년기를 따라서 계속된다. 유아기, 걸음마 시기, 학령전기가 성장이 두드러지는 시기이다. 출생해서 5세까지 인간은 전체적인 움직임과 세밀한 움직임을 조정하는 기술을 습득한다. 앉고 걷고 숟가락을 사용하고 작은 물건들을 조작할 수 있게 된다. 언어의 사용이 이 시기에 시작되고 유년기를 거치면서 더욱 세련되어진다. 유아기, 걸음마 시기에는 자신의 환경을 탐험하고 시각, 미각, 청각, 후각, 촉각과 같은 감각은 극적으로 성숙한다. 한 아이가 자신의 보호자에 대한 정서적인 유대감이 생기고 타인에게서 자신을 분리함을 배워갈 때 사회성이 매우 중요하다. 아기들은 모두가 같은 속도로 발달하지는 않고 정상이라는 범위 내에서 많은 차이가 있다.

6~12세의 청소년전기에는 급속도의 성장과 학습이 계속되는 시기이다. 부모에게서 떨어져 자아정체감이 형성되고, 또래의 인정이 매우 중요하다. 청소년기는 성적 성숙이 이루어지는 사춘기와 함께 시작된다. 여자의 경우 사춘기는 10~14세 사이에 시작되고, 남자의 경우 12~16세 사이에 시작된다. 이 시기에 성호르몬(15.6절 참고)은 2차 성징이 나타나는 원인이 된다. 엄청난 사회 심리적인 변화들은 한 어린이에서 어른으로 성장하는 것과 연관된다.

노화(aging)는 유아기에서 죽음에 이르기까지를 아우른다. 오늘날 우리 사회에서 전과 비교하여 노인의 숫자가 증가하였기 때문에 노화를 연구하는 **노인학**(gerontology)은 최대의 관심사로 떠오르고 있다. 다음 반세기에는 65세 이상의 노인 인구가 147% 증가할 것으로 예측된다. 인간의 수명은 최대 120~125세 정도로 예측된다. 현재 노인학의 목표는 수명을 증가시키는 데 필요한 것이 아니라 건강 수명, 즉 오랫동안 건강한 삶을 살 수 있고, 또한 남은 많은 여생을 건강한 몸으로 즐겁게 살 수 있게 하는 연령을 연장하는 데 있다.

세포 노화

노화는 복합적인 요인에 영향을 받는 복잡한 과정이다. 노인학을 연구하는 과학자들은 노화는 유전적으로 미리 계획된 것이라고 믿는다. 이러한 생각은 가족의 수명을 관찰하면 알 수 있다. 즉, 수명이 긴 부모를 가진 자녀들은 수명이 짧은 부모의 자녀들보다 더 오래 사는 경향이 있다. 예상한 대로 연구들은 일란성 쌍둥이가 이란성 쌍둥이에 비해 수명이 비슷하다는 것을 보여준다.

호르몬

노화에 대한 많은 실험실 연구는 단일 유전자 돌연변이가 수명에 영향을 준다는 것을 밝혀낸 선충인 *Caenorhabditis elegans*를 통해서 수행되었다. 예를 들어 인슐린수용체와 유사한 호르몬 수용체의 활동성을 억제하는 돌연변이는 선충의 수명을 2배 이상 증가시켰으며, 생존기간 내내 더 활동적이고 더 젊게 보였다. 흥미롭게도 푸들이나 테리어와 같은 소형견은 15~20년을 살게 되는데 이들은 6~8년을 사는 대형견에 비교해서 이와 유사한 호르몬 수용체를 더 적게 가지고 있다.

말단소체

실험실에서의 배양을 통한 세포 연구들은 유전자가 노화에 영향을 준다는 것을 주장한다. 대다수 유형의 분화된 세포들은 제한된 만큼만 세포분열을 할 수 있게 된다. 가능한 세포분열의 수에 영향을 주는 한 가지 요소는 염색체의 끝단에 있는 DNA 염기 배열, 즉 **말단소체**(텔로미어)의 길이이다. 말단소체는 염색체 끝단에 있어 염색체 끝단이 손상되거나 다른 염색체들과 융합되는 것을 방지한다. 세포가 분열할 때마다 말단소체의 길이는 정상적으로 짧아지게 되고, 짧아진 말단소체를 가진 세포들은 추후 더 적은 수의 세포분열을 하게 된다(18.2절 참고). 줄기세포와 같은 일부의 세포들은 말단소체중합효소(telomerase, 텔로머레이스)를 가지고 있는데, 이는 짧아진 말단소체의 길이를 보충하여 줄기세포가 불멸하게 해준다. 줄기세포와 비슷한 방식으로 행동하는 암세포는 종종 활성화된 말단소체중합효소를 가지고 있고, 이는 암세포가 지속적으로 증식할 수 있게 해준다(19.1절 참고). 줄기세포와 암세포를 이용한 연구들은 세포의 노화를 일으키는 유전자적인 요소에 접근하고 있다. 일례로 2012년도에 활성화된 말단소체중합효소를 쥐에 주입하는 유전자 치료법(21.4절 참고)을 통하여 노화 과정을 늦추기도 하였다.

미토콘드리아와 식사

미토콘드리아는 세포의 동력원이라 할 수 있다(2.6절 참고). 미토콘드리아는 탄수화물, 단백질, 지방에서 에너지를 얻게 되고 자유라디칼을 만들게 된다. 자유라디칼은 여분의 전자가 있는 불안정한 물질이다. 자유라디칼이 안정되기 위해서는 DNA나 세포의 세포막에 존재하는 단백질(효소)이나 지질과 같은 다른 분자에 여분의 전자를 주어야 한다. 결국 이러한 분자들은 기능을 잃게 되고 세포는 죽게 된다. 과학자들은 고칼로리의 식사가 자유라디칼의 양을 증가시켜 세포의 노화를 촉진한다고 밝혀내었다. 쥐를 포함한 모델 생물을 이용한 연구들은 저칼로리의 식사가 수명을 길게 해준다는 것을 뒷받침한다. 또한 선명한 색의 채소나 짙은 녹색의 채소, 과일에 포함되어 있는 천연 항산화제의 섭취를 늘림으로써 자유라디칼의 부정적 효과를 줄일 수 있다. 견과류, 생선, 조개, 레드와인에 포함된 물질들은 자유라디칼에의 노출을 줄여주고 노화 과정을 늦춘다고 알려져 있다.

그러나 노화 과정이 단순히 유전자를 통해서만 결정된다면, 실제로 보여지는 것보다 특정 종에서 각 개체들의 수명에는 큰 차이가 없을 것이다. 이런 이유로 전문가들은 유전자들이 수명을 결정하는 데 약 25% 정도만 관여한다고 평가하고 있다.

손상의 누적

다른 가설은 노화가 손상의 누적을 포함한다고 주장한다. 1900년대 인류의 평균 기대 수명은 45세 전후였다. 올해 미국에서 태어난 남성의 기대 수명은 76세인 반면에, 여성은 81세이다. 짐작하건대 인간의 유전자가 이렇게 단기간에 많은 것을 변화시켰을 것으로 생각하지는 않기에, 이러한 수명의 증가는 수명을 증가시키는 방법에 대한 과학적인 지식을 활용한 더 나은 의료의 돌봄에 기인한다.

두 가지 형태의 세포 손상이 시간이 지남에 따라 누적될 수 있다. 첫째 형태는 유해한 DNA 변이나, 유해한 대사물의 축적과 같은 피할 수 없는 손상이다. 둘째 형태는 결합조직에 존재하는 콜라겐 섬유와 같은 단백질들이 사람이 나이를 먹음에 따라 서로 교차결합된다는 것이다. 이러한 교차결합은 혈관, 심장, 폐와 같은 기관들이 제 기능을 하지 못하도록 만든다. 일부 연구자들은 포도당이 교차결합 과정의 첫 단계인 어떠한 종류의 단백질에도 부착할 수 있는 특성이 있다는 것을 발견하였다. 이러한 교차결합을 예방할 수 있는 약물들이 현재 실험되고 있다. 그러나 부적절한 식사나 태양에 대한 노출과 같은 다른 세포의 손상들은 피할 수 있다.

몸 노화의 영향

앞 장에서 우리는 주요 신체계통의 구조와 기능에 대해 고찰했다. 노화는 이러한 기능을 수행하는 기관의 능력을 감소시키고, 많은 경우에 항상성에 기여하는 능력에 영향을 준다. 그러므로 노화가 우리 몸에 어떻게 영향을 미치는지 첫째로 고려하는 것이 바람직하다.

피부계통

노화가 일어나면서 탄력섬유의 수가 줄어들고 콜라겐 섬유가 교차결합을 일으켜 유연성이 떨어지기 때문에 피부는 얇아지고 탄력이 떨어진다. 또한 피부밑지방이 줄어든다. 그래서 노인들은 쉽게 추위를 느낀다. 피부의 두께가 얇아지면서 피부가 쉽게 처지고 주름이 지게 된다.

사람이 나이가 들면서 땀샘의 활성이 떨어져 고온에 대한 내성이 저하된다. 털 모낭의 수가 줄어들므로, 두피와 팔다리의 털이 드문드문 난다. 노인들은 멜라닌세포의 숫자도 줄어들기 때문에 머리카락이 회색이 되고, 피부는 창백해진다. 이와는 대조적으로 몇몇 색소를 가지고 있는 세포들이 커지면서 피부에 얼룩 반점(검버섯)이 나타나게 된다.

심장혈관계통

심장혈관계통 기능에 흔한 문제는 대개 특히 죽상동맥경화증이라는 질병과 관련이 있다. 그러나 정상적인 노화 과정에서도 심장 근육은 다소 약해지며, 크기가 약간 증가하면서 강도가 감소된 것을 보충하게 된다. 건강한 노인 운동선수들조차도 최대 심장맥박수는 감소되며, 스트레스 이후에 맥박수와 혈압이 정상적인 안정상태로 회복되는 데 더 오래 걸린다. 심장기능 감소의 일정 부분은 심장 판막이 유연하지 못하여 혈액이 역류하기 때문일지 모른다.

노화는 혈관에도 영향을 미친다. 동맥의 중간층은 탄력섬유를 함유하고 있으며, 이는 피부의 콜라겐 섬유와 같이 교차결합하여 시간이 지나면서 점점 경화되기 시작한다. 이러한 변화들 때문에 죽상동맥경화증으로 인한 동맥의 지름이 줄고, 나이를 먹으면서 혈압은 점점 더 높아지게 된다. 실제로 노인들의 50%에서 만성 고혈압이 나타난다. 이러한 변화는 농업을 주로 하는 사회에 사는 사람보다 서구의 산업화된 나라에 사는 사람들에게 흔하다. 이는 운동과 함께 콜레스테롤과 포화지방산이 적은 식이요법은 노화에 따른 심장혈관계통 질병을 예방한다는 것을 나타낸다.

면역계통

노화가 진행됨에 따라 많은 면역기능이 제대로 작동하지 않게 된다. 면역계통은 감염, 독소, 특정한 형태의 암에서 신체를 보호하게 되는데, 이러한 면역기능의 저하는 노화의 과정에서 중요한 역할을 한다.

가슴샘(흉선)은 T세포의 성숙에 중요한 기관이다. 사춘기 때부터 가슴샘은 퇴화하기 시작하는데, 점점 크기가 작아지게 되며 최종적으로 지방과 결합조직으로 대체된다. 60세 성인의 가슴샘은 신생아의 가슴샘 크기의 5% 정도이며, 이는 노인들이 새로운 항원에 대한 T세포의 반응이 감소하는 이유가 된다. 이에 대한 진화론적인 이유는 한 개체가 가슴샘을 유지하는 데 에너지가 많이 소모되기 때문이다. 수많은 새로운 감염이나 항원에 대응해야 하는 어린 개체들과 비교하여, 나이가 든 개체들은 그러한 항원의 대다수에 이미 노출되어 대응한 적이 있다.

노화는 또한 다른 면역기능에도 영향을 주게 된다. 대부분의 B세포는 T세포에 의존적이기에, 노화에 따라 항체의 반응 역시 감소하기 시작한다. 이는 돌이켜 생각하면 노인들이 젊은이들에 비해 예방접종에 잘 반응하지 않는 이유를 설명해준다. 이는 매년 예방접종을 함으로써 예방할 수 있는 인플루엔자와 폐렴과 같은 질병에 노인들이 취약한 이유를 보여준다.

모든 면역기능이 노화함에 따라 감소하지는 않는다. 선천면역계의 일종인 자연살해세포의 활성도는 나이에 따라 거의 변화하지 않는다. 이러한 세포가 어떻게 정상인의 삶에서 일정하게 유지되는지를 연구함으로써, 노인에게서 면역기능의 다른 양상을 유지하는 것을 배울 수 있다.

소화계통

소화계통은 다른 계통에 비해 노화 과정에 따른 영향이 적은 편이다. 침 분비가 줄어들기 때문에 치아에 세균감염이 생기고, 부식과 치주 질환을 유발하게 된다. 간으로 가는 혈류가 줄어들어 간은 약물이나 독소에 대한 물질대사 효율이 떨어진다. 이는 사람이 점차 더 늙음에 따라 혈류에 비슷한 수준의 약물을 유지하는 데 있어서 더 적은 양의 약물이 필요하다는 것을 뜻한다.

호흡계통

심장혈관계통에 생기는 문제는 종종 호흡기 질환을 동반하며, 또는 그 반대의 경우도 있다. 폐 조직의 탄력성이 점점 더 떨어짐에 따라 환기량도 줄어든다. 우리는 전체 폐활량을 사용하지 않기 때문에, 이런 영향은 운동 시와 같이 산소 요구량이 증가하지 않는다면 그다지 인지되지 않을지 모른다.

배설계통

콩팥으로 혈액의 공급 또한 줄어든다. 콩팥 크기는 점점 더 작아지고, 노폐물을 여과하는 효율도 떨어진다. 수분-염분 균형도 유지하기 어려워지고, 노인은 젊은 사람에 비해 탈수가 일어나는 속도도 훨씬 빠르다. 요실금(방광의 조절 부족)은 나이가 들면서 특히 여성에게서 증가한다. 남성의 경우 커진 전립샘이 요도의 지름을 축소해 배뇨가 잦아지거나 어려워진다.

신경계통

20대에서 90대 사이에 뇌는 무게와 용량의 20%가 소실된다. 뉴런은 산소 결핍에 극도로 민감하고 뉴런 사멸은 노화 때문에 일어나는 것이 아니라 좁은 혈관을 통한 혈류가 줄어들기 때문일 수 있다. 그러나 이전 과학자들의 의견에 상반되게 첨단 영상기술을 활용한 최근의 연구에서는 노화와 관련된 뇌 기능 감소는 뉴런 소실이 일어난 것과는 관계가 없다. 대신에 복잡한 화학반응의 변화나 뇌의 염증이 증가하여서 발생한다는 것이다. 예를 들어 노화로 인한 도파민의 감소는 복잡한 생각을 하는 뇌의 영역에 영향을 미칠 수 있다.

알츠하이머병은 주로 해마라고 하는 뇌의 영역에서 비정상적으로 구조화된 뉴런과 아세틸콜린의 양이 줄어들어 있는 것으로 특징지어진다(그림 13.14 참고). 알츠하이머병에 걸

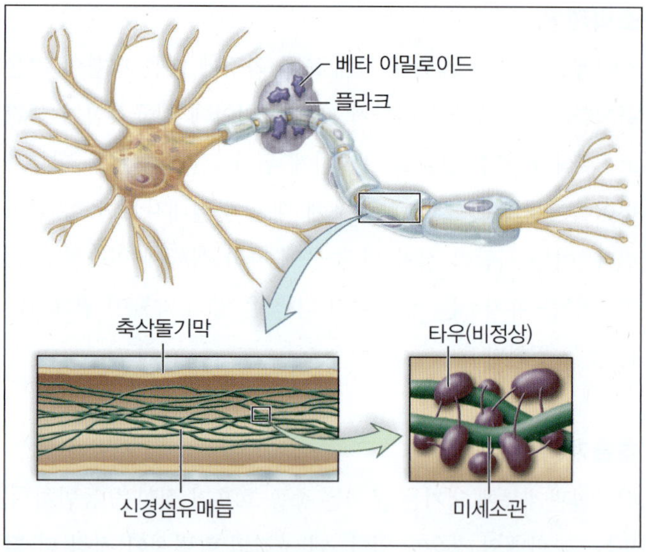

그림 17.13 타우단백질과 알츠하이머병.
환자의 일부 뉴런은 베타 아밀로이드 플라크와 신경섬유매듭을 지니고 있다. 알츠하이머병에 영향을 받은 뉴런은 뇌 전체에 존재하지만, 해마와 편도체에 집중되어 있다.

린 뉴런은 두 가지 특징이 있다. 신경섬유매듭(neurofibrillary tangle)이라고 하는 섬유질 단백질이 축삭 돌기에서 확장되어 뉴런의 핵을 둘러싼다. 매듭(엉킴)은 정상적으로는 곧게 뻗은 모양을 한 타우라고 하는 지지 단백질이 비정상화(그림 17.13) 되어 비틀어진 모양이 되면 생긴다. 또한 단백질이 풍부한 아밀로이드 플라크라고 하는 침착물이 축삭 돌기의 가지를 감싸고 있다. 플라크는 매우 빽빽하게 자라나 염증반응을 일으켜 뉴런을 죽게 만든다.

최근 연구에 따르면 생활방식 요인들이 노화된 뇌에 영향을 준다는 것을 확인했다. 예를 들어 칼로리를 제한한 식이를 한 동물들에게서 뇌의 알츠하이머성 변화가 적게 발생한다는 것이다. 건강한 뇌를 유지하는 데 다른 긍정적인 요소는 대학 재학('뇌를 쓰지 않으면 잃는다'는 발상), 규칙적인 운동 그리고 충분한 수면이다.

감각계통

일반적으로 노화가 되면 예전처럼 맛보고, 냄새 맡고, 듣게 하는 수용체들이 기능하는 데 더 많은 자극이 필요하다. 80세 이상 사람의 대부분이 냄새 맡는 능력이 특징적으로 감퇴되며, 15% 정도가 후각 감퇴 혹은 완전 후각 소실을 경험한다. 후각 소실의 경우는 연기나 가스가 샐 때나 음식이 상했을 때 구분하지 못하므로 건강에 심각한 해를 가져올 수 있는 상태다. 50세가 넘어가면 고주파수에서 듣는 능력은 점차 떨어지고, 이런 현상은 사람들과 대화를 나눌 때 개개인의 목소리를 구분하기 힘들게 하거나 대화를 이해하기 힘들게 할 수 있다.

40세를 시작으로 눈의 수정체는 잘 조절되지 않아 노안이 되거나 가까운 곳의 물체에 초점을 맞추기 힘들게 되어 중년이 되면 돋보기가 필요하게 된다. 결국 백내장과 다른 눈의 질병들이 노인에게서 더 발병하게 된다.

근육 뼈대계통

평균적으로 볼 때 근육량은 여성은 16~19세 사이, 남성은 18~24세 사이에 가장 많다. 그러나 20대나 30대에 들어서면서 나이가 증가함에 따라 근육섬유의 크기와 수 둘 다 감소하기 때문에 근육량은 점차 감소한다. 90세에 도달하면 대부분 사람은 20대 근육량의 50% 이하가 된다. 이러한 감소가 불가피하더라도 규칙적인 운동은 근육의 감소를 늦출 수 있다.

근육과 마찬가지로 뼈도 나이가 들어감에 따라 크기와 밀도가 감소된다. 척추 압박으로 자세의 변화가 초래되고 대부분 키가 작아진다. 80세의 사람들은 자신의 20세 때보다 약 5 cm가량 작아진다. 여성들은 특히 폐경기 이후에 남성들보다 뼈의 크기가 더 빠르게 작아진다. 골다공증은 노인들에게 흔한 질병이다. 비록 뼈 크기의 감소가 노화의 정상적인 과정의 결과라고 할지라도 외적 인자들이 역시 매우 중요하다. 적절한 식이와 적당한 운동프로그램이 점진적인 뼈 크기 감소를 늦춘다는 것이 발견되었다.

내분비계통

면역체계에서처럼 호르몬체계의 노화도 신체의 많은 조직에 영향을 미친다. 이러한 변화는 복잡한데 나이를 먹으면서 많은 호르몬 수치들이 감소한다. 일반적으로 갑상샘호르몬 활동은 감소하여 기초대사율이 감소한다. 이자의 인슐린 생성은 안정적이지만 세포의 민감성이 떨어져 50세 이후에는 10년마다 공복 시 혈당이 10 mg/dl 정도 상승한다.

인간성장호르몬(HGH) 수치 역시 나이가 들어감에 따라 감소하지만, 인간성장호르몬 주사가 노화를 '치료할 것'이라는 사실은 믿기 어렵다. 실제로 한 연구에서 인간성장호르몬 수치가 낮은 사람들이 높은 사람들보다 더 오래 산다고 밝혔다.

생식계통

테스토스테론 수치는 남성에서 20대에 가장 높다. 30세 이후에는 매년 1% 정도씩 감소한다. 결과적으로 낮은 테스토스테론 수치는 성적 충동의 감소, 체중 증가, 근육량 감소, 골다공증, 전신 피로와 우울로 연결된다. 그러나 수치 감소에 대한 호르몬 치료에 대해서는 논란이 남아 있다. 남성호르몬 대체요법에는 주사, 패치 혹은 젤 형태가 있는데 전립샘 비대, 여드름이나 피부 반응, 적혈구 생성 증가 등의 부작용이 나타난다.

여성의 생애주기에서 난자와 자궁의 주기가 중단되는 폐경은 45~55세 사이에 맞이하게 된다. 난자는 뇌하수체 앞엽에서 분비되는 생식샘자극호르몬에 반응하지 못하며 그 결과, 더는 에스트로겐과 프로게스테론을 생성하지 못한다. 폐경기가 시작되면 자궁의 주기는 불규칙하게 되지만, 월경을 하는 한 여성의 임신은 가능하다. 그러므로 여성들은 1년 동안 월경이 없어야 비로소 완전한 폐경이라고 할 수 있다.

폐경기 동안 호르몬의 변화로 피부의 홍조(순환장애로 인함), 어지러움, 두통, 불면, 졸음, 우울 등 신체 증상을 경험하게 된다. 이러한 증상 완화를 위해 여성호르몬 대체요법(HRT)이 대규모 임상연구에서 장기적으로 볼 때 예방보다는 더 큰 건강문제를 초래한다고 했던 2002년까지는 정규적으로 처방되었다. 이러한 이유로 대부분 의사는 폐경기 후 증후군을 예방하기 위해 장기적인 여성호르몬 대체요법은 추천하지 않는다.

그룹별로 볼 때 여성이 남성보다 오래 산다. 에스트로겐은 여성들이 젊었을 때는 심장혈관계통의 질병을 막아준다. 40대 이상의 남성에게서 심장병이 확연하게 증가하지만, 여성에서는 폐경기 이후, 즉 여성의 뇌졸중 빈도가 남성의 뇌졸중 발생 빈도를 따라잡게 될 때까지는 증가가 뚜렷하지 않다. 하지만 어느 연령대에서도 남성은 여성보다 심장마비에 걸릴 확률이 훨씬 높아 보인다.

결론

우리는 노화에 대한 많은 부정적인 영향을 살펴보았다. 하지만 이런 영향들은 피할 수 없는 것은 아니다. 다이어트와 운동은 개개인이 조절할 수 있는 요인들이다. 재정적으로 독립적인 노후를 맞이하기 위한 적절한 준비가 현명한 것처럼, 젊었을 때 또한 적절한 건강을 위한 습관을 시작하여 행복한 노후를 맞이하는 것도 현명하다.

진도 점검하기 17.5

1. 노화가 되는 이유에 대한 가설을 간략히 설명하시오.
2. 우리 몸의 다양한 부분에 미치는 노화의 영향을 요약하시오.
3. 노화가 진행되는 과정에서도 건강을 유지하는 가장 좋은 방법에 대해 설명하시오.

개념 연결하기

이 절에서 설명한 신체의 기관들에 대한 자세한 내용은 다음 논의를 참고하시오.

4.1절 심장혈관계통의 개요를 살펴본다.

10.1절 배설계통의 개요를 살펴본다.

13.1절 신경계통의 개요를 살펴본다.

결론

노화는 유전과 우리의 환경과 같은 요인의 영향을 받는 복잡한 과정이다. 장수의 유전은 *FOX03A*와 같은 단일 유전자와 연관되어 있지 않다. 꽤 다수 유전자들의 작은 변화와 유전자 조합이 우리의 수명에 영향을 미친다. 알츠하이머병과 같은 질병의 유전적 토대를 고찰함으로써, 과학자들은 우리의 유전자가 세포 및 생리적 수준에서 세포의 노화에 어떻게 영향을 미치는지 더 나은 판단을 내릴 수 있다.

그러나 환경 또한 중요한 역할을 한다는 점에 유의해야 한다. 햇빛에의 노출, 우리가 먹는 음식의 종류, 우리의 행동은 모두 우리의 수명에 영향을 미칠 수 있다. 종종 환경적인 요인은 유전자의 변이와 상호작용하는데, 이는 어떤 사람들에게는 음주와 같은 특정 행동이 또 다른 유전자 조합을 갖는 다른 개인과는 노화 과정에 다른 영향을 미칠 수 있다는 것을 의미한다.

요약

17.1 수정

수정(fertilization)은 정자와 난자가 결합하여 하나의 새로운 개체 혹은 **접합자**(zygote)를 생산하는 과정이다. 정자의 첨단체는 난자의 투명대를 정자가 뚫고 지나갈 수 있는 길을 만들어주는 효소를 분비한다. 정자의 핵은 난자로 들어가고, 난자의 핵과 융합한다.

17.2 배아의 발생

분할(cleavage, 난할), **성장**(growth), **형태 형성**(morphogenesis), **분화**(differentiation)는 발생의 과정이다. 발생의 단계는 **전배아기 발생**(pre-embryonic development, 임신 1주)과 **배아기 발생**(embryonic development, 임신 2주 후)으로 구분된다.

전배아기 발생

- 수정이 일어난 직후, 접합자는 분열하여 **배아**(embryo)가 된다. 계속된 분열을 거치며 **상실배**(morula)를 형성하고, 그 후 **주머니배**(blastocyst)가 된다. 주머니배 안에는 후에 **태아**(fetus)가 되는 **속세포덩이**(inner cell mass)가 있다.
- **배아바깥막**[extraembryonic membrane: **융모막**(chorion), **요막**(allantois), **난황주머니**(yolk sac), **양막**(amnion)]이 형성되기 시작한다.

배아기 발생

- 임신 2주 동안에 **착상**(implantation)이 일어난다. **사람융모생식샘자극호르몬**(human chorionic gonadotropin, HCG)을 포함한 많은 호르몬이 임신에 적합한 자궁을 만든다. 배아는 **장배 형성**(gastrulation)을 하고 **일차 배엽**(primary germ layer)을 형성하여 인체의 구조를 갖춘다.
- 임신 3주가 되면 신경계통과 순환계통(심장)을 포함한 기관의 발달이 시작된다.
- 임신 4주에 배아는 **융모막 융모**(chorionic villi)를 통해 융모막에 연결된다. **탯줄**(umbilical cord)이 완전히 형성되어 태반을 연결해준다. 팔다리싹이 생기고, 임신 5주가 되면 감각기관들이 머리에 발달한다.

17.3 태아의 발생

배아기가 끝날 무렵, 모든 기관계통은 확립되고, **태반**(placenta)이 성숙하여 기능을 하게 된다. 태반에서 혈액의 교환이 이뤄지게 되는데, 교환된 혈액은 탯줄 안의 동맥과 정맥을 통해서 산모로 가거나 태아로 전달되게 된다. 태아 발달은 3~9개월 사이에 일어난다.

태아 혈액순환

- 혈액의 교환은 태아에게 산소와 영양소를 공급해주고, 이산화탄소와 노폐물의 배출이 일어날 수 있게 한다.
- 정맥은 탯줄 안의 정맥과 합해져서 대정맥으로 향하게 된다. 타원구멍과 동맥관은 혈액이 폐를 거치지 않고, 심장으로 갈 수 있게 해준다. **태아 발달**(fetal development)은 3~9개월 동안 계속해서 일어난다.

임신 3~4개월

- 3~4개월까지는 뼈대가 형성되기 시작한다. 두개골의 **숫구멍**(fontanel)은 산도를 통해서 머리가 빠져나가게 한다.
- 태아의 성별은 구별될 수 있다. *SRY* 유전자가 존재한다면 **테스토스테론**(testosterone)은 고환과 남성 외부 생식기가 발달하게 한다. 그렇지 않으면 난소와 여성 외부 생식기가 발달하게 된다.

임신 5~9개월

- 5~9개월까지는 태아가 계속해서 성장하고 체중이 늘어난다. 이 시기에 피부는 **배냇솜털**(lanugo)과 보호막인 **태아기름막**(vernix caseosa)으로 덮여 있다.

17.4 임신과 출산

임신

임신 동안 산모의 몸에서 일어나는 대표적인 변화들은 다음과 같다.

- 자궁이 배안을 채우게 되면서 체중이 증가한다.
- 변비, 요실금, 속쓰림, 피부가 검게 되거나 임신으로 인한 당뇨병 같은 몇몇 질환이 생길 수 있는데, 이는 태반 호르몬의 출현으로 인한 것이다.

출산

브랙스톤 힉스 수축(Braxton Hicks contraction)과 옥시토신 분비와 같은 양성되먹임 기전은 출산이 시작되었고, 계속될 것이라는 징조이다.

- 1단계에서는 자궁목의 확장이 **분만**(parturition, 출산), **자궁목소실**(effacement)을 도와준다.
- 2단계에서는 태아가 태어난다. **회음절개술**(episiotomy)이 질 입구를 넓게 해준다.
- 3단계에서는 **후산**(afterbirth)이 딸려 나온다.

17.5 노화

출생 후의 발생 과정은 유아기, 유년기, 청소년기, 성년기를 포함한다. **노인학**(gerontology)은 **노화**(aging)에서 일어나는 점진적인 변화를 연구한다. 노화로 인한 이러한 변화는 쇠약해지고, 질병을 앓게 될 위험을 증가시키며, 결국은 죽음에 이르게 된다.

세포 노화

세포 노화에 영향을 주는 요인들은 다음과 같다.

- 말단소체가 세포의 평균수명에 영향을 준다.

- 일부 호르몬의 수용체들이 효율적으로 작용하지 않는다.
- 자유라디칼과 다른 대사산물이 세포 구성요소에 영향을 준다.

몸 노화의 영향

- 기관계통의 악화는 좋은 건강 습관으로 막을 수 있다.

개념 심화 학습

비판적 사고 키우기

1. 미토콘드리아는 고유한 유전물질을 함유한다. 미토콘드리아 돌연변이는 아버지에게서는 아무것도 없이 엄마에게서 아이에게 유전된다. 그 이유는 무엇인가?
2. 집에서 하는 임신검사는 여자의 소변에서 HCG의 존재 여부를 확인한다. HCG는 어디에서 왔는가? 왜 HCG가 임산부의 소변에서 발견되는가?
3. 여성이 처방전 없이 구입할 수 있는(예: 약국) 다양한 가임력 테스트기가 있다. 요즘 더 많은 여성들이 나이가 들 때까지 첫 임신을 미루기 때문에, 이 테스트기들이 점점 더 인기를 얻고 있다. 이러한 다수의 테스트기에는 항체가 포함되어 있어 여성의 소변에서 발견되는 호르몬과 반응한다. 이 테스트기에서 측정할 수 있는 특정 호르몬은 무엇이며, 이 테스트기는 실제로 어떻게 작동하는가?

관련성 탐구하기

1. 수명이 크게 단축되거나 길어지게 하는 노화 유전자의 특정 대립유전자를 식별하는 것이 가능하다고 가정하라. 당신은 당신의 유전자에 대한 정보를 알고 싶은가?
2. 노화 유전자의 식별이 환경이 노화에 미치는 영향을 어떻게 더 잘 이해할 수 있도록 하는가?
3. 동물 종이 노화 과정을 진화시킨 이유는 무엇이라고 생각하는가? 왜 모든 개인을 불멸로 만들지 않는가?

모든 장의 질문에 대한 정답은 *connect.mheducation.com*에서 확인하시오.

CHAPTER 18 세포분열

Yuri Arcurs/iStockphoto/Getty Images

이 장의 개요

시작하기 전에

이 장을 시작하기 전에 다음 사항을 논의해 보자.

1.7절 DNA는 어떻게 구성되어 있으며, 이는 RNA와 어떠한 차이를 보이는가?

2.4절 염색질이란 무엇인가?

2.5절 세포에서 미세소관과 미세섬유의 기능은 무엇인가?

*p53*과 세포주기

코끼리는 왜 암에 걸리지 않을까? 인간과 마찬가지로 코끼리도 장수하는 유기체이다. 그러나 최근 연구에 따르면, 코끼리는 장수함에도 불구하고 사는 동안 약 5%만이 암에 걸릴 것이라 보고되었는데, 이는 인간이 사는 동안 암에 걸릴 확률인 최대 25%와 큰 차이를 보이는 것을 알 수 있다.

대부분 암은 모든 세포가 세포분열을 시작하기 전에 거치는 일련의 단계인 세포주기를 제어하지 못해 발생한다. 이때 *p53*이라는 유전자는 그 제어 기전에서 매우 중요한 요소로 알려져 있다. 특히 이 유전자는 종양 억제 유전자라는 그룹에 속하면서, 세포주기의 특정 지점에서 발현되어 DNA 손상을 확인하고, 이때 세포가 손상되어 있다면 분열을 허용하지 않는 역할을 한다.

인간은 한 쌍의 *p53* 유전자(부모로부터 하나씩 받음)만 가지고 있다. 운 좋게도 세포주기를 조절하려면 하나의 사본만 필요하지만, 결함 유전자의 유전이나 유전자를 비활성화하는 돌연변이로 인해 두 유전자가 제대로 기능하지 않으면 특정 지점에서 문지기 역할을 할 수 없기에 손상된 세포가 분열하여도 제대로 제어하지 못하게 된다. 그러므로 암의 특징인 무한한 세포 성장이 나타나게 된다. 이를 뒷받침하듯이 인간의 경우 *p53* 유전자의 돌연변이가 여러 암의 위험 증가와 관련이 있다고 알려져 있다. 그러나 흥미롭게도 코끼리는 유전체에 20쌍의 *p53* 유전자가 있기 때문에 코끼리 세포가 이 유전자의 모든 기능을 잃을 가능성은 매우 낮다는 것을 의미한다.

이 장에서는 세포분열이 어떻게 조절되는지 알아볼 것이며, 특히 *p53*과 같은 유전자가 세포주기 조절에서 어떻게 기능하는지 살펴볼 것이다.

이 장을 학습하면서 다음 질문을 생각해 보자.

1. 세포주기에서 검문 지점의 역할은 무엇인가?
2. *p53*은 세포주기의 어떤 검문 지점에서 활성화될 것이라고 생각하는가?
3. 왜 세포주기에서 검문 지점이 제대로 역할을 하지 못하면 암이 발생하는가?

18.1 염색체

> **학습 목표**
>
> 이 절을 학습한 후 다음 사항을 할 수 있어야 한다.
>
> 1. 염색체와 염색질을 구별하여 설명할 수 있다.
> 2. 핵형의 목적을 설명할 수 있다.
> 3. 자매염색분체와 관련하여 동원체의 목적을 설명할 수 있다.

인간 세포에서 핵은 길이가 약 5~8 μm에 불과하지만, 신체의 모든 기능을 지시하는 데 필요한 모든 유전물질을 포함하고 있다. 핵 내의 유전물질은 유전정보를 한 세대에서 다음 세대로 전달하는 데 도움이 되는 구조인 **염색체**(chromosome)에 위치하게 되고, 각 염색체의 정보는 DNA로 이루어진 유전자에 포함되어 있다(21.1절 참고).

염색체는 염색체 구조의 조직화를 위해 필요한 단백질을 포함하고 있는데, DNA와 단백질을 한데 일컬어 **염색질**(chromatin)이라 한다. 인간은 23쌍으로 존재하는 총 46개의 염색체를 가지고 있다. 이 중 22쌍은 **상염색체**(autosome)라고 하는데, 모든 상염색체는 남성과 여성 모두에게서 발견된다. 그러나 1쌍의 염색체는 남성과 여성에서 다르게 존재하며, 성을 조절하는 유전자를 가지고 있어서 **성염색체**(sex chromosome)라고 한다. 남성은 성염색체 X와 Y를 가지며, 여성은 2개의 X 염색체를 가지는데, 남성의 성염색체인 Y 염색체에는 남성의 고환이 발생하도록 하는 *SRY* 유전자가 있다(17.3절 참고).

핵형

의사와 예비 부모는 때때로 태아의 염색체 이상 유무를 확인하고 싶어 한다. 이때 핵이 없는 적혈구를 제외한 신체의 모든 세포는 검사를 위한 염색체 이상 유무를 확인하는 시료가 될 수 있는데, 성인의 경우 염색체를 관찰할 목적으로 혈액 시료에서 백혈구를 분리하여 채취하여 사용하는 것이 가장 용이하다. 반면에 태아의 경우 염색체 검사를 하기 위해서 융모막 융모 검체 채취 또는 양막천자와 같은 절차를 권장하고 있다. 이러한 검사 과정은 17.3절의 건강 특집 '선천성 결함의 예방과 테스트'에 자세히 설명되어 있다.

세포 샘플을 얻은 이후, 세포는 배양 배지에서 분열할 수 있도록 자극하게 되는데, 세포가 분열할 때 염색질이 응축되어 염색체를 형성한다. 이때 핵막의 붕괴를 통해 염색체를 자유롭게 하고, 염색체가 고도로 압축되어 현미경으로 볼 수 있을 때 분열 과정을 멈추기 위해 화학물질을 사용하게 된다. 슬라이드에 염색하고 현미경에 부착된 카메라로 세포를 촬영하게 되면 염색을 통해 드러난 염색체의 크기와 모양, 다양한 너비의 염색체로 밝고 어두운 가로띠 등을 볼 수 있으므로 이를 염색체의 쌍을 짓는 데 이용할 수 있다. 염색체의 쌍을 배열하는 데는 컴퓨터가 이용되며(그림 18.1), 이렇게 염색체를 배열한 것을 **핵형**(karyotype)이라고 한다.

그림 18.1에서는 유전적으로 전형적인 남성의 핵형을 보여주고 있다. 이 샘플을 얻은 세포는 이배체이며, 46개의 염색체를 가지고 있음을 보여준다. **유사분열**(mitosis, 18.3절 참고)이라고 하는 세포분열의 한 형태는 수정란에서 시작되어 모든 세포가 46개의 염색체를 가질 수 있게 해준다. 이러한 유사분열은 적혈구, 생식세포, 간세포를 제외한 우리 몸의 대부분 세포에서 진행된다.

분열하고 있는 세포의 염색체 쌍을 확대하여 보면, 각 염색체가 **자매염색분체**(sister chromatid)라고 부르는 2개의 동일한 부분으로 구성되어 있음을 볼 수 있다(그림 18.1). 또한, 자매염색분체는 동일한 유전자를 포함하고 있는데, 이러한 **유전자**(gene)는 눈 색깔과 신진대사와 같은 특성을 조절하는 유전의 단위로 알려져 있다. 특히 인간 약 2만 개의 서로 다른 유전자를 가지고 있으며, 이 유전자들은 우리 몸이 생명의 특성을 어떻게 조절하는지에 대한 정보를 포함하고 있으므로 매우 중요하다고 할 수 있다.

염색분체는 **동원체**(centromere)라고 불리는 영역에 서로 붙어 있으며, 동원체는 세포분열이 일어날 때까지 염색분체가 서로 결합하고 유지할 수 있게 해준다. 이후 세포분열이 일어나게 되면 자매염색분체들은 분리되어 딸 염색체라고 하는 새로운 독립 염색체를 형성하게 되어 새로운 세포로 배치되고, 새로운 세포에서는 이 염색체가 복제되어 새로운 자매염색분체를 형성하게 된다.

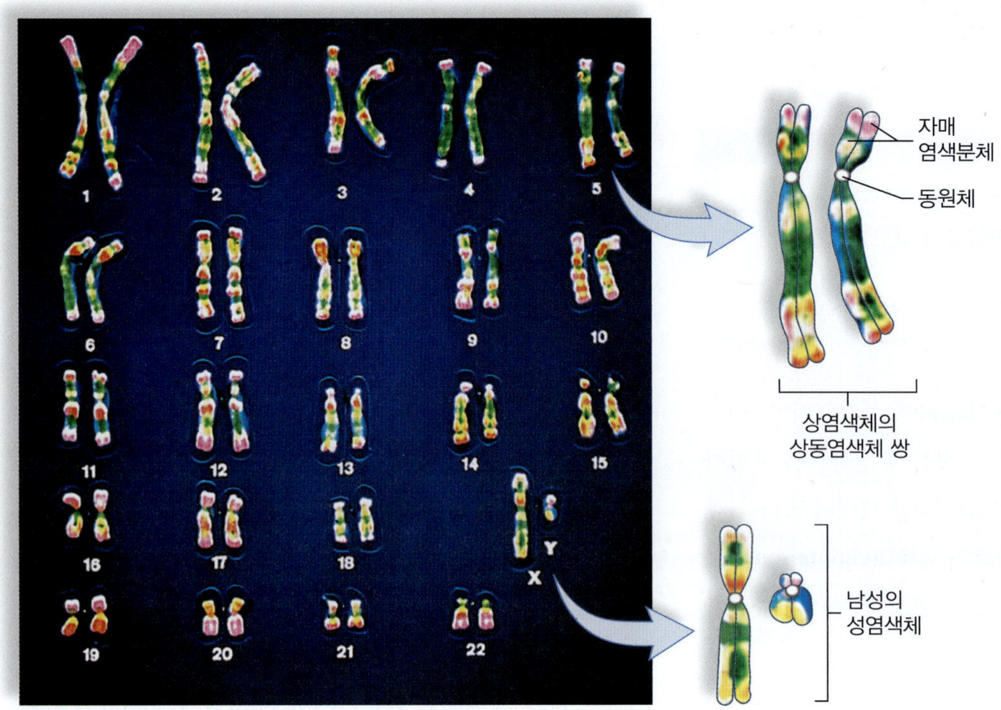

그림 18.1 인간 염색체의 핵형. 체세포에서 염색체는 쌍으로 구성된다. 핵형은 쌍을 이룬 염색체를 가장 큰 것부터 가장 작은 순으로 번호를 매겨 배열한 것인데, 이 염색체는 복제되어 각 염색체는 2개의 자매염색분체로 구성된다. 이 핵형은 남성의 46개 염색체를 보여주고 있다.

(사진): CNRI/Science Source

진도 점검하기 18.1

1. 세포에서 염색체의 목적에 대해 설명하시오.
2. 핵형이 세포의 염색체 수를 결정하는 데 어떻게 사용될 수 있는지 설명하시오.
3. 자매염색분체가 유전적으로 동일한 이유를 설명하시오.

개념 연결하기

이 절에 제시된 주제에 대한 자세한 내용은 다음 논의를 참고하시오.

2.4절 세포에서 핵의 역할을 살펴본다.

2.4절 염색질과 염색체의 관계를 살펴본다.

17.3절 태아의 발달 단계를 살펴본다.

18.2 세포주기

학습 목표

이 절을 학습한 후 다음 사항을 할 수 있어야 한다.

1. 세포주기의 단계를 나열하고, 각 단계의 목적을 설명할 수 있다.
2. 세포주기에서 검문 지점의 목적을 설명할 수 있다.
3. 유사분열과 세포질분열을 구별할 수 있다.

세포주기(cell cycle)는 간기와 세포분열기의 두 부분으로 이루어진 질서 있는 과정이다. 먼저 세포주기를 이해하기 위해서는 세포의 구조를 이해하는 것이 필요하다(그림 2.4 참고). 인간 세포에는 핵 외부의 세포 내용물인 세포질을 둘러싸는 세포막이 있다. 세포질에는 세포의 생명에 필요한 다양한 기능을 수행하는 소기관이 있다. 핵 안에는 염색체로 조직화된 염색질(DNA 및 관련 단백질)이 있다. 세포분열 전에 염색질은 일반적으로 엉킨 실 덩어리로 핵 전체에 퍼진다.

간기

그림 18.2에서 볼 수 있듯이, 대부분의 세포주기는 **간기**(interphase)에서 많은 시간을 소비한다. 이 시간 동안 세포의 소기관은 정상적인 기능을 수행하고 있다. 세포는 간기를 거치면서 분열할 준비를 하게 되는데, 이때 세포의 크기가 더 커지고, 세포소기관의 수가 2배가 되며, 염색질의 양도 DNA 복제가 발생함에 따라 2배가 된다.

간기는 3개의 주요 단계로 나눌 수 있다. G_1기는 DNA 복제 전 단계를 말하고, S기는 DNA 복제를 포함하고 있다. 마지막으로 G_2기는 DNA 복제 후의 단계를 의미한다. 처음에 *G*는 DNA 합성이 일어나지 않는 간기 동안의 시간인 '갭(gap)'을 의미했다. 그러나 이제는 이 단계에서 세포의 성장이 일어

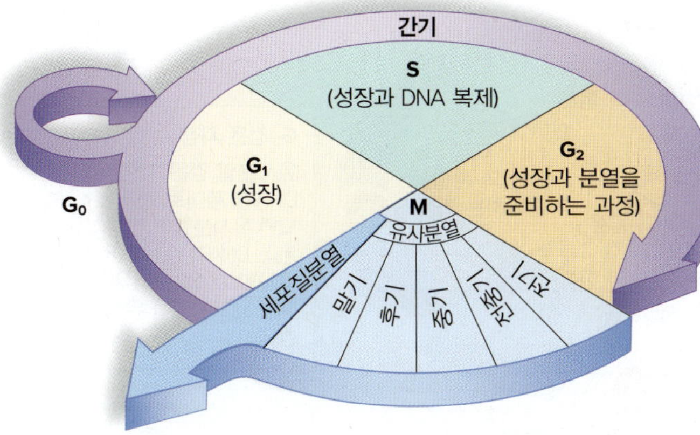

그림 18.2 세포주기의 단계.
G_1기, S기, G_2기로 구성된 간기 동안 세포분열을 준비한다. 유사분열 단계 동안 핵분열과 세포질분열이 발생한다. G_0기는 세포주기에 포함되지 않고 멈춰있음을 보여준다.

난다는 것을 알았으므로 최근 *G*는 '성장(growth)'을 의미하고 있다. 이러한 간기 동안 어떠한 일이 발생하는지 확인해 보자.

- G_1기: 세포는 정상 크기를 유지하고 있으며, 체내에서 여러 기능을 수행한다. 세포소기관(예: 미토콘드리아, 리보솜)은 2배가 되고, DNA 합성에 필요한 물질이 축적되는 시기이다.
- S기: 세포 속의 모든 DNA가 복제된다. DNA가 복제됨에 따라 각 염색체는 2개의 동일한 DNA 이중나선 분자로 구성된다. 이 분자들은 **자매염색분체**라고 하는 가닥을 형성한다.
- G_2기: 세포는 미세소관과 같은 세포분열에 필요한 단백질을 합성한다. 세포분열 시 미세소관의 역할은 다음 18.3절에서 설명하고 있다.

세포에 따라 간기에서 소비하는 시간은 매우 다양하다. 신경 및 근육세포와 같은 일부 세포는 일반적으로 세포주기를 완료하지 못하고 G_1기에서 영구적으로 정지되어 있다. 이러한 세포를 우리는 G_0기에 진입했다고 한다. 반면에 배아세포는 G_1기에서 아주 적은 시간을 보내고 몇 시간 안에 세포주기를 완료하기도 한다.

유사분열과 세포질분열

간기가 지나고 나면 세포주기의 세포분열 과정으로 돌입한다. 세포분열은 M기(유사분열)와 세포질분열의 두 단계로 나뉜다. **유사분열**(mitosis, 체세포분열)은 일종의 핵분열이다. 백혈구(6.2절 참고)와 골격근세포(11.1절 참고)를 제외한 대부분의 세포는 유사분열을 진행한다. 유사분열은 각각의 새로운 핵이 이전 세포와 동일한 수와 유형의 염색체를 포함하기 때문에 복제분열(duplication division)이라고도 한다. **세포질분열**(cytokinesis)은 세포질의 분열이 일어나는 것이다.

유사분열 동안 각 염색체의 자매염색분체는 분리되어 2개의 딸핵에 분산된 염색체가 된다. 세포분열이 완료되면 2개의 딸세포가 완성된다. 능동적으로 분열하는 포유동물 세포는 일반적으로 유사분열 단계를 완료하는 데 약 4시간 정도가 소요된다.

간기 및 세포분열을 포함하는 세포주기는 특정 조직에서 지속적으로 발생하고 있다. 지금 이 순간에도 우리 몸은 수천 개의 새로운 적혈구, 피부세포, 호흡기 및 소화관의 점막세포 등 새로운 세포를 만들어내고 있다. 유사분열은 예정된 세포의 죽음인 **세포사멸**(apoptosis)로 균형을 유지하게 되는데, 세포사멸은 세포가 더 이상 필요하지 않거나 과도하게 손상되었을 때 발생한다.

세포주기 조절

세포가 성공적으로 세포분열을 하기 위해서 세포분열은 반드시 조절되어야 한다. 세포주기는 특정 조건이 충족될 때까지 세포주기를 지연시킬 수 있는 **검문 지점**(checkpoint)에 의해서 조절된다. 세포주기에는 많은 검문 지점이 있지만, G_1기, G_2기, M기의 세 가지 검문 지점을 중심으로 살펴보고자 한다(그림 18.3). 또한, 세포주기는 호르몬 및 성장인자와 같은 외부 요인에 의해서도 조절될 수 있다. 만일 세포주기 조절 기전에 실패하면, 세포의 성장이 제어되지 않아 무제한 세포 성장이 일어나거나 암이 발생할 수 있다.

검문 지점 G_1 검문 지점은 세포주기가 이 관문을 통과하여야 세포분열이 시작되기 때문에 특히 중요하다. 세포가 이 검문 지점을 통과하지 못하면 G_0기라고 하는 유지 단계에 머물러 있으며, G_0기의 세포는 분열하지 않은 상태로 정상적인 기능을 수행한다. 세포가 G_1 검문 지점을 통과하려면 특정 성장인자와 같은 적절한 성장 신호가 있어야 하며, DNA 복제가 이뤄지기 때문에 세포의 DNA 손상 여부도 확인한다. DNA가 손상되었다면 *p53*과 같은 단백질이 이 검문 지점에서 세포주

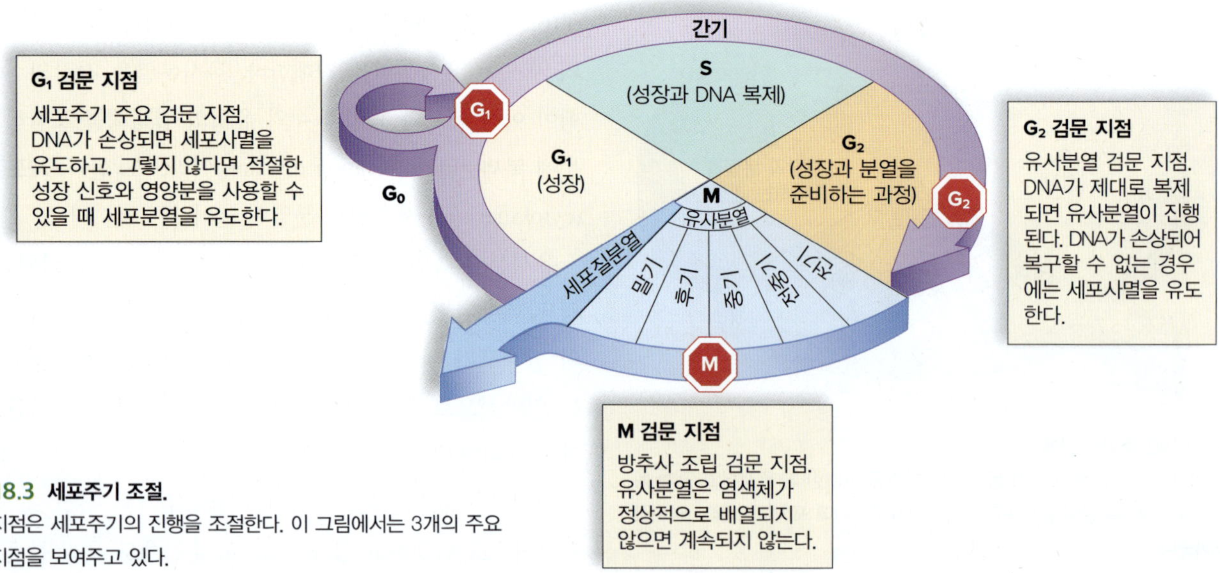

그림 18.3 세포주기 조절.
검문 지점은 세포주기의 진행을 조절한다. 이 그림에서는 3개의 주요 검문 지점을 보여주고 있다.

기를 멈추고 G_0기에 머무르게 한다. G_0기는 멈춰있는 시간으로, DNA가 복구되면 세포는 다시 세포주기를 진행할 수 있다. 만약 그렇지 못한다면 내부 기전을 통해 세포사멸을 유도하여 세포가 죽게 된다. 이후 세포주기는 복제된 DNA의 검증을 완료할 때까지 G_2 **검문 지점**에서 잠시 멈추게 된다. 이 지점은 염색체가 완전히 복제되지 않은 상태로 M기가 진행되는 것을 방지한다. 또한, DNA가 태양(UV) 방사선이나 X선에 노출되어 손상된 경우에도 G_2 검문 지점에서 세포주기를 정지시켜 세포의 손상을 복구하도록 하며, 손상된 DNA가 딸세포로 전달되지 않게 한다.

또 다른 세포주기 검문 지점은 세포분열기 단계에서 확인된다. 세포주기는 모든 염색체가 핵분열 과정을 수행할 준비가 될 때까지 계속되지 않기 때문에, 중기와 후기 사이의 이 검문 지점에서 염색체가 방추사에 의해 적절하게 부착이 되고 딸세포로 정확하게 분배가 일어날 수 있도록 조절하고 있다.

외부조절 세포주기 조절 시스템은 세포막에서 핵 속의 특정 유전자까지 연속적으로 이어져 있다. 호르몬과 성장인자와 같은 일부 외부 신호는 세포주기가 진행될 수 있도록 세포를 자극한다. 여성 월경주기 중 특정 시간에 유도되는 프로게스테론 호르몬은 자궁내막 세포를 자극하여 수정란의 착상을 위한 내막을 준비한다. 이때 표피 성장인자는 상처 난 주변의 피부를 자극하여 세포주기를 진행함으로써 손상을 복구한다.

그림 18.4에서 볼 수 있듯이 외부 신호는 표적 세포의 세포막에 있는 특정 수용체에 신호를 전달한다. 이후에 수용체는 피부를 자극하여 손상을 복구한다. 그림 18.4에 나타낸 것과 같이 외부 신호는 신호를 받는 세포의 세포막에 묻힌 특

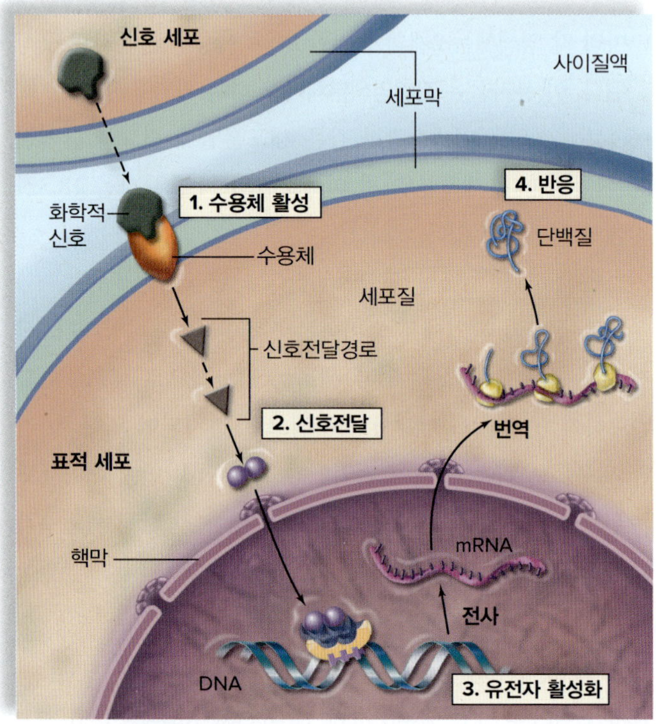

그림 18.4 세포주기의 외부조절.
성장인자는 세포막에서부터 세포주기의 발생을 조절하는 유전자까지 이어지는 세포 신호전달경로를 자극하는 역할을 한다.

정 수용체에 의하여 수신된다. 신호는 수용체에서 세포의 세포질 내의 단백질로 전달된다. 단백질은 서로 신호를 전달하기 때문에 신호전달경로라고 하는 경로를 형성하게 되고, 마지막 신호는 세포핵의 유전자를 활성화하는 역할을 담당한다. 이 유전자의 발현은 결과적으로 세포주기를 자극하거나 억제할 수 있다. 특히 원발암 유전자(proto-oncogene)라고 하는 유전자는 세포주기를 자극하고 종양 억제 유전자라고 하는 유전자는 세포주기를 억제하는데, 19.1절에서 이러한 유전자의 작용을 더 자세히 살펴볼 것이다.

진도 점검하기 18.2

1. 세포주기를 설명하고, 각 단계와 검문 지점의 위치를 나열하시오.
2. 세포주기에서 S기의 목적을 설명하시오.
3. 통제되지 않은 세포 성장으로부터 세포를 보호하는 데 검문 지점이 어떻게 도움이 되는지 설명하시오.
4. 세포주기를 조절하기 위해 외부조절이 필요한 이유를 요약하시오.

개념 연결하기

이 절에 제시된 주제에 대한 자세한 내용은 다음 논의를 참고하시오.

그림 15.5 프로게스테론과 같은 스테로이드호르몬이 세포의 내부 활동에 어떻게 영향을 미치는지 살펴본다.

19.1절 원발암 유전자와 종양 억제 유전자의 차이점을 살펴본다.

19.2절 방사선과 같은 환경 요인이 어떻게 암을 유발할 수 있는지 살펴본다.

18.3 유사분열

학습 목표

이 절을 학습한 후 다음 사항을 할 수 있어야 한다.

1. 유사분열의 목적을 설명할 수 있다.
2. 유사분열의 각 단계에서 일어나는 내용을 설명할 수 있다.
3. 세포질분열의 목적을 설명할 수 있다.

유사분열을 포함하는 세포주기는 인간의 행복한 삶(well-being)을 위해 매우 중요하다. 유사분열은 발생 중인 배아, 태아와 어린이에게서 새로운 세포 생성을 담당하고 있다. 또한, 성인에서는 노화된 세포를 새로운 세포로 교체하는 것을 담당하고 있다(**그림 18.5**). 18.2절에서 언급한 바와 같이, 유사분열은 종종 복제분열이라고 한다. 유사분열이 끝나면 두 개의 새로운 세포의 핵이 원래 세포와 동일한 수와 유형의 염색체를 갖기 때문이다. 유사분열 동안 분열하는 세포를 **모세포**(parent cell)라고 하고, 새로운 세포를 **딸세포**(daughter cell)라고 한다. 유사분열 후, DNA 복제 중에 발생할 수 있는 드문 돌연변이를 제외하고 딸세포는 유전적으로 모세포와 동일하다.

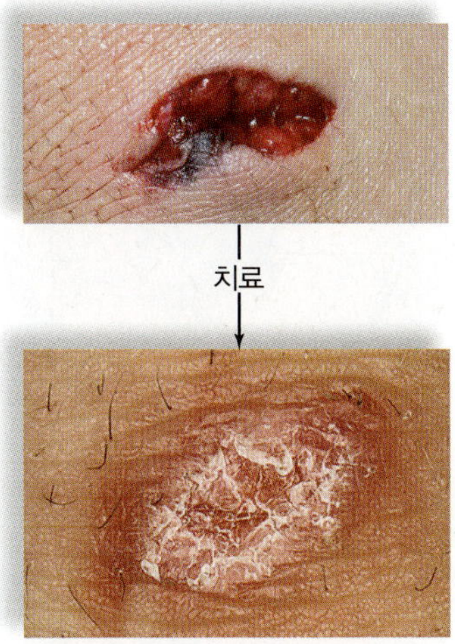

그림 18.5 유사분열의 중요성.
유사분열을 포함한 세포주기는 인간이 성장할 때와 조직이 복구될 때 발생한다.
(상처 부위): Scott Camazine/Science Source; (치유 부위): Ted Kinsman/Science Source

유사분열의 개요

세포주기의 S기 동안 DNA 복제가 일어나면(21.1절 참고) 염색체 또한 복제된다. 이에 따라 염색체마다 2개의 **자매염색분체**가 동원체에 함께 고정되어 있다. 이러한 자매염색분체는 염색체에서 복제된 것이기 때문에 동일한 유전자를 포함하고 있다(**그림 18.6**).

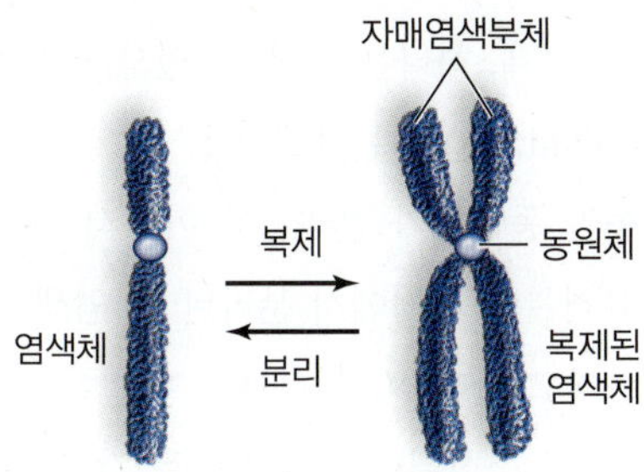

그림 18.6 DNA 복제와 DNA 분리 사이의 관계.
DNA 분자의 복제는 자매염색분체를 형성하는 반면, 세포분열은 자매염색분체를 새로운 세포로 분리한다.

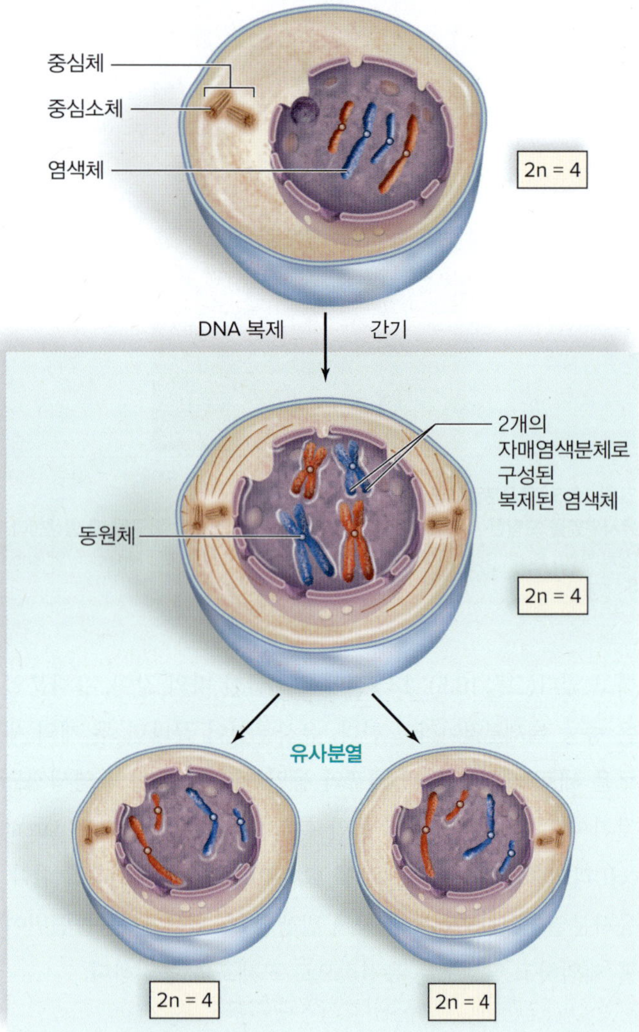

그림 18.7 유사분열의 개요.
DNA 복제가 일어난 다음, 각 염색체가 분리된다. 자매염색분체는 동원체가 분리되면 딸세포의 핵으로 이동하고, 염색체가 된다.

유사분열이 시작되면 염색질의 단백질이 염색체를 고도로 응축시키게 되는데, 이러한 염색체의 모습은 광학현미경으로 관찰할 수 있다. 그림 18.7은 유사분열의 개요를 보여주는데, 단순화를 위해 4개의 염색체로 묘사하였다. 각 염색체에는 2개의 사본(하나는 모계, 하나는 부계)이 있으므로 이 경우 염색체의 **이배체**(diploid, **2n**) 수는 4개이다.

유사분열 동안 동원체가 분리되고 이어서 자매염색분체가 분리되는데, 유사분열 과정에서 분리된 각 염색분체를 **염색체**(chromosome)라고 한다. 각 딸세포는 완전한 염색체 세트를 가져 이배체(2n)로 구성된다. 결과적으로 각 딸세포는 모세포와 동일한 수와 유형의 염색체를 받게 되므로, 각 딸세포는 서로 간에 또는 모세포와 유전적으로 동일하게 된다.

유사분열 방추사

유사분열 동안 중요한 또 다른 사건은 세포의 미세소관 구성 중심에 있는 미세소관인 **중심체**(centrosome)의 복제이다. 중심체는 복제된 다음 분리되어 **유사분열 방추사**(mitotic spindle)의 양극을 형성하고, 그곳에서 미세소관들이 조립되어 방추사를 만들어 염색체의 동원체에 부착된다. 또한 **성상체**(aster, 별처럼 보이기 때문)라고 하는 미세소관이 양극에 배열된다. 중심체마다 한 쌍의 중심소체(centriole)가 있는데, 이들은 짧은 미세소관 원통으로 구성되어 서로 직각으로 배열되어 있다. 중심소체는 식물 세포에는 존재하지 않으며, 동물 세포에서의 기능은 완전히 알려지지 않았지만, 유사분열 동안 염색분체를 분리하는 방추사의 형성을 돕는 것으로 알려져 있다.

유사분열의 단계

유사분열(체세포분열)의 과정은 전기, 전중기, 중기, 후기, 말기의 단계로 구분할 수 있다. 유사분열을 편의상 단계로 나누어 설명하고 있지만, 유사분열은 연속적인 과정으로 눈에 띄는 중단 없이 한 단계에서 다른 단계로 계속 진행된다.

전기

전기(prophase)는 세포가 분열을 준비하고 있음을 가시적으로 보여주는 몇 가지 현상이 나타난다(그림 18.8). 핵 외부에 존재하는 중심체가 복제되어 핵을 중심으로 반대쪽 끝을 향해 이동하기 시작한다. 분리된 중심체 사이에 방추사가 나타나고, 핵막이 조각나기 시작한다. 핵의 특수 영역인 인(핵소체)은 염색체가 꼬일 때 사라지고 응축되어 염색체가 명확하게 보일 수 있게 해준다. 각 염색체는 동원체에 묶여 있는 2개의 자매염색분체로 구성되어 있다.

전중기

전중기(prometaphase)에는 염색체가 계속 짧아지고 두꺼워지면서 동원체에 방추사가 부착된다. 전중기 동안 염색체는 핵에 무작위로 흩어져 있다(그림 18.8).

중기

중기(metaphase)에는 방추사가 완전히 형성되는 것이 특징이다. 적도판(metaphase plate)은 방추사 축과 수직인 판으로 양극의 중심에 있다. 중기의 염색체는 동원체에서 방추사에 부착되어 적도판에 정렬되어 있다(그림 18.8).

후기

후기(anaphase)가 시작되면 자매염색분체를 결합하고 있는 동원체가 분리된다. 이어서 자매염색분체가 분리되어 염색체가 되고 방추사 양극으로 이동한다. 자매염색분체의 분리는 세포마다 복제된 염색체를 받아 완전한 유전자가 전달될 수 있도록 한다. 후기에는 이배체(2n)의 염색체가 양극으로 이동하고, 결론적으로 동원체의 수는 염색체의 수를 나타낸다. 그림 18.8에서처럼 양극에는 각각 2개의 빨간색과 2개의 파란색 염색체, 즉 4개의 염색체가 존재한다.

후기의 방추사 기능 방추사는 염색체를 이동시키는 역할을 한다. 후기에는 두 형태의 방추사가 염색체 이동에 관여하는데, 한 종류의 방추사는 양극에서부터 적도판까지 뻗어 있어 세포의 중앙 부분에서 서로 중첩되어 있다. 이 방추사는 유사분열 동안 길이가 길어지고, 염색체를 양극으로 서로 더 멀리 떨어지게 한다. 다른 하나는 동원체에 부착된 방추사인데, 이 방추사(분해될 수 있는 미세소관으로 구성됨)는 염색체가 양극 쪽으로 이동함에 따라 짧아지기 때문에 염색체를 서로 잡아당기는 역할을 담당한다.

앞에서 설명하였듯이 방추사는 미세소관으로 구성되어 있는데, 미세소관은 튜불린(단백질) 소단위체를 더하거나 빼서 조립 및 분해할 수 있다. 이러한 원리로 방추사가 길어지거나 짧아지게 할 수 있고, 궁극적으로는 염색체를 움직일 수 있다.

말기

말기(telophase)는 염색체가 양극에 도달했을 때 시작된다. 말기 동안 염색체는 다시 풀어져 염색질이 된다. 방추사는 사라지고 핵막의 구성요소들이 세포 안에서 재조합되어, 2개의 딸핵이 존재하는 것이 말기의 특징이다.

세포질분열

세포질분열은 세포질과 세포소기관의 분열이다. 인간 세포의 경우 세포질분열은 세포의 주변을 따라 **분할고랑**(cleavage furrow)이라고 하는 약간의 홈이 만들어진다. 액틴 미세섬유는 수축성 고리를 형성하고, 고리가 점점 작아지면서 분할고랑이 세포를 반으로 분리시킨다. 그 결과 각 세포는 자체 세포막으로 둘러싸이게 된다.

진도 점검하기 18.3

1. 딸세포의 염색체 수와 유사분열 후 모세포의 염색체 수를 비교하는 방법을 설명하시오.
2. 유사분열 단계를 나열하고, 각 단계 동안 일어나는 일을 설명하시오.
3. 유사분열 후 딸세포 사이에서 세포질이 어떻게 분할되는지 설명하시오.

개념 연결하기

유사분열 및 세포질분열에 대한 자세한 내용은 다음 논의를 참고하시오.

2.4절 핵의 구조를 살펴본다.

2.5절 분열하지 않는 세포에서 미세소관과 액틴 미세섬유의 기능을 살펴본다.

18.4 감수분열

학습 목표

이 절을 학습한 후 다음 사항을 할 수 있어야 한다.

1. 감수분열의 단계를 나열하고, 각 단계에서 일어나는 일을 설명할 수 있다.
2. 감수분열이 어떻게 유전적 변이를 증가시키는지 설명할 수 있다.
3. 정자발생, 난자발생 과정에서 생성되는 기능적 생식세포의 발생과 수를 구분할 수 있다.

감수분열(meiosis) 또는 환원분열은 딸세포의 염색체 수를 반으로 감소시키는 분열이다. 이를 위해 감수분열은 간기가 없이 두 번의 세포분열이 연속적으로 일어나게 되고, 결과적으로 4개의 딸세포가 형성된다. 각각의 딸세포는 각 유형의 염색체가 하나씩 존재하기 때문에 모세포 염색체 수의 절반이 된다. 그러므로 모세포는 이배체(2n)의 염색체 수를 갖지만, 딸세포는 그 반에 해당하는 수의 염색체, 즉 **반수체**(haploid, n)가 된다. 또한, 감수분열은 유전적 변이가 일어나는데, 그 결과 모세포의 유전적 복제가 아니라 새로운 유전자 조합을

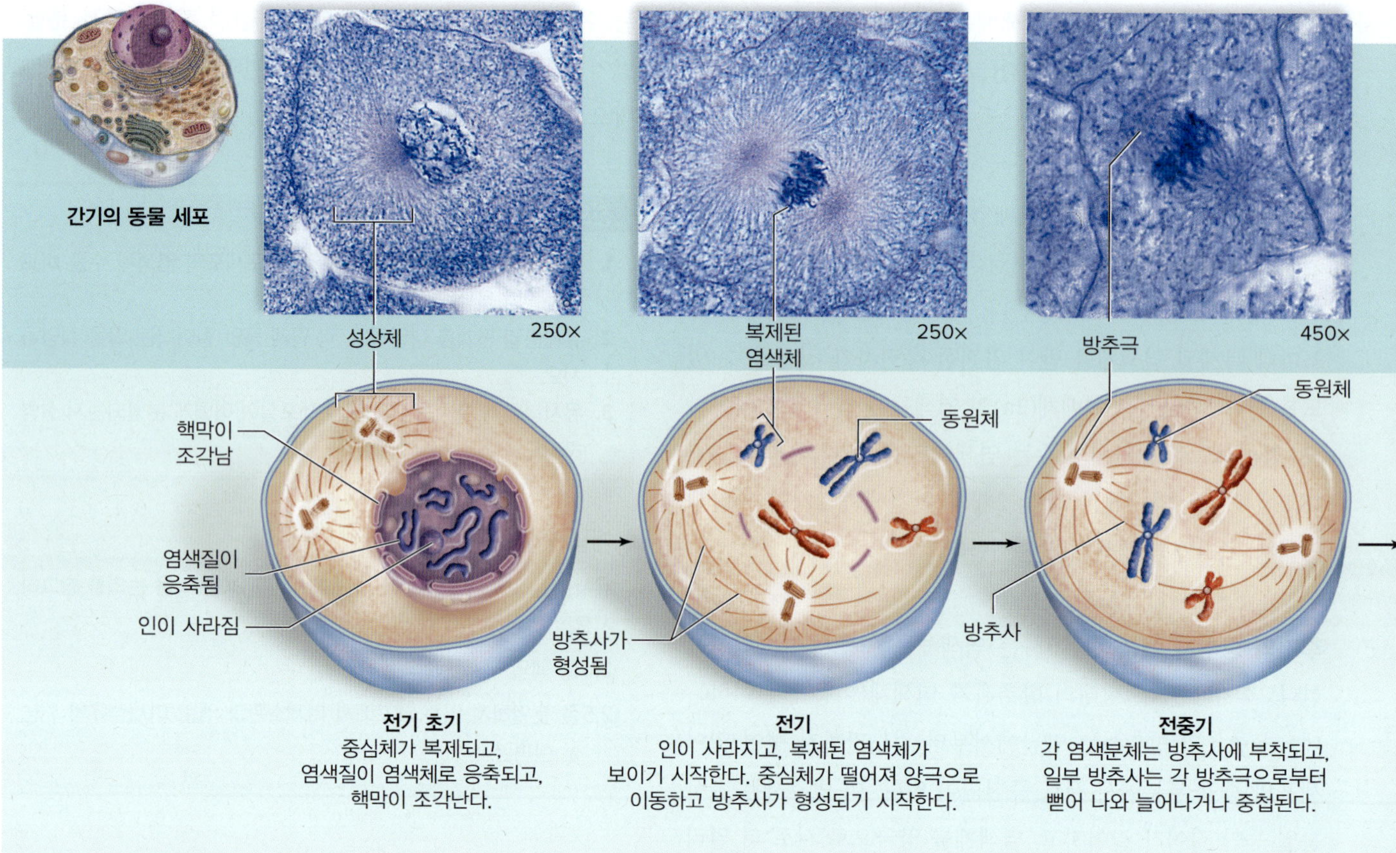

그림 18.8 유사분열의 단계.
전기, 전중기, 중기, 후기, 말기의 단계에서는 모두 새로운 딸세포에 염색체를 분배하는 일이 일어난다.
(사진) (전기 초기, 전기, 중기, 후기, 말기): Ed Reschke; (전중기): Michael Abbey/Science Source

가진 딸세포가 생성된다. 인간을 포함한 동물에서 감수분열 결과로 생성되는 딸세포는 생식세포가 된다.

감수분열의 개요

감수분열이 시작될 때 모세포는 이배체(2n)이며, 염색체는 쌍을 이루고 있다. 단순화를 위해 그림 18.9에는 두 쌍의 염색체만을 가진 세포를 보여준다. 이 그림에서 이배체(2n) 염색체의 수는 4개를 보여주는데, 짧은 염색체는 한 쌍이고, 긴 염색체는 또 다른 한 쌍이다. 쌍을 이루는 염색체는 모양이 비슷하고, 머리털의 모양이나 눈의 색깔과 같은 동일한 형질의 유전자를 가지고 있기 때문에 **상동염색체**(homologous chromosome) 또는 **상동체**(homologue)라고 부른다. 모세포(그림 18.9 위)는 염색체 수가 이배체(2n)이며, 딸세포(그림 18.9 아래)는 똑같이 2개의 염색체 수를 갖는 반수체(n)로 보여진다.

일차감수분열

감수분열에서 일어나는 두 번의 세포분열을 **일차감수분열**(meiosis I)과 **이차감수분열**(meiosis II)이라고 한다. 일차감수분열에 앞서, DNA와 염색체가 복제된다. 복제된 염색체는 하나의 동원체에 묶여 있는 2개의 염색분체로 구성된다. 일차감수분열 동안(그림 18.10) 상동염색체들은 함께 모여 나란히 정렬되는데, 이것을 **시냅시스**(synapsis, 접합)라고 하며, 일차감수분열의 초기에 4개의 염색분체는 한 묶음이 되어 매우 가까이 있게 된다. 시냅시스는 염색체 수의 감소를 유도하기 때문에 중요하다.

일차감수분열 동안 시냅시스가 일어난 상동염색체 쌍들은 적도판에 배열되는데, 한 쌍의 염색체가 적도판에 배열되어 있는 것을 일차감수분열에서 관찰할 수 있다. 이후에 쌍을 이룬 염색체가 분리되면, 각 딸세포의 핵에는 상동염색체 쌍마다 하나의 염색체만 존재하게 된다. 따라서 딸세포마다 반수

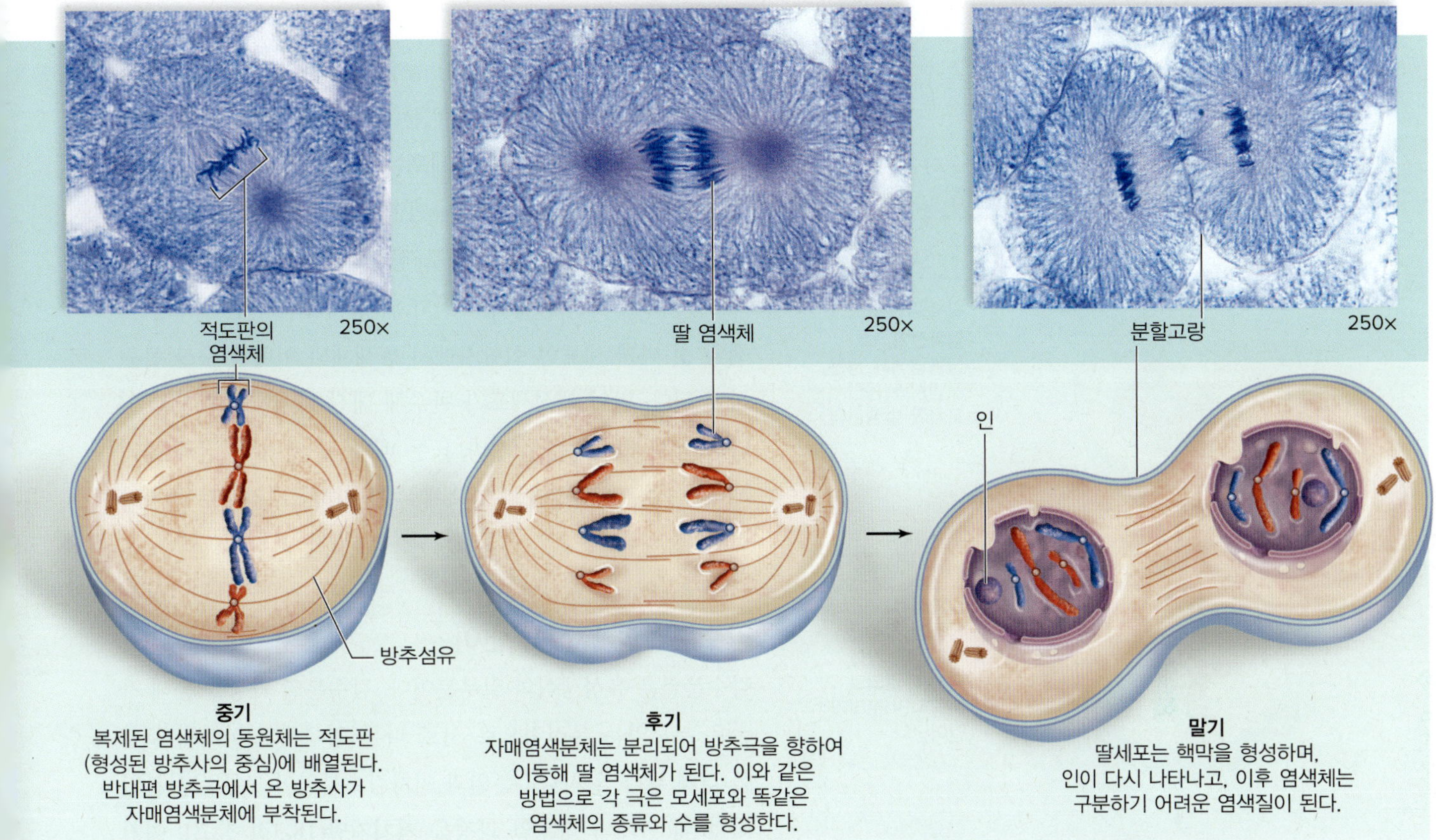

체(n)의 염색체를 가지며, 이러한 결과는 동원체를 세어 확인할 수 있다. 하지만 각 염색체는 여전히 복제된 상태이며, 일차감수분열과 이차감수분열 사이에서는 DNA 복제가 일어나지 않는다. 일차감수분열과 이차감수분열 사이를 **분열간기**(interkinesis)라고 한다.

> **생활 속의 생물학**
>
> **감수분열 중에 얼마나 많은 오류가 일어날까?**
>
> 임상적으로 확인된 모든 임신의 8%가 어떤 형태로든 염색체 이상을 가지고 있는 것으로 추정된다. 자연유산(일반적으로 유산이라고 함)에서 염색체 이상의 빈도는 약 50%까지 상승한다. 이들 중 대부분은 정상적인 핵형을 가진 부모의 감수분열 중 오류로 인해 발생한다.

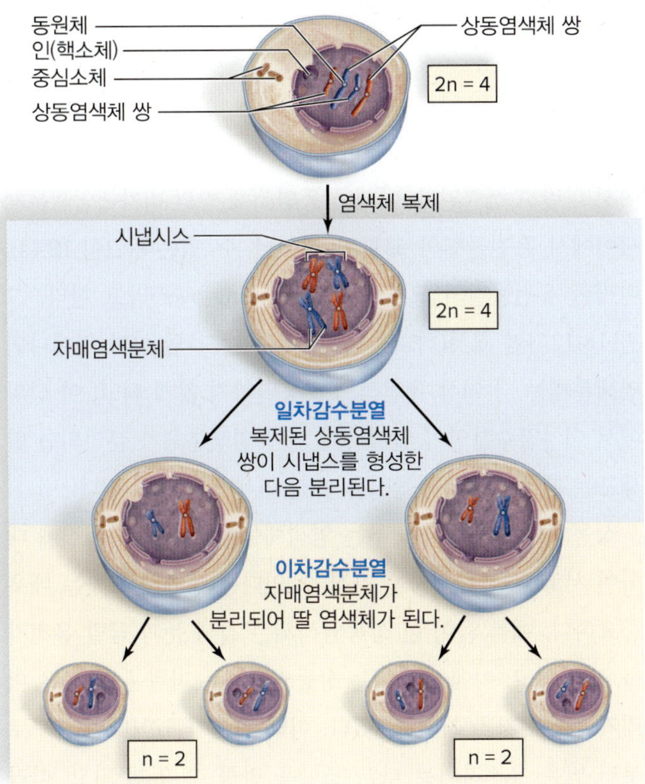

그림 18.9 감수분열의 결과.
DNA 복제 후 일차감수분열이 일어나는데, 상동염색체가 쌍을 이룬 다음 분리된다. 이차감수분열 동안 자매염색분체는 딸핵으로 이동하여 염색체가 된다.

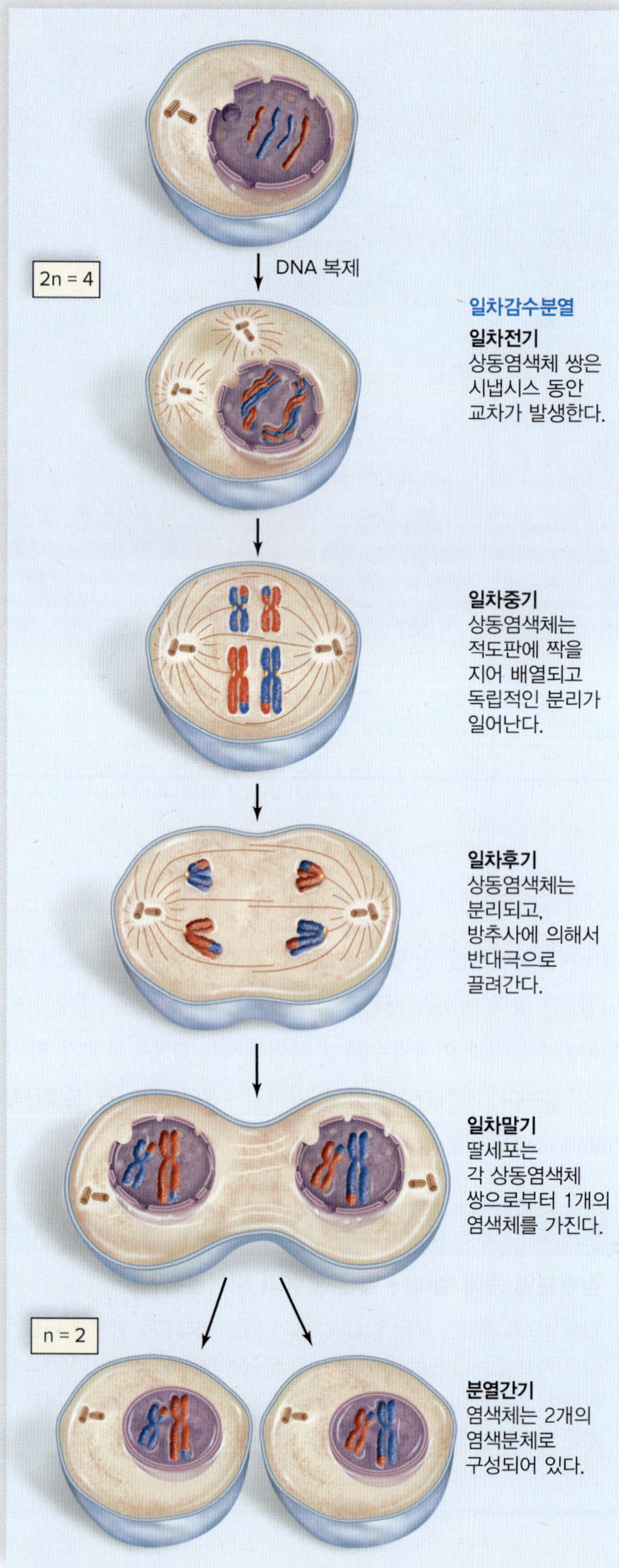

그림 18.10 일차감수분열.
일차감수분열은 일차전기 동안에 일어나는 교차와 일차중기에 일어나는 독립적인 분리 때문에 유전적 변이가 생긴다. 딸세포는 각 염색체마다 하나의 염색체만 갖게 된다.

이차감수분열

이차감수분열 동안(그림 18.11) 동원체가 분리되는데, 이때 자매염색분체도 분리되어 딸핵에 분포하는 염색체가 된다. 결국 감수분열이 끝나면 4개의 딸세포는 반수체(n)의 염색체 수를 가지게 되며, 각 염색체는 하나의 염색분체로 구성된다.

인간에서 딸세포는 생식세포(정자와 난자)로 성숙하게 되고, 수정하게 되면 융합하게 된다. 수정이 일어나면 새로운 개체의 첫 번째 세포인 접합자에서 염색체의 이배체 수를 복원하게 된다. 만일 생식세포가 반수체 대신 이배체를 가지고 있다면 염색체의 수는 수정마다 두 배가 될 것이고, 결국 여러 세대가 지나면 접합자의 염색체 수가 기하급수적으로 증가하여 있을 것이다.

감수분열과 유전적 변이

감수분열은 유성생식의 일부분이다. 감수분열 과정을 통해 자손은 부모와는 유전적으로 서로 다른 염색체의 이배체 조합을 갖게 된다. 일차감수분열과 이차감수분열이 모두 유사분열처럼 네 단계의 핵분열 과정을 거치지만(18.3절 참고), 여기에서는 새로운 유전자 조합이 딸세포로 전달되는 데 매우 중요한 사건이 일어나는 일차전기 및 일차중기에 대해서 설명하고자 한다.

일차전기

일차전기에는 시냅시스가 나타나면서 상동염색체가 함께 모여서 나란히 정렬된다. 이때 상동염색체 쌍의 비자매염색분체 사이에서 유전물질의 교환이 일어날 수 있는데(그림 18.12), 이러한 유전물질의 교환을 **교차**(crossing-over)라고 한다. 그림 18.12처럼 교차(하나 이상이 있을 수도 있음)가 일어나면 염색분체는 더 이상 유전적으로 동일하지 않게 되고, 이 상황에서 이차감수분열이 일어나게 되어 염색분체가 분리되면 딸세포는 재조합된 유전물질을 가진 염색체를 갖게 된다.

상동염색체의 쌍을 이루는 염색체들이 같은 유전형질에 대하여 서로 다른 유전자를 가질 수 있다는 점에서 교차는 매우 중요하다. 예를 들어 한 상동염색체는 갈색 눈과 금발 유전자를 갖고 있고, 이에 대응하는 상동염색체는 파란 눈과 붉은 머리카락 유전자를 가질 수 있다. 이때 교차가 일어나면 부모로부터 받은 유전자와는 다른 조합을 만들 수 있게 되고, 따라

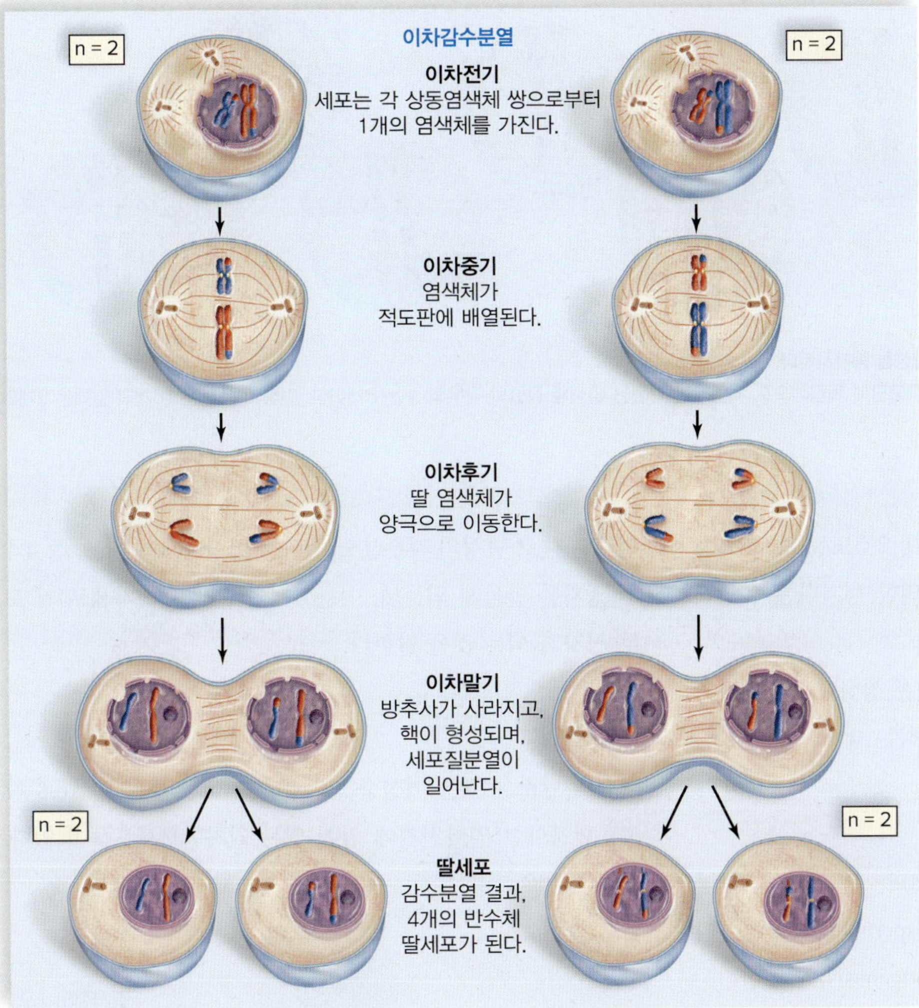

그림 18.11 이차감수분열. 이차감수분열 동안 자매염색분체가 분리되어 딸핵에 존재하는 딸 염색체가 된다. 이차감수분열이 완료되면 반수체인 4개의 딸세포가 형성된다. 딸세포의 염색체 수와 일차감수분열 시작 시 모세포의 염색체 수를 비교하면 딸세포가 반수체임을 확실히 알 수 있다.

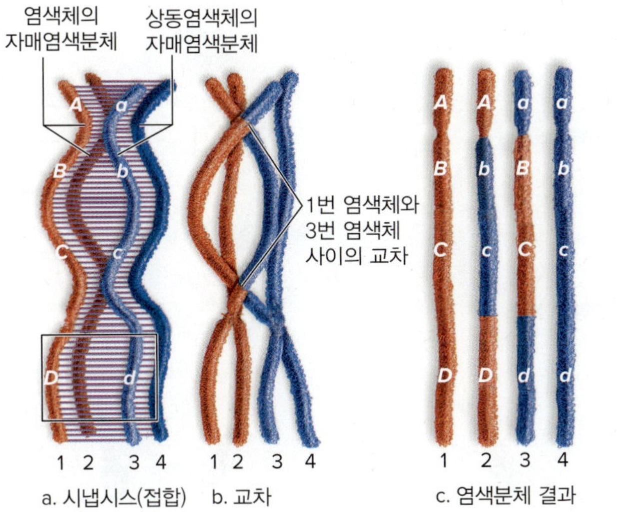

그림 18.12 시냅시스와 교차는 다양성을 증가시킨다.
a. 일차감수분열 과정에서 복제된 상동염색체는 시냅시스가 일어나고 나란히 정렬된다. **b.** 교차가 일어나면 그림과 같이 비자매염색분체는 끊어졌다 표시된 방식으로 재결합한다. **c.** 그 결과로 만들어진 2개의 염색체는 이전과는 다른 조합의 유전자를 갖는다.

서 갈색 눈에 붉은 머리카락 또는 파란 눈에 금발을 가진 자손이 나올 수 있다.

일차중기

일차중기 동안 상동염색체 쌍은 적도판에 독립적으로 정렬되는데, 이것은 모계 또는 부계로부터 받은 염색체 쌍의 한쪽이 서로 다른 극 쪽으로 정렬될 수 있음을 보여준다. 그림 18.13은 3쌍의 염색체만을 갖는 세포의 경우 8개의 배열이 가능하다는 것을 보여준다. 4개의 배열은 모계와 부계와는 다른 염색체 조합의 생식세포가 되며, 나머지 4개는 원래 세포와 동일한 조합을 가지게 된다.

이처럼 가능한 모든 배열을 생각한다면, 3쌍의 염색체를 갖는 세포로부터 만들어지는 생식세포는 모계와 부계의 염색체 조합에 의해 결과적으로 2^3 또는 8개가 됨을 알 수 있다. 사람

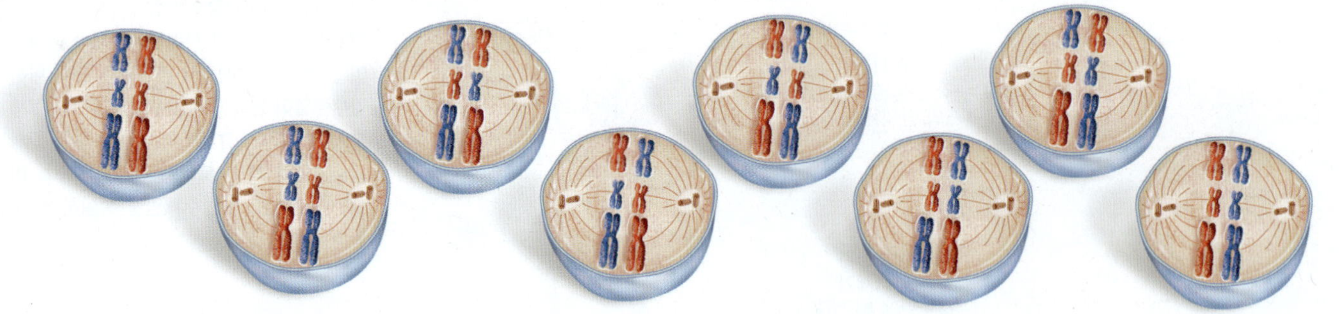

그림 18.13 **일차중기에서의 독립적인 정렬은 다양성을 증가시킨다.**
모세포가 3개의 상동염색체 쌍을 갖고 있는 경우 적도판에 독립적으로 배열되면 가능한 염색체 정렬의 경우의 수는 8개이다. 이렇게 생성된 16개의 딸핵은 8개의 서로 다른 염색체 조합을 생성한다.

은 23쌍의 염색체를 가지고 있기 때문에 2^{23} 또는 8,388,608개의 조합이 가능한데, 이것은 교차에 의한 생겨나는 유전적 변이는 고려하지 않은 수치이다.

일차전기와 일차중기에 일어나는 사건은 생식세포가 똑같은 염색체와 유전자의 조합을 갖지 않도록 하는 데 도움이 된다.

정자발생과 난자발생

감수분열은 **생식세포발생**(gametogenesis)의 한 부분이다. 남성이 정자를 생성하는 과정은 **정자발생**(spermatogenesis), 여성이 난자를 생성하는 과정은 **난자발생**(oogenesis)이라 한다.

정자발생

생식기가 성숙하는 시기인 사춘기 이후부터 남성의 고환에서는 정자발생이 계속해서 일어난다. 정자는 1분당 30만 개나 생성되며, 이를 하루로 계산하면 정자는 4억 개 이상이 만들어지는 것을 확인할 수 있다.

그림 18.14를 통해 정자발생 과정을 확인할 수 있다. 일차감수분열에서 이배체(2n)인 **일차정모세포**(primary spermatocyte)는 분열하여, 반수체(n)인 2개의 **이차정모세포**(secondary spermatocyte)를 생성한다. 이차정모세포는 이차감수분열 동안 분열하여 역시 반수체(n)인 4개의 **정자세포**(spermatid)를 만든다. 반수체인 이차정모세포와 정자세포는 어떤 차이가 있을까? 이차정모세포의 염색체는 복제되어 2개의 염색분체로 구성되는 반면, 정자세포는 1개의 염색분체로 구성된다. 이후 정자세포는 성숙하여 정자(spermatozoa)가 된다. 그러므로 남성의 정자는 반수체인 23개의 염색체를 가지고 있다. 위에서 언급한 대로 남성의 감수분열 결과는 항상 4개의 세포, 즉 4개의 정자를 만들게 되는데, 이는 4개의 딸세포(정자세포)가 모두 정자가 되는 것을 말한다.

난자발생

여성의 난소는 많은 미성숙 난포를 가지고 있다(그림 16.8 참고). 난포에는 일차전기에 멈춰 있는 일차난모세포들이 있다.

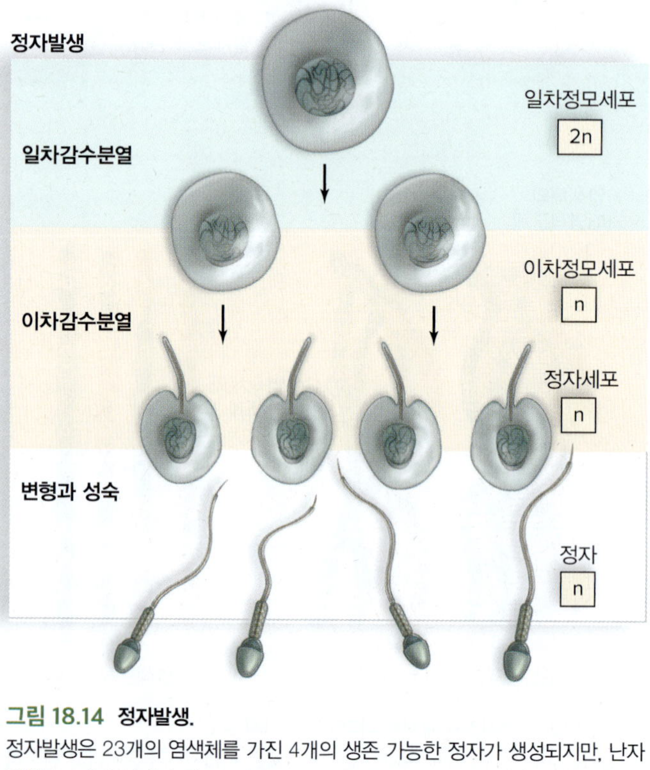

그림 18.14 **정자발생.**
정자발생은 23개의 염색체를 가진 4개의 생존 가능한 정자가 생성되지만, 난자발생은 1개의 난자와 최소 2개의 극체가 생성된다. 사람의 경우 정자와 난자 모두 각각 23개의 염색체를 가지고 있기 때문에, 결과적으로 수정을 통해 생성된 접합자는 46개의 염색체를 가지게 된다.

그림 18.15에서 보는 것처럼 이배체(2n)인 일차난모세포는 일차감수분열에서 분열하여 2개의 반수체(n) 세포가 되며, 이때 이 염색체들은 복제된 상태로 존재한다. 이후 나타나는 두 세포 중 하나를 **이차난모세포**(secondary oocyte)라고 하며, 대부분의 세포질을 일차난모세포로부터 물려받고, 다른 하나는 1차극체를 형성한다. **극체**(polar body)는 일반적으로 버려진 염색체를 담아두는 쓰레기통 역할을 한다. 1차극체는 복제된 염색체를 가지며, 때로는 이차감수분열 과정을 마무리한다. 이차난모세포는 이차감수분열을 시작하기는 하지만, 이차중기에서 멈추고, 수정 시 정자와 만나기 전까지 그 상태를 유지하고 있다.

이차난모세포(편의상 난자라고 함)는 배란 중 난소를 떠나 자궁관으로 들어가 정자를 만나게 되면 수정이 일어난다. 그렇게 되면 난모세포가 활성화되어 이차감수분열을 마치게 된다. 이차감수분열을 마치게 되면 보통 1개의 난자와 2개 또는 3개의 극체가 형성되는데, 성숙한 난자는 23개의 염색체를 가지게 되고, 극체는 분해됨으로써 불필요한 염색체를 버리고 난자에 필요한 세포질을 유지하게 된다.

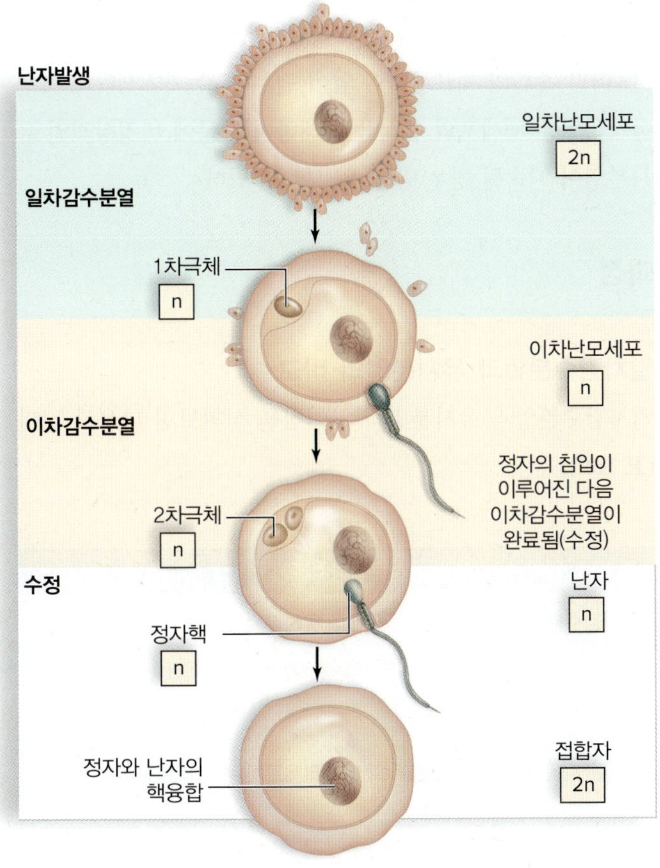

그림 18.15 난자발생.
난자발생은 1개의 난자와 최소 2개의 극체가 생성된다. 난자와 극체는 23개의 염색체를 가지고 있으며, 난자가 정자에 의해 수정된 후, 접합자는 46개의 염색체를 가진다.

발생 과정에서 수정란이 한 번의 분열을 거친 다음, 그 세포가 분리되어 각각 완전한 개체로 분화하게 되면 일란성 쌍둥이가 탄생하게 되는 반면, 2개의 난자가 배란되고 난 뒤 별도로 수정되면 이란성 쌍둥이가 태어난다.

감수분열의 의의

동물의 감수분열 기능 중 하나는 염색체 수를 다음 세대로 일정하게 유지하여 전달하는 것이다. 반수체로 구성되어 있는 생식세포로 인해 접합자는 이배체의 염색체로 존재할 수 있다.

염색체 수를 일정하게 유지하는 더 쉬운 방법은 무성생식이다. 박테리아, 원생동물, 효모(진균류)와 같은 단세포생물은 이분법에 의해 번식한다. 이분법(binary fission)은 무성생식의 한 형태로, 부모는 자신과 유전적으로 동일한 자식을 낳는데, 이러한 이분법과 같은 무성생식 방법은 짧은 시간에 빠르고 쉽게 많은 생명체를 생산한다. 1개의 박테리아가 약 7시간 만에 100만 개 이상의 세포로 증식할 수 있는 것이 그 예이다. 그렇다면 유기체는 유성생식을 위해 에너지를 소비하고 있는 것일까? 짝을 찾고, 구애하고, 생식 목적으로 사용되지 않을 정자나 난자를 생산하는 데조차도 많은 에너지를 사용하고 있다. 특히 남성은 하루에 약 4억 개 이상의 정자를 생산하지만, 난자와 수정하는 정자는 매우 드물다.

또한 유성생식은 생식세포의 유전적 변이를 일으키는데, 이러한 유전적 변이는 자손이 형제나 부모와 유전적으로 다르게 하여 유전적 다양성을 야기한다. 유전적 변이는 교차(그림 18.12 참고)와 독립적인 염색체의 분리(그림 18.13 참고) 때문에 일어나는데, 이로 인해 수정이 일어날 때 부모는 자손에게 유전적으로 다른 염색체를 전달하게 된다.

모든 환경은 그 조건이 변화하는데, 새로운 환경에서 생물이 생존하기 위해서는 자손에게 전달하는 유전자의 변화가 필요할 수 있다. 그러므로 유성생식을 통해 환경의 변화에 적응하는 것이 생물에게는 유용할 것이다. 또한, 유전적 다양성이 생겨나면 새롭게 달라진 환경에 적응하는 소수의 개체가 살아남아 다음 세대로 유전자를 전달할 수 있을 것이다.

진도 점검하기 18.4

1. 감수분열 후 딸세포의 염색체 수와 모세포의 염색체 수가 어떻게 되는지 비교하시오.
2. 감수분열은 생식세포가 동일한 염색체와 유전자의 조합을 갖게 될 가능성을 어떻게 감소시키는지 설명하시오.
3. 감수분열에서 일어나는 두 번의 세포분열의 특징을 요약하시오.
4. 정자발생과 난자발생의 단계를 비교하시오.

개념 연결하기

감수분열의 중요성에 대한 자세한 내용은 다음 논의를 참고하시오.

그림 16.4 감수분열이 정자발생과 어떻게 관련되는지 살펴본다.

그림 16.9 감수분열이 난자발생 과정 동안 난자와 극체를 생성하는 방법을 살펴본다.

그림 20.5 감수분열로 야기되는 유전의 양상을 살펴본다.

18.5 감수분열과 유사분열의 비교

학습 목표

이 절을 학습한 후 다음 사항을 할 수 있어야 한다.

1. 감수분열과 유사분열의 차이점을 세포분열의 횟수, 분열 후 염색체 수, 세포의 수를 중심으로 설명할 수 있다.
2. 일차감수분열과 이차감수분열의 각 사건을 유사분열의 사건과 비교하여 설명할 수 있다.

감수분열과 유사분열은 둘 다 핵분열이지만, 생산되는 세포의 수와 각 딸세포의 유전자 양(반수체 또는 이배체)은 서로 다르다. 그림 18.16은 감수분열과 유사분열 사이의 유사점과 차이점을 그림으로 요약하여 제공한 것이다.

일반적인 차이점

DNA 복제는 감수분열과 유사분열이 일어나기 전에 한 번 일어난다. 감수분열은 두 번의 핵분열이 필요하지만, 유사분열은 한 번의 핵분열이 필요하다.

- 감수분열의 결과 4개의 딸핵이 생성되는데, 세포질분열이 일어나게 되면 결과적으로 4개의 딸세포가 만들어지는 반면, 유사분열 후 세포질분열이 일어나게 되면 2개의 딸세포가 만들어진다.
- 감수분열 결과 만들어진 4개의 딸세포는 반수체(n)이며, 모세포(2n)의 반에 해당하는 염색체 수를 가진다. 유사분열 결과 만들어진 딸세포는 모세포와 같은 2n, 즉 이배체의 염색체 수를 가진다.
- 감수분열로 얻은 딸세포는 유전적으로 서로 또는 모세포와 동일하지 않다. 반면 유사분열의 딸세포는 모세포와 같으며, 딸세포 사이에도 모두 동일하다.

핵분열 과정의 특징적인 차이점은 발생과 과정에 따라 분류할 수 있다.

발생

감수분열은 유성생식을 하는 생물의 생활주기 중 특정 시점에서만 일어난다. 사람의 경우 생식기관에서만 감수분열이 일어나며 생식세포를 만들게 된다. 유사분열은 성장과 복구 등을 담당하고 있기 때문에 모든 조직에서 언제든지 일어날 수 있다. 어떤 종류의 세포분열이 암이 될 수 있는가? 생각해 보면 유사분열은 체세포의 증식을 초래하기 때문에 비정상적인 유사분열이 지속될 경우 암을 유발할 수 있다.

과정

일차감수분열과 유사분열의 비교

일차감수분열과 유사분열의 차이점을 살펴보면 다음과 같다(표 18.1).

표 18.1 일차감수분열과 유사분열의 비교

일차감수분열	유사분열
일차전기 상동염색체가 쌍을 이룸	*전기* 염색체가 쌍을 이루지 않음
일차중기 복제된 상동염색체가 적도판에 모임	*중기* 복제된 염색체가 적도판에 모임
일차후기 상동염색체가 분리되어 양극으로 이동함	*후기* 자매염색분체는 분리되어 딸 염색체가 되어 양극으로 이동함
일차말기 2개의 반수체 딸세포가 형성됨	*말기* 2개의 이배체 딸세포가 형성되고, 이는 모세포와 유전적으로 동일함

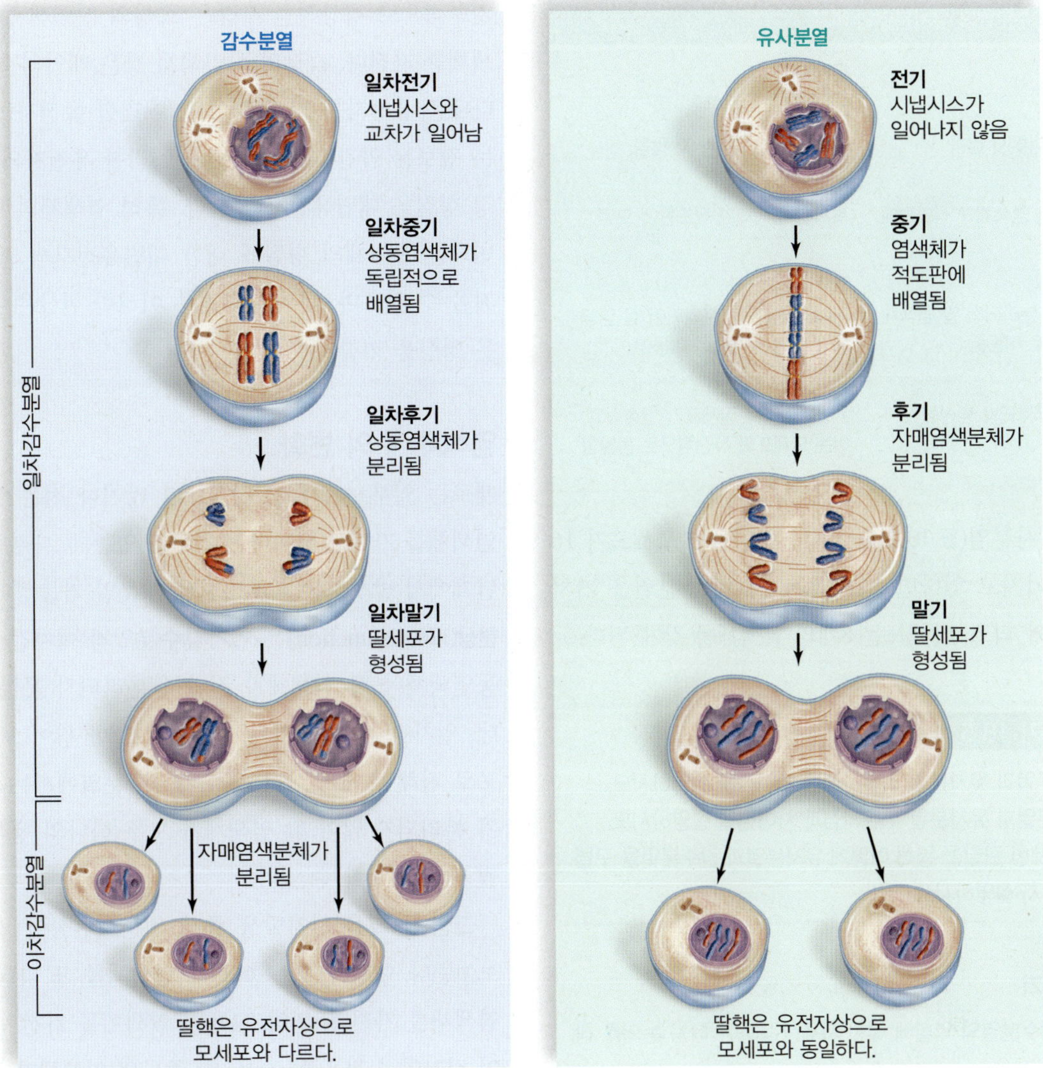

그림 18.16 감수분열과 유사분열의 비교.
유사분열과 감수분열을 비교해 보면, 왜 유사분열을 복제분열이라고 하고 감수분열을 감소분열이라고 하는지 이유를 알 수 있다. 상동염색체는 일차중기에서만 적도판에서 쌍을 이룬다. 일차후기에는 상동염색체 쌍들이 분리되어 딸세포는 반수체가 된다. 파란색 염색체는 부계로부터, 빨간색 염색체는 모계로부터 유전된 것이다. 색깔이 바뀐 것은 일차감수분열 중에 비자매염색분체 사이에 교차가 일어났음을 알려준다.

- 상동염색체는 감수분열의 일차전기 동안에 짝을 이루고 교차를 하지만, 유사분열에서는 일어나지 않는다.
- 짝을 이룬 상동염색체는 감수분열의 일차중기에 적도판에 배열되는데, 이 짝을 이룬 상동염색체는 4개의 염색분체로 이루어져 있다. 유사분열의 중기에는 상동염색체가 짝을 이루지 않고 독립적으로 적도판에 배열되고, 각 염색체는 2개의 염색분체로 이루어져 있다.
- 이러한 차이로 유사분열, 일차감수분열, 이차감수분열을 쉽게 구분할 수 있다. 예를 들어 한 세포가 16개의 염색체를 가지고 있다면, 유사분열 중기에는 16개의 염색체가 적도판에 배열되지만, 이차감수분열의 경우에는 8개의 염색체만 관찰된다. 쌍을 이룬 복제된 염색체는 오직 일차감수분열에서만 적도판에서 볼 수 있다.
- 감수분열의 일차후기에는 완전한 동원체를 가진 상동염색체가 분리되어 양극으로 이동한다. 유사분열과 이차감수분열의 후기에는 동원체가 분리되어 자매염색분체는 염색체가 되어 양극으로 이동한다.

이차감수분열과 유사분열의 비교

이차감수분열에서는 핵이 반수체 염색체를 가진다는 사실을

표 18.2 이차감수분열과 유사분열의 비교

이차감수분열	유사분열
이차전기 염색체가 쌍을 이루지 않음	*전기* 염색체가 쌍을 이루지 않음
이차중기 복제된 반수체의 염색체가 적도판에 모임	*중기* 복제된 염색체가 적도판에 모임
이차후기 자매염색분체는 분리되어 딸 염색체가 되어 양극으로 이동함	*후기* 자매염색분체는 분리되어 딸 염색체가 되어 양극으로 이동함
이차말기 4개의 반수체 딸세포가 형성됨	*말기* 2개의 이배체 딸세포가 형성되고, 이는 모세포와 유전적으로 동일함

제외하고는 유사분열(**표 18.2**)과 같다. 예를 들어 모세포가 16개 염색체를 가지고 있다면 그 세포는 이차감수분열을 거쳐 8개의 염색체가 되고, 딸세포는 8개의 염색체를 갖게 된다.

진도 점검하기 18.5

1. 일차감수분열과 유사분열의 유사점과 차이점을 설명하시오.
2. 이차감수분열과 유사분열의 유사점과 차이점을 설명하시오.
3. 중기의 자세한 관찰을 통해 어떻게 유사분열과 감수분열을 구별할 수 있는지 설명하시오.

개념 연결하기

유사분열과 감수분열의 역할에 대한 자세한 내용은 다음 논의를 참고하시오.

16.2절 정자발생 과정과 남성 생식기관을 연계하여 살펴본다.

16.4절 난자발생 과정과 여성 생식기관을 연계하여 살펴본다.

19.1절 제한되지 않은 유사분열이 어떻게 암을 유발하는지 살펴본다.

18.6 염색체 유전

학습 목표

이 절을 학습한 후 다음 사항을 할 수 있어야 한다.

1. 비분리현상이 어떻게 단일염색체증과 삼염색체증이 되는지 설명할 수 있다.
2. 21번 삼염색체증의 원인과 결과를 설명할 수 있다.
3. 성염색체 수의 변화와 관련된 주요 증후군을 나열할 수 있다.
4. 결실, 복제, 역위, 전좌가 염색체 구조에 미치는 영향을 설명할 수 있다.

일반적으로 정상적인 사람은 22쌍의 상염색체와 2개의 성염색체를 가진다. 각각의 상염색체 쌍은 개인의 특정 형질을 나타내는 유전자를 가지고 있고, 이러한 유전자들이 가지고 있는 정보는 약간 다를 수 있다. 이러한 유전자의 서로 다른 특정 형질을 대립유전자라 한다. 특히 염색체의 변화나 구조의 변화는 유기체의 형질에 대한 대립유전자의 조합 변화를 가져올 수 있으며, 대부분의 경우 이러한 현상은 유기체에 해로운 영향을 끼칠 수 있다.

염색체 수의 변화

때로는 일부 사람들이 정상보다 많거나 적은 상염색체나 성염색체를 가지고 태어나는 경우가 있는데, 대부분은 감수분열 단계에서 발생하는 비분리현상 때문일 가능성이 크다. **비분리현상**(nondisjunction)은 일차감수분열과 이차감수분열에서 상동염색체나 딸 염색체가 정확히 분리되지 못할 때 일어나는데, 일차감수분열에서는 상동염색체 한 쌍이 모두 한쪽 딸세포로 전해질 때 일어나고, 이차감수분열에서는 자매염색분체가 분리되지 않아 딸 염색체가 모두 하나의 생식세포로 전달될 때에 발생할 수 있다.

그림 18.17은 난자발생 중에 비분리현상이 일어난 경우를 보여준다. 어떤 난자는 총 24개 염색체를, 또 다른 난자는 22개 염색체를 가진다. 만약 24개의 염색체를 가진 난자가 정상적인 정자와 수정을 할 경우, 한 종류의 염색체가 3개(2n + 1)로 존재하기 때문에 나타나는 결과를 **삼염색체증**(trisomy)이라고 한다. 또한, 22개의 염색체를 가진 난자가 정상적인 정자와 수정을 하면, 한 종류의 염색체는 1개(2n − 1)만 존재하기 때문에 그 결과를 **단일염색체증**(monosomy)이라고 한다.

정상적인 발생은 각 유형의 염색체가 정확히 두 개씩 존재하는지에 대한 여부에 달려있다. 상염색체의 수가 비정상이면 정상적인 발생을 할 수 없다. X 염색체를 제외한 모든 염색체의 단일염색체증은 치명적인 결함을 가져온다. 이 결함의 영향을 받은 영아의 경우, 만삭 때까지 발달이 거의 어렵다. 삼염색체증 역시 예외가 있지만, 치명적인 결함임은 마찬가지이다. 그러나 상염색체 중 21번 삼염색체증(다운증후군)은 출생 후 생존 가능성이 매우 크다고 알려져 있다.

특히 삼염색체증이나 단일염색체증이 성염색체와 관련이 될 때는 오히려 생존 가능성이 더 커진다. 정상적인 XX 여성

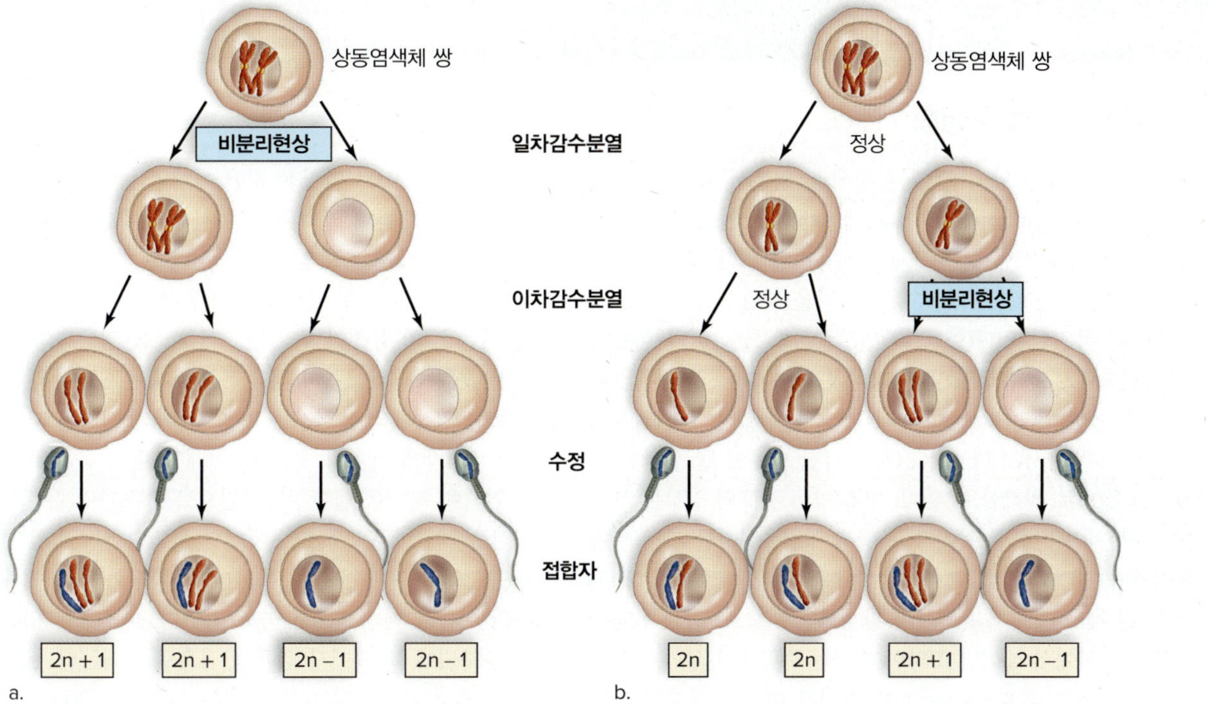

그림 18.17 비분리현상의 결과.
비분리현상은 그림과 같이 정자나 난자에서 모두 일어날 수 있다(그림에 표시함). **a.** 일차감수분열 중에 비분리현상이 일어나면 정상적인 염색체 수보다 1개의 염색체를 더 갖거나 덜 갖는 비정상적인 난자가 만들어진다. 이러한 난자가 정상적인 정자와 수정이 되면 접합자는 비정상적인 염색체 수를 가진다. **b.** 자매염색분체가 분리되는 이차감수분열 중에도 비분리현상이 일어나는데, 그 결과 딸 염색체는 같은 딸세포로 전달된다. 난자는 정상적인 염색체 수보다 1개의 염색체를 더 갖거나 덜 갖게 된다. 이러한 비정상적인 난자와 정상적인 정자가 수정되면 비정상적인 염색체 수를 가진 접합자가 만들어진다.

의 경우, X 염색체 중 하나가 어둡게 염색되는 염색질 덩어리를 가지는데, 이것을 **바소체**(Barr body, 이를 발견한 사람의 이름을 따서 명명됨)라고 한다. 바소체는 불활성화 X 염색체를 보여주는 것인데, 과학 특집 'X 염색체의 불활성화'에 바소체에 대한 추가적인 정보를 제시하였다.

결과적으로 여성의 세포는 남성처럼 하나의 X 염색체만으로도 기능한다는 것을 알게 되었다. 이러한 이유에서 하나의 X 염색체를 가지는 접합자(터너증후군)가 생존할 수 있는 근거를 제시한 것이라 할 수 있다. 마찬가지로 여러 개의 X 염색체가 있는 경우, 하나의 X 염색체를 제외한 나머지는 모두 바소체가 된다. 이는 여러 개의 X 염색체를 가진 여성이나 XXY를 가진 남성이 상당수 생존하는 이유가 된다. 반대로 야콥증후군은 여분의 Y 염색체를 가지는 경우로, Y 염색체에는 유전자 수가 적게 있기 때문에 사람에게서 발견된다. 남성의 이차감수분열 중에만 2개의 Y 염색체가 존재하기 때문에 야콥증후군(XYY)은 정자발생의 이차감수분열 중 비분리현상으로 발생하는 것으로 알려져 있다.

> **생활 속의 생물학**
>
> **21번 염색체 이외에도 삼염색체증이 있는가?**
>
> 여러 종류의 삼염색체증이 존재한다. 그러나 대부분 염색체는 21번 염색체보다 훨씬 크기 때문에, 21번 염색체를 제외한 다른 염색체의 삼염색체증은 다운증후군보다 매우 심각하다. 더욱이 유전물질을 더 많이 가지게 되면 선천성 결함의 원인이 되어 사망에 이른다. 다만, X와 Y 염색체의 삼염색체증은 본문에 언급된 것과 같이 이에 대한 예외인 것으로 보인다.
>
> 8번 염색체의 삼염색체증은 매우 드물게 발생한다. 그러나 이 상태의 태아는 일반적으로 출생 시까지 생존하지 못하거나 출생 직후 즉시 사망한다. 13번 삼염색체증으로 파타우(Patau) 증후군, 18번 삼염색체증으로 에드워드(Edwards) 증후군도 있지만, 이러한 결함이 있는 아이들은 대개 생후 며칠 안으로 사망에 이르게 된다.

다운증후군: 상염색체의 삼염색체증

상염색체의 삼염색체증 중 사람에게 가장 흔한 경우는 21번 삼염색체증(trisomy 21)인 다운증후군(Down syndrome)이다. 다운증후군이 있는 사람은 일반적으로 21번 염색체가 3개 있

오늘날의 생물학 ▶ 과학

X 염색체의 불활성화

대부분 사람이 고양이 털에 주황색과 검은색 무늬가 있는 삼색얼룩고양이(tortoiseshell cat)에 대해 잘 알고 있다(그림 18A). 이러한 고양이 털은 모자이크 유전에 의한 것으로 알려져 있는데, 모자이크는 서로 다른 조각을 결합하여 전체를 형성한다는 특징이 있다(예: 스테인드글라스 창). 이와 비슷하게 유전학에서도 유전자 발현 양상이 서로 다른 2개 이상(때로는 그 이상)의 세포로 이루어진 생물들이 있다. 삼색얼룩고양이의 경우도 서로 다른 유전자의 발현 때문에 털 색깔이 나타나는 것으로 생각할 수 있다. 이 고양이 세포의 일부는 부계 대립유전자가 발현한 것이다. 주황색 대립유전자를 가진 부계 유전자가 활성화되었다면, 몸의 일부는 주황색 털을 갖게 된다. 다른 세포는 모계 유전자가 활성화된 것으로, 검은색 암컷 고양이 사이에서 태어난 고양이 새끼는 주황색이 섞인 검은색의 삼색얼룩고양이가 되는 것이다. 인간 여성도 모자이크 특징을 가지고 있는 것을 알고 있는가?

사람의 세포핵에는 46개의 염색체가 23쌍으로 구성되어 있다. 쌍을 이루는 염색체마다 하나는 모계에서 유전되고, 다른 하나는 부계에서 유전된 것이다. 1번부터 22번 염색체 쌍까지는 그 짝과 서로 닮았을 뿐만 아니라 똑같은 유전자를 가진다. 마지막 23번째 염색체 쌍은 사람의 성을 결정하는 성염색체로 여성은 2개의 X 염색체를, 남성은 하나의 X와 하나의 Y 염색체를 가진다. Y 염색체는 매우 작으며, X 염색체보다 훨씬 적은 수의 유전자를 가지고 있다. X 염색체의 거의 모든 유전자에는 Y 염색체의 해당 유전자가 존재하지 않는다. 그러므로 X 염색체의 유전자는 여성이 2개의 사본을 가지지만, 남성은 1개밖에 가지지 못한다. 이때 사람의 몸은 여성 배아의 X 염색체 하나를 불활성화시킴으로써 초과량 유전물질의 문제점을 해결할 수 있는데, 이러한 불활성화는 발생 초기(대략 100개 세포 단계)에서 일어난다. 불활성화 X 염색체는 발견자의 이름을 따서 바소체라고 하였다. 바소체는 염색질이 매우 응축되어 핵 속에서 검은 반점으로 보이는데, 세포마다 어떤 X 염색체가 불활성화되는지는 무작위로 정해진다. 원래의 세포에서 100개로 발달한 모든 세포는 모세포와 같은 불활성화 X 염색체를 갖게 되지만, 이후 여성의 세포 중 어떤 세포에서는 모계 X 염색체가 불활성화되는 반면, 다른 세포에서는 부계 X 염색체가 불활성화되기도 해서, 결과적으로 모자이크 여성이 되는 것이다.

그림 18A 삼색얼룩고양이.
삼색얼룩고양이의 검은색과 주황색의 무늬는 X 염색체에 있는 2개의 대립유전자 때문이다. 검은색 대립유전자가 불활성화된 곳에서는 주황색이 나타나고, 주황색 대립유전자가 불활성화된 곳에서는 검은색이 나타난다.
Anna Yakimova/evdoha/123RF

사람의 경우, X 염색체 불활성화는 암 발병과 관련이 있어 문제가 된다. 예를 들어 유방암 유전자인 *BRCA1*의 복사본 1개가 결함이 있다면 유방암과 난소암 발병 위험이 크게 증가하기 때문에 *BRCA1* 단백질을 종양 억제 유전자라 한다. 그러므로 이 단백질의 기능이 정상이면 암의 발달을 억제할 수 있다. 또한 정확하게 알려지지 않았지만, 이는 X 염색체의 불활성화에 관여하는 것으로 알려져 있다. 그러므로 암 발병의 위험이 증가하는 것은 비정상적인 *BRCA1* 단백질이 X 염색체의 불활성화 또는 종양을 억제하지 못하기 때문인 것으로 추정할 수 있다.

생각해 볼 문제

1. 여분의 X 염색체 유전자를 갖는 것이 여성에게 문제가 되는 이유는 무엇인가?
2. X 염색체의 불활성화가 여분의 X 염색체를 보완한다면 왜 클라인펠터증후군(XXY)을 가진 남성이 발달상의 문제가 있을 수 있다고 생각하는가?

는데, 그 이유는 난자가 21번 염색체를 1개가 아닌 2개의 복사본을 가지고 있기 때문이다. 그러나 정자가 여분의 21번 염색체를 가질 경우도 20% 정도 된다. 다운증후군의 아이를 가질 확률은 여성의 나이가 40세 이상일 때 급속히 증가하는데, 그 이유에 대해서는 아직 연구 중이다.

나이 든 여성이 다운증후군 아이를 가질 확률이 높지만, 가임기 여성의 나이가 40세 이하이기 때문에 대부분의 다운증후군 아이는 40세 이하의 여성에서 태어난다. 아이가 태어나기 전 핵형 검사를 통하여 다운증후군 아이를 발견할 수 있지만, 젊은 여성들은 보통 다운증후군 아이를 가질 위험보다는 태아 세포 샘플을 채취하는 데 필요한 검사(양막천자 또는 융모막 융모 검체 채취) 시 합병증 위험이 더 크다고 생각하여 검사를 꺼린다. 하지만 다행히 모체 혈액 속의 물질을 근거로 핵형 검사의 필요성이 있는 태아를 찾아낼 수 있다.

다운증후군은 일반적으로 작은 키, 눈꺼풀 주름, 편평한 얼굴형, 뭉툭한 손가락, 첫 번째와 두 번째 발가락 사이의 넓은 간격, 크고 갈라진 혀, 둥근 머리, STPC(Single Transverse Palmar Crease)로 알려진 손바닥 주름 등의 특징이 있다. 또한 다운증후군이 있는 사람은 각기 심각도가 다른 발달 지연 및 지적장애를 경험할 수 있다. 그러나 최근에는 여러 도움으로 다운증후군 아동들은 발달 단계에 도달할 수 있고 성인으로서도 충분히 삶을 살 수 있는 환경이 되고 있다.

다운증후군을 일으키는 유전자는 세 번째 21번 염색체의 아래쪽에 있다(그림 18.18). 다운증후군의 특징과 관련된 특정 유전자에 관한 연구가 광범위하게 이루어진 결과, 현재까지 다운증후군의 여러 특징을 설명할 수 있는 유전자가 다수 발견되었다. 그중 한 예로는 백혈병과 백내장 가능성을 높이고, 노화 속도를 빠르게 하며, 지적장애의 원인이 되는 유전자가 있다. 특히 지적장애에 관여하는 가트(*Gart*) 유전자는 혈액 내 퓨린을 증가시켜 지적발달에 장애를 가져온다. 이에 따라 앞으로는 가트(*Gart*) 유전자의 발현을 태어나기 전에 조절함으로써 다운증후군의 여러 증상 중 적어도 지적장애는 막을 수 있을 것으로 보인다.

생활 속의 생물학

여성의 나이가 다운증후군의 원인이 되는 이유는 무엇인가?

한 가지 이유는 남성과 여성 사이의 감수분열 시기의 차이일 수 있다. 사춘기 이후 남성은 평생 끊임없이 정자를 생산하게 되지만, 여성의 감수분열은 임신한 지 약 5개월 이후에야 시작된다. 그러나 이 또한 감수분열의 일차전기에 멈춰져 있다. 사춘기가 되어야 소수의 세포만이 선택되어 월경주기의 일부로 감수분열을 지속할 수 있다. 이처럼 감수분열의 시작과 끝 사이에 오랜 시간이 걸릴 수 있기 때문에 비분리현상이 일어날 기회가 더 많아지게 된다. 이에 결과적으로 여성이 나이가 들수록 다운증후군이 있는 아이를 낳을 가능성이 더 커진다.

성염색체 수의 변화

비정상적인 성염색체 수는 X 또는 Y 염색체를 너무 많게 또는 너무 적게 전달한 결과로 생겨나는 현상이다. 그림 18.17에서 보여주는 염색체가 X 염색체라고 가정하면, 난자발생 중 생겨나는 성염색체의 비분리현상을 함께 설명할 수 있다. 결과적으로 난자발생 또는 정자발생 중 나타나는 비분리현상

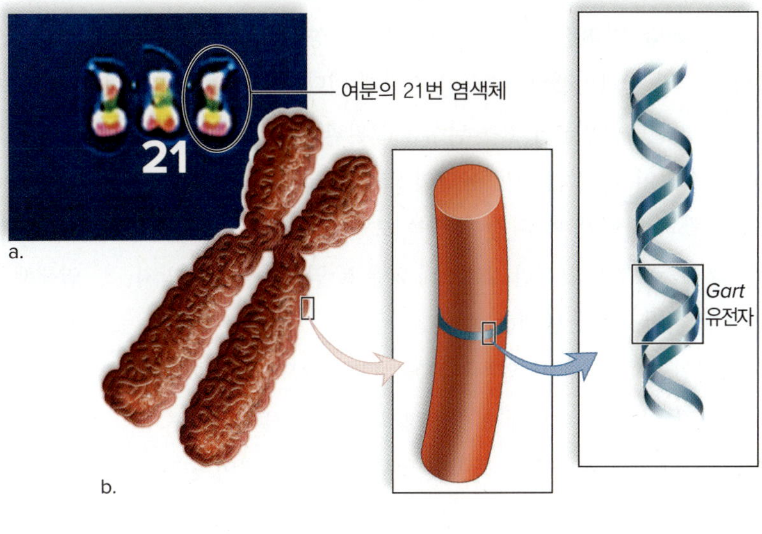

그림 18.18 다운증후군.
a. 다운증후군인 사람의 핵형은 21번 염색체가 하나 더 있다는 것을 보여준다. **b.** DNA 기술을 통하여 다운증후군과 관련된 *Gart* 유전자와 같은 특정 유전자의 위치를 발견할 수 있다.
(사진): CNRI/Science Source

으로 인해 너무 적거나 많은 X 또는 Y 염색체를 가진 생식세포를 생성하게 된다.

이처럼 성염색체의 수의 변화로 나타나는 터너증후군(XO)은 여성에게서 나타나고, 클라인펠터증후군(XXY)은 남성에게서 나타난다. 여기서 **증후군**(syndrome)이라 하는 용어는 몇 가지 증후가 항상 함께 나타나는 것을 의미하고 있다. 이러한 터너증후군이나 클라인펠터증후군을 살펴보면, 사람의 경우 남성을 결정하는 것은 X 염색체의 수가 아니라 Y 염색체임을 알 수 있다. 특히 Y 염색체의 짧은 팔에 존재하는 *SRY* 유전자가 **고환결정인자**(testis-determining factor)라고 하는 호르몬을 생산하게 되는데, 이 호르몬이 남성의 생식기관 발달에 결정적인 역할을 한다고 알려져 있다.

터너증후군

태어날 때부터 터너증후군이 있는 사람은 X라는 하나의 성염색체만 가지고 태어난다. 성인 여성의 경우 터너증후군을 앓고 태어나면 작은 키, 넓은 가슴, 목뒤의 피부 주름과 같은 신체적 특징을 보이며, 난소와 난관, 자궁이 매우 작고 발달이 미숙하다. 터너증후군이 있는 여성은 사춘기가 없으며, 월경을 하지 않고, 유방도 발달하지 않는다. 하지만 기증받은 난자를 활용하면 시험관 아기를 출산할 수도 있다. 또한 대체로 지적 능력이 정상이고, 호르몬제를 복용하면 정상적인 생활도 할 수 있다.

클라인펠터증후군

클라인펠터증후군이 있는 남성은 Y 염색체 외에 2개 이상의 X 염색체를 가지고 있어, 여분으로 존재하는 X 염색체는 바소체가 된다. 알려진 바에 따르면, 대략 남성 500~1,000명당 1명 정도가 클라인펠터증후군을 가지게 된다.

클라인펠터증후군이 있는 남성은 고환과 전립선이 덜 발달하고, 수염이 나지 않으며, 유방이 약간 발달하고, 손과 발이 크며, 팔과 다리가 매우 긴 특징을 보인다. 일반적으로 학습 속도가 느린 것은 맞지만, 2개보다 많은 X 염색체를 물려받지 않으면 지적장애가 발생하지는 않는다.

클라인펠터증후군이 있는 남성은 다른 주요 건강 이상이 나타나지 않지만, 여성에게 불균형적으로 영향을 미치는 유방암, 골다공증, 루푸스를 포함한 일부 장애의 위험이 증가한다고 알려져 있다. 클라인펠터증후군이 있는 남성은 일반적으로 치료가 필요하지 않지만, 일부는 테스토스테론 요법이 근력, 성욕, 집중력을 높이는 데 도움이 된다는 사실을 발견하고 호르몬 치료를 진행하기도 한다. 그러나 테스토스테론 치료는 불완전한 고환 발달로 인해 생겨나는 불임까지 고치지는 못한다.

여성의 폴리-X 증후군

폴리-X 증후군이 있는 여성은 핵 속에 2개 이상의 X 염색체와 여분의 바소체를 갖는다. 3개의 X 염색체를 가진 여성은 크고 마른 것 외에는 뚜렷한 표현형의 특징은 나타나지 않는다. 일부는 운동기능 및 언어발달의 지연을 경험하기도 하지만, 폴리-X 증후군을 가진 대부분의 여성은 지적장애가 없다. 일부에서는 월경불순이 있으나 대부분은 월경이 규칙적이어서 임신도 가능하고, 그들의 자녀 또한 보통 정상적인 핵형을 가지고 있다.

3개 이상의 X 염색체를 가진 여성은 드물게 발생한다. XXX 염색체를 가진 여성과 달리 XXXX 염색체를 가진 여성은 일반적으로 키가 크며, 심각한 지적장애가 있는 경향이 있고, 여러 가지 비정상적인 신체 특징이 있기도 하지만, 월경은 정상적이다.

야콥증후군

남성에게서 나타나는 야콥증후군(XYY)은 정자발생 중에 일어난 비분리현상의 결과로 볼 수 있다. 이 증후군이 있는 남성은 일반적으로 평균보다 키가 크고, 지속적인 여드름이 있으며, 말하고 읽는 데 문제가 있는 경향이 있지만, 생식 능력이 있어 자녀를 가질 수 있다. 여분의 Y 염색체를 가지고 있음에도 불구하고, XYY 염색체를 가진 남성과 XY 염색체를 가진 남성의 행동 발달에는 차이점이 없다.

염색체 구조의 변화

염색체 구조의 변화는 또 다른 유형의 염색체 돌연변이를 초래한다. 특히 방사선, 특정 유기 화학물질 또는 심지어 바이러스와 같은 환경의 다양한 요인으로 인해 염색체 구조의 변화가 있을 수 있다. 일반적으로 염색체가 절단되면, 2개의 절단된 끝이 재결합하여 동일한 서열의 유전자를 만든다. 하지만

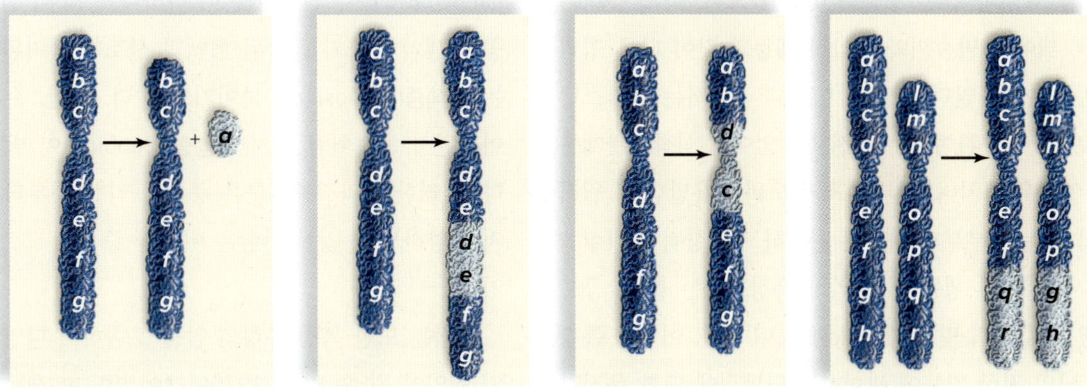

a. 결실 b. 중복 c. 역위 d. 전좌

그림 18.19 다양한 유형의 염색체 돌연변이.
a. 결실은 염색체 조각의 손실이다. **b.** 중복은 염색체 내에서 동일 조각이 반복될 때 발생한다. **c.** 역위는 염색체 조각이 절단된 후 반대 방향으로 재결합하는 경우에 발생한다. **d.** 전좌는 비상동염색체 간의 염색체 조각의 교환이다.

가끔은 하나 이상의 절단된 염색체 끝이 전과 동일한 형태로 재결합하지 못하는 상황이 발생하는데, 그 결과 다양한 유형의 염색체 돌연변이가 만들어진다.

염색체 구조의 변화에는 염색체 분절의 결실, 중복, 역위, 전좌가 있다. **결실**(deletion)은 염색체의 한쪽 끝이 절단되거나 염색체 중간의 두 곳에서 동시에 절단이 일어나 염색체 조각의 손실이 생길 때 발생한다(그림 18.19a). 한 쌍의 염색체 중 하나에서만 발생해도, 결실은 염색체 이상의 원인이 된다.

중복(duplication)은 동일한 염색체 내에 한 번 이상의 염색체 분절이 존재하는 것이다(그림 18.19b). **역위**(inversion)는 염색체 분절이 180° 회전할 때 일어난다(그림 18.19c). 대부분 역위가 일어나도 모든 유전자가 있으므로 문제는 없지만, 유전자 서열이 반대로 되면 감수분열 전기에 교차가 일어날 때 문제가 될 수도 있다. 역위는 흔히 결실과 중복의 형성으로 이어질 수 있다(그림 18.20).

전좌(translocation)는 염색체 분절이 한 염색체에서 다른 비상동염색체로 이동하는 것이다(그림 18.19d). 다운증후군의 5% 정도가 21번과 14번 염색체 사이에 전좌가 일어나 발생하게 된다. 다시 말하면 21번 염색체의 조각이 14번 염색체의 일부에 결합하여 있으므로, 다운증후군의 원인이 되는 대립유전자를 3개 갖게 되어 다운증후군이 발생하게 되는 것이다. 이 경우 다운증후군은 어머니의 나이와 관련이 없으며, 대신 아버지 또는 어머니의 가족에서 발생하는 경향이 있다.

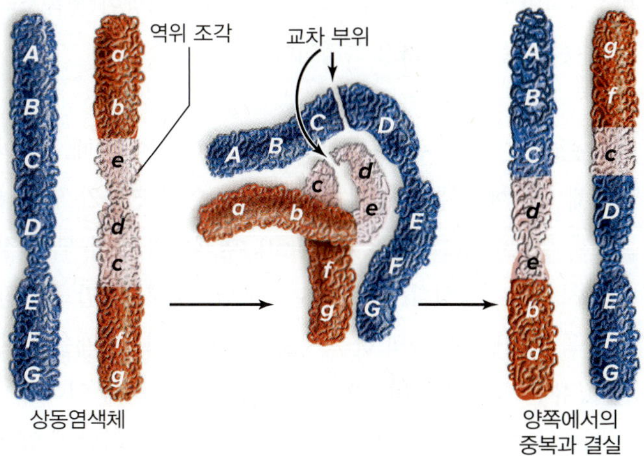

그림 18.20 염색체 역위.
왼쪽: 상동염색체 조각이 역위되어, 염색체의 음영 중간 부분이 *cde* 대신 *edc*가 발생한 것을 볼 수 있다. **중간:** 역위된 서열이 안쪽에서 고리를 형성할 때만 2개의 상동염색체가 쌍을 이룬다. 교차 후, 중복과 결실이 일어날 수 있다. **오른쪽:** 왼쪽의 상동염색체는 *AB*와 *ab*를 가지고 있고, *fg*와 *FG*는 가지고 있지 않다. 오른쪽의 상동염색체는 *gf*와 *FG*를 가지고 있고, *AB*와 *ab*는 가지고 있지 않다.

사람에게서 나타나는 증후군

염색체의 구조적인 변화가 사람에게 일어나면 다양한 증후군으로 이어지는데, 이 분야의 유전학 연구는 이제 막 시작되고 있다.

결실 증후군 결실 증후군 중 윌리엄증후군은 7번 염색체 말단에 아주 작은 부분이 결실되어 일어난다(그림 18.19a 참고). 이런 증후군이 있는 아이는 들창코에 큰 입, 좁은 턱과 큰 귀를 가져 작은 요정과 같은 모습을 하고 있으며, 학습 능력은 떨어지지만, 뛰어난 말솜씨와 음악적 재능과 같이 다른 영역에서 뛰어난 것으로 알려져 있다. 이 증후군에서는 엘라스틴 단백질을 만드는 데 관여하는 유전자가 없어서 심장혈관계통의 건강에 영향을 미치며, 피부의 조기 노화를 유발한다. 윌리엄증후군이 있는 대부분의 사람은 친절하고 외향적인 기질을 가지고 있지만, 다른 행동 및 심리적 특징으로는 불안, 공포증, 과잉 행동, 주의력 및 집중력 장애 등이 있다. 이러한 특징은 아마도 뇌의 정상 기능에 관여하는 단백질에 대한 유전자의 손실 때문으로 보인다.

고양이울음증후군은 5번 염색체 말단의 작은 부분이 결실되어 일어난다. 이 증후군이 있는 사람은 머리가 작고, 안면 기형과 지적장애와 같은 특징을 보인다. 또한 성문과 후두의 비정상적인 발달로 인해 유아의 울음소리가 고양이 울음소리와 비슷하다는 점이 가장 특징적이다.

전좌 증후군 전좌 증후군은 염색체 교환이 일어날 때, 2개의 염색체 단편에 있는 대립유전자의 결손 없이 전좌가 일어남으로써 발생하며(그림 18.19d 참고), 염색체의 양이 모두 정상인 사람은 건강하다. 전좌가 일어난 염색체를 1개만 물려받으면 특정 대립유전자의 한 복사본과 다른 복사본 3개를 갖게 된다. 유전 상담사에 따르면, 자연유산이 빈번하게 일어나거나 가족 중에 다양한 증후군으로 어려움을 겪는 사람이 있다면 전좌를 의심해 볼 수 있다고 한다.

알라질증후군은 2번과 20번 염색체 사이에 전좌가 일어난 것으로, 이 증후군이 있는 사람은 일반적으로 20번 염색체의 결실이 있다. 이러한 결실의 결과는 **팔로사징후**(tetralogy of Fallot)라고 하는 심장 결손이 나타나게 되어, 심실 사이에 천공이 생겨 산소가 공급된 혈액과 산소가 제거된 혈액이 섞이는 **청색증**(cyanosis)을 보이기도 한다. 또한, 손가락 끝이 넓어지면서 곤봉처럼 커져 **곤봉형**(clubbing)이 발생할 수도 있다. 이러한 알라질증후군은 증상이 약한 것부터 심한 경우까지 다양하므로, 많은 사람은 이러한 증상을 모르고 지나칠 수 있다.

전좌는 또한 특정 유형의 암을 포함하여 다양한 다른 장애의 원인이 될 수 있다. 1970년대에 발달한 새로운 염색 기술을 통해 22번 염색체의 한 조각이 9번 염색체로 전좌가 일어나는 것이 만성골수성백혈병의 원인으로 밝혀졌다. 이와 같은 전좌가 일어난 염색체는 필라델피아 염색체라고 명명되었다. 적도 아프리카의 어린이에게 흔한 암인 버킷림프종은 종양이 턱 부근의 림프선까지 크게 자란다. 이 질환은 8번 염색체 일부가 14번 염색체로 전좌가 일어난 결과이다.

진도 점검하기 18.6

1. 비정상적인 염색체 수를 가지는 이유를 설명하시오.
2. 다운증후군인 사람의 특정 염색체 이상에 대해 설명하시오.
3. 전좌와 역위를 비교하여 설명하시오.
4. 터너증후군과 야콥증후군의 원인이 되는 비분리현상을 설명하시오.

개념 연결하기

이 절에 제시된 주제에 대한 자세한 내용은 다음 논의를 참고하시오.

17.3절 *SRY* 유전자가 남성 생식기관의 형성을 지시하는 방법을 살펴본다.

20.2절 염색체가 유전 패턴에 어떻게 관여하는지 살펴본다.

결론

장 시작 부분에서 우리는 코끼리의 암 발병률이 인간보다 현저히 낮은 이유를 물었는데, 답은 코끼리 염색체에 있는 *p53*이라는 유전자의 복제 수 차이에 있다. *p53*은 종양 억제 유전자라고 불리는 유전자 부류에 속하며, 세포주기의 문지기 역할을 하고, 세포분열 속도를 제어하는 등의 역할을 담당하기 때문이다.

'유전체의 수호자'라고도 하는 *p53*은 DNA 복구 효소를 활성화할 뿐만 아니라, 세포주기를 중지하고, 세포를 G_0기에 두는 역할을 하는 단백질을 생성하기도 한다. 그렇게 함으로써 세포가 분열하는 속도를 조절하기도 하고, 세포가 암이 될 가능성을 제한하는 데 도움을 준다. 여분의 유전자 사본을 갖는 것이 항상 유리한 것은 아니지만, 이 경우에 코끼리는 암 발병률을 현저히 낮추는 조절작용을 진화시켰다.

요약

18.1 염색체

- 세포의 유전물질은 **염색체**(chromosome)로 구성되어 있다. 염색체는 단백질과 **염색질**(chromatin)이라는 DNA가 결합한 것이다.
- 대부분의 인간 세포는 이배체이므로, 염색체는 쌍으로 존재한다.
- 유사분열 또는 복제분열 전에 염색체는 복제되어 **자매염색분체**(sister chromatid)를 이룬다. 자매염색분체는 **동원체**(centromere)에 묶여 있다.
- 핵형이란 개인의 염색체를 시각적으로 표시한 것이다.

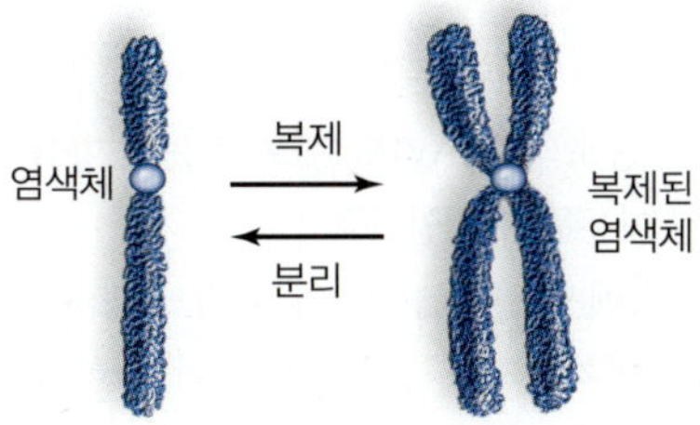

18.2 세포주기

세포주기(cell cycle)는 연속적으로 발생하며, G_1기, S기, G_2기가 포함된 **간기**(interphase), 그리고 **세포질분열**(cytokinesis)과 **유사분열**(mitosis, 체세포분열) 단계가 포함된 M기(유사분열)를 갖는다.

- G_1기에는 세포소기관이 2배로 늘어나고, DNA 합성을 위한 물질을 축적한다.
- S기에는 DNA 복제가 일어난다.
- G_2기에서 세포는 세포분열에 필요한 단백질을 합성한다.
- **검문 지점**(checkpoint)과 외부 신호는 세포주기의 진행을 조절한다. 세포가 검문 지점을 통과하지 못하면 G_0기로 들어가서 **세포사멸**(apoptosis)을 겪을 수 있다.

18.3 유사분열

유사분열은 **딸세포**(daughter cell)가 **모세포**(parent cell)와 똑같은 **이배체**(diploid, **2n**) 수와 동일한 형태의 염색체를 갖게 하는 복제분열이다. **유사분열 방추사**(mitotic spindle)는 유사분열 동안 자매염색분체를 분리시키는 중요한 역할을 한다. 유사분열 방추사는 세포의 **중심체**(centrosome)에 의해 구성되는데, 중심체는 **중심소체**(centriole)라고 하는 미세소관의 집합체로 구성되어 있다.

유사분열의 단계는 전기, 전중기, 중기, 후기, 말기로 구분된다.

- **전기**(prophase): 핵이 용해되고, 염색체가 응축된다.
- **전중기**(prometaphase): 염색체가 방추사에 부착된다.
- **중기**(metaphase): 염색체가 적도판에 정렬된다.
- **후기**(anaphase): 염색분체가 분리되고, 양극으로 이동한 다음 염색체가 된다.
- **말기**(telophase): 염색체 주위에 핵막이 형성되며, 세포질분열을 시작한다.

세포질분열은 유사분열 후 세포질과 세포소기관이 분열하는 것이다.

- 동물 세포의 세포질분열은 세포질을 분리하기 위하여 **분할고랑**(cleavage furrow)을 형성한다.

18.4 감수분열

감수분열(meiosis)은 이배체(2n) 염색체 수가 **반수체**(haploid, **n**) 수로 감소하는 감소분열이다. 감수분열은 일차감수분열과 이차감수분열이라는 2번의 세포분열을 한다.

일차감수분열

- **상동염색체**(homologous chromosome)는 쌍[**시냅시스**(synapsis)]이 분리된다. **분열간기**(interkinesis)는 일차감수분열 후에 온다.

이차감수분열

- 자매염색분체가 분리되어 딸핵으로 이동하며, 그 결과 반수체의 염색체를 가진 4개의 세포가 만들어진다.

감수분열은 **교차**(crossing-over)에 의해 유전자 재조합이 일어나며, 생식세포는 가능한 모든 조합의 염색체를 가지고 있다. 이후 수정이 되면 접합자는 이배체 수의 염색체로 복원된다.

정자발생과 난자발생

- **정자발생**(spermatogenesis): 남성의 정자발생은 생존 가능한 4개의 정자를 생성하는 것이다.
- **난자발생**(oogenesis): 여성의 난자발생은 하나의 난자와 여러 개의 극체를 생성하며, 정자와 난자의 수정이 이루어지면 완료된다.

18.5 감수분열과 유사분열의 비교

- 감수분열의 일차전기에서는 상동염색체가 쌍을 이루지만, 유사분열에서는 쌍을 이루지 않는다.
- 감수분열의 일차중기에서는 복제된 상동염색체가 나란히 적도판에 정렬된다.
- 감수분열의 일차후기에서 상동염색체가 분리된다.

18.6 염색체 유전

감수분열은 생식세포의 형성(남성의 정자발생과 여성의 난자발생)의 일부이며, 유전적 다양성에 기여한다.

염색체 수의 변화

- **비분리현상**(nondisjunction)은 생식세포의 염색체 수를 변화시켜 **삼염색체증**(trisomy, 2n+1) 또는 **단일염색체증**(monosomy, 2n−1)이 나타난다.
- 상염색체 증후군에는 다운증후군이 있다.

성염색체 수의 변화

- 난자발생 또는 정자발생 과정에서 비분리현상이 일어나서 너무 적거나 많은 X 또는 Y 염색체를 가진 생식세포가 만들어진다.
- 하나의 세포에 X 염색체가 2개 이상 존재할 경우, **바소체**(Barr body)가 형성된다.
- **증후군**(syndrome)에는 터너증후군, 클라인펠터증후군, 폴리-X 증후군, 야콥증후군이 있다.

염색체 구조의 변화

- 염색체 돌연변이에는 **결실**(deletion), **중복**(duplication), **역위**(inversion), **전좌**(translocation)가 있다.
- 염색체 구조의 변화는 다양한 증후군의 원인이 되는데, 윌리엄증후군과 고양이울음증후군은 결실에 의해서, 알라질증후군과 특정 암은 전좌에 의해서 발생한다.

개념 심화 학습

BioNOW

이 과학이 여러분의 삶과 어떻게 연관성이 있는지 알고 싶은가? 그렇다면 다음의 BioNOW 영상을 참고하길 바란다.

- 세포분열

McGraw Hill

겨울에 살아가는 식물처럼 특정 시간에 생명체의 세포분열이 멈추는 것은 왜 생명체의 삶에 유리한가?

비판적 사고 키우기

1. 양성종양과 악성종양은 세포주기의 조절 기전이 더 이상 정확하게 작동하지 않을 때 나타난다. 이러한 세포주기의 조절 기전에는 어떠한 유전자가 관여할 수 있는가?
2. BPA는 플라스틱 제품 제조에 오랫동안 사용된 화합물이다. 그렇지만 세포는 흔히 BPA 화합물을 세포주기를 촉진하는 호르몬으로 혼동한다. 이런 이유로 BPA는 특정 암의 위험을 증가시키는 것으로 알려져 있다.
   a. BPA는 세포주기와 검문 지점에서 어떻게 상호작용을 하는가?
   b. 극히 적은 농도의 BPA라도 세포에 큰 영향을 미칠 수 있다고 생각하는 이유는 무엇인가?
3. 감수분열 과정에서 상동염색체의 분리가 형제자매의 모습에 어떻게 영향을 미치는지를 설명하시오(어떤 형제는 서로 닮았고, 어떤 형제는 거의 닮지 않았음).
4. **a.** 신경세포와 근육세포가 일반적으로 간기의 G_1기에 정지되어 있다면, 신경조직과 근육조직이 스스로 복구하려는 능력에 대하여 어떤 결론을 내릴 수 있는가?
   b. 이러한 정지 상태는 척수손상이나 심장마비로 고통을 받는 사람에게 어떤 영향을 미치는가?

관련성 탐구하기

1. 왜 감수분열은 개인에게 도움이 되지 않고 종에게만 도움이 된다고 정확하게 말할 수 있는가?
2. 생명체는 왜 감수분열을 신체의 특화된 세포로만 제한하는가? 모든 세포가 감수분열을 할 수 있다면 어떻게 되는가?
3. 감수분열에 대한 이해가 미래에 생길 수 있는 잠재적인 유전적 문제를 평가하는 데 어떤 도움이 되는가?

모든 장의 질문에 대한 정답은 *connect.mheducation.com*에서 확인하시오.

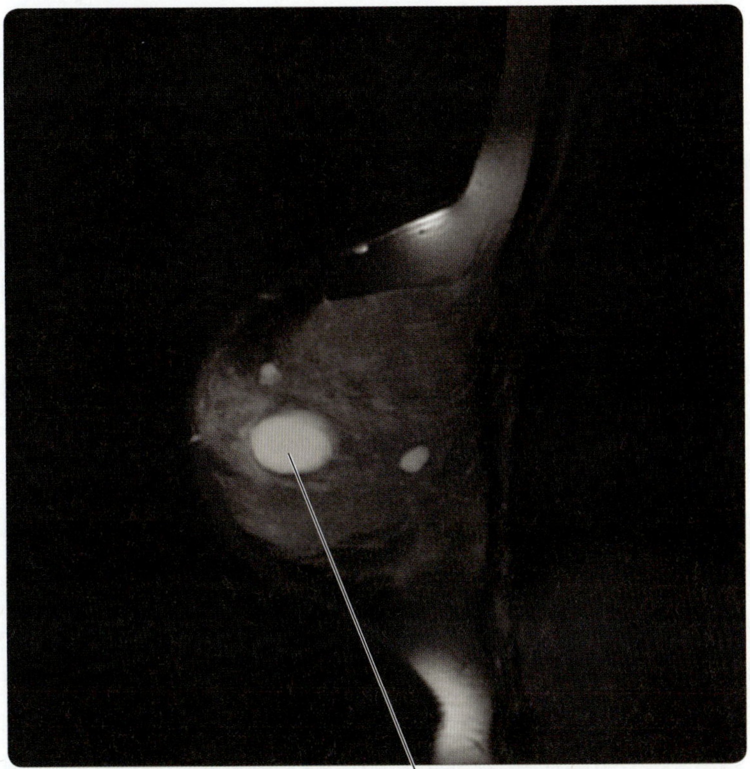

luckykdesignart/Shutterstock

CHAPTER 19

암

암

당신이 아는 누군가가 암 진단을 받았다고 가정해 보자. 그런데 그 사람이 바로 당신일지도 모른다. 올해 미국에서는 거의 180만 건의 새로운 암 사례가 발생할 것이다. 암은 심장병 다음으로 두 번째로 높은 사망 원인이며, 올해 60만 명 이상의 생명을 앗아갈 것이다. 우리 중 약 40%는 살아가면서 어떤 형태로든 암 진단을 받게 된다.

이러한 통계가 불길하게 들리지만, 사실 암은 더 이상 수십 년 전만큼 위험하지 않다. 1990년대 이후 암으로 인한 사망률은 매년 거의 1~2%씩 감소했다. 많은 형태의 암, 특히 유방암, 결장암, 전립선암, 흑색종(피부암)과 같은 보다 일반적인 암의 경우 진단이 가능하다면 5년 생존율은 90% 이상이다.

암에 대한 우리의 성공적인 연구는 대중에게 암 생물학을 알릴 뿐만 아니라 암을 예방하고 진단하는 새로운 방법도 알려준다. 유전체 편집(CRISPR) 기술과 같은 새로운 치료법과 우리 면역체계의 도움을 받는 보다 효과적인 면역 치료법의 개발은 이 질병을 통제하는 우리의 능력에 상당한 영향을 미치고 있다.

앞 장에서 우리는 암과 세포분열과의 관계를 알아보았다. 이 장에서는 암의 원인과 치료, 예방법에 대해 살펴볼 것이다.

이 장을 학습하면서 다음 질문을 생각해 보자.

1. 정상세포와 구별되는 암세포의 특징은 무엇인가?
2. 암세포가 종양을 형성하는 이유는 무엇인가?

이 장의 개요

시작하기 전에

이 장을 시작하기 전에 다음 사항을 논의해 보자.

8.6절 항산화제란 무엇인가?

18.2절 세포주기에서 검문 지점의 역할은 무엇인가?

18.2절 세포분열을 조절하는 외부 인자는 무엇인가?

19.1 암의 개요

학습 목표

이 절을 학습한 후 다음 사항을 할 수 있어야 한다.

1. 정상세포와 구별되는 암세포의 특징을 설명할 수 있다.
2. 세포주기에 영향을 주는 원발암 유전자와 종양 억제 유전자 사이의 차이점을 설명할 수 있다.
3. 암의 일반적인 형태와 그것과 관련된 신체계통을 설명할 수 있다.

암(cancer)은 조절되지 않는 세포 성장, 분열 등을 특징으로 하는 질병이다. 비록 암은 다른 형태로 발생하더라도 발생의 원인은 폭넓게 다양하지만, 궁극적으로 세포주기를 조절하는 능력을 잃어버리게 하는 돌연변이들이 축적된 세포에서 시작된다.

암세포의 특징

암은 종종 조직, 기관 또는 유기체에서 발견되지만, 궁극적으로 세포성 질환이다. 다양한 암 유형에도 불구하고 암세포는 정상세포와 구별되는 일반적인 특징이 있다.

암세포의 분화 기능 상실

분화(differentiation)란 세포가 특정한 구조 및 기능을 획득하는 세포발달의 과정을 말한다. 적혈구(red blood cell)는 순환계통에서 분화된 세포의 한 예이다. 암세포는 분화되지 않으며, 신체 부위의 기능에 도움이 되지 않는다. 암세포는 몸의 일부로서 담당해야 하는 전문적인 기능을 수행하지 못하며, 상피나 근육, 신경, 결합조직 등을 형성하는 분화된 세포들과 뚜렷이 구분되는 비정상적인 특징이 나타난다.

암세포의 비정상적인 핵

정상적인 자궁경부세포(그림 19.1a)의 핵은 전암성(그림 19.1b) 및 암성(그림 19.1c) 자궁경부세포의 핵과 다르다. 암세포의 핵은 정상세포보다 더 크고 비정상적인 수의 염색체를 가질 수 있다. 자궁경부암세포의 핵은 세포의 대부분을 차지할 정도로 크기가 커진다.

핵 이상 외에도 암세포는 종종 염색체 돌연변이를 가진다(18.6절 참고). 염색체의 일부는 중복될 수 있고, 또는 결실될 수 있다. 또한 유전자 증폭(특정 유전자의 복제)이 정상세포보다 훨씬 더 자주 나타난다. 일반적으로 DNA가 손상된 세포는 **세포사멸**(apoptosis), 즉 예정된 세포사멸을 겪는다. 암세포는 비정상적인 세포임에도 불구하고 세포사멸을 겪지 않는다.

호흡기 및 소화관과 같이 자주 분열하는 조직은 암이 될 가능성이 더 높다. 세포분열은 그들에게 유전자 돌연변이를 일으킬 기회를 주고, 비정상적인 세포가 만들어지면 이 세포들은 자신과 같은 세포를 더 많이 생산할 수 있다.

암세포의 무제한적인 증식

일반적인 세포는 60~70회 정도 분열하고 나면 더 이상 분열하지 않고 죽는다. 그러나 암세포는 끝없이 분열을 거듭할 수 있다.

사람의 염색체는 운동화 끈의 양쪽 끝을 작은 플라스틱 조각이 감싸고 있는 것처럼 **말단소체**(telomere, 텔로미어)라는

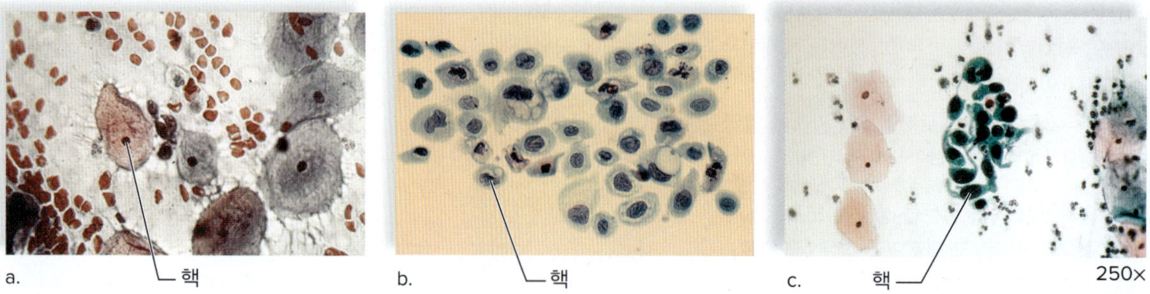

그림 19.1 암세포 핵의 변화.
a. 정상적인 자궁경부세포. **b.** 전암성 자궁경부세포. **c.** 자궁경부암세포.
(a): Biology Pics/Science Source; (b): SPL/Science Source; (c): Martin M. Rotker/Science Source

반복 서열에 의해 보호받는다. 특수한 단백질은 이 말단소체에 결합해서 선형 DNA의 양 끝을 이어주는 DNA 수선효소(repair enzyme)가 작용하지 못하도록 막아준다. 하지만 세포가 분열할 때마다 말단소체도 점차 짧아져서 결국에는 염색체끼리 서로 달라붙는 경우가 생겨나고, 그 결과 세포사멸이 일어난다. 세포가 분열하는 동안은 말단소체중합효소(telomerase, 텔로머레이스)가 말단소체의 길이를 일정하게 유지시켜 염색체의 끝부분이 짧아지는 것을 막는다. 암세포에서는 이 말단소체중합효소의 발현 스위치가 항상 켜져 있는 상태이기 때문에 암세포가 쉬지 않고 분열을 거듭하는 것이다.

암세포의 종양 형성

정상세포는 조직의 기질에 자신을 고정하거나 이웃 세포에 자신을 부착시킨다. 그러면 정상세포들은 접촉 억제를 나타낸다. 즉, 정상세포가 이웃한 세포와 접촉하면 분열을 멈춘다. 암세포는 이와 같은 모든 구속을 잃어버려 분열하면서 서로 접촉하고, 중첩되고, 여러 층으로 성장하면서 **종양**(tumor)을 형성한다. 암이 진행됨에 따라 가장 공격적인 세포가 종양의 우점 세포가 된다.

생활 속의 생물학

양성 종양과 악성 종양의 차이점은 무엇인가?

양성 종양은 일반적으로 결합조직 기저막으로 둘러싸여 있어 종양이 인접한 조직을 침범하는 것을 방지한다. 양성 종양의 세포는 정상세포와 매우 유사하며, 누구나 이러한 종양이 발생할 가능성이 있다. 몸에 점 또는 모반이 있으면 피부 멜라닌 세포의 양성 종양이 생긴 것이다. 점의 세포는 다른 멜라닌 세포와 매우 유사하다.

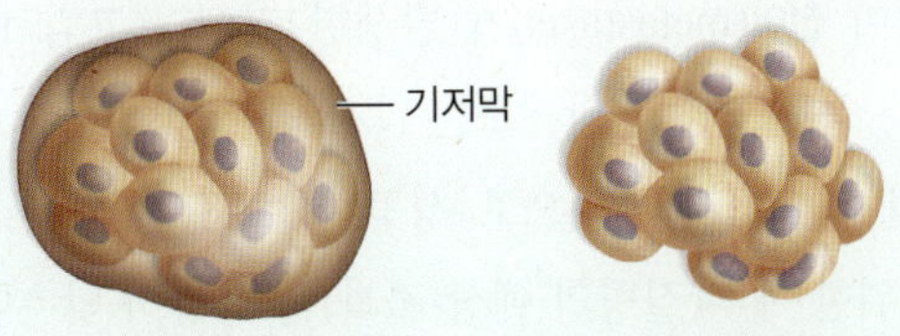

그러나 '양성'이라는 용어에도 불구하고, 이러한 유형의 종양이 반드시 무해한 것은 아니다. 정상 조직을 누르거나 정상적인 혈액의 공급을 제한하면 양성 종양도 치명적일 수 있다. 예를 들어 뇌줄기의 근처에서 자라는 양성 신경세포 종양은 결국 심장 박동과 호흡 조절 센터에 영향을 미칠 것이다.

반면에 악성 종양은 주변 조직을 침범할 수 있으며, 그 세포는 정상세포와 유사하지 않다. 종양은 혈액이나 림프관을 타고 몸 전체로 퍼질 수 있다. 일반적으로 심하게 변형된 세포가 신체로 퍼질 가능성이 가장 높다. 따라서 그들은 가장 악성이다.

상피내암종은 그 암이 발생한 원래의 위치에서 발견되는 악성 종양을 말한다. 조직을 서로 고정시키는 물질인 기저막 너머로 퍼지지 않은 암은 조기에 발견하면 치료를 통해 극복이 가능하다.

성장인자 없이 증식하는 암세포

세포는 다른 세포와 화학적 신호를 주고받으며 증식을 할 것인지 말 것인지를 결정한다. 이 화학적 신호를 성장인자라 부르고, 여기에는 두 가지 형태인 성장촉진인자(stimulatory growth factor)와 성장억제인자(inhibitory growth factor)가 있다. 암세포는 성장촉진인자의 자극이 없어도 증식을 계속하며, 성장억제인자에도 잘 반응하지 않는다.

단계적으로 발달하는 비정상적인 암세포

그림 19.2는 **발암**(carcinogenesis)이 세 단계로 나눌 수 있는 다단계 과정임을 보여준다.

- 개시(initiation): 하나의 세포가 돌연변이를 일으켜 무제한 증식을 시작한다(그림 19.2a).
- 촉진(promotion): 종양이 형성되고, 그 안의 세포들은 더 많은 돌연변이를 일으키며, 증식을 계속한다(그림 19.2b, c).
- 진행(progression): 이 중 한 세포가 다른 세포들보다 유리한 특성을 가지게 만드는 돌연변이가 일어난다(그림 19.2c). 이러한 사건이 몇 번에 걸쳐 거듭되면 주변의 조직 속으로 침투할 수 있는 능력을 가진 암세포가 생겨난다(그림 19.2d, e).

암세포의 혈관 신생과 전이 특성

약 10억 개의 세포(대략 완두콩 크기)보다 크게 자라려면 종양에 영양분과 산소의 충분한 공급과 잘 발달된 모세혈관 그물이 있어야 한다. **혈관 신생**(angiogenesis)은 새로운 혈관이 형성되는 것을 말한다. 종양의 중앙 부분이 낮은 산소 함량을 가진다면 이들 종양은 주변 조직으로 확산되어 새로운 혈관을 만들기 위해 혈관 신생 성장인자를 암호화하는 유전자를 작동시킬 수 있다.

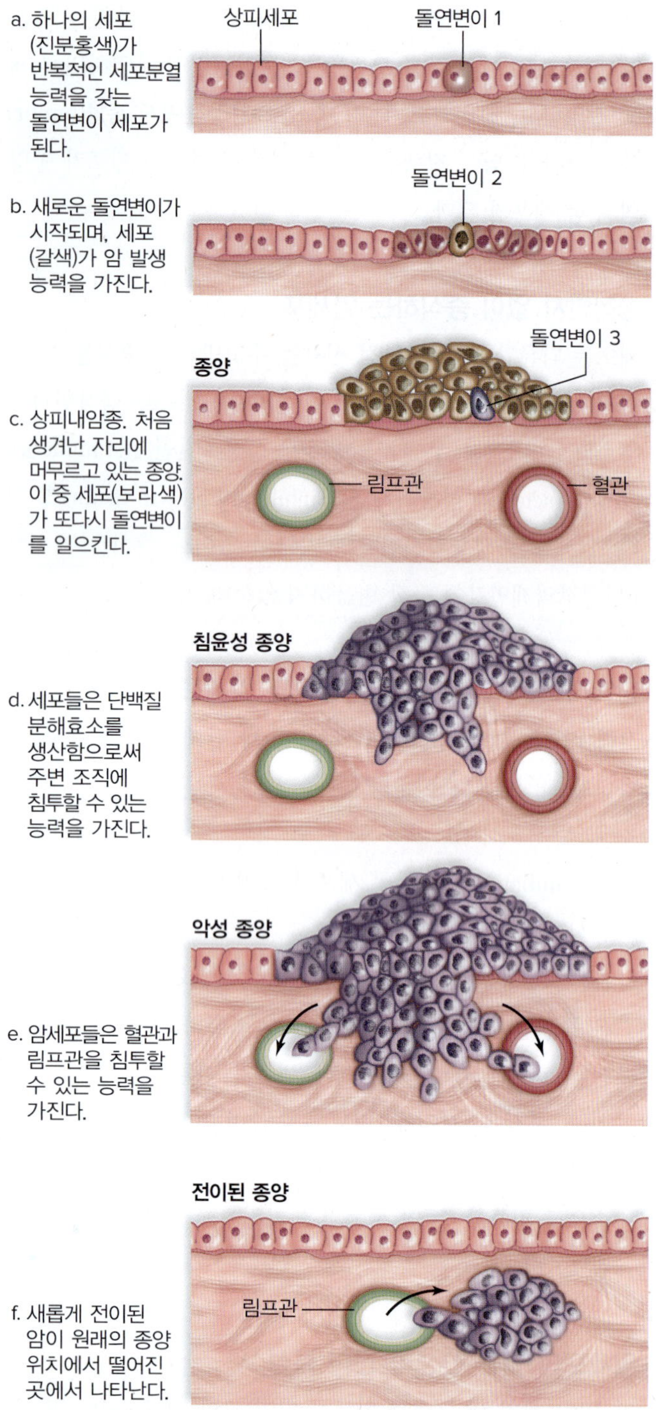

그림 19.2 단일 돌연변이에서 종양으로의 진행.
a. 조직 내 하나의 세포(진분홍색)가 돌연변이를 일으킨다. **b.** 이 세포가 증식을 거듭하던 중 두 번째 돌연변이가 일어난 세포(갈색)가 나타난다. **c.** 종양이 형성되고 세 번째 돌연변이(보라색)가 일어난다. **d.** 이 세포(보라색)가 종양이 되어 아래쪽 조직으로 침윤한다. **e.** 암세포가 혈관과 림프관 속으로 침투한다. **f.** 원 위치에서 멀리 떨어진 곳에 새로운 종양이 형성된다.

> **생활 속의 생물학**
>
> **암의 단계는 무엇을 의미하는가?**
>
> 대부분의 암 진단은 암이 신체에 퍼진 정도를 나타내는 숫자 체계를 사용한다. 암의 유형에 따라 약간 다르지만, 일반적으로 다음 기준에 따라 0~4 척도를 사용한다.
>
> - 종양의 크기는 어느 정도인가?
> - 종양이 주변 조직을 침범하기 시작했는가?
> - 암이 인근의 림프절에 있는가?
> - 암이 신체의 다른 기관으로 전이되었는가?
>
> 암의 단계가 높을수록 암의 형태가 더 심각하고, 개인에 대한 위험성 또한 더 크다.

돌연변이로 인해 암세포는 운동성을 갖게 된다. 이들은 무질서한 내부 세포 골격을 가지고 있으며, 온전한 액틴 미세섬유 다발이 부족하다. 암세포가 전이하려면 기저막을 가로질러 혈관이나 림프관을 침범해야 한다. 침습성 암세포는 비정상적인 모양을 하고 있으며(그림 19.1c 참고), 인근에 있는 정상세포와는 확연히 구별되어 보인다. 암세포는 기저막을 분해하고 하부 조직을 침범할 수 있도록 하는 단백질 분해효소(proteinase)를 생산한다. 인근 림프절에서 암세포가 발견되면 악성 종양의 발생 가능성이 높아진다. 암세포들이 원발성 종양에서 멀리 떨어진 조직 혹은 기관에 새로운 종양이 발생했다면 이미 **전이**(metastasis)가 발생한 것이다(그림 19.2f). 이 전이라는 능력을 갖춘 암세포는 많지 않지만(아마도 1만 개 중 1개), 신체의 여러 부분으로 성공적으로 전이되는 암세포는 회복을 위한 예후(질병의 예상 결과)를 상당히 낮춘다.

과학 특집 '불멸의 헨리에타 렉스'는 한 환자의 암세포가 암의 특성을 이해하는 데 얼마나 중요한 역할을 했는지를 보여준다.

유전자 돌연변이로 인한 암의 발생

세포주기는 간기(interphase)와 유사분열(mitosis)로 구성되어 있음을 상기해 보라. 세포주기의 **검문 지점**(checkpoint, 그림 18.3 참고)은 세포의 상태를 모니터링하고 분열 능력을 조절한다. 일반적으로 사이클린이라는 단백질은 세포주기를 통해 세포의 움직임을 지시한다. 각 검문 지점에서 DNA 손상과 같은 특정 요인은 검문 지점 단백질에 의해 평가된다. 그러나 이러한 검문 지점 단백질의 돌연변이로 인해 세포가 자신의 세포주기를 제어할 수 없게 되면 암이 발생한다. 두 종류의 검문 지점 단백질은 다음과 같다.

- **원발암 유전자**(proto-oncogene): 세포주기를 촉진하고 세포사멸을 방지하는 단백질을 암호화한다. 이들은 세포주기의 가속을 일으키기 때문에 종종 자동차의 가속 페달에 비유된다.
- **종양 억제 유전자**(tumor suppressor gene): 세포주기를 억제하고 세포사멸을 촉진하는 단백질을 암호화한다. 이들은 세포주기의 가속을 억제하기 때문에 종종 자동차의 브레이크에 비유된다.

종양 유전자가 되는 원발암 유전자

원발암 유전자에 돌연변이가 일어나면 바로 이들이 암을 일으키는 유전자, 즉 **종양 유전자**(oncogene)로 변한다. 이러한 돌연변이는 해당 유전자의 과다한 발현을 초래하므로 '기능 획득성' 돌연변이다(그림 19.3). 비록 우리가 각각의 원발암 유전자의 사본 2개를 가지고 있더라도, 세포주기의 조절을 상실하기 위해서는 오직 하나만 돌연변이가 일어나도 암으로 발전된다. 일반적으로 원발암 유전자가 하는 일이 무엇이든, 종양 유전자가 그 일을 더 잘한다.

성장인자(growth factor)는 세포가 분열하도록 자극하는 신호전달물질이다. 일부 원발암 유전자는 성장인자 또는 그와 결합하는 수용체를 암호화한다. 이러한 원발암 유전자에 돌연변이가 일어나면 성장인자의 수용체들은 약한 자극에도 민감하게 반응하며, 심지어 자신이 세포 내에서 스스로 생산한 성장인자에 반응을 보이기도 한다. 원발암 유전자에 의해서 발현되는 단백질 중 하나인 *Ras* 단백질은 사이클린의 활성화를 통해 유사분열을 촉진한다. *Ras* 종양 유전자는 여러 종류의 암에서 발견된다. 사이클린 *D*(*cyclin D*)를 암호화하는 유전자 역시 원발암 유전자로 분류되는데, 여기에 돌연변이가 일어나면 종양 유전자가 되어 사이클린을 무제한 생산한다.

종양 억제 유전자의 비활성화

종양 억제 유전자가 돌연변이를 일으키면 그 산물은 더 이상 세포주기를 억제하거나 세포사멸을 촉진하지 않는다. 따라서 이러한 돌연변이를 '기능 상실성' 또는 '열성' 돌연변이라고 한다(그림 19.4). 종양 억제 유전자는 원발암 유전자와 달리 세포주기를 조절하는 기능이 소실되기 위해서는 세포 내 종양 억제 유전자의 두 복사본이 돌연변이 되어야 한다.

종양 억제 유전자인 *Bax*의 돌연변이가 좋은 예이다. 이 유전자의 산물인 *Bax* 단백질은 세포사멸을 촉진한다. *Bax*가 돌연변이를 일으키면 *Bax* 단백질이 만들어지지 않아 세포사멸이 발생할 가능성이 적다. *Bax* 유전자는 DNA에 8개의 연속적인 G 염기 서열을 가지고 있다. 동일한 염기가 이러한 방식

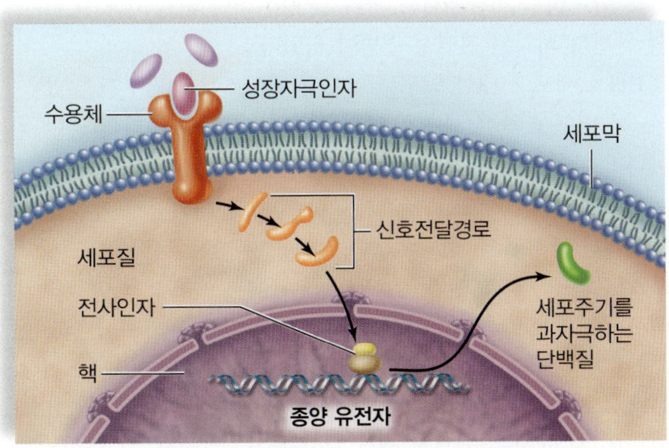

그림 19.3 원발암 유전자의 돌연변이는 세포주기를 자극하는 종양 유전자를 생산한다.
일반적으로 원발암 유전자는 세포분열을 자극하지만, 분화된 세포에서는 그 기능이 꺼진다. 돌연변이는 원발암 유전자를 종양 유전자로 전환할 수 있으며, 그러면 세포주기를 과도하게 자극하는 단백질이 생산된다.

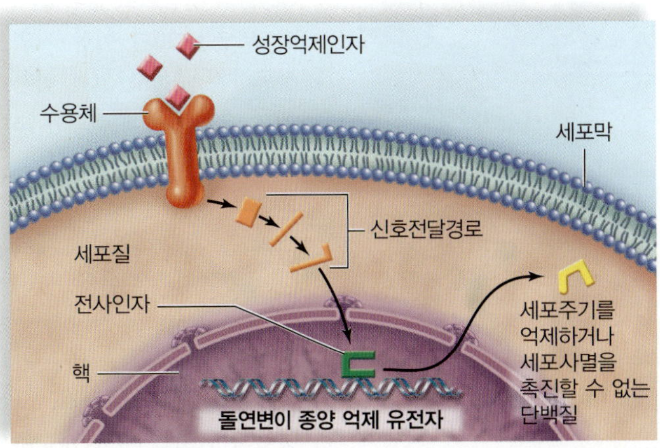

그림 19.4 종양 억제 유전자의 돌연변이는 세포주기 제어의 문제를 유발한다.
일반적으로 종양 억제 유전자는 세포주기를 억제하는 단백질을 암호화한다. 돌연변이가 발생하면 생성된 단백질은 세포주기를 조절하는 기능을 상실한다.

오늘날의 생물학 ▶ 과학

불멸의 헨리에타 렉스

인간 조직 세포의 가용성은 많은 의학 연구 분야에서 중요하다. 불행하게도 성장하는 인간 세포를 획득하기란 역사적으로 매우 어려웠다. 이러한 세포는 조직 배양이라는 기술을 사용하여 증식을 유도할 수 있지만, 일반적으로 모두 몇 번만 분열한 후에 매우 빠르게 사멸한다. 하지만 전이성 세포(암세포의 일종)는 조직 배양에서 생존하고 증식이 가능하다. 조직 배양에서 인간 세포를 성공적으로 증식시키는 데 사용되는 기술은 헨리에타 렉스(Henrietta Lacks)라는 사람의 일부 유산이다(그림 19A). 헨리에타의 생명을 앗아간 암은 그녀의 일부가 영원히 살 수 있게 했다.

헨리에타는 젊은 여성이자 다섯 자녀를 둔 엄마였다. 1951년 2월, 그녀는 심각한 자궁내출혈을 경험했고 볼티모어 병원에 도움을 요청했다. 의사들은 헨리에타의 자궁경부에서 25센트 동전만 한 종양을 발견했다. 신속하게 확보한 종양 샘플은 곧바로 존스홉킨스대학교의 조직 배양 실험실로 보내졌다. 그녀는 방사선 치료를 시도했지만 종양은 헨리에타의 몸을 황폐화시켰고, 몇 달 안에 그녀의 모든 주요 기관에 암세포가 전이됐다. 8개월간의 고통 끝에 그녀는 1951년 10월에 세상을 떠났다. 그녀에게는 남편과 다섯 자녀가 있었고 그 중 세 명은 아직 갓난아이였다.

그림 19A 헨리에타 렉스 (1920~1951).
Obstetrics & Gynaecology/SPL/Science Source

헨리에타의 암세포는 존스홉킨스대학교의 조지(George)와 마가렛 게이즈(Margaret Geys)의 실험실로 옮겨졌다. 이 부부는 20년 이상 거의 성공하지 못하고 있는 인간 세포 배양을 위해 부단한 노력을 해왔다. 현재 HeLa 세포라고 불리는 헨리에타 렉스의 종양에서 유래된 세포(그림 19B)는 당연히 살아 있을 뿐만 아니라 활발히 증식을 하고 있다. 마침내 빠르게 증식하고 거의 불멸인 것처럼 보이는 인간 세포의 원천이 헨리에타 렉스의 자궁에서 유래된 암세포인 것이다.

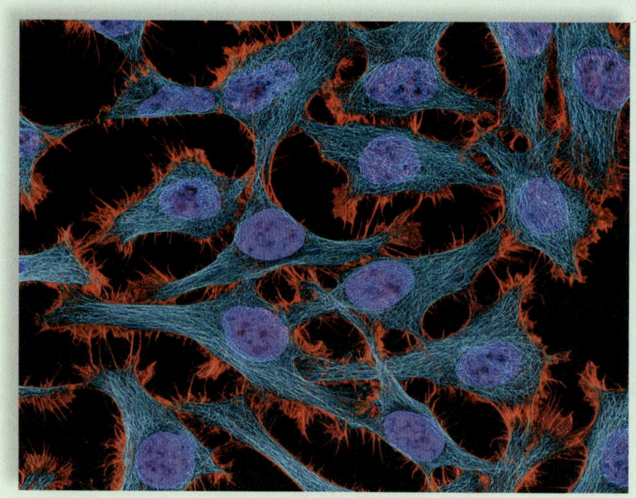

그림 19B HeLa 세포의 주사전자현미경 사진.
*HeLa*라는 용어는 Henrietta Lacks의 이름에서 유래되었다.
National Institutes of Health(NIH)

마가렛 게이즈는 이 세포를 사용하여 소아마비 치료에 대한 연구를 진행했다. 유아마비 또는 소아마비는 전염성 질병이다. 비율적으로는 낮지만, 소아마비 환자는 뇌와 척수가 손상되고 주요 근육들의 마비가 나타난다. 가로막(횡격막)과 다른 호흡근이 영향을 받으면 이 질병은 치명적일 수 있다. 그리고 최초로 인간 세포(HeLa 세포)에서 바이러스를 성장시켜 그 특성을 연구할 수 있었다. 이러한 연구를 통해 요나스 솔크(Jonas Salk) 박사는 소아마비 백신을 개발할 수 있었다. 오늘날 소아마비는 서양에서는 거의 들어본 적이 없을 정도로 거의 완전히 퇴치된 전염성 질병이 되었다.

HeLa 세포에 대한 연구는 마가렛 게이즈에서 멈추지 않았다. 이 내구성 좋은 세포는 50년 이상 백혈병 및 기타 암뿐만 아니라 다양한 유형의 바이러스를 연구하는 데 전 세계적으로 사용되었다. 이 세포는 원래 인간에게서 유래되었기 때문에 약물이나 방사선에 의한 유해한 영향을 결정하는 시험에도 매우 긴요하게 사용되었다. 또한 HeLa 세포를 사용하여 염색체 이상 및 유전병에 대한 효과적인 시험방법이 개발되었으며, HeLa 세포 샘플은 무중력 환경과 관련된 실험을 위해 우주왕복선에 실려 발사되기도 하였다. HeLa 세포는 전 세계에서 찾아볼 수 있으며, 생물학 재료 회사에서도 구입할 수 있다.

HeLa 세포는 매우 강건하다. 1974년에 연구원들은 박테리아처럼 HeLa 세포가 공기, 연구원의 장갑 또는 오염된 유리제품을 통해 전염될 수 있음을 발견했다. 이 발견은 실험실뿐만 아니라 암성 종양을 제거하는 수술실에서도 더 나은 무균 기술로 이어졌다.

2011년에 헨리에타의 이야기가 레베카 스클룻(Rebecca Skloot)의 '헨리에타 렉스의 불멸의 삶'이라는 책을 통해 출간되었다. 이 책은 헨리에타 세포가 과학에 미치는 중요성을 설명하는 능력을 인정받아 여러 상을 수상했다.

생각해 볼 문제

1. 암세포의 어떤 특성이 HeLa 세포를 불멸의 상태로 만드는가?
2. HeLa 세포에 대해 어떤 다른 용도가 가능하다고 생각하는가?

으로 정렬되면 유전자가 돌연변이를 일으킬 가능성이 더 커진다.

또 다른 종양 억제 단백질인 *p53*은 DNA 복구 효소를 활성화시킨다. 동시에 *p53*은 세포주기가 진행되는 것을 막는 유전자를 작동시킨다. 손상된 DNA의 복구가 불가능하면 *p53* 단백질이 세포사멸을 촉진한다. 세포사멸은 암세포의 발생을 예방하는 중요한 기전이다. 따라서 많은 종양에서 *p53* 활동이 상대적으로 미미하다.

BRCA1 유전자는 DNA 분자의 끊어진 부분을 교정하는 역할을 하는 또 다른 DNA 복구 효소를 암호화한다. 실제로 이는 *p53* 단백질과 매우 밀접하게 작용한다. *BRCA1* 돌연변이는 신체의 세포가 DNA 손상을 인식하는 것을 방지하여, 세포가 손상을 복구하지 않고도 세포주기를 통해 증식하도록 한다. *BRCA1* 돌연변이는 유방암을 비롯한 여러 암과 밀접히 관련되어 있다.

암의 종류

통계에 따르면 미국인의 거의 40%가 평생 한 번은 암 진단을 받는다고 한다. 따라서 암의 진단은 모든 개인의 건강과 웰빙에 매우 중요한 주제이다. **종양학**(oncology)은 암을 연구하는 학문이며, 암에 대한 의학 전문가를 **종양학자**라고 한다. 환자의 예후(질병의 예상 결과)는 (1) 종양이 주변 조직을 침범했는지 여부와 (2) 신체의 먼 부분에 전이성 종양이 있는지 여부에 따라 달라진다.

종양은 발생 장소에 따라 분류된다. **암종**(carcinoma)은 상피조직의 암이고, 선암은 샘상피세포의 암이다. 암종에는 피부암, 유방암, 간암, 췌장암, 장암, 폐암, 전립선암, 갑상샘암이 포함된다. **육종**(sarcomas)은 근육과 뼈, 섬유성 결합조직과 같은 결합조직에서 발생하는 암을 말한다. **백혈병**(leukemias)은 혈액의 암이고, **림프종**(lymphomas)은 림프조직의 암이다. 모세포종(blastoma)은 미성숙 세포에서 발생된 암이다. 17.2절에서 우리는 배아가 외배엽, 중배엽, 내배엽의 세 가지 일차 배엽으로 형성된다는 것을 학습했다. 각 모세포종 세포는 원래의 일차 배엽(primary germ layer)에 있는 세포와 유사하다. 예를 들어 콩팥모세포종(nephroblastoma)은 콩팥이 중배엽에서 자라기 때문에 중배엽 세포와 유사한 세포를 가지고 있다.

대표적인 암

암은 신체의 모든 부분에서 발생하지만, 일부 신체계통과 기관은 다른 계통보다 암에 더 취약하다. 호흡계통에서는 폐암이 가장 흔한 유형이다. 폐암은 전반적으로 가장 흔한 유형의 암 중 하나이며, 흡연은 폐암의 발병 위험을 크게 증가시키는 것으로 알려져 있다. 흡연은 또한 입안의 암 발생 위험도 증가시킨다.

소화계통에서 결장직장암(결장/직장암)은 또 다른 흔한 형태의 암이다. 소화계통의 다른 암에는 이자, 위, 식도, 기타 기관의 암이 포함된다. 심장혈관계통에서 암은 백혈병과 형질세포 종양을 포함한다. 림프계통에서 암은 호지킨 림프종 또는 비호지킨 림프종으로 분류된다. 호지킨 림프종은 돌연변이 B세포에서 발생하는 반면에, 비호지킨 림프종은 B세포 또는 T세포에서 발생할 수 있다. 갑상샘암은 내분비계통에서 가장 흔한 유형의 종양이다.

여성의 유방암(때때로 남성에게서도 발생함) 및 남성의 전립선암과 같은 생식기 암은 보다 일반적인 형태의 암 중 일부이다. 자궁경부, 난소, 기타 생식기관의 암은 여성에게서 발생한다. 남성 생식계통의 다른 암에는 고환암과 음경암이 있다. 방광암과 콩팥암은 비뇨계통과 관련이 있다. 피부암에는 흑색종, 기저, 편평 세포 암종이 포함된다.

생활 속의 생물학

암은 어떻게 죽음을 초래하는가?

암은 종종 신체가 항상성을 유지하는 능력을 방해하여 사망을 유발한다. 예를 들어 골암은 칼슘 항상성이나 신체의 적혈구 생성 능력을 방해할 수 있다. 간과 이자는 항상성에 중요한 역할을 하기 때문에 이러한 기관의 암은 종종 혈액 내 중요한 화학물질(호르몬, 영양소)의 수준을 변경하여 사망케 한다. 때때로 성장하는 종양은 폐, 소화관, 동맥과 같은 신체의 중요한 경로를 차단한다. 또 종양은 특정 조직에 독성이 있는 화학물질(대사산물)을 생성한다.

진도 점검하기 19.1

1. 암세포가 무한 증식하는 것은 암세포의 어떤 특성 때문인지 설명하시오.
2. 종양 억제 유전자와 원발암 유전자의 돌연변이가 세포주기를 어떻게 조절하는지 설명하시오.
3. 가장 흔한 암의 종류를 설명하시오.

개념 연결하기

이 절에 제시된 주제에 대한 자세한 내용은 다음 논의를 참고하시오.

18.2절 세포주기의 검문 지점 역할을 살펴본다.

21.2절 유전자의 정보가 단백질을 합성하기 위해 발현되는 방법을 살펴본다.

19.2 암의 원인과 예방

학습 목표

이 절을 학습한 후 다음 사항을 할 수 있어야 한다.

1. 유전과 환경이 어떻게 암에 영향을 미치는지 설명할 수 있다.
2. 선택된 암의 유전적 기전을 설명할 수 있다.
3. 방어적 행동과 식이요법이 어떻게 암을 예방할 수 있는지 설명할 수 있다.

특정 유형의 암에 대한 원인이 확인되면 치료 및 예방 조치가 개발될 수 있기 때문에 현재 상당히 많은 연구가 암을 이해하는 방향으로 진행되고 있다. 과학자들은 인구 집단의 암 발생 패턴을 연구함으로써 유전과 환경 위험 요인이 모두 작용한다는 것을 확인했다. 이러한 발견으로 암을 예방하고 치료하는 방법에 대한 새로운 권장사항이 개발되었으며, 이는 결과적으로 대부분의 암에 대한 사망률을 감소시켰다(그림 19.5). 위험 요인과 식이 지침을 따르면 암 예방에 도움이 될 수 있다.

유전

유방암과 관련된 최초의 유전자는 1990년에 발견되었다. 과학자들은 이 유전자를 초기에 *BRCA1*(*breast cancer 1*)이라고 명명했으며, 이 유전자는 이제 유방암 감수성 유전자 1이라고 불린다. 나중에 그들은 유방암의 발병이 *BRCA2*라고 하는 유방암 유전자 때문일 수도 있음을 발견했다. 이들 유전자는 열성 유전 패턴을 따르는 종양 억제 유전자이다(20.3절 참고). 우리는 부모로부터 각 하나씩, 모든 유전자의 두 복사본을 물려받는다. *BRCA1* 또는 *BRCA2*의 돌연변이 사본이 부모 중 한쪽에서 유전되면 암 발병률이 증가하기 전에 다른 사본의 돌연변이가 필요하다. 신체의 각 세포에는 이미 하나의 돌연변이 사본이 있지만, 두 번째 돌연변이가 발생하게 될 때 암이 발생한다. 유방에서 두 번째 돌연변이가 발생하면 유방암이 발생할 수 있다. 난소암은 두 번째 암 유발 돌연변이가 난소에서 발생하는 경우 발생할 수 있다.

RB 유전자 또한 종양 억제 유전자이다. *RB* 유전자는 거의 유아기에 발생하는 희귀 안구암인 망막모세포종과의 연관성에서 이름이 유래됐다. 이 유전자의 영향을 받은 어린이의 경우, *RB* 유전자의 단일 돌연변이 사본이 유전되었기 때문이다. 그리고 *RB* 유전자의 다른 사본에 대한 두 번째 돌연변이가 암을 발생시킨다(그림 19.6). 하나의 눈에 영향을 미치는 망막모세포종은 눈 전체를 제거하는 것이 치료의 완전성을 더 높여 주기 때문에 눈을 제거하여 치료한다. 방사선, 레이저, 화학요법은 두 눈이 관련된 경우에 선택할 수 있지만, 이러한 치료는 완치 가능성이 적다.

갑상샘암에 걸리기 쉬운 비정상적인 *RET* 유전자는 부모에게서 자녀에게 전달될 수 있다. *RET*는 상염색체 우성 방식으로 유전되는 것으로 알려진 원발암 유전자(20.3절 참고)이며, 이는 암 발병률을 증가시키는 데 단 하나의 돌연변이가 필요함을 의미한다. 갑상샘암이 발생하는 데 필요한 나머지 돌연변이는 후천적이다(유전되지 않음).

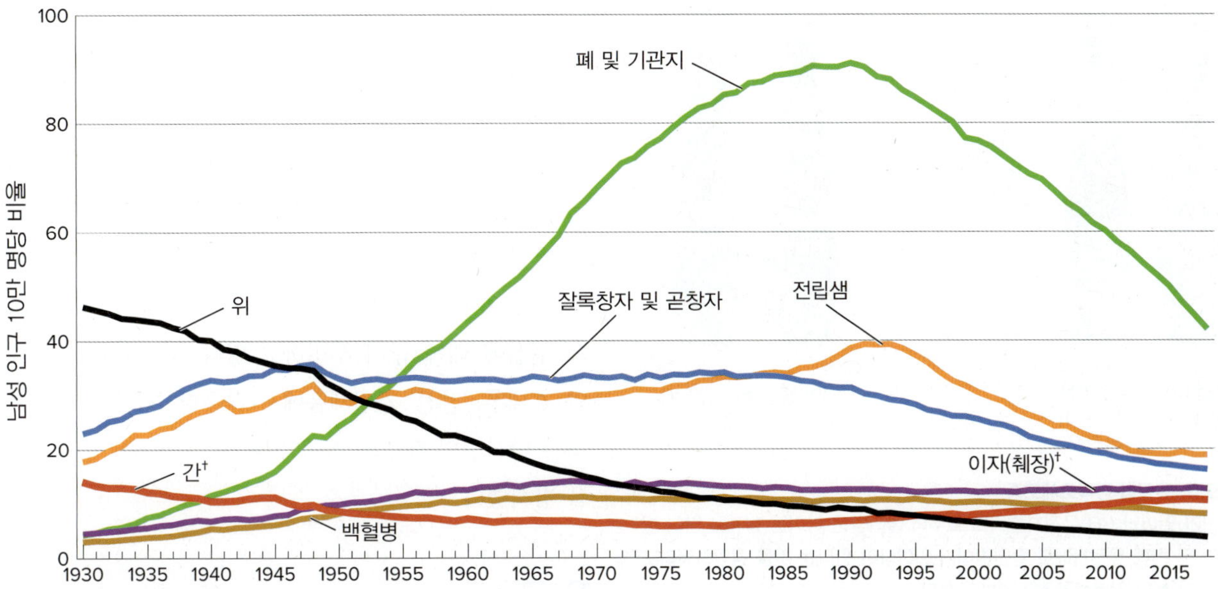

a. 남성 암 사망률

†췌장암과 간암의 사망률이 증가하고 있다.

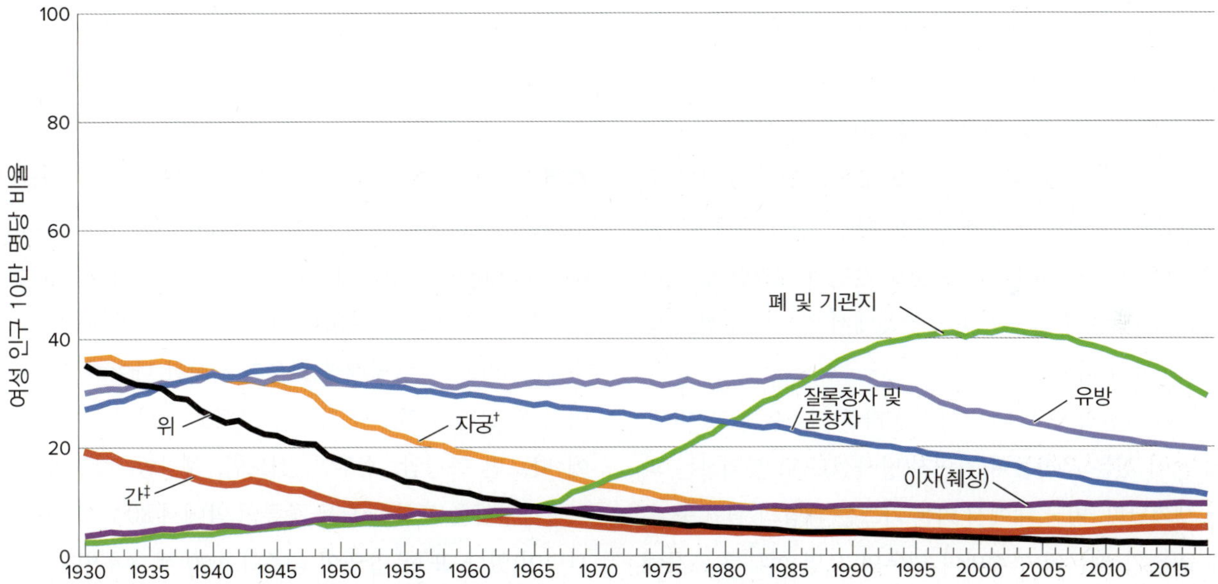

b. 여성 암 사망률

†자궁은 자궁경부와 자궁체부를 말한다. ‡간암의 사망률이 증가하고 있다.

그림 19.5 암 치사율.

많은 유형의 암 치사율은 1930년부터 2017년까지 (**a**) 남성과 (**b**) 여성 모두에게서 감소하였다.

American Cancer Society, Cancer Facts & Figures, 2017

환경 발암물질

돌연변이원(mutagen)은 돌연변이를 일으키는 물질이다. Ames 검사와 같은 간단한 실험은 특정 물질이 변이원성이 있는지 여부를 결정하는 데 사용된다. **발암물질**(carcinogen)은 돌연변이를 일으켜 암을 유발하는 화학물질이다. 발암물질 중에는 암의 개시만 일으키는 것도 있고, 개시와 촉진을 일으키는 것도 있다.

유전은 사람을 암에 걸리기 쉽게 만들 수 있지만, 암이 발생하는지 여부는 우리가 논의할 것과 같은 환경적 돌연변이원에 따라 다르다.

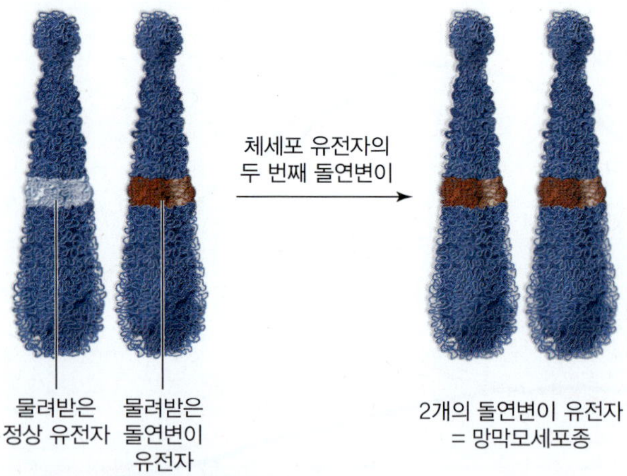

그림 19.6 유전형 망막모세포종.
돌연변이가 일어난 *RB* 유전자를 부모로부터 물려받은 아이는 실제로 암이 발생하려면 두 번째 유전자에도 돌연변이가 일어나야 한다는 것을 감안하더라도 눈에 종양이 생길 위험성이 정상인보다 높다.

방사능

자외선과 라돈 가스, 핵연료, X선에서 방출되는 이온화 방사선은 DNA에 변화를 일으켜 돌연변이를 유발한다. 최근 수년간 피부암의 발생이 증가한 원인 중 하나는 자외선 또는 인위적으로 피부를 태워주는 전구 불빛에 노출된 결과라고 추정된다. 오늘날 피부암의 발생 빈도는 폐암의 6배에 육박하고 있다. 흑색종이 아닌 피부암은 수술로 간단히 제거할 수 있지만, 쉽게 전이되는 흑색종은 미국 전체에서 암으로 인한 사망률의 1~2%를 차지한다.

이온화 방사선의 또 다른 발생원인 라돈 가스는 토양, 바위, 물속에 들어 있는 우라늄이 자연적(방사선)으로 붕괴하는 과정에서 생겨난다. 미국 내에서 라돈 가스는 폐암의 원인 중 두 번째로 꼽히기 때문에 가정마다 라돈의 오염 여부를 조사해 볼 것을 강력히 추천한다. 라돈 가스의 노출과 흡연이 중복될 경우 특히 위험하다. 새집을 짓고 난 뒤에는 통풍관과 환풍기를 이용하여 건물 밑에 있는 라돈 가스를 집 밖으로 배출시키는 것이 보편적인 방지책이다.

핵폭탄이나 핵발전 시설로부터 방출되는 방사성 물질에 노출되는 것이 얼마나 위험한지는 누구나 잘 알고 있다. 1986년 체르노빌 핵발전소(우크라이나)에서 끔찍한 유출 사고가 일어난 후 인근 지역에서 암 발생률이 현저하게 증가했다. 2011년 후쿠시마 원자력 발전소(일본) 사건으로 방사선이 대기로 방출되었다. 의료 전문가들은 이 사건으로 인한 잠재적인 암의 발병 위험이 있음을 시사했다. 보통 사람들이 방사선에 노출되는 경우는 진단을 목적으로 X선 촬영을 하는 정도에 그친다. 물론 X선 촬영을 함으로써 얻어지는 이점이 위험요인을 능가한다. 그렇더라도 꼭 필요한 경우가 아니라면 X선 촬영을 자제하는 것이 좋다. 진단을 위해 X선 촬영이 필요한 경우, 암 발생률이 높은 조직은 차폐하여 보호해야 한다.

최근 일반인들은 비이온화 방사선(nonionizing radiation)의 위험에 대해 많이 우려하고 있다. 이 에너지는 전기기구와 휴대폰, 전선, 가전제품에서 나온다. 최근의 일부 연구에서는 방사선의 유형과 희귀 유형의 암 사이에 연관성이 있음을 밝혀냈다.

유기화합물

특정 화합물, 그중에서도 인공적으로 합성된 것들이 암을 일으킨다고 알려져 있다. 우선 가장 대표적인 두 가지 예로, 담배의 유기 화학물질과 환경에서의 오염물질이 있다. 물론 다른 많은 화학물질들이 암을 유발한다.

흡연 담배 연기 속에는 잘 알려진 발암물질인 질산니코틴(*N*-nitrosonornicotine), 염화비닐(vinyl chloride), 벤조피렌(benzo[a]pyrene, *p53*의 억제자)이라는 유기화합물이 있다. 흡연이 암을 일으킬 확률은 하루에 피우는 담배의 양이 많을수록, 그리고 처음 담배를 피우기 시작한 나이가 어릴수록 높아진다. 일련의 연구와 자료를 토대로 과학자들이 내린 결론에 따르면 구강암, 후두암, 식도암, 췌장암, 방광암, 콩팥암, 자궁경부암을 포함한 모든 종류의 암에서 80% 이상이 흡연과 관련이 있다. 또한, 흡연이 음주와 함께 행하여진다면 그 위험성은 더욱 높아진다.

다른 사람이 피우는 담배 연기를 들이마시는 간접흡연도 위험하기는 마찬가지이다. 연구자들은 간접흡연과 암 사이의 연관성을 확인할 수 있는 증거를 계속해서 수집하고 있다.

오염물질 중금속, 먼지, 화학물질, 살충제를 다루는 직업을 가진 사람은 암에 걸릴 확률이 그렇지 않은 사람보다 상대적으로 더 높다. 산업현장에 존재하는 발암물질로는 석면, 니켈, 카드뮴, 우라늄, 라돈, 염화비닐, 벤지딘, 벤젠 등이 잘 알려져 있다. 석면은 폐암을 비롯한 여러 폐질환을 일으키며, 특히 흡연자가 석면에 노출될 경우 더욱 위험하다.

자료에 따르면 미국의 네브래스카와 캔자스에 거주하는 농부들에게서 연부 조직육종(soft-tissue sarcoma), 악성 림프종, 비호지킨 림프종이 더 많이 발생했다. 그 이유는 주로 철길을 따라 잡초를 제거하고 농작물을 키우는 데 사용되는 제초제인 2,4-D의 영향으로 추정된다.

바이러스

적어도 네 종류의 DNA 바이러스인 B형과 C형 간염 바이러스, 엡스타인-바 바이러스, 인간유두종 바이러스(HPV)는 사람의 암 발생과 직접적인 연관이 있는 것으로 알려져 있다.

상당한 수의 중국인이 B형 간염 바이러스의 보유자라는 사실은 중국에서 간암 발생률이 높은 것과 무관하지 않다. 현재는 A형과 B형 간염을 모두 예방할 수 있는 백신이 개발되어 있다. 오래전부터 자궁경부암은 성교를 통하여 전염되는 질환으로 알려져 있었는데, 실제로 대부분의 자궁경부암 환자에게서 인간유두종 바이러스(HPV)가 검출된다. 현재는 백신 접종으로 이 바이러스의 감염을 막을 수 있다. 버킷림프종(Burkitt lymphoma)은 아프리카에서 주로 발생하는데, 이 지역의 어린이 대부분은 엡스타인-바 바이러스에 감염되어 있다.

RNA 레트로바이러스는 동물의 암을 유발한다. 사람의 경우 레트로바이러스인 HTLV-1(human T-cell lymphotropic virus, type 1)이 모발상세포(hairy cell) 백혈병을 일으킨다고 알려져 있다. 이 질환은 일본 일부 지역, 카리브해 지방, 아프리카, 그리고 특히 이 바이러스에 감염된 사람이 많은 지역에서 빈번히 발생한다. HIV 감염으로 일어나는 AIDS와 헤르페스바이러스(Kaposi sarcoma-associated herpesvirus, KSHV)가 유발시키는 카포시육종(Kaposi sarcoma)은 바이러스가 면역 기능을 억제하여 발생하는 질병이다.

식이요법

암을 예방하는 방법 중 한 가지로 최근 식이요법이 주목을 받고 있다. 지방을 많이 섭취하는 식사 습관은 전립선암과 유방암에 걸릴 확률을 증가시킨다. 건강 특집 '암의 예방'은 암으로부터 자신을 보호하는 내용을 언급하였다. 미국암협회는 가급적 과일과 채소, 가공하지 않은 곡물(통곡물)을 많이 섭취하고, 가공된(정제된) 곡물과 붉은색 육류(특히 고지방 및 가공육)의 섭취를 제한할 것을 권장한다. 하루에 30~45분, 일주일에 5일 이상 중등도 수준에서 격렬한 수준의 신체 활동도 권장하고 있다.

진도 점검하기 19.2

1. 암에 유전적 요소가 있다고 말할 때, 그것이 무엇을 의미하는지 설명하시오.
2. 암 발생에 주요 역할을 하는 것으로 알려진 환경적 발암물질을 나열하시오.
3. 암 발병의 위험을 줄이기 위해 취할 수 있는 예방 조치를 설명하시오.

개념 연결하기

암과 암 예방에 대한 자세한 내용은 다음 논의를 참고하시오.

3.7절 피부암으로부터 자신을 보호하는 방법을 살펴본다.

8.5절 건강한 식단이 어떻게 암 위험을 줄이는지 살펴본다.

9.7절 흡연이 폐암에 미치는 영향을 살펴본다.

19.3 암의 진단

학습 목표

이 절을 학습한 후 다음 사항을 할 수 있어야 한다.

1. 암의 일곱 가지 경고 증상을 나열할 수 있다.
2. 암을 진단하는 데 사용될 수 있는 검사 방법들을 설명할 수 있다.

암은 조기에 발견할수록 성공적으로 치료할 수 있다. 의사들이 항상 지금의 기술보다 더 빨리 암을 발견하여 악성 종양이 형성되기 전에 제거할 수 있는 새로운 기법을 찾는 것은 바로 이 때문이다. 연구자들은 항상 새롭고 더 나은 진단 방법을 찾고 있다. 많은 연구자가 미래의 암 조기진단 방법으로써 암의 '지문(fingerprint)', 즉 암으로 인해 발생하는 분자 변화를 검사하는 데 있다고 믿고 있다. 많은 과학자는 분자 수준에서 암의 발생을 감지하는 기술을 개발하기 위해 노력하고 있으며, 이에 따라 체내에 종양이 형성되기 전에 침과 혈액, 소변 등의 시료에서 암과 관련된 유전자 및 그 단백질 산물을 검사할 수 있을지도 모른다. 현재는 다음과 같은 기법이 암의 진단에 일반적으로 사용된다.

오늘날의 생물학 ▶ 건강

암의 예방

많은 유형의 암에는 유전적 인자가 있지만, 암 위험을 줄일 수 있는 예방 행동과 식이요법이 있다.

예방 행동

다음과 같은 행동이 암을 예방하는 데 도움을 준다.

- **흡연하지 마라.** 흡연이 암 사망률의 30% 이상을 차지한다. 흡연은 남자의 80%, 여자의 79%, 평균 87%에서 폐암의 요인이다. 흡연하는 사람은 흡연하지 않는 사람보다 23배 더 높은 폐암 치사율을 가진다. 연기 없는 담배(씹는 담배, 냄새를 맡는 담배)는 구강, 후두, 목, 식도암의 위험을 증가시킨다.
- **일광욕 또는 선탠(tanning)을 하지 마라.** 기저세포 및 편평세포 피부암의 거의 모든 경우가 태양과 관련이 있다. 태양광의 노출도 흑색종 발병의 주요 요인으로, 적도 부근에 사는 사람들에게 이 암의 발병률이 증가한다.
- **방사선을 피하라.** 이온화 방사선에 지나치게 노출되면 암 위험이 증가한다. 비록 대부분의 의학용 및 치과용 X선은 가능한 한 가장 적은 선량으로 맞춰져 있지만, 불필요한 X선은 피해야 한다. 가정에서 지나친 라돈 노출은 특히 흡연자들에게 폐암의 위험을 증가시킨다. 가정 내 라돈을 확인하고 적절한 개선책을 취하는 것이 좋다.
- **암 검사를 해라.** 샤워할 때 유방암이나 고환암이 있는지 확인하라. 정기적으로 담당 의사에게 다른 검사를 받아라(표 19.1 참고).
- **직업성 위험을 살펴라.** 여러 다른 산업용 물질(니켈, 크롬산, 석면, 염화비닐 등)과 방사선은 여러 암의 위험을 증가시킨다. 석면은 흡연과 합쳐지면 훨씬 더 위험해진다.
- **예방접종을 해라.** HPV와 A형과 B형 간염 예방접종을 하라. 이러한 예방접종에 대한 조언과 그것이 적절한지에 대한 여부는 담당 의사 또는 다른 건강 전문가와 상의하라.

올바른 식단

통계에 따르면 식이 지침(가이드라인)을 따르는 사람에게서 암 발생률이 줄어든다고 한다. 다음의 식이 지침이 암의 진행을 크게 줄인다.

- **비만을 피하라.** 비만은 특히 남성과 여성 모두에게 생식기관과 관련된 암 발생을 증가시킨다. 대장, 곧창자, 식도, 유방, 콩팥, 전립선의 암은 모두 과체중과 관련이 있다.
- **고섬유질 음식을 많이 섭취하라.** 고섬유질 식단(통밀 시리얼, 과일, 야채 등)은 대장암을 막을 수 있다. 섬유질이 많은 음식은 지방 함량이 낮다.
- **비타민 A와 C가 풍부한 음식을 많이 섭취하라.** 비타민 A의 전구체인 베타카로틴은 녹색 채소, 당근, 여러 과일에 많이 들어 있다. 비타민 C는 감귤류 과일에 함유되어 있다. 이 비타민들은 DNA를 손상시키는 자유 라디칼 형성을 막는 항산화물질이라 불린다. 또한 비타민 C는 소화기관에서 질산과 아질산을 니트로소아민으로 변화시키는 것을 막는다.
- **염분 가공, 훈연, 질산 가공된 음식 소비를 줄여라.** 염분 가공 또는 절임 음식은 위암과 식도암의 위험을 증가시킨다. 햄, 소시지와 같은 훈연 식재료에는 담배 연기와 유사한 화학적 발암물질이 있다. 식재료의 부패를 막기 위하여 때때로 질산이 가공육류(핫도그, 냉육 등)와 다른 음식에 첨가된다. 앞에서 언급한 바와 같이 질산은 소화기관에서 니트로소아민으로 바뀌게 된다.
- **식단에 양배추 계열의 채소를 포함시켜라.** 양배추 계열의 채소에는 양배추, 브로콜리, 브뤼셀, 콜라비, 콜리플라워가 있다. 이 채소들은 위장관과 호흡관 관련 암의 위험을 줄일 수 있다.
- **알코올을 적당히 마셔라.** 알코올 섭취가 많아지면 암 발생 위험이 높아진다. 이런 위험은 음주 시 담배를 피우거나 씹는 사람에게 더욱 증가한다. 술을 많이 마시는 사람은 구강, 인두, 식도, 후두암에 대한 위험이 크다. 유방암과 간암의 높은 발병률은 과음과 관련이 있다. 남자는 하루에 두 잔 이하로 술을 제한해야 하고, 여자는 하루 한 잔의 술만 마셔야 한다. (맥주 한 잔은 약 355 ml, 와인 한 잔은 약 148 ml, 증류주 한 잔은 약 45 ml로 정의된다.)

생각해 볼 문제

1. 행동이나 식단을 바꾸는 것이 암 발생 가능성으로부터 당신을 완전히 보호하지 못하는 이유는 무엇인가?
2. 지난 며칠 동안 당신의 식단을 생각해 보고, 암의 위험을 줄일 수 있는 변화를 제안해 보시오.

일곱 가지의 경고 증상

암을 성공적으로 치료하려면 전이가 일어나기 전에 손을 써야 하지만, 유감스럽게도 전이가 일어나기 전에 암을 발견하기란 쉽지 않다. 미국암협회에서는 다음과 같이 암의 일곱 가지 경고 증상의 머리글자를 딴 'CAUTION'을 항상 염두에 두고 관찰할 것을 권장한다.

C(Change): 배변 혹은 배뇨 습관의 변화
A(A sore): 아물지 않는 상처
U(Unusual): 평소에는 없던 출혈 또는 분비물
T(Thickening): 유방 또는 몸의 다른 곳에 딱딱한 혹이 만져지는 것
I(Indigestion): 소화불량 또는 삼키기 어려움
O(Obvious change): 원래 있던 사마귀나 반점의 형태가 갑자기 변하는 것
N(Nagging cough): 잘 낫지 않는 기침과 목이 쉬는 현상

물론 이러한 증상이 있다고 해서 꼭 암이 발생했다고 볼 수는 없다. 하지만 이러한 증상이 간접적으로 몸의 이상을 말해주는 것일 수도 있기 때문에 반드시 의사와 상담하는 것이 좋다. 문제는 위에 열거한 증상들이 대부분 암이 상당히 진행된 뒤에야 나타난다는 것이다.

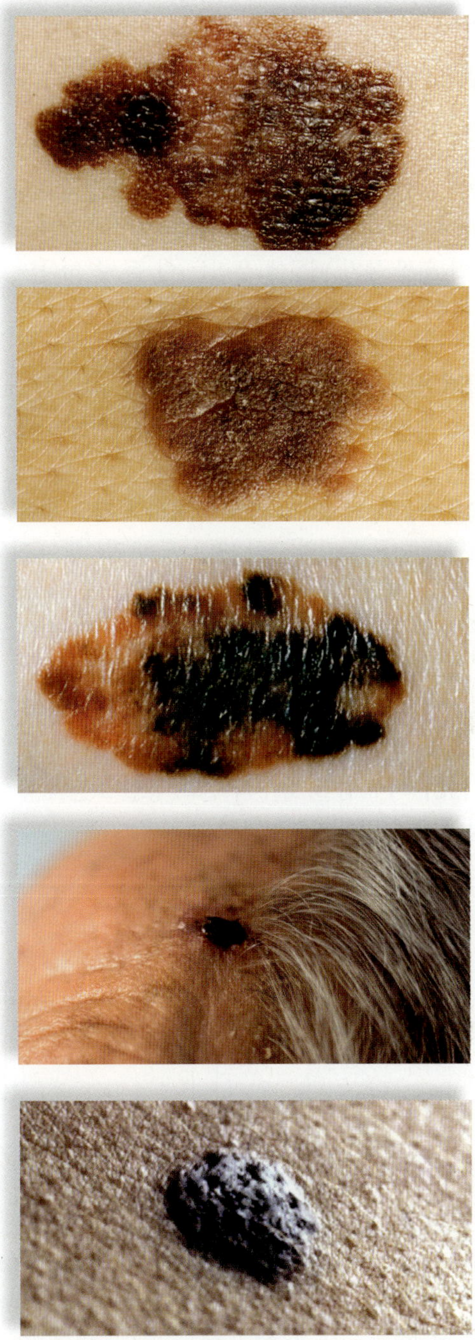

A = 비대칭(Asymmetry): 조직의 절반이 나머지 절반과 다르게 보임

B = 테두리(Border): 불규칙한 부채꼴 모양 또는 경계가 불충분한 테두리

C = 색상(Color): 황갈색, 갈색, 검은색 또는 흰색, 빨간색 또는 파란색으로 영역마다 다름

D = 지름(Diameter): 6 mm보다 큼 (연필 지우개 정도의 지름)

E = 융기(Elevated): 피부 표면 위, 시간 경과에 따른 **진화**(Evolving)나 변화

그림 19.7 흑색종의 ABCDE 테스트. 흑색종은 하나 이상의 ABCDE 특성을 확인함으로써 발견할 수 있다.
(A): National Cancer Institute (NCI); (B): LYphoto/Shutterstock; (C): Dr. P. Marazzi/Science Source; (D): Image Source/Getty Images; (E): BSIP/Universal Images Group/Getty Images

일반적인 암 진단을 위한 검사

항상 자신의 몸을 살펴보고, 병원에서 정기적인 진단을 받으면 암을 조기에 발견할 가능성이 높아질 수 있다. 예를 들어 가장 무서운 피부암 중 하나인 흑색종의 경우 ABCDE 검사를 수시로 시행하는 것이 좋다(그림 19.7). 여성의 유방암과 남성의 고환암은 목욕 중에 스스로 검사할 수 있다. 이 방법은 건강 특집 '암의 자가검진'에서 설명하고 있다.

가장 이상적인 암 검사법이라면 방법이 간단하고, 비용이 적게 들며, 정확한 결과를 보여줄 수 있어야 한다. 현재 사용되고 있는 검사 중에서 이 세 가지 요구를 모두 만족시키는 경우는 자궁경부암의 조기진단에 사용되는 팹 검사(Pap test)를 들 수 있다. 검사자는 자궁목(입구)의 조직을 조금 긁어내어 현미경으로 모양이 의심스러운 세포가 없는지 살펴본다(그림 19.1 참고). HPV 백신을 접종한 여성이라도 계속 정기적으로 팹 검사를 받는 것이 바람직한데, 그 이유는 (1) 백신이 모든 종류의 인간유두종 바이러스(HPV)에 작용하는 것은 아니며, (2) 이미 발생한 자궁경부암에 대해서는 백신 효과가 없기 때문이다. 팹 검사만 정기적으로 받아도 자궁경부암의 90%를 조기에 치료할 수 있다.

결장암(colon cancer)도 세 가지 방법의 검사를 통해서 조기에 발견이 가능하다. 우선 의사가 신속하게 검사하는 방법이 있는데, 이것은 손가락이 닿을 수 있는 부위까지만 조사가

오늘날의 생물학 ▶ 건강

암의 자가검진

미국암협회는 매달 여성에게는 유방 자가검사를, 남성에게는 고환 자가검사를 권장한다. 유방암과 고환암은 조기에 발견하면 완치 가능성이 훨씬 높기 때문에 우리는 이 둘 중 하나의 검사를 확실히 해주어야 한다.

여성을 위한 샤워 시 자가검진

1. 월경 일주일 후 유방의 덩어리, 결절, 또는 이상 변화를 체크하라.
2. 머리 뒤로 오른손을 놓고 왼손을 오른쪽 유방에 대고 원을 그려라. 손바닥으로 꾹 눌러라(그림 19C). 또한 겨드랑이도 체크하라.
3. 머리 뒤로 왼손을 놓고 오른손으로 앞과 똑같은 방식으로 왼쪽 유방을 체크하라. 겨드랑이도 체크하라.
4. 샤워 시 자가검진을 한 후 거울 바로 앞에 서 있는 채로 유방을 체크하라. 먼저 손을 머리 뒤에 놓고 머리 위로 팔을 올려라(그림 19D). 피부 함몰, 유두의 변화, 홍변 또는 부종과 같은 유방의 모양 변화를 관찰하라.
5. 만일 샤워나 거울을 이용한 자가검진을 하는 동안 변화를 발견한다면 즉각 의사에게 검사를 받아라.

유방암에 대한 가장 좋은 검사는 유방촬영술이다. 의사가 유방을 체크할 때 유방촬영술에 대하여 문의하라.

남성을 위한 샤워 시 자가검진

1. 한 달에 한 번 고환을 체크하라.
2. 그림 19E와 같이 엄지와 검지로 각 고환을 굴려보라. 딱딱한 덩어리나 혹이 있는지 확인하라.
3. 만일 변화나 통증 또는 몽우리가 있다면 즉각 의사에게 문의하여 처방을 받도록 하라.

고환암은 조기에 발견하면 치료할 수 있다. 전립선암이 남성에게서 가장 흔한 암이라는 것을 알고 있어야 한다. 50세 이상의 남자는 전립선검사를 포함한 건강 진단을 매년 해야 한다.

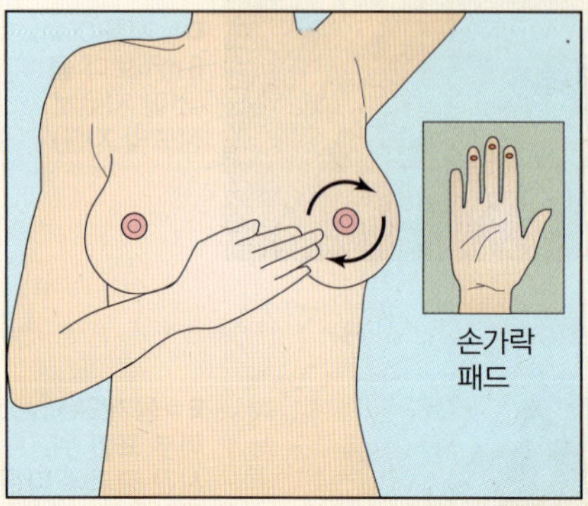

그림 19C 샤워 시 자가검진을 이용한 유방암 검사법.
The American Cancer Society

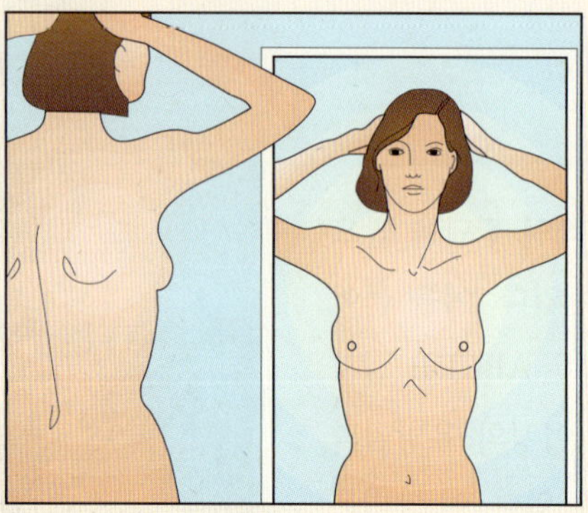

그림 19D 거울을 이용한 유방암 검사법.
The American Cancer Society

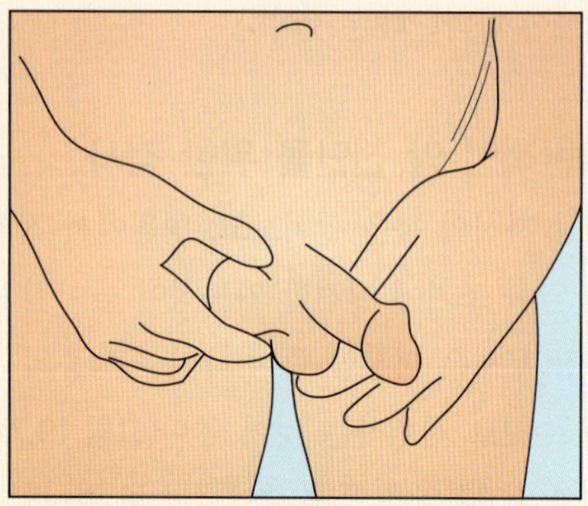

그림 19E 샤워 시 자가검진을 이용한 고환암 검사법.
The American Cancer Society

가능한 것이 단점이다. 두 번째는 길고 유연하며 끝부분에 불이 들어오는 내시경검사(sigmoidoscopy)를 사용하는 방법으로, 신속법보다는 넓은 범위를 검사할 수 있다. 세 번째는 분변잠혈검사를 통해서 대변 속에 혈액이 묻어 나왔는지 여부를 조사하는 것이다. 이 방법은 혈색소가 있을 때 색깔이 변하는 특수한 염료를 사용한다. 즉, 결장 내에 용종이 있으면 출혈이 일어난다는 가정하에 실시하는 검사지만, 용종 중에는 출혈을 일으키지 않는 것도 있으며, 또한 출혈이 있다고 해서 꼭 용종이 생긴 것은 아니기 때문에 혈액이 발견된 경우 대장내시경검사(colonoscopy)나 X선 촬영으로 보다 정밀한 검사를 시행한다. 대장내시경검사를 통하여 용종이 관찰되면 부착된 레이저로 즉시 용종을 제거할 수 있다. 한편 백혈병은 혈액검사로, 방광암은 소변검사(urinalysis)로 진단한다.

유방암은 잘 발견되지 않는 암 중 하나인데, 보통 다음 세

가지 방법을 추천한다. 첫째, 모든 여성이 한 달에 한 번 자가 검진을 시행할 것을 권장한다. 그러나 이것만으로는 안심할 수 없으므로 1년에 한 번 정도 의사의 검진을 받는 것이 좋으며, 특히 40세 이상의 여성은 꼭 검진을 받을 필요가 있다. 그러나 혹이 만져지기 전에 이미 암이 전이했을 수도 있으므로 X선 촬영을 통한 세 번째 검사, 즉 **유방촬영술**(mammography)을 시행하는 것이 바람직하다(그림 19.8). 물론 이 방법으로도 발견되지 않는 작은 혹이 있을 수도 있고, 다음 검사까지의 기간에 암이 발생할 수도 있다. 그렇더라도 유방촬영술은 손으로 만져서 발견할 수 있는 것보다 훨씬 작은 크기의 종양도 찾아낼 수 있어 조기에 치료를 시작할 수 있다는 점에서 유용하다. 표 19.1에 유방암처럼 일상생활을 통한 주기적인 검사가 필요한 암의 종류가 나열되어 있다.

몸의 각기 다른 부위에 있는 암을 진단하기 위하여 여러 가지 다양한 방법이 사용된다. 컴퓨터단층촬영술(computerized

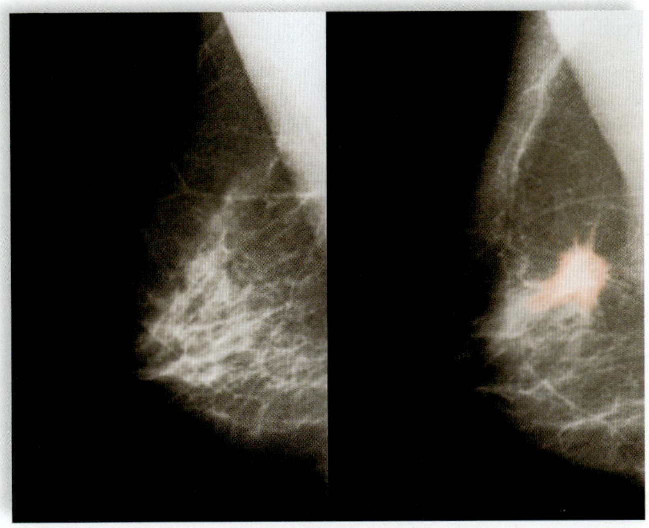

a. b.

그림 19.8 유방촬영술로 유방암을 발견할 수 있다.
유방의 X선 이미지를 통해 너무 작아서 만져지지 않는 종양을 발견할 수 있다.
a. 정상 유방의 이미지, **b.** 종양이 있는 유방의 이미지.
UHB Trust/The Image Bank/Getty Images

표 19.1 일반인(평균 위험도의 무증상자)의 암 조기 발견을 위한 권장사항

암	대상	검사 방법	검사 빈도
유방암	20세 이상 여성	유방 자가검진	20세부터 매달 한 번씩 (건강 특집 '암의 자가검진' 참고)
		임상검사, 유방촬영술	유방 방사선의 경우 20~30대 여성은 3년마다 한 번씩, 40세 이상이면 매년 한 번씩
결장직장암*	50세 이상 남성과 여성	분변잠혈검사(FOBT)	50세부터 매년 한 번씩
		분변면역화학검사(FIT), S자결장경검사, 또는 이중조영바륨관장	50세부터 5년마다 한 번씩
		결장경검사	50세부터 10년마다 한 번씩
전립선암	50세 이상 남성	직장촉진검사와 전립선 특이항원검사(PSA)	50세 이상으로 남은 삶이 10년 이상인 남성의 경우 매년 한 번씩
자궁경부암	21세 이상 여성	팹 검사	3년마다 한 번씩
	30~65세 여성	팹 검사 + HPV DNA검사	5년 및 3년마다 팹 검사와 병행, 65세 이상 여성의 경우 최근 20년 안에 매우 심각한 조기암 또는 암이 아닌 경우 검사를 중단해도 좋음
자궁내막암†	폐경 이후의 여성	예상치 않은 출혈이 있을 경우 즉시 의사에게 보일 것	
고환암	20세 이상 남성	고환 자가검진	20세부터 매달 한 번씩 (건강 특집 '암의 자가검진' 참고)
그 밖의 다른 암	20세 이상 남성과 여성	정기 건강검진을 받을 때마다 암과 관련된 검사를 함께 실시하는 것이 좋다. 흡연과 자외선 노출, 식습관과 영양, 암의 위험요인과 주변 환경 및 직업과 관련된 발암물질에 대한 상담도 함께해야 한다.	

* 일정 중 하나를 따른다.
† 평균위험, 증가, 고위험은 내과 의사와 상담한다.
출처: 미국암협회(www.cancer.org)

axial tomography, CT)은 주사 X선으로 촬영한 영상을 몸의 축을 따라 컴퓨터로 조합하여 그 단면을 볼 수 있는 기술로써 종양의 크기와 위치를 알아볼 수 있다. 자기공명영상(magnetic resonance imaging, MRI)도 컴퓨터로 조합된 영상을 보여주는 기법으로, 특히 뇌와 척수처럼 뼈로 둘러싸인 조직에 발생한 암을 분석하는 데 유용하다. 방사선 스캔(radioactive scan)은 특정 조직에 침착되는 방사성 동위원소를 몸 안에 주입하면 이것이 종양이 있는 부위에 축적되는 현상을 이용하는 것이다. 초음파(ultrasound)는 고주파가 몸의 한 부위를 통과할 때 발생하는 반향을 통하여 종양의 크기와 모양, 위치를 파악하는 기술이다. 초음파는 주로 위, 전립샘, 이자, 콩팥, 자궁, 난소를 조사할 때 사용된다.

조직 일부를 떼어내서 검사하는 **생검**(biopsy)을 통해 암이 발생했는지 여부를 검사하기도 하는데, 이때 외과 수술 없이도 주삿바늘을 이용하여 세포를 채취하거나 복강경검사(laparoscopy)를 통하여 몸 안을 들여다볼 수 있다.

종양표지검사

종양표지검사(tumor marker test)는 항원 또는 항체에 대한 혈액 검사이다. 종양들이 체내 항체반응을 일으키는 물질들을 내보내기 때문에 혈액검사가 가능하다. 예를 들어 결장암을 이미 경험했다면 재발을 탐지하기 위해 **암배아성항원**(carcinoembryonic antigen, CEA)이라고 불리는 항원의 존재를 사용하는 것이 가능하다. 암배아성항원의 수준이 올라가면 암의 성장도 증가한다.

초기 암 진단을 위해 사용될 수 있는 종양표지검사도 있다. 그것만으로는 신뢰하기가 충분치 않지만, 신체검사와 초음파와 함께 그것들은 유용한 것으로 고려된다. 예를 들어 전립선암에는 **전립샘특이항원**(prostate-specific antigen, PSA), 난소암에는 CA-125, 간종양에는 **알파태아단백질**(alpha-fetoprotein, AFP) 검사가 있다.

유전자검사

원발암 유전자 또는 종양 억제 유전자에 일어난 돌연변이를 검사하면 종양이 실제로 형성되기 전에도 그 발생 가능성을 조사할 수 있다. 이러한 방법으로 결장암, 방광암, 유방암, 갑상샘암, 그리고 흑색종의 유발 가능성을 알아보는 것이 가능하다. 예를 들어 환자의 *RET* 유전자에 돌연변이가 일어난 형태라면 의사는 이 환자가 앞으로 갑상샘암에 걸릴 확률이 높다고 판단한다. 마찬가지로 *p16* 유전자에 일어난 돌연변이는 흑색종의 발병과 연관이 있다. 유전자검사는 외과 수술로 종양을 제거한 뒤 남아 있는 암세포가 있는지를 조사할 때도 사용된다.

의사는 유전자검사를 통하여 유방암의 *BRCA1*(유방암 유전자 1) 유전자를 조사한 뒤 돌연변이형을 가지고 있는 여성에게 예방 차원에서 유방 제거 수술을 권하거나 일반인보다 더 자주 검진을 받을 것을 권장할 수 있다. 방광암과 연관이 있는 돌연변이는 해당 염색체 부위의 현미부수체(microsatellite) 결실을 통하여 조사한다. 현미부수체란 2개, 3개 또는 4개의 염기서열이 여러 번 반복된 것을 가리키는데, 림프구에서 추출한 DNA와 소변에 섞여 나오는 세포들에서 추출한 DNA를 비교하여 소변의 세포에서 염기서열의 반복 횟수가 더 적으면 방광에 종양이 생긴 것으로 본다.

말단소체중합효소는 세포 내에서 염색체의 말단 부위를 일정 길이로 유지해주는 역할을 담당한다. 이 말단소체중합효소를 만들어내는 유전자는 성인의 세포에서는 활동이 중지되어 있는 반면, 암세포에서는 발현된다. 따라서 말단소체중합효소가 있으면 암세포로 변한 것을 알 수 있다.

진도 점검하기 19.3

1. 암의 7가지 경고 신호를 나열하시오.
2. 암을 발견하고 진단하는 데 사용할 수 있는 일상적인 선별 검사의 종류를 설명하시오.
3. 유전자검사와 종양표지검사가 어떻게 암 예방에 사용될 수 있는지 설명하시오.

개념 연결하기

이 절에 제시된 주제에 대한 자세한 내용은 다음 논의를 참고하시오.

6.3절 신체가 항원에 대한 항체를 생성하는 방법을 살펴본다.

8.5절 대장(결장)의 용종이 어떻게 결장암으로 이어질 수 있는지 살펴본다.

16.3절 여성 생식기관의 구조와 자궁경부의 위치를 살펴본다.

19.4 암의 치료

학습 목표

이 절을 학습한 후 다음 사항을 할 수 있어야 한다.

1. 외과 수술, 방사선요법, 화학요법이 암을 치료하기 위해 어떻게 사용될 수 있는지 설명할 수 있다.
2. 암 치료의 최근 방법들을 요약할 수 있다.

지금까지 암의 치료를 위하여 사용되어 오던 다양한 방법들 이외에도 현재 여러 가지 새로운 치료법이 임상시험을 거치고 있다. 그 효과가 입증되면 이 첨단 기법들도 가까운 미래에 널리 사용될 수 있을 것이다.

기본 치료

암의 표준 치료법은 외과 수술을 통한 종양의 제거와 방사선 및 화학요법이다.

외과 수술

혈액암을 제외하고 상피암은 외과 수술로도 충분히 치료가 가능하다. 그러나 일부 암세포가 완전히 제거되지 않고 남아 있을 수 있으므로 보통 수술 전과 후에 방사선요법을 병행한다.

방사선요법

이온화 방사선은 염색체를 손상시켜 세포주기가 중단되도록 만든다. 따라서 암세포처럼 분열하고 있는 세포는 정상세포에 비하여 이온화 방사선에 훨씬 민감하다. 방사선요법에서는 고강도 X선 또는 감마선을 조사하거나 방사선을 내는 물질을 직접 환자의 몸 안에 주입하기도 한다(그림 19.9). 경우에 따라 작은 방사성 물질이 환자의 몸에 직접 이식된다. 자궁경부암과 후두암, 초기 단계의 전립선암, 호지킨 림프종은 방사선요법만으로 치료하는 경우가 많다.

X선과 감마선 이외에도 중성자나 양성자를 치료에 사용하기도 한다. 이 경우 종양 부위를 표적으로 삼아 총알을 겨냥하듯이 빔을 발사한다.

방사선요법의 부작용은 조사량과 몸의 어느 부위에 조사되었는지에 따라 달라진다. 일반적으로 방사선요법의 부작용과 관련된 증상은 극심한 피로와 무력감, 구강건조증, 메스꺼움, 설사, 건조하거나 붉거나 자극받은 피부, 수포성 화상, 탈모 등으로 대개 일시적이다. 그러나 탈모 현상은 때때로 회복되지 않을 수도 있다.

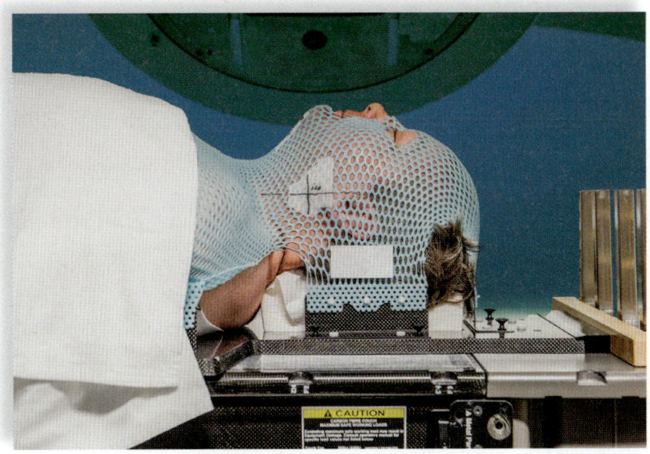

그림 19.9 암의 방사선요법.
방사선요법은 대개 외래 진료의 형태로 시술된다. 뇌종양 환자의 머리는 방사선이 매우 정확한 영역으로 전달될 수 있도록 고정되어 있다.
Ragnar Th Sigurdsson/Arctic Images/Alamy Stock Photo

화학요법

방사선요법이 우리 몸의 국한된 부위에 사용되는 반면, 화학요법은 우리 몸 전체로 전이된 암을 치료하는 데 사용된다(그림 19.10). 그 결과, 암이 발생한 곳에서 벗어났을 가능성이 있는 모든 세포의 치료가 가능하다.

화학요법에 사용되는 약제의 대부분은 DNA를 손상시키

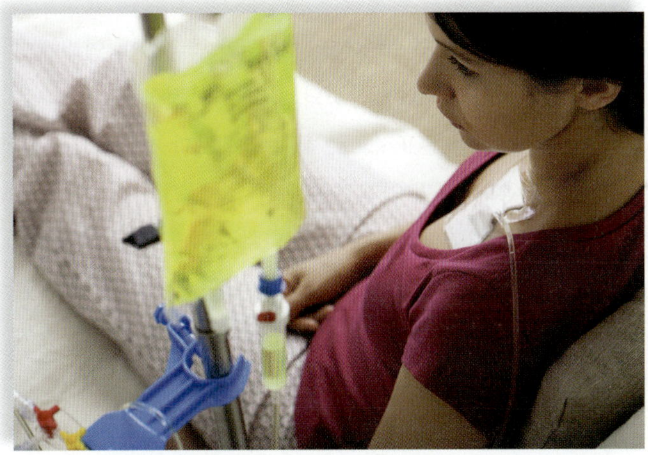

그림 19.10 화학요법의 암 치료.
화학요법에 사용되는 약제는 몸 전체에 신속히 퍼져나가도록 혈관을 통하여 주입되는 것이 일반적이다.
Image Point Fr/Shutterstock

거나 그 합성을 억제하는 기능이 있다. 화학요법의 목적은 가능한 모든 암세포를 마지막 하나까지 죽이면서 우리 몸의 기능 유지에 필요한 만큼의 정상세포는 살아남도록 하는 것이다. 세포 수준에서 여러 가지 다양한 경로에 작용하는 약제를 함께 사용하면 화학요법의 효과를 높일 수 있을 뿐 아니라, 일부 암세포가 특정 약제에 대한 내성을 획득하는 것도 막을 수 있다. 실제로 치료에 사용되는 약제는 암의 종류와 환자의 나이, 건강 상태, 그리고 부작용을 견딜 수 있는 능력에 따라 결정된다. 현재 가장 많이 사용되고 있는 화학요법의 유형은 다음과 같다.

- 알킬화제(alkylating agent): 이 약물은 DNA 복제를 차단하여 암세포의 성장을 방해한다.
- 대사대항물질(antimetabolite): 이 약물은 암세포가 생존하고 성장하는 데 필요한 효소를 차단한다.
- 항종양 항생물질(antitumor antibiotic): 이 약물은 박테리아 감염을 치료하는 데 사용되는 것과는 달리 DNA를 방해하여 특정 효소와 세포분열을 차단하고 세포막을 변화시킨다.
- 유사분열억제제(mitotic inhibitor): 이 약물은 세포분열을 억제하거나 세포 재생 과정에 필요한 특정 효소의 작용을 방해한다.
- 니트로소우레아(nitrosourea): 이러한 약물은 DNA 복구를 돕는 효소의 작용을 방해한다.

화학요법에 사용되는 약제들은 대부분 특정 암을 표적으로 고안된 것들이다. 예를 들어 어떤 종류의 암은 9번 염색체의 일부가 결실되어 DNA가 합성되는 경로가 정상세포와 다르다. 바로 이 차이점을 표적으로 하여 암세포만 선택적으로 파괴할 수 있는 화학요법 약제가 사용된다.

태평양 연안에서 자라는 주목나무로부터 추출한 택솔(paclitaxel, Taxol)은 말기 난소암, 유방암, 두경부암의 치료에 효과가 있다. 택솔은 세포분열 시 미세소관의 기능을 방해한다고 알려져 있다. 현재는 이와 비슷한 구조이면서 훨씬 강력한 효과를 지닌 합성 화합물인 택소이드(taxoid)가 개발되어 택솔 대신 사용된다.

백혈병과 림프종, 고환암 등은 현재 화학요법만으로 치료가 가능하다. 오늘날 소아 백혈병 환자의 생존율은 80% 정도이며, 한때 환자 3명 중 2명은 사망에 이르렀던 호지킨 림프종도 네 종류의 약제를 함께 사용하는 화학요법으로 치료 개시 후 몇 달 이내에 환자 4명 중 3명을 완치시킬 수 있다. 유방암과 결장암의 경우 외과 제거 수술 후 화학요법을 병행하면 암의 재발이 현저하게 감소한다.

하지만 때로는 화학요법이 효과가 없는 경우도 있으며, 그 이유는 암세포가 다약제내성(multidrug resistance)을 획득하였기 때문이다. 이 현상은 모든 약제가 세포막에 존재하는 펌프와 결합하여 세포 밖으로 배출될 수 있기 때문에 일어나는데, 과학자들은 현재 이러한 막수송단백질을 선택적으로 마비시켜서 약제가 세포 내에 남아 있도록 만드는 방법을 고안하는 중이다. 또 다른 방법은 기능이 중복되지 않는 여러 가지 약제를 함께 사용하는 것인데, 이는 암세포가 모든 약제에 대하여 동시에 내성을 획득할 수는 없다는 점에 착안한 것이다.

> **생활 속의 생물학**
>
> **방사선요법과 화학요법의 부작용을 줄이기 위해 할 수 있는 것은 무엇인가?**
>
> 암 환자들은 종종 치료의 고통스러운 부작용에 대해 말한다. 메스꺼움, 구토, 설사, 체중감소, 탈모, 걱정, 우울, 극도의 피곤들이 방사선요법과 화학요법으로 발생하는 부작용 증상들이다.
>
> 그러나 암 환자들이 부작용에 대처하는 방법들이 있으며, 다른 방법들도 계속해서 고안되고 있다. 항구토제(antiemetic drug)는 메스꺼움과 구토를 완화시킨다. 유전공학적으로 가공된 적혈구형성인자(erythropoietin)는 적혈구 생산을 자극하고 피로감을 줄여준다(5.2절 참고). 마리화나와 매우 연관이 있는 약물인 마리놀(Dronabinol, Marinol)은 식욕을 증가시켜 체중감소를 완화한다. 탈모는 두피에 콜드팩이라는 냉치료로 최소화할 수 있다. 차가운 온도는 모근세포의 대사율을 느리게 하고, 모근세포들이 암을 치료하는 동안 생존하도록 도움을 준다. 항우울제와 항불안제는 심리학적 증상들을 완화한다.
>
> 점차적으로 암 환자들은 암을 치료하기 위해 대체치료법에도 귀를 기울인다. 요가, 명상, 태극권(tai chi)을 포함한 수양기법들이 암 환자들을 안정화시키는 데 도움을 준다. 최면(hypnosis)도 심신을 안정화시키는 효과를 줄 수 있다. 아로마, 마사지, 음악 치료는 아마도 뇌의 쾌락센터를 자극함으로써 긴장과 스트레스를 완화시키는 것으로 보인다. 운동은 뇌의 통증완화 신경전달물질인 엔도르핀을 생산하는 것으로 알려져 있다.

경우에 따라서 골수이식(bone marrow transplant)을 화학요법과 병행하기도 한다. 골수 속에서는 세포들이 활발히 분열하고 있어 암세포를 죽이는 약제에 의하여 손상을 입는다. 골수자가이식(bone marrow autotransplantation)은 환자 자신의 골수줄기세포들을 치료 전에 채취하여 저장해 두었다가 사용하는 것이다. 이 경우 다약제내성이 발생하지 않도록 매우 강한 방사선요법 및 화학요법으로 암세포를 모두 사멸시킨 후, 저장해 두었던 줄기세포를 골수에 다시 이식하여 혈액세포를 재생시켜 준다.

새로운 암 치료법

현재 임상시험 단계를 거치고 있는 새로운 암 치료법들은 다음과 같다.

면역요법

우리는 면역체계가 암의 성장을 지체시키며 일부 암을 통제하는 능력이 있다는 것을 알고 있다. 그러나 많은 경우 암세포는 몸의 정상세포와 다른 항원을 가지고 있다고 하더라도 면역체계를 피할 수 있다. 하지만 몇몇 암 관련 바이러스의 백신을 접종하는 것이 한동안 가능했으며(예: HPV), 과학자들은 암세포에 저항할 백신을 개발하기 시작하였다. 일부 백신은 개발 중이지만, 현재 이용 가능한 것은 없다.

다른 아이디어는 종양의 항원을 포함하는 유전자가 변형된 면역세포를 이용하는 것이다(그림 19.11). 이 세포를 몸 안으로 주입시키면 이들은 사이토카인(cytokine)을 생성한다. 사이토카인이 면역세포의 화학적 전달자라는 것을 상기해 보자(6.2절 참고). 사이토카인은 종양을 공격하기 위하여 몸의 면역세포를 자극한다. 변형된 면역세포는 종양 항원을 세포독성 T세포에게 제시하고, 그다음 이들 세포가 체내 암세포를 파괴한다.

수동적 면역치료도 가능하다. 단일클론 항체는 같은 형질세포로부터 생성되기 때문에 같은 구조를 가진다(그림 6.9 참고). 일부 단일클론 항체는 암세포의 수용체단백질을 전담하도록 되어 있다. 단일클론 항체의 사멸능력을 증가시키기 위하여, 이것들은 방사성 동위원소나 화학요법 치료제와 연결된다. 이것은 머지않아 화학요법 외에 초기 치료법으로 사용될 것으로 기대된다.

p53 유전자 치료법

과학자들이 알아낸 바에 따르면 *p53* 유전자가 약 19시간 동안만 발현되어도 세포사멸, 즉 예정된 세포사멸이 유도된다고 한다. 더욱이 이 기능은 DNA가 손볼 수 없이 손상된 암세포에서만 작용하는 것으로, 정상세포는 *p53*의 양이 증가해도 세포사멸을 일으키지 않는다.

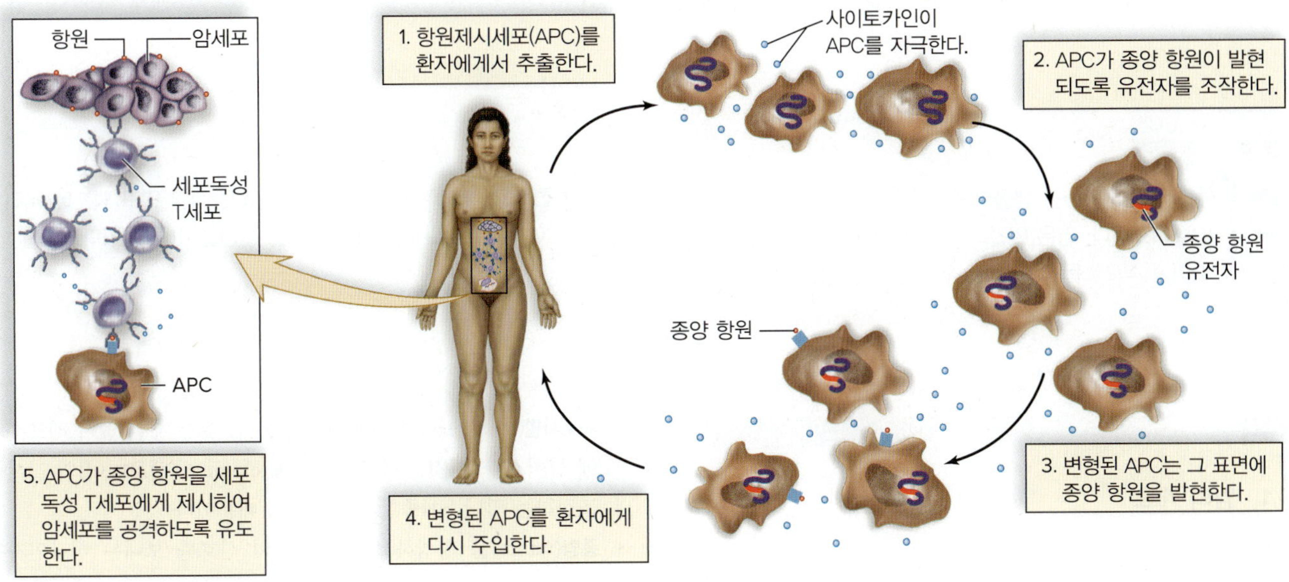

그림 19.11 면역요법을 이용한 암 치료.
(1) 항원제시세포(APC)가 제거되고, (2) 유전자가 조작되고, (3) 종양 항원이 나타난다. (4) 이 세포를 환자에게 다시 주입한 후, (5) 세포독성 T세포에 항원을 제시하여 암세포를 사멸시킨다.

자연 상태의 아데노바이러스(adenovirus)는 세포에 침입하면 *p53*을 불활성화시키는 단백질을 생산한다. 그러나 과학자들은 교묘하게 조작된 유전자 변형을 통하여 이러한 억제 단백질을 생산할 수 없는 아데노바이러스를 만들어냈다. 이 변형 바이러스는 *p53* 유전자가 결핍된 세포, 즉 암세포에만 감염하여 세포를 죽일 수 있다. 이 아데노바이러스는 암세포를 통해 전파되면서 다른 암세포도 죽이게 된다. 이렇게 유전적으로 변형된 아데노바이러스를 이용한 치료법은 현재 임상시험 단계를 거치는 중이다.

유전체 편집

유전체 편집은 DNA 분자의 특정 서열을 표적으로 하여 DNA 수준에서 교정(편집)하는 것을 말한다. 편집은 여러 가지 방법을 통해 수행할 수 있다. 가장 널리 사용되는 것은 DNA 서열상에 규칙적으로 간격을 둔 짧은 회문 반복 군집 구조인 CRISPR(clustered regularly interspaced short palindromic repeats)이다. CRISPR가 어떻게 작동하는지는 21.3절에서 자세히 살펴볼 것이다.

암 치료제로서 CRISPR 시스템은 기능을 상실한 세포주기 제어 유전자를 비활성화하는 데 사용되었다. 첫 번째 시도는 용어에서 알 수 있듯이 두 단백질이 함께 융합된 융합 단백질과 관련이 있다. 융합 단백질은 종양 유전자가 되는 경향이 있으므로 자동차의 가속 페달과 같은 역할을 한다. 연구자들은 CRISPR를 사용하여 융합 단백질의 특정 DNA 서열을 표적으로 삼음으로써 특정 유전자를 비활성화하고 종양 유전자 가속 페달을 '고정 해제' 할 수 있었다. 초기 결과에 따르면 이 접근 방식은 종양의 크기를 줄이는 데 성공했으며, 이는 이후에 전통적인 치료법의 표적이 될 수 있음을 나타낸다.

미래에는 유전체 편집이 세포 속 암 경로에 발생된 돌연변이를 수정하거나 돌연변이 원발암 유전자 또는 종양 억제 유전자의 기능을 복원하여 암의 발생으로부터 세포를 보호하는 정상적인 조절 기전 중 일부를 복원할 수 있을 것이다.

진도 점검하기 19.4

1. 현재 암을 치료하는 표준 방법인 세 가지 유형의 치료법을 설명하시오.
2. 암 치료에 화학요법, 방사선요법, 외과 수술의 조합이 필요한 이유를 설명하시오.
3. 항혈관신생요법의 근거를 설명하시오.

개념 연결하기

이 절에 제시된 주제에 대한 자세한 내용은 다음 논의를 참고하시오.

6.2절 감염으로부터 신체를 보호하는 사이토카인과 같은 화학적 신호의 역할을 살펴본다.

6.4절 면역반응에서 세포독성 T세포의 기능을 살펴본다.

21.3절 유전 공학이 바이러스의 유전자를 어떻게 바꿀 수 있는지 살펴본다.

결론

이 장에서 우리는 인간 생물학을 이해하는 데 있어 암의 중요성을 살펴보았다. 암은 인간의 주요 사망 원인 중 하나이며, 우리 삶에서 어떤 식으로든 적지 않은 영향을 미칠 질병 중 하나이다. 하지만 전 세계 과학자와 의료 전문가의 집중적인 연구 덕분에 우리는 암의 예방, 발견 및 치료에서 엄청난 진전을 이루고 있다.

요약

19.1 암의 개요

암세포의 특징

암(cancer)은 제어되지 않은 세포 성장을 나타낸다. 특정한 특성은 암세포에 공통적으로 나타난다. 암세포의 특징은 다음과 같다.

- **분화**(differentiation)가 미흡하거나 기능에 기여하지 않는다.
- **세포사멸**(apoptosis)을 이행하지 않는다. 횟수 제한 없이 세포주기에 들어간다. 이것은 종종 **말단소체**(telomere, 텔로미어)의 길이를 조절하는 말단소체중합효소의 존재 때문이다.
- **종양**(tumor)을 형성하고, 세포분열의 신호를 보내는 성장인자가 필요하지 않다.
- 점차 비정상적으로 된다. **발암**(carcinogenesis)은 시작, 촉진, 진행으로 구성된다.

- 혈관을 지탱하기 위해 새로운 혈관을 만드는 **혈관 신생**(angiogenesis)을 거치며, 전신으로 퍼진다[**전이**(metastasis)].

유전자 돌연변이로 인한 암의 발생

세포주기에는 사이클린과 같은 단백질에 의해 조절되는 **검문 지점**(checkpoint)이 있다. 정상세포에서 세포주기는 두 부류 유전자의 작용을 통해 정상적으로 작동한다.

- **원발암 유전자**(proto-oncogene)는 종종 **성장인자**(growth factor)를 이용하여 세포주기를 촉진하고, 세포사멸은 억제한다. 원발암 유전자는 **종양 유전자**로 돌연변이 될 수 있다.
- **종양 억제 유전자**(tumor suppressor gene)는 세포주기를 억제하고, 세포사멸은 촉진한다.

암세포에서는 세포주기가 가속화되고 반복적으로 발생한다.

- **종양 유전자**(oncogene)는 억제되지 않은 세포주기를 촉진하고, 세포사멸은 억제한다.
- **돌연변이 종양 억제 유전자**(mutated tumor suppressor gene)는 억제되지 않은 세포주기를 촉진하고, 세포사멸은 억제한다.

암의 종류

종양학(oncology)은 암을 연구하는 학문이다. 암은 발생 장소에 따라 다음과 같이 분류된다.

- **암종**(carcinoma)은 상피조직에서 발생한다.
- **육종**(sarcomas)은 근육과 결합조직에서 발생한다.
- **백혈병**(leukemias)은 혈액에서 발생한다.
- **림프종**(lymphomas)은 림프조직에서 발생한다.

특정 신체 기관은 다른 기관보다 암에 더 취약하다.

19.2 암의 원인과 예방

암의 진행은 사람의 유전적 배경과 환경 **돌연변이원**(mutagen) 및 **발암물질**(carcinogen)에 대한 노출이 더해져 결정된다.

- 가족력이 있는 암은 돌연변이 유전자의 유전 때문일 가능성이 높다(예: 유방암, 망막모세포종 종양).
- 발암물질은 특정한 환경 요인이다(예: 자외선, 담배 연기, 오염물질).
- 산업용 화학물질(예: 살충제, 제초제)은 발암성이 있다.
- 특정 바이러스(예: B형 및 C형 간염 바이러스, 인간유두종 바이러스, 엡스타인-바 바이러스)는 특정 암을 유발한다.

19.3 암의 진단

암의 진단이 빠를수록 효과적으로 암을 치료할 가능성이 높아진다. 암 검사 방법은 다음과 같다.

- 자궁경부암에 대한 팹 검사
- 유방암에 대한 유방촬영술
- 종양의 항원/항체를 검출하는 혈액 검사인 종양표지검사
- 종양 유전자와 종양 억제 유전자의 유전적 변이에 대한 검사
- 암의 진단을 확인하는 데 사용되는 생검과 영상 검사

19.4 암의 치료

외과 수술, 방사선요법, 화학요법은 암을 치료하는 전통적인 방법이다. 그 밖에는 다음과 같은 방법이 있다.

- 골수이식을 포함한 화학요법
- 면역요법
- 암세포가 세포사멸을 하게 하는 *p53* 유전자 치료법
- 혈관 신생 및 전이 억제제 등의 기타 치료제

개념 심화 학습

비판적 사고 키우기

1. HPV 백신은 11~26세의 남녀 모두에게 접종을 권장한다. 이 백신에 대해서는 약간의 논란이 있다. 어떤 사람들은 성병에 대한 예방접종이 성행위 중 안전에 대한 잘못된 인식을 갖게 할 수 있다고 생각한다. 또 다른 사람들은 이 예방접종이 젊은 성인들이 성행위를 하도록 부추길 것이라고도 생각한다.

 a. 아직 성생활을 하지 않는 사람에게 백신을 권장하는 이유는 무엇인가?

 b. HPV 백신을 접종하면 어떤 유형의 면역이 생길까? 이 질문에 답하려면 면역에 관한 6장을 다시 학습할 필요가 있다.

2. 유방절제술을 시행할 때, 침습성 암이 있는 유방을 둘러싼 림프절이 종종 제거되는 이유는 무엇인가?

3. 많은 유형의 암(예: 난소암)은 상당히 진행될 때까지 증상이 나타나지 않는다. 이는 환자에게 어떤 결과를 가져오는가?

관련성 탐구하기

1. 암을 예방할 수 있는 건강한 생활 방식은 무엇인가?

2. 현재 임상시험 중인 암 백신이 많다. 암 백신이 있다면 맞겠는가? 그 이유는 무엇인가?

3. 왜 뇌암과 같은 일부 형태의 암은 치료가 어렵고 사망 위험이 더 높은가?

모든 장의 질문에 대한 정답은 *connect.mheducation.com*에서 확인하시오.

CHAPTER

20 유전방식

Deborah Kolb/Shutterstock

이 장의 개요

시작하기 전에

이 장을 시작하기 전에 다음 사항을 논의해 보자.

1.7절 세포에서 DNA의 역할은 무엇인가?

18.4절 감수분열은 정자와 난자 생산에 어떻게 관여하는가?

18.4절 감수분열은 어떻게 새로운 대립유전자의 조합을 생성하는가?

눈 색깔의 유전학

어릴 때부터 우리는 눈 색깔을 부모, 친구, 주변 사람들의 눈 색깔과 비교한다. 우리는 특정 눈 색깔을 물려받은 방법을 설명하기 위해 유전방식을 설정하려고 시도하지만, 인간의 많은 특성과 마찬가지로 실제 이야기는 조금 더 복잡하다.

눈(홍채) 색깔은 *OCA2*라는 유전자에 의해 결정된다. 이 유전자의 변이와 최대 16개의 다른 유전자의 상호작용은 눈이 갈색인지, 녹색인지, 적갈색인지, 또는 그 중간인지에 영향을 미칠 수 있다. 하지만 파란 눈은 어떠한가?

파란 눈 색깔은 인간에게 비교적 최근에 발달된 것이다. 그것은 눈 색깔 색소의 생성을 조절하는 *HERC2*라는 유전자의 돌연변이 때문이다. 일부 형태의 *HERC2*에서는 돌연변이로 인해 유전자가 비활성화된다. *OCA2*가 눈 색깔을 생성하려면 *HERC2* 사본 하나만 있으면 되지만, *HERC2* 사본 두 개가 모두 결함이 있는 경우 어떤 *OCA2* 유전자를 물려받았는지에 관계없이 파란 눈이 된다.

이 돌연변이는 6,000~7,000년 전에 북유럽에서 처음으로 나타났다. 유전학자들은 이것이 한 사람에게서 발생했을 수 있으며, 그렇게 유럽 전역과 아시아 및 북아프리카의 다른 지역으로 퍼졌다고 믿고 있다. 따라서 파란 눈을 가진 모든 사람들은 그들의 조상을 이 한 사람으로 추적할 수 있다고 생각된다.

이 장에서는 유전방식과 관련된 몇 가지 기본 원칙을 알아볼 것이다.

이 장을 학습하면서 다음 질문을 생각해 보자.

1. 환경과 유전은 눈 색깔과 같은 유전적 특성에 어떤 영향을 주는가?
2. 상염색체 우성 유전과 상염색체 열성 유전방식의 차이점은 무엇인가?
3. 감수분열은 생식세포 생산과 형질 유전의 확률을 예측하는 데 어떻게 도움이 되는가?

20.1 유전자형과 표현형

학습 목표

이 절을 학습한 후 다음 사항을 할 수 있어야 한다.

1. 유전자형과 표현형을 구별할 수 있다.
2. 유전방식과 관련된 대립유전자, 유전자, 우성 및 열성을 정의할 수 있다.
3. 개체의 유전자형이 주어지면 표현형을 식별할 수 있다.

유전학의 과학은 유전 과정(부모와 마찬가지로 여러분이 인간인 이유)과 한 세대에서 다음 세대의 자손 사이에 변이가 있는 이유(부모와 다른 특성 조합을 가진 이유)를 설명한다. 사실 역사상 모든 문화는 관찰된 유전방식을 설명하려고 시도했고, 이러한 유전방식에 대한 이해는 농업, 축산업(동물 사육 과학), 의학을 포함한 인간 사회의 여러 측면에서 항상 중요했다. 이 절에서는 유전학 연구와 관련된 일부 용어를 살펴볼 것이다.

유전자형

유전자형(genotype)이라는 용어는 개인의 유전자를 의미하며, **유전자**(gene)는 형질(또는 특성)을 암호화하는 염색체상의 DNA 분절이라는 것을 기억해야 한다. 이 유전자는 유전의 단위이며, 각 유전자는 염색체의 특정 위치 또는 **유전자자리**(locus, 복수는 loci)에 위치한다. **대립유전자**(allele)는 유전자의 다른 형태로 쉽게 설명될 수 있다. 예를 들어 만일 유전자가 암호화하고 있는 형질이 눈 색깔이라면 대립유전자는 파란 눈에 대한 정보 또는 갈색 눈에 대한 정보이다.

대립유전자는 종종 우성 또는 열성으로 분류된다. 일반적으로 **우성 대립유전자**(dominant allele)는 **열성 대립유전자**(recessive allele)의 발현을 숨긴다. 따라서 대립유전자가 우성인 경우 해당 형질이 발현되기 위해서는 해당 대립유전자의 사본이 하나만 있으면 된다. 하지만 대립유전자가 열성인 경우 두 염색체 모두 열성 대립유전자를 소유해야 개체에서 발현된다.

우성(dominant)과 열성(recessive)이라는 용어는 모집단에서 형질의 유병률(또는 빈도)을 나타내는 것이 아니라 유전자 발현 수준에서 세포에서 일어나는 일을 나타낸다. 우성 대립유전자는 개체군에서 매우 드물 수 있기 때문에 열성 대립유전자가 가장 널리 퍼질 수 있다.

대립유전자는 종종 약어로 표시한다. 대부분의 경우에 우성 대립유전자는 대문자, 그리고 열성 대립유전자는 우성 대립유전자와 동일한 문자를 소문자로 사용한다. 예를 들어 인간의 경우 피부의 멜라닌 세포가 색소침착을 일으킨다(3.7절 참고). 열성 돌연변이는 색소 생성 또는 피부 세포 내로의 침착을 억제하며, 두 경우 모두 백색증을 유발한다. 이러한 대립유전자에 적합한 표현으로 정상 색소침착은 *A*, 열성 대립유전자의 색소침착은 *a*로 표시한다. 또 다른 예로 낭포성 섬유증의 우성 대립유전자는 *Cf*, 열성 대립유전자는 *cf*로 표시한다.

각 염색체 쌍에 대해 우리는 양쪽 부모로부터 하나의 염색체를 받게 된다. 따라서 우리는 양쪽 부모로부터 하나의 대립유전자를 물려받아 각 형질에 대해 한 쌍의 대립유전자를 보유하게 된다. 그림 20.1은 색소침착 특성에 대한 서로 다른 대

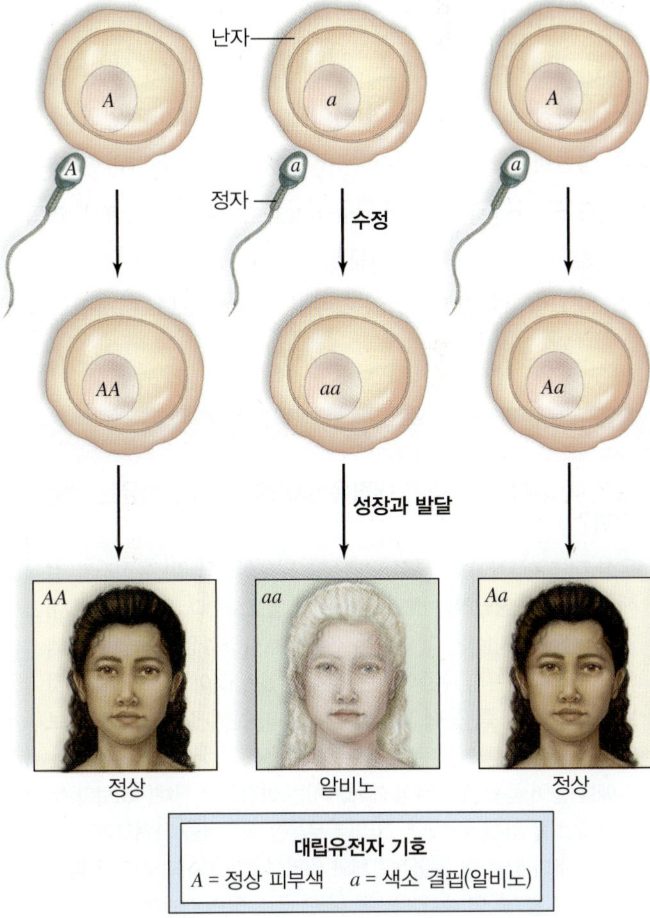

그림 20.1 유전자의 유전은 우리의 특성에 영향을 미친다. 우리는 한 형질에 대하여 부모로부터 하나의 대립유전자를 받기 때문에 결과적으로 형질마다 한 쌍의 대립유전자를 갖게 된다. 단일우성 대립유전자(*AA* 또는 *Aa*)의 유전은 정상적인 색소침착을 갖게 되지만, 두 개의 열성 대립유전자(*aa*)는 백색증(알비노)을 갖게 된다.

립유전자와 이러한 수정의 결과로 자손 사이에 나타날 수 있는 세 가지 수정 결과를 보여준다. 첫 번째는 정자와 난자의 염색체가 *A*로 지정된 우성 형질을 가지고 있어 대립유전자 *AA*를 가진 자손이 되는 것이다. 이러한 유형의 유전자형을 **동형접합 우성**(homozygous dominant)이라고 한다. 두 번째 수정에서 접합체는 두 개의 열성 대립유전자(*aa*), 즉 **동형접합 열성**(homozygous recessive) 유전자형을 가진다. 세 번째 교배 결과, 자손은 **이형접합**(heterozygous) 유전자형이라고 하는 대립유전자 *Aa*를 갖게 된다.

표현형

형질의 특성이 외형으로 나타나는 것을 표현형(phenotype)이라고 한다. 표현형은 유전자형에서 대립유전자의 발현에 의해 결정되기 때문에, 일반적으로 DNA가 유전자형을 결정하고 단백질(유전자 산물)이 표현형을 결정한다고 할 수 있다.

그림 20.1에서 표현형은 정상적인 색소침착(우성 표현형)과 색소침착 없음(열성 표현형)이다. 유전자형이 개인의 표현형을 정한다는 것을 인식하는 것이 중요하다. 왜냐하면 대부분의 경우, 하나의 우성 대립유전자만 존재해도 우성 표현형을 표현하는 데 충분하기 때문이다(일부 예외는 20.4절 참고). 그림 20.1의 이형접합(*Aa*)의 경우를 주목해 보면, 이형접합체는 우성 대립유전자가 표현형에 나타나기 위해 하나의 사본만 필요하기 때문에 우성 표현형을 나타낸다. 따라서 이 자손은 정상적인 색소침착을 가지고 있다. 그러나 동형접합 열성 개체(*aa*)는 백색증이 있고, 동형접합 우성 개체(*AA*)는 정상적인 색소침착을 가진다.

위의 예에서 표현형이 쉽게 관찰할 수 있는 형질이어야 한다는 인식을 받을 수 있지만, 표현형은 페닐알라닌이라는 아미노산을 대사하는 효소의 결핍과 같은 대사 장애나 색맹을 포함한 모든 질환을 가진 사람들에게서 볼 수 있듯이 개인의 어떤 특질도 표현형이 될 수 있다.

생활 속의 생물학

일부 대립유전자가 다른 대립유전자보다 우세한 이유는 무엇일까?

우성 대립유전자(*A*)는 특정 단백질을 암호화한다. 이 유전자가 갈색 눈 색깔을 담당하는 효소(단백질)를 암호화한다고 가정해 보자. 열성 대립유전자(*a*)는 더 이상 효소를 암호화하지 않는 돌연변이 대립유전자이다. 분자 수준에서는 효소가 있는 것이 효소가 없는 것보다 우세하다. 즉, 눈에 갈색이 있는 것이 눈에 갈색이 없는 것보다 우세하다.

예를 들어 동형접합 우성 개체(*AA*)는 이형접합 개체(*Aa*)보다 두 배의 효소를 가질 수 있다. 그러나 우세한 표현형을 가져오기에 충분한 효소가 있는 한 동형접합체와 이형접합체 사이의 차이를 감지하는 것은 불가능할 수 있다. 왜냐하면 효소 양의 절반이 여전히 눈을 완전히 갈색으로 만들 수 있기 때문이다. 따라서 유전자형 *Aa*를 가진 사람은 유전자형 *AA*를 가진 사람과 마찬가지로 눈이 갈색이다. 동형접합 열성 개체(*aa*)는 효소를 만들지 않으므로 갈색 표현형이 없다. 유전자 발현은 21.2절에서 더 자세히 논의해 보자.

진도 점검하기 20.1

1. 다음 용어를 정의하시오: 유전자, 대립유전자, 유전자자리, 염색체, 우성 및 열성
2. 유전자형과 표현형의 차이점을 설명하시오.
3. 세 가지 가능한 유전자형과 이에 해당하는 표현형을 요약하시오.

개념 연결하기

개인의 유전자형은 개인 세포의 DNA 정보를 기반으로 한다. DNA에 대한 자세한 내용은 다음 논의를 참고하시오.

1.7절 및 21.1절 DNA 분자의 기본 구조를 살펴본다.

3.7절 피부에서 멜라닌 세포의 역할을 살펴본다.

21.2절 DNA의 정보가 어떻게 단백질로 표현되는지 살펴본다.

20.2 단성형질 및 양성형질 유전

학습 목표

이 절을 학습한 후 다음 사항을 할 수 있어야 한다.

1. 단성형질교배와 양성형질교배의 확률 관계를 이해할 수 있다.
2. 유전교배의 자손에서 특정 유전자형 또는 표현형의 확률을 계산할 수 있다.

단성형질교배는 1가지 특성에 대한 단일 대립유전자의 유전방식만 관련되며, 양성형질교배는 2가지 다른 특성에 대한 대립유전자의 유전방식과 관련되어 있다. 두 가지 유형 모두 교배하는 두 부모 모두의 생식세포가 어떻게 형성되는지를 먼저 이해해야 한다.

생식세포 형성

감수분열 동안 생식세포(난자와 정자)를 형성할 세포의 염색체 수는 반으로 나누어진다(18.4절 참고). 이것은 상동염색체의 분리에 의해 이루어진다. 사람은 46개의 염색체를 가지고 있으며, 이는 23개의 염색체 쌍으로 배열되어 있다. 각 쌍의 상동염색체 중 하나는 어머니에게서 온 것이고 다른 하나는 아버지에게서 받은 것인데, 이는 감수분열 동안 상동염색체와 여기에 포함된 대립유전자가 분리되기 때문이다. 따라서 정자나 난자는 23개의 염색체만 가지고 있다. 염색체 수가 반으로 감소하지 않으면 새로운 개체는 수정 후 염색체가 두 배로 늘어나 생존 불가능한 배아가 된다.

예를 들어 색소침착 유전자가 특정 염색체상에 있다고 가정해 보자. 본래 어머니의 상동염색체에서 대립유전자가 정상적인 색소침착(*A*)이고, 쌍을 이룬 아버지의 염색체의 대립유전자도 *A*이면, *A*는 양쪽 염색체의 대립유전자에 대한 유일한 유전자이기 때문에, 이 개체에 의해 형성된 모든 생식세포는 *A*를 갖게 된다. 즉, 생식세포가 어머니의 염색체를 물려받든 아버지의 고유한 염색체를 물려받든지에 관계없이 정상적인 색소침착을 나타낸다. 이와 유사하게 본래 어머니로부터 유래한 상동염색체가 색소침착에 대한 열성 대립유전자(*a*)를 가지고 있고, 아버지의 염색체도 또한 *a*를 가지고 있다면, 모든 생식세포는 *a* 대립유전자를 갖게 된다. 그러나 개인이 이형접합체인 경우 대립유전자의 조합이 다를 수 있다. 예를 들어 어머니에게서 물려받은 상동염색체에는 *A* 대립유전자가 있고, 아버지에게서 물려받은 상동염색체에는 *a* 대립유전자가 있는 경우, 형성된 생식세포의 절반은 어머니의 상동염색체로부터 *A* 대립유전자를 받게 되고, 나머지 절반은 아버지의 상동염색체로부터 *a*를 받게 된다.

그림 20.2는 대립유전자 사이에 단순 우성 및 열성 관계를 갖는 인간의 관찰 가능한 두 가지 특성에 대한 유전자형 및 표현형을 보여준다. 많은 다른 대립유전자가 손가락 길이를 제어하지만 우성 대립유전자(*S*)는 짧은 손가락(단지증)이라는 상태를 유발하고, 주근깨에 영향을 미치는 요인도 많지만 우성 대립유전자(*F*)가 신체에 광범위한 주근깨 패턴을 유발한다.

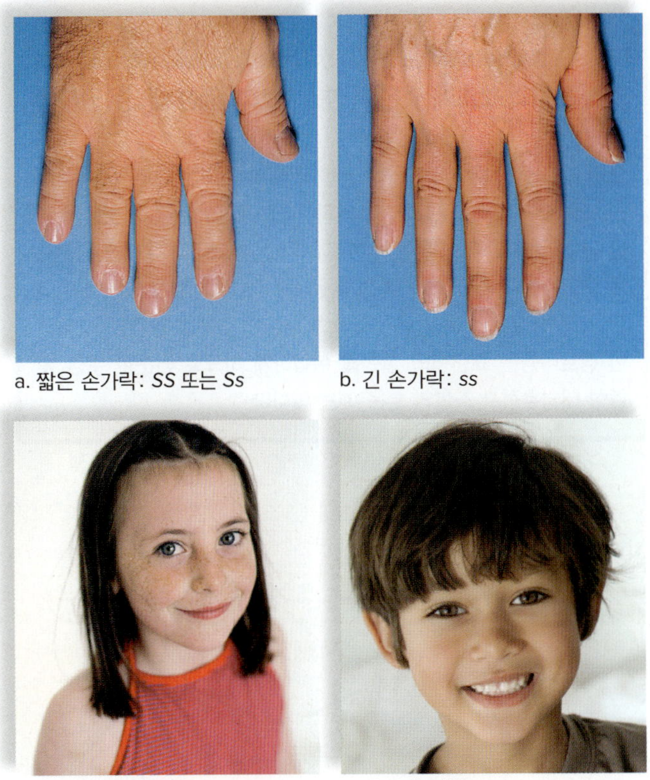

a. 짧은 손가락: *SS* 또는 *Ss*
b. 긴 손가락: *ss*
c. 주근깨: *FF* 또는 *Ff*
d. 주근깨 없음: *ff*

그림 20.2 우성 및 열성 형질의 예.
짧은 손가락에 대한 대립유전자(단지증)는 긴 손가락에 우성이다. 주근깨에 대한 대립유전자는 주근깨가 없는 것에 우성이다.
(a, b): Bob Coyle/McGraw Hill; (c): BananaStock/age fotostock; (d): BDLM/Cultura/Getty Images

단성형질교배

어떤 사람은 특정 유전자형이나 특정 표현형을 가진 아이를 가질 가능성을 알고 싶어할 수 있다. 예를 들어 주근깨의 유전에 대해 생각해 보자. 주근깨가 없는 두 부모가 아이를 낳으면 어떤 결과가 나타날까? 이 부부의 아이들에게 주근깨가 생길까? 문제를 해결하기 위해 우리는 (1) 주근깨에 대한 우성 대립유전자를 *F*, 주근깨가 없는 열성 대립유전자를 *f*로 정하고, (2) 각 부모에 대해 가능한 생식세포를 결정하고, (3) 생식세포가 가질 수 있는 유전자 조합을 생각해 보고, 가능한 조합을 묶은 다음, (4) 마지막으로 모든 자손의 유전자형과 표현형을 결정해 볼 수 있다. 두 부모 모두 주근깨가 없으면 유전자형은 모두 *ff*이다. 즉, 부모가 생산할 수 있는 생식세포는 *f* 대립유전자가 유일하기 때문에, 아이들은 모두 *ff*이고 주근깨가 없을 것이다. 다음 그림에서 기호들은 부모의 유전자형을 나타내는데, 각 부모는 주근깨와 관련하여 한 가지 유형의 생식세포만 가지고 있기 때문에, 모든 아이들은 유사한 유전자형과 표현형을 가지고 있다.

생활 속의 생물학

귓불 모양과 보조개 같은 특징은 우성과 열성 대립유전자에 의한 것인가?

오랜 시간 동안 유전학자들은 귓불 모양(부착 또는 미부착), 헤어라인 모양[M자 헤어라인(과부형 머리선)], 보조개의 존재와 같은 특성을 단순 우성 및 열성 유전의 예로 생각했다. 그러나 우리를 인간으로 만드는 2만 개 정도의 유전자에 대해 더 많이 알게 되면서 이러한 특성이 실제로 여러 유전자의 통제하에 있음을 발견했다. 이러한 상호작용은 표현형의 발현을 복잡하게 하므로 단순한 우성 및 열성 대립유전자 조합의 좋은 예는 아니다.

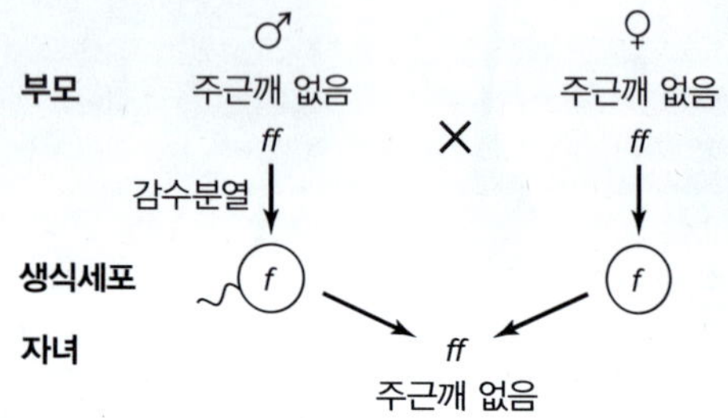

주근깨가 있는 동형접합 우성의 남성이 주근깨가 없는 여성과 아이를 낳은 경우의 결과도 고려해 보자. 이 부부의 아이들에게 주근깨가 생길까? 아이들은 이형접합체(*Ff*)이므로 주근깨가 있다. 이형접합 유전자형을 표기할 때 혼동을 피하기 위해 항상 대문자(우성 대립유전자의 경우)를 먼저 사용한다.

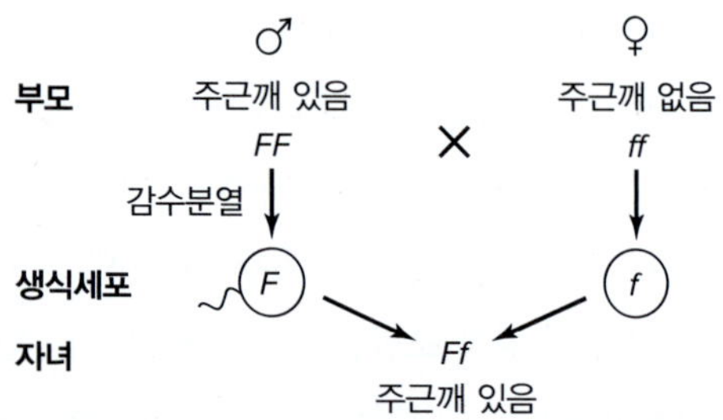

단성형질교배는 단일형질에 대해 이형접합인 두 개체 사이의 교차를 포함하기 때문에 종종 **단성잡종교배**(monohybrid cross)라고도 한다. 위의 예에서 자녀들은 한 쌍의 대립유전자에 대해 이형접합체임에 주의해야 한다. 만일 이들이 동일한 유전자형을 갖는 사람과 결혼하여 아이를 낳는다면, 그들의 자녀들은 주근깨를 가질까? 이 경우(*Ff* × *Ff*) 각 부모는 두 가지 유형의 생식세포(*F* 또는 *f*)를 만들 수 있으므로 모든 정자와 난자가 동일한 확률로 만난다는 가정하에 **퍼네트 정방형**(Punnett square)을 사용하여 출산될 자녀를 예측해 볼 수 있다(그림 20.3). 퍼네트 정방형에서는 모든 가능한 정자의 형태를 세로축에 배열하고 모든 가능한 난자의 형태를 가로축에 배열한 후, 생식세포의 모든 가능한 조합을 내부 정방형의 상자 안에 표기한다.

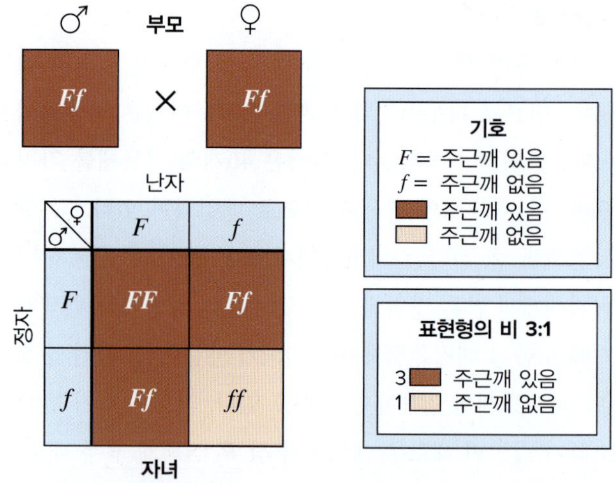

그림 20.3 단성잡종교배의 예상 결과.
퍼네트 정방형은 교차의 결과를 나타낸 것이다. 부모가 이형접합일 때 각 자녀는 우성 표현형을 가질 확률이 75%이고, 열성 표현형을 가질 확률이 25%이다.

자녀의 유전자형과 표현형을 결정한 후 유전자형과 표현형의 비율을 모두 결정할 수 있다. 유전자형의 비율은 1*FF*:2*Ff*:1*ff* 또는 간단히 1:2:1이지만, 표현형의 비율은 3개의 주근깨와 1개의 비주근깨로 나타나기 때문에 3:1이다. 이는 주근깨에 대한 세 가지 가능성(*FF* 및 2개의 *Ff*)과 주근깨가 없는 가능성(*ff*)이 있기 때문이다.

생활 속의 생물학

퍼네트 정방형이라고 불리는 이유는 무엇일까?

퍼네트 정방형은 영국의 유전학자인 레지날드 퍼네트(Reginald Punnett)가 처음 제안했다. 퍼네트는 1909년 유전학 입문 수업에서 유전의 기본 패턴을 설명하기 위한 교육 도구로 정방형의 다이어그램을 처음 사용했고, 이 교육 도구는 100년이 넘는 시간 동안 그대로 쓰였다.

퍼네트 정방형은 단성 또는 양성을 포함하는 교차를 시각화하는 데 유용하지만, 많은 다른 요인을 포함하는 복잡한 교차를 빠르게 다루기에는 복잡하고 번거롭다. 이에 따라 대부분의 유전학자들은 복잡한 교차의 결과를 예측하기 위해 통계 분석을 사용한다.

이 3:1 표현형의 비율은 하나의 대립유전자가 다른 대립유전자보다 우성일 때 두 이형접합 개체 사이의 단성잡종교배에서 나타난다. 정확한 비율은 많은 수의 교배가 발생하고 많은 수의 자손이 발생하는 경우에 관찰될 가능성이 더 크다. 그래야만 난자와 정자가 수정되는 가능한 모든 유형의 결과를 볼 수 있다. 당연히 우리는 사람의 단성형질 유형의 교배에서 수백 명의 자손을 일상적으로 관찰할 수는 없다. 사람의 경우 그림 20.3의 가장 좋은 해석은 각 자손에게 주근깨가 있을 확률이 4명 중 3명이거나 주근깨가 없을 확률이 4명 중 1명이라고 말하는 것이다.

반복되는 모든 수정에서 대립유전자 조합은 이전 수정과 정확히 동일한 확률을 갖는다. 예를 들어 2명의 이형접합 부모가 이미 주근깨가 있는 3명의 자녀를 두고 있고 4번째 자녀를 기대하고 있는 경우, 이 자녀의 각 형제자매가 그랬던 것처럼 여전히 주근깨가 있을 확률은 75%이고 주근깨가 없을 확률은 25%이다. 이전에 표시되지 않은 새로운 표현형을 달성할 가능성은 수정될 때마다 증가하지 않는다. 이 확률은 모든 수정에서 정확히 동일하게 유지된다. 즉, 모든 새로운 수정은 이전 수정의 영향을 받지 않고, 각 수정은 부모의 생식세포의 확률에 따라 개별적으로 발생된다.

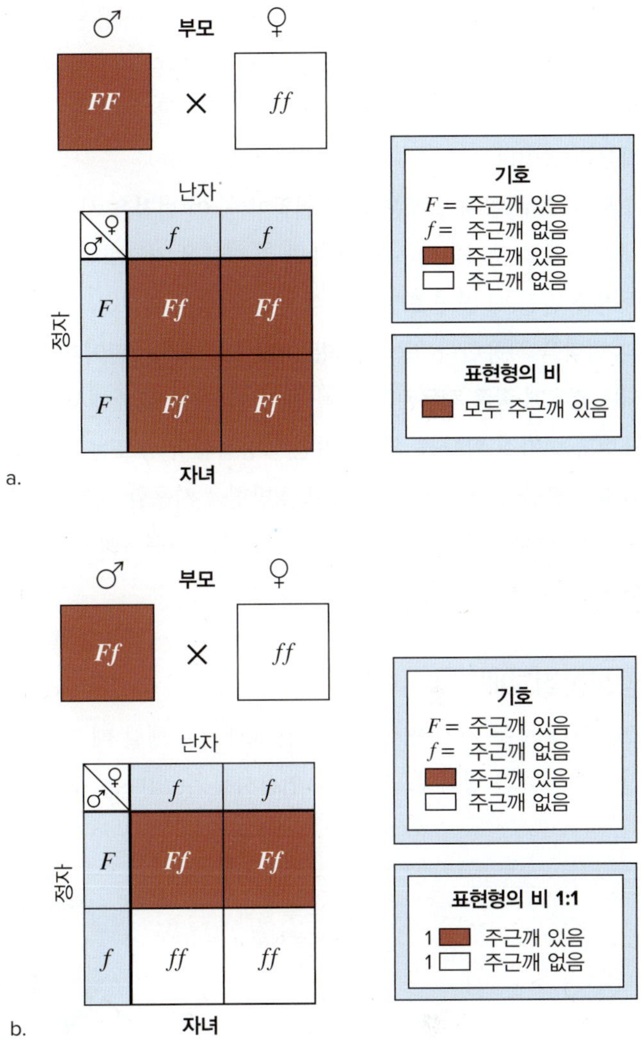

그림 20.4 우성 표현형이 동형접합인지 이형접합인지 판단한다.
단성잡종교배의 자손으로 우성 표현형을 가진 개체가 동형접합인지 이형접합인지 알 수 있다. **a.** 자손은 모두 우성 특성을 나타내므로 개체는 그림과 같이 동형접합체일 가능성이 높다. **b.** 자손은 1:1 표현형 비율을 나타내므로 그림과 같이 개체는 이형접합체이다.

단성형질교배에서 유전자형이 동형접합 우성인지 이형접합인지 결정하기

우성 대립유전자를 발현하는 사람이 동형접합 우성인지 이형접합인지 검사로는 알 수 없다. 그러나 때로는 교배의 결과로 알 수 있다. 예를 들어 그림 20.4는 주근깨가 있는 남성이 주근깨가 없는 여성과 교배할 때 가능한 두 가지 결과를 보여준다. 남성이 동형접합 우성이면 그의 모든 자녀에게 주근깨가 생긴다. 그러나 남성이 이형접합체인 경우 각 자녀에게 주근깨가 생길 확률은 50%이다. 만일 주근깨가 없는 아이가 한 명만 태어난다는 것은 그 남성이 이형접합체라는 것을 나타낸다.

퍼네트 정방형과 확률

유전학 연구에는 두 가지 확률 법칙이 적용된다. 확률의 범위는 0.0(0% 또는 일어나지 않을 사건)에서 1.0(100% 또는 항상 일어날 사건)까지이다. 첫 번째는 곱의 법칙이다. 이 법칙에 따르면 두 가지 다른 사건이 동시에 발생할 확률은 각 사건이 개별적으로 발생할 확률을 곱한 것과 같다. 예를 들어 동전을 던졌을 때 동전이 '앞면'일 확률은 얼마일까? 선택지는 두 가지뿐이므로 '앞면'의 확률은 $\frac{1}{2}$ 또는 50%(0.50)이다. 이때 첫 번째 동전 던지기가 '앞면', 그리고 두 번째 동전 던지기가 '앞면'일 확률을 알고 싶다면 곱의 법칙을 사용한다. 곱의 법칙은 '그리고(and)'라는 단어가 사용되는 경우에 종종 적용되고, 이때의 확률은 $\frac{1}{2}\times\frac{1}{2}=\frac{1}{4}$ 또는 25%(0.25)이다.

퍼네트 정방형을 사용하면 자손이 특정 유전자형 또는 표현형을 가질 확률을 계산할 수 있다. 정자와 난자에서 제공된 대립형질을 같은 정방형에 넣을 때 곱의 법칙이 적용된다. 아버지와 어머니는 각각 특정 대립유전자를 가질 기회를 제공하므로 자손에서 해당 대립유전자를 가질 확률은 이 두 가지 확률의 곱이다.

확률의 두 번째 법칙은 합의 법칙이다. 이 법칙을 사용하면 개별 확률을 추가하여 사건에 대한 총 확률을 결정할 수 있다. 동전을 던질 때 앞면 또는 뒷면이 나올 확률을 알고 싶다면 합의 법칙을 사용한다. 합의 법칙은 '또는(or)'이라는 단어가 사용되는 경우에 종종 적용된다. 예를 들어 단성잡종교배에서 우성 표현형을 가질 확률을 결정하려면 동형접합 우성 또는 이형접합일 확률을 합해야 한다. 퍼네트 정방형을 사용할 경우 각 내부 정방형의 결과를 합산할 때 합의 법칙을 사용하여 최종 표현형의 비율을 결정한다.

양성형질교배

그림 20.5는 두 가지 형질이 관련된 교배를 수행할 때 감수분열이 일어나면 생식세포 형성과 연관시킬 수 있다는 것을 보여준다(18.4절 참고). 주어진 예에서 세포는 두 쌍의 상동염색체를 가지고 있으며, 길이의 차이로 구분할 수 있다. 한 쌍의 상동염색체는 짧고, 다른 한 쌍은 길다. 그림의 색은 우리가 부모로부터 염색체를 물려받았다는 것을 의미한다. 각 쌍의 상동염색체 중 하나는 가족 중 아버지 쪽에서 나오며 이것을 '부계(paternal)' 염색체라고 하고, 가족 중 어머니 쪽에서 오는 염색체를 '모계(maternal)' 염색체라고 한다.

상동염색체는 일차감수분열(감수분열 I) 때 분리되기 때문에 각 생식세포는 한 쌍의 상동염색체 중 1개만을 받는다(18.4절 참고). 상동염색체는 독립적으로 분리되므로 한 쌍의 어떤 염색체가 어떤 생식세포에 들어가는지는 중요하지 않으며, 대립유전자의 가능한 모든 조합이 생식세포에서 나타난다. 요약하면 그림 20.5의 생식세포는 2가지 색상 중 짧은 염색체 하나와 긴 염색체 하나를 받게 되는데, 결과적으로 염색체와 대립유전자의 가능한 모든 조합이 생식세포에 있다.

구체적으로 두 유전자의 대립유전자가 이 상동염색체에 있다고 가정해 보자. 대립유전자 *S*와 *s*는 한 쌍의 상동염색체 위

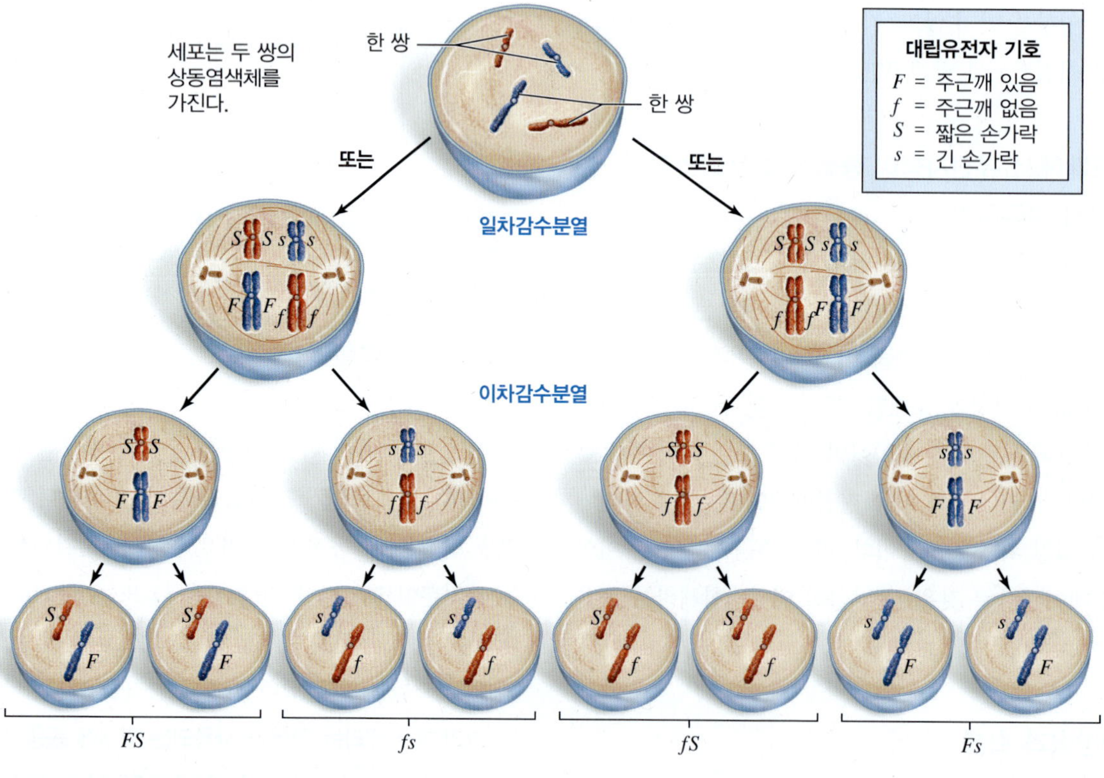

그림 20.5 감수분열은 생식세포의 유전적 다양성을 초래한다.
세포에는 색이 아닌 길이로 인식되는 두 쌍의 상동염색체(상동체)가 있다. 긴 상동체 쌍은 주근깨에 대한 대립유전자를 가지고 있고, 짧은 상동체 쌍은 손가락 길이에 대한 대립유전자를 가지고 있다. 상동염색체와 그들이 가지고 있는 대립유전자는 감수분열 동안 독립적으로 정렬된다. 따라서 염색체와 대립유전자의 모든 가능한 조합은 세포의 마지막 행에 표시된 것처럼 생식세포에서 발생한다.

에 있으며, 다른 대립유전자 F와 f가 다른 쌍의 상동염색체 위에 있는 경우, 상동염색체가 나눠질 때 하나의 생식세포는 S 또는 s와 F 또는 f의 조합을 갖게 되며, 결코 2개의 동일한 기호를 가질 수 없다. 또한 각 쌍의 상동염색체가 적도판에 독립적으로 배열되기 때문에 부계 또는 모계로부터 받은 염색체가 양극 중 어느 한쪽으로 향할 수 있다.

따라서 어떤 상동염색체가 어떤 생식세포에 들어가는지에 대한 제한이 없다. 생식세포는 S 또는 s와 F 또는 f를 임의의 조합으로 받을 수 있으며, 결국 생식세포는 총체적으로 가능한 모든 대립유전자 조합을 갖게 된다. 이 정보를 두 가지 형질을 포함하는 모든 교배에 응용할 수 있어야 한다. 즉, 감수분열 과정은 유전자형 *FfSs*를 가진 사람이 어떻게 생식세포 *FS*, *fs*, *Fs*, *fS*를 같은 수로 만들어내는지에 대한 그 이유를 설명해준다.

양성잡종교배

그림 20.6에 묘사된 두 형질의 교배에서는 주근깨가 있고 손가락이 짧은 사람(*FFSS*)과 주근깨가 없고 손가락이 긴 사람(*ffss*)과의 교배 결과를 보여주는데, 이 교배에는 두 가지 형질이 포함되어 있기 때문에 **양성잡종교배**(dihybrid cross)라고도 한다. 이 경우 *FFSS* 부모의 생식세포는 반드시 *FS*여야 하고, *ffss* 부모의 생식세포는 반드시 *fs*여야 한다. 따라서 자손은 모두 *FfSs* 유전자형과 동일한 표현형(주근깨가 있고 짧은 손가락)을 갖게 된다. 이 유전자형은 주근깨의 존재와 손가락 길이의 두 가지 측면에서 이형이기 때문에 양성잡종이라고 불린다.

양성잡종 *FfSs*가 *FfSs*인 다른 양성잡종과 자식을 가질 때 만들어질 수 있는 가능한 생식세포는 무엇일까? 각 생식세포는 가능한 모든 조합에서 각 유형의 기호를 하나만 가질 수 있으므로 두 양성잡종 모두의 생식세포는 *FS*, *Fs*, *fS*, *fs*의 네 종류이다.

퍼네트 정방형은 가능한 모든 정자가 가능한 모든 난자를 수정하도록 하기 때문에, 예상 표현형 결과는 다음과 같다.

- 9 주근깨 있음, 짧은 손가락
- 3 주근깨 있음, 긴 손가락
- 3 주근깨 없음, 짧은 손가락
- 1 주근깨 없음, 긴 손가락

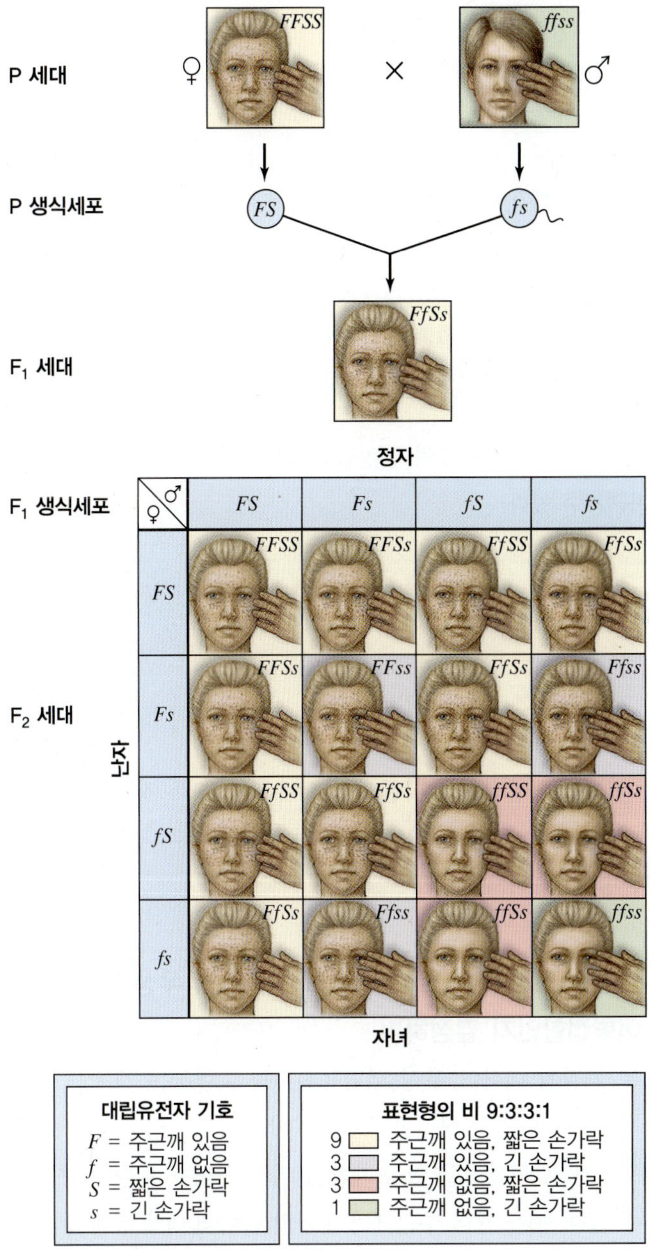

그림 20.6 양성잡종교배의 예상 결과.
각 양성잡종은 네 가지 유형의 생식세포를 형성할 수 있으므로 표시된 비율로 자손 사이에 네 가지 다른 표현형이 나타난다.

9:3:3:1 표현형 비율은 단순 우성이 존재할 때 항상 양성잡종 교배에 대해 예상되는 분리비이다. 이 예상 비율을 사용하여 각 자녀가 특정 표현형을 받을 가능성을 예측할 수 있다. 예를 들어 2개의 우성 표현형이 함께 나올 확률은 16분의 9이며, 2개의 열성 표현형이 함께 나올 확률은 16분의 1이다.

양성형질교배와 확률

양성잡종교배의 결과를 예측하기 위해서 앞에서 논의한 확률

법칙을 사용하는 것이 가능하다. 예를 들어 2개의 독립된 단성잡종교배에 대해 가능한 결과는 다음과 같다.

주근깨
- 주근깨가 있을 확률 = ¾
- 주근깨가 없을 확률 = ¼

손가락 길이
- 손가락이 짧을 확률 = ¾
- 손가락이 길 확률 = ¼

곱의 법칙을 사용하여 양성잡종교배의 결과들을 다음처럼 계산할 수 있다.

- 주근깨가 있고 손가락이 짧을 확률 = ¾ × ¾ = $9/16$
- 주근깨가 있고 손가락이 길 확률 = ¾ × ¼ = $3/16$
- 주근깨가 없고 손가락이 짧을 확률 = ¼ × ¾ = $3/16$
- 주근깨가 없고 손가락이 길 확률 = ¼ × ¼ = $1/16$

이와 같은 방식으로 확률의 법칙에 따라 모든 정자와 난자가 수정될 때 가능한 각 표현형의 비를 예측할 수 있으며, 그 비는 9:3:3:1이다.

양성형질교배에서 유전자형이 동형접합 우성인지 이형접합인지 결정하기

두 형질에 대하여 우성 대립유전자를 발현하는 개체가 동형접합 우성인지 이형접합인지를 육안으로 구분하는 것은 불가능하지만, 동형접합 열성 개체를 가진 자녀를 둔다면 구분할 수 있다. 예를 들어 주근깨와 손가락 길이에 대해 동형접합 우성인 여자와 동형접합 열성인 남자와의 사이에서 나온 자녀들은 모두 우성 표현형을 가질 것이다. 그러나 두 형질에 대해 이형접합인 여자라면 자녀가 태어날 때마다 하나 혹은 두 형질 모두 열성을 나타낼 확률은 75%이다. 퍼네트 정방형(그림 20.7)으로 예상되는 비율은 주근깨가 있고 손가락이 짧은 경우 1:주근깨가 있고 손가락이 긴 경우 1:주근깨가 없고 손가락이 짧은 경우 1:주근깨가 없고 손가락이 긴 경우 1로, 즉 1:1:1:1이다.

실질적으로 어느 한 형질에서 우성 표현형을 가진 부모가 열성 표현형을 가진 자손을 가진다면, 부모는 그 형질에 대해 이형접합이어야 한다. 또한 혈통을 알면 그 사람이 이형접합

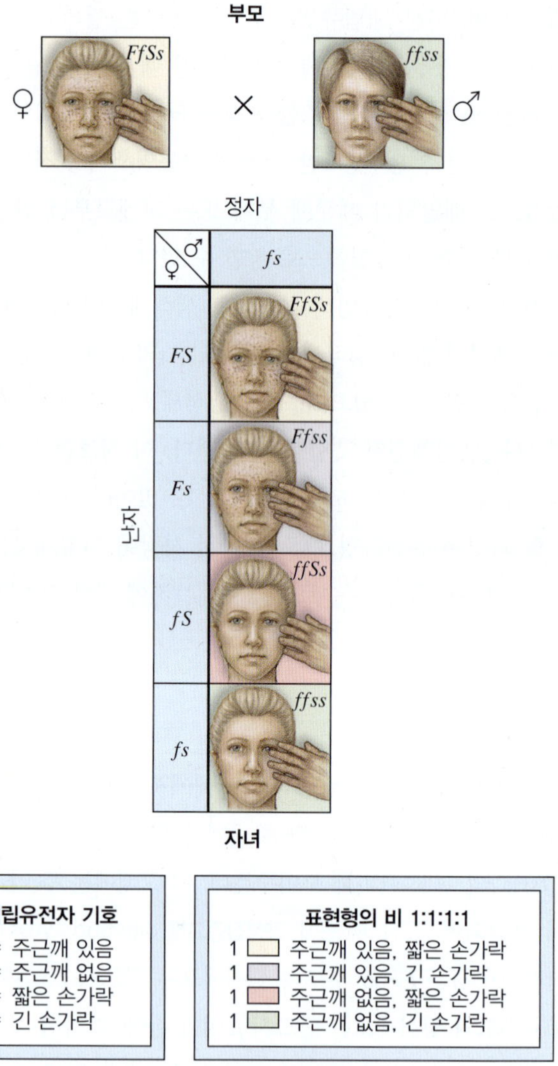

그림 20.7 동형접합 우성인지 이형접합인지 결정한다.
이 교배의 결과는 우성 표현형을 가진 사람이 두 형질 모두에 대해 이형접합이라는 것을 나타낸다. 왜냐하면 일부 자손이 하나 또는 양쪽 형질 모두에 대해 동형접합 열성이기 때문이다. 이때 모든 가능한 표현형을 가질 확률은 25%이다.

인지 알 수 있다. 그림 20.7에서 우성 표현형을 보이는 자손은 어느 형질에 대해서도 동형접합 우성이 아니다. 왜냐하면 아버지의 유전자형이 그 형질에 대해 동형접합 열성이기 때문이다.

표 20.1은 우리가 연구해 온 특정 교배에 대한 표현형 결과이다. 이러한 교배는 항상 이러한 표현형 결과를 제공한다. 따라서 결과를 얻기 위해 반드시 퍼네트 정방형을 수행할 필요가 없다. 교배를 쉽게 이해하고 싶다면 표 20.1을 공부하여 왜 이러한 교배에 대해 예상되는 결과가 나오는지 이해할 수 있다.

표 20.1 일반적인 교배에서 표현형의 비율

유전자형	표현형
단성잡종 *Aa* × 단성잡종 *Aa*	3:1(우성 대 열성)
단성잡종 *Aa* × 열성 *aa*	1:1(우성 대 열성)
양성잡종 *AaBb* × 양성잡종 *AaBb*	9:3:3:1(9는 둘 다 우성, 3은 한 형질에 대해 우성, 3은 다른 형질에 대해 우성, 1은 둘 다 열성)
양성잡종 *AaBb* × 열성 *aabb*	1:1:1:1(동일한 비율)

진도 점검하기 20.2

1. 양성잡종교배의 결과가 감수분열과 어떤 관련이 있는지 설명하시오.
2. 부모 중 한 사람이 주근깨가 없는 동형접합 열성이면서 손가락 길이가 짧은 동형접합 우성(*ffSS*)이고, 다른 부모가 주근깨가 있는 동형접합 우성이면서 손가락 길이가 긴 동형접합 열성(*FFss*)인 경우 자녀가 갖게 될 유전자형을 예측하시오.
3. 양성잡종교배를 예로 들어(그림 20.6 참고), 감수분열 과정에 의해 어떻게 생식세포가 형성되는지 설명하시오.

개념 연결하기

감수분열과 유전 형질 사이의 관계에 대한 자세한 내용은 다음 논의를 참고하시오.

16.2절 남성의 생식세포 형성을 살펴본다.

16.3절 여성의 생식세포 형성 과정을 살펴본다.

18.4절 감수분열이 어떻게 유전적 변이를 가져오는지 살펴본다.

20.3 유전적 질환의 유전

학습 목표

이 절을 학습한 후 다음 사항을 할 수 있어야 한다.

1. 형질의 유전방식을 식별하기 위해 인간 가계도를 해석할 수 있다.
2. 상염색체 우성 및 상염색체 열성 유전질환의 유전적 기초를 이해할 수 있다.

우리는 머리 색깔과 눈 색깔뿐만 아니라 질병과 장애까지 부모로부터 많은 다양한 형질을 물려받는다. 이러한 질병의 대부분은 부모의 유전자 암호의 변화 또는 돌연변이의 결과로 발생한다. 비정상적인 유전자는 부모의 각 세포에 존재할 경우 정자나 난자로 전달될 수 있다. 부모는 이 유전적 돌연변이의 영향을 받았을 수도 있고 받지 않았을 수도 있으며, 또는 유전적 돌연변이가 정자나 난자 단계에서만 발생해서 당신의 일부가 되었을 수도 있다. 일부 유전질환은 질병이 나타나기 위해 두 개의 손상된 대립유전자가 필요하지만, 어떤 질병에서는 하나의 손상된 대립유전자만으로도 발병할 수 있다.

예를 들어 상염색체 우성 유전질환(대립유전자 *A*로 표시됨)의 경우 유전자형이 *AA* 또는 *Aa*인 개체는 질환을 갖게 된다. 유전질환이 상염색체 열성인 경우, 유전자형 *aa*를 가진 사람만이 질환을 앓게 된다. 유전질환의 상담사들은 종종 한 가계에 나타나는 유전질환이 우성인지 또는 열성인지 판단하기 위하여 가계도를 작성한다. 가계도는 특정 질환에 대한 유전방식을 보여주기 때문이다. 다음과 같이 가능한 두 가지의 유전방식을 고려해 보자.

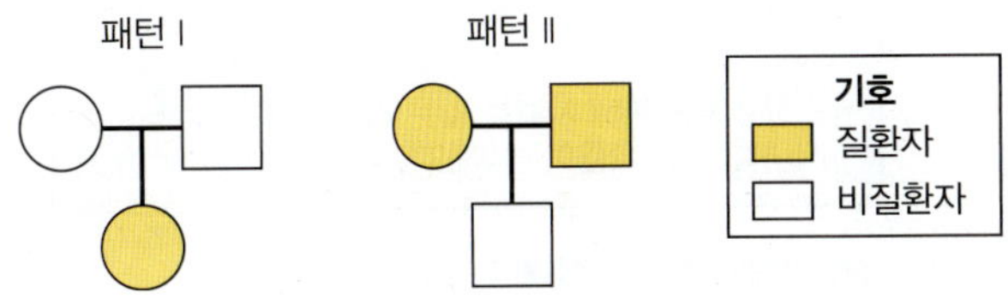

두 패턴 모두에서 남성은 사각형으로, 여성은 원으로 표시하였다. 색이 칠해진 원과 사각형은 유전질환의 영향을 받는 사람들이고, 사각형과 원 사이의 수평선은 부부이며, 아래로 내려가는 수직선은 자녀를 의미한다. 다자녀인 경우, 자녀들은 수평선의 도형으로 간격을 두어 위치시킨다. 다음 절에서는 이러한 패턴 중 어느 것이 상염색체 열성 유전방식을 나타내고 어느 것이 상염색체 우성 유전방식을 나타내는지 알아볼 것이다.

상염색체의 열성 유전방식

패턴 I에서 자녀는 질환자이지만 부모는 비질환자이다. 이는 유전질환의 유전자가 열성이고 부모가 *Aa*인 경우에 발생할 수 있다. 즉, 부모는 DNA에 열성 형질을 가지고 있어 **보인자**(carrier)이지만, 표현형은 우성이다. 그림 20.8은 열성 유전질환에 대한 전형적인 가계도를 보여준다. 상염색체의 열성 유전방식을 알아보는 다른 방법도 그림에 나타나있다. 부모가

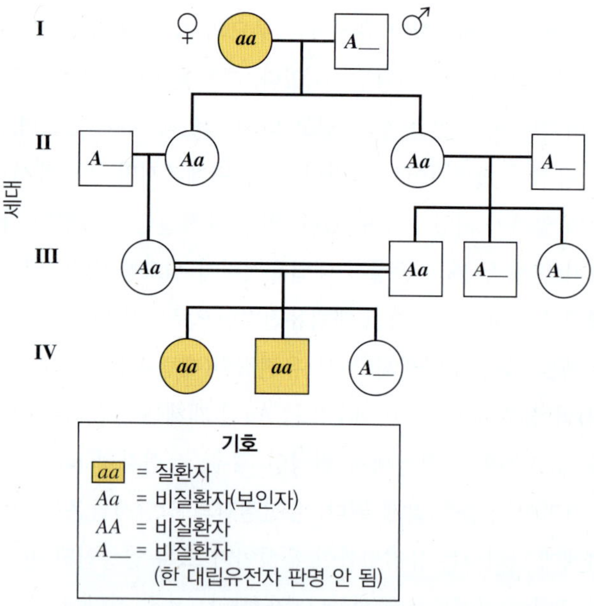

상염색체의 열성 유전질환
- 질환을 가진 대부분의 자녀는 질환을 가지지 않은 부모를 두고 있다.
- 이형접합(*Aa*)은 비질환자이다.
- 부모가 모두 질환을 가진 경우, 자녀는 항상 질환을 가진다.
- 근친결혼을 통해 자녀를 갖는 경우, 질환을 가진 자녀를 가질 확률이 높아진다.

그림 20.8 상염색체의 열성 유전질환 가계도.
그림의 가계도와 목록은 상염색체 열성 유전질환을 알아낼 수 있는 방법을 제공한다. *A*__로 표시된 사람은 우성 표현형(정상)을 갖지만, *AA* 또는 *Aa*일 수 있다.

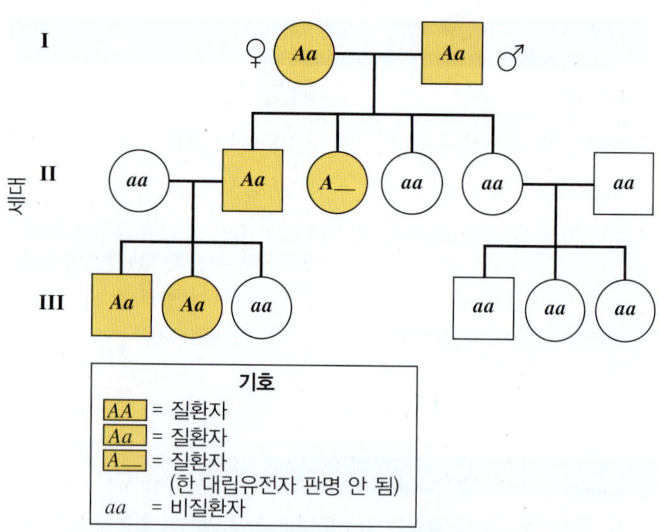

상염색체의 우성 유전질환
- 질환을 가진 자녀는 보통 질환을 가진 부모를 두고 있다.
- 이형접합(*Aa*)은 질환자이다.
- 부모가 모두 질환을 가진 경우, 질환을 가지지 않은 자녀를 가질 수 있다.
- 부모가 모두 질환을 가지지 않은 경우, 질환을 가진 자녀를 가질 수 없다.
- 남성과 여성 모두 동일한 빈도로 질환에 걸린다.

그림 20.9 상염색체의 우성 유전질환 가계도.
그림의 가계도와 목록은 상염색체 우성 유전질환을 알아낼 수 있는 방법을 제공한다. *A*__로 표시된 사람은 우성 표현형(질환자)을 갖지만, *AA* 또는 *Aa*일 수 있다.

모두 질환자이면 모든 자녀가 질환자이다. 왜냐하면 이 경우 부모는 열성 대립유전자만 물려줄 수 있기 때문이다. 즉, 모든 아이들은 부모처럼 동형접합 열성이다.

상염색체의 우성 유전방식

패턴 II에서 자녀는 질환자가 아니지만 부모는 질환자이다. 두 패턴 중 이 패턴이 우성 유전방식을 보여주는데, 이는 질환을 가진 상염색체가 우성이기 때문에 부모가 *Aa*(이형접합체)일 수 있기 때문이다. 자녀는 각 부모로부터 열성 대립유전자를 물려받았으므로 질환자가 아니다. 그림 20.9는 우성 유전질환에 대한 전형적인 가계도를 보여준다. 상염색체의 우성 유전방식을 알아보는 다른 방법도 찾아볼 수 있는데, 질환이 우성인 경우 질환을 가진 자녀에게는 질환을 가진 부모가 적어도 한 명 있어야 한다.

주요 유전질환

의학 유전학은 전통적으로 단일 유전자 돌연변이로 인한 질환에 중점을 두어 왔다. 이는 유전의 직접적인 패턴으로 잘 이해할 수 있다. 인간의 단일 유전자 돌연변이로 인해 발생하는 것으로 확인된 질환은 약 4,000개 이상으로 추정되고 있지만, 여기서는 주요한 몇 가지의 질환만 대표적으로 살펴보겠다.

상염색체의 열성 유전질환

상염색체 열성 유전질환이 표현형으로 발현되기 위해서는 2개의 열성 대립유전자의 유전이 필요하다.

테이삭스병 **테이삭스병**(Tay-Sachs disease)은 일반적으로 아슈케나지(Ashkenazic) 유대인(중부 및 동부 유럽 출신)과 그 후손들 사이에서 발생하는 것으로 잘 알려진 상염색체 열성 유전질환이다. 테이삭스병은 지질대사에서 뇌세포에 축적된

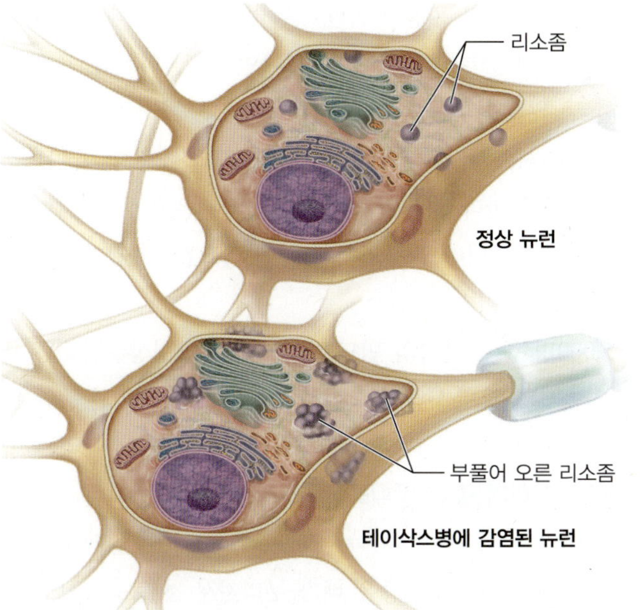

그림 20.10 테이삭스병에 감염된 뉴런.
테이삭스병에서는 지질분해효소가 없다. 이로 인하여 해당 효소의 기질이 리소좀 내에 축적되게 된다.

지질을 제거하는 지질분해효소인 hex A의 결핍에 의해 발생한다(그림 20.10). 이 효소가 없으면 지질축적물이 분해되지 않아 정상적인 두뇌 발달과 성장을 방해하고 시력, 움직임, 청각, 전반적인 정신 발달에 기능 장애를 일으키며, 이는 실명, 발작, 마비로 이어진다. 현재 테이삭스병에 대한 치료법은 없으며, 질환을 가진 어린이는 일반적으로 5세 이전에 사망한다.

낭포성 섬유증 **낭포성 섬유증**(cystic fibrosis, CF)은 백인들에게 나타나는 상염색체 열성 유전질환인데, 7번 염색체의 CFTR(cystic fibrosis conductance transmembrane regulator) 대립유전자에 의해 암호화되는 염화 이온 채널의 결함에 의해 발생한다. 미국에서 29명의 백인 중 1명이 이 대립유전자를 가지고 있는 것으로 추정된다. 연구에 따르면 염소 수송을 담당하는 유전자에 이상이 생겨서 발병하는데, 염화 이온(Cl^-)이 세포막에 위치한 결함을 가진 유전자에 의해 암호화된 CFTR 염화 이온 채널(그림 20.11)을 통과하지 못하는 것으로 나타났다. 정상인의 경우는 염화 이온이 막을 통과한 후 소듐 이온(Na^+)과 물이 그 뒤를 따라오는데, 질환자는 염화 이온이 막을 통과하지 못하기 때문에 기관지와 췌관 내부에

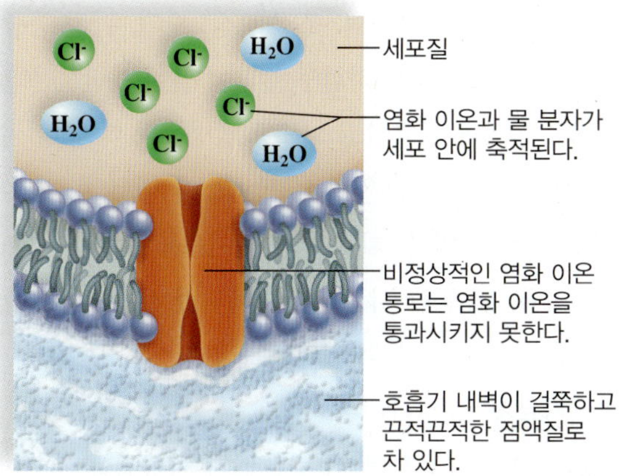

그림 20.11 낭포성 섬유증.
낭포성 섬유증은 세포 안팎으로 염화 이온의 흐름을 조절하는 단백질의 기능이상으로 인해 일어난다.

물이 부족하여 비정상적으로 점착성 점액이 쌓이게 되는 것으로 추정된다.

과학자들은 이 질병의 유전적 기초를 이해함으로써 CF 환자의 평균 수명을 최대 35세까지 끌어올린 치료법을 개발할 수 있었다. 유전자 요법(21.4절 참고)도 일부 형태의 CF를 성공적으로 치료했다. 연구에 따르면 돌연변이 CFTR 대립유전자가 콜레라와 같은 잠재적으로 치명적인 질병의 위험에서 살아남기 위한 수단으로 인간 집단에서 지속되어 왔다고 한다.

겸상 적혈구 질환 **겸상 적혈구 질환**(sickle-cell disease)은 적혈구가 정상 적혈구처럼 양면이 오목한 디스크 같은 모양이 아니기 때문에 발생하는 상염색체 열성 유전질환이다. 겸상 적혈구 질환의 많은 적혈구는 낫 모양 또는 부메랑 모양이며, 정상적인 적혈구의 평균 수명이 4개월인 것과는 달리 약 2주 정도이다. 이러한 결함은 글로빈 단백질 내 한 아미노산이 정상 단백질과 다른 종류로 바뀌어서 비정상적인 혈색소가 생성되면서 발생한다. 즉, 단일 아미노산의 변화로 인해 혈색소 분자가 쌓여 적혈구 내부에 불용성 막대를 형성하게 되고, 이에 따라 적혈구가 낫 모양이 되는 것이다(5.2절 참고). 이 단일 유전자 결함은 모든 인종에 영향을 미칠 수 있지만, 특히 아프리카계 미국인에게서 많이 발견된다. 아프리카계 미국인 625명 중 1명이 겸상 적혈구 질환인 것으로 추산된다.

낫 모양의 세포는 디스크 모양의 세포처럼 좁은 모세관 통로를 통과할 수 없기 때문에 혈관을 막아 원활한 순환을 방해

하게 되고, 이로 인해 빈혈, 조직 손상, 황달, 관절 통증, 담석이 발생한다. 또한 겸상 적혈구 질환에 걸린 사람들은 많은 유형의 세균 감염에 취약하고 뇌졸중 발병률이 더 높다. 수혈 및 골수 이식을 포함한 많은 치료 방법들이 매우 효과적이지만, 가장 일반적인 의약 치료제인 하이드록시우레아(hydroxyurea)는 수십 년 동안 시장에서 판매되었으며 겸상 적혈구 관련 빈혈, 관절통, 조직 손상 감소를 위한 가장 효과적이고 일반적인 치료제 중 하나이다.

겸상 적혈구 유전자의 변이에 의해 이형접합 개인마다 열성 표현형의 변이가 표현되는 정도가 다르게 나타날 수 있다. 이 경우 이형접합 개체는 탈수 또는 가벼운 산소 결핍 상황이 아니면 혈액 세포가 정상적인 적혈구 특성을 가지고 있다. 그러나 짧은 시간 동안의 격렬한 운동은 산소 결핍을 유발할 수 있으며, 이에 따라 일부 적혈구의 겸상 적혈구 전환을 유발할 수 있고, 이들은 상염색체 열성 유전자형을 가진 환자들과 매우 유사한 증상을 경험하게 된다.

상염색체의 우성 유전질환

상염색체 우성 유전질환은 단 하나의 우성 대립유전자만 있어도 발현될 수 있다. 여기에서는 알려진 여러 가지 상염색체 우성 유전질환 중 몇 가지만 살펴보고자 한다.

마르판 증후군 상염색체 우성 유전질환인 **마르판 증후군**(Marfan syndrome)은 피브릴린(fibrillin)이라는 탄성 결합조직 단백질 생산의 결함으로 인해 발생한다. 이 단백질은 일반적으로 눈의 수정체에 풍부하지만, 손발, 손가락, 갈비뼈, 그리고 대동맥의 벽과 혈관에도 포함되어 있다. 이것은 마르판 증후군 환자가 종종 수정체 탈구, 긴 손발과 손가락, 함몰된 가슴을 갖는 이유이다. 또한, 대동맥의 벽은 약하고 예고 없이 터질 수 있다. 마르판 증후군은 현재 미국에서 20만 명 미만 또는 2,000명당 1명 미만의 사람들에게 영향을 미치는 '희귀' 질환으로 간주된다. 마르판 증후군의 치료에는 심장혈관 증상을 조절하기 위한 베타 차단제, 교정 렌즈 또는 눈 수술, 근골격계 증상을 교정하는 보조기 또는 정형외과 수술이 포함된다.

골형성부전증 **골형성부전증**(osteogenesis imperfecta)은 상염색체 우성 유전질환으로, 뼈가 약해지고 부서지기 쉬운 질환이다. 최소 9가지 유형의 질환이 알려져 있지만, 대부분은 인체에서 가장 풍부한 단백질 중 하나인 I형 콜라겐 합성에 필요한 두 유전자의 돌연변이와 관련이 있다. 콜라겐은 뼈를 강하고 단단하게 하며, 대부분의 신체 조직의 틀을 형성하는 등 많은 역할을 한다. 하지만 돌연변이 콜라겐은 정상적인 I형 콜라겐과 결합하더라도 구조적 결함을 일으킬 수 있기 때문에 골형성부전증이 발생한다.

5,000명 중 약 1명의 빈도로 발생하는 골형성부전증은 모든 인종 그룹에 유사하게 영향을 미치며, 지난 300년 동안 문헌에 기록된 사례가 많다. 일부 역사가에 의하면 '뼈 없는 이바르'로 알려져 종종 방패를 들고 전쟁터에 나갔다는 바이킹 족장 이바르 라그나르손(Ivar Ragnarsson)이 이 질병을 가졌다고 한다. 골형성부전증은 뼈가 부러져서 자주 응급실로 오는 어린아이들에게서 많이 발견되는데, 이 병을 앓는 어린이 중 일부는 눈의 흰자위인 공막(sclera)이 특이한 푸른 색조를 띤다. 또한 피부 탄력 감소, 약해진 치아, 심장 판막 이상이 나타나며, 골량 증가에 도움이 되는 여러 약물로 치료할 수 있지만, 이러한 약물은 장기간 복용해야 한다.

헌팅턴병 뇌세포의 진행성 퇴행을 초래하는 상염색체의 우성 신경학적 질환(그림 20.12)인 **헌팅턴병**(Huntington's disease)은 헌팅틴이라는 단백질 유전자의 돌연변이에 의해 발생한다. 결함 유전자에는 염기서열 CAG가 반복되는 DNA 부분이 포함되어 있다. 트리뉴클레오티드의 반복인 이러한 유형의 구조는 헌팅틴 단백질이 너무 많은 글루타민 아미노산의 사

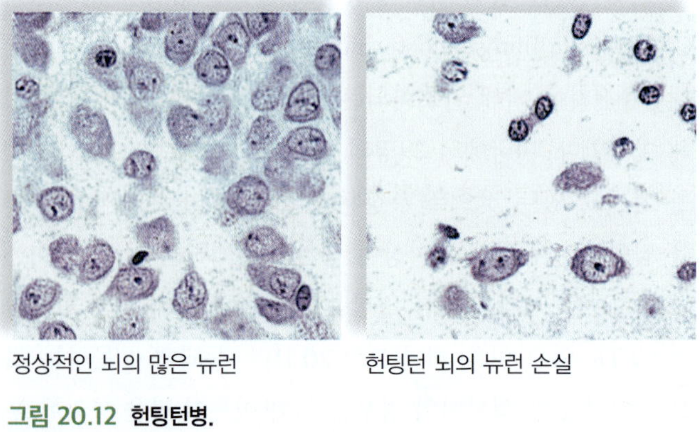
정상적인 뇌의 많은 뉴런 헌팅턴 뇌의 뉴런 손실

그림 20.12 헌팅턴병.
헌팅턴병은 신경 세포의 손실로 인해 발생한다.
©Dr. Hemachandra Reddy, The Neurological Science Institute, Oregon Health & Science University

본을 갖도록 한다. 일반적인 헌팅틴 단백질에는 10~25개의 글루탐산이 증가하지만, 헌팅틴 단백질에 돌연변이 헌팅턴 유전자에 암호화된 것처럼 36개 이상의 글루탐산이 있으면 단백질의 모양이 바뀌고 뉴런 내부에 커다란 덩어리를 형성한다. 이러한 덩어리는 다른 단백질을 끌어당겨 덩어리지게 하여 비활성 상태로 만드는데, 덩어리에 붙는 이 단백질 중 하나인 CBP는 신경 세포의 생존을 돕는 역할을 한다.

헌팅턴병의 평균 발병 연령은 30대 후반에서 40대 후반으로 일반적으로 인생 후반부에 나타나지만, 헌팅턴병의 증상이 10대 후반에 일찍 나타나는 것이 드문 일은 아니다. 헌팅턴병에는 다양한 증상이 있지만 일반적으로 움직임을 제어할 수 없고, 불안정한 보행, 치매, 언어 장애가 있는 것이 특징이다. 질병이 매우 빠르게 진행되기 때문에 환자들은 증상이 시작된 후 평균 15~20년을 생존한다. 현재 효과적인 치료법은 질병의 진행을 늦추는 약물 복용이며, 도파민 차단제는 통제되지 않는 움직임을 줄이고, 보행하는 동안 안구 협응과 안정을 개선하는 데 매우 효과적인 것으로 알려져 있다.

진도 점검하기 20.3

1. 어떤 가계도에서 가족의 모든 구성원이 특정 질환에 걸렸다. (a) 만일 형질이 열성이라면, 부모의 유전자형은 무엇인가? (b) 만일 형질이 우성이라면, 부모의 유전자형은 무엇인가?
2. 낭포성 섬유증에 대한 정상 동형접합 부모에게서 낭포성 섬유증에 걸린 아이가 태어날 가능성을 예측하시오.
3. 특정 민족이나 문화권에서 상염색체 열성 유전질환의 발병률이 더 높은 이유를 설명하시오.

개념 연결하기

이 절에서 논의되는 많은 질병은 인간 생리학의 특정 측면과 관련이 있다. 이러한 질병(괄호 안에 표시됨)에 대한 자세한 내용은 다음 논의를 참고하시오.

2.3절 세포막에서 단백질의 기능(낭포성 섬유증)을 살펴본다.

2.4절 리소좀(테이삭스병)에 대해 살펴본다.

3.2절 신체에서 결합조직의 역할(마르판 증후군)을 살펴본다.

5.2절 적혈구의 역할(겸상 적혈구 질환)을 살펴본다.

20.4 일반적인 유전방식을 벗어나는 유전

학습 목표

이 절을 학습한 후 다음 사항을 할 수 있어야 한다.

1. 다유전자 유전, 다발성 유전, 우성, 불완전 우성이 단순한 단성형질교배와 어떻게 다른지 요약할 수 있다.
2. 유전과 환경의 조합이 어떻게 표현형에 영향을 미칠 수 있는지 설명할 수 있다.
3. 유전자형에 근거하여 사람의 혈액형을 예측할 수 있다.

20.2절에서 설명한 것과 같은 특정 형질은 단순한 우성 또는 열성 유전을 따르는 한 쌍의 대립유전자에 의해 제어된다. 그러나 인간 유전학은 단순한 우성 및 열성 패턴으로 설명할 수 있는 것보다 더 복잡하다. 이 절에서는 좀 더 일반적인 다른 유형의 유전방식을 살펴보겠다.

다유전자 유전

피부색, 키와 같은 **다유전자 형질**(polygenic trait)은 여러 가지 대립유전자 쌍에 의해 결정된다. 각 개인은 모든 대립유전자 쌍의 사본을 가지고 있으며, 이 사본들은 여러 쌍의 염색체에 위치할 수 있다. 유전자에 대한 각각의 우성 대립유전자 암호, 다시 말하면 우성 대립유전자는 표현형에 정량적 영향을 미친다. 즉, 이러한 효과는 부가적으로 작용하게 된다. 그 결과 표현형의 **지속적인 변화**가 나타나며, 이 표현형들이 종 모양의 곡선을 그리며 분포하고, 관련된 유전자가 많을수록 표현형의 변이와 분포가 더 연속적이다. 또한, 환경적 영향도 다양한 표현형에 영향을 준다. 예를 들어 영양의 차이로 인해 키의 분포는 종 모양의 곡선이 나타나게 된다(그림 20.13).

피부색

피부색은 피부의 멜라닌 세포라고 하는 세포에서 생성되는 색소침착의 결과이다(3.7절 참고). 이러한 피부색에 영향을 주는 유전자는 100가지 이상 존재한다고 알려져 있다. 말하자면 피부색은 많은 대립유전자의 쌍에 의해 제어될 가능성이 있는 다유전자성 유전방식 중의 한 예이다.

여기서 가장 간단한 모델을 사용하여 피부에는 세 쌍의 대립유전자(Aa, Bb, Cc)만 있고, 각 대문자는 피부에 색소를 제

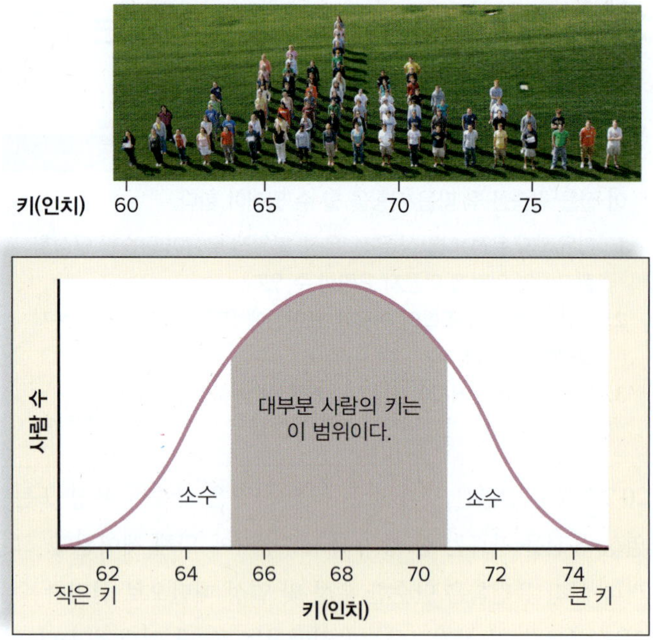

그림 20.13 키는 인간의 다유전자 형질이다.
무작위로 선택한 많은 사람들의 키를 기록하면 값이 종 모양의 곡선 분포를 나타낸다. 이러한 연속적인 분포는 여러 대립유전자 쌍에 의한 형질의 제어 때문이다. 물론 환경적인 영향도 수반된다.
(사진): David Hyde and Wayne Falda/McGraw Hill

공한다고 가정해 보자. 매우 어두운 피부를 가진 사람과 매우 밝은 피부를 가진 사람과의 사이에서 태어난 자녀들은 중간 갈색 피부를 가진다. 유전자형 *AaBbCc*를 가진 두 사람이 자녀를 가지면 자녀의 피부색은 매우 어두운 색에서 매우 밝은 색까지 다양할 수 있다. 이러한 표현형의 분포는 일반적으로 종 모양의 곡선을 따르는데, 이는 극단적인 표현형을 가진 사람이 거의 없고 대부분의 사람들이 중간에 있는 표현형을 가지고 있음을 의미한다. 종 모양의 곡선은 다유전자 형질을 식별할 수 있는 일반적인 특성이다(**그림 20.14**).

생활 속의 생물학

피부색은 사람의 인종을 잘 나타내는 지표일까?

이 질문에 대한 간단한 대답은 '아니요'이다. 사람의 피부색은 유전의 진정한 지표가 아니다. 같은 피부색을 가진 사람들이 반드시 유전적으로 관련이 있는 것은 아니며, 소수의 유전자만이 피부색을 제어하기 때문에 피부색이 조상의 기원을 나타내는 것은 아니다. 과학자들은 인종의 유전적 기초를 적극적으로 조사하여, 개인의 유전적 유산과 의학 사이의 몇 가지 흥미로운 관계를 발견했다.

그러나 피부색은 주변 환경 요소 중 하나인 햇빛에 의해서도 영향을 받는다. 표현형의 범위가 각 유전자형에 대해 존재한다는 것을 다시 주목해 보자. 예를 들어 *AaBbCc*인 사람은 동일한 유전자형을 가지고 있음에도 불구하고 피부색이 다를 수 있으며, 몇 가지 가능한 표현형이 두 극단의 범위 사이에 있다. 관련된 다유전자 형질과 환경의 상호작용은 다음 절에서 논의하겠다.

환경 영향

구순열 또는 구개열, 만곡족, 정신분열증, 당뇨병, 페닐케톤뇨증, 심지어 알레르기 및 암과 같은 많은 인간 질환은 환경 영향을 받는 다유전자 특성에 의해 제어될 가능성이 가장 높다. 이를 일반적으로 **다인자성 형질**(multifactorial trait)이라고 한다. 샴 고양이와 히말라야 토끼의 털은 귀, 코, 발, 꼬리의 색이 더 어둡다(**그림 20.15**). 히말라야 토끼는 멜라닌 생성에 관여하는 대립유전자(c^h)에 대해 동형접합체이다. 실험적 증거에 따르면 이 유전자에 의해 암호화된 효소는 낮은 온도에서만 활성화된다. 따라서 검은 털은 체온이 환경으로 손실되는

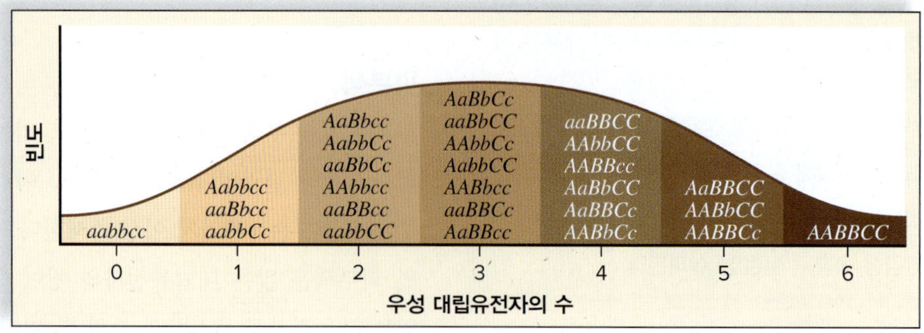

그림 20.14 다유전자 유전과 피부색.
피부색은 많은 대립유전자 쌍에 의해 제어되며, 그 결과 다양한 표현형이 생성된다. 대다수의 사람들은 중간 범위의 피부색을 가지고 있는 반면, 소수는 극단적인 범위의 피부색을 가진다.

오늘날의 생물학 ▶ **과학**

눈 색깔의 유전학

이미 언급했듯이 유전자는 표현형을 생성하기 위해 단독으로 작용하는 경우가 거의 없다. 많은 경우에 유전자는 여러 효소와 단백질의 상호작용으로 구성된 대사 경로의 일부일 수 있다.

유전자의 상호작용에 의해 결정되는 형질의 대표적인 예는 사람의 눈 색깔이다(그림 20A). 멜라닌을 포함하여 눈 색깔 생성에는 여러 가지 색소가 관여한다. 여러 요인(눈의 구조 포함)이 눈 색깔(예: 녹색 또는 적갈색)의 사소한 변화를 제어하는 데 비해, *OCA2*라는 유전자는 눈 색깔의 갈색/파란색 기반을 설정하는 멜라닌 생성에 관여한다. *OCA2*가 완전히 결핍된 사람의 눈은 (백색증에서 발생하는 것처럼) 충혈되고, *OCA2*의 열성 형태는 동형접합 열성 개체에서 파란 눈을 초래하는 반면, 단일 우성 *OCA2* 대립유전자는 갈색 눈(가장 일반적인 눈 색깔)을 생성한다.

HERC2 유전자는 *OCA2* 유전자의 지시를 받지 않기 때문에, *HERC2*의 열성 대립유전자에 대해 동형접합체인 경우 *OCA2*와 관련된 유전자형과 관계없이 파란 눈을 갖게 된다. 유전학자들은 하나의 유전자가 다른 유전자를 무시할 수 있는 이러한 유형의 상호작용을 **상위 상호작용**(epistatic interaction)이라고 부른다.

생각해 볼 문제

1. 다유전자 상호작용에 관련된 유전자 중 하나에 오류가 발생하면 잠재적인 결과는 어떻게 되는가?
2. 다유전자 상호작용에 의해 결정되는 형질을 수정하기 위해 유전 공학을 사용하는 것이 얼마나 어려운가?

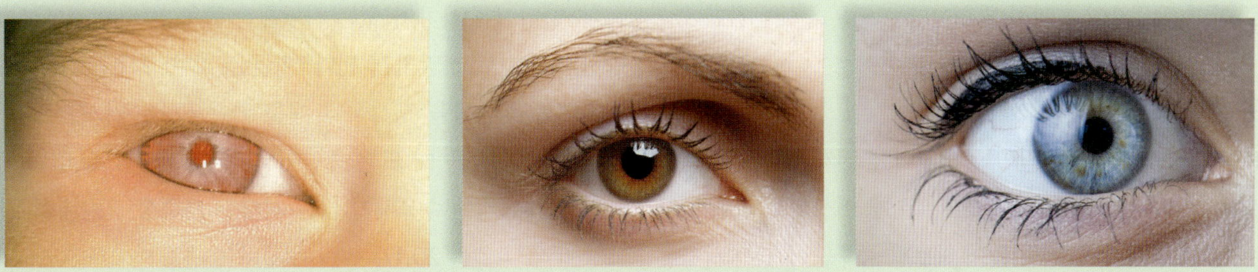

그림 20A 눈 색깔의 유전학.
빨간 눈(*왼쪽*)을 가진 사람은 눈 색소를 생성하는 능력이 부족하다. 우성인 *OCA2* 대립유전자는 일반적인 갈색 눈(*중간*)을 생성한다. 파란 눈(*오른쪽*)은 *OCA2* 대립유전자에 대한 동형접합 열성에서 발생하거나, 두 번째 유전자인 *HERC2*와의 상호작용으로 인해 발생할 수 있다.
(빨간 눈): Mediscan/Alamy Stock Photo; (갈색 눈): stylephotographs/123RF; (파란 눈): lightpoet/123RF

그림 20.15 온도에 민감한 털색을 가진 히말라야 토끼. 이 토끼의 귀, 코, 발은 체온이 낮은 부위이기 때문에 어둡다.
Neil Twigg/Alamy Stock Photo

신체의 말단 부위에서만 발생한다.

최근 연구에 따르면 알코올 중독, 공포증, 심지어 자살 위험과 같은 모든 종류의 행동이 특정 유전자와 관련될 수 있다고 보고되었다. 그러나 거의 모든 경우에 환경은 표현형의 중증도에 중요한 역할을 미친다. 따라서 다인자성 형질일 가능성이 높다. 현재 연구는 형질의 몇 퍼센트가 자연(유전)에 기인하고 몇 퍼센트가 양육(환경)에서 기인하는지를 결정하는 데 초점을 맞추고 있다. 일부 연구에서는 출생 시 분리되어 서로 다른 환경에서 자란 일란성 및 이란성 쌍둥이를 연구하였다. 이때 서로 다른 환경에 있는 일란성 쌍둥이가 같은 형질을 공유한다면 그 형질이 유전될 가능성이 가장 높다는 것이다.

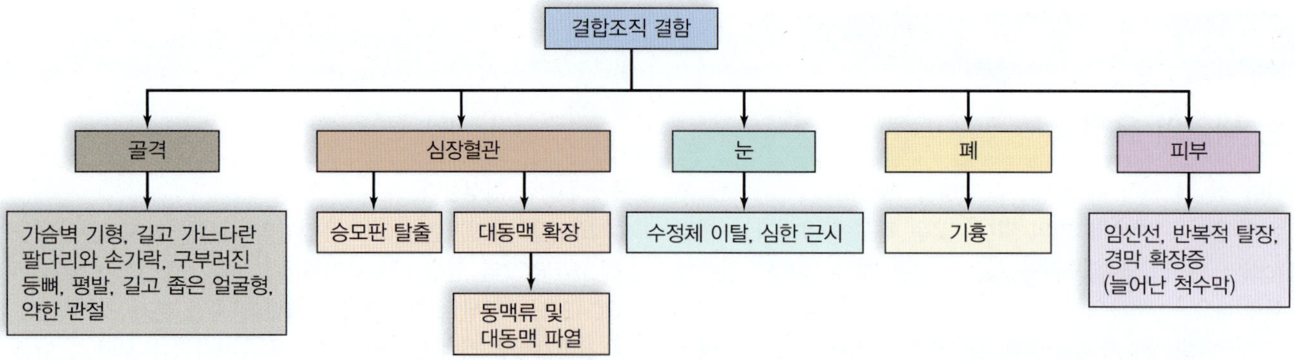

그림 20.16 마르판 증후군.
마르판 증후군은 한 유전자가 여러 가지 다양한 표현형을 나타낼 수 있음을 보여준다. 마르판 증후군은 몇 가지 다양한 숫자의 결합조직 결함으로 인해 발생한다.

출생 시 분리된 일란성 쌍둥이는 출생 시 분리된 이란성 쌍둥이보다 지적 재능, 성격 특성, 평생 행복 수준이 더 유사하였다. 이것은 행동적 형질이 부분적으로 유전된다는 것을 증명한다. 또한 유전자가 환경적 영향을 받기 쉬운 복잡한 조합으로 함께 작용하여 효과를 발휘한다는 이론을 뒷받침한다.

다표현형

다표현형(pleiotropy)은 단일 돌연변이 유전자가 뚜렷하고 겉으로 보기에는 관련이 없어 보이는 두 개 이상의 형질에 영향을 미칠 때 발생한다. 예를 들어 마르판 증후군이 있는 사람은 팔, 다리, 손, 발이 불균형하게 길고, 약한 대동맥, 나쁜 시력 등의 특성을 가지고 있다(그림 20.16). 이러한 모든 특성은 비정상적인 결합조직의 생성으로 인한 것이다.

마르판 증후군은 일반적으로 피브릴린이라는 기능성 단백질을 지정하는 15번 염색체의 유전자(*FBN1*) 돌연변이와 관련이 있다. 피브릴린은 결합조직의 탄성 섬유 형성에 필수적이다. 정상적인 결합조직의 구조적 지원이 없으면 대동맥이 파열될 수 있는데, 특히 배구나 농구와 같은 격렬한 운동을 하게 되면 파열될 수 있다.

불완전 우성과 공동우성

사람에게서 불완전 우성의 예는 **가족성 고콜레스테롤혈증**(familial hypercholesterolemia)이다. 이것은 세포의 세포막에 있는 저밀도 지단백(LDL) 콜레스테롤 수용체 단백질의 수를 조절하는 유전자와 관련이 있다. 두 개의 돌연변이 대립유전자를 가진 사람은 LDL-콜레스테롤 수용체가 부족하다. 단 하나의 돌연변이 대립유전자를 가진 사람은 정상적인 수용체 수의 절반을 가지고 있지만, 두 개의 정상적인 대립유전자를 가진 사람은 일반적인 수의 수용체를 가지고 있다. 혈액 내 과도한 콜레스테롤은 심장혈관 질환의 위험 증가와 관련이 있다. 따라서 수용체가 없는 사람들은 종종 30세 이전에 심장혈관 질환으로 사망하게 된다. 이들은 피부, 힘줄, 각막에 콜레스테롤 침전물을 생성하기 때문에 수용체 수가 절반인 사람들은 아직 젊을 때 또는 중년이 된 후에 사망할 수 있다. 하지만 콜레스테롤 수용체가 많은 사람은 가족성 고콜레스테롤혈증이 없다(그림 20.17).

대립유전자가 이형접합체에서 동일하게 발현될 때 **공동우성**

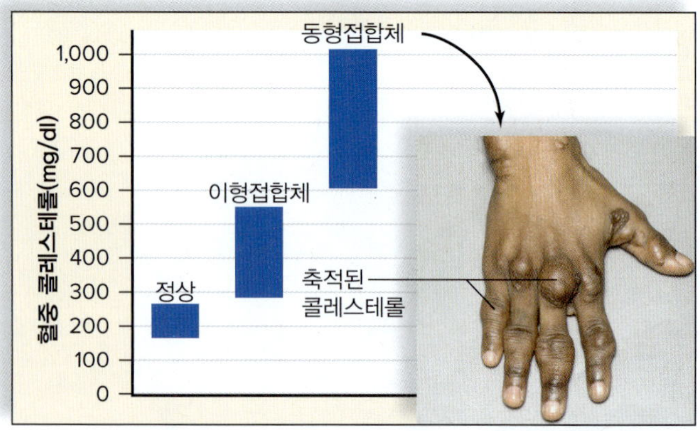

그림 20.17 가족성 고콜레스테롤혈증의 유전.
가족성 고콜레스테롤혈증은 불완전 우성질환이다. 하나의 돌연변이 대립유전자를 가진 사람은 혈액 내 비정상적으로 높은 콜레스테롤을 가지지만, 대립유전자 2개에 모두 돌연변이가 일어난 사람은 이보다 더 높은 혈중 콜레스테롤 수치를 나타낸다.
(사진): Medical-On-Line/Alamy Stock Photo

(codominance)이 발생한다. 잘 알려진 예로 적혈구가 A형과 B형의 특성을 모두 가지고 있는 사람의 혈액형은 AB형이다. 두 가지 유전자가 각각의 산물을 암호화하고 있다고 가정함으로써 공동우성을 설명할 수 있으며, 실제 양쪽 유전자 산물이 함께 존재하는 것이 관찰된다. 이 절의 뒷부분에서 살펴보겠지만 혈액형 유전도 다중 대립유전자의 예이다.

다중 대립유전자 유전

형질이 **다중 대립유전자**(multiple alleles)에 의해 제어되는 경우, 유전자는 여러 대립유전자 형태로 존재하지만, 사람은 가능한 대립유전자 중 두 개만 가질 수 있다.

ABO 혈액형 타입

동일한 유전자에 대한 3개의 대립유전자가 ABO 혈액형의 유전을 제어한다. 이 대립유전자는 적혈구에 대한 항원의 유무를 결정한다(5.5절 참고).

사람은 가능한 3개의 대립유전자 중 2개만 가지고 있으며, I^A와 I^B 모두 i보다 우성이다. 따라서 A형 혈액형에는 2가지 가능한 유전자형이 있고, B형 혈액형에도 2가지 가능한 유전자형이 있다. 반면에 I^A와 I^B는 서로 상대유전자가 있을 때 완전히 표현된다. 따라서 어떤 사람이 이러한 대립유전자 중 각각 하나씩을 물려받는다면 그 사람은 AB형 혈액형을 갖게 된다. O형 혈액형은 2개의 i 대립유전자의 유전으로만 생성될 수 있다.

혈액형에 대한 표현형과 가능한 유전자형은 다음과 같다.

표현형	가능한 유전자형
A	I^AI^A, I^Ai
B	I^BI^B, I^Bi
AB	I^AI^B
O	ii

혈액형은 전통적으로 친자 확인 소송에 사용되지만, 가정된 생부의 혈액 검사는 그가 생부일 수 있는 가능성을 암시할 뿐 그가 확실히 생부라는 것을 알려줄 수는 없다. 예를 들어 A형(유전자형 I^Ai)의 남성이 O형 아이의 생부일 가능성은 있지만 확실하지는 않다. 반면에 혈액형 검사는 때때로 생부가 아니라는 것을 확실히 증명할 수도 있다. 예를 들어 혈액형이 AB

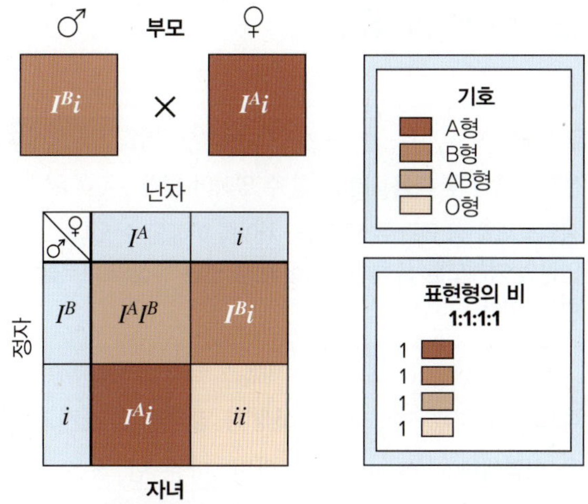

그림 20.18 **ABO 혈액형의 유전.**
혈액형은 다중 대립유전자 유전의 예이다. I 유전자에는 I^A 및 I^B로 지정된 2개의 공통 우성 대립유전자와 i로 지정된 1개의 열성 대립유전자가 있다. 따라서 A형과 B형의 이형접합체 간의 교배 결과는 네 가지 혈액형 중 하나가 될 수 있다. 왜냐하면 부모의 유전자형이 I^Ai와 I^Bi이기 때문이다.

형인 남성이 O형인 아이의 아버지일 가능성은 없다. 따라서 혈액형 검사는 가능한 친자 관계에서 남자를 제외시키려는 법적 경우에만 사용할 수 있다. 현대의 식별은 DNA 프로파일링(DNA 지문 채취)이라고 하는 DNA의 패턴 분석에 더 많이 의존한다(21.4절 참고).

그림 20.18은 특정 유전자형 간의 교배가 혈액형 측면에서 놀라운 결과를 가져올 수 있음을 보여준다. A형과 B형을 가진 부모는 4가지 가능한 혈액형을 모두 가진 자손을 가질 수 있다. Rh 인자와 같은 다른 혈액형은 5.5절에서 설명한다.

진도 점검하기 20.4

1. 다유전자 유전은 왜 종 모양의 곡선으로 나타나는지 설명하시오.
2. 환경적 영향으로 식이와 영양이 포함될 수 있는 다인자성 형질을 설명하시오.
3. 한 형질에 대하여 다중 대립유전자를 갖는 것이 진화적으로 이로울 수 있는지 논의하시오.

개념 연결하기

이 절에 제시된 주제에 대한 자세한 내용은 다음 논의를 참고하시오.

3.7절 피부색을 제어하는 멜라닌 세포를 살펴본다.

5.5절 인간 혈액형의 기초를 살펴본다.

20.5 성 연관 유전

학습 목표

이 절을 학습한 후 다음 사항을 할 수 있어야 한다.

1. 상염색체와 성 연관 유전방식의 차이를 이해할 수 있다.
2. 인간의 가계도를 해석하여 형질의 성 연관 유전의 여부를 결정할 수 있다.

일반적으로 남성과 여성 모두 23쌍의 염색체를 가지고 있다. 22쌍은 **상염색체**(autosome)라고 하며, 다른 한 쌍은 **성염색체**(sex chromosome)이다. 이들은 성별에 따라 다르기 때문에 성염색체라고 한다. 인간의 경우 남성은 X와 Y의 성염색체를 가지고 있고, 여성은 두 개의 X 염색체를 가지고 있다. Y 염색체에는 남성의 성별을 결정하는 유전자가 포함되어 있다.

성염색체에 있는 유전자에 의해 조절되는 형질은 **성 연관**(sex-linked)이 있다고 한다. X 염색체의 대립유전자는 **X-연관**(X-linked)이고, Y 염색체의 대립유전자는 **Y-연관**(Y-linked)이다. 성 연관 유전자로 인한 대부분의 질환은 X 염색체에서만 발견되는 유전자와 관련이 있으며, 크기가 아주 작은 Y 염색체에서는 거의 발견되지 않았다.

적록색맹과 달리 정상적인 색각을 결정하는 X 염색체의 많은 유전자는 사람의 성별과 관련이 없다. 즉, X 염색체는 남성과 여성 모두에게 영향을 미치는 유전자를 가지고 있다. 성별과 관련된 특성이 아버지에게서 아들에게 또는 어머니에게서 딸에게 전달된다고 가정하는 것이 논리적일 수 있지만, 이것은 사실이 아니다. 남성은 항상 X 염색체를 물려받은 어머니로부터 X-연관 대립유전자를 받지만, 아버지의 Y 염색체는 X 염색체와 동일한 유전자를 가지고 있지 않다. 일반적으로 성 연관 유전질환과 관련된 대립유전자는 열성이다. 따라서 여성이 유전질환을 갖기 위해서는 각 부모로부터 하나씩 두 개의 대립유전자를 받아야 한다.

X-연관 대립유전자

X-연관 특성을 고려할 때 X 염색체의 대립유전자는 X 염색체에 붙은 위첨자로 표시된다. 예를 들어 잘 알려진 X-연관 열성질환인 적록색맹의 표기는 다음과 같다.

- X^B = 정상
- X^b = 색맹

남성과 여성 모두에게 가능한 유전자형과 표현형은 다음과 같다.

유전자형	표현형
X^BX^B	정상 여성
X^BX^b	보인자 여성
X^bX^b	색맹 여성
X^BY	정상 남성
X^bY	색맹 남성

두 번째 유전자형은 보인자 여성이다. 이 유전자형을 가진 여성은 정상적인 색각을 가지고 있지만 색맹에 대한 대립유전자를 물려줄 수 있다. 여성의 색맹은 두 부모로부터 대립유전자를 받아야 하기 때문에 드물게 나타난다. 남성의 색맹은 하나의 열성 대립유전자만 필요하기 때문에 여성보다 남성의 색맹이 더 많이 나타난다. 왜냐하면 색맹의 대립유전자는 X 염색체에 있기 때문에 어머니로부터 유전되어야 하고, 남성은 이버지에게서만 Y 염색체를 물려받기 때문이다(그림 20.19).

정상 시력을 가진 남성과 이형접합체 여성 사이의 교배를 고려해 보자(그림 20.19). 이 부부가 색맹인 딸을 가질 확률은 얼마일까? 또한, 색맹인 아들을 가질 확률은 얼마일까? 딸은 아버지로부터 X^B를 받기 때문에 모두 정상적인 색각을 갖

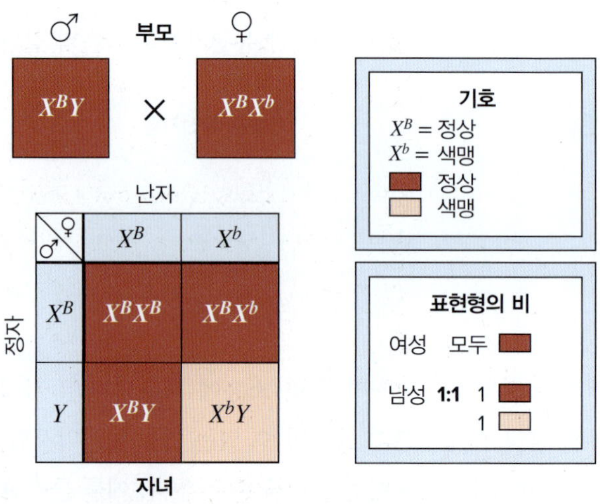

그림 20.19 X-연관 교배의 결과.
아버지는 시력이 정상이지만, 어머니는 보인자이다. 색맹의 대립유전자는 X 염색체 중 하나에 있다. 따라서 아들이 색맹이 될 확률은 50%이고, 딸은 정상적인 시력을 가지지만 50%의 확률로 보인자가 된다.

게 되지만, 아들은 어머니로부터 X^B를 받았는지 아니면 X^b를 받았는지에 따라 색맹이 될 확률이 50%이다. 아버지로부터 Y 염색체를 물려받은 것이 어머니로부터 받은 X^b를 상쇄할 수는 없다. Y 염색체에는 형질에 대한 대립유전자가 없으므로 아들의 색맹을 예방할 수 없다. 그림 20.19에서 성 연관 특성에 대한 표현형의 결과가 남성과 여성에게 별도로 주어진다는 점에 유의해야 한다.

X-연관 질환 가계도

색맹과 마찬가지로 대부분의 성 연관 질환은 일반적으로 X 염색체를 통해 전달된다. 그림 20.20은 X-연관 열성질환의 가계도를 보여준다. X 염색체의 열성 대립유전자가 항상 남성에게서 발현되기 때문에 여성보다 남성이 이 질환을 더 많이 가지고 있다. 이는 Y 염색체에는 질환에 대한 대립유전자가 없기 때문이다. X-연관 열성 유전은 종종 할아버지에서 손자로 전달되는데, 이는 질환자 남성의 딸들은 보인자이기 때문이다. 그림 20.20은 X-연관 열성질환을 인식하는 다양한 방법을 나열하였다.

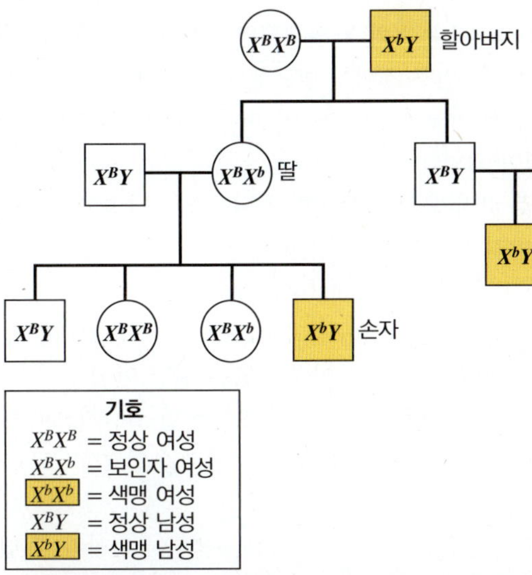

X-연관 열성질환
- 여성보다 남성에게서 더 많이 나타난다.
- 질환을 가진 아들이 표현형이 정상인 부모를 가질 수 있다.
- 질환을 가진 딸은 그 아버지도 반드시 질환을 가진다. 어머니는 질환을 가질 수도 보인자일 수도 있다.
- 질환이 종종 한 세대를 건너뛰어서 조부모로부터 손자에게 유전된다.
- 질환을 가진 여성에게서 태어나는 아들은 모두 질환을 가진다.

그림 20.20 X-연관 열성질환의 가계도.
색맹의 가계도는 X-연관 열성질환 유전방식의 한 예를 보여준다. 그림의 목록은 X-연관 열성질환의 유전방식을 알아내는 다양한 방법들을 나열한 것이다.

알려진 형질 중 **X-연관 우성** 형질은 소수에 불과하다. 질환이 X-연관 우성인 경우, 해당 질환이 있는 남성은 해당 질환이 있을 확률이 100%인 딸에게만 형질을 물려준다. 하지만 여성은 아들과 딸 모두에게 X-연관 우성 대립유전자를 물려줄 수 있다. 여성이 이형접합이고 남성에게 이 상태에 대한 대립유전자가 없는 경우 각 자녀는 X-연관 우성질환이 없을 확률이 50%인데, 이것은 유전되는 모계 X 염색체에 따라 다르다.

주요 X-연관 열성질환

색맹(color blindness)은 특정 색상을 구별할 수 없는 것이며, 일부 형태의 색맹(적록)은 X-연관이다. 색맹에 대한 치료법은 없지만, 질환 자체가 환자에게 심각한 장애를 초래하지는 않는다. 색맹은 미국에서 남성 12명 중 1명, 여성 200명 중 1명에게서 발생한다. 색맹인 대부분의 사람들은 밝은 녹색을 황갈색으로, 올리브 녹색을 갈색으로, 빨간색을 적갈색으로 보고, 일부는 빨간색과 녹색을 전혀 구별하지 못한다. 그들은 단지 노란색, 파란색, 검은색, 흰색, 회색만 볼 수 있다.

듀센형 근이영양증(Duchenne muscular dystrophy)은 근육의 퇴화를 특징으로 하는 X-연관 열성질환이다. 뒤뚱거리는 걸음걸이, 까치발 걷기, 잦은 넘어짐, 일어나기 어려움 등의 증상은 아이가 걷기 시작하자마자 나타날 수 있다. 보통 7~10세 무렵이면 증세가 심해져서 휠체어에 의지할 정도로 호흡 및 심장혈관 근육의 약화가 진행되고, 대부분 20~25세 사이에 사망하므로 듀센형 근이영양증에 걸린 남성이 자식을 낳을 확률은 낮다. 열성 대립유전자는 보인자인 어머니로부터 보인자인 딸에게 유전되어 인류 집단 속에 남아 있게 된다.

오늘날 디스트로핀(dystrophin)이라고 불리는 단백질의 결핍이 듀센형 근이영양증의 원인이다. 많은 연구를 통해 디스트로핀이 근육 섬유의 근형질 세망(sarcoplasmic reticulum)으로부터 칼슘을 방출하는 데 관여한다는 것이 밝혀졌다. 만일 디스트로핀이 부족하면 칼슘이 세포로 누출되어 근육 섬유를 용해시키는 효소의 작용을 촉진하게 되고, 신체가 조직을 복구하려고 시도하면 섬유 조직이 형성되게 된다(그림 20.21). 이로 인해 혈액 공급이 차단되어 점점 더 많은 세포

오늘날의 생물학 ▶ 과학의 다양성

네티 스티븐스와 성염색체의 발견

미국 남북 전쟁의 여파 속에서 성장한 여성에게 과학 연구 경력은 전례가 없는 일이었다. 그러나 네티 스티븐스(Nettie Stevens)는 미국 최초의 여성 유전학자 중 한 사람이 되어 역경을 극복했을 뿐만 아니라, 생물학적 성별에서 X 및 Y 염색체의 역할을 결정함으로써 염색체에 대한 현대적 이해의 토대를 마련하는 데 도움을 주기도 했다.

사람들의 삶에서 거의 잊혀진 스티븐스는 비록 생전에 마땅히 받아야 할 인정을 받지 못했지만, 최근 로잘린드 프랭클린(Rosalind Franklin)과 같은 여성이 과학 발전에 미친 엄청난 영향력의 사례로 새롭게 인정받았다.

1861년 버몬트에서 태어난 스티븐스는 조기에 고등 교육을 받기 위해 노력했지만, 고등학교에서 대학교로 도약할 재정적 수단이 부족했다. 스티븐스는 대신 매사추세츠의 웨스트포드 아카데미에서 공부했으며 생계를 유지하기 위해 교사로 일했고, 그녀의 반에서 학위를 받고 졸업한 단 세 명의 여성 중 한 명이 되었다. 웨스트포드에서 스티븐스는 새로 문을 연 스탠퍼드대학교와 펜실베이니아의 브린모어대학교에서 학위를 마쳤으며, 39세에 세포 생물학 박사 학위를 받았다(그림 20B).

1903년 스티븐스가 브린모어대학교에서 학위를 마쳤을 때 그레고어 멘델(Gregor Mendel)의 유전학 연구는 새롭게 관심받기 시작했으며, 과학자들은 유전학 이면의 요인에 대한 연구에 몰두하느라 분주해졌다. 동시에 특히 생물학적 성을 규정하는 조건을 둘러싼 오래된 가정들은 과학계에 완강하게 남아 있었다. 당시에는 수 세기 동안 아이가 생물학적으로 남자인지 여자인지를 결정하는 요인은 어머니 자궁의 온도와 같은 환경적 요인에 근거한다고 믿었다. 과학자들이 특정 형질에 대한 유전적 근거를 밝히고 있는 동안에도 성별은 환경에 따라 결정된다는 믿음이 지역 사회에 완고하게 만연해 있었다.

그림 20B 네티 스티븐스.
네티 스티븐스는 성염색체에 대한 초기 연구 중 일부를 수행했다.
H.S. Photos/Alamy Stock Photo

스티븐스의 연구는 이 가정에 도전한 최초의 연구 중 하나였다. 그녀는 현미경으로 수천 장의 종이처럼 얇은 생식선의 단면을 검사했으며 주로 거저리, 딱정벌레, 나비 같은 곤충의 염색체를 관찰했다. 그녀는 개별 염색체를 연구하고 분류하여 생물학적 성별이 염색체의 특정 분류에 기반한다는 증거를 발견했다. 이는 현재 우리가 XY 성별 결정으로 알고 있는 것과 같다.

인정받지 못한 발견

1905년에 스티븐스는 X와 Y 염색체의 구성으로 생물학적 성별이 결정된다는 연구 결과를 발표했다. 이로써 그녀는 염색체가 성 결정에 어떻게 관여하는지 이해한 세계 최초의 과학자 중 한 명이 되었다.

그러나 몇 가지 요인으로 인해 스티븐스는 당연히 받아야 할 인정을 받지 못했다. 가장 눈에 띄는 것은 또 다른 과학자인 에드먼드 비처 윌슨(Edmund Beecher Wilson)의 연구였는데, 그는 그해 초 자신의 연구를 통해 XY 성 결정에 대한 연구 결과를 발표했다. 하지만 이렇게 짧은 시간 안에 두 명의 과학자가 독립적으로 동일한 결론에 도달하면 일반적으로 둘 다 인정을 받지만, 윌슨만 발견에 대한 공로를 인정받았고 스티븐스의 결론은 무시되었다.

이로 인하여 윌슨은 그 시대의 가장 유명한 유전학자 중 한 사람이 되었지만, 스티븐스는 6년 후인 1912년에 유방암으로 사망하면서 무명으로 사라졌다.

오늘날 스티븐스의 유산

돌이켜보면 1900년대 초 스티븐스의 발견은 매우 정확했으며, 외부적 또는 환경적 요인의 영향 없이 염색체가 생물학적 성을 결정한다고 (궁극적으로 부정확한) 주장을 한 윌슨의 발견보다 더 나아갔다. 그녀와 윌슨 사이에서 염색체 성 결정의 발견은 미래의 유전학자 세대가 염색체의 미스터리, 특히 특정 형질이 X 또는 Y 염색체를 따라 어떻게 전달되는지에 대한 비밀을 풀 수 있는 토대를 마련했다.

오늘날 스티븐스의 이름은 그녀가 죽은 지 100년이 지나서야 재발견되고 있다. 1994년 스티븐스는 국립 여성 명예의 전당에 추가되었고, 2016년 그녀의 생일 155주년에 인터넷 검색을 통해 그녀의 과학적 발견에 대해 더 많이 알 수 있도록 안내하는 구글(Google) 기념일 로고로 인정받았다. 시간이 지나면 아마도 그녀의 이름은 마침내 X/Y 성 결정의 공동 발견자로서 윌슨과 함께 정당한 자리를 차지하게 될 것이며, 그녀는 100년 전에 마땅히 받았어야 할 인정을 받게 될 것이다.

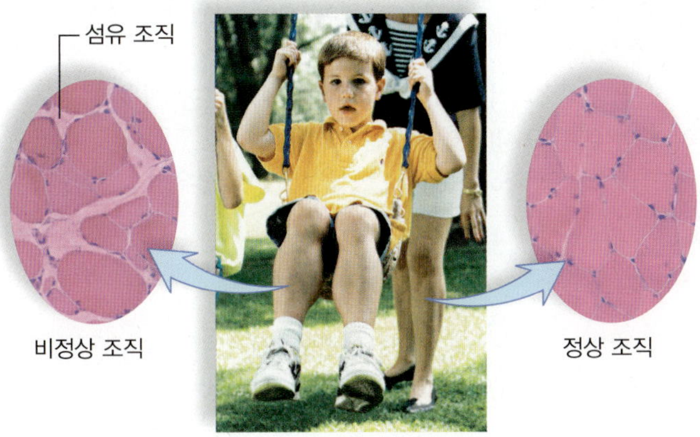

그림 20.21 근이영양증.
X-연관 열성질환인 근이영양증 환자는 디스트로핀 단백질의 결핍으로 근육이 없어짐에 따라 섬유 조직이 그 자리를 채우면서 종아리가 굵어진다.
(왼쪽, 오른쪽): Dr. Rabi Tawil, MD; (소년): Muscular Dystrophy Association

가 죽게 된다. 이를 치료하기 위해 미성숙 근육 세포를 근육에 주입할 수 있지만, 디스트로핀 생산이 30~40% 증가하려면 10만 개의 세포가 필요하다.

여린 X 증후군(fragile X syndrome)은 유전적 지적 장애의 가장 흔한 원인이며, 가벼운 학습 장애에서부터 보다 심각한 지적 장애에 이르기까지 다양하게 나타난다. 또한 사회적 의사소통 장애 및 제한적이고 반복적인 행동과 관련된 심리적 장애인 **자폐 스펙트럼 장애**의 가장 흔한 원인으로 알려져 있다. 여린 X 증후군은 평균적으로 남성 4,000명 중 1명, 여성 8,000명 중 1명에게서 나타난다. 중증인 여린 X 증후군 남성의 경우 긴 얼굴, 튀어나온 턱, 큰 귀, 관절 이완(과도하게 유연한 관절), 생식기 이상을 포함하는 신체적 특징이 있고, 그 외의 다른 공통적인 특징으로는 촉각적 방어(만지는 것을 싫어함), 눈 맞춤 불량, 반복적인 말투 패턴, 손 펄럭임, 산만함 등이 있다. 여린 X 증후군을 가진 여성들도 다양한 증상을 보인다. 여린 X 증후군이 있는 남성에게서 볼 수 있는 대부분의 특징이 여성에게서도 보고되었지만, 종종 증상은 여성에게서 더 경미하고 발생 빈도가 더 낮다. 여린 X 증후군에 대한 치료법은 없지만 조기 진단이나 치료, 교육, 지원을 통해 아동이 기술을 배우고 독립성을 구축하도록 도울 수 있다.

연구원들은 여린 X 증후군이 있는 사람들은 여린 X 정신 지체 단백질(FMRP)이라는 특정 단백질을 만들지 않는다는 사실을 발견했다. 뇌에 이 단백질이 부족하면 질병의 다양한 징후가 나타난다. 여린 X 증후군이라는 용어에서 알 수 있듯이 결함 유전자는 X 염색체 상에서 발견되며, 여린 X 증후군의 유전적 기반은 헌팅턴병에서 볼 수 있는 것과 유사하다(20.3절 참고). 두 경우 모두 문제의 유전자가 3개의 뉴클레오티드(트리뉴클레오티드 반복이라고 함)를 포함하는 DNA 서열의 반복된 복사본을 너무 많이 가지고 있다. 여린 X 증후군에서 DNA 서열은 CGG(헌팅턴병에서 반복되는 서열은 CAG)로, 반복되는 서열은 59개 미만이 정상으로 간주되고, 59~200개는 '전돌연변이(premutation)'로 분류한다. 일반적으로 전돌연변이 유전자형을 가진 남성과 여성은 모두 미묘한 지적 또는 행동적 증상을 보일 수 있지만, 일반적인 지능과 외모를 가지고 있다. DNA에 200개 이상의 반복 복제본이 있는 사람들은 '완전돌연변이'를 가지고 있으며, 여린 X 증후군

생활 속의 생물학

이 질병을 '여린' X 증후군이라고 부르는 이유는 무엇일까?

여린 X 증후군의 이름은 이 질병이 깨지기 쉬운 X 염색체와 관련이 있다고 생각되어 만들어졌다. 사실 여린 X 증후군의 이름은 현미경으로 본 염색체의 모습을 가리킨다. 여린 X 증후군 중 극단적으로 트리뉴클레오티드의 복사본이 많이 있는 경우 X 염색체의 일부가 실에 매달려 있는 것처럼 보인다. 그러나 염색체의 모양이 질병의 원인은 아니다. 여린 X 증후군은 여린 X 정신 지체 단백질(FMRP)의 기능 장애로 인해 발생한다.

오늘날의 생물학 ▶ 과학

혈우병: 왕실 질병

그림 20C의 가계도는 혈우병이 종종 '왕실 질병'으로 언급되는 이유를 보여준다. 1837년부터 1901년까지 영국을 통치한 빅토리아(Victoria) 여왕은 왕족 중 최초로 혈우병 유전자를 가지고 있었다. 여왕으로부터 유래된 혈우병 유전자는 프로이센, 스페인, 러시아 왕실로 퍼졌다. 이 시기에 왕족들은 정치적 유대를 강화하기 위하여 자손들을 서로 정략 결혼시켰는데, 이 관행으로 인해 혈우병 유전자가 각국의 왕실로 퍼져나간 것이다. 이는 빅토리아 여왕이나 부모의 생식세포 중 하나에서 자발적인 돌연변이가 발생한 것으로 추정된다. 그러나 D. M. Potts가 저술한 **빅토리아 여왕의 유전자**(Queen Victoria's Gene)라는 책에서 저자는 켄트 공작인 에드워드 아우구스투스(Edward Augustus)가 빅토리아 여왕의 아버지가 아닐 수도 있다고 가정한다. Potts는 빅토리아가 혈우병에 걸린 남성의 사생아였을 수도 있다고 주장했다. 그녀의 혈통과 관계없이 만약 빅토리아가 왕관을 쓰지 않았다면 여러 왕실의 운명은 매우 달라졌을 것이고, 유럽의 역사도 극적으로 달라졌을 것이다.

하지만 빅토리아는 여왕이 되었다. 빅토리아 여왕과 그녀의 남편 앨버트(Albert) 왕자는 9명의 자녀를 두었는데, 다행히도 레오폴드(Leopold)라는 아들 한 명만 혈우병을 앓았다.

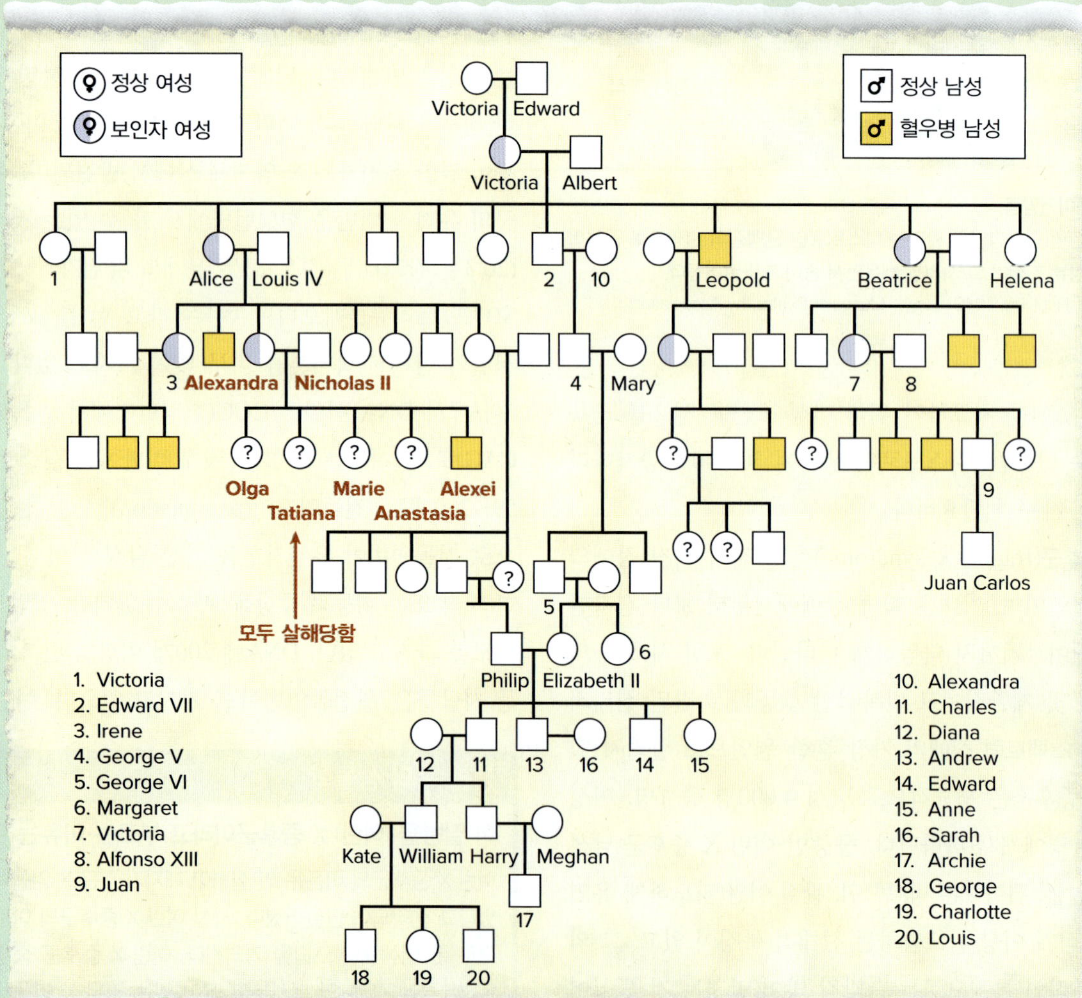

그림 20C 왕실 가족 내 혈우병의 X-연관 유전.

빅토리아 여왕은 보인자였으므로 그녀의 아들은 50%의 확률로 이 질환을 앓았고, 그녀의 딸은 50%의 확률로 보인자였다. 이 가계도는 혈우병에 영향을 받은 후손만 보여준다. 오늘날 영국 왕실 구성원들을 포함하여 혈우병에 걸리지 않은 여러 후손은 가계도에 포함되지 않았다.

그는 1884년 경미한 낙상으로 심한 출혈을 겪었고, 31세의 나이로 사망했다. 그의 딸 앨리스(Alice)는 혈우병의 보인자였는데, 앨리스의 아들 루퍼트(Rupert)도 혈우병을 앓았으며, 1928년에 자동차 사고로 인한 뇌출혈로 사망했다. 왕위 계승자인 빅토리아 여왕의 장남 에드워드 7세(Edward VII)는 이 병에 걸리지 않았다. 따라서 현재 영국 왕실에는 혈우병이 없다.

빅토리아 여왕의 두 딸인 앨리스(Alice)와 베아트리체(Beatrice)는 혈우병의 보인자였다. 앨리스는 헤세 대공 루이 4세(Louis IV)와 결혼했는데, 그녀의 여섯 자녀 중 세 명은 혈우병에 걸렸다. 그녀의 아들 프레드릭(Frederick)은 추락으로 인한 내부 출혈로 사망했다. 앨리스의 딸 아이린(Irene)은 사촌인 프로이센의 헨리(Henry) 왕자와 결혼했는데, 이들의 세 아들 중 두 명은 혈우병을 앓고 있었다. 이 아들 중 한 명인 발데마르(Waldemar)는 제1차 세계대전 중 수혈 보급품의 부족으로 56세에 사망했으며, 앨리스의 다른 아들인 헨리(Henry)는 4세에 피를 흘려 사망했다.

앨리스의 딸 알렉산드라(Alexandra)는 러시아의 니콜라스 2세(Nicholas II)와 결혼했다. 알렉산드라는 4명의 딸을 낳은 뒤 러시아 왕좌를 계승할 알렉세이(Alexei) 왕자를 얻었다. 알렉세이는 태어났을 때부터 혈우병 질환이 뚜렷하게 나타났고, 넘어질 때마다 관절에 출혈이 생겨 팔다리가 절뚝거리고 극심한 고통을 겪었다. 최고의 의사도 알렉세이를 도울 수 없었다. 그의 고통을 덜어주기 위해 그의 부모는 필사적으로 수도사 라스푸틴(Rasputin)에게 의지했고, 라스푸틴은 알렉세이에게 최면을 걸고 잠들게 함으로써 알렉세이의 고통을 어느 정도 덜어줄 수 있었다. 이로 인하여 황제와 황후인 니콜라스와 알렉산드라는 라스푸틴을 무한히 신뢰했다. 왕위의 유일한 후계자인 알렉세이의 질병은 황제와 황후에게 엄청난 고통을 안겼고, 라스푸틴의 권력은 1917년 러시아 혁명을 초래한 요인이 되었으며, 황제와 황후, 그리고 그 자녀들 모두 혁명 중에 살해당했다.

빅토리아 여왕의 다른 딸인 베아트리체는 바텐베르크의 헨리(Henry) 왕자와 결혼했다. 베아트리체의 아들 레오폴드(Leopold)는 혈우병을 앓았고, 무릎 수술 중 32세에 사망했다. 베아트리체의 딸 빅토리아 유제니(Victoria Eugenie)는 스페인의 알폰소 8세(Alfonso XIII)와 결혼하여 에나(Ena) 여왕으로 즉위했지만, 스페인 사람들에게 인기가 없었다. 스페인 왕위 계승자인 그녀의 맏아들 알폰소(Alfonso)는 할례를 받은 후에 피가 멈추지 않았는데, 그녀가 아들에게 혈우병을 유전했다는 사실이 밝혀졌을 때 알폰소 8세는 결코 그녀를 용서하지 않았다고 한다. 그의 사촌 루퍼트와 마찬가지로 알폰소는 1938년 자동차 사고로 인한 내출혈로 사망했다. 빅토리아의 막내 아들 곤살로(Gonzalo)도 혈우병을 앓다가 1934년에 교통사고로 사망했다.

오늘날 유럽 왕실의 어느 누구도 혈우병에 걸린 것으로 알려져 있지 않다. 1800년대 후반과 1900년대 초반에 태어난 혈우병 유전자를 가진 왕족들은 모두 사망하여 현재 왕실 구성원들에게는 혈우병 유전자가 더 이상 존재하지 않는다.

생각해 볼 문제

1. 앨리스와 루이 4세의 아들이 혈우병에 걸릴 확률은 얼마였을까? 딸의 확률은 얼마였을까? 그것이 자녀의 실제 혈우병 사건과 어떤 관련이 있을까?
2. 혈우병에 대한 돌연변이가 빅토리아에서 유래하지 않았다고 가정해 보자. 이것은 빅토리아의 부모의 유전자형에 대해 어떤 정보를 제공해 주는가?

과 같은 신체적 및 행동적 특성을 보인다.

헌팅턴병 및 여린 X 증후군과 같은 삼중 뉴클레오티드 반복 장애는 유전자의 반복 개수가 세대마다 증가할 수 있다. 예를 들어 반복 사본을 100개 가진 여성은 전돌연변이가 있는 것으로 간주되고, 이 여성이 전돌연변이가 있는 X 염색체를 자손에게 물려줄 때 반복 사본은 200개 이상으로 확장될 수 있다. 이것은 그녀의 자녀에게 완전한 돌연변이를 초래할 것이다. 최근 연구에서 90~200개 반복되는 모계 전돌연변이는 자손의 80~100%에서 완전한 돌연변이로 확대되었다.

혈우병(hemophilia)은 X-연관 열성질환이다. 여기에는 일반적인 두 가지 유형이 있다. 그중 하나인 혈우병 A는 응고인자 VIII의 결핍으로 일어나고, 또 다른 하나인 흔하지 않은 혈우병 B는 응고 인자 IX의 결핍에 기인한다. 미국에서는 남성 5,000명당 1명이 혈우병을 앓고 있고, 그중 80~85%는 혈우병 A를 가지고 있다. 여성이 혈우병에 걸린 경우는 거의 없으며, 미국 여성 5,000만 명당 평균 1명꼴이다. 혈우병은 사람의 혈액이 응고되지 않거나 매우 느리게 응고되기 때문에 출혈병이라고도 한다. 혈우병 환자는 부상 후 외부 출혈도 있지만, 특히 관절 주변에서 내부 출혈도 있다. 이때는 신선한 혈액(또는 혈장) 또는 응고 단백질 농축액을 수혈하여 출혈을 멈출 수 있다. 또한 생명공학기술을 이용하여 생산한 응고 인자 VIII이나 IX를 주사할 수 있다.

진도 점검하기 20.5

1. 어머니와 아버지 사이에 아들과 딸이 각각 하나씩 있는 가족이 있는데 아들과 딸은 모두 색맹이다. 그런데 부모는 모두 정상이라면 부모의 유전자형으로 가능한 조합을 모두 나열하시오.
2. X-연관 우성 유전질환을 앓고 있는 여성이 증상이 없는 자녀를 낳을 수 있는가, 아니면 없는가? 그 이유는 무엇인가?
3. X-연관 질환이 Y-연관 질환보다 더 흔하게 발생하는 이유를 설명하시오.

개념 연결하기

이 절에서 설명하는 성 연관 질환은 인체의 다른 계통을 기반으로 한다. 자세한 내용은 다음 논의를 참고하시오.

5.4절 혈액 응고 및 혈우병에 대해 살펴본다.

12.4절 근이영양증을 비롯한 다양한 근육 장애를 살펴본다.

17.3절 유전학 상담사가 여린 X 증후군과 같은 질병을 선별하기 위해 염색체를 얻는 방법을 살펴본다.

결론

유전학자들은 단순 열성 또는 우성 유전방식을 나타내는 질환은 거의 없다는 것을 알고 있다. 예를 들어 눈 색깔은 여러 유전자의 복잡한 상호작용이며, 피부색은 수백 개의 유전자와 환경의 상호작용이다. 또한 성별을 포함한 다양한 다른 요인(21장 참고)이 질환의 표현에 영향을 미칠 수 있다. 그럼에도 불구하고 이 장에 제시된 유전의 간단한 패턴을 이해함으로써 전형적인 멘델식 유전방식에서 벗어난 외부 요인을 식별하는 것이 더 수월해진다.

요약

20.1 유전자형과 표현형

대립유전자는 **유전자**(gene)의 변이이다. 각 **대립유전자**(allele)는 염색체의 **유전자자리**(locus)에 존재한다. **유전자형**(genotype)은 개인의 대립유전자를 의미하고, **표현형**(phenotype)은 이러한 대립유전자와 관련된 물리적 특성(외적 특징)을 의미한다. **우성 대립유전자**(dominant allele)는 **열성 대립유전자**(recessive allele)의 발현을 감춘다.

- **동형접합 우성**(homozygous dominant) 개체는 우성 표현형을 가진다(예: AA = 정상 색소침착).
- **동형접합 열성**(homozygous recessive) 개체는 열성 표현형을 가진다(예: aa = 알비노).
- **이형접합**(heterozygous) 개체는 우성 표현형을 가진다(예: Aa = 정상 색소침착).

20.2 단성형질 및 양성형질 유전

단성형질교배

단성형질교배 혹은 **단성잡종교배**(monohybrid cross) 문제를 해결하는 첫 번째 단계는 유전자형을 결정한 다음, 생식세포(gamete)를 결정하는 것이다.

- 개체는 모든 형질에 대해 두 개의 대립유전자를 가지지만, 생식세포는 모든 형질에 대해 하나의 대립유전자를 가진다.

두 번째 단계는 가능한 모든 정자와 가능한 모든 난자를 결합하는 것이다. 하나 이상의 가능한 정자 또는 난자가 있는 경우 **퍼네트 정방형**(Punnett square)은 자손 간의 유전형 및 표현형 비율을 결정하는 데 도움이 된다.

- 두 이형접합 개체 사이의 단성잡종교배는 자손 간에 3:1 비율이 예상된다.
- 이형접합체와 동형접합 열성 개체 사이의 단성잡종교배는 자손 간에 1:1 비율이 예상된다.
- 예상 비율은 특정 유전자형 또는 표현형의 확률로 표시될 수 있다. 예를 들어 3:1 비율이라는 말은 우성 표현형의 확률이 75%이고, 열성 표현형의 확률이 25%라는 말과 동일하다.

양성형질교배

2가지 다른 유전 형질이 관여하는 교배를 **양성잡종교배**(dihybrid cross)라고 한다.

- 개체가 2가지 형질에 대해 이형접합체인 경우, 감수분열로 입증할 수 있는 것처럼 4가지 생식세포 유형이 가능하다.
- 양성 이형접합체($AaBb \times AaBb$) 사이의 교배는 자손 간에 9:3:3:1 비율이 예상된다.
- 이형접합체와 동형접합 열성 개체($AaBb \times aabb$) 사이의 교배는 자손 간에 1:1:1:1 비율이 예상된다.

20.3 유전적 질환의 유전

가계도는 가족의 세대에서 세대로 형질에 대한 유전방식을 보여준다. 다음과 같은 첫 번째 패턴은 열성 유전질환에 대한 가족 가계도에서 나타나며, 두 부모 모두 **보인자**(carrier)이다. 두 번째 패턴은 우성 유전질환에 대한 가족 가계도에서 나타나며, 두 부모 모두 이형접합체이다.

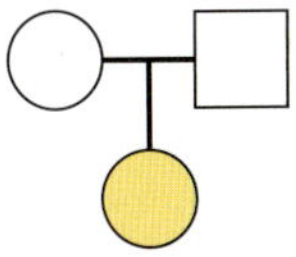

형질은 열성이다.

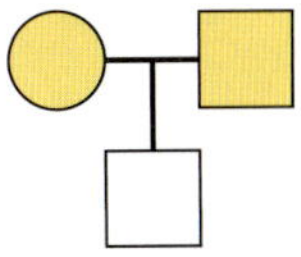

형질은 우성이다.

주요 유전질환

- **테이삭스병**(Tay-Sachs disease), **낭포성 섬유증**(cystic fibrosis, CF), **겸상 적혈구 질환**(sickle-cell disease)은 상염색체 열성 유전질환이다.
- **마르판 증후군**(Marfan syndrome), **골형성부전증**(osteogenesis imperfecta), **헌팅턴병**(Huntington's disease)은 상염색체 우성 유전질환이다.

20.4 일반적인 유전방식을 벗어나는 유전

일부 유전방식에서는 대립유전자가 정확히 우성도 열성도 아닌 경우가 있다.

다유전자 유전

피부색, 키와 같은 **다유전자 형질**(polygenic trait)은 둘 이상의 대립유전자 쌍에 의해 결정된다. 대립유전자는 표현형에 부가적인 영향을 미친다. **다인자성 형질**(multifactorial trait)은 일반적으로 다유전자 형질이면서 환경적 영향도 받는 다유전자성이다.

불완전 우성과 공동우성

불완전 우성(incomplete dominance)[예: **가족성 고콜레스테롤혈증**(familial hypercholesterolemia)]에서 이형접합체는 두 동형접합체 사이의 중간이다. **공동우성**(codominance)(예: AB형 혈액)에서는 두 개의 우성 대립유전자가 동등하게 표현된다.

다중 대립유전자 유전

인간에서 **다중 대립유전자**(multiple alleles)를 포함하는 특성의 예는 ABO 혈액형이다. 모든 개인은 I^A, I^B, i의 3가지 가능한 대립유전자 중 2가지를 가지고 있다. I^A와 I^B가 함께 있으면 모두 표현되기 때문에, 이것은 공동우성의 경우이다.

20.5 성 연관 유전

X-연관 대립유전자

인간은 22쌍의 **상염색체**(autosome)와 1쌍의 **성염색체**(sex chromosome)를 가지고 있다. 성염색체로 인한 형질은 **성 연관**(sex-linked)이 있다고 한다. 하지만 색맹과 달리 정상적인 색각을 결정하는 형질과 같은 **X-연관**(X-linked) 형질은 개인의 성별과 관련이 없다. 일반적인 X-연관 유전자 교배는 다음과 같다.

- $X^BX^b \times X^BY$: 딸은 모두 정상적인 시력을 가지지만 보인자일 확률이 50%, 아들은 색맹일 확률이 50%이다.
- $X^BX^B \times X^bY$: 모든 자녀는 정상 시력을 갖는다(딸은 보인자).

X-연관 질환 가계도

- X-연관 열성질환의 가계도는 종종 보인자인 딸을 통해 할아버지로부터 손자까지 형질이 유전되는 것을 보여준다. 또한, 질환은 여성보다 남성에게서 더 많이 나타난다.
- 대부분의 X-연관 질환이 그러하듯이 **색맹**(color blindness), **듀센형 근이영양증**(Duchenne muscular dystrophy), **여린 X 증후군**(fragile X syndrome), **혈우병**(hemophilia)은 열성 유전이다.

개념 심화 학습

BioNOW

이 과학이 여러분의 삶과 어떻게 연관성이 있는지 알고 싶은가? 그렇다면 다음의 BioNOW 영상을 참고하길 바란다.

- 빛나는 물고기 유전학

McGraw Hill

주황색 물고기와 노란색 물고기 사이의 교배로 모두 노란색 자손이 나온다면 어떤 결론을 내리겠는가?

비판적 사고 키우기

이 장에서는 많은 상염색체 열성 유전질환과 다른 유형의 유전, 단성형질 및 양성형질의 유전방식을 자세히 설명했다. 다음 질문에 답하기 전에 이 장에서 배운 기본 사항에 대해 생각해 보자.

1. 20.3절의 상염색체 열성 유전질환에 대한 가계도에서는 유전의 세대 간 건너뛰기가 나타난다. 이것은 상염색체 열성 유전질환의 경우에 항상 해당되는가? 그 이유는 무엇인가?
2. 양성형질교배에서 한 형질이 우성이면 두 번째 형질의 유전에 영향을 미치는가?
3. X-연관 질환 또는 상염색체 질환이 가족 가계도에서 더 많이 나타날까? 그 답변에 대한 이유를 설명하시오.

관련성 탐구하기

1. 특성의 변이는 개인에게 진화적 이점 또는 단점을 제공할 수 있으며, 때로는 완전히 중립적이어서 눈에 띄는 효과가 없을 수도 있다. 중립적이라고 간주될 수 있는 인간의 일부 특성 변이를 고려해 보자.
2. *OCA2* 유전자는 눈 색깔뿐만 아니라 피부 색소침착과 관련된 멜라닌 생성과도 관련이 있다. 피부와 눈 색깔을 밝게 하는 돌연변이가 북유럽 국가에서 처음으로 발생한 이유를 생각해 보자.
3. 한때 유전학자들은 인간이 10만 개에 달하는 서로 다른 유전자를 가질 수 있다고 믿었지만, 지금은 그 수가 1만 9,000개 정도라고 생각한다. *HERC2* 및 *OCA2*와 같은 눈 색깔 관련 유전자의 상호작용은 인간과 같은 복잡한 생명체가 얼마나 적은 수의 유전자를 가지고 있는지 설명하는 데 어떤 도움이 되는가?

모든 장의 질문에 대한 정답은 *connect.mheducation.com*에서 확인하시오.

(소녀): Jodi Matthews/iStock/Getty Images; (난초): Sombat Muycheen/Shutterstock; (DNA): Radius Images/Alamy Stock Photo; (버섯): IT Stock/age fotostock

CHAPTER

21

DNA 생물학과 기술

차세대 DNA

디옥시리보핵산, 즉 DNA는 지구상 모든 생명체의 유전물질이다. 위 사진에 있는 각 생명체와 현재 지구상에서 확인된 약 230만 종의 모든 생명체는 4개의 뉴클레오티드(A, C, G, T)의 조합을 통해 20개의 서로 다른 아미노산을 암호화한다. 이러한 아미노산의 조합은 우리에게 생명의 다양성을 주는 엄청난 변이를 만들어낸다. 최근 한 생명공학 회사는 DNA의 특성을 미래에 우리에게 도움이 될 수 있는 방식으로 활용하고 개선할 수 있게 하였다.

Synthorx라는 회사는 X와 Y라 불리는 두 가지 새로운 형태의 뉴클레오티드를 만들어 이 유전자 알파벳을 확장하였다. 이 뉴클레오티드가 대장균의 DNA에 통합되면, 암호화할 수 있는 잠재적 아미노산의 수가 20개에서 172개로 증가한다. 이러한 혁신으로, 일부 질병으로부터 우리를 보호할 수 있는 신약(항생제 포함)과 백신을 개발하는 것이 가능할 수 있다. 또한 병원균에 저항하거나, 더 빨리 자라거나, 더 높은 영양 함량을 가진 식품을 생산하는 유전자 변형 생물체를 개발하는 것도 가능할 수 있다.

다른 회사들은 정보를 저장하는 DNA의 기능을 사용해 차세대 데이터 저장 모듈을 구축하기 위해 노력해 왔다. 1 g의 DNA에는 2억 1,500만 GB의 정보가 들어 있는데, 이는 21만 5,000개의 대형 컴퓨터 하드 드라이브의 정보에 해당한다. 정보 저장은 의학을 비롯한 많은 산업에서 중요하기 때문에 DNA 기반 저장 시스템은 곧 기존의 하드 드라이브를 대체할 수 있다.

이 장에서는 유전물질의 구조와 기능을 알아보고, DNA에 포함된 신호가 어떻게 발현되어 생명의 특성을 만드는 단백질을 형성하는지 살펴볼 것이다.

이 장을 학습하면서 다음 질문을 생각해 보자.

1. DNA 분자 내에 어떻게 정보가 포함되어 있는가?
2. DNA에서 단백질 및 형질로의 유전정보 흐름은 어떻게 작용하는가?

이 장의 개요

시작하기 전에

이 장을 시작하기 전에 다음 사항을 논의해 보자.

1.7절 세포에서 핵산의 역할은 무엇인가?
2.4절 핵의 구조는 어떻게 되는가?
18.1절 세포주기에서 염색체는 언제 복제되는가?

21.1 DNA와 RNA의 구조와 기능

학습 목표

이 절을 학습한 후 다음 사항을 할 수 있어야 한다.

1. DNA 분자의 구조를 설명할 수 있다.
2. DNA 복제 과정을 설명하고, 관여하는 주요 효소를 나열할 수 있다.
3. DNA와 RNA 구조의 차이점을 설명할 수 있다.
4. 세포에서 RNA의 역할을 설명할 수 있다.

지구상의 생명체에게는 **DNA**(deoxyribonucleic acid, 디옥시리보핵산)가 유전물질이다. 유전물질 내에서 정보는 특정 형질에 대한 지시사항을 포함하는 DNA의 짧은 부분인 **유전자**(gene)로 구성된다. 유전자는 **염색체**(chromosome)라고 불리는 구조를 만들어 세포 수준이나 생물 수준에서 다음 세대로 유전정보를 전달한다(18.1절 참고). 사람을 포함한 진핵 세포에서 대부분의 DNA는 핵 속에 위치한다. 소량의 DNA가 미토콘드리아(mitochondria)에서도 발견되지만, 이번 장에서는 핵 속의 DNA에 초점을 맞출 것이다.

유전물질로서 DNA는 다음과 같은 세 가지 기능을 할 수 있어야 한다. (1) 복제하여 세포분열을 허용하며 다음 세대로 전달될 수 있어야 하고, (2) 정보를 저장할 수 있어야 하며, (3) 돌연변이와 같은 변화를 통해 유전자의 다양성을 제공할 수 있어야 한다.

DNA의 구조

20세기에 과학자들은 DNA 분자가 **이중나선**(double helix) 구조라는 것을 밝혀냈다(과학 특집 'DNA 구조의 발견' 참고). DNA는 두 가닥이 서로 나선형으로 꼬여 있는 구조이며(그림 21.1a), 각 가닥은 일련의 뉴클레오티드가 연속적으로 연결된 폴리뉴클레오티드(polynucleotide)이다. **뉴클레오티드**(nucleotide)는 인산, 5탄당(디옥시리보오스)과 아데닌(A), 구아닌(G), 시토신(C), 티민(T)이라고 하는 질소를 함유한 염기로 구성된 분자이다(그림 1.25 참고). 아데닌과 구아닌은 2개의 고리로 구성된 퓨린 염기이고, 시토신과 티민은 1개의 고리로 구성된 피

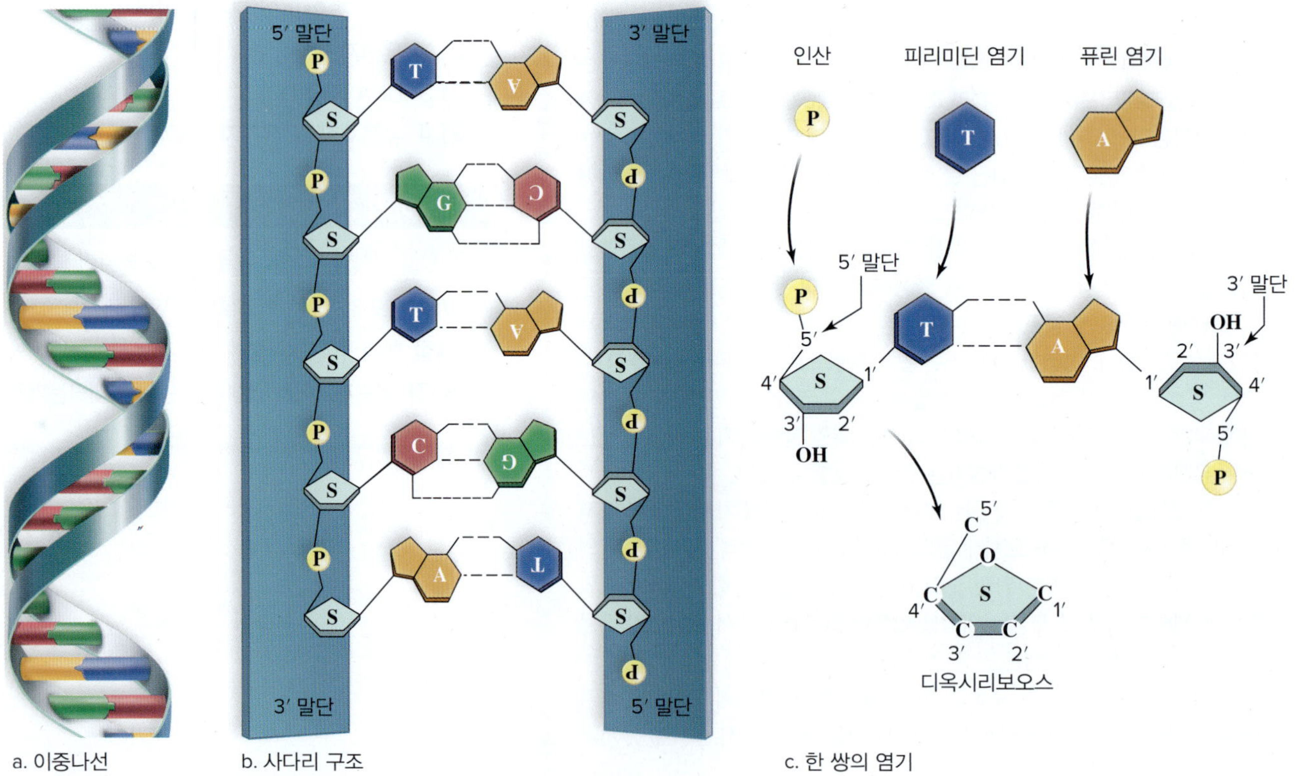

그림 21.1 DNA 구조.
a. DNA 이중나선. **b.** 나선이 풀릴 때 사다리 형태의 배열을 보여준다. 뼈대는 당(S)과 인산(P)으로 구성된다. 사다리 발판은 상보적 염기이다. DNA 염기쌍이 서로 평행한 인산-당의 뼈대에 연결되어 있다. **c.** DNA 가닥들은 서로 평행이다. 디옥시리보오스의 탄소 원자 번호에 주목하라(5′-3′).

오늘날의 생물학 ▶ 과학

DNA 구조의 발견

미국 생물학자 제임스 왓슨(James Watson)은 1953년에 영국의 케임브리지대학교에서 인턴 과정을 시작했다. 그곳에서 그는 분자 구조에 관심이 있는 영국 물리학자인 프랜시스 크릭(Francis Crick)을 만났다. 그들은 함께 DNA의 구조를 예측하고 유전물질인 DNA가 종(species)마다, 심지어 개인마다 어떻게 다른지 설명할 수 있는 모델을 만들기 시작했다. 또한 딸세포가 동일한 복제본을 받을 수 있는 DNA 복제(자체 복제본 작성) 방법을 제안했다.

왓슨과 크릭이 사용할 수 있는 데이터의 조각은 서로 맞추기 위한 퍼즐 조각과 같았다. 다른 사람들의 연구를 통해 그들이 알게 된 사실은 다음과 같다.

- DNA는 뉴클레오티드의 중합체이며, 각각은 인산, 디옥시리보오스 당, 질소 함유 염기로 구성되어 있다. 네 가지 염기가 있기 때문에, 네 가지 유형의 뉴클레오티드가 있다. 아데닌(A)과 구아닌(G)은 퓨린이고, 시토신(C)과 티민(T)은 피리미딘이다.
- 화학자인 샤가프(Erwin Chargaff)는 1940년대 후반에 종과 관계없이 DNA의 퓨린 수는 항상 피리미딘 수와 같다고 밝혀냈다. 또한 아데닌의 양은 티민의 양과 같고(A = T), 구아닌의 양은 시토신의 양과 같다(G = C)고 주장했다. 이러한 결과는 샤가프의 규칙(Chargaff's rules)으로 알려졌다.
- 런던의 킹스대학교에서 모리스 윌킨스(Maurice Wilkins)와 함께 일했던 로잘린드 프랭클린(Rosalind Franklin, 그림 21Aa)은 DNA X선 회절을 연구했다. 이것은 DNA가 일정한 직경을 가지는 이중나선이고 염기가 서로 규칙적으로 쌓여 있다는 것을 보여준다(그림 21Ab).

이러한 데이터를 사용하여 왓슨과 크릭은 DNA가 뒤틀린 사다리형 구조를 가지고 있다고 추론하였다. 그들의 가정에 따르면 당-인산 분자는 사다리의 측면을 구성하고, 염기는 발판을 구성한다. 또한 A가 T와 수소결합을 하고, G가 C와 수소결합을 한다면(샤가프의 규칙에 따라), 발판은 항상 일정한 너비를 가지며 이는 X선 사진 결과와 일치한다고 생각했다.

왓슨과 크릭은 철사와 양철로 DNA 모델을 만들었다. 이 이중나선 모델은 염기쌍이 임의의 순서로 존재할 수 있기 때문에 종 간 DNA의 차이를 설명할 수 있었다. 또한 이 모델은 상보적 염기쌍이 DNA 복제에 중요한 역할을 한다는 것을 시사한다. 왓슨과 크릭은 원래의 논문에서 '우리가 가정했던 특정한 염기쌍의 형성이 곧바로 유전물질의 복제 기작을 나타낸다는 것을 깨달았다'라고 밝혔다.

이중나선의 발견으로 1962년 왓슨, 크릭, 윌킨스에게 노벨상 수상의 영광이 돌아갔다. 프랭클린은 수상자에서 제외되었다. 비극적이게도 프랭클린은 1956년 난소암을 앓았고, 1958년 37세의 나이로 사망했다. 당시 사후에는 노벨상이 수여되지 않는 노벨위원회의 규칙에 따라 프랭클린은 수상 후보로 지명되지 못했다.

생각해 볼 문제

1. 왓슨과 크릭의 DNA 발견은 분명히 지난 세기의 가장 중요한 생물학적 발견 중 하나이다. DNA의 구조를 아는 것에 기초한 의학과 과학의 발전은 무엇이라고 생각하는가?
2. 왜 DNA 구조로 인해 왓슨과 크릭이 '유전물질에 대해 가능한 복제 기작'을 추측하게 되었는지 설명하시오.

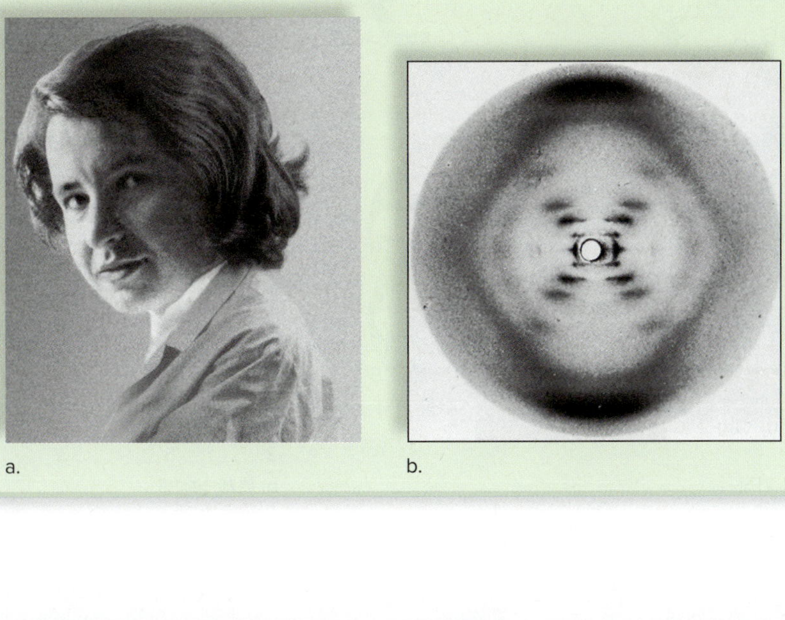

a. b.

그림 21A DNA의 X선 회절.
a. 로잘린드 프랭클린. **b.** 로잘린드 프랭클린이 만들어낸 DNA의 X선 회절 패턴. 연구자들은 중앙의 십자형(X) 패턴에서 DNA가 나선이며 상단과 하단의 어두운 부분은 일부 특징이 반복됨을 나타낸다고 하였다. 왓슨과 크릭은 이 특징이 수소결합을 이룬 염기라고 판단했다.
(a): Photo Researchers/Science History Images/Alamy Stock Photo; (b): Omikron/Science Source

리미딘 염기이다(그림 21.1c).

DNA의 한 가닥을 보면 인산과 당 분자가 연결되어 뼈대를 구성하고 있고, 염기는 안쪽으로 뻗어 있다. 그리고 DNA 두 가닥을 결합하면 DNA는 사다리처럼 보인다(그림 21.1b). 당과 인산은 사다리의 뼈대가 되고, 수소결합에 의해 유지되는 염기쌍은 사다리의 발판에 해당된다. 두 개의 수소결합을 형성하여 A와 T가 쌍을 이루며, 세 개의 수소결합을 형성하여 G와 C가 쌍을 이룬다. 이를 **상보적 염기쌍**(complementary base pairing)이라고 한다(그림 21.1c).

상보적 염기쌍은 DNA의 기능에 매우 중요하다. DNA의 두 가닥은 역평행인데, 이는 반대 방향으로 배열되어 있다는 것을 의미한다. 그림 21.1b를 보면 두 가닥에서 당 분자가 서로 반대 방향을 향하고 있다. 이것은 디옥시리보오스 당분자에서 탄소의 위치 때문이다. 이중나선을 보면 한쪽 가닥은 5′ 탄소가 끝에 있고, 반대쪽은 3′ 탄소가 있다(그림 21.1b). 이 방향은 DNA가 복제되거나 mRNA로 전사될 때 중요하다.

DNA의 복제

세포가 분열할 때, 각각의 새로운 세포는 정확히 복제된 DNA를 가진다. DNA 나선을 복사하는 과정을 **DNA 복제**(DNA replication)라고 한다. 유사분열 간기의 S기에 DNA 복제가 일어날 때, 원래의 DNA 이중가닥을 각각의 **주형**(template)으로 하여 상보적인 새로운 DNA 가닥을 만든다. DNA 복제는 각각의 새로운 이중나선이 하나의 원래 가닥과 하나의 새로운 가닥을 가지고 있기 때문에 **반보존적**(semiconservative)이라고 한다. 다시 말하면, 원래의 가닥은 보존되어 그대로 있고 다른 한 가닥만 새로 생겨나는 방식이다. 원래의 가닥에 상보적인 염기쌍을 형성하여 새로운 가닥을 만들기 때문에, 새로운 2개의 DNA 이중나선은 서로 같게 되며, 원래의 DNA 분자와도 같다(그림 21.2).

분자 수준에서 몇몇 효소와 단백질은 새로운 DNA 가닥의 반보존적 복제에 관여한다. 이 과정은 그림 21.3에 요약되어 있다.

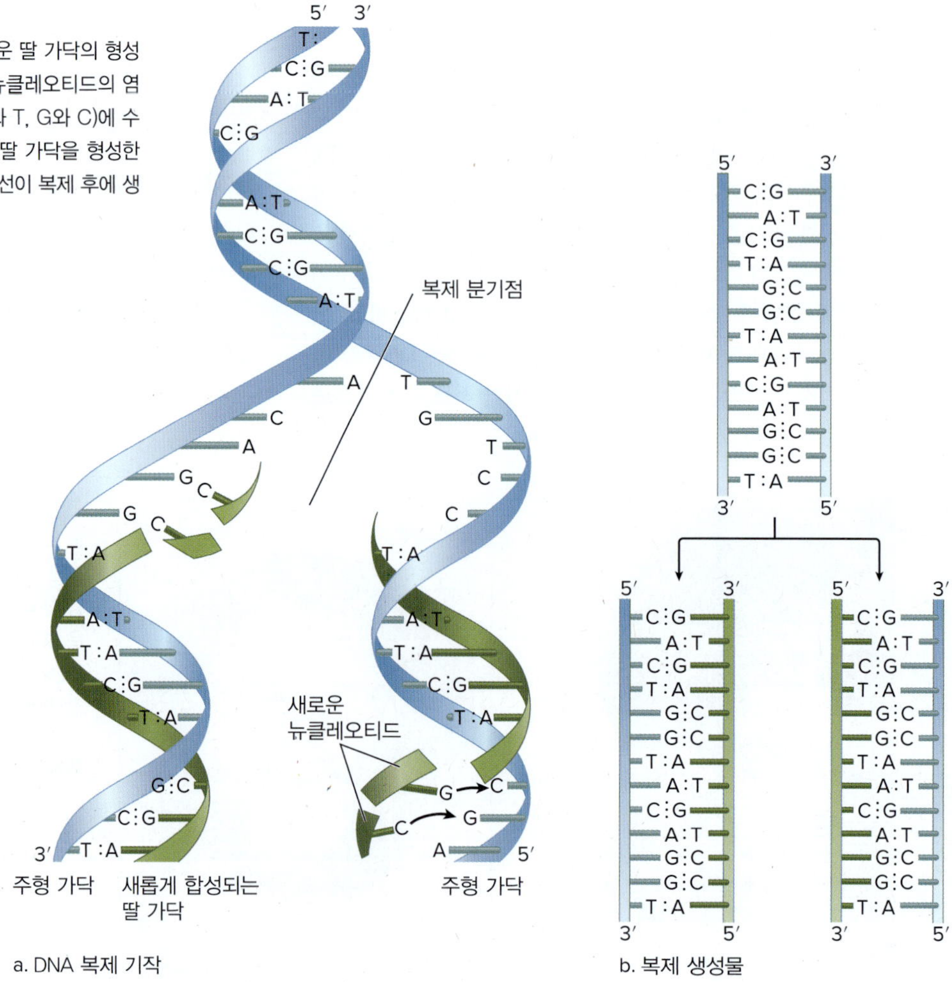

그림 21.2 반보존적 복제.
a. DNA 이중나선이 풀린 후, 각 가닥은 새로운 딸 가닥의 형성을 위한 주형으로 사용된다. 상보적인 유리 뉴클레오티드의 염기는 각 부모 가닥에서 일치하는 염기(예: A와 T, G와 C)에 수소결합으로 짝을 이루고 이어 붙여져 완전한 딸 가닥을 형성한다. **b.** 각각 딸과 부모 가닥을 가진 두 개의 나선이 복제 후에 생성된다.

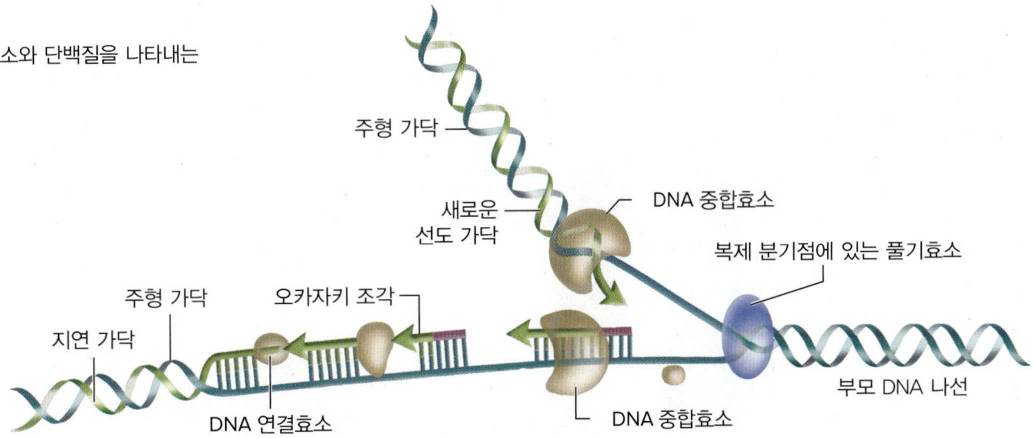

그림 21.3 DNA 복제.
DNA 복제 과정에 관여하는 주요 효소와 단백질을 나타내는 일반적인 모식도.

DNA 복제의 주요 과정은 다음과 같다.

1. DNA **풀기효소**(DNA helicase)는 상보적 염기쌍 사이의 약한 수소결합을 끊어, 이중가닥의 DNA 지퍼를 여는 것처럼 풀어나간다.
2. 항상 핵 속에 존재하는 새로운 상보적 DNA 뉴클레오티드(당, 인산, 질소가 함유된 염기로 구성됨)가 상보적 염기쌍 형성 과정에서 제자리를 찾아 위치한다. 이렇게 자리를 잡고 이어 붙이는 과정은 DNA **중합효소**(DNA polymerase)의 작용으로 이루어진다.
3. DNA의 가닥은 역평행이며, DNA 중합효소는 새로운 뉴클레오티드 가닥을 각 사슬의 한쪽 끝에 추가하기 때문에 DNA 합성은 반대 방향으로 일어난다. 선도 가닥(leading strand)은 DNA 풀기효소를 따라 새로운 DNA가 연속적으로 합성되지만, **지연 가닥**(lagging strand)은 DNA가 풀리기를 기다려야 하며, 이 때문에 **오카자키 조각**(Okazaki fragment)이라고 하는 짧은 DNA 단편이 합성된다.
4. 복제를 완료하기 위해 DNA **연결효소**(DNA ligase)는 당-인산 뼈대의 틈을 연결한다. DNA는 나선구조로 되돌아간다.
5. 2개의 DNA 이중나선 분자는 서로 동일한 구조이며, 원래의 DNA 분자와도 동일하다.

생활 속의 생물학

하나의 인간 세포에서 DNA가 복제되는 데 필요한 시간은 얼마인가?

사람에서 DNA 중합효소는 1초에 약 50개의 뉴클레오티드를 합성한다. 만약 사람의 DNA를 복제하기 위해, 1개의 DNA 중합효소가 사용된다면 몇 주가 걸릴 것이다. 그러나 많은 수의 DNA 중합효소가 인간 유전체의 서로 다른 위치에서 DNA 복제를 진행할 수 있다. 따라서 빠르게 분열하는 세포에서는 수십억 염기쌍의 복제가 단 몇 시간 만에 이루어질 수 있다.

DNA 복제는 DNA 중합효소가 초당 약 50개의 속도로 새로운 뉴클레오티드를 추가할 수 있는 비교적 빠른 과정이다. 새로운 가닥의 염기 서열이 원래의 DNA와는 다른 복제 오류는 드물게 나타난다(1억 개 뉴클레오티드당 1개 정도). 만약 오류가 나타나면 이것을 수선하는 효소에 의하여 교정이 이루어진다. 그러나 염기 서열 상의 영원한 변화가 일어나 복제 오류가 나타나면 이를 **돌연변이**(mutation)라고 한다. 돌연변이가 항상 나쁜 것은 아니다. 돌연변이는 새로운 대립유전자를 생산하여 표현형을 변화시키고, 그 결과 다양성을 가져다줄 수 있다. 이러한 다양성은 여러분을 이웃과 다르게 보이도록 하며, 사람을 다른 동물과 다르게 나타나도록 한다.

RNA의 구조와 기능

RNA(ribonucleic acid, 리보핵산)는 리보오스 당을 함유하는 뉴클레오티드로 구성된다. 이 폴리뉴클레오티드의 과학적 명칭은 리보오스 당 때문에 생겨난 이름이다. RNA 분자를 구성하는 4개의 뉴클레오티드는 아데닌(A), 우라실(U), 시토신(C), 구아닌(G) 염기이다(그림 21.4). RNA와 DNA의 한 가지 차이점은 티민(T)이 우라실(U)로 대체된다는 것이다. DNA와 같이, RNA에서도 상보적 염기쌍이 시토신은 구아닌, 아데닌은 우라실과 쌍을 이룬다. 그러나 DNA의 이중나선 구조와는 다르게 대부분의 RNA는 단일가닥이다(그림 21.4). DNA와 RNA의 유사점과 차이점은 표 21.1에 정리하였다.

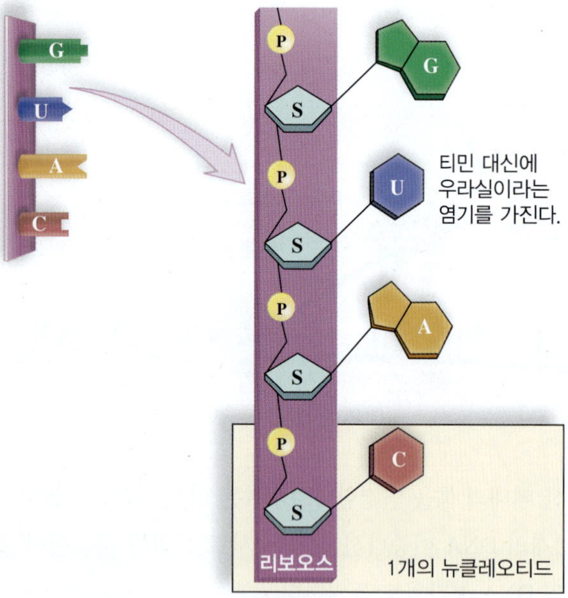

그림 21.4 RNA 구조.
DNA와 마찬가지로, RNA는 뉴클레오티드의 중합체이다. RNA 뉴클레오티드는 리보오스 당에 인산 분자와 염기(G, U, A, C)가 결합되어 있다. RNA는 피리미딘 염기 중 하나인 티민 대신 우라실 염기를 갖는다. DNA는 이중가닥으로 되어 있는 것과는 다르게, RNA는 보통 단일가닥으로 되어 있다.

RNA는 암호화 및 비암호화 RNA로 구분할 수 있다. 암호화 RNA는 단백질로 번역되는 전령 RNA(messenger RNA, mRNA)이다. 비암호화 RNA는 리보솜 RNA(ribosomal RNA, rRNA), 운반 RNA(transfer RNA, tRNA), 소형 RNA(small RNA)로 나눌 수 있다. 소형 RNA는 mRNA와 rRNA를 암호화하는 유전자의 조절에 관여한다.

표 21.1 DNA–RNA 유사점과 차이점

DNA–RNA 유사점	
핵산	
뉴클레오티드로 구성됨	
당–인산 뼈대	
4개의 다른 염기	
DNA–RNA 차이점	
DNA	**RNA**
핵과 미토콘드리아에 존재함	세포 전체에서 찾아볼 수 있음
유전정보를 저장함	유전정보의 처리 과정에 도움이 됨
당은 디옥시리보오스임	당은 리보오스임
염기는 A, T, C, G	염기는 A, U, C, G
이중가닥	단일가닥
전사하여 RNA를 생성함	유전자 조절과 관련되고 번역되어 단백질을 합성함

전령 RNA

전령 RNA(messenger RNA, **mRNA**)는 핵에서 합성되며, DNA가 mRNA를 형성하는 주형으로 작용한다. mRNA는 DNA의 유전정보를 세포질에 있는 리보솜으로 전달하며, 그곳에서 단백질 합성이 일어난다. mRNA는 그림 21.4에서 보듯이 선형 분자이다.

리보솜 RNA

진핵세포에서 **리보솜 RNA**(ribosomal RNA, **rRNA**)는 DNA를 주형으로 사용하여 핵 안의 인(nucleolus, 핵소체)에서 합성된다. rRNA는 특정 단백질과 결합하여 리보솜의 소단위체(small subunit)와 대단위체(large subunit)를 형성한다. 이 단위체들은 핵에서 나와 소포체(endoplasmic reticulum, ER)에 부착되거나 세포질 내에서 유리 리보솜을 형성한다. 단백질 합성 과정에서 대단위체와 소단위체는 결합하여 단백질을 합성하는 작업대 역할을 하는 복합체(리보솜)를 형성한다.

운반 RNA

운반 RNA(transfer RNA, **tRNA**)는 DNA를 주형으로 사용하여 핵에서 만들어진다. 이름에서 알 수 있듯이 운반 RNA는 아미노산을 리보솜까지 운반한다. 리보솜에서 아미노산은 정확한 순서로 결합하여 단백질을 합성한다. 단백질을 만드는 데 사용되는 아미노산에는 20가지 종류가 있다. 각각의 tRNA는 오직 한 종류의 아미노산만 운반한다. 따라서 단백질 합성을 위해서는 적어도 20개의 다른 tRNA 분자가 세포에서 기능을 해야 한다.

소형 RNA

위에서 언급한 것 외에도 많은 종류의 RNA가 있는데, 예를 들어 소형 RNA(small RNA)는 여러 가지로 구분할 수 있다. 소형 핵 RNA(small nuclear RNA, snRNA)는 mRNA가 번역을 위하여 핵에서 세포질로 나가기 전에 mRNA의 이어맞추기(splicing)에 관여한다(21.2절 참고). 소형 핵소체 RNA(small nucleolar RNA, snoRNA)는 세포의 인(핵소체) 안에서 rRNA를 수정한다. 미세 RNA(microRNA, miRNA)는 세포질에서 mRNA에 부착하여 mRNA가 불필요하게 번역되는 것을 막는다. 소형 간섭 RNA(small interfering RNA, siRNA)는 mRNA와 결합하는 이중가닥 RNA이다. siRNA의 부착은 mRNA의 분해를 준비하거나, 리보솜에 의한 단백질 번역을 차단한다. 이러한 소형 RNA 분자의 기능은 21.2절에서 살펴볼 것이다.

진도 점검하기 21.1

1. DNA와 RNA의 구조와 기능을 비교하시오.
2. DNA 복제가 왜 반보존적인지 설명하시오.
3. DNA 복제의 주요 단계를 요약하시오.
4. 세포에서 mRNA, rRNA, tRNA의 역할을 설명하시오.

개념 연결하기

DNA와 RNA에 대한 자세한 내용은 다음 논의를 참고하시오.

1.7절 유기 분자로서의 DNA와 RNA의 역할을 살펴본다.

18.6절 유전에서 염색체의 역할, 염색체의 수와 구조 변화의 결과를 살펴본다.

21.2 유전자 발현

학습 목표

이 절을 학습한 후 다음 사항을 할 수 있어야 한다.

1. 유전암호의 구조와 기능을 이해할 수 있다.
2. 유전자 발현 과정을 요약할 수 있다.
3. 전사 과정을 설명할 수 있다.
4. 번역 과정을 설명할 수 있다.
5. 세포에 의해 유전자 발현이 어떻게 조절될 수 있는지 설명할 수 있다.

DNA는 세포에서 단백질을 합성하는 청사진으로 작용한다. 간단히 말해 DNA가 RNA를 만드는 주형으로 사용되며, RNA는 단백질을 합성하기 위한 주형으로 사용된다. 유전자는 단백질, 리보솜 RNA, 운반 RNA 또는 미세 RNA를 암호화할 수 있는 선형 DNA 서열이다. 결과적으로 단백질을 합성하는 유전자 발현은 DNA가 RNA로 전사되고, RNA가 단백질로 번역되는 과정이다. 유전자 발현을 이야기하기 전에, 단백질 구조에 관하여 먼저 알아보자.

단백질의 구조와 기능

단백질은 아미노산이라는 단위체로 구성된 중합체이다(1.6절 참고). 대부분의 단백질에서는 20개의 다른 아미노산이 공통적으로 발견되며, 단백질은 아미노산의 수와 순서가 다르기 때문에 달라진다. 아미노산의 서열은 단백질의 특정한 모양을 결정한다(그림 1.23 참고).

우리가 인간의 각 신체계통에 대해 살펴본 것과 같이, 단백질은 인체에서 많은 다른 기능을 가지고 있다. 단백질은 인체의 모든 다양한 유형의 세포의 구조와 기능을 결정하며, 세포의 구조와 조절 요소로도 사용된다. 단백질은 화학반응을 촉매하는 효소, 신경계통의 기능을 돕는 신경전달물질, 면역계통의 항체, 특정한 세포의 활성을 변화시키고 항상성을 조절하는 호르몬으로도 사용된다. 단백질이 이와 같이 다양한 기능을 수행할 수 있는 것은 서로 다른 20개의 아미노산이 각 단백질에서 개별적인 배열과 구조를 갖기 때문이다. 이러한 아미노산의 순서는 DNA의 이중나선 구조에 포함된 정보에 의해 결정된다(21.1절 참고).

유전자 발현의 개요

유전자 발현의 첫 번째 단계는 전사라고 하고, 두 번째 단계는 번역이라고 한다(그림 21.5). **전사**(transcription)하는 동안, mRNA 가닥은 DNA 분자의 일부 가닥을 주형으로 하여 상보적으로 합성된다. 합성된 mRNA 분자는 유전자의 **전사물**(transcript)이다. 전사는 '충실한 복제품을 만들어내는 과정'을

생활 속의 생물학

모든 돌연변이는 나쁜가?

돌연변이는 단순히 복제 또는 세포분열 중에 일어나는 DNA 구조에서의 변화를 의미한다. 인간 질병의 다양한 형태에서 본 것과 같이, 이러한 변화로 인해 유기체에 부정적인 영향을 줄 수 있는 결함이 발생하거나 해로운 결과를 초래할 수 있다. 겸상 적혈구 질환(sickle-cell disease)이나 헌팅턴병(Huntington's disease)이 그 예이다. 그러나 돌연변이는 유전암호 변이의 원천이 되기도 한다. 따라서 눈 색깔에서부터 특정 음식을 먹을 수 있는 능력에 이르기까지 우리 특성의 모든 다양성은 돌연변이의 결과로 간주될 수 있다. 진화론적 관점에서 볼 때, 변화하는 능력이 없다면 하나의 종(species)으로서 우리는 변화하는 환경에 적응할 수 없었을 것이고, 따라서 호모 사피엔스(*Homo sapiens*)도 존재하지 않았을 것이다.

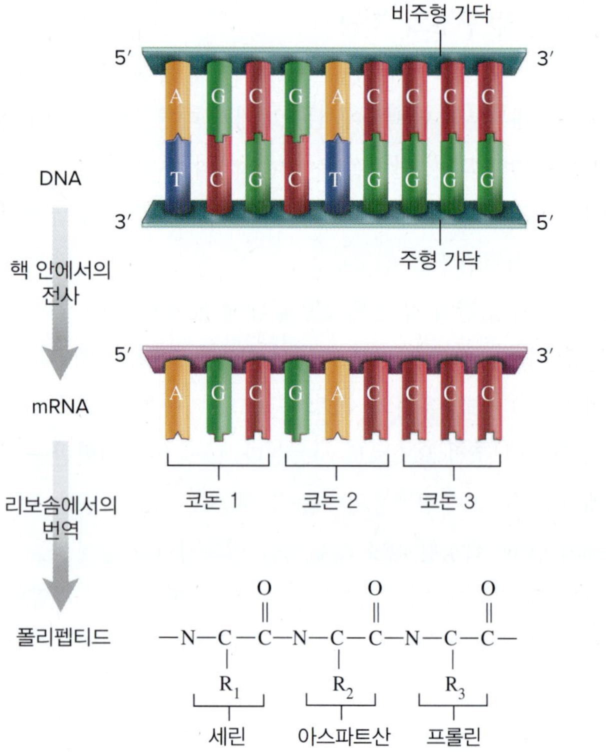

그림 21.5 유전자 발현의 요약.
DNA의 한 가닥은 mRNA 합성을 위한 주형으로 작용하며, mRNA 염기 서열은 폴리펩티드의 아미노산 서열을 결정한다.

첫 번째 염기	두 번째 염기 U	두 번째 염기 C	두 번째 염기 A	두 번째 염기 G	세 번째 염기
U	UUU 페닐알라닌	UCU 세린	UAU 티로신	UGU 시스틴	U
U	UUC 페닐알라닌	UCC 세린	UAC 티로신	UGC 시스틴	C
U	UUA 류신	UCA 세린	UAA **종결**	UGA **종결**	A
U	UUG 류신	UCG 세린	UAG **종결**	UGG 트립토판	G
C	CUU 류신	CCU 프롤린	CAU 히스티딘	CGU 아르기닌	U
C	CUC 류신	CCC 프롤린	CAC 히스티딘	CGC 아르기닌	C
C	CUA 류신	CCA 프롤린	CAA 글루타민	CGA 아르기닌	A
C	CUG 류신	CCG 프롤린	CAG 글루타민	CGG 아르기닌	G
A	AUU 이소류신	ACU 트레오닌	AAU 아스파라긴	AGU 세린	U
A	AUC 이소류신	ACC 트레오닌	AAC 아스파라긴	AGC 세린	C
A	AUA 이소류신	ACA 트레오닌	AAA 리신	AGA 아르기닌	A
A	**AUG (개시) 메티오닌**	ACG 트레오닌	AAG 리신	AGG 아르기닌	G
G	GUU 발린	GCU 알라닌	GAU 아스파르트산	GGU 글리신	U
G	GUC 발린	GCC 알라닌	GAC 아스파르트산	GGC 글리신	C
G	GUA 발린	GCA 알라닌	GAA 글루탐산	GGA 글리신	A
G	GUG 발린	GCG 알라닌	GAG 글루탐산	GGG 글리신	G

그림 21.6 유전암호.
이 표에서 각각의 유전암호(흰색 사각형)는 첫 번째 염기, 두 번째 염기, 세 번째 염기를 나타내는 세 문자로 구성되어 있다. 예를 들어 첫 번째 염기가 C이고, 교차된 두 번째 염기가 A인 직사각형 안의 염기를 찾아보자. 세 번째 염기는 U, C, A, G 중 어느 것이라도 될 수 있다. CAU와 CAC는 히스티딘에 대한 코돈이고, CAA와 CAG는 글루타민에 대한 코돈이다.

의미한다. 이 경우 DNA의 뉴클레오티드 서열이 mRNA의 뉴클레오티드 서열로 복사된다.

단백질 합성은 **번역**(translation)이라는 과정이 필요하다. 번역은 '정보를 다른 언어로 바꾸어 옮기는 것'을 의미한다. 이 경우 뉴클레오티드(mRNA)의 서열이 아미노산(단백질)의 서열로 번역된다. 이는 DNA와 mRNA의 염기가 아미노산을 암호화하고 있기 때문에 가능한데, 이 코드를 유전암호(genetic code)라고 한다.

유전암호

유전암호(그림 21.6)는 mRNA 분자 3개의 염기 서열이며, **코돈**(codon)이라고 부른다. 각 코돈은 특정 아미노산을 나타낸다. 각 코돈이 1개나 2개가 아닌 3개의 염기를 포함하는 이유는 수학적인 문제이다. 20개의 아미노산은 단백질을 만드는데 사용된다. 만일 코돈이 하나의 염기로 구성된다면, 4개의 아미노산이 만들어진다. 만일 코돈이 2개의 염기로 구성된다면, 16개의 아미노산이 만들어진다. 그러나 코돈은 3개의 염기로 구성되기 때문에 64개의 아미노산이 만들어질 수 있으며, 이것은 20개의 아미노산을 만들기에 충분하다. 유전암호를 자세히 살펴보면(그림 21.6), 61개의 코돈 각각이 특정 아미노산을 지정한다. 나머지 3개는 폴리펩티드 합성을 종결시키는 정지코돈(stop codon)이다. 코돈 중 하나인 AUG는 아미노산 메티오닌을 나타내는데, 메티오닌은 폴리펩티드 합성의 시작 신호로 이용된다. 또한 20개 아미노산 중 18개는 1개 이상의 코돈을 가지고 있다. 예를 들어 류신, 세린, 아르기닌은 6개의 다른 코돈을 가지고 있다. 이러한 여분의 유전암호는 염기 서열의 변화를 유발하는 해로운 돌연변이를 방지하기 위하여 작용한다.

유전암호가 생명체에서 거의 보편적이라고 하는 것은 대부분 생물에서 기본적으로 동일하다는 것을 의미한다(일부 세균에서는 사소한 변이가 존재함). 이것은 유전암호가 지구상 최초의 생명체로 거슬러 올라가며 결국 모든 생명체가 관련되어 있음을 의미한다. 즉, 모든 생명체가 동일한 유전암호를 사용한다는 것은, 지구상의 모든 생명체가 진화적 유산을 공유한다는 가설을 뒷받침한다.

전사

전사 과정에서 DNA의 한 부분은 RNA 분자를 생성하기 위한 주형으로 작용한다. 모든 종류의 RNA는 전사에 의하여 만들어지지만, 먼저 mRNA 생성을 위한 전사에 초점을 맞출 것이다.

mRNA 형성

전사는 **RNA 중합효소**(RNA polymerase)가 DNA 나선을 열 때 핵에서 시작되며, 상보적 염기쌍이 생성된다. RNA 염기는 티민 대신 우라실을 갖고 있기 때문에, DNA와 mRNA 사이에 염기는 A와 U, 그리고 C와 G가 짝을 이룬다(**그림 21.7**). 이때 RNA 중합효소가 RNA 뉴클레오티드를 결합하고, mRNA 분자는 DNA 분절에 상보적인 염기 서열을 갖는다.

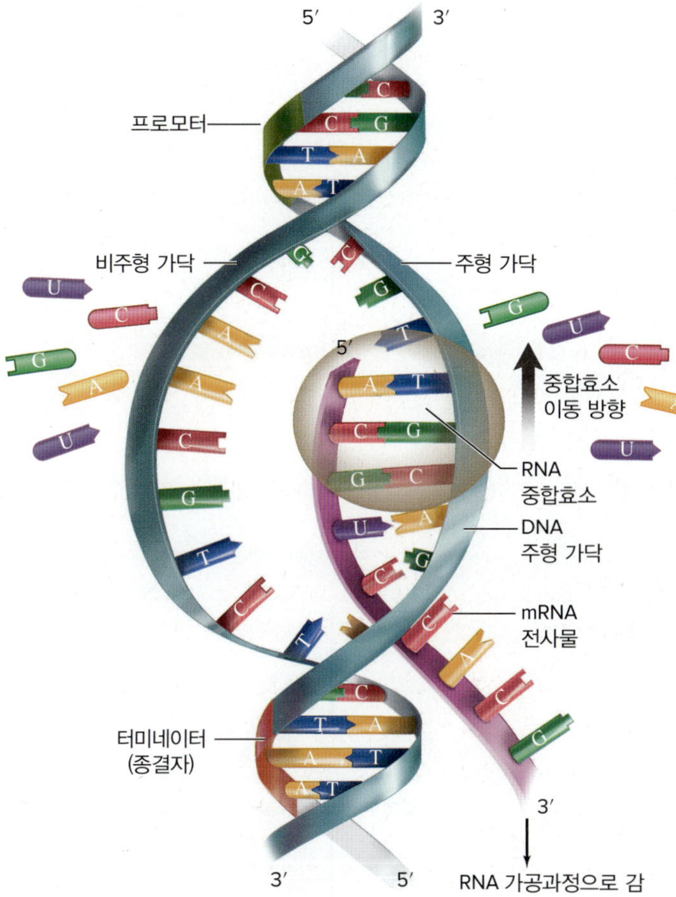

그림 21.7 DNA의 mRNA로의 전사.
전사하는 동안, DNA 주형으로부터 상보적인 RNA가 만들어진다. RNA 중합효소가 부착되는 DNA 부분이 지퍼가 열리듯이 풀린다. mRNA 가닥은 DNA 주형의 염기 서열에서 지시된 순서대로 상보적인 염기가 결합할 때 만들어진다.

mRNA 가공과정

전사된 mRNA가 번역 장소인 세포질로 떠나기 전에 핵에서 일련의 가공과정을 거친다.

새로 합성된 **전구체 mRNA**(pre-mRNA) 분자는 가공과정을 거친 후 **성숙한 mRNA** 분자가 된다(**그림 21.8**). 사람에서 대부분의 유전자는 유전자가 아닌 DNA 조각에 의하여 끊겨 있다. 이 부분은 유전자 내의 조각들이지만 기능적 단백질을 암호화하지 않기 때문에 **인트론**(intron)이라고 부른다. 그 밖의 유전자 부분은 나중에 단백질로 발현되기 때문에 **엑손**(exon)이라고 부르며, 엑손만이 나중에 단백질 생성물을 만들어낸다.

전구체 mRNA는 엑손과 인트론 모두에 대한 상보적인 염기를 포함하고 있으나, 가공과정 동안 (1) mRNA의 한쪽 말단(5′)에는 변형된 구아닌 뉴클레오티드가 더해져 모자를 씌운 형태가 되고, 다른 말단(3′)에는 다수의 아데노신 뉴클레오티드가 더해져 꼬리를 형성한다. (2) 인트론은 제거되고, 엑손끼리 이어 붙여 성숙한 mRNA를 형성한다. **mRNA 이어맞추기**(splicing)는 RNA와 단백질로 구성된 **이어맞추기 복합체**(spliceosome)에 의하여 이루어진다. 놀랍게도 단백질이 아닌 RNA가 효소로 작용하는데, 이를 **리보자임**(ribozyme)이라고 한다. 이런 이유로 모든 효소가 단백질은 아니다(1.6절 참고).

보통은 가공과정을 통해서 엑손만을 한데 모은다. 일부의 경우, 세포는 성숙한 RNA 전사체를 형성하기 위해 모든 엑손이 아닌 특정 엑손만을 사용한다. 이를 **대체 mRNA 이어맞추기**(alternative mRNA splicing)라고 하며, 이는 단일 유전자가 세포에서 다양한 단백질을 생성하는 능력을 설명할 수 있다. 대체 mRNA 이어맞추기로 인해, 약 2만 개의 인간 유전자가 대략 10만 개의 단백질을 암호화할 수 있다.

점차적으로 소형 RNA 분자가 mRNA 처리뿐만 아니라 전사와 번역을 조절하는 것으로 밝혀졌다. DNA는 단백질을 암호화하지만, RNA는 결과를 조정한다.

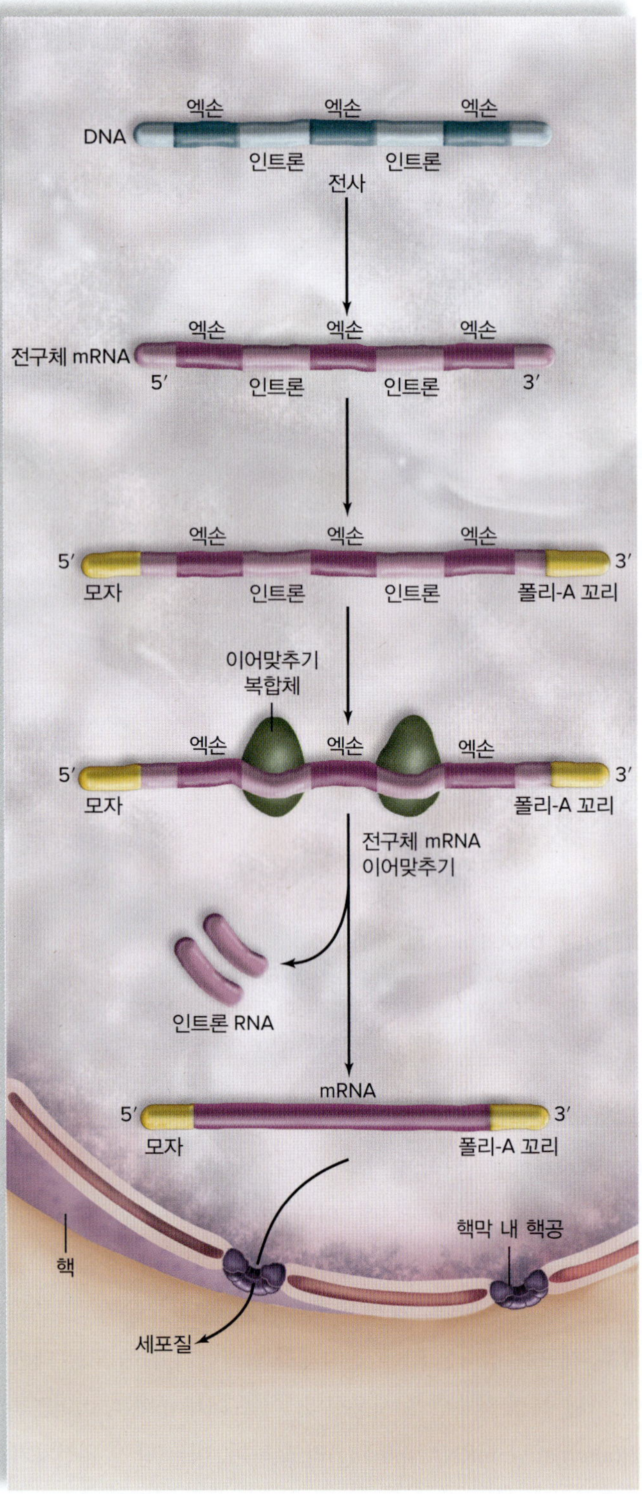

그림 21.8 mRNA 가공과정.
가공과정 동안 5′ 모자(cap)와 폴리-A 꼬리(tail)가 mRNA에 더해지며, 인트론은 제거되고 오직 엑손만 남는다. 그다음 mRNA가 핵을 떠날 준비를 한다.

번역

번역하는 동안, 운반 RNA(tRNA)는 리보솜으로 아미노산을 가져와 폴리펩티드를 합성한다(그림 21.9). 소단위체와 대단위체로 구성된 리보솜은 번역하는 동안 서로 결합하여 mRNA 가닥에 결합한다. 이것은 번역복합체를 만드는 것이다(그림 21.9a). 리보솜에는 A 자리(수용자 또는 도착을 위함), P 자리(폴리펩티드), E 자리(출구)라고 부르는 결합 부위가 있는데, 여기에서 개별 tRNA가 mRNA 가닥과 결합할 수 있다. tRNA 분자는 클로버잎 모양인데, 아미노산이 결합하는 영역과 **안티코돈**(anticodon)이라고 부르는 영역이 있다(그림 21.9c). 안티코돈은 tRNA에서 3개의 염기 서열이며, mRNA 코돈과 상보적인 염기쌍을 이룬다. 안티코돈과 코돈 사이의 상보적 염기쌍은 mRNA 가닥의 지령에 따라 정확한 순서대로 정확한 아미노산을 가져올 수 있도록 한다. 특정 코돈에 의해서 암호화되어 있는 각각의 아미노산은 특정 안티코돈을 가지고 있는 tRNA 분자에 의해 번역복합체로 운반된다. tRNA 분자는 각 안티코돈이 상보적인 코돈과 짝을 이루는 A 자리의 번역복합체에 부착된다(그림 21.9b).

tRNA 분자가 리보솜으로 들어오는 순서는 mRNA 코돈의 순서에 의하여 결정된다. 이런 식으로 mRNA 코돈의 순서가 단백질의 아미노산 순서를 결정하게 된다. 점점 길어지는 폴리펩티드가 부착된 tRNA는 그림 21.9b에서 알 수 있듯이, 리보솜의 A 자리에서 P 자리로 이동한다.

만일 mRNA 코돈 염기 서열이 ACCGUAAAA라면, 폴리펩티드의 일부에 있는 아미노산 순서는 무엇일까? 그림 21.6의 유전암호표를 보고 다음과 같이 결정할 수 있을 것이다.

mRNA 코돈	tRNA 안티코돈	아미노산
ACC	UGG	트레오닌
GUA	CAU	발린
AAA	UUU	리신

번역 단계

번역에서 폴리펩티드 합성 과정은 개시, 신장, 종결의 3단계를 거친다.

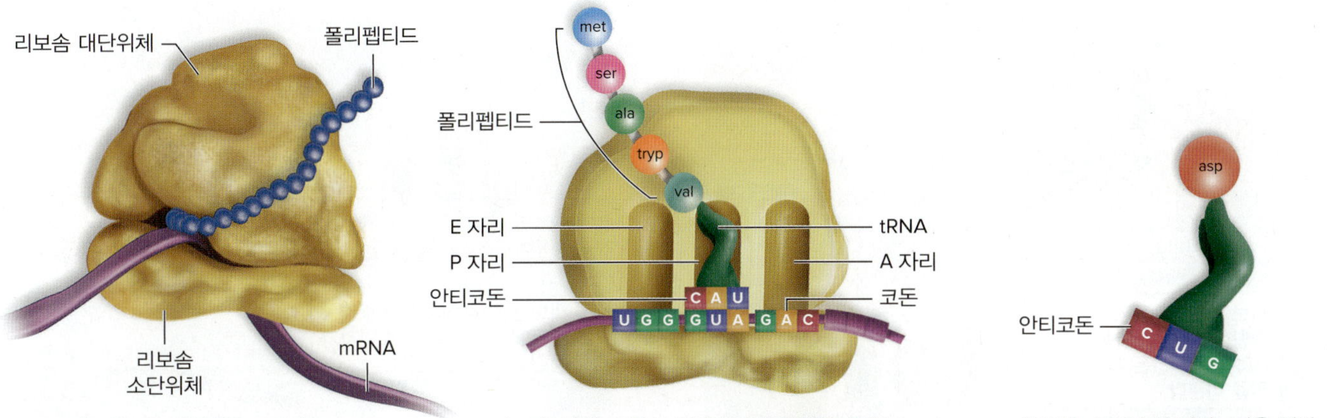

a. mRNA는 리보솜 단위체들 사이에 실처럼 끼워져 있고 폴리펩티드는 옆으로 뻗어 나와 있다.

b. 리보솜은 코돈이 안티코돈과 결합할 수 있는 부위를 2개 가지고 있다. 폴리펩티드를 가진 tRNA는 P 자리에 있고, 새로운 tRNA 아미노산은 A 자리로 들어온다.

c. tRNA는 리보솜에 아미노산을 전달하고, 전달되자마자 안티코돈 CUG가 코돈인 GAC에 결합하게 된다.

그림 21.9 번역에서 세 가지 종류의 RNA의 역할.
단백질 합성은 리보솜에서 일어난다. **a.** mRNA와 길어지는 폴리펩티드를 보여주는 리보솜의 옆모습. **b.** 리보솜 대단위체의 tRNA 결합 부위. **c.** tRNA 구조와 기능.

1. 개시(initiation, 그림 21.10a) 단계에서는 mRNA가 리보솜 소단위체에 결합한다. 그다음 리보솜 대단위체가 리보솜 소단위체와 결합하여 번역복합체를 만든다.
2. 신장(elongation, 그림 21.10b) 단계에서는 1회에 1개씩, 1초에 약 5개의 아미노산이 더해져 폴리펩티드가 길어진다. 들어오는 tRNA는 A 자리에 들어온 후, 밖으로 나가는 tRNA로부터 성장하는 펩티드 사슬을 받게 된다. 리보솜은 한 번에 하나의 코돈만큼씩 mRNA를 따라 옆으로 움직이므로 P 자리는 tRNA-펩티드 복합체에 의하여 채워진다. 사용된 tRNA는 이제 E 자리에 있고, 이후에 리보솜을 빠져나온다. 복합체가 하나의 코돈만큼 이동함에 따라, A 자리는 새롭게 들어오는 tRNA를 받을 수 있다. 이러한 방식으로 펩티드는 길어지면서 폴리펩티드의 선형구조가 만들어진다. 선형구조가 만들어지면 폴리펩티드의 특별한 형태(1.6절 참고)가 만들어지기 시작한다.
3. 합성의 종결(termination, 그림 21.10c)은 3개의 종결코돈 중 하나가 A 자리에 도착하면 일어난다. 종결에는 방출인자(release factor)라고 불리는 단백질이 필요하다. 이 단백질이 종결코돈에 결합하여 마지막 tRNA에서 폴리펩티드를 절단할 수 있다. 그런 다음 리보솜은 2개의 단위체로 분해되고, mRNA 분자는 떨어져 나간다. 번역복합체의 개별 부위는 mRNA 시작 부분에서 이 과정을 반복할 때 재결합되어 또 다른 폴리펩티드를 만든다.

또한 많은 리보솜이 동시에 같은 폴리펩티드를 형성하는 데 관여한다. mRNA의 개시 부분이 하나의 리보솜에 의해 번역되자마자 리보솜이 mRNA를 따라 움직이기 시작하면 또 다른 리보솜이 mRNA에 부착되어 번역을 시작한다. **폴리리보솜**(polyribosome)이라고 불리는 몇 개의 리보솜이 동시에 하나의 mRNA를 따라서 움직일 수 있다. 따라서 하나의 mRNA 분자를 이용하여 같은 종류의 여러 폴리펩티드를 합성할 수 있다.

유전자 발현의 검토

핵 속에 있는 DNA는 RNA로 전사되는 유전자를 포함하고 있다. 이들 RNA의 일부인 mRNA는 단백질로 번역된다. 전사 과정에서 DNA 가닥(유전자)의 단편은 RNA 형성을 위한 주형으로 작용한다. RNA의 염기는 DNA의 염기와 상보적이다. mRNA에서 3개의 염기는 모두 특정 아미노산에 대한 **코돈**이다(그림 21.11 및 표 21.2). mRNA는 핵을 나가기 전에 가공된다. 가공과정 동안, 인트론이 제거되고 말단은 변형된다. mRNA는 rRNA와 단백질로 구성된 **리보솜**에 일련의 코돈을 전달한다. 특정 아미노산이 결합된 tRNA는 mRNA의 코돈과 쌍을 이루는 **안티코돈**을 가지고 있다. 번역하는 동안, tRNA와 이에 부착된 아미노산은 리보솜에 도착한다. mRNA 코돈의 선형 서열은 아미노산이 단백질에 통합되는 순서를 결정한다.

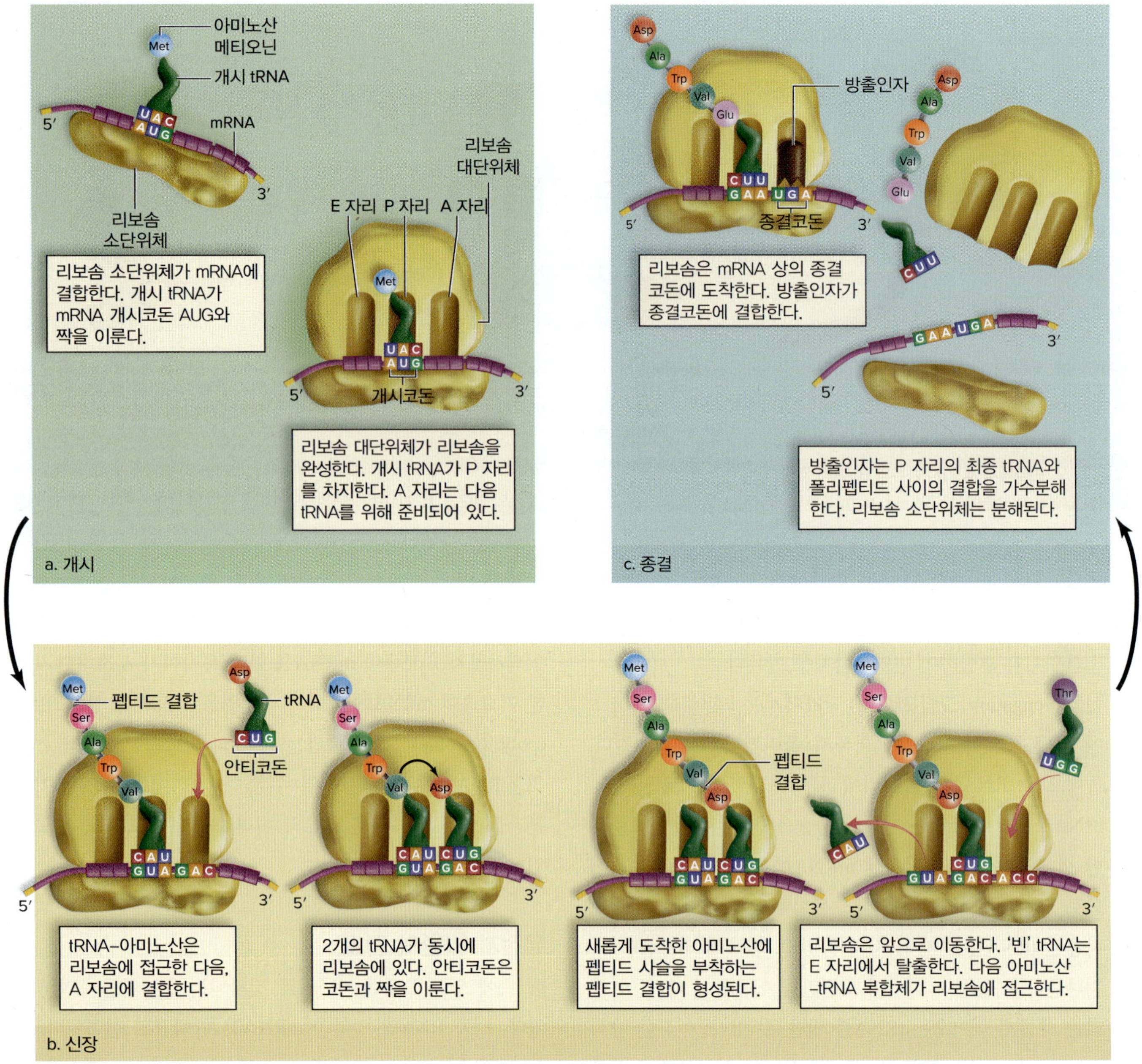

그림 21.10 번역 단계.
번역 중 폴리펩티드 합성은 리보솜에서 일어나며 (**a**) 개시, (**b**) 신장, (**c**) 종결의 세 단계로 이루어진다.

유전자 발현의 조절

핵을 가지고 있는 모든 세포는 모든 유전자의 사본을 받는다. 그러나 어떤 유전자가 활발하게 발현되는지는 세포마다 차이가 있다. 예를 들어 근육세포는 신경세포와 비교하여 핵에서 활성화되는 유전자가 다르며, 세포질에서 활성화되는 단백질도 다르다. 전사 전 DNA 접근에서부터 번역 후 단백질 활성의 제어에 이르기까지 다양한 기작이 세포에서 유전자 발현을 조절한다(그림 21.12).

- **전사 전 조절**(pretranscriptional control): 핵에서 DNA는 전사에 필요한 효소에 사용될 수 있어야 하고, 해당 부분의 염색체는 풀려야 한다. 전사를 시작하기 전에 DNA를 보호하는 단백질과 화학적 변형은 제거되어야 한다.
- **전사 조절**(transcriptional control): 핵에서 많은 기작에 의

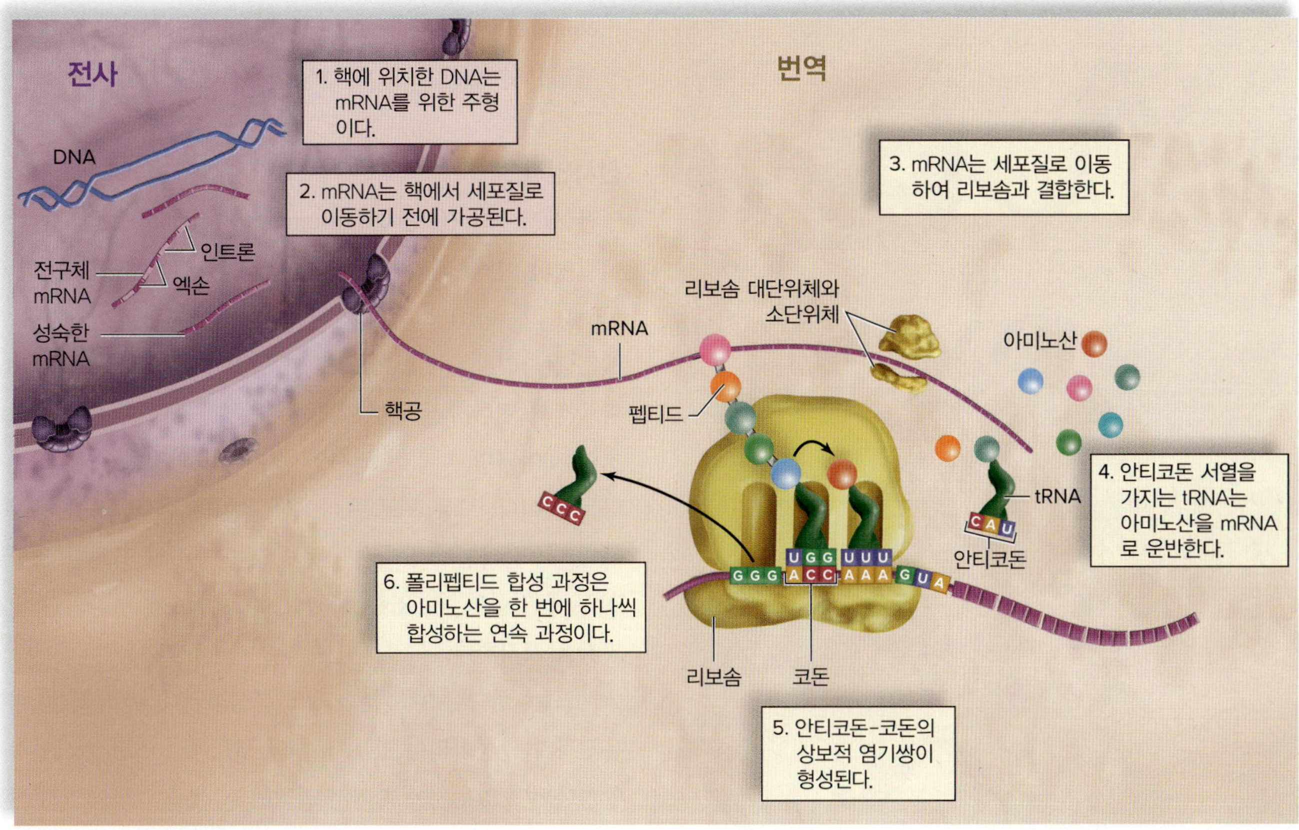

그림 21.11 전사와 번역의 요약.
유전자 발현은 대부분 생성물인 단백질의 합성을 유도한다. 유전자 발현에 필요한 2가지 단계는 핵에서 일어나는 전사와 리보솜이 있는 세포질에서 일어나는 번역이다.

표 21.2 유전자 발현 관련물

분자 명칭	유전자 발현 단계	역할
DNA	전사	유전자 생성물(단백질) 형성을 위한 유전정보로 구성됨
RNA 중합효소	전사	mRNA를 생성하기 위해 DNA에서 정보를 복사하는 효소
mRNA	전사/번역	DNA에서 리보솜으로 정보를 전달함
tRNA	번역	아미노산 서열로 유전정보를 번역함
rRNA	번역	리보솜 구조 형성을 도움
아미노산	번역	폴리펩티드 사슬을 만드는 데 사용되는 단량체

해 전사되는 유전자와 유전자의 전사 속도가 조절된다. 여기에는 유전자 발현의 첫 단계인 전사를 시작하는 전사인자의 사용을 포함한다.

- **전사 후 조절**(posttranscriptional control): 전사 후 조절은 DNA가 전사되고 mRNA가 형성된 후에 핵에서 일어난다. mRNA가 핵을 떠나기 전에 가공되는 방법과 성숙한 mRNA가 얼마나 빨리 핵을 떠나는지가 유전자 발현량에 영향을 줄 수 있다.
- **번역 조절**(translational control): 번역 조절은 mRNA가 핵을 떠난 후 단백질 생성물이 나타나기 전에 세포질에서 일어난다. 일부 mRNA는 번역 전에 추가적인 변화가 필요하며, 이는 세포질에서 mRNA 분자의 수명뿐만 아니라 리보솜에 결합하는 그들의 능력에도 영향을 미친다. 소형 RNA 부류 중 두 가지인 미세 RNA(miRNA)와 소형 간섭 RNA(siRNA)는 유전자 발현에 관여한다. miRNA는 mRNA에 결합하여 단백질 번역을 억제한다. siRNA는 mRNA의 핵산 분해 효소(nuclease)에 의한 파괴를 위해 mRNA를 표시함으로써 번역을 억제한다.
- **번역 후 조절**(posttranslational control): 세포질에서도 발생하는 번역 후 조절은 단백질 합성 후에 나타난다. 폴리펩티드 생성물은 생물학적으로 기능하기 전에 추가 변화를 겪을 수도 있다. 또한 기능성 효소에는 되먹임 조절(feedback

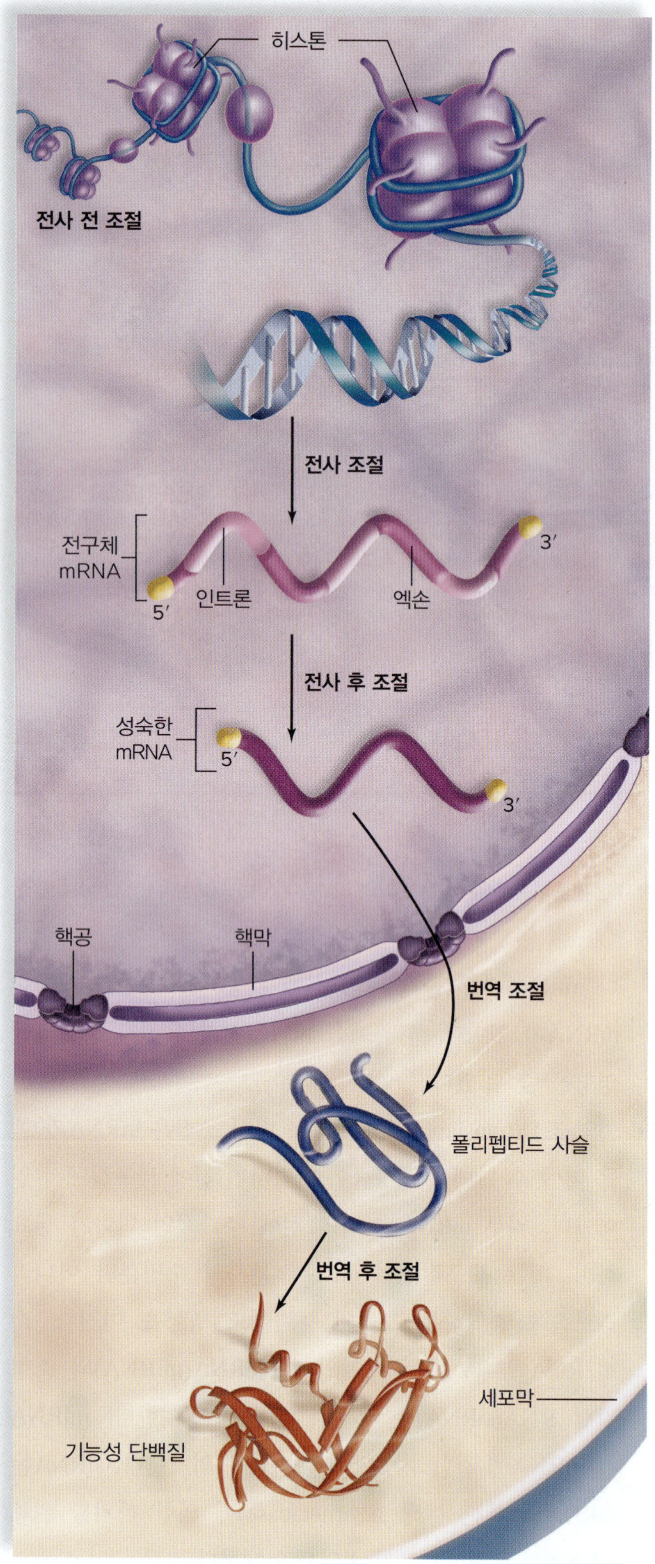

그림 21.12 진핵세포에서 유전자 발현 조절 수준. 유전자 발현은 진핵세포에서 다양한 수준으로 조절된다. 3가지 기작은 핵에 관한 것이고, 2가지 기작은 세포질에 관한 것이다. 외부 신호도 유전자 발현을 변화시킬 수 있다.

control)이 적용된다. 효소 생성물의 결합은 효소의 모양을 변경할 수 있으므로, 더 이상 반응을 수행할 수 없다.

전사인자

인간 세포에서 **전사인자**(transcription factor)는 DNA-결합단백질이다. 한때 과학자들은 전사인자가 단순히 유전자의 켜고(on) 끄는(off) 스위치로 작용한다고 생각했다. 그러나 이제는 전사인자의 역할이 훨씬 더 복잡하다는 것을 알고 있다. 다르게 표현하자면 유전자 발현 수준이 가변형 전등 스위치처럼 제어되며, 다양한 전사인자가 전사 과정을 미세 조절한다는 것이다. 모든 세포는 다양한 유형의 전사인자를 포함하고 있다. 전사인자와 다른 관련 조절단백질의 적절한 조합이 DNA에 결합한 후, RNA 중합효소가 DNA에 부착되면 전사 과정을 시작한다.

세포는 성숙할수록 분화되고 특성화된다. 특성화는 어떤 유전자가 활성화되어 있는지, 해당 세포에서 어떤 전사인자가 활성화되어 있는지에 따라서 결정된다. 세포 안팎에서 수신된 신호는 특정 전사인자를 암호화하는 유전자를 켜거나 끌 수 있다. 예를 들면 배아 단계에서 손은 평평하고 주걱 모양이다. 다섯 손가락은 피부와 결합조직의 물갈퀴로 연결되어 있다. 배아의 손에서 세포사멸(apoptosis, 예정된 세포사멸)을 위한 유전자가 활성화되고, 손가락 조직의 물갈퀴가 없어지면 분리된 손가락이 형성된다.

진도 점검하기 21.2

1. 전사 및 번역 과정을 요약하시오.
2. 유전암호가 유전자 발현에 어떻게 관여하는지 설명하시오.
3. mRNA, tRNA, rRNA가 유전자 발현에 어떻게 관여하는지 설명하시오.
4. 진핵세포에서 다양한 유전자 조절 수단을 설명하시오.

개념 연결하기

DNA, RNA, 단백질에 대한 자세한 내용은 다음 논의를 참고하시오.

1.6절 단백질의 구조와 인체에서의 역할을 살펴본다.

1.7절 유기 분자로서의 DNA와 RNA의 역할을 살펴본다.

21.3 DNA 기술

학습 목표

이 절을 학습한 후 다음 사항을 할 수 있어야 한다.

1. 생물학 연구에서 DNA 서열 분석의 중요성을 알 수 있다.
2. 중합효소연쇄반응과 DNA 클로닝의 목적을 설명할 수 있다.
3. 유전체 편집의 목표를 이해할 수 있다.
4. 생명공학을 이용하여 생산된 일부 제품을 설명할 수 있다.

생명공학(biotechnology)이라는 용어는 자연 생물학적 시스템을 사용하여 제품을 만들거나 인간이 원하는 다른 목적을 달성하는 것을 의미한다. 오늘날 **유전공학**(genetic engineering)을 통해 과학자들은 세균에서 식물 및 동물에 이르기까지 다양한 생명체의 유전체를 수정하여 생명체의 특성을 개선하거나 생명공학 제품을 만들 수 있게 되었다. 이 같은 수정이 가능한 것은 세포에서 DNA와 RNA가 어떻게 기능하는지에 대한 수십 년간의 연구를 통해 새로운 기술을 개발할 수 있었기 때문이다. 이러한 기술을 통해 과학자들은 유전자를 복제할 수 있을 뿐만 아니라 생명체의 유전체를 직접 편집할 수도 있다. 이것이 수행된 몇 가지 방법을 탐구하기 전에 생명공학에 사용되는 일부 DNA 기술을 살펴볼 것이다.

DNA 염기 서열 분석

DNA 염기 서열 분석은 특정 유전자 내에서 DNA 단편의 뉴클레오티드의 순서를 결정하는 절차이다. DNA 염기 서열 분석을 통해 연구자들은 유전자 돌연변이와 관련된 특정 대립유전자를 식별하여 의약품 또는 치료법을 개발할 수 있다. 또한 이 정보는 법의학 생물학 연구의 기초가 되고 진화 역사에 대한 이해에도 도움이 된다.

DNA 기술이 1970년대 초에 처음 시작되었을 때, 이 기술은 DNA 복제 과정에서 4개의 뉴클레오티드 각각에 부착된 염료 종결 물질 또는 방사성 추적 물질을 사용하여 수동으로 시행하였으며, 결과는 겔 플레이트의 패턴에서 해독되었다. 현대의 DNA 염기 서열 분석에는 뉴클레오티드에 부착된 염료와, 레이저를 사용하여 자동화 서열 장비로 다양한 염료를 검출하는 방법이 사용되며, 이는 이후 뉴클레오티드 서열의 디지털 표시를 제공한다(그림 21.13).

DNA 단편을 이용하여 염기 서열 분석을 하기 위해서는, 중합효소연쇄반응이라는 방법을 사용하여 DNA 단편의 복사본을 많이 만들거나 복제한다.

중합효소연쇄반응

중합효소연쇄반응(polymerase chain reaction, PCR)은 몇 시간 안에 시험관 튜브에 수백만 개의 DNA 단편 사본을 생성할 수 있다. PCR은 매우 특이적으로 수백 개 염기 길이의 표적 DNA 서열을 **증폭**(복사)한다. PCR에는 DNA 복제를 수행하는 효소인 DNA 중합효소와 새로운 DNA 가닥 합성을 위한 뉴클레오티드의 공급이 필요하다. PCR은 일반적으로 약 35~40주기 동안 반복적으로 진행되는 세 가지 기본 단계로 진행된다(그림 21.14). 각 단계는 (1) DNA가 단일가닥이 되도록 가열하는 92~95°C의 변성 단계, (2) 올리고뉴클레오티드 프라이머(primer)가 각각의 단일 DNA 가닥에 붙는

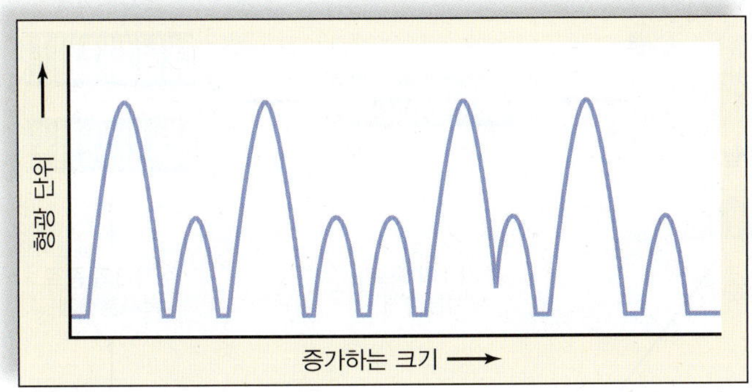

a. 자동화된 DNA 염기 서열 분석

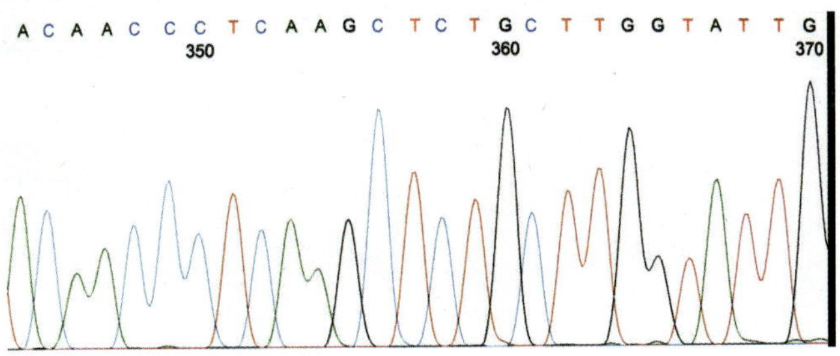

b. DNA의 서열화된 부분의 예

그림 21.13 자동화된 DNA 염기 서열 분석.
a. 현대의 DNA 염기 서열 분석 기술은 연구자가 DNA 단편의 뉴클레오티드 서열을 결정할 수 있게 해주는 형광 염료를 사용한다. **b.** DNA 염기 서열의 예.
(b): Alan John Lander Phillips/E+/Getty Images

보통 50~60°C 온도에서의 붙임 단계, (3) DNA 중합효소가 각각의 단일 DNA 가닥에 상보적 염기를 첨가하여 이중가닥 DNA를 생성하는 72°C에서의 연장 단계이다.

PCR은 표적 DNA가 자연적으로 DNA 복제가 일어나는 것과 같은 방식으로 반복적으로 복제되므로 그 과정이 계속되는 한 연쇄반응이다. 그림 21.14에서는 색을 사용하여 오래된 가닥과 새로운 DNA 가닥을 구별할 수 있다. DNA의 양은 각 복제 주기마다 2배가 된다. 따라서 하나의 DNA 사본만으로 시작한다고 가정하면 한 주기 후에 2배, 두 주기 후에 4배의 사본이 생성된다. PCR은 1985년 캐리 멀리스(Kary Banks Mullis)가 개발한 이래로 사용되고 있으며, 현재는 거의 모든 실험실에서 자동 PCR 기계를 사용하고 있다. 온천에 서식하는 세균인 **터머스 아쿠아티쿠스**(*Thermus aquaticus*)에서 열-안정성 DNA 중합효소가 추출된 후 자동화가 가능해졌다. 이 효소는 이중가닥 DNA를 변성시키는 데 사용되는 고온을 견딜 수 있다. 따라서 효소를 더 많이 추가하기 위해 복제를 중단할 필요가 없다. PCR에는 소량의 DNA만 필요하기 때문에, 범죄 현장에서 얻은 아주 적은 시료 또는 미라가 된 인간의 뇌에서 추출된 DNA만을 이용하여 염기 서열을 분석하는 것도 가능하다.

또한, PCR 사용 후 DNA는 DNA 프로파일링(DNA profiling)이라고도 불리는 DNA 지문감식(fingerprinting)에 적용할 수 있다. 오늘날 DNA 지문감식은 종종 짧은 염기 서열(2~5개의 염기)이 몇 번 반복되는지를 감지하여 수행된다. 각 개인은 특정 위치에서 얼마나 많은 반복이 있는지에 따라 다를 수 있다(**그림 21.15**).

PCR은 DNA의 특정 부분만 증폭한다는 것을 기억해야 한다. 따라서 한 위치에서 반복 횟수가 많을수록 PCR에 의해 증폭되는 DNA 부분이 길어진다. 모세관 겔 전기영동법(capillary gel electrophoresis)이라고 불리는 과정에서 이들 DNA 단편은 그 크기에 따라 분리될 수 있으며, 그 결과 형광 피크(peak) 패턴이 나타난다. 만일 2개의 DNA 패턴이 일치하면 DNA

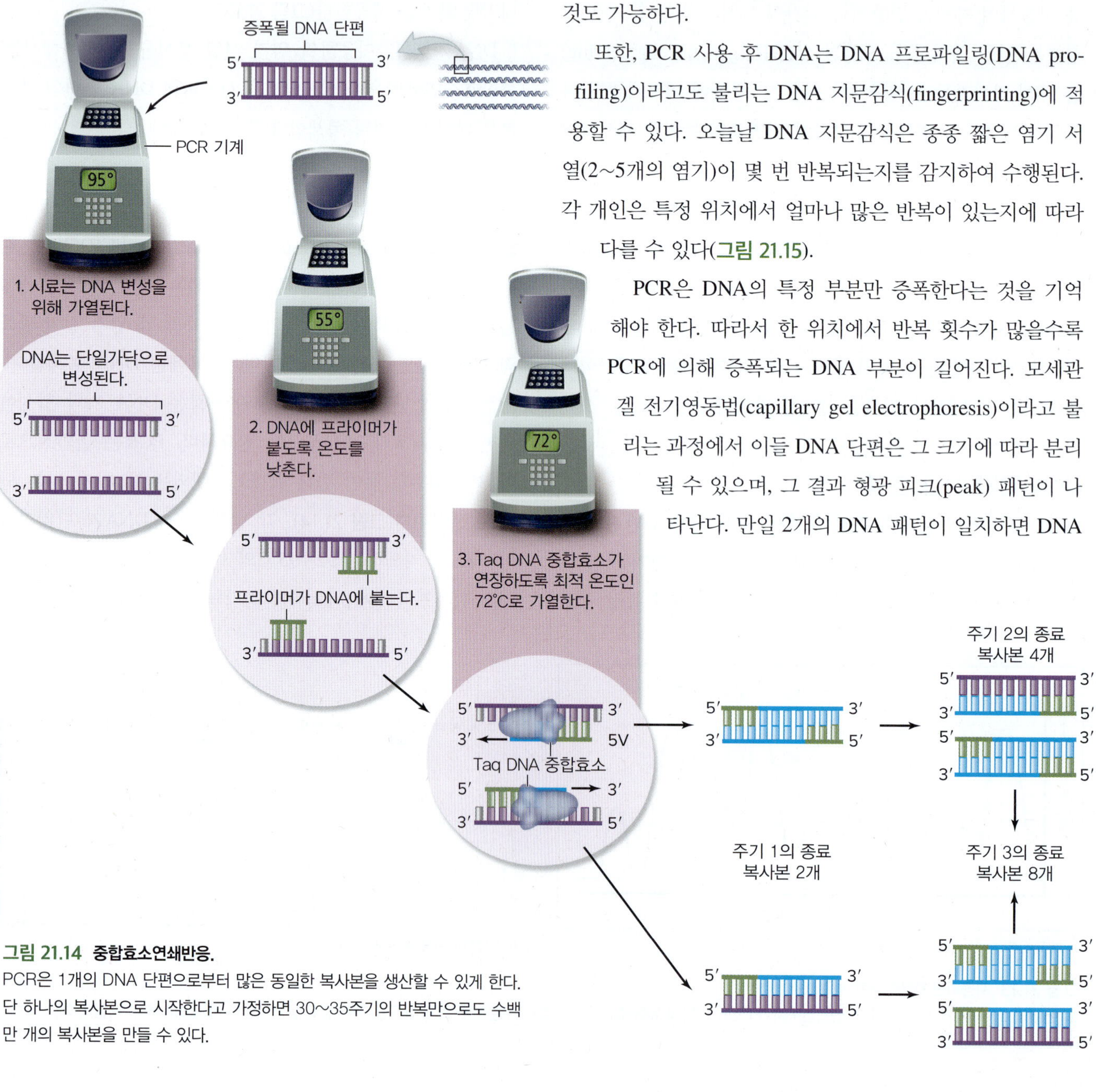

그림 21.14 중합효소연쇄반응.
PCR은 1개의 DNA 단편으로부터 많은 동일한 복사본을 생산할 수 있게 한다. 단 하나의 복사본으로 시작한다고 가정하면 30~35주기의 반복만으로도 수백만 개의 복사본을 만들 수 있다.

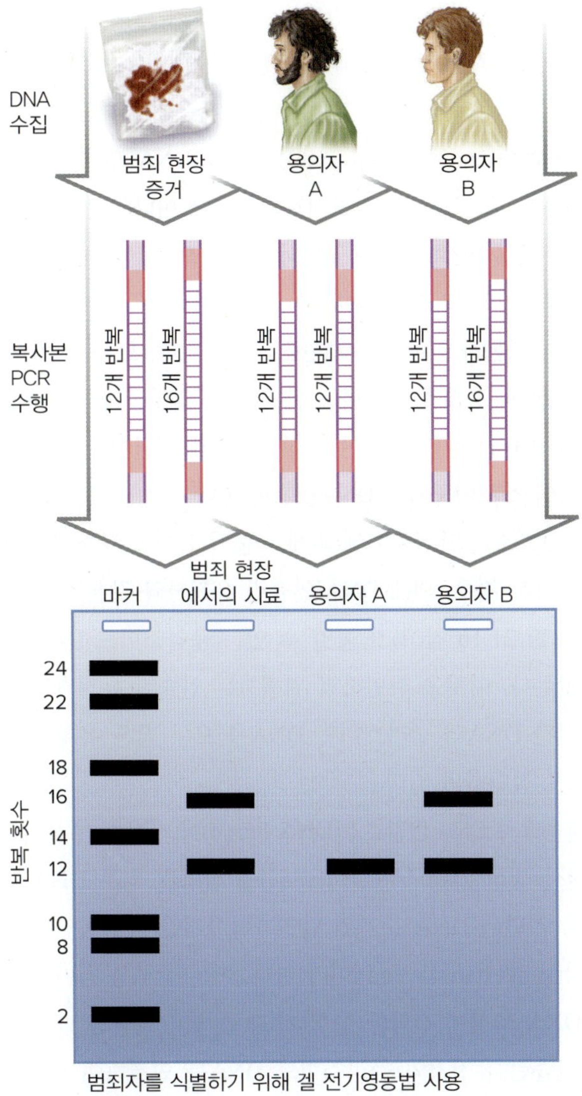

그림 21.15 DNA 지문.
DNA 지문을 확인하기 위해 시료의 작은 DNA 단편은 PCR 반응에 의해 증폭된다. 그런 다음 겔 전기영동법(또는 검출기)을 사용하여 이러한 단편을 분리하고, 단편 길이의 작은 변화를 찾는다.

가 동일한 출처에서 나왔을 가능성이 높다. 출처를 더 정확하게 하기 위해 여러 위치에서 반복서열의 수를 테스트하는 것이 일반적이다.

오늘날 행해지는 법의학적 DNA 지문감식법은 대부분 짧은 연쇄 반복(short tandem repeat, STR), 즉 반복적인 DNA 염기 서열을 포함하는 우리 유전체의 비암호화 DNA를 사용한다. STR은 멘델의 법칙(Mendelian)으로 유전된다(20.2절 참고). 가장 일반적으로 이러한 반복은 길이가 4개인 염기이다(예: CATG). 아버지로부터 물려받은 특정 염색체에는 이러한 반복 복사본이 11개, 어머니로부터 물려받은 상동염색체에는 단지 3개의 복사본을 가질 수 있다. 전기영동법으로 분석할 때, 반복 횟수가 많을수록 DNA 길이가 길어진다. 사람들은 독특한 반복 패턴을 가지고 있기 때문에, 이러한 STR은 개인을 구별하는 데 사용될 수 있다. 단일 염색체상의 특정 STR 패턴은 많은 사람들이 공유할 수 있다. 그러나 여러 STR 부위를 연구하면 일란성 쌍둥이라서 DNA가 완전히 같지 않으면 모든 사람은 통계적으로 고유한 패턴을 가진다. 미국에서는 FBI의 통합 DNA 지표 시스템(Combined DNA Index System, CODIS)이 13개의 STR 부위(그리고 amelogenin 유전자라 불리는 성별 표지 유전자)를 사용하여 개인을 식별한다.

DNA 지문감식은 많은 용도로 사용된다. DNA가 바이러스 또는 돌연변이 유전자의 DNA와 일치할 때 바이러스 감염, 유전적 돌연변이, 또는 암이 존재하는 것으로 추정할 수 있다. 또한 정자 한 개에서 채취한 지문 DNA만으로도 의심되는 강간범을 식별할 수 있다. 범죄 현장의 혈액이나 조직에서 채취한 DNA는 범죄자를 유죄로 판결하는 데 이용된다.

PCR과 DNA 지문의 응용은 우리의 상상 이상으로 다양하게 사용될 수 있다. PCR 분석은 알려지지 않은 군인과 러시아 왕실 가족을 식별하는 데 사용되었다. 친자관계 소송도 해결할 수 있다. 환경 사법 당국은 이러한 기술을 사용하여 불법적으로 포획된 상아와 고래 고기를 확인할 수 있다. 이러한 응용들은 화석의 DNA와 살아 있는 생명체의 DNA를 비교함으로써 진화 연구에 새로운 사실을 밝혀냈다. PCR 반응은 또한 개인이 SARS-CoV-2 바이러스에 노출되었는지 확인하기 위한 진단 도구로도 효과적으로 사용되었다.

생활 속의 생물학

가정용 DNA 친자 확인 키트는 어떻게 작동하는가?

많은 실험실에는 이제 가정에서 시료를 수집할 수 있는 키트가 있다. 키트는 아동과 의심되는 아버지의 구강 세포를 수집할 수 있는 면봉으로 구성되어 있다. 이 멸균된 면봉으로 뺨 안쪽을 문지르면서 입안에서 DNA 시료를 채취하고, 이 시료를 실험실로 보내면 DNA가 PCR에 의해 복제되고 DNA 지문이 발생한다. 대부분의 실험실에서는 친자 확인을 위해 12~16개의 서로 다른 염색체 마커를 확인하며, 결과는 약 3~5일 후에 나온다. 이 방법은 효율적이고 개인적이며 빠르지만, 법원에서 증거로는 인정되지 않는다.

클로닝

생물학에서 **클로닝**(cloning)은 무성생식을 통해 유전적으로 동일한 DNA, 세포, 또는 생명체의 복제물을 생산하는 것이다. **유전자 클로닝**(gene cloning)은 동일한 유전자의 동일한 복사본을 많이 생성할 수 있다. 하나 이상의 공급원으로부터 나온 DNA를 함유하는 **재조합 DNA**(recombinant DNA, **rDNA**)는 유전자를 클로닝할 수 있게 해준다. 재조합 DNA를 만들기 위해서는 **벡터**(vector)를 필요로 하는데, 이 벡터는 관심 유전자를 세균과 같은 숙주세포에 삽입시키는 역할을 한다. 일반적인 벡터는 플라스미드이다. **플라스미드**(plasmid)는 항생제 내성을 가진 세균에서 발견되는 작은 고리 모양의 부속 DNA이다. 이 고리는 세균 염색체의 일부가 아니며 스스로 복제한다. 유전자 클로닝 단계(그림 21.16)는 다음과 같다.

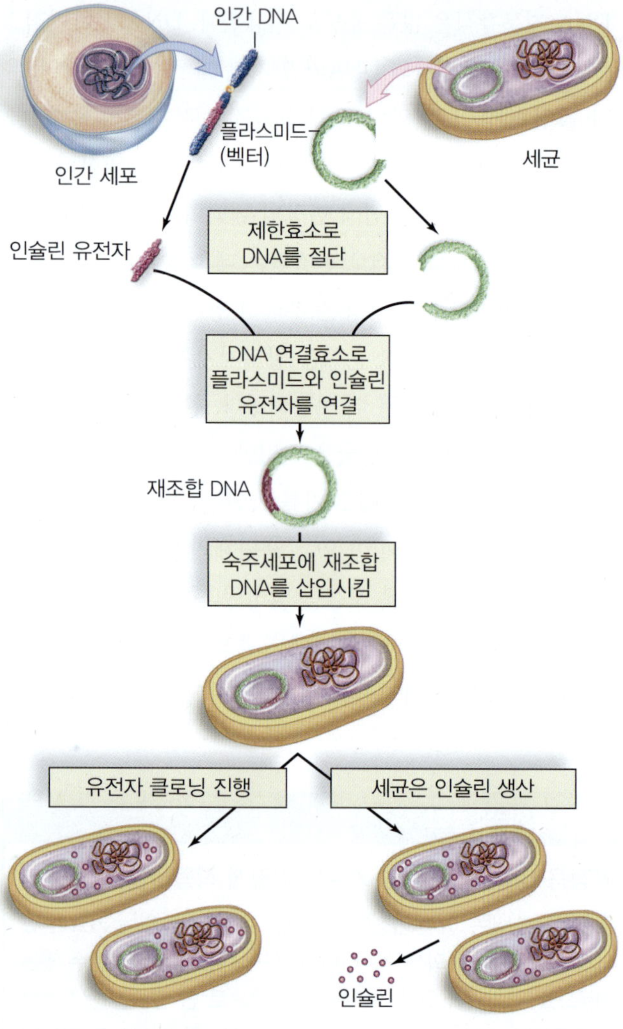

그림 21.16 인간 유전자 클로닝.
이 그림은 인간 유전자 클로닝의 기본 단계를 보여준다. 인간 DNA와 플라스미드 DNA는 특정 유형의 제한효소에 의해 절단된다. 그런 다음, 인슐린 유전자를 포함하는 인간 DNA는 DNA 연결효소에 의해 플라스미드에 삽입된다. 세균 또는 진핵세포에 플라스미드가 삽입된 후에 유전자 클로닝이 완성된다. 유전자가 예상한 것과 같이 정상적으로 기능하는 경우, 제품(예: 인슐린)도 생산할 수 있다.

제한효소(restriction enzyme)는 특정 DNA 염기 서열에서 DNA 분자를 절단하는 데 사용되는 효소이다(그림 21.17). 수백 가지의 제한효소는 세균에서 자연적으로 존재하며 세포에 들어가는 바이러스성 DNA를 절단한다. 그들은 바이러스의 증식을 제한하기 때문에 **제한효소**라고 한다. 또한, 특정 부위에서 DNA 조각을 절단하는 분자 가위 역할을 한다. 예를 들어 *Eco*RI라는 제한효소는 항상 이 염기 서열에서 다음과 같은 방식으로 이중가닥 DNA를 절단한다.

제한효소는 제한효소에 의해 노출된 염기에 상보적인 염기로 끝나는 경우, 외래 DNA(인슐린 유전자와 같은 인간 유전자, 그림 21.16 참고)가 놓일 수 있는 플라스미드 DNA에 틈을 만든다. 이것을 확인하기 위해서는 인슐린 유전자를 포함한 인간 DNA와 플라스미드 DNA를 모두 같은 유형의 제한효소로 절단하면 된다.

다음으로 DNA **연결효소**(DNA ligase)를 사용하여 플라스미드에서 생성된 개구부(열린 부위)에 삽입된 외부 DNA를 붙인다. 절단된 DNA 분자의 단일가닥이지만 상보적인 말단을 '접착성 말단(sticky end)'이라 한다. 이는 상보성 염기쌍에 의해 DNA 조각에 결합할 수 있기 때문이다. 접착성 말단은 인간 인슐린 유전자와 플라스미드 DNA를 연결하여 클로닝하는 것을 용이하게 한다. 이제 벡터는 완성되었고, rDNA 분자가 준비되었다.

세균 세포 중 일부는 재조합 플라스미드를 받아들이는데,

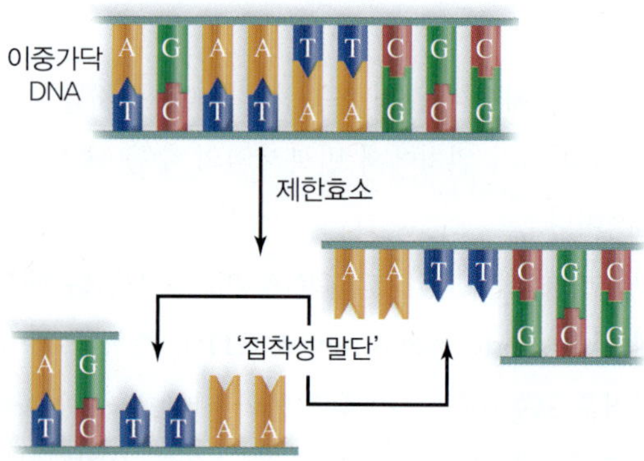

그림 21.17 제한효소.
각 제한효소는 뉴클레오티드의 특정한 서열을 인식한다. 제한효소가 DNA를 절단한 후, DNA 염기 서열의 클로닝에 유용한 '접착성 말단'이 형성될 수 있다.

오늘날의 생물학 ▶ 과학

생식형 및 치료 클로닝

클로닝(cloning)이라는 용어는 생물학에서 몇 가지 다른 방식으로 사용될 수 있다. 그림 21.16에 제시된 유전자 클로닝 이외에도 정상 체세포로부터 성체 동물을 클로닝하는 능력인 생식형 클로닝과 치료 클로닝이 있으며, 이를 통해 특정 유형의 성숙한 세포를 빠르게 생산할 수 있다. 두 가지 유형의 클로닝을 통해 세포주기가 어떻게 제어되는지 직접적으로 확인이 가능하다.

생식형 클로닝(reproductive cloning) 또는 성체 동물의 클로닝은 불가능한 것으로 여겨졌다. 왜냐하면 연구자들은 성체 세포의 핵을 핵이 제거된 난자세포에 넣었을 때 세포주기가 다시 시작하는 것이 어렵다는 것을 알고 있었기 때문이다.

1997년에 복제 양 돌리(Dolly the sheep)는 생식형 클로닝이 실제로 가능하다는 것을 보여주었다. 공여세포의 핵을 핵이 제거된 난자세포에 이식하기 전에 공여세포의 배지에서 영양분을 제거하였다. 영양분 부족으로 인해 공여세포는 분열을 멈추고 G_0기(휴지기)로 들어가게 되었으며, 핵은 발생을 시작하기 위한 세포질 신호에 반응하게 되었다(그림 21Ba). 이러한 발전은 바람직한 유전적 특성을 갖는 모든 종류의 농장 동물을 복제하고, 심지어는 멸종될 수 있는 희귀 동물을 복제하는 것을 가능하게 했다. 그러나 고무적인 결과에도 불구하고 여전히 극복해야 할 장애물이 있으며, 배반포 단계(blastocyst stage)를 지나서 인간 배아를 복제하기 위한 실험에 미연방 자금을 사용하는 것은 여전히 금지되어 있다.

그러나 **치료 클로닝**(therapeutic cloning)의 목적은 개별 장기가 아닌 다양한 유형의 성숙한 세포를 생산하는 것이다. 치료 클로닝의 목적은 (1) 세포의 특성화가 어떻게 일어나는지에 대해 더 자세히 알아내고, (2) 당뇨병과 같은 인간 질병 또는 뇌졸중이나 척수 손상과 같은 심각한 부상을 치료하는 데 사용할 수 있는 세포와 조직을 제공하는 것이다.

치료 클로닝을 수행하는 방법에는 두 가지가 있다. 첫 번째는 배반포의 내부 덩어리 세포(inner mass cell)에서 유래된 배아줄기세포(embryonic stem cell, ESC)를 분리하여 각각 적혈구, 근육세포, 신경세포와 같은 특정 유형의 세포로 발달하도록 처리하는 것을 제외하고는 생식형 클로닝과 동일한 절차를 사용한다(그림 21Bb). 하지만 배아가 계속 발달하도록 둔다면 그것은 개체가 될 것이기 때문에, 어떤 사람들은 아직 실험 중인 이런 유형의 치료 클로닝에 대해 윤리적으로 우려하고 있다.

치료 클로닝을 수행하는 두 번째 방법은 **성체줄기세포**(adult stem cell)를 이용하는 것이다. 줄기세포는 성인 신체의 많은

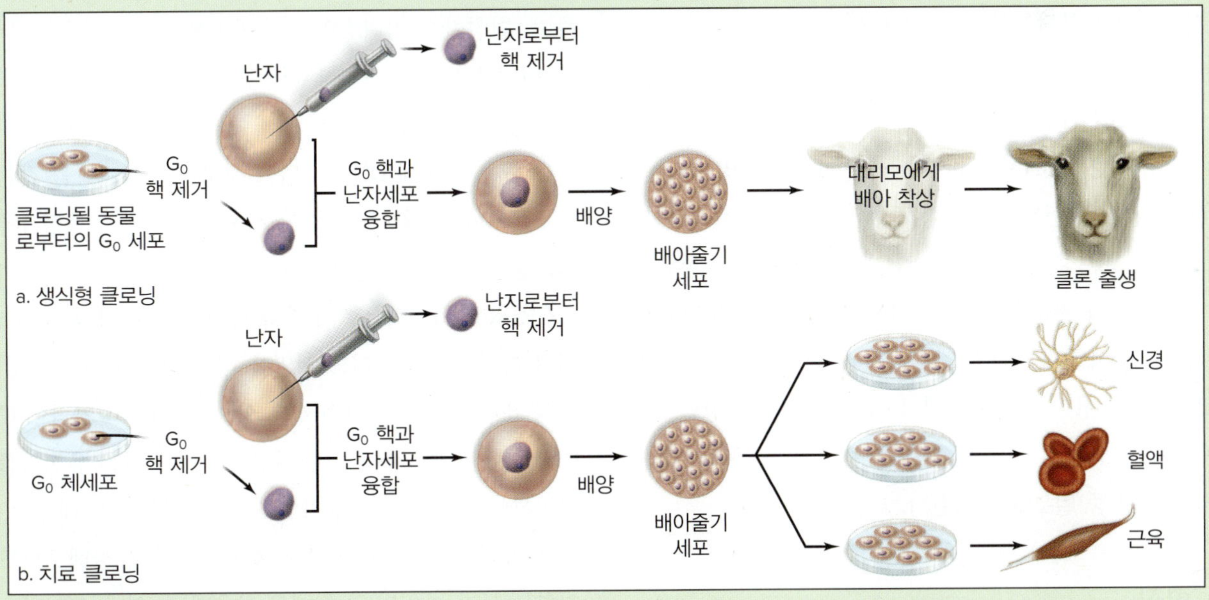

그림 21B 생식형 및 치료 클로닝.
a. 생식형 클로닝의 목적은 핵을 기증한 개체와 유전적으로 동일한 개체를 생산하는 것이다. 핵은 핵이 제거된 난자에 이식되며, 여러 번의 유사분열을 거친 후 배아는 추가 발달을 위해 대리모에 이식된다. **b.** 치료 클로닝의 목적은 특화된 조직세포를 생산하는 것이다. 핵은 핵이 제거된 난자에 이식되며, 여러 번의 유사분열을 거친 후 배아세포(배아줄기세포)가 분리되어 특화된 세포가 되도록 처리된다.

기관에서 발견된다. 예를 들어 골수에는 새로운 혈액세포를 생성하는 줄기세포가 있다. 그러나 성체줄기세포는 분화될 수 있는 세포 유형에 제한이 있다. 그럼에도 불구하고 과학자들은 이러한 어려움을 극복하기 시작했다. 2006년 일본의 과학자들은 성인 피부 줄기세포에 단 4개의 유전자를 추가함으로써 섬유아세포(fibroblast)를 ESC와 유사한 줄기세포의 일종인 유도만능줄기세포(induced pluripotent stem cell, iPSC)로 만들었다. 그런 다음 연구자들은 성체줄기세포에서 심장 및 뇌세포를 만들었다. 다른 연구자들은 이 기술을 이용하여 쥐의 파킨슨병 유사 증상을 지연시켰다.

비록 iPSC의 이점에 대한 의문이 있지만, 이러한 발전은 과학자들이 배아줄기세포 사용에 대한 현재의 한계와 윤리적 문제를 극복하는 방법을 적극적으로 연구하고 있음을 보여준다.

생각해 볼 문제

1. 치료 클로닝에 대한 연구는 생식형 클로닝에 대한 과학적 연구에 어떻게 도움이 될 수 있는가?
2. 치료 클로닝을 사용하여 치료할 수 없는 질병에는 어떤 것이 있는가?

특히 세균이 보다 투과성 있게 처리된 경우에 더욱 잘 받아들인다. 플라스미드가 스스로 복제됨에 따라 유전자 클로닝이 일어난다. 과학자들은 여러 가지 이유로 유전자를 복제한다. 예를 들어 정상 유전자와 돌연변이 유전자의 염기 서열의 차이를 결정하고 싶거나, 유전자를 이용하여 생명체를 유익한 방향으로 변형시키고 싶을 때 유전자를 복제한다.

클로닝의 최종 결과는 이전에는 만들 수 없었던 제품(예: 인슐린)을 생산할 수 있는 세균이다. 인간 유전자를 세균에서 발현시키기 위해서는 이 유전자에 세균 특유의 조절 영역이 수반되어야 한다. 또한 세균에는 인트론이 없기 때문에, 유전자에 인트론이 포함되어서는 안 된다. 인트론이 없는 인간 유전자는 만들 수 있는데, 역전사효소(reverse transcriptase)라고 불리는 효소는 mRNA의 DNA 복사본을 만드는 데 사용될 수 있다. **상보적 DNA**(complementary DNA, **cDNA**)라고 하는 DNA 분자는 인트론을 포함하지 않는다. 이러한 방식으로 재조합 세포는 유사분열을 통해 새로운 유전자를 함유하는 많은 복제물을 만들고, 새로운 세포는 새로운 유전자에 의해 생성물을 암호화할 것이다.

클로닝이라는 용어는 생명체에서 여러 가지 다른 방법으로 사용될 수 있다. 과학 특집 '생식형 및 치료 클로닝'은 이러한 방법의 차이점 중 일부를 설명한다.

DNA 편집

DNA 기술이 발전함에 따라 유전체 제거 또는 대체를 위해 DNA의 특정 서열을 표적으로 하는 **유전체 편집**(genome editing)이 가능해졌다. 편집을 수행할 수 있는 몇 가지 방법이 있다. 가장 널리 사용되는 것은 CRISPR(clustered regularly interspaced short palindromic repeats, 일정한 간격으로 반복되는 염기 서열)이다. 과학의 다양성 특집 'CRISPR 개척자들'에서는 이 과정을 개발한 두 명의 여성 과학자를 소개하였다.

CRISPR는 원핵생물에서 처음 발견되었고, 이는 침입하는 바이러스에 대한 면역 방어의 한 형태로 작용한다. 바이러스는 자신의 DNA를 숙주세포에 삽입하여 그 세포가 새로운 바이러스를 복제할 수 있게 한다(7.1절 참고). CRISPR 시스템은 Cas9이라는 핵산중간분해효소(endonuclease)를 기반으로 하며, 침입한 바이러스의 유전체 DNA에서 특정 뉴클레오티드 서열을 인식하고 DNA 이중가닥을 파괴하여 바이러스를 불활성화할 수 있다.

Cas9은 유전체 DNA 서열에 상보적인 염기쌍을 갖는 가이드 RNA(guide RNA) 분자를 사용하여 절단될 특정 뉴클레오티드를 인식한다(그림 21.18).

CRISPR 시스템은 연구자가 편집을 위해 거의 모든 생명체에서 특정 뉴클레오티드 서열을 대상으로 사용할 수 있다. 표적의 유전체 서열이 알려지면, 상보적인 RNA 가닥이 Cas9이 DNA를 절단하도록 사용될 수 있다. 이 절단은 유전자를 불활성화하여 세포에서 유전자의 역할을 연구하는 데 사용될 수 있으며, Cas9은 특정 DNA 위치에 새로운 뉴클레오티드를 삽입하는 분자 가위의 한 형태로 작용할 수 있다. CRISPR와 기타 유전체 편집 기술은 계속해서 발전하고 있다. 과학자들은 이 과정을 보다 효율적으로 만드는 방법을 연구하고, 겸상 적혈구 질환과 암(그림 21.19)을 포함한 질병 치료와 같은 사람

오늘날의 생물학 ▶ **과학의 다양성**

CRISPR 개척자들

1901년 이래로 186명에게 노벨 화학상이 수여되었지만, 여성은 7명에 불과했다. 2020년에는 에마뉘엘 샤르팡티에(Emmanuelle Charpentier)와 제니퍼 다우드나(Jennifer A. Doudna)가 CRISPR를 이용한 유전체 편집 방법에 대한 선구적인 연구로 상을 받아 여성 2명이 추가되었다(그림 21C).

노벨상은 알프레드 노벨(Alfred Nobel)의 유언에 따라 '인류에게 가장 큰 혜택을 준 사람들'에게 수여된다. 샤르팡티에와 다우드나는 모두 세균의 면역과 관련된 CRISPR/Cas9 시스템을 연구했으며, 2011년에 학회에서 만난 후 공동 연구를 시작했다. 그들은 침입하는 바이러스의 DNA를 파괴하기 위해 세균에서 시스템이 어떻게 작동하는지를 연구했다. 샤르팡티에와 다우드나는 분자를 단순화하여 과학자들이 계획한 위치에서 DNA를 정확하게 절단하는 '칼'을 만들어 대약진을 이루어냈다.

CRISPR 유전자 편집 기술의 사용은 이후 폭발적으로 증가했다. 두 여성 연구자의 연구물 출판과 노벨상 시상식 사이의 8년이라는 짧은 기간 동안, 다른 과학자들은 유전자 변형 세균, 식물, 동물의 개발을 통해 인류에게 이익을 주기 위해 이 기술을 사용했다. 유전자 질환을 치료하기 위해 CRISPR 칼을 인간 환자에게 적용하는 실험도 진행 중이다. 또한 CRISPR는 환자에게서 SARS-CoV-2와 같은 바이러스의 존재를 감지하기 위한 진단 도구로도 제안되었다.

역사적으로 남성 과학자들에게 수여되어 왔던 상을 받은 후, 다우드나는 그 의미에 대해 "나는 내 성별이 자랑스럽다. 특히 젊은 여성들이 이런 걸 보고, 여성의 일이 남성의 일만큼 인정받을 수 있다는 걸 알게 되면 좋을 것 같다."라고 말했다.

샤르팡티에는 다음 세대에 대한 그녀의 희망을 다음과 같이 말했다. "내 소원은 이것이 과학의 길을 따르고 싶어하는 어린 소녀들에게 긍정적인 메시지를 제공하고, 여성 과학자들이 그들이 수행하고 있는 연구를 통해 영향을 미칠 수 있음을 보여주는 것이다."

a.

b.

그림 21C CRISPR 기술에 대한 노벨상 수상자.
(**a**) 제니퍼 다우드나와 (**b**) 에마뉘엘 샤르팡티에는 CRISPR 유전자 편집 기술 개발에 대한 공로로 2020년에 노벨 화학상을 받았다.
(a): Anastasiia Sapon/The New York Times/Redux Pictures; (b): Dpa picture alliance/Alamy Stock Photo

과 다른 생명체에서 유전자 편집의 새로운 응용방법을 개발하며, SARS-CoV-2와 같은 바이러스의 신속한 검출법을 개발하고 있다.

생명공학 제품

오늘날 생명공학 제품(biotechnology product)을 생산하기 위해 세균, 식물, 동물의 유전자를 변형시키고 있다. 일반적으로

그림 21.18 CRISPR와 유전체 편집.
유전체 편집은 핵산분해효소(nuclease, 이 경우 Cas9)를 사용하여 특정 DNA 서열을 표적으로 한다. Cas9에 의해 생성된 DNA 이중가닥의 절단은 유전자를 불활성화시켜 유전자의 기능을 연구하거나 새로운 서열의 뉴클레오티드를 삽입하는 데 사용될 수 있다.

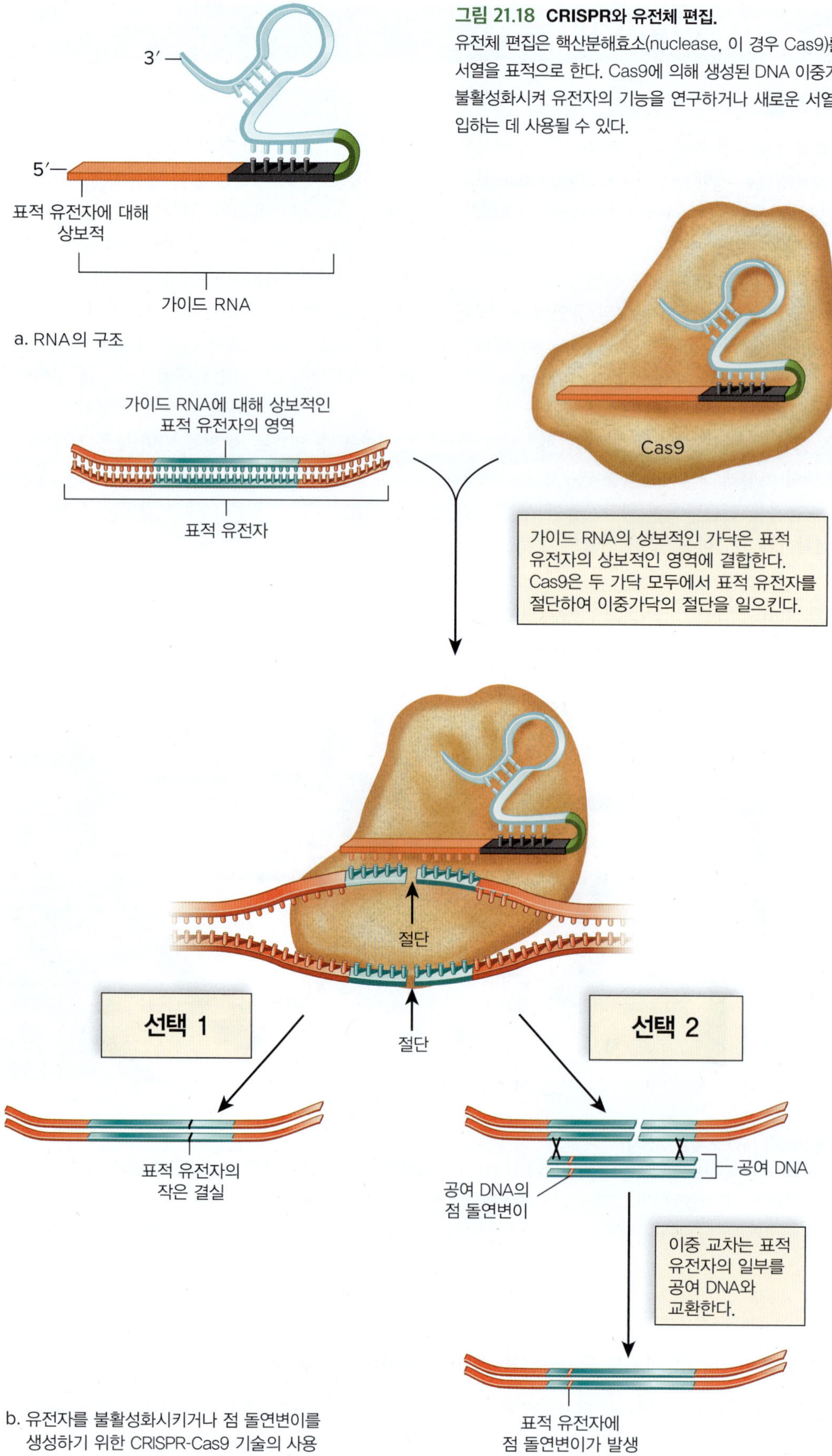

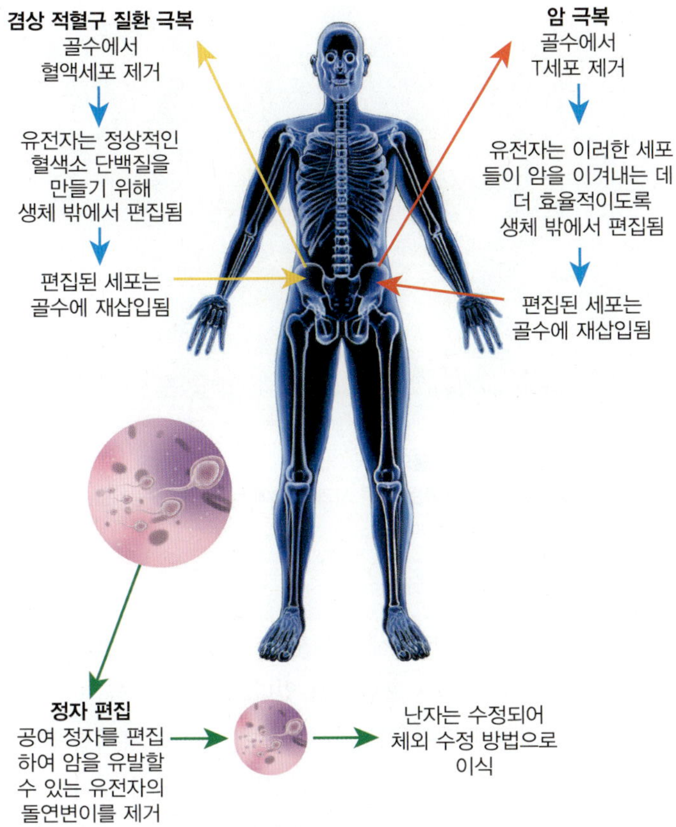

그림 21.19 인간에게 CRISPR 사용. 직접적인 인간 유전자 편집은 겸상 적혈구 질환 유전자를 바꾸고, 암을 이겨내며, 정자에서 암유전자를 바꾸는 데 사용된다.

a.

b.

그림 21.20 유전자 변형 세균의 이용. **a.** 유전자 변형 세균을 이용하여 의약품을 생산할 수 있다. **b.** 환경 유출물을 정화하는 능력을 향상시키기 위해 세균의 유전자를 변형시킬 수 있다.

(a): Maximilian/Prisma by Dukas Presseagentur GmbH/Alamy Stock Photo; (b): Jerry Mason/Science Source

재조합 DNA 기술을 사용하여 어떤 방식으로든 유전체를 변형시킨 것을 **유전자 변형 생물체**(genetically modified organism, GMO)라고 한다. 이렇게 유전체에 외래 유전자가 삽입된 유기체를 **형질전환 유기체**(transgenic organism)라고 한다.

위에서 설명한 생명공학 기술의 사용, 특히 CRISPR 유전체 편집 기술의 개발은 과학자들이 GMO를 만들 수 있는 능력을 크게 향상시켰다. 거의 매일 새로운 개발이 보고되고 있다. 여기서 우리는 세균, 식물, 동물이 인간에게 유익하도록 유전자가 변형된 방법 중 일부를 살펴볼 것이다.

유전자 변형 세균

생물 반응기(bioreactor)라고 하는 거대한 배양기로 유전자 변형 세균을 생산하는 데 DNA 기술이 사용된다(그림 21.20a). 생성물은 배지로부터 회수된다. 세균이 생산하는 생명공학 제품에는 인슐린(insulin), 혈액응고 인자 VIII(clotting factor VIII), 인간성장호르몬(human growth hormone), 조직 플라스미노겐 활성제(tissue plasminogen activator, tPA), B형 간염 백신(hepatitis B vaccine) 등이 있다. 유전자 변형 세균은 다양한 용도로 활용된다. 일부는 식물의 생장을 촉진하기 위해 생산된다. 예를 들어 식물에 주로 서식하며 얼음 결정 형성을 촉진하는 세균이 양성-결빙(frost-plus)에서 음성-결빙(frost-minus) 세균으로 바뀌었을 때, 서리에 강한 딸기와 같은 새로운 작물이 개발되었다. 또한 주로 옥수수 식물의 뿌리에 서식하는 세균에 다른 세균으로부터 곤충 독소를 암호화하는 유전자를 삽입하였고, 이로 인해 이 독소는 곤충으로부터 뿌리를 보호할 수 있게 되었다.

세균은 특정 물질을 분해하는 능력으로 선택될 수 있으며, 이 능력은 생명공학(bioengineering)에 의해 향상될 수 있다. 예를 들어 기름을 먹는 자연 발생 세균은 2010년 멕시코 만에서 발생한 *Deepwater Horizon* 유출 사고와 같이 기름 유출 후, 해변을 더 잘 청소하도록 유전자를 변형할 수 있다(그림 21.20b). 세균은 또한 석탄이 연소되기 전에 황을 제거하여 더 깨끗한 배기가스를 발생시킬 수 있다. 한 세균 균주에는 다른 세균 균주를 죽일 수 있는 수준의 독소를 제거할 수 있는 유전자가 삽입되었다. 게다가 이 세균에는 '자살' 유전자가 있어 작업이 완료되면 스스로 파괴된다.

유전자 변형 식물

옥수수, 감자, 대두, 면화는 곤충의 포식이나 일반적으로 사용되는 제초제에 저항성을 갖도록 설계되었다. 일부 옥수수와 면화는 곤충과 제초제에 동시에 저항성을 갖도록 개발되었다. 매년 미국에 심어진 콩, 옥수수, 면화의 90% 이상이 유전자 변형 작물이다. 만일 작물이 광범위한 제초제에 저항성이 있고 잡초가 그렇지 않은 경우, 제초제를 사용하여 잡초를 제거할 수 있다. 제초제 저항성 식물을 경작하면 잡초를 쉽게 방제할 수 있고, 경운이 덜 필요하며, 토양침식은 최소화된다.

식물 유전공학의 주요 핵심 중 하나는 품질이 향상된 작물의 개발이며, 특히 식품 부패로 인한 폐기물을 줄이는 데 초점이 맞추어져 있다. 예를 들면 캐나다의 'Okanagan Specialty Fruits'라는 회사는 사과에 갈색을 유발하는 유전자가 발현되지 않게 하여(knocking out) 저장 수명이 연장된 유전자 변형 작물인 아크틱 사과(Arctic apple)를 생산했다(그림 21.21). 인네이트 감자(Innate potato)는 RNA 간섭현상(RNA interference)이라는 과정을 이용하여 유전자를 변형시켜, 감자가 멍드는 것과 관련된 유전자의 발현을 차단하였다.

또한, 작물의 식품 품질을 향상시키기 위한 과정도 이루어졌다. 인간의 건강을 향상시킬 수 있도록 단일 불포화 지방산인 올레산을 주로 생산하는 대두가 개발되었다. 다른 유형의 작물은 생산성을 높이기 위해 유전자를 변형하였다. 잎은 물을 덜 잃고 이산화탄소는 더 많이 흡수하도록 변형할 수 있다. 이러한 유형의 변형은 가뭄을 겪거나 식물이 정상적으로 성장할 수 있는 기후보다 평균 기온이 높은 기후를 포함하여, 다양한 기후에서 다양한 작물이 성공적으로 경작될 수 있도록 도와준다. 또한 다른 유전자 변형 식물은 인간 호르몬, 응고 인자, 항체, 백신을 포함한 다양한 제품을 생산할 수 있다.

유전자 변형 동물

식물과 마찬가지로 동물도 식품으로서의 가치를 높이기 위해 유전자 변형이 가능하다. 새로운 형태의 형질전환 연어는 다른 두 어종의 유전자가 포함되어 있다. 이 유전자들은 연어가 더 빨리 자라게 하는 성장호르몬을 생성한다. 흥미롭게도 이 연어는 삼배체 암컷으로 만들어졌는데, 생식이 불가능하여 성장호르몬 유전자를 다음 세대에게 전달할 수 없다(그림 21.22a). 이집트숲모기(Aedes aegypti mosquito)는 지카 바이러스(Zika)와 치쿤군야(chikungunya)를 포함한 여러 인간 질병의 매개체로 작용한다. 플로리다에서 방출된 유전자 변형 모기는 유전적인 '킬 스위치(kill switch)'가 포함되어 있는데, 이 단백질은 자손을 죽이는 단백질을 생성하여 모기 집단의 크기를 줄여준다(그림 21.22b).

그림 21.21 유전자 변형 식물의 예.
이 사과의 유전자 변형(*아래쪽*)은 다른 사과(*위쪽*)에 비해 갈변을 방지할 수 있다.
©Okanagan Specialty Fruits Inc.

유전자 변형 동물을 사용하여 의약품을 생산하는 유전자 파밍(gene pharming)은 여러 회사에서 추진하고 있다. 치료 및 진단 단백질을 암호화하는 유전자가 동물의 DNA에 통합되며 단백질은 동물의 우유에 함유된다(그림 21.23). 이 방법으로 낭포성 섬유증, 암, 혈액 질환, 기타 질환의 치료를 위한 약물을 생산하려는 계획이 진행되고 있다. 그림 21.23은 유전자 변형 동물을 생산하는 절차를 간략하게 보여준다. 관심 있는 유전자는 공여 난자에 미세 주사기를 이용하여 이식된다. 체외 수정 후, 수정란은 숙주인 암컷에 착상시켜 발달된다. 유전자 변형 암컷의 새끼가 자라면, 제품이 모유로 분비된다. 그 다음 복제는 동일한 제품을 생산하는 많은 동물을 생산하는 데 사용될 수 있다. 암컷 클론은 우유에서 같은 제품을 생산한다. 이 기술은 영양가가 높은 우유 외에도 특정 항생제 또는

a.

b.

그림 21.22 유전자 변형 동물의 예.
a. 연어는 유전적으로 변형되어 더 빨리 자랄 수 있다. **b.** 이집트숲모기와 같은 해충 종은 그 집단의 크기를 줄이기 위해 유전자가 변형될 수 있다.
(a): ©AquaBounty Technologies, Inc.; (b): Frank Hadley Collins, Dir, Center for Global Health and Infectious Diseases; University of ND/CDC

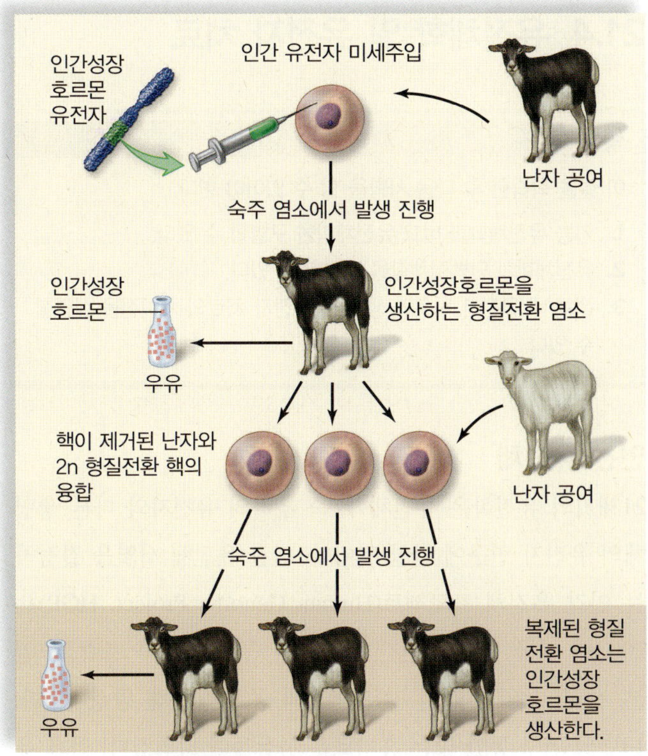

그림 21.23 형질전환 동물의 생산.
원하는 인간 유전자가 수정된 난자에 삽입되면, 단일 형질전환 염소가 만들어진다. 첫 번째 염소의 세포핵과 난자를 이용하여 형질전환 염소 무리를 만들 수 있다. 이들은 우유에서 인간성장호르몬을 생성한다.

백신을 포함하는 우유를 생산하는 데 도움이 된다.

쥐 모델은 인간 질병을 연구하기 위해 만들어졌다. 낭포성 섬유증을 유발하는 것과 같은 대립유전자를 클로닝하여 쥐 배아줄기세포에 삽입할 수 있다. 때때로 낭포성 섬유증에 대한 쥐 배아의 동형접합이 발생할 수 있다. 이 배아는 낭포성 섬유증을 가진 사람과 유사한 표현형을 갖는 돌연변이 쥐로 발달한다. 낭포성 섬유증의 치료를 위한 새로운 약물은 쥐에서 시험할 수 있다. 동일한 시나리오를 온코마우스(OncoMouse, 유전자 변형 쥐)에서도 찾아볼 수 있는데, 이 쥐는 암 발병 유전자를 가지고 있다.

이종이식(xenotransplantation)은 이식 환자에게 인간 장기 대신 동물 장기를 이식하는 것이다. 현재 전 세계적으로 약 수십만 명의 환자가 장기이식을 필요로 한다. 하지만 인간 기증자는 환자와 조건이 일치하기 어려워 대부분의 경우 이용할 수 없다. 축산 분야에서 돼지 사육에 대한 지식은 오랜 역사를 가지고 있으며, 대부분의 돼지 장기는 인간 장기와 크기 및 구조가 일치하기 때문에 과학자들은 이종이식에 돼지를 사용하였다. 또한, 인간 인식 단백질 유전자를 발현하는 돼지의 능력은 돼지의 장기가 인간에게 더 쉽게 받아들여지고 거부가 발생할 가능성이 적다는 것을 의미한다.

진도 점검하기 21.3

1. 중합효소연쇄반응과 DNA 클로닝을 사용하여 유전자를 복제하는 방법을 간단히 설명하시오.
2. 유전체 편집이 어떻게 뉴클레오티드 서열을 바꿀 수 있는지 설명하시오.
3. 유전자 변형 생물체(GMO)가 생산되는 이유를 요약하시오.

개념 연결하기

이 절에서 설명하는 절차는 생명과학에서 중요한 많은 문제를 연구하는 데 사용된다. 몇 가지 예를 보려면 다음 논의를 참고하시오.

17장 다양한 형태의 클로닝에 대한 논의를 살펴본다.

21.4 유전체학 및 유전자 치료

학습 목표

이 절을 학습한 후 다음 사항을 할 수 있어야 한다.

1. 기능 유전체학과 비교 유전체학을 구별할 수 있다.
2. 유전체학과 단백질체학을 구별할 수 있다.
3. 생체 내 유전자 치료와 생체 외 유전자 치료의 차이점을 설명할 수 있다.

인간 유전체

21세기의 유전학은 유전체학, 즉 우리의 유전자와 다른 생명체의 유전자 연구에 관한 것이다. 인간 유전체 서열을 결정하는 인간 유전체 프로젝트(Human Genome Project, HGP)는 2003년 미국 정부와 민간 실험실의 공동 노력과 프랑스, 일본, 중국, 독일과 같은 많은 국가의 공헌을 통해 완성되었다. 13년의 연구 동안 많은 흥미로운 사실들이 밝혀졌다. 인간 유전체에는 약 30억 개의 염기가 포함되어 있으며, 이 염기의 99.9%는 모든 인간에서 염기 서열이 동일하다. 평균적으로 기능성 유전자는 약 3,000개의 염기로 구성되어 있고, 인간의 기능성 유전자 수는 2만 개 미만으로 추정된다. 이 데이터는 PCR, 전기영동, DNA 염기 서열 분석을 포함한 고급 생명공학을 사용하여 얻은 결과이다(21.3절 참고).

놀랍게도 유전체 크기는 유전자 수에 비례하지 않으며, 유기체의 복잡성과 상관관계가 없다는 것도 밝혀졌다. 현화식물인 애기장대(*Arabidopsis thaliana*)의 유전체 크기는 1억 2,000만 개의 염기와 2만 6,000개의 암호화 유전자로 되어 있다. 일반적인 집쥐(*Mus musculus*, 생쥐)의 유전체 크기는 25억 개의 염기와 약 2만 개의 암호화 유전자로 되어 있다. 과학자들은 인간 유전체의 DNA 서열을 처음 완성했을 때, 단백질을 암호화할 것으로 보이는 서열을 기반으로 유전자 수를 추정했다. 그렇게 연구원들은 인간 유전체에서 2만 개 미만의 유전자를 발견했는데, 이는 당초 추정한 것인 8만~14만 개의 유전자보다 놀라울 정도로 낮은 것이었다. 또한, 전체 인간 유전체의 2% 미만이 기능성 단백질을 암호화한다. 연구에 따르면 유전체의 비암호화 영역(나머지 98%)은 유전자 조절에 중요한 역할을 하는 RNA 분자를 생성할 수 있다.

기능 및 비교 유전체학

인간 유전체 프로젝트의 지속적인 연구 목표는 약 2만 개의 유전자가 어떻게 기능하고 이들이 어떻게 인간을 형성하는지를 알아내는 것이다. **기능 유전체학**(functional genomics)이라고 하는 이러한 유형의 연구는 유전자 조절에 관여하는 소형 RNA 분자의 생산에서 비암호화 DNA 서열(유전자 사이에서 발생하기 때문에 유전자 간 서열이라고도 함)의 역할을 확인하는 데 이미 성공적이었다.

비교 유전체학(comparative genomics)은 종(species)이 어떻게 진화하고 유전체의 유전자와 비암호화 영역이 어떻게 기능하는지를 파악하는 하나의 방법이다. 한 연구에서 연구원들은 우리의 유전체를 침팬지의 22번 염색체와 비교하였다. 그들은 특히 관심을 끄는 세 가지 유형의 유전자, 즉 언어와 관련된 유전자, 청각과 관련된 유전자, 후각과 관련된 유전자를 발견했다. 언어 발달에 필요한 유전자는 인간 진화에 중요한 역할을 한 것으로 생각된다. 청각의 변화도 사람들 사이의 의사소통을 위한 언어 사용을 촉진했을 수도 있다. 또한 연구자들은 후각 유전자의 차이를 설명하기 위해, 후각 유전자가 식이 변화 또는 성 선택에 영향을 줄 수 있다고 추정했다. 아니면 단지 냄새가 아니라 다른 특성에 관여했을 수도 있다. 이 연구를 수행한 연구자들은 그들이 찾고 연구한 많은 유전자가 인간에게 질병을 일으키는 것으로 알려져 있다는 사실에 놀랐다. 그들은 유전체를 비교하는 것이 인간의 질병과 관련된 다른 유전자를 찾을 수 있는 방법이 될 수 있을지 궁금해 했다. 연구자들은 인간 염기 서열 차이를 질병과 연관시키기 위해 모든 방법을 동원하고 있다.

또 다른 놀라운 발견은 모든 척추동물의 유전체가 비슷하다는 것이다. 연구원들은 침팬지와 인간의 기본 서열이 95~98%가 비슷하다는 사실을 알고도 놀라지 않았다. 그러나 그들은 인간의 염기 서열이 쥐의 염기 서열과 85%나 유사하다는 것을 발견하리라고는 생각하지 못했다. 따라서 인간과 쥐의 염기 서열이 유사함에도 불구하고, 인간과 쥐는 왜 다른 형질을 갖고 있는지 설명할 수 있는 유전자의 조절 방법을 찾고 있다. 이에 대한 한 가지 가능성은 대체 유전자 가공 과정이다. 인간은 인간이 합성하는 단백질 유형 또는 특정 단백질이 존재하는 시기와 장소에 따라 쥐와 다른 형질을 나타낼 수 있다.

오늘날의 생물학 ▶ 과학

유전질환 검사

예비 부모 중 한 사람에게 질환이 있다면 상염색체에 우성 유전질환을 가지고 있는지 알 수 있다. 그러나 어느 한쪽이 상염색체 열성 유전질환의 보인자인지 여부를 확인하기 위해서는 유전자 검사가 필요하다. 이미 임신한 여성의 경우, 부모는 태아에게 장애가 있는지 알고 싶어 할 수 있다. 여성이 임신하지 않은 경우, 부모는 임신하기 전에 배아 또는 난자를 검사할 수 있다. 유전질환을 검사하는 방법 중 하나는 DNA에서 돌연변이 유전자를 검사하는 것이다.

DNA 검사하기

유전자 표지를 검사하거나 DNA 마이크로어레이를 사용하는 두 가지 유형의 DNA 검사가 가능하다.

유전자 표지

유전자 표지 검사는 기존의 DNA 지문 채취를 위한 전통적인 절차와 유사하다(21.3절 참고). 예를 들면 헌팅턴병 환자는 염색체의 특정 위치에서 염기 서열에 이상이 있다. 이러한 염기 서열의 이상이 **유전자 표지**(genetic marker)이다. 특히 헌팅턴병은 너무 긴 삼염기 서열의 반복으로 인해 유전자 내에서 틀이동(frameshift) 돌연변이가 일어나 발생한다. 이와 유사한 경우, 반복된 길이는 PCR로 검출하고 자동화된 DNA 염기 서열 분석으로 분석할 수 있다.

DNA 마이크로어레이

로봇 기술의 발전으로 인간 유전체 전체를 단일 마이크로어레이에 배치할 수 있다(그림 21D). 검사할 생명체 또는 세포로부터 추출한 mRNA는 형광 염료로 표지되고, 칩에 배열된다. 그리고 mRNA가 마이크로어레이에 결합할 때, 형광 패턴이 생성되고 컴퓨터에 기록된다. 연구자는 그 생명체나 세포에서 어떤 DNA가 활성화되어 있는지 알 수 있다.

가장 일반적인 유형인 **돌연변이 마이크로어레이**(mutation microarray)는 사람의 유전자 프로파일을 생성하는 데 사용될 수 있다. 마이크로어레이는 수백에서 수천 개의 질병 관련 돌연변이 유전자를 포함하고 있다. 검사할 개체의 유전체 DNA를 형광 염료로 표지한 다음, 미세하게 배열(마이크로어레이)한다. 개인의 DNA가 칩의 돌연변이 유전자에 결합하면 마이크로어레이의 반점(spot)이 형광을 내는데, 이는 개인이 특정 장애가 있거나 나중에 발병할 위험이 있음을 나타낸다.

또한 DNA 마이크로어레이는 질병에 걸린 조직과 관련된 유전자를 신속하게 식별할 수 있게 해줄 것이다. 비정상 조직과 정상 조직에서 추출한 mRNA는 서로 다른 형광 염료로 표지된다. 정상 조직은 대조군 역할을 한다.

연구자는 정상 조직과 비정상 조직의 mRNA를 마이크로어레이에 적용하였다. 마이크로어레이의 한 지점에서 나오는 형광의 상대적인 강도는 정상 조직에 비해 비정상 조직의 유전자에서 유래된 mRNA의 양을 나타낸다. 질병에서 유전자가 활성화되면 대조군의 조직보다 마이크로어레이에 더 많은 mRNA 전사체가 결합할 것이고, 그 반점은 더 붉게 보일 것이다.

유전체 마이크로어레이(genomic microarray)는 질병과 염색체 변이 사이의 연관성을 식별하는 데 사용된다. 이 경우, 칩에는 단편으로 절단된 유전체 DNA가 포함되어 있다. 마이크로어레이의 각 지점은 알려진 염색체의 위치에 해당한다. 병든 조직 및 대조군 조직으로부터 표지된 유전체 DNA가 칩의 DNA와 결합하고, 두 염료의 상대적 형광이 결정된다.

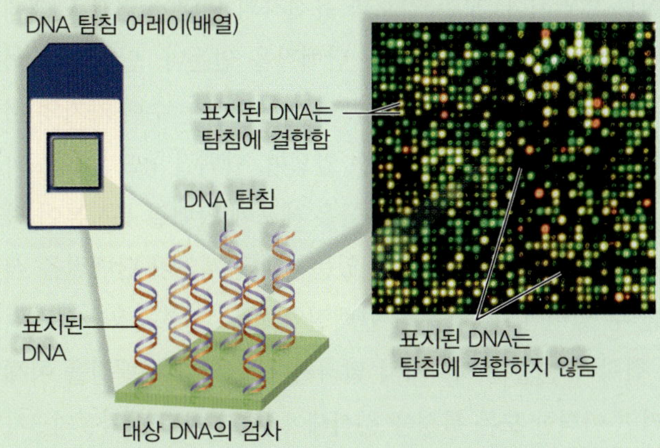

그림 21D 유전질환 검사를 위한 DNA 마이크로어레이 활용.
이 DNA 칩에는 특정 유전질환의 존재를 나타내는 DNA 돌연변이 서열이 포함되어 있다. 개인의 DNA에서 추출한 DNA 단편이 DNA 칩의 돌연변이 서열에 결합하는 경우 그 서열은 형광색을 나타내고, 이는 그 개체가 돌연변이를 갖고 있다는 것을 의미한다.
(사진): Deco/Alamy Stock Photo

생각해 볼 문제

1. STR과 같은 유전자 표지보다 DNA 마이크로어레이를 사용할 때 어떤 이점이 있는가?
2. 연구자가 다른 세포 유형에서 어떤 유전자가 발현되는지 알고 싶어하는 이유는 무엇인가?
3. DNA 마이크로어레이의 정보는 질병 치료를 위한 신약 개발에 어떻게 사용될 수 있는가?

단백질체학 및 생물정보학

단백질체학(proteomics)은 세포 단백질의 구조, 기능, 상호작용에 관한 연구이다. 많은 유전자는 일부 세포에서 언젠가 단백질로 번역된다. 모든 암호화 유전자의 번역은 인간 단백체(proteome)라 불리는 수많은 단백질을 만든다. 단백체 분석은 유전체 분석보다 더 어렵다. 단일 유전자는 수백 가지의 서로 다른 단백질을 암호화할 수 있으며, 단백질 농도는 세포마다 크게 다를 수 있다. 연구자들은 세포에 단백질 복사본이 하나가 있는지 또는 수천 개가 있는지에 관계없이 단백질을 식별할 수 있어야 한다. 특정 단백질의 농도, 상호작용, 세포 위치, 화학적 변형은 시시각각 달라진다. 그러나 단백질을 이해하려면 이러한 모든 특성을 분석해야 한다. 세포 단백질의 3차원적 형태를 컴퓨터로 형상화하는 것은 단백질체학의 중요한 부분이다. 세포 단백질과 그것이 어떻게 기능하는지에 대한 연구는 특정 질병과 질환의 원인을 이해하는 데 필수적이며, 대부분의 약물은 단백질이나 단백질의 기능에 영향을 미치는 분자이기 때문에 이 연구는 더 나은 약물을 발견하는 데에도 중요하다.

생물정보학(bioinformatics)은 유전체 연구에 컴퓨터 기술을 적용하는 것이다. 구체적으로는 정보의 데이터베이스(database)를 만든 다음, DNA 염기 서열과 단백질체학에서 얻은 정보를 이용하여 유전자 지도를 작성(mapping)하고 분석하는 과정이다. 유전체학과 단백질체학은 기초 데이터(raw data)를 생성한다. 이러한 분야는 데이터에서 중요한 패턴을 찾기 위해 컴퓨터 분석에 의존한다. 생물정보학의 결과로 과학자들은 다양한 유전적 양상(genetic profiles)과 다인성 유전자에 의해 유발된 유전자 질환 사이의 원인과 결과를 찾을 수 있기를 희망한다. 생물정보학 연구의 현재 초점은 임의의 서열 변화 결과를 표현형과 연관시킴으로써 유전체의 비암호화 영역에 기능이 있는지, 그렇다면 그 기능이 항상성(homeostasis)에 어떤 영향을 미칠 수 있는지를 발견하는 것이다.

유전자 치료

유전자 치료는 치료를 위해 유전물질을 인간 세포에 삽입하는 것이다. 유전자 치료는 선천성 대사이상질환을 치료하고, 심장혈관 질환 및 암과 같은 보다 일반적인 장애를 치료하는 데 사용된다. 가장 최근에 몇몇 임상 시험에서 유전자 치료가 유전적 색맹을 성공적으로 치료할 수 있음을 보여주었다. 생체 외(ex vivo) 및 생체 내(in vivo) 유전자 치료법이 모두 사용된다.

생체 외 유전자 치료

그림 21.24는 중증복합면역결핍질환(severe combined immunodeficiency disease, SCID)을 앓고 있는 아동을 치료하는 방법을 설명한다. 이 아이들에게는 T세포와 B세포의 성숙에 관여하는 ADA(adenosine deaminase) 효소가 없다. 이들에게 생체 외 유전자 치료를 수행하기 위해서는 골수에서 줄기세포를 제거해야 한다. 이 세포는 벡터 또는 '운반자(carrier)' 분자에 들어 있는 효소의 정상 유전자와 혼합된다. 가장 성공적인 벡터는 전염성은 있지만, 병원성은 없도록 안전하게 변형된 바이러스이다. 이렇게 결합된 세포는 환자에게 투여된다. 골수줄기세포는 동일한 유전자를 가진 세포를 더 많이 생성하기 위해 분열하기 때문에 이 절차는 바람직하다. 이 시술을 받은 SCID 환자는 혈액에서 면역 기능이 상당히 향상되고, 혈액 내 ADA 효소 활동이 지속적으로 증가한다. 생체 외 유전자 치료는 또한 혈우병 A(hemophilia A), 알츠하이머병(Alzheimer's disease), 파킨슨병(Parkinson's disease), 크론병(Crohn's disease) 및 특정 암에도 효과적인 것으로 나타났다.

생체 내 유전자 치료

낭포성 섬유증(cystic fibrosis, CF) 환자는 염소 이온의 막횡단 운반체를 암호화하는 유전자가 결여되어 있다. 그들은 종종 호흡기에 잠재적으로 치명적인 감염이 많이 발생한다. 생체 내 유전자 치료의 경우, 치료용 DNA가 체세포에 직접 주입된다. 이때 생체 외 유전자 치료에서와 같이 벡터의 사용이 필요하며, 생체 내 유전자 치료에서는 레트로바이러스(retrovirus) 또는 아데노바이러스(adenovirus)가 교정 유전자를 운반하는 벡터로 사용된다. CF 환자의 경우, 정상 유전자를 갖는 아데노바이러스를 코에 뿌리거나 하부 호흡관에 주입한다. 이러한 유형의 유전자 치료는 최소 침습적이며 빠른 결과를 나타내지만, 그 효과는 생체 외 유전자 치료만큼 오래 지속되지는 않는다. 생체 내 유전자 치료는 심장혈관 질환, 내분비장애, 헌팅턴병에 사용된다.

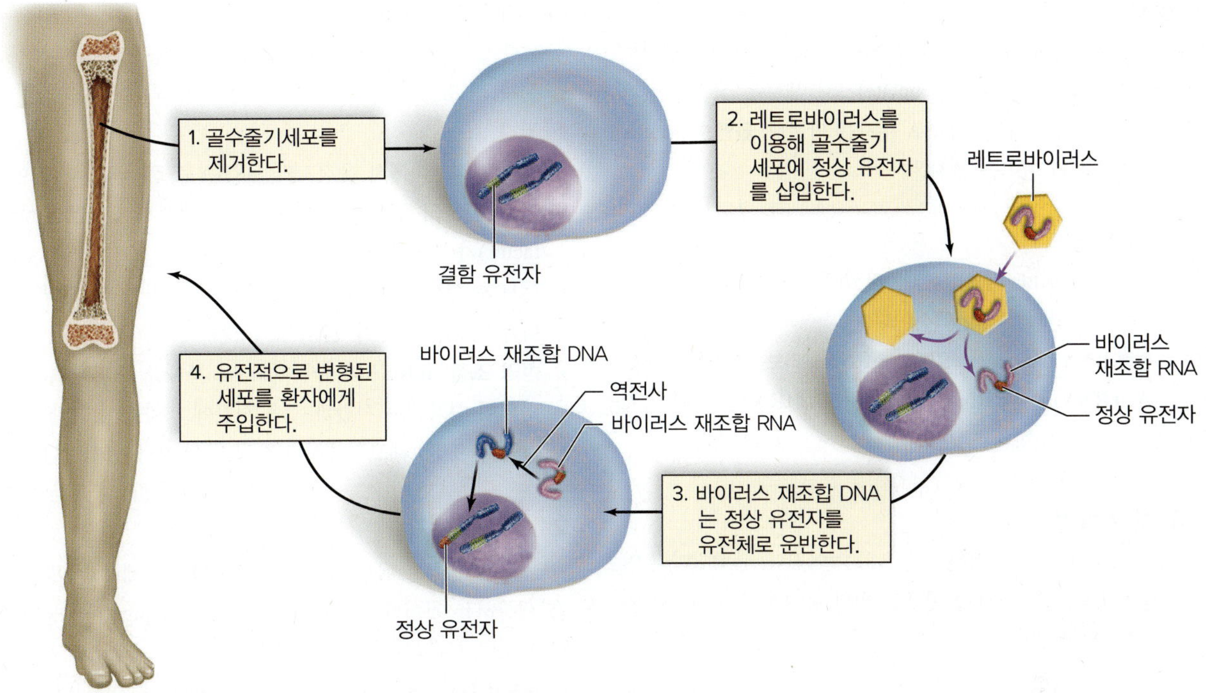

그림 21.24 유전자 치료.
골수줄기세포를 몸에서 분리하여 RNA 레트로바이러스를 이용해 정상 유전자를 삽입한 뒤, 다시 몸으로 주입한다.

진도 점검하기 21.4

1. 유전체학에 대한 이해가 일상생활에 어떤 영향을 미치는지 설명하시오.
2. 유전체학과 단백질체학 연구의 차이점에 대해 논의하시오.
3. 약물 치료에 앞서 유전자 치료가 사용될 수 있는 이유를 설명하고, 몇 가지 장단점을 나열하시오.

결론

이 장에서 배운 것처럼 DNA는 대부분의 신체 기능에 관여하는 단백질(및 효소) 생산에 필요한 지시를 포함하는 유전정보이다. 과학자들은 이제 사회를 위한 해결책을 개발하기 위해 DNA의 특성을 이용하는 방법을 배우고 있다. 예를 들어 독특한 유전정보를 수집하여 개발한 합성 DNA로 인간에게 여러 가지 이점이 있는 단백질을 생산할 수 있다. 또한 DNA 기반의 정보 저장 장치를 사용하면 매우 작은 공간에 많은 양의 정보를 저장할 수 있어 기술 산업에 혁명을 일으킬 수 있다.

요약

21.1 DNA와 RNA의 구조와 기능

DNA(deoxyribonucleic acid, 디옥시리보핵산)는 유전물질로, 염색체에 있는 **유전자**(gene)로 구성되어 있다. DNA는 복제되고, 정보를 저장하며, 돌연변이를 통하여 유전적인 다양성을 제공한다.

DNA의 구조

- DNA는 2개의 폴리뉴클레오티드 가닥으로 구성된 **이중나선**(double helix)이다. 각 **뉴클레오티드**(nucleotide)는 디옥시리보오스 당, 인산, 질소를 함유한 염기(A, T, C, G)로 구성되어 있다.
- **상보적 염기쌍**(complementary base pairing)은 DNA 가닥 사이에서 발생한다. 염기 A는 T와 결합하고, G는 C와 결합한다.

DNA의 복제

- **DNA 복제**(DNA replication) 중에 DNA 가닥은 지퍼가 열리듯이 풀리면서 기존의 가닥을 **주형**(template)으로 새로운 상보적인 가닥이 형성되어 2개의 동일한 DNA 분자를 만든다. **돌연변이**(mutation)는 유전물질의 변이를 가져온다.

RNA의 구조와 기능

- **RNA**(ribonucleic acid, 리보핵산)는 티민(T) 염기 대신에 우라실(U) 염기를 가진 단일가닥의 핵산이다.
- RNA는 **전령 RNA**(messenger RNA, **mRNA**), **리보솜 RNA**(ribosomal RNA, **rRNA**), **운반 RNA**(transfer RNA, **tRNA**), 여러 가지 소형 RNA 등 4가지 형태가 있다.

21.2 유전자 발현

유전자 발현은 RNA 또는 단백질 생성으로 이어진다. 단백질마다 아미노산의 서열이 다르다. 단백질 합성을 위한 유전자 발현은 전사와 번역 과정으로 이루어진다.

전사

전사(transcription)는 **RNA 중합효소**(RNA polymerase)를 이용하여 핵에서 일어난다. 3개의 염기로 구성된 DNA, 즉 **코돈**(codon)은 mRNA로 전달된다. 인트론은 mRNA 가공과정을 거치며, mRNA로부터 제거된다.

번역

번역(translation)은 세포질의 리보솜에서 일어난다. tRNA 분자는 아미노산과 결합하고, tRNA의 **안티코돈**(anticodon)이 mRNA 코돈과 짝을 이룬다.

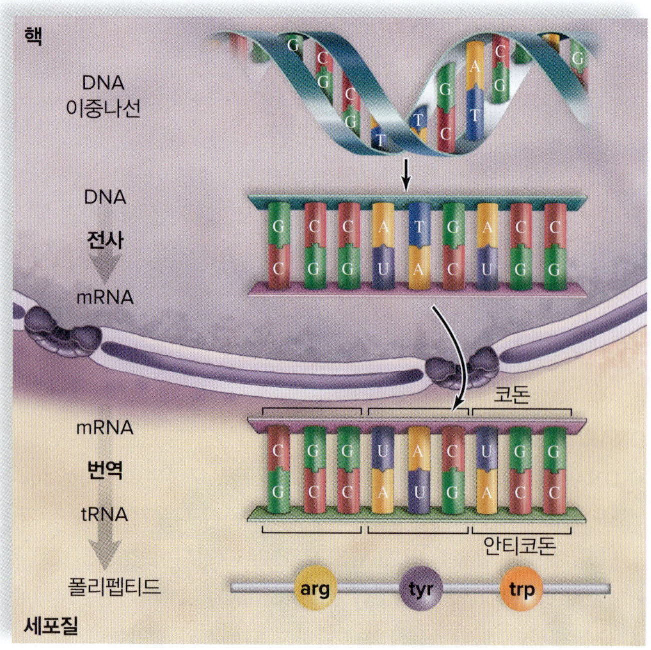

유전자 발현의 조절

유전자 발현의 조절은 인간 세포에서 5단계로 일어난다.

- 전사 전 조절: 핵에서 DNA는 전사인자와 효소에 이용 가능하게 된다.
- 전사 조절: 핵에서 유전자가 mRNA로 전사되는 정도에 따라 유전자 산물의 양이 결정된다. 이 단계에서 **전사인자**(transcription factor)가 관여한다.
- 전사 후 조절: 핵에서 일어나며, mRNA 가공과 mRNA가 핵을 떠나는 속도와 관련이 있다.
- 번역 조절: mRNA의 불활성화 및 분해를 포함하여, 세포질에서 번역이 시작되는 시간과 지속 시간에 영향을 미친다.
- 번역 후 조절: 세포질에서 단백질 합성 후에 일어난다.

21.3 DNA 기술

클로닝(cloning)은 유전적으로 동일한 DNA, 세포, 생명체의 복제물을 생산하는 것이다. **유전자 클로닝**(gene cloning)은 생물학에서 다양한 용도로 사용된다.

- **재조합 DNA**(recombinant DNA, **rDNA**)에는 두 가지 다른 출처의 DNA가 포함되어 있다. 외래 유전자와 벡터 DNA를 동일한 **제한효소**(restriction enzyme)로 절단한 다음, 외래 유전자를 세균 **플라스미드**(plasmid)와 같은 **벡터**(vector) DNA에 삽입한다. 역전사효소는 **상보적 DNA**(complementary DNA, **cDNA**)를 만들기 위해 사용된다.
- **중합효소연쇄반응**(polymerase chain reaction, PCR)은 DNA 중합효소를 사용하여 특정 DNA 조각의 여러 복제본을 만든다. PCR 후, DNA는 DNA 지문을 통해 검사할 수 있다.
- **유전체 편집**(genome editing)은 불활성화 또는 뉴클레오티드의 삽입을 위해 유전체의 특정 서열을 표적으로 하는 DNA 기술의 한 형태이다. CRISPR는 유전체 편집의 주요 방법 중 하나이다.

DNA 기술의 일부 응용은 **유전공학**(genetic engineering)과 형질전환 유기체의 생산을 가능하게 한다.

- **형질전환 유기체**(transgenic organism: 외부 유전자가 삽입된 세균, 식물, 동물)는 호르몬 및 백신과 같은 **생명공학 제품**(biotechnology product)을 생산할 수 있다.
- 형질전환 세균은 식물 생장을 증진시키고, 석탄에서 황을 제거하며, 유독성 폐기물과 유출된 기름을 정화하고, 미네랄을 추출하며, 화학물질을 생산할 수 있다.
- 형질전환 식물은 제초제와 해충에 저항할 수 있다.
- 형질전환 동물은 성장호르몬을 투여하여 더 큰 동물을 생산할 수 있고, 이식기관을 공급할 수 있으며[**이종이식**(xenotransplantation)], 의약품을 생산할 수 있다.

21.4 유전체학 및 유전자 치료

유전체학은 인간과 다른 생명체의 유전체를 연구하는 학문이다.

기능 및 비교 유전체학

- **기능 유전체학**(functional genomics)은 인간 유전체에서 추정된 1만 9,000개의 유전자가 어떻게 기능하는지를 연구한다.
- **비교 유전체학**(comparative genomics)은 종의 진화 방식과, 유전체의 유전자와 비암호화 영역이 어떻게 기능하는지를 연구한다.

단백질체학 및 생물정보학

- **단백질체학**(proteomics)은 세포 단백질의 구조, 기능, 상호작용에 대해 연구한다.
- **생물정보학**(bioinformatics)은 유전체 연구에 컴퓨터 기술을 적용하는 것이다.

유전자 치료

유전자 치료는 인간의 여러 질병의 치료를 가능하게 한다.

- 생체 외 유전자 치료에서는 치료를 위해 세포는 신체에서 제거되고, 변형 후 신체로 재삽입된다.
- 생체 내 치료에서 벡터는 신체에 직접 주입된다.

개념 심화 학습

BioNOW

이 과학이 여러분의 삶과 어떻게 연관성이 있는지 알고 싶은가? 그렇다면 다음의 BioNOW 영상을 참고하길 바란다.

- 살아 있는 형질전환 물고기

McGraw Hill

미국식품의약국(FDA)은 미국에서 애완용으로 형광 물고기의 판매를 승인했다. 그러나 일부 단체들은 이 승인에 반대했다. 형광 해파리(zebrafish)와 같은 유전자 변형 생물체에 대해 어떤 우려가 있는가?

비판적 사고 키우기

1970년대 이후 생명공학의 발전은 의학과 특정 질병의 치료 및 관리에 큰 영향을 미쳤다. 서로 다른 두 생명체의 DNA를 결합하는 능력은 사람에게 필요한 물질을 생산할 수 있는 수단을 제공했다. 또한 이러한 방법은 의사가 해당 유전자가 없는 환자에게 적절하게 기능하는 유전자를 삽입할 수 있도록 했다. 그러나 생명공학의 발전으로 윤리적 문제가 발생한다. 다음 질문에 답할 때 양쪽 측면을 모두 생각해 보시오.

1. 다른 생명체에서 추출한 물질 대신, 인간 재조합 DNA 제품을 사용하면 어떠한 장점이 있는가? (예: 소나 돼지에서 추출한 인슐린 대신, 인간 재조합 인슐린을 사용하면 어떠한 장점이 있는가?)
2. 재조합 DNA 제품을 사용하는 데 단점이 있는가? (**힌트:** 제품의 생산과 정제 방법에 대해 생각해 볼 수 있다.)
3. 성장호르몬 결핍이 있는 어린이와 성인은 재조합 인간성장호르몬을 사용할 수 있다.
   a. 호르몬을 사용하기 적절한 시기는 언제인가? 어떤 상황에서 호르몬을 사용하는 것이 부적절한가?
   b. 호르몬 치료가 정말 효과적이라는 것을 의사는 어떻게 알 수 있는가? 이 질문에 답하기 위해 어떤 추가 정보가 필요한가?
4. 일반적으로 단일 단백질 결핍 질환은 재조합 DNA 제품으로 더 쉽게 치료할 수 있고, 특정 암도 이러한 방식으로 치료할 수 있다. 재조합 DNA를 사용하여 만든 제품으로 암의 어떤 부분을 치료할 수 있는가?
5. DNA 기술의 발전에 대해 어떤 규제를 해야 하며, 이러한 규제에 대해서는 누가 책임을 져야 하는가?

관련성 탐구하기

1. DNA 기반 정보 저장 시스템을 전화, 컴퓨터, 심지어 가전제품과 같은 소비자 기기에 통합하면 일상생활 방식이 어떻게 바뀔 수 있는가?
2. 암과 같은 인간의 질병과 싸우기 위해 어떻게 합성 DNA가 사용될 수 있을까? 독감과 같은 전염성 질병은 어떨까?
3. 진화론적 관점에서 볼 때, 합성 DNA를 이용한 생명체의 개발에는 어떤 우려가 있는가?

모든 장의 질문에 대한 정답은 *connect.mheducation.com*에서 확인하시오.

부록

원소 주기율표

원자번호 / 원자량 / 원자기호: 1 H hydrogen 1

고체	액체	기체	알 수 없음
C	Hg	H	Rf

- Metalloids
- Nonmetals: Other nonmetals, Halogens, Noble gases
- Metals: Alkali metals, Alkaline earth metals, Lanthanoids, Actinoids, Transition metals, Post-transition metals

Group Ia	IIa	IIIb	IVb	Vb	VIb	VIIb	VIIIb	VIIIb	VIIIb	Ib	IIb	IIIa	IVa	Va	VIa	VIIa	VIIIa
1 H hydrogen 1																	2 He helium 4
3 Li lithium 7	4 Be beryllium 9											5 B boron 11	6 C carbon 12	7 N nitrogen 14	8 O oxygen 16	9 F fluorine 19	10 Ne neon 20
11 Na sodium 23	12 Mg magnesium 24											13 Al aluminum 27	14 Si silicon 28	15 P phosphorus 31	16 S sulfur 32	17 Cl chlorine 35	18 Ar argon 40
19 K potassium 39	20 Ca calcium 40	21 Sc scandium 45	22 Ti titanium 48	23 V vanadium 51	24 Cr chromium 52	25 Mn manganese 55	26 Fe iron 56	27 Co cobalt 59	28 Ni nickel 59	29 Cu copper 64	30 Zn zinc 65	31 Ga gallium 70	32 Ge germanium 73	33 As arsenic 75	34 Se selenium 79	35 Br bromine 80	36 Kr krypton 84
37 Rb rubidium 85	38 Sr strontium 88	39 Y yttrium 89	40 Zr zirconium 91	41 Nb niobium 93	42 Mo molybdenum 96	43 Tc technetium 98	44 Ru ruthenium 101	45 Rh rhodium 101	46 Pd palladium 106	47 Ag silver 108	48 Cd cadmium 112	49 In indium 115	50 Sn tin 119	51 Sb antimony 122	52 Te tellurium 128	53 I iodine 127	54 Xe xenon 131
55 Cs cesium 133	56 Ba barium 137	57 La lanthanum 139 *	72 Hf hafnium 178	73 Ta tantalum 181	74 W tungsten 184	75 Re rhenium 186	76 Os osmium 190	77 Ir iridium 192	78 Pt platinum 195	79 Au gold 197	80 Hg mercury 201	81 Tl thallium 204	82 Pb lead 207	83 Bi bismuth 209	84 Po polonium 210	85 At astatine 210	86 Rn radon 222
87 Fr francium 223	88 Ra radium 226	89 Ac actinium 227 **	104 Rf rutherfordium 261	105 Db dubnium 260	106 Sg seaborgium 263	107 Bh bohrium 261	108 Hs hassium 265	109 Mt meitnerium 266	110 Ds darmstadtium 281	111 Rg roentgenium 272	112 Cn copernicum 285	113 Nh nihonium 284	114 Fl flerovium 289	115 Mc moscovium 288	116 Lv livermorium 293	117 Ts tennessine 294	118 Og oganesson 294

*	58 Ce cerium 140	59 Pr praseodymium 141	60 Nd neodymium 144	61 Pm promethium 147	62 Sm samarium 150	63 Eu europium 152	64 Gd gadolinium 157	65 Tb terbium 159	66 Dy dysprosium 163	67 Ho holmium 165	68 Er erbium 167	69 Tm thulium 169	70 Yb ytterbium 173	71 Lu lutetium 175
**	90 Th thorium 232	91 Pa protactinium 231	92 U uranium 238	93 Np neptunium 237	94 Pu plutonium 242	95 Am americium 243	96 Cm curium 247	97 Bk berkelium 247	98 Cf californium 249	99 Es einsteinium 254	100 Fm fermium 253	101 Md mendelevium 256	102 No nobelium 254	103 Lr lawrencium 257

미터법

Unit and Abbreviation	Metric Equivalent	Approximate English-to-Metric Equivalents
Length		
nanometer (nm)	= 10^{-9} m (10^{-3} µm)	
micrometer (µm)	= 10^{-6} m (10^{-3} mm)	
millimeter (mm)	= 0.001 (10^{-3}) m	
centimeter (cm)	= 0.01 (10^{-2}) m	1 inch = 2.54 cm 1 foot = 30.5 cm
meter (m)	= 100 (10^{2}) cm = 1,000 mm	1 foot = 0.30 m 1 yard = 0.91 m
kilometer (km)	= 1,000 (10^{3}) m	1 mi = 1.6 km
Weight (mass)		
nanogram (ng)	= 10^{-9} g	
microgram (µg)	= 10^{-6} g	
milligram (mg)	= 10^{-3} g	
gram (g)	= 1,000 mg	1 ounce = 28.3 g 1 pound = 454 g
kilogram (kg)	= 1,000 (10^{3}) g	= 0.45 kg
metric ton (t)	= 1,000 kg	1 ton = 0.91 t
Volume		
microliter (µl)	= 10^{-6} l (10^{-3} ml)	
milliliter (ml)	= 10^{-3} l = 1 cm^3 (cc) = 1,000 mm^3	1 tsp = 5 ml 1 fl oz = 30 ml
liter (l)	= 1,000 ml	1 pint = 0.47 l 1 quart = 0.95 l 1 gallon = 3.79 l
kiloliter (kl)	= 1,000 l	

°C	°F	
100	212	Water boils at standard temperature and pressure.
71	160	Flash pasteurization of milk
54	130	Highest recorded temperature in the world, Death Valley, August 2020
41	105.8	Average body temperature of a marathon runner in hot weather
37	98.6	Human body temperature
13.7	56.66	Human survival is still possible at this body temperature.
0	32.0	Water freezes at standard temperature and pressure.

Units of Temperature

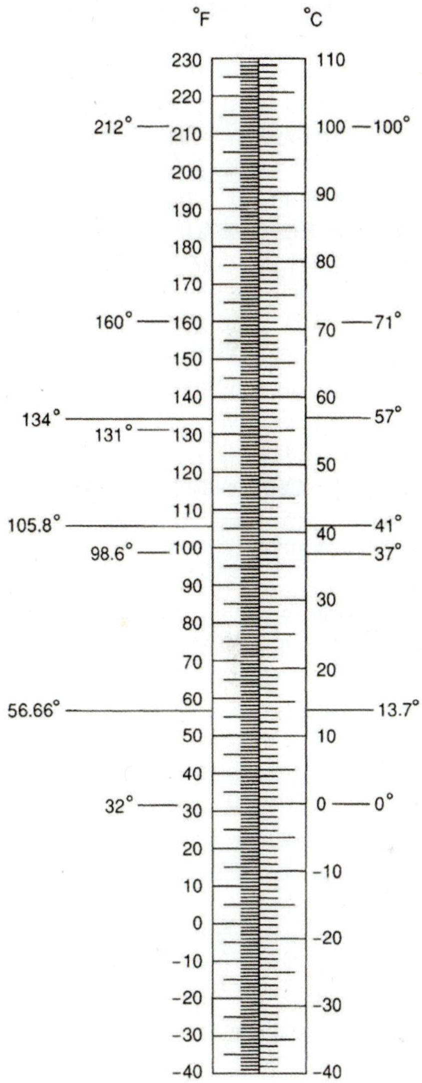

To convert temperature scales:

$$°C = \frac{(°F-32)}{1.8}$$

$$°F = 1.8(°C) + 32$$

용어 해설

ㄱ

가로막(diaphragm, 횡격막): 배안과 가슴안을 나누는 돔 모양의 수평 판상의 근육 및 결합조직.

가로무늬(striated): 띠 모양을 지닌, 심장근육과 뼈대근육에서 수축단백질의 분포에 의해 형성된, 밝고 어두운 띠의 반복 무늬.

가로세관[T(transverse) tubule]: 막으로 이루어져 안쪽으로 확장되는 통로.

가수분해(hydrolyze): 물 분자의 첨가로 분자들 사이의 화학결합이 파괴됨.

가수분해반응(hydrolysis reaction): 화합물이 물 분자의 첨가로 쪼개지는 반응으로, 한쪽에는 H^+가, 다른 쪽에는 OH^-가 결합한다.

가슴샘(thymus, 흉선): 복장뼈(흉골) 뒤편에 기관을 따라 분포하는 림프기관으로, T림프구의 성숙에 관여한다. 티모신이라는 호르몬을 분비하여 T세포의 성숙을 도우며, 일반적으로 면역세포를 자극한다.

가운데귀(middle ear, 중이): 고막, 타원창과 둥근창, 귓속뼈를 가지고 있는 귀의 부분. 여기에서 음파가 증폭된다.

가족성 고콜레스테롤혈증(familial hypercholesterolemia): 혈액에서 콜레스테롤을 제거할 수 없게 되는 유전질환으로, 심장마비에 걸리기 쉽다.

가지돌기(dendrite, 수상돌기): 신호를 세포체로 전달하는 뉴런의 가지 친 모양의 말단.

각막(cornea): 안구 앞방(전방)의 바깥층을 덮고 있는 투명한 부분.

간(liver): 요소와 쓸개즙을 생산하고 글리코겐을 저장하며 혈장단백질을 생산하는 등의 기능을 수행하는 큰 암적색 내부 기관.

간경변(cirrhosis, 경변): 간 조직에 생기는 만성적이고 회복 불가능한 손상. 일반적으로는 잦은 음주가 원인이다.

간기(interphase, 사이기): 생장과 DNA의 합성이 일어나는 세포주기의 단계로, 핵이 분열하지 않는 시기이다.

간문맥(hepatic portal vein): 간으로 들어가는 정맥으로, 소장을 떠나는 혈관들이 모여서 만들어진다.

간염(hepatitis): 간의 염증. 바이러스성 간염은 몇 가지 형태가 있다.

간정맥(hepatic vein): 간과 아래대정맥(하대정맥) 사이를 흐르는 정맥.

감각(sensation): 감각수용체로부터 감각뉴런을 통하여 뇌로 보내진 신경자극으로, 자극을 의식적으로 인식하는 것.

감각뉴런(sensory neuron): 감각수용체가 자극된 후에 중추신경계통으로 신경자극을 전달하는 신경세포.

감각수용체(sensory receptor): 외부 또는 내부 환경 자극을 받아들이는 수용체로, 감각뉴런의 일부이거나 감각뉴런으로 신호를 전달한다.

감각적응(sensory adaptation): 일단 자극이 인식되고 나면 반복적인 일정한 자극에 대하여 감각이 둔화되는 현상.

감수분열(meiosis, 생식세포분열): 딸세포가 다양한 조합의 반수체 염색체를 가지도록 하는, 유성생식에서 일어나는 핵분열의 한 유형.

감염병(infectious disease): 세균, 바이러스, 곰팡이, 기생충, 프리온에 의해서 발생한 질병.

갑상샘(thyroid gland): 목에 있는 내분비샘으로 티록신, 삼요오드티로닌, 칼시토닌을 포함하는 중요한 호르몬을 생산한다.

갑상샘기능항진증(hyperthyroidism): 갑상샘이 호르몬을 과잉 생산하는 상태.

갑상샘자극호르몬(thyroid-stimulating hormone, TSH): 뇌하수체 앞엽에서 생산되는 물질로, 갑상샘이 티록신과 삼요오드티로닌을 분비하도록 한다.

강축(tetanus, 파상풍): 근육이 이완되지 않고 지속되는 근수축.

갯솜뼈(spongy bone, 해면골): 긴 뼈대의 끝 쪽에서 발견되는 다공질 뼈로, 적색골수가 위치한다.

거인증(gigantism): 같은 성별, 나이, 민족적 배경을 가진 사람들에 비해 과도한 키를 갖게 되는 병리현상.

거짓중층원주상피(pseudostratified columnar epithelium): 각 세포의 진정한 층은 존재하지 않지만, 기준선에 닿아 있을 때 일부 상피세포들이 이루는 층상 모양.

거핵세포(megakaryocyte): 혈소판을 생성하는 큰 세포.

검문 지점(checkpoint): 세포주기에서 분열의 진행 여부를 결정하는 조절 부위.

게실증(diverticulosis, 곁주머니증): 소화관의 음식물이 모이는 곳에서 관의 조직을 소화 점액질이 밀고 나와 주머니를 형성한 상태.

결실(deletion): 염색체의 끝이 떨어져 나가거나 동시에 두 곳이 절단되어서 내부 토막을 잃어버리는 염색체의 구조적 변화로, 흔히 비정상 상태를 유발한다(예: 고양이울음증후군).

결합조직(connective tissue): 구조물들을 함께 결속하는 종류의 조직으로 지지, 보호, 공간 메움, 지질 저장 및 혈구를 형성한다. 결합조직에는 지방조직, 연골, 뼈, 혈액이 있다.

결핵(tuberculosis, TB): 폐 감염으로, 세균인 *Mycobacterium tuberculosis*가 원인이다.

겸상 적혈구 질환(sickle-cell disease): 낫 모양 적혈구를 가진 개체에게서 나타나는 유전질환으로, 용혈이 일어날 수 있다.

경구피임약(birth control pill): 에스트로겐과 프로게스테론을 함유한 경구피임약.

경기(convulsion): 의식을 잃고, 일부 또는 모든 근육이 심하게 지속적으로 규칙적인 수축 특징을 보이는 급성장애.

경련(spasm, 연축): 하나 또는 그 이상 근육의 갑작스러운 불수의적 수축.

고리형 아데노신일인산(cyclic adenosine monophosphate, cAMP): 펩티드호르몬의 신호전달에서 이차전령체로 작용하는 ATP 관련 물질로, 대사기구의 활성을 촉발시킨다.

고막(tympanic membrane): 바깥귀와 가운데귀 사이에 위치한 음파를 받아들이는 막. 귀청이라고도 한다.

고분자(macromolecule): 극히 큰 생물학적 분자. 특히 단백질, 핵산, 다당류, 지질 및 이들로 형성된 복합체를 말한다.

고혈압(hypertension): 특히 이완기혈압이 높은 혈압.

고형성분(formed element): 세포(적혈구와 백혈구)이거나 또는 최소한 세포에서 기원한 혈소판 등의 혈액의 성분.

고환(testes, 정소): 정자와 남성호르몬을 생산하는 남성의 생식샘.

곧창자(rectum, 직장): 에스(S)결장과 항문 사이에 있는 소화관의 말단 부분.

골다공증(osteoporosis, 뼈엉성증): 뼈로 칼슘이 들어오는 속도보다 빠져나가는 속도가 더 크기 때문에 뼈가 쉽게 부러지는 증세.

골반(pelvis): 엉치뼈(천골)와 엉덩관절(고관절)에 의해서 형성된 뼈의 고리.

골지체(Golgi apparatus): 소낭으로 구성된 세포 소기관으로, 세포 주변 또는 세포에서 분자를 처리, 포장, 분배한다.

골형성부전증(osteogenesis imperfecta): 유전적으로 골형성이 빈약해서 뼈가 매우 약한 상태.

공동우성(codominance): 두 대립유전자가 동등하게 발현되는 유전 패턴.

공막(sclera, 흰자위막): 흰색의 섬유질인 안구의 바깥층.

공유결합(covalent bond): 원자들이 한 쌍의 전자를 공유하는 화학결합.

과립백혈구(granular leukocyte): 세포질에 많은 과립을 가진 백혈구.

관절(joint): 두 뼈 사이의 연결 부분.

광물코르티코이드(mineralocorticoid): 부신속질에서 분비되는 호르몬으로, 수분-염분 평형을 조절하여 혈액 부피와 혈압을 증가시킨다.

광범위 내성결핵(XDR TB): 결핵을 치료하는 데 사용하는 거의 모든 약물에 대해 더 이상 감수성이 없는 결핵으로, 광범위한 약물 내성 결핵이다.

교감신경부(sympathetic division): 자율신경계통의 한 부류로, 주로 긴급 상황(싸움-도망 반응)과 관련된 활동을 촉진한다. 노르에피네프린을 신경전달물질로 사용한다.

교차(crossing-over): 감수분열에서 비자매염색분체(4분염색체 상태인 상동염색체)의 사이에서 유전물질을 교환하는 것.

구아닌(guanine, G): DNA와 RNA를 구성하는 뉴클레오티드에서 네 가지 질소 함유 염기 중의 하나. 시토신(C)과 짝을 이룬다.

굴(sinus): 뼈대와 같은 기관의 강 또는 빈 공간.

굴심방결절[sinoatrial(SA) node]: 심장박동을 개시하는 작은 신경근육조직. 심장박동조율기(박동원)라고도 한다.

귀관(auditory tube, 귀인두관): 가운데귀에서 인두로 연결된 관으로, 고막의 기압을 일정하게 유지해 준다. 유스타키오관 또는 인두고형관이라고도 한다.

귀길(auditory canal, 청관): 바깥귀로부터 고막에 이르는 곡선형 관.

귓바퀴(pinna): 머리의 바깥으로 돌출된 부분의 귀.

귓속뼈(ossicle): 가운데귀의 작은 뼈(망치뼈, 모루뼈, 등자뼈).

그물체(reticular formation, 망상체): 중추신경계통에서 신경섬유들의 복잡한 그물 구조를 이루고 있으며 각성, 수면, 주의 긴장도 등의 중요한 역할을 담당한다.

극성(polar): 전하가 대칭적으로 분포하지 않은 원자들의 조합상태.

극체(polar body): 난자발생에서 무기능 산물로, 감수분열의 2개 또는 3개는 이러한 산물이다.

근섬유(muscle fiber): 근육세포.

근섬유막(sarcolemma): 근섬유의 세포막. 근수축에 관여하는 T관을 형성하기도 한다.

근세포(myocyte): 근조직을 구성하는 주요 세포.

근세포질세망(sarcoplasmic reticulum, 근소포체): 뼈대근육세포의 활면소포체로, 근육원섬유를 싸고 있으며, 칼슘을 저장한다.

근시(nearsighted): 앞뒤로 길어진 안구로 인한 시각 이상. 먼 곳의 물체를 볼 때 광선이 망막의 앞쪽에 초점을 이룬다.

근위곡세관(proximal convoluted tubule, 토리쪽곱슬세관): 사구체주머니에 근접한 네프론이 고도로 꼬인 영역으로, 세뇨관 재흡수가 일어나는 장소.

근육계통(muscular system): 몸의 내부와 팔다리의 운동을 하는 근육의 계통. 주된 요소로 뼈대근육, 민무늬근육, 심장근육이 있다.

근육 긴장도(muscle tone): 근육의 지속적인 부분적 수축.

근육 연축(muscle twitch): 단일 자극에 대한 반응으로 이루어지는 한 근육 전체의 수축.

근육원섬유(myofibril): 근절의 선상배열로 구성된 근육세포의 수축 부위로, 짧아지면서 근육을 수축시킨다.

근육원섬유마디(sarcomere): 근육원섬유에 직선적으로 배열된 많은 단위체로, 근육원섬유마디의 수축이 근수축을 생성한다.

근육잔섬유(myofilament): 근육 수축을 일으키는 근섬유의 구성 성분.

근육조직(muscular tissue): 단축과 비대가 가능한 섬유들로 구성된 조직.

근육층(muscularis): 위장관의 두 근육층.

근육통(myalgia): 근육의 통증.

근육형태이상증(muscle dysmorphia, 근육기형증후군): 자신의 신체가 덜 발달되었다고 생각해서 보디빌딩과 다이어트에 여념이 없는 심리 상태. 여성보다 남성에게서 많이 나타난다.

근이영양증(muscular dystrophy, 근디스트로피): 디스트로핀단백질의 결핍으로 인한 진행성 근육 약화 및 위축.

근형질(sarcoplasm): 세포소기관을 포함하는 근섬유의 세포질.

글로불린(globulin): 혈장에 있는 단백질. 알파, 베타, 감마글로불린이 있다.

글루카곤(glucagon): 이자에서 분비되는 호르몬으로, 간에서 글리코겐을 분해하여 혈당량을 증가시킨다.

글루코코르티코이드(glucocorticoid): 부신겉질에서 분비되는 호르몬으로 탄수화물, 지방, 단백질의 대사에 영향을 미친다. 코르티솔(cortisol) 참조.

글리코겐(glycogen): 저장 다당류로, 포도당 분자가 많은 가지를 친 선상으로 결합된다.

급성 기관지염(acute bronchitis): 일차 및 이차 기관지의 감염.

기계적수용체(mechanoreceptor): 압력, 음파, 중력과 같은 기계적 자극에 반응하는 감각수용체.

기관(organ): 공통 기능을 하는 둘 또는 그 이상의 서로 다른 조직들의 결합.

기관(trachea): 후두에서 기관지로 가는 공기의 전달 통로. 숨통이라고도 한다.

기관계통(organ system): 함께 작용하는 연관된 기관들의 집단.

기관지(bronchi): 기관에서 폐로 이어지는 2개의 갈래.

기능 유전체학(functional genomics): 유기체의 염색체에 있는 구조적인 유전자, 조절 서열, 비암호화된 DNA 조각 등을 포함한 모든 뉴클레오티드 서열에 대한 연구.

기름(oil): 식물에서 기원한 물질로, 실온에서 액체이며, 글리세롤 분자가 3개의 지방산 분자와 결합하여 만들어진다.

기름샘(oil gland): 털주머니와 연관된 피부의 샘. 피지를 분비하며, 피지샘이라고도 한다.

기억(memory): 과거의 감각이나 인지 정보를 저장하고 회상하는 뇌의 능력으로, 학습에 필수적이다.

기억 B세포(memory B cell): 특정 항원에 대한 2차 반응에 관여하는 면역계통의 세포로, 클론화된 B세포에서 유래한다.

기억 T세포(memory T cell): 초기 감염 동안에 분화된 T세포로, 동일한 항원에 다시 노출되면 빠르게 반응한다.

기저막(basement membrane, 바닥막): 상피조직을 하부 결합조직에 고착시키는 조직층.

기질(matrix): 결합조직의 세포 간 공간이나 세포 소기관의 내부를 채우는 부정형의 반유동성 물질.

기질(substrate): 효소에 반응하는 상대적인 물질.

기회감염(opportunistic infection): 면역체계가 약화되었을 때 더 쉽게 일어날 수 있는 감염.

꿈틀운동(peristalsis, 연동운동): 식도와 같은 관상 구조를 따라서 물질을 밀어내는 파동형 수축.

ㄴ

나선기관(spiral organ): 속귀의 달팽이관 내부 기관으로, 듣기에 관여한다. 코르티기관이라고도 한다.

난모세포(oocyte): 생식을 위해 감수분열을 겪는 미성숙 난자세포.

난소(ovary): 난자와 여성호르몬을 생산하는 여성의 생식샘.

난소주기(ovarian cycle): 난소에서 월 단위로 나타나는 난포의 변화로, 혈액에서 성호르몬의 수준과 자궁주기를 조절한다.

난시(astigmatism): 각막 또는 수정체의 불규칙한 곡률로 인해 상이 흐리게 보이는 현상.

난자(egg): 반수체의 염색체를 가지는 암컷 생식세포로, 수컷 생식세포인 정자와 수정된다.

난자발생(oogenesis): 여성이 감수분열과 성숙을 통하여 난자를 생산하는 과정.

난포(follicle): 난소의 구조물로 이차난모세포, 에스트로겐, 프로게스테론을 생산한다.

난포자극호르몬(follicle-stimulating hormone, FSH): 뇌하수체 앞엽에서 분비되는 호르몬으로, 여성에게는 난소의 난포 발달을 자극하고, 남성에게는 정자 생산을 촉진한다.

난황주머니(yolk sac): 조류의 난황을 담고 있는 배아바깥막으로, 사람에게는 이것이 첫 혈구 형성 위치이다.

날숨(expiration, 호기): 폐 바깥으로 공기를 내뱉는 호흡.

날숨 예비량(expiratory reserve volume, 호기예비용적): 정상적인 호기 다음에 강제로 내보낼 수 있는 공기의 부피.

낭포성 섬유증(cystic fibrosis, CF): 영아 및 어린이의 일반적인 상염색체 열성질환으로, 외분비샘의 광범위한 기능 장애를 수반한다.

내강(lumen): 소화관 내부와 같이 관상 구조 내부의 강.

내막계통(endomembrane system): 세포 내에서 수송에 관련된 막구조물의 집합.

내분비계통(endocrine system): 몸의 활동을 조절하는 기관계통. 혈액으로 분비된 호르몬을 화학신호로 사용한다.

내분비샘(endocrine gland): 호르몬을 혈액으로 분비하는 관이 없는 샘.

내수용체(interoceptor): 몸의 내부로부터 자극을 감지하는 감각수용체(예: 압력수용체, 삼투수용체, 화학수용체).

내호흡(internal respiration): 혈액과 사이질액 사이에서 일어나는 산소와 이산화탄소의 교환.

네프론(nephron): 사구체 여과, 세뇨관 재흡수, 세뇨관 분비로 혈액의 조성을 조절하는 콩팥의 미세한 단위체.

네프론의 고리(loop of the nephron): 근위곡세관과 원위곡세관 사이에 놓인 네프론의 일부이며, 수분 재흡수 작용을 한다.

노르에피네프린(norepinephrine): 자율신경계통 교감신경부에 있는 신경절후 섬유의 신경전달물질 또는 부신속질에서 생산되는 호르몬.

노인학(gerontology): 노화에 대한 연구.

노화(aging): 생리적 기능 소실에 따라 죽음에 이르기까지의 진행성 변화.

녹내장(glaucoma): 안구방수를 운반하는 관이 막혀서 압력이 높아지고 신경이 손상되어 시야가 점진적으로 소실되는 질환.

녹말(starch, 전분): 식물에서 발견되는 저장 다당류로, 포도당 분자가 선상으로 결합된 형태이며, 곁사슬은 드뭅다.

뇌(brain): 두개골 내부에 위치한 상층부가 확대된 중추신경계통.

뇌들보(corpus callosum, 뇌량): 2개의 대뇌반구를 연결한 신경다발의 다리.

뇌신경(cranial nerve): 뇌에서 나오는 신경.

뇌졸중(stroke): 뇌의 세동맥이 파열되거나 색전으로 인해 막혀서 생기는 질환. 뇌혈관우발증후라고도 한다.

뇌줄기(brain stem, 뇌간): 숨뇌, 다리뇌, 중간뇌로 구성된 뇌의 한 부분.

뇌척수막(meninges): 중추신경계통 둘레를 덮고 있는 보호막.

뇌척수액(cerebrospinal fluid, CSF): 뇌의 뇌실, 척수의 중심관. 뇌척수막 연합부에서 발견되는 액체.

뇌하수체(pituitary gland): 시상하부 바로 아래의 내분비샘. 뇌하수체 앞엽과 뇌하수체 뒤엽으로 구성되어 있다.

뇌하수체 난쟁이증(pituitary dwarfism): 부적절한 성장호르몬이 원인으로, 정상적인 비율을 가지고 있으나 키가 작은 사람.

뇌하수체 뒤엽(posterior pituitary): 시상하부에 의해서 생산된 옥시토신과 항이뇨호르몬을 저장하고 분비하는 뇌하수체 샘의 한 종류.

뇌하수체 앞엽(anterior pituitary): 시상하부에 의해서 조절되는 뇌하수체의 앞부분으로, 여러 가지 호르몬을 분비하며, 그중 일부는 다른 내분비샘을 조절한다.

뉴런(neuron): 신경자극을 전달하는 신경계통의 세포. 가지돌기, 세포체, 축삭으로 구성된다.

뉴클레오티드(nucleotide): 오탄당이 질소 함유 염기와 인산기에 연결된 것으로 구성된 DNA와 RNA의 단위체.

느슨한 섬유성 결합조직(loose fibrous connective tissue): 콜라겐과 탄력섬유를 함유한 기질에 의해서 멀리 떨어져 있는 섬유아세포 위주로 구성된 조직.

능동면역(active immunity): 미생물 또는 백신에 대한 면역체계의 반응으로 인한 질환에 대한 저항성.

능동수송(active transport): 낮은 농도에서 높은 농도 쪽으로 세포막을 가로지르는 분자의 이동. 운반체단백질과 에너지가 필요하다.

ㄷ

다당류(polysaccharide): 당 단위체로부터 만들어진 중합체. 다당류인 녹말과 글리코겐은 포도당 단위체의 중합체이다.

다리뇌(pons, 뇌교): 중간뇌의 하부 및 숨뇌의 상부에 위치한 뇌줄기의 한 부분으로, 숨뇌가 호흡률을 조절하는 것을 돕는다.

다리이음뼈(pelvic girdle, 골반이음구조): 다리가 부착된 뼈대의 부위. 엉치관절(고관절)뼈로 구성되어 있다.

다발성경화증(multiple sclerosis, MS): 신경섬유의 바깥에 있는 말이집 층의 절연체에 상처가 일어나 신경자극의 정상적인 전도가 교란되어서 생긴 질환.

다유전자 형질(polygenic trait): 복수의 대립유전자 쌍에 의해서 조절되는 형질. 각각의 우성 대립유전자가 표현형에 유사한 형태로 가중되어 나타난다.

다인자성 형질(multifactorial trait): 복수의 대립유전자 쌍에 의해서 조절되는 형질. 각각의 우성 대립유전자가 표현형에 유사한 형태로 가중되어 나타난다. 환경적 영향을 포함한다.

다중 대립유전자(multiple allele): 하나의 특정 형질에 대하여 둘 이상의 대립유전자가 있는 유전패턴으로, 각 개인은 모든 대립유전자 중 2개만을 가진다.

단기기억(short-term memory): 전화번호를 기억하는 것과 같이, 단 몇 분 동안만 정보를 기억하는 것.

단당류(monosaccharide): 단순 당. 가수분해로 분해될 수 없는 탄수화물(예: 포도당).

단백동화(합성대사)스테로이드(anabolic steroid): 테스토스테론의 효과를 내는 합성 스테로이드.

단백질(protein): 하나 또는 그 이상의 폴리펩티드로 구성된 분자.

단백질분해효소(protease): 단백질에서 펩티드결합을 끊을 수 있는 효소.

단백질체학(proteomics): 생명체의 모든 단백질에 대한 연구.

단성잡종교배(monohybrid cross): 하나의 형질에 대한 유전형이 이형접합이어서 우성 대립유전자의 형질을 나타내지만 열성 대립유전자도 가진 개체 간의 교배.

단일염색체증(monosomy): 정상보다 염색체가 1개 더 적은 것.

단일클론 항체(monoclonal antibody): 잡종세포에 의해서 생산된 많은 항체 중의 하나로, 모두 동일한 항원에 결합한다.

단핵구(monocyte): 식세포와 항원제시세포로 작용하는 비과립성 백혈구.

달팽이관(cochlea): 달팽이 껍데기를 닮은 속귀의 부분으로, 청각을 위한 감각기관인 나선형 관을 가지고 있다.

달팽이신경(cochlear nerve): 달팽이관에서 뇌로 신경자극을 전달하는 두 개의 뇌신경 중 하나. 청각신경이라고도 한다.

담석(gallstone, 쓸개돌): 쓸개에서 정상 또는 비정상적인 쓸개즙 요소로부터 형성된 결정성 입자.

당뇨병(diabetes mellitus): 혈당치가 높고, 소변에 당이 나오는 특징을 가지는 질환으로, 인슐린 분비의 결핍과 세포의 포도당 흡수의 실패에 원인이 있다.

닿는 곳(insertion): 움직이는 뼈대에 부착된 근육의 끝부분.

대뇌(cerebrum): 2개의 대뇌반구로 구성된 뇌의 주요 부분. 포유류에서 뇌의 가장 큰 부분.

대뇌겉질(cerebral cortex): 대뇌반구의 외층. 감각정보를 받아들이며, 운동뉴런을 조절한다.

대뇌반구(cerebral hemisphere): 대뇌를 구성하는, 하나의 큰 짝을 이루고 있는 뇌의 구조.

대동맥(aorta): 좌심실로부터 혈액을 받는 주요 체순환 동맥.

대립유전자(allele): 유전자의 대립형으로, 대립유전자는 상동염색체의 동일한 위치에 분포한다.

대사(metabolism): 세포에서 일어나는 모든 화학반응.

대식세포(macrophage): 단핵세포에서 유래된 큰 식세포로, 미생물과 입자를 섭취한다.

대장(large intestine, 큰창자): 소화관의 마지막 주요 부분으로, 소장에서부터 항문까지 뻗어 있으며 막창자(맹장), 잘록창자(결장), 곧창자(직장), 항문관으로 구성되어 있다.

대정맥(vena cava): 신체의 주요 정맥. 혈액을 체순환에서 우심방으로 되돌린다.

덩어리(bolus): 씹어서 삼킨 작은 음식물 덩어리.

도약전도(saltatory conduction): 말이집이 있는 축삭에서 신경자극이 신경섬유의 한 결절에서 다음 결절로 이동하는 것.

도움 T세포(helper T cell): 면역체계의 모든 종류의 세포를 자극하는 사이토카인을 분비하는 T세포.

독소(toxin): 살아 있는 세포 또는 생물에 의해서 생산된 독성물질. 신체 조직에 접촉 또는 흡수로 인하여 질환을 일으킬 수 있는 독소는 대부분이 단백질이다.

돌연변이(mutation): 염색체의 구조 또는 수의 변화, DNA 조성의 변화로 인한 유전자의 변화.

돌연변이원(mutagen): 방사선과 화학물질과 같이 돌연변이를 유발할 수 있는 인자.

동공(pupil, 눈동자): 홍채의 중심에 있는 열린 부분.

동맥(artery): 심장으로부터 혈액을 운반하는 혈관.

동맥류(aneurysm): 혈관벽이 주머니 모양으로 팽창된 형태.

동물(animals): 최종 형태를 이루기 위해 발달 과정을 거치는 다세포 진핵생물. 일반적으로 동물은 근육과 신경 조직을 가지고 있어 움직일 수 있는 유기체이며, 다른 유기체를 섭취하여 에너지를 얻는다.

동원체(centromere): 한 염색체의 자매염색분체가 함께 붙어 있는 수축 부위.

동위원소(isotope): 동일한 원자번호를 가지지만, 중성자 수의 차이로 서로 다른 원자 질량을 가지는 둘 또는 그 이상 원자들 중의 하나.

동정맥션트(arteriovenous shunt): 동맥과 정맥을 직접 연결하는 비정상적인 경로.

동형접합 열성(homozygous recessive): 특정 형질에 대하여 aa와 같이 2개의 동일한 열성 대립유전자를 가진 것.

동형접합 우성(homozygous dominant): 특정 형질에 대하여 AA와 같이 2개의 동일한 우성 대립유전자를 가진 것.

두개골(skull): 머리 부위의 뼈대 구조로, 머리뼈와 얼굴뼈(안면골)로 구성되어 있다.

둘레계통(limbic system, 변연계): 편도, 해마를 포함하는 다양한 뇌 중추들의 연합. 학습, 기억, 쾌감, 공포, 행복감과 같은 다양한 정서를 지배한다.

둥근주머니(saccule, 구형낭): 속귀의 안뜰에 있는 주머니 모양의 강으로, 중력평형에 대한 감각수용체를 가지고 있다.

둥근창(round window, 달팽이창): 속귀와 가운데귀 사이에 막으로 덮인 개구.

듀센형 근이영양증(Duchenne muscular dystrophy): 어린아이 때 시작되어서 어깨 및 다리 이음뼈에 영향을 미치는 만성 진행성 질환. 근육 쇠퇴 정도가 증가하고, 위축이 나타나며, 다리를 벌리고 휘청대는 걸음걸이를 보인다. X 염색체 연관 유전이며, 남성에게서 주로 나타나고, 성인이 되도록 성장하지 못한다. 일반적으로 호흡 약화 또는 심장마비로 사망한다.

들숨(inspiration, 흡기): 폐로 공기를 들이마시는 행동.

들숨 예비량(inspiratory reserve volume, 흡기예비용적): 정상적인 흡기에 이어서 힘을 주어서 들이마실 수 있는 공기의 부피.

등자뼈(stapes, 등골): 고막으로부터 속귀의 타원창으로 진동을 전달하는 데 사용되는 3개의 귓속뼈 중 마지막 뼈.

디하이드로에피안드로스테론(dehydroepiandrosterone, DHEA): 남성에서 성호르몬인 테스토스테론의 전구체.

딸세포(daughter cell): 유사분열 또는 감수분열에 의해서 모세포로부터 형성된 세포.

땀샘(sweat gland): 체온을 낮추기 위하여 액체를 분비하는 피부샘. 발한선이라고도 한다.

ㄹ

랑비에결절(node of Ranvier): 신경섬유 둘레에 있는 말이집의 틈새.

레닌(renin): 콩팥에서 분비된 효소로, 알도스테론의 분비를 촉진시켜 혈압을 높인다.

레트로바이러스(retrovirus): RNA로부터 DNA를 전사하는 역전사효소를 가지고 있는 RNA 바이러스.

레티날(retinal): 비타민 A의 유도체이자 로돕신의 구성 성분인, 빛을 흡수하는 분자.

렙틴(leptin): 지방조직에서 생산되는 호르몬으로, 시상하부에 포만 신호로 작용한다.

로돕신(rhodopsin): 막대세포와 원뿔세포에서 빛을 흡수하는 분자로, 색소와 옵신 단백질을 함유하고 있다.

류머티즘성 관절염(rheumatoid arthritis): 활막성 관절의 지속적인 염증으로, 흔히 연골의 파괴와 뼈 및 관절의 손상을 초래한다.

류머티즘열(rheumatic fever): 세균감염에 의한 질병으로, 관절에 열 부종 통증을 유발하는 특징이 있으며, 후두염과 심장 질환을 초래한다.

리보솜(ribosome): 2개의 소단위체로, RNA와 단백질로 구성되어 있다. 세포질에서 단백질의 합성 장소이다.

리보솜 RNA(ribosomal RNA, rRNA): 단백질 합성이 이루어지는 장소인 리보솜에서 발견되는 RNA.

리소자임(lysozyme): 눈물, 젖, 침, 점액, 그밖의 체액에서 발견되는 효소로, 세균의 세포벽을 소화하여 파괴한다.

리소좀(lysosome, 용해소체): 고분자를 소화하기 위한 가수분해 효소를 함유한 막으로 싸인 주머니.

리파아제(lipase): 이자에서 분비되는 지질 소화효소.

림프계통(lymphatic system): 림프관과 림프기관으로 구성된 기관계통으로, 림프액과 지질을 운반하며 면역체계를 돕는다.

림프관(lymphatic vessel): 림프액을 인체 조직에서 심장혈관계통으로 운반하는 관.

림프구(lymphocyte): 특이적 방어에 작용하는 특수화된 백혈구로, T세포와 B세포 두 종류가 있다.

림프기관(lymphatic organ): 림프관을 제외한 림프계통의 기관. 림프절, 편도, 비장, 가슴샘, 골수를 포함한다.

림프액(lymph): 사이질액에서 유래한 액체로, 림프관으로 운반된다.

림프절(lymph node): 림프관을 따라가면서 분포한 림프조직의 덩어리.

림프종(lymphoma): 림프조직에 생기는 암(망상결합조직).

ㅁ

마르판증후군(Marfan syndrome): 몸의 말단 부위의 길이가 비정상으로 길어지고, 대동맥이 약해지는 것이 특징인 결합조직의 선천적 질환.

막대세포(rod cell, 간상세포): 눈의 망막에 있는 빛 수용체로, 어두운 빛에 반응한다.

막속뼈되기(intramembranous ossification, 막내골화): 원시결합조직으로 이루어진 막처럼 생긴 층에서 형성되는 골화.

막창자(cecum, 맹장): 소장과의 접점 아래에 위치한 대장의 막힌 끝부분.

막창자꼬리(appendix, vermiform appendix, 충수): 인체의 막창자 끝에서 돌출된 작은 관상의 부속지.

만성 기관지염(chronic bronchitis): 폐쇄성폐질환으로, 재발하는 경향이 있다. 점액으로 채워진 공기 통로의 염증과 섬모의 유실을 포함하는 기관지에 퇴행성 변화의 특징이 있다.

말기(telophase): 딸염색체가 양극에 모인 유사분열 단계.

말단비대증(acromegaly): 성인이 된 후에도 성장호르몬의 분비 증가로 키가 계속 크는 등의 증세가 나타나는 것.

말단소체(telomere, 텔로미어): 염색체의 맨 끝.

말이집(myelin sheath, 수초): 슈반세포의 막에서 유래된 흰 지질로, 신경섬유의 피막을 형성한다.

말초신경계통(peripheral nervous system, PNS): 중추신경계통의 바깥에 있는 신경과 신경절.

맛봉오리(taste bud): 미각과 관련된 수용체를 포함하는 감각기관.

망막(retina): 막대세포와 원뿔세포를 포함하는 안구의 안쪽 층.

망울요도샘(bulbourethral gland, 쿠퍼샘): 남성에서 전립샘 아래쪽에 위치한 2개의 작은 구조물로, 정액에 분비물을 첨가한다.

망치뼈(malleus, 추골): 고막으로부터 속귀의 타원창으로 진동을 전달하는 데 사용되는 3개의 귓속뼈 중 첫 번째 뼈.

맥락막(choroid): 혈관과 색소가 있는 안구의 중간층.

맥박(pulse): 심실 수축으로 대동맥이 팽창하고, 이에 따른 동맥의 벽에서 느껴지는 진동.

맹점(blind spot): 막대세포나 원뿔세포가 없으며, 시신경이 눈에서 빠져나가는 부위.

메티실린 저항성 황색포도알균(Methicillin-resistant *Staphylococcus aureus*, MRSA): 메티실린에 더 이상 감수성이 없는 포도알균 감염의 원인이 되는 세균.

멜라닌세포(melanocyte): 피부에서 발견되는 멜라닌 생성 세포.

멜라닌세포자극호르몬(melanocyte-stimulating hormone, MSH): 하등 척추동물의 멜라닌세포에서 멜라닌이 분비되게 하는 물질.

멜라토닌(melatonin): 생체 리듬에 관여하는 솔방울샘에서 분비되는 호르몬.

면역(immunity): 질병의 원인이 되는 요인을 포함하는 외래 물질과 세포들로부터 몸을 보호하는 신체의 능력.

면역억제(immunosuppressive): 장기 이식 거부 반응을 방지하기 위하여 일반적으로 약물을 사용해 면역체계를 불활성화시키는 것.

면역접종(immunization, 예방접종): 특정한 질환의 원인체에 대하여 몸을 보호하기 위해 백신을 사용하는 것.

모루뼈(incus, 침골): 고막으로부터 속귀의 타원창으로 진동을 전달하는 데 사용되는 3개의 귓속뼈 중 가운데 뼈.

모세포(parent cell): 딸세포를 만들기 위하여 분열하는 세포.

모세혈관(capillary): 순환계통에서 가장 작은 혈관으로, 대부분의 영양소와 체액의 교환이 일어난다.

몰(mole): 전자, 이온, 분자의 과학적 측정 단위.

몸신경계통(somatic system): 뼈대근육을 조절하는 운동뉴런을 포함한 말초신경계통.

무과립백혈구(agranular leukocyte): 분명한 과립을 갖지 않는 백혈구.

무기질(mineral, 광물): 둘 또는 그 이상의 원소를 함유하는 자연산 무기 물질. 특정 무기질은 음식물로 섭취해야 한다.

무산소성(anaerobic): 산소가 없는 상태에서의 생장 또는 대사 작용.

물질(matter, 물체): 공간을 차지하고 질량을 가지는 모든 것.

미세섬유(actin filament): 액틴 단백질로 구성된 진핵세포의 세포골격 미세섬유이며, 근육세포의 미세섬유를 가리킨다.

미세소관(microtubule): 빈 중심의 주변에 13줄의 튜불린단백질을 가지고 있는 작은 원통형 구조. 세포질, 중심소체, 섬모 및 편모에 있다.

미세융모(microvilli): 융모의 상피세포에서 연장된 솔 같은 돌기. 세포의 표면적을 증가시킨다.

미오글로빈(myoglobin): 근육 조직에 있는 색소 분자로, 산소를 저장한다.

미오신(myosin): 근육의 두 가지 주요 단백질 중의 하나로, 근섬유에 있는 근육원섬유의 굵은 필라멘트를 형성한다. 액틴(actin) 참조.

미즙(chyme): 위에서 소장으로 들어가는 진한 반액체성 음식물.

미토콘드리아(mitochondria, 사립체): 세포호흡 과정 동안 ATP를 생산하는, 막으로 싸인 세포소기관.

민무늬근육(smooth muscle, 평활근): 내부 기관의 벽에서 발견되는, 줄무늬가 없는 무의식적 운동 근육. 내장근육이라고도 한다.

ㅂ

바깥귀(outer ear, 외이): 귓바퀴와 바깥귀길(외이도)로 구성된 귀의 한 부분.

바깥껍질(valence shell, 원자가껍질): 원자의 가장 바깥쪽 에너지 껍질로, 화학반응에 참여하는 전자의 위치이다.

바닥핵(basal nuclei, 기저핵): 균형과 조화를 위한 통합운동의 신경세포.

바소체(Barr body): 암컷 포유류의 핵에서 관찰되며, 응축되어 있고 비활성적인 X 염색체를 포함하는 진하게 염색되는 염색체(M. Barr가 발견함).

바이러스(virus): 외피와 내부의 핵산 중심으로 구성된 비세포성 기생 인자.

반고리뼈관(semicircular canal): 회전평형을 감지하는 감각수용체를 가지고 있는 속귀의 3개 관 구조 중 하나.

반달판막(semilunar valve): 심실에 연결된 혈관 사이에 위치한 반달 모양의 판막.

반사(reflex): 자극에 대한 자동적이고 무의식적인 생물의 반응.

반수체(haploid, n): 이배체 염색체 수(2n)의 절반에 해당하는 염색체 수(n). 생식세포의 염색체 수로, 염색체 한 쌍만을 가진다.

발기부전(erectile dysfunction, ED): 음경이 발기 또는 발기 유지를 못하는 장애.

발발(outbreak): 지역에 국한된 질병의 유행.

발생(development): 접합자가 한 생명체가 되거나 한 개체가 일생 동안 변해가는 일련의 단계(예: 사춘기, 노화).

발암(carcinogenesis): 암의 발달 또는 진행.

발암물질(carcinogen): 돌연변이를 유발하여 암을 발생시키는 환경 요인.

발효(fermentation): 포도당의 무산소성 분해로 2분자의 ATP를 얻고, 산물로 알코올 및 젖산을 만든다.

방광(urinary bladder): 요도를 통해 소변을 배출하기 전에 저장하는 기관.

방광염(cystitis): 방광의 염증.

방사성동위원소(radioisotope): 방사성 입자나 복사에너지 형태의 자발적 방사선을 방출하는 불안정한 형태의 원자.

방실결절[atrioventricular(AV) node]: 굴심방결절로부터 충격을 받아서 심실로 전달하는 작은 신경근육 조직 영역.

방실판막[atrioventricular(AV) valve]: 심방과 심실 사이의 판막.

배냇솜털(lanugo): 태아 발달 후기에 나타나는 짧고 가는 털.

배란(ovulation): 난소에서 이차난모세포가 방출되는 것으로, 수정이 이루어지면 이차난모세포는 난자가 된다.

배변(defecation): 곧창자로부터 항문을 통하여 변을 내보냄.

배설(excretion): 몸으로부터 대사 노폐물을 제거하는 것.

배아(embryo): 사람으로 인식되지 않는 미성숙 발생 단계.

배아기 발생(embryonic development): 2주부터 8주까지의 발생 기간.

배아바깥막(extraembryonic membrane): 배아의 일부는 아니지만 배아의 생존과 건강을 위해서 필요한 막.

배출(elimination): 몸으로부터 물질을 내보내는 과정.

백색질(white matter): 중추신경계통에서 말이집으로 싸인 축삭.

백신(vaccine): 질환을 일으키지 않고 능동면역을 촉진하도록 준비된 항원.

백혈구(white blood cell, leukocyte): 염색하지 않으면 투명하고, 외래 물질 및 생물에 의한 침입을 방지하는 혈구.

백혈병(leukemia): 조혈 조직의 암으로, 비정상적인 백혈구의 과량 생산을 일으킨다.

번역(translation): 리보솜이 특정한 서열의 아미노산을 가진 폴리펩티드를 생산하면서 mRNA 코돈의 서열을 사용하는 과정.

베르니케영역(Wernicke's area): 언어의 이해에 관여하는 뇌의 영역. 왼쪽 측두엽의 뒤에 위치한다.

벡터(vector, 매개체): 유전공학에서 세포로 외래 유전물질을 운반하는 수단(예: 플라스미드).

변비(constipation): 변의 수분 부족으로 인한 지연 배변 및 배변장애.

변성(denaturation): 정상적인 모양을 잃어버려서 기능하지 못하는 것. 최적 pH 또는 온도를 벗어나면 일어난다.

병원체(pathogen): 질환을 일으키는 인자.

보인자(carrier): 겉으로 드러나는 이상은 없지만 열성으로 유전되는 유전질환에 대한 대립유전자를 물려줄 수 있는 이형접합체.

보일의 법칙(Boyle's Law): 기체의 압력과 용기의 부피 사이의 관계를 정의하는 물리 법칙.

보조효소(coenzyme): 효소에 느슨하게 결합해 있으면서 활성을 돕는 비단백질성 유기 분자.

보체계(complement system): 미생물의 감염에 대하여 비특이적 방어를 이루는 일련의 혈장단백질들. 항원-항체 반응을 보완한다.

봉합선(suture): 두개골의 뼈 사이에서 발견되는 부동 관절.

부갑상샘(parathyroid gland): 갑상샘의 뒤 표면에서 파고 들어간 샘. 부갑상샘호르몬을 생산한다.

부갑상샘호르몬(parathyroid hormone, PTH): 4개의 부갑상샘에서 분비된 호르몬으로, 혈중 칼슘 농도를 증가시키고, 인산의 농도를 감소시킨다.

부고환(epididymis, 부정소): 고환에 연결된 꼬인 관으로, 여기에서 정자가 성숙하며 일시적으로 저장된다.

부교감신경부(parasympathetic division): 정상적인 조건에서 활동적인 자율신경계통의 한 부류. 아세틸콜린을 신경전달물질로 사용한다.

부동섬모(stereocilia): 길고 유연한 인공적인 속눈썹처럼 가는 털로, 속귀에서 신체 위치의 변화를 감지하고 균형과 평형 유지를 돕는다.

부신(adrenal gland): 콩팥의 상단에 있는 내분비샘. 안쪽에 부신속질과 바깥에 부신겉질로 구성되어 있다.

부신겉질(adrenal cortex, 부신피질): 부신의 외부 영역으로, 알도스테론과 같은 광물코르티코이드와 코르티솔과 같은 글루코코르티코이드를 분비한다.

부신겉질자극호르몬(adrenocorticotropic hormone, ACTH): 뇌하수체 앞엽에서 분비되는 호르몬으로, 부신겉질의 활성을 자극한다.

부신속질(adrenal medulla, 부신수질): 부신의 내부 영역으로, 에피네프린과 노르에피네프린을 분비한다.

분만(parturition): 출산과 태의 배출을 일으키는 과정.

분열간기(interkinesis): 일차감수분열과 이차감수분열 사이의 시기로, 이 시기에는 DNA 복제가 이루어지지 않는다.

분자(molecule): 둘 또는 그 이상 원자들의 결합체. 화합물의 성질을 갖는 화합물의 최소 단위.

분할(cleavage, 난할): 세포질 첨가 또는 확대 없이 이루어지는 세포분열로, 동물 발생의 초기에 일어난다.

분할고랑(cleavage furrow, 난할구): 분할을 시작할 때의 함입으로, 사람 세포는 세포질분열을 한다.

분화(differentiation): 세포의 특수화.

불완전 우성(incomplete dominance): 빨간색 꽃과 흰색 꽃의 교배에서 중간 형태인 분홍색 꽃의 자손이 출현하는 유전의 한 형태.

불응기(refractory period): 한 번의 활동전위 후에 뉴런이 그다음 신경자극을 전도할 수 없는 시기.

불임(infertility): 원하는 만큼 아이를 낳지 못하는 것.

불포화지방산(unsaturated fatty acid): 탄소 사슬의 원자 사이에 하나 또는 그 이상의 이중결합을 갖는 지방산 분자.

브랙스톤 힉스 수축(Braxton Hicks contraction): 자궁목 이완에 앞서 긴 간격으로 오는 강력한 자궁 수축.

브로카영역(Broca's area): 입, 혀, 인두의 복잡한 근육 활동을 조절하여 소리를 낼 수 있게 하는 이마엽(전두엽)의 한 영역.

비교 유전체학(comparative genomics): 유전체 구조의 차이를 바탕으로 한 종의 진화적 관계에 대한 연구.

비극성(nonpolar): 전자가 분자의 원자 사이에서 균등하게 공유되는 분자.

비뇨계통(urinary system): 콩팥과 방광으로 구성된 기관계통으로, 질소 노폐물을 몸으로부터 제거하고, 혈액의 수분-염분 균형을 조절하는 데 도움을 준다.

비만(obesity): 지방조직이 과다하여 정상 체중을 20% 이상 초과한 상태.

비만세포(mast cell): 알레르겐에 대항하여 생성된 항체가 부착하는 세포로, 항체가 결합하면 히스타민이 방출되어 알레르기 증세를 나타낸다.

비분리현상(nondisjunction): 상동염색체 또는 염색체가 각각 일차감수분열과 이차감수분열에서 분리되는 데 실패한 상태.

비스듬층(oblique layer): 음식과 위액의 혼합 및 기계적 소화를 담당하는 위의 근육층.

비장(spleen): 배안의 상부 왼쪽에 위치한 큰 샘기관으로, 혈액을 저장하고 정화한다.

비타민(vitamin): 소량이지만 음식물에 반드시 필요한 물질. 흔히 보조효소의 구성요소가 된다.

빈혈(anemia): 혈색소 부족으로 인한 혈액의 산소 운반 능력의 부족.

빌리루빈(bilirubin): 혈색소 파괴로 생긴 노란색 쓸개즙 색소.

빛수용체(photoreceptor, 광수용체): 빛 자극에 반응하는 망막에 있는 감각수용체.

뼈대계통(skeletal system, 골격계통): 뼈, 연골, 인대로 구성된 기관계통으로, 근육계통과 함께 작용하면서 몸을 보호하며, 이동과 운동에서 지지 작용을 한다.

뼈대근육(skeletal muscle, 골격근): 뼈대를 움직이는 근육에서 발견되는 가로무늬의 수의 근육 조직.

뼈모세포(osteoblast, 조골세포): 뼈형성 세포.

뼈세포(osteocyte, 골세포): 뼈의 뼈세포방에 들어 있는 성숙된 뼈세포.

뼈세포방(lacuna, 골소강): 뼈나 연골에서와 같이 1개의 세포 또는 세포들이 자리 잡은 작은 구멍이나 빈 강.

뼈의 재형성(bone remodeling): 뼈에 지속적으로 무기질을 침전시키거나 인출하여 사용함으로써 뼈의 강도를 조절하고 혈액 내의 칼슘과 인의 양을 조절하는 것.

뼈파괴세포(osteoclast, 파골세포): 뼈를 분해하는 세포.

뼈형성(ossification, 골화): 뼈조직의 형성.

삠(sprain): 관절에 비정상적인 힘이 가해져서 생긴 인대의 손상.

ㅅ

사강(dead air space): 혈액과 교환할 수 없는 들숨 공기의 부피.

사구체(glomerulus, 토리): 네프론에서 사구체주머니에 의해서 싸여져 있는 모세혈관의 덩어리로, 여기에서 사구체 여과가 이루어진다.

사구체근접기관(juxtaglomerular apparatus, 토리곁장치): 사구체 근처의 세동맥 벽에 위치한 구조. 콩팥의 혈류를 조절한다.

사구체 여과(glomerular filtration, 토리 여과): 혈압의 작용으로 사구체로부터 사구체주머니로 작은 분자들의 이동.

사구체 여과액(glomerular filtrate, 토리 여과액): 사구체주머니에 담긴 혈액으로부터 걸러진 액체.

사구체주머니(glomerular capsule, 토리주머니): 네프론의 시작 부위에서 사구체를 싸고 있는 이중벽으로 된 컵.

사람백혈구항원(human leukocyte antigen, HLA): 세포막에 있는 단백질로, 세포가 특정 개체에 속하는 것을 나타내고 다른 유기체에서 항원으로 작용한다.

사람융모생식샘자극호르몬(human chorionic gonadotropin, HCG): 융모막에 의해서 생산된 자궁내막을 유지하는 데 작용하는 호르몬.

사이뇌(diencephalon, 간뇌): 시상과 시상하부를 포함하는 제3뇌실에 있는 뇌의 영역.

사이막(septum, 중격, 격막): 두 강 사이의 벽. 사람의 심장에서 사이막이 심장을 왼쪽과 오른쪽으로 나눈다.

사이원반(intercalated disc, 재판): 인접한 심장근육 세포들을 함께 결속하는 영역. 판은 근육의 줄무늬에 대해 직각 방향에 조밀한 띠로 나타난다.

사이질세포(interstitial cell, 간질세포): 고환의 정세관 사이에 분포하는 호르몬 분비 세포.

사이질액(interstitial fluid, 간질액): 인체의 세포를 둘러싸는 체액. 순환계통의 일부인 모세혈관에서 확산과 여과로 빠져나온 액체와 용해된 물질이 포함된다.

사이토카인(cytokine): T세포가 분비하는 단백질로, 면역에 관련된 세포들이 다양한 기능을 하도록 자극한다.

산(acid): 용액에서 수소 이온의 농도를 높이며 용액의 pH를 낮추어주는 분자.

산소부채(oxygen debt): 격렬한 운동 시에 축적되는 화합물인 젖산을 대사하는 데 필요한 산소의 양.

산소성(aerobic): 산소를 필요로 하는 것.

산증(acidosis): 체액에 과다한 산의 축적으로, pH가 7.35 이하로 낮아짐.

산화혈색소(oxyhemoglobin): 산소가 혈색소에 결합하였을 때 생성되는 화합물.

삼염색체증(trisomy): 정상보다 염색체가 1개 더 많은 것.

삼요오드티로닌(triiodothyronine, T_3): 갑상샘에서 분비되는 3개의 요오드 원자를 함유한 호르몬으로, 갑상샘호르몬이 대사적으로 활성화된 형태.

삼투(osmosis): 선택적인 투과성 막을 통한 물의 확산.

삼투압(osmotic pressure): 선택적 투과성 막을 가로질러 이동하는 물의 경향성에 대한 척도. 용액 농도가 높은 막 쪽에 액체의 증가로 나타난다.

상동염색체(homologous chromosome): 일차감수분열 전기에서 시냅스를 형성하는 비슷한 한 쌍의 염색체 중의 하나.

상보적 염기쌍(complementary base pairing): 특정 염기 간의 수소결합. DNA에서 티민(T)은 아데닌(A)과, 구아닌(G)은 시토신(C)과 짝을 이룬다. RNA에서 우라실(U)은 아데닌(A)과, 구아닌(G)은 시토신(C)과 짝을 이룬다.

상보적 DNA(complementary DNA, cDNA): 역전사효소의 작용으로 mRNA로부터 합성된 DNA.

상실배(morula, 오디배): 동물 발생에서 포배기 이전에 분할의 결과로 형성된 세포들의 둥근 덩어리.

상염색체(autosome): 성염색체를 제외한 모든 염색체.

상피조직(epithelial tissue): 기관의 내부나 표면을 덮고 있는 조직의 한 종류로, 상피라고도 한다.

색맹(color blindness): 색 시각에 관여하는 세 종류의 원뿔세포 중 하나 또는 둘의 결핍.

샘(gland, 선): 물질을 분비하도록 특수화된 상피세포 또는 일군의 상피세포들.

생물정보학(bioinformatics): 유전체 연구에 컴퓨터 기술을 적용하는 것.

생식(reproduce): 동일한 종류의 새로운 개체를 생산하는 것.

생식계통(reproductive system): 남성과 여성의 생식기를 포함하는 기관계통으로, 자손을 낳도록 특수화되어 있다.

생식샘(gonad): 생식세포를 생산하는 기관. 난소는 난자를, 고환은 정자를 생산한다.

생식샘자극호르몬(gonadotropic hormone): 뇌하수체 앞엽에서 분비되는 화학신호로, 난소와 고환의 활성을 조절한다. 주로 난포자극호르몬(FSH)과 황체형성호르몬(LH)이다.

생식샘코르티코이드(gonadocorticoid): 안드로겐과 에스트로겐을 포함하며, 부신겉질에서 생산되는 성호르몬.

생식세포(gamete): 반수체 생식세포. 수정할 때 결합하여 접합자를 형성하는 정자와 난자.

선모(pilus, 털): 세균에 달린 길고 속이 빈 부속물로, 한 세포에서 다른 세포로 DNA를 운반하는 데 사용된다.

선천성 갑상샘기능저하증(congenital hypothyroidism): 유아기에 갑상샘이 부적절하게 발달하는 유전질환. 신체적 발달장애와 지적장애가 동반된다.

선택적 투과성(selectively permeable): 투과성의 정도. 세포는 일부 물질에 대해서는 통과를 허용하지 않지만, 다른 물질에 대해서는 다양한 정도로 통과를 허용한다.

설사(diarrhea): 과다하게 액체가 많고 빈번한 장의 운동.

섬모(cilium): 세포막으로부터 돌출된 짧은 머리카락 모양의 돌기이며, 대개 많은 수로 나타난다.

섬유근육통(fibromyalgia): 관절을 싸고 있는 근육과 관절, 인대, 힘줄 등 연부조직의 만성적이고 광범위한 통증.

섬유성 결합조직(fibrous connective tissue): 조밀한 콜라겐섬유로 구성된 조직으로, 힘줄과 인대에서 발견된다.

섬유아세포(fibroblast): 결합조직에서 섬유와 다른 기질을 생산하는 세포.

섬유연골(fibrocartilage): 강한 콜라겐섬유로 된 기질을 가진 연골.

섬유질(fiber): 식물을 구성하는, 소화가 되지 않는 실과 유사한 구조.

섭취(ingestion, 섭식): 입을 통하여 음식 또는 액체를 취하는 것.

성대(vocal cord): 후두에 있는 조직의 주름. 진동하면 목소리를 낸다.

성문(glottis, 성대문): 후두에서 공기의 흐름을 위한 개구.

성 연관(sex-linked): 성염색체 상에 존재하는 대립유전자이지만, 개체의 성 특징과는 무관한 형질을 조절하기도 한다.

성염색체(sex chromosome): 개체의 성을 결정하는 염색체. 사람의 경우 여성은 2개의 X 염색체를, 남성은 X와 Y 염색체를 가진다.

성장(growth): 세포의 크기 또는 수의 증가.

성장인자(growth factor): 수용체를 가진 세포의 유사분열과 세포분화를 조절하는 화학신호. 태아의 발생, 조직의 유지, 수선, 적혈구 생성과 같은 과정을 수행하는 데 중요하다. 경우에 따라서 암 발생에 기여하는 인자이다.

성장호르몬(growth hormone, GH): 뇌하수체 앞엽에서 분비되는 물질로 세포분열, 단백질 합성, 뼈의 생장을 촉진하여 개체의 크기를 조절한다.

세균(bacteria): 생물의 세 가지 분류군 중 하나. 원시 생물계를 제외한 원핵세포이며, 고유한 유전적, 생화학적, 생리적 특징을 가지고 있다.

세기관지(bronchiole): 기관지에서 시작하여 폐포에서 끝나는 폐의 작은 공기 통로.

세뇨관 분비(tubular secretion): 소변으로 보내지도록 혈액으로부터 네프론의 근위곡세관으로 특정한 분자의 이동.

세뇨관 재흡수(tubular reabsorption): 원위곡세관에서 네프론의 내용물로부터 혈액으로 주로 영양분 물질의 이동.

세뇨관 주위 모세혈관 그물(peritubular capillary network): 네프론을 싸고 있는 모세혈관 그물로, 소변 생성 과정에서 재흡수 기능을 한다.

세동맥(arteriole): 동맥에서 모세혈관으로 혈액을 운반하는 혈관.

세로토닌(serotonin): 신경전달물질의 한 종류.

세르톨리세포(Sertoli cell): 정세관에서 정자의 발생과 관련된 세포로, 정세관 내부로 액체를 분비하며 정세관의 호르몬 효과를 매개한다.

세망섬유(reticular fiber): 결합조직의 기질에 있는 매우 가는 콜라겐섬유로, 고도로 분지하여서 섬세한 지지망을 형성한다.

세정맥(venule): 모세혈관에서 정맥으로 혈액을 운반하는 혈관.

세포(cell): 생명의 모든 특성을 보이는 기본 단위로, 생물학적 조직의 최소 단위이다.

세포골격(cytoskeleton, 세포뼈대): 미세소관, 미세섬유, 중간섬유로 구성된 세포의 내부 구조물.

세포독성 T세포(cytotoxic T cell): 항원을 가지고 있는 세포를 공격해서 죽이는 T세포.

세포막(plasma membrane, 원형질막): 세포질을 싸고 있는 막으로, 단백질이 포함된 인지질로 구성되어 있다. 세포로부터 분자의 출입을 조절하는 기능을 한다.

세포 매개 면역반응(cell-mediated immunity): T세포가 항원을 가진 세포를 파괴하는 방어의 특정한 기전.

세포벽(cell wall): 식물 세포, 박테리아, 균류 및 일부 원생생물의 단단한 최외층. 셀룰로오스와 같은 복합 탄수화물로 구성된다.

세포사멸(apoptosis): 세포의 특정한 중폭 과정을 거쳐서 세포 죽음 및 파괴에 이르는 예정된 세포사멸.

세포설(cell theory): 생물학의 주요 이론 중 하나로, 모든 생명체는 세포로 구성되어 있으며, 세포는 기존의 세포에서만 유래된다는 이론이다.

세포소기관(organelle): 특정한 구조와 기능을 가지는 세포질의 작은 막성 구조.

세포외기질(extracellular matrix, ECM): 동물세포를 지지하고 물질이 세포 내부로 이동하는 것을 조절하는 다당류와 단백질이 풍부한 공간.

세포주기(cell cycle): 간기, 유사분열, 세포질분열로 구성된 세포분열의 반복적인 과정.

세포질(cytoplasm): 세포막과 핵의 사이에 있는 내용물로, 세포소기관을 포함하고 있다.

세포질분열(cytokinesis): 유사분열과 감수분열에 이어서 이루어지는 세포질의 분열.

세포체(cell body): 핵을 포함하고 있는 뉴런의 한 부분으로, 여기에서 가지돌기와 축삭이 뻗어나간다.

세포호흡(cellular respiration): 주로 탄수화물, 지방산, 아미노산을 분해할 때 나오는 에너지를 사용해서 ATP 분자를 생산하는 대사 반응.

셀룰로오스(cellulose): 식물 세포벽에 있는 주요 복합 탄수화물인 다당류.

소낭(vesicle): 세포 내에서 물질을 저장하는, 막으로 둘러싸인 작은 주머니.

소뇌(cerebellum): 숨뇌와 다리뇌의 뒤쪽에 위치한 뇌의 한 부분으로, 뼈대근육이 평탄하고 적절한 동작을 하도록 조정한다.

소듐-포타슘 펌프(sodium-potassium pump): 세

포막의 운반단백질로, 소듐 이온을 바깥으로, 포타슘 이온을 안으로 수송한다. 신경과 근육 세포에서 중요하다.

소수성(hydrophobic): 비극성이기 때문에 물과 상호작용하지 않는 분자의 성질.

소장(small intestine, 작은창자): 위와 대장 사이의 긴 관상의 소화관.

소포체(endoplasmic reticulum, ER, 세포질그물): 세포질 내의 막성 주머니 및 통로로, 흔히 리보솜이 부착된 것도 있다.

소화(digestion): 흡수가 가능하도록 큰 영양소 분자를 작은 분자로 분해하는 과정.

소화계통(digestive system): 음식물을 받아들이고 영양소 분자로 소화하는 입, 식도, 위, 소장, 대장을 포함하는 기관계통. 관련 기관으로 치아, 혀, 침샘, 간, 쓸개, 이자가 있다.

속귀(inner ear, 내이): 안뜰, 반고리뼈관, 달팽이관으로 구성되어 있으며, 균형을 유지하고 소리를 전달하는 귀의 부분.

속세포덩이(inner cell mass, 내세포): 주머니배의 한 극에 있으며, 배아를 형성하는 세포들의 집단.

속쓰림(heartburn): 위의 일부 함유물이 식도로 올라왔을 때 가슴에 느끼는 심한 통증.

손발톱(nail): 손가락과 발가락 끝부분의 보호덮개.

솔방울샘(pineal gland, 송과체): 제3뇌실에 위치한 내분비샘으로, 멜라토닌을 생산한다.

수동면역(passive immunity): 질환에 민감한 개인에게 항체를 넣어줌으로써 획득되는 감염에 대한 방어.

수소결합(hydrogen bond): 한 분자에서 약간 양전하를 띠는 수소 원자와 다른 분자에서 약간 음전하를 띠는 원자 사이, 또는 동일한 분자 내에서 서로 다른 전하를 약하게 띠는 부분들(수소 원자 포함) 사이에서 생기는 약한 결합.

수정(fertilization): 정자핵과 난자핵의 결합으로 접합자를 만드는 것.

수정체(lens, 렌즈): 동공의 뒤에서 발견되는 투명한 막처럼 생긴 구조로, 사물의 초점을 맞춘다.

수지상세포(dendritic cell): 면역체계를 돕는 특수분화된 상피세포. 이전에는 랑게르한스세포(Langerhans cell)라고 불렀다.

수축기(systole): 심장주기에서 심장이 수축하는 시기.

수축기혈압(systolic pressure): 심장주기의 수축기 동안에 동맥의 혈압.

수혈(blood transfusion): 혈관에 혈액 또는 혈액 구성요소를 직접 넣는 것.

숙련기억(skill memory): 자전거를 타는 것과 같이, 운동 활동을 수행하는 데 필요한 정보를 저장하고 기억하는 뇌의 능력.

숨뇌(medulla oblongata, 연수): 척수에 이어진 뇌줄기의 일부. 심장박동, 혈압, 호흡 및 기타 생명유지를 조절한다.

숫구멍(fontanel, 천문): 태아 또는 영아의 두개골 사이에 있는 막성 영역.

슈반세포(Schwann cell): 말초신경 섬유를 싸고 있는 세포로, 말이집을 형성한다.

스테로이드(steroid): 4개의 탄소 고리의 복합체를 갖는 지질 분자(예: 콜레스테롤, 프로게스테론, 테스토스테론).

스테로이드호르몬(steroid hormone): 콜레스테롤에서 유도된 호르몬 그룹 중의 하나.

시각로(optic tract, 시삭): 시상하부 주위를 지나가는 시신경의 뉴런 집합체. 대부분의 신경섬유는 시상 내부에 핵이 있는 뉴런과 시냅스로 연결된다.

시각순응(visual accommodation): 렌즈의 곡률을 변화시킴으로써 다양한 거리에 대하여 초점을 맞추는 눈의 능력.

시냅스(synapse): 시냅스전(축삭) 세포막, 시냅스 틈새, 시냅스후(주로 가지돌기) 세포막으로 구성된 뉴런 간의 접합.

시냅스 틈새(synaptic cleft): 시냅스에서 시냅스전 세포막과 시냅스후 세포막 사이의 작은 틈.

시냅시스(synapsis, 접합): 일차감수분열의 일차전기 기간에 상동염색체들이 짝을 이루는 것.

시상(thalamus): 제3뇌실의 측면 벽에 위치한 뇌의 한 부분으로, 감각입력의 통합중추로 작용한다. 대뇌겉질의 각성에도 관여한다.

시상하부(hypothalamus): 시상의 아래에 위치한 뇌의 한 부분으로, 뇌하수체 앞엽을 조절하는 방출인자를 생산하며, 체내의 환경 조절을 돕는다.

시신경(optic nerve): 눈의 망막에서 뇌로 신경자극을 운반하거나 그에 의해서 시각에 기여하는 두 뇌신경 중의 하나.

시신경교차(optic chiasma): 뇌의 하부에 시신경섬유의 부분적 교차로 형성된 X 모양의 구조.

시토신(cytosine, C): DNA와 RNA를 구성하는 뉴클레오티드에서 네 가지 질소 염기 중의 하나.

시트르산 회로(citric acid cycle, 구연산 회로): 시트르산으로 시작되는 미토콘드리아 내의 반응회로. 아세틸기를 이산화탄소로 분해하며 ATP, NADH, $FADH_2$를 생성한다. 크렙스회로라고도 한다.

식도(esophagus): 인두로부터 위로 삼킨 음식을 이동시키는 근육성 관.

신경(nerve): 중추신경계통의 바깥에 다발을 이루는 긴 축삭들.

신경계통(nervous system): 뇌, 척수, 그리고 몸의 다른 기관계통의 조절과 관련된 신경들로 구성된 기관계통.

신경근이음부(neuromuscular junction): 축삭의 말단이 근섬유와 근접한 부위. 시냅스 틈새에 의해서 근섬유의 세포막이 축삭 말단으로부터 분리되어 있다.

신경로(tract): 중추신경계통에서 말이집을 가진 축삭의 다발.

신경성 식욕부진(anorexia nervosa): 체중 증가에 대한 병적 공포로 나타나는 섭식장애.

신경성 폭식증(bulimia nervosa): 과식에 이어서 자발성 구토 또는 설사를 하는 섭식장애.

신경아교세포(neuroglia): 뉴런과 직접 관련되어 있지만, 충격 전달은 하지 않는 신경조직세포로, 지지 기능을 한다.

신경자극(nerve impulse): 뉴런을 따라서 전도되는 활동전위(전기화학적 변화).

신경전달물질(neurotransmitter): 축삭의 말단에 저장된 화학물질로, 시냅스를 가로질러 전달하는 기능을 한다.

신경절(ganglia): 일반적으로 중추신경계통 바깥쪽 신경세포체의 다발 또는 집단.

신경조직(nervous tissue): 충격을 전달하는 신경세포와, 뉴런을 지지하고 보호하며 영양을 제공하는 신경아교세포를 포함하는 조직.

신우(renal pelvis, 콩팥깔대기): 콩팥에서 콩팥속질에 놓여 있는 속이 빈 방으로, 집합관으로부터 새로이 만들어진 소변을 받아들이는 곳.

신우신염(pyelonephritis): 세균 감염으로 인한 콩팥의 염증.

신종감염병(emerging disease): 사람들에게서 처음으로 발생하거나, 발생률이 급격히 증가하거나, 지리적으로 새로운 영역에 진입하고 있는 전염병[예: SARS(사스), MERS(메르스)].

실험(experiment): 가설을 시험하기 위해 고안된 인공적인 상황.

심근(myocardium, 심장근육): 심장의 벽에 있는 심장의 근육.

심방(atria): 심장의 위쪽에 있는 좌심방 또는 우심방으로, 혈액을 받아들인다.

심방소듐이뇨호르몬(atrial natriuretic hormone, ANH): 심장에서 분비되는 호르몬으로, 소듐 배설을 증가시킴으로써 혈액의 부피와 혈압을 감소시킨다.

심실(ventricle, 뇌실): 심장의 아래쪽 방 또는 뇌실과 같은 기관의 강.

심장(heart): 주기적인 수축으로 혈액의 순환을 유지하는 가슴안에 있는 근육성 기관.

심장근육(cardiac muscle, 심근): 심장에서만 발견되는 가로무늬의 불수의 근육.

심장동맥(coronary artery): 심장의 벽에 혈액을 운반하는 동맥.

심장마비(heart attack): 관상동맥의 혈액 순환이 막혀 심근이 손상되는 질환. 심근경색(MI)이라고도 한다.

심장막(pericardium): 심장을 싸고 있는 보호 장막.

심장박동조율기(pacemaker, 박동원): 심장박동을 개시하는 작은 신경근육조직. 굴심방결절이라고 한다.

심장주기(cardiac cycle): 심장의 모든 방과 실의 완전한 일회 수축과 이완 주기.

심장혈관계통(cardiovascular system): 심장의 펌프 작용으로 혈관이 혈액을 운반하는 기관계통.

심전도(electrocardiogram, ECG): 심장박동과 관

련된 전기적 활성을 기록한 것.

쓸개(gallbladder, 담낭): 간에 부착된 기관으로, 쓸개즙을 저장 및 농축시킨다.

쓸개즙(bile, 담즙): 간의 분비물로, 쓸개에 일시적으로 저장 및 농축되며, 소장으로 방출되어서 지방을 유화시킨다.

ㅇ

아나필락시스 쇼크(anaphylactic shock): 심각한 전신성 알레르기 반응으로 기관지 수축, 호흡 곤란, 혈관 확장 및 혈압의 급격한 감소로 순환계 기능 상실의 위험이 있다.

아데닌(adenine, A): DNA와 RNA를 구성하는 뉴클레오티드에서 네 가지 질소 염기 중의 하나.

아미노산(amino acid): 하나의 아미노기와 카르복실기를 가진 유기 분자로, 공유결합으로 펩티드 분자를 생성한다.

아밀라아제(amylase): 탄수화물 분해효소.

아세틸콜린(acetylcholine, ACh): 말초 및 중추신경계통 모두에서 활성을 가지는 신경전달물질.

아세틸콜린에스테라아제(acetylcholinesterase, AChE): 시냅스에서 시냅스후 세포막 수용체에 결합한 아세틸콜린을 분해하는 효소.

아쿠아포린(aquaporin): 물이 확산할 수 있는 단백질성 막 통로.

안구돌출갑상샘종(exophthalmic goiter): 비정상적인 눈의 돌출을 수반하는 갑상샘비대증.

안구방수(aqueous humor, 눈방수): 눈의 각막과 수정체 사이를 채우는 투명한 액체(전방액).

안드로겐(androgen): 남성의 성호르몬(예: 테스토스테론).

안뜰(vestibule, 전정): 반고리뼈관과 달팽이관 사이에 있는 공간처럼 관의 입구에 있는 공간.

안면 틱(facial tic): 얼굴 근육의 무의식적 움직임.

안티코돈(anticodon): mRNA의 상보적인 코돈과 염기쌍을 이룰 수 있는 tRNA의 3개의 염기 서열.

알도스테론(aldosterone): 소듐의 배설을 감소시키고, 포타슘의 배설은 증가시키는 부신겉질에서 분비되는 호르몬. 혈액 부피와 혈압을 높인다.

알레르겐(allergen, 알레르기 항원): 알레르기 반응을 자극할 수 있는 외래 물질.

알레르기(allergy): 일반적으로 이물질로 인식되지 않는 물질에 대한 면역반응.

알부민(albumin): 운반과 삼투 기능을 하는 혈장 단백질.

알칼리증(alkalosis): 체액에 과다한 염기의 축적.

암(cancer): 미분화세포가 접촉 저해 상실, 조절 불가능한 성장, 조직 침윤 및 전이 능력을 가지고 있는 악성 종양.

암종(carcinoma): 상피조직에 생기는 암.

암죽관(lacteal): 장에 있는 림프관. 지질의 흡수를 돕는다.

애디슨병(Addison's disease): 부신속질 호르몬의 결핍으로 생기는 질환 상태. 저혈당, 체중 감소, 허약 등의 특징이 있다.

액틴(actin): 근육의 두 가지 주요 단백질 중의 하나로, 근섬유에 있는 근육원섬유의 가는 필라멘트를 형성한다. 미오신(myosin) 참조.

약물중독(substance use disorder): 습관화와 내성에 따라 신체에 필수적인 생화학적 역할을 하는 약물에 대한 의존성.

양막(amnion): 둘러싸는 액체로 채워진 주머니를 형성하는 배아바깥막.

양성되먹임(positive feedback): 자극이 자극을 증가시키는 반응을 일으키는 기전.

양성자(proton): 원자의 핵에 존재하는 양전하성 입자로, 약 1에 해당하는 원자질량단위를 가진다.

양성잡종교배(dihybrid cross): 두 쌍의 대립유전자를 가지는 개체 간의 교배. 일반적으로 이형접합 개체 간 교배의 결과로 9:3:3:1 표현형 비율이 나온다.

에너지(energy): 일을 할 수 있는 능력. 에너지는 위치에너지와 운동에너지와 같은 다양한 형태로 존재할 수 있다.

에스트라디올(estradiol): 성호르몬으로, 에스트로겐의 한 형태.

에스트로겐(estrogen): 생식기 및 2차 성징을 유지하는 데 도움을 주는 여성호르몬.

에피네프린(epinephrine): 스트레스가 있을 때 부신속질에서 분비되는 호르몬으로, 아드레날린이라고도 한다.

여린 X 증후군(fragile X syndrome): 단일 유전자의 돌연변이로 뇌 발달에 중요한 단백질이 결핍되어 지적 장애가 일어나는 가장 일반적인 유전 형태.

역위(inversion): 한 염색체의 분절이 180° 회전된 염색체의 구조적 변화로, 이렇게 역위된 유전자 서열은 유전자의 활동을 변화시켜 비정상 상태를 유발한다.

역치(threshold): 활동전위 또는 신경자극이 생성되는 수준의 전압.

연골(cartilage): 유연성 있는 단백질성 기질에 의해서 분리된 여백에 세포가 들어 있는 결합조직.

연골세포(chondrocyte): 연골 뼈세포방에서 발견되는 세포.

연골속뼈되기(endochondral ossification, 연골내골화): 유리연골이 뼈조직으로 대체되는 골화.

연합뉴런(interneuron): 중추신경계통의 부위 사이에서 신호를 전달하는 중추신경계통 내에 위치한 뉴런.

연합영역(association area): 대뇌겉질의 여러 영역 중의 하나로 기억, 사고, 판단, 정서적 감정에 관여한다.

열성 대립유전자(recessive allele): 동형접합체에서만 표현형을 나타내는 대립유전자로, 우성 대립유전자에 의해서 발현되지 않는다.

염기(base): 용액에서 수소 이온의 농도를 낮추며 용액의 pH를 높여주는 분자.

염색질(chromatin): 핵에 DNA와 단백질로 구성된, 가는 실의 망상구조.

염색체(chromosome): 염색사가 응축된 조밀한 구조물.

염좌(strain, 긴장): 과용 또는 부적절한 사용으로 인한 근육의 손상.

염증반응(inflammatory response): 상처에 대한 조직의 반응으로, 발적이 생기면서 붓고 통증과 열이 난다는 특징이 있다.

영양소(nutrient): 음식물 속의 화학물질로, 식품에 필수적이며 건강에 기여한다.

옥시토신(oxytocin): 뇌하수체 뒤엽에서 방출되는 호르몬으로, 자궁 수축과 젖 분비를 자극한다.

온도수용체(thermoreceptor): 온도 변화에 민감한 감각수용체.

완충제(buffer): 용액의 pH 변화를 억제하는 경향을 가진 물질로, 상대적인 산성도를 안정화시킨다.

외분비샘(exocrine gland): 직접 또는 관을 통하여 생성물을 상피 표면으로 분비하는 샘.

외수용체(exteroceptor): 몸의 외부로부터 자극을 감지하는 감각수용체(예: 미각, 후각, 시각, 청각, 평형감각).

외호흡(external respiration): 폐포와 혈액 사이에서 일어나는 산소와 이산화탄소의 교환.

요관(ureter): 콩팥으로부터 방광으로 소변을 운반하는 2개의 관.

요도(urethra): 방광으로부터 몸 바깥으로 소변을 배출하는 관 구조물.

요도염(urethritis): 요도의 염증.

요독증(uremia): 혈액에 요소질소 수준의 과다 증세.

요막(allantois): 사람의 탯줄 혈관을 형성하는 데 관여하는 배아바깥막.

요산(uric acid): 뉴클레오티드 대사의 노폐물.

요소(urea): 사람의 주요 질소 노폐물로, 아미노산의 분해로 생긴다.

용종(polyp, 폴립): 상피 표면으로부터 생기는 작은 비정상적인 성장.

용혈(hemolysis): 혈색소 방출을 수반하는 적혈구의 파괴.

우라실(uracil, U): DNA에서 발견되는 티민(T)을 대체하는 RNA의 염기. 아데닌(A)과 짝을 이룬다.

우성 대립유전자(dominant allele): 이형접합체에서 표현형을 나타내는 대립유전자로, 열성 대립유전자의 발현을 가린다.

운동뉴런(motor neuron): 중추신경계통으로부터 신경자극을 전달하고 근육, 샘, 기관 등의 효과기에 신경을 분포시키는 신경세포.

운동단위(motor unit): 운동뉴런과 이 뉴런에 연결된 모든 근섬유.

운반 RNA(transfer RNA, tRNA): 단백질 합성에서 특정한 아미노산을 운반하는 RNA. 한쪽 끝에는 아미노산이 결합하며, 다른 쪽 끝에는

mRNA 코돈과 결합하는 안티코돈을 가지고 있다.

원발암 유전자(proto-oncogene): 돌연변이에 의해서 암유전자가 될 수 있는 정상 유전자.

원뿔세포(cone cell, 원추세포): 눈의 망막에 있는 빛 수용체로, 밝은 빛에 반응한다. 색을 감지하며, 시각 정밀성을 부여한다.

원소(element): 다른 성질을 가지는 물질로 쪼개어질 수 없는 물질. 단일 종류의 원자로 구성되어 있다.

원시(farsighted): 앞뒤로 짧아진 안구로 인한 시각 이상. 가까운 곳의 물체를 볼 때 광선이 망막의 뒤쪽에 초점을 이룬다.

원위곡세관(distal convoluted tubule, 먼쪽곱슬세관): 집합관과 연결하는 네프론의 마지막 부분. 세뇨관 분비와 관련이 있다.

원자(atom): 원소의 성질을 가지는 원소의 최소 단위.

원자번호(atomic number): 원자의 핵에 있는 양성자의 수.

원자질량(atomic mass): 핵의 양성자 수와 중성자 수의 합에 상응하는 원자의 질량.

원주상피(columnar epithelium): 실린더 모양의 세포를 가진 상피조직의 한 종류.

원핵세포(prokaryotic cell): 막으로 싸인 핵과 세포소기관이 없는 세포.

월경(menstruation): 자궁주기가 시작될 때 자궁에서 혈액과 조직이 손실되는 것.

위(stomach): 소장으로 들어가는 미즙을 형성하도록 음식물과 위액을 섞어주는 근육 주머니.

위샘(gastric gland): 위액을 분비하는 위벽에 있는 샘.

유기 분자(organic molecule): 항상 탄소와 수소를 포함하며, 종종 산소를 포함하는 분자. 유기 분자는 살아 있는 유기체와 관련이 있다.

유당불내증(lactose intolerance, 젖당불내성): 효소의 결핍으로 젖당을 소화하지 못하는 것.

유동-모자이크 모델(fluid-mosaic model): 액체성인 지질 이중층에서 단백질의 위치 및 구조에 대한 세포막의 모델.

유리연골(hyaline cartilage): 매우 가는 콜라겐섬유를 함유한 희고 투명한 기질에 의해서 분리된 뼈세포방에 세포들을 가지고 있는 연골.

유리체액(vitreous humor): 눈의 수정체와 망막 사이에 있는 투명한 젤라틴 모양의 물질.

유사분열(mitosis, 체세포분열): 딸세포가 모세포와 동일한 염색체와 유전자 조성을 가지는 세포분열로, 성장기와 회복기에 일어난다.

유사분열 방추사(mitotic spindle): 핵분열 동안에 염색체의 이동을 일으키는 미세소관 구조물.

유전공학(genetic engineering): 의학 또는 산업적 목적으로 DNA를 변형시키는 것.

유전자(gene): 염색체상에 대립유전자로 존재하는 유전의 단위. 이배체 생물에서 2개의 대립유전자는 각각 부모로부터 유전된다.

유전자자리(locus): 염색체상에 유전자가 발견되는 특정한 위치로, 상동염색체는 상응하는 유전자자리를 가지고 있다.

유전자 클로닝(gene cloning): 동일한 유전자를 하나 또는 그 이상 복제하는 것.

유전자형(genotype): 특정 형질을 표현하는 개인의 유전자로, 보통 Aa 또는 BB 등 문자로 표기한다.

유전체 편집(genome editing): 뉴클레오티드의 불활성화 또는 삽입을 위해 유전체의 특정 서열을 표적으로 하는 DNA 기술의 한 형태.

유행병(epidemic): 일정 시간 동안 특정 지역에서 예상한 것보다 많이 발생한 질병.

유화(emulsification, 에멀션화): 쓸개즙 또는 다른 유화제에 의해서 큰 지방 방울을 매우 작은 방울로 쪼개는 것.

육종(sarcoma): 근육과 결합조직에 생기는 암.

윤활관절(synovial joint): 윤활액으로 채워진 공간에서 자유롭게 움직이는 관절.

윤활낭염(bursitis, 점액낭염): 무릎 관절의 마찰 완화 주머니(낭)에 생긴 염증.

융모(villi): 손가락 모양의 작은 내부 소장 벽의 돌출부.

융모막(chorion): 태반 형성에 관여하는 배아바깥막.

융모막 융모(chorionic villi): 융모막에서 태반의 모.

음경(penis): 요도가 지나가는 남성의 외부 기관으로, 성교 기관으로도 사용된다.

음낭(scrotum): 고환을 담고 있는 피부 주머니.

음부(vulva): 질의 개구 주변을 싸는 여성의 외부 생식기.

음성되먹임(negative feedback): 자극이 자극을 감소시키는 반응을 일으키는 항상성 반응의 기전.

응고(clotting, coagulation): 일반적으로 상처가 났을 때 혈액이 응고하는 항상성 반응.

응집(agglutination): 적혈구의 세포막에 있는 항원과 혈장의 항체와 적혈구가 반응하여 덩이를 이루는 현상.

응집력(cohesion): 물 분자 사이의 풍부한 수소결합으로 인해 물 분자가 서로 결합하는 능력.

의미기억(semantic memory): 어휘 또는 숫자와 관련된 정보를 저장하고 회상하는 뇌의 능력.

이뇨제(diuretic): 고혈압을 억제하기 위해 사용되는 약물로, 물의 배설을 증가시킨다.

이는 곳(origin, 기점): 비교적 움직이지 않는 뼈대에 부착된 근육의 끝부분.

이당류(disaccharide): 2개의 단당류로 구성된 탄수화물(예: 맥아당).

이동(movement): 이동 및 운동.

이마앞영역(prefrontal area): 이마엽(전두엽)의 연합령으로, 다른 연합령으로부터 정보를 받아서 사고와 계획에 사용한다.

이배체(diploid, 2n): 핵에 각 형태의 염색체를 각각 2개씩 가지고 있는 세포.

이석(otolith, 귀돌): 속귀의 타원주머니와 둥근주머니의 섬모세포와 관련된 탄산칼슘 과립.

이온(ion): 양전하 또는 음전하를 운반하는 전하를 띤 입자.

이온결합(ionic bond): 반대되는 전하에 의해서 끌리는 이온 간의 화학결합.

이완기(diastole): 심장주기에서 심실이 이완되는 시기.

이완기혈압(diastolic pressure): 심장주기의 이완기 동안에 동맥의 혈압.

이자(pancreas, 췌장): 소화효소와 인슐린, 글루카곤 호르몬을 생산하는 내부 기관.

이자섬(pancreatic islets, 랑게르한스섬): 이자의 내분비를 담당하는 세포덩어리.

이종이식(xenotransplantation): 사람의 장기 이식에서 사람의 장기를 사용하는 대신에 동물의 장기를 이용하는 것.

이중나선(double helix): DNA의 3차원 형태를 나타내는 이중의 나선 모양.

이차전령체(second messenger): 세포막의 수용체 단백질에 결합한 일차전령체인 호르몬에 세포가 반응하도록 하는 cAMP와 같은 화학신호.

이형접합(heterozygous): 특정 형질에 대하여 다른 대립유전자를 가진 것.

인(nucleolus, 핵소체): 세포의 핵에 있는 어둡게 염색된 구상 물체로, 리보솜 소단위체를 생산한다.

인대(ligament): 관절에서 뼈와 뼈를 연결하는 조밀한 섬유성 결합조직으로 된 단단한 줄 또는 띠.

인두(pharynx): 입과 식도 사이 소화관의 일부분으로, 음식물의 통로로 작용하며 기관으로 들어가는 공기의 통로가 되기도 한다.

인슐린(insulin): 이자에서 분비되는 호르몬으로, 세포에 의한 포도당의 흡수를 촉진하고, 간과 뼈대근육에서 포도당이 글리코겐으로 전환되게 함으로써 혈당 수준을 낮춘다.

인지질(phospholipid): 세포의 막에 이중층을 형성하는 분자. 2개의 비극성 소수성 꼬리에 결합한 하나의 극성 친수성 머리를 가지고 있다.

인터루킨(interleukin): 대식세포와 세포에 의해서 생산되는 사이토카인으로, 면역반응의 대사 조절 요소로 작용한다.

인터페론(interferon): 다른 세포의 감염을 막기 위해 감염된 세포로부터 생산되는 항바이러스 물질.

일차몸감각령(primary somatosensory area): 피부 및 뼈대근육으로부터 감각 정보가 들어오는 중심구의 등 쪽 영역.

일차 배엽(primary germ layer): 배아세포의 세 층(외배엽, 중배엽, 내배엽) 중 하나로, 특정한 조직 및 기관으로 발전한다.

일차운동령(primary motor area): 이마엽(전두엽)의 한 영역으로, 여기에서 자의적인 명령이 시작된다. 이 영역의 각 구역은 몸의 각 부분을 조절한다.

일화기억(episodic memory): 사람 및 사건과 관련된 정보를 저장하고 회상하는 뇌의 능력.

일회 호흡량(tidal volume): 일회 들숨 또는 날숨 동안 정상적으로 우리 몸으로 들어오는 공기의 양.

입(mouth): 입안의 기계적 및 화학적 소화가 시작되는 곳.

입방상피(cuboidal epithelium): 입방체 모양을 한 세포들로 구성된 상피조직의 한 종류.

ㅈ

자가면역질환(autoimmune disease): 면역체계가 오류로 인하여 자신의 조직을 공격해서 생기는 질환.

자궁(uterus): 여성의 골반 내부에 위치한 기관으로, 태아가 자라는 곳.

자궁관(uterine tube): 난자를 난소에서 자궁으로 운반하는 여성 생식기관의 구조물로, 수정이 이루어지는 곳이며, 난관이라고도 한다.

자궁관묶음(tubal ligation, 난관결찰): 자궁관을 절제 및 봉합하여 임신을 방지하는 방법.

자궁내막(endometrium, 자궁속막): 자궁의 내면을 덮고 있는 점막.

자궁내막증(endometriosis): 자궁내막세포가 생식관 밖으로 이동하는 상태.

자궁내장치(intrauterine device, IUD): 자궁에 삽입하는 작은 플라스틱 주물로 구성된 피임기구로, 자궁의 환경을 변형시켜서 수정이 일어나지 않도록 한다.

자궁목(cervix, 자궁경부): 자궁의 좁은 하단부로, 질의 내부로 돌출되어 있다.

자궁목소실(effacement): 분만의 첫 단계에서 자궁의 아랫부분이 아기의 머리 쪽으로 당겨지면서 자궁목관이 천천히 소실되는 방식으로 자궁의 수축이 일어나는 것.

자궁주기(uterine cycle): 월주기로 나타나는 자궁내막의 특징 변화.

자극(stimulus): 감각뉴런에 신경자극을 발생시키도록 감각수용체가 감지할 수 있는 내부 또는 외부의 환경 변화.

자매염색분체(sister chromatid): DNA의 복제로 생긴 유전적으로 동일한 두 염색체 단위 중의 하나로, 동원체에 같이 붙어 있다.

자율신경계통(autonomic system): 내부 기관을 지배하는 말초신경계통의 일종. 교감신경부와 부교감신경부로 구성되어 있다.

잔기량(residual volume): 힘껏 내뿜고 난 다음에 폐에 남은 공기의 양.

잘록창자(colon, 결장): 대장의 주된 부분으로 오름결장, 가로결장, 내림결장으로 구성되어 있다.

장기기억(long-term memory): 몇 분 이상으로 길게 지속되는 정보에 대한 기억력.

장막(serosa, serous membrane): 내부 기관을 덮는 막으로, 몸의 외부로 개구가 없는 강의 표면을 이룬다.

장배 형성(gastrulation): 부분적 함입으로 배엽층이 형성되는 시기에 해당하는 동물 발생의 단계.

재분극(repolarization): 축삭 내부의 전하가 음전하로 회복되는 상태.

재조합 DNA(recombinant DNA, rDNA): 하나 이상의 출처로부터 온 유전자를 가진 DNA.

적색골수(red bone marrow): 갯솜뼈의 내면 공간에 위치한 혈구 형성 조직.

적혈구(red blood cell, erythrocyte): 혈색소를 함유한 세포로, 폐로부터 조직으로 산소를 운반한다.

적혈구형성인자(erythropoietin, EPO): 콩팥이 분비하는 호르몬으로, 적혈구의 생성을 촉진한다.

전기(prophase): 염색질이 응축되어서 염색체가 나타나는 유사분열 단계로, 염색체가 분산되어 있다.

전령 RNA(messenger RNA, mRNA): 폴리펩티드의 아미노산 서열에 대한 정보를 암호하는 DNA 주형으로부터 형성된 RNA.

전립샘(prostate gland): 남성 방광의 하부 요도 주변에 위치한 샘으로, 정액에 분비물을 첨가한다.

전배아기 발생(pre-embryonic development): 첫 일주일 동안의 접합자의 발생으로 수정, 세포분열의 시작, 융모막의 출현을 포함한다.

전사(transcription): mRNA를 형성하는 데 있어서 DNA 사슬이 주형으로 작용하는 과정.

전사인자(transcription factor): 진핵세포에서 RNA 중합효소에 의한 전사의 개시를 위해 요구되는 단백질.

전신홍반루푸스(systemic lupus erythematosus): 콩팥을 포함한 결합조직과 다양한 기관이 관련된 증세.

전이(metastasis): 암이 생성 부위에서 신체의 다른 부위로 퍼지는 것으로, 암세포의 이동 및 조직 침투 능력에 의해서 이루어진다.

전자(electron): 음전하를 가지는 아원자 입자로, 원자핵 주변의 에너지 수준에서 움직인다.

전자껍질(electron shell): 원자의 전자가 가지는 에너지 수준 또는 평균 위치.

전자전달계(electron transport chain): 전자가 일련의 막결합운반체 분자들을 따라가면서 에너지 수준이 높은 곳에서 낮은 곳으로 이동하는 것. 방출된 에너지는 ATP의 합성에 사용된다.

전좌(translocation): 한 염색체로부터 다른 비상동성 염색체로 염색체 분절이 이동하는 것으로, 비정상 상태를 유발한다(예: 다운증후군).

전중기(prometaphase): 중기에 들어가기 전, 방추사가 염색체의 동원체에 부착되는 유사분열 단계.

점막(mucosa, mucous membrane): 몸의 외부로 열린 관과 체강의 내면을 덮고 있는 막.

점막하층(submucosa, 점막밑층): 점막 바로 아래의 결합조직층.

점액부종(myxedema, 점액수종): 갑상샘호르몬 결핍으로 성인에게 생기는 질환.

접착력(adhesion): 수소결합으로 인해 물 표면이 극성 표면에 접착되는 능력.

접합자(zygote): 정자와 난자의 결합으로 형성된 이배체 세포. 수정의 산물.

정관(vas deferens): 남성의 부고환에서 요도에 이르는 관.

정관절제술(vasectomy): 정관을 절제 및 봉합하여 임신을 방지하는 방법.

정낭(seminal vesicle): 남성의 방광 아래쪽의 정관에 연결된 회선상의 구조물로, 정액에 분비물을 첨가한다.

정맥(vein): 심장으로 혈액을 다시 보내는 혈관. 종종 혈액의 낮은 압력 때문에 판막이 있다.

정세관(seminiferous tubule, 세정관): 고환의 내부에 있는 길게 꼬인 구조물로, 여기에서 정자가 생산된다.

정액(semen): 정자와 남성 생식관의 몇몇 샘으로부터 나온 분비물로 구성된 진한 흰 액체.

정자(sperm): 반수체의 염색체를 가지는 수컷 생식세포로, 암컷 생식세포인 난자와 수정된다.

정자발생(spermatogenesis): 남성이 감수분열과 성숙을 통하여 정자를 생산하는 과정.

제한효소(restriction enzyme): 바이러스 DNA를 절단함으로써 바이러스의 증식을 억제하는 세균의 효소. 재조합 DNA(rDNA)를 만들 때 특정한 위치에서 DNA를 절단하는 데 사용된다.

조밀한 섬유성 결합조직(dense fibrous connective tissue): 많은 밀집된 콜라겐섬유를 함유한 결합조직. 힘줄과 인대 같은 곳에서 발견된다.

조임근(sphincter, 괄약근): 관을 둘러싸고 있으며, 수축과 이완으로 관을 열고 닫는 근육.

조직(tissue): 공통적인 기능을 수행하는 유사한 세포들의 집단.

종양(tumor): 반복적인 세포분열을 이미 진행한 단일 돌연변이 세포에서 유래한 세포로, 양성 종양은 생긴 자리에 남아 있으나, 악성 종양은 전이한다.

종양 억제 유전자(tumor suppressor gene): 일반적으로 세포분열을 억제하는 단백질을 암호화하는 유전자로, 불활성화되면 암이 발생할 수 있다.

종양 유전자(oncogene): 암의 원인이 되는 유전자.

종양학(oncology): 암에 대한 학문.

주름(rugae): 위의 벽에 있는 깊은 주름.

주머니배(blastocyst): 인간 배아 발생의 초기 단계로, 세포덩어리로 이루어져 있으며, 속이 비어 있고 액체로 가득 찬 공 모양을 하고 있다.

주조직적합복합체(major histocompatibility complex, MHC): 장기 이식 성공 여부에 중요한 요인으로, 자가 항원 생성에 관여하는 6번 염색체상에 있는 유전자 집단이며, 인체 백혈구 항원 유전자 집단인 HLA 유전자를 포함한다.

주형(template): 복사본을 만드는 데 사용되는 패턴 또는 길잡이. DNA의 구 가닥은 새로운 DNA 가닥의 생성에 길잡이 역할을 하며, DNA는 또한 mRNA를 생산하는 데 길잡이 역할을 한다.

죽상경화증(atherosclerosis): 동맥의 내부 표면에 비정상적으로 지질이 축적되어 나타나는 증상.

중간뇌(midbrain, 중뇌): 시상의 하부 및 다리뇌의 상부에 위치한 뇌의 한 부분으로, 반사중추와 반사로를 가진다.

중간섬유(intermediate filament): 세포골격에 있는 섬유상의 폴리펩티드로 구성된 로프와 같은 조립 구조로, 세포에 지지 작용을 하며 힘을 부여한다. 이렇게 부르는 이유는 굵기가 미세섬유와 미세소관의 중간 정도이기 때문이다.

중기(metaphase): 유사분열 방추사의 적도판에 염색체가 배열되는 유사분열 단계.

중력평형(gravitational equilibrium): 머리와 몸의 움직임이 없는 상태에서의 균형 유지.

중복(duplication): 동일 염색체에서 특정한 토막이 중복되어 있는 염색체의 구조적 변화.

중성자(neutron): 중성인 원자의 구성 입자로, 핵 안에 있으며, 약 1에 해당하는 원자질량단위를 가진다.

중성지방(triglyceride, 트리글리세리드): 1개의 글리세롤과 3개의 지방산으로 구성된 중성지방.

중심소체(centriole): 세포의 구조물로, 쌍으로 존재하며, 유사분열과 감수분열 동안 염색체의 이동을 위하여 유사분열 방추사를 형성한다.

중심오목(fovea centralis, 중심와): 밀집된 원뿔세포들로 구성된 망막의 영역으로, 최대의 시력을 낸다.

중심체(centrosome): 세포의 중심 미세소관 조립 중추. 동물세포는 2개의 중심체로 구성되어 있다.

중증근무력증(myasthenia gravis): 근육이 약해지고 쉽게 피로해지는 특성을 보이는 만성질환. 면역체계가 신경근이음부를 공격해서 생기는 것이며, 이로 인해서 운동뉴런으로부터 근섬유로 자극이 전달되지 않는다.

중증복합면역결핍증(severe combined immunodeficiency disease, SCID): 체액성 및 세포성 면역 모두가 결핍되거나 부적절한 선천적 질환.

중추신경계통(central nervous system, CNS): 뇌와 척수로 구성된 신경계통의 한 부분.

중탄산염 이온(bicarbonate ion): 혈액의 완충에 관여하는 이온 혈액에서 이산화탄소가 운반되는 형태.

중합효소연쇄반응(polymerase chain reaction, PCR): DNA 중합효소를 이용하여 수백만 복사본의 DNA 조각을 합성하는 기술.

쥐(cramp): 통증을 일으키는 근수축.

즉각적인 알레르기 반응(immediate allergic response): 알레르겐과 접촉 즉시 발생하는 알레르기 반응으로, 알레르겐이 IgE 항체에 결합함으로써 발생한다.

증발(evaporation): 액체나 고체가 기체로 바뀌는 것.

증후군(syndrome): 함께 나타나는 집단 증후로, 특정한 질환이 있음을 나타낸다.

지방(fat): 글리세롤과 지방산을 함유한 유기 분자. 지방조직에서 발견된다.

지방산(fatty acid): 탄화수소 사슬과 말단에 산기를 가지고 있는 분자.

지방세포(adipocyte): 지방을 저장하는 세포.

지방조직(adipose tissue): 지방이 저장된 결합조직.

지연형 알레르기 반응(delayed allergic response): 민감화된 T세포에 의해서 알레르겐이 있는 장소에서 시작되는 알레르기 반응으로, 대식세포가 관여하며, 사이토카인에 의해서 조절된다.

지질(lipid): 알코올과 같은 비극성 용매에만 녹는 경향을 보이는 유기화합물. 지방과 기름이 포함된다.

진피(dermis): 상피의 하부에 놓여 있는 피부의 한 부분.

진핵세포(eukaryotic cell): 막으로 싸인 핵과 막성 세포소기관을 가진 세포.

질(vagina): 자궁에서부터 안뜰에 이르는 기관으로, 여성에게 산도와 성교 기관으로 사용된다.

질량수(mass number): 원자핵의 양성자 수와 중성자 수의 합.

집합관(collecting duct): 여러 개의 네프론으로부터 액체를 받는 콩팥의 관. 여기에서 수분 재흡수가 일어난다.

ㅊ

착상(implantation): 자궁내막에 배아가 부착하여 침투하는 것.

척수(spinal cord): 중추신경계통의 한 부분. 척수는 뇌의 바닥(기저)에 연결되어 있으며, 척주에 의해서 보호되어 있다.

척수신경(spinal nerve): 척수에서 나오는 신경.

척주(vertebral column): 두개골에서 골반에 이르기까지 연결된 일련의 척추뼈.

척추사이원반(intervertebral disc, 추간판): 인접한 척추뼈 사이에 위치한 연골층.

천식(asthma): 세기관지의 위축으로 생기는 호흡장애.

체순환(systemic circuit): 좌심실로부터 혈액을 운반해서 심장의 우심방으로 혈액을 되돌아오게 하는 혈관계통.

체외수정(in vitro fertilization, IVF): 난자를 체외에서 수정시키고 자궁으로 이식하는 생식기술.

체질량지수(body mass index, BMI): 과체중 또는 비만인지 확인하기 위해 키와 몸무게 수치를 이용하여 계산하는 수치.

초점(focus): 망막에 수렴되어 상을 맺도록 빛이 각막, 수정체, 유리체에 의해서 굴절되는 것.

촉진수송(facilitated transport): 막을 가로질러 높은 농도에서 낮은 농도 쪽으로 분자를 이동하기 위해 세포막 수송체를 사용하는 수송. 에너지는 필요하지 않다.

축농증(sinusitis): 코안의 통로가 막혀서 생긴 코안의 감염으로, 콧물이 나오고 얼굴 통증이 있다는 특징이 있다.

축삭(axon): 세포체로부터 시냅스로 신경자극을 전파하도록 뉴런이 신장된 부분.

축삭 말단(axon terminal): 축삭의 끝에 있는 작은 팽대부.

충치(dental caries): 구강 세균이 당을 분해하고 산을 방출함으로써 치아를 침식하는 치아의 부패.

치밀뼈(compact bone): 동심원 기질층을 이루는 뼈 단위와 뼈세포방에 뼈세포를 가지고 있는 뼈의 유형.

치은염(gingivitis): 입안 잇몸의 염증.

치주염(periodontitis): 이틀(치조)을 덮고 있는 치주막의 염증으로, 골질이 소실되고 이가 흔들리는 원인이다.

치질(hemorrhoid, 치핵): 곧창자에 비정상적으로 팽창된 혈관.

친수성(hydrophilic): 물에 녹거나 물 분자와 수소결합을 형성함으로써 물과 상호작용하는 분자의 성질.

침 아밀라아제(salivary amylase): 침샘에서 분비된다. 녹말에 작용하는 첫 번째 효소.

침샘(salivary gland): 침을 분비하는 입과 관련된 샘.

ㅋ

카르바미노혈색소(carbaminohemoglobin): 이산화탄소를 운반하는 혈색소.

칼로리(calorie): 물 1 g을 1°C 높이는 데 필요한 열에너지의 양.

칼시토닌(calcitonin): 갑상샘이 분비하는 호르몬으로, 혈중 칼슘 농도를 증가시킨다.

코(nose): 공기가 호흡기로 들어가는 호흡계통의 구조. 들어오는 공기를 걸러내는 털이 있다.

코돈(codon): 단백질 합성에서 특정한 아미노산의 삽입 또는 번역의 종결을 일으키는 mRNA의 3개의 염기 서열.

코르티솔(cortisol): 장기적으로 스트레스에 반응하는 부신겉질에서 분비되는 글루코코르티코이드. 염증을 감소시키고, 단백질과 지방 대사를 촉진한다.

코안(nasal cavity, 비강): 사이막에 의해서 분리된, 콧속에 있는 2개의 도관.

콘돔(condom): 여성용은 자궁목에 맞도록 유연한 고리가 달린 큰 폴리우레탄 관이며, 남성용은 피임용으로 사용되는 음경에 씌우는 덮개로서 라텍스로 된 것은 감염의 전염을 최소화한다.

콜라겐섬유(collagen fiber): 결합조직의 기질에 있는 백색 섬유. 유연성과 강도를 부여한다.

콩팥(kidney, 신장): 소변을 생산하고 배설하는 비뇨계통의 기관.

콩팥겉질(renal cortex, 신장피질): 과립 모양으로 보이는 콩팥의 바깥쪽 부분.

콩팥동맥(renal artery, 신장동맥): 대동맥에서 분지되어 콩팥으로 혈액을 운반하는 혈관.

콩팥속질(renal medulla, 신장수질): 콩팥피라미드(신추체)로 구성된 콩팥의 안쪽 부분.

콩팥정맥(renal vein, 신장정맥): 콩팥으로부터 혈액을 아래대정맥(하대정맥)으로 운반하는 혈관.

쿠싱증후군(Cushing's syndrome): 글루코코르티코이드의 과다 분비로 인한 증후군. 팔과 다리가 가늘고, 달 같은 얼굴 모양이 특징이며, 혈당과 염분 농도가 높다.

크레아티닌(creatinine): 질소성 노폐물. 크레아틴인 산 대사의 최종 산물.

클로닝(cloning): 동일한 복제품의 생산. 동일한 개체의 생산을 의미할 수도 있고, 유전공학에서는 동일한 유전자를 복제하는 것을 의미하기도 한다.

ㅌ

타원주머니(utricle, 타원낭): 속귀의 안뜰에 있는 주머니 모양의 강으로, 중력평형에 대한 감각 수용체를 가지고 있다.

타원창(oval window, 안뜰창, 난원창): 등자뼈와 속귀 사이에 막으로 덮인 개구.

탄력섬유(elastic fiber): 결합조직 기질의 황색 섬유로, 유연성을 제공한다.

탄력연골(elastic cartilage): 탄력섬유로 구성된 연골로 유연성이 크다.

탄산 탈수효소(carbonic anhydrase, 탄산무수화효소): 적혈구에 있는 효소이며, 물과 이산화탄소로부터 탄산을 형성하는 반응을 촉진한다.

탄수화물(carbohydrate): 단당류, 이당류, 다당류를 포함하는 유기화합물.

탈분극(depolarization): 축삭 내부의 분극이 양극에서 음극으로 변할 때.

탈산소혈색소(deoxyhemoglobin, 디옥시헤모글로빈): 산소를 운반하지 않는 혈색소.

탈수반응(dehydration reaction): 한 분자의 물을 잃으면서 공유결합을 만드는 화학반응.

태반(placenta): 융모막과 자궁벽이 이루는 구조로, 배아 및 태아가 영양소를 받아들이고 노폐물을 제거할 수 있게 한다.

태아(fetus): 배아와 신생아 사이의 사람 발생 단계.

태아기름막(vernix caseosa, 태지): 태아의 피부를 덮고 있는 치즈와 유사한 물질.

태아 발달(fetal development): 9주부터 출생까지의 발달 기간.

탯줄(umbilical cord, 제대): 태아를 태반에 연결하는 끈으로, 그 속에 혈관이 지나간다.

털세포(hair cell): 기계적인 자극에 민감한 부동섬모를 가진 세포. 속귀의 청각 및 평형감각을 담당하는 기계적수용체.

털주머니(hair follicle, 모낭): 피부 아래의 관 모양 함입부로 모발이 발달하는 곳. 상피 조직에서 형성된다.

테스토스테론(testosterone): 생식기 및 2차 성징을 유지하는 데 도움을 주는 남성호르몬.

테이삭스병(Tay-Sachs disease): 리소좀 소화효소의 결함으로 인한 신생아의 치사 유전질환.

통각수용체(nociceptor): 손상된 조직에서 방출되는 화학물질이나 심장의 과다한 자극 또는 압력에 민감한 감각수용체.

통풍(gout): 요산의 축적으로 생기는 관절의 염증.

통합(integration, 연합): 뉴런 또는 뇌 일부에 의한 흥분성 및 억제성 신호의 통합.

트랜스지방(trans fat): 육류와 반추동물의 유제품에 자연적으로 존재하는 지방. 식물 기름과 동물 지방에 부분적 수소화 과정을 통하여 산업적으로 생산되기도 한다.

트로포닌(troponin): 트로포미오신과 함께 칼슘 이온이 있을 때까지 근육 수축을 방지하도록 작용하는 단백질.

트로포미오신(tropomyosin): 트로포닌과 함께 칼슘 이온이 있을 때까지 근육 수축을 방지하도록 작용하는 단백질.

트롬빈(thrombin): 혈액 응고에서 피브리노겐을 피브린 섬유로 전환시키는 효소.

티록신(thyroxine, T_4): 갑상샘에서 분비되는 호르몬으로, 성장과 발생을 촉진한다. 일반적으로 세포에서 대사율을 증가시킨다.

티모신(thymosin): 갑상샘에 의해서 분비된 일군의 펩티드로, 특정한 백혈구의 생산을 증가시킨다.

티민(thymine, T): DNA를 구성하는 뉴클레오티드에서 네 가지 질소 함유 염기 중의 하나. 아데닌(A)과 짝을 이룬다.

ㅍ

파킨슨병(Parkinson's disease): 신경전달물질 도파민의 결핍으로 중추신경계통이 점진적으로 악화되는 질환.

팔이음뼈(pectoral girdle, 흉대): 팔을 지지하고 부착할 수 있게 하는 뼈대의 부위. 어깨뼈(견갑골)와 빗장뼈로 구성되어 있다.

퍼네트 정방형(Punnett square): 단순 유전적 교배의 예상 결과를 계산하는 데 사용되는 격자 모양의 고안.

페로몬(pheromone): 물질대사에 영향을 미치거나 같은 종의 다른 개체의 행동에 영향을 미치는 유기체에 의해 방출되는 화학신호.

펩신(pepsin): 위샘에서 분비되는 효소로, 단백질을 펩티드로 분해한다.

펩티드결합(peptide bond): 2개의 아미노산을 연결시키는 공유결합.

펩티드호르몬(peptide hormone): 단백질, 펩티드, 또는 아미노산으로부터 유래한 호르몬.

편도(tonsil): 인두에 위치한, 부분적으로 싸인 림프절.

편도선염(tonsillitis): 편도에 염증을 일으키는 감염으로, 가운데귀로 퍼질 수 있다.

편도선 절제술(tonsillectomy): 편도선의 외과적 절제.

편도체(amygdala): 기억에 정서적인 연상을 부여하는 데 작용하는 둘레계통의 한 부분.

편모(flagellum): 가늘고 긴 돌출 구조이며, 세포를 액체 속에서 헤엄치게 한다.

편평상피(squamous epithelium): 지방세포를 함유하는 상피조직.

폐(lungs, 허파): 가슴안에 쌍을 이루는 원뿔 모양의 기관. 외호흡 기능을 하며, 기체 교환을 위하여 축축한 표면을 가지고 있다.

폐경(menopause): 나이 든 여성의 난소주기와 자궁주기가 끝나는 것.

폐기종(emphysema): 퇴행성 폐질환으로, 폐포의 파괴로 기체 교환 총면적이 감소한다.

폐동맥(pulmonary artery): 심장에서 폐로 혈액을 운반하는 혈관.

폐렴(pneumonia): 폐포가 점액과 고름으로 가득하게 하는 폐의 감염.

폐섬유증(pulmonary fibrosis): 폐에 섬유성 결합조직이 축적되는 질환. 실리카, 석탄 먼지, 석면과 같은 자극성 입자를 흡입하는 데 원인이 있다.

폐순환(pulmonary circuit): 폐의 본체, 폐동맥, 폐정맥으로 구성된 순환 경로. 심장으로부터 산소가 적은 혈액을 폐로 운반하며, 산소가 풍부한 혈액을 심장으로 운반한다.

폐암(lung cancer): 흔히 기관지에서 시작되는 악성 종양.

폐 절제술(pneumonectomy): 폐의 일부 또는 전부를 제거하는 외과적 수술.

폐정맥(pulmonary vein): 폐에서 심장으로 혈액을 운반하는 혈관.

폐포(alveoli, 허파꽈리): 폐의 미세한 공기주머니. 기체 교환 위치.

폐활량(vital capacity): 각 호흡주기에서 인체 내로 최대한 들어오고 나가는 공기의 양.

포경수술(circumcision): 음경의 표피를 제거하는 것.

포도당(glucose): 생물이 세포호흡하는 과정에서 에너지원으로 분해되는 6탄당.

포화지방산(saturated fatty acid): 탄소 사슬의 원자 사이에 이중결합이 없는 지방산 분자.

폭식장애(binge-eating disorder): 처리가 뒤따르지 않는 과식 상태.

폴리펩티드(polypeptide): 많은 아미노산이 펩티드 결합으로 연쇄된 중합체.

표면활성제(surfactant): 물의 표면장력을 감소시키는 제재. 폐에서는 표면활성제가 폐포의 찌부러짐을 방지한다.

표피(epidermis): 진피의 상부에 놓여 있는 피부의 영역.

풍토성 갑상샘종(endemic goiter): 요오드가 결핍된 식이로 인해 팽창된 갑상샘. 특정 지역에서 발생하는 경향 때문에 풍토병이라고 한다.

프로게스테론(progesterone): 생식기 및 2차 성징을 유지하는 데 도움을 주는 여성호르몬.

프로락틴(prolactin): 뇌하수체 앞엽에서 분비되는 호르몬으로, 젖샘(유선)에서 젖의 생산을 촉진한다.

프로바이러스(provirus): 바이러스의 DNA가 숙주의 염색체에 삽입된 잠재성 바이러스.

프로스타글란딘(prostaglandin): 다양하고 강력한 국부적 효과가 있는 호르몬.

프로트롬빈(prothrombin): 혈액 응고 과정에서 트롬빈으로 전환되는 혈장단백질.

프리온(prion): 양의 진전병(scrapie), 광우병, 사람의 크로이츠펠트-야콥병(Creutzfeldt-Jakob disease)과 같은 질병의 원인 물질. 단백질 성분으로, 핵산은 발견되지 않는다.

플라스미드(plasmid): 세균의 세포질에 있는 자가복제하는 고리 형태의 부수 DNA.

플라크(plaque): 동맥의 내면 하부에 지방질, 특히 콜레스테롤이 축적된 연한 덩어리.

피막(capsule): 남조류와 특정한 세균의 세포를 둘러싸고 있는 젤라틴성 표면층.

피부(skin): 몸의 외부 덮개. 감각계통과 같은 기관을 포함하기 때문에 피부계통이라고도 할 수 있다.

피부계통(integumentary system): 피부와 피부에 존재하는 손톱 등 다양한 구조들을 포함하는 기관계통.

피부밑층(subcutaneous layer, 피하층): 피부의 바로 아래에 있는 조직층으로, 지방조직을 가지고 있다.

피부수용체(cutaneous receptor): 피부 진피층에 있으며 촉각, 압각, 통증, 온도를 감지하는 감각수용체.

피브리노겐(fibrinogen, 섬유소): 혈액이 응고하는 동안 피브린으로 전환되는 혈장단백질.

피브린(fibrin, 섬유소): 혈액이 응고하는 동안 피브리노겐으로부터 만들어진 불용성의 단백질 섬유.

피임(contraceptive): 임신의 기회를 감소시키기 위해서 사용되는 약물 또는 기구.

피임법(birth control method): 수정을 방지하거나 자궁내막에 배아의 착상을 방지하는 것.

피임용 격막(diaphragm, 다이어프램): 자궁목에 끼우는 부드러운 고무 또는 라텍스 컵으로 된 피임장치.

핌브리아(fimbria): 세균 세포의 표면에 작은 솔처럼 생긴 섬유로, 세균을 표면에 부착시키는 역할을 한다.

ㅎ

하루주기리듬(circadian rhythm): 24시간 주기를 가지는 생물학적 리듬.

학습(learning): 훈련과 경험의 결과로 나타나는 비교적 영구적인 행동 변화.

항문(anus): 소화관의 배출구.

항상성(homeostasis): 세포 또는 개체에서 자동 조절 기전에 의해서 정상적인 내부 조건을 유지하는 것.

항생제 내성(antibiotic resistance): 일반적으로 병원체를 죽이는 화학물질(항생제)을 처리하여 병원체를 생존하게 하는 병원체의 특징.

항원(antigen): 면역체계가 항체를 생산하도록 자극하는 외래 물질로, 보통 단백질 또는 다당류이다.

항원제시세포(antigen-presenting cell, APC): 면역체계의 세포에게 항원을 표출하는 세포로, 특정한 항원에 대하여 몸을 방어할 수 있게 한다.

항이뇨호르몬(antidiuretic hormone, ADH): 뇌하수체 뒤엽에서 분비되는 호르몬으로, 콩팥의 집합관에서 투과도를 증가시킨다.

항체(antibody): 항원의 출현에 대한 반응으로 생산된 단백질. 각 항체는 특정한 항원과 결합한다.

항체 매개 면역반응(antibody-mediated immunity): 방어의 특정한 기전으로, B세포로부터 분화된 형질세포들이 항원과 결합하는 항체를 생산한다.

해당과정(glycolysis): 2개의 ATP 분자를 생성하는 포도당의 무기적 분해.

해마(hippocampus): 대뇌 둘레계통의 한 부분으로, 기억이 저장된다.

핵공(nuclear pore): 핵막에 있는 통로로, 단백질이 핵으로 들어가고 리보솜 소단위체가 핵에서 빠져나갈 수 있게 한다.

핵막(nuclear envelope): 핵을 둘러싸는 이중막으로, 소포체에 연결되어 있다. 핵과 세포질 사이에 물질을 통과시키는 구멍을 가지고 있다.

핵산(nucleic acid): 뉴클레오티드의 중합체(예: DNA, RNA).

헌팅턴병(Huntington's disease): 신경전달물질의 결핍으로 인해서 신경계통의 뇌와 신경세포가 점진적으로 퇴화하는 유전질환.

혈관성형술(angioplasty): 막힌 동맥을 치료하는 외과적 시술로, 심장 쪽 주요 혈관에 플라스틱관을 삽입한 다음에 풍선을 불어서 혈관이 열리게 한 후, 혈관에 스텐트를 삽입한다.

혈관 신생(angiogenesis): 새로운 혈관의 형성으로, 암이 퍼지는 기전 중의 하나이다.

혈당지수(glycemic index, GI): 특정 음식에 대한 혈당 반응.

혈색소(hemoglobin, Hb, 헤모글로빈): 산소와 결합하여 산소를 운반하는 적혈구 내의 철 함유 색소.

혈소판(platelet, thrombocyte): 혈액 응고에 필요한 혈액의 성분.

혈소판감소증(thrombocytopenia): 혈액 속 혈소판 수의 부족.

혈압(blood pressure): 혈관의 내벽에 대하여 혈액이 미는 힘.

혈액(blood): 혈장이라는 액체에 의해서 세포들이 분리된 유형의 결합조직.

혈액투석(hemodialysis): 투석액으로 물질들이 확산되도록 하는 인공막을 사용하여 혈액을 정화하는 것.

혈우병(hemophilia): 출혈을 제어하지 못하는 유전질환.

혈장(plasma): 혈액의 액체 성분. 영양소, 노폐물, 염분, 단백질을 포함하고 있다.

혈장단백질(plasma protein): 혈장에 녹아 있는 단백질.

혈전색전증(thromboembolism): 혈전이 형성된 부위로부터 떨어져 나온 혈전에 의한 혈관의 막힘.

협심증(angina pectoris): 심장동맥이 막혀서 생기는 가슴 통증.

형질세포(plasma cell): B림프구에서 유래한 세포로, 항체를 대량 생산하도록 분화되어 있다.

형태 형성(morphogenesis): 발생 과정에서 조직, 기관 또는 전체 배아의 형태가 나타나는 것.

호르몬(hormone): 일련의 세포들에 의해서 생산된 화학신호로, 다른 일련의 세포에 영향을 미치는 것.

호산구(eosinophil): 산성 염료에 염색되는 세포질 과립을 가진 백혈구.

호염기구(basophil): 염기성 염료에 염색되는 세포질 과립을 가진 백혈구.

호중구(neutrophil): 백혈구 중에서 가장 풍부한 과립백혈구. 감염에 제일 먼저 반응한다.

호흡계통(respiratory system): 폐로 산소를 들어오게 하고 이산화탄소를 내보내는 폐와 관으로 구성된 기관계통.

호흡조절중추(respiratory control center): 숨뇌에 있는 일군의 신경세포로, 규칙적으로 신경자극을 내보내서 무의식적으로 호흡을 계속할 수 있게 해준다.

홍채(iris): 동공을 둘러싸는 근육 고리로, 이 구멍을 통해 빛이 통과하는 것을 조절한다.

화학수용체(chemoreceptor): 맛과 냄새와 같은 화학적 자극에 민감한 감각수용체.

화합물(compound): 둘 또는 그 이상의 서로 다른 원소들이 일정 비율로 화학 결합한 물질.

확산(diffusion): 분자 또는 이온이 농도가 높은 곳에서 낮은 곳으로 이동하는 것. 에너지가 필요하지 않으며, 농도 분포가 같아지면 멈춘다.

환기(ventilation): 폐로 공기가 드나드는 과정. 숨쉬기라고도 한다.

활동전위(action potential): 세포막 사이에서 일어나는 전기화학적 변화. 신경자극.

활막(synovial membrane): 자유로 움직일 수 있는 관절의 내면을 이루는 막.

활성부위(active site): 기질이 결합하고, 반응이 일어나는 효소의 부위.

활성화 에너지(energy of activation, E_a): 분자가 서로 반응하기 위해 화학반응에 추가되어야 하는 에너지.

활액낭[bursa, 주머니(낭)]: 액체로 채워진 주머니 모양의 구조로, 관절 근처의 활액막에 나타난다.

활주필라멘트 모델(sliding filament model): 미오신 섬유와 관련된 액틴 섬유의 운동에 근거한 근수축에 대한 설명.

황달(jaundice): 혈액에 비정상적인 빌리루빈의 함량으로 인해서 생기는 황색 피부로, 간 기능의 이상을 나타낸다.

황체(corpus luteum): 난소에서 이차난모세포를 방출한 난포로부터 만들어지는 황색 물체로, 프로게스테론과 약간의 에스트로겐을 분비한다.

황체형성호르몬(luteinizing hormone, LH): 남성에게 사이질세포에 의한 테스토스테론의 생산을 조절하는 호르몬으로, 여성에게는 황체의 발달을 촉진한다.

회색질(gray matter): 중추신경계통에서 말이집이 없는 축삭과 세포체.

회음절개술(episiotomy): 출산 시 파열을 막기 위해 질 입구를 넓히는 외과적 시술.

회전평형(rotational equilibrium): 머리와 몸이 갑자기 움직이거나 돌 때 균형을 유지하는 것.

효과기(effector): 자극에 대하여 반응을 하는 근육 또는 분비샘.

효소(enzyme): 보통 단백질로, 화학반응을 가속화시키는 대사 과정의 보조제.

후각세포(olfactory cell): 변형된 뉴런으로, 냄새를 감지하는 감각수용체.

후기(anaphase): 딸염색체가 양극으로 이동하는 유사분열 단계.

후두(larynx): 인두와 기관 사이에 위치한 연골성 기관으로, 성대를 포함한다. 소리상자라고도 한다.

후두덮개(epiglottis): 삼킴을 하는 동안 성문을 덮는 구조물.

후두염(laryngitis): 목이 쉬는 것을 동반하는 후두의 감염.

후산(afterbirth, 산후): 분만 3단계에서 빠져나온 태반과 배아바깥막.

휴지전위(resting potential): 이온의 불균등 분포로 인해서 휴지 뉴런의 세포막을 가로질러서 존재하는 전기적 극성.

흉막(pleura, 가슴막): 폐를 담고 있는 장막.

흡수(absorption): 세포 또는 막으로 물질을 받아들임.

히스타민(histamine): 혈액의 호염기구와 결합조직의 비만세포에 의해서 생산된 물질로, 모세혈관을 팽창시킨다.

힘줄(tendon): 뼈대근육과 뼈를 연결하는 섬유성 결합조직의 끈.

힘줄염(tendinitis, 건염): 근육의 힘줄과 그 부착물의 염증.

기타

6탄당(hexose): 탄소 6개를 갖는 당.

ADP(adenosine diphosphate, 아데노신이인산): 2개의 인산기를 가지고 있으며, 다른 하나의 인산기를 받아들여서 ATP가 되는 뉴클레오티드.

AIDS(acquired immunodeficiency syndrome, 후천성면역결핍증): HIV 감염에 의한 질병으로, 체액으로 전파되고 면역체계의 기능 상실 특징을 가진다.

ATP(adenosine triphosphate, 아데노신삼인산): 3개의 인산기를 가진 뉴클레오티드. ATP가 ADP + P_i로 분해되면서 방출된 에너지는 세포의 대사과정에 이용된다.

B세포[B cell, B림프구(B lymphocyte)]: 골수에서 성숙되는 림프구. 특정한 항원에 의해서 자극되면 항체를 생산하는 형질세포가 된다.

DNA(deoxyribonucleic acid, 디옥시리보핵산): 디옥시리보오스 당을 갖는 뉴클레오티드 단위체의 공유결합으로 생성된 핵산 중합체. 거의 모든 유기체의 유전물질이다.

DNA 복제(DNA replication): 진핵세포에서 유사분열과 감수분열, 원핵세포에서 이분법에 앞서서 새로운 DNA 이중나선을 합성하는 것.

HIV(human immunodeficiency virus, 인간면역결핍바이러스): AIDS를 일으키는 바이러스.

NAD$^+$(nicotinamide adenine dinucleotide, 니코틴아미드 아데닌 디뉴클레오티드): 특히 세포호흡에서 전자와 수소 이온을 운반하는 기능을 하는 보조효소.

pH 척도(pH scale, 산성도): 수소 이온 농도에 대한 측량 척도.

RNA(ribonucleic acid, 리보핵산): 리보오스 당을 갖는 뉴클레오티드 단위체의 공유결합으로 생성된 핵산. 전령 RNA(mRNA), 리보솜 RNA(rRNA), 운반 RNA(tRNA)의 세 가지 형태가 있다.

RNA 중합효소(RNA polymerase): 전사 과정에서 DNA 주형에 상보적인 뉴클레오티드를 연결하는 효소.

T세포[T cell, T림프구(T lymphocyte)]: 가슴샘에서 성숙되는 림프구. 세포독성 T세포는 항원함유세포를 즉시 죽인다. 도움 T세포는 다른 면역체계 세포를 자극하는 사이토카인을 방출한다.

T세포 수용체(T-cell receptor, TCR): 항원이 결합하는 림프구 표면의 분자.

X-연관(X-linked): X 염색체에 위치한 대립유전자이지만, 개체의 성 특징과는 무관한 형질을 조절하기도 한다.

Y-연관(Y-linked): Y 염색체에 위치한 유전형질.

찾아보기

ㅇ